Theorie und Technik der Pulsmodulation

Von

E. Hölzler und H. Holzwarth

Dr.-Ing.   Dr.-Ing.

Zentral-Laboratorium der Siemens & Halske Aktiengesellschaft

Mit 417 Abbildungen und 3 Tafeln

Springer-Verlag Berlin Heidelberg GmbH

ISBN 978-3-642-49061-3   ISBN 978-3-642-92702-7 (eBook)
DOI 10.1007/978-3-642-92702-7

Alle Rechte,
insbesondere das der Übersetzung in fremde Sprachen, vorbehalten
Ohne ausdrückliche Genehmigung des Verlages ist es auch nicht gestattet,
dieses Buch oder Teile daraus auf photomechanischem Wege
(Photokopie, Mikrokopie) zu vervielfältigen
© by Springer-Verlag Berlin Heidelberg 1957
Ursprünglich erschienen bei Springer-Verlag OHG., Berlin/Göttingen/Heidelberg 1957
Softcover reprint of the hardcover 1st edition 1957

Vorwort

Die rasche Entwicklung der Nachrichtentechnik hat dazu geführt,
daß nicht alle ihre wichtigen Gebiete gleichmäßig im deutschen Schrifttum vertreten sind. Insbesondere fiel es uns im Alltagsleben unserer
Laboratoriumsarbeit immer wieder auf, daß zwar die Kenntnisse und
Vorstellungen von der Umwandlung und Übertragung andauernder
sinusförmiger Schwingungen weit verbreitet sind, daß aber das Wissen
um die impulsförmigen Vorgänge viele Lücken aufweist. Verbunden
damit ist die Erfahrung, daß die beiden Vorstellungsweisen der Nachrichtentechnik — die spektrale und die zeitliche — sich bei den meisten
Ingenieuren noch nicht zu einem harmonischen, jederzeit austauschbaren Bild vereint haben. Einen guten Einblick in diese Zusammenhänge bietet das Gebiet der Modulation, besonders wenn man es so weit
faßt, daß die Einflüsse der Übertragungsverzerrungen und der Geräusche
inbegriffen sind. Von diesem Gesichtspunkt aus schien es uns eine reizvolle und nützliche Aufgabe zu sein, eine neuere Darstellung des Gesamtgebietes der Modulationsvorgänge zu geben. Wir mußten jedoch bald
einsehen, daß wir ein so weites Thema neben unserer Industrietätigkeit
schlecht würden bewältigen können. So haben wir uns auf die Schilderung der impulsförmigen Vorgänge beschränkt und selbst hierbei
manche Gebiete fortgelassen, wie etwa die Probleme der Tastung von
Großsendern.

Indessen erwies es sich auch für eine Darstellung des engeren Gebietes der Pulsmodulation als notwendig, wenigstens im Überblick die
Arten und Eigenschaften der anderen Modulationsverfahren zu betrachten — im wesentlichen der gewöhnlichen Amplituden- und Winkelmodulation und ihrer Kombinationen. Ein großer Teil des ersten Kapitels ist dieser Übersicht gewidmet. Anschließend werden die Verfahren
der Pulsmodulation in ihrer physikalischen Wirkungsweise, ohne theoretisches Beiwerk, geschildert. Um diesen Verfahren von vornherein ihre
Stellung im Gesamtgebiet zu geben, haben wir eine Klasseneinteilung
sämtlicher Modulationsverfahren und ihrer wichtigsten Merkmale an
den Anfang des Kapitels gesetzt. Wir haben dabei bewußt in Kauf
genommen, daß zum vollen Verständnis dieser Einteilung bereits einige
Fachkenntnisse der Nachrichtenübertragung erforderlich sind.

Das zweite Kapitel soll den theoretischen Unterbau für das Verständnis der Impulstechnik liefern. Es beginnt mit einem Überblick über die Vorstellungswelt der FOURIER-Analyse. Hierbei kam es uns nicht so sehr auf die Vollständigkeit der mathematischen Beweise an, sondern vielmehr darauf, den physikalischen Inhalt der Schritte von der FOURIER-Summe über das FOURIER-Integral zur LAPLACE-Transformation verständlich zu machen. Als Anwendung dieser Methoden schildert der Abschnitt über die Abtasttheoreme in zwei parallelen Betrachtungen die besonderen Eigenschaften von Vorgängen, die entweder zeitlich oder in der Ausdehnung des Spektrums beschränkt sind. Im nächsten Abschnitt werden die spektralen Gesetze pulsmodulierter Schwingungen betrachtet, in einem weiteren die Eigenschaften von Signalen, die in ihren Amplitudenwerten quantisiert sind.

Das dritte Kapitel behandelt die Schaltungen. Sie zeigen in der Impulstechnik einen außerordentlichen Reichtum an Formen, da die nichtlinearen Prozesse, die in der Technik kontinuierlicher Sinusschwingungen meist unerwünscht sind, hier absichtlich verwendet werden. Die Schaltungen der Pulsmodulation sind die gleichen, wie sie auch auf anderen Gebieten der Impulstechnik verwendet werden, etwa auf den Gebieten der Telegraphie, der elektronischen Vermittlungstechnik und der Automation überhaupt, des Fernsehens oder der Radartechnik. Hinweise, die über den Bereich der engeren Nachrichten-Übertragungstechnik hinausgehen, finden sich daher an verschiedenen Stellen des Buches.

Eine Seite der Impulstechnik, die zwar schon häufig, aber meist nur an einfachen, idealisierten Beispielen behandelt worden ist, wird im vierten Kapitel studiert: Die störende oder beabsichtigte Verformung von Impulsen beim Durchgang durch Netzwerke. Beim Fernsehen ist sie mit Rändern oder „Geistern" verbunden oder mit deren Kompensation; in den Übertragungssystemen der Pulsmodulation, die fast immer nach dem Zeitmultiplexverfahren mehrfach ausgenutzt sind, äußern sich die unerwünschten Verformungen als Nebensprechen zwischen den verschiedenen Nachrichtenkanälen. Nur wenn die physikalischen Zusammenhänge zwischen der Dämpfung und der Phase von Netzwerken beachtet werden, lassen sich diese Einflüsse quantitativ erfassen. Die theoretischen Grundlagen und die Anwendungen auf die Netzwerke der Praxis glaubten wir daher besonders eingehend schildern zu müssen.

Im fünften Kapitel sind die Einflüsse der Geräusche zusammengefaßt. Das Hauptthema bildet die Reduktion der Wirkung unterwegs aufgenommener Geräusche durch die Verfahren, die mit der Modulation des Phasenwinkels arbeiten oder mit Quantisierung und Codierung der Amplitudenwerte. Die Verfahren mit kontinuierlicher Modulation dienen dabei als Vergleich.

Das sechste Kapitel schließlich widmet sich den Übertragungsgeräten selbst. Die Schaltungen zur Erzeugung von Pulsen, zu ihrer Modulation und Umwandlung ineinander bilden den Hauptinhalt. Einige Spezialprobleme, wie die der Synchronisierung und der Abzweigung von Pulsgruppen sind angefügt.

Die verwendeten Formeln sind Größengleichungen. Bei sinusförmigen Vorgängen bezeichnet ein großer Buchstabe ohne Index die Amplitude; Effektivwerte, die selten vorkommen, sind besonders gekennzeichnet. Komplexe Größen sind, wie in der Mathematik und Physik sowie im ausländischen Schrifttum üblich, im Druck nicht besonders hervorgehoben. Wir haben geglaubt, dies tun zu dürfen, da wir bei unseren Lesern eine gewisse Vertrautheit mit den Grundbegriffen und den Rechenmethoden der Nachrichtentechnik voraussetzen. Bilder und Gleichungen sind in jedem Kapitel für sich durchnumeriert; bei Verweisen auf andere Kapitel ist deren Nummer vorangestellt. Das Schrifttumsverzeichnis erhebt keinerlei Anspruch auf Vollständigkeit. Wir haben uns bemüht, neben den von uns benutzten Arbeiten diejenigen zu nennen, in denen das geschilderte Problem erstmals aufgegriffen wurde. Die Reihenfolge ist dementsprechend, nach Kapiteln geordnet, chronologisch. Über Hinweise und Korrekturen würden wir uns freuen.

Die vorliegende Aufgabenstellung, ursprünglich in breiterer Form von Herrn Prof. R. FELDTKELLER angeregt, verdanken wir Herrn Prof. H. F. MAYER, der sich tatkräftig um die Aufnahme und den Fortgang der Arbeit bemüht hat. Der Springer-Verlag hat Druck und Abbildungen in der gewohnten vorbildlichen Weise ausgeführt. Für alle Bemühungen und Anregungen sei an dieser Stelle herzlich gedankt. Ganz besonderer Dank gebührt Herrn Prof. J. WALLOT, der das Manuskript in seiner bewährten Art auf Denkweise und Stil durchgesehen hat, und den Herren Dr. G. KRAUS und Dr. G. BOSSE, die uns oft mit Ratschlägen geholfen und die mühevolle Aufgabe des Korrekturlesens auf sich genommen haben. Hinweise und Ratschläge haben wir auch von einer ganzen Reihe weiterer Mitarbeiter des Zentral-Laboratoriums erhalten, die wir nicht namentlich aufführen können; auch ihnen sei an dieser Stelle dafür gedankt.

Möge das Buch gut aufgenommen werden.

München, im Frühjahr 1956

E. Hölzler und **H. Holzwarth**

Inhaltsverzeichnis

2. Kapitel

Die Grundgesetze der Pulsmodulation

Verzeichnis der verwendeten Formelzeichen

a	Dämpfungsmaß		E	Vorspannung
Δa	Dämpfungsunterschied		f	Frequenz
a_d	Nebensprechdämpfung		f_0	Trägerfrequenz, Abtastfrequenz

a — Dämpfungsmaß

Δa — Dämpfungsunterschied

a_d — Nebensprechdämpfung

a_{kn} — Klirrdämpfung n-ten Grades

a_n — Gerade FOURIER-Komponente der zerlegten Zeitfunktion

A — Übertragungsfaktor eines Netzwerks $A = \mathrm{e}^{-a}$

A_n — Gerade FOURIER-Komponente der zerlegten Zeitfunktion $A_n = 2\,a_n$

b — Phasenmaß

Δb — Phasenunterschied

b_n — Ungerade FOURIER-Komponente der zerlegten Zeitfunktion

B — Blindleitwert

B — Bandbreite des (sekundären) Signals

B_0 — Bandbreite des primären Signals, z. B. der Sprachschwingungen in einem Fernsprechkanal

B_h — Hochfrequenz-Bandbreite

B_m — Modulationsbandbreite für z gebündelte Kanäle

B_n — Ungerade FOURIER-Komponente der zerlegten Zeitfunktion $B_n = 2\,b_n$

c — Lichtgeschwindigkeit

c — Faktor, Spitzenfaktor $c = \dfrac{S}{\sqrt{P}}$

c_n — Komplexe FOURIER-Komponente der zerlegten Zeitfunktion $c_n = a_n - j\,b_n$

C — Kapazität allgemein; Kapazität eines Übertragungskanals

C — Realteil der Übertragungsfunktion G eines Netzwerks

$C(x)$ — FRESNELsches Integral

$\mathrm{Ci}(x)$ — Integralcosinus

d — Normierte Verstimmung $d = 2\,\Delta\omega\,\tau = \Delta\omega\,\tau_1$

D — Durchgriff einer Röhre

D — Imaginärteil der Übertragungsfunktion G eines Netzwerks

e — Basis der natürlichen Logarithmen

E — Vorspannung

f — Frequenz

f_0 — Trägerfrequenz, Abtastfrequenz

f_1 — Erste Nullstelle des Spektrums eines Impulses der Dauer τ; $f_1 = \dfrac{1}{\tau}$

f_a — Frequenz, bei der sich das Gesetz des *Dämpfungs*ganges von Netzwerken ändert

f_b — Frequenz, bei der sich das Gesetz des *Phasen*ganges von Netzwerken ändert

f_g — Grenzfrequenz, gegeben durch 0,7 N (6 db) Dämpfungszuwachs

f_g^* — Grenzfrequenz, gegeben durch 1 rad Phasenabweichung

f_i — Eigenfrequenz eines schwingenden Systems

f_k — Frequenz einer Klirrschwingung

f_m — Modulationsfrequenz

f_N — Frequenz einer Störung

f_p — Schritt- oder Punktfrequenz

f_r — Resonanzfrequenz

f_s — Selektionsfrequenz, gegeben durch 6 N (53 db) Dämpfungszuwachs

$f(t)$ — Augenblicksfrequenz

$\Delta f(t)$ — Abweichung der Augenblicksfrequenz von der Trägerfrequenz

f_z — Pulsfrequenz für z Kanäle; $f_z = z\,f_0$

ΔF — Frequenzhub

$F(f)$ — Amplitudendichte des Spektrums $F(f) = F_a(f) - j\,F_b(f)$

F_0 — Konstante Amplitudendichte des Spektrums

F_N — Rauschzahl

g — Übertragungsmaß $g = a + j\,b$

g_n — Koeffizient einer Reihe

G — Wirkleitwert

G — Übertragungsfunktion eines Netzwerks $G = \mathrm{e}^{-g} = C + j\,D$

h_n — Koeffizient einer Reihe

$i(t)$ — Augenblickswert des Stromes

I — Strom, Stromamplitude

I Nachrichtenmenge

I_0 Eingeprägter Strom, Stromsprung

$J_n(x)$ BESSEL-Funktion n-ter Ordnung

j $j = \sqrt{-1}$

k BOLTZMANN-Konstante

k Kopplungsfaktor

k_n Klirrfaktor n-ten Grades

K Konstante

K Rückkopplungsfaktor

K_n FOURIER-Komponente des zerlegten Spektrums $K_n = P_n + Q_n$

l Länge

L Induktivität

$\mathfrak{L}_2(x)$ EULERscher Dilogarithmus

$L_n(x)$ LAGUERREsches Polynom n-ter Ordnung

m Modulationsgrad

m ganze Zahl

m Filterparameter

n ganze Zahl

n Pegel

Δn Signal-Geräusch-Abstand auf der Übertragungsstrecke

Δn_0 Signal-Geräusch-Abstand auf der Übertragungsstrecke, wobei das Geräusch nur im Frequenzband $z\,B_0$ gemessen wird

Δn_2 Signal-Geräusch-Abstand nach der Demodulation im Einzelkanal, bewertet

N Geräuschleistung

N_0 Rauschleistung im Frequenzband B_0

p komplexe Frequenz $p = \sigma + j\,\omega$

p_i komplexe Eigenfrequenz $p_i = \sigma_i + j\,\omega_i$

$p(x)$ Wahrscheinlichkeitsdichte

P Leistung, Signalleistung

P_n Gerade FOURIER-Komponente des zerlegten Spektrums

P_Q Leistung der Quantisierungsverzerrung

P_S Leistung des Signalsenders

q ganze Zahl

q Stufenzahl der Quantisierung

Q Güte eines Schwingkreises

Q Mittlere Energie des Spektrums je Frequenz

Q_n Ungerade FOURIER-Komponente des zerlegten Spektrums

r Zahl der Elemente eines Codezeichens

r Relative Amplitude eines Echos

r_N Gewinn an Signal-Geräusch-Abstand $r_N = \ln R_N$

r_z Gewinn an Signal-Geräusch-Abstand durch statistische Addition der Sprachspitzen bei frequenzmäßiger Bündelung

r_μ Gewinn an Signal-Geräusch-Abstand durch Kompression und Expansion $r_\mu = \ln R_\mu$

R Wirkwiderstand

R Nachrichtenfluß

R_N Faktor der Geräuschreduktion

R_μ Faktor der Geräuschreduktion durch Kompression und Expansion

$s(t)$ Augenblickswert des Signals oder allgemein eines zeitlichen Vorgangs

$s_0(t)$ Augenblickswert der Trägerschwingung oder des Abtastpulses

$s_1(t)$; $s_2(t)$ Augenblickswert des Signals am Eingang bzw. Ausgang eines Systems

$s_a(t)$ Gerader Teil eines zeitlichen Vorgangs

$s_b(t)$ Ungerader Teil eines zeitlichen Vorgangs

$s_h(t)$ Augenblickswert des Hochfrequenzsignals

$s_i(t)$ Antwort eines Netzwerks auf einen Rechteckimpuls der Dauer τ

$s_n(t)$ n-te Teilschwingung eines zeitlichen Vorgangs

$s_Q(t)$ Augenblickswert der Quantisierungsverzerrung

$s_\delta(t)$ Antwort eines Netzwerks auf den Einheitsimpuls $\delta(t)$

$s_\sigma(t)$ Antwort eines Netzwerks auf den Einheitssprung $\sigma(t)$

$\mathrm{si}(x) = \dfrac{\sin x}{x}$

S Steilheit einer Röhre

S; S_0 Zeitlich konstante Amplitude

ΔS Amplitudenhub, Amplitudenstufe

S_k Amplitude einer Klirrschwingung

S_m Amplitudenmittelwert

S_N Geräuschamplitude

$S(t)$	Zeitlich veränderliche Amplitude
$S(x)$	FRESNELsches Integral
$\mathrm{Si}(x)$	Integralsinus
t	laufende Zeit
Δt	Zeitverschiebung, Laufzeitabweichung
t_0	feste Laufzeit, Grundlaufzeit
t_1	feste Laufzeitabweichung
$\pm t_1$	zeitliche Grenzen eines einmaligen Vorgangs
t_e	Laufzeit von Echogliedern
t_g	Einschwingdauer
t_z	Zeilendauer beim Fernsehen
T	(langer) Zeitabschnitt
T	absolute Temperatur
ΔT	Zeithub
T_0	Periode der Trägerschwingung oder des Abtastpulses
$\pm T_1$	zeitliche Grenzen eines periodischen Vorgangs; $T_1 = \dfrac{1}{2}\,T_0$
T_m	Periode der Modulationsschwingung
T_r	Pulsperiode bei Pulscode-Modulation; $T_r = \dfrac{T_0}{r}$
T_z	Pulsperiode für z Kanäle; $T_z = \dfrac{T_0}{z}$
$u(t)$	Augenblickswert der Spannung
U	Spannung, Spannungsamplitude
U_0	Eingeprägte Spannung, Spannungssprung
v	Linearverstärkung
w	Wahrscheinlichkeit
W	Scheinwiderstand; $W = R + jX$
W	Energie
x	reelle Achse, unabhängige Veränderliche
x	Zustandszahl eines Codesignals
X	Blindwiderstand
y	imaginäre Achse, abhängige Veränderliche
y	Zustandszahl der Quantisierung
Y	Leitwert; $Y = G + jB$
z	Zahl der Kanäle
z	Argument
Z	Scheinwiderstand, Wellenwiderstand; $Z = R + jX$
α	Dämpfungskonstante

α	Koeffizient
β	Phasenkonstante
β	Amplitude einer sinusförmigen Phasenschwankung
γ	Übertragungskonstante; $\gamma = \alpha + j\beta$
$\Gamma(x)$	Gammafunktion
δ	Abklingkonstante
δ_i	Abklingkonstante der Eigenschwingung eines Netzwerks
$\delta(t)$	Einheitsimpuls
Δ	Differenz, endliche Änderung
ε	Dielektrizitätskonstante
ε	Fehlerzahl
η	Hubverhältnis bei Frequenzmodulation; $\eta = \dfrac{\Delta F}{B_0}$
$\vartheta(t)$	Zeitpunkte der Impulse bei Pulsphasen-Modulation
$\Delta\vartheta(t)$	Zeitauslenkung bei Pulsphasen-Modulation
θ	fester Phasenwinkel
λ	Wellenlänge
μ	Permeabilität
μ	Verstärkungsfaktor für Röhren; $\mu = \dfrac{1}{D}$
μ	Ganze Zahl bei Summation
μ	Kompressionsfaktor
ν	Ganze Zahl bei Summation
π	$\pi = 3{,}1415\ldots$
Π	Produkt
σ	Wuchskonstante; $\sigma = -\delta$
$\sigma(t)$	Einheitssprung
Σ	Summe
$\tau;\ \tau_1$	Zeitkonstante
τ	Impulsdauer
τ_0	Konstanter oder mittlerer Wert der Impulsdauer
$\tau(t)$	Zeitlicher Verlauf der Impulsdauer bei Pulsdauer-Modulation
φ	Phasenwinkel
$\varphi(t)$	Augenblicksphase
$\Delta\varphi(t)$	Abweichung der Augenblicksphase von der Trägerphase
$\Delta\Phi$	Phasenhub, Modulationsindex
$\Phi(x)$	Fehlerintegral
ω	Kreisfrequenz; $\omega = 2\pi f$ Bedeutung der Indizes wie unter f
$\Delta\Omega$	Kreisfrequenzhub

1. Kapitel

Überblick über die gebräuchlichen Übertragungsverfahren

I. Allgemeine Einteilung der Modulationsarten

1. Das Übertragungssystem

Modulationsvorgänge sind eng verbunden mit der Übertragung von Nachrichten. Aufgabe einer solchen Übertragung ist es, eine an einem Ort vorliegende Nachricht an einem anderen Ort wiederzugeben. Für die Wiedergabetreue können verschiedene Gesichtspunkte maßgebend sein. Bei der Übertragung von Rundfunk- oder Fernsehprogrammen ist die Natürlichkeit ein Haupterfordernis; übermittelt man Information in Form von Telegrammen oder gesprochenen Worten, so steht der Gesichtspunkt der Verständlichkeit im Vordergrund.

Es leuchtet ein, daß ein großer Teil der Eigenheiten der Nachricht nicht übertragen zu werden braucht, nämlich solche, die man am Empfangsort ergänzen kann, wenn man die Nachrichtenquelle ihrer Art nach kennt. Mit umgekehrtem Vorzeichen gilt diese Feststellung für unterwegs hinzugekommene Störungen: Der Nachrichtenempfänger kann sie dulden, wenn er sie ausmerzen kann. Man hat daher aus wirtschaftlichen Gründen vom Beginn der Nachrichten-Übertragungstechnik an gewisse Verfälschungen der empfangenen Nachricht zugelassen, wenn eine menschliche Empfangsperson mit *durchschnittlicher* Intelligenz die fehlenden Kennzeichen ergänzen oder die zusätzlichen Merkmale eliminieren kann.

So ist es z. B. in der Telegraphie üblich, zwischen großen und kleinen Buchstaben keinen Unterschied zu machen, sowie Absätze und sonstige Hervorhebungen des Drucktextes wegzulassen. Auf diese Weise konnte man — unter Verwendung einiger Kunstgriffe an den Fernschreibmaschinen — die Anzahl der zu übermittelnden Symbole auf 32 beschränken. Was die Störungen betrifft, so läßt man einen gewissen Prozentsatz von fehlerhaft empfangenen Symbolen zu und macht bei den Zahlen, wo das Richtigstellen nicht so leicht möglich ist, durch Wiederholung diesen Prozentsatz verschwindend gering.

Bei der Sprachübertragung kann man feststellen, daß das menschliche Sprach- und Hörorgan von der Natur mit einer so großen Vielfalt von Merkmalen für Senden und Empfangen ausgestattet worden ist, daß auch unter widrigen Umständen — in hallenden Räumen, bei Geräusch oder gar bei gewissen Defekten der Organe — eine Verständigung erreicht wird. Gewöhnlich können daher viele Kennzeichen fortfallen. Hiervon macht die übliche telephonische Sprachübertragung Gebrauch: Die elektroakustischen Wandler übermitteln sowohl den Frequenzumfang wie auch die Dynamik der natürlichen Sprache nur sehr eingeschränkt und bieten trotzdem ein hohes Maß von Verständlichkeit.

Für die Darstellung der verschiedenen Übertragungsverfahren ergibt sich zwanglos folgende Einteilung der Probleme: Zuerst werden die Verfahren, nach Gruppen geordnet, in ihrer Wirkungsweise beschrieben, dann wird der Einfluß von Verzerrungen betrachtet, die von den Unvollkommenheiten des Übertragungssystems herrühren, und schließlich wird die Auswirkung von Störungen untersucht, die in das System eindringen.

Man kann nun außerdem fragen, ob die heutigen Übertragungsverfahren die Kennzeichen der zu sendenden Nachricht bereits so gut auswerten, daß nur das notwendige Minimum an Merkmalen zum Empfangsort übermittelt wird. Diese Fragestellung berührt ein sehr modernes Gebiet der Nachrichtentechnik, die Informationstheorie. Bisher sind unsere Nachrichtengeräte so eingerichtet, daß sie in der Telegraphie beliebige Folgen von Buchstaben und Ziffern, beim Fernsprechen alle aussprechbaren und nicht aussprechbaren Silbenkombinationen, beim Fernsehen alle möglichen Folgen von Helligkeitswerten wiedergeben können. Der größte Teil hiervon sind sinnlose Texte, unverständliches Kauderwelsch und gegenstandslose Bilder, die gar nicht oder sehr selten vorkommen. Würde man vor dem Senden in längeren Nachrichtenabschnitten die Häufigkeit der vorkommenden Symbole, Wörter oder Helligkeitsfolgen ermitteln, den häufigen Werten kurze Übermittlungskennzeichen zuordnen, den selten vorkommenden lange, so könnte man im Mittel an Übermittlungszeit sparen. Das Studium der Möglichkeiten, die zu sendenden Nachrichten so auszuwerten, daß im Mittel ein Minimum von Übertragungsmerkmalen erreicht wird, ist gerade in den letzten Jahren zu einem interessanten Teilgebiet der Informationstheorie geworden. Mit diesen Problemen soll sich das vorliegende Buch jedoch nicht beschäftigen, wenn sie auch sehr bemerkenswert sind. Es sind auch bisher — wenn man von Sonderfällen absieht — noch keine apparativen Lösungen erschienen, die in die Weitverkehrsnetze eingeführt wurden.

Eine Vorstellung von den vielfältigen Aufgaben der Modulation vermittelt das allgemeine Schema eines Übertragungssystems nach Abb. 1.

Am Anfang wirkt die Nachrichtenquelle, z. B. ein Fernschreib- oder
Fernsprech-Teilnehmer. Gezeichnet sind mehrere gleichartige Quellen
1 bis z und dahinter je ein Umwandler, z. B. der Sendeteil einer Fern-
schreibmaschine oder ein Mikrophon. An ihren Ausgängen treten indi-
viduell verschiedene Zeitfunktionen $s_1(t)$ auf, die aber für gleichartige
Nachrichten ebenfalls gleichartig sind. Eine solche Zeitfunktion möge
„primäres Signal" heißen. Ein solches Signal enthält zwar sehr oft die
Nachricht bereits in einer für die Übertragung recht zweckmäßigen Form,
jedoch ist es meist notwendig, die primären Signale über einen Modulator

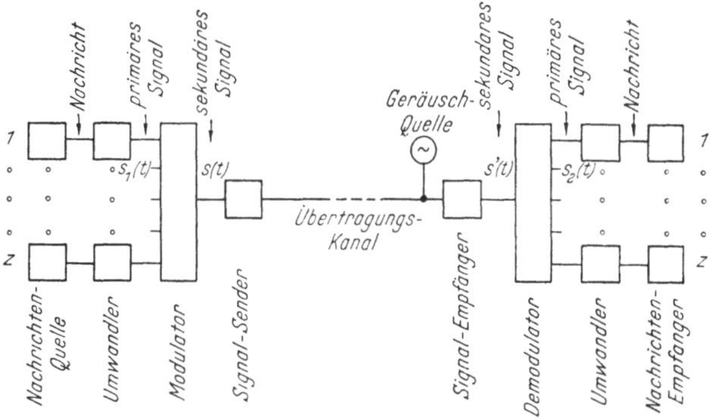

Abb. 1. Nachrichten-Übertragungssystem

mit dem Übertragungskanal zu verbinden. Hierfür sind hauptsächlich
zwei Gründe maßgebend:

1. Eine Anzahl gleichartiger primärer Signale, z. B. eine Reihe von
Gesprächen, soll zu einem neuen gemeinsamen Signal zusammengefaßt
(„gebündelt") werden.

2. Amplitudenumfang, Frequenzbereich und absolute Frequenzlage
der primären Signale oder des neuen, gemeinsamen Signals müssen den
Eigenschaften des Übertragungskanals angepaßt werden.

Dementsprechend übernimmt der Modulator häufig die Doppelaufgabe, z primäre Signale zu bündeln und ein neues, gemeinsames
Signal $s(t)$ zu erzeugen. Dieses möge, wenn Verwechslungen zu befürchten sind, sekundäres Signal genannt werden. Ein Signalsender
stellt die notwendige Leistung zur Verfügung.

Während der Übertragung kann das Signal verzerrt werden. Außerdem können Störungen in den Übertragungskanal eindringen — sei es,
daß die Leitungen nicht genügend geschirmt sind, daß die Richtwirkung
der Antennen nicht groß genug ist oder daß Wärmerauschen und Röhrenrauschen das sekundäre Signal beeinflussen. Dieser Einfluß ist am
stärksten dort, wo die Signalleistung den kleinsten Wert hat, d. h. am

Eingang des Empfängers. Eine Geräuschquelle an dieser Stelle möge diesen Einfluß andeuten.

Auf der Empfangsseite werden die genannten Prozesse in umgekehrter Reihenfolge durchlaufen: Zunächst wird das ein wenig veränderte sekundäre Signal $s'(t)$ demoduliert, in einer weiteren Stufe wird entbündelt, die so gewonnenen z primären Signale $s_2(t)$ werden wieder in Nachrichten zurückverwandelt. Die gezeichneten Umwandler sind z. B. die Empfangsteile von Fernschreibmaschinen oder Telephone; diese wiederum wirken auf Menschen als Nachrichtenempfänger.

Die primären Signale können sehr verschieden aussehen, auch wenn die gleiche Information übermittelt wird. Ferner enthält die Umwand-

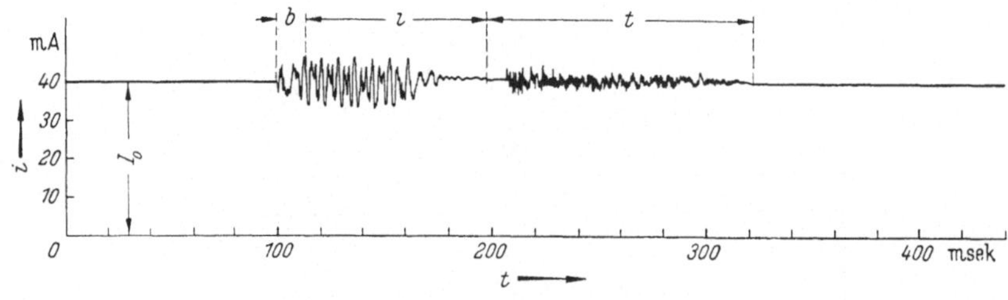

Abb. 2. Primäres Fernsprechsignal

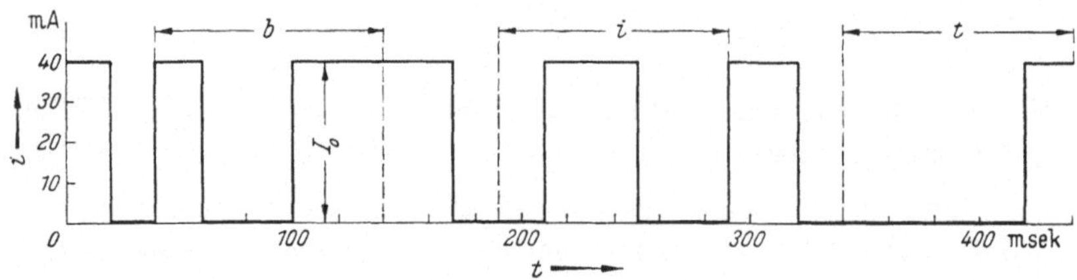

Abb. 3. Primäres Fernschreibsignal

lung der Nachricht in das primäre Signal oft bereits Prozesse, die auch bei der Modulation benutzt werden. Dies sei an zwei typischen Beispielen erläutert (Abb. 2 und 3), die beide das Wort „Bit"[1] als Nachricht enthalten.

Das erste Beispiel stellt ein primäres Signal für *Sprache* dar, und zwar gibt das Oszillogramm den Stromverlauf $i(t)$ auf der Strecke zwischen Fernsprechteilnehmer und Vermittlungsamt wieder. Die Nachricht, gegeben durch das Wechselfeld des Schalldruckes am Munde des Sprechers, ist im Signal gut wiederzuerkennen. Hinzugekommen ist ein Gleichstrom I_0, den man als Träger einer amplitudenmodulierten Schwingung auffassen könnte. Jedoch kann man verschiedener Meinung darüber sein, ob das Mikrophon als Wandler und gleichzeitig auch als Modulator

---

[1] 1 Bit ist die Einheit der Nachrichtenmenge.

wirkt. Das Wichtige an diesem Beispiel ist die recht getreue Übersetzung der gesprochenen Symbole vom Schalldruck in elektrischen Strom. — Das zweite Beispiel sieht völlig anders aus. Dargestellt ist der Strom auf der Leitung eines *Fernschreib*-Teilnehmers. Es wäre denkbar, daß für jedes der 32 Symbole des Fernschreib-Alphabets ein Schwingungskomplex ähnlich dem des ersten Beispiels auftritt. Demgegenüber zeigt das Bild zwar wieder einen modulierten Gleichstromträger I_0, dieser enthält aber nur zwei ausgezeichnete Amplitudenwerte in einer bestimmten Folge von Schritten. Die Amplituden sind, wie man sagt, *quantisiert*, und zwar im vorliegenden Beispiel in der kleinstmöglichen Zahl von 2 Zuständen. Zwischenwerte können nicht vorkommen; wenn sie im empfangenen Signal dennoch auftreten, so müssen sie durch Störungen hervorgerufen worden sein und können korrigiert werden. Mit der vorstehenden Folge von 5 Schritten je Symbol — die restlichen Schritte dienen als Start- und Stopsignale der Maschine — können nach einem Rechenschema alle 32 Symbole unterschieden werden. Man nennt ein solches Schema einen „*Code*", ein solches Signal „*codiert*".

Es ist ferner bemerkenswert, daß die Zeit, die zur Übermittlung des Wortes „Bit" gebraucht wird, in beiden Fällen nicht wesentlich verschieden ist. Dabei erfordert das erste Signal einen Übertragungskanal der Breite B_0 von etwa 4000 Hz, das zweite kann in einem solchen von nur 40 Hz Breite übermittelt werden. Die Tatsache, daß das Fernsprechen außer dem eigentlichen Nachrichtentext auch noch den Tonfall und die Stimmung des Sprechers übermittelt, muß — jedenfalls in dieser einfachen Form der Modulation   mit Bereitstellen des 100fachen Frequenzbandes erkauft werden. Apparaturen, die auch nur einen Faktor 10 davon sparen — sogenannte Vocoder — sind recht kompliziert und liefern z. Z. noch eine merkbar verringerte Qualität der Sprache.

Sind schon die primären Signale sehr verschieden, so sind es die sekundären noch mehr. So gibt es unter den vielfältigen Verfahren der Modulation, um nur einige zu nennen: Amplitudenmodulation, Frequenzmodulation, Pulsphasen-Modulation und Pulscode-Modulation. Unter den Arten der Bündelung gibt es ebenfalls verschiedene: Die frequenzmäßige, die zeitliche und die amplitudenmäßige. Jede dieser Arten paßt besonders gut zu einer bestimmten Gruppe von Modulationsverfahren. Man wählt daher für die genannte Doppelaufgabe der Modulation in der ersten Stufe eine zweckmäßige Kombination von Bündelungsart und Modulationsverfahren und verwendet zur Anpassung an den Übertragungskanal gewöhnlich ein anderes, gegenüber den Eigenschaften der Strecke besonders zweckmäßiges Verfahren.

Bei dieser Mannigfaltigkeit der Verfahren erscheint es angebracht, der eingehenden Schilderung der Modulationsarten eine nach Gruppen und Gruppeneigenschaften geordnete Übersicht voranzustellen auf die

Gefahr hin, daß der Leser, der neu in die Materie eindringt, manche Beweise zunächst vermissen wird.

Eine Möglichkeit der Einteilung, nämlich in Verfahren ohne und mit Quantisierung, ist an Hand der Beispiele von Abb. 2 und 3 schon angedeutet worden. Die Aufzählung ihrer Merkmale möge jedoch noch etwas verschoben werden. Zuvor seien die verschiedenen Möglichkeiten betrachtet, einen Träger zu modulieren.

2. Hauptmerkmale der Modulationsarten

Das Signal besteht im unmodulierten Zustand gewöhnlich aus einem Gemisch harmonischer Schwingungen. In einfachen Fällen ist nur eine einzige Schwingung konstanter Amplitude S_0 und konstanter Frequenz $f_0 = \dfrac{\omega_0}{2\pi}$ vorhanden, die Trägerschwingung. Sie ist von der Form

$$s_0(t) = S_0 \cos \omega_0 t. \tag{1}$$

Bei der Modulation wird die Trägerschwingung verformt, und zwar kann sowohl ihre Amplitude S_0 den zeitabhängigen Wert $S(t)$ annehmen als auch ihr Phasenwinkel $\omega_0 t$ den vom linearen Verlauf abweichenden Wert $\varphi(t)$. Man erhält also für das Signal

$$s(t) = S(t) \cos \varphi(t). \tag{2}$$

Für das Studium einer solchen Funktion erweist sich das sogenannte Zeigerdiagramm als besonders nützlich und anschaulich. Man erhält es, indem man mit Hilfe der Umformung

$$S \cos \varphi = \frac{S}{2} \left(e^{j\varphi} + e^{-j\varphi}\right) \tag{3}$$

zu einem Paar von Drehzeigern übergeht (Abb. 4). Die Summe der beiden Zeiger veränderlicher Länge, die mit den veränderlichen Winkelgeschwindigkeiten

$$\pm \omega(t) = \pm \frac{d\varphi}{dt} \tag{4}$$

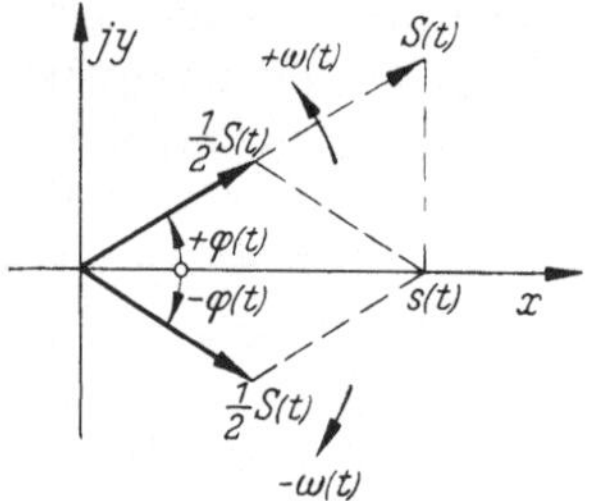

Abb. 4. Zeigerdiagramm

umlaufen, beschreibt auf der reellen Achse die Funktion $s(t)$. Dieses Verfahren, die Schwingung in Paare aufzuspalten und die negativen Frequenzen hinzuzunehmen, erweist sich als besonders zweckmäßig bei Betrachtungen im „Basis-Frequenzband" und wird in diesem Buch für das Abtasttheorem und die modulierten „Gleichstrom"-Pulse viel verwendet werden.

Für das sekundäre Signal, dessen Trägerfrequenz meist groß ist gegen die höchste Frequenz B_0 des primären Signals, gilt die Besonderheit, daß die beiden Zeiger im Mittel mit der beträchtlichen Winkelgeschwindigkeit ω_0 umlaufen und um diese herum nur kleine und langsame Schwankungen ausführen. Ebenso verändert sich auch die Amplitude $\frac{1}{2} S(t)$ vergleichsweise nur langsam mit der Zeit, so daß die Zeiger ihre Länge während jedes Umlaufs nur sehr wenig ändern. Für die Darstellung dieser Verhältnisse hat sich ein sehr anschauliches Verfahren eingeführt: Man denkt sich das ganze Diagramm mit der Geschwindigkeit ω_0 umlaufend, gewöhnlich im Sinne des Uhrzeigers. Dann pendelt der eine der beiden Zeiger nur langsam um seine Ruhelage, so daß man seine Bewegungen leicht und anschaulich übersieht. Um auch den anderen Zeiger, der sich dann annähernd mit $2\,\omega_0$ dreht, zu berücksichtigen, verdoppelt man nach Abb. 4 den ersten Zeiger und projiziert ihn auf die umlaufende Achse, schreibt also

$$s(t) = \operatorname{Re}\left\{ S(t)\, e^{j\varphi(t)} \right\} \tag{5}$$

in Übereinstimmung mit Gl. (2). Diese Verhältnisse zeigt Abb. 5. Das Koordinatenkreuz, hier als x' und $j\,y'$ bezeichnet, rotiert mit der Geschwindigkeit ω_0 rechts herum. Auf der reellen Achse x' werden die jeweiligen Augenblickswerte $s(t)$ des Signals erhalten[1]. Die Zeigerspitze durchläuft langsam die gestrichelte Kurve. Hierbei zeigt die Zeigerlänge Abweichungen $\Delta S(t)$ von dem konstanten Wert S_0, der ohne Modulation vorhanden wäre,

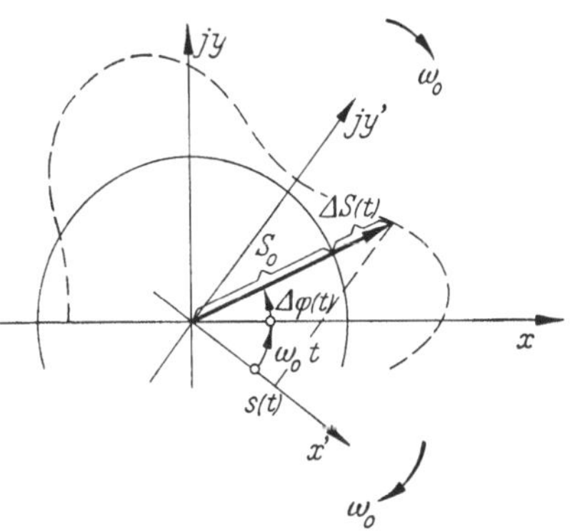

Abb. 5. Zeigerdiagramm eines Hochfrequenzsignals

und der Zeigerwinkel Abweichungen $\Delta\varphi(t)$ von dem Grundwinkel $\omega_0\,t$. Der gesamte Winkel wird

$$\varphi(t) = \omega_0\,t + \Delta\varphi(t) \tag{6}$$

und die dazugehörige Winkelgeschwindigkeit oder Augenblicks-Kreisfrequenz

$$\frac{\mathrm{d}\varphi}{\mathrm{d}t} = \omega_0 + \frac{\mathrm{d}}{\mathrm{d}t}\,\Delta\varphi. \tag{7}$$

Das primäre Signal steckt dabei in den Abweichungen der Zeigerlänge $\Delta S(t)$ — diesen Fall nennt man *Amplitudenmodulation* — oder in dem Winkelanteil $\Delta\varphi(t)$ — diesen Fall nennt man *Winkelmodulation* — oder

---

[1] In der Starkstromtechnik ist es üblich, die Zeigerlänge gleich dem Effektivwert der betrachteten Sinusschwingung zu wählen. Um die Augenblickswerte zu erhalten, muß man daher dort die jeweilige Projektion noch mit $\sqrt{2}$ multiplizieren.

in beiden. Der obere Teil (a) von Abb. 8 zeigt den zeitlichen Verlauf einer solchen Schwingung mit kombinierter Modulation.

An dieser Stelle ist folgende Bemerkung wichtig: Will man am Sendeort die Zeigerlänge und den Zeigerwinkel unabhängig voneinander ändern, so hat das nur dann Sinn, wenn es am Empfangsort möglich ist, diese Änderungen auch unabhängig voneinander festzustellen. Für hohe Umlaufsgeschwindigkeit ω_0 trifft dies genügend genau zu. Bei der Schwingung von Abb. 8a kann man durch Gleichrichten die Hüllkurve erhalten, d. h. den zeitlichen Verlauf der Zeigerlänge, und durch Abzählen der Nulldurchgänge die Augenblicksfrequenz. Man sieht aber sofort, daß eine Trennung nicht mehr möglich ist, wenn die Umlaufsgeschwindigkeit ω_0 sehr klein, im

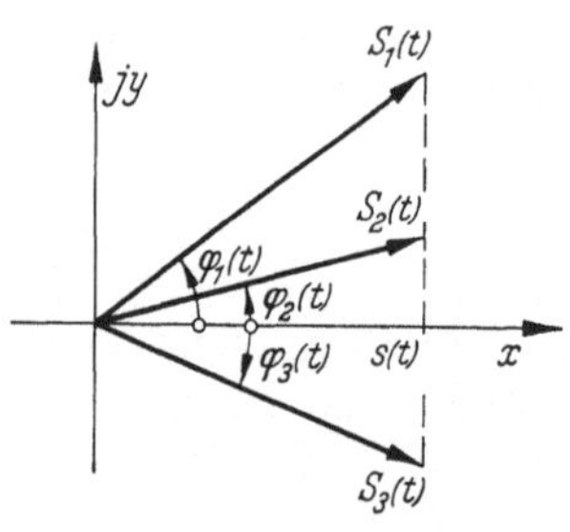

Abb. 6. Mehrdeutiges Zeigerdiagramm

Grenzfall z. B. Null wird (Abb. 6). Der Träger wird dann zum Gleichstrom. Ein bestimmter Wert $s(t)$ des Signals kann von allen möglichen Zeigern der Länge S_1, S_2, S_3 und der Winkel φ_1, φ_2, φ_3 herrühren. Damit Eindeutigkeit herrscht, darf offenbar ein Mindestwert der Augenblicksfrequenz $f(t) = \dfrac{1}{2\pi}\dfrac{d\varphi}{dt}$ nicht unterschritten werden. Auf S. 138 ff. wird als Folge des Abtasttheorems für Zeitfunktionen bewiesen werden, daß dieser Mindestwert recht genau

$$f(t) = B_0 \tag{8}$$

sein muß, wenn B_0 das Band der modulierenden Frequenzen bedeutet. Für höhere Augenblicksfrequenzen als B_0 ist die Unabhängigkeit der Amplituden- und der Winkelmodulation praktisch ausreichend gewährleistet, und das Zeigerdiagramm ist allgemein brauchbar.

Eine Einteilung der Modulationsverfahren läßt sich nunmehr nach folgenden Gruppenpaaren vornehmen, wobei gleichzeitig immer die wichtigsten Merkmale genannt seien.

1. Amplitudenmodulation und Winkelmodulation. Für reine Formen dieser Verfahren sind ihre Zeigerdiagramme in Abb. 7 dargestellt.

Bei Amplitudenmodulation schwankt nur die Länge des Zeigers inner-

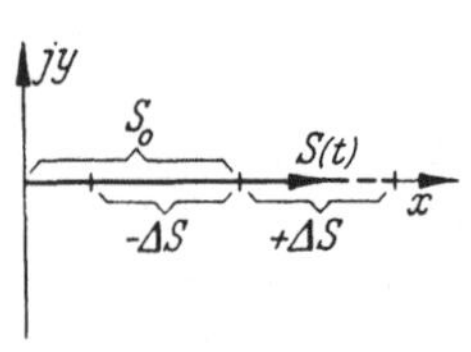

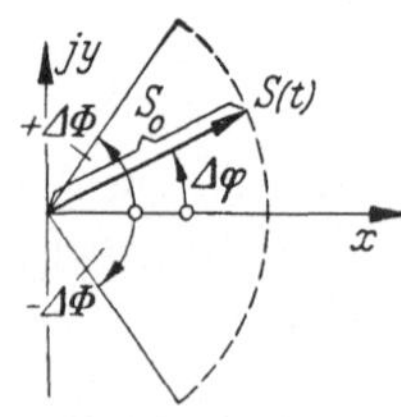

Abb. 7. Zeigerdiagramme für reine Amplituden- und reine Winkelmodulation

halb der Höchstwerte $\pm \Delta S$ gegenüber dem Trägerwert S_0, seine Lage bleibt unverändert. Die Augenblicks-Kreisfrequenz ist die der konstant rotierenden Zeitachse ω_0.

Bei Winkelmodulation hat der Zeiger konstante Länge S_0, ändert aber dafür seine Lage im Rhythmus der modulierenden Schwingung. Der Augenblickswinkel pendelt innerhalb der Höchstwerte $\pm \Delta \Phi$ um den Winkel des Trägers herum. Zur Gruppe der Winkelverfahren gehören unter anderem die Phasen- und Frequenzmodulation, die Pulsphasen-Modulation und die Pulsdauer-Modulation.

Des öfteren sieht man dem Signal seine Herkunft nicht an. So kann man z. B. durch geeignete Überlagerung zweier, im Gegentakt amplitudenmodulierter Schwingungen ein winkelmoduliertes Signal erzeugen und umgekehrt. Es hängt dann von der Art der Demodulation ab, welche der im folgenden genannten Merkmale auftreten.

Ein wichtiger Unterschied zwischen Amplituden- und Winkelmodulation liegt in der Wirkung der Geräusche. Bei Amplitudenmodulation sind Geräusche in dem Maße, wie sie unterwegs in das sekundäre Signal gelangen, nach der Demodulation im primären Signal enthalten und können im Prinzip auf keine Weise entfernt werden[1]. Dagegen setzen die Verfahren der Winkelmodulation die Wirkung der unterwegs eingedrungenen Geräusche herab, wenn diese kleiner sind als die Signalamplitude und wenn das Signal ein größeres Frequenzband belegt als die Nachricht vorgibt. Die Wahl dieses ,,Faktors der Frequenzband-Erweiterung" und damit die Verbesserung des Abstandes zwischen Signal und Geräusch steht frei; die Verkleinerung der Geräusche muß mit mehr Frequenzband bezahlt werden.

Ein weiterer Unterschied besteht in der Wirkung von Nichtlinearitäten. Während alle Arten der Amplitudenmodulation sehr empfindlich sind gegen gekrümmte Amplitudenkennlinien und weniger auf Abweichungen des Phasenganges reagieren, wird die Winkelmodulation umgekehrt stark gestört durch Phasenkennlinien mit nichtlinearem Frequenzgang; sie ist hingegen sehr robust gegenüber Nichtlinearitäten der Amplitudenkennlinien. Bestimmte günstige Wirkungen auf die Geräusche werden sogar erst dadurch erhalten, daß Amplitudenfilter, d. h. untere und obere Schwellenwerte für die übertragenen Amplituden eingeführt werden. Da es der heutigen Hochfrequenztechnik in vielen Fällen noch nicht gelungen ist, Schaltungen mit genügend linearen Amplitudenkennlinien zu bauen, leuchtet es ein, daß die Winkelverfahren — insbesondere für die Funkübertragung — auch dann wichtig

---

[1] Hier sei abgesehen von Geräuschen, die stärker sind als das Signal, ferner ganz allgemein von den Verfahren, die eine Trennung von Signal und Geräusch auf Grund verschiedenartiger, dem Empfänger bekannter Grundeigenschaften erlauben. Für diese gelten andere Gesetze.

sind, wenn keine Verbesserung des Signal-Geräusch-Abstandes verlangt wird.

2. **Kontinuierliche Modulation und Pulsmodulation.** Eine andere Fragestellung ist die, ob das Signal eine kontinuierliche Schwingung darstellt oder nur zu gewissen, regelmäßig wiederkehrenden Zeiten auftritt (Abb. 8). Dies ergibt eine Einteilung in „*kontinuierliche Modulation*" und „*Pulsmodulation*". Das rhythmische Auftreten des Signals b) legt in Anlehnung an den menschlichen Puls den Namen „Pulsmodulation" nahe. Wie im Kap. 2 gezeigt werden wird, besteht ein solches Signal aus einem Gemisch von kontinuierlichen Schwingungen der Form a); auf jede der gleichartig modulierten Teilschwingungen läßt sich die Zeigerdarstellung von Abb. 5 anwenden.

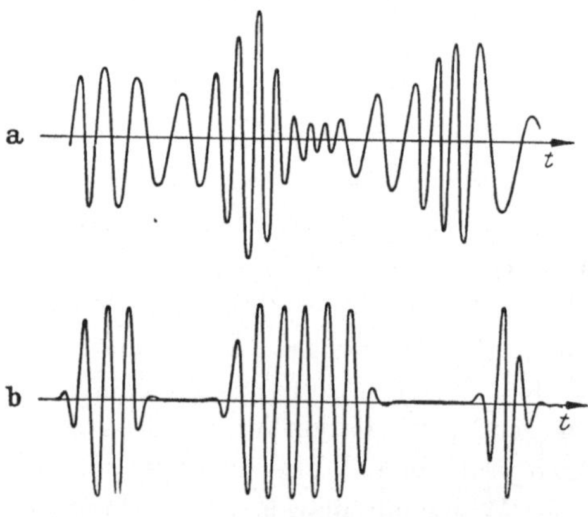

Abb. 8a u. b.   Signal mit kontinuierlicher Modulation (a) und mit Pulsmodulation (b)

Dementsprechend zeigen auch die kontinuierliche und die Pulsmodulation gleiche Gesetzmäßigkeiten in der Reduktion der Geräusche, wenn das gleiche Frequenzband für das Signal zur Verfügung gestellt wird. Hingegen liegt die Schwelle, oberhalb deren eine solche Wirkung auftritt, bei den Pulsverfahren tiefer. Diese Technik eignet sich daher gut zum Empfangen schwacher Signale. Sie hat dementsprechend ihre erste große Anwendung in der Radartechnik gefunden.

Ein weiterer Unterschied liegt in der Form der Mehrfachausnutzung. Will man mehrere Nachrichtenkanäle zusammenfassen („bündeln"), so liegt es nahe, dies bei den kontinuierlichen Verfahren in Form der frequenzmäßigen Bündelung zu tun, d. h., die Spektren der einzelnen primären Signale frequenzmäßig nebeneinander zu legen. Bei den Pulsverfahren dagegen ist eine zeitliche Bündelung möglich; die zu den verschiedenen primären Signalen gehörenden Impulse werden dabei zeitlich verschachtelt. Diese Methode hat sich im schaltungsmäßigen Aufbau und in der Technik des Abzweigens von Teilbündeln als so zweckmäßig erwiesen, daß die Pulsmodulation sich — besonders in der Funktechnik — ihren Platz neben den Verfahren mit kontinuierlicher Modulation erobert hat.

3. **Verfahren mit stetigem Amplitudengang und Verfahren mit Quantisierung der Amplituden.** Bei dieser Einteilung wird

nicht darauf gesehen, ob das sekundäre Signal in der Amplitude oder im Winkel schwankt, ob es kontinuierlich ist oder einen Puls darstellt, sondern ob die Amplituden des primären Signals bei der Modulation quantisiert werden oder nicht. Im ersten Fall ist nur eine bestimmte Zahl von Amplitudenwerten möglich, man braucht daher auch nur eine diskrete Zahl von Daten zu übertragen. Dabei zeigt sich eine bemerkenswerte Eigenschaft: Bleibt das unterwegs aufgenommene Geräusch unterhalb einer halben Stufe, so wird die Wirkung auf das empfangene primäre Signal nicht nur herabgesetzt, sondern in beliebiger Annäherung zu Null gemacht. Dafür zeigt das empfangene primäre Signal, wenn es vor dem Sender stetig war, eigentümliche Unregelmäßigkeiten, die sogenannte *Quantisierungsverzerrung*. Wie stark diese Verzerrung ist, hängt nur von der Stufenzahl ab. Man kann den Verzerrungsgrad daher frei wählen. Geringe Verzerrungswerte stellen jedoch höhere Anforderungen an den Übertragungskanal. Es ist bei allen bisher genannten Modulationsarten möglich, das Verfahren zusätzlich anzuwenden.

Die Quantisierung der Amplitudenwerte ist ferner eine Voraussetzung für die *Codierung*. Dabei wird im übertragenen Signal die Zahl der quantisierten Amplitudenwerte verändert, gewöhnlich im Sinne einer Verkleinerung. Im Minimum hat man nur zwei Werte, Ja oder Nein, Plusstrom oder Minusstrom. Für jeden einzelnen Quantenwert des primären Signals braucht man dann allerdings im übertragenen Signal eine ganze Folge der einfachen Ja-Nein-Impulse. Zu dieser Klasse gehört die Pulscode-Modulation.

Das umgekehrte Verfahren ist die *Amplitudenbündelung*. Liegen mehrere primäre Signale vor, deren Amplitudenwerte quantisiert sind, so kann man die zu einer bestimmten Zeit auftretenden Werte aller Signale durch einen einzigen neuen Amplitudenwert ausdrücken und nur diesen übertragen.

Die vorstehende Übersicht zeigt, daß man eigentlich jedes Verfahren nach drei Richtungen bezeichnen könnte, wozu noch ein Kennzeichen für die Bündelungsart kommt. Im Sprachgebrauch haben sich der Kürze halber einfachere Bezeichnungen eingeführt, die dementsprechend nicht immer systematisch sind. In der Übersicht über die kombinierten Verfahren (s. S. 23ff. u. 66ff.) werden daher, um Verwirrung zu vermeiden, wenigstens Doppelbezeichnungen eingeführt werden. Wie schon erwähnt, wählt man ja für die Modulatoren von Abb. 1 gewöhnlich *ein* Verfahren passend zur Art der Bündelung aus, ein zweites passend zu den Eigenschaften der Strecke. In erster Linie wird man hier an solche Verfahrenseigenschaften denken, die einen möglichst geringen Einfluß der Übertragungsverzerrungen gewährleisten und eine möglichst geringe Wirkung der Geräusche.

Die Übersicht zeigt andererseits wohl zur Genüge, welche innigen Zusammenhänge zwischen den verschiedenen Arten der Modulation bestehen. Es erscheint daher nötig, der eingehenden Beschreibung der Pulsmodulation einen Abschnitt über die wichtigsten Eigenschaften der Verfahren mit kontinuierlicher Modulation voranzustellen. Hieran möge sich eine kurze, anschauliche Übersicht schließen über die entsprechenden Pulsverfahren und die wichtigsten Kombinationen von kontinuierlicher und Pulsmodulation. Die folgenden Kapitel widmen sich dann den Gesetzen der Pulsmodulation im einzelnen.

II. Arten und Eigenschaften der Verfahren mit kontinuierlicher Modulation

1. Amplitudenmodulation (AM, EB)

Die am längsten bekannte Form der Modulation ist die direkte Beeinflussung der Amplitude einer Trägerschwingung im Rhythmus des primären Signals. Vom heutigen Standpunkt aus muß man aber sagen, daß dieses Verfahren für das Verständnis durchaus nicht das einfachste ist. Ferner wird es in der Trägerfrequenztechnik, die heute den wesentlichen Teil der Fernsprechkanäle im Weitverkehr liefert, sehr selten angewandt. Nur der Name „Träger" ist ähnlich wie der Vorsatz „Funk"

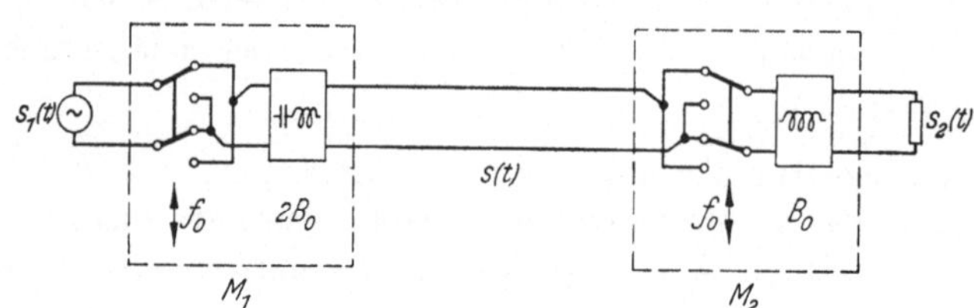

Abb. 9. Prinzipschaltung für Amplitudenmodulation
$M_1 \equiv$ Modulator, $M_2 \equiv$ Demodulator

im Worte „Funktechnik" noch von alters her geblieben. Zur Amplitudenmodulation braucht man nämlich gar keine Trägerschwingung, sondern nur einen Schaltvorgang im Rhythmus der gewünschten Trägerfrequenz. Im Prinzip läßt sich der Modulationsvorgang mit einem motorgetriebenen Kommutator oder einem hin- und herbewegten Schalter verwirklichen (Abb. 9). Daß man in der Praxis elektrisch gesteuerte Schalter, nämlich den Gegentakt- oder Ringmodulator mit Gleichrichtern verwendet, ist grundsätzlich nicht von Belang.

Das primäre Signal $s_1(t)$, welches die Bandbreite B_0 haben möge, wird im Sendemodulator M_1 mit der Frequenz f_0, in deren Umgebung man die Nachricht zu übertragen wünscht, umgepolt. Das so erhaltene Signal $s(t)$ wird in einem Bandfilter, das mindestens die Bandbreite

$2\,B_0$ haben muß, von Oberschwingungen gereinigt, dann übertragen und im Empfangsmodulator M_2 synchron wiederum umgepolt. Hinter einem Tiefpaß mit der Durchlaßbandbreite B_0 erhält man dann das primäre Signal als $s_2(t)$ wieder.

Der Einfachheit halber sei $s_1(t)$ als einzelne sinusförmige Schwingung der Amplitude Eins und der Frequenz $f_m = \dfrac{\omega_m}{2\,\pi}$ angenommen in der Form

$$s_1(t) = \cos \omega_m\,t. \qquad (9)$$

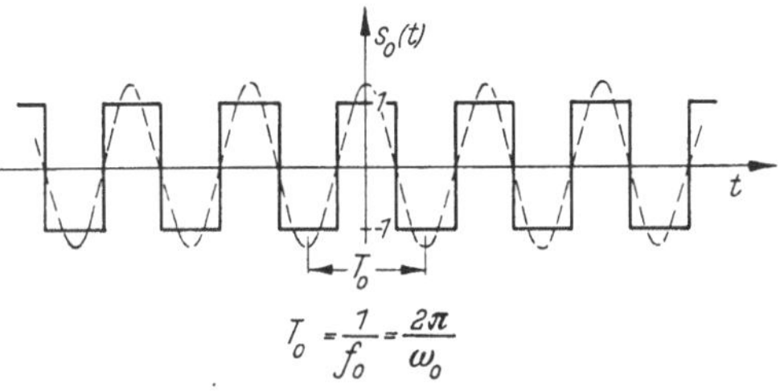

Abb. 10. Schaltfunktion

Die Schaltfunktion $s_0(t)$ sei gegeben durch eine andauernde Rechteckschwingung der Amplitude ± 1 und der Frequenz $f_0 = \dfrac{\omega_0}{2\,\pi}$ nach Abb. 10. Zerlegt in ihre Harmonischen läßt sie sich als FOURIER-Summe (s. S. 78) schreiben

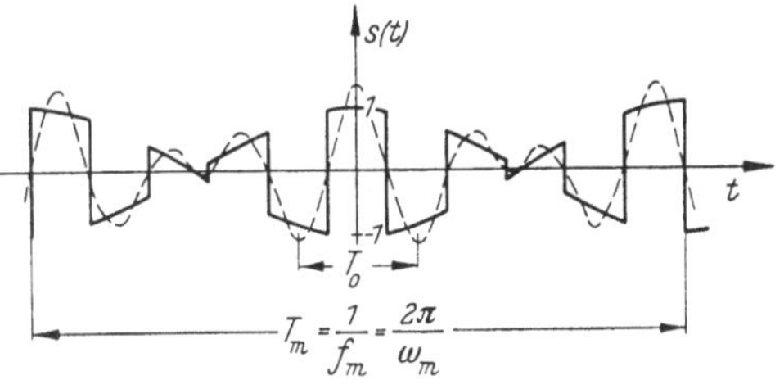

Abb. 11. Signalfunktion bei Amplitudenmodulation ohne Träger

$$s_0(t) = \frac{4}{\pi}\left[\cos \omega_0\,t - \frac{1}{3}\cos 3\,\omega_0\,t + \frac{1}{5}\cos 5\,\omega_0\,t - \cdots\right]. \qquad (10)$$

Die Grundwelle mit der Periode $T_0 = \dfrac{1}{f_0}$ ist gestrichelt eingezeichnet. Das erhaltene Signal ist das Produkt aus beiden Funktionen (Abb. 11). Werden dabei die Spektren höherer Ordnung, die bei den Harmonischen der Trägerfrequenz f_0 liegen, durch Filter unterdrückt, so erhält man

$$s(t) = \frac{2}{\pi}\left[\cos (\omega_0 - \omega_m)\,t + \cos (\omega_0 + \omega_m)\,t\right]. \qquad (11)$$

Dies ist eine reine Schwebung; in Abb. 11 ist sie gestrichelt eingezeichnet.

Die Betrachtung ändert sich nicht, wenn das primäre Signal aus einem Gemisch von Schwingungen

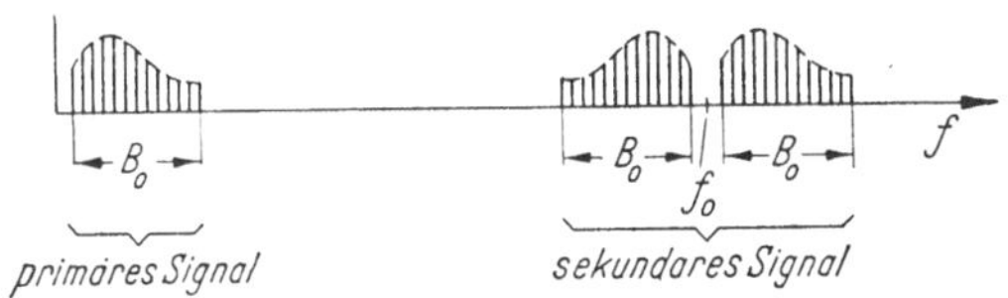

Abb. 12. Spektren bei Amplitudenmodulation ohne Träger

besteht. Jede Spektrallinie aus dem Frequenzband B_0 des primären Signals wird in zwei Linien aufgespalten, die im Abstand $\pm f_m$ symmetrisch zur Trägerfrequenz f_0 liegen. Diese selbst zeigt keine Linie (Abb. 12). Das Signal, bestehend aus vielen überlagerten Schwebungen, bedeckt ein Frequenzband der Breite $2\,B_0$.

Auf der Empfangsseite wird das Signal wieder umgepolt, d. h. mit der Schaltfunktion multipliziert. Diese möge die richtige Frequenz, jedoch eine beliebige Phase θ haben. Es ergibt sich, wenn man wieder die höheren Harmonischen von $s_0(t)$ außer acht läßt,

$$s_2(t) = s(t)\, s_0(t)$$
$$= \frac{4}{\pi^2} \left[\cos\{-\omega_m\, t + \theta\} + \cos\{(2\,\omega_0 - \omega_m)\, t - \theta\}\right. \qquad (12)$$
$$\left. + \cos\{\omega_m\, t + \theta\} + \cos\{(2\,\omega_0 + \omega_m) - \theta\}\right].$$

Beschränkt man das Frequenzband auf das des primären Signals, so wird

$$s_2(t) = \frac{8}{\pi^2} \cos\theta \cos\omega_m\, t = \frac{8}{\pi^2}\, s_1(t) \cos\theta. \qquad (13)$$

Das ursprüngliche primäre Signal wird also unverzerrt wiedergewonnen. Seine Amplitude kann jedoch abhängig von der Schaltphase θ alle möglichen Werte zwischen einem positiven und negativen Höchstwert annehmen, bei $\theta = 90°$ ist sie Null. Man muß daher bei diesem Verfahren die Sende- und Empfangsschalter phasenstarr synchronisieren. Der Höchstwert $\frac{8}{\pi^2}$ auf der Empfangsseite entspricht einer Dämpfung zwischen Eingang und Ausgang von

$$a = \ln\frac{\pi^2}{8} = 0{,}21\ \mathrm{N} = 1{,}8\ \mathrm{db}, \qquad (14)$$

von der je die Hälfte auf Sende- und Empfangsmodulator entfallen. Die verlorene Energie steckt in den unterdrückten Seitenbändern der Harmonischen des Trägers. Es ist ganz interessant, sich einmal die einzelnen Verluste an Hand der folgenden Tabelle zu vergegenwärtigen:

	Amplitude als Faktor	Leistung		Dämpfung	
		als Faktor	%	N	db
Primäres Sendesignal	1	1	100		
Sendemod. { 3. Harm. d. Trägers		$2\left(\frac{2}{3\,\pi}\right)^2$	9,0		
5. Harm. d. Trägers		$2\left(\frac{2}{5\,\pi}\right)^2$	3,2	0,105	0,9
alle übrigen Harm.		—	$\frac{6{,}8}{19{,}0}$		
Übertragenes Signal		$2\left(\frac{2}{\pi}\right)^2 = \frac{8}{\pi^2}$	81		
Empf.mod. { 2. Harm. d. Trägers		$2\left(\frac{8}{3\,\pi^2}\right)^2$	14,4		
4. Harm. d. Trägers		$2\left(\frac{8}{15\,\pi^2}\right)^2$	0,6	0,105	0,9
alle übrigen Harm.		—	$\frac{0{,}6}{15{,}6}$		
Primäres Empfangssignal	$\frac{8}{\pi^2}$	$\left(\frac{8}{\pi^2}\right)^2$	65,4		

Wie Abb. 12 zeigt, ist das Spektrum des Signals vollkommen symmetrisch zur Trägerfrequenz f_0. Man kann also eines der beiden Bänder fortlassen, ohne an Nachrichteninhalt zu verlieren. Dies ist das heute sehr verbreitete *Einseitenbandverfahren* (CARSON, 1915). Unterdrückt man z. B. das obere Seitenband, so verbleibt in Gl. (11) nur der erste Summand. Für jede Sinusschwingung des primären Signals enthält das sekundäre Signal ebenfalls nur eine Sinusschwingung (Abb. 13). Sprünge im ersten Vorgang (t_1; t_2) erscheinen, soweit die Breite B_0 des Modulationsbandes ihre Ausbildung zuläßt, als ebensolche Sprünge im zweiten Vorgang.

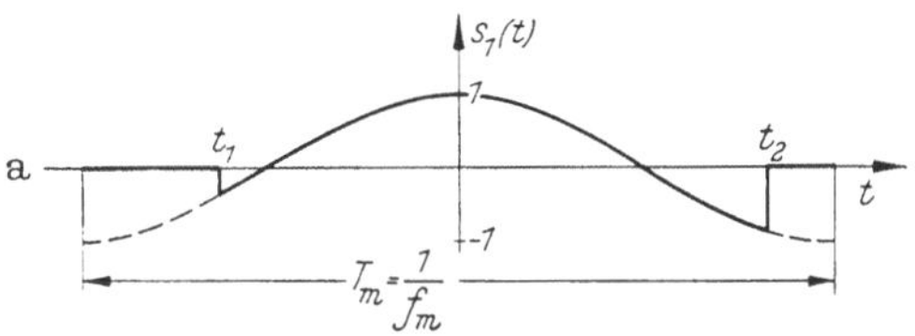

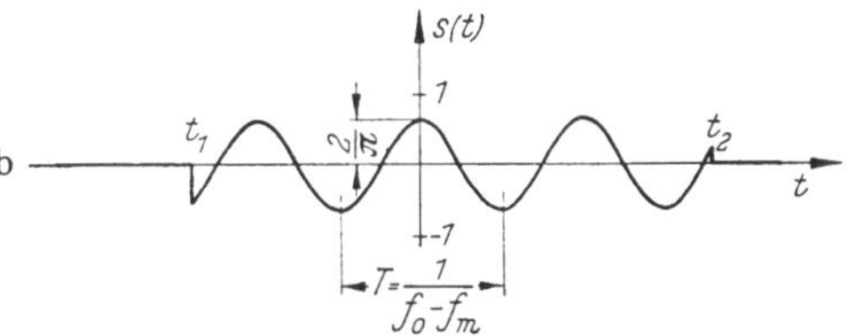

Abb. 13a u. b. Zeitliche Vorgänge bei Einseitenband-Modulation
a) Primäres Signal $s_1(t)$,   b) Sekundäres Signal $s(t)$

Das primäre Empfangssignal wird nach Gl. (12), erste Hälfte

$$s_2(t) = \frac{4}{\pi^2}\cos(\omega_m t - \theta) = \frac{4}{\pi^2}\, s_1\left(t - \frac{\theta}{\omega_m}\right). \tag{15}$$

Die Dämpfung ist auf

$$a = \ln\frac{\pi^2}{4} = 0{,}9\ \mathrm{N} = 7{,}8\ \mathrm{db} \tag{16}$$

gestiegen; sie verteilt sich wieder zu gleichen Teilen auf den Sende- und Empfangsmodulator und läßt sich leicht durch entsprechende Verstärkung ausgleichen. Wesentlicher ist, daß die empfangenen Amplituden im Gegensatz zum Zweiseitenbandverfahren unabhängig vom Schaltwinkel θ sind. Dafür teilt sich dieser Winkel voll als Phase jeder empfangenen Schwingung des Spektrums mit. Dies bedeutet nach Gl. (15) eine zeitliche Verschiebung um

$$t_0 = \frac{\theta}{\omega_m}, \tag{17}$$

die für jede Modulationsfrequenz f_m verschieden ist. Formgetreu wird also die Nachricht nur wiedergegeben, wenn die Schaltfunktionen auf der Sende- und Empfangsseite nicht nur gleiche Frequenz haben, sondern auch in der Phase übereinstimmen. Welche Verformungen dabei vorkommen können, möge am Beispiel eines um $\theta = 90°$ verschobenen Empfangsrhythmus gezeigt werden.

Die zu übertragende Schwingung $s_1(t)$ habe nach Abb. 14 oben den Charakter von Telegraphiewechseln, bestehe also im wesentlichen aus einer Modulations-Grundschwingung der Periode T_m und einer 3. Harmonischen. Die am Empfangsort wiedergewonnene Schwingung $s_2(t)$ (Abb. 14 unten) zeigt ein völlig verändertes Aussehen, da jede der Teilschwingungen um 90° nach rechts verschoben ist.

Glücklicherweise reagiert das Ohr — zum mindesten bei der gewöhnlichen Sprachübertragung — nicht auf die Form der übertragenen Nachricht, sondern bewertet die enthaltenen Spektrallinien nur nach ihrer Amplitude. Die beiden Schwingungen von Abb. 14 werden daher als gleich empfunden. Für die Einseitenband-Sprachkanäle der Trägerfrequenz-

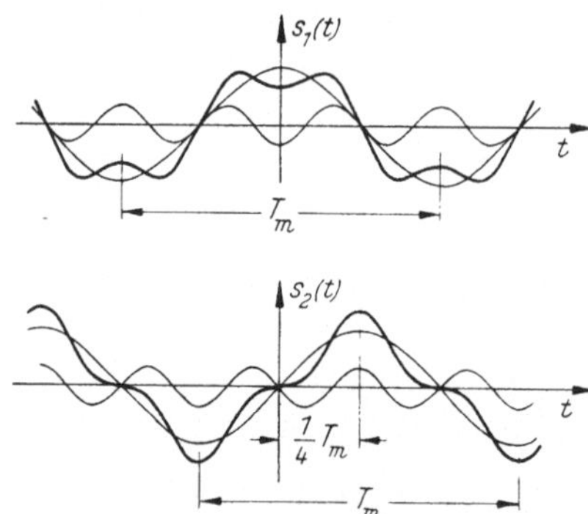

Abb. 14. Verformung eines Wechselstromzeichens bei Einseitenband-Demodulation mit 90° Phasenverschiebung

technik bedeutet dies, daß man die Schaltvorgänge auf der Sende- und Empfangsseite nicht zu synchronisieren braucht, sondern nur auf genügende Übereinstimmung der Frequenzen zu achten hat. Übermittelt man dagegen innerhalb eines solchen Sprachkanals Signale, auf deren Form es ankommt, wie z. B. Telegraphiezeichen, Wählimpulse oder Fernmeßwerte, so muß man diese nach dem Zweiseitenbandverfahren übertragen und entweder die Schaltvorgänge synchronisieren oder die Trägerschwingung zusetzen und mitsenden. Man erhält dann das altbekannte Verfahren mit Träger und zwei Seitenbändern, wie es z. B. bei der Wechselstromtelegraphie und beim Rundfunk üblich ist. Aus Gl. (11) wird für das Signal, wenn man noch den Modulationsgrad m, d. h. das Verhältnis der Amplitudensumme der Seitenschwingungen zur Trägeramplitude S_0 einführt

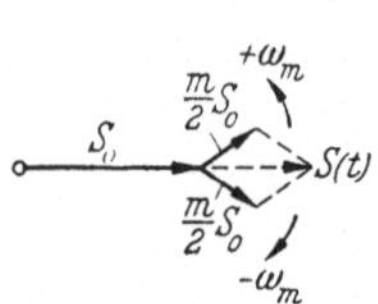

Abb. 15. Zeigerdiagramm des Zweiseitenbandverfahrens mit Träger

$$s(t) = S_0 \cos \omega_0 t + \frac{m}{2} S_0 \left[\cos (\omega_0 - \omega_m) t + \cos (\omega_0 + \omega_m) t\right]. \quad (18)$$

Dieser Ausdruck ergibt das in Abb. 7 bereits kurz behandelte Zeigerdiagramm der reinen Amplitudenmodulation (Abb. 15). Die Zeiger $\frac{m}{2} S_0$ der beiden Seitenschwingungen, die mit $\pm \omega_m$ umlaufen, bilden zusammen mit dem Trägerzeiger S_0 einen neuen Zeiger $S(t)$, dessen Größe sinusförmig schwankt und der stets die gleiche Richtung hat wie S_0. Gl. (18) kann auch geschrieben werden

$$s(t) = S_0 (1 + m \cos \omega_m t) \cos \omega_0 t = S(t) \cos \omega_0 t. \qquad (19)$$

Den zeitlichen Verlauf dieses Signals zeigt Abb. 16. Der Modulationsgrad m darf im Höchstfall den Wert 1 oder 100% erreichen, damit die

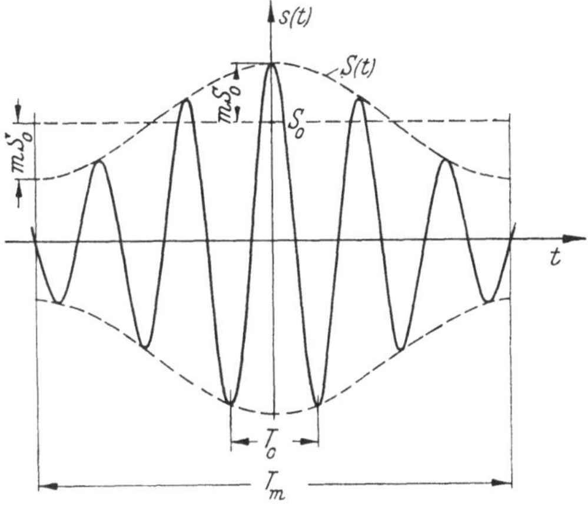

Abb. 16. Signal bei Amplitudenmodulation mit Träger ($m = 50\%$)

Hüllenkurven sich nicht überschneiden. Aus diesem sekundären Signal wird das primäre Empfangssignal gewöhnlich durch Gleichrichtung gewonnen. Abb. 17 zeigt, daß das Signal hinter einem Gegentaktgleichrichter im wesentlichen einen Gleichstrom, die gewünschte Empfangsschwingung

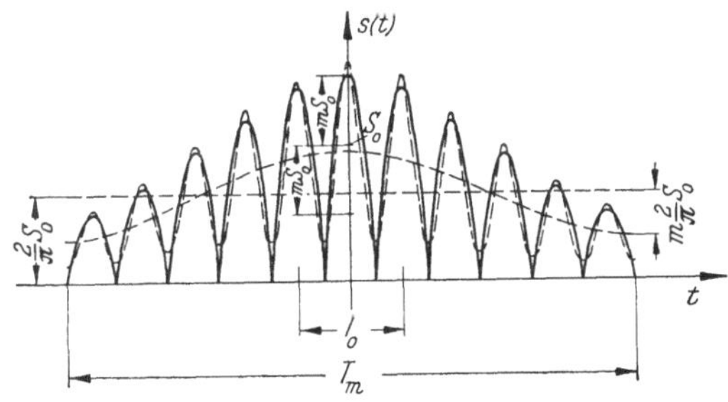

Abb. 17. Gleichgerichtetes Signal bei Amplitudenmodulation mit Träger ($m = 50\%$)

und eine Schwingung der doppelten Trägerfrequenz enthält (gestrichelt). Das Trägerverfahren hat den Nachteil, daß die Leistung für den Träger mit übertragen werden muß, dafür aber den Vorteil, daß es das primäre Signal ohne weiteres formgetreu wiedergibt.

2. Phasen- und Frequenzmodulation (PM und FM)

Wie in der Übersicht schon besprochen, ist diesen Verfahren gemeinsam, daß das primäre Signal in den Änderungen des Winkelanteils steckt. Die Amplitude bleibt dabei konstant (Abb. 18). Wenn unterwegs eingedrungene Störungen oder Dämpfungsverzerrungen im Signalweg zusätzlich eine Amplitudenmodulation hervorrufen, wird diese dadurch unwirksam gemacht, daß die Amplitude des sekundären Signals im Empfänger sorgfältig auf einen konstanten Wert begrenzt wird. Der Begrenzer ist eine wichtige Voraussetzung dafür, daß bei dieser Gruppe von Verfahren die Wirkung von Störungen verringert wird.

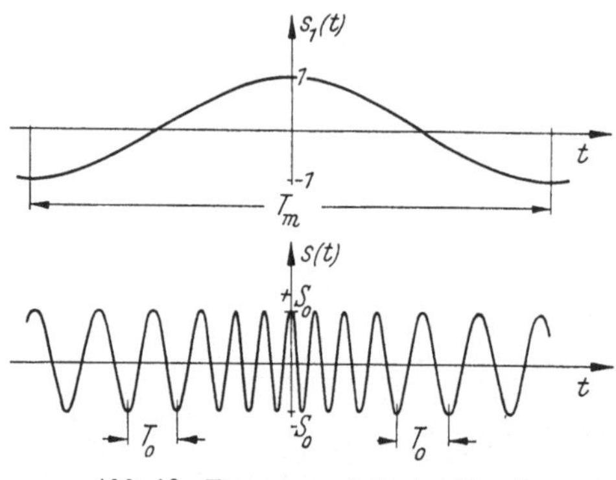

Abb. 18. Frequenzmoduliertes Signal

Wenn der Phasenwinkel selbst ein Abbild des zeitlichen Verlaufs der Nachricht ist, spricht man von *Phasenmodulation*. Benutzt man die zeitliche Ableitung des Winkels als Maß der Nachricht im Signal, so spricht man von *Frequenzmodulation*.

In der Frage, welche Größe bei zeitlich schwankendem Winkel als Frequenz zu bezeichnen sei, hat es, solange diese Technik noch in den Kinderschuhen steckte, manchmal Verwirrung gegeben. Die Betrachtung des allgemeinen Zeigerdiagramms von Abb. 4 oder 5 liefert ohne weiteres die richtige Definition der Augenblicksfrequenz nach Gl. (7). Die Größe $\frac{d}{dt}\Delta\varphi$ ist hiernach ein getreues Abbild des zu übertragenden primären Signals. Zu prüfen wäre noch, welche Größe die „Diskriminatoren" anzeigen, d. h. die frequenzempfindlichen Demodulatoren auf der Empfangsseite. In diesen Schaltungen verwendet man im allgemeinen Schwingkreise. Im einfachsten Fall genügt eine Spule der Induktivität L. Die Ausgangsgröße (z. B. der Augenblickswert der Spannung u) hängt mit der Eingangsgröße (z. B. dem Strom i) durch die Beziehung zusammen

$$u = L\frac{di}{dt}\,. \tag{20}$$

Wird ein frequenzmoduliertes Signal der Form

$$i(t) = \mathrm{Re}\left\{I_0\,e^{j[\omega_0 t + \Delta\varphi(t)]}\right\}. \tag{21}$$

auf eine solche Spule gegeben, so erhält man eine Ausgangsgröße der Form

$$u(t) = \mathrm{Re}\left\{j\,I_0\,L\left(\omega_0 + \frac{d}{dt}\,\Delta\varphi\right)e^{j[\omega_0 t + \Delta\varphi(t)]}\right\}. \tag{22}$$

Die wiedergewonnene Größe, die man durch Gleichrichtung, d. h. Bildung der Amplitude

$$U(t) = I_0\,L\left(\omega_0 + \frac{d}{dt}\,\Delta\varphi\right) \tag{23}$$

erhält, ist also, von einem konstanten Betrag $I_0\,\omega_0\,L$ abgesehen, proportional zu der Größe $\frac{d}{dt}\,\Delta\varphi$, also zum primären Signal. Der konstante Betrag wird im Diskriminator eliminiert, wenn man Gegentaktschaltungen verwendet.

Wie schon bei der vergleichenden Betrachtung der Zeigerdiagramme von Abb. 7 kurz erläutert, pendelt bei Winkelmodulation der Zeiger konstanter Amplitude S_0 im Takte des primären Signals hin und her. Die größte Auslenkung nennt man den Phasenhub oder Modulationsindex $\Delta\Phi$. Eine weitere wichtige Größe ist der Frequenzhub ΔF, der mit dem Phasenhub in engem Zusammenhang steht. Pendelt der Zeiger S_0 sinusförmig im Takte der Modulationsfrequenz, so erhält man

$$\Delta\varphi(t) = \Delta\Phi \sin \omega_m t. \tag{24}$$

Die Augenblicksfrequenz des Pendelzeigers wird

$$\Delta f(t) = \frac{1}{2\pi}\frac{d}{dt}\Delta\varphi = \Delta\Phi\, f_m \cos \omega_m t. \tag{25}$$

Die Größe $\Delta\Phi\, f_m$ bezeichnet man als den Frequenzhub ΔF. Für sinusförmige Änderungen ergibt sich daher folgender wichtige Zusammenhang: Der Phasenhub oder Modulationsindex ist gleich dem Quotienten aus dem Frequenzhub und der Modulationsfrequenz

$$\Delta\Phi = \frac{\Delta F}{f_m}. \tag{26}$$

Diese Beziehung zeigt, daß bei Modulation mit einer einzigen Sinusschwingung man es dem Signal nicht ansehen kann, ob es phasen- oder frequenzmoduliert ist. Stellt man durch Messung einen Frequenzhub ΔF fest, so kann man dem Signal ebensogut einen Phasenhub $\Delta\Phi = \frac{\Delta F}{f_m}$ zuordnen. Erst wenn man die Phase der modulierenden Schwingung und alle Phasenverschiebungen innerhalb des Senders kennt, kann man die genannte Frage entscheiden: Bei Phasenmodulation in der Form von Gl. (24) hat der Zeiger des Signals zu den Zeiten der Nulldurchgänge des primären Signals die Mittellage der Abb. 7, bei Frequenzmodulation nimmt er die mit $\pm\,\Delta\Phi$ bezeichneten äußersten Stellungen ein. Eine andere Folgerung aus Gl. (26) ist, daß man bei Übertragung einer beliebigen Zeitfunktion, d. h. eines ganzen Spektrums von Schwingungen, Phasenmodulation dadurch in Frequenzmodulation überführen kann, daß man den Amplituden der modulierenden Schwingungen einen Frequenzgang entsprechend $1/f_m$ gibt, z. B. durch eine Widerstands-Kondensator-Schaltung. Wenn vorher für alle Modulationsfrequenzen ein konstanter Phasenhub herrschte, so ist dann nach Gl. (26) der Frequenzhub für alle Modulationsfrequenzen konstant. Tatsächlich hat Armstrong, der Schrittmacher der Frequenzmodulation, seinen

Sender so gebaut, daß er ihn phasenmodulierte und durch eine Vorentzerrung eine Frequenzmodulation herstellte. Ebenso holt man die Nachricht aus einem phasenmodulierten Signal meist dadurch heraus, daß man frequenzdemoduliert und den Amplituden einen Gang mit $\frac{1}{f_m}$ gibt.

Der Phasenhub $\Delta\Phi$ ist eine bemerkenswerte Größe besonders deshalb, weil er ein Maß für die geräuschmindernde Wirkung der Winkelverfahren ist (s. S. 45). Soll dieser Effekt groß sein, so beschränkt sich $\Delta\Phi$ nicht wie in Abb. 7 auf kleine Winkel, sondern kann ein Vielfaches von 2π betragen.

Handelt es sich um die Übertragung eines ganzen Bandes von Modulationsfrequenzen f_m, das wie früher mit B_0 bezeichnet sein möge, so kennzeichnet man die geräuschmindernde Wirkung durch das Verhältnis des höchsten auftretenden Frequenzhubes zur Bandbreite und nennt diese Größe das Hubverhältnis

$$\eta = \frac{\Delta F}{B_0}. \tag{27}$$

Für sinusförmige Modulation mit einer Schwingung der Frequenz $f_m = B_0$ ist das Hubverhältnis gleich dem Phasenhub.

Die Größen $\Delta\Phi$ oder η dürfen nicht mit dem Modulationsgrad m verwechselt werden. Wie bei Amplitudenmodulation [vgl. Gl. (19)] gibt m den Grad an, in dem die modulierte Größe von ihrem Ruhewert aus vergrößert oder verkleinert wird. Bei Phasenmodulation gibt es keine vergleichbaren Größen, da der Ruhewert $\omega_0 t$ linear mit der Zeit wächst, wohl aber bei Frequenzmodulation. Hier ist die höchste Auslenkung der Frequenzhub ΔF und der Ruhewert die Mittelfrequenz f_0. Daher wird

$$m = \frac{\Delta F}{f_0}. \tag{28}$$

Zum Unterschied von der Amplitudenmodulation ist der höchstzulässige Modulationsgrad hier abhängig von der Modulationsfrequenz f_m und stets kleiner als Eins; für unendlich langsame Modulation, d. h. für $f_m \to 0$, wird der Wert Eins gerade erreicht. Auf S. 138 ff. wird dieser Zusammenhang genauer erläutert werden. Die praktisch benutzten Modulationsgrade sind verhältmäßig klein. Beispiele gibt die folgende Tabelle:

Übertragungssystem	Trägerfrequenz f_0	Frequenzhub ΔF	Modulationsband B_0	Hubverhältnis $\eta = \dfrac{\Delta F}{B_0}$	Modulationsgrad $m = \dfrac{\Delta F}{f_0}$
Telegraphie:	24 Werte zwischen 420 Hz und 3180 Hz	± 35 Hz	40 Hz	0,9	1–8%
Rundfunk:	100 MHz	± 75 kHz	15 kHz	5	0,1%
Fernsehen:	Zwischenfrequenz 70 MHz	± 4 MHz	5 MHz	0,8	5,7%

Für den Bau von Geräten, die mit solchen Modulationsverfahren arbeiten, und für die Netzplanung derartiger Systeme ist die Kenntnis des Frequenzbandes nötig, das die Winkelverfahren für die Übertragung brauchen. Die spektrale Zerlegung einer phasen- oder frequenzmodulierten Schwingung ist gleichbedeutend mit der Aufgabe, die kreisförmige Bahn des Pendelzeigers S von Abb. 7 durch eine Summe von gleichförmig rotierenden Zeigern darzustellen. Der Pendelzeiger möge dabei eine einfache sinusförmige Bewegung ausführen, so daß das Signal die Form hat

$$s(t) = \mathrm{Re}\left\{ S_0\, e^{j\,(\omega_0 t + \Delta\Phi \sin \omega_m t)} \right\}. \tag{29}$$

Für die spektrale Zerlegung benutzt man zweckmäßig die Funktionalgleichung

$$e^{j z \sin \theta} = \sum_{n=-\infty}^{+\infty} J_n(z)\, e^{j n \theta}. \tag{30}$$

Dabei bedeutet $J_n(z)$ die BESSELsche Funktion n-ter Ordnung vom Argument z.

Hiermit wird aus Gl. (29):

$$s(t) = \mathrm{Re}\left\{ S_0\, e^{j\omega_0 t}\, e^{j\Delta\Phi \sin \omega_m t} \right\} \tag{31}$$

$$s(t) = \mathrm{Re}\left\{ S_0\, e^{j\omega_0 t} \sum_{n=-\infty}^{+\infty} J_n(\Delta\Phi)\, e^{j n \omega_m t} \right\} \tag{32}$$

$$s(t) = \mathrm{Re}\left\{ S_0 \sum_{n=-\infty}^{+\infty} J_n(\Delta\Phi)\, e^{j (\omega_0 + n \omega_m) t} \right\}. \tag{33}$$

Die Pendelbewegung läßt sich demnach darstellen durch Addition von Zeigern der relativen Länge $J_0(\Delta\Phi)$, $J_{\pm 1}(\Delta\Phi)$, $J_{\pm 2}(\Delta\Phi)$ usw., die mit den Winkelgeschwindigkeiten ω_0, $\omega_0 \pm \omega_m$, $\omega_0 \pm 2\,\omega_m$ usw. rotieren. Ein Beispiel für den Zeitpunkt $\omega_m t - \theta = 30°$ und den Phasenhub $\Delta\Phi = 1$ zeigt Abb. 19. Der Zeiger des Trägers $J_0(1)$ ist dabei wieder stillstehend gedacht. Der Punkt P auf dem Kreise wird erreicht durch das Zusammenwirken von Zeigerpaaren, deren Kreis-

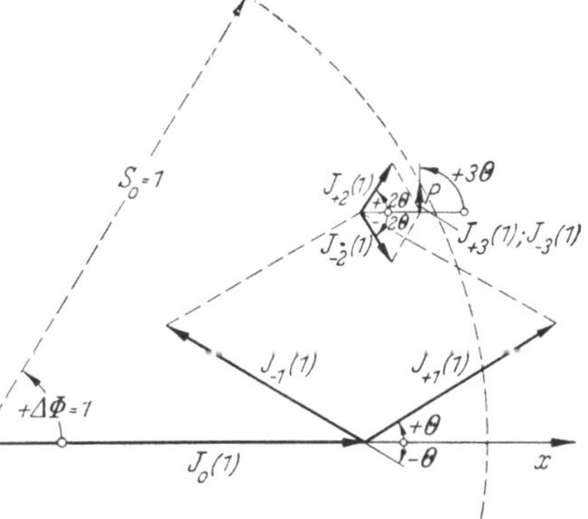

Abb. 19. Zeigerdiagramm eines phasen- oder frequenzmodulierten Signals
Phasenhub $\Delta\Phi = 1$, Modulationsphase
$\theta = \omega_m t = 30°$

frequenzen um ganze Vielfache von ω_m zu beiden Seiten der Trägerfrequenz ω_0 liegen. Eine solche Modulation ist also ein Zweiseitenbandverfahren ähnlich wie die Amplitudenmodulation mit Träger (Abb. 15), nur mit dem Unterschied, daß viele Seitenfrequenzen auftreten, im vorliegenden Fall mit merklicher Amplitude je 2 bis 3. Das zugehörige Amplitudenspektrum zeigt Abb. 20 unter a); unter b) ist als weiteres Beispiel das Spektrum für $\Delta\Phi = 3$ dargestellt. Man sieht, daß außerhalb des Bereiches $\pm\,\Delta F$, den der Frequenzhub vorgibt, noch mindestens eine weitere Spektrallinie merkliche Amplitude hat. Für spätere Vergleiche mit dem Frequenzbandbedarf der Pulsverfahren sei vorgemerkt, daß bei den hohen Ansprüchen der Mehrfachübertragung eine noch größere Bandbreite nötig ist; und zwar muß sie auf jeder Seite des Trägers außer dem Frequenzhub ΔF bis zu zwei Seitenfrequenzen umfassen. Im einzelnen hängt dieser zusätzliche Bedarf von der Wahl von $\Delta\Phi$ ab, wie weiter

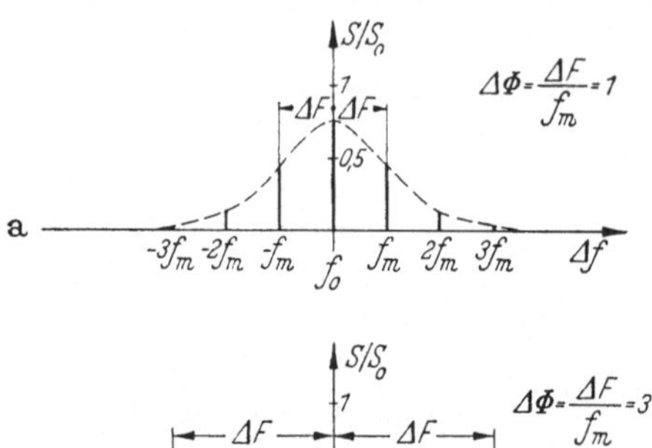

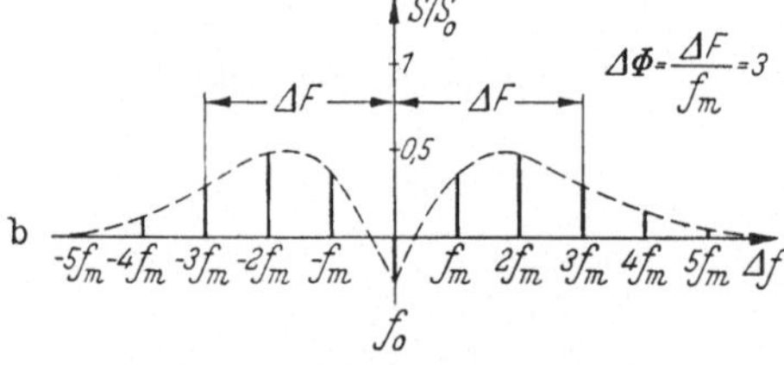

Abb. 20 a. u. b. Amplitudenspektrum frequenzmodulierter Signale

unten auf den S. 45 ff. über den Geräuscheinfluß geschildert werden wird.

Die gleichen Regeln gelten auch, wenn die modulierende Schwingung viele Frequenzen enthält. Im Spektrum treten dann alle Kombinationen dieser Frequenzen zu beiden Seiten des Trägers auf. Bei Übertragung eines primären Signals der Bandbreite B_0 belegt das Hochfrequenzsignal demnach ein Band B_h, das zwischen den Werten

$$B_h = 2\,(\Delta F + B_0) \quad \text{und} \quad B_h = 2\,(\Delta F + 2\,B_0) \qquad (34)$$

liegt.

Werden die Leistungen der Teilschwingungen betrachtet, so muß ihre Summe natürlich die Leistung des frequenzmodulierten Signals ergeben, d. h. den konstanten Wert $\frac{1}{2}\,S_0^{\,2}$. Dieser Wert muß also gleich der halben Summe der Quadrate aller Spektralamplituden sein. Nach Gl. (33) hat jede Teilamplitude die Größe $S_0\,\mathrm{J}_n(\Delta\Phi)$. Es muß also sein

$$\frac{1}{2}\,S_0^2 = \frac{1}{2}\,S_0^2 \sum_{n=-\infty}^{+\infty} \mathrm{J}_n^2\,(\Delta\Phi). \qquad (35)$$

Für die Quadrate der BESSELschen Funktionen über alle Ordnungen gilt in der Tat die Beziehung

$$\sum_{n=-\infty}^{+\infty} \mathrm{J}_n^2(x) = 1. \qquad (36)$$

Die Forderung ist also erfüllt.

3. Mehrfachausnutzung. Wichtige Kombinationen von Verfahren mit kontinuierlicher Modulation

a) Frequenzmäßige Bündelung. Wie in der Übersicht auf S. 10 schon erwähnt, liegt es bei kontinuierlicher Modulation nahe, mehrere primäre Signale der Breite B_0 frequenzmäßig aneinanderzureihen. Die sparsamste Möglichkeit hierzu bietet das Einseitenbandverfahren, da dessen Signal nur ein Frequenzband der ursprünglichen Breite B_0 umfaßt und keinerlei zusätzliche, leistungsverzehrende Schwingungen enthält, wie etwa den Träger. Für die Übertragung von Sprache kommt noch als Annehmlichkeit hinzu, daß das Ohr keine Formtreue des demodulierten Signals verlangt, so daß man auf die technische Komplikation phasenstarrer Oszillatoren verzichten kann. Aus diesen Gründen hat sich die Einseitenbandtechnik in den Fernsprechnetzen der Welt vollständig durchgesetzt. Der frequenzmäßige Abstand der einzelnen Kanäle beträgt dabei einheitlich 4 kHz (Abb. 21). Die Bänder sind oft in Kehrlage angeordnet. Außerdem hat man in den Schaltungen der Ämter bestimmte Bündelstärken und Frequenzlagen genormt, um ganze Gruppen von Kanälen ohne Frequenzumsetzung durchschalten zu können. Es sind dies im wesentlichen die

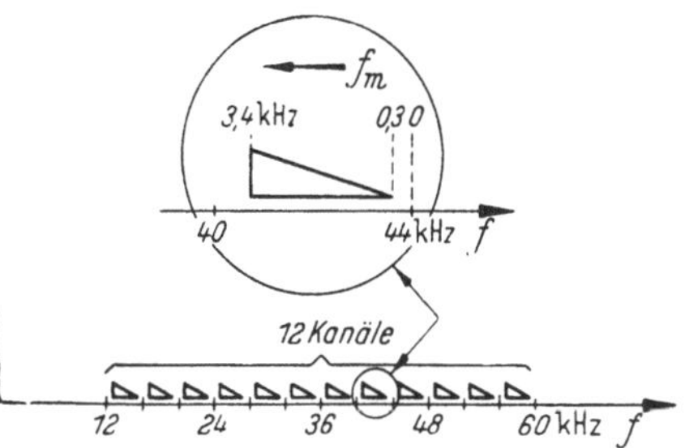

Abb. 21. Frequenzmäßige Bündelung von Sprachsignalen

Grundgruppe mit 12 Kanälen im Bereich 60 bis 108 kHz, und die

Grundübergruppe mit 60 Kanälen im Bereich 312 bis 552 kHz.

Ferner wurde auch die Frequenzlage für die Übertragung auf der Strecke typisiert, wenn auch hier die Mannigfaltigkeit je nach den Anforderungen der verschiedenen Wege — Kabel, Freileitung oder Funkstrecke — etwas größer ist. Beispiele sind

Zahl der Kanäle:	12	Bereich:	12 bis	60 kHz
	24		12 „	108 „
	60		12 „	252 „
	960		60 „	4028 „

Im einzelnen werden diese Bänder in verschiedenen Modulationsstufen erreicht. Der Modulator wirkt dabei jeweils als Schalter, im Signal tritt keine Trägerschwingung auf, und eines der beiden erzeugten Seitenbänder wird durch Filter unterdrückt.

Eine frequenzmäßige Bündelung von Signalen der übrigen kontinuierlichen Verfahren hat sich im wesentlichen nur in Kombination mit dem

Einseitenbandverfahren durchgesetzt. Von diesen Verfahrenskombinationen mögen im folgenden die wichtigsten genannt werden.

b) Amplitudenmodulation mit Träger und Einseitenbandtechnik (AM-EB). Wie auf S. 16 gezeigt worden ist, gibt das Trägerverfahren die Nachricht formgetreu wieder. Primäre Signale, bei denen es hierauf ankommt, wie z. B. Fernschreibzeichen, werden daher durch Modulation eines Tonfrequenzträgers übertragen (Wechselstromtelegraphie). Bei

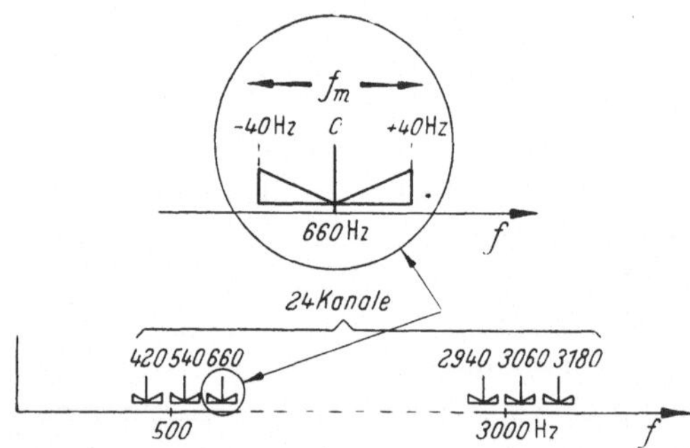

Abb. 22. Frequenzmäßige Bündelung von Signalen der Wechselstromtelegraphie

dem genormten Abstand dieser Träger von 120 Hz kann man 24 solche Signale in einem Sprachkanal unterbringen (Abb. 22). Jedes Signal bedeckt ein Frequenzband von $2 \cdot 40\ \mathrm{Hz} = 80\ \mathrm{Hz}$. Der Sprachkanal wiederum gehört z. B. zum Frequenzbündel eines Vielfach-Fernsprechsystems (AM-EB). Das Frequenzbündel seinerseits kann wiederum als Modulationsband für ein anderes Verfahren dienen, wie z. B. für Frequenzmodulation.

c) Frequenzmodulation und Einseitenbandtechnik (FM-EB oder EB-FM). Die Winkelverfahren übermitteln, wie Gl. (23) zeigt, primäre Signale ohne weiteres formgetreu. Fernschreibzeichen werden daher oft auch als frequenzmodulierte Signale übertragen, besonders dann, wenn auf der Strecke die Dämpfung merklich schwankt. Hiergegen ist die Frequenzmodulation, die ohnehin mit Amplitudenbegrenzern arbeitet, unempfindlich. Auch hier benutzt man oft die Kanäle der Wechselstrom-Telegraphie mit 120 Hz Abstand nach dem Schema von Abb. 22. Nur ist die Amplitude in jedem Kanal konstant: Der Zeichenverlauf liegt in der Frequenz. Den beiden Extremzuständen Strom und Pause entsprechen Frequenzhübe von etwa $\pm 35\ \mathrm{Hz}$ (Abb. 23). Wie in der Tabelle hinter Gl. (28) aufgeführt, arbeitet man mit einem Hubverhältnis η von etwa

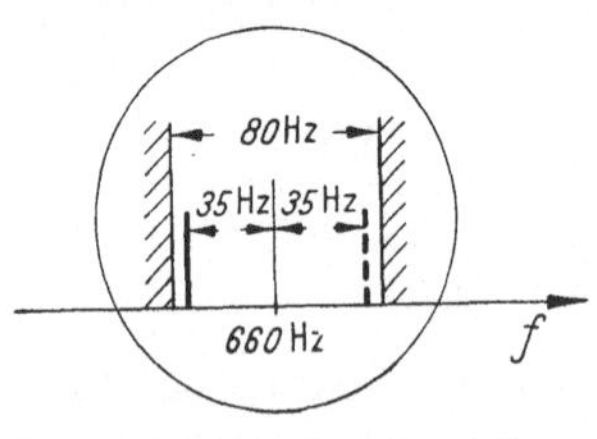

Abb. 23. Dritter Kanal der Wechselstromtelegraphie bei Frequenzmodulation

0,9, und es gilt für das Zeigerdiagramm angenähert Abb. 19, für das Spektrum Abb. 20a. Die höheren Seitenfrequenzen mit den relativen Amplituden $J_{\pm 2}$, $J_{\pm 3}$ usw. werden nicht mehr durchgelassen. Aus dem Zeigerdiagramm von Abb. 19 entnimmt man leicht, daß der resultierende Zeiger sowohl in der Amplitude wie in der Phase vom Sollwert abweicht. Die Phasenabweichungen ergeben Formänderungen des demodulierten Zeichens. Diese sind bei Telegraphie zulässig, so lange die Dauer der einzelnen Zeichen, gemessen in der Mitte zwischen den beiden quantisierten Amplituden, nicht merklich gefälscht wird. Man nennt diese Längenabweichungen „Zeichenverzerrung"; diese ist unter den geschilderten Umständen noch ausreichend klein.

Im vorliegenden Falle werden viele frequenzmodulierte Signale gebündelt und in den Trägerfrequenz-Kanälen der Einseitenbandtechnik übertragen (FM-EB).

Für die Sprachkanäle der Funksysteme benutzt man meist die umgekehrte Reihenfolge: Ein ganzes Bündel von Einseitenbandsignalen, wie es z. B. Abb. 21 zeigt, wird einem Signal als Frequenzmodulation aufgeprägt (EB-FM). Dann werden an die Phasentreue der Übertragung, wie auf den S. 33ff. über die Verzerrungen gezeigt werden wird, hohe Anforderungen gestellt, da ein Frequenzbündel vieler Signale auf jede Formverzerrung des Gesamtsignals mit nichtlinearem Nebensprechen reagiert. Man darf daher das vom Gesamtsignal belegte Frequenzband nicht merklich einengen; die notwendige Hochfrequenz-Bandbreite ergibt sich aus der Gl. (34).

Die praktisch ausgeführten Mehrfachsysteme mit Frequenzmodulation schließen sich den angegebenen Normen der Einseitenbandtechnik an. Neben Kleinsystemen für wenige Kanäle gibt es solche für 12, 24, 60, 120 und 600 Kanäle.

Die breiten Frequenzbänder für mehrere hundert Kanäle werden meist so eingerichtet, daß wahlweise statt der Gespräche ein Fernsehprogramm übertragen werden kann. Hierzu sind, je nach der verwendeten Fernsehnorm, Modulations-Bandbreiten von 4 bis 5 MHz und bei einem Hubverhältnis von etwa Eins Hochfrequenz-Bandbreiten von 20 bis 30 MHz erforderlich. Im Mikrowellengebiet ist für viele solche Kanäle Platz; man legt heute in einem System 6 bis 8 frequenzmäßig nebeneinander. Es handelt sich dabei, wenn man genau sein will, um die gleiche Kombination FM-EB wie bei der Telegraphie mit Frequenzmodulation, nur frequenzmäßig in einem Maßstab verbreitert, der um den Faktor 10^5 bis 10^6 größer ist.

d) Mehrfachverwendung des gleichen Verfahrens. Doppelte Frequenzmodulation (FM-FM). Die Amplitudenmodulation mit Träger stellt, auch wenn man zu hohen Frequenzen übergeht, nur die Aufgabe, einen

Oszillator zu bauen und seine Amplitude im Rhythmus der Nachricht zu beeinflussen. Es besteht daher kein Anlaß, dieses Verfahren beim Sender in mehreren Modulationsstufen hintereinander zu verwenden. Anders liegen die Dinge beim Einseitenbandverfahren: Hinter dem Modulator muß das nicht gewünschte Seitenband durch Filter unterdrückt werden. Da aber der Dämpfungsanstieg einer Filterflanke nicht beliebig steil gemacht werden kann, erzeugt man das Hochfrequenzsignal stufenweise, wobei jede Stufe in der Frequenz etwa um den

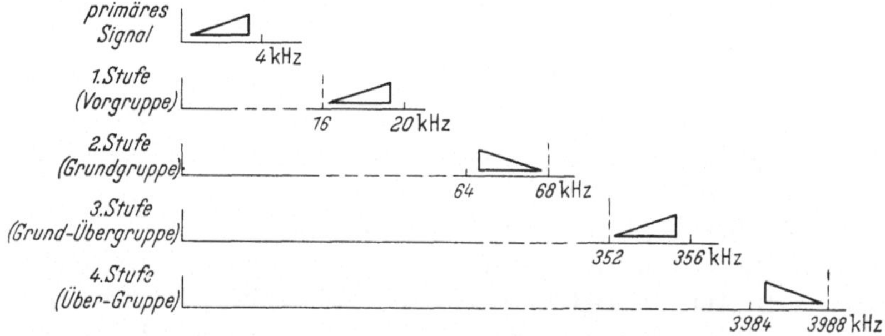

Abb. 24. Modulationsstufen eines Einseitenband-Trägerfrequenzsignals

Faktor 4 bis 20 höher liegt als die vorhergehende. In den gebräuchlichen Trägerfrequenz-Systemen durchläuft ein Fernsprechsignal z. B. Stufen mit folgenden Frequenzlagen (Abb. 24)

Primäres Signal:	0,3 bis	3,4 kHz	
1. Stufe:	16,3 „	19,4 „	Regellage
2. Stufe:	64,6 „	67,7 „	Kehrlage
3. Stufe:	352,3 „	355,4 „	Regellage
4. Stufe:	3984,6 „	3987,7 „	Kehrlage.

Die gleichen Stufen finden sich auch auf der Empfangsseite.

Die Phasen- oder Frequenzmodulation ist im Prinzip ein Zweiseitenbandverfahren mit Träger. Es bestünde also eigentlich kein Anlaß, diese Verfahren in Stufen hintereinander zu verwenden. Daß man es gelegentlich in der doppelten Frequenzmodulation (FM-FM) doch tut, hat Gründe, die mit den erwähnten hohen Anforderungen an die Phasentreue bei Mehrfachausnutzung zusammenhängen. Ein solches System arbeitet folgendermaßen (Abb. 25).

Auf der Sendeseite erzeugt das primäre Signal, das selbst wieder ein Gemisch aus vielen Telegrammen oder Ferngesprächen sein möge, zunächst eine erste frequenzmodulierte Schwingung. Diese wird in ihrer Frequenz so niedrig wie möglich gewählt. Dabei wird die richtige Form der Modulator- und Filter-Kennlinien noch gut beherrscht. Die erste FM-Schwingung moduliert nun eine zweite Schwingung, nämlich den ausgestrahlten Hochfrequenzträger, nach der Frequenz (Ruhewert f_0).

Der Frequenzhub ΔF ist für diesen zweiten Träger konstant, da die modulierende Schwingung konstante Amplitude hat.

Die Modulations-Kennlinien und Phasengänge des Hochfrequenzweges mögen nun infolge Verstimmung oder unzureichender Technik gekrümmt sein. Wie auf S. 34 noch genauer untersucht werden wird, zeigt die empfangene zweite FM-Schwingung dann Laufzeitverschiebungen Δt, z. B. bei erhöhter Frequenz nach rechts, bei erniedrigter

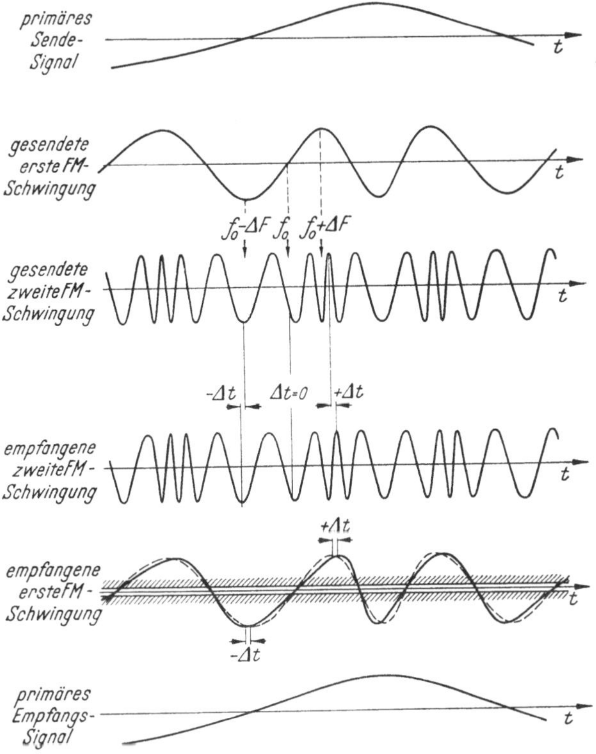

Abb. 25. Zeitliche Vorgänge bei doppelter Frequenzmodulation

nach links. Die nach der Demodulation entstehende erste FM-Schwingung ist, da die Augenblicksfrequenz für ihre Amplitude maßgebend ist, in der Form verzerrt: Sie zeigt gegenüber dem gestrichelten, unverzerrten Verlauf Verschiebungen nach rechts und links. Jedoch sind ihre Nulldurchgänge im wesentlichen unverfälscht. Begrenzt man die Schwingung stark in der Amplitude und sieht die frequenzmodulierte Grundschwingung heraus, so gibt ihre Augenblicksfrequenz das ursprüngliche Signal getreu wieder. Die in ihm enthaltenen verschiedenen Telegramme oder Ferngespräche zeigen sehr geringes Nebensprechen.

Diesem Vorteil der doppelten Frequenzmodulation steht — verglichen mit der einfachen — als Nachteil ein vergrößerter Bedarf an Frequenzband entgegen. Sie wird daher, seitdem dieser Gesichtspunkt immer wichtiger geworden ist und seit man allmählich gelernt hat, die Hochfrequenz-Bauelemente zu beherrschen, im wesentlichen nur für Zwecke der Fernmessung verwendet. Bei den späteren Vergleichen zwischen Frequenz- und Pulsmodulation sei daher auf die genauere Darstellung dieser Abart verzichtet.

4. Die Übertragungsverzerrungen bei kontinuierlicher Modulation

Abgesehen von den später behandelten Geräuschen sind die wichtigsten Einflüsse, denen das Signal wegen der Unvollkommenheit der Übertragungsmittel unterliegen kann, Dämpfungs- und Phasenverzerrung sowie nichtlineare Verzerrung. Dabei ist jedoch zu beachten, daß ein bestimmter Einfluß auf das übertragene Signal sich nach der Demodulation als eine anders geartete Verzerrung auswirken kann. So ergibt z. B. eine Phasenverzerrung des Signals nach der Demodulation wieder eine Phasenverzerrung, wenn man das Einseitenbandverfahren der Amplitudenmodulation verwendet; wie bei der Schilderung der doppelten Frequenzmodulation schon erwähnt, entsteht jedoch aus Phasen- oder Laufzeit-Verzerrungen des Hochfrequenzsignals eine nichtlineare Verzerrung des demodulierten Signals, wenn Winkelverfahren benutzt werden. Amplitudenmodulation mit Träger wandelt eine Phasenverzerrung des Signals nach der Demodulation in alle drei Verzerrungsarten um.

Eine nichtlineare Verzerrung des Signals findet sich bei den Amplitudenverfahren als solche nach der Demodulation wieder. Sie bleibt jedoch nahezu ohne Wirkung bei den Winkelverfahren.

a) Wirkung der Verzerrungen beim Einseitenbandverfahren. Da es sich bei diesem Verfahren nur um eine Verschiebung des Spektrums handelt, finden sich alle Dämpfungs- und Phasenverzerrungen des Signalweges im demodulierten primären Signal wieder.

Bei den nichtlinearen Verzerrungen gibt es gegenüber der natürlichen Übertragung dann gewisse Unterschiede, wenn das übertragene Frequenzband B_0 bei hohen Frequenzen liegt, die Bandbreite B_0 also klein ist gegen die Trägerfrequenz f_0 (Abb. 26). Alle Klirrschwingungen 2. Grades, d. h. die Summen- und Differenzschwingungen aus zwei Frequenzen, wie sie z. B. infolge gekrümmter Kennlinien der Zwischenverstärker entstehen, fallen dann weit außerhalb des Signalfrequenzbandes. Dagegen liegen die Kombinationen 3. Grades — besonders wichtig sind die aus drei verschiedenen Frequenzen gebildeten von der Form

$$f_x = f_1 \pm f_2 \mp f_3 \tag{37}$$

-- in der Umgebung des übertragenen Bandes und ergeben nahezu die gleiche Wirkung, als wenn das primäre Signal direkt ein Netzwerk mit Nichtlinearitäten 3. Grades durchlaufen hätte. Wird ein ganzes Bündel frequenzmäßig nebeneinander liegender Einseitenbandsignale übertragen, so liefern die nichtlinearen Schwingungen des Aufbaus nach Gl. (37), da

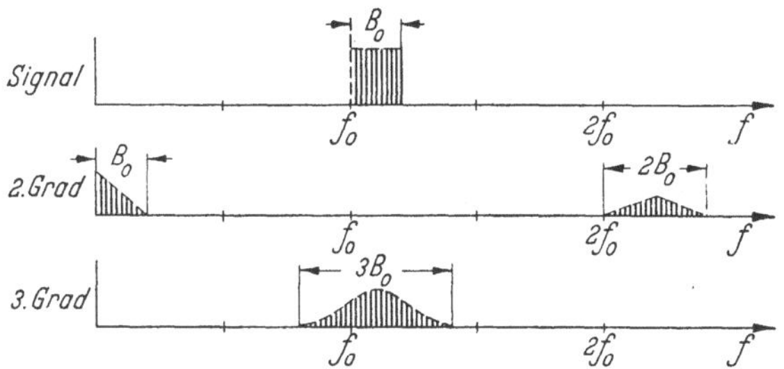

Abb. 26. Klirrspektren 2. und 3. Grades für ein Einseitenbandsignal

sie in die Nachbarkanäle hineinragen, neben dem Wärme- und Röhrenrauschen den wichtigsten Störungsanteil. Jedes Signal mit dem Frequenzband B_0 erzeugt dabei ein Klirrspektrum dreifacher Breite; außerdem wirken die verschiedenen Signale des Bündels noch in der Erzeugung gemischter, ebenfalls verbreiteter Spektren zusammen. Glücklicherweise ist dieses nichtlineare Nebensprechen unverständlich.

b) Wirkung von Phasen- und Dämpfungsverzerrung bei Amplitudenmodulation mit Träger. Auch hier wirken diese Verzerrungen nicht anders als bei unmittelbarer Übertragung, so lange der Dämpfungsgang symmetrisch, der Phasengang antimetrisch zur Trägerfrequenz liegt (Abb. 27). Diese Bedingung ist in der Praxis erfüllt, so lange die im allgemeinen symmetrischen Bandfilter der Geräte ihre Sollfrequenzen halten. Treten jedoch durch zeitliche oder Temperaturänderungen Abstimmfehler auf, so werden die Kurven verformt. Die Seitenschwingungen mit den Frequenzen $f_0 \pm f_m$ haben (Abb. 28) ungleiche Dämpfungsunterschiede $\Delta a'$ und $\Delta a''$ gegenüber der Trägerdämpfung, und ihre Phasenwinkel b sind, bezogen auf die Trägerphase, nicht entgegengesetzt gleich,

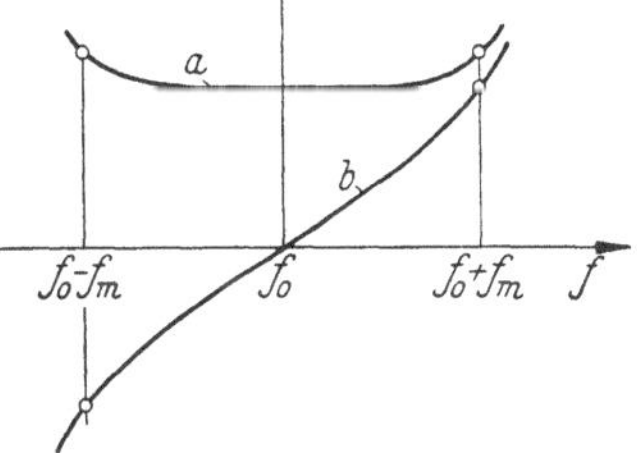

Abb. 27. Dämpfung a in symmetrischer, Phase b in antimetrischer Lage zur Trägerfrequenz f_0

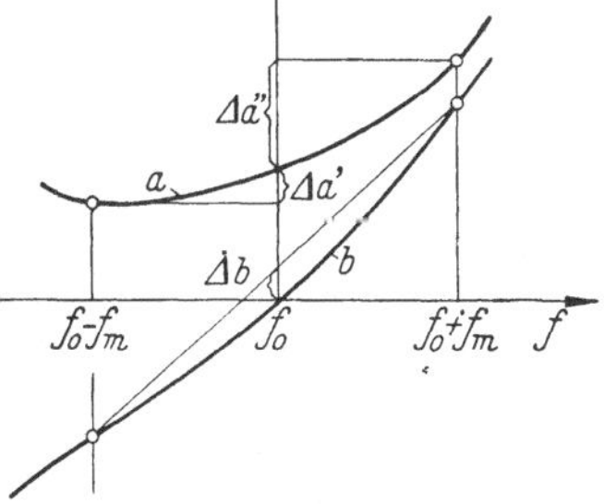

Abb. 28. Dämpfung a und Phase b bei Verstimmung

sondern um Δb verschieden. Das in Abb. 15 gezeigte Diagramm erfährt dabei folgende Veränderungen (Abb. 29):

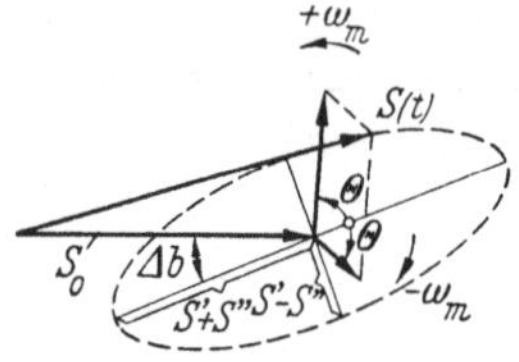

Abb. 29. Zeigerdiagramm für Amplitudenmodulation bei Dämpfungs- und Phasenverzerrung

1. Die Addition der beiden Seitenfrequenz-Zeiger ergibt bei Dämpfungsverzerrung nicht mehr einen Rhombus, sondern ein Parallelogramm. Der resultierende Zeiger $S(t)$ wandert nicht mehr auf einer Geraden, sondern auf einer Ellipse. Die große Halbachse ist dabei gleich der Summe der beiden Seitenfrequenzzeiger

$$S' + S'' = \frac{m}{2} S_0 \left(e^{-\Delta a'} + e^{-\Delta a''}\right), \tag{38}$$

die kleine gleich ihrer Differenz

$$S' - S'' = \frac{m}{2} S_0 \left(e^{-\Delta a'} - e^{-\Delta a''}\right). \tag{39}$$

2. Bei Phasenverzerrung liegt die große Achse der Ellipse — diese ist im Grenzfall symmetrischer Dämpfung eine Gerade — nicht mehr in Richtung des Trägerzeigers S_0, sondern bildet mit diesem einen Winkel von der Größe Δb.

Auf das demodulierte Signal hat dies, je nachdem ob die Dämpfungs- oder Phasenverzerrung überwiegt, folgende Wirkungen:

Die Dämpfungsverzerrung überwiegt, $\Delta b \approx 0$.

Wenn — wie meist — die eine Seitenschwingung gegenüber dem Träger gedämpft, die andere aber um ebenso viel angehoben wird, ist die nunmehr fast waagerecht liegende Ellipse etwa so lang wie vorher die Gerade. Kleinster und größter Wert des Zeigers $S(t)$ bleiben erhalten, die Dämpfungsverzerrung des Hochfrequenzsignals überträgt sich in erster Näherung nicht auf das demodulierte Signal. Bei den Nulldurchgängen der Nachricht, d. h. an den Enden der kleinen Halbachse, ist der resultierende Zeiger etwas länger als S_0. Dies bedeutet eine Fälschung der Nulldurchgänge. Eine Dämpfungsverzerrung des Hochfrequenzsignals wirkt sich daher wie eine nichtlineare Verzerrung des primären Signals aus.

Die Phasenverzerrung überwiegt, $\Delta a \approx 0$.

Der Endpunkt des resultierenden Zeigers wandert auf der schräg liegenden großen Achse der nunmehr sehr schmalen Ellipse hin und her. Er ändert seine Länge dabei weniger als er eigentlich sollte, d. h., die Phasenverzerrung des Signals ruft eine zusätzliche Dämpfung hervor. Außerdem ist das demodulierte Signal um den Winkel Δb verschoben, die Phasenverzerrung des Signals überträgt sich also auch als solche. Der wichtigste Einfluß aber ist das Entstehen nichtlinearer Verzerrungen. Zu den Zeiten, wo der resultierende Zeiger sein Minimum durchläuft, ist seine Länge stark verschieden von dem Sollwert für $\Delta b = 0$. Es entstehen nach der Demodulation erhebliche Klirrschwingungen, insbesondere 2., 4. Grades usw. Für den Fall $\Delta b = 90°$ wird die Grundschwingung des empfangenen primären Signals nahezu Null, es verbleiben im wesentlichen Oberwellen (Abb. 30). Der Zeiger pendelt im Bilde hauptsächlich senkrecht auf und ab, aus der Amplitudenmodulation ist im wesentlichen eine Phasenmodulation geworden. Nur die noch vorhandene geringe Dämpfungsverzerrung $S' - S''$ liefert einen Beitrag zur Grundschwingung des primären Signals.

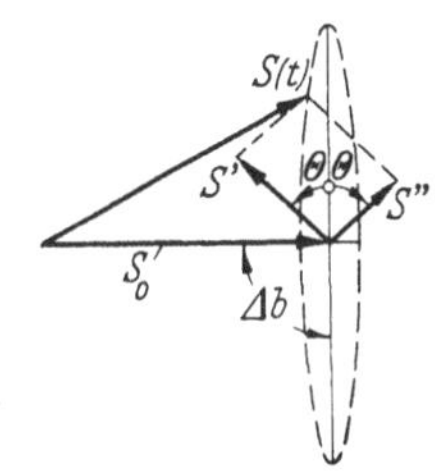

Abb. 30. Zeigerdiagramm für Amplitudenmodulation bei einer Phasenverzerrung von 90°

Zusammenfassend kann man sagen, daß Dämpfungs- und Phasenverzerrung des amplitudenmodulierten Signals sich als solche im empfangenen primären Signal im wesentlichen nicht störender bemerkbar machen als bei unmittelbarer Übertragung, daß aber beide Einflüsse unangenehme nichtlineare Verzerrungen hervorrufen.

c) Wirkung der nichtlinearen Verzerrungen bei Amplitudenmodulation mit Träger. Kreuzmodulation. Nichtlineare Kennlinien im Wege des Signals wirken im Prinzip nicht anders als beim Einseitenbandverfahren. Schließt man wieder nach Abb. 26 die Klirrspektren 2. Grades aus, so liefern auch hier die Kombinationen aus drei Erzeugenden nach Gl. (37) die wesentlichen Beiträge. *Eine* Eigenschaft stellt jedoch, wenn mehrere Signale frequenzmäßig gebündelt werden, bei dem Verfahren mit Träger einen weiteren Nachteil dar: Das nichtlineare Nebensprechen zwischen den verschiedenen Signalen ist verständlich, und man spricht deshalb auch von „*Kreuzmodulation*". Die Verhältnisse seien hier nur kurz am Beispiel zweier Kanäle betrachtet; im Zusammenhang mit Pulsmodulation spielt nämlich eine vorherige frequenzmäßige Bündelung mit Mehrfachträgern höchstens in Spezialfällen eine Rolle, z. B. bei Wechselstromtelegraphie.

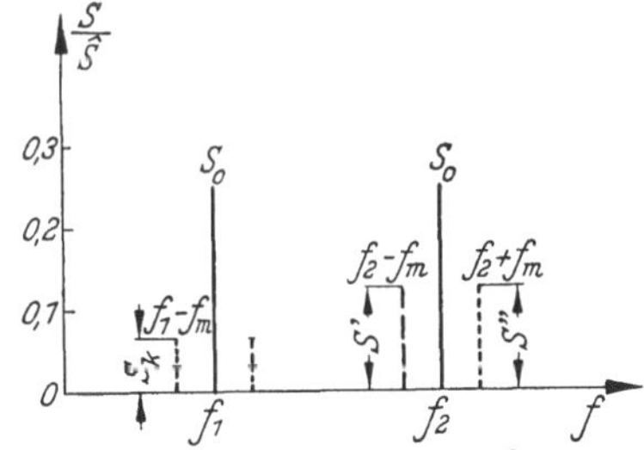

Abb. 31. Zur Entstehung der Kreuzmodulation

Die Aussteuerungsgrenze $\hat{S}$, innerhalb der das System nahezu linear ist, sei nach Abb. 31 so bemessen, daß beide Signale zusammen, jedes voll moduliert, sie gerade erreichen. Jeder der beiden Träger mit den Frequenzen f_1 und f_2 hat dann die relative Amplitude $1/4$, jede Seitenschwingung die Amplitude $1/8$. Es werde der Vorgang betrachtet, daß das primäre Signal des Trägers bei f_2, diesem voll aufmoduliert, auf den unmodulierten Träger bei f_1 überspricht. Die entstehenden Seitenschwingungen, deren Amplituden mit S_k bezeichnet seien, setzen sich aus zwei Beiträgen $1/2\,S_k$ zusammen (gestrichelt und punktiert), die frequenzmäßig, z. B. für die untere Seitenfrequenz folgendes Bildungsgesetz aus drei Erzeugenden haben:

$$(f_1 - f_m) = f_1 - f_2 + (f_2 - f_m)$$
$$(f_1 - f_m) = f_1 + f_2 - (f_2 + f_m). \tag{40}$$

Für die Größe von S_k ist das Produkt der Amplituden aller drei Erzeugenden maßgebend. Da die beiden Träger konstante Amplitude haben, spiegelt S_k genau den zeitlichen Verlauf von S' und S'' wieder; das nichtlineare Übersprechen ist voll verständlich. Man erhält den Wert von S_k leicht aus folgender Betrachtung.

Die Kennlinie des Systems möge einen kubischen Anteil enthalten. Dieser sei dadurch bekannt, daß bei voller Aussteuerung des Systems mit einer einzigen Schwingung der Amplitude $\hat{S}$ eine bestimmte 3. Harmonische S_3 gemessen werde. Bei drei Erzeugenden der Größe $\hat{S}$ würden sich Kombinationsschwingungen bilden, deren jede 6mal so groß wäre wie S_3. Zwei von ihnen fallen nach Gl. (40) auf die Frequenz der betrachteten Schwingung S_k. Sind die Erzeugenden kleiner, so geht S_k proportional der Aussteuerung $S/\hat{S}$ jeder Erzeugenden zurück. Im ganzen ergibt sich

$$S_k = 6\,S_3 \cdot 2\,\frac{S_0}{\hat{S}}\cdot\frac{S_0}{\hat{S}}\,\frac{S'}{\hat{S}} \tag{41}$$

und mit Einsetzen der Amplitudenverhältnisse von Abb. 31

$$S_k = 12\,S_3\,\frac{1}{4}\,\frac{1}{4}\,\frac{1}{8}. \tag{42}$$

Das gesuchte Maß für das Übersprechen ist das Verhältnis $\dfrac{S_k}{S'}$. Als bekannt wird bei dieser Rechnung die Klirrschwingung S_3 für volle Aussteuerung mit $\hat{S} = 8\,S'$ angesehen. Man erhält daher durch Division mit S'

$$\frac{S_k}{S'} = \frac{3}{4}\,\frac{S_3}{8\,S'}. \tag{43}$$

Führt man noch die Dämpfung des nichtlinearen Nebensprechens ein durch

$$\frac{S_k}{S'} = \mathrm{e}^{-a_d} \tag{44}$$

und die Klirrdämpfung bei Vollaussteuerung

$$\frac{S_3}{8\,S'} = e^{-a_3},\tag{45}$$

so erhält man

$$a_d = a_3 + \ln\frac{4}{3}.\tag{46}$$

Die Dämpfung des nichtlinearen Nebensprechens ist also trotz der geringen Aussteuerung von S' bzw. S'' kaum größer als die Klirrdämpfung bei voller Aussteuerung. Merkliche Kreuzmodulation, d. h. verständliches Nebensprechen, tritt also schon bei geringer Nichtlinearität auf.

d) Wirkung der Verzerrungen bei Phasen- und Frequenzmodulation. Die Einflüsse mögen wieder in der gleichen Reihenfolge betrachtet werden wie bei den Amplitudenverfahren.

Dämpfungsverzerrungen im Wege einer phasen- oder frequenzmodulierten Schwingung bewirken, daß bei verschiedenen Augenblicks-Frequenzen die Schwingungsamplitude verschieden groß wird; sie rufen daher eine unerwünschte Amplitudenmodulation des Signals hervor. Diese kann aber bis auf praktisch verschwindende Beträge durch Amplitudenbegrenzer beseitigt werden. Im Prinzip hat der verbleibende Rest zwei Ursachen, die auf das demodulierte Signal verschieden wirken:

1. Der Begrenzer läßt noch eine gewisse Amplitudenmodulation bestehen. Dieser Einfluß wirkt sich nach der Demodulation im allgemeinen als nichtlineare Verzerrung aus.

2. Eine Amplitudenmodulation des Signals infolge von Dämpfungsverzerrungen verändert, wenn auch wegen des raschen Umlaufs der Zeitachse mit ω_0 nur sehr geringfügig, die Augenblicksphase und -frequenz. Man erkennt dies sofort, wenn man sich in Abb. 19 z. B. den Zeiger J_{+2} verkürzt und den Zeiger J_{-2} verlängert denkt. Dadurch wird der Punkt P nach unten verschoben. Nicht nur die Augenblicksamplitude, sondern auch der Augenblickswinkel wird anders. Diesen letzten Einfluß kann auch ein dahinter geschalteter Amplitudenbegrenzer nicht beseitigen, da er ja nur die Zeigerlänge auf einen konstanten Wert bringen kann, am Winkel aber nichts ändert. Nach der Demodulation entsteht hierdurch eine nichtlineare Verzerrung, da ja die Zeitwerte des primären Signals fehlerhaft werden, wenn vorher die Winkel- oder Frequenzwerte Fehler hatten.

Aus dem gleichen Grunde wirken sich auch Phasenverzerrungen, denen das Signal unterwegs unterliegt, nach der Demodulation als nichtlineare Störungen aus. Nur ist der Effekt ungleich größer, und die Kunst der Linearisierung krummer Phasenkennlinien beherrscht man heute noch nicht so wie die Amplitudenlinearisierung der Verstärker durch

Gegenkopplung. Deshalb stellt bei langen Funkverbindungen mit vielen Zwischenverstärkern, die man heute großenteils mit Frequenzmodulation betreibt, die Phasenverzerrung eines der schwersten technischen Probleme dar.

In einfachen Fällen läßt sich die Größe der entstehenden Oberschwingungen bereits anschaulich ermitteln. Die Phasenverzerrung sei z. B. nach Abb. 32 als Schräglage der Gruppenlaufzeit $\dfrac{db}{d\omega}$ gegeben, wobei b den Phasenwinkel des Netzwerkes bedeutet, das von einer frequenzmodulierten Schwingung durchlaufen wird. Innerhalb eines Frequenzbereiches, der von $f_0 - \varDelta F$ bis $f_0 + \varDelta F$ reicht, möge die Laufzeit aus einem konstanten Anteil t_0 und einem frequenzproportionalen Teil

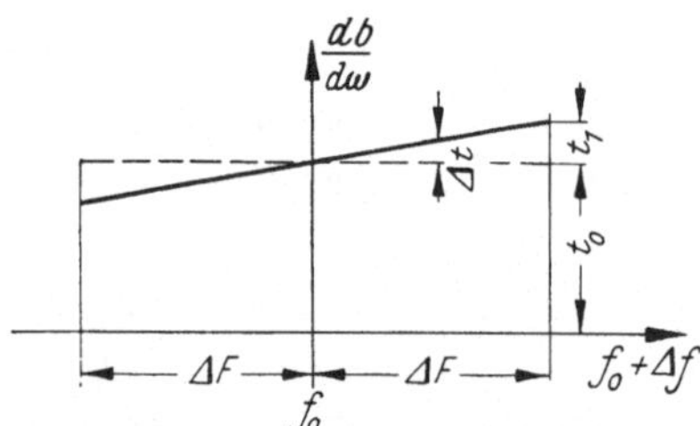

Abb. 32. Laufzeitverzerrung ersten Grades

$$\varDelta t = \frac{\varDelta f}{\varDelta F}\, t_1 \qquad (47)$$

bestehen. $\varDelta f$ bedeute die Abweichung der Frequenz von f_0. An sich ist die Gruppenlaufzeit nur für Schwingungen fester Frequenz f definiert. Wenn sie aber im ganzen Übertragungsbereich konstant ist, gibt sie auch für Signale veränderlicher Frequenz $f(t)$ diejenige Zeit an, nach der ein bestimmter, am Eingang des Netzwerkes auftretender Frequenzwert am Ausgang erreicht wird. Bei konstanter Gruppenlaufzeit t_0 erscheint also auch eine frequenzmodulierte Schwingung unverzerrt am Ausgang des Netzwerkes; nur sind alle Zeiten um t_0 verschoben. Auch für den Fall, daß kleine Abweichungen $\varDelta t$ vorhanden sind, kann man in guter Näherung von der Vorstellung Gebrauch machen, daß die Abszisse von Abb. 32 die Augenblickswerte einer veränderlichen Frequenz $f(t)$ angibt und die Ordinate die jeweils zu diesen Werten gehörige „Frequenzlaufzeit" liefert. Mit dieser Vorstellung ergibt sich folgendes Bild.

Am Eingang des Netzwerks mit der Gruppenlaufzeit $\dfrac{db}{d\omega}$ liege ein Signal, dessen Frequenz nach einer Cosinusfunktion moduliert ist. Die Augenblicksfrequenz des Zeigerdiagramms ist also nach Gl. (25)

$$\varDelta f(t) = \varDelta F \cos \omega_m t. \qquad (48)$$

Dieser Verlauf ist in Abb. 33 als $\varDelta f_1(t)$ eingetragen, wobei alle Frequenzwerte auf den Hub $\varDelta F$ bezogen sind. Hätte das Netzwerk die konstante Laufzeit t_0, so würde sich am Ausgang die gestrichelte Kurve zeigen. Da jedoch, von f_0 aus gerechnet, nach höheren Augenblicksfrequenzen die Laufzeit ansteigt, bleibt der wirkliche Verlauf jeweils um die Zeit $\varDelta t$ zurück. Man erhält die ausgezogene Kurve $\varDelta f_2(t)$. Sie zeigt in erster

Näherung eine 2. Harmonische, deren Amplitude k_2 etwa zu den Zeiten $\pm \frac{1}{8} T_m$ auftritt. Zu diesen Zeiten hat die Augenblicksfrequenz Δf den Wert $\frac{1}{2} \sqrt{2}\,\Delta F$, die Abweichung Δt also nach Gl. (47) den Wert $\frac{1}{2} \sqrt{2}\, t_1$, und man kann aus dem kleinen Dreieck der Figur für den *Klirrfaktor* k_2^{FM} *bei Frequenzmodulation* die Beziehung ablesen

$$\frac{k_2^{\mathrm{FM}}}{\frac{1}{2} \sqrt{2}\, t_1} = -\left[\frac{\mathrm{d}}{\mathrm{d}t} \cos \omega_m t\right]_{t = \frac{1}{8} T_m} \tag{49}$$

$$k_2^{\mathrm{FM}} = \frac{1}{2} \sqrt{2}\, t_1\, \omega_m \sin(45°) \tag{50}$$

$$k_2^{\mathrm{FM}} = \pi f_m t_1. \tag{51}$$

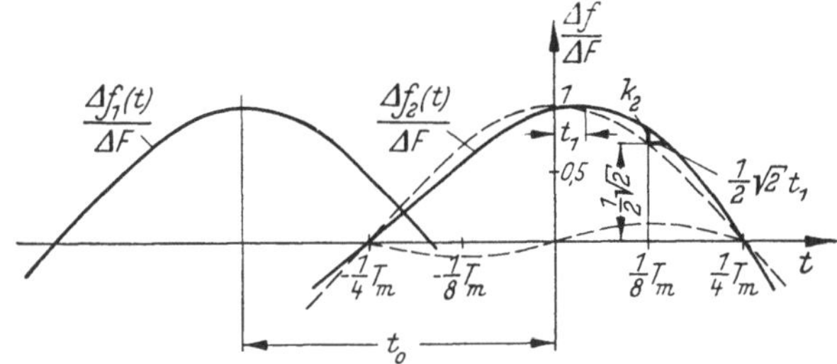

Abb. 33. Zur Ableitung der nichtlinearen Verzerrung 2. Grades

Man erhält das interessante Ergebnis, daß bei Frequenzmodulation der Klirrfaktor proportional der Modulationsfrequenz ansteigt. Anschaulich ist dies leicht einzusehen, da die Ordinate k_2 des kleinen Dreiecks größer wird, wenn die Steilheit der Kurve $\Delta f_2(t)$ wächst, d. h. f_m größer wird. Es läßt sich zeigen, daß auch für zusammengesetzte primäre Signalfunktionen, bei denen sich Kombinationstöne bilden, das Klirrspektrum diesen Frequenzgang erhält. Das folgende Beispiel möge außerdem erläutern, welche hohen Forderungen die Mehrfachübertragung bei Frequenzmodulation an die Frequenz-Unabhängigkeit der Laufzeit stellt. Für ein System mit 600 Sprachkanälen wird die höchste Modulationsfrequenz $f_m \approx 2{,}5$ MHz. Läßt man für die Frequenz der Bandmitte (1,25 MHz) bei vollem Hub einen Klirrfaktor von 0,5% zu, so darf die Laufzeitabweichung höchstens betragen

$$t_1 = \frac{k_2^{\mathrm{FM}}}{\pi f_m} = \frac{0{,}005}{\pi\, 1{,}25 \cdot 10^6} \sec \approx 1\,\mathrm{n\,sec.} \tag{52}$$

Für die Praxis noch wichtiger sind die Verzerrungen dritten und höheren Grades, da sie, wie oben an Hand der Amplitudenmodulation erläutert, starke Kombinationsstöne ergeben. Sie seien daher für folgende Fälle kurz betrachtet:

1. Die Laufzeitabweichung Δt sei nicht eine Gerade, sondern eine beliebige Potenz der Frequenz.

2. Δt bestehe im Frequenzbereich $\pm \Delta F$ aus sinusförmigen Schwankungen um den Wert t_0. Dieser Fall ist für die Praxis besonders wichtig, weil solche wellenförmigen Schwankungen der Laufzeit übrig bleiben, wenn ein System so gut wie möglich entzerrt worden ist.

Mathematisch bedeutet die Vorstellung der „Frequenzlaufzeit", wie sie in den Abb. 32 und 33 benutzt wurde, eine TAYLOR-Entwicklung der Funktion $\Delta f\,(t - t_0 - \Delta t)$, die nach dem zweiten Glied abgebrochen wird. Bei der Kleinheit der zulässigen Klirrfaktoren ist dies zulässig. Sieht man für das Folgende von der konstanten Laufzeit t_0 ab, so erhält man

$$\Delta f_2(t) = \Delta f_1(t - \Delta t) \tag{53}$$

$$\Delta f_2(t) \approx \Delta f_1(t) - \Delta t \frac{\mathrm{d}}{\mathrm{d}t}\, \Delta f_1. \tag{54}$$

Das zweite Glied gibt die Augenblicksfrequenz f_k der Klirrschwingungen an

$$f_k = -\Delta t \frac{\mathrm{d}}{\mathrm{d}t}\, \Delta f_1. \tag{55}$$

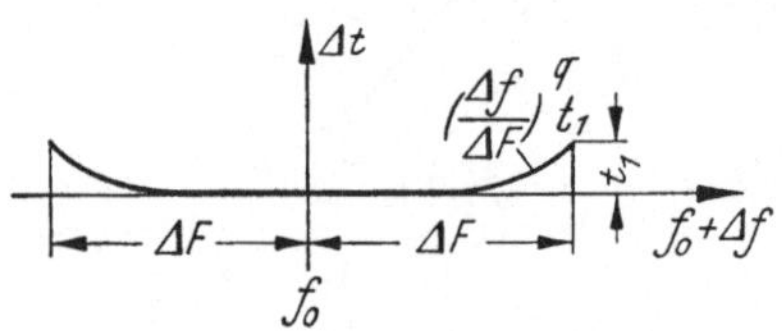

Abb. 34. Laufzeitverzerrung vom Grade q

Es sei nun zunächst Δt eine beliebige Potenz von Δf_1 (Abb. 34)

$$\Delta t = \left(\frac{\Delta f_1}{\Delta F}\right)^q t_1. \tag{56}$$

Für die Klirrschwingungen erhält man dann

$$f_k = -\, t_1 \left(\frac{\Delta f_1}{\Delta F}\right)^q \frac{\mathrm{d}}{\mathrm{d}t}\, \Delta f_1. \tag{57}$$

$\Delta f_1(t)$ möge wieder eine reine Cosinusschwingung nach Gl. (48) sein. Es ergibt sich

$$f_k = \Delta F\, \omega_m t_1 \cos^q \omega_m t \sin \omega_m t. \tag{58}$$

Benutzt man hier die Entwicklungsformeln für die Produkte und Potenzen der Kreisfunktionen, so ergeben sich für verschiedene q die nachstehenden Klirrfaktoren $k_n^{\mathrm{FM}} = \left|\dfrac{f_k}{\Delta F}\right|$. Der Index n bezeichnet dabei den Grad der Harmonischen.

$$q = 1:\quad k_2^{\mathrm{FM}} = \pi\, f_m t_1 \quad [\text{vgl. Gl. (51)}]$$

$$q = 2:\quad k_3^{\mathrm{FM}} = \frac{\pi}{2}\, f_m t_1$$

$$q = 3:\quad k_2^{\mathrm{FM}} = \frac{\pi}{2}\, f_m t_1;\quad k_4^{\mathrm{FM}} = \frac{\pi}{4}\, f_m t_1 \tag{59}$$

$$q = 4:\quad k_3^{\mathrm{FM}} = \frac{3\pi}{8}\, f_m t_1;\quad k_5^{\mathrm{FM}} = \frac{\pi}{8}\, f_m t_1$$

In allen Fällen sind die Klirrprodukte wegen des Gliedes $\frac{\mathrm{d}}{\mathrm{d}t}\,\Delta f_1$ in Gl. (57) proportional zur Modulationsfrequenz f_m. Der Grad n der höchsten Harmonischen ist jeweils um 1 höher als der Grad q der Laufzeitverzerrung Δt.

Der vorstehende Gedankengang gilt für jede einzelne Modulationsfrequenz auch bei Phasenmodulation. Wegen der Beziehung (26) ist jedoch der Phasenhub für die n-te Harmonische und damit auch der Wert k_n^{PM} um den Faktor n kleiner. Ferner tritt noch folgender Einfluß hinzu: Bei konstantem Phasenhub $\Delta\Phi$ ist der Frequenzhub, ebenfalls wegen Gl. (26), proportional zur Modulationsfrequenz f_m. Reicht das Modulations-Frequenzband von 0 bis B_0 und macht man bei der höchsten Frequenz B_0 den Hub gleich ΔF, so sinkt bei tieferen Frequenzen f_m die Aussteuerung. Es werden kleinere Abweichungen Δt (Abb. 34) wirksam, und der Klirrfaktor sinkt proportional zu $\left(\frac{f_m}{B_0}\right)^q$ ab. Im ganzen erhält man also mit $q = n - 1$

$$k_n^{\mathrm{PM}} = k_n^{\mathrm{FM}}\,\frac{1}{n}\,\left(\frac{f_m}{B_0}\right)^{n-1}. \tag{60}$$

Vergleicht man demnach den Einfluß von Laufzeitverzerrungen n-ten Grades auf Phasen- und Frequenzmodulation, wobei gleiche Frequenzhübe für die höchste Modulationsfrequenz B_0 vorausgesetzt seien, so schneidet die Phasenmodulation günstiger ab.

Nunmehr sei der Fall wellenförmiger Laufzeitschwankung betrachtet (Abb. 35). Es sei

$$\Delta t = t_1 \cos \pi\, q\, \frac{\Delta f_1}{\Delta F}. \tag{61}$$

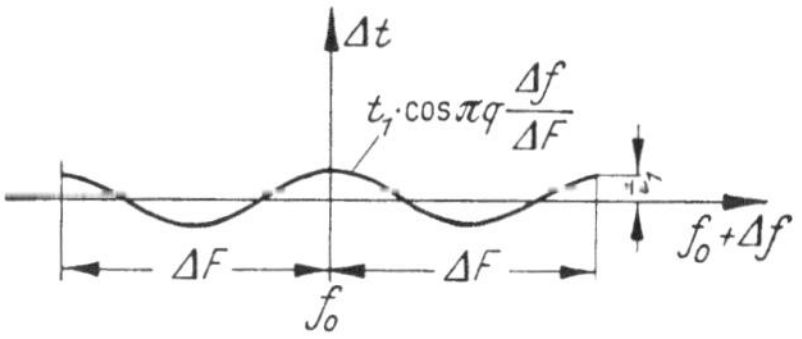

Abb. 35. Wellenförmige Laufzeitverzerrung

Hiermit wird die Augenblicksfrequenz f_k der Klirrschwingungen nach Gl. (55)

$$f_k = -\,t_1 \cos\left(\pi\, q\, \frac{\Delta f_1}{\Delta F}\right)\frac{\mathrm{d}}{\mathrm{d}t}\,\Delta f_1 \tag{62}$$

oder

$$f_k = -\,\Delta F\,\frac{t_1}{\pi\, q}\,\frac{\mathrm{d}}{\mathrm{d}t}\left(\sin \pi\, q\, \frac{\Delta f_1}{\Delta F}\right). \tag{63}$$

Legt man für $\Delta f_1(t)$ wieder einen cosinusförmigen Verlauf zugrunde, so ergibt sich

$$f_k = -\,\Delta F\,\frac{t_1}{\pi\, q}\,\frac{\mathrm{d}}{\mathrm{d}t}\left(\sin\left[\pi\, q \cos \omega_m t\right]\right). \tag{64}$$

Mittels der aus Gl. (30) abgeleiteten Funktionalgleichung

$$\sin\left(z \cos \theta\right) = 2\,\mathbf{J}_1(z) \cos \theta - 2\,\mathbf{J}_3(z) \cos 3\,\theta$$
$$+ 2\,\mathbf{J}_5(z) \cos 5\,\theta - 2\,\mathbf{J}_7(z) \cos 7\,\theta \tag{65}$$
$$+ \cdots,$$

worin $J_p(z)$ die BESSELsche Funktion p-ter Ordnung vom Argument z bedeutet, läßt sich Gl. (64) umformen in

$$f_k = \Delta F \frac{4 f_m t_1}{q} [J_1(\pi q) \sin \omega_m t - 3 J_3(\pi q) \sin 3 \omega_m t$$
$$+ 5 J_5(\pi q) \sin 5 \omega_m t - \cdots]. \tag{66}$$

Merkliche Werte liefern die BESSEL-Funktionen bis zu Ordnungen, die etwa gleich dem Argument πq sind. Im einzelnen ergibt sich für die hauptsächlichen Klirrfaktoren $k_n^{FM} = \left| \dfrac{f_k}{\Delta F} \right|$

$$q = 1: \quad k_3^{FM} = 4{,}0\, f_m\, t_1; \quad k_5^{FM} = 1{,}1\, f_m\, t_1$$
$$q = 2: \quad k_5^{FM} = 3{,}6\, f_m\, t_1; \quad k_7^{FM} = 2{,}2\, f_m\, t_1 \tag{67}$$
$$q = 3: \quad k_7^{FM} = 2{,}6\, f_m\, t_1; \quad k_9^{FM} = 3{,}3\, f_m\, t_1$$
$$q = 4: \quad k_9^{FM} = 1{,}2\, f_m\, t_1; \quad k_{11}^{FM} = 3{,}3\, f_m\, t_1; \quad k_{13}^{FM} = 2{,}1\, f_m\, t_1.$$

Man sieht, daß unabhängig von der Zahl q der Wellen, die im Übertragungsbereich $-\Delta F$ bis $+\Delta F$ der Abb. 35 auftreten, der höchste Klirrfaktor zwischen 3 und $4\, f_m\, t_1$ liegt. Dies läßt sich physikalisch an Hand von Abb. 36 verständlich machen. Angenommen ist dabei, daß

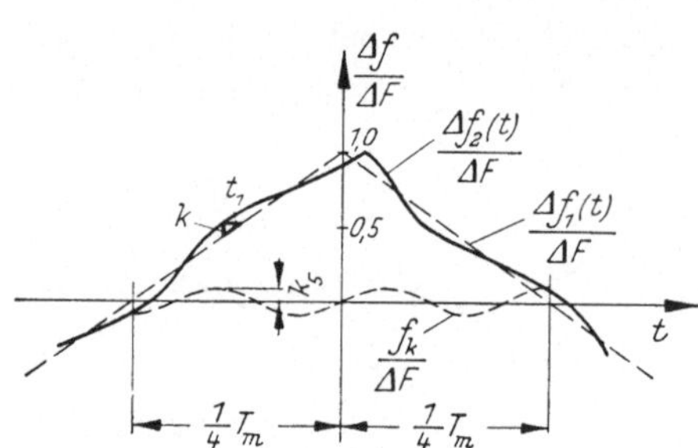

Abb. 36. Wirkung der wellenförmigen Laufzeitverzerrung

die Frequenz $\Delta f_1(t)$ sich dreieckförmig zwischen den Werten $+\Delta F$ und $-\Delta F$ ändert (gestrichelte Kurve). Dabei werden die Wellen von Abb. 35 durchfahren. Die Ausgangsfrequenz $\Delta f_2(t)$ (ausgezogene Kurve) bleibt teils zurück, teils eilt sie vor. Dabei treten Abweichungen auf, die in erster Näherung durch eine einzige Harmonische f_k dargestellt werden können, im Beispiel für $q = 2$ durch die fünfte. Die relative Amplitude dieser Harmonischen ergibt sich aus dem kleinen Dreieck sehr einfach durch folgendes Verhältnis

$$\frac{k}{t_1} = \frac{1}{\frac{1}{4} T_m} = 4 f_m \tag{68}$$

oder

$$k^{FM} = 4 f_m t_1. \tag{69}$$

Für überschlägige Betrachtungen kann man diesen Wert als obere Grenze einsetzen. Bei einer derartigen wellenförmigen Laufzeitverzerrung kann man das Klirren nicht durch Verkleinerung des Frequenzhubes herabsetzen.

Bei der Phasenmodulation gilt auch für die wellenförmige Laufzeitverzerrung das oben Gesagte, nämlich, daß bei gleichem Frequenzhub der Klirrfaktor um den Grad n der Harmonischen kleiner ist. Der zweite Einfluß, nämlich die frequenzproportionale Aussteuerung, bringt hier nichts, da ja im ganzen Bereich $-\varDelta F$ bis $+\varDelta F$ Wellen gleicher Amplitude angenommen wurden. Man erhält daher für diesen Fall

$$k_n^{\mathrm{PM}} = k_n^{\mathrm{FM}} \cdot \frac{1}{n} \, . \tag{70}$$

Ebenso kurz wie die Wirkung der Dämpfungsverzerrungen kann der Einfluß von nichtlinearen Verzerrungen eines phasen- oder frequenzmodulierten Signals behandelt werden. Solange der Bereich der Augenblicksfrequenzen $\frac{\mathrm{d}\varphi}{\mathrm{d}t}$ innerhalb einer Oktave bleibt, liegen alle durch Nichtlinearitäten erzeugten Oberschwingungen außerhalb dieses Bandes und können durch Filter entfernt werden. Sie können daher die Nulldurchgänge des Signals, auf die es für die Demodulation entscheidend ankommt, nicht beeinflussen.

5. Der Einfluß der Geräusche

a) Rauschzahl und Signal/Geräusch-Verhältnis. Zusammen mit den Klirrprodukten gehören die unterwegs aufgenommenen Geräusche, so weit sie sich in dem demodulierten Signal vorfinden, zu den wichtigsten Störungen. Obwohl auch das unverständliche nichtlineare Nebensprechen als Geräusch gewertet wird, möge dieses Wort hier nur die Wirkung der eingedrungenen Störungen bedeuten.

Eine solche Geräuschquelle bilden die sogenannten selektiven Störer, wie z. B. fremde Starkstromfelder oder Nachrichtensignale, die durch Undichtheiten der Übertragungsleitung oder wegen mangelnder Richtwirkung der Antennen in das betrachtete Übertragungssystem eindringen und in den Übertragungsbereich des Signals fallen.

Eine andere Quelle bilden das Wärmerauschen und das Röhrenrauschen. Daß dem zu verstärkenden Signal durch das Wärmerauschen eine untere Grenze gesetzt wird, hat wohl als erster W. Schottky erkannt. Für den Effektivwert U_N der Rauschspannung, die an einem isolierten ohmschen Widerstand R auftritt, gilt innerhalb des technisch wichtigen Frequenzbereichs nach J. B. Johnson und H. Nyquist die Beziehung

$$U_N^2 = 4\,k\,T\,B\,R \, . \tag{71}$$

Darin bedeuten $k = 1{,}38 \cdot 10^{-23} \frac{\mathrm{Wsec}}{\mathrm{°K}}$ die Boltzmannsche Konstante, T die Betriebstemperatur (gewöhnlich $\approx 300°$ K) und B die Bandbreite. Hiernach ergibt sich je Hertz Frequenzband immer der gleiche Wert $4\,k\,T\,R$ unabhängig davon, welche absoluten Frequenzen man betrachtet.

Ist das Übertragungssystem gegen die erstgenannte Quelle von Störungen gut abgeschlossen, so macht sich am Orte der kleinsten Signalleistung, d. h. am Ende eines Kabel-Verstärkerfeldes oder eines Richtfunkfeldes, das Wärmerauschen bemerkbar. Man hat an dieser Stelle immer folgende Verhältnisse (Abb. 37):

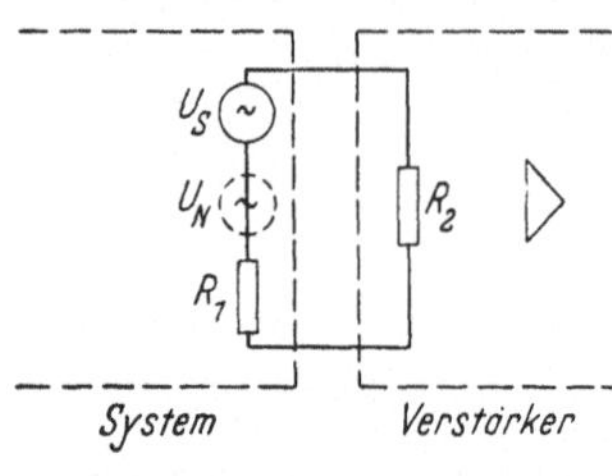

Abb. 37. Geräuschquelle am Eingang eines Verstärkers

Das Übertragungssystem kann dargestellt werden durch einen Ersatzgenerator mit der effektiven elektromotorischen Kraft U_S des Signals und dem Innenwiderstand R_1. Außerdem ist noch eine elektromotorische Kraft U_N des Rauschens wirksam. Beide Spannungen arbeiten auf den Eingangswiderstand R_2 eines Verstärkers. An diesem Widerstand tritt eine Signalleistung P und eine Geräuschleistung N auf. Bei gegebenen Werten von U_S und R_1 möchte man durch Variation von R_2 erreichen, daß ein möglichst hohes Signal/Geräusch-Verhältnis P/N auftritt.

Zunächst möge R_2 als rauschfrei angenommen werden. Es wird gleich gezeigt werden, wie man diesem Idealfall auch mit wirklichen, rauschenden Widerständen nahekommen kann.

Die höchste Signalleistung wird bei Anpassung erreicht, $R_2 = R_1$. Sie hat den Wert

$$\frac{U_S^2}{4\,R_1} = P_0. \tag{72}$$

Die Geräuschleistung wird dann nach Gl. (71)

$$\frac{U_N^2}{4\,R_1} = k\,T\,B. \tag{73}$$

Den Wert $1\,k\,T\,B$ bei Zimmertemperatur mit

$$k\,T = 4 \cdot 10^{-21}\,\frac{\text{W}}{\text{Hz}} \tag{74}$$

hat man als Bezugsleistung gewählt. Er ist, wie sich gleich zeigen wird, maßgebend für das erreichbare Maximum von $\frac{P}{N}$.

Variiert man R_2, so wird sowohl die Signalleistung P als auch die Geräuschleistung N kleiner. An ihrem Verhältnis ändert sich jedoch nichts, da für beide Größen die gleiche Spannungsteilung wirksam ist. Es bleibt die Beziehung

$$\frac{P}{N} = \frac{P_0}{k\,T\,B} \tag{75}$$

für alle Verhältnisse von R_2/R_1 erhalten (Abb. 38, Kurve 1).

Nunmehr werde angenommen, daß auch R_2 rausche. Es läßt sich leicht zeigen, daß dann $\frac{P}{N}$ nach folgender Beziehung vom Verhältnis

$\dfrac{R_2}{R_1}$ abhängt

$$\frac{P}{N} = \frac{P_0}{k\,T\,B}\,\frac{R_2/R_1}{1 + R_2/R_1}. \tag{76}$$

Diese Beziehung ist in Abb. 38 als Kurve 2 aufgetragen. Das Verhältnis $\dfrac{P}{N}$ ist stets kleiner, als wenn R_2 nicht rauscht. Es erreicht die Hälfte des Idealwertes bei Anpassung und nähert sich mit größer werdender Überanpassung mehr und mehr dem Idealwert. Wenn man diesem Wert nahe kommen will, braucht man also den Verstärker nicht auf sehr tiefe Temperatur zu bringen, um R_2 rauscharm zu machen, sondern kann durch Überanpassung das gleiche Ergebnis erreichen. Für hochgezüchtete Funkempfänger wird dieses Mittel tatsächlich oft verwendet. Bei Richtfunk- und Trägerfrequenz-Verstärkern kann man oft aus anderen Gründen auf die Anpassung nicht verzichten. Man muß

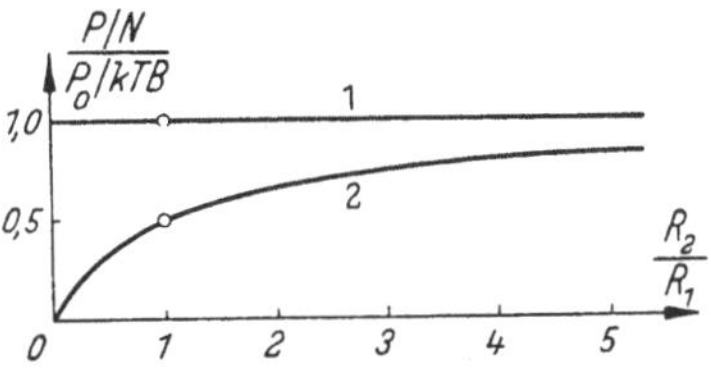

Abb. 38. Signal/Geräusch-Verhältnis bei Variation des Widerstandes R_2

dann mindestens einen Wert der Geräuschleistung von $2\,kTB$ je Kanal ($0{,}35\,N$ oder 3 db über dem Bezugswert) in Kauf nehmen.

Nun rauscht aber außerdem auch der Verstärker. Dieses zusätzliche Röhren- oder Halbleiterrauschen hat zwar eine andere Größe als das Wärmerauschen, jedoch verteilt sich die Leistung — jedenfalls oberhalb des Tonfrequenzgebietes — wie in Gl. (71) gleichmäßig über das Frequenzband. Es ist üblich geworden, die gesamte Rauschleistung N auf den Verstärkereingang zu beziehen und als Vielfaches der oben definierten Leistung $1\,k\,T\,B$ auszudrücken. Man nennt dieses Vielfache die *Rauschzahl* F_N. Es ist also

$$N = F_N\,k\,T\,B. \tag{77}$$

Wenn der Verstärker einschließlich seines Eingangswiderstandes R_2 keinen Beitrag zum Wärmerauschen liefert, ist $F_N = 1$ und N gleich der Bezugsleistung. Eine Ausnahme bilden diejenigen Übertragungssysteme, deren Innenwiderstand R_1 nicht mit der Bezugstemperatur rauscht, wie z. B. Antennen unter gewissen Umständen. Man kann dann eine andere Bezugsleistung wählen oder die verschiedenen Rauschtemperaturen des Systems und des Verstärkers berücksichtigen.

Für einen Fernsprechkanal der Breite $B_0 = 4\,\text{kHz}$ (genauer 3400 Hz — 300 Hz) wird die Rauschleistung bei Zimmertemperatur

$$N_0 = F_N \cdot 1{,}25 \cdot 10^{-17}\,\text{W}. \tag{78}$$

Dieser Wert wird in den Beziehungen für den Signal-Geräusch-Abstand häufig auftreten.

Nach dem vorstehenden Gedankengang denkt man sich für jedes Verstärkerfeld die Geräuschleistung im Eingang des Verstärkers konzentriert. Das an diesem Punkt gebildete Verhältnis der Signalleistung P zur Geräuschleistung N ist daher für das ganze Feld maßgebend.

Wichtig ist dabei, in welchem Frequenzband die Geräuschleistung gemessen wird. Das Signal erstreckt sich bei Amplitudenmodulation über das ein- oder zweifache Modulationsband. Bei den Winkelverfahren ist es je nach Frequenzhub breiter. Diese dem Signal zur Verfügung gestellte, meist durch Filter festgelegte Hochfrequenz-Bandbreite möge B_h sein. Innerhalb dieses Bandes ist auch das Geräusch wirksam. Nun zeigen alle Winkelverfahren — möge es sich um kontinuierliche oder Pulsmodulation handeln — in der Nähe des Zustandes, wo P und N gleich sind, eine eigentümliche Schwelle; für kleinere Werte von P hört die diesen Verfahren eigentümliche geräuschmindernde Wirkung sehr rasch auf. Die Verfahren werden dann ungünstiger als die Amplitudenmodulation. Handelt es sich demnach um die Feststellung dieser Schwelle, so muß man das Signal/Geräusch-Verhältnis betrachten, bei dem N im Bande B_h gemessen wird. Anders liegen die Verhältnisse, wenn man die verschiedenen Verfahren hinsichtlich des Ausmaßes ihrer Geräuschunterdrückung, d. h. oberhalb der Schwelle, vergleichen will.

Hierbei kommt es auf folgendes an: Gegeben sei ein System, dessen Signalleistung nach oben begrenzt ist, z. B. durch die Senderöhre. Unter Signalleistung sei dabei stets der zeitliche Mittelwert bei voller Modulation verstanden. Für den späteren Vergleich mit den Pulsverfahren ist diese Definition wichtig. Dann ist, wenn die Dämpfung der Übertragungsstrecke gegeben ist, auch die Signalleistung P am Punkt tiefsten Pegels festgelegt. An diesem Punkt dringt in das System eine bestimmte Geräuschleistung N_0 je Bandbreite B_0 ein, deren Größe durch Gl. (78) gegeben ist. Da die Sendeleistung P den Gesamtwert für alle z Kanäle umfaßt, muß bei der Geräuschleistung ebenfalls der Vergleichswert für z Kanäle genommen werden. Für Rauschen ist dieser Wert wegen der statistischen Addition $z N_0$. Maßgebend für das Signal/Geräusch-Verhältnis auf der Übertragungsseite ist daher das Verhältnis $\dfrac{P}{z N_0}$. Wendet man nun verschiedene Modulationsverfahren an — jeweils so, daß dieses Verhältnis konstant bleibt —, so ergibt sich nach der Demodulation in den einzelnen Kanälen der Breite B_0 eine Signalleistung P_2 und eine Geräuschleistung N_2, die das Signal/Geräusch-Verhältnis am Ausgang bestimmen. Je nach dem verwendeten Verfahren ist P_2/N_2 größer, gleich oder kleiner als $P/z N_0$. Im ersten Fall schreibt man dem Verfahren eine geräuschmindernde Wirkung zu oder, wenn man die Leistungsverhältnisse als Pegeldifferenzen ausdrückt, einen Gewinn an Signal-Geräusch-Abstand. Dieser Gewinn ist demnach durch ein Doppelverhältnis von Signal- und Geräuschleistungen gegeben zu

$$r_N = \frac{1}{2}\ln\frac{P_2/N_2}{P/z\,N_0}. \tag{79}$$

Eine oft in der Literatur zu findende Größe ist der Faktor der Geräuschreduktion, der sich nicht auf Verhältnisse von Leistungen, sondern auf die entsprechenden Verhältnisse von Amplituden bezieht. Er möge R_N heißen. Quadriert ergibt er das in Gl. (79) definierte Leistungs-Doppelverhältnis, so daß

$$R_N^2 = \frac{P_2/N_2}{P/z\,N_0} \tag{80}$$

wird und

$$r_N = \ln R_N. \tag{81}$$

Die abgeleiteten Beziehungen gelten für eine Störung durch Rauschen. Handelt es sich um einen Störer mit eng begrenztem Spektrum, z. B. einen Sinusstörer, so ist statt der Vergleichsleistung $z\,N_0$ die wirkliche Leistung N des Störers einzusetzen.

Die Berechnung wird im einzelnen zeigen, daß der Faktor R_N und damit der Gewinn r_N nur von dem Mehraufwand an Frequenzband abhängen, der auf der Übertragungsstrecke getrieben wird. Für z Kanäle der Breite B_0 braucht man dort mindestens das Band $z\,B_0$. Ist die wirklich belegte Bandbreite B_h, so ist die relative Erweiterung gegeben durch den Wert

$$\frac{B_h}{z\,B_0}. \tag{82}$$

Bevor die einzelnen Verfahren behandelt werden, sei noch auf eine kleine Komplikation hingewiesen. Variiert man die Zahl z der Kanäle, so bleibt das Signal/Geräusch-Verhältnis $\dfrac{P}{z\,N_0}$ konstant, wenn die notwendige Sendeleistung z mal so groß ist wie für einen Kanal. Dies trifft zwar für alle Pulsverfahren mit zeitlicher Bündelung der Signale zu, für die kontinuierlichen Verfahren mit frequenzmäßiger Bündelung aber nur für sehr geringe und sehr hohe Kanalzahlen; dazwischen ändert sich die erforderliche Leistung sehr wenig. Um die Verhältnisse nicht zu komplizieren, werde dieser Effekt, der mit der Statistik der Sprachspitzen zusammenhängt, unter d) gesondert behandelt und beim Vergleich zusätzlich in Rechnung gestellt. Die folgenden Berechnungen seien daher zunächst nur für einen Kanal ($z = 1$) durchgeführt und unter d) entsprechend modifiziert.

b) Die Geräuschwirkung bei den Amplitudenverfahren. Am einfachsten liegen die Verhältnisse beim Einseitenbandverfahren. Die Signalbandbreite B_h ist gleich der Kanalbreite B_0. Da die Empfangsmodulatoren das Signal nicht anders behandeln als das Geräusch, bleibt das Verhältnis beider Größen nach der Demodulation ungeändert. Der Faktor der Geräuschminderung R_N wird 1, der Gewinn $r_N = 0$. Die *Einseitenband-Modulation* ist daher ein sehr zweckmäßiges *Bezugsverfahren*.

Die Amplitudenmodulation mit Träger verhält sich ungünstiger. Zur Erläuterung diene das Zeigerdiagramm von Abb. 39. Soll das Hochfrequenzsignal $S(t)$ nach der Demodulation eine Signalamplitude $\pm S_0$ ergeben, so muß es bei voller Modulation aus einem Träger der Amplitude S_0 und zwei Seitenbändern von je der Amplitude $\frac{1}{2} S_0$ bestehen. Dies erfordert, wenn P_2 die Leistung für S_0 bedeutet, eine Signalleistung

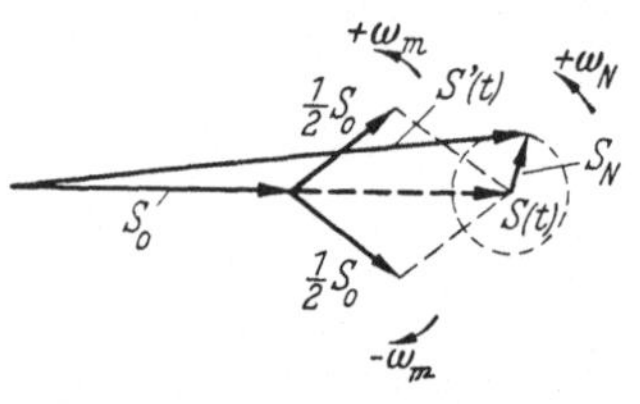

Abb. 39. Wirkung eines Geräusches S_N bei Amplitudenmodulation mit Träger

$$P = P_2\left(1^2 + 2\left(\frac{1}{2}\right)^2\right) = 3/2 \cdot P_2. \qquad (83)$$

Bei vorgeschriebener Senderleistung P ist daher nach der Demodulation die Signalleistung P_2 um den Faktor 1,5 kleiner. Tritt Geräusch hinzu, z. B. eine Sinusschwingung mit der Amplitude S_N und dem Frequenzabstand $+ \omega_N$ vom Träger, so erleidet der resultierende Zeiger $S'(t)$ eine zusätzliche Amplituden- und Phasenmodulation. Nur die erste wird nach der Gleichrichtung wirksam, und zwar mit der vollen Amplitude S_N. Die Geräuschleistung wandert also unverändert durch den Demodulator hindurch. Für einen *Sinusstörer* tritt ein (negativer) Gewinn auf der Größe

$$r_N^{\text{AM}} = \frac{1}{2}\ln\frac{2}{3} = -0,2\,\text{N oder} -1,8\,\text{db}. \qquad (84)$$

Wirksam sind alle Störer mit Frequenzen im Bande $\pm B_0$ um die Trägerfrequenz.

Besteht die Störung aus Rauschen, wobei sich alle Geräuschkomponenten quadratisch addieren, so erhält man nach der Demodulation Geräuschleistung aus dem doppelten Band. Im ganzen sinkt also das Verhältnis P_2/N_2 um einen Faktor 3. Der Gewinn wird für eine Störung durch *Rauschen*

$$r_N^{\text{AM}} = \frac{1}{2}\ln\frac{1}{3} = -0,55\,\text{N} = -4,8\,\text{db}. \qquad (85)$$

Der relative Bandbedarf ist dabei

$$\frac{B_h}{B_0} = 2. \qquad (86)$$

Man hat also trotz größeren Aufwandes an Frequenzband eine Übertragung geringerer Güte.

c) Die Geräuschwirkung bei den Winkelverfahren. Auch hier leistet das Zeigerdiagramm gute Dienste (Abb. 40). Der Zeiger $S(t)$, der die konstante Länge S_0 hat, sei gerade um den Winkel $\Delta\varphi_S$, in dem das primäre Signal steckt, ausgelenkt. Hinzu komme eine Geräuschamplitude S_N, die den Frequenzabstand f_N hat, sich also mit ω_N dreht. Das Signal/Geräusch-Verhältnis ist, da die Zeiger Amplituden von Sinusschwingungen darstellen,

$$\frac{P}{N} = \frac{\frac{1}{2} S_0^2}{\frac{1}{2} S_N^2}. \qquad (87)$$

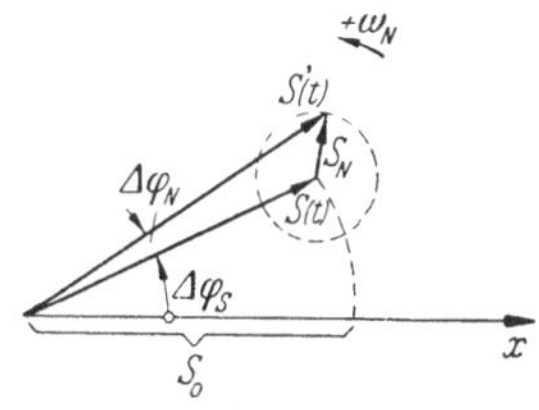

Abb. 40. Wirkung eines Geräusches S_N bei Phasen- oder Frequenzmodulation

Der resultierende Zeiger $S'(t)$ erleidet wiederum eine zusätzliche Amplituden- und Phasenmodulation. Während die erste im Begrenzer unwirksam gemacht wird, bewirkt die letzte eine Geräuschauslenkung $\Delta\varphi_N$. Diese wird, wenn S_N klein gegen S_0 ist

$$\Delta\varphi_N = \frac{S_N}{S_0} \sin \omega_N t. \qquad (88)$$

Sie tritt zum Signalwinkel $\Delta\varphi_S$ hinzu.

Handelt es sich um ein phasenmoduliertes Signal, bei dem

$$\Delta\varphi_S = \Delta\Phi \sin \omega_m t \qquad (89)$$

ist, so wird das demodulierte, geräuschbehaftete Ausgangssignal proportional zu

$$\Delta\varphi_S + \Delta\varphi_N = \Delta\Phi \sin \omega_m t + \frac{S_N}{S_0} \sin \omega_N t. \qquad (90)$$

Das Verhältnis von Signalleistung zu Geräuschleistung nach der Demodulation erhält man durch Quadrieren der Amplitudenwerte. Es wird

$$\frac{P_2}{N_2} = \Delta\Phi^2 \frac{\frac{1}{2} S_0^2}{\frac{1}{2} S_N^2}. \qquad (91)$$

Division von Gl. (91) und (87) ergibt gegenüber einem *Sinusstörer* einen Gewinn

$$r_N^{\text{PM}} = \frac{1}{2} \ln (\Delta\Phi)^2 = \ln \Delta\Phi \qquad (92)$$

oder, ausgedrückt durch den Faktor der Geräuschreduktion

$$R_N^{\text{PM}} = \Delta\Phi. \qquad (93)$$

Durch geeignete Wahl des Phasenhubes kann man also die Wirkung eines Störers nach Wunsch reduzieren. Da ferner nach Gl. (90) die

Frequenz des Störers nach der Demodulation f_N ist, können alle Störer, die weiter vom Träger entfernt sind als $\pm B_0$, durch einen Tiefpaß der Grenzfrequenz B_0 völlig entfernt werden.

Besteht die Störung aus Rauschen, so gilt statt Gl. (87) auf der Übertragungsseite

$$\frac{P}{N_0} = \frac{\frac{1}{2}\,S_0^2}{N_0}\,.\tag{94}$$

Wie bei Amplitudenmodulation mit Träger kommen nach der Demodulation alle Komponenten aus dem Hochfrequenzbereich $\pm B_0$ um den Träger in quadratischer Addition zur Wirkung. Das Verhältnis am Ausgang erhält den Wert

$$\frac{P_2}{N_2} = \Delta\Phi^2\,\frac{\frac{1}{2}\,S_0^2}{2\,N_0}\,.\tag{95}$$

Division der Gl. (95) und (94) ergibt dann, wenn noch statt des Phasenhubes nach Gl. (27) das Hubverhältnis eingeführt wird, für eine Störung durch *Rauschen*

$$r_N^{\mathrm{PM}} = \frac{1}{2}\ln\frac{1}{2}\left(\frac{\Delta F}{B_0}\right)^2\tag{96}$$

und

$$R_N^{\mathrm{PM}} = \frac{1}{\sqrt{2}}\,\frac{\Delta F}{B_0}\,.\tag{97}$$

Wie sich zeigt, ist der Gewinn nur abhängig vom Hubverhältnis $\dfrac{\Delta F}{B_0}$; dieses wiederum ist maßgebend für die Breite des belegten Hochfrequenzbandes B_h. Bevor dieser Zusammenhang erörtert wird, mögen noch die entsprechenden Beziehungen für den Gewinn der Frequenzmodulation abgeleitet werden.

Bei dieser ändert sich, da das primäre Signal nicht zu $\Delta\varphi$, sondern zu $\dfrac{\mathrm{d}}{\mathrm{d}t}\Delta\varphi$ proportional ist, Gl. (90) in

$$\Delta f_S + \Delta f_N = \Delta F \cos \omega_m t + \frac{f_N\,S_N}{S_0}\cos \omega_N t.\tag{98}$$

Das Verhältnis von Signalleistung zu Geräuschleistung nach der Demodulation wird, da die Frequenzhübe in proportionale Amplituden umgewandelt werden

$$\frac{P_2}{N_2} = \left(\frac{\Delta F}{f_N}\right)^2 \frac{\frac{1}{2}\,S_0^2}{\frac{1}{2}\,S_N^2}\,.\tag{99}$$

Division von Gl. (99) und (87) ergibt einen Gewinn an Signal-Geräusch-Abstand gegenüber einem *Sinusstörer*

$$r_N^{\mathrm{FM}} = \frac{1}{2}\ln\left(\frac{\Delta F}{f_N}\right)^2 = \ln\left(\frac{\Delta F}{f_N}\right)\tag{100}$$

oder einen Faktor der Geräuschminderung

$$R_N^{\mathrm{FM}} = \frac{\varDelta F}{f_N}.\tag{101}$$

Stellt man der Gl. (101) die Gl. (93) gegenüber, so werden die Faktoren R_N dann gleich, wenn $f_N = f_m$ ist. In diesem Fall ist auch bei Frequenzmodulation die Reduktion gleich dem Phasenhub. Um den Unterschied gegenüber der Phasenmodulation zu sehen, betrachtet man

zweckmäßig nicht das Verhältnis Signal/Geräusch, sondern den reziproken Wert von Gl. (99), der den Verlauf der demodulierten Störung angibt. In Abb. 41 ist unter a) das Amplitudenverhältnis, unter b) das Leistungsverhältnis aufgetragen. Man sieht, daß ein Störer, der die gleiche Frequenz hat wie der Träger ($f_N = 0$), überhaupt keine Wirkung ausübt. Weicht die Frequenz des Störers nach oben oder unten um f_N ab, so wächst nach der Demodulation die Amplitude der

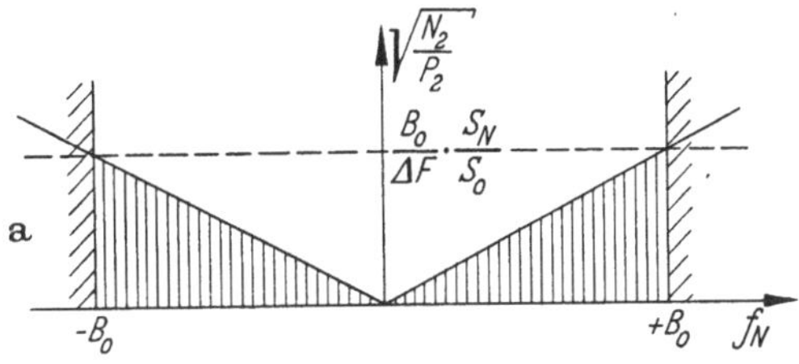

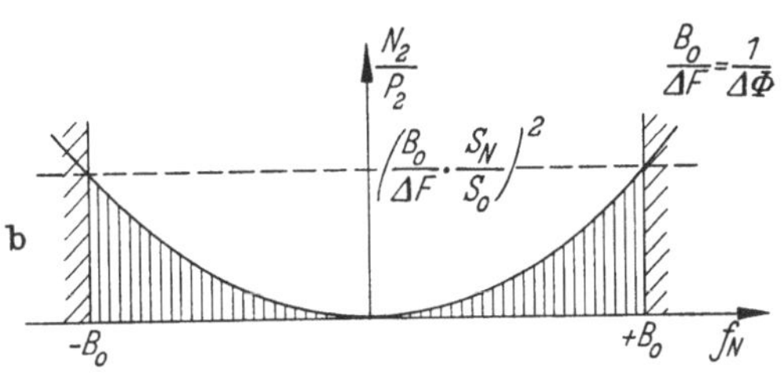

Abb. 41 a u. b. Wirkung einer Störung der Amplitude S_N bei Frequenzmodulation
a) Gang der Amplituden nach der Demodulation,
b) Gang der Leistungen nach der Demodulation

Störung linear, die Leistung quadratisch mit f_N. Bei $f_N = \pm\, B_0$ wird der gleiche Wert erreicht, wie ihn die Phasenmodulation über das ganze Band von $-B_0$ bis $+B_0$ aufweist, wenn man voraussetzt, daß bei dieser Frequenz für beide Modulationsarten der gleiche Phasenhub $\varDelta\Phi = \frac{\varDelta F}{B_0}$ vorliegt.

Besteht die Störung aus Rauschen, so wirken alle Komponenten im Bande $\pm\, B_0$ gleichzeitig; die Leistungen in Abb. 41b addieren sich. Geometrisch gesehen ist der Inhalt der schraffierten Fläche zu bilden. Dieser ist als Integral unter einem Parabelbogen $\frac{1}{3}$ des Rechtecks zwischen $-B_0$ und $+B_0$, wie es bei Phasenmodulation wirksam ist. Das Signal/Geräusch-Verhältnis ist daher vergleichsweise um den Faktor 3 höher. Aus Gl. (95) wird, wenn man wieder das Hubverhältnis einführt,

$$\frac{P_2}{N_2} = 3\left(\frac{\varDelta F}{B_0}\right)^2 \frac{\frac{1}{2}\,S_0^2}{2\,N_0}.\tag{102}$$

Die Gl. (102) dividiert durch (94) ergibt daher bei Frequenzmodulation für eine Störung durch *Rauschen*

$$r_N^{\mathrm{FM}} = \frac{1}{2}\ln\frac{3}{2}\left(\frac{\varDelta F}{B_0}\right)^2\tag{103}$$

und[1]

$$R_N^{\mathrm{FM}} = \sqrt{\frac{3}{2} \frac{\Delta F}{B_0}} \, . \tag{104}$$

Um den Vergleich der Verfahren abzuschließen, ist nun noch der relative Bandbedarf $\dfrac{B_h}{B_0}$ als Funktion des Hubverhältnisses zu bestimmen. Leider besteht zwischen dem Frequenzhub ΔF und der belegten Bandbreite B_h kein einfacher Zusammenhang. Für hohe Ansprüche an die Linearität, wie sie die Übertragung vieler, frequenzmäßig gebündelter Signale stellt, gelten die in Gl. (34) gegebenen Näherungen

$$\begin{aligned} &\text{für } \frac{\Delta F}{B_0} < 1 \quad B_h = 2\,c\,(\Delta F + B_0) \\[2mm] &\text{für } \frac{\Delta F}{B_0} > 1 \quad B_h = 2\,c\,(\Delta F + 2\,B_0). \end{aligned} \tag{105}$$

Der hier zusätzlich eingeführte Faktor c berücksichtigt, daß man nach den Erläuterungen auf S. 35 im übertragenen Frequenzbereich die Phase sehr linear halten muß. Legt man die Grenzen des Bereiches B_h wie üblich durch den Abfall auf halbe Leistung fest (0,35 N oder 3 db), so ist die Phasenbedingung nur zu halten, wenn man die Hochfrequenzbandbreite der Geräte etwas größer macht als eigentlich nötig. Im Abschn. I des Kap. 4 wird hierauf noch näher eingegangen werden. Der Erweiterungsfaktor c liegt etwas über Eins, z. B. bei $c = 1,25$. Gl. (105), etwas umgeschrieben, ergibt als Zusammenhang zwischen dem Hubverhältnis und dem relativen Bandbedarf der Winkelverfahren

$$\begin{aligned} &\text{für } \frac{\Delta F}{B_0} < 1 \quad \frac{\Delta F}{B_0} = \frac{1}{2c}\left(\frac{B_h}{B_0} - 2\,c\right) \\[2mm] &\text{für } \frac{\Delta F}{B_0} > 1 \quad \frac{\Delta F}{B_0} = \frac{1}{2c}\left(\frac{B_h}{B_0} - 4\,c\right). \end{aligned} \tag{106}$$

d) Die Geräuschwirkung bei Mehrfachausnutzung mit frequenzmäßiger Bündelung. Vergleich der kontinuierlichen Verfahren. Das

---

[1] Bezogen auf ein System mit Amplitudenmodulation und Träger, das amplitudenmäßig um einen Faktor $\sqrt{3}$ ungünstiger ist als das Einseitenbandverfahren [vgl. Gl. (85)], ergibt sich ein Faktor der Geräuschreduktion

$$R_N' = \frac{3}{\sqrt{2}} \frac{\Delta F}{B_0} \, . \tag{104a}$$

Demgegenüber findet man in der Literatur öfter den Wert

$$R_N'' = \sqrt{3} \frac{\Delta F}{B_0} \, . \tag{104b}$$

Dieser Unterschied rührt daher, daß dabei die erhöhte Leistung bei voller Amplitudenmodulation [Gl. (83)] nicht berücksichtigt ist. Dies macht den Faktor $\sqrt{3/2}$ aus, um den sich die Gln. (104a) und (104b) unterscheiden.

Ziel der Untersuchung soll darin bestehen, für die wichtigsten Verfahrenskombinationen den Gewinn an Signal-Geräusch-Abstand als Funktion der notwendigen Frequenzband-Erweiterung aufzutragen. Betrachtet wird dabei nur die Störung durch Rauschen. Es mögen z Kanäle frequenzmäßig nach dem Einseitenbandverfahren gebündelt und das gesamte Modulationsband $z\,B_0$ mit den verschiedenen Verfahren übertragen werden. Betrachtet seien die Kombinationen

Einseitenband/Einseitenbandmodulation	EB-EB
Einseitenband/Amplitudenmodulation mit Träger	EB-AM
Einseitenband/Phasenmodulation	EB-PM
Einseitenband/Frequenzmodulation	EB-FM

Vor dem eigentlichen Vergleich müssen noch zwei Teilprobleme klargestellt werden, die mit dem Frequenzgang des Rauschens bei Frequenzmodulation und mit der Statistik der Sprachspitzen bei frequenzmäßiger Bündelung zusammenhängen.

Die Staffelung der Kanalpegel bei Frequenzmodulation. Die in Abb. 41b dargestellte, mit der Frequenz quadratisch wachsende Geräuschleistung betrifft bei Mehrfachausnutzung das Frequenzband $z\,B_0$ von z nebeneinander angeordneten Kanälen (Abb. 42, schraffierte Fläche). Haben die Signalleistungen in allen Kanälen den gleichen Wert $\overline{P_2}$, so ist das Signal/Geräusch-Verhältnis $\overline{P_2}/\overline{N_2}$ überall verschieden. Damit es für alle Kanäle den gleichen Wert erhält, muß man die Signalleistungen P_2 der einzelnen Kanäle quadratisch mit der Frequenz ansteigen lassen. Dies wird gewöhnlich so bewerkstelligt, daß man dem gebündelten Einseitenband-Signal am Sendeort den gewünschten Frequenzgang gibt (*Preemphasis*). Die den einzelnen Kanälen zugeordneten Signalamplituden und damit auch die zugehörigen Frequenzhübe

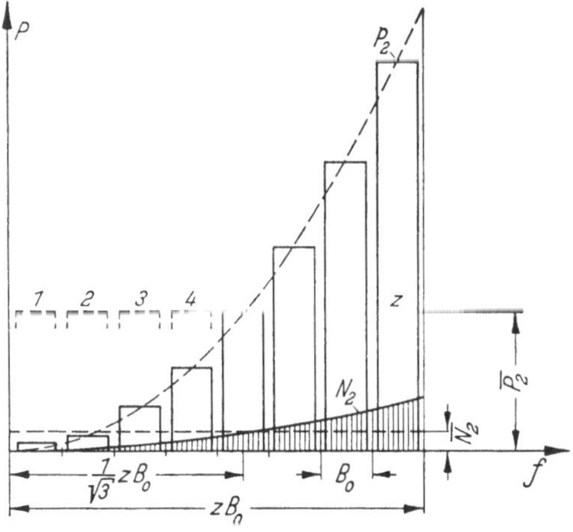

Abb. 42. Staffelung der Kanalleistung P_2 bei z-fach ausgenutzter Frequenzmodulation (EB-FM)

steigen daher, wenn man von den Treppenstufen absieht, linear mit der Kanal-Nummer, das heißt mit der Modulationsfrequenz an. Nach Gl. (26) rufen dann die Signale eines jeden Kanals den gleichen Phasenhub hervor. Dies war aber gerade, wie anschließend an Gl. (26) bespro-

chen worden ist, das Kennzeichen der Phasenmodulation. Frequenzmodulation mit linearer Preemphasis und Phasenmodulation sind daher
im Prinzip identisch. Daher müssen sie auch den gleichen Faktor R_N
der Geräuschreduktion haben; um welchen Zahlenwert dieser sich gegenüber dem Fall der Frequenzmodulation ohne Preemphasis ändert, hängt
nur von der Wahl derjenigen Modulationsfrequenz ab, bei der die Pegel
und damit die Hübe gleich bleiben.

Für die Übertragung eines einzigen primären Signals der Bandbreite
B_0 ist nach Abb. 41 vorausgesetzt worden, daß die Hübe bei der höchsten Modulationsfrequenz $f_m = B_0$ für PM und FM gleich sein sollten.
Dies war zweckmäßig, da es z. B. bei einem Rundfunkprogramm Klänge
gibt, deren spektrale Komponenten hauptsächlich im oberen Bandbereich
liegen. Würde man unter dieser Voraussetzung bei FM Preemphasis
anwenden, so ergäbe sich als Reduktionsfaktor der Wert R_N^{PM} nach
Gl. (97). Dieser ist um $\sqrt{3}$ kleiner als R_N^{FM} nach Gl. (104), weil die Phasenmodulation den zulässigen Frequenzhub bei tiefen Modulations-
frequenzen nicht ausnutzt. — Für ein frequenzmäßiges Bündel aus sehr
vielen Sprachsignalen hingegen hat die obige Voraussetzung keinen Sinn
mehr. Es kommt nicht vor, daß die gesamte zu übertragende Leistung
sich auf die höchsten Kanäle konzentriert. Die Staffelung werde daher
nach Abb. 42 so vorgenommen, daß die Gesamtleistung $z\,\overline{P_2}$ und damit
der gesamte Spitzenfrequenzhub ΔF etwa erhalten bleiben. Bei der vorgesehenen quadratischen Staffelung der Leistungen kann dann aber die
Signalleistung im Kanal z auf das Dreifache des mittleren Wertes $\overline{P_2}$
gesteigert werden.

Unter den gestaffelten Kanälen hat derjenige diese mittlere Signalleistung, der bei der Frequenz $\dfrac{1}{\sqrt{3}}\,z\,B_0$ liegt. In diesem Kanal herrscht
aber gerade die mittlere Geräuschleistung $\overline{N_2}$, die bei Einkanal-Frequenz-
modulation mit $1/_3$ des Höchstwertes berechnet wurde. Gl. (102) bleibt
daher für diesen Kanal gültig. Dann bleibt sie aber auch bei der vorgesehenen Staffelung der Kanalpegel für alle Kanäle gültig. Nur ist für
das Hubverhältnis, da das Modulationsband jetzt statt B_0 den Wert
$z\,B_0$ hat, einzusetzen

$$\eta = \frac{\Delta F}{z\,B_0}, \tag{107}$$

wobei ΔF der durch das gebündelte Signal erzeugte Gesamtfrequenzhub
ist. Analog zu den Gl. (103) und (104) ergibt sich daher der Gewinn des
Verfahrens EB-FM gegenüber *Rauschen* zu

$$r_N^{\mathrm{EB\text{-}FM}} = \frac{1}{2}\ln\frac{3}{2}\left(\frac{\Delta F}{z\,B_0}\right)^2 \tag{108}$$

und der Faktor der Geräuschreduktion zu

$$R_N^{\text{EB-FM}} = \sqrt{\frac{3}{2}\frac{\Delta F}{z\,B_0}}\,. \tag{109}$$

Um diese Werte zu erhalten, muß man also auf der Sendeseite des Systems mit Frequenzmodulation den Pegel des obersten Signals (Nummer z) um $\ln\sqrt{3} = 0,55\,\text{N}$ oder $4,8\,\text{db}$ anheben und demgegenüber die Pegel der anderen Signale (Nummer ν) um den Betrag $\ln\dfrac{z}{\nu}$ herabsetzen. Das Signal mit der Nummer $\nu = \dfrac{1}{\sqrt{3}}z$ bleibt dann ungeändert, ebenso die Gesamtleistung aller Signale. Auf der Empfangsseite muß man nach der Demodulation die ursprünglichen Pegel wiederherstellen (*Deemphasis*).

Der Aussteuerungsgewinn bei frequenzmäßiger Bündelung von Sprachkanälen. An den Klemmen eines jeden Kanals der Breite B_0 muß man, wenn Sprache übertragen wird, auf Grund der Erfahrung mit Signalleistungen bis zu etwa $P_1 = P_2 = 4\,\text{mW}$ rechnen[1]. Diese hohen Werte sind jedoch selten. Über längere Zeit gemittelt ist die Signalleistung sehr viel geringer. Berücksichtigt man, daß selbst in der Hauptverkehrsstunde nur ein Teil der Kanäle im Sprechzustand ist und daß auch dann im Durchschnitt jeder Sprecher nur während der Hälfte der Zeit spricht, während der anderen Zeit hört, so ergibt sich nach neueren Untersuchungen eine durchschnittliche Leistung von nur etwa 7 bis 15 μW. Werden z Sprachsignale nach dem Einseitenbandverfahren frequenzmäßig gebündelt, so fallen ihre Spitzenleistungen nur sehr selten zusammen. Das Gesamtsignal weist daher nicht· die erwartete Spitzenleistung $P = z\,4\,\text{mW}$ auf, sondern einen geringeren Spitzenwert P', der von z abhängt. Diese Reduktion bedeutet aber nach Gl. (79), da P im Nenner steht, einen zusätzlichen Gewinn. Für eine sehr hohe Zahl von Kanälen, etwa von $z = 2000$ ab, bleibt dieser Gewinn konstant: Das gesamte Frequenzgemisch hat die statistischen Eigenschaften des Wärmerauschens angenommen. In Abb. 43 ist der „Aussteuerungsgewinn"

$$r_z = \frac{1}{2}\ln\frac{P}{P'} \tag{110}$$

über der Kanalzahl z aufgetragen. Kurve 1 gilt für eine Untersuchung von BROCKBANK und WASS, die von 7 μW mittlerer Sprachleistung ausgeht; Kurve 2 bezieht sich auf ältere Annahmen von HOLBROOK und DIXON, wonach dieser Wert bei etwa 25 μW liegt. Neue deutsche

---

[1] Gemessen wird an diesen Klemmen mit einer Sinusschwingung von 800 Hz und der Leistung 1 mW. Da die vierfache Leistung doppelte Amplitude bedeutet, tritt beim Meßpegel gerade 50% Modulation auf. Auf diesen Wert wird daher häufig bezogen werden, z. B. bei der Berechnung des Nebensprechens im Kap. 4 und des Systemswerts im Kap. 5.

Messungen bestätigen eher die erste Annahme, so daß für die Betrachtungen dieses Buches die Kurve 1 zugrunde gelegt worden ist[1]. Beide Kurven enthalten folgende Voraussetzung: Es besteht 1% Wahrscheinlichkeit dafür, daß die gesamte Signalleistung P' in einem Bruchteil von 10^{-5} der Zeit überschritten wird.

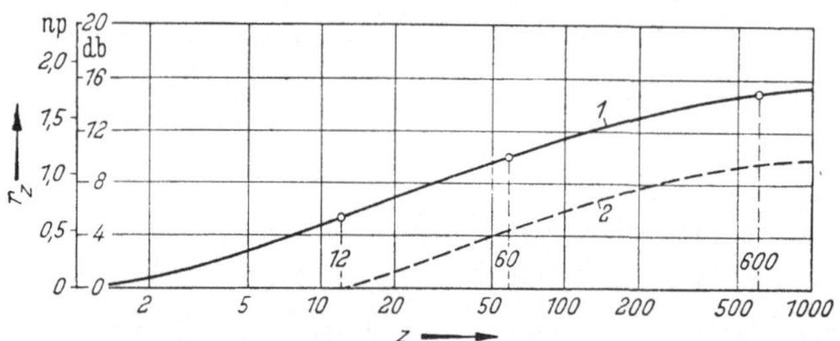

Abb. 43. Zusätzlicher Aussteuerungsgewinn bei frequenzmäßiger Bündelung von z Sprachkanälen

Der Gewinn an Signal-Geräusch-Abstand. Als Zusammenfassung des Absatzes über die Störungen kann nunmehr der Gewinn für die verschiedenen Verfahrenskombinationen angeschrieben werden. Es ergibt sich für

Einseitenband/Einseitenbandmodulation (EB-EB)

$$r_N = 0 + r_z; \qquad \frac{B_h}{z B_0} = 1 \tag{111}$$

Einseitenband/Amplitudenmodulation mit Träger (EB-AM)

$$r_N = -\frac{1}{2}\ln 3 + r_z; \qquad \frac{B_h}{z B_0} = 2 \tag{112}$$

Einseitenband/Phasenmodulation (EB-PM) und
Einseitenband/Frequenzmodulation (EB-FM) mit Preemphasis

$$r_N = +\frac{1}{2}\ln\frac{3}{2}\left(\frac{\Delta F}{z B_0}\right)^2 + r_z. \tag{113}$$

Dabei ist in (113) zu setzen

$$\text{für } \frac{\Delta F}{z B_0} < 1 \quad \frac{\Delta F}{z B_0} = \frac{1}{2c}\left(\frac{B_h}{z B_0} - 2c\right) \tag{114}$$

$$\text{für } \frac{\Delta F}{z B_0} > 1 \quad \frac{\Delta F}{z B_0} = \frac{1}{2c}\left(\frac{B_h}{z B_0} - 4c\right) \tag{115}$$

$$\text{mit } c = 1{,}25. \tag{116}$$

---

[1] Für Spezialisten unter den Lesern sei angemerkt, daß die Kurven von Abb. 43 allein die Sprachleistung berücksichtigen. In die Bemessung der Verstärker gehen noch andere Faktoren ein, wie z. B. die Leistung der verschiedenen Wähl- und Hörzeichen, der Pilote und Trägerreste sowie der Telegraphiesignale, wenn solche statt Sprache übertragen werden. Alle diese Faktoren verringern den Aussteuerungsgewinn. Schließt man sie mit ein, so gibt die Kurve 2, obwohl ursprünglich nur auf Sprache gemünzt, die Verhältnisse recht gut wieder.

In Abb. 44 ist der Gewinn $r_N' = r_N - r_z$ als Funktion der notwendigen Frequenzbanderweiterung $\dfrac{B_h}{z\,B_0}$ aufgetragen.

Das Einseitenbandverfahren zeigt keinen Unterschied gegenüber der Übertragung in natürlicher Frequenzlage und dient daher als Bezugsverfahren; die Amplitudenmodulation mit Träger dagegen weist trotz doppelter Bandbreite einen Verlust von 0,55 N oder 4,8 db auf.

Phasen- und Frequenzmodulation beginnen bei sehr kleinem Frequenzhub ΔF ebenfalls annähernd mit dem Band $B_h = 2\,z\,B_0$, haben

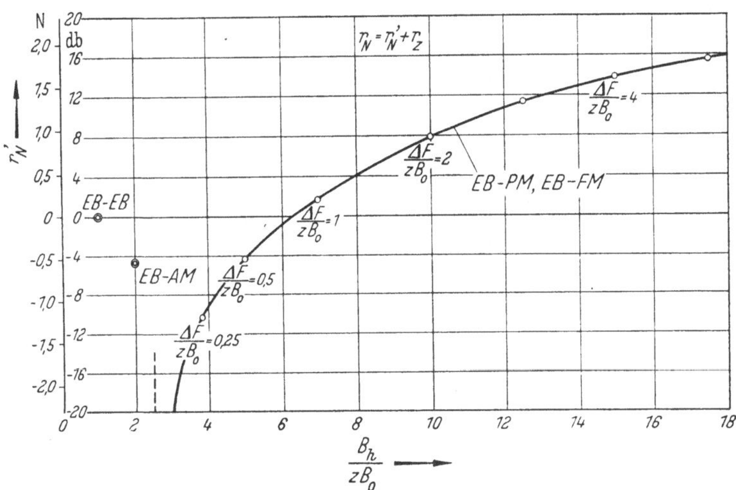

Abb. 44. Gewinn an Signal-Geräusch-Abstand r_N und aufzuwendende Bandbreite B_h bei verschiedenen Kombinationen von kontinuierlichen Modulationsarten
EB-EB: Einseitenband/Einseitenbandmodulation
EB-AM: Einseitenband/Amplitudenmodulation mit Träger
EB-PM: Einseitenband/Phasenmodulation
EB-FM: Einseitenband/Frequenzmodulation mit Preemphasis

aber in diesem Bereich einen großen Verlust. Mit steigendem Hub und steigendem Bandbedarf erhält man den dargestellten Gewinn. Das Hubverhältnis $\dfrac{\Delta F}{z\,B_0}$ ist für einige Werte jeweils als Parameter eingezeichnet. Man sieht, daß für gleiche Güte wie bei Einseitenbandübertragung die Winkelmodulation mehr als das sechsfache Band bei einem Hubverhältnis von 0,8 bis 0,9 braucht. Für einen Gewinn von $1,15\ N = 10$ db braucht man bereits einen Faktor 11,5 an Bandbreite.

Der zusätzliche Gewinn r_z der Frequenzbündelung gilt für alle hier verglichenen Verfahren in gleicher Weise. Beim späteren Vergleich mit dem Gewinn der Pulsverfahren, die gewöhnlich mit zeitlicher Bündelung arbeiten (Kap. 5, Abschn. II u. III), wird sich zeigen, daß er dort in dieser Form nicht auftritt und daher für die richtige Gegenüberstellung getrennt erfaßt werden muß.

Schließlich sei nochmals ausdrücklich bemerkt, daß man bei geringeren Ansprüchen an die Linearität, wie z. B. bei der Übertragung eines einzigen Fernsehprogrammes der Bandbreite B_0, mit geringeren Faktoren $\frac{B_h}{B_0}$ auskommt. Für $r_N = 0$ liegen diese bei etwa 60 bis 70% der angegebenen Werte.

III. Arten der Pulsmodulation

Die Geschichte der Pulsmodulation ist bis in unser Jahrhundert hinein in der Geschichte der elektrischen Telegraphie enthalten. Als besonders bemerkenswert seien folgende Entwicklungsstufen genannt.

1. Die Zahl der Stromkreise, zu Anfang gleich der Zahl der zu übertragenden Buchstaben, konnte bis auf einen einzigen verringert werden dadurch, daß jeder Buchstabe durch eine zeitliche Folge von „Ja-Nein"-Impulsen ausgedrückt wurde. Dies ist das Prinzip der Codierung. Mit einer Folge von fünf Impulsen, einem „Fünfer-Code" oder „Fünfer-Alphabet" kann man bequem alle Buchstaben des Alphabets kennzeichnen. GAUSS und WEBER benutzten 1833 erstmalig einen Nadeltelegraphen, bei dem die Impulse des Fünfer-Alphabets in *zeitlicher* Folge übertragen wurden.

2. WHEATSTONE hatte 1841 den Gedanken, zur besseren Ausnutzung mehrere Paare von Telegraphenapparaten nacheinander über Verteiler an einen Stromkreis zu legen. Dies ist das Prinzip der zeitlichen Bündelung (Zeit-Multiplex) im Gegensatz zur frequenzmäßigen Bündelung, die in den vorhergegangenen Abschnitten behandelt wurde. In den Vielfachtelegraphen von BAUDOT (1874) und später MURRAY (1914) wurde dieser Gedanke verwirklicht.

Nur langsam begann man damit, die Pulsmodulation auch für die Übertragung von Sprache zu erproben. Zu Anfang des Jahrhunderts experimentierte W. M. MINER mit einer Zeit-Multiplex-Apparatur für Sprache und nahm ein Patent darauf, jedoch waren die benutzten mechanischen Schalter nicht für eine Ausnutzung in der Praxis geeignet. 1920 gab J. R. CARSON in einer unveröffentlichten Arbeit Regeln für das Abtasten und Bedingungen für geringes Nebensprechen zwischen den Kanälen an. 1921 machte P. M. RAINEY Vorschläge zur Bildübertragung mit Pulscode-Modulation[1]. 1923 erfand S. SEILIGER die Pulsdauer-Modulation. Er schlug vor, eine Hochfrequenzschwingung in raschem, oberhalb der Hörgrenze liegendem Rhythmus zu tasten und die Länge der so erzeugten Hochfrequenzimpulse proportional der zu

---

[1] Amerik. Patent 1608527, angem. 20. 7. 1921.

übertragen den Nachricht zu ändern[1]. 1934 hatte R. D. KELL den Gedanken, nur Beginn und Ende eines jeden Wellenzuges durch einen kurzen Hochfrequenzimpuls zu markieren; er sah auch schon vor, die Markierung für das Ende fortzulassen und am Empfangsort durch einen örtlichen Oszillator vorzunehmen. Dies sind die Grundgedanken der Pulsphasen-Modulation[2]. A. H. REEVES verbesserte 1937 dieses Verfahren im Hinblick auf den Zeit-Multiplex-Betrieb. Er stellte klar, daß sehr kurze Impulse und große Zwischenräume verwendet werden müssen, wenn Nebensprechen vermieden werden soll[3]. Ein Jahr später — 1938 — legte er die Pulscode-Modulation für Sprache fest[4]. 1946 wurde schließlich von DELORAINE, VAN MIERLO und DERJAVITSCH die sogenannte Deltamodulation patentiert[5]. Diese beiden letzten Verfahren, bei denen Sprache mit all ihren Feinheiten der Klangfarbe in Form eines Telegraphencodes übermittelt werden kann, schlagen eine Brücke zwischen den Pulsmodulationsverfahren des Fernschreibens und des Fernsprechens. So ist es nicht verwunderlich, daß man bei einer Beschreibung der verschiedenen Pulsverfahren dazu geführt wird, die Beispiele bald aus der einen, bald aus der anderen Technik zu wählen.

1. Pulsverfahren ohne Quantisierung

a) Pulsamplituden-Modulation (PAM). Wie bei den entsprechenden kontinuierlichen Verfahren gilt auch hier, daß man keine zusätzliche Trägerschwingung braucht, sondern nur einen Schaltvorgang im Rhythmus der gewünschten Trägerfrequenz. Zum Unterschied aber von den kontinuierlichen Verfahren läßt die Schaltfunktion bei Pulsmodulation während jeder Periode das primäre Signal nur kurzzeitig durch, für den übrigen, viel längeren Teil der Periode sperrt sie. Ein derart „abgetastetes" primäres Signal zeigt Abb. 45.

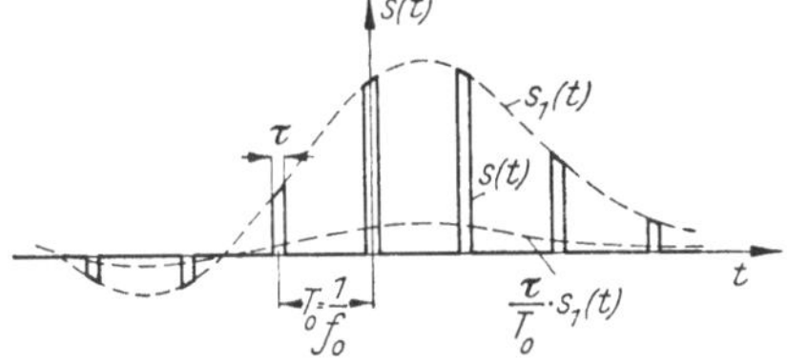

Abb. 45. Der Abtastpuls $s(t)$ eines primären Signals $s_1(t)$

Dabei entstehen Impulse der Dauer τ, die in einem regelmäßigen Abstand T_0 einander folgen. Je kürzer man die einzelnen Impulse macht und je größer man ihren Abstand wählt, je seltener man also das Signal abtastet, desto weniger Leistung wird unter sonst gleichen Verhältnissen für diesen sogenannten

---

[1] Deutsches Patent 458 650, angem. 1. 3. 1923.

[2] Amerik. Patent 2 061 734, angem. 29. 9. 1934.

[3] Franz. Patent 833 929 und Zusatz 49 159, angem. 18. 6. 1937 und 5. 7. 1937; Franz. Patent 837 921 angem. 30. 10. 1937.

[4] Franz. Patent 852 183, angem. 3. 10. 1938. — [5] Franz. Patent 932 140, angem. 10. 8. 1946.

„Abtastpuls" gebraucht und desto mehr Platz hat man für andere Abtastpulse, die zur Mehrfachausnutzung eingeschachtelt werden können. Die Impulslänge τ wählt man innerhalb des Senders und Empfängers so kurz wie apparativ möglich, um die Modulationsvorgänge sauber aufzubauen. Für die Übertragung macht man dagegen τ möglichst lang, jedoch so, daß im Empfänger die Nachbarimpulse noch gerade gut getrennt werden können. Längere Impulse bedeuten nämlich weniger Frequenzband. Werte von $1\,\mu$sec und weniger sind für Mehrfach-Fernsprechsysteme üblich. Die obere zulässige Grenze für T_0 oder umgekehrt die mindestens notwendige Folgefrequenz $f_0 = \dfrac{1}{T_0}$ wird durch das Abtasttheorem für Zeitfunktionen angegeben, das im Kap. 2 ausführlich beschrieben werden wird. Hier sei als Beispiel vorweggenommen, daß für die Kanäle des Fernsprechens die Abtastfrequenz allgemein zu $f_0 = 8000$ Hz gewählt wird. Beim Fernschreiben ist sie durch die genormte Schrittzahl je Zeiteinheit von 50 Baud zu $f_0 = 50$ Hz festgelegt.

Auf der Empfangsseite liegen die Dinge einfacher als bei der gewöhnlichen Amplitudenmodulation ohne Träger. Während man dort (vgl. Abb. 10) die Schaltfunktion in richtiger Phasenlage arbeiten lassen muß, kann hier das primäre Signal durch Bilden der Mittelwerte über die Perioden T_0 wieder gewonnen werden (gestrichelt in Abb. 45). Es bedarf hierzu nur eines Tiefpasses, der alle Frequenzen oberhalb des Frequenzbandes B_0 sperrt.

In Parallele zur kontinuierlichen Amplitudenmodulation mit Träger, bei der auch ohne Nachricht ein Signal, nämlich der Träger, vorhanden ist, gibt es auch auf dem Pulsgebiet ein solches Verfahren: Die Pulsamplituden-Modulation mit Träger. Abb. 46 zeigt den Verlauf für sinusförmige Modulation. Die Amplitude der Impulse schwankt im Rhythmus des primären Signals um einen konstanten Wert S_0, bei voller

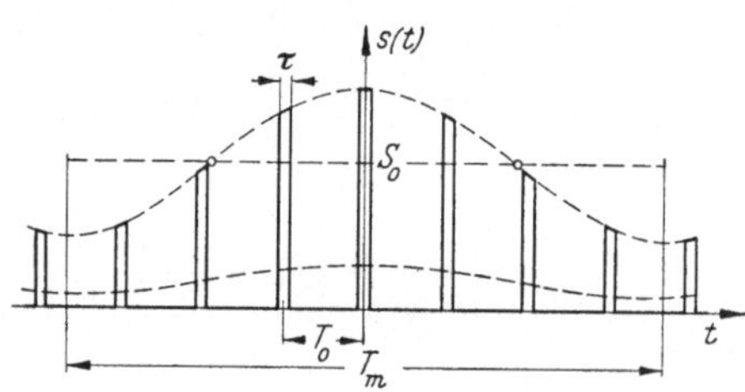

Abb. 46. Pulsamplituden-Modulation

Modulation ($m = 100\%$) zwischen Null und $2\,S_0$. Auch hier kann das ursprüngliche Signal durch Mittelwertbildung, das heißt durch Entfernen der Teilschwingungen hoher Frequenz, leicht wieder gewonnen werden (gestrichelt).

Beide Signale, der Abtastpuls und der amplitudenmodulierte Puls, werden in den Sendern und Empfängern für Pulsmodulation häufig benutzt. Sie werden jedoch — von Spezialfällen der älteren Telegraphietechnik abgesehen — nicht für die Übertragung verwendet. Der Grund dafür liegt darin, daß die Pulsamplituden-Modulation keinen Gewinn an Signal-Geräusch-Abstand liefert, was ja auch für die entsprechenden kontinuierlichen Verfahren gilt. Um einen solchen Gewinn zu erreichen, muß man die Nachricht, wie schon gezeigt wurde, in den Phasenwinkel verlegen. Diese Zusammenhänge werden im Kap. 5 noch genauer dargestellt werden.

b) Pulsdauer-Modulation[1] (PDM). Ein Winkelverfahren, das im Gebiet der kontinuierlichen Modulationstechnik keine Parallele hat, ist die Veränderung der Impulsdauer im Rhythmus der Nachricht (Abb. 47). Die Impulse haben dabei, wenn nicht moduliert wird, alle die konstante Dauer τ_0, die gewöhnlich gleich der halben Pulsperiode T_0 ist. Bei voller Modulation $(m = 100\%)$ sind die äußersten Werte von τ gleich Null und gleich T_0. Das primäre Signal kann man wieder durch Bilden der zeitlichen Mittel-

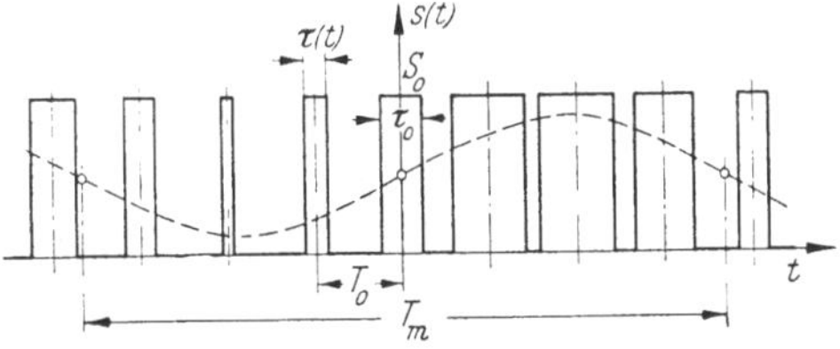

Abb. 47. Pulsdauer-Modulation

werte erhalten (gestrichelt). Wie auf S. 129 gezeigt werden wird, ist der Verlauf des Mittelwertes proportional der Phasenauslenkung einer erzeugenden Schwingung. In diesem Sinne handelt es sich also um ein Phasenverfahren.

In Abb. 47 haben die Impulsmitten sämtlich den gleichen Abstand T_0, beide Flanken ändern ihre Abstände symmetrisch. Häufig werden auch Signale verwendet, bei denen nur eine Flanke moduliert ist. Abb. 48 zeigt als Beispiel ein Signal mit modulierter Vorder- und rein periodischer Rückflanke. Die Impulse enden stets genau zu den periodischen Zeiten $n\,T_0$; die Impulsdauer schwankt um den Wert $\tau_0 = \frac{1}{2}\,T_0$, die äußersten Werte

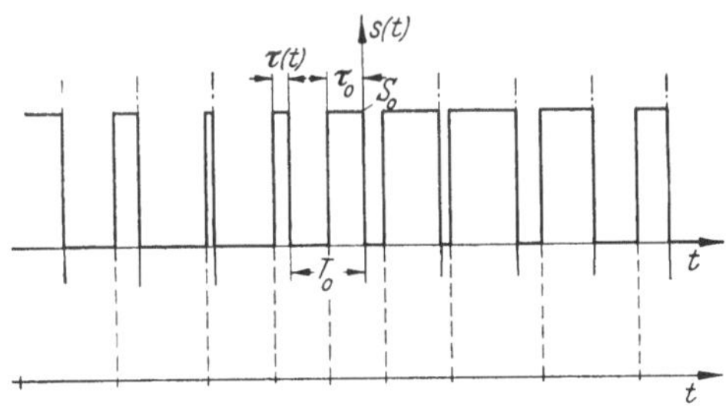

Abb. 48. Pulsdauer-Modulation mit modulierter Vorder- und periodischer Rückflanke

können bei 100% Modulation 0 und T_0 sein. Zur Verdeutlichung sind auf einer besonderen Achse die Zeiten, zu denen die Vorderflanken auf-

---

[1] Im Schrifttum finden sich auch die Bezeichnungen „Pulslängen-Modulation" und „Pulsweiten-Modulation". Der hier gebrauchte Ausdruck ist aber nach den „Definitions of Terms" (USA) vorzuziehen.

treten, markiert. Ihre Häufigkeit oder Frequenz ist in der Mitte am größten. Sie ist, wie es beim Übergang von Phasen- auf Frequenzmodulation sein muß, um 90° gegen die Phasenauslenkung verschoben.

Bei den Betrachtungen über den Geräuscheinfluß wird sich zeigen, daß die Modulation der Impulsdauer zwar einen Gewinn an Signal-Geräusch-Abstand mit sich bringt, daß dieser jedoch prinzipiell geringer ist als bei den Winkelverfahren mit gleichmäßig kurzen Impulsen. Deshalb wird die Pulsdauer-Modulation nur selten zur Übertragung verwendet. Wohl aber stellt sie in den Endgeräten eine häufig benutzte Zwischenstufe dar. Wie bei den Abb. 47 und 48 schon der Augenschein lehrt, ist die Leistung dieser Zeitfunktionen wesentlich größer als die Leistung von Zeitfunktionen mit kurzen Impulsen. Entsprechend sind auch die Amplituden des wiedergewonnenen primären Signals größer. Man wandelt daher auf der Empfangsseite manchmal Vorgänge mit kurzen Impulsen in einen dauermodulierten Puls um und zieht erst aus diesem das ursprüngliche Signal wieder heraus.

c) Pulsphasen- und Pulsfrequenz-Modulation (PPM und PFM). Betrachtet man die Abb. 47 und 48, so liegt der Gedanke nahe, nur die Zeiten des Ein- und Aussetzens der Funktion $s(t)$ durch kurze Impulse zu markieren und dadurch bei der Übertragung an Signalleistung zu sparen. Aus Abb. 47 wird dann ein phasenmoduliertes Signal mit Doppelimpulsen (Abb. 49). In diesem Fall ist der zeitliche Mittelwert $\overline{s(t)}$, genommen über die Abtastperiode T_0, konstant. Das primäre Signal kann also

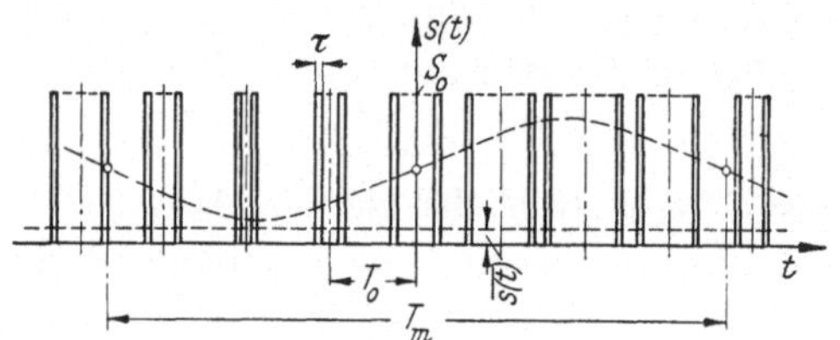

Abb. 49. Pulsphasen-Modulation mit Doppelimpulsen

nicht durch Entfernen der Teilschwingungen hoher Frequenz, z. B. mit einem Filter der Bandbreite B_0, wiedergewonnen werden. Wohl aber ist dies möglich, wenn in der Empfangsapparatur je zwei Doppelimpulse wieder zu einem einzigen breiten ergänzt werden (gestrichelt).

Geht man von Abb. 48 aus, so würde man ähnliche Impulspaare erhalten, nur ein wenig nach links verschoben. Wie vorher ist die Abweichung von der mittleren Impulsdauer $\tau_0 = \dfrac{1}{2} T_0$ maßgebend für den zeitlichen Verlauf des primären Signals. Da aber der zweite Impuls jeweils zu den periodischen Zeiten $n\,T_0$ auftritt, trägt er zum Nachrichteninhalt des Signals nichts bei und kann daher fortfallen. So entsteht das phasenmodulierte Signal von Abb. 50. Da die Vorderflanke des mittleren Impulses (Abb. 48) um $\dfrac{1}{2} T_0$ nach links verschoben war, müssen die periodischen Zeiten $n\,T_0$ von hier aus gerechnet werden. Gegenüber diesen periodischen Zeiten haben die Impulse eine zeitliche Verschiebung $\varDelta\vartheta(t)$, die ein Maß für den zeitlichen Verlauf des primären Signals $s_1(t)$ ist.

Man kann sich ein solches Signal so erzeugt denken, daß jeweils in den Nulldurchgängen einer kontinuierlichen phasen- oder frequenzmodulierten Schwingung ein kurzer Impuls konstanter Höhe S_0 und konstanter zeitlicher Länge τ erregt wird. Aus dieser Herkunft ist schon zu vermuten, daß die gesetzmäßigen Zusammenhänge der bereits behandelten Winkelverfahren im Prinzip auch hier gelten, insbesondere daß ein Gewinn an Geräuschabstand proportional zum Phasenhub $\varDelta\varPhi$ möglich ist. Ebenso gilt auch, daß man dem Signal der Abb. 50, das nur

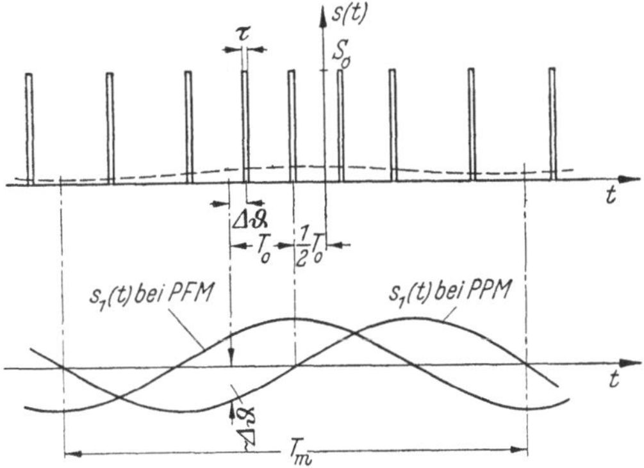

Abb. 50. Signal bei Pulsphasen- oder Pulsfrequenz-Modulation und dazugehörige primäre Signale

mit einem einzigen sinusförmigen Vorgang moduliert ist, nicht ansehen kann, ob es aus einer phasen- oder frequenzmodulierten Schwingung hergeleitet ist. Für beide Arten von erzeugenden Schwingungen ist im Bilde der zeitliche Verlauf $s_1(t)$ mit dargestellt. Interessant ist, daß der gestrichelt eingezeichnete Mittelwert des Signals den Vorgang als frequenzmoduliert bewertet: Bei der höchsten Frequenz ist der Mittelwert groß, bei der tiefsten klein. Eine Demodulation durch Bilden des Mittelwertes, d. h. mit einem Tiefpaß der Bandbreite B_0, liegt daher nahe. Nun wendet man aber aus Gründen, die auf S. 143 näher besprochen werden, praktisch immer Pulsphasen-, nicht Pulsfrequenz-Modulation an. Durch Bilden des Mittelwertes, d. h. durch Bewerten des Vorgangs als frequenzmoduliert, würde dann ein Frequenzgang entstehen, der besonders entzerrt werden müßte [vgl. Gl. (26)]. Man verwandelt daher in der Praxis den phasenmodulierten Puls in einen amplituden- oder dauermodulierten und entnimmt erst hieraus das primäre Signal.

Für die Übertragung selbst ist unter den Pulsverfahren die Pulsphasen-Modulation mit einfachen Impulsen das wichtigste. Die geräuschmindernde Wirkung ist dabei so groß, wie man sie von den Winkelverfahren erwarten kann, und die notwendige mittlere Signalleistung ist, verglichen mit anderen Pulsverfahren, sehr gering.

2. Pulsverfahren mit Quantisierung des primären Signals

a) Die Quantisierung der Amplitudenwerte. Das Verfahren der Abtastung erlaubt es, wie in Abb. 45 dargestellt, ein stetiges primäres Signal zu bestimmten, diskreten Zeiten auf seinen jeweiligen Wert zu prüfen, nur diese diskreten Werte in Form eines modulierten Pulses zu übertragen und auf der Empfangsseite das ursprüngliche stetige Signal wiederherzustellen. Das Zeitmaß ist hierbei bereits in „Quanten" eingeteilt, die Mannigfaltigkeit der übertragenen Amplitudenwerte des primären Signals ist jedoch noch unendlich groß. Jeder Wert zwischen einer positiven und negativen Höchstamplitude kann auftreten. Bei den

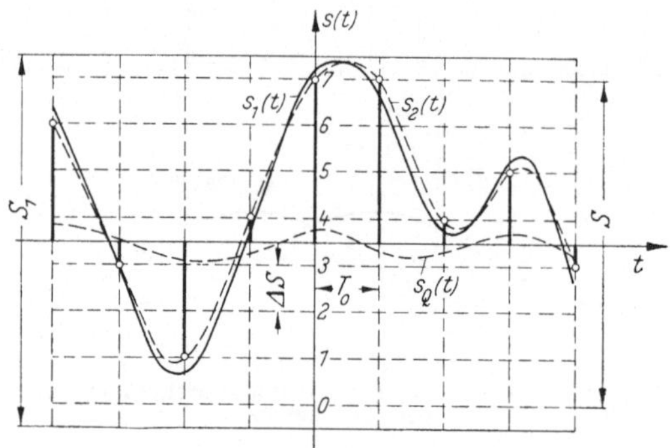

Abb. 51. Quantisierung eines primären Signals $s_1(t)$ (8 Zustände)

Verfahren mit Quantisierung läßt man nun auch für die *Amplituden* nur diskrete Werte zu. Abb. 51 zeigt die Vorgänge bei einem solchen Verfahren.

Der gesamte Bereich S_1 positiver und negativer Amplituden, in dem Werte des primären Signals $s_1(t)$ erwartet werden, wird in eine bestimmte Zahl von Intervallen der Stufenhöhe ΔS geteilt, und zwar so, daß ihre Mitten bei den Amplitudenwerten

$$\pm \frac{1}{2}\Delta S, \quad \pm \frac{3}{2}\Delta S, \quad \pm \frac{5}{2}\Delta S \quad \text{usw.} \tag{117}$$

liegen. In Abb. 51 sind 8 gleich große Intervalle gewählt, die Mitten (Zustände) sind von 0 bis 7 beziffert. Das zu übertragende Signal $s_1(t)$ wird nun in den üblichen zeitlichen Abständen T_0 abgetastet. Die Einrichtung stellt dabei aber nicht die wirklichen Amplitudenwerte zu diesen Zeiten fest, sondern prüft nur, welchen Zustandswerten sie jeweils am nächsten liegen. Die Amplitudenwerte dieser Zustände werden dann nach irgendeinem Modulationsverfahren übertragen.

Das auf der Empfangsseite wiederhergestellte primäre Signal $s_2(t)$ (gestrichelt) ist ein wenig verschieden von dem ursprünglichen. Die Abweichung $s_Q(t)$ stellt eine Verzerrung des empfangenen Signals dar und wird daher „*Quantisierungsverzerrung*" genannt. Sie tritt in den Signalpausen nicht auf und ist bei Sprache am ehesten einer unregelmäßigen nichtlinearen Verzerrung zu vergleichen, wie sie den Kohlemikrophonen eigen ist. Die üblichen Klirrfaktor-Bedingungen von einigen Prozent, wie man sie bei Sprachübertragung stellt, treffen auch hier zu. Man hat festgestellt, daß bei gleichmäßig lauter Sprache 32 Stufen bereits brauchbare Fernsprech-Qualität ergeben; für Klangübertragung sind mindestens 100 bis 150 Stufen erforderlich. Für wirkliche Fernsprechnetze, wo die Sprache der verschiedenen Teilnehmer sehr verschieden laut ist und leise Sprecher daher nur einen Teilbereich der Amplituden in der Mitte von Abb. 51 überdecken, sind die zuletzt genannten Zahlen dann ausreichend, wenn man die Stufung ungleichmäßig macht: Für kleine Amplituden wählt man die Stufenhöhe ΔS kleiner als den Durchschnitt, für große Amplituden größer. Hierauf wird im Kap. 2, IV noch näher eingegangen werden.

Bisher weist das Verfahren nur Nachteile auf, nämlich die Quantisierungsverzerrung und größeren Aufwand. Der Nutzen zeigt sich gegenüber der Wirkung unterwegs eindringender Geräusche. Es sei z. B. ein Impuls der Größe $+\frac{5}{2}\Delta S$ gesendet worden. Wenn die Geräuschamplituden kleiner bleiben als $\pm\frac{\Delta S}{2}$, so liegt der empfangene Abtastimpuls zwischen $\frac{4}{2}\Delta S$ und $\frac{6}{2}\Delta S$. Man kann dann immer zu Recht schließen, daß $\frac{5}{2}\Delta S$ der korrekte Wert war, und kann auf diesen Wert hin korrigieren. So werden die eindringenden Geräusche nicht nur geschwächt, sondern völlig ausgemerzt. Wendet man die Quantisierung an, so kann man also die Wirkung andauernder Geräusche wie Rauschen oder Nebensprechen, für die harte Bedingungen von etwa 7 N (60 db) Pegelabstand gelten, praktisch eintauschen in die Quantisierungsverzerrung, die in den Sprechpausen nicht auftritt und bei der die Bedingungen wesentlich weniger scharf sind.

Bemerkt sei noch, daß man zweckmäßig den unbesprochenen Zustand des Systems mit einem der gewählten Zustandswerte möglichst gut in Einklang bringt. In Abb. 51 würden z. B. für $s_1(t) = 0$ zufällig bald positive, bald negative Werte von $s_2(t)$ entstehen, die zu einem Ruhegeräusch führen. Dieser Nachteil kann z. B. durch Zufügen eines Gleichstroms der Amplitude $\frac{1}{2}\Delta S$ leicht beseitigt werden.

Das Verfahren der Quantisierung zeigt noch eine weitere Besonderheit: Bei den Modulationsarten mit stetigem primärem Signal häuft sich die Wirkung der Geräusche, die in den einzelnen Verstärkerabschnitten eines Übertragungssystems auftreten, stetig an. Ein quantisiertes Signal kann dagegen in jedem Abschnitt wieder erneuert werden — wie man dies seit langem von den entzerrenden Übertragungen der Telegraphie her kennt. Man kann daher eine gegebene Strecke derart in Abschnitte aufteilen, daß in jedem von ihnen die eindringenden Geräusche genügend klein sind und ausgemerzt werden können. An den quantisierten Impulsen ändert sich dabei nichts, die Quantisierungsverzerrung tritt nur ein einziges Mal auf der Sendeseite auf.

b) Quantisierte Pulsamplituden- und Pulsphasen-Modulation. Primäre Signale, deren Amplituden quantisiert sind, können mit beliebigen Modulationsarten übertragen werden, zweckmäßig natürlich wegen der ohnehin nötigen Abtastung mit einem Pulsverfahren. Verwendet man z. B. Pulsamplituden-Modulation mit Träger, so tritt gegenüber Abb. 51 nur der Unterschied auf, daß die Impulse unipolar werden, d. h., daß die Zeitachse am unteren Bildrand zu denken ist.

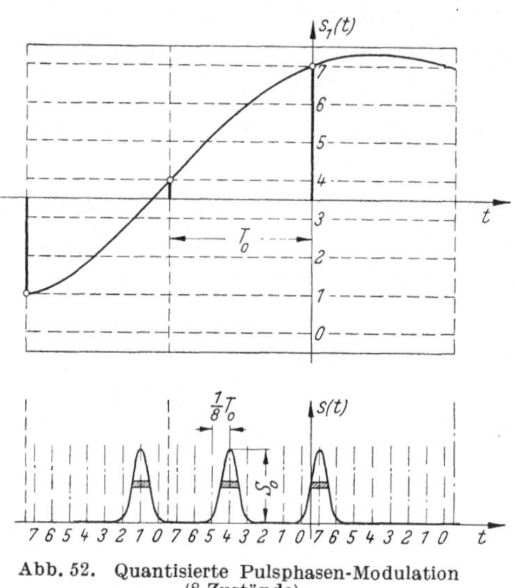

Abb. 52.   Quantisierte Pulsphasen-Modulation
(8 Zustände)

Als weiteres Beispiel sei noch die Übertragung mit Pulsphasen-Modulation betrachtet. Abb. 52 zeigt oben einen Ausschnitt des primären Signals von Abb. 51. Die Abtastperiode T_0 wird dabei genau so in Abschnitte aufgeteilt wie der Amplitudenbereich. Im Beispiel sind es 8 zeitliche Stellungen, beziffert von 0 bis 7. Daß die Zahlen nach links größer werden, liegt daran, daß bei Winkelmodulation eine *Vergrößerung* des Winkels ein Vorverlegen der Zeiten bedeutet. Nur zu diesen diskreten Zeiten werden Impulse übertragen, jeweils an der durch den Amplitudenwert vorgegebenen Stelle und mit konstanter Höhe S_0. Im Empfänger wird jeweils bei halber Höhe durch Herausschneiden einer schmalen „Scheibe" geprüft, zu welchen Zeiten Impulse vorhanden sind. Diese können dabei die ganze Breite $\frac{1}{8} T_0$ der Teilbereiche einnehmen, ohne daß Fälschungen durch Geräuschamplituden bis zu $\pm \frac{1}{2} S_0$ zu befürchten sind.

In der Praxis wird dieses Verfahren gern benutzt, um bei Systemen mit Pulsphasen-Modulation Wählzeichen zu übertragen. Diese liegen meist in der Form von Telegraphiezeichen vor, so daß nur 2 Amplitudenwerte (Strom/Pause oder $+$-Strom/$-$-Strom) vorhanden sind. Dementsprechend erscheinen im Signal nur 2 zeitliche Stellungen statt der gezeichneten 8 des Beispiels. Das an das Wählen anschließende Gespräch wird meist ohne Quantisierung übermittelt.

c) Codierung. Pulscode-Modulation (PCM) **und Delta-Modulation.** Wie schon zu Anfang dieses Kapitels erwähnt, läßt sich eine endliche Menge von zu übertragenden Werten durch einen Code ausdrücken. Für das primäre Signal von Abb. 51 wird diese endliche Menge von Werten durch die quantisierten Amplituden dargestellt. In diesem Beispiel traten nacheinander die Werte

$$6 \; 3 \; 1 \; 4 \; 7 \; 7 \; 4 \; 5 \; 3$$

auf. Diese Zahlen werden nun für die Übertragung in einen aus Impulsen gebildeten Code verwandelt. Daher stammt der Name *Puls-code-Modulation*. In einfachster Form wird dabei jeder Wert als eine Folge von „Ein-Aus" oder „Ja-Nein"-Impulsen dargestellt. Ein solches Element, das zwei Möglichkeiten in sich trägt, nennt man ein „Bit"[1], ein aus solchen Elementen bestehendes Signal „binär". Man baut nun jeden der obigen Werte so als Potenzreihe von 2 auf, daß nur die Faktoren Eins für „Ja" und Null für „Nein" vorkommen.

$$
\begin{aligned}
0 &= 0 \cdot 2^0 + 0 \cdot 2^1 + 0 \cdot 2^2 = 000 \\
1 &= 1 \cdot 2^0 + 0 \cdot 2^1 + 0 \cdot 2^2 = 100 \\
2 &= 0 \cdot 2^0 + 1 \cdot 2^1 + 0 \cdot 2^2 = 010 \\
3 &= 1 \cdot 2^0 + 1 \cdot 2^1 + 0 \cdot 2^2 = 110 \\
4 &= 0 \cdot 2^0 + 0 \cdot 2^1 + 1 \cdot 2^2 = 001 \\
5 &= 1 \cdot 2^0 + 0 \cdot 2^1 + 1 \cdot 2^2 = 101 \\
6 &= 0 \cdot 2^0 + 1 \cdot 2^1 + 1 \cdot 2^2 = 011 \\
7 &= 1 \cdot 2^0 + 1 \cdot 2^1 + 1 \cdot 2^2 = 111
\end{aligned}
\tag{118}
$$

Jeder der 8 Werte ist durch 3 Bit darstellbar. Die zugehörigen 3 Impulse müssen innerhalb einer Abtastperiode T_0 untergebracht werden. Das übertragene Signal $s(t)$ besteht dann aus einer andauernden Folge von Schritten, wobei jeder Schritt zunächst durch einen kurzen Impuls in seiner Mitte gekennzeichnet ist (Abb. 53). Man könnte für diese Impulse die Amplituden Null und S_0 wählen. Jedoch wird die Signalleistung am

---

[1] „Bit" ist eine Abkürzung des englischen „binary digit".

geringsten, wenn man die beiden vorkommenden Amplituden symmetrisch zur Nullinie legt, also die Werte $+\frac{1}{2}S_0$ für „Ja" und $-\frac{1}{2}S_0$ für „Nein" wählt. Da die kurzen Impulse für die Übertragung unnötig viel Frequenzband verbrauchen, schickt man sie durch ein Filter, das die Übergänge verschleift und nach entsprechender Verstärkung die endgültige eingezeichnete Signalfunktion $s(t)$ herstellt.

Auf der Empfangsseite wird das Signal dreimal je Periode T_0 abgetastet. Dabei müssen Sender und Empfänger synchron laufen. Aus den 3 Impulswerten wird in einem Decoder jeweils wieder die ursprüngliche Werteziffer ermittelt; im Gerät wird ein Impuls erzeugt, der die entsprechende Amplitude hat. Hieraus wird dann die in Abb. 51 gestrichelt gezeichnete Empfangsfunktion $s_2(t)$ gebildet. Im vorliegenden Beispiel konnten mit 3 Bit nach dem Kombinationsschema von Gl. (118) 8 verschiedene Werte wiedergegeben werden. Mit r Bit erhält man eine Zahl q von Werten, die sich ergibt zu

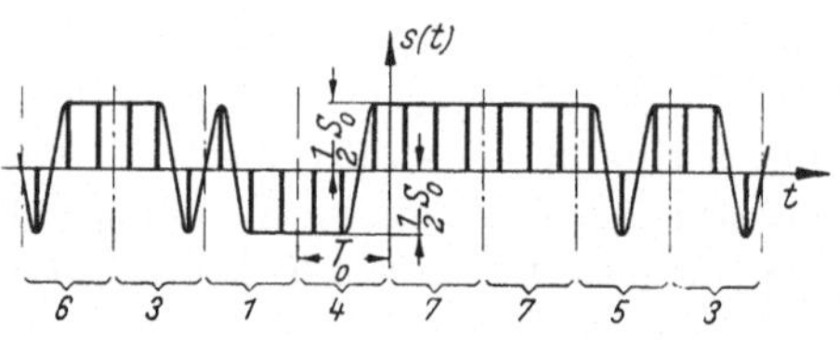

Abb. 53. Signal der binären Pulscode-Modulation

$$q = 2^r. \tag{119}$$

Der 5er-Code des Telegraphenalphabets erlaubt hiernach $q = 32$ verschiedene Werte, also z. B. 32 Symbole unserer Schrift. Die oben für Sprachübertragung im Hinblick auf die Quantisierungsverzerrung geforderten 100 bis 150 Amplitudenwerte ergeben einen 7er-Code ($q = 128$). Da die Impulse für einen Code jeweils im zeitlichen Intervall T_0 untergebracht werden müssen, bedeutet eine Erhöhung der Wertezahl steilere Impulse, d. h. erhöhtes Frequenzband. Geringe Quantisierungsverzerrung muß daher mit größerem Frequenzband erkauft werden.

Gegen unterwegs eindringende Störungen ist das codierte Signal $s(t)$ sehr unempfindlich. Wertet man auf der Empfangsseite alle positiven Amplituden als „Ja", alle negativen als „Nein", so sind Geräuschamplituden bis zum Wert $\pm\frac{1}{2}S_0$, d. h. bis zur Größe der Signalamplitude, unschädlich. Sie sind nämlich nicht imstande, einen positiven Impuls in einen negativen zu verfälschen und umgekehrt. Unterhalb dieser Schwelle wirken sich also die Geräusche der Übertragungsstrecke überhaupt nicht aus. Größere Störungen machen, wenn sie häufig auftreten, die Übertragung sofort völlig unbrauchbar, da ein falsch empfangener Schritt nach der Decodierung einen völlig anderen Amplitudenwert ergibt.

Das geschilderte Verfahren ist das einfachste seiner Art. Statt mit binären Elementen, die nur die Auswahl aus 2 Möglichkeiten ergeben, kann man auch mit mehrwertigen arbeiten. So sind z. B. dreiwertige Impulse in der Seekabel-Telegraphie üblich; sie enthalten die 3 Möglichkeiten: +-Strom, Pause, —-Strom oder +1, 0, —1. Für die Codierung einer bestimmten Anzahl von Symbolen oder von Amplitudenwerten eines primären Signals braucht man dann weniger Schritte hintereinander; jedoch erhöht sich die erforderliche Signalleistung, da bei gleichbleibendem Geräusch die Codeimpulse größer sein müssen als vorher. Im einzelnen werden diese Zusammenhänge am Schluß von Kap. 2 besprochen werden.

Schaltungsmäßig enthält die Pulscode-Modulation eine Reihe von interessanten Prinzipien. Neben den Geräten, in denen abgetastet wird, in denen schmale Amplitudenbereiche herausgefiltert, Impulse entzerrt oder neu geformt werden, sind Einrichtungen nötig für das Quantisieren, das Codieren und dessen Umkehrung. Beispiele hierfür finden sich im Kap. 6.

Betrachtet man Abb. 53, so liegt die Frage nahe, ob es nicht möglich ist, die zu übertragenden Amplitudenwerte mit einem kürzeren Code zu kennzeichnen, im Grenzfall nur durch ein einziges Bit. Dem Empfänger wird dann bei jedem Abtastwert nur die Auswahl aus zwei Möglichkeiten geboten. Dies ist nun in der Tat möglich, wenn man nicht wie bisher die gesamten Daten für jeden Amplitudenwert übermittelt, sondern nur die Richtung der Abweichung vom vorhergehenden Wert. Man nennt dieses Verfahren daher *Delta-(Δ-)Modulation*. Abb. 54 möge zeigen, was damit gemeint ist.

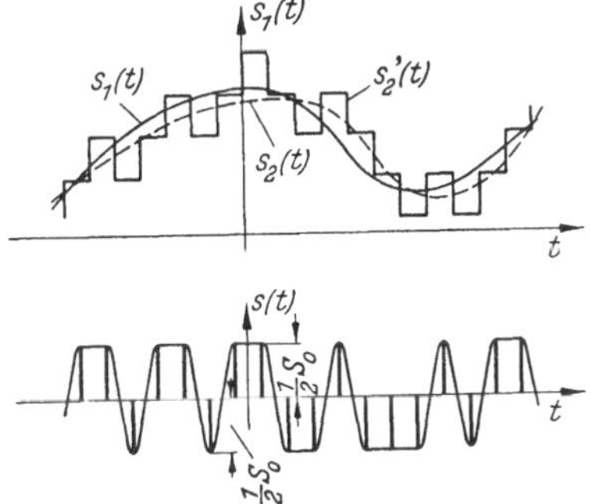

Abb. 54. Prinzip der Delta-Modulation

Man geht davon aus, daß ein bestimmter Anfangswert des primären Signals $s_1(t)$ dem Empfänger bekannt ist. Bei jedem Abtastschritt wird nun signalisiert, ob die neue Amplitude nach oben oder nach unten von der vorhergehenden abweicht. Im ersten Fall wird das Signal „Ja" übertragen, im zweiten Fall das Signal „Nein". Dabei wird zweckmäßig die ausgesendete Signalfunktion $s(t)$ wieder soweit wie möglich verschliffen. Der Empfänger macht im ersten Fall einen Schritt nach oben, im zweiten nach unten und erzeugt so die aus lauter Treppenschritten bestehende Funktion $s_2'(t)$. Glättet man diese mit einem Filter, so ergibt sich am Empfängerausgang das primäre Signal $s_2(t)$ (gestrichelt), das um die Quantisierungsverzerrung von dem ursprünglichen Signal abweicht.

Die Sendeschaltung besteht im Prinzip aus folgenden Geräten (Abb. 55). Eine Vergleichsschaltung prüft bei jedem Schritt, ob das zugeführte Signal $s_1(t)$ größer oder kleiner ist als das Vergleichssignal $s_2'(t)$, und veranlaßt den dahinterliegenden Coder, einen positiven oder negativen Impuls auszusenden. Ein örtlicher Decoder, der ebenso arbeitet wie ein entsprechendes Gerät beim Empfänger, stellt die Funktion $s_2'(t)$ her, die der Vergleichsschaltung zugeführt wird.

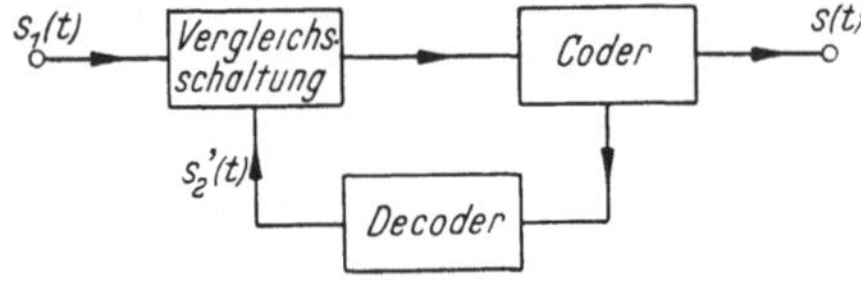

Abb. 55. Schema der Sendeschaltung für Delta-Modulation

Das Verfahren ist noch verhältnismäßig neu und wenig erprobt. Bisher hat sich gezeigt, daß der Code zwar sehr kurz ist, daß aber die Abtastfrequenz $f_0 = \dfrac{1}{T_0}$ etwa das Zwanzigfache der Bandbreite B_0 des primären Signals betragen muß, wenn die Quantisierungsverzerrung in zulässigen Grenzen bleiben soll. Eine merkliche Überlegenheit gegenüber der gewöhnlichen Pulscode-Modulation scheint daher nicht vorhanden zu sein.

Hinsichtlich der Wirkung unterwegs eindringender Geräusche gilt für das Signal von Abb. 54 Analoges wie für das binäre Signal der Pulscode-Modulation von Abb. 53.

Eine besondere Schwierigkeit ergibt sich noch durch folgenden Umstand: Wenn das Signal $s_1(t)$ Null ist oder zeitlich konstant, sollte die Funktion $s_2'(t)$ eigentlich aus reinen periodischen Wechseln bestehen. Im wirklichen Gerät treten aber, hervorgerufen durch kleine Spannungsschwankungen und durch Altern der Bauelemente, bald mehr positive, bald mehr negative Impulse auf. Hierdurch wird auch in den Gesprächspausen ein störendes Geräusch hervorgerufen; dieses muß aber, wie schon betont wurde, wesentlich kleiner sein als die Quantisierungsverzerrung.

Wegen weiterer Einzelheiten sei auf die Spezialliteratur verwiesen. In den folgenden Kapiteln dieses Buches wird das Verfahren nicht mehr behandelt werden.

3. Mehrfachausnutzung. Wichtige Kombinationen von Puls- und kontinuierlichen Verfahren

a) Zeitliche Bündelung. Betrachtet man die Abb. 46 und 50, so liegt es nahe, die weiten Zwischenräume zwischen den Impulsen für andere Signale gleicher Art auszunutzen. Wie schon erwähnt, ist das älteste Verfahren dieser Art die noch heute öfter benutzte Verteilertelegraphie, in systematischer Benennung eine quantisierte Pulsamplituden-Modulation mit zeitlicher Bündelung. Das Prinzip zeigt Abb. 56 für 2 Fernschreibsignale. Die Zeichen mögen mit steilen Flanken vorliegen, z. B. durch Relais erzeugt, oder aus übertragenen verschliffenen Zeichen regeneriert sein. Dies ist zweckmäßig, da man die Abtastpulse dann ohne weiteres so legen kann, wie es das zeitliche Verschachteln erfordert. Durch Addition der beiden — allgemein z — Abtastpulse erhält man ein Signal, das nach Wegnahme der überflüssigen Teilschwingungen hoher Frequenz in den verschliffenen Linienzug $s(t)$ übergeht. Dieses Signal muß doppelt so rasch umschwingen wie jedes der beiden Teilsignale; die in den Schritten enthaltene Grundfrequenz ist doppelt so hoch, das Signal braucht das doppelte, allgemein das z-fache Frequenzband. In diesem Verhalten sind sich die vorher behandelte frequenzmäßige und die zeitliche Bündelung gleich.

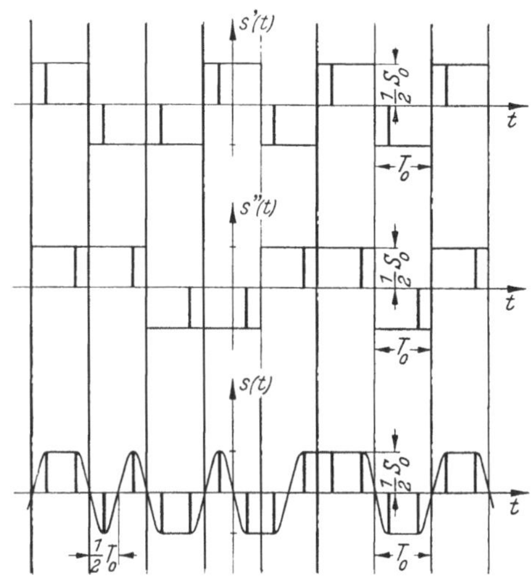

Abb. 56. Zeitliche Bündelung zweier Fernschreibzeichen
$s'(t)$ = Signal 1 und Abtastpuls 1
$s''(t)$ = Signal 2 und Abtastpuls 2
$s(t)$ = Addierte Pulse und gebündeltes, im Frequenzband beschränktes Signal

Beim Empfänger wird zunächst wieder synchron abgetastet. Der erhaltene Puls wird mittels zeitlicher Filter in die einzelnen Abtastpulse aufgespalten, aus denen die ursprünglichen primären Signale wieder gebildet werden können.

Benutzt man Pulsverfahren zur Sprachübertragung, so wird es sich, wie schon erwähnt, sehr häufig um Pulsphasen-Modulation handeln. Hierbei kann man nicht den gesamten Zwischenraum zwischen den Impulsen mit anderen Signalen ausfüllen, da ja für die zeitlichen Verschiebungen Platz bleiben muß. Ein Beispiel für 2 Fernsprechsignale zeigt Abb. 57. Aus den vorliegenden Zeitfunktionen $s'(t)$ und $s''(t)$ werden zunächst Abtastpulse gebildet, die zeitlich verschränkt sind. Bei Addition haben die einzelnen Impulse dann nur noch den Abstand $\frac{1}{2} T_0$, allgemein

$$T_z = \frac{1}{z} T_0. \tag{120}$$

Ein zeitlicher Bereich von dieser Größe wird nun für jeden Impuls des Signals reserviert. Bei der nachfolgenden Phasenmodulation darf für die zeitliche Auslenkung jedes einzelnen Impulses nur dieser Bereich

5*

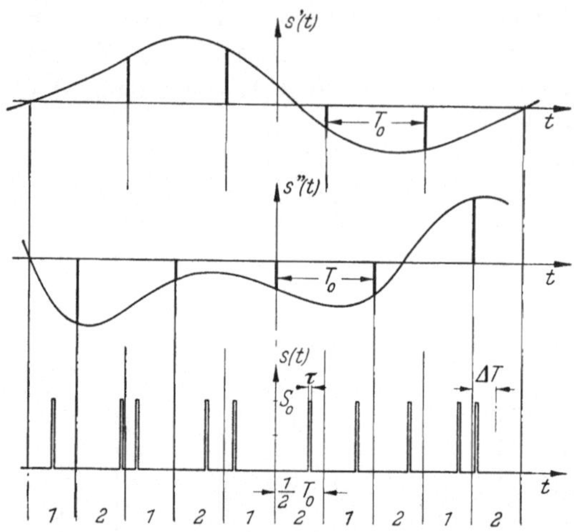

Abb. 57. Zeitliche Bündelung bei Pulsphasen-
Modulation

$s'(t)$ = Signal 1 und Abtastpuls 1
$s''(t)$ = Signal 2 und Abtastpuls 2
$s(t)$ = Gebündeltes Signal

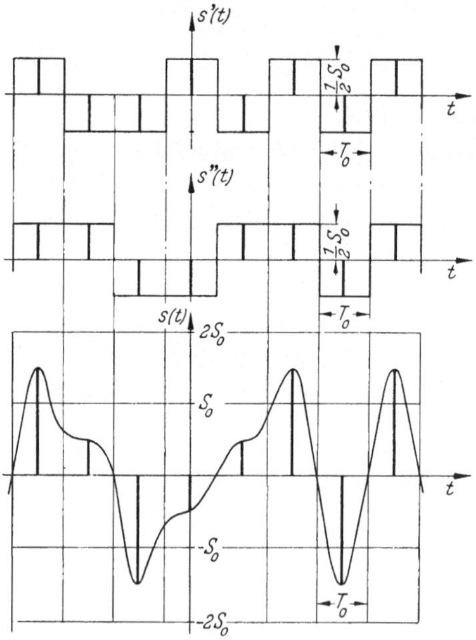

Abb. 58. Amplitudenbündelung zweier
Fernschreibzeichen

$s'(t)$ = Signal 1 und Abtastpuls 1
$''(t)$ = Signal 2 und Abtastpuls 2
$s(t)$ = Gebündeltes, im Frequenzband be-
schränktes Signal

benutzt werden. Der „Zeithub" ΔT ist dann, von der Mitte aus gerechnet, höchstens halb so groß wie T_z. Die möglichen Auslenkungen gehen daher im Verhältnis der Kanalzahl zurück.

Auf der Empfangsseite werden die zeitlichen Auslenkungen zunächst wieder in Amplitudenmodulation eines Pulses umgeformt. Durch Aufspalten werden hieraus die einzelnen Abtastpulse gebildet, danach die ursprünglichen primären Signale.

b) Amplitudenbündelung. Damit dieses Verfahren benutzt werden kann, müssen die Amplituden der primären Signale quantisiert sein. Die einfachste Form erhält man, wenn die zu bündelnden Signale binär sind, also z. B. nur die Amplitudenwerte $+\frac{1}{2} S_0$ und $-\frac{1}{2} S_0$ haben. Dies ist im allgemeinen bei Telegraphiezeichen der Fall. Abb. 58 zeigt die gleichen Zeichen, wie sie in Abb. 56 als Beispiel für die zeitliche Bündelung verwendet wurden. Im vorliegenden Falle wird aber die Abtastung nicht verschachtelt, sondern beide Zeichen werden in der Mitte jedes Schrittes abgetastet. In diesen diskreten Zeiten sollen nun die verschiedenen Zustände aller Signale durch eine einzige Angabe, nämlich die Amplitude eines Gesamtsignals, gekennzeichnet werden. Dabei mögen die Stufen dieses Signals, die ebenfalls den Abstand S_0 haben sollen, wieder symmetrisch zur Nullinie sein, damit das Signal möglichst wenig Leistung verbraucht. Die notwendige Zahl der Stufen erhält man dadurch, daß man alle Zustände des ersten Signals mit denen des zweiten kombiniert, die so erhaltenen Zustände mit denen des dritten und so fort. Für 2 Signale ergibt dies für die Amplituden folgendes Schema:

Signal 1	Signal 2	Gebündeltes Signal
$+ 1/2\,S_0$ $- 1/2\,S_0$	$+ 1/2\,S_0$	$+ 3/2\,S_0$ $+ 1/2\,S_0$
$+ 1/2\,S_0$ $- 1/2\,S_0$	$- 1/2\,S_0$	$- 1/2\,S_0$ $- 3/2\,S_0$

Die Impulse mit den 4 als erforderlich gefundenen Zuständen zeigt Abb. 58 unten. Das ausgesendete Signal $s(t)$ kann wieder im gleichen Maße verschliffen werden, wie es die einzelnen Signale $s'(t)$ und $s''(t)$ auch erlauben würden.

Auf der Empfangsseite wird die Funktion $s(t)$ abgetastet. Jeder vierwertige Impuls kann gleichzeitig 2 zweiwertige kennzeichnen, aus denen die ursprünglichen Signale wieder entstehen.

Bei 3 primären Signalen hätte man 8 Amplitudenwerte als notwendig gefunden, bei 4 Signalen 16 und so weiter. Allgemein ist die erforderliche Zahl q der Zustände

$$q = 2^z, \tag{121}$$

wenn z die Zahl der binären Signale ist. Man sieht hier deutlich die Parallele zum Verfahren der Codierung.

Da der Abstand zweier Stufen immer konstant gleich einer Einheit gewählt wurde, ist auch die Anfälligkeit gegen unterwegs eindringende Geräusche gleich geblieben: Geräuschwerte bis zu einer halben Einheit können das Signal nicht fälschen. Ferner kommt das Signal mit dem gleichen Frequenzband aus wie jedes der beiden Telegraphiezeichen, da die Schrittperiode T_0 nicht geändert wurde. Hingegen ist die erforderliche Signalleistung beträchtlich gestiegen. Das Verfahren ist ein Beispiel dafür, daß die Übertragung von mehr Information nicht nur durch ein Mehr an Frequenzband bewerkstelligt werden kann, sondern auch durch höhere Signalleistung bei gleichen Geräuschverhältnissen, allgemein also durch einen erhöhten Signal-Geräusch-Abstand. Auf S. 164 ff. wird gezeigt werden, daß beide Möglichkeiten in einem sehr allgemeinen Gesetz über den Nachrichtenfluß vereint werden können.

Praktisch verwendet wird das Verfahren mit Amplitudenstufen, wie weiter unten bei den Kombinationen der Verfahren geschildert wird, hauptsächlich zusammen mit einer nachfolgenden Frequenzmodulation. In der Telegraphie führt es dann bei zwei primären Signalen den Namen Duoplex.

c) Pulsverfahren und kontinuierliche Amplitudenmodulation (PPM-AM und PCM-AM). Die geschilderten Pulsverfahren sind an sich alle zur direkten Übertragung geeignet. Wirklich ausgenutzt wurde diese Möglichkeit aber im wesentlichen nur von der Telegraphie.

Auch diese zeigte seit etwa 1920 in wachsendem Maße die Tendenz, eine weitere Modulationsstufe einzuschalten und die Wege des Fernsprechens mitzubenutzen. Das einfachste Verfahren, in die Frequenzbänder der Sprache hineinzukommen, war die Amplitudenmodulation mit Träger (Wechselstrom-Telegraphie).

Als dann die Pulsmodulation auch für Sprachübertragung entwickelt wurde, versuchte man es mit der direkten Übermittlung erst gar nicht. Die Signalbandbreite der Sprache — 100mal so groß wie die der Telegraphie — erforderte im gleichen Maße steilere Impulse und damit höhere Übertragungsfrequenzen. Daher konnte die Pulsmodulation die normalen Leitungen des Fernsprechens — bereits aufs sparsamste mit der Trägerfrequenz-Einseitenbandtechnik ausgenutzt und dazu noch sehr geräuscharm — bis jetzt nicht erobern.

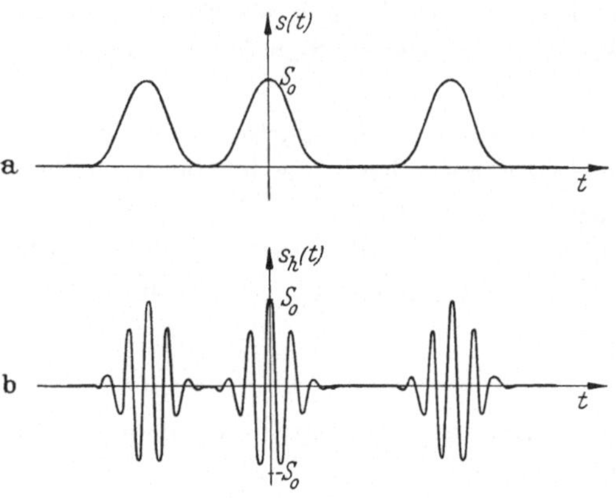

Abb. 59a u. b.   Pulsphasen-Modulation (a) mit nachfolgender Amplitudenmodulation (b) (PPM-AM)

Dagegen drang sie rasch in die Richtfunktechnik ein, wo auch die anderen konkurrierenden Verfahren — hauptsächlich die Frequenzmodulation — sich nicht sehr durch Sparsamkeit an Frequenzband auszeichneten. Das einfachste Verfahren, das Frequenzband der modulierten Pulse in das Richtfunkgebiet zu verlagern, ist dabei wieder die Amplitudenmodulation mit Träger (Abb. 59). Werden mehrere Verfahren hintereinander benutzt, so richtet man es gern so ein, daß eines davon geräuschmindernde Wirkung hat. Da die Amplitudenmodulation diese Eigenschaft nicht besitzt, kombiniert man sie meist mit Winkelverfahren der Pulsmodulation. Geeignet ist hierfür auch die Pulscode-Modulation. Von den Winkelverfahren wiederum wird die Modulation der Impulsdauer aus den angeführten Gründen selten benutzt. Im Vordergrund stehen daher

1. Pulsphasen-Modulation mit zeitlicher Bündelung und nachfolgender Hochfrequenz-Amplitudenmodulation (PPM-AM),

2. Pulscode-Modulation, ebenfalls mit zeitlicher Bündelung und nachfolgender Hochfrequenz-Amplitudenmodulation (PCM-AM).

Im Kap. 5, III werden beide Kombinationen hinsichtlich ihrer Wirksamkeit gegen Geräusche mit anderen Doppelverfahren verglichen werden.

Selbstverständlich kann im Prinzip auch statt der zeitlichen die frequenzmäßige Bündelung benutzt werden. Dabei wird z. B. ein Bündel von Einseitenbandsignalen zur Modulation eines PAM-, PPM- oder PCM-Signals benutzt; dieses wiederum wird mit Hochfrequenz-Amplitudenmodulation übertragen. Bis jetzt sind jedoch diese Kombinationen nicht in den Vordergrund getreten, da das PPM-Signal nach der Demodulation gewisse Klirrschwingungen ergibt (s. S. 132 u. 137) und das PCM-Signal unter der Quantisierungsverzerrung leidet. Beide Effekte führen aber, wie auf S. 29 gezeigt wurde, in den Einseitenbandkanälen zu merklichem Nebensprechen. Wenn dagegen, wie es in den metallischen Hohlleitern zu erwarten ist, die Übertragung mit Frequenzmodulation durch Laufzeitverzerrungen behindert ist, wird auch eine Kombination von frequenzmäßiger Bündelung und Pulsmodulation, z. B. EB-PCM von Interesse sein.

d) Pulsverfahren und kontinuierliche Winkelmodulation (FM-PAM oder PAM-FM). Eine einfache Möglichkeit der Kombination besteht darin, ein frequenzmoduliertes Signal nicht kontinuierlich, sondern in Form kurzer Impulse auszusenden (FM-PAM). Von Impuls zu Impuls ist dabei die Signalfrequenz, die in Abb. 59 innerhalb der Einhüllungen konstant war, etwas verändert. Wichtiger ist die umgekehrte Kombination. Da in diesem Falle das Hochfrequenzverfahren — sei es Phasen- oder Frequenzmodulation — eine geräuschmindernde Wirkung hat, kann man als erste Modulationsstufe die Pulsamplituden-Modulation benutzen, und zwar zweckmäßig verbunden mit zeitlicher Bündelung. Es handelt sich also hierbei z. B. um eine *Pulsamplituden-Modulation mit zeitlicher Bündelung und nachfolgender Frequenzmodulation* (PAM-FM).

Abb. 60 zeigt die verschiedenen Vorgänge bei diesem Verfahren am Beispiel zweier Fernsprechsignale $s'(t)$ und $s''(t)$. Wie üblich werden zunächst verschachtelte Abtastpulse hergestellt. Diese werden gemeinsam durch ein Filter geschickt und ergeben den stetigen Linienzug $s(t)$ als Signal. Mit dieser Funktion wird frequenzmoduliert, das entstandene Hochfrequenzsignal $s_h(t)$ wird ausgesendet. Im Empfänger wird durch Frequenzdemodulation das Signal $s(t)$ wieder erhalten. Da aber die Kennlinien des Frequenzmodulators und des Frequenzdemodulators gekrümmt sind und da der Phasenverlauf der Zwischenverstärker nicht-linear ist, hat das wiedergewonnene Signal nicht genau den ursprünglichen, gestrichelten Verlauf, sondern zeigt die auf S. 35 erörterten zeitlichen Verschiebungen. Bei der Abtastung des empfangenen Signals werden daher die Amplituden der erzeugten Impulse, wie dargestellt, etwas verfälscht. Nach der Aufspaltung in die einzelnen Abtastpulse und nach Wiederherstellung des jeweiligen stetigen Verlaufs verbleiben in jedem primären Signal gewisse systematische Amplitudenfehler, die

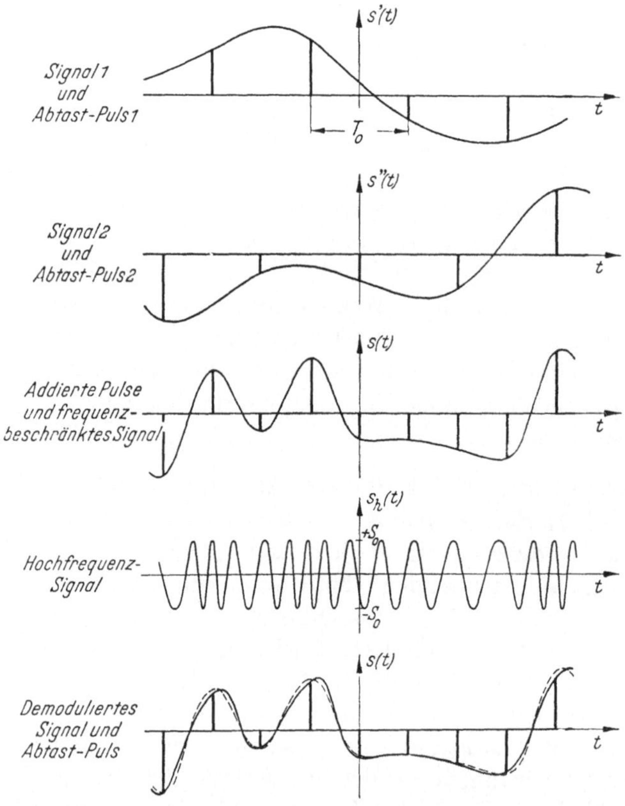

Abb. 60. Pulsamplituden-Modulation mit zeitlicher Bündelung und nachfolgender Frequenzmodulation (PAM-FM)

mit Klirrschwingungen gleichbedeutend sind. Für derartige Verzerrungen sind aber Werte bis zu einigen Prozent zulässig. Entscheidend ist, daß bei dieser Verfahrenskombination nur wenig nichtlineares Nebensprechen *zwischen* den Kanälen auftritt, das, wie oben gezeigt wurde, bei der frequenzmäßigen Bündelung harte Bedingungen an die Phasenlinearität des Systems für Frequenzmodulation stellt.

Statt mit zeitlicher Bündelung kann man auch die gleiche Verfahrenskombination mit Amplitudenbündelung benutzen. In diesem Falle stellen aber die in Abb. 60 unten dargestellten Amplitudenfälschungen ein ernstes Hindernis für die Anwendung vieler Stufen dar. Deshalb hat diese Kombination bisher nur für 2 bis 3 Telegraphiesignale im Kurzwellenverkehr Anwendung gefunden. Das Verfahren, für das sich bei 2 Signalen der Name *Duoplex* eingeführt hat, ist eine *Pulsamplituden-Modulation mit Amplitudenbündelung und nachfolgender Frequenzmodulation* (PAM-FM).

Das Verfahren arbeitet wie folgt. Zunächst werden, wie an Hand von Abb. 58 bereits geschildert, die Telegraphiezeichen gebündelt. Das entstandene Signal $s(t)$ mit seinen 4 Amplitudenwerten ist in Abb. 61 oben nochmals dargestellt. Durch Frequenzmodulation mit diesem Signal entsteht die Hochfrequenzschwingung $s_h(t)$ mit 4 Frequenzstufen f_1 bis f_4.

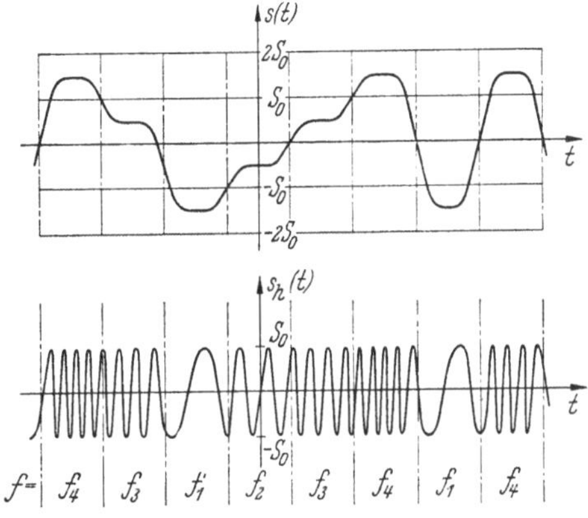

Abb. 61. Amplitudenmäßige Bündelung und Frequenzmodulation (Duoplex-Telegraphie)
$s(t)$ ≡ Amplitudenmäßig gebündeltes Signal
$s_h(t)$ ≡ Frequenzmoduliertes Hochfrequenzsignal

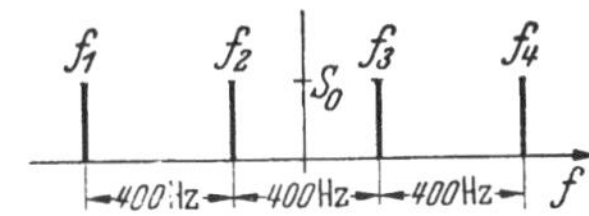

Abb. 62. Frequenzstufen der Duoplex-Telegraphie

Abb. 62 zeigt das heute gebräuchliche Schema mit je 400 Hz Abstand. Bei 3 gleichzeitigen Telegrammen braucht man nach Gl. (121) 8 Frequenzen mit 400 Hz gegenseitigem Abstand.

2. Kapitel

Die Grundgesetze der Pulsmodulation

I. Die spektrale Analyse von Zeitfunktionen

In der Pulsmodulation hat man es mit sprungartigen Vorgängen zu tun, deren zeitlicher Verlauf zwar oft periodisch, sonst aber alles andere als sinusförmig ist. Nun ist seit langem bekannt, daß man beliebig geformte Vorgänge nach FOURIER aus ihren sinusförmigen Teilschwingungen zusammensetzen kann. Durch die Frequenzen all dieser in den Vorgängen enthaltenen Schwingungen, d. h. durch die Ausdehnung des Spektrums, wird das für die Übertragung notwendige Frequenzband bestimmt. Da man mit diesem fast immer sparsam umgehen muß, ist die Ermittlung des Spektrums, das zu einer Zeitfunktion gehört, eine der wichtigsten Aufgaben der Übertragungstechnik. Für den Ingenieur schließt diese Aufgabe die Feststellung ein, welche Komponenten wesentlich sind — anders ausgedrückt, welche Frequenzen man von der Übertragung ausschließen kann, wenn bestimmte geringe Verzerrungen des Signals zugelassen werden. Für die Pulsmodulation sind solche Feststellungen im allgemeinen schwieriger als für die Verfahren mit kontinuierlicher Modulation.

Bei diesen genügt es meist, den Übertragungskanal Frequenz für Frequenz mit einer Sinusstromquelle durchzupegeln und die linearen und nichtlinearen Verzerrungen dieses einfachen Ersatzsignals zu messen. Dabei hat man, wenn kontinuierliche Amplitudenmodulation vorliegt, hauptsächlich auf den Dämpfungsgang zu achten, bei kontinuierlicher Winkelmodulation hauptsächlich auf den Phasengang.

Bei Pulsmodulation würde ein sinusförmiger Meßton die im Übertragungsweg liegenden Differenzier-, Integrier- und Tastschaltungen nicht richtig ansprechen lassen. Man muß besondere Meßimpulse schaffen, mit denen das richtige Arbeiten solcher Schaltungen geprüft werden kann. Die Frequenzgänge von Dämpfung und Phase beeinflussen beide gleich stark die Form der übertragenen Impulse. Da, wie im Kap. 4 gezeigt werden wird, die Dämpfungs- und Phasenwerte eines Netzwerks nicht voneinander unabhängig sind, müssen bestimmte zueinander passende Kurven für den Frequenzgang beider Größen ausgewählt werden, wenn günstige Impulsformen entstehen sollen.

Die Ingenieure, die sich mit Pulsmodulation befassen, müssen sich daher bald der zeitmäßigen, bald der frequenzmäßigen Betrachtung bedienen und die Zusammenhänge zwischen Zeitvorgang und Spektrum gut beherrschen.

Im Abschn. I dieses Kapitels seien daher die wichtigsten mathematischen Methoden der spektralen Analyse von periodischen und einmaligen Vorgängen in Erinnerung gebracht. Auf exakte Beweise sei dabei verzichtet; sie finden sich in allen Grunddarstellungen der theoretischen Elektrotechnik und der Schwingungslehre. Hingegen soll versucht werden, die wechselseitigen Beziehungen der Methoden und die physikalischen Deutungsmöglichkeiten herauszuarbeiten. Die Beispiele sind so gewählt, daß sie für das Spätere als Grundlage dienen können.

1. Der Aufbau periodischer Vorgänge aus andauernden Schwingungen

a) Zeigerdiagramm und komplexes Spektrum. Für einen Vorgang $s(t)$, der sich nach dem Beispiel von Abb. 1 in zeitlichen Abschnitten

$$T_0 = \frac{1}{f_0} = \frac{2\pi}{\omega_0} \tag{1}$$

wiederholt, gilt der Satz, daß man ihn aus einer Summe von sinusförmigen Schwingungen zusammensetzen kann. Die Frequenzen dieser Teilschwingungen sind Vielfache der oben definierten Grundfrequenz f_0. Diese Zerlegung ist bereits im Kap. 1 bei der Beschreibung von Amplituden- und Frequenzmodulation benutzt worden. Es gibt zwei gebräuchliche Arten der Darstellung: Die trigonometrische oder reelle Form und die komplexe Form. Die zweite, der in diesem Buch meist der Vorzug gegeben wird, ist nicht nur oft einfacher in der Schreibweise, sondern im Zusammenhang mit dem schon öfter benutzten Zeigerdiagramm

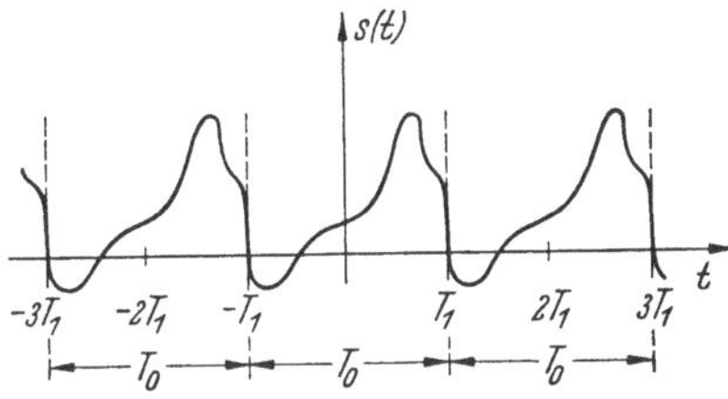

Abb. 1. Zeitlich periodischer Vorgang

sogar anschaulicher als die geläufige reelle Form. Dies sei am Beispiel einer einzigen, der n-ten Teilschwingung, näher erläutert (Abb. 2). Dargestellt ist unter a) ein sinusförmiger Teilvorgang $s_n(t)$ der Frequenz $n f_0$, der sich aus einer Cosinuskomponente der Amplitude A_n und einer Sinuskomponente der Amplitude B_n zusammensetzt

$$s_n(t) = A_n \cos n\,\omega_0\,t + B_n \sin n\,\omega_0\,t, \quad n = 1, 2, 3, \ldots \tag{2}$$

Der Vorgang hat die Gesamtamplitude

$$\sqrt{A_n^2 + B_n^2} \tag{3}$$

und eine Phasenverschiebung θ_n, die gegeben ist durch

$$\tan \theta_n = \frac{B_n}{A_n}. \tag{4}$$

Darunter (b) ist gezeichnet, wie man sich entsprechend den Zerlegungen

$$\cos x = \frac{1}{2}\,e^{jx} + \frac{1}{2}\,e^{-jx}$$

$$\sin x = \frac{1}{2j}\,e^{jx} - \frac{1}{2j}\,e^{-jx} \tag{5}$$

die Komponenten durch entgegengesetzt umlaufende Zeigerpaare der Länge $\frac{1}{2} A_n$ bzw. $\frac{1}{2} B_n$ entstanden denken kann: Die Zeiger der Länge $\frac{1}{2} A_n$ starten beide von der positiven reellen Achse und beschreiben in ihrer Summe den geraden oder Cosinusanteil des Vorgangs $s_n(t)$. Die Zeiger der Länge $\frac{1}{2} B_n$ starten wegen der Division durch $+j$ bzw. $-j$ von der imaginären Achse, und zwar entgegengesetzt gerichtet; ihre Summe beschreibt den ungeraden oder Sinusanteil von $s_n(t)$. Es liegt nahe, wie unter c) dargestellt, die beiden Diagramme zu einem einzigen zu vereinen. Die beiden mit der positiven Winkelgeschwindigkeit $+ n\,\omega_0$ umlaufenden Zeiger bilden einen neuen Zeiger c_{+n}, der ebenfalls mit $+ n\,\omega_0$ umläuft; die beiden anderen bilden den umgekehrt rotierenden

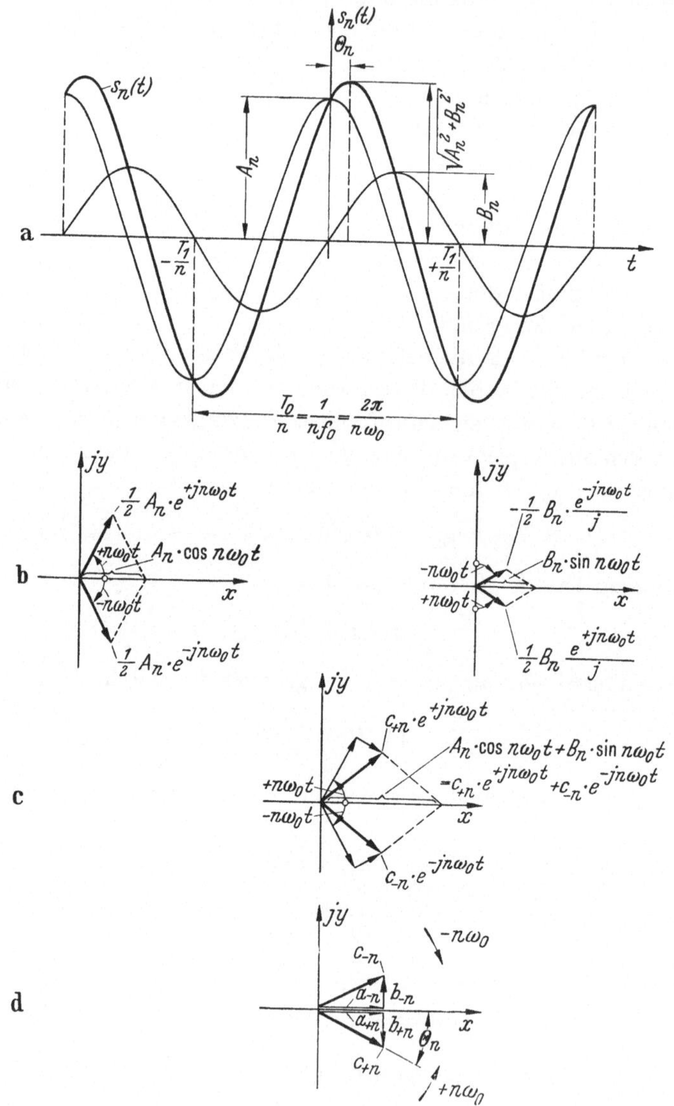

Abb. 2 a—d. Darstellung einer Sinusschwingung durch ein konjugiert komplexes Zeigerpaar

Zeiger c_{-n}. Die Zeiger c_{+n} und c_{-n} liegen stets konjugiert komplex zueinander. In Summe beschreiben sie auf der reellen Achse, wie es sein soll, die Zeitfunktion $s_n(t)$ nach Gl. (2). Diese kann also auch geschrieben werden

$$s_n(t) = c_{+n}\, \mathrm{e}^{+jn\omega_0 t} + c_{-n}\, \mathrm{e}^{-jn\omega_0 t}. \tag{6}$$

Wurde die Teilschwingung bisher aus einer Cosinus- und einer Sinuskomponente zusammengesetzt, so tritt als neuer Baustein jetzt ein Drehzeiger der Form

$$c_n\, \mathrm{e}^{jn\omega_0 t} \tag{7}$$

auf, der die komplexe Teilamplitude

$$c_n = a_n - j\, b_n \tag{8}$$

hat. Zwei solche Zeiger, die sich nur durch das Vorzeichen von n unterscheiden, sind jeweils zusammenzunehmen, um die Teilschwingung zu erhalten. Es werden in dieser Vorstellung demnach auch negative n, d. h. negative Frequenzen verwendet. Damit das Zeigerpaar stets konjugiert komplex liegt und damit die Komponenten die richtige Länge $\frac{1}{2}A_n$ bzw. $\frac{1}{2}B_n$ haben, muß gelten

$$a_{+n} = a_{-n} = \frac{1}{2}A_n$$

$$b_{+n} = -\,b_{-n} = \frac{1}{2}B_n \tag{9}$$

$$|c_n| = \frac{1}{2}\sqrt{A_n^2 + B_n^2}.$$

Man sieht die Lage der Komponenten am besten, wenn man das Diagramm für den Startaugenblick ($t = 0$) zeichnet (Abb. 2d). Der positiv umlaufende Zeiger ist beim Start um den Winkel θ_n zurückgedreht, der gegenläufige Zeiger startet unter dem entgegengesetzt gleichen Winkel.

Aus dem Diagramm d) sind die reellen Kenngrößen der Teilschwingung leicht zu entnehmen: Wählt man den Zeiger mit der positiven Drehrichtung, so ist

$$\begin{aligned}
&\text{die Cosinusamplitude} && A_n = 2\,a_n,\\
&\text{die Sinusamplitude} && B_n = 2\,b_n,\\
&\text{die Gesamtamplitude} && \sqrt{A_n^2 + B_n^2} = 2\,|c_n|\\
&\text{und die Phase gegeben durch} && \tan\theta = \frac{b_n}{a_n}.
\end{aligned} \tag{10}$$

Auch die Gleichstromkomponente, die in der reellen Darstellung immer eine Sonderstellung einnimmt [vgl. weiter unten Gl. (17)], reiht sich hier zwanglos ein: Setzt man in dem Ausdruck (7) den Wert $n = 0$, so ergibt sich hier kein Paar von umlaufenden Zeigern, sondern ein einziger stillstehender. Da außerdem die Gleichkomponente eine gerade Funktion ist, wird $b_0 = 0$ und $c_0 = a_0 = A_0$.

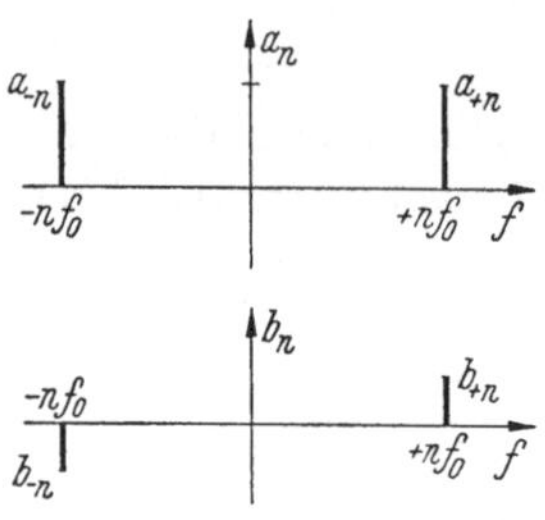

Abb. 3. Amplitudenspektrum
des Vorgangs von Abb. 2 in
Komponentendarstellung

Zur Darstellung der spektralen Komponenten eines zeitlichen Vorgangs kann man entweder die Amplituden $|c_n|$ und die Phasenwinkel θ_n über der Frequenzachse zeichnen, oder die Werte für a_n und b_n. Dieses letzte ist in Abb. 3 dargestellt, und zwar ist jede Komponente bei der zugeordneten positiven oder negativen Frequenz angegeben. Wie gefordert sind die Cosinuspaare gleich, die Sinuspaare entgegengesetzt gerichtet.

b) Die Fourier-Summe. Wird ein beliebiger periodischer Zeitvorgang $s(t)$ (vgl. Abb. 1) nach dem obigen Gedankengang aus einer Summe von Drehzeigern aufgebaut, so muß gelten

$$s(t) = \sum_{n=-\infty}^{+\infty} c_n \, e^{jn\omega_0 t}. \tag{11}$$

Die Zeigerpaare, die jeweils eine Teilschwingung bestimmen, bilden sich durch die Glieder mit entgegengesetzt gleichen Werten von n. Man sieht dies sehr deutlich, wenn man die Glieder, mit $n = 0$ beginnend, anschreibt

$$
\begin{aligned}
s(t) = c_0 \qquad & \text{Mittelwert (Gleichstrom)} \\
+ c_{+1}\, e^{j\omega_0 t} + c_{-1}\, e^{-j\omega_0 t} \quad & \text{Grundwellen-Paar} \\
+ c_{+2}\, e^{j2\omega_0 t} + c_{-2}\, e^{-j2\omega_0 t} \quad & \text{Paar der 2. Harmonischen}
\end{aligned}
\tag{12}
$$

Die Zeiger mit positivem n rotieren gegen den Uhrzeigersinn, die Zeiger mit negativem n im Sinne des Uhrzeigers.

In reeller Form und nur für positive Frequenzen geschrieben zerfällt Gl. (11) in ein Nullglied, den geraden und den ungeraden Teil

$$s(t) = A_0 + \sum_{n=1}^{+\infty} A_n \cos n\,\omega_0 t + \sum_{n=1}^{+\infty} B_n \sin n\,\omega_0 t. \tag{13}$$

Wie für die einzelne Teilschwingung, so gilt ganz allgemein, daß *gerade* Zeitfunktionen, für die also

$$s(-t) = s(+t) \tag{14}$$

ist, immer Cosinusreihen, d. h. *gerade* Spektren ergeben. Die Zeiger liegen dann im Zeitnullpunkt in der reellen Achse. *Ungerade* Zeitfunktionen, definiert durch

$$s(-t) = -s(+t) \tag{15}$$

ergeben stets Sinusreihen oder *ungerade* Spektren. Die Zeiger c starten entgegengesetzt gerichtet von der imaginären Achse aus. Die rechtzeitige Feststellung, ob es sich um gerade oder ungerade Funktionen handelt, erspart oft viel Rechenarbeit.

Bevor der Aufbau aus den Teilschwingungen an einigen häufig vorkommenden Beispielen erläutert wird, muß noch die Beziehung angegeben werden, mit der die Teilamplituden aus der gegebenen Zeitfunktion $s(t)$ berechnet werden können. Sie lautet, wenn sich die Dauer T_0 der Grundperiode nach Abb. 1 von $-T_1$ bis $+T_1$ erstreckt,

$$c_n = \frac{1}{2\,T_1} \int_{t=-T_1}^{+T_1} s(t)\,\mathrm{e}^{-jn\omega_0 t}\,\mathrm{d}t, \qquad (16)$$

$$n = \cdots -2, -1, 0, +1, +2, \ldots$$

Von dem physikalischen Inhalt dieser Beziehung kann man sich an Hand von Abb. 4 die folgende Vorstellung machen. Gezeichnet sind einige der Zeiger c_n, die mit verschiedenen Winkelgeschwindigkeiten $n\,\omega_0$ rotieren und in ihrer Gesamtheit auf der reellen Achse die Zeitfunktion $s(t)$ beschreiben. Will man eine bestimmte Komponente c_n erfassen und messen, so braucht man nur das ganze Diagramm im umgekehrten Sinne mit $n\,\omega_0$ umlaufen zu lassen. Dann steht die gesuchte Komponente c_n still, während alle anderen links oder rechts herum mit Vielfachen von ω_0 weiter rotieren. Bildet man nun den Mittelwert über die Grundperiode $-T_1$ bis $+T_1$, so ist dieser für die betrachtete stillstehende Komponente gleich c_n, für alle anderen gleich Null, da der

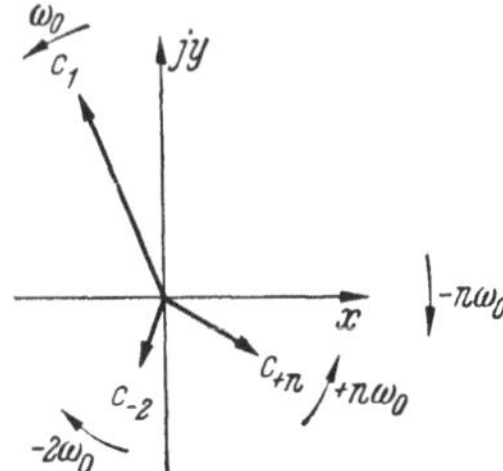

Abb. 4. Zeigerdiagramm zur Ermittlung der Koeffizienten c_n

Mittelwert einer Kreisfunktion über Vielfache ihrer Periode Null ist. Genau dieser Gedankengang spiegelt sich in der mathematischen Vorschrift von Gl. (16). Zunächst wird die Zeitfunktion, d. h. die Summe aller Zeiger, durch Multiplikation mit $\mathrm{e}^{-jn\omega_0 t}$ rückwärts gedreht, dann wird durch die Integration und Division mit $2\,T_1$ über die Grundperiode gemittelt.

Mit den Gleichungen für die reellen Amplituden kann eine ähnliche Vorstellung verbunden werden, nur ist sie nicht so einfach. Der Vollständigkeit halber seien die Gleichungen angeschrieben:

$$A_0 = \frac{1}{2\,T_1} \int_{t=-T_1}^{+T_1} s(t)\,\mathrm{d}t$$

$$A_n = \frac{1}{T_1} \int_{t=-T_1}^{+T_1} s(t)\,\cos n\,\omega_0 t\,\mathrm{d}t \qquad (17)$$

$$B_n = \frac{1}{T_1} \int_{t=-T_1}^{+T_1} s(t)\,\sin n\,\omega_0 t\,\mathrm{d}t,$$

$$n = 1, 2, \ldots$$

Aus der FOURIER-Summe läßt sich auch die *Leistung* P einer periodischen Zeitfunktion leicht berechnen. Sie ist gegeben durch die Summe der Leistungen aller Teilschwingungen. Mit den reellen Amplituden A_0, A_n und B_n ergibt sich an einem Widerstand der Größe Eins

$$P = A_0^2 + \frac{1}{2} \sum_{n=1}^{\infty} (A_n^2 + B_n^2). \tag{18}$$

Benutzt man die komplexen Amplituden c_n, so schreibt sich diese Beziehung einfacher

$$P = \sum_{n=-\infty}^{+\infty} |c_n^2|, \tag{19}$$

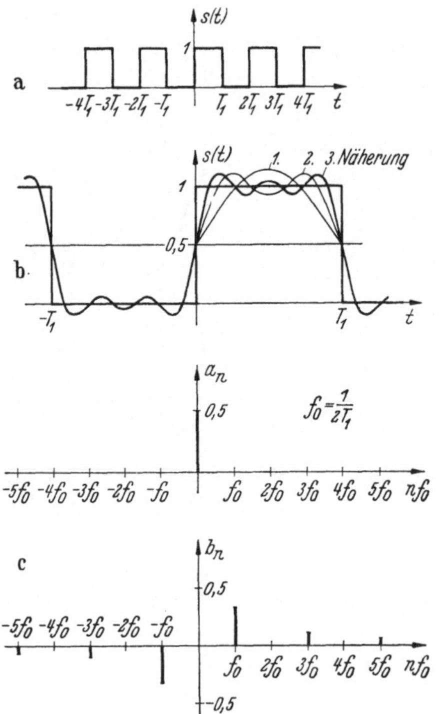

Abb. 5 a—c. FOURIER-Analyse der Rechteckschwingung

wie man durch Bilden des Betrages in Gl. (8) für alle positiven und negativen n leicht nachweisen kann.

c) Rechteckschwingung, Sägezahnschwingung und Rechteckpuls. Einige Beispiele mögen das Verfahren erläutern. Abb. 5 zeigt unter a) die bekannte, für viele Vorgänge der Pulstechnik als Grundlage dienende Rechteckschwingung und unter b) ihre Zusammensetzung aus Sinusschwingungen in 1. bis 3. Näherung. Nach Gl. (16) errechnen sich die Amplituden zu

$$c_n = \frac{1}{2\,T_1} \int_0^{+T_1} 1 \cdot e^{-jn\omega_0 t}\, dt$$

$$= \frac{1}{-j\,2\,n\,\pi} e^{-jn\omega_0 t} \Big|_0^{T_1} \tag{20}$$

$$c_n = a_n - j\,b_n$$

$$= -j \frac{1}{2\,n\,\pi} (1 - e^{-jn\pi}). \tag{21}$$

Der Klammerausdruck ist gleich Null für alle $n = \pm 2, \pm 4, \pm 6, \ldots$, er hat dagegen den Wert 2 für $n = \pm 1, \pm 3, \pm 5, \ldots$. Damit folgt

$$b_n = \frac{1}{n\,\pi}. \tag{22}$$

$$n = \cdots -3, -1, +1, +3, +\cdots.$$

Die Werte a_n sind sämtlich Null mit Ausnahme des Wertes für $n = 0$. Hier liefert das Integral von Gl. (20) den Wert

$$c_0 = \frac{1}{2\,T_1} \int_0^{T_1} dt. \tag{23}$$

Man erhält sofort

$$c_0 = a_0 = \frac{1}{2}. \tag{24}$$

Der Verlauf der spektralen Komponenten a_n und b_n ist in Abb. 5 unter c) eingezeichnet. In der reellen Schreibweise von Gl. (13) lautet die Analyse

$$s(t) = \frac{1}{2} + \frac{2}{\pi}\left(\sin \omega_0 t + \frac{1}{3}\sin 3\,\omega_0 t + \cdots\right). \tag{25}$$

Ein anderes, für die Pulstechnik wichtiges Beispiel zeigt Abb. 6, Zeile a), die sogenannte Sägezahnschwingung. Der Aufbau in 1. bis 3. Näherung ist wiederum genauer herausgezeichnet (b), ebenso das Amplitudenspektrum für die Komponenten a_n und b_n (Zeile c). Diese errechnen sich leicht wie folgt: Man denke sich die Sägezahnschwingung zusammengesetzt aus einem linearen Anstieg $\dfrac{t}{2\,T_1}$ zwischen $-T_1$ und $+T_1$ und aus dem konstanten Wert Eins zwischen $-T_1$ und 0. Man erhält dann

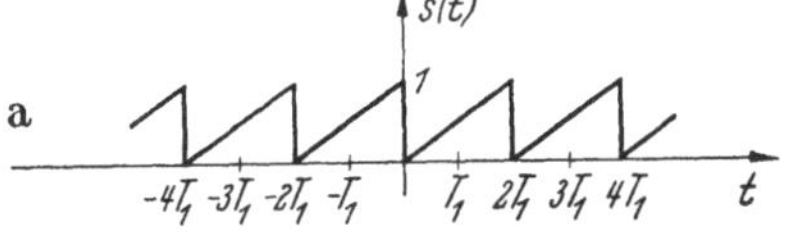

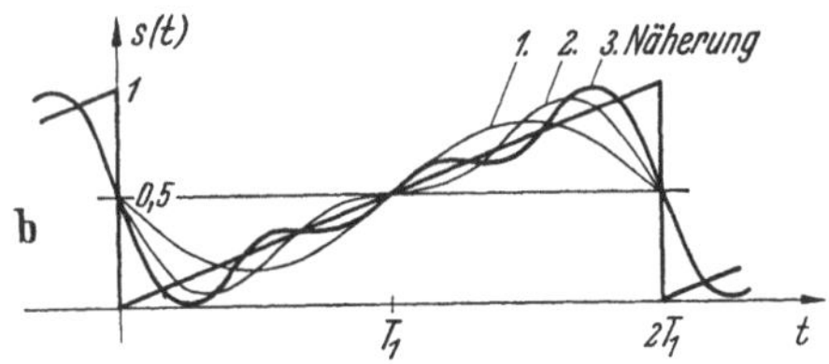

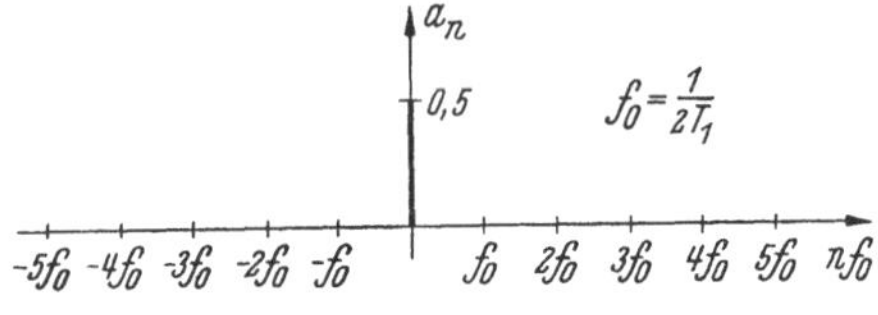

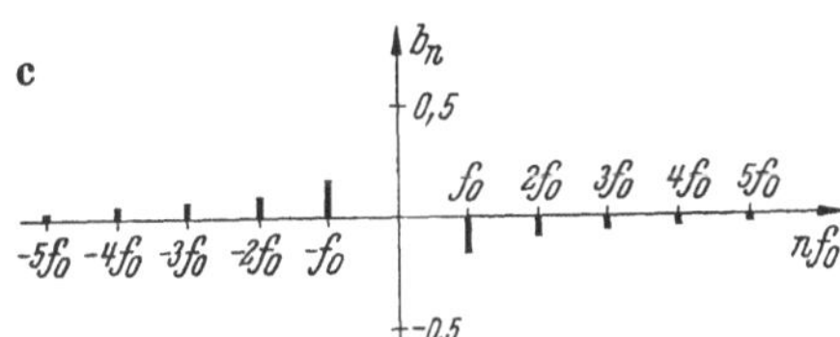

Abb. 6 a—c. Fourier-Analyse der Sägezahnschwingung

$$c_n = \frac{1}{2\,T_1} \int_{-T_1}^{+T_1} \frac{t}{2\,T_1}\,e^{-j\,n\,\omega_0 t}\,dt + \frac{1}{2\,T_1} \int_{T_1}^{0} 1 \cdot e^{-j\,n\,\omega_0 t}\,dt. \tag{26}$$

Die Auswertung ergibt

$$c_n = a_n - j\,b_n = j\,\frac{1}{4\,n\,\pi}\left[e^{-j\,n\,\pi} + e^{j\,n\,\pi}\right] + j\,\frac{1}{2\,n\,\pi}\left[1 - e^{j\,n\,\pi}\right]. \tag{27}$$

Außer für den Fall $n = 0$, wo eine ähnliche Betrachtung wie oben wieder den Wert

$$a_0 = \frac{1}{2} \tag{28}$$

ergibt, sind die a_n gleich Null. Die b_n werden

$$b_n = -\frac{1}{2\,n\,\pi}. \tag{29}$$

$$n = \cdots -3, -2, -1, +1, +2, +3, \ldots$$

In der reellen Schreibweise lautet daher die Analyse

$$s(t) = \frac{1}{2} - \frac{1}{\pi}\left(\sin \omega_0 t + \frac{1}{2}\sin 2\,\omega_0 t + \frac{1}{3}\sin 3\,\omega_0 t + \cdots\right). \tag{30}$$

Sowohl die Rechteck- wie auch die Sägezahnschwingung werden oft in der Weise benutzt, daß die Extremwerte nicht zwischen 0 und 1, sondern zwischen -1 und $+1$ liegen. Das Spektrum ändert sich dann nur darin, daß die Werte a_0 fortfallen und die Werte b_n doppelt so groß werden. Man erhält dann als Zeitverlauf

für die *symmetrische Rechteckschwingung*

$$s(t) = \frac{4}{\pi}\left(\sin \omega_0 t + \frac{1}{3}\sin 3\,\omega_0 t + \frac{1}{5}\sin 5\,\omega_0 t + \cdots\right), \tag{31}$$

für die *symmetrische Sägezahnschwingung*

$$s(t) = -\frac{2}{\pi}\left(\sin \omega_0 t + \frac{1}{2}\sin 2\,\omega_0 t + \frac{1}{3}\sin 3\,\omega_0 t + \cdots\right). \tag{32}$$

Eine weitere, für die Pulstechnik grundlegende Schwingungsform ist der Rechteckpuls (Abb. 7, Zeile a). Die Impulsdauer τ ist dabei meist klein gegen die Periodendauer $T_0 = 2\,T_1$. Für eine Periode ist wieder bis zur 3. Näherung vergrößert dargestellt, wie die Teilschwingungen den Zeitvorgang aufbauen (b). Ihre Größe ergibt sich zu

$$c_n = \frac{1}{2\,T_1}\int_{-\frac{\tau}{2}}^{+\frac{\tau}{2}} 1\cdot e^{-j n \omega_0 t}\,dt = \frac{1}{-j\,2\,n\,\pi}\left(e^{-j n \omega_0 \frac{\tau}{2}} - e^{+j n \omega_0 \frac{\tau}{2}}\right). \tag{33}$$

Ersetzt man die Klammer durch die Sinusfunktion, so wird

$$c_n = a_n - j\,b_n = \frac{\tau}{T_0}\,\frac{\sin n\,\pi\,\dfrac{\tau}{T_0}}{n\,\pi\,\dfrac{\tau}{T_0}}. \tag{34}$$

Die b_n sind alle Null, man erhält nur Cosinusschwingungen. Ihr Spektrum ist in Abb. 7c für das beim Zeitvorgang benutzte Impulsverhältnis $\frac{\tau}{T_0} = \frac{1}{4}$ aufgetragen. Man sieht, daß die spektrale Leistung hauptsächlich innerhalb des Bereiches bis zur ersten Nullstelle liegt; hierzu gehört ein Vielfaches n_1 der Grundfrequenz, das nach Gl. (34) gegeben ist durch

$$n_1 \pi \frac{\tau}{T_0} = \pi \tag{35}$$

oder als Frequenz ausgedrückt

$$f_1 = n_1 f_0 = \frac{1}{\tau}. \tag{36}$$

Bis zu dieser Grenze ist die Näherung für den Aufbau der Zeitfunktion auch im Bild dargestellt. Die weiteren Spektralkomponenten würden

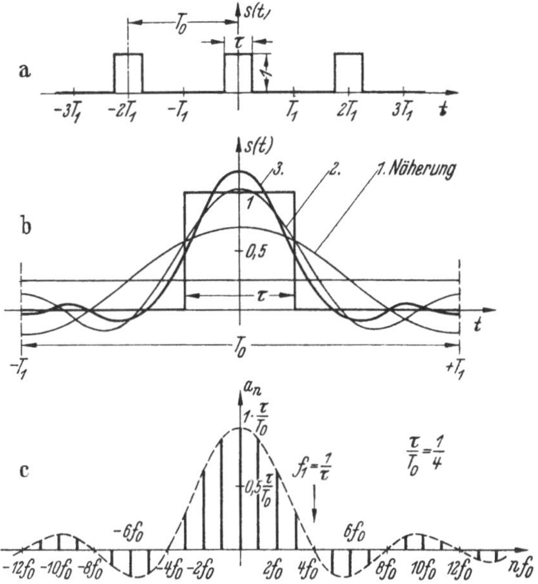

Abb. 7 a—c. Fourier-Analyse eines Rechteckpulses

die zu hohe Kuppe abbauen und dafür mehr und mehr die Ecken ausfüllen. Die formgetreue Übertragung von Rechteckimpulsen erfordert daher ein sehr breites Frequenzband; selbst dann sinkt das Überschwingen, wenn es auch sehr kurz wird, nicht unter einen bestimmten Wert, der nach J. W. Gibbs rund 9% des Sprunges in der Zeitfunktion beträgt. Nun ist ein wellenförmiges Vor- und Nachschwingen der Impulse in vielen Fällen, z. B. beim Fernsehen und bei Pulsverfahren mit zeitlicher Bündelung technisch unerwünscht. Im ersten Fall führt es zu der sogenannten „Plastik" des Bildes, im zweiten zu Nebensprechen. Daher gehört es zu den wichtigsten Aufgaben in der Pulstechnik, bei der Impulserzeugung und -übertragung das Spektrum durch geeignete Filter so zu formen, daß möglichst wenig Überschwingen auftritt. Dabei ergeben sich von selbst abgerundete Impulsformen ohne Sprünge, und es ist oft nicht nur zulässig, sondern sogar technisch erforderlich, das übertragene Frequenzband in bestimmter Weise zu beschränken. Im Kap. 4 werden die Methoden hierzu noch ausführlich betrachtet werden.

Es ist ferner interessant, hier den Spezialfall $\dfrac{\tau}{T_0} = \dfrac{1}{2}$, d. h. den gleichmäßigen Rechteckpuls zu betrachten (Abb. 8a). Dieser Vorgang ist der gleiche wie der in Abb. 5 dargestellte, nur um eine halbe Impulsdauer zeitlich verschoben. Im Spektrum von Abb. 8b treten daher auch die gleichen Linien auf; nur sind jetzt, da es sich um eine gerade Zeitfunktion handelt, die b_n gleich Null, und die a_n zeigen mit Ausnahme des Wertes a_0 die hyperbolische Abnahme mit $\dfrac{1}{n}$. Außerdem müssen die Vorzeichen alternieren, wie man an Abb. 5b für die Impulsmitte ohne weiteres feststellen kann. Gl. (34) ist daher von recht allgemeinem Nutzen. Die darin vorkommende Funktion

$$\frac{\sin \pi x}{\pi x}, \tag{37}$$

nach K. KÜPFMÜLLER als si (πx) bezeichnet, wird noch häufig verwendet werden. Sie ist daher als Tafel 2 im Anhang genauer aufgetragen.

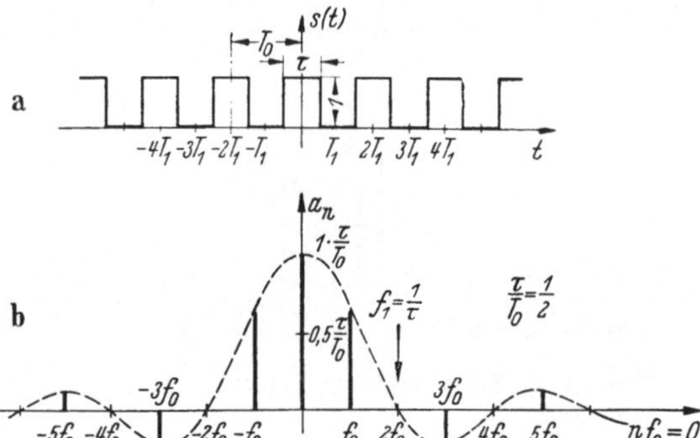

Abb. 8 a u. b. FOURIER-Analyse des gleichmäßigen Rechteckpulses

2. Der Aufbau einmaliger Vorgänge aus andauernden Schwingungen

a) Der Übergang von der Fourier-Summe zum Fourier-Integral. Auch wenn die zu zerlegende Zeitfunktion nicht mehr periodisch ist, kann man sie aus andauernden Schwingungen aufbauen. Man muß sich dabei vorstellen, daß die Grundperiode T_0 in den Abb. 1 und 2 außerordentlich groß und damit die Grundgeschwindigkeit $\omega_0 = 2 \pi f_0$ der Zeiger $c_{\pm 1}$ sehr klein geworden ist. Der Abstand zwischen einer Frequenz $n f_0$ und der benachbarten $(n + 1) f_0$ wird immer kleiner und im Grenzübergang zum Differential df; ebenso wird die Amplitude c_n der Teilschwingung in diesem kleinen Frequenzbereich zum Differential dc_n. Man spricht daher zweckmäßiger von einer kontinuierlichen Amplitudendichte $F(f)$ bei der Frequenz $f = n f_0$. Diese Dichte ist dadurch definiert, daß

$$F(f)\, df = dc_n \tag{38}$$

wird. Man beachte, daß $F(f)$ nicht die Dimension einer Amplitude hat, sondern eine spezifische Größe Amplitude je Frequenz darstellt, die z. B. in den Einheiten $\dfrac{V}{Hz}$ oder $\dfrac{A}{Hz}$ gemessen wird.

Mit dieser Vorstellung geht Gl. (11) ohne weiteres über in das FOURIER-Integral

$$s(t) = \int\limits_{f=-\infty}^{+\infty} F(f)\, e^{j2\pi ft}\, df. \tag{39}$$

Macht man die gleichen Übergänge in Gl. (16) für die Amplituden der Teilschwingungen, nämlich

$$\begin{aligned} c_n &\to dc_n \\ T_1 &\to \infty \\ \frac{1}{2\,T_1} &\to df \\ n\,f_0 &\to f \end{aligned} \tag{40}$$

und beachtet Gl. (38), so erhält man sofort

$$F(f) = \int\limits_{t=-\infty}^{+\infty} s(t)\, e^{-j2\pi ft}\, dt. \tag{41}$$

Gl. (39) und (41) stehen völlig gleichwertig nebeneinander. Die eine dient zur Darstellung einer Zeitfunktion durch ihr Spektrum, die andere zur Ermittlung des Spektrums einer Zeitfunktion. Auch die Schreibweise ist völlig symmetrisch und in dieser Form für die später behandelten Abtasttheoreme sehr zweckmäßig.

Häufig findet man eine Schreibweise, bei der in Gl. (41) ohne sonstige Änderung $F(\omega)$ statt $F(f)$ gesetzt ist. In diesem Falle ist in Gl. (39) die Variable df durch $\dfrac{d\omega}{2\,\pi}$ zu ersetzen. Das Gleichungspaar lautet dann

$$s(t) = \frac{1}{2\pi} \int\limits_{\omega=-\infty}^{+\infty} F(\omega)\, e^{j\omega t}\, d\omega \tag{39a}$$

$$F(\omega) = \int\limits_{t=-\infty}^{+\infty} s(t)\, e^{-j\omega t}\, dt. \tag{41a}$$

Eine andere Schreibweise geht davon aus, daß die imaginäre Achse für die Frequenz benutzt wird, das Koordinatensystem also um 90° gedreht wird. Man schreibt dann in Gl. (41a) $F(j\,\omega)$ statt $F(\omega)$ und hat dementsprechend in Gl. (39a) mit j zu erweitern. Das Gleichungspaar lautet dann

$$s(t) = \frac{1}{2\,\pi\,j} \int\limits_{j\omega=-j\infty}^{+j\infty} F(j\omega)\, e^{j\omega t}\, dj\omega \tag{39b}$$

$$F(j\,\omega) = \int\limits_{t=-\infty}^{+\infty} s(t)\, e^{-j\omega t}\, dt. \tag{41b}$$

Diese Schreibweise gibt den Ansatz für den Übergang zur LAPLACE-Transformation (s. S. 93). Da immer das eine *oder* das andere Paar von Gleichungen zu benutzen ist, möge der Leser den nicht ganz korrekten Gebrauch des gleichen Funktionszeichens F für verschiedene Variable aus der Buchstabennot heraus verstehen.

b) Rechteckimpuls, Einheitsimpuls und Impulspaar. Rechteckspektrum. Als Beispiel werde zunächst ein einzelner Rechteckimpuls und sein zugehöriges Amplitudenspektrum betrachtet (Abb. 9). Der zeitliche Verlauf $s(t)$ ist bis zur Zeit $t = -t_1$ Null, springt dann auf den Wert Eins und ist von $t = +t_1$ ab wieder Null. Da der Vorgang eine

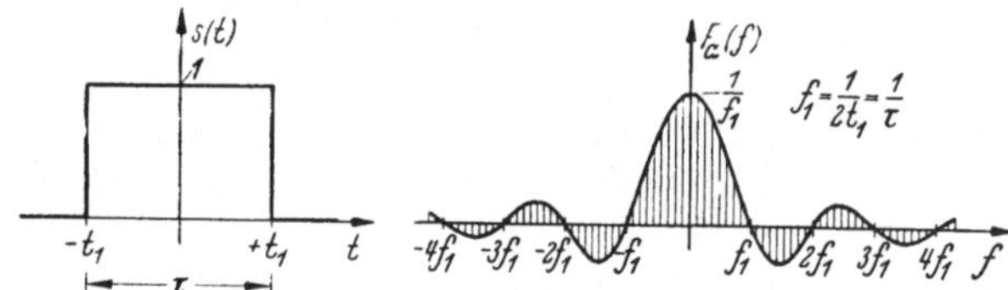

Abb. 9. Zeitverlauf und Spektrum eines Rechteckimpulses

gerade Funktion der Zeit ist, enthält auch das Amplitudenspektrum nur die gerade Komponente $F_a(f)$ der Amplitudendichte, und der Vorgang läßt sich in Abwandlung von Gl. (39) mittels reiner Cosinusschwingungen darstellen als

$$s(t) = \int\limits_{f=-\infty}^{+\infty} F_a(f) \cos 2\pi f t \, df. \tag{42}$$

Die Amplitudendichte ihrerseits wird dann

$$F_a(f) = \int\limits_{t=-\infty}^{+\infty} s(t) \cos 2\pi f t \, dt. \tag{43}$$

Die Berechnung ist im vorliegenden Fall sehr einfach, weil $s(t)$ im Bereich $-t_1$ bis $+t_1$ konstant gleich Eins, außerhalb Null ist. Es ergibt sich

$$F_a(f) = \int\limits_{-t_1}^{+t_1} \cos 2\pi f t \, dt = 2 t_1 \frac{\sin \pi 2 t_1 f}{\pi 2 t_1 f}. \tag{44}$$

Es ist zweckmäßig, hier den reziproken Wert der Impulsdauer $f_1 = \dfrac{1}{2 t_1} = \dfrac{1}{\tau}$ als Frequenzmaß einzuführen. Das Ergebnis wird dann

$$F_a(f) = \frac{1}{f_1} \frac{\sin \pi f/f_1}{\pi f/f_1}. \tag{45}$$

Dieser Verlauf ist ebenfalls in Abb. 9 aufgetragen. Es fällt auf, daß die gleiche Funktion si (πx) wie beim Spektrum des periodischen Pulses auftritt (Abb. 7 und 8) mit einem Maximum bei $f = 0$, das proportional zur Impulsdauer τ ist. Ferner liegen auch die ersten Nullstellen bei der

Frequenz f_1, die gleich der reziproken Impulsdauer τ ist. Nur besteht im periodischen Fall das Spektrum aus Linien, im nichtperiodischen dagegen ist es kontinuierlich ausgefüllt. Folgendes ist daher **zu** vermuten: Wenn man Spektren für periodische Funktionen kennt, braucht man sie für entsprechende zeitlich begrenzte Vorgänge nicht mehr einzeln zu berechnen, und umgekehrt. Dieser allgemeine Zusammenhang besteht in der Tat; er ist eine der Grundlagen für die später behandelten Abtasttheoreme.

Besonders wichtig für die Impulstechnik ist der Grenzfall, daß die Zeitpunkte $\pm\, t_1$ immer näher an den Zeitnullpunkt heranrücken, so daß schließlich ein Impuls außerordentlich kurzer Dauer entsteht (Abb. 10). Die Frequenzen f_1 und damit die Nullstellen des Spektrums wandern dann nach sehr hohen Frequenzen, und die Funktion $\mathrm{si}\,(\pi\,f/f_1)$ wird in einem weiten Bereich um den Frequenznullpunkt herum Eins, da der Sinus hier gleich seinem Argument wird. Damit aber die Amplitudendichte $F\,(f)$ nach Gl. (45) nicht gleichzeitig mit wachsenden Werten von f_1 gegen Null geht, ist es zweckmäßig, die Höhe des Impulses im gleichen Maße zu vergrößern, wie seine Dauer

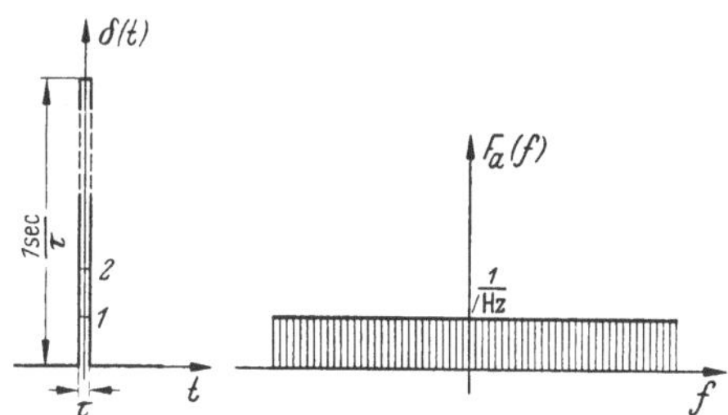

Abb. 10. Einheitsimpuls $\delta\,(t)$ und zugehöriges Amplitudenspektrum $F\,(f)$

herabgeht. Der Einheitsimpuls, auch DIRAC- oder δ-Impuls genannt, ist deshalb dadurch gekennzeichnet, daß nach Abb. 10 seine Fläche, d. h. das Produkt aus Dauer und Höhe, immer den Wert 1 sec behält, wie klein auch τ werden mag[1]. Die Impulshöhe beträgt dann $\dfrac{1\ \mathrm{sec}}{\tau}$. Die zugehörige Amplitudendichte wird nach Gl. (45) im ganzen Bereich konstant und erhält wegen des hinzutretenden Faktors $\dfrac{1\ \mathrm{sec}}{\tau}=\dfrac{f_1}{\mathrm{Hz}}$ den Wert

$$F\,(f) = \frac{1}{\mathrm{Hz}}\,. \tag{46}$$

So hat z. B. ein kurzer Stromimpuls der Fläche 1 Asec die spektrale Amplitudendichte $1\,\dfrac{\mathrm{A}}{\mathrm{Hz}}$.

---

[1] Im Schrifttum wird die Fläche meist dimensionslos gleich Eins gesetzt. Dieses Verfahren ist hier nicht übernommen worden, weil sonst die Impulshöhe die Dimension einer reziproken Zeit erhält, die Amplitudendichte dimensionslos wird und ein Netzwerk auf den Einheitsimpuls ebenfalls mit einem Vorgang reagiert, der die Dimension einer reziproken Zeit hat [vgl. hingegen Gl. (78)].

Nach Gl. (42) läßt sich der Einheitsimpuls darstellen als

$$\delta(t) = \frac{1}{\mathrm{Hz}} \int\limits_{f=-\infty}^{+\infty} \cos 2\pi f t \, df. \tag{47}$$

Er besteht demnach aus unendlich vielen Teilschwingungen, die alle die gleiche Amplitude $\frac{1}{\mathrm{Hz}} df$ haben und in lückenloser Folge das Frequenzband bedecken.

In der vorstehenden Ableitung ist $\delta(t)$ als Grenzfall des Rechteckimpulses ermittelt worden. Es sei bemerkt, daß man, von einem Impuls beliebiger Form ausgehend, zu den gleichen Beziehungen (46) und (47) gelangt, wenn nur die Fläche des kurzen Stoßes gleich 1 sec wird. Sehr kurze Impulse haben unabhängig von ihrer Form in einem weiten Bereich das gleiche Spektrum. Für unendlich hohe Frequenzen wird die Amplitudendichte Null, wodurch die Konvergenz des Integrals gesichert wird.

Tritt der Impuls nicht im Zeitnullpunkt auf, sondern zur Zeit $t = T_0$, so ergibt sich

$$\delta(t - T_0) = \frac{1}{\mathrm{Hz}} \int\limits_{f=-\infty}^{+\infty} \cos 2\pi f (t - T_0) \, df. \tag{48}$$

Von besonderem Interesse für das Spätere ist dabei der Fall, daß es sich um ein Impulspaar handelt, das zu den Zeiten $-T_0$ und $+T_0$ auftritt

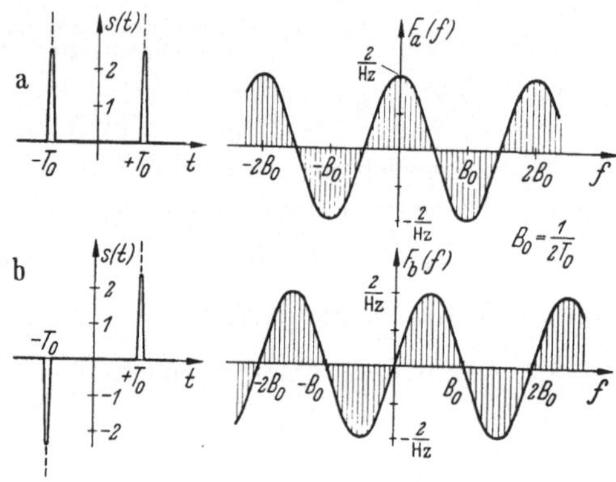

Abb. 11 au. b. Symmetrisches und antimetrisches Impulspaar mit ihren zugehörigen Spektren

(Abb. 11a). Ein solches Paar wird

$$\delta(t + T_0) + \delta(t - T_0)$$

$$= \frac{1}{\mathrm{Hz}} \int\limits_{f=-\infty}^{+\infty} [\cos 2\pi f (t + T_0) + \cos 2\pi f (t - T_0)] \, df \tag{49}$$

$$= \frac{2}{\mathrm{Hz}} \int\limits_{f=-\infty}^{+\infty} \cos 2\pi f \, T_0 \cos 2\pi f t \, df. \tag{50}$$

Hiernach besteht der Doppelimpuls aus lauter Cosinusschwingungen mit einer Amplitudendichte

$$F_a(f) = \frac{2}{\text{Hz}} \cos 2\pi f T_0. \tag{51}$$

Bezeichnet man noch den reziproken Wert des Impulsabstandes $2\,T_0$ durch den Frequenzwert B_0, so daß

$$B_0 = \frac{1}{2\,T_0} \tag{52}$$

wird, so erhält man schließlich

$$F_a(f) = \frac{2}{\text{Hz}} \cos \pi \frac{f}{B_0}. \tag{53}$$

Dieses Spektrum zeigt Abb. 11a rechts. Man sieht, daß es sich als einfache „Schwingung" mit der Periode $2\,B_0$ über den ganzen Frequenzbereich erstreckt. Ein welliges Spektrum bedeutet also immer das Auftreten von paarigen Vorgängen, wobei die Zeitpunkte des Auftretens nach Gl. (52) durch die Periode B_0 der Frequenz gegeben sind. Breite Schwankungen bedeuten nahe beieinander liegende Vorgänge, enge Schwankungsperioden bedeuten Paare, die zeitlich weit auseinander liegen. Ferner läßt sich, wenn man die beiden Impulse subtrahiert statt addiert, leicht zeigen, daß als Berandungkurve des Spektrums eine Sinuswelle herauskommt (Abb. 11b). Cosinuswellen im Spektrum bedeuten stets symmetrische Impulspaare, Sinuswellen dagegen antimetrische Paare. Diese Vorstellung ist nicht nur für das Abtasttheorem sehr wichtig, sondern auch für die Betrachtung des Einflusses wellenförmiger Schwankungen der Übertragungsfunktion von Systemen. So besteht z. B. die Methode der „paarigen Echos" darin, daß man den Frequenzgang der Dämpfung und Phase von Netzwerken, durch welche Signale hindurchgehen, mit einem idealen, der Rechnung leicht zugänglichen Verlauf annähert und die Abweichungen durch eine Summe von wellenförmigen Schwankungen erfaßt. Jede der Wellen, mit denen das Spektrum bei der Übertragung verformt wird, bedeutet ein Paar von Nebenvorgängen, dessen einer Teil ebensoviel vor dem Hauptvorgang eintrifft wie der andere Teil nach ihm. Dieser wichtigen Methode der paarigen Echos ist der Abschn. I, 3 des Kap. 4 gewidmet.

Noch etwas Weiteres geht aus Abb. 11 sehr anschaulich hervor, nämlich die bereits erwähnte vollständige Vertauschbarkeit von Frequenz und Zeit bei zusammengehörigen Zeitvorgängen und Spektren, mathematisch gesprochen, der gleichartige Aufbau der beiden FOURIER-Integrale. Die Vorstellung, daß ein wellenförmiges Spektrum zeitlich gesehen ein Impulspaar bedeutet, ist vielen Ingenieuren heute noch ungewohnt. Vertauscht man aber in Abb. 11 Frequenz und Zeit, so gibt die rechte Seite reine Schwingungen der zeitlichen Periode $2\,T_0$

wieder, die linke die dazugehörigen Spektrallinien bei den Frequenzen $\pm B_0$, die gleich dem reziproken Wert der Periodendauer sind. Diese umgekehrte Vorstellung erscheint uns heute bereits trivial.

Als weiteres Beispiel für solche Entsprechungen sei noch der Zeitvorgang zu einem rechteckigen Spektrum berechnet — das Analogon zu dem Rechteckimpuls von Abb. 9. Das Spektrum habe nach Abb. 12 konstante Amplitudendichte 1/Hz im Frequenzband B_0, reiche also,

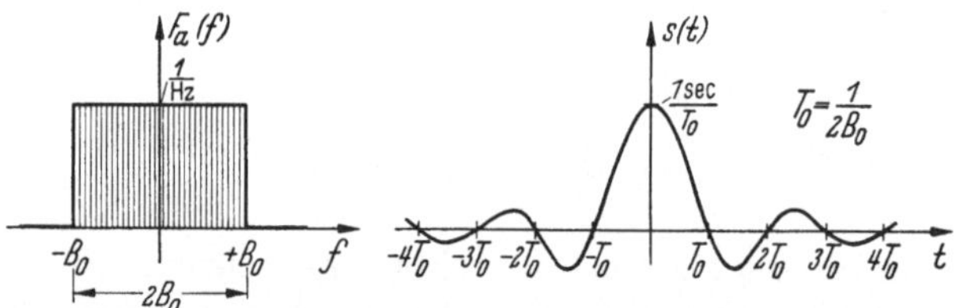

Abb. 12. Rechteckiges Spektrum und zugehöriger Zeitvorgang

mathematisch gesehen, von $-B_0$ bis $+B_0$. Außerhalb sei es Null. Die hierzu gehörige Zeitfunktion $s(t)$ muß wiederum eine gerade Funktion sein, darstellbar als

$$s(t) = \frac{1}{\text{Hz}} \int\limits_{f=-B_0}^{+B_0} \cos 2\pi f t \, df = \frac{2 B_0}{\text{Hz}} \frac{\sin \pi 2 B_0 t}{\pi 2 B_0 t} . \tag{54}$$

Führt man wieder den reziproken Wert der spektralen Breite

$$T_0 = \frac{1}{2 B_0} \tag{55}$$

ein, so erhält man

$$s(t) = \frac{1 \sec}{T_0} \frac{\sin \pi t/T_0}{\pi t/T_0} . \tag{56}$$

Abb. 12 zeigt rechts diesen zeitlichen Verlauf. Er ergibt sich z. B., wenn ein δ-Impuls, für den ja im ganzen Frequenzbereich $F(f) = \frac{1}{\text{Hz}}$ ist, einen idealisierten Tiefpaß durchläuft, der nur das Frequenzband B_0 durchläßt. Man sieht, daß der ursprünglich sehr kurze Impuls am Ausgang des Netzwerks stark verlängert erscheint und von Nebenvorgängen begleitet ist. Ferner ist die vorher außerordentlich hohe Amplitude auf den endlichen Wert $\frac{1 \sec}{T_0}$ abgesunken. Handelt es sich z. B. um einen Stromimpuls der Fläche 1 mAsec und ist die Bandbreite des Tiefpasses $B_0 = 50$ Hz, das heißt $T_0 = \frac{1}{100 \, \text{Hz}} = 10$ msec, so beträgt die Impulsamplitude nach Durchlaufen des Netzwerks $\frac{1 \, \text{mAsec}}{T_0} = 0,1$ A. Man nennt einen Vorgang wie den von Abb. 12 auch die „Antwort" des Netzwerks auf den Einheitsimpuls.

Daß ein Tiefpaß wie der vorstehend betrachtete bei dem vorausgesetzten linearen Phasenverlauf nur mit unendlich großer Laufzeit physikalisch widerspruchsfrei ist, möge hier nicht stören, zumal da diese Zusammenhänge im Kap. 4 genauer behandelt werden.

c) Der Einheitssprung. Eine Funktion von ähnlicher Bedeutung wie der Einheitsimpuls ist der Einheitssprung (Abb. 13). Diese Funktion — sie sei in Anlehnung an K. KÜPFMÜLLER als $\sigma(t)$ bezeichnet — ist für alle negativen Zeiten Null, springt im Zeitnullpunkt auf $+1$ und behält diesen Wert für alle positiven Zeiten bei.

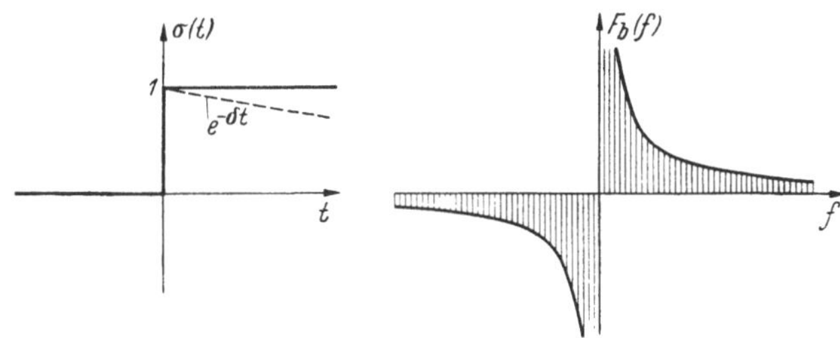

Abb. 13. Einheitssprung $\sigma(t)$ und zugehöriges Amplitudenspektrum $F(f)$

Die Amplitudendichte ergibt sich aus

$$F(f) = \int\limits_{t=0}^{\infty} 1 \cdot e^{-j2\pi f t}\, dt. \tag{57}$$

Die Schwierigkeit, daß die Beiträge des Integranden für $t = \infty$ nicht 0 werden, wird zweckmäßig so umgangen, daß vorübergehend ein zeitlicher Dämpfungsfaktor $e^{-\delta t}$ entsprechend der gestrichelten Linie in Abb. 13 eingeführt wird. Nimmt man diesen Faktor in die e-Funktion hinein und integriert, so wird

$$F(f) = \frac{-1}{\delta + j\,2\,\pi\,f}\, e^{-(\delta + j2\pi f)\,t}\,\Big|_{t=0}^{\infty} = \frac{1}{\delta + j\,2\,\pi\,f}. \tag{58}$$

Für $\delta = 0$ erhält man

$$F(f) = F_a(f) - j\,F_b(f) = \frac{1}{j\,2\,\pi\,f} \tag{59}$$

und damit das in Abb. 13 eingetragene, ungerade Spektrum

$$F_b(f) = \frac{1}{2\,\pi\,f}. \tag{60}$$

Während die spektrale Amplitudendichte beim Einheitsimpuls konstant war, nimmt sie beim Einheitssprung hyperbolisch mit der Frequenz ab. Der Einheitssprung ist daher aus unendlich vielen Teilschwingungen der Frequenz f und der Amplitude $\dfrac{df}{2\,\pi\,f}$ zusammengesetzt. Es ergibt sich die gleiche Berandungskurve wie bei den periodischen Wechseln von Abb. 5c.

Bemerkt sei noch, daß der Einheitssprung $\sigma(t)$ durch Integration des Einheitssimpules $\delta(t)$ erhalten werden kann. Dabei ist nur noch die Dimension zu beachten. Da die Fläche des Einheitsimpulses zu 1 sec festgelegt wurde, muß man, um die Amplitude 1 zu erhalten, durch 1 sec dividieren. Es ergibt sich

$$\sigma(t) = \frac{1}{1\,\text{sec}} \int\limits_{-\infty}^{t} \delta(t)\,\mathrm{d}t. \tag{61}$$

3. Gedämpfte Schwingungen als Aufbauelemente. Die Laplace-Transformation

Die bisherigen Beispiele zeigen, welche interessanten Einblicke und verhältnismäßig leicht berechenbaren Ergebnisse die FOURIER-Darstellung liefert. Jedoch ergeben sich in gewissen Fällen ähnliche Schwierigkeiten, wie sie soeben bei der Ermittlung des Spektrums zum Einheitssprung aufgetreten sind. Der dort vorübergehend benutzte Kunstgriff, einen zeitlichen Dämpfungsfaktor hinzuzunehmen, führt nun, allgemein angewendet, zu einer neuen Vorstellungswelt, in der als Aufbauelemente gedämpfte Schwingungen statt der andauernden verwendet werden. Dabei soll das Wort „gedämpft" offen lassen, ob die Schwingungen anklingen oder abklingen. Dadurch, daß die Regeln der Funktionentheorie angewendet werden können, lassen sich manche **Aufgaben** leichter lösen, und die genannten Schwierigkeiten werden **vermieden**. Besonders erfolgreich wird die Methode, wenn die Verformung ermittelt werden soll, die irgendwelche Signale beim Durchlaufen von Netzwerken erfahren.

Für gedämpfte Schwingungen ist der Zeitfaktor der Zeigerpaare nicht $e^{j\omega t}$ allein wie bei den andauernden, sondern

$$e^{\sigma t}\, e^{j\omega t} = e^{(\sigma + j\omega)t}. \tag{62}$$

Die Größe σ möge Wuchskonstante heißen. Positive Werte von σ bedeuten dabei ein zeitliches Anwachsen, negative Werte ein Abklingen der jeweiligen Teilschwingung. Verglichen mit dem Diagramm von Abb. 2 durchlaufen die Zeigerspitzen nicht mehr Kreise, sondern logarithmische Spiralen (Abb. 14). Dabei sollen nach wie vor zueinander konjugierte Zeiger angenommen werden, damit die Zeitfunktion auf der reellen Achse

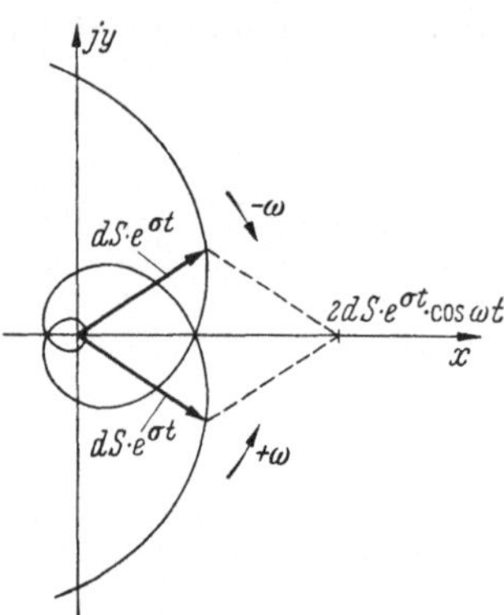

Abb. 14. Zeigerpaar zeitlich veränderlicher Länge

beschrieben wird. So resultiert z. B. aus den beiden Zeigern der zeitlich schrumpfenden Länge $\mathrm{d}S\,\mathrm{e}^{\sigma t}$ (σ negativ), falls sie zusammen auf der reellen Achse gestartet waren, die Teilschwingung

$$\mathrm{d}s(t) = 2\,\mathrm{d}S\,\mathrm{e}^{\sigma t}\cos\omega\,t. \tag{63}$$

Die beiden Exponenten des Ausdruckes (62) kann man nun zu einem einzigen, der „komplexen Frequenz"

$$p = \sigma + j\,\omega \tag{64}$$

zusammenziehen. Die beiden FOURIER-Integrale gehen auf diese Weise, wenn $j\omega$ durch die komplexe Größe p ersetzt wird, in die beiden Integrale der LAPLACE-Transformation über. Sie lauten, wenn man von den Gln. (39b) und (41b) ausgeht,

$$s(t) = \frac{1}{2\,\pi\,j} \int\limits_{p=\sigma-j\infty}^{\sigma+j\infty} F(p)\,\mathrm{e}^{p\,t}\,\mathrm{d}p \tag{65}$$

und

$$F(p) = \int\limits_{t=-\infty}^{+\infty} s(t)\,\mathrm{e}^{-p\,t}\mathrm{d}t. \tag{66}$$

$F(p)$ ist nunmehr zur Funktion einer komplexen Veränderlichen $\sigma + j\,\omega$ geworden und stellt ein Spektrum von anklingenden oder abklingenden Teilschwingungen dar. Dementsprechend können in Gl. (65) die Regeln der Funktionentheorie benutzt werden. Diese verhelfen auch dazu, über Stellen hinwegzuintegrieren, wo der Integrand unendlich wird.

Betrachtet man Zeitfunktionen, die erst im Zeitnullpunkt einsetzen, so braucht sich die Integration in Gl. (66) nur auf den Bereich 0 bis ∞ zu erstrecken, was den Rechnungsgang oft vereinfacht.

In Gl. (65) verläuft der Integrationsweg zwar immer noch in Richtung der imaginären p-, d. h. der ω-Achse vom negativen ins positive Unendliche, jedoch um den Wert σ auf der reellen Achse verschoben. Welchen Wert σ man den Teilschwingungen verleiht, ist dabei innerhalb gewisser Einschränkungen ohne Belang. Ein bestimmter Vorgang $s(t)$ kann daher auf vielfache Weise aus Teilschwingungen aufgebaut werden, je nachdem wie man in dem errechneten Spektrum $F(p)$ den Wert σ wählt. Unter diesen Möglichkeiten bildet der Aufbau aus andauernden Schwingungen ($\sigma = 0$) einen sehr übersichtlichen Spezialfall.

Der Leser wird sich fragen, warum man diese Komplizierung einführt. Die Antwort hierauf mögen die beiden nächsten Teile dieses Abschnittes geben.

4. Die Verformung von Vorgängen durch Netzwerke. Die „Antwort" auf den Einheitsimpuls und auf den Einheitssprung

Die spektrale Analyse gibt einen Einblick in die Ausdehnung des Spektrums von Vorgängen beliebiger Form. Sie gibt aber außerdem ein wichtiges Mittel in die Hand, die Wirkung von Netzwerken auf solche Vorgänge zu ermitteln. Man geht hierzu so vor, daß man den angelegten Vorgang mittels des zweiten FOURIER-Integrals oder der LAPLACE-Transformation durch die komplexe Amplitudendichte des Spektrums ausdrückt. Die Verformung des Spektrums durch das Netzwerk ist leicht zu berechnen, da man nur jede Spektrallinie mit der Übertragungsfunktion des Netzwerks für diese Frequenz zu multiplizieren braucht. Die Übertragungsfunktion G ist dabei das komplexe Amplituden-Verhältnis der Ausgangsschwingung zur Eingangsschwingung. Mit Hilfe des ersten FOURIER-Integrals oder der ersten — auch „invers" genannten — LAPLACE-Transformation kann dann wieder die dazugehörige Zeitfunktion gefunden werden.

Da alle linearen Netzwerke wie Übertrager, Filter, Röhrenschaltungen außer Strom- und Spannungsquellen nur Widerstände, Spulen und Kondensatoren mit den Widerstands-Operationen R, $j\omega L$ und $\dfrac{1}{j\omega C}$ enthalten, ist es bei solchen Netzwerksbetrachtungen zweckmäßig, als Veränderliche nicht die Frequenz f, sondern die imaginäre Kreisfrequenz $j\omega$ zu wählen. Ist ferner die Übertragungsfunktion $G(j\omega)$ des Netzwerks für andauernde Schwingungen bekannt, so gibt die gleiche Funktion G auch den Übertragungsfaktor für gedämpfte Schwingungen als $G(p)$ an. Ein einfaches Beispiel möge dies erläutern:

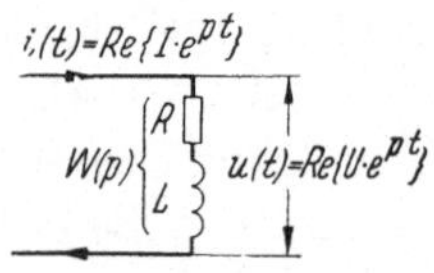

Abb. 15. Widerstand $W(p)$ bei gedämpften Schwingungen

$G(p)$ sei nach Abb. 15 ein induktiver Widerstand $W(p)$, der von einem Strom

$$i = \mathrm{Re}\left\{I\, e^{\sigma t}\, e^{j\omega t}\right\} = \mathrm{Re}\left\{I\, e^{pt}\right\} \qquad (67)$$

durchflossen werde. Gesucht ist die Spannung $u(t)$. Es gilt

$$u = Ri + L\frac{\mathrm{d}i}{\mathrm{d}t}. \qquad (68)$$

Mit Gl. (67) wird

$$u = \mathrm{Re}\left\{R\, I\, e^{pt} + p\, L\, I\, e^{pt}\right\} \qquad (69)$$

$$u = \mathrm{Re}\left\{(R + p\, L)\, I\, e^{pt}\right\} = \mathrm{Re}\left\{U\, e^{pt}\right\}. \qquad (70)$$

U ist dabei die gegen I phasenverschobene Spannungs-Amplitude. Der Quotient $W = \dfrac{U}{I}$ wird

$$W(p) = R + p\, L. \qquad (71)$$

Für einen andauernden Strom ($\sigma = 0$) hätte sich ergeben

$$W(j\omega) = R + j\omega L. \qquad (72)$$

Für einen anschwingenden Strom (σ positiv) ist der Wirkwiderstand um den Wert σL größer als R, für einen abklingenden (σ negativ) kleiner.

Die Gln. (71) und (72) zeigen als Beispiel, daß die Netzwerkgrößen für gedämpfte Schwingungen ebenso einfach berechnet werden können wie für andauernde. Man braucht nur, wenn man die Gleichungen für den eingeschwungenen Zustand aufgestellt hat, p statt $j\omega$ einzuführen.

Die Übertragungsfunktion eines Vierpols ist in dieser Schreibweise (vgl. Abb. 16)

$$G(p) = \mathrm{e}^{-g(p)}. \tag{73}$$

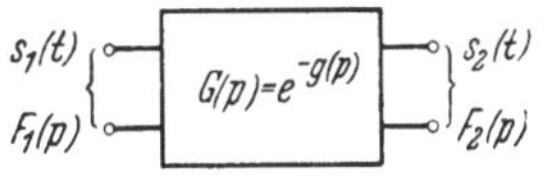

Man nennt dabei g das Übertragungsmaß, das sich seinerseits nach der Beziehung

$$g = a + j\,b \tag{74}$$

Abb. 16. Verformung eines Vorgangs durch ein Netzwerk

aus dem Dämpfungsmaß a und dem Phasenmaß b zusammensetzt.

Wenn das Spektrum der angelegten Zeitfunktion $s_1(t)$ durch $F_1(p)$ gegeben ist, so wird das verformte Spektrum am Ausgang

$$F_2(p) = F_1(p)\,G(p), \tag{75}$$

und man erhält die Zeitfunktion $s_2(t)$ am Ausgang durch die Beziehung

$$s_2(t) = \frac{1}{2\,\pi\,j} \int\limits_{p\,=\,\sigma\,-\,j\infty}^{\sigma\,+\,j\infty} F_1(p)\,G(p)\,\mathrm{e}^{p\,t}\,\mathrm{d}p. \tag{76}$$

Zwei für die Anwendung sehr wichtige Fälle sind dadurch gegeben, daß 1. ein Einheitsimpuls $\delta(t)$, 2. ein Einheitssprung $\sigma(t)$ als Zeitfunktion $s_1(t)$ angelegt wird. Der Vorgang $s_2(t)$ ist dann jeweils die „Antwort" des Netzwerks $G(p)$ auf die aufgeprägte Funktion. Er möge im ersten Fall $s_\delta(t)$ heißen, im zweiten $s_\sigma(t)$.

Im ersten Fall ist nach Gl. (46) einzusetzen

$$F_1(p) = \frac{1}{\mathrm{Hz}} = 1 \text{ sec}, \tag{77}$$

und man erhält als „*Antwort auf den Einheitsimpuls*" die Funktion

$$s_\delta(t) = \frac{1 \text{ sec}}{2\,\pi\,j} \int\limits_{p\,=\,\sigma\,-\,j\infty}^{\sigma\,+\,j\infty} G(p)\,\mathrm{e}^{p\,t}\,\mathrm{d}p. \tag{78}$$

Im zweiten Fall ist nach Gl. (59) einzusetzen

$$F_1(p) = \frac{1}{p}, \tag{79}$$

und man erhält als „*Antwort auf den Einheitssprung*" die Funktion

$$s_\sigma(t) = \frac{1}{2\,\pi\,j} \int\limits_{p\,=\,\sigma\,-\,j\infty}^{\sigma\,+\,j\infty} \frac{G(p)}{p}\,\mathrm{e}^{p\,t}\,\mathrm{d}p. \tag{80}$$

Zwischen den beiden Antwortfunktionen $s_\delta(t)$ und $s_\sigma(t)$ besteht übrigens die gleiche Beziehung wie sie Gl. (61) für den Einheitsimpuls und den Einheitssprung angibt: Die zweite Antwort ergibt sich als das Integral der ersten

$$s_\sigma(t) = \frac{1}{1\,\text{sec}} \int_{-\infty}^{t} s_\delta(t)\,\mathrm{d}t. \tag{81}$$

Gl. (81) erweist sich in vielen Fällen als sehr nützlich für die praktische Rechnung.

Ist das Netzwerk kein Vierpol sondern ein Zweipol, so wird gewöhnlich gefragt

1. bei eingeprägter Spannung nach dem Verlauf des Stromes $i(t)$,
2. bei eingeprägtem Strom nach dem Verlauf der Spannung $u(t)$.

Abb. 17 zeigt z. B. die Ersatzschaltbilder für einen Spannungssprung der Größe U_0 und einen Stromsprung der Größe I_0[1]. Im ersten Fall ist in Gl. (80) zu ersetzen

$$s_\sigma(t) \equiv \frac{i(t)}{U_0}\,; \qquad G(p) \equiv Y(p), \tag{82a}$$

wobei $Y(p)$ den Leitwert des Zweipols bedeutet. Im zweiten Fall gilt

$$s_\sigma(t) \equiv \frac{u(t)}{I_0}\,; \qquad G(p) \equiv W(p), \tag{82b}$$

wobei $W(p)$ der Widerstand des Zweipols ist.

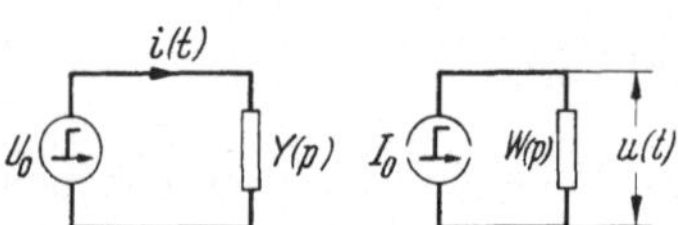

Abb. 17. Einschalten einer Gleichspannung oder eines Gleichstromes bei einem Zweipol

Die Einführung der komplexen Frequenz p statt der reellen ω ist deshalb besonders wertvoll, weil für realisierbare Netzwerke die Funktion $G(p)$ bestimmte nützliche Eigenschaften hat; sie ist nämlich eine „analytische Funktion" von p. Der Residuensatz ist anwendbar, und die Integrale können oft leicht ausgewertet werden, wenn man den Integrationsweg in der komplexen Ebene rechts oder links durch einen großen Halbkreis schließt. Dabei kann man durch geeignete Wahl von σ den „Polen" von $G(p)$ leicht ausweichen, während man in der Fourier-Schreibweise oft auf mathematische Schwierigkeiten stößt.

---

[1] Als Schaltzeichen für die Spannungsquelle ist ein Kreis allgemein üblich. Als Schaltzeichen für die Stromquelle hat sich noch keines recht eingeführt. Es sei daher ein unterbrochener Kreis vorgeschlagen. Die Unterbrechung soll den unendlich hohen Innenwiderstand, d. h. den „steifen" Strom versinnlichen. — Es ist übrigens nicht allgemein bekannt, daß der Lehrsatz von der Ersatz*spannungs*quelle schon sehr früh (1853) von H. Helmholtz publiziert wurde, der Lehrsatz von der äquivalenten Ersatz*strom*quelle jedoch, obwohl das „Reziprozitäts-Theorem" in allgemeiner Form lange geläufig war, erst 1926 von H. F. Mayer. Vgl. hierzu das Schrifttumsverzeichnis.

Für die wichtigsten Zeit- und Spektralfunktionen findet man außerdem im Schrifttum Kataloge, in denen die zueinander gehörigen Funktionen $s(t)$ und $G(p)$ bereits berechnet sind.

5. Das Einschalten eines Schwingungskreises

Als Beispiel werde nach Abb. 17 links die Antwort eines Reihenschwingkreises mit den Elementen R, L und C auf einen Spannungssprung vom Werte U_0 betrachtet (Abb. 18). Dieser Vorgang wird später bei den differenzierenden Netzwerken noch eine Rolle spielen (S. 174 ff.).

Es gilt Gl. (80) mit $s_\sigma(t) \equiv \dfrac{i(t)}{U_0}$ und $G(p) \equiv Y(p)$. Man erhält für den Leitwert des Schwingungskreises (83)

$$Y(p) = \cfrac{1}{R + pL + \cfrac{1}{pC}} .$$

Dies läßt sich umschreiben in eine Produktform (84)

$$Y(p) = \frac{1}{L} \frac{p}{(p - p_1)(p - p_2)} .$$

Hierbei sind die Konstanten p_1 und p_2 als Lösungen einer quadratischen Gleichung gegeben durch die Werte

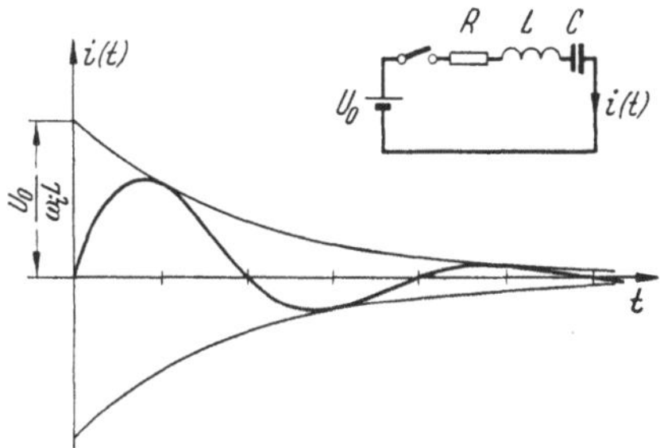

Abb. 18. Einschaltstrom $i(t)$ eines Schwingungskreises

$$\begin{aligned}
p_1 &= \sigma_i + j\,\omega_i \\
p_2 &= \sigma_i - j\,\omega_i .
\end{aligned} \tag{85}$$

Die Wuchskonstante σ_i und die Eigenfrequenz ω_i bestimmen sich ihrerseits aus den Beziehungen

$$\sigma_i = -\frac{\omega_r}{2\,Q} ; \qquad \omega_i = \omega_r \sqrt{1 - \left(\frac{1}{2\,Q}\right)^2} \tag{86}$$

$$\omega_r = \frac{1}{\sqrt{LC}} ; \qquad Q = \frac{\sqrt{L/C}}{R} . \tag{87}$$

Dabei ist ω_r die Resonanzfrequenz und Q die Güte des Kreises. Die Eigenfrequenz ω_i des Systems ist immer etwas kleiner als die Resonanzfrequenz ω_r. Die Wuchskonstante ist, wie es sein muß, negativ. Die Schwingungen klingen ab.

Aus Gl. (80) wird

$$i(t) = \frac{U_0}{L} \frac{1}{2\pi j} \int\limits_{p=\sigma-j\infty}^{\sigma+j\infty} \frac{e^{pt}}{(p - p_1)(p - p_2)} \, dp . \tag{88}$$

Der Integrand hat Pole für die beiden Werte p_1 und p_2. Nach dem Residuensatz (vgl. auch die Berechnung im Anhang 1) wird der Wert des Integrals für positive t

$$i(t) = \frac{U_0}{L} \left[\frac{e^{p_1 t}}{p_1 - p_2} + \frac{e^{p_2 t}}{p_2 - p_1} \right]. \tag{89}$$

Man erkennt hier gut den Vorteil der Einführung der komplexen Frequenz p, d. h. der konjugiert komplexen Schwingungspaare von Abb. 14: Die Lösung setzt sich ebenfalls aus derartigen Paaren zusammen, und zwar im allgemeinen aus so vielen Gliedern, wie Energiespeicher vorhanden sind. Im vorliegenden Fall besteht nach Gl. (85) und (89) nur ein einziges Zeigerpaar mit der Wuchskonstante σ_i und der Umlaufgeschwindigkeit ω_i [Gl. (86)]. Die Summe der beiden Drehzeiger beschreibt die reelle Zeitfunktion. Nach leichter Umformung wird

$$i(t) = \frac{U_0}{\omega_i L} e^{\sigma_i t} \sin \omega_i t. \tag{90}$$

Den Verlauf dieses Stromes zeigt Abb. 18.

II. Abtasttheoreme

1. Die Aussagen der beiden Abtasttheoreme

Die Beispiele des vorigen Abschnittes haben bereits gezeigt, daß einmalige Vorgänge — wie etwa ein einzelner Impuls oder ein einzelner Sprung — die gleiche Berandungskurve des Spektrums aufweisen wie die entsprechenden periodischen Vorgänge — in diesem Falle der Puls oder die Rechteckschwingung. Sind die Spektrallinien eines periodischen Vorgangs bekannt, so läßt sich zeigen, daß man das kontinuierliche Spektrum des zugehörigen zeitbegrenzten Vorgangs aus diesen diskreten Werten ermitteln kann. Die Regeln für dieses Vorgehen sind zwar bekannt, aber in der bisherigen Literatur nicht sehr ausdrücklich hervorgehoben. Sie mögen hier in einem „Abtasttheorem für Spektren" zusammengefaßt werden. Mit diesen Dingen scheint das „Abtasttheorem für Zeitfunktionen", das in der neueren Fachliteratur eine wichtige Rolle spielt und insbesondere mit dem Namen C. E. SHANNON[1] verknüpft ist, zunächst nicht viel zu tun zu haben. Dieses Gesetz sagt aus, daß ein zeitlicher Vorgang, der im Frequenzband beschränkt ist, sonst

---

[1] Vor SHANNON, der diesen Lehrsatz in die Nachrichtentechnik einführte, findet sich eine Veröffentlichung von H. RAABE (1939), ferner wird verschiedentlich auf eine unveröffentlichte Arbeit von I. R. CARSON (1920) hingewiesen. — Die Eigenschaften der sogenannten Kardinalfunktion $\dfrac{\sin x}{x}$ sind in mathematischer Form schon von E. T. WHITTAKER (1915) und W. L. FERRAR (seit 1925) behandelt worden. Vgl. hierzu das Schrifttumsverzeichnis.

aber beliebigen Verlauf hat, vollständig dargestellt werden kann durch diskrete, impulsförmige Proben, wenn man den zeitlichen Abstand der Proben geeignet wählt.

Es zeigt sich nun, daß wegen der strengen Vertauschbarkeit von Frequenz und Zeit in den beiden FOURIER-Integralen die spektrale Analyse zeitlich begrenzter Vorgänge und die zeitliche Analyse von Vorgängen mit beschränktem Spektrum auf völlig entsprechende Regeln führen. Man erhält daher, auf dem gleichen mathematischen Beweisverfahren fußend, zwei Theoreme verschiedenen physikalischen Inhalts.

Theorem 1: *Das Abtastgesetz für Spektren.* Das Spektrum einer Zeitfunktion, die innerhalb der Zeit $-t_1$ bis $+t_1$ abläuft, ist vollständig bestimmt, wenn man seine Werte bei den diskreten Frequenzen $n\,f_1 = \dfrac{n}{2\,t_1}$ kennt. Diese diskreten Werte sind gegeben durch die Amplituden der Teilschwingungen des Zeitvorgangs, wenn er andauernd periodisch wiederholt würde.

Theorem 2: *Das Abtastgesetz für Zeitvorgänge.* Eine Zeitfunktion, deren Spektrum nur Teilschwingungen innerhalb des Bandes $-B_0$ bis $+B_0$ umfaßt, ist vollständig bestimmt, wenn man ihre Werte zu den diskreten Zeiten $nT_0 = \dfrac{n}{2\,B_0}$ kennt. Diese diskreten Werte sind gegeben durch die Amplituden der Teilwellen des Spektrums, wenn dieses in der Frequenz periodisch fortgesetzt gedacht wird.

Die Beweisführung unter einer Überschrift erscheint so anregend für das Verständnis, daß dieser Weg, wenn er auch etwas umständlich ist, im folgenden an Hand eines Beispiels beschritten werde. Um vom Bekannten zum weniger Bekannten aufzusteigen, seien zuerst zeitliche Vorgänge durch die Linien oder Banden ihres Spektrums dargestellt; hierauf werde der reziproke Vorgang, die Umwandlung von Spektren in zeitliche „Linien" oder Impulsproben behandelt.

2. Das Theorem für das Spektrum einmaliger Zeitvorgänge

Betrachtet werde ein Vorgang nach dem Beispiel der Abb. 19 unter a). Seine Dauer sei auf die Zeit $-t_1$ bis $+t_1$ beschränkt, an den Grenzen und außerhalb sei er Null. Ein solcher Vorgang hat ein kontinuierliches Amplitudenspektrum $F(f)$, das sich über alle Frequenzen erstreckt. Zur Kennzeichnung dieser komplexen Funktion sind die Amplitudendichte $F_a(f)$ der Cosinusschwingungen und die entsprechende Größe $F_b(f)$ der Sinusschwingungen rechts oben dargestellt. Als Frequenzeinheit ist dabei wieder die reziproke Dauer des Vorgangs

$$f_1 = \frac{1}{2\,t_1} \tag{91}$$

gewählt. $F_a(f)$ bestimmt dabei den geraden Teil $s_a(t)$ des Zeitvorgangs, $F_b(t)$ den ungeraden Teil $s_b(t)$. Auch die beiden Komponenten des Zeitvorgangs sind eingezeichnet.

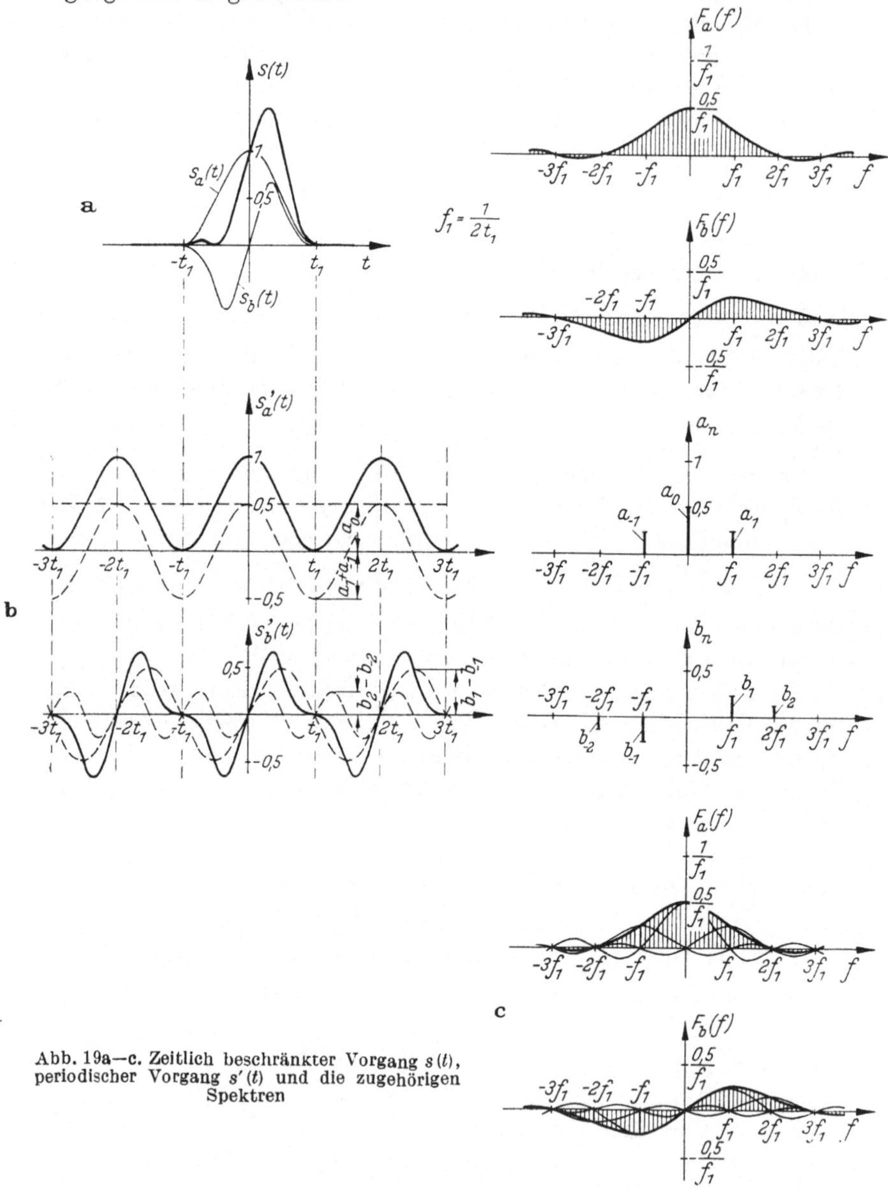

Abb. 19a—c. Zeitlich beschränkter Vorgang $s(t)$, periodischer Vorgang $s'(t)$ und die zugehörigen Spektren

Für den vorliegenden Fall des ausgedehnten Spektrums und des beschränkten Zeitvorgangs lauten die FOURIER-Integrale

$$s(t) = \int_{f=-\infty}^{+\infty} F(f)\, e^{j2\pi ft}\, df \qquad (92)$$

und
$$F(f) = \int\limits_{t=-t_1}^{+t_1} s(t)\, e^{-j2\pi ft}\, dt \tag{93}$$

mit den im Bild benutzten Zerlegungen
$$s(t) = s_a(t) + s_b(t) \tag{94}$$
$$F(f) = F_a(f) - j\, F_b(f). \tag{95}$$

Nunmehr sei ein Vorgang $s'(t)$ betrachtet, der im Zeitintervall $-t_1$ bis $+t_1$ mit $s(t)$ übereinstimmt, außerhalb jedoch nicht Null ist, sondern periodisch fortläuft (Abb. 19b). Er ist ebenfalls in seine gerade Komponente $s'_a(t)$ und seine ungerade $s'_b(t)$ unterteilt. Diese Funktionen mögen nun in üblicher Weise in ihre reinen Teilschwingungen zerlegt werden. Damit die Einzelheiten genügend herauskommen, andererseits die Übersicht nicht zu sehr leidet, wurden in der Abbildung die Vorgänge so gewählt, daß sich die gerade Komponente aus einem konstanten Wert und einer Cosinusschwingung der Periode $2\,t_1$ aufbauen läßt, die ungerade aus zwei Sinuskomponenten der Periode $2\,t_1$ und t_1. Die Amplituden a_n und b_n dieser Schwingungen sind rechts daneben als Spektrallinien aufgetragen. Wie im Abschn. I erläutert, treten die Linien immer paarweise bei den Frequenzen $\pm\, n\, f_1$ auf, wobei die Cosinuspaare gleiches Vorzeichen haben, die Sinuspaare ungleiches.

Eine Betrachtung des Bildes läßt bereits erkennen, daß eine gedachte Berandungskurve der Spektrallinien a_n und b_n den gleichen Verlauf hat wie die darüber gezeichneten Spektren F_a und F_b des einmaligen Vorgangs. Ein mathematischer Nachweis für diese Regel ist leicht möglich, wenn die Fourier-Zerlegung in die reinen Teilschwingungen angeschrieben wird. Ihre Amplituden sind
$$c_n = a_n - j\, b_n = \frac{1}{2\,t_1} \int\limits_{t=-t_1}^{+t_1} s'(t)\, e^{-j2\pi n f_1 t}\, dt. \tag{96}$$

Stellt man nun die Gl. (93) für das Spektrum des einmaligen Vorgangs und die Gl. (96) für die Linien des periodischen Vorgangs gegenüber, so zeigt sich folgendes: Da in dem Intervall $-t_1$ bis $+t_1$ die Vorgänge $s(t)$ und $s'(t)$ gleich sind, stimmen die Integrale für die diskreten Frequenzen
$$f_n = n\, f_1 \tag{97}$$

überein. Für diese besonderen Frequenzen wird also, wenn noch Gl. (91) beachtet wird,
$$F(n\, f_1) = \frac{1}{f_1}\, c_n \tag{98}$$

oder, aufgespalten in die geraden und ungeraden Komponenten des Bildes
$$F_a(n\, f_1) = \frac{1}{f_1}\, a_n$$
$$F_b(n\, f_1) = \frac{1}{f_1}\, b_n. \tag{99}$$

Dieses Gleichungspaar hat die folgende bemerkenswerte Regel zum Inhalt.

Für die diskreten Frequenzen $n\,f_1$ erhält man die Amplitudendichte des einmaligen Vorgangs, indem man den zugehörigen periodischen Vorgang in seine Teilschwingungen zerlegt und deren Amplituden durch f_1 dividiert.

Darüber hinaus läßt sich nun noch zeigen, daß mit der Kenntnis der a_n und b_n auch alle Zwischenwerte des Spektrums $F(f)$ bereits bekannt sind. Hierzu braucht man nur die periodische Funktion $s'(t)$ nach Zerlegung in ihre Teilschwingungen in die Gl. (93) für das Spektrum $F(f)$ einzuführen. Dies ist ohne weiteres möglich, da zwischen $-t_1$ und $+t_1$ die Vorgänge $s(t)$ und $s'(t)$ identisch sind. Für den periodischen Vorgang gilt ja

$$s'(t) = \sum_{n=-\infty}^{+\infty} c_n \, \mathrm{e}^{+j2\pi nf_1 t}. \tag{100}$$

Eingesetzt in Gl. (93) ergibt dies unter Vertauschung von Summation und Integration

$$F(f) = \sum_{n=-\infty}^{+\infty} c_n \int_{t=-t_1}^{+t_1} \mathrm{e}^{-j2\pi(f-nf_1)t}\,\mathrm{d}t. \tag{101}$$

Das Integral ist unter Benutzen der Beziehung

$$\frac{\mathrm{e}^{jx}-\mathrm{e}^{-jx}}{2j} = \sin x \tag{102}$$

leicht auszuwerten, und man erhält

$$F(f) = \frac{1}{f_1} \sum_{n=-\infty}^{+\infty} c_n \, \frac{\sin \pi \dfrac{f-nf_1}{f_1}}{\pi \dfrac{f-nf_1}{f_1}}. \tag{103}$$

Wird hier noch Gl. (98) eingeführt, so ergibt sich schließlich

$$F(f) = \sum_{n=-\infty}^{+\infty} F(n f_1)\,\mathrm{si}\left(\pi \frac{f-nf_1}{f_1}\right). \tag{104}$$

Aus den bekannten diskreten Werten der Amplitudendichte bei den Frequenzen $n\,f_1$ erhält man also alle Zwischenwerte, indem man mit der Hilfsfunktion $\mathrm{si}\left(\pi \dfrac{f-nf_1}{f_1}\right)$ interpoliert. Dieser Aufbau ist in Abb. 19c dargestellt. Die Interpolationsfunktion $\mathrm{si}(\pi x)$, die bereits aus den Abb. 7 bis 9 bekannt ist, wird gleich Eins für $x=0$, d. h. für die jeweilige diskrete Frequenz $f_n = n\,f_1$ und gleich Null für alle anderen n. Die Summe über alle Hilfskurven ergibt den vollständigen Verlauf des Spektrums $F(f)$ (Abb. 19a).

Das Spektrum $F(f)$ einer Zeitfunktion, die innerhalb der Zeit $-t_1$ bis $+t_1$ abläuft, ist vollständig bekannt, wenn seine Werte bei den diskreten Frequenzen $n f_1 = \dfrac{n}{2 t_1}$ bekannt sind.

Die Gl. (98) und (104) drücken das Abtasttheorem für Spektren mathematisch aus. Will man das Spektrum eines einmaligen Vorgangs ermitteln, so geben sie, nochmals kurz zusammengefaßt, die folgenden Regeln an.

Man grenze den Vorgang durch einen Zeitabschnitt $2\, t_1 = \dfrac{1}{f_1}$ ein und setze ihn nach positiven und negativen Zeiten periodisch fort. Dann ermittle man durch eine FOURIER-Analyse die Spektrallinien a_n und b_n, die zu den Frequenzen $n f_1$ gehören. Diese Linien ergeben, durch f_1 dividiert, bereits die gesuchte Amplitudendichte F des einmaligen Vorgangs bei den Frequenzen $n f_1$, das heißt die Berandungskurve des Spektrums in diesen Punkten. Der genaue Verlauf in den Frequenzlücken wird erhalten, wenn man jede Spektrallinie mit der zugehörigen si-Funktion multipliziert und über das Ganze summiert.

Vom Standpunkt der Nachrichtentheorie aus ist es interessant, daß man nicht das vollständige Spektrum eines einmaligen Vorgangs zu übertragen braucht, sondern nur seine Werte bei diskreten Frequenzen. In die breiten Lücken zwischen diesen Frequenzen könnte man die Spektren anderer Vorgänge legen und am Empfangsort alle Vorgänge durch kammartige Filter wieder trennen. Die Kenntnis der Amplituden bei den diskreten Frequenzen der Kammfilter genügt, um alle Vorgänge getreu wiederherzustellen. Ein solches System wäre das spektrale Gegenstück zur Pulsmodulation.

3. Das Theorem für den Zeitverlauf von Vorgängen mit begrenztem Frequenzband

Der folgende Gedankengang kann, wie schon erwähnt, ganz analog zum vorhergehenden verlaufen, wenn man nur Zeit und Frequenz vertauscht. An Stelle der Spektrallinien des vorigen Abschnittes treten hierbei „zeitliche Linien" auf, die sich als Impulse herausstellen werden.

Die eingeschränkte Funktion sei diesmal das Spektrum $F(f)$, das keine höheren Frequenzen als B_0 enthalten möge, d. h. im mathematischen Sinne innerhalb des Bereiches $-B_0$ bis $+B_0$ liege. In Abb. 20a ist die Amplitudendichte $F_a(f)$ der Cosinusschwingungen und die Dichte $F_b(f)$ der Sinusschwingungen eines solchen Spektrums aufgetragen, rechts davon die zugehörige Zeitfunktion $s(t)$. Wegen des beschränkten Spektrums ist diese sehr weit — streng genommen, unendlich weit — ausgedehnt. Der Zeitmaßstab sei durch Einheiten der Größe

$$T_0 = \frac{1}{2 B_0} \tag{105}$$

gegeben. Wieder bestimmt $F_a(f)$ den geraden Teil $s_a(t)$ der Zeitfunktion und $F_b(f)$ den ungeraden Teil $s_b(t)$. Es bestehen ebenfalls wieder die Beziehungen

$$F(f) = F_a(f) - j\,F_b(f) \tag{106}$$

$$s(t) = s_a(t) + s_b(t). \tag{107}$$

Die FOURIER-Darstellungen (92) und (93) sind nur in den Grenzen verändert, da jetzt nicht der Zeitvorgang, sondern das Spektrum begrenzt ist. Sie lauten

$$F(f) = \int_{t=-\infty}^{+\infty} s(t)\,\mathrm{e}^{-j2\pi ft}\,\mathrm{d}t \tag{108}$$

und

$$s(t) = \int_{f=-B_0}^{+B_0} F(f)\,\mathrm{e}^{j2\pi ft}\,\mathrm{d}f. \tag{109}$$

Nun werde das periodisch fortgesetzte Spektrum $F'(f)$ betrachtet (Abb. 20b) und in Cosinus- und Sinuswellen der Grundperiode $2\,B_0$ zerlegt. Die Amplituden dieser Wellen, deren Perioden ganzzahlige Teile von $2\,B_0$ sind, mögen P_n und Q_n sein. Die Amplituden eines wellenförmigen Spektrums sind aber, wie im Abschn. I, 2 gezeigt worden ist, physikalisch gleichbedeutend mit Paaren von kurzen Impulsen der Fläche P_n und Q_n. Zieht man nämlich Abb. 11 zum Vergleich heran, so gehörte dort zu einer spektralen cosinusförmigen Welle mit der maximalen Amplitudendichte $\frac{2}{\mathrm{Hz}}$ ein δ-Impulspaar, wobei jeder Impuls die Fläche 1 sec hatte. In Abb. 20b gehört daher zu einer spektralen Welle mit der höchsten Dichte $P_{+n} + P_{-n} = 2P_n$ ein Impulspaar, wovon jeder die Fläche

$$\frac{2\,P_n}{2/\mathrm{Hz}}\,1\,\mathrm{sec} = P_n \tag{110}$$

besitzt. Entsprechendes gilt für die Q_n-Paare, nur mit dem Unterschied, daß sie antimetrisch sind. Aus Abb. 11 folgt ferner, daß die Impulspaare zu den Zeiten

$$n\,T_0 = \frac{n}{2\,B_0} \tag{111}$$

auftreten. In Abb. 20b sind daher gemäß dieser Vorstellung rechts von den periodischen Spektren die Koeffizienten P_n und Q_n zu diesen Zeiten aufgetragen. Die Ordinaten sind ebenfalls in Einheiten von T_0 beziffert.

Ein Vergleich mit der darüber gezeichneten Zeitfunktion $s(t)$ für das eingeschränkte Spektrum läßt bereits vermuten, daß eine gedachte Berandungslinie der P_n-Werte und eine ebensolche der Q_n-Werte den geraden Teil $s_a(t)$ und den ungeraden $s_b(t)$ der Zeitfunktion ergeben. Der mathematische Beweis für die Richtigkeit dieser Vermutung ist leicht wie folgt zu führen.

Da die P_n und Q_n sämtlich Zeitfunktionen sind, kann man sie ohne weiteres addieren

$$K_n = P_n + Q_n. \tag{112}$$

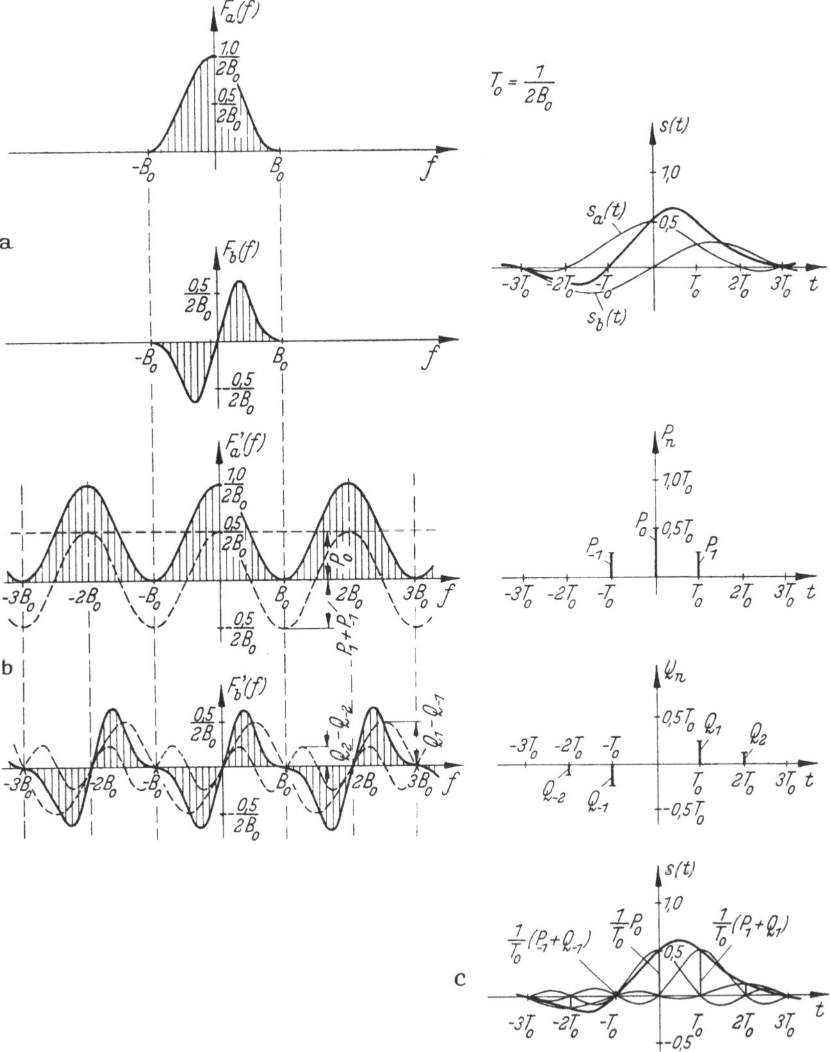

Abb. 20a—c. Beschränktes Spektrum $F(f)$, periodisches Spektrum $F'(f)$ und die zugehörigen Zeitfunktionen

Die FOURIER-Summe für das periodische Spektrum $F'(f)$ lautet dann

$$F'(f) = \sum_{n=-\infty}^{+\infty} K_n\, e^{-j2\pi n \frac{f}{2B_0}}, \tag{113}$$

wobei in Übereinstimmung mit Gl. (106) die beiden Teile entstehen

$$F'_a(f) = \sum_{n=-\infty}^{+\infty} P_n \cos 2\pi n \frac{f}{2\,B_0}$$

$$F'_b(f) = \sum_{n=-\infty}^{+\infty} Q_n \sin 2\pi n \frac{f}{2\,B_0}\,.$$

$$(114)$$

Die Koeffizienten K_n ergeben sich entsprechend zu Gl. (96) aus der Beziehung

$$K_n = \frac{1}{2\,B_0} \int_{f=-B_0}^{+B_0} F'(f)\, e^{j2\pi n \frac{f}{2\,B_0}}\, df. \tag{115}$$

Die e-Funktion hat hier aber zum Unterschied einen positiven Exponenten, weil nach der im Abschn. I, 1 entwickelten Vorstellung das Zeigerdiagramm zurückgedreht werden muß. Die Zeiger in Gl. (113) rotieren aber für positive n negativ herum.

Da zwischen $-B_0$ und $+B_0$ die Spektren $F(f)$ und $F'(f)$ nach Voraussetzung gleich sind, folgt durch Vergleich von (115) mit (109) für die diskreten Zeiten $\frac{n}{2\,B_0}$ sofort

$$s\left(\frac{n}{2\,B_0}\right) = 2\,B_0\,K_n \tag{116}$$

oder, wenn die Beziehung (105) beachtet wird,

$$s(n\,T_0) = \frac{1}{T_0}\,K_n. \tag{117}$$

Die Höchstwertsummen $K_n = P_n + Q_n$ der periodischen Wellen der Amplitudendichte, dividiert durch T_0, sind also gleich den Werten der Zeitfunktion mit beschränktem Spektrum bei den diskreten Zeiten $n\,T_0$.

So wie vorher die periodische Zeitfunktion spektrale Linien bei bestimmten Frequenzen ergab, erhält man jetzt aus den Wellen des Spektrums zeitliche Linien in diskreten Augenblicken.

Nunmehr sei noch bewiesen, wie die Zeitfunktion vollständig aus den diskreten Werten zu den Zeiten $n\,T_0$ aufgebaut werden kann. Analog zu dem Vorgehen im letzten Abschnitt braucht man nur das in Teilwellen zerlegte Spektrum [Gl. (113)] in Gl. (109) einzusetzen. Dies ist ohne weiteres möglich, da ja im Frequenzband $-B_0$ bis $+B_0$ nach Voraussetzung $F(f)$ und $F'(f)$ identisch sind. Es ergibt sich, wenn noch Gl. (105) beachtet wird,

$$s(t) = \sum_{n=-\infty}^{+\infty} K_n \int_{f=-B_0}^{+B_0} e^{j2\pi f(t-n\,T_0)}\, df. \tag{118}$$

Die Integration liefert analog zu Gl. (103)

$$s(t) = \frac{1}{T_0} \sum_{n=-\infty}^{+\infty} K_n\, \text{si}\left(\pi \frac{t-n\,T_0}{T_0}\right). \tag{119}$$

Benutzt man noch Gl. (117), so ergibt sich schließlich

$$s(t) = \sum_{n=-\infty}^{+\infty} s(n\,T_0)\,\mathrm{si}\left(\pi\,\frac{t - n\,T_0}{T_0}\right). \tag{120}$$

Die Beziehung (120) hat das von C. E. SHANNON in die Nachrichtentechnik eingeführte Abtasttheorem für Zeitfunktionen zum Inhalt. Wie das Beispiel der Abb. 20c zeigt, braucht man nur die Werte zu den Zeiten $n T_0$ — die man entweder kennen muß oder durch Zerlegung des Spektrums als Teilamplituden P_n und Q_n gewinnen kann — mit der Hilfsfunktion $\mathrm{si}\left(\pi\,\dfrac{t - n\,T_0}{T_0}\right)$ zu interpolieren. Für den gerade betrachteten Zeitwert $n\,T_0$ ist diese Funktion Eins, für alle anderen n gleich Null. Addiert man über alle Hilfskurven, so erhält man den vollständigen Verlauf der Zeitfunktion $s(t)$. Gl. (120) bedeutet daher in Worten:

Der zeitliche Verlauf eines Vorganges $s(t)$, dessen Spektrum innerhalb des Frequenzbandes B_0 liegt, ist vollständig bekannt, wenn seine Werte zu den diskreten Zeitpunkten $n\,T_0 = \dfrac{n}{2\,B_0}$ bekannt sind.

Dieses Theorem bildet die Grundlage der Pulsmodulation. Es gibt die Regeln an, nach denen man vorzugehen hat, um den zeitlichen Verlauf eines Vorgangs beschränkter Bandbreite B_0

1. durch Werte bei diskreten Zeiten darzustellen,

2. aus den diskreten Werten wieder vollständig aufzubauen.

Hiernach hat man auf der Sendeseite Amplitudenproben zu entnehmen, deren zeitlicher Abstand durch $T_0 = \dfrac{1}{2\,B_0}$ gegeben ist. Man kann natürlich auch häufiger Proben entnehmen, ohne gegen das Theorem zu verstoßen, nie aber seltener. Es ist nämlich in Abb. 20a ohne weiteres zulässig, die Grenzen $\pm\,B_0$ auseinanderzurücken, nicht aber, sie in das Spektrum hineinzuverlegen. Der reziproke Wert von T_0, die Abtastfrequenz f_0, muß daher größer sein als die doppelte Bandbreite $2\,B_0$ des primären Signals. Für die Übertragung von Sprache, deren Frequenzband man heute bis 3400 Hz wiedergibt, hat sich eine Abtastfrequenz von 8000 Hz allgemein eingeführt.

Die Abtastimpulse selbst sind in wirklichen Systemen nicht unendlich kurz — das würde für die Übertragung ein unendlich breites Frequenzband bedeuten — sondern sie haben, gemessen z. B. bei halber Höhe, die Dauer τ. Im nächsten Abschnitt, und besonders im Kap. 4, wird gezeigt werden, welche Impulsformen zweckmäßig sind, um die technischen Anforderungen mit möglichst geringem Verbrauch an Frequenzband zu erfüllen.

Die Folge von Abtastimpulsen wird zum Empfangsort übertragen. Hier sind nach der Vorschrift von Gl. (120) die Lücken durch Auf füllen mit einer Interpolationsfunktion zu beseitigen. In wirklichen Systemen werden hierfür Speichermethoden verwendet, die ebenfalls im nächsten Abschnitt und im Kap. 6 behandelt werden und die diese Aufgabe genügend genau lösen. Es ist aber interessant, daß es für die nach Gl. (120) geforderte Interpolation durch die si-Funktion eine exakte physikalische Lösung gibt, wenn diese auch mit unbegrenztem Aufwand und unbegrenzter Verzögerung verbunden ist. Läßt man nämlich die empfangenen Impulse einen Tiefpaß durchlaufen, der bei der Frequenz B_0 scharf begrenzt, so erscheint am Ausgang jeder Impuls mit der si-Funktion multipliziert. Um dies einzusehen, betrachte man nochmals die Abb. 9, 10 und 12. Ein zur Zeit $t = n\,T_0$ ankommender Impuls der Höhe $s\,(n\,T_0)$ und der kurzen Dauer $\tau = \dfrac{1}{f_1}$ hat nach Abb. 9 und 10 in einem weiten Frequenzbereich die Amplitudendichte

$$|F_0| = \frac{s\,(n\,T_0)}{f_1} = \tau\,s\,(n\,T_0). \qquad (121)$$

Wird nach Abb. 12 dieses Spektrum durch einen Tiefpaß bei B_0 scharf begrenzt, so verläuft der Ausgangsimpuls nach einer si-Funktion mit dem Höchstwert $\dfrac{F_0}{T_0}$. Als Zeitnullpunkt ist dabei, wenn man die Laufzeit des Filters außer acht läßt, der Zeitpunkt $n\,T_0$ des Eintreffens anzusehen. Man erhält daher am Filterausgang einen bei $n\,T_0$ zentrierten Vorgang der Form

$$s_n(t) = \frac{F_0}{T_0}\,\mathrm{si}\left(\pi\,\frac{t - n\,T_0}{T_0}\right). \qquad (122)$$

Wird Gl. (121) eingesetzt, so ergibt sich

$$s_n(t) = \frac{\tau}{T_0}\,s\,(n\,T_0)\,\mathrm{si}\left(\pi\,\frac{t - n\,T_0}{T_0}\right). \qquad (123)$$

Legt man hinter das Filter einen Verstärker, der alle Amplituden im Verhältnis $\dfrac{T_0}{\tau}$ heraufsetzt, so erhält man schließlich

$$s_n(t) = s\,(n\,T_0)\,\mathrm{si}\left(\pi\,\frac{t - n\,T_0}{T_0}\right). \qquad (124)$$

Der gesamte zeitliche Verlauf ergibt sich durch Summation über alle n eintreffenden Impulse. Dies ist aber genau die Vorschrift des Abtasttheorems von Gl. (120).

Hiernach ist eine Übertragung mit Pulsmodulation im Prinzip durch das Schema der Abb. 21 darstellbar. Die Quelle, die den zeitlichen Vorgang $s_1(t)$ liefert, wird mittels eines rotierenden Schalters während kurzer Zeiten τ abgetastet, die einander regelmäßig in Abständen T_0 folgen. Die so entstehende Impulsfolge bildet das übertragene Signal $s(t)$. Auf der Empfangsseite liegt ein Tiefpaß mit der Grenzfrequenz B_0 und ein Verstärker, der im Maße $\dfrac{T_0}{\tau}$ verstärkt. Jeder Impuls liefert dabei am Ausgang des Verstärkers einen si-Vorgang, der zu den Zeiten aller anderen Impulse Null ist. Kein Vorgang stört daher die anderen Abtastungen, jeder Abtastwert ist in seiner Amplitude frei wählbar. Die Überlagerung aller si-Vorgänge ergibt das primäre Empfangssignal $s_2(t)$, das den gleichen Verlauf hat wie der ursprüngliche Vorgang $s_1(t)$.

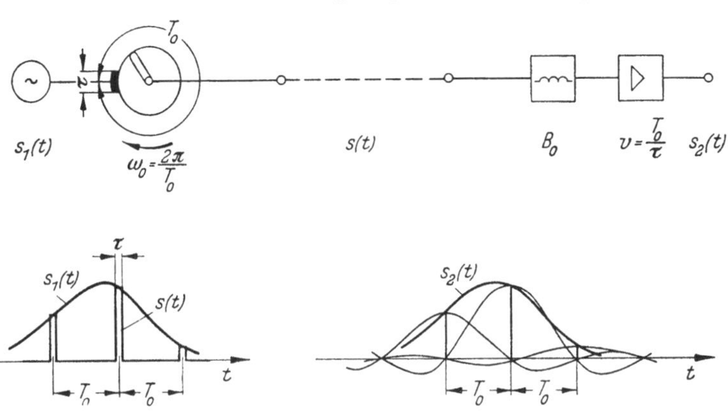

Abb. 21. Schema einer Übertragung mit Pulsmodulation

Betrachtet man den Verlauf des primären Signals in einem längeren Zeitabschnitt T, so fallen in diese Zeit

$$n = \frac{T}{T_0} = 2\,B_0\,T \tag{125}$$

Abtastwerte.

Ein primäres Signal, das auf das Frequenzband B_0 beschränkt ist und die Dauer T hat, ist demnach durch die Angabe von $2\,B_0\,T$ Werten oder Zahlen vollständig bestimmt.

Diese Zahlen brauchen nicht die Abtastwerte zu den Zeiten $n\,T_0$ zu sein, sondern irgendwelche voneinander unabhängigen Angaben, z.B. auch Differenzen von Abtastwerten oder Differentialquotienten. Man kann auch den Vorgang innerhalb der ganzen Zeit T in seine FOURIER-Komponenten zerlegen. Die Grundfrequenz ist dann $1/T$; die höchste vorkommende Harmonische liegt, wenn man die Bandgrenze B_0 gerade mitten zwischen 2 Harmonischen hindurchgehen läßt, bei $B_0 - \dfrac{1}{2}\dfrac{1}{T}$. Die Zahl n der Teilschwingungen wird daher $B_0\,T - \dfrac{1}{2}$, jede von ihnen ist durch zwei Angaben, z. B. die Cosinus- und Sinusamplitude, festgelegt. Multipliziert man daher die Zahl n mit 2 und zählt noch die Zahl 1 für die bisher nicht mitgerechnete Gleichstromkomponente hinzu, so erhält man wieder $2\,B_0\,T$ Bestimmungsgrößen für das primäre Signal.

Die Tatsache, daß Filter mit einer Übertragungsfunktion nach Abb. 12 nicht genau verwirklicht werden können, spielt praktisch eine sehr geringe Rolle. Die Addition der si-Vorgänge zum gesamten Zeitverlauf (vgl. Abb. 20 u. 21) zeigt, daß während des Zeitraumes zwischen zwei Abtastwerten die Nachbarvorgänge die Hauptbeiträge liefern. Die Amplituden, die von entfernteren Impulsen herrühren, löschen sich im allgemeinen zum größten Teil aus. Die Übertragungsfunktionen von wirklichen Filtern, die in der Nähe der Grenze B_0 nicht so steil verlaufen, formen kurze Impulse in Zeitfunktionen um, die innerhalb des Bereiches $-T_0$ bis $+T_0$ der si-Funktion sehr ähnlich sind, außerhalb aber viel geringere Amplituden aufweisen als die si-Funktion. Solche Funktionen erfüllen zwar nicht streng die Bedingung, daß sie zu den Zeiten aller anderen Abtastwerte Null sind, beeinflussen aber im ganzen ihre Nachbarvorgänge nur in vernachläßigbarem Maße.

Bei der Ableitung des Theorems wurde angenommen, daß das Frequenzband der betrachteten Zeitfunktion sich von Null bis zur Frequenz B_0 erstreckt. Liegt dieses Band der Breite B_0 an einer anderen Stelle der Frequenzachse, so läßt es sich immer mit Hilfe des Einseitenbandverfahrens in die Lage Null bis B_0 herunter- und am Empfangsort wieder heraufsetzen. Das Abtasttheorem für Zeitfunktionen ist daher auch gültig, wenn das auf die Breite B_0 beschränkte Spektrum eine beliebige Frequenzlage besitzt. Der Gedankengang des mathematischen Beweises bleibt der gleiche, nur muß eine Frequenztransformation eingeführt werden. Ein Beispiel für eine Frequenzlage, die das Abtasten sogar ohne zusätzliche Modulation erlaubt, wird auf S. 128 gegeben werden.

Verschiebt man in Abb. 21 den Tiefpaß der Bandbreite B_0 von der Empfangs- zur Sendeseite, so setzen sich bereits hier die si -Funktionen, die von den einzelnen Abtastimpulsen herrühren, wieder zu dem ursprünglichen primären Signal der Bandbreite B_0 zusammen. In diesem Fall eines einzigen primären Signals wäre es natürlich zwecklos, den Vorgang in Abtastimpulse zu zerlegen und ihn wieder aus den gebildeten si-Funktionen zusammenzusetzen. Sinnvoll wird das Verfahren jedoch, wenn mehrere primäre Signale zeitlich gebündelt werden sollen. Sind am Umfang des rotierenden Schalters in gleichmäßiger Folge z Signalquellen angeschlossen — in Abb. 22 z. B. 2 —, so entsteht ein Abtastsignal, dessen Impulsabstände

$$T_z = \frac{T_0}{z} \qquad (126)$$

betragen. Legt man dahinter einen Tiefpaß der Bandbreite

$$B = z\,B_0, \qquad (127)$$

so treten an dessen Ausgang (vgl. auch Abb. 12) si -Funktionen auf, die, von ihren Schwerpunkten aus gerechnet, zu den Zeiten

$$\frac{n}{2\,B} = \frac{n}{2\,z\,B_0} = n\,T_z \tag{128}$$

durch Null gehen. Jede si -Funktion kann daher unabhängig von allen anderen festgelegt werden. Gemeinsam bilden sie das übertragene Signal $s(t)$ der Bandbreite B. Wird dieses auf der Empfangsseite phasenrichtig zu den Zeiten $n\,T_z$ abgetastet und werden die Abtastwerte nach den

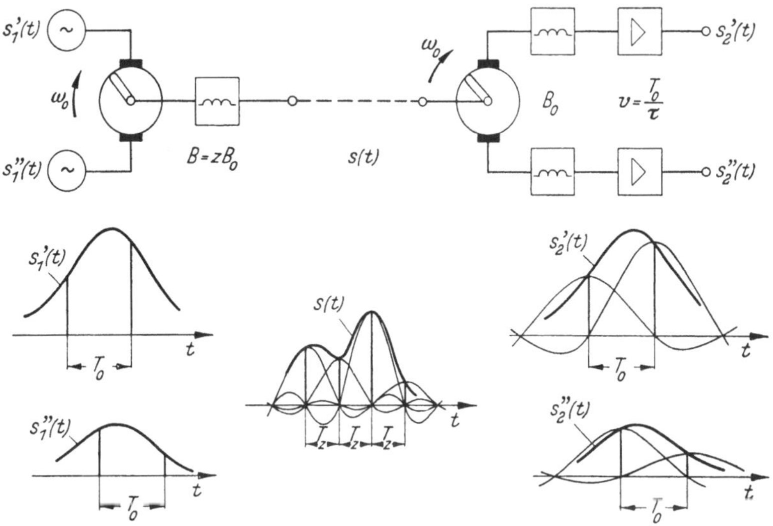

Abb. 22. Zeitliche Bündelung von z Signalen

zugehörigen Kanälen sortiert, so kann jedes der z primären Signale wieder mit dem Tiefpaß und dem Verstärker von Abb. 21 zurückgewonnen werden.

Zeitlich gebündelte Abtastpulse erfordern daher im Prinzip für die Übertragung nicht mehr Bandbreite als frequenzmäßig gebündelte Einseiten- bandsignale, nämlich das z-fache der Bandbreite B_0 eines primären Signals.

Ein wichtiger praktischer Unterschied besteht jedoch: Jede Ab- weichung von dem strengen Verlauf der si-Funktion beeinflußt die be- nachbarten Abtastwerte, wirkt also als Nebensprechen zwischen den Kanälen. Da für dieses nur sehr geringe Werte zugelassen werden und da idealisierte Tiefpässe nicht realisierbar sind, muß man bei wirklichen Übertragungssystemen mehr als die z-fache Bandbreite aufwenden und dem Filter der Bandbreite B ganz bestimmte Frequenzgänge geben. Im Kap. 4 werden diese Fragen eingehend besprochen werden.

4. Energetische Beziehungen zwischen Zeitfunktion und Spektrum

Die Energie W, die eine beliebige Zeitfunktion $s(t)$ in einem Einheitswiderstand umsetzt, ist gegeben durch die Quadrate ihrer Augenblickswerte in der Form

$$W = \int\limits_{t=-\infty}^{+\infty} s^2(t)\,\mathrm{d}t. \tag{129}$$

Es läßt sich leicht zeigen, daß für die Quadrate der spektralen Dichte $F(f)$ eine ganz ähnliche Beziehung gilt. Hierzu werde Gl. (129) etwas umgeschrieben, indem für einen der beiden Faktoren $s(t)$ die FOURIER-Beziehung (39) eingeführt wird

$$W = \int\limits_{t=-\infty}^{+\infty} s(t)\,\mathrm{d}t \int\limits_{f=-\infty}^{+\infty} F(f)\,\mathrm{e}^{j2\pi ft}\,\mathrm{d}f. \tag{130}$$

Anders angeordnet wird hieraus

$$W = \int\limits_{f=-\infty}^{+\infty} F(f) \left\{ \int\limits_{t=-\infty}^{+\infty} s(t)\,\mathrm{e}^{j2\pi ft}\,\mathrm{d}t \right\} \mathrm{d}f. \tag{131}$$

Nun stellt aber das Integral in der geschweiften Klammer nichts anderes dar als die zu $F(f)$ konjugiert komplexe Amplitudendichte $F^*(f)$; gegenüber Gl. (41) ist nämlich nur der Drehsinn des Zeigerdiagramms umgekehrt, wodurch die ungerade Komponente ihr Vorzeichen wechselt. Es wird also

$$W = \int\limits_{f=-\infty}^{+\infty} F(f) \cdot F^*(f)\,\mathrm{d}f \tag{132}$$

oder, da das Produkt unter dem Integral das Quadrat $F(f)|^2$ des Betrages darstellt,

$$W = \int\limits_{f=-\infty}^{+\infty} |F(f)|^2\,\mathrm{d}f. \tag{133}$$

Die Energie läßt sich also statt aus der Zeitfunktion auch aus den Quadraten der Amplitudendichte des Spektrums bestimmen. Die Gleichheit der Ausdrücke (129) und (133) nennt man oft „PARSEVALS“ Beziehung.

Für die in den Abtasttheoremen behandelten Funktionen, bei denen entweder der Zeitbereich oder der Frequenzbereich eingeschränkt ist, ist die Energie darüber hinaus bereits durch die Quadrate der diskreten Abtastwerte bestimmt.

Zunächst sei dies für den einmaligen Zeitvorgang $s(t)$ nachgewiesen, der in der Zeit $2\,t_1$ abläuft (vgl. Abb. 19). Es werde vorerst die mittlere Energie je Zeiteinheit, das heißt die Leistung P gebildet für den periodisch verlängerten Vorgang $s'(t)$. Für einen solchen Vorgang ist die Leistung P, umgesetzt in einem Einheitswiderstand, nach Gl. (19) gegeben durch die Summe der Quadrate aller Teilschwingungen, d. h.

$$P = \sum_{n=-\infty}^{+\infty} |c_n|^2. \tag{134}$$

Während der Dauer $2\,t_1$ des einmaligen Vorgangs wird daher eine Energie umgesetzt von der Größe

$$W = 2\,t_1\,P = 2\,t_1 \sum_{n=-\infty}^{+\infty} |c_n|^2. \tag{135}$$

Nach Gl. (98) ist aber durch jede Amplitude c_n der andauernden Teilschwingung die spektrale Amplitudendichte des einmaligen Vorgangs für die diskrete Frequenz $n\,f_1$ gegeben. Wird Gl. (98) eingesetzt, so ergibt sich sofort

$$W = 2\,t_1\,f_1^2 \sum_{n=-\infty}^{+\infty} |F(n\,f_1)|^2 \tag{136}$$

und mit $f_1 = \dfrac{1}{2\,t_1}$ schließlich

$$W = f_1 \sum_{n=-\infty}^{+\infty} |F(n\,f_1)|^2. \tag{137}$$

Die Energie eines Vorgangs, der in der Zeit $2\,t_1 = \dfrac{1}{f_1}$ abläuft, ist gegeben durch die Quadratsumme über die Abtastwerte des Spektrums bei den diskreten Frequenzen $n\,f_1$ multipliziert mit dem Frequenzintervall f_1.

Ganz analog verläuft die Betrachtung für den zeitlichen Vorgang mit beschränktem Spektrum (vgl. Abb. 20). Hier wird zweckmäßig nicht Gl. (129) zur Bildung der mittleren Energie je Zeiteinheit $\dfrac{\overline{dW}}{dt} = P$ herangezogen, sondern es wird nach Gl. (133) die mittlere Energie je Frequenzeinheit $\dfrac{\overline{dW}}{df} = Q$ für das periodisch verlängerte Spektrum $F'(f)$ aufgestellt. Ganz analog wie oben beim zerlegten periodischen Zeitvorgang ist hier die Größe Q gegeben durch die Summe der Quadrate aller aus den Teilwellen ermittelten Koeffizienten K_n, d. h.

$$Q = \sum_{n=-\infty}^{+\infty} K_n^2. \tag{138}$$

In dem Spektralbereich von $-B_0$ bis $+B_0$ wird daher die Energie umgesetzt

$$W = 2\,B_0\,Q = 2\,B_0 \sum_{n=-\infty}^{+\infty} K_n^2. \tag{139}$$

Nach Gl. (117) ist aber durch jeden Koeffizienten K_n des periodisch verlängerten Spektrums ein diskreter Wert der Zeitfunktion zur Zeit

$n\,T_0$ gegeben. Setzt man Gl. (117) ein, so wird aus Gl. (139)

$$W = 2\,B_0\,T_0{}^2 \sum_{n=-\infty}^{+\infty} s^2(n\,T_0). \tag{140}$$

Wird noch die Beziehung $T_0 = \dfrac{1}{2\,B_0}$ beachtet, so ergibt sich schließlich

$$W = T_0 \sum_{n=-\infty}^{+\infty} s^2(n\,T_0). \tag{141}$$

Die Energie eines stetigen Vorgangs, dessen Spektrum innerhalb der Bandbreite $B_0 = \dfrac{1}{2\,T_0}$ liegt, ist gegeben durch die Quadratsumme der Abtastwerte in den diskreten Zeiten $n\,T_0$ multipliziert mit dem Zeitintervall T_0.

Die mittlere Leistung eines stetigen, auf die Bandbreite B_0 beschränkten Signals kann daher in einfacher Weise aus seinen Abtastwerten berechnet werden. Betrachtet man den Vorgang während einer längeren Zeit $T = n\,T_0$ und beziffert man die Abtastwerte mit 1 bis n, so wird die mittlere Leistung nach Gl. (141)

$$P = \frac{W}{T} = \frac{1}{n}\,(s_1^2 + s_2^2 + \cdots s_n^2). \tag{142}$$

III. Amplitudenspektren von Pulsen

1. Das Spektrum des unmodulierten Pulses für verschiedene Impulsformen. Notwendige Übertragungs-Bandbreite

Der Rechteckpuls und sein Spektrum ist als Beispiel der FOURIER-Synthese bereits im Abschn. I behandelt worden. Es hat sich dort gezeigt, daß man an Frequenzband sparen kann, wenn man abgerundete Formen zuläßt. Diese zeigten jedoch außerhalb der Impulszeiten Schwingungsvorgänge. Die Energie, ursprünglich auf die Impulsdauer konzentriert, verteilt sich auf einen längeren Zeitraum; ihre Ausläufer erreichen die Nachbarimpulse. Da diese bei Mehrfachübertragung einem anderen Gespräch angehören, tritt Nebensprechen auf.

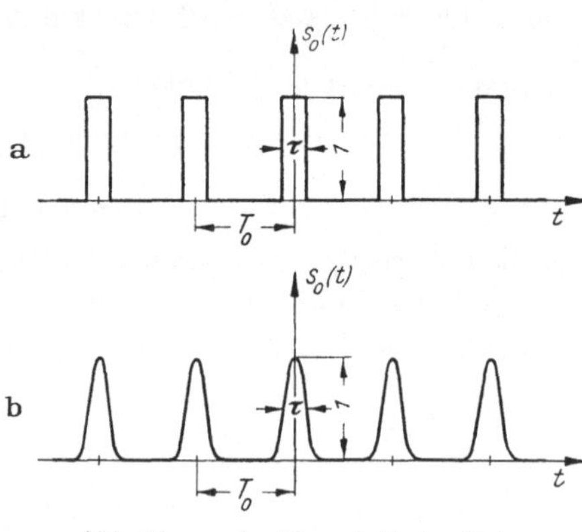

Abb. 23a u. b. Unmodulierter Puls
a) Rechteckform, b) Cosinusform

Unter den abgerundeten Impulsformen muß man also solche wählen, die rasch abklingen. Im Kap. 4 wird gezeigt werden, daß es für dieses Ziel gerade auf den wenig energiereichen Teil des Spektrums ankommt. Im Hauptbereich

zeigen die Spektren abgerundeter Impulsformen große Ähnlichkeit,
wenn man die Impulsdauer bei halber Höhe mißt. Es mag daher hier
genügen, das Spektrum einer einzigen solchen Form mit dem Spektrum
des Rechteckpulses zu vergleichen. Als sehr zweckmäßig erweist sich
hierfür die durch die Cosinusquadrat-Funktion dargestellte Kurve;
ein solcher Impuls möge nach K. W. WAGNER kurz Cosinusimpuls
genannt werden. In Abb. 23 sind der Rechteck- und der Cosinus-
puls für gleiche Impulsdauer τ und gleiche Pulsfrequenz $f_0 = \dfrac{1}{T_0}$ einander gegenübergestellt; Abb. 24 zeigt die Impulsform etwas genauer

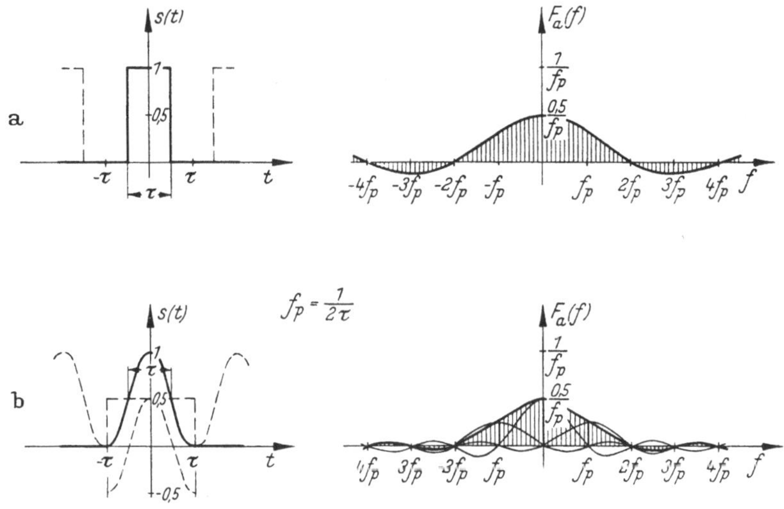

Abb. 24 a u. b. Spektren $F(f)$ des Rechteck- und Cosinusimpulses

Nach den Betrachtungen des vorigen Abschnittes kann man zur
Ermittlung des Spektrums ebenso gut einen einzelnen Impuls wie die
ganze periodische Folge benutzen: Die Berandungskurve des Spektrums
hängt nur von der Form des einzelnen Impulses ab, sie ist daher in beiden
Fällen die gleiche; die Wiederholung löst nur die zunächst kontinuierliche Amplitudendichte in einzelne Bereiche besonders hoher Intensität
auf, bis schließlich nur noch scharfe Linien auftreten. Für den folgenden Vergleich sei der Einzelimpuls benutzt. Nach den Regeln des
Abtasttheorems für Spektren kann man aus ihm ohne viel Rechnung das
Spektrum aufbauen.

In Abb. 24 sind die beiden Impulstypen $s(t)$ mit ihren Spektren $F(f)$
dargestellt. Dabei ist als neuer Begriff die in der Praxis gern benutzte
„Punktfrequenz" f_p eingeführt. Sie wird in der Telegraphie auch Schritt-
frequenz genannt. Ihre Periodendauer 2τ ist gleich der doppelten Dauer
des Rechteckimpulses; der Cosinusimpuls füllt den ganzen Bereich aus.

Denkt man sich nämlich, wie gestrichelt angedeutet, die Impulse zu einer gleichmäßigen Punktfolge fortgesetzt, so stellt sie die Grundfrequenz

$$f_p = \frac{1}{2\,\tau} \qquad (143)$$

dieser Folge dar.

Für das Spektrum des Rechteckimpulses ist bereits die Gl. (45) abgeleitet worden. Sie ist eine gerade Funktion $F_a(f)$ und schreibt sich in Einheiten von $f_p = \frac{1}{2}f_1$

$$F_a(f) = \frac{1}{2\,f_p}\ \mathrm{si}\left(\pi\,\frac{f}{2\,f_p}\right). \qquad (144)$$

Dieser Verlauf ist in Abb. 24a aufgetragen. Er geht bei der doppelten Punktfrequenz durch Null. Welche Rolle die Punktfrequenz als Übertragungsgrenze spielt, wird sich weiter unten noch zeigen.

Um das Spektrum des Cosinusimpulses zu erhalten, hat man nach den Regeln des Abtasttheorems für Spektren die Zeitfunktion periodisch zu verlängern und nach FOURIER zu zerlegen. Die Teilamplituden ergeben sogleich die Werte des Spektrums bei den Frequenzen $n\,f_p$. Die Zerlegung ist im vorliegenden Fall sehr einfach: Die Gleichkomponente 0,5 ergibt einen Wert $\dfrac{0,5}{f_p}$ des Spektrums bei der Frequenz Null, die Cosinusschwingung der Höhe 0,5 ergibt zwei Werte bei $\pm\,f_p$ je von der Größe $\dfrac{1}{2}\dfrac{0,5}{f_p}$. Da weitere Teilschwingungen fehlen, ist das Spektrum bei allen Vielfachen von f_p gleich Null. Mittels der si-Funktion lassen sich die Zwischenwerte interpolieren. Das Ergebnis kann auch mathematisch direkt als Summe von drei si-Funktionen hingeschrieben werden, ohne daß man das zweite FOURIER-Integral [Gl. (41)] zu lösen braucht

$$F_a(f) = \frac{1}{2\,f_p}\ \mathrm{si}\left(\pi\,\frac{f}{f_p}\right) + \frac{1}{4\,f_p}\ \mathrm{si}\left(\pi\,\frac{f+f_p}{f_p}\right) + \frac{1}{4\,f_p}\ \mathrm{si}\left(\pi\,\frac{f-f_p}{f_p}\right). \qquad (145)$$

Eine einfache Zwischenrechnung liefert das Ergebnis

$$F_a(f) = \frac{1}{2\,f_p}\ \mathrm{si}\left(\pi\,\frac{f}{f_p}\right)\frac{1}{1-\left(\dfrac{f}{f_p}\right)^2}. \qquad (146)$$

Dieser Verlauf ist in Abb. 24b rechts aufgetragen. Das Spektrum des Cosinusimpulses geht hiernach bei den gleichen Frequenzen $\pm\,2\,f_p$ durch Null wie das des Rechteckimpulses; für höhere Frequenzen pendelt es doppelt so oft und mit sehr kleinen Amplituden um den Wert Null, während das Spektrum a) noch merkliche Beiträge liefert. Bei der Punktfrequenz f_p selbst ist die Amplitudendichte gerade auf die Hälfte abgefallen, die des Rechteckimpulses auf den Wert $\dfrac{2}{\pi}\approx 0,64$.

Der Vollständigkeit halber seien die beiden Spektren noch für die Impulsfolge von Abb. 23, d. h. als Linienspektren gegenübergestellt. Die Linien bilden sich bei allen Vielfachen der Grundfrequenz $f_0 = \dfrac{1}{T_0}$ aus. Kennt man das Spektrum $F_a(f)$ eines einzelnen Impulses, so wird nach Gl. (99) das Spektrum der periodischen Folge mit $f_1 = f_0$

$$a_n = f_0\, F_a(n\, f_0). \qquad (147)$$

Aus den Gl. (144) und (146) wird dann

$$\text{für den Rechteckpuls } a_n = \frac{f_0}{2\,f_p}\ \mathrm{si}\left(\pi \frac{n\,f_0}{2\,f_p}\right)$$

$$\text{für den Cosinuspuls } a_n = \frac{f_0}{2\,f_p}\ \mathrm{si}\left(\pi \frac{n\,f_0}{f_p}\right)\frac{1}{1-\left(\dfrac{n\,f_0}{f_p}\right)^2}. \qquad (148)$$

In einer anderen, häufig praktischen Schreibweise wird das Impuls- oder Tastverhältnis $\dfrac{\tau}{T_0}$ eingeführt. Unter Beachtung von Gl. (143) ist nämlich

$$\frac{f_0}{f_p} = \frac{2\,\tau}{T_0}, \qquad (149)$$

und es wird

$$\text{für den Rechteckpuls } a_n = \frac{\tau}{T_0}\ \mathrm{si}\left(\pi\, n\, \frac{\tau}{T_0}\right)$$

$$\text{für den Cosinuspuls } a_n = \frac{\tau}{T_0}\ \mathrm{si}\left(\pi\, n\, \frac{2\,\tau}{T_0}\right)\frac{1}{1-\left(n\,\dfrac{2\,\tau}{T_0}\right)^2}. \qquad (148a)$$

Die erste der Gleichungen (148a) wurde bereits bei der FOURIER-Synthese des Rechteckpulses abgeleitet [Gl. (34)] und in Abb. 7 dargestellt. Für das

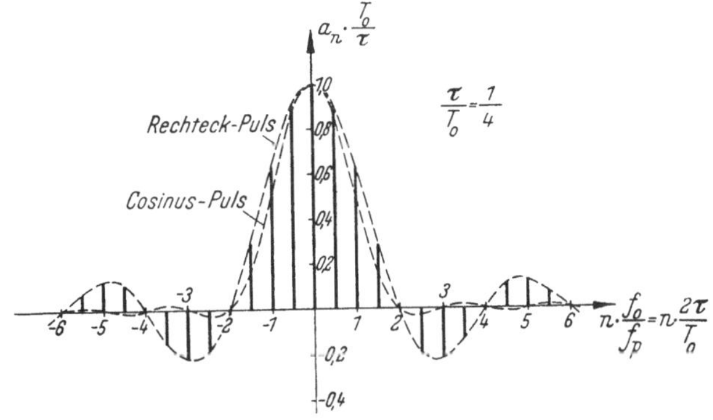

Abb. 25. Linienspektrum der Pulse von Abb. 23

gleiche Tastverhältnis 1:4 wie dort sind beide Funktionen in Abb. 25 zusammengestellt. Ordinate und Abszisse sind dabei der allgemeinen Brauchbarkeit halber normiert.

Für die Übertragung ist außer der Wahl einer zweckmäßigen Impulsform die Frage sehr wichtig, wie weit man das Spektrum durch Filter einschränken darf, ohne daß die Impulse unzulässig verformt werden. In Abb. 12 ist bereits gezeigt worden, daß ein sehr kurzer Impuls am Ausgang eines steilen Filters so verändert wird, daß er zeitlich nach einer si-Funktion verläuft. Umständlicher ist die Berechnung, wenn der Impuls bereits vorher merkliche Dauer hat (vgl. Kap. 4, II). Statt einer formelmäßigen Auswertung kann man auch die Regeln des Abtasttheorems für Zeitvorgänge anwenden. In Abb. 26 ist dargestellt, wie sich ein Rechteckimpuls bei einer stufenweisen Einschränkung des Spektrums ändert.

Die Zeile a) zeigt das Spektrum $F(f)$, wie es für einen einzelnen Impuls in Abb. 24 ermittelt worden ist, jedoch eingeschränkt auf die Frequenzbandbreite zwischen seinen ersten Nullstellen. Eine solche Einschränkung kann man durch einen Tiefpaß erreichen. Wirkliche Tiefpässe dämpfen mit steigender Frequenz nur allmählich. Wie im Kap. 4, II gezeigt werden wird, läßt sich der Impulsverlauf hinter dem Filter recht gut wiedergeben, wenn es durch einen „idealisierten" Tiefpaß ersetzt wird, dessen Dämpfung bei einer bestimmten Frequenz f_g von Null auf unendlich hohe Werte springt. Die Frequenz f_g wird dabei zweckmäßig so gewählt, daß die Dämpfung des wirklichen Tiefpasses an dieser Stelle von Null auf 0,7 N oder 6 db angestiegen ist, d. h., eine angelegte Sinusschwingung dieser Frequenz auf die Hälfte ihres Wertes verringert wird. Die Frequenz f_g möge Grenzfrequenz heißen. Während also der idealisierte Tiefpaß das Spektrum innerhalb des Bereiches $\pm f_g$ unverändert läßt und außerhalb zu Null macht, verkleinert das wirkliche Filter die Teilschwingungen bereits innerhalb des Nutzbereiches allmählich, läßt aber auch bei höheren Frequenzen noch spektrale Komponenten bestehen. Der Abb. 26 ist ein idealisierter Ersatztiefpaß zugrunde gelegt. In der Zeile a) beträgt die Grenzfrequenz

$$f_g = 2\,f_p. \tag{150}$$

Der Verlauf des Phasenganges im Nutzbereich $\pm f_g$ sei als linear angenommen. Dann erhalten alle Teilschwingungen des Vorgangs den Phasenwinkel $\omega\,t_0$, d. h. sie werden um die konstante Laufzeit t_0 verschoben. Diese Verschiebung ist in Abb. 26 rechts bei den zeitlichen Vorgängen außer acht gelassen worden. Es sei aber ausdrücklich bemerkt: Ein solches Filter ohne Phasenverzerrungen mit unendlich steilem Anstieg der Dämpfung wäre physikalisch nur möglich, wenn seine Laufzeit unendlich groß ist. Es treten daher zu Recht am Filterausgang auch vor dem Impuls unendlich lange Einschwingvorgänge auf. Bei wirklichen Filtern mit endlicher Laufzeit, die im Kap. 4 behandelt werden, sind Dämpfung und Phase so miteinander verknüpft, daß die Zeitfunktion am Ausgang nur während dieser endlichen Laufzeit vorschwingt.

Nach den Regeln des Abtasttheorems für Zeitvorgänge hat man das Spektrum innerhalb des Bereiches $\pm f_g$ nach FOURIER zu zerlegen und die erhaltenen Amplitudendichten, multipliziert mit dem Intervall $2f_g$, zu den Zeiten $n\dfrac{1}{2f_g}$ aufzutragen. Die Berandungskurve, die durch

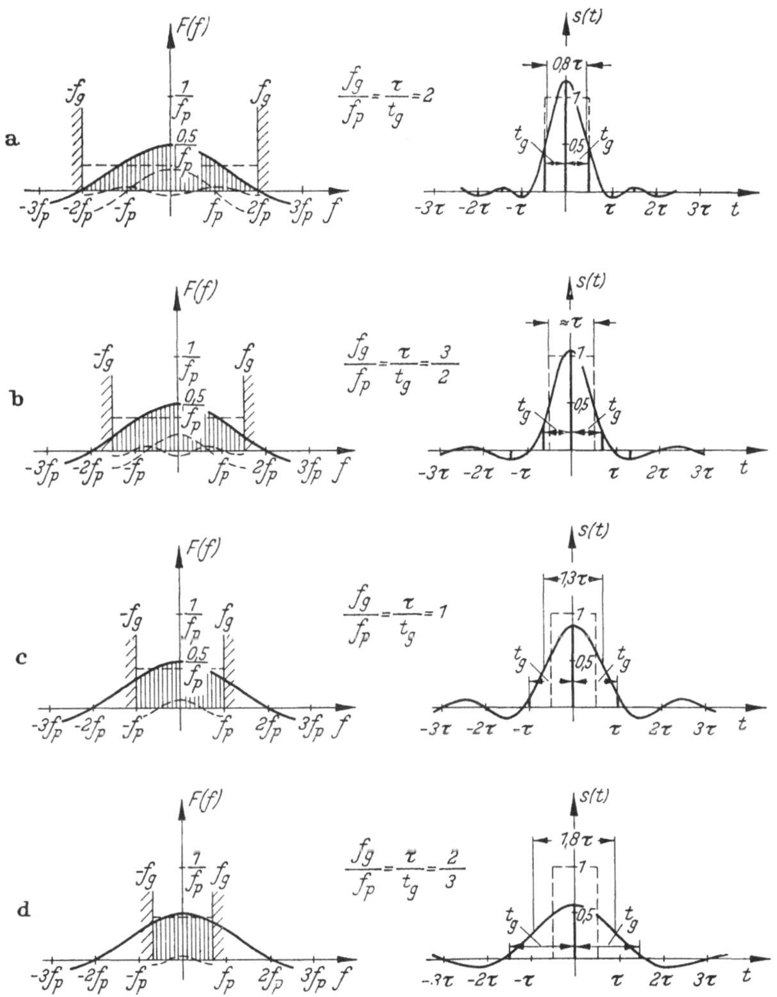

Abb. 26 a—d. Verformung eines Rechteckimpulses durch Einschränkung des Frequenzbandes

Interpolation mit der si -Funktion genau erhalten werden kann, ergibt dann die Zeitfunktion. Die einzelnen si-Kurven sind der Übersicht halber fortgelassen. Die Zeitspanne

$$t_g = \frac{1}{2f_g} \tag{151}$$

ist eine wichtige Größe. Sie wird sich im Kap. 4 als die Einschwingdauer ergeben, die bei Einschränkung des übertragenen Frequenzbandes auftritt.

Die FOURIER-Zerlegung der Funktion $F(f)$ liefert im vorliegenden Fall nur zwei wesentliche Komponenten: Eine gleichförmige Amplitudendichte der Höhe $P_0 = \dfrac{0,295}{f_p} = \dfrac{0,59}{f_g}$ und ein Cosinuspaar mit der Periode $2 f_g$ und der Amplitudendichte $P_{\pm 1} = \dfrac{0,113}{f_p} = \dfrac{0,226}{f_g}$. Alle weiteren Komponenten haben nur geringe Werte, die zahlenmäßig nicht im einzelnen aufgeführt seien. Die zeitliche Berandungskurve geht im Nullpunkt durch die Amplitude

$$s(0) = 2 f_g \, P_0 = 1,18 \tag{152}$$

und zu den Zeiten $\pm t_g = \pm \dfrac{\tau}{2}$ durch die Werte

$$s(\pm t_g) = 2 f_g \, P_{\pm 1} = 0,45. \tag{153}$$

Bei den Vielfachen von t_g treten nur kleine, in diesem Fall alternierende Amplituden auf, zwischen denen der Vorgang hin- und herpendelt. Die nach Definition bei halber Höhe gemessene Impulsdauer ist etwa $0,8\,\tau$, also gegenüber dem ursprünglichen Impuls etwas verringert.

In der Zeile b) ist die Grenzfrequenz tiefer gewählt, und zwar zu $f_g = 1,5 f_p$. Hier wird das Spektrum durch eine Gleichkomponente P_0 und zwei Wellenpaare recht gut angenähert. Man erhält die Werte $P_0 = \dfrac{0,37}{f_p} = 0,37 \dfrac{1,5}{f_g}$; $P_{\pm 1} = 0,083 \dfrac{1,5}{f_g}$ und $P_{\pm 2} = -\,0,02 \dfrac{1,5}{f_g}$. Der Zeitvorgang hat dann nach Multiplikation mit $2 f_g$ zur Zeit Null die Höhe $s(0) = 1,11$, zu den Zeiten $\pm t_g = \pm \dfrac{2}{3}\tau$ die Höhe $s(\pm t_g) = 0,25$ und zu den Zeiten $\pm 2 t_g$ die Höhe $s(\pm 2 t_g) = -\,0,06$. Die Impulsdauer ist recht genau gleich der des ursprünglichen Rechteckimpulses.

In der Zeile c) ist die Grenzfrequenz noch tiefer, und zwar gleich der Punktfrequenz gewählt, $f_g = f_p$. Man kann jetzt ohne großen Fehler die zweite Harmonische der Amplitudendichte fortlassen. Der Zeitvorgang wird niedriger und breiter, die ursprüngliche Impulsdauer hat sich um etwa 30% vergrößert. In der Zeile d) schließlich beträgt die Grenzfrequenz nur noch $f_g = \dfrac{2}{3} f_p$. Der Impuls ist stark verflacht, seine Dauer ist auf das 1,8-fache gestiegen, das Überschwingen hat relativ zugenommen.

Bei einer so starken Einschränkung des Frequenzbandes kann man zwar einzelne Impulse noch gut erkennen, sehr schwer aber eine Punkt- oder Schrittfolge richtig wiedergeben, z. B. eine Folge, bei der Impulse der Dauer τ auch den Abstand τ haben und nach einem Ja/Nein-System (einem binären Code) wechseln. In Abb. 27 ist links als typisch ein Vorgang $s_1(t)$ dargestellt, bei dem zu den Zeiten $-\tau$ und $+\tau$ Impulse auftreten, dazwischen zur Zeit $t = 0$ keiner. Daneben ist der gleiche Vorgang gezeigt unter der Voraussetzung, daß das Frequenzband wie im dritten Beispiel auf die höchste Frequenz $f_g = f_p$ eingeschränkt wurde. Mißt man, wie üblich, bei halber Amplitude ($a \cdots a$), so ist das Fehlen eines Impulses in der Mitte noch gut feststellbar. Man überzeugt sich jedoch leicht, daß bereits bei einer geringen Verbreiterung der Impulse die Einsattelung oberhalb der Linie $a \cdots a$ liegt. Für einfache Empfangsorgane, wie z. B. Relais, stellt demnach die Begrenzung

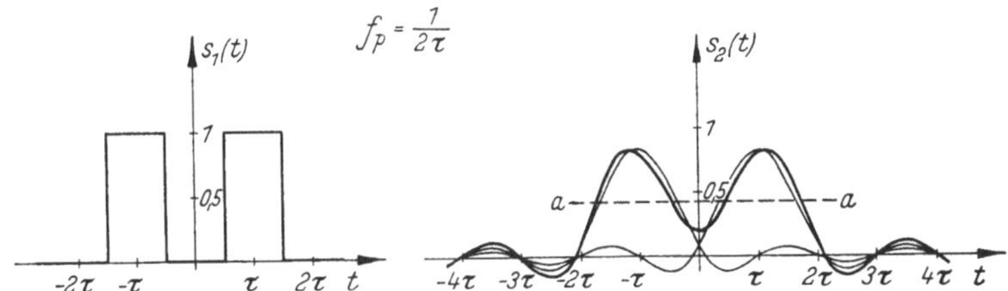

Abb. 27. Zeichenverformung bei Einschränkung des Bandes auf die Punktfrequenz f_p

des Frequenzbandes auf die Punktfrequenz die untere zulässige Grenze dar. Nur wenn man, wie in der Seekabel-Telegraphie, mit Recordern arbeitet und das menschliche Auge und das menschliche Kombinationsvermögen zu Hilfe nimmt, kann man mit noch schmalerem Band arbeiten; das tut man praktisch auch.

Als Abschluß seien für einige Übertragungsarten, die mit Impulsen arbeiten, Zahlen für die obere Frequenzgrenze angegeben.

1. Fernschreiben. Üblich sind 50 Schritte je Sekunde. Die Dauer τ eines Schrittes ist daher 20 msec, die Punktfrequenz nach Gl. (143) 25 Hz. Um gegenüber Störungen und sonstigen Verzerrungen sicher zu sein, wählt man in den Filtern Grenzfrequenzen der Größe

$$f_g = 1{,}6\, f_p \approx 40 \text{ Hz}. \tag{154}$$

Dies entspricht etwa dem zweiten Beispiel von Abb. 26; die Impulsdauer wird nicht merklich verändert.

2. Pulsmodulation. In den Schaltungen der Mehrkanal-Sprachübertragung benutzt man Impulse einer Dauer von etwa 0,5 μsec. Die Punktfrequenz ist hierbei 1 MHz. Bei der üblichen Abtastfrequenz von $f_0 = 8$ kHz weist also das Spektrum nach jeder Seite bis zur Punktfrequenz bereits

$$n = \frac{f_p}{f_0} = \frac{T_0}{2\,\tau} = \frac{1000}{8} = 125 \tag{155}$$

Linien auf. Wegen der hohen Forderungen an das Nebensprechen auf die Nachbarimpulse darf das Überschwingen nur sehr gering sein. Man wählt die Grenzfrequenz mindestens nach den Daten des Beispiels von Abb. 26c, also

$$f_g \approx f_p; \tag{156}$$

dabei muß der Frequenzgang der Filterflanken besonders sorgfältig bemessen werden. Wie im Kap. 4 noch ausführlich besprochen werden wird, dürfen erhebliche Werte der Dämpfung erst bei Frequenzen auftreten, die um einen Faktor 2 bis 3 größer sind als f_g.

3. **Fernsehen.** In der mitteleuropäischen Fernsehnorm mit 25 Bildwechseln je Sekunde und 625 Zeilen ist die Zeit, die für das Abtasten einer Zeile zur Verfügung steht,

$$t_z = \frac{1 \text{ sec}}{25 \cdot 625} = 64 \, \mu\text{sec}. \tag{157}$$

Beträgt das Verhältnis Bildbreite zu Bildhöhe 4:3, nimmt man quadratische Bildpunkte an und läßt man rund 15% von t_z für den Rücklauf des Strahles frei, so wird die Zeit τ für einen Impuls

$$\tau = \frac{3}{4} \, 0{,}85 \, \frac{t_z}{625} = 65 \, \text{nsec}. \tag{158}$$

Damit wird die Punktfrequenz

$$f_p = \frac{1}{2\,\tau} = 7{,}7 \, \text{MHz}. \tag{159}$$

Da hier nicht wie bei der Telegraphie die Forderung besteht, einen fehlenden Impuls zwischen zwei anderen zu erkennen, sondern im wesentlichen durch die Kantenschärfe des Bildes beim vorgesehenen Betrachtungswinkel und durch das Überschwingen Bedingungen gestellt sind, kann das Spektrum ohne merkbare Güteminderung auf etwa 5 MHz eingeschränkt werden. Dies ergibt ein Verhältnis von

$$f_g = 0{,}65 \, f_p. \tag{160}$$

Das Beispiel von Abb. 26d trifft etwa auf diesen Fall zu.

2. Amplitudenmodulierte Pulse

Wird die Impulsfolge von Abb. 23 moduliert, so ändert sich an der Berandungskurve des Spektrums praktisch nichts, da die Bandbreite B_0 des primären Signals, z. B. von Sprache, im allgemeinen klein gegen die Punktfrequenz f_p ist. Wohl aber treten neue Frequenzen auf. In Abb. 28 sind Zeitverläufe und Spektren verschiedener amplitudenmodulierter Pulse zusammengestellt. Zum besseren Vergleich ist unter a) der unmodulierte Puls $s_0(t)$ mit eingezeichnet. Die spektralen Linien sind im Verhältnis $\frac{T_0}{\tau}$, d. h. nach Gl. (155) etwa 250mal vergrößert gezeichnet. Der Verlauf der Berandung bei höheren Frequenzen, der von der Impulsform abhängt, ist für die vorliegende Betrachtung nicht wichtig und daher nicht dargestellt.

Der Abtastpuls. Es möge zunächst die Abtastung einer rein sinusförmigen Modulationsschwingung betrachtet werden. Diese habe die einfache Form

$$s_1(t) = \cos \omega_m t$$
$$\omega_m = 2\pi f_m = \frac{2\pi}{T_m}. \tag{161}$$

Die Abtastung bedeutet eine Multiplikation mit der Zeitfunktion $s_0(t)$ des unmodulierten Pulses. Diese schreibt sich, da $s_0(t)$ als gerade Funktion der Zeit angenommen wurde,

$$s_0(t) = \sum_{n=-\infty}^{+\infty} a_n \cos n\,\omega_0 t$$
$$\omega_0 = 2\pi f_0 = \frac{2\pi}{T_0}. \tag{162}$$

Das abgetastete Signal wird

$$s(t) = s_1(t)\, s_0(t) \tag{163}$$

$$s(t) = \cos \omega_m t \sum_{n=-\infty}^{+\infty} a_n \cos n\,\omega_0 t. \tag{164}$$

Nach dem Additionstheorem der trigonometrischen Funktionen ist dies gleichbedeutend mit

$$s(t) = \sum_{n=-\infty}^{+\infty} \frac{a_n}{2} \{\cos(n\omega_0 - \omega_m)t + \cos(n\omega_0 + \omega_m)t\}. \tag{165}$$

Jede Linie des unmodulierten Pulses wird aufgespalten in zwei Linien halber Amplitude bei Frequenzen, die um f_m nach links und rechts verschoben sind (Abb. 28b). Das Spektrum enthält keine Gleichkomponente mehr, sondern beginnt mit der Modulationsfrequenz f_m. Für $n = 0$ wird die Amplitude der Grundschwingung — die beiden Komponenten bei $-f_m$ und $+f_m$ addieren sich — wie beim unmodulierten Puls der Gleichstrom —

$$2 \cdot \frac{a_0}{2} = \frac{\tau}{T_0}, \tag{166}$$

d. h. gewöhnlich $\frac{1}{250} = 4^0/_{00}$ der Amplitude der modulierenden Schwingung. Diese Schwingung und damit das ursprüngliche primäre Signal $s_1(t)$ läßt sich am Empfangsort durch Einschalten eines Tiefpasses, der alle höheren Frequenzen unterdrückt, wiedergewinnen. Dabei geht allerdings die Leistung aller Linienpaare außer der des ersten verloren. Durch die Abtastung im Sender hat sich die Signalleistung P_1 bereits um den

Faktor $\frac{\tau}{T_0}$ reduziert, im Filter wird sie nochmals um diesen Faktor verringert. Im ganzen ist dann die entnommene Leistung

$$P_2 = \left(\frac{\tau}{T_0}\right)^2 P_1, \tag{167}$$

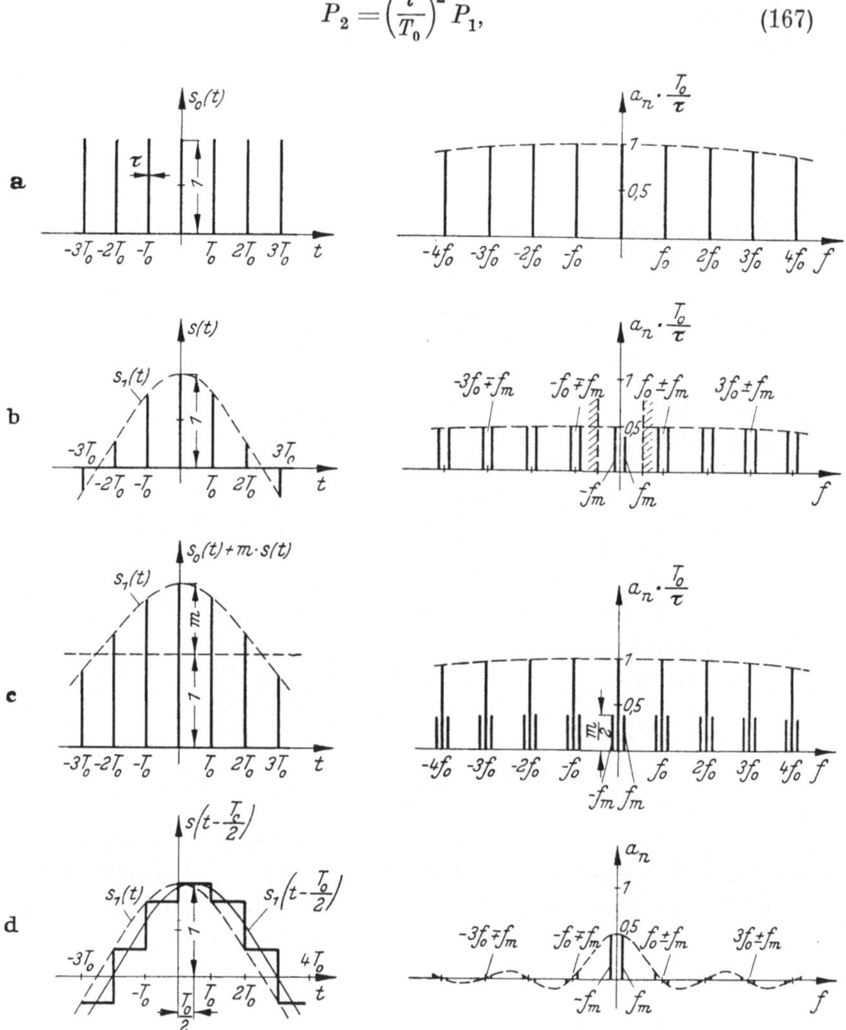

Abb. 28a—d. Zeitfunktionen und Spektren bei Pulsamplituden-Modulation (PAM)
a) Unmodulierter Puls, b) Abtastpuls, c) Amplitudenmodulierter Puls (unipolar),
d) Treppenförmiger Puls

wie es bei dem Amplitudenverhältnis von Gl. (166) auch sein muß. Die spektrale Darstellung gewährt dabei einen anschaulichen Einblick in die Aussagen des Abtasttheorems. Steigert man nämlich die Modulationsfrequenz f_m, so wandert die untere Seitenfrequenz $f_0 - f_m$

ihr entgegen. Beide treffen sich — und dies stellt den zulässigen Grenzfall dar —, wenn

$$f_m = \frac{1}{2} f_0 \tag{168}$$

wird. Man wird die Filterflanke daher zweckmäßig auf die Frequenz $\frac{1}{2} f_0$ legen. Das Modulationsband B_0 darf sich nur bis dicht unterhalb dieser Grenze erstrecken. Je näher es heranrückt, desto steiler muß die Flanke des Tiefpasses verlaufen.

Im Anschluß an den Tiefpaß muß durch eine Verstärkung um den Faktor $\frac{T_0}{\tau}$ die ursprüngliche Amplitude wiederhergestellt werden.

Der einseitige amplitudenmodulierte Puls. Solche Pulse — die einseitige Richtung sei kurz durch das Wort „unipolar" gekennzeichnet — finden zwar für die Übertragung im allgemeinen keine Verwendung, da sie, wie auf S. 57 erwähnt, keine übertragungsmäßigen Vorteile gegenüber kontinuierlichen Schwingungen bieten. Sie werden aber häufig innerhalb der Geräte als Zwischenstufe benutzt, z. B. bei der Umwandlung von Abtastpulsen in phasenmodulierte und umgekehrt. Man erhält einen unipolaren amplitudenmodulierten Puls (Abb. 28c), wenn man zu einem Abtastpuls einen gleichphasigen unmodulierten Puls addiert, derart, daß beide sich wie $m:1$ verhalten. m ist dann der Modulationsgrad im üblichen Sinne. Man hat unter Beachtung von (163)

$$s(t) - s_0(t)\,(1 + m\,s_1(t)) \tag{169}$$

$$= s_0(t)\,(1 + m \cos \omega_m t). \tag{170}$$

Im Spektrum addieren sich einfach die Harmonischen von f_0 entsprechend dem Modulationsgrad m zu den Doppellinien des Abtastpulses.

Die ersten Glieder der Zeitfunktionen lauten

$$s(t) = \frac{\tau}{T_0}\,(1 + m \cos \omega_m t + \cdots) \tag{171}$$

mit den Spektrallinien

$$a_0 = \frac{\tau}{T_0}\;;\quad a_0' = a_0'' = \frac{\tau}{T_0}\,\frac{m}{2}\,. \tag{172}$$

Der treppenförmige Puls. Als Zwischenstufe innerhalb der Empfangsgeräte wird noch eine weitere Form der Pulsamplituden-Modulation gern benutzt, und zwar ein treppenförmiger Puls. Dies hat folgenden Grund: Wie erwähnt, entnimmt man, wenn zur Demodulation ein Filter benutzt wird, aus dem Signal nur die Teilschwingungen bei $\pm f_m$, deren Amplitude nach Gl. (167) sehr gering ist. Um diese zu erhöhen, lädt man zweckmäßig mit jedem Impuls einen Speicherkondensator auf, der die jeweilige Spannung bis zum nächsten Impuls beibehält. Auf diese Weise ergibt sich aus dem Abtastpuls der treppenförmige Puls (Abb. 28d). Schon rein anschaulich ist zu vermuten, daß die spektrale Leistung der Modulationsschwingung groß ist. Außerdem erscheint sie zeitlich verschoben um den halben Betrag $\dfrac{T_0}{2}$ der Impulsverlängerung.

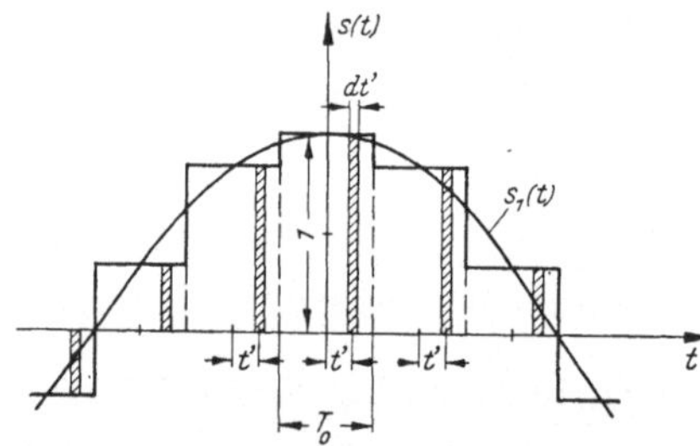

Abb. 29. Zur Berechnung des treppenförmigen Pulses

Je länger ferner die Modulationsperiode T_m wird, um so weniger weichen die Treppenstufen von der Sinuskurve $s_1(t)$ ab, und um so geringer muß auch die Energie der Harmonischen sein.

Zur Berechnung des Spektrums denkt man sich zweckmäßig den Treppenschritt nach Abb. 29 zusammengesetzt aus vielen rechteckigen Abtastpulsen ds der kleinen Dauer $\tau = \mathrm{d}t'$, deren Einsätze jeweils um dt' verschoben sind und zur Zeit t' stattfinden. Das Integral über alle Pulse, die in den Zeiten $t' = -\dfrac{T_0}{2}$ bis $t' = +\dfrac{T_0}{2}$ auftreten, ist dann der gesuchte treppenförmige Puls $s(t)$. Es wird

$$s(t) = \int\limits_{t'=-T_0/2}^{+T_0/2} \mathrm{d}s\,(t - t'). \tag{173}$$

In die Gl. (165) des Abtastpulses ist für a_n die Spektralfunktion des Rechteckpulses (Gl. (148a) und Abb. 25) einzusetzen. Sind die Impulse von der sehr kleinen Dauer dt', so ergibt sich, da der Sinus gleich seinem Argument wird,

$$\mathrm{d}a_n = \frac{\mathrm{d}t'}{T_0}, \tag{174}$$

und Gl. (165) schreibt sich einfacher

$$\mathrm{d}s(t) = \sum_{n=-\infty}^{+\infty} \frac{\mathrm{d}t'}{2\,T_0} \left[\cos\,(n\,\omega_0 - \omega_m)\,t + \cos\,(n\,\omega_0 + \omega_m)\,t\right]. \tag{175}$$

Setzt man dies in Gl. (173) ein und vertauscht die Reihenfolge von Summation und Integration — dies ist aus physikalischen Gründen zulässig — so erhält man

$$s(t) = \sum_{n=-\infty}^{+\infty} \frac{1}{2\,T_0} \int\limits_{t'=-T_0/2}^{+T_0/2} \left[\cos\,(n\,\omega_0 - \omega_m)\,(t - t') + \tag{176}\right.$$

$$\left. + \cos\,(n\,\omega_0 + \omega_m)\,(t - t')\right]\,\mathrm{d}t'.$$

Die Integration für die Variable t' ist leicht durchführbar, und es wird

$$s(t) = \sum_{n=-\infty}^{+\infty} \frac{1}{T_0} \left[\frac{\sin (n\,\omega_0 - \omega_m)\dfrac{T_0}{2}}{n\,\omega_0 - \omega_m} \cos (n\,\omega_0 - \omega_m)\, t + \right.$$

$$\left. + \frac{\sin (n\,\omega_0 + \omega_m)\dfrac{T_0}{2}}{n\,\omega_0 + \omega_m} \cos (n\,\omega_0 + \omega_m)\, t \right]. \tag{177}$$

Vergleicht man das Ergebnis mit der Beziehung (165) für den Abtastpuls, so zeigt sich, daß die gleichen Frequenzen $n\,f_0 \pm f_m$ auftreten, jedoch mit anderen Amplituden. Diese sind, für beide Glieder geltend, wieder durch eine si-Funktion gegeben, und zwar ist

$$a_n = \frac{1}{2}\, \text{si}\left(\pi\, \frac{n\,f_0 \pm f_m}{f_0} \right). \tag{178}$$

In Abb. 28d ist dieses Spektrum dargestellt, und zwar nicht mit dem Faktor $\dfrac{T_0}{\tau}$ vergrößert. Wie zu erwarten, erscheinen die Amplituden der

Modulationsschwingung ($n = 0$) stark hervorgehoben, die der höheren Schwingungspaare verringert. Für tiefe Frequenzen f_m addiert sich das Linienpaar zur Amplitude 1. Im ganzen Band des primären Signals, das im Grenzfall bis

$$B_0 = \frac{1}{2}\, f_0 \tag{179}$$

reichen darf, tritt allerdings ein Frequenzgang auf entsprechend der Funktion

$$2\,a_0 = \text{si}\left(\pi\, \frac{f_m}{f_0} \right). \tag{180}$$

Abb. 30 zeigt diesen Verlauf vergrößert. Benutzt man daher einen treppenförmigen Puls mit dahinter geschaltetem Filter zur Wiederherstellung des primären Signals, so muß ein Entzerrer vorgesehen werden, der die Teilschwingungen bei hohen Modulationsfrequenzen anhebt.

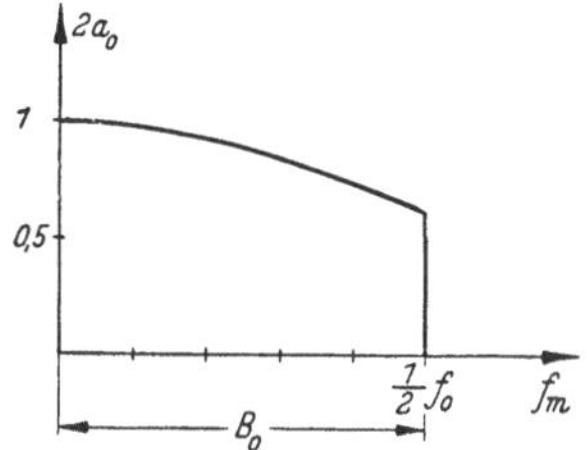

Abb. 30. Frequenzgang beim treppenförmigen Puls

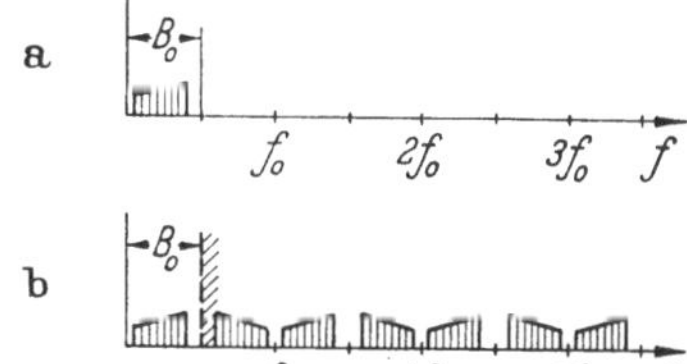

Abb. 31a u. b. Modulationsband (a) und Signalfrequenzband (b) des Abtastpulses

Aus dem Spektrum des Abtastpulses (Abb. 28b) läßt sich noch eine weitere interessante Gesetzmäßigkeit ablesen. Hierzu ist in Abb. 31 für ein primäres Signal, das nur Teilschwingungen innerhalb B_0 enthält, in Zeile a) das Spektrum dargestellt und in Zeile b) das Spektrum des Abtastpulses. Die negativen Frequenzen sind hier fortgelassen. Beiderseits jeder Harmonischen der Abtastfrequenz f_0 liegt das Modulationsband als Seitenband. Will man auf der Empfangsseite mit einem Filter „demodulieren", so braucht man dies nicht wie gezeichnet mit einem Tiefpaß der Bandbreite B_0 zu tun, sondern man kann mit einem Bandpaß der gleichen Breite ein beliebiges Seitenband auswählen und nach dem Einseitenbandverfahren in die tiefe Frequenzlage herunter-

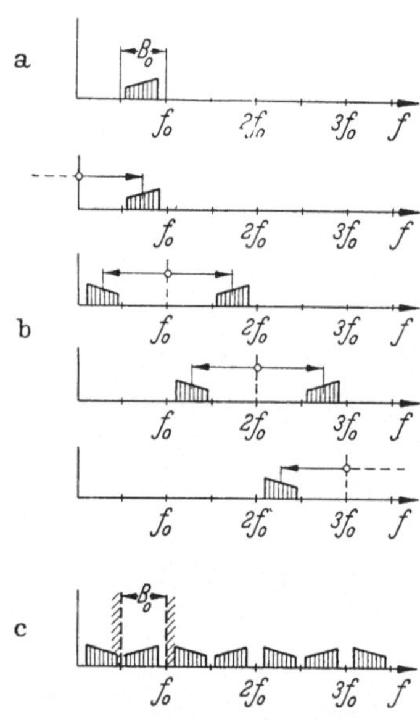

Abb. 32 a—c. Verschobenes Modulationsband (a), Teilbänder des Signalfrequenzbandes (b) und gesamtes Signalband (c)

setzen. Hieraus folgt, daß das Modulationsband auch in einer anderen Frequenzlage als von 0 bis B_0 direkt abgetastet werden kann, wenn nur die Seitenbänder im Spektrum des Abtastpulses sich nicht überlappen. Abb. 32 zeigt einen solchen Fall.

Angenommen ist ein Modulationsband in der Frequenzlage $\frac{1}{2} f_0$ bis f_0 (Zeile a)). Unter b) sind die verschiedenen Spektren der Ordnung 0, 1, 2, 3 und so fort dargestellt, die sich beim Abtasten bilden. Zeile c) zeigt die Summe aller Spektren. Es ist ohne weiteres möglich, das primäre Signal durch Herausfiltern eines Seitenbandes wieder zu erhalten; unter diesen befindet sich auch das Modulationsband in der ursprünglichen Frequenzlage.

Nimmt das primäre Signal der Breite B_0 eine beliebige Frequenzlage ein, so muß man bei direkter Abtastung einen Puls verwenden, bei dem abwechselnd eine Periode kürzer ist als T_0, die nächste um ebensoviel länger. Im ganzen genügen, wie bereits auf S. 109 geschildert, immer $2 B_0 T$ Werte, um einen Vorgang der Bandbreite B_0 und der Dauer T zu übertragen.

3. Dauermodulierte Pulse

Betrachtet sei zunächst der symmetrisch modulierte Puls, wie ihn die Abb. 1,47 zeigt. Da das primäre Signal im zeitlichen Einsatz der Flanken, d. h. im Phasenwinkel der Grundschwingungen enthalten ist, ist schon zu vermuten, daß die Gesetze der Winkelmodulation auf dieses Verfahren zutreffen. Einen guten Einblick in die Zusammenhänge verschafft ein kleiner Kunstgriff, der außerdem für die rechnerischen Ansätze sehr zweckmäßig ist. Er besteht darin, daß man sich den Rechteckpuls nach Abb. 33 aus zwei entgegengesetzt gerichteten, um die halbe Impulsdauer nach rechts und links verschobenen Sägezahnschwingungen

$s'(t)$ und $s''(t)$ aufgebaut denkt. Die n-te Teilschwingung eines Rechteck-pulses

$$s_n(t) = c_n\, e^{jn\omega_0 t} \tag{181}$$

schreibt sich nämlich, wenn Gl. (33) als spektrale Amplitude eingesetzt wird, für $n \neq 0$

$$s_n(t) = -\frac{1}{j\,2\,\pi\,n}\, e^{jn\omega_0\left(t-\frac{\tau}{2}\right)} + \frac{1}{j\,2\,\pi\,n}\, e^{jn\omega_0\left(+\frac{\tau}{2}\right)} \tag{182}$$

$$s_n(t) = \qquad\qquad s'_n(t) \qquad\qquad + s''_n(t). \tag{183}$$

Für das hier auftretende Schwingungspaar stellt der Faktor vor den e-Funktionen — abgesehen von der Verschiebung um $\frac{\tau}{2}$ — jeweils die Koeffizienten c_n des Spektrums dar. Nach Gl. (29) und Abb. 6 ist jede dieser Funktionen aber identisch mit den Spektrallinien der Sägezahnschwingungen. Was für jede Teilschwingung gilt, trifft aber auch für den gesamten Vorgang zu. Die beiden Sägezahnkurven, die zusammen

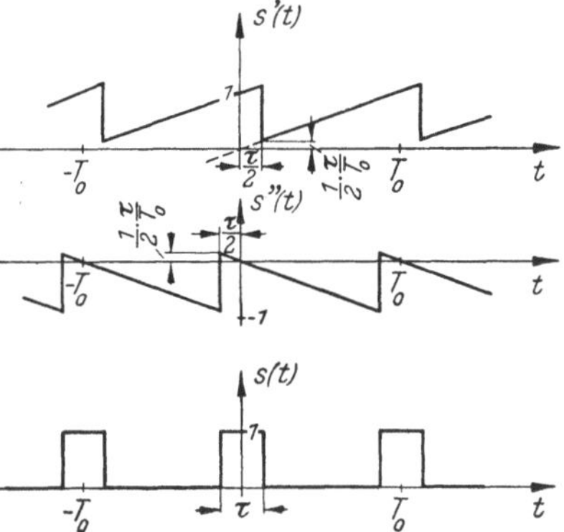

Abb. 33. Aufbau des Rechteckpulses aus zwei Sägezahnschwingungen

den Rechteckpuls bilden, sind entgegengesetzt gerichtet; die steilen Flanken sind um $\frac{\tau}{2}$ nach rechts und links verschoben. Allerdings eignet sich die Zerlegung der Gl. (182) und (183) formal nicht für das Gleichstromglied: Die beiden Funktionen werden für $n = 0$ mit entgegengesetzten Vorzeichen unendlich groß. Beim Zusammensetzen liefern sie aber das richtige Ergebnis $\frac{\tau}{T_0}$. Da später im Resultat nur die Summe interessiert, möge für die Dauer der Rechnung von dieser Schwierigkeit abgesehen werden. In Abb. 33 wird vom Gleichstrommittelwert $\frac{\tau}{T_0}$ des Rechteckpulses jeder Sägezahnschwingung die Hälfte zugeteilt, so daß beide, wie gezeichnet, um $\frac{1}{2}\frac{\tau}{T_0}$ gehoben werden. Die schräge Flanke — oder ihre Verlängerung — geht dann stets durch den Nullpunkt der Zeitachse, welchen Wert auch τ haben möge.

Mit dieser Vorstellung lassen sich folgende Vorgänge der Phasenmodulation leicht erfassen

1. Moduliert man $s'(t)$ und $s''(t)$ entgegengesetzt in der Phase, so erhält man den symmetrischen dauermodulierten Puls. In Abb. 34, Zeile a, ist für ein einfaches primäres Signal

$$s_1(t) = \sin \omega_m t \tag{184}$$

die erzeugte Impulsform aufgetragen, und zwar zu den Signalzeiten $-\frac{1}{4}\,T_m,\,0$ und $+\frac{1}{4}\,T_m$. Die Pfeile geben die Richtung an, in der mit steigender Zeit die Impulsflanken ausgelenkt werden.

2. Läßt man $s'(t)$ unmoduliert, mit der steilen Flanke in der Lage $t=0$, und moduliert $s''(t)$ in der Phase, so erhält man einen dauermodulierten Puls mit modulierter Vorder- und periodischer Rückflanke (Abb. 34, Zeile b). Zu beachten ist, daß eine Vergrößerung der Phase die Flanke früher einsetzen läßt. Für den Puls mit periodischer Vorder- und modulierter Rückflanke gilt Entsprechendes.

3. Moduliert man wieder *beide* Vorgänge in der Phase, aber gleichsinnig, so bleibt die Impulsdauer stets gleich; es ergibt sich ein phasenmodulierter Puls (Abb. 34, Zeile c), der weiter unten behandelt werden wird.

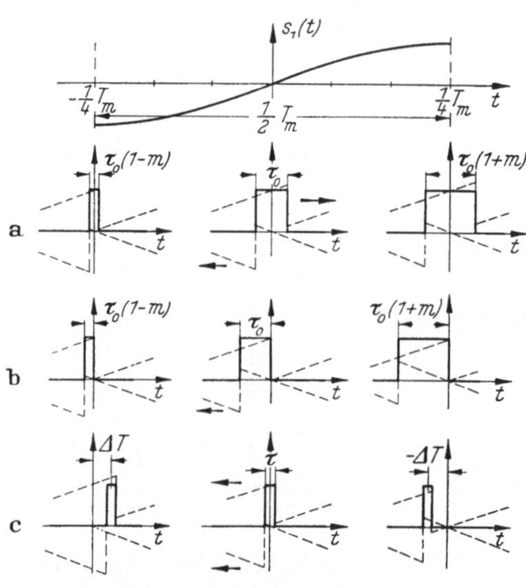

Abb. 34a—c. Wirkung einer Phasenmodulation der Sägezahnschwingungen von Abb. 33
a) Symmetrische Pulsdauer-Modulation
b) Pulsdauer-Modulation mit modulierter Vorder- und periodischer Rückflanke
c) Pulsphasen-Modulation

Im Falle 1 des symmetrischen dauermodulierten Pulses lauten die Gleichungen für das Einsetzen der steilen Flanken

$$\text{bei } s'(t): \quad \frac{\tau}{2} = \frac{\tau_0}{2}\left[1 + m \sin \omega_m \left(t - \frac{\tau_0}{2}\right)\right]$$

$$\text{bei } s''(t): \quad -\frac{\tau}{2} = -\frac{\tau_0}{2}\left[1 + m \sin \omega_m \left(t + \frac{\tau_0}{2}\right)\right],$$

$$(185)$$

wobei m den Modulationsgrad und τ_0 die Impulsdauer zur Zeit Null bedeuten.

Mit den Abkürzungen

$$t' = t - \frac{\tau_0}{2}; \quad t'' = t + \frac{\tau_0}{2}$$

$$\Delta\Phi = m\,\frac{\omega_0 \tau_0}{2} = m\,\pi\,\frac{\tau_0}{T_0}$$

$$(186)$$

ist dann die n-te Teilschwingung von Gl. (183) im modulierten Zustand gegeben durch das Paar

$$s_n'(t) = -\frac{1}{j\,2\,\pi\,n}\,e^{j n\,\{\omega_0 t' - \varDelta\varPhi \sin \omega_m t'\}}$$

$$s_n''(t) = +\frac{1}{j\,2\,\pi\,n}\,e^{j n\,\{\omega_0 t'' + \varDelta\varPhi \sin \omega_m t''\}} \,. \tag{187}$$

In dieser Darstellung wird deutlich, daß jede Teilschwingung, die im unmodulierten Zustand die Frequenz $n\,f_0$ hat, mit dem Hub $n\,\varDelta\varPhi$ phasenmoduliert ist. Es kann daher die spektrale Umformung für die gewöhnliche Phasenmodulation, Gl. (1, 31) bis (1,33) übernommen werden, und man erhält

$$s_n'(t) = -\frac{1}{j\,2\,\pi\,n}\sum_{q=-\infty}^{+\infty} J_q(n\,\varDelta\varPhi)\,(-1)^q\,e^{j\{n\omega_0 + q\omega_m\}t'}$$

$$s_n''(t) = \frac{1}{j\,2\,\pi\,n}\sum_{q=-\infty}^{+\infty} J_q(n\,\varDelta\varPhi)\,e^{j\{n\omega_0 + q\omega_m\}t''} \,. \tag{188}$$

Jede Teilschwingung der Frequenz $n\,f_0$ ist zu beiden Seiten im Abstand $q\,f_m$ von Linien umgeben, deren Höhe durch BESSELsche Funktionen bestimmt ist. Addiert man die beiden Funktionen und klammert den Zeitfaktor

$$e^{j\{n\omega_0 + q\omega_m\}t} \tag{189}$$

aus, so ergibt der Rest nach Gl. (11) die spektrale Verteilung

$$c_{nq} = a_{nq} - j\,b_{nq}$$

$$c_{nq} = \frac{1}{j\,2\,\pi\,n} J_q(n\varDelta\varPhi)\left[e^{+j\{n\omega_0 + q\omega_m\}\frac{\tau_0}{2}} - (-1)^q\,e^{j\{n\omega_0 + q\omega_m\}\frac{\tau_0}{2}}\right] . \tag{190}$$

Nach Real- und Imaginärteil getrennt ergeben sich die geraden und ungeraden Komponenten des Spektrums

$$\text{für gerade } q:\ a_{nq} = \frac{1}{\pi\,n} J_q(n\,\varDelta\varPhi)\sin\left(n\,\omega_0 + q\,\omega_m\right)\frac{\tau_0}{2}$$

$$\text{für ungerade } q:\ b_{nq} = \frac{1}{\pi\,n} J_q(n\,\varDelta\varPhi)\cos\left(n\,\omega_0 + q\,\omega_m\right)\frac{\tau_0}{2} \,. \tag{191}$$

In Abb. 35 ist ein solches Spektrum für voll durchmodulierte Impulse ($m = 100\%$) dargestellt. Der Einfachheit halber wurde dabei nur der Betrag $|c_{nq}|$ der Linien eingezeichnet, der entweder gleich a_{nq} oder b_{nq} ist. Zu beiden Seiten jeder

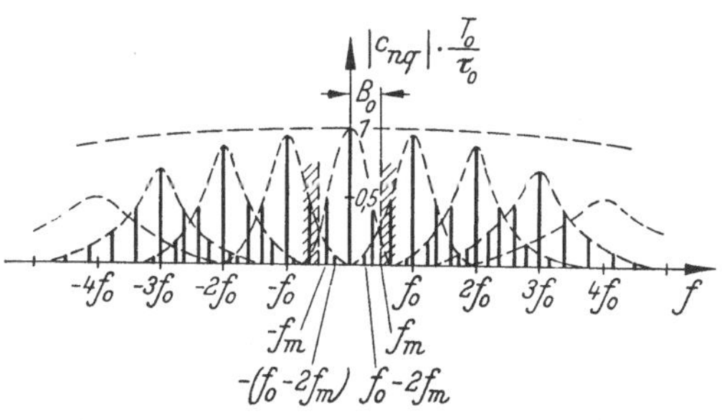

Abb. 35. Amplitudenspektrum bei Pulsdauer-Modulation (Modulationsgrad $m = 1$)

Harmonischen von f_0 tritt ein ausgedehntes Spektrum auf, dessen gestrichelte Berandung durch BESSEL-Funktionen steigender Ordnung gegeben ist. Da der Phasenhub $n\,\Delta\Phi$ ist (Gl. (187)), werden diese Teilspektren mit steigendem n immer breiter und verschwimmen immer mehr ineinander. Bemerkenswert ist, daß das Spektrum nullter Ordnung genau wie bei der Pulsamplituden-Modulation (Gl. (172)) nur aus einer Gleichstromkomponente und den beiden Linien des primären Signals besteht. Für die BESSEL-Funktionen gilt nämlich

$$\mathrm{J}_0(0) = 1; \quad \mathrm{J}_1(x) \underset{x\to 0}{=} \frac{x}{2}; \quad \mathrm{J}_2(x) \underset{x\to 0}{=} \frac{x^2}{8}; \tag{192}$$

von $q = 2$ ab werden daher alle $a_{0\,q}$ und $b_{0\,q}$ Null, weil die BESSEL-Funktionen, in eine Reihe entwickelt, mindestens mit dem quadratischen Glied $\frac{1}{8}\,(n\,\Delta\Phi)^2$ beginnen. Man erhält nur den Gleichstrom $(n = 0,\ q = 0)$

$$a_{0,\,0} = \frac{\tau_0}{T_0} \tag{193}$$

und die beiden Linien der Frequenz f_m ($n = 0,\ q = \pm\,1$), die sich im Falle der Mehrfachausnutzung ($\omega_m\,\frac{\tau_0}{2} \ll 1$) ergeben zu

$$b_{0,\,1} = \frac{\tau_0}{T_0}\,\frac{m}{2}; \quad b_{0,\,-1} = -\frac{\tau_0}{T_0}\,\frac{m}{2}. \tag{194}$$

Beide addieren sich zum Betrag $\frac{\tau_0}{T_0}\,m$ wie bei Pulsamplituden-Modulation. Die Größe der Modulationsfrequenz ist dabei in der Näherung von Gl. (194) ohne Einfluß. Man kann also auch hier den dauermodulierten Puls demodulieren, indem man ein Filter der Bandbreite $B_0 = \frac{1}{2}\,f_0$ einschaltet. Jedoch ist noch ein Unterschied zu beachten, der in Abb. 35 besonders hervortritt, weil absichtlich eine hohe Modulationsfrequenz f_m gewählt wurde. Es zeigt sich nämlich, daß die höheren Teilspektren, vor allem das für $n = 1$, in das Band B_0 hinreinreichen und dort störende Klirrtöne hervorrufen. Eine der stärksten Komponenten ist dabei die der Frequenz $\pm\,(f_0 - 2\,f_m)$, welche für Modulationsfrequenzen $f_m > \frac{1}{2}\,B_0$ in das Band B_0 fällt. Ihre Größe ist nach Gl. (191) mit $n = 1$ und $q = -2$

$$a_{1,-2} = \frac{1}{\pi}\,\mathrm{J}_2\!\left(m\pi\,\frac{\tau_0}{T_0}\right)\sin\,(\omega_0 - 2\omega_m)\,\frac{\tau_0}{2}. \tag{195}$$

Bei Mehrfachausnutzung kann man wieder den Sinus durch sein Argument ersetzen und erhält

$$a_{1,-2} = a_{(f_0 - 2f_m)} \approx \frac{\tau_0}{T_0}\,\mathrm{J}_2\!\left(m\pi\,\frac{\tau_0}{T_0}\right)\cdot\left(1 - 2\,\frac{f_m}{f_0}\right). \tag{196}$$

Benutzt man hier die für kleine Argumente geltende Näherung von Gl. (192), so ergibt sich ein unharmonischer Klirrfaktor

$$k_{f_0 - 2f_m} = \frac{a_{1,-2}}{b_{0,1}} = \frac{\pi^2}{4}\, m \left(\frac{\tau_0}{T_0}\right)^2 \left(1 - \frac{f_m}{B_0}\right). \tag{197}$$

Setzt man hier nach Gl. (1, 120) die Kanalzahl z ein $\left(\frac{1}{2}\, T_z = \tau_0\right)$, so ergibt sich im schlimmsten Falle $\left(\frac{f_m}{B_0} = \frac{1}{2}\right)$

$$k_{f_0 - 2f_m} = \frac{\pi^2}{8}\, m \left(\frac{1}{2\,z}\right)^2. \tag{198}$$

Werden z. B. 24 Kanäle zeitlich gebündelt und beträgt der Modulationsgrad m wie üblich beim Meßpegel 50%, so ist

$$k_{f_0 - 2f_m} = \frac{\pi^2}{8}\, 0{,}5 \left(\frac{1}{48}\right)^2 \approx 0{,}3^0/_{00}. \tag{199}$$

Dieser Betrag ist für die Übertragung von Sprache unschädlich. Nur wenn das Übertragungssystem für weniger als etwa 4 Kanäle bemessen würde, ist der Klirrfaktor merklich. Man muß dann entweder m verkleinern oder anders demodulieren.

Häufiger als diese symmetrische Form der Modulation wird die in Abb. 34, Zeile b, gezeigte Art in den Geräten verwendet. Gewöhnlich wird dabei durch die mit Phasenmodulation übertragenen kurzen Impulse, die zu verschiedenen Zeiten eintreffen, ein Kippvorgang eingeleitet und dadurch die Vorderflanke gebildet. In den streng periodischen Zeitpunkten $n\,T_0$ wird durch einen örtlichen Puls der Kippvorgang wieder rückgängig gemacht und so die Rückflanke hergestellt. Die n-te Teilschwingung ist hierbei gegeben durch die Sägezahnpaare

$$s_n'(t) = - \frac{1}{j\,2\,\pi\,n}\, e^{j\,n\,\omega_0\,t}$$

$$s_n''(t) = + \frac{1}{j\,2\,\pi\,n}\, e^{j\,n\,\{\omega_0\,(t + \tau_0) + \Delta\Phi \sin m_m\,(t + \tau_0)\}}. \tag{200}$$

Jetzt ist aber, da die eine Flanke unmoduliert ist, der Hub doppelt so groß

$$\Delta\Phi = m\,\omega_0\,\tau_0 = m\,2\,\pi\,\frac{\tau_0}{T_0}. \tag{201}$$

Führt man wieder BESSEL-Funktionen ein, so wird aus dem Schwingungspaar von Gl. (200)

$$s_n'(t) = - \frac{1}{j\,2\,\pi\,n}\, e^{j\,n\,\omega_0\,t}$$

$$s_n''(t) = \frac{1}{j\,2\,\pi\,n} \sum_{q=-\infty}^{+\infty} J_q(n\,\Delta\Phi)\, e^{j\,(n\,\omega_0 + q\,\omega_m)\,\tau_0}\, e^{j\,(n\,\omega_0 + q\,\omega_m)\,t}. \tag{202}$$

Wie man an den Zeitfaktoren sieht, liegen die Linien des Spektrums bei den gleichen Frequenzen wie in Abb. 35. Wieder finden sich ausgedehnte Teilspektren um die Frequenzen $n\,f_0$ herum. Quantitativ ist allerdings die Amplitudenverteilung etwas anders. Um sie zu erhalten, ist es diesmal zweckmäßig, die Schwingungen mit den Teilfrequenzen $n\,f_0$ und diejenigen mit $n\,f_0 + q\,f_m$ für sich zusammenzufassen.

Die ersten erhält man für $q = 0$. Durch Addition und Ausklammern des Zeitfaktors ergibt sich eine spektrale Verteilung

$$c_n = \frac{1}{j\,2\,\pi\,n}\,(\mathrm{J}_0(n\,\Delta\Phi)\,e^{j\,n\,\omega_0\,\tau_0} - 1). \tag{203}$$

Da es für die vorliegenden Betrachtungen auf die Linien mit großem n nicht ankommt, kann in erster Näherung $\mathrm{J}_0(x) = 1$ gesetzt werden. Man erhält dann

$$c_n = \frac{\sin\left(n\,\dfrac{\omega_0\,\tau_0}{2}\right)}{\pi\,n}\,e^{j\,n\,\frac{\omega_0\,\tau_0}{2}} \tag{204}$$

oder, etwas umgeschrieben,

$$c_n = \frac{\tau_0}{T_0}\,\frac{\sin \pi\,n\,\dfrac{\tau_0}{T_0}}{\pi\,n\,\dfrac{\tau_0}{T_0}}\,e^{j\,\pi\,n\,\frac{\tau_0}{T_0}}. \tag{205}$$

Es ist dies das gleiche Spektrum wie beim unmodulierten Rechteckpuls; nur sind, wie es sein muß, alle Teilschwingungen um den Winkel $\theta = \pi\,n\,\dfrac{\tau_0}{T_0}$ oder die Zeit

$$t_0 = \frac{\theta}{2\,\pi\,n\,f_0} = \frac{\tau_0}{2} \tag{206}$$

vorverschoben.

Die bei der Modulation entstehenden Teilschwingungen ($q \neq 0$) stecken nur in der zweiten Gleichung des Paares (202). Ihre Amplituden werden dem Betrage nach

$$|c_{n\,q}| = \frac{1}{2\,\pi\,n}\,\mathrm{J}_q(n\,\Delta\Phi) \tag{207}$$

oder

$$|c_{n\,q}| = \frac{\tau_0}{T_0}\,\frac{1}{2\,\pi\,n\,\dfrac{\tau_0}{T_0}}\,\mathrm{J}_q(n\,\Delta\Phi). \tag{208}$$

Die Modulationsschwingung der Frequenz f_m ($n = 0$, $q = \pm 1$) tritt wieder mit der Amplitude $2\,\dfrac{\tau_0}{T_0}\,\dfrac{m}{2}$ auf wie bei der symmetrischen Dauermodulation. Der unharmonische Klirrfaktor wird aber jetzt unter Beachtung von Gl. (192)

$$k_{f_0 - 2f_m} = \left|\frac{c_{1,-2}}{c_{0,1}}\right| = \frac{\dfrac{\pi}{4}\,m^2\,\dfrac{\tau_0}{T_0}}{m/2} = \frac{\pi}{2}\,m\left(\frac{\tau_0}{T_0}\right) = \frac{\pi}{2}\,\frac{m}{2\,z}. \tag{209}$$

Diesmal hängt er also nicht quadratisch, sondern linear vom Tastverhältnis ab, d. h. von der Zahl z der Kanäle. In dem benutzten Beispiel mit 24 Kanälen und 50% Modulation wird er

$$k_{2f_0 - f_m} = \frac{\pi}{2} \frac{0,5}{48} = 1,6\ \%. \tag{210}$$

Beachtet man, daß der Klirrton erst für die energieschwachen Modulationsfrequenzen oberhalb $\frac{B_0}{2}$ in das Nutzband fällt, so leuchtet ein, daß er die Sprachübertragung auch in diesem Falle nicht stört. Bei Systemen jedoch, die nur für sehr wenige oder gar nur für einen Kanal bemessen werden, muß man in höherem Maße auf diese Erscheinungen Rücksicht nehmen als bei der symmetrischen Form der Pulsdauermodulation.

4. Phasen- und frequenzmodulierte Pulse

Es sei nunmehr das Verfahren betrachtet, wie es Abb. 34 als drittes angibt. Kurze Impulse stets gleicher Amplitude und gleicher Dauer τ treten dabei so auf, daß sie im Rhythmus des primären Signals vor oder nach den periodischen Zeitpunkten $n\,T_0$ liegen. Die größte zeitliche Auslenkung ΔT, hinfort als *Zeithub* bezeichnet, ist dabei wieder durch den Phasenhub $\Delta\Phi$ der Grundfrequenz f_0 gegeben. Es verhält sich

$$\frac{\Delta\Phi}{2\,\pi} = \frac{\Delta T}{T_0}, \tag{211}$$

oder es wird

$$\Delta\Phi = \omega_0\,\Delta T. \tag{212}$$

Der Zeithub — bei Pulsmodulation eine sehr anschauliche Größe — ist proportional dem Phasenhub. Die Zusammenhänge zwischen den verschiedenen Kenngrößen der Winkelverfahren und die physikalischen Grenzen in der Wahl des Zeithubes ΔT werden anschließend noch näher erörtert. Hier sei nur daran erinnert, daß für die ausgeführten Mehrkanalsysteme die Beschränkung von $\Delta\Phi$ und ΔT in der Kanalzahl liegt, so daß diese Werte immer klein sind gegen $2\,\pi$ bzw. T_0. Der Zeitraum, der für einen Impuls zur Verfügung steht, ist nach Abb. 1, 57

$$2\,\Delta T = \frac{T_0}{z}. \tag{213}$$

Hiermit wird unter Beachtung von Gl. (211)

$$\Delta\Phi = \frac{\pi}{z}. \tag{214}$$

Das Spektrum des phasenmodulierten Pulses kann leicht berechnet werden, indem man wieder die beiden Sägezahnschwingungen von Abb. 34 ansetzt, und zwar diesmal mit gleichsinniger Phasenauslenkung. Die

Gleichungen für die n-te Teilschwingung stimmen bis auf ein Vorzeichen von $\Delta\Phi$ mit den Gl. (187) überein. Sie lauten

$$s_n'(t) = -\frac{1}{j\,2\,\pi\,n}\,e^{j\,n\,\{\omega_0 t' + \Delta\Phi\sin\omega_m t'\}}$$

$$s_n''(t) = \frac{1}{j\,2\,\pi\,n}\,e^{j\,n\,\{\omega_0 t'' + \Delta\Phi\sin\omega_m t''\}}\,. \tag{215}$$

Dabei bedeuten jetzt die durch Striche gekennzeichneten Zeiten (vgl. Abb. 34, Zeile c)

$$t' = t - \frac{\tau}{2}; \quad t'' = t + \frac{\tau}{2}, \tag{216}$$

während $\Delta\Phi$ durch Gl. (212) gegeben ist. Wenn man BESSEL-Funktionen einführt, addiert und den Zeitfaktor ausklammert, so erhält man analog dem Rechnungsgang der vorigen Beispiele

$$c_{nq} = a_{nq} = \frac{1}{\pi\,n}\,J_q(n\,\Delta\Phi)\,\sin\,(n\,\omega_0 + q\,\omega_m)\,\frac{\tau}{2}\,. \tag{217}$$

Diese spektrale Verteilung ist in Abb. 36 aufgetragen, wiederum in der Amplitude mit dem Tastverhältnis $\frac{\tau}{T_0}$ normiert. Abgesehen davon,

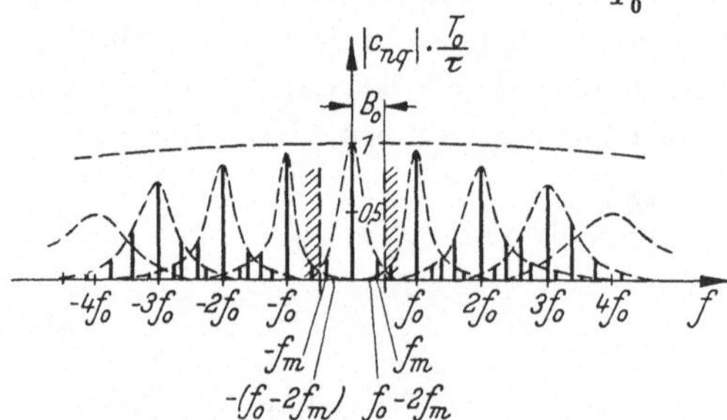

Abb. 36. Amplitudenspektrum bei Pulsphasen- oder Pulsfrequenz-Modulation

daß im allgemeinen die Impulsdauer τ bei Phasenmodulation viel kleiner ist als die mittlere Impulsdauer τ_0 bei der Dauermodulation, scheint das Spektrum auf den ersten Blick nicht sehr verschieden zu sein von dem in Abb. 35 dargestellten. Betrachtet man jedoch die Komponenten im einzelnen, so zeigen sich überraschende Besonderheiten.

Die Gleichstrom-Komponente wird wie zu erwarten mit $n = 0$ und $q = 0$

$$a_{0,0} = \frac{\tau}{T_0}\,. \tag{218}$$

Die Komponenten der Modulationsschwingung im Bande $\pm\,B_0$ werden ($n = 0$, $q = \pm\,1$)

$$a_{0,1} = a_{0,-1} = \frac{\tau}{T_0}\,\frac{f_m}{f_0}\,\frac{\Delta\Phi}{2}\,. \tag{219}$$

Verglichen mit Gl. (194) zeigt sich folgendes:

1. Obwohl die Phase der erzeugenden Sägezahnkurven und damit die Impulseinsätze sinusförmig moduliert waren (Abb. 34), enthält das Spektrum nur Komponenten a_n, d. h. Cosinusschwingungen. Alle Mo-

dulationsschwingungen der Frequenzen f_m ergäben sich also, wenn man mit einem Filter der Bandbreite B_0 demodulieren wollte, zwar ohne Oberschwingungen, aber um $90°$ in der Phase verdreht. Es gelten bezüglich der Formtreue die Betrachtungen zur Abb. 1, 14.

2. Darüber hinaus ist das Spektrum im Bande B_0 proportional der Modulationsfrequenz f_m verzerrt. Man müßte also bei der Filterdemodulation einen Entzerrer einschalten, der die Amplituden bei tiefen Frequenzen anhebt.

3. Statt des Faktors $\dfrac{m}{2}$ in Gl. (194), der von der Größenordnung Eins ist, erscheint der Faktor $\dfrac{\Delta\Phi}{2}$, dessen Wert nach Gl. (214), wenn die Zahl der Kanäle groß ist, immer weit unter Eins liegt. Nimmt man noch hinzu, daß der Amplitudenfaktor $\dfrac{\tau}{T_0}$ ohnehin wegen des freizuhaltenden Platzes für die Zeitauslenkung wesentlich kleiner ist als bei Pulsamplituden- und Pulsdauer-Modulation, so bedeutet dies einen erheblichen Verstärkeraufwand je Kanal — an einer Stelle also, wo man in einem Mehrfachsystem gerade sehr sparsam sein möchte.

Wegen dieser Eigenschaften des Spektrums nullter Ordnung wird bei Pulsphasen-Modulation die Filterdemodulation nicht verwendet, sondern, wie schon erwähnt, eine Umformung in Pulsdauer-Modulation, in Pulsamplituden-Modulation oder in den treppenförmigen Puls zwischengeschaltet. Auf eine Diskussion des unharmonischen Klirrfaktors sei daher verzichtet.

Nach den Betrachtungen über die kontinuierliche Phasen- und Frequenzmodulation auf S. 19 ff. liegt der Gedanke nahe zu prüfen, ob nicht das Spektrum günstiger wird, wenn ein frequenzmodulierter statt eines phasenmodulierten Pulses benutzt wird. Diese Prüfung ist sehr einfach, da sich ja die beiden Arten, wie geschildert, für eine bestimmte Modulationsfrequenz f_m nicht voneinander unterscheiden, so daß auch die Spektren gleich sind. Für den Phasenhub muß nur gesetzt werden

$$\Delta\Phi = \frac{\Delta F}{f_m}. \tag{220}$$

Bei Frequenzmodulation ist dann der Frequenzhub ΔF für alle Werte von f_m konstant zu halten und nicht mehr der Phasenhub $\Delta\Phi$. Der Wert von Gl. (220), in Gl. (219) eingesetzt, ergibt für das Spektrum nullter Ordnung im Bande B_0

$$a_{0,0} = \frac{\tau}{T_0} \tag{221}$$

und

$$a_{0,1} = a_{0,-1} = \frac{\tau}{T_0}\,\frac{1}{2}\,\frac{\Delta F}{f_0}. \tag{222}$$

Jetzt sind in der Tat einige der ungünstigen Eigenschaften verschwunden.

1. Bei der erzeugenden Schwingung ist angenommen worden, daß die Phase φ nach einer Sinusfunktion moduliert wurde; die Frequenz $\frac{d\varphi}{dt}$, in der das primäre Signal steckt, ist daher eine Cosinusschwingung. Das Spektrum nullter Ordnung enthält ebenfalls eine Cosinuskomponente, hat also die richtige Phase.

2. Das Spektrum ist nicht mehr proportional zur Modulationsfrequenz verzerrt, da ΔF für alle f_m konstant bleibt.

An der Tatsache, daß die Amplituden des Spektrums nullter Ordnung so klein sind, ändert sich leider nichts. Da der Phasenhub bei Mehrfachausnutzung nach Gl. (214) beschränkt ist, ergibt sich hieraus nach Gl. (220) der höchste zulässige Frequenzhub für die tiefste Frequenz f_m, bei Sprache z. B. 300 Hz. Für alle höheren Werte von f_m wird $\Delta \Phi$ kleiner, man nutzt den zur Verfügung stehenden Zeitraum nur für die tiefste Frequenz f_m gut aus. Gegenüber der Pulsphasen-Modulation fällt also nur der Entzerrer fort, der die höheren Frequenzen dämpft. Der Verstärkeraufwand bleibt der gleiche.

Aus diesem letzten Grunde wird die Pulsfrequenz-Modulation in der Praxis für die Mehrfachübertragung mit Pulsmodulation nicht benutzt.

Ebenso wird für die Übertragung im allgemeinen die Phasenmodulation mit Doppelimpulsen nach Abb. 1, 49 nicht benutzt. Die Leistung eines solchen Vorgangs ist doppelt so groß wie die des gewöhnlichen phasenmodulierten Pulses. Gemittelt über eine Periode der Modulationsfrequenz tritt keine Schwankung auf, so daß das Spektrum nullter Ordnung nur eine Gleichstromkomponente

$$a_{0,0} = 2 \frac{\tau}{T_0} \tag{223}$$

enthält. Man kann hier also, auch wenn man wollte, nicht mit einem Filter demodulieren. Auf eine nähere Berechnung des Spektrums sei daher verzichtet.

5. Folgerungen und Zusammenhänge zwischen Modulationsfrequenz, Phasenhub und Zeithub

Bei den Betrachtungen über die kontinuierlichen Winkelverfahren auf S. 20 wurde der Modulationsgrad der Frequenzmodulation

$$m^{\text{FM}} = \frac{\Delta F}{f_0} = \frac{f_m}{f_0} \Delta \Phi \tag{224}$$

eingeführt und in der Tabelle hinter Gl. (1, 28) gezeigt, daß die praktisch benutzten Werte von m nur wenige Prozent betragen. Es wurde daher nicht näher untersucht, wie weit man den Modulationsgrad steigern kann. Für die entsprechenden Winkelverfahren der Pulsmodulation dagegen ist diese Untersuchung wichtig, da man bei Übertragungssystemen mit weniger oder gar mit nur einem einzigen Kanal so weit wie möglich durchmodulieren möchte. Mit dieser Untersuchung wird auch gleichzeitig die Frage gelöst, unter welchen Umständen bei gleichzeitiger Amplituden- und Winkelmodulation die beiden Modulationen wieder einfach voneinander getrennt werden können (vgl. hierzu Abb. 1, 5). Das Abtasttheorem für Zeitvorgänge gestattet es, diese Frage einfach zu beantworten.

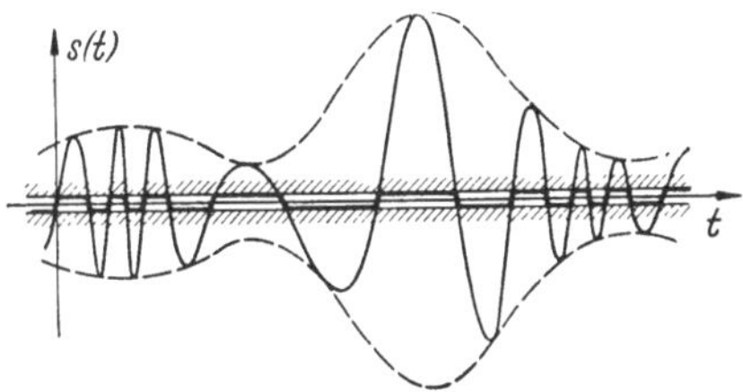

Abb. 37. Gleichzeitig amplituden- und frequenzmodulierte Schwingung

Gegeben sei nach Abb. 37 eine Schwingung, die zugleich Amplituden- und Frequenzmodulation aufweist. Solange viele Schwingungen der Hochfrequenz f auf eine Schwingung der Modulationsfrequenz f_m, d.h. auf eine Welle der Hüllkurve kommen, leuchtet es ein, daß eine Amplitudenmodulation die Zeitpunkte der Nulldurchgänge nicht verändert. Durch starke Amplitudenbegrenzung, wie im Bilde eingezeichnet, kann man eine Rechteckschwingung erhalten, die rein frequenzmoduliert ist. Die Phasenwerte $\varphi(t)$ dieser Schwingung sind exakt bekannt nur für die diskreten Zeiten der Nulldurchgänge, also für Vielfache von $180° = \pi$ rad (Abb. 38). Nach dem Abtasttheorem für Zeitfunktionen gilt aber, daß $\varphi(t)$ vollständig bestimmt ist, wenn die Abtastfrequenz mindestens doppelt so groß ist wie die Frequenz f_m der höchsten in $\varphi(t)$ enthaltenen Teilschwingung. Die gezeichnete Komponente mit der Periode T_m möge diese äußerste Teilschwingung sein. Anders ausgedrückt müssen dann auf die kürzeste Modulationsperiode $T_m = \dfrac{1}{f_m}$ mindestens 2 Perioden der Abtastung kommen.

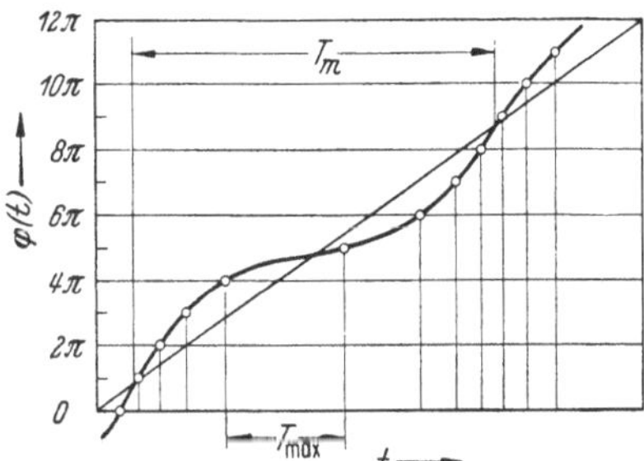

Abb. 38. Phasenverlauf der Schwingung von Abb. 37

Diese Bedingung wird sicher eingehalten, wenn für die größte vorkommende Abtast-Zeitspanne $T_{\max}$ die Ungleichung gilt

$$2\,T_{\max} < T_m. \tag{225}$$

Andererseits gilt für die Stelle geringster Neigung, wo die Augenblicksfrequenz $\dfrac{d\varphi}{dt}$ am kleinsten ist,

$$\left(\frac{d\varphi}{dt}\right)_{\min} = 2\,\pi\,f_{\min} \leq \frac{\pi}{T_{\max}}. \tag{226}$$

Hieraus folgt

$$2\,T_{\max} \leq \frac{1}{f_{\min}}. \tag{227}$$

Damit die Ungleichung (225) erfüllt bleibt, muß man also nur dafür sorgen, daß $\dfrac{1}{f_{\min}}$ kleiner bleibt als T_m. D. h. aber, es muß immer gelten

$$f_{\min} > f_m. \tag{228}$$

Die Augenblicksfrequenz einer frequenzmodulierten Schwingung muß also stets größer sein als die höchste in ihr enthaltene Modulationsfrequenz. Abb. 39 zeigt diese Verhältnisse für die Augenblicksfrequenz einer Schwingung, die nach einer Cosinusfunktion frequenzmoduliert ist.

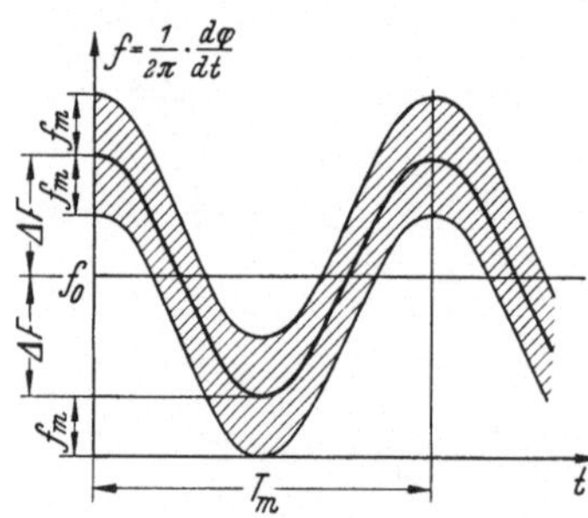

Abb. 39. Größter zulässiger Frequenzhub bei Winkelmodulation

Aufgetragen ist die Augenblicksfrequenz (229)

$$f = \frac{1}{2\,\pi}\frac{d\varphi}{dt} = f_0 + \Delta F\cos\omega_m t$$

über der Zeit. Man kann sich dabei vorstellen, daß eine außerdem noch vorhandene Amplitudenmodulation, deren höchste Modulationsfrequenz ebenfalls f_m sein möge, mit ihren beiden Seitenbändern jeweils den freien Platz $\pm f_m$ bedeckt (schraffiert gezeichnet), so daß auch dieses Verfahren berücksichtigt erscheint. Zu diesem Ergebnis führt auch die folgende genauere Überlegung.

Wenn die Bedingung der Gl. (228) erfüllt ist, dann ist nach dem Abtasttheorem der gesamte zeitliche Verlauf der Phasenwerte $\varphi(t)$ durch die Zeitpunkte der Nulldurchgänge von Abb. 37 eindeutig gegeben; es sind daher auch die Zeitpunkte bekannt, in denen die Phasenwerte ungerade Vielfache von 90° sind. In diesen Zeitpunkten stimmt der Augenblickswert des Signals mit der Hüllkurve der Schwingung überein. Nun genügt aber aus den gleichen Gründen wie oben die Kenntnis dieser diskreten Augenblickswerte der Amplituden, um den gesamten zeitlichen Verlauf der Hüllkurve interpolieren zu können.

Die Bedingung (228) ergibt also folgenden Satz:

In dem Pendelzeiger-Diagramm (Abb. 1, 5) sind die Amplituden-modulation und die Winkelmodulation dann voneinander unabhängig, *wenn die Winkelgeschwindigkeit $\dfrac{d\varphi}{dt}$ über der höchsten, in der Modulation enthaltenen Kreisfrequenz ω_m liegt.*

Solange diese Bedingung erfüllt ist, kann man aus einer phasen- oder frequenzmodulierten Schwingung durch Begrenzen der Amplitude eine Rechteckschwingung bilden und aus deren steilen Flanken den gewünschten phasen- oder frequenzmodulierten Puls ableiten.

Für den höchsten zulässigen Frequenzhub ist aus Abb. 39 direkt abzulesen

$$\varDelta F = f_0 - f_m. \tag{230}$$

Hieraus folgt für den größten Phasenhub, der bei der Modulationsfrequenz f_m noch zulässig ist,

$$\varDelta \Phi = \frac{\varDelta F}{f_m} = \frac{f_0 - f_m}{f_m}. \tag{231}$$

Beachtet man noch, daß die Abtastfrequenz f_0 nach den Regeln des Abtasttheorems mindestens das Zweifache der höchsten Modulationsfrequenz $f_m = B_0$ sein muß, so ergibt sich die einfache Beziehung

$$\varDelta \Phi = 1 \,\text{rad} = 57{,}3°. \tag{232}$$

Der höchstzulässige Phasenhub ist bei Pulsphasen-Modulation gleich 1 rad oder 57,3°, wenn die Abtastfrequenz gleich der doppelten Modulations-Bandbreite B_0 gewählt wird.

Für den höchsten Zeithub $\varDelta T$ erhält man aus der Beziehung (211)

$$\varDelta T = \frac{1}{2\,\pi}\, T_0 \approx 16\,\%\ T_0. \tag{233}$$

Der höchstzulässige Zeithub ist bei Pulsphasen-Modulation gleich $\dfrac{1}{2\,\pi}$ oder etwa 16% der Abtastperiode, wenn die Abtastfrequenz gleich der doppelten Modulations-Bandbreite B_0 gewählt wird.

Mit den schon öfter benutzten Zahlen $f_0 = 8\,\text{kHz}$, $T_0 = 125\,\mu\text{sec}$ ergibt sich der höchste Zeithub bei einem Einfach-System

$$\varDelta T \approx \pm\, 20\,\mu\text{sec}, \tag{234}$$

obwohl bei gleichmäßiger Aufteilung des Platzes ein Zeitraum von $\pm\,\dfrac{1}{2}\,T_0 = \pm\,62{,}5\,\mu\text{sec}$ zur Verfügung stände (Abb. 40). Das Bild ist gezeichnet für eine Halbperiode der Modulationsfrequenz $f_m = \dfrac{1}{8}\,B_0$.

In dem Zeitraum $\pm\,\dfrac{1}{2}\,T_0$, der mehr als dreimal so groß ist, können also mit Zeitbündelung noch 2 weitere phasenmodulierte Pulse eingeschaltet werden, die ebenfalls jeder den höchstzulässigen Zeithub $\pm\,16\%\ T_0$ aufweisen. Erst oberhalb von $z = 3$ Kanälen wird der verfügbare Zeitraum enger und folgt der bereits benutzten Beziehung (213). Abb. 41 zeigt diesen Zusammenhang.

Etwas komplizierter sind die Verhältnisse bei Pulsfrequenz-Modulation. Betrachtet werde zunächst wieder ein einziger Kanal. In

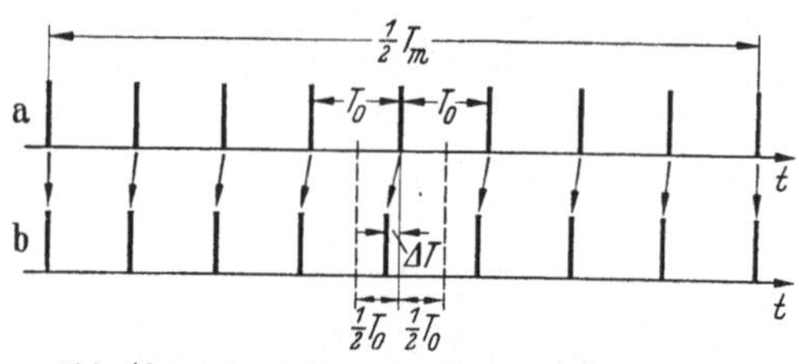

Abb. 40a u. b. Pulsphasen-Modulation mit dem höchstzulässigen Zeithub $\Delta T = \dfrac{1}{2\pi}\, T_0$
a) unmoduliert, b) moduliert

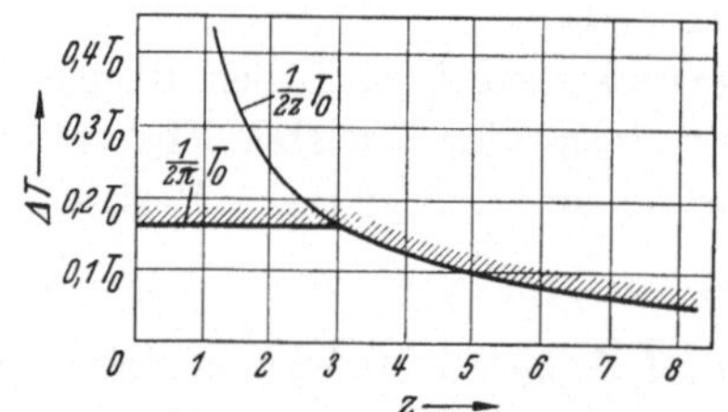

Abb. 41. Zulässiger Zeithub ΔT bei Pulsphasen-Modulation als Funktion der Kanalzahl z

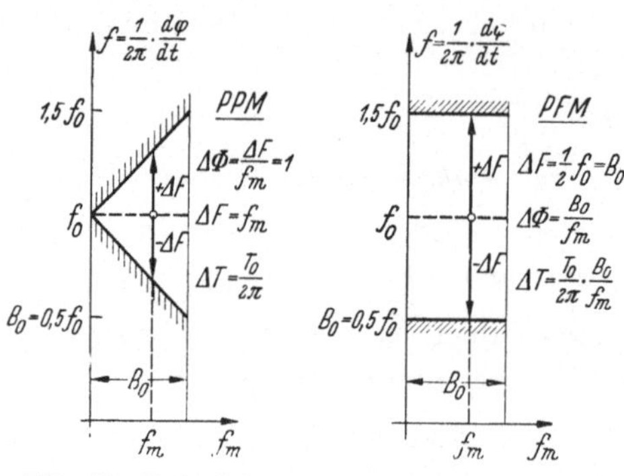

Abb. 42. Verlauf des zulässigen Frequenzhubes ΔF bei Pulsphasen-Modulation (PPM) und Pulsfrequenz-Modulation (PFM) für verschiedene Modulationsfrequenzen f_m

Abb. 42 sind zum Vergleich die zulässigen Frequenzhübe ΔF für Pulsphasen-Modulation (PPM) und Pulsfrequenz-Modulation (PFM) als Funktion der Modulationsfrequenz f_m gegenübergestellt. Die Grenze für ΔF ist bei beiden Verfahren dadurch gegeben, daß bei der höchsten Modulationsfrequenz $f_m = B_0 = \dfrac{1}{2} f_0$ der Phasenhub nicht größer als $\Delta \Phi = 1$ ist, der Frequenzhub also höchstens

$$\Delta F = B_0 = \frac{1}{2} f_0 \qquad (235)$$

sein darf.

Bei PPM wird die Größe des zugehörigen Phasenhubes und damit auch des Zeithubes für alle Modulationsfrequenzen beibehalten, es gilt also stets

$$\Delta F = f_m. \qquad (236)$$

Der Frequenzhub steigt linear mit f_m an. Bei PFM dagegen wird der höchste zulässige Frequenzhub von Gl. (235) für alle Modula-

tionsfrequenzen beibehalten, der Phasenhub wird also

$$\Delta \Phi = \frac{B_0}{f_m}. \qquad (237)$$

Er hat nur für die höchste Frequenz $f_m = B_0$ den Wert 1, sonst ist er größer. Der hierzu proportionale Zeithub zeigt das gleiche Verhalten, er wird

$$\Delta T = \frac{T_0}{2\pi} \Delta\Phi = \frac{T_0}{2\pi}\frac{B_0}{f_m}. \qquad (238)$$

Bei PFM kann demnach der Zeithub durchaus größer werden als die Abtastperiode T_0, wenn die Modulationsfrequenz genügend klein ist, wenn also viele Abtastwerte für eine Periode $T_m = \frac{1}{f_m}$ vorliegen. Ein Beispiel für $f_m = \frac{1}{8} B_0$ zeigt Abb. 43. Der Zeithub wird

$$\Delta T = \frac{4}{\pi} T_0 \approx 1{,}27\, T_0. \qquad (239)$$

Die weit versetzten Impulse stören sich gegenseitig nicht, da ja die Nachbarimpulse ebenfalls von der Modulation erfaßt sind.

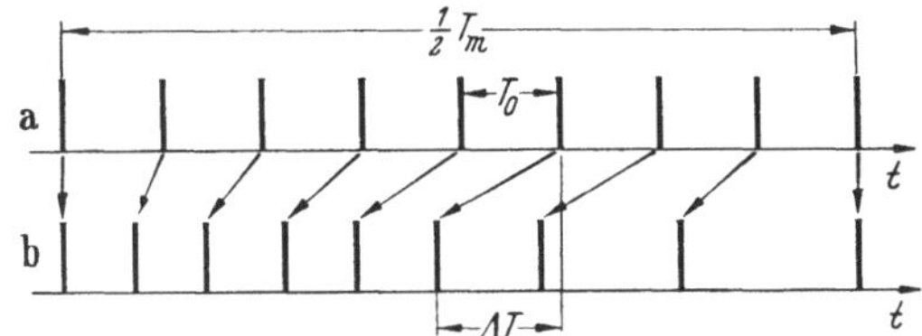

Abb. 43a u. b. Pulsfrequenz-Modulation mit dem höchstzulässigen Zeithub

$$\Delta T = \frac{4}{\pi} T_0 \quad \text{für} \quad f_m = \frac{1}{8} B_0 = \frac{1}{16} f_0$$

a) unmoduliert, b) moduliert

Aus Abb. 43 geht anschaulich hervor, warum die Pulsfrequenz-Modulation für die Mehrfachausnutzung nicht verwendet wird. Schachtelt man die Pulse anderer Nachrichten dazwischen, so muß man jedem Impuls, wie in Abb. 40 und 41 dargestellt, einen bestimmten Zeitraum $\pm \Delta T$ zuteilen, der nur ein Bruchteil von T_0 sein kann. Bei PFM müßten dann die Zeithübe, die für tiefe Modulationsfrequenzen ein Vielfaches von T_0 betragen dürften, stark eingeschränkt werden. Dann würden aber die Hübe für die hohen Modulationsfrequenzen unerträglich klein. Im Gegensatz zu den kontinuierlichen Verfahren, wo die Frequenzmodulation gegenüber der Phasenmodulation häufig ist, beherrscht in der Pulstechnik, soweit Winkelverfahren verwendet werden, die Pulsphasen-Modulation das Feld.

Beim Betrachten von Abb. 43 mag dem Leser bereits aufgefallen sein, daß der Zeithub ΔT nicht in der Mitte des Bildes erreicht wird, sondern später, obwohl doch eine sinusförmige Modulation vorausgesetzt ist. Dies hat folgende Ursache, die noch zum Abschluß an Hand von Abb. 44 besprochen werden möge.

Dargestellt ist ein vergrößerter Ausschnitt des zeitlichen Verlaufs der Augenblicksphase von Abb. 38. Die betrachtete Schwingung habe

konstante Amplitude und werde in der Phase moduliert, die Mitten-
frequenz sei f_0. Zu der Geraden $\varphi_0 = \omega_0\,t$ ist eine sinusförmige Auslenkung $\Delta\varphi$ addiert. Im unmodulierten Zustand mögen bei allen Nulldurchgängen der Schwingung, wo sie ansteigt, d. h. bei allen Vielfachen
von 2π, Impulse erzeugt werden; diese sind mit den Zahlen 1 bis 7 bezeichnet und haben alle den Abstand T_0. Im Beispiel füllen sie gerade
eine Halbperiode der Modulationsschwingung. Wird moduliert, d. h.

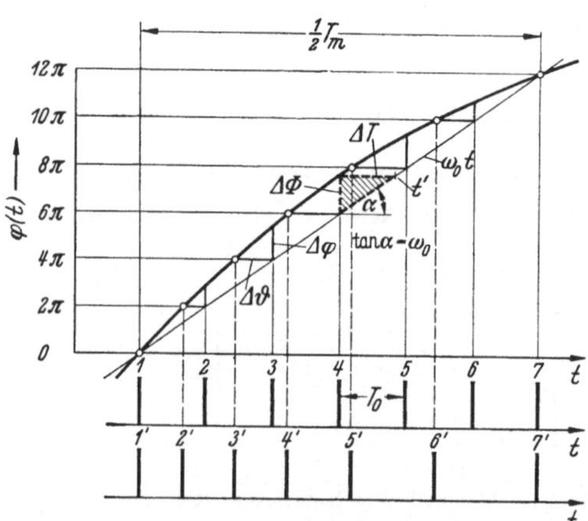

Abb. 44. Zeitlicher Verlauf der Phasenauslenkung $\Delta\varphi$
und der Zeitauslenkung $\Delta\vartheta$

die Phase nach größeren Werten ausgelenkt, so verschieben sich die Durchgänge durch $n\,2\pi$ nach früheren Zeiten. Die jetzt erzeugten Impulse sind durch gestrichene Zahlen gekennzeichnet. Die zeitlichen Auslenkungen $\Delta\vartheta$ stehen dabei in keinem einfachen Zusammenhang mit den zugehörigen Phasenauslenkungen $\Delta\varphi$. Hingegen besteht ein solcher einfacher Zusammenhang,
wenn man von der modulierten Schwingung ausgeht und feststellt,
um welche Zeit *später* derselbe Phasenwert für den unmodulierten Zustand auftritt. Für den Phasenhub $\Delta\Phi$ ist dies •in dem schraffierten
Dreieck dargestellt. Für die Zeitauslenkung ΔT liest man aus dem
Bilde die Beziehung ab

$$\Delta\Phi = \Delta T \tan\alpha = \Delta T\,\omega_0, \tag{240}$$

mit der bisher immer gerechnet wurde. Diese Auslenkung bezieht sich
auf einen Zeitpunkt t' der unmodulierten Phase, der um den Zeithub ΔT
später liegt als die betrachtete Zeit Nummer 4. Die gleiche Betrachtung
gilt für jeden anderen Impuls. Man wird also den Verlauf der Zeitauslenkung $\Delta\vartheta$ erhalten, wenn man zu jeder Phasenauslenkung nach (240)
den Wert bildet

$$\Delta\vartheta = \frac{\Delta\varphi}{\omega_0} = \Delta\varphi\,\frac{T_0}{2\pi} \tag{241}$$

und diesen Wert um $\Delta\vartheta$ verspätet aufträgt. In Abb. 45 ist dies durchgeführt. Aus der sinusförmigen Kurve $\Delta\varphi(t)$ wurde zunächst nach
Gl. (241) eine ebenfalls sinusförmige Kurve $\Delta\vartheta'$ gebildet. Die Werte
für die Zeitpunkte 1 bis 7 wurden dann, wie die Viertelkreis-Bögen mit
Pfeil andeuten, um die Beträge $\Delta\vartheta'$ nach rechts geschert. Das Ergebnis

ist die Kurve $\Delta\vartheta(t)$. Aus dieser kann man die jeweiligen diskreten Zeitauslenkungen, die zu den Zeiten 1 bis 7 gehören, ablesen und nach früheren Zeitwerten abtragen. Diese liefern dann die gleichen Impulse wie in Abb. 44.

Zu einer sinusförmigen Phasenmodulation $\Delta\varphi(t)$ gehört demnach eine verzerrte Kurve der Zeitauslenkung $\Delta\vartheta(t)$. Man könnte umgekehrt auch die Zeitauslenkung sinusförmig variieren; dann erhielte man eine verzerrte Kurve der Phase $\Delta\varphi(t)$. Streng genommen muß man also zwischen zwei Modulationsarten unterscheiden: Der Pulswinkel-Modulation und der Pulszeit-Modulation. Nun steht aber, wie schon öfter betont wurde, bei den Winkelverfahren die Pulsphasen-Modulation mit ihren kleinen Zeitauslenkungen nach Abb. 41 im Vordergrund, während in den Abb. 44 und 45 der Deutlichkeit halber ein Wert $\Delta T \approx 0{,}85\, T_0$ angenommen wurde, wie er nur bei Einkanal-Pulsfrequenz-Modulation vorkommen kann. Bei kleinen Zeitauslenkungen sind aber die Abweichungen des zeitlichen Verlaufs von $\Delta\varphi(t)$ und $\Delta\vartheta(t)$ wenig spürbar. Sie können auf genau die gleiche Weise berechnet werden, wie dies auf S. 34ff. für die Laufzeit-Verzerrungen bei Frequenzmodulation geschehen ist (Gl. 1, 51, Abb. 1, 33). Auch dort handelt es sich um Kurven, die längs der Zeitachse geschert sind. Statt

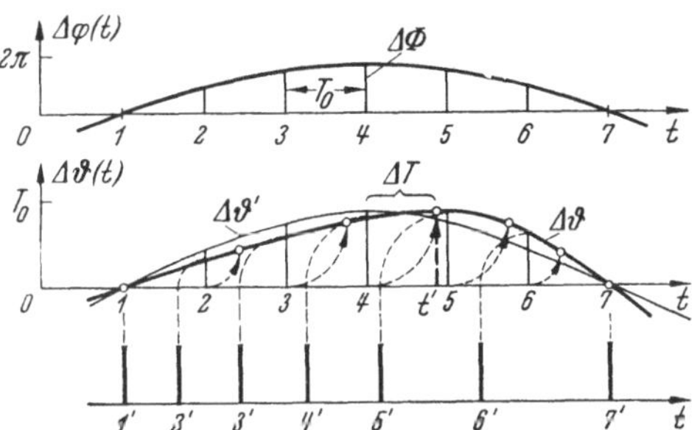

Abb. 45. Verzerrte zeitliche Auslenkung $\Delta\vartheta(t)$ bei sinusförmiger Phasenauslenkung $\Delta\varphi(t)$

der Zeit t_1 ist hier nur der Zeithub ΔT einzusetzen. Wenn man z. B. die Impulse aus einer streng sinusförmig phasenmodulierten Schwingung erzeugen würde, so erhielte bei voller Modulation die Zeitauslenkung einen Klirrfaktor 2. Grades der Größe

$$k_2 = \pi\, f_m\, \Delta T. \tag{242}$$

Falls man auf der Empfangsseite zeitmäßig demoduliert, würde ein Klirrfaktor dieser Größe auch wirklich auftreten. Setzt man die Beziehung (213) ein, so ergibt sich

$$k_2 = \pi\, f_m\, \frac{T_0}{2\,z}. \tag{243}$$

Für eine Modulationsfrequenz von z. B. $f_m = 1000\,\text{Hz}$, für $T_0 = 125\,\mu\text{sec}$ und $z = 24$ Kanäle erhält man

$$k_2 = \pi\, 1000\, \frac{125 \cdot 10^{-6}}{48} \approx 0{,}8\%. \tag{244}$$

In der Praxis spielen daher die Unterschiede zwischen Winkel- und Zeitmodulation keine wichtige Rolle. Es kann durchaus vorkommen, daß die Pulse aus einer phasenmodulierten Schwingung erzeugt werden, während bei der Demodulation nicht die phasenmäßigen sondern die zeitlichen Auslenkungen als Maß für das Empfangssignal benutzt werden. Die Abkürzung PPM, die man im Deutschen als Pulsphasen-Modulation lesen muß, im Englischen als „Pulse-Phase-Modulation" oder „Pulse-Position-Modulation" deuten kann, wird daher im allgemeinen für beides verwendet. Werden jedoch Pulssysteme speziell für einen oder wenige Kanäle ausgelegt, so müssen diese Unterschiede beachtet werden.

IV. Quantisierte Signale

1. Die Quantisierungsverzerrung

Die Vorgänge bei einer Quantisierung der Amplituden von Zeitfunktionen und deren Nutzen für die Übertragung wurden bereits auf den S. 60 ff. besprochen. In Abb. 1, 51 ist eine Unterteilung in gleichmäßig hohe Amplitudenstufen ΔS gezeigt. Eine derartige „lineare" Stufung wird man vornehmen, wenn das stetige primäre Signal $s_1(t)$ alle Stufen ungefähr gleich häufig durchläuft. Dies ist z. B. für eine Dreiecksschwingung gleichbleibenden Höchstwertes erfüllt. Die in der Praxis vorkommenden Signale zeigen mehr oder minder große Abweichungen von einer solchen Amplitudenverteilung. Unter ihnen hat das Signal eines Fernsehprogramms noch am ehesten ein hohes Maß von Gleichmäßigkeit; sehr ungleichförmig ist dagegen die Amplitudenverteilung von Sprache mit ihren hohen, aber seltenen Spitzenwerten. Wenn jedoch $s_1(t)$ aus vielen frequenzmäßig gebündelten Sprachschwingungen besteht, kommt die Verteilung der gleichmäßigen näher. Dabei wirkt sich allerdings im empfangenen Signal $s_2(t)$ jede Abweichung von der ursprünglichen Kurvenform — und eine solche Abweichung stellt die Quantisierungsverzerrung dar — als nichtlineares Nebensprechen zwischen den einzelnen Sprachkanälen aus. Die Anforderungen an die Dämpfung des Nebensprechens sind ziemlich hoch, da es auch in einem nicht besprochenen Kanal als Geräusch hörbar ist. In diesem Fall wird man daher eine ziemlich große Zahl q von linear gestuften Amplitudenwerten vorsehen. Bei der Berechnung der Quantisierungsverzerrung, die unter a) folgt, wird zum Schluß noch kurz darauf eingegangen werden, in welcher Weise q von der Zahl z der frequenzmäßig gebündelten Sprachsignale abhängt.

Wenn dagegen $s_1(t)$ nur die Sprachschwingungen eines einzigen Fernsprechkanals enthält, so wird der Amplitudenbereich S_1 nur durch die seltenen Sprachspitzen der lauten Sprecher voll ausgenutzt; während des größten Teiles der Zeit überdecken die Sprachschwingungen nur wenige Stufen. Um für diese häufigen kleinen Amplitudenwerte die Quantisierungsverzerrung in erträglichen Grenzen zu halten, müßte man für den ganzen Bereich S_1 sehr viele Stufen einführen. Nun zeigt die Erfahrung, daß das menschliche Ohr gleiche *relative* Verzerrungen, d. h. gleiche Klirrfaktoren, annähernd als gleich störend bewertet. Man kann also die Stufenhöhe proportional zu den Augenblickswerten von $s_1(t)$, d. h. exponentiell, ansteigen lassen und dadurch an Stufenzahl sparen. In Abb. 1, 51 würden demnach zu beiden Seiten der Zeitachse zunächst kleine Stufen liegen, die nach größeren positiven und negativen Amplitudenwerten immer größer werden. In der Praxis kann man dies dadurch erreichen, daß man nach Abb. 46 das primäre Signal $s_1(t)$ zunächst logarithmisch vorverzerrt und anschließend in gleichen Stufen quantisiert. Die Abb. zeigt das Ausgangssignal s als Funktion des primären Signals s_1. Für s sind wieder nur 8 diskrete Werte von 0 bis 7 zugelassen, die alle den gleichen Abstand ΔS haben. Projiziert auf die Abszisse ergeben diese Werte die gewünschten ungleichförmigen Stufen. Schaltet man am Empfangsort einen passenden Expander ein, so wird

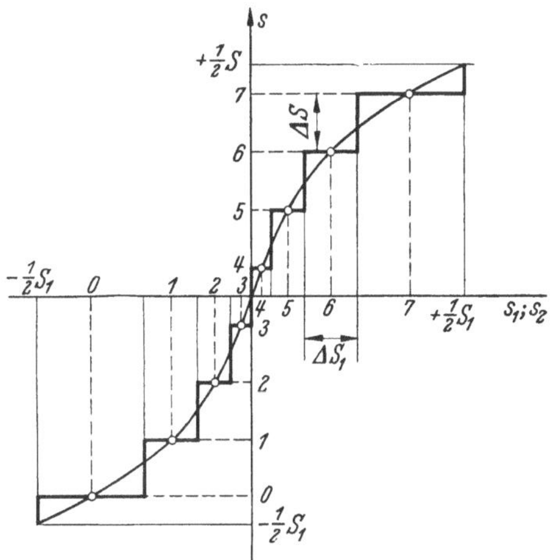

Abb. 46. Amplitudenkompression zum Zwecke ungleichförmiger Quantisierung

mit der Gesamtanordnung das gleiche erreicht, wie wenn man ohne Verzerrung und Entzerrung in exponentiell ansteigenden Stufen quantisiert hätte. Die Stufenwerte der Abszisse geben daher auch die diskreten Werte der Empfangsfunktion $s_2(t)$ an. Die Verstärkung des Systems ist so gewählt, daß die Höchstwerte $\pm \dfrac{1}{2} S_1$ bei der Kompression und Expansion nicht verändert werden. Im folgenden wird unter b) die Quantisierungsverzerrung berechnet für den Fall, daß die Amplitudenwerte exponentiell ungleichförmig gestuft sind.

a) Lineare Stufung der Amplituden. Hierzu sei nochmals das Beispiel von Abb. 1, 51 betrachtet. Der gesamte Amplitudenbereich S_1 des primären Signals $s_1(t)$ ist dort in 8, allgemein q gleiche Stufen eingeteilt. Es besteht daher der Zusammenhang

$$S_1 = q\,\Delta S. \tag{245}$$

10*

Die quantisierten Abtastimpulse nehmen einen etwas kleineren Amplitudenbereich S ein, da die äußersten positiven und negativen Werte des stetigen Signals $s_1(t)$ bei der Quantisierung nicht erhöht, sondern nur reduziert werden. Der Unterschied ist je eine halbe, insgesamt also eine Stufe, und es wird

$$S = (q - 1)\, \Delta S. \tag{246}$$

Entsprechend diesem Unterschied sind auch die Leistungen P_1 und P des stetigen primären Signals $s_1(t)$ und des quantisierten Signals $s(t)$ verschieden. Für den einfachen Fall, daß alle Werte des primären Signals $s_1(t)$ im Laufe der Zeit gleich häufig vorkommen, ist der Unterschied die Leistung P_Q der Quantisierungsverzerrung

$$P_Q = P_1 - P. \tag{247}$$

Sie läßt sich also in diesem Falle sehr einfach aus P_1 und P berechnen.

Die Leistung P_1, umgesetzt in einem Einheitswiderstand, errechnet sich allgemein so, daß die Quadrate der Augenblickswerte mit der Wahrscheinlichkeit ihres Auftretens multipliziert werden und daß dann über alle Werte summiert wird.

$$P_1 = \int\limits_{-\frac{1}{2} S_1}^{+\frac{1}{2} S_1} s_1^2\, p(s_1)\, \mathrm{d}s_1. \tag{248}$$

Dabei bedeutet $p(s_1)\, \mathrm{d}s_1$ die Wahrscheinlichkeit dafür, daß der Augenblickswert zwischen s_1 und $s_1 + \mathrm{d}s_1$ liegt. $p(s_1)$ nennt man die Wahrscheinlichkeitsdichte. Nach der getroffenen Annahme, daß alle Werte $s_1(t)$ gleich häufig vorkommen, ist $p(s_1)$ unabhängig von s_1 konstant gleich p_0, und aus Gl. (248) wird

$$P_1 = p_0 \int\limits_{-\frac{1}{2} S_1}^{+\frac{1}{2} S_1} s_1^2\, \mathrm{d}s_1 = p_0 \frac{S_1^3}{12}. \tag{249}$$

Der Wert für p_0 errechnet sich aus der Bedingung, daß die Summe aller vorkommenden Wahrscheinlichkeiten — dies entspricht der Gewißheit — gleich Eins sein muß

$$\int\limits_{-\frac{1}{2} S_1}^{+\frac{1}{2} S_1} p(s_1)\, \mathrm{d}s_1 = 1. \tag{250}$$

Im vorliegenden Falle konstanter Wahrscheinlichkeitsdichte wird hieraus

$$p_0 \int\limits_{-\frac{1}{2} s_1}^{+\frac{1}{2} s_1} \mathrm{d}s_1 = 1 \tag{251}$$

mit der Lösung

$$p_0 = \frac{1}{S_1}. \tag{252}$$

Aus Gl. (249) wird daher

$$P_1 = \frac{S_1^2}{12} \tag{253}$$

und, wenn noch Gl. (245) beachtet wird,

$$P_1 = \frac{q^2}{12} \Delta S^2. \tag{254}$$

Zur Berechnung der Leistung P des quantisierten Signals wird am einfachsten die Beziehung (142) verwendet, in der über die Quadrate der Abtastwerte gemittelt wird. Infolge der Quantisierung können nur die Abtastwerte

$$\pm \frac{1}{2} \Delta S, \quad \pm \frac{3}{2} \Delta S, \quad \pm \frac{5}{2} \Delta S, \ldots \pm \frac{q-1}{2} \Delta S \tag{255}$$

auftreten, und zwar nach Voraussetzung mit gleicher Häufigkeit. Es genügt also über diese q verschiedenen Werte zu summieren. Man erhält, wenn gleiche positive und negative Werte jeweils zusammen genommen werden,

$$P = \frac{1}{q} 2 \frac{\Delta S^2}{4} \{1^2 + 3^2 + 5^2 + \cdots (q-1)^2\}. \tag{256}$$

Die Summation ergibt für die Leistung des quantisierten Signals $s(t)$ und damit auch des empfangenen Signals $s_2(t)$

$$P = P_2 = \frac{q^2-1}{12} \Delta S^2. \tag{257}$$

Nach Gl. (247) errechnet sich dann die Leistung der Quantisierungsverzerrung zu

$$P_Q = \frac{\Delta S^2}{12}. \tag{258}$$

Das Verhältnis von Signal- und Verzerrungsleistung nimmt den einfachen Wert an

$$\frac{P}{P_Q} = q^2 - 1. \tag{259}$$

Ein gebräuchliches Maß zur Kennzeichnung von Verzerrungen ist der Klirrfaktor

$$k = \sqrt{\frac{P_Q}{P}} = \frac{1}{\sqrt{q^2 - 1}}. \tag{260}$$

Bereits für mäßig große q strebt k der einfachen Beziehung zu

$$k \approx \frac{1}{q}. \tag{261}$$

Die folgende Tabelle gibt den Klirrfaktor und die Klirrdämpfung $a_k = \ln 1/k$ für verschiedene Stufenzahlen q an

q	2	4	8	16	32	64	128	256	512	1024	
k	58	26	12,6	6,3	3,1	1,56	0,78	0,39	0,20	0,10	%
a_k	0,55	1,4	2,1	2,8	3,5	4,2	4,8	5,5	6,2	6,9	N
a_k	4,8	11,8	18,0	24	30	36	42	48	54	60	db

Man entnimmt, daß 32 gestufte Amplitudenwerte bereits eine Telephonsprache guter Qualität ergeben ($k \approx 3\%$). Voraussetzung ist dabei aber, daß der gesamte Bereich S_1 von den Schwingungen des Sprachsignals voll ausgenutzt wird. Unter b) wird gezeigt werden, wie man durch exponentielle Stufung die Amplitudenstatistik des Sprachsignals, die außerdem noch von Sprecher zu Sprecher verschieden ist, besser berücksichtigen kann.

Die lineare Stufung ist, wie schon erwähnt, geeignet für den Fall, daß ein zusammengesetztes, trägerfrequenzmäßig gebündeltes Signal quantisiert werden soll. Da die Quantisierungsverzerrung — ganz ähnlich wie die nichtlineare Verzerrung — sich als Nebensprechen zwischen den Sprachkanälen äußert, muß der Klirrfaktor sehr gering sein, von der Größenordnung $1^0/_{00}$. Die Tabelle zeigt, daß dazu rund 1000 Stufen nötig sind. Schreibt man auf der Empfangsseite in jedem Kanal ein bestimmtes Signal/Geräusch-Verhältnis vor und steigert man die Zahl z der Kanäle und damit die Leistung des zu übertragenden Gesamtsignals, so liegt die Vermutung nahe, daß auch die notwendige Zahl der Stufen größer werden muß. Überraschenderweise ist dies nicht der Fall — für Sprache trifft sogar das Gegenteil zu, wie die folgende Betrachtung zeigt.

Es werde zunächst angenommen, daß der vorhandene Amplitudenbereich von einem einzigen Sprachsignal gerade voll ausgesteuert sei, vgl. Abb. 1, 51. Die zugehörige Signalleistung sei P, die Leistung der Quantisierungsverzerrung P_Q. Die Bandbreite der Signalfunktion $s_1(t)$ sei B_0; dann liegen bei Abtastung mit $f_0 = 2B_0$ auch die Teilschwingungen von $s_Q(t)$ im Bereich B_0.

Will man in demselben Amplitudenbereich S_1 ein neues Signal $s(t)$ unterbringen, das aus z frequenzmäßig gebündelten Einzelsignalen $s_1(t)$ zusammengesetzt ist, so muß deren Leistung P_1 auf den Wert $\frac{1}{z}P$ herabgesetzt werden. Die Gesamtleistung ist dann wieder gleich P.

Vorausgesetzt ist hierbei, daß das Verhältnis der Spitzenleistung $\hat{P}$ zur mittleren Leistung P des Gesamtsignals das gleiche ist wie bei den Einzelsignalen. Es läßt sich zeigen, daß diese Bedingung für Signale erfüllt ist, die dem Wärmerauschen ähnlich sind. Die Bandbreite des neuen Signals ist $z\,B_0$, es braucht z mal soviel Abtastpunkte; daher bedeckt auch die Verzerrungsfunktion das Frequenzband $z\,B_0$. Ihre Leistung P_Q bleibt jedoch die gleiche, da der Amplitudenbereich und die Stufenzahl nicht verändert wurden. Auf die Bandbreite B_0 eines jeden der z Einzelsignale entfällt also nur der Bruchteil $\dfrac{1}{z}\,P_Q$ an Verzerrungsleistung. Nach der Entbündelung sind daher in jedem Kanal sowohl die Signal- wie auch die Verzerrungsleistung um den Faktor z herabgesetzt. Ihr Verhältnis ist gleich geblieben. Für Signale, deren Amplitudenstatistik ähnlich der des Rauschens ist, ergibt sich demnach, daß *unabhängig von z immer die gleiche Stufenzahl q gebraucht wird.* Die Größe von q ist durch die einzuhaltende Klirrdämpfung bestimmt.

Nun zeigt die Amplitudenverteilung von Sprache noch größere Unterschiede zwischen Spitzenwert und Effektivwert als die des Rauschens, wenn man von den ganz kurzen Spitzen absieht. Diese Tatsache führt zu dem Aussteuerungsgewinn der frequenzmäßigen Bündelung, der bereits auf S. 51 behandelt wurde und dort in Abb. 1, 43 dargestellt ist. In dem dazugehörigen Text ist besprochen worden, daß die Spitzenleistung $\hat{P}$ des Gesamtsignals nicht annähernd proportional zu z ansteigt. Dieser Umstand wurde dazu ausgenutzt, die Pegel der einzelnen Sprachsignale so weit anzuheben, bis die gesamte Spitzenleistung $\hat{P}$ den Wert $z\,\overset{\wedge}{P_1}$, d. h. $z\,4\,\text{mW}$ erreicht; das Ergebnis war der Aussteuerungsgewinn r_z. Im vorliegenden Fall dagegen wird man die Pegelwerte ungeändert lassen und dafür an Stufenzahl sparen. Die Spitzenleistung $\hat{P}$ ist dann um den Faktor e^{-2r_z} kleiner als $z\,\overset{\wedge}{P_1}$; für die entsprechenden Werte der Amplituden gilt der Faktor e^{-r_z}. Aus Abb. 1, 43 entnimmt man z. B. für $z = 1000$ Kanäle den Wert $r_z = 1{,}75\,\text{N}$ (15 db) oder $e^{-r_z} = \dfrac{1}{5{,}8}$. Statt der rund 1000 Stufen, die für wenige Kanäle nötig sind, braucht man demnach für $z = 1000$ nur $\dfrac{1000}{5{,}8}$ oder etwa 170 Werte vorzusehen. Als Ergebnis folgt, daß *bei der Quantisierung von z trägerfrequenzmäßig gebündelten Sprachsignalen die notwendige Stufenzahl mit steigendem z fällt,* und zwar nach Maßgabe des Aussteuerungsgewinns. Wie sich später zeigen wird [siehe Gl. (283) und die dazugehörige Tabelle] bedeutet beim binären Code jeder Faktor 2 an ersparter Stufenzahl den Fortfall eines Codeelementes. Wird für geringe Werte von z ein Zehnercode gebraucht, so kann man bei sehr vielen Kanälen bequem mit einem Achtercode arbeiten.

b) Exponentielle Stufung der Amplituden. Wie bereits auf S. 147 erwähnt, kann man die exponentielle Stufung in der Praxis so erreichen, daß das stetige primäre Signal $s_1(t)$ zuerst einer logarithmischen Kompression unterzogen und dann in gleichen Stufen ΔS quantisiert wird (Abb. 46). Es ist auch für die Berechnung der Quantisierungsverzerrung zweckmäßig, diesen Gedankengang zugrunde zu legen, d. h. die gleichmäßigen Stufen ΔS auf die s_1-Achse als ungleichförmige Stufen ΔS_1 zurückzuprojizieren.

Eine Kompressionskurve, wie sie Abb. 46 zeigt, läßt sich in ihrem positiven Teil beschreiben durch die Beziehung

$$s = \frac{1}{2} S_1 \frac{\ln\left(1 + \mu \dfrac{s_1}{\frac{1}{2} S_1}\right)}{\ln(1 + \mu)}. \tag{262}$$

Darin bedeutet μ den Kompressionsfaktor, über den gleich noch zu sprechen sein wird. Die Konstanten sind in Gl. (262) so gewählt, daß die Höchstwerte $\frac{1}{2} S_1$ für die Eingangsamplitude s_1 und für die komprimierte Größe s gleich sind. Infolge der Quantisierung wird dann allerdings nicht dieser Wert übertragen, sondern ein etwas kleinerer.

Der Faktor μ bestimmt den Grad der Kompression (Abb. 47). Für $\mu = 1000$ z. B. wird ein Eingangs-Amplitudenbereich von 3 Zehnerpotenzen auf nur eine Zehnerpotenz am Ausgang reduziert. Für kleinere μ wird die Kompression geringer; wird schließlich μ klein gegen Eins, im Grenzfall zu Null, so geht Gl. (262) vermöge der Entwicklung $\ln(1 + \delta) \approx \delta$ über in die unter a) betrachtete lineare Beziehung $s = s_1$.

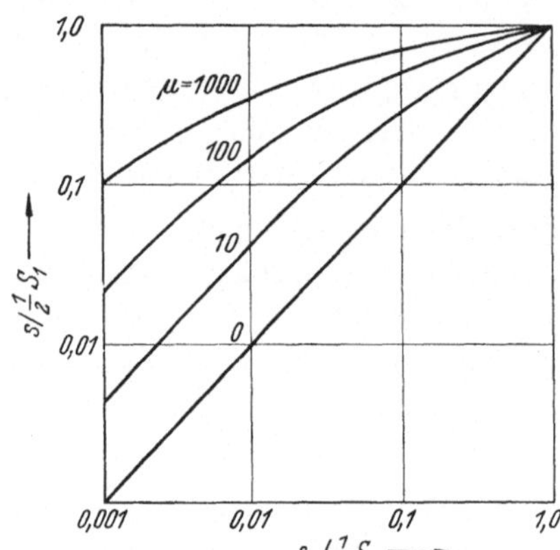

Abb. 47. Logarithmische Kompression für verschiedene Kompressionsfaktoren μ

Zur Berechnung der Verzerrungsleistung P_Q ist zunächst der Anteil ΔP_Q je Stufe ΔS_1 zu bilden und dann über alle Anteile zu summieren. Die Stufen ΔS_1 ergeben sich dadurch, daß man Gl. (262) differenziert und zu endlichen Differenzen ΔS statt ds und ΔS_1 statt ds_1 übergeht

$$\Delta S = \frac{\mu}{\ln(1 + \mu)} \frac{1}{1 + \mu \dfrac{s_1}{\frac{1}{2} S_1}} \Delta S_1. \tag{263}$$

Da der Amplitudenbereich der Ausgangsfunktion s gleichmäßig geteilt wird, gilt für ΔS wieder die Gl. (245), und aus Gl. (263) wird die Größe

$$\Delta S_1 = S_1 \frac{\ln(1+\mu)}{\mu q}\left(1 + \mu\,\frac{s_1}{\frac{1}{2}S_1}\right) \tag{264}$$

oder

$$\Delta S_1 = 2\,\frac{\ln(1+\mu)}{q}\left(s_1 + \frac{\frac{1}{2}S_1}{\mu}\right). \tag{265}$$

In dem Bereich einer Stufe ΔS_1 (Abb. 46) treten nun wieder alle Werte der stetigen Funktion s_1 gemäß ihrer Wahrscheinlichkeitsdichte $p(s_1)$ auf. Hierbei kann angenommen werden, daß innerhalb jeder Stufe $p(s_1)$ konstant ist. Dann gilt für die Verzerrungsleistung ΔP_Q dieser Stufe Gl. (249), wobei nur S_1 durch ΔS_1 zu ersetzen ist

$$\Delta P_Q = p(s_1)\frac{\Delta S_1^3}{12}. \tag{266}$$

Wird hier für den Faktor $\Delta S_1{}^2$ der Ausdruck aus Gl. (265) eingesetzt, so ergibt sich

$$\Delta P_Q = \frac{1}{3}\left(\frac{\ln(1+\mu)}{q}\right)^2 p(s_1)\left(s_1 + \frac{\frac{1}{2}S_1}{\mu}\right)^2 \Delta S_1. \tag{267}$$

Die gesamte Leistung P_Q der Quantisierungsverzerrung erhält man durch Summation über alle ΔP_Q zwischen $-\dfrac{q}{2}$ und $\dfrac{q}{2}$

$$P_Q = \sum_{-\frac{1}{2}q}^{+\frac{1}{2}q} \Delta P_Q. \tag{268}$$

Man kann sich die Summation nach Abb. 48 so vorstellen, daß längs der Abszisse S_1 lauter Rechtecke aufgebaut werden, deren Breite gleich ΔS_1

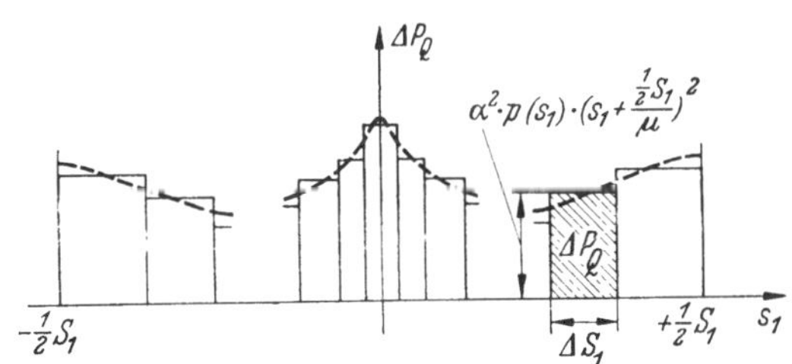

Abb. 48. Umwandlung einer Summe in ein Integral

und deren Höhe gleich dem restlichen Faktor von ΔP_Q in Gl. (267) ist. Dabei ist vorübergehend die Abkürzung

$$\alpha^2 = \frac{1}{3}\left(\frac{\ln(1+\mu)}{q}\right)^2 \tag{269}$$

eingeführt. Das Bild zeigt, daß für einigermaßen große Stufenzahlen q die Fläche der Rechtecke durch ein Integral über ds_1 ersetzt werden kann, das zwischen $-\frac{1}{2}S_1$ und $+\frac{1}{2}S_1$ genommen wird. Gl. (267), eingesetzt in Gl. (268), ergibt daher, wenn noch die Klammer ausmultipliziert wird,

$$P_Q = \alpha^2 \left\{ \int_{-\frac{1}{2}S_1}^{+\frac{1}{2}S_1} s_1^2\, p(s_1)\, ds_1 + 2\,\frac{\frac{1}{2}S_1}{\mu} \int_{-\frac{1}{2}S_1}^{+\frac{1}{2}S_1} |s_1|\, p(s_1)\, ds_1 + \right.$$

$$\left. + \left(\frac{\frac{1}{2}S_1}{\mu}\right)^2 \int_{-\frac{1}{2}S_1}^{+\frac{1}{2}S_1} p(s_1)\, ds_1 \right\}. \tag{270}$$

Dabei ist im zweiten Integral für negative s_1 das lineare Glied absolut zu nehmen, wie es der ursprungs-symmetrischen Fortsetzung der in Gl. (262) angenommenen Kompressionskurve entspricht. Jedes der drei Integrale werde nunmehr für sich betrachtet.

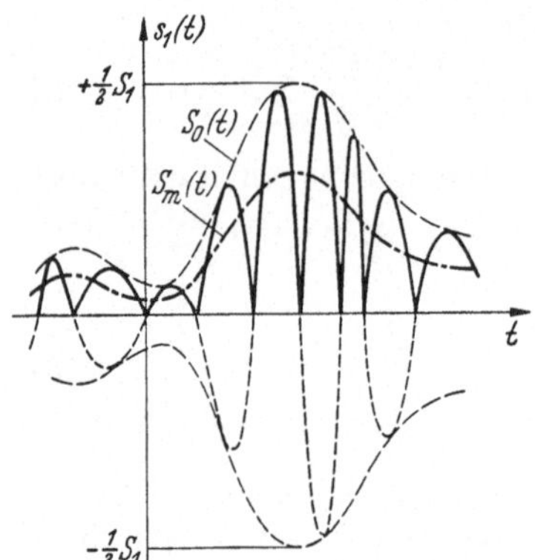

Abb. 49. Gleichgerichtetes Signal

Das erste stellt nach Gl. (248) die Leistung P_1 des Signals s_1 dar. Das zweite ergibt den über längere Zeit gebildeten Mittelwert S_m des gleichgerichteten Signals s_1. Um diesen Mittelwert ebenfalls durch die Leistung P_1 ausdrücken zu können, betrachte man Abb. 49. Diese stellt einen kurzen zeitlichen Ausschnitt aus einem primären Signal $s_1(t)$ dar, das einer Sprachschwingung sehr ähnlich sieht. Es ist beliebig amplituden- und frequenzmoduliert, nur sind die Höchstwerte auf $\pm\frac{1}{2}S_1$ beschränkt. Eingezeichnet sind ferner die Hüllkurve $S_0(t)$ und der nach der Gleichrichtung über eine Periode gemittelte Wert $S_m(t)$. Zwischen diesen Werten besteht der Zusammenhang

$$S_m(t) = \frac{2}{\pi}\, S_0(t). \tag{271}$$

Andererseits läßt sich die Signalleistung P_1 durch die gemittelten Quadrate des Hüllkurvenverlaufs ausdrücken als

$$P_1 = \frac{1}{2}\, \overline{S_0^2(t)}. \tag{272}$$

Da, wie sich zeigen wird, das zweite Integral nicht wesentlich in das Resultat für P_Q eingeht, möge die grobe Näherung erlaubt sein, das

Mittel der Quadrate $\overline{S_0^2(t)}$ durch das Quadrat des Mittelwerts $\overline{S_0(t)}^2$ zu ersetzen. Dann ergibt sich für den langzeitigen Mittelwert des gleichgerichteten Signals

$$S_m = \overline{S_m(t)} = \frac{2}{\pi}\,\overline{S_0(t)} \approx \frac{2}{\pi}\sqrt{2\,P_1} \approx \sqrt{P_1}\,. \qquad (273)$$

Dies ist demnach der Wert des zweiten Integrals.

Das dritte schließlich hat nach der Definition der Gewißheit den Wert Eins.

Im ganzen erhält man

$$P_Q = \alpha^2 \left[P_1 + 2\,\frac{\tfrac{1}{2}S_1}{\mu}\sqrt{P_1} + \left(\frac{\tfrac{1}{2}S_1}{\mu}\right)^2 \right] = \alpha^2 P_1 \left(1 + \frac{1}{\mu}\,\frac{\tfrac{1}{2}S_1}{\sqrt{P_1}} \right)^2\,. \qquad (274)$$

Bildet man den Klirrfaktor aus der Beziehung

$$k = \sqrt{\frac{P_Q}{P_1}} \qquad (275)$$

und bezeichnet man das Verhältnis des Höchstwertes $\frac{1}{2}\,S_1$ zum Effektivwert $\sqrt{P_1}$ als den Spitzenfaktor c, so erhält man als Ergebnis

$$k = \frac{\ln(1+\mu)}{\sqrt{3}\,q}\left(1 + \frac{c}{\mu}\right)\,. \qquad (276)$$

In Abb. 50 ist der normierte Klirrfaktor kq als Funktion des Kompressionsfaktors μ dargestellt mit dem Spitzenfaktor c als Parameter. Für große μ wird die Klammer in Gl. (276) gleich Eins, alle Werte streben der gestrichelten Kurve zu. Der Klirrfaktor wird unabhängig von c, d. h. vom Verlauf des Signals im einzelnen. Für kleinere Werte von μ hängt die Verzer-

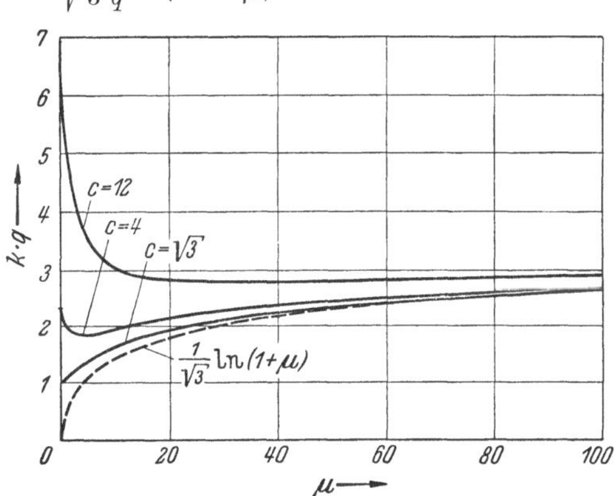

Abb. 50. Klirrfaktor k der Quantisierung als Funktion des Kompressionsfaktors μ q = Stufenzahl, c = Spitzenfaktor

rung stark von dem Spitzenfaktor c ab; im übrigen durchlaufen alle Kurven — nach einer genauen Rechnung bis zur Grenzkurve für $c = \sqrt{3}$ — ein Minimum des Klirrfaktors für einen optimalen Wert von μ. Ein Spitzenfaktor $c = \sqrt{3}$ bedeutet gleichmäßige Verteilung aller Werte des Signals s_1, wie aus Gl. (253) hervorgeht

$$\frac{(\tfrac{1}{2}S_1)^2}{P_1} = c^2 = 3\,. \qquad (277)$$

In diesem Fall wird der Klirrfaktor am kleinsten für $\mu = 0$, d. h. für die lineare Quantisierung. Für $\mu = 0$ nimmt Gl. (276) die Form an

$$k = \frac{c}{\sqrt{3\,q}}. \tag{278}$$

Ist darüber hinaus noch die Amplitudenverteilung gleichmäßig ($c = \sqrt{3}$), so ergibt sich der schon unter a) abgeleitete Ausdruck der Gl. (261)

$$k = \frac{1}{q}. \tag{279}$$

Wenn dagegen die kleinen Amplituden vorherrschen, d. h. c groß ist, steigt k nach Gl. (278) linear mit c an (Abb. 51, $\mu = 0$). Für Sprache ist dabei das Gebiet von c wichtig, das zwischen etwa 10 und 20 liegt. Es sei daran erinnert, daß in einem Fernsprechkanal die höchste Leistung 4 m W, die Dauerleistung, selbst wenn man von den Sprechpausen absieht, nur etwa 0,04 mW beträgt. Das bedeutet einen Spitzenfaktor von

$$c = \frac{\sqrt{2} \cdot \sqrt{4\ \text{mW}}}{\sqrt{0,04\ \text{mW}}} \approx 14. \tag{280}$$

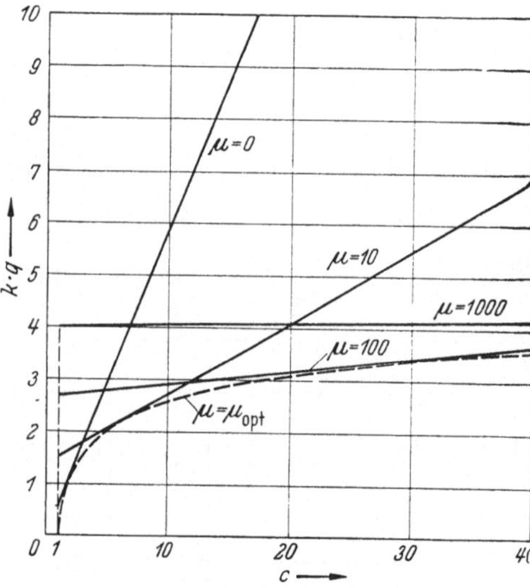

Abb. 51. Klirrfaktor k der Quantisierung als Funktion des Spitzenfaktors c
q = Stufenzahl, μ = Kompressionsfaktor

Man sieht aus Abb. 51, daß Kompressionsfaktoren, die im Bereich von 10 bis 100 liegen, hier gute Ergebnisse bringen; für die übliche Forderung von 3 bis 4% Klirrfaktor entnimmt man einen Wert q in der Nähe von 100. Zum Vergleich ist noch gestrichelt der Kleinstwert des Klirrfaktors eingetragen für den Fall, daß man zu jedem Wert von c aus Abb. 50 den optimalen Wert von μ wählt.

2. Die Codierung von Amplitudenwerten

Das Abtasttheorem für Zeitvorgänge erlaubt es, statt eines kontinuierlichen Vorgangs ein Signal zu übertragen, dessen Amplitudenwerte nur in diskreten Augenblicken, nämlich in zeitlichen Abständen

$$T_0 = \frac{1}{2}\frac{1}{B_0} \tag{281}$$

angegeben werden. Der ursprüngliche Vorgang ist hieraus vollständig wiederherstellbar. Werden darüber hinaus die Abtastwerte noch quantisiert, so sind auch längs der Amplitudenachse nur noch diskrete Werte zu beachten und zu übertragen. Allerdings müssen bei Sprache, wie geschildert, ziemlich viele Werte vorgesehen werden — 32 und mehr —, damit das Ohr die Abweichungen vom Original nicht merkt. Für die Übertragung wäre ein Signal mit wenig Stufen sehr viel zweckmäßiger, und so liegt der Gedanke nahe, jeden Abtastimpuls durch eine Folge von mehreren Impulsen zu ersetzen, von denen jeder weniger Stufen hat, im einfachsten Falle nur zwei. Eine derartige Maßnahme nennt man eine *Codierung*.

Ein *Code* ist jede Vorschrift, mit der man eine diskrete Wertemenge durch eine bestimmte Anordnung diskreter Ereignisse darstellt. Jedes dieser Ereignisse möge *Codeelement* heißen. Vorhandensein oder **Ausbleiben** eines Impulses, Aussenden eines Striches, Punktes oder Zwischenraumes sind Codeelemente. Die Anordnung von r Codeelementen derart, daß ein bestimmter Wert der vorgegebenen diskreten Menge dargestellt wird, ist ein *Codezeichen*.

Unser dekadisches Zahlensystem ist ein Code, an den wir uns so sehr gewöhnt haben, daß wir ihn nicht mehr als solchen empfinden; es sei z. B. die zu codierende Wertemenge $q = 100$. Wir ordnen, um einen bestimmten Wert — etwa 57 — zu kennzeichnen, zwei Elemente hintereinander an, deren jedes nur 10 Möglichkeiten hat, nämlich 0, 1, 2 usw. bis 9. Diese Zahl der Möglichkeiten möge Basis b heißen. Die Reihenfolge der Elemente ist dabei entscheidend wichtig. Um das richtige Ergebnis zu erhalten, muß bei der ersten Zehnerteilung die Wertegruppe 5, bei der zweiten innerhalb dieser Gruppe der Wert 7 ausgewählt werden. So kann man bei einer Basis $b = 10$ mit 2 Elementen 10^2 Werte darstellen, nämlich die Zahlen 00 bis 99, mit 3 Elementen 1000 Werte und so fort. Allgemein lassen sich mit r Elementen und einer Basis b

$$q = b^r \tag{282}$$

Werte kennzeichnen. Wenn die Basis und die Reihenfolge der Elemente zwischen Sender und Empfänger verabredet ist, braucht man zur eindeutigen Kennzeichnung eines Wertes der Menge q nur r Elemente zu übertragen, deren jedes b Kennzeichen trägt, also insgesamt nur $r\,b$ Kennzeichen zu unterscheiden statt der sehr viel größeren Zahl q.

Die kleinste mögliche Basis, die noch eine Unterteilung der gegebenen Wertemenge q erlaubt, ist $b_0 = 2$. Man nennt ein solches Zahlensystem binär. Ein Element dieses Systems weist nur zwei Möglichkeiten auf, nämlich 0 und 1, und man kommt zu dem gewünschten auszuwählenden Wert, indem man die Menge q fortlaufend halbiert und jeweils eine Hälfte auswählt. Die Zahl r_0 der notwendigen binären Elemente ist nach Gl. (282)

gegeben durch

$$q = 2^{r_0}. \tag{283}$$

Die folgende Tabelle gibt einige Beispiele für den Zusammenhang zwischen der Stufenzahl q und der Zahl r_0 der binären Codeelemente.

q	2	4	8	16	32	64	128	256	512	1024
r_0	1	2	3	4	5	6	7	8	9	10

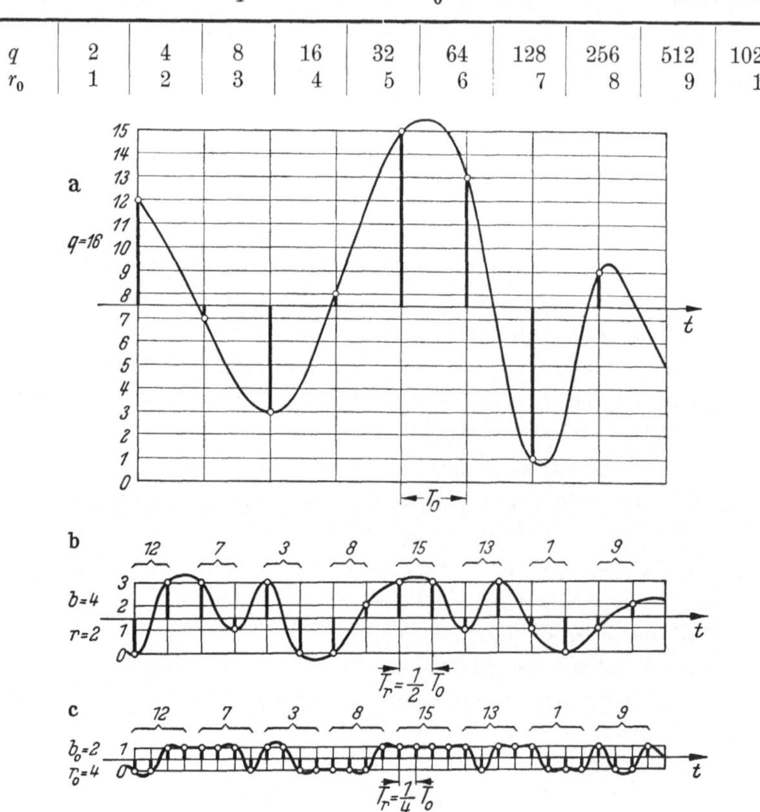

Abb. 52 a—c. Gleichwertige Signale mit 16, 4 und 2 Zustandszahlen

Im Falle der Basis 2 sind die Elemente übertragungstechnisch besonders einfach zu verwirklichen: Sie bestehen aus Impulsen, die entweder gesendet werden oder ausbleiben. Besser noch im Interesse möglichst geringer Signalleistung sind Impulse, die entweder positives oder negatives Vorzeichen haben.

Ein Beispiel möge erläutern, wie aus einem Signal mit vielen Amplitudenstufen durch Codierung andere Signale mit weniger Stufen geschaffen werden können (Abb. 52). Gegeben sei die unter a) dargestellte Signalfunktion. Sie ist gekennzeichnet durch ihre Abtastwerte im zeitlichen Abstand T_0; diese seien in $q = 16$ Stufen quantisiert. Die einzelnen durch Kreise angedeuteten Werte mögen Zustandszahlen heißen.

Da $16 = 4^2$ ist, kann jede Zustandszahl auch durch $r = 2$ neue Zahlen (Elemente) mit der Basis $b = 4$ gekennzeichnet werden, wie durch Vergleich mit Gl. (282) ersichtlich ist. Die neuen Zustandszahlen können wieder als Abtastwerte einer Signalfunktion aufgefaßt werden. Unter b) sind diese neuen Abtastwerte, die nunmehr den zeitlichen Abstand

$$T_r = \frac{T_0}{r} = \frac{T_0}{2} \tag{284}$$

haben, und das daraus erhaltene stetige Pulscode-Signal dargestellt. Wenn x_0 für die Zustandszahlen des ersten, x_1 für die des zweiten Abtastwertes steht, so werden die Zustandszahlen y nach folgendem Schema durch die Zustandszahlen des Codesignals ($b = 4$) gekennzeichnet[1]

$$y = x_0 \, 4^0 + x_1 \, 4^1. \tag{285}$$

x kann dabei die Werte 0, 1, 2 oder 3 haben. So ist z. B. $12 = 0 \cdot 1 + 3 \cdot 4$; $7 = 3 \cdot 1 + 1 \cdot 4$ und so fort.

Unter c) ist schließlich die Codierung mit der Basis $b_0 = 2$, also ein binäres Signal, dargestellt. Die Aufteilung ist ohne Rest möglich, da die Zahl 16 auch als 2^4 dargestellt werden kann. Man muß also für jeden ursprünglichen Abtastwert 4 neue bilden, die im zeitlichen Abstand $\frac{1}{4} T_0$ aufeinander folgen. Diesmal sind die neuen Zustandszahlen zu ermitteln nach dem Schema

$$y = x_0 \, 2^0 + x_1 \, 2^1 + x_2 \, 2^2 + x_3 \, 2^3, \tag{286}$$

wobei x nur für 0 oder 1 steht. Für die erste ursprüngliche Zustandszahl gilt z. B. $12 = 0 \cdot 1 + 0 \cdot 2 + 1 \cdot 4 + 1 \cdot 8$.

Allgemein wird der Aufbau der Zustandszahlen für ein b-stufiges Signal beschrieben durch

$$y = x_0 \, b^0 + x_1 \, b^1 + x_2 \, b^2 + \cdots x_{r-1} \, b^{r-1}. \tag{287}$$

Die Zahl der möglichen Werte von x ist dabei jeweils gleich b.

In einem System mit Pulscode-Modulation wird nun statt des Signals mit den ursprünglichen q-stufigen Abtastwerten ein Signal mit den codierten Abtastwerten übertragen, das b Zustandszahlen hat. Am einfachsten wird die Apparatur für das zuletzt gezeichnete Signal mit $b_0 = 2$. Zur Übertragung kann jedes beliebige Modulationsverfahren benutzt werden: Man kann im obigen Beispiel die 4 Werte, die das binäre Signal für jeden ursprünglichen Abtastwert braucht, in Form von Im-

---

[1] Abweichend von unserer üblichen Dezimalschreibweise, wo die höchste Zehnerpotenz zuerst kommt, pflegt man einen Impulscode nach steigenden Potenzen der Basis zu ordnen. Dies hängt damit zusammen, daß eine der ersten Schaltungen für Pulscode-Modulation, der SHANNON-Decoder, diese Reihenfolge der Impulse verlangt (s. Kap. 6, V).

pulsen über 4 getrennte Kanäle übertragen, man kann die Impulse frequenzmäßig bündeln, oder man kann sie zeitlich nacheinander über einen Übertragungskanal führen. Es entsteht dabei die Frage, welche Bandbreite B dieser Kanal haben muß, damit er die am Sendeort gebildeten Codezeichen fortlaufend aufnehmen kann.

In Abb. 12 und dem dazugehörigen Text ist gezeigt worden, daß sich in einem verzerrungsfreien Kanal mit beschränktem Frequenzband, wenn am Eingang ein kurzer Impuls wirkt, ein breiterer Impuls ausbildet, der nach einer si-Funktion verläuft. Dabei besteht zwischen den zeitlichen Nulldurchgängen — sie mögen durch die Vielfachen der Zeit T_r gegeben sein — und der Bandbreite B des Kanals die Beziehung

$$T_r = \frac{1}{2B}. \tag{288}$$

Man kann also zu den Zeiten der Nulldurchgänge andere Impulse der gleichen Form placieren, ohne daß sie sich gegenseitig stören. Jeder dieser Impulse kennzeichnet durch seinen Höchstwert die jeweilige Zustandszahl des Codesignals. Im ganzen ergibt sich dabei für das codierte Signal der verschliffene Linienzug, wie er in Abb. 52b) und c) dargestellt ist. Wegen Gl. (284) wird aus Gl. (288)

$$B = \frac{r}{2\,T_0} \tag{289}$$

und, wenn man noch Gl. (281) hinzunimmt

$$B = r\,B_0. \tag{290}$$

Die Pulscode-Modulation erfordert, wenn r die Zahl der Elemente eines Codezeichens ist, im Idealfall das r-fache Frequenzband der direkten Übertragung.

Auf der Empfangsseite werden die stetigen Signale von Abb. 52b) oder c) erneut abgetastet. Etwaige Veränderungen, hervorgerufen durch unterwegs eingedrungene Geräusche, werden durch nochmalige Quantisierung beseitigt.

Die nächste Aufgabe ist die Decodierung. Hierbei wird für jedes Element eines Codezeichens ein Impuls geschaffen, der dem empfangenen Abtastwert entspricht, aber mit dem Stellenwert — im Beispiel des binären Signals 2^0, 2^1, 2^2 oder 2^3 — multipliziert wird. Alle so bewerteten r Impulse eines Codezeichens werden summiert. Der Summenimpuls ist dann gleich dem Abtastwert des ursprünglichen quantisierten Signals. Die Abtastwerte können mit einem Filter der Bandbreite B_0 oder nach einem anderen üblichen Verfahren demoduliert werden.

Im Kap. 6, V wird die Arbeitsweise wirklicher Schaltungen, wie sie auf der Sende- und Empfangsseite verwendet werden, noch näher beschrieben werden.

An Hand der Beispiele von Abb. 52 läßt sich noch folgendes Interessante feststellen. Die 3 Signale haben die gleichen Zustandszahlen zum Inhalt, sind also nachrichtentechnisch äquivalent. Das Bild ist überdies noch so gezeichnet, daß die Stufenhöhe bei allen 3 Beispielen konstant ist. Dies ist vom Standpunkt der Übertragung aus sehr wichtig: Wie schon auf S. 61 erwähnt, haben unterwegs eindringende Geräusche keine Wirkung auf quantisierte Signale, wenn die Geräuschamplituden kleiner bleiben als eine halbe Stufe. Gleiche Stufenhöhe heißt daher gleiche Standfestigkeit gegenüber Geräuschen. Dabei ist aber die Signalleistung, wie bereits der Augenschein lehrt, sehr verschieden: Sie fällt vom ersten zum dritten Beispiel stark ab, eine Codierung mit binären Zahlen ist daher in dieser Hinsicht am günstigsten. Auf der anderen Seite steigt vom ersten zum dritten Beispiel die Zahl der Abtastwerte an, und damit nach Gl. (290) das zur Übertragung nötige Frequenzband.

Die Pulscode-Modulation gibt also offenbar die Möglichkeit, unter vorliegenden Geräuschverhältnissen eine bestimmte Signalfunktion — wenigstens im Prinzip — nach Belieben mit hoher Signalleistung und wenig Frequenzband oder geringer Leistung und mehr Frequenzband zu übertragen. Ein solcher Austausch-Mechanismus ist an sich bereits von den Modulationsarten ohne Quantisierung her bekannt, und zwar zeigen ihn alle Winkelverfahren. Für die kontinuierliche Modulation ist dies bereits im Kap. 1, S. 45 ff. geschildert worden, für die Pulsverfahren wird es im Kap. 5 noch geschehen. Jedoch liegen gegenüber der Codierung zwei wesentliche Unterschiede vor:

1. Die Winkelverfahren ohne Quantisierung sind zwar im Stande, ein gegebenes primäres Signal der Frequenzbandbreite B_0 in einem *größeren* Frequenzbereich B unter Reduktion der Wirkung von Störungen oder, was das gleiche ist, unter Ersparnis an Signalleistung in bestimmter Wiedergabetreue zu übertragen, nicht aber umgekehrt mit erhöhter Leistung und Reduktion des Frequenzbandes B_0. Dies ist nach bisheriger Kenntnis allein den Verfahren mit Quantisierung und Codierung vorbehalten. Wenn man nämlich das Beispiel b) von Abb. 52 als ursprüngliches Signal betrachtet und dieses in das Beispiel a) verwandelt, so wird nur die halbe Zahl der Abtastwerte und damit das halbe Frequenzband gebraucht.

2. Bei den Winkelverfahren ohne Quantisierung sinkt die notwendige Signalleistung im besten Fall quadratisch mit der Übertragungsbandbreite B, für die Pulscode-Modulation viel stärker, nämlich, wie sich zeigen wird, nach einer Exponentialfunktion.

Diese interessanten Zusammenhänge mögen als Abschluß des Kap. 2 noch kurz geschildert werden. Vorher seien aber noch einige Bemerkungen zur Codierung selbst gemacht.

Codes zur Fehlerentdeckung und -berichtigung. Beim Wiederherstellen der Zustandszahl y auf der Empfangsseite werden immer gewisse Fehler unterlaufen — seien sie durch unterwegs eingedrungene Geräusche verursacht oder durch Mängel der Codierungsapparatur beim Sender und Empfänger selbst. Eine Möglichkeit, die Fehlerzahl auf der Empfangsseite zu verringern, besteht darin, daß man jedem Codezeichen weitere Elemente hinzufügt derart, daß neue Prüfmöglichkeiten entstehen. Das bekannteste Verfahren ist das folgende.

Wenn z. B. für Telegraphie mit dem binären Code von Abb. 52c gearbeitet wird, so fügt man auf der Sendeseite den 4 Elementen jedes Codezeichens, die im vorliegenden Fall positive oder negative Impulse sind, einen fünften Impuls hinzu derart, daß die Anzahl der positiven Impulse immer gerade ist. Beim ersten Codezeichen (12) ist diese Summe bereits geradzahlig (2), also wird ein negativer Impuls hinzugefügt; beim zweiten Codezeichen (7) ist die Summe ungerade (3), also wird ein positiver Impuls hinzugefügt. Der Empfänger kann, wenn ein Impuls unterwegs verfälscht wurde, dies sofort feststellen und, wenn ein Rückweg vorhanden ist, die Wiederholung des fehlerhaften Zeichens veranlassen.

Werden weitere „überzählige" Impulse hinzugefügt, so können mehrfache Fehler entdeckt und sogar ohne Vorhandensein eines Rückweges korrigiert werden. Geht man z. B. vom 5er-Code der Telegraphie aus, so verhilft ein sechster Impuls dazu, einfache Fehler zu entdecken; sendet man 9 Impulse je Zeichen, so kann man einfache Fehler bereits ohne Rückfrage korrigieren.

Derartige Codes werden im Überseeverkehr der Telegraphie in steigendem Maße angewendet. Für die Übertragung von Sprache sind sie allerdings bis heute ohne Bedeutung.

Eine weitere, heute zwar für die Praxis noch wenig bedeutsame, aber prinzipiell sehr interessante Frage betrifft die

Wirksamkeit der Codierung. In Abb. 52 sind alle Codezeichen gleich lang, im Falle des binären Codes hat jedes Zeichen 4 Elemente. Dieser Code ist der günstigste, wenn alle Abtastwerte des primären Signals gleich häufig vorkommen. Hat man es dagegen mit Signalen zu tun, die bestimmte Amplitudenbereiche bevorzugen, so kommt man im ganzen mit weniger übertragenen binären Impulsen aus, wenn man den häufigen Abtastwerten kurze Codezeichen zuordnet, den seltenen lange. Dabei tritt allerdings eine Schwierigkeit auf: Bisher konnte vorausgesetzt werden, daß dem Empfänger die Zeiten für den Beginn und das Ende eines Zeichens bekannt sind. Ein einmaliges In-Tritt-Bringen genügt hierzu, da alle folgenden Zeichen gleich lang sind. Ist dagegen die Länge der Codezeichen unterschiedlich, so muß der Empfänger aus dem Code selbst entnehmen können, wann ein neues Zeichen beginnt.

Ein Code der diese Bedingung erfüllt und außerdem ein Minimum an Zeit braucht, ist der sogenannte SHANNON-FANO-Code. Er wird wie folgt erhalten: Man schreibt alle vorkommenden Zustandszahlen in der

| Zust.-Zahl | | Code | Schritt | | Zust.-Zahl | | Code | Schritt |
Nr.	Wahrsch.				Nr.	Wahrsch.		
0	$^1/_2$	0			0	$^1/_4$	0 0	
			1					2
1	$^1/_4$	1 0			1	$^1/_4$	0 1	
			2					1
2	$^1/_8$	1 1 0			2	$^1/_4$	1 0	
			3					2
3	$^1/_8$	1 1 1			3	$^1/_4$	1 1	
a					b			

Abb. 53 a u. b. SHANNON-FANO-Codes für zwei verschiedene Häufigkeits-Verteilungen

Reihenfolge fallender Häufigkeit untereinander. Diese Liste wird dann so geteilt, daß die gesamte Häufigkeit oberhalb und unterhalb des Trennstriches gerade $^1/_2$ ist — oder so genau wie möglich $^1/_2$. Hierauf schreibt man 0 als erstes Codeelement in alle Zeilen der oberen, 1 in alle Zeilen der unteren Hälfte. Danach wird jede dieser Gruppen wieder nach möglichst gleichen Wahrscheinlichkeiten zwiegeteilt. Jede obere Hälfte erhält als zweites Codeelement eine 0, jede untere eine 1. So fährt man fort, bis in jeder Untergruppe nur eine Zustandszahl enthalten ist. Zwei Beispiele, der Einfachheit halber nur für $q = 4$ Zustandszahlen, mögen den Vorgang erläutern. Abb. 53a zeigt, welchen Code man erhält, wenn die relative Häufigkeit der 4 Zustandszahlen zu $^1/_2$, $^1/_4$, $^1/_8$ und $^1/_8$ angenommen wird. Beim ersten Schritt liegt die Teilung unterhalb der Zustandszahl 0, beim 2. Schritt unterhalb der Zustandszahl 1, beim 3. Schritt zwischen den beiden Zahlen $^1/_8$. Damit sind bereits alle Werte erfaßt. Unter b) ist der gewöhnliche binäre Code gleicher Häufigkeit dargestellt. Hier liegt die Teilung beim ersten Schritt nach der Zustandszahl 1, beim zweiten Schritt werden beide Teile nochmals geteilt, ein dritter Schritt ist nicht mehr nötig.

Den Vorteil des Codes unter a) sieht man am einfachsten, wenn man für eine Zeit, in der alle Codezeichen gemäß ihrer Häufigkeit vorkommen, sämtliche Elemente, d. h. die übertragenen Impulse, zusammenzählt. Es kommen vor: 4mal 1 Impuls, 2mal 2 Impulse, 1mal 3 und nochmals 1mal 3 Impulse, zusammen 14 Impulse für 8 Codezeichen. Hätte man die gleichlangen Zeichen der Tabelle b) benutzt, so hätte man $8 \cdot 2 =$ 16 Impulse für 8 Codezeichen gebraucht. Man hat also $\frac{2}{16}$ oder 12,5% an Übertragungszeit gespart. Allerdings müssen beim Sender und Empfänger Speicher vorgesehen werden, damit die Impulse trotz ungleicher Länge der Codezeichen immer im gleichen Rhythmus übertragen werden können.

Die Forderung, den Beginn eines neuen Codezeichens erkennen zu können, ist dadurch erfüllt, daß immer nach dem Erscheinen einer 0 oder nach dreimal einer 1 ein neues Codezeichen beginnt.

3. Allgemeine Zusammenhänge zwischen Übertragungszeit, Frequenzband und Signal/Geräusch-Verhältnis

Die aus Abb. 52 hervorgehende Erkenntnis, daß die drei dargestellten Signalfunktionen äquivalent sind, legt den Gedanken nahe, aus den Beziehungen zwischen Stufenzahl und Impulszahl eine allgemein gültige Gleichung für die übertragene Nachrichtenmenge herzuleiten. Hierzu bedarf es noch der Definition einer Einheit. Da jedes quantisierte Signal in ein solches mit binären Elementen umgewandelt werden kann, hat man als Maß für die Nachrichtenmenge die Zahl der binären Elemente gewählt, die zur Kennzeichnung des Signals notwendig sind. Die Einheit „Binäres Element" hat man, hergeleitet von dem englischen Ausdruck „Binary Digit", kurz „Bit" genannt. Ein Bit wird daher durch einen Impuls dargestellt, der zwei Möglichkeiten in sich trägt, 1 oder 0, $+$ oder $-$, Ja oder Nein. In diesem letzten Sinne kann man die Nachrichtenmenge sehr plausibel auch als die Zahl der erforderlichen Ja-Nein-Entscheidungen ansehen, die man treffen muß, um Abtastwert für Abtastwert unter jeweils q möglichen Zustandszahlen die gewünschten auszuwählen.

Betrachtet werde ein primäres Signal der Bandbreite B_0, das in einem längeren Zeitraum T insgesamt n Abtastwerte liefert. Jeder q-stufige Abtastwert läßt sich durch r_0 binäre Elemente darstellen, enthält also r_0 Bit. Dann ist für diesen Zeitraum die Nachrichtenmenge

$$I = n\, r_0. \tag{291}$$

Nun ist aber n nach dem Abtasttheorem [vgl. Gl. (125)] gleich $2\,B_0\,T$. Ferner ist nach Gl. (282) und (283)

$$q = b^r = 2^{r_0}. \tag{292}$$

Hieraus folgt

$$r_0 = r\; {}^2\!\log b. \tag{293}$$

Die Zahl der *binären* Elemente je Codezeichen ist also gleich der Elementezahl eines *b-stufigen* Codezeichens multipliziert mit dem Zweierlogarithmus von b.

Hiermit wird aus Gl. (291)

$$I = 2\,B_0\, r\, T\; {}^2\!\log b \tag{294}$$

oder, da $r\,B_0$ nach Gl. (290) gleich der Bandbreite B des Codesignals ist,

$$I = 2\,B\,T\; {}^2\!\log b. \tag{295}$$

Diese wichtige Beziehung geht im Prinzip auf HARTLEY zurück. Er hat festgestellt, daß die Nachrichtenmenge eines unstetigen Signals gleich ist der Gesamtzahl der übertragenen Codeelemente — dies ist $2\,B\,T$ — multipliziert mit dem Logarithmus der Zahl der möglichen Zustände des Codeelements.

Eine von I abgeleitete Größe ist der Nachrichtenfluß R, definiert als die in der Zeiteinheit übertragene Nachrichtenmenge

$$R = \frac{I}{T} = 2\,B\,{}^2\!\log b. \qquad (296)$$

Die Einheit für R ist in der Telegraphie schon lange bekannt, es ist das Baud. Hiernach ist

$$\frac{1\,\text{Bit}}{\text{sec}} = 1\,\text{Baud} \qquad (297)$$

gleich einer Entscheidung je Sekunde.

Um einen bestimmten Nachrichtenfluß aufrechtzuerhalten, muß man die Bandbreite B des Signals und die Zahl b seiner Zustände nach der Beziehung (296) wählen. Sonderfälle sind

1. das quantisierte primäre Signal: $B = B_0$; $b = q$

$$R = 2\,B_0\,{}^2\!\log q, \qquad (298)$$

2. das binäre Signal: $b = b_0 = 2$

$$R = 2\,B. \qquad (299)$$

Der reziproke Wert des Nachrichtenflusses, nämlich die Zeit T_1 für eine binäre Einheit — in der Telegraphie ist dies ein Schritt — wird hiernach

$$T_1 = \frac{1}{2\,B}. \qquad (300)$$

Dies ist das von NYQUIST und KÜPFMÜLLER 1924 geforderte Intervall, das mindestens für jeden Schritt aufgewendet werden muß, wenn die Übertragungsbandbreite auf den Wert B beschränkt ist. Diese Frequenzgrenze ist identisch mit der bereits verwendeten Punktfrequenz f_p.

Gibt man die Bandbreite des Übertragungskanals vor, so muß man nach Gl. (296) die Stufenzahl b des Signals stark steigern, um den Nachrichtenfluß zu erhöhen. Hält man dabei die Signalleistung fest, so wird die Stufenhöhe ΔS immer kleiner und kleiner. Eine untere Grenze ist dadurch gegeben, daß die unterwegs eindringenden Geräusche stets kleiner sein müssen als eine halbe Stufe, wenn bei der Quantisierung auf der Empfangsseite die gesendete Zustandszahl wiederhergestellt werden soll. Es entsteht daher die Frage, wie viele Stufen b das Codesignal bei festgelegter Signal- und Geräuschleistung höchstens haben darf, wenn das Geräusch keine Fehler verursachen soll.

Die zulässige Geräuschamplitude ist in diesem Falle $\pm \frac{1}{2} \Delta S$. Wenn innerhalb dieses Bereichs alle Geräuschwerte s_N gleich häufig vorkommen, ist der Rechnungsgang der gleiche wie vorher zur Ermittlung der Leistung des primären Signals (Gl. (249)). Ersetzt man S_1 durch ΔS, so wird die Geräuschleistung

$$N = p_0 \int\limits_{-\frac{1}{2}\Delta S}^{+\frac{1}{2}\Delta S} s_N^2 \, \mathrm{d}s = p_0 \frac{\Delta S^3}{12}. \tag{301}$$

In Parallele zu Gl. (252) folgt

$$p_0 = \frac{1}{\Delta S}, \tag{302}$$

und man erhält als höchstzulässige Geräuschleistung

$$N = \frac{\Delta S^2}{12}. \tag{303}$$

Das ist der gleiche Wert wie die Leistung der Quantisierungsverzerrung. Es leuchtet auch ohne weiteres ein, daß man durch Quantisierung auf der Empfangsseite, wobei die verfälschten Zustandswerte wieder auf die ursprünglichen zurückgeführt werden, genau so viel Leistung entfernen kann, wie man dies bei der Quantisierung auf der Sendeseite konnte. Die dort aus dem primären Signal entfernte Leistung war aber gerade die Leistung der Quantisierungsverzerrung.

Mit $N = P_Q$ wird aus Gl. (259), da das Codesignal die Stufenzahl $q = b$ hat

$$\frac{P}{N} = b^2 - 1. \tag{304}$$

Für die Höchstzahl der übertragbaren Amplitudenstufen ergibt sich daher

$$b_{\mathrm{max}} = \sqrt{1 + \frac{P}{N}}. \tag{305}$$

Hiernach kann man bei gegebener Signalleistung um so mehr Geräusch zulassen, je kleiner die Stufenzahl b ist. Der geringste Wert für das Signal/Geräusch-Verhältnis, nämlich $P/N = 3$, ergibt sich für das binäre Signal mit $b_0 = 2$.

Den mit der Stufenzahl b_{max} erreichbaren Nachrichtenfluß R_{max} nennt man nach SHANNON die „Kapazität" C des Übertragungskanals. Aus Gl. (296) erhält man die von SHANNON und TULLER stammende Beziehung

$$C = B \, {}^2\!\log\left(1 + \frac{P}{N}\right). \tag{306}$$

Der Begriff ist in dem gleichen Sinn zu verstehen wie etwa die „Kapazität" einer Förderanlage oder einer Dampfleitung. Die Größe C ist eine Eigenschaft des Übertragungskanals. Sie gibt an, wieviel Entscheidungen je Zeiteinheit über einen Kanal vorgegebener Bandbreite B und vorgegebenen Signal/Geräusch-Verhältnisses P/N im Höchstfall fehlerfrei übertragen werden können. Die Einheit ist wie beim Nachrichtenfluß 1 Bit/sec $= 1$ Baud.

Bei der vorstehenden Ableitung der Gl. (306) sind einfache Voraussetzungen getroffen worden: Sowohl die Signal- als auch die Geräuschamplituden sind innerhalb ihrer Höchstwerte als gleich häufig vorkommend angenommen worden. SHANNON hat die Beziehung (306) unter wesentlich allgemeineren Bedingungen, nämlich für ein Geräusch mit GAUSSscher Amplitudenverteilung (Wärmerauschen) ermittelt. In diesem Falle muß auch die Verteilung der Signalamplituden einer GAUSSschen Kurve immer ähnlicher werden, je mehr sich der Nachrichtenfluß dem Wert C nähert. Auch in diesem allgemeineren Fall gilt der Satz, daß ein Nachrichtenfluß bis herauf zu der durch C gegebenen Grenze mit beliebig kleinen Fehlern beim Empfang aufrechterhalten werden kann. Mit der Annäherung an diese Grenze entstehen allerdings beim Sender und Empfänger immer längere, im Grenzfall unendlich lange Verzögerungen: Der Sender braucht sie, um das primäre Signal mit der richtigen Verteilung codieren zu können, der Empfänger muß lange warten, um aus dem „Signalgeräusch" das unterwegs eingedrungene Geräusch entfernen zu können.

Wie weit das Signal/Geräusch-Verhältnis bei Pulscode-Modulation gegenüber Gl. (304) heraufgesetzt werden muß, wenn Wärmerauschen als Störung wirkt, wird im Kap. 5 beim Vergleich mit den anderen Pulsverfahren noch angegeben werden. Wichtig ist, daß die mathematische *Form* der Gl. (306), die ja am Beispiel der Pulscode-Modulation

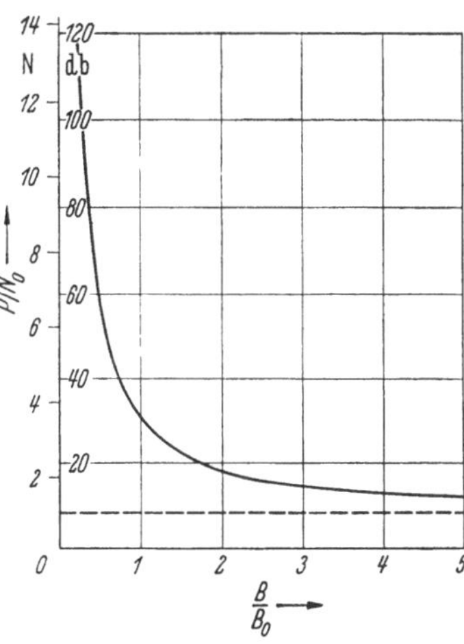

Abb. 54. Erforderlicher Signal-Geräusch-Abstand bei Kompression und Expansion der Bandbreite

hergeleitet wurde, mit dem allgemeiner gültigen Ergebnis von SHANNON übereinstimmt. Das Pulscode-Verfahren gestattet also, den gleichen Nachrichtenfluß in schmalen oder breiten Kanälen zu übertragen, wenn man nur die Signalleistung entsprechend wählt. Man kann also auch ein gegebenes primäres Signal in seiner Bandbreite komprimieren, was man früher für unmöglich hielt. Abb. 54 zeigt für ein Beispiel das notwendige

Signal/Geräusch-Verhältnis als Funktion der Bandbreite. Angenommen sei dabei ein Nachrichtenfluß, wie ihn ein Sprachsignal der Bandbreite B_0 bei $q = 32$ Amplitudenstufen erfordert. Nach Gl. (298) wird in diesem Falle

$$R = 10 \, B_0, \tag{307}$$

also für 4 kHz Bandbreite 40000 Baud. Die Kapazität des Übertragungskanals habe ebenfalls gerade diesen Wert, es sei also

$$\frac{C}{B_0} = 10. \tag{308}$$

Zu berücksichtigen ist noch, daß die Geräuschleistung sich mit der Bandbreite ändert. Wie bei den Betrachtungen im Kap. 1, S. 42, sei angenommen, daß der Wert N_0 für die Bandbreite B_0 festliegt und als Maß für das Geräusch dient. Dann wird

$$N = N_0 \frac{B}{B_0} . \tag{309}$$

Gl. (306) lautet, wenn man vom Zweier-Logarithmus auf den natürlichen übergeht.

$$\frac{1}{2} \ln \left(1 + \frac{P}{N_0} \frac{1}{B/B_0} \right) = 0{,}35 \, \frac{C}{B_0} \frac{1}{B/B_0} = 3{,}5 \frac{1}{B/B_0} . \tag{310}$$

Aus dieser Beziehung ist der erforderliche Signal-Geräusch-Abstand $\frac{1}{2} \ln \frac{P}{N_0}$ als Funktion der relativen Banderweiterung $\frac{B}{B_0}$ in Abb. 54 ermittelt worden. Man sieht, daß dieses logarithmische Maß annähernd hyperbolisch mit der Banderweiterung abfällt; das Signal/Geräusch-Verhältnis selbst sinkt daher annähernd im exponentiellen Maß. Für große Werte von B/B_0 strebt die Kurve einem konstanten Grenzwert zu. Vermöge der Näherung $\ln (1 + \delta) = \delta$, die dann gilt, wird

$$\frac{P}{N_0} = 7 \tag{311}$$

entsprechend 8,5 db Signal-Geräusch-Abstand. Bezogen auf die Geräuschleistung N_0, d. h. auf das Rauschen im Bande B_0, muß die notwendige Signalleistung demnach noch deutlich größer sein. Verglichen mit dem gesamten, im Bande B wirklich auftretenden Geräusch geht jedoch die Signalleistung immer mehr im Geräusch unter, je größer B gemacht wird. Trotzdem kann auch in diesem Falle der Nachrichtenfluß $R = 40000$ Baud ungestört aufrechterhalten werden; nur ist die hierzu notwendige Art der Codierung nicht näher bekannt. Man kann nur allgemein sagen, daß die immer feinere Struktur, die das Signal mit wachsendem Bande B erhalten kann, es gerade erlaubt, die ebenfalls mit B wachsende Geräuschleistung unwirksam zu machen. Eine Ersparnis an Signalleistung tritt in diesem Bereich nicht mehr auf.

Der steile Kurvenverlauf im linken Teil des Bildes zeigt folgendes:
Eine wenn auch nur mäßige Kompression des Signalbandes erfordert
einen sehr geräuschfreien Kanal, überdies noch eine sehr schwierige
Apparatur, die feingestufte Amplituden unterscheiden kann. Bei der
Bandbreite B_0 ist der relative Unterschied zwischen 2 Stufen $\frac{1}{32}$ oder
3,1%. Für eine Halbierung der Bandbreite muß das Gerät Amplitudenwerte, die um $1,4^0/_{00}$ auseinanderliegen, noch trennen können; für ein
Viertel von B_0 ist der Unterschied nur noch $2,7 \cdot 10^{-6}$. Die Pulscode-
Modulation wird daher in ausgeführten Übertragungssystemen bisher
immer in dem Sinne benutzt, unter Vergrößerung der Bandbreite die
Standfestigkeit gegenüber eindringendem Geräusch zu erhöhen, nicht
in dem Sinne einer Frequenzband-Kompression. Die Erkenntnis, daß
sie diese Möglichkeit prinzipiell in sich trägt, hat jedoch unsere theoretischen Grundvorstellungen von der Nachrichtenübertragung sehr be-
reichert.

3. Kapitel

Die Grundschaltungen der Pulsmodulationstechnik

Es ist kennzeichnend für alle Verfahren, die mit sinusförmigen
Schwingungen arbeiten, daß die Schaltungselemente vorwiegend als
linear betrachtet werden können. Das Wort „linear" soll dabei wie
üblich ausdrücken, daß zwischen den angelegten Spannungen und den
Strömen lineare Beziehungen bestehen. Beim Durchgang sinusförmiger
Schwingungen durch Elemente wie Widerstände, Kapazitäten, Induktivitäten und durch Verstärker-Röhren oder Transistoren[1], die im
linearen Kennlinien-Bereich betrieben werden, kann keine Änderung
der Schwingungsform eintreten.

Die Spannung u an einer Induktivität L, die von einem Strom i
durchflossen wird, ist

$$u = L \frac{\mathrm{d}i}{\mathrm{d}t}, \tag{1}$$

und die Spannung u an einem Kondensator C, der von einem Strom i
durchflossen ist, wird

$$u = \frac{1}{C} \int i \, \mathrm{d}t. \tag{2}$$

---

[1] Die Impulsschaltungen sind in diesem Buch, soweit sie verstärkende
Elemente erfordern, nur in der Ausführung mit Verstärker-Röhren behandelt;
der größte Teil davon läßt sich leicht sinngemäß „transistorieren". Spezielle
Transistorschaltungen sind nicht enthalten, da die Transistor-Entwicklung noch
zu stark im Fluß ist.

Verläuft der Strom i sinusförmig, so ist auch die Spannung u sinusförmig, da die Ableitung und das Integral der Sinusfunktion wieder eine Sinusfunktion sind. Bei all diesen Verfahren steht deshalb die Schwingungsform nicht im Vordergrund des Interesses, da man weiß, daß keine andere Form auftreten kann.

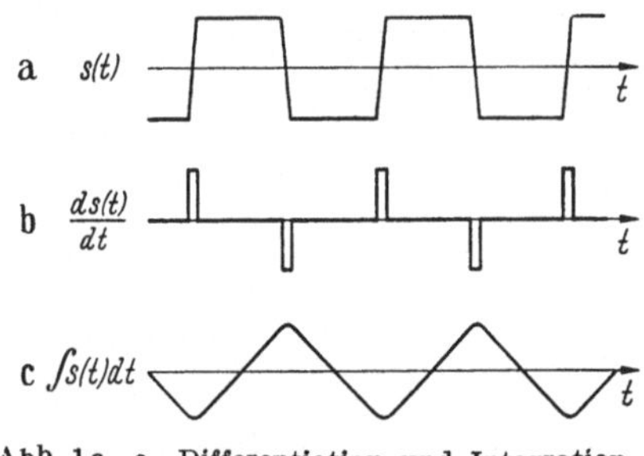

Abb. 1a—c. Differentiation und Integration einer trapezförmigen Schwingung

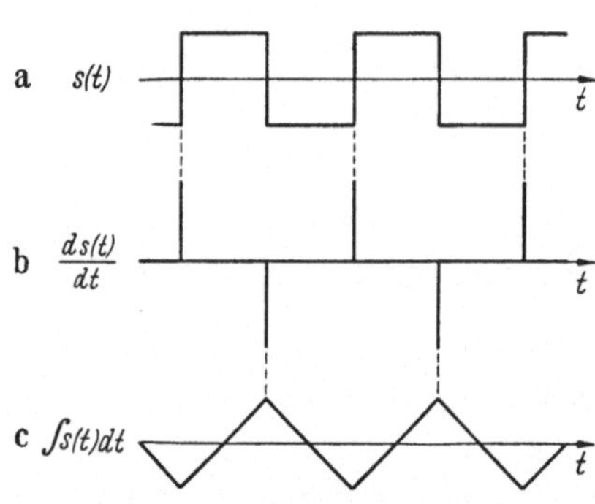

Abb. 2a—c. Differentiation und Integration einer Rechteckschwingung

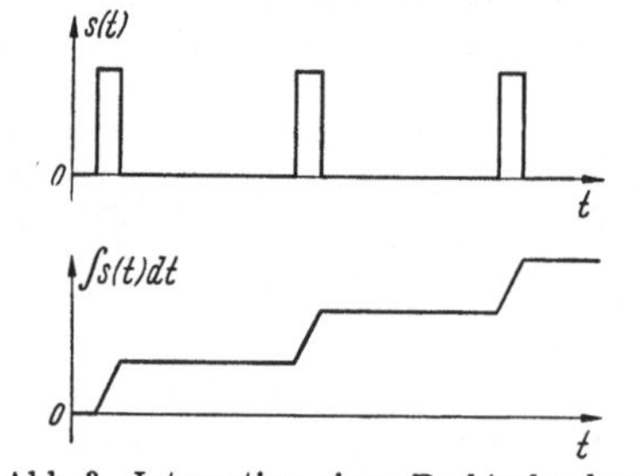

Abb. 3. Integration eines Rechteckpulses

Weichen die zeitlichen Vorgänge dagegen stark von der Sinusform ab, so ist die Schwingungsform nicht nur durch *nichtlineare* Schaltelemente, sondern auch durch *lineare* Netzwerke deutlich veränderbar.

Diese Erscheinungen sind im Kapitel 2 mit Hilfe der FOURIER-Analyse betrachtet worden; man setzt dabei eine beliebige Schwingungsform aus einer Anzahl reiner Sinusschwingungen zusammen, deren Frequenzen verschieden sind, die aber feste Amplituden- und Phasenbeziehungen zueinander haben. Werden diese Beziehungen geändert, so ändert sich auch die Schwingungsform. Dies ist beim Durchgang durch Netzwerke, die Spulen und Kondensatoren enthalten, immer der Fall. In dem vorliegenden 3. Kapitel seien nun die Veränderungen der Schwingungsform mit Hilfe von Grenzbetrachtungen untersucht, die an die Grundgleichungen (1) und (2) anschließen. Wenn man sich die Grundvorgänge nach dieser Betrachtungsweise zurecht gelegt hat, versteht man die Wirkung der meisten Impulsschaltungen

leichter. Die Abb. 1 bis 4 zeigen hierfür einige typische Beispiele. In der Abb. 1a ist eine trapezförmige Schwingung $s(t)$ dargestellt. Ihre Ableitung $\dfrac{\mathrm{d}s(t)}{\mathrm{d}t}$ ergibt eine Folge von abwechselnd positiven und negativen Impulsen (b), die so lange andauern wie die Flanken der Grundschwingung $s(t)$; ihre Amplitude ist proportional der Flankensteilheit von $s(t)$. Die Integralschwingung (c) dagegen ist eine Dreieckschwingung mit parabelförmigen „Ecken".

Wird die Flankensteilheit von $s(t)$ immer größer, so ergibt sich im Grenzfall die in Abb. 2 dargestellte Rechteckschwingung. Die Dauer der Impulse der abgeleiteten Schwingung $\frac{ds(t)}{dt}$ ist verschwindend klein geworden und ihre Amplitude unendlich groß. Man erhält so eine Folge von abwechselnd positiven und negativen δ-Impulsen. Die Integralschwingung (c) ist in eine reine Dreieckschwingung übergegangen.

Die Abb. 3 und 4 zeigen weitere häufig vorkommende Schwingungsformen, die über eine Differentiation oder Integration miteinander zusammenhängen. So ist die Integralschwingung eines Rechteckpulses eine treppenförmige Schwingung mit gleich hohen Stufen, wenn während der Impulslücken die Zeitfunktion $s(t)$ Null ist (Abb. 3), dagegen eine sägezahnförmige Schwingung, wenn der zeitliche Mittelwert der Zeitfunktion $s(t)$ Null ist (Abb. 4). Die Teilbilder a und b zeigen die Vorgänge für verschiedene Polaritäten des Rechteckpulses. Bei positiven Impulsen ist die flache Flanke des Sägezahns abfallend, bei negativen Pulsen ist sie ansteigend. Kehrt man die Bildfolge um und bildet

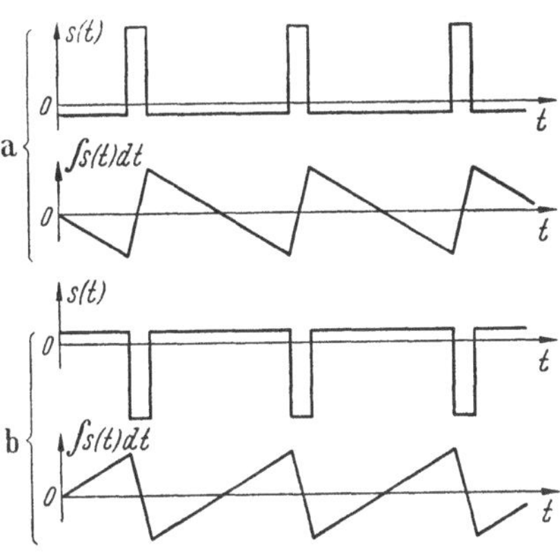

Abb. 4 a u. b. Integration eines Rechteckpulses ohne Gleichstrommittelwert

die Ableitungen der gezeigten Integralschwingungen, so erhält man die Rechteckpulse wieder als differenzierte Schwingungsform.

Die Schwingungsformen verändern demnach durch solche „linearen" Vorgänge ihr Bild vollständig. Man benutzt diese Effekte in der Impulstechnik absichtlich, um bestimmte Aufgaben lösen zu können. Durch Anwendung von nichtlinearen Elementen, wie Gleichrichtern und übersteuerten Röhren, können weitere erwünschte Wirkungen erzielt werden. Das vorliegende 3. Kapitel soll die Grundschaltungen, die dazu verwendet werden, behandeln; sie sind im wesentlichen allen den Zweigen der Technik gemeinsam, die mit impulsförmigen Vorgängen arbeiten, wie der Radartechnik, der Fernsehtechnik und der Pulsmodulationstechnik.

I. Differenzierende Netzwerke

Schaltungen und Netzwerke, die ähnliche Veränderungen hervorrufen wie die von a) nach b) in den Abb. 1 und 2 mögen in diesem Buch unter dem Sammelbegriff der „differenzierenden Netzwerke" zusammengefaßt werden, obwohl — wie im folgenden gezeigt wird — die Differentiation nie streng möglich ist.

1. RC- und LR-Glieder

Zwei duale Schaltungen, die im theoretischen Grenzfall streng differenzieren, zeigen die Abb. 5 und 6. Für die Spannung u_L an der Spule L [siehe Gl. (1)] gilt

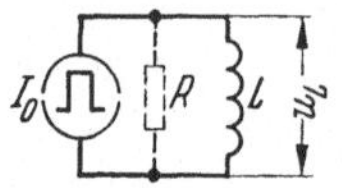

Abb. 5. Grundschaltung zur Differentiation (mit Induktivität)

$$u_L = L \frac{\mathrm{d}i}{\mathrm{d}t}. \tag{3}$$

Der Strom i_C durch den Kondensator C gehorcht nach Gl. (2) der Gleichung

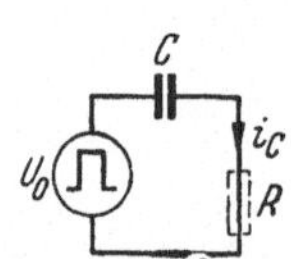

Abb. 6. Grundschaltung zur Differentiation (mit Kapazität)

$$i_C = C \frac{\mathrm{d}u}{\mathrm{d}t}. \tag{4}$$

Ist also i durch eine Stromquelle I_0 mit rechteckiger Schwingungsform gegeben oder u durch eine Spannungsquelle U_0 mit rechteckiger Schwingungsform, so wären u_L und i_C δ-Impulse der Spannung und des Stromes, wie in Abb. 2 unter b) dargestellt. Praktisch ist das nur mit gewissen Einschränkungen möglich, weil *streng genommen* weder eine Spannungs- noch eine Stromquelle hergestellt werden kann. Die Spannungsquelle hat stets einen Innenwiderstand R, der in Reihe mit C liegt, und der Stromquelle liegt stets ein Widerstand R parallel. Damit ist die Amplitude der Impulse begrenzt auf $I = \dfrac{U_0}{R}$

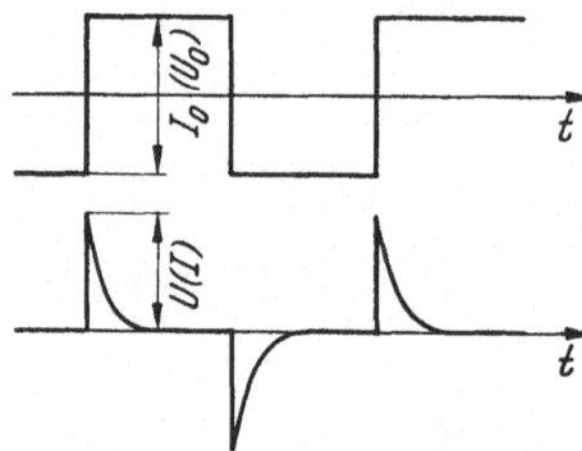

Abb. 7. Differentiation einer Rechteckschwingung mit RC- oder LR-Gliedern

und $U = I_0 R$; Strom und Spannung verlaufen dann wie in Abb. 7 gezeigt. Nach einem Sprung zur Zeit des Umschlags der Rechteckschwingung klingt die Spannung exponentiell mit der Zeitkonstante $\tau_C = R\,C$, der Strom mit der Zeitkonstante $\tau_L = \dfrac{L}{R}$ ab. Die Gleichung für den Abfall lautet

$$s(t) = S\mathrm{e}^{-\frac{t}{\tau}}, \tag{5}$$

wobei in einem Fall $S = \dfrac{U_0}{R}$, im anderen $S = I_0 R$ ist.

Es ist kennzeichnend für die meisten in der Praxis vorkommenden Differentiationen, daß jeder einzelne Impuls als einmaliger Vorgang betrachtet werden kann, da die e-Funktion bis zum nächsten Umschlag auf vernachlässigbar kleine Werte abgeklungen ist. Im folgenden wird deshalb nur die Reaktion auf einen einzelnen Sprung betrachtet.

Da ein großer Teil der Vorgänge in Schaltungen der Impulstechnik überschlägig mit Hilfe einfacher exponentieller Zeitfunktionen erfaßt werden kann, ist die Funktion $e^{-\frac{t}{\tau}}$ in Tafel 1 mit ihren wesentlichsten Eigenschaften aufgetragen.

Wird eine trapezförmige erzeugende Schwingung verwendet, bei der die Zeitdauer t_f einer Flanke kleiner als etwa 10% der Zeitkonstante τ der differenzierenden Schaltungen ist, so gibt die Abb. 7 eine gute Annäherung an die tatsächlichen Verhältnisse. Ist dagegen umgekehrt die Zeitkonstante τ kleiner etwa 10% der Flankendauer, so stimmt die Schwingungsform sehr gut mit der der Abb. 1b überein. Den exakten Verlauf erhält man durch folgende Betrachtung.

Eine linear ansteigende Zeitfunktion ist das Integral eines Sprungs von 0 auf einen gegebenen Wert S; die Antwort eines Netzwerks auf eine solche linear ansteigende Zeitfunktion ist analog das Integral der Antwort des Netzwerks auf die Sprungfunktion der Amplitude S; die Reaktion einer Anordnung, wie sie in den Abb. 5 und 6 mit Widerständen gezeichnet ist, auf den zeitlich linear ansteigenden Teil der trapezförmigen Schwingung kann deshalb als Integral der Funktion Gl. (5) dargestellt werden. Damit ist

$$s(t) = \frac{S}{q}\left(1 - e^{-\frac{t}{\tau}}\right). \tag{6}$$

Dabei ist $q = \frac{t_f}{\tau}$.

Der Anstieg der Zeitfunktion $s(t)$ verläuft daher ebenfalls nach einer Exponentialfunktion mit der Zeitkonstante τ. In Abb. 8 ist der Vor-

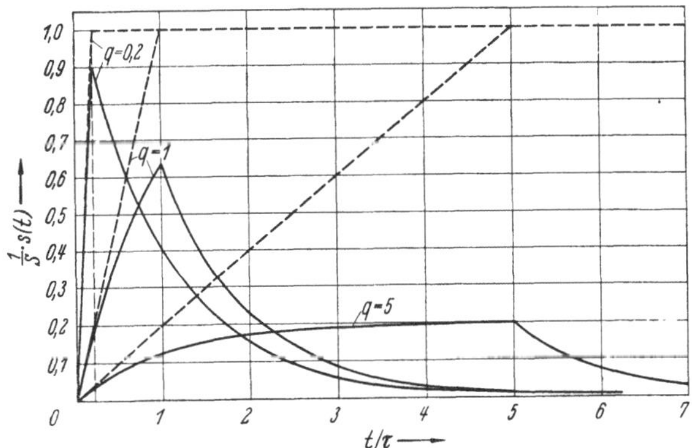

Abb. 8. Differentiation bei endlicher Flankensteilheit der erzeugenden Rechteckschwingung

gang der Impulserzeugung für drei verschiedene Flankensteilheiten dargestellt. Ist die Flankendauer groß gegen die Zeitkonstante (z. B. $q = 5$), so wird das „Dach" des Impulses eben; der Impuls nähert sich bei weiterer Verlängerung der Flankendauer dem Rechteckimpuls von Abb. 1b, und die Differentiation wird immer strenger verwirklicht.

Sowohl Vorder- als Hinterflanke gehorchen aber immer einer reinen Exponentialfunktion mit der Zeitkonstante τ. Die Annäherung an die Rechteckform des Impulses geht auf Kosten seiner Amplitude; ist das Verhältnis q groß gegen Eins, so ist die Amplitude des Impulses mit guter Genauigkeit um den Faktor q kleiner als der Sprung auf der Generatorseite.

Dieses Verfahren zur Erzeugung von Impulsen mit ebenen „Dächern" hat neben dem Amplitudenverlust noch die ungünstige Eigenschaft, daß die Amplitude des Impulses von der Größe der erzeugenden Trapezschwingung *und* ihrer Flankensteilheit abhängt. Man wird daher außerdem die später noch zu behandelnden Begrenzerschaltungen anwenden, oder man schließt den Einfluß der Flankensteilheit dadurch aus, daß man RLC-Netzwerke oder andere impulsformende Netzwerke anwendet, die von Rechteckschwingungen mit möglichst steilen Flanken erregt werden.

2. RLC-Glieder

Im folgenden wird für die beiden dualen Netzwerke der Abb. 9 und 10 nur der Einfluß einer einmaligen sprunghaften Änderung der Spannung

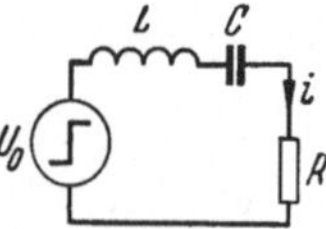

Abb. 9. Differentiation mit Reihenschwingkreis

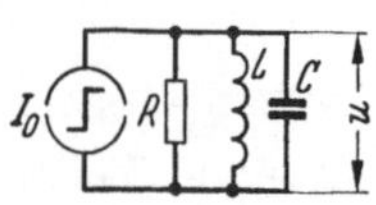

Abb. 10. Differentiation mit Parallelschwingkreis

oder des Stromes betrachtet, da der vorige Abschnitt gezeigt hat, daß bei der Differentiation einer Rechteckschwingung sich praktisch eine Folge positiver und negativer einmaliger Vorgänge ergibt. Die Übertragungsfunktion für Abb. 9 (vgl. S. 97) ist

$$Y(p) = \frac{1}{pL + \dfrac{1}{pC} + R} \, . \tag{7}$$

Auf S. 98 ist mit dieser Übertragungsfunktion der bekannte Einschwingvorgang des Stromes zu einem Spannungssprung bereits angegeben worden. Mit der dort erhaltenen Gl. (2, 90) ist

$$i(t) = \frac{U_0}{\sqrt{\dfrac{L}{C}}} \frac{1}{\sqrt{1 - \left(\dfrac{1}{2Q}\right)^2}} \, e^{-\frac{\omega_r}{2Q} t} \sin\left(\omega_r \sqrt{1 - \left(\dfrac{1}{2Q}\right)^2}\right) t \, . \tag{8}$$

Dabei ist die Resonanzfrequenz

$$\omega_r = \frac{1}{\sqrt{L\,C}} \tag{9}$$

und die Güte des Schwingkreises

$$Q = \frac{\sqrt{\dfrac{L}{C}}}{R} = \frac{\omega_r\,L}{R}. \tag{10}$$

In Abb. 11 ist diese Funktion für Werte der Güte Q von $^1/_2$, 1, 2 und ∞ über der normierten Zeit $\omega_r\,t$ aufgetragen.

Die Gleichung ergibt für $Q > \frac{1}{2}$ exponentiell gedämpfte Sinusschwingungen, deren Frequenz praktisch gleich der Resonanzfrequenz des Schwingkreises ist. Die Schwingungen werden so gedämpft, daß ihre Amplitude nach Q Wellen auf etwa 5% des ersten Maximums abgenommen hat. Resonanzkreise mit hohen Güten, wie z. B. Quarze, zeigen deshalb das sog. „Klingeln". Ein Quarz der Güte 100 000 mit einer Resonanzfrequenz von 100 kHz schwingt nach dem Abschalten der erregenden Spannung noch etwa 1 sec lang nach.

Für $Q = \frac{1}{2}$ erhält man die *kritische* Dämpfung, bei der die Funktion nicht mehr „unterschwingt". Die Gleichung lautet dann

$$i(t) = \frac{U_0}{\sqrt{\dfrac{L}{C}}}\,\omega_r\,t\,\mathrm{e}^{-\omega_r t}. \tag{11}$$

Ist $Q < \frac{1}{2}$, so läßt sich, da $\sinh x = \dfrac{\sin j\,x}{j}$ ist, die Gl. (8) umschreiben in

$$i(t) = \frac{U_0}{\sqrt{\dfrac{L}{C}}\,\sqrt{\left(\dfrac{1}{2Q}\right)^2 - 1}}\,\mathrm{e}^{-\frac{\omega_r}{2Q}t}\,\sinh\left(\omega_r\sqrt{\left(\dfrac{1}{2Q}\right)^2 - 1}\right)t. \tag{12}$$

Für den stromgespeisten Parallelschwingkreis (Abb. 10) gilt entsprechend

$$W(p) = \frac{1}{p\,C + \dfrac{1}{p\,L} + \dfrac{1}{R}} = \frac{1}{C}\,\frac{p}{(p - p_1)(p - p_2)}. \tag{13}$$

p_1 und p_2 haben dieselbe Bedeutung wie in den Gl. (2, 85) angegeben, die Güte ist aber jetzt $Q = R / \sqrt{\dfrac{L}{C}} = \dfrac{R}{\omega_r\,L}$. Man erhält so entsprechend den Spannungsverlauf am Schwingkreis beim Einschalten eines Gleich-

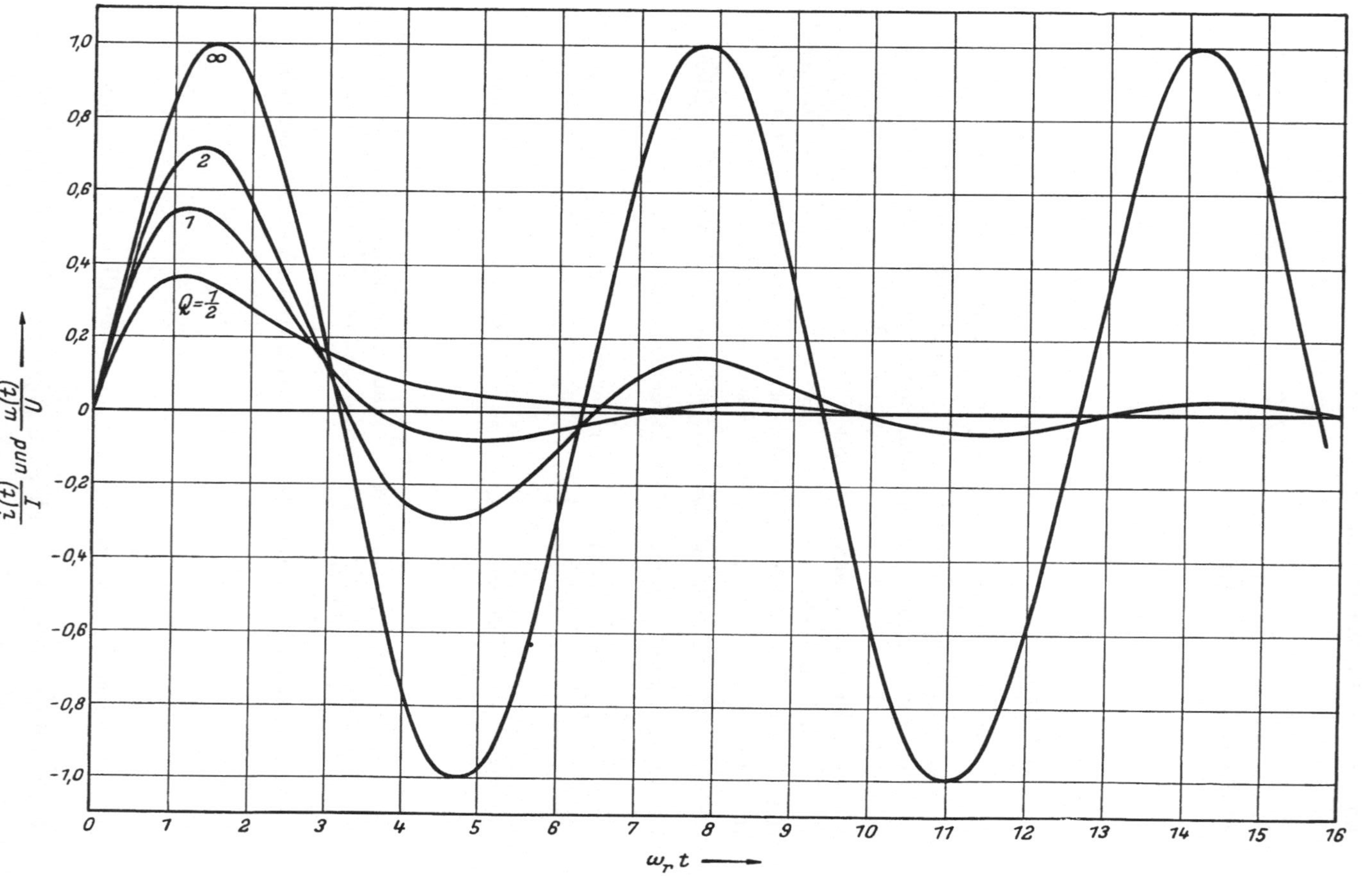

Abb. 11. Einschwingvorgänge eines Schwingkreises

stromes

$$u(t) = I_0 \sqrt{\frac{L}{C}} \, \frac{1}{\sqrt{1-\left(\frac{1}{2Q}\right)^2}} \, e^{-\frac{\omega_r}{2Q}t} \, \sin\left(\omega_r \sqrt{1-\left(\frac{1}{2Q}\right)^2}\right) t. \qquad (14)$$

Die Abb. 11 gilt für beide Fälle, die Ordinate ist deshalb normiert mit $\frac{i(t)}{I}$ bzw. $\frac{u(t)}{U}$. Für den Reihenschwingkreis ist $I = U_0 / \sqrt{\frac{L}{C}}$, für den Parallelschwingkreis $U = I_0 \sqrt{\frac{L}{C}}$.

Benutzt man zur Erzeugung von Impulsen an den Flanken von Rechteckschwingungen stark gedämpfte Schwingkreise, so erhält man günstigere Formen, als sie sich mit RC-Differentiation bei endlicher Flankensteilheit ergeben. Je nach den Anforderungen wird man eine Güte des Schwingkreises zwischen $\frac{1}{2}$ und 1 wählen; der Spannungs- oder der Stromverlust in der Impulsspitze betragen dabei nur etwa 50%. Bei demselben Spannungsverlust würde sich nach Abb. 8 ein spitzer Impuls ergeben.

Sollen Impulse erzeugt werden, die der Rechteckform näher kommen, so muß die Zahl der Schwingkreise erhöht werden, und man muß sogenannte „impulsformende" Netzwerke verwenden.

3. Impulsformende Netzwerke

Es läßt sich nachweisen, daß es jeweils nur *eine* Impedanzfunktion gibt, die aus einem Spannungssprung einen idealen Rechteck-Stromimpuls oder aus einem Stromsprung einen idealen Rechteck-Spannungsimpuls erzeugt. Das sind die Eingangs-Impedanzfunktionen einer am Ende offenen und einer am Ende kurzgeschlossenen idealen homogenen Leitung. Der Innenwiderstand der Quelle des Spannungs- oder Stromsprunges muß dabei gleich dem Wellenwiderstand der Leitung sein. In Abb. 12 und 13 sind die beiden Prinzipanordnungen beispielsweise mit

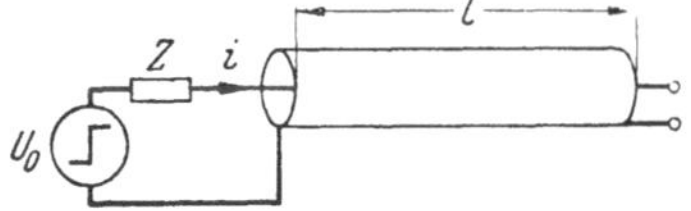

Abb. 12. Leerlaufende Leitung als impulsformendes Netzwerk

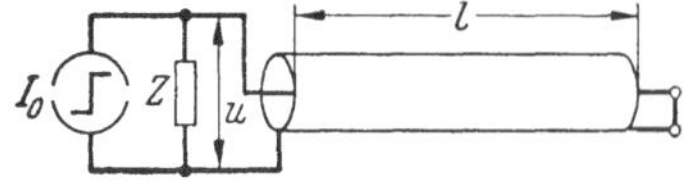

Abb. 13. Kurzgeschlossene Leitung als impulsformendes Netzwerk

einem Stück einer koaxialen Leitung dargestellt. Die Wirkungsweise läßt sich, wie folgt, anschaulich erklären; es sei hierfür die Anordnung von Abb. 13 gewählt, da diese in der Pulsmodulationstechnik am häufigsten verwendet wird.

Im Augenblick des Stromsprunges entsteht am Eingang eines Leitungsstückes der Länge l eine Spannung $U = I_0 \frac{Z}{2}$, da der Eingangswiderstand zunächst gleich dem Wellenwiderstand Z ist (Abb. 14) wie bei einer unendlich langen Leitung. Die Spannungswelle pflanzt sich nun in der Leitung fort und findet bei ihrem Eintreffen am Ende einen Kurzschluß vor. Dieser Kurzschluß bedeutet einen Spannungssprung von U auf Null; dieser kann auch durch einen negativen Spannungssprung von Null auf $-U$ im Augenblick des Eintreffens der Welle erzeugt werden. Die Welle wird also unter Wechsel der Polarität reflektiert und wandert wieder

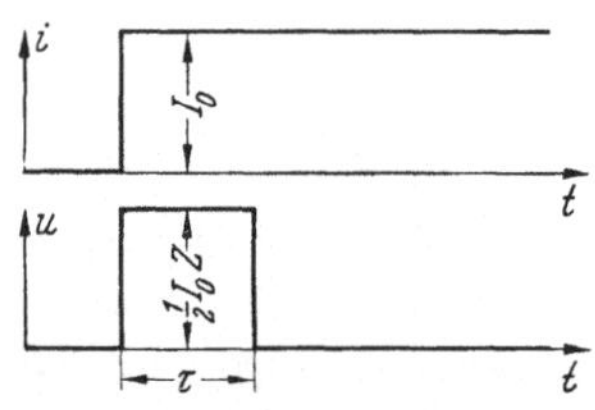

Abb. 14. Strom und Spannung am Eingang der kurzgeschlossenen Leitung von Abb. 13

zum Eingang zurück. Während dieses ganzen Vorganges ist der Eingangswiderstand der Leitung gleich Z. Trifft die reflektierte Welle wieder am Eingang ein, so wird sie dort reflexionsfrei absorbiert und kompensiert den vorher erreichten Wert U. Die Spannung geht sprunghaft auf Null, und der Eingangswiderstand wird Null. Der stationäre Zustand ist erreicht; der Gesamtstrom der Stromquelle fließt als Kurzschlußstrom über die Leitung. Ist l deren Länge, so wird die Dauer τ des erzeugten Impulses gleich der doppelten Übertragungszeit der Leitung

$$\tau = 2\frac{l}{c}, \tag{15}$$

wenn c die Fortpflanzungsgeschwindigkeit in der Leitung ist. Entsprechend läßt sich das Zustandekommen des Stromimpulses bei Abb. 12 erklären.

Der geschilderte Vorgang ist rechnerisch leicht zu erfassen; die Leitungsgleichungen für eine verlustfreie Leitung lauten

$$U_1 = U_2 \cosh \gamma\, l + J_2\, Z \sinh \gamma\, l, \tag{16}$$

$$J_1 = J_2 \cosh \gamma\, l + \frac{U_2}{Z} \sinh \gamma\, l; \tag{17}$$

dabei ist $\gamma = j\omega\, \sqrt{LC} = \frac{1}{2}\frac{j\,\omega\,\tau}{l}$ die Übertragungskonstante, $\tau/2$ die Laufzeit in der Leitung, L und C die Induktivität und die Kapazität je Längeneinheit.

Für eine kurzgeschlossene Leitung wird $U_2 = 0$, und der Eingangswiderstand ergibt sich zu

$$W_1 = Z \tanh j\omega\, \tau/2 = j\, Z \tan \omega\, \tau/2. \tag{18}$$

Wird $j\omega$ durch p ersetzt, so erhält man mit Gl. (18) und der Beziehung $\tan \varphi = \frac{1}{j}\frac{e^{j\varphi} - e^{-j\varphi}}{e^{j\varphi} + e^{-j\varphi}}$ für den Widerstand $W(p)$ der Parallelschaltung von Z und W_1

$$W(p) = \frac{Z}{2}\,(1 - e^{-p\tau}). \tag{19}$$

Wird ein Stromsprung der Größe I_0 in diese Parallelschaltung eingespeist und nach dem Verlauf der Spannung gefragt, so stellt $W(p)$ die Übertragungsfunktion des Netzwerkes dar.

Mit Benutzung von Gl. (2, 80) wird also der Verlauf der Spannung

$$u(t) = \frac{1}{2\,\pi\,j}\,\frac{I_0\,Z}{2}\int\limits_{\sigma-j\infty}^{\sigma+j\infty}\left(\frac{e^{p\,t}}{p} - \frac{e^{p\,(t-\tau)}}{p}\right)\mathrm{d}p = \frac{I_0\,Z}{2}\,[\sigma(t) - \sigma(t-\tau)]. \tag{20}$$

Der Ausdruck in der eckigen Klammer ist, wie erwartet, die Differenz des Einheitssprunges $\sigma(t)$ und eines um die Zeit τ verzögerten Einheitssprunges, die zusammen einen Rechteckimpuls ergeben; die Amplitude des Spannungsimpulses ist, wie erwartet, $\frac{1}{2}\,I_0\,Z$.

In der Technik der Pulsmodulation arbeitet man mit Impulsen, deren Dauer in der Größenordnung von 1 μsec liegt. Dafür würde man nach, dem angegebenen Prinzip eine Leitungslänge von 150 m benötigen; da solche Objekte in Geräten unhandlich sind, hat man versucht, Nachbildungen von idealen Leitungen zu schaffen, die weniger Raum einnehmen. Die beste Annäherung an die ideale Leitung erhält man mit einem Wendelkabel, d. h. einem Kabel, bei dem der Innenleiter oder der Außenleiter gewendelt ist; bei diesem sind die Induktivitäten und Kapazitäten wie beim idealen Kabel verteilt. Man erhält nennenswerte Verkürzungen, weil die Induktivität je Längeneinheit beträchtlich größer ist; der Raumbedarf ist jedoch meist noch sehr groß, wenn man genügend dämpfungsarme Kabel erhalten will. Man bevorzugt deshalb Nachbildungen, die aus üblichen Spulen und Kondensatoren bestehen. Es ist jedoch zu beachten, daß es unmöglich ist, mit einer endlichen Anzahl von Gliedern eine Leitung exakt nachzubilden; auf diesem Wege kann man nur mehr oder weniger gute Annäherungen erreichen. Eine naheliegende Lösung stellt die aus gleichen T-

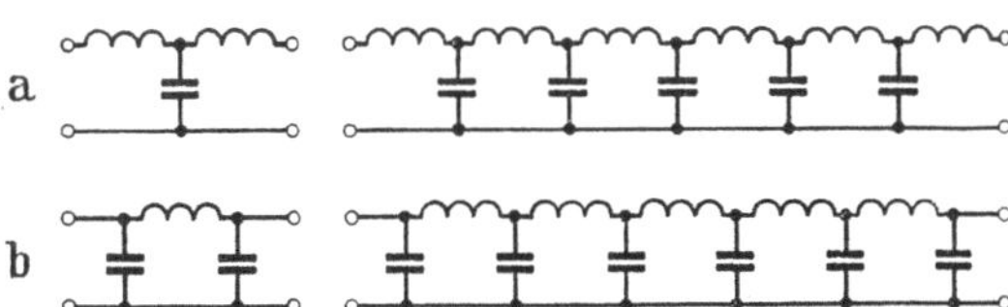

Abb. 15a u. b. Nachbildung einer homogenen Leitung durch eine Spulenleitung

oder Π-Gliedern aufgebaute Spulen- oder Pupinleitung dar (Abb. 15). Sie hat bekanntlich eine Grenzfrequenz; alle Schwingungen, deren Frequenz höher liegt als diese Grenzfrequenz, werden praktisch nicht übertragen. Wird ein Einheitssprung angelegt, so wird eine Schwingung der Grenzfrequenz angeregt, selbst wenn die Übertragungsbedingungen im Durchlaßbereich ideal sind. Als Folge wird die Kuppe des erzeugten Im-

pulses wellig, und der ganze Vorgang zeigt lang andauerndes Nachschwingen. Außerdem wird dieses Nachschwingen, wie im nächsten
Kapitel gezeigt werden wird, noch vermehrt durch die Phasenverzerrungen im Durchlaßbereich. Beim idealen Kabel dagegen werden diese
Verzerrungen, wie oben dargestellt, vermieden, weil im gesamten Frequenzbereich die Dämpfung konstant und der Phasengang linear ist.
Man muß deshalb den Sprung so verflachen, daß in seinem Spektrum
nur noch Frequenzen enthalten sind, für welche die Spulenleitung ausreichend ideale Übertragungseigenschaften hat. Dies bedeutet aber, daß
sie weit unterhalb ihrer Grenzfrequenz benutzt werden muß. Die Zahl
der Glieder steigt dann für eine vorgegebene Laufzeit entsprechend.

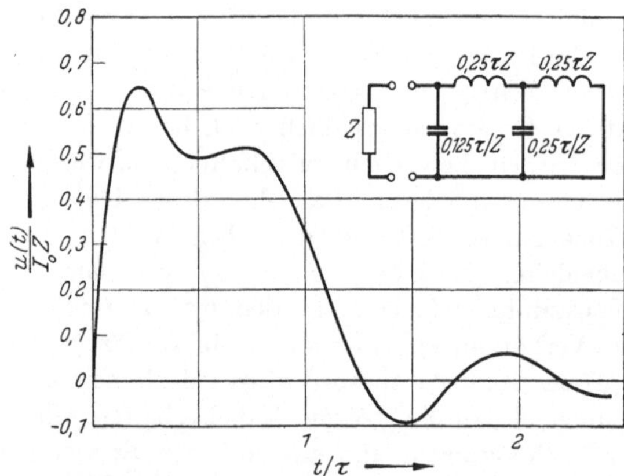

Abb. 16. Einschwingvorgang $u(t)$ zum Stromsprung I_0 bei einer kurzgeschlossenen
zweigliedrigen Spulenleitung in ∏-Schaltung

Wird nur *ein* Glied der Kette verwendet, so entartet die T-Schaltung,
wenn sie als offene Leitung betrieben wird, zu einem einfachen Reihenschwingkreis und die ∏-Schaltung, wenn sie als kurzgeschlossene Leitung betrieben wird, zu einem Parallelresonanzkreis; diese sind im Abschn.
I, 2 untersucht worden. Die errechnete Impulsfunktion, die man für
zwei Glieder erhält, zeigt Abb. 16. Der Rechteckimpuls ist schon besser
angenähert als beim einfachen Schwingkreis; sein Dach zeigt aber zwei
stark unsymmetrische Höcker, und die Funktion schwingt nach.

Man kann die für die Erzeugung idealer Impulse nötige Annäherung
an die Impedanzfunktion der offenen oder kurzgeschlossenen Leitung
auch folgendermaßen erreichen, und das führt zu anders aufgebauten
Nachbildungen. Entfernt man nämlich z. B. in Abb. 13 den Widerstand Z am Eingang der Leitung, so ist der Vorgang nach Ablauf
der Zeit τ nicht beendet: die vom kurzgeschlossenen Ende ankom-
mende reflektierte negative Welle wird am offenen Eingang unter
Beibehaltung der Polarität verlustfrei reflektiert, wandert von neuem

nach dem kurzgeschlossenen Ende, wird dort unter Umpolung wieder reflektiert und wandert als positive Welle zum Eingang, wo der Zyklus von vorne beginnt. Am Eingang der verlustlosen Leitung entsteht so, da keine Energie absorbiert wird, eine unendlich lange andauernde Rechteckschwingung (Abb. 17) mit der Periode 2τ, die nur Teilschwingungen bei den diskreten Frequenzen f_0, $3f_0$, $5f_0$ usw. enthält; f_0 ist dabei gleich

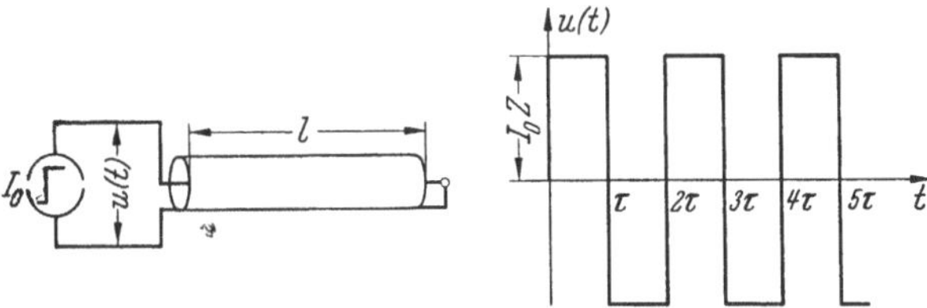

Abb. 17. Erzeugung von Rechteckschwingungen mit einer am Ausgang kurzgeschlossenen, am Eingang offenen Leitung

$\dfrac{1}{2\tau}$. Für diese Frequenzen ist aber der Eingangswiderstand nach Gl. (18) unendlich groß. Dies bedeutet, daß die Leitungslänge dabei gleich einem ungeradzahligen Vielfachen von $\lambda/4$ ist. $\lambda = c/f$ ist die Wellenlänge. Da eine kurzgeschlossene Leitung in der Umgebung von $\lambda/4$ und bei ungeraden Vielfachen von $\lambda/4$ durch einen Parallelschwingkreis ersetzt werden kann, läßt sich ein Ersatzbild angeben, das aus einer unendlichen Summe in Reihe geschalteter idealer Parallelschwingkreise besteht, die auf die Grundfrequenz und ungeradzahlige Vielfache abgestimmt sind (Abb. 18). Da die Anordnung aus einer *Strom*quelle gespeist wird, wird jeder Kreis ungestört von den anderen durch den Stromsprung I_0 erregt, und die

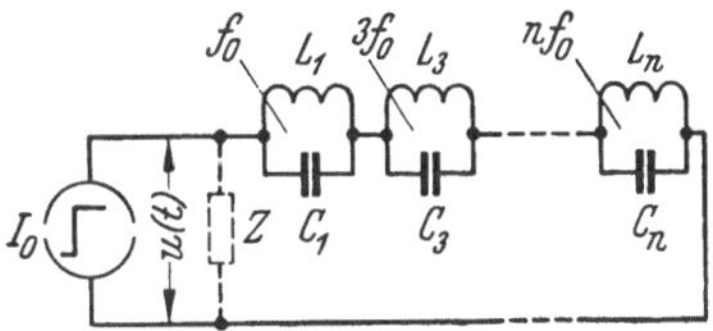

Abb. 18. Ersatzschaltbild einer am Ende kurzgeschlossenen Leitung

an den Kreisen entstehenden Spannungen überlagern sich ohne gegenseitige Beeinflussung. Da die Güte der Kreise unendlich groß sein soll, wird nach Gl. (14) für den n-ten Kreis

$$u_n(t) = I_0 \sqrt{\frac{L_n}{C_n}} \sin \omega_n t \qquad (21)$$

und für die Reihenschaltung

$$u(t) = I_0 \sum_{n=1}^{\infty} \sqrt{\frac{L_n}{C_n}} \sin n\,\omega_0 t \qquad n = 1, 3, 5, \ldots \qquad (22)$$

Da die Zeitfunktion von Abb. 17 nach Gl. (2,31) in die FOURIER-Reihe

$$u(t) = \frac{4}{\pi} I_0 Z \sum_{n=1}^{\infty} \frac{\sin n\,\omega_0 t}{n} \qquad n = 1, 3, 5, \ldots \qquad (23)$$

zerlegt werden kann, bei der $\omega_0 = \dfrac{\pi}{\tau}$ ist, erhält man durch Vergleich der Koeffizienten

$$\sqrt{\frac{L_n}{C_n}} = \frac{4}{\pi}\,\frac{Z}{n}. \tag{24}$$

Da ferner

$$n\,\omega_0 = \frac{1}{\sqrt{L_n\,C_n}} = n\,\frac{\pi}{\tau} \tag{25}$$

ist, ergibt sich für

$$L_n = \frac{4}{n^2\,\pi^2}\,\tau\,Z \tag{26}$$

und

$$C_n = \frac{\tau}{4Z}. \tag{27}$$

Die Schwingkreise erhalten also alle dieselbe Kapazität; sie werden auf die ungeradzahligen Vielfachen der Grundfrequenz mit den Induktivitäten abgestimmt.

Wird nun, wie in Abb. 18 gestrichelt eingezeichnet, der Widerstand Z an die Klemmen des Netzwerkes gelegt, so ergibt sich auch bei endlicher Gliederzahl ein einmaliger annähernd rechteckförmiger Impuls. Die Übereinstimmung mit dem Verhalten der idealen Leitung ist überraschend gut, obwohl die Schwingkreise nun alle miteinander gekoppelt sind; dies läßt sich damit erklären, daß die Resonanzfrequenzen zumindest für die ersten Teilschwingungen relativ sehr weit voneinander wegliegen. Man kann deshalb für eine überschlägige Betrachtung die Wirkung der einzelnen Kreise berücksichtigen, ohne sich um die andern Kreise kümmern zu müssen; der erste Kreis erhält dann durch den Widerstand Z eine Güte von $\dfrac{\pi}{4}$, ist also annähernd kritisch gedämpft; der zweite Kreis erhält eine Güte von $\dfrac{3\pi}{4}$, und die weiteren Kreise werden immer weniger gedämpft, so daß sie während der Dauer des erzeugten Impulses immer mehr Schwingungen ausführen.

Bei sehr vielen praktischen Aufgaben bedarf man keiner sehr steilen Flanken und versucht deshalb, mit einer möglichst geringen Zahl von Kreisen auszukommen. Man nimmt dazu von vornherein eine trapezförmige Impulsform an und kommt damit zu einer von den Gln. (26) und (27) abweichenden Bemessung der Elemente, wie besonders GUILLEMIN sie untersucht hat; Nachbildungen von kurzgeschlossenen oder offenen Leitungen der hier betrachteten Art werden deshalb auch häufig als GUILLEMIN-Leitungen bezeichnet.

Die FOURIER-Reihe für die Schwingung der Abb. 19 lautet unter Beachtung von Gl. (2, 13) und (2, 17)

$$u(t) = \frac{4}{\pi}\,I_0\,Z\sum_{n=1}^{\infty}\frac{\sin n\,\pi\,\alpha}{n\,\pi\,\alpha}\,\frac{\sin n\,\omega_0\,t}{n}, \quad n = 1, 3, 5, \ldots, \tag{28}$$

α ist dabei das Maß für die Flankenschräge.

Durch Koeffizientenvergleich mit Gl. (22) ergibt sich

$$\sqrt{\frac{L_n}{C_n}} = \frac{4}{\pi}\,\frac{\sin n\pi\alpha}{n\pi\alpha}\,\frac{Z}{n}, \tag{29}$$

und man erhält mit Gl. (25) für

$$L_n = \frac{4}{n^2\pi^2}\,\frac{\sin n\pi\alpha}{n\pi\alpha}\,\tau Z \tag{30}$$

und

$$C_n = \frac{1}{4\,\dfrac{\sin n\pi\alpha}{n\pi\alpha}}\,\frac{\tau}{Z}\,. \tag{31}$$

Mit $\alpha = 0$ ergeben sich die Gl. (26) und (27) für den Rechteckimpuls. Bei endlichen Werten von α werden mit zunehmender Ordnungszahl n die Kapazitäten größer und die Induktivitäten kleiner als im Falle des Rechteckimpulses.

Zur Schaltung von Abb. 18 kann man mit Hilfe mathematischer Umformungen eine Reihe von äquivalenten Netzwerken bestimmen, welche dieselbe Impedanzfunktion haben und damit denselben Impuls erzeugen. Ein solches häufig benutztes Netzwerk ist in Abb. 20a gezeigt; es besteht aus $(n-1)$ Reihenschwingkreisen und den beiden Einzelelementen L_N und C_N. Es hat folgenden praktischen Vorteil: für die Induktivität L_N kann die eine Wicklung eines Impulstransformators benutzt werden, die stets vorhandene Wicklungskapazität kann einen Teil von C_N bilden. Für dieses Netzwerk gilt allgemein, wie noch nachgewiesen werden wird, daß

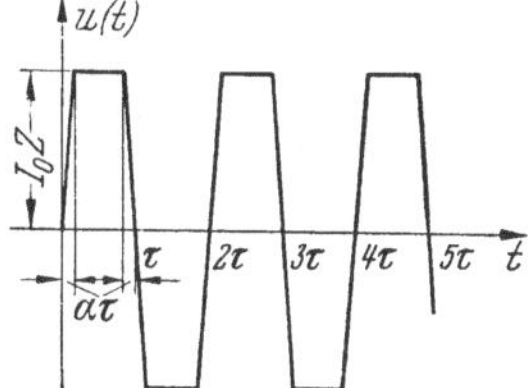

Abb. 19. Trapezförmige Schwingung

$$L_N = \sum L_n \tag{32}$$

gleich der Reihenschaltung aller Induktivitäten der Abb. 18 und

$$\frac{1}{C_N} = \sum \frac{1}{C_n} \tag{33}$$

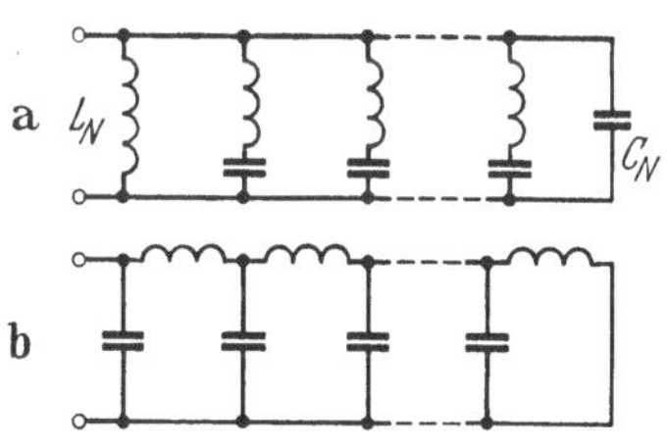

Abb. 20 a u. b. Äquivalente Netzwerke zu Abb. 18

gleich der Reihenschaltung aller Kapazitäten der Abb. 18 ist. Ein weiteres äquivalentes Netzwerk ist, allerdings mit einer anderen Bemessung als der üblichen, die schon erwähnte Spulenleitung (Abb. 20b), wenn man dieselbe Zahl von Elementen aufwendet. Hier muß die Summe aller Induktivitäten gleich der Summe aller Induktivitäten von Abb. 18 sein. Man kann allgemein sagen, daß die vom Gleichstrom durchflossene Induktivität irgendwelcher äquivalenter Netzwerke gleich groß sein muß, da immer die gleiche magnetische Energie gespeichert werden muß.

Um einen Überblick über die Wirkung der Variation der Elemente zu bekommen, seien für Netzwerke mit nur zwei Gliedern die Impedanzfunktionen und die Impulsfunktionen für die beiden Fälle $\alpha = 0$ und $\alpha = 0{,}25$ errechnet, d. h., für die Rechteckform und eine Trapezform mit verhältnismäßig flacher Flanke. Die Abb. 21 zeigt drei solche äquivalente Netzwerke. Das erste entspricht Abb. 18, das zweite Abb. 20a und das dritte Abb. 20b. Die Rechnung sei für die Schaltung von Abb. 21a durchgeführt. Es wird zunächst der Leitwert $Y(p)$ des Reaktanzzweipols allein bestimmt und danach erst der für die Berechnung des Einschwingvorgangs erforderliche Widerstand $W(p)$ der Parallelschaltung von Reaktanzzweipol und

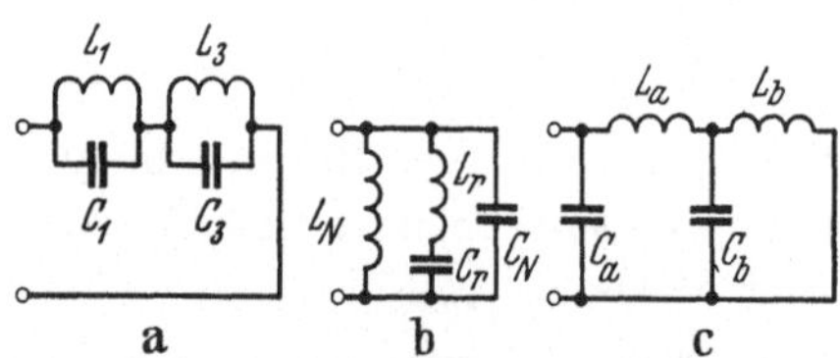

Abb. 21a—c. Äquivalente impulsformende Netzwerke mit zwei Gliedern

Z, da man die Werte der äquivalenten Netzwerke leichter durch einen Vergleich der $Y(p)$ Funktionen ermitteln kann.

Der Leitwert $Y(p)$ der Anordnung Abb. 21a ist

$$Y(p) = \frac{p^4 L_1 C_1 L_3 C_3 + p^2 (L_1 C_1 + L_3 C_3) + 1}{p^3 L_1 L_3 (C_1 + C_3) + p (L_1 + L_3)} \, . \tag{34}$$

Da sich die Resonanzfrequenzen der beiden Kreise nach Gl. (28) unabhängig von α und damit von der angenommenen Form des Trapezes immer wie $3:1$ verhalten, wird

$$L_3 C_3 = \frac{1}{9} L_1 C_1. \tag{35}$$

Damit erhält man für die gesuchte Impedanz

$$W(p) = \tag{36}$$

$$Z \, \frac{p \left[p^2 L_1 C_1 \frac{L_1}{Z} \left(1 + 9 \frac{L_3}{L_1} \right) + 9 \frac{L_1}{Z} \left(1 + \frac{L_3}{L_1} \right) \right]}{p^4 (L_1 C_1)^2 + p^3 L_1 C_1 \frac{L_1}{Z} \left(1 + 9 \frac{L_3}{L_1} \right) + p^2 10 L_1 C_1 + p \, 9 \frac{L_1}{Z} \left(1 + \frac{L_3}{L_1} \right) + 9} \, .$$

In der Gleichung kommen in dieser Schreibweise nur die Größen $L_1 C_1$, $\frac{L_1}{Z}$ und $\frac{L_3}{L_1}$ vor. Da immer $L_1 C_1 = \frac{\tau^2}{\pi^2}$ ist, sind bei einer Änderung der angenommenen Impulsform nur $\frac{L_1}{Z}$ und $\frac{L_3}{L_1}$ die Parametergrößen.

Für den Fall $\alpha = 0$ wird nach Gl. (30) $\frac{L_3}{L_1} = \frac{1}{9}$ und $\frac{L_1}{Z} = \frac{4}{\pi^2} \tau$, und für die Impedanz ergibt sich mit Gl. (36)

$$W(p) = Z \, \frac{p \, \tau \, (8 \, p^2 \, \tau^2 + 40 \, \pi^2)}{p^4 \, \tau^4 + 8 \, p^3 \, \tau^3 + 10 \, \pi^2 \, p^2 \, \tau^2 + 40 \, \pi^2 \, p \, \tau + 9 \, \pi^4} \, . \tag{37}$$

Die Antwort $u(t)$ des Netzwerkes auf den Stromsprung I_0 (vgl. Gl. (2,80)) wird zweckmäßig nach der im Anhang 1 beschriebenen Methode berechnet; dazu hat man die Wurzeln der biquadratischen Gleichung des Nenners zu bestimmen. Für diese ergibt sich

$$\tau\, p_1 = -\,1{,}49 + j\,8{,}31 \qquad \tau\, p_3 = -\,2{,}51 + j\,2{,}42$$
$$\tau\, p_2 = -\,1{,}49 - j\,8{,}31 \qquad \tau\, p_4 = -\,2{,}51 - j\,2{,}42. \tag{38}$$

Die Gleichung (37) läßt sich dann umschreiben in

$$W(p) = Z\,\frac{p\,\tau\,(8\,p^2\,\tau^2 + 40\,\pi^2)}{\tau^4\,(p - p_1)\,(p - p_2)\,(p - p_3)\,(p - p_4)}. \tag{39}$$

Der Einschwingvorgang $u(t)$ zum Stromsprung I_0 ist

$$u(t) = \frac{I_0}{2\,\pi\,j}\int\limits_{-j\infty}^{+j\infty} \frac{W(p)}{p}\,e^{pt}\,dp. \tag{40}$$

Die Lösung lautet

$$u(t) = I_0\,Z\left[0{,}453\,e^{-1{,}49\frac{t}{\tau}}\cos\left(8{,}31\,\frac{t}{\tau} - 0{,}35\right) +\right.$$
$$\left. +\, 2{,}62\,e^{-2{,}51\frac{t}{\tau}}\sin\left(2{,}42\,\frac{t}{\tau} - 0{,}16\right)\right]. \tag{41}$$

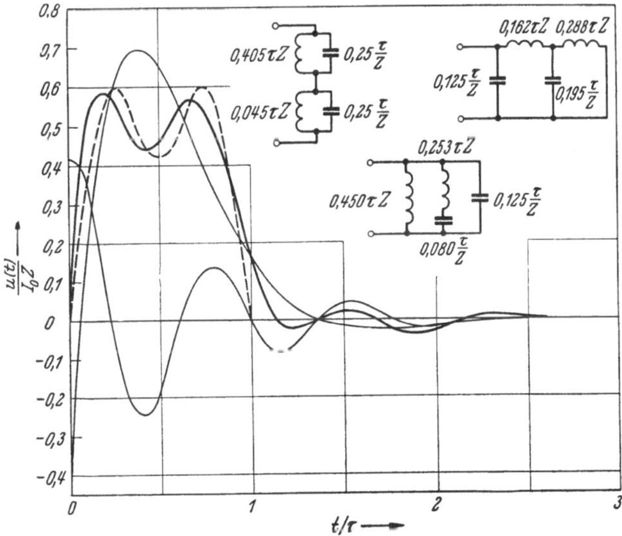

Abb. 22. Einschwingvorgang zum Stromsprung bei impulsformenden Netzwerken mit zwei Gliedern ($\alpha = 0$)

Die Funktion ist dick ausgezogen in Abb. 22 über der normierten Zeit $\frac{t}{\tau}$ aufgetragen; sie setzt sich, wie schon die überschlägige Betrachtung gezeigt hat, aus zwei gedämpften Sinusschwingungen (dünne Linien) zusammen, deren Frequenzen sich etwa wie $1:3$ verhalten. Die Schwingung mit der tieferen Frequenz ist nahezu kritisch gedämpft. Die Summenkurve hat zwei ausgeprägte Höcker, sehr ähnlich wie die gestrichelt eingetragene idealisierte Kurve; diese stellt eine Halbwelle einer Schwingung dar, die aus zwei Sinusschwingungen mit dem Frequenzverhältnis $1:3$ und dem Amplitudenverhältnis $3:1$ erhalten wird. Das Nachschwingen der wirklichen Funktion wird rasch gedämpft und ist für Zeitwerte $t > 2,5\,\tau$ kleiner als 1%. Es ist zu bemerken, daß die Vorderflanke steiler ist als die Hinterflanke; diese Eigenschaft ist für alle Netzwerke mit wenigen Gliedern kennzeichnend.

Da der exakte Rechteckimpuls mit kleinen Gliederzahlen ohnehin nicht erzeugbar ist, interessiert es, wie die Impulsfunktion verläuft, wenn man schon im Ansatz eine endliche Flankensteilheit annimmt. Um die Wirkungen deutlich zu zeigen, sei daher, wie eingangs erwähnt, der zweite Fall für $\alpha = 0,25$ betrachtet. Hierfür wird nach Gl. (30)

$$\frac{L_3}{L_1} = \frac{1}{27} \quad \text{und} \quad \frac{L_1}{Z} = \frac{4}{\pi^2}\, 0,9\,\tau, \tag{42}$$

und die Impedanz ergibt sich zu

$$W(p) = Z\, \frac{p\,\tau\,(4,8\,p^2\,\tau^2 + 33,6\,\pi^2)}{\tau^4\,(p - p_1)\,(p - p_2)\,(p - p_3)\,(p - p_4)}. \tag{43}$$

Für die Wurzeln gilt

$$\begin{aligned}
\tau\,p_1 &= -\,0,50 + j\,9,18 & \tau\,p_3 &= -\,1,90 + j\,2,60 \\
\tau\,p_2 &= -\,0,50 - j\,9,18 & \tau\,p_4 &= -\,1,90 - j\,2,60.
\end{aligned} \tag{44}$$

Der Einschwingvorgang $u(t)$ zum Stromsprung I_0 wird dann

$$\begin{aligned}
u(t) = I_0\,Z\Big[&0,115\;e^{-0,5\frac{t}{\tau}}\cos\Big(9,18\,\frac{t}{\tau} - 0,695\Big) + \\
&+ 1,542\;e^{-1,9\frac{t}{\tau}}\sin\Big(2,6\,\frac{t}{\tau} - 0,056\Big)\Big].
\end{aligned} \tag{45}$$

Er ist in Abb. 23 aufgetragen. Die Kurve setzt sich aus den beiden dünn gezeichneten gedämpften Sinusschwingungen zusammen. Die gestrichelt eingetragene Idealkurve wird aus 2 reinen Sinusschwingungen mit dem Frequenzverhältnis $1:3$ und dem Amplitudenverhältnis $9:1$ erhalten. Die Höcker sind, wie in der gestrichelten Idealkurve, praktisch verschwunden, die Flanken sind flacher als in Abb. 22; die Funktion zeigt jedoch stärkeres Nachschwingen, da die Güte des zugehörigen Kreises nun wesentlich höher und daher die Teilschwingung mit der höheren Frequenz nur schwach gedämpft ist. Wegen dieses Nachschwingens wird man also immer dann, wenn kein besonderer Wert auf ein flaches Impulsdach gelegt zu werden braucht, den zweiten Ansatz vermeiden.

Dies trifft in den meisten Fällen der Pulsmodulationstechnik zu, bei der gewöhnlich durch einfache Begrenzer die Unebenheiten in der Impulsspitze abgeschnitten werden können. Im Gegensatz dazu legt man z. B. in der Radartechnik oft auf ebene Impulsdächer Wert, weil mit den Impulsen Sender hoher Leistung getastet werden.

Es seien abschließend die Werte für die äquivalenten Netzwerke von Abb. 21b und c angegeben.

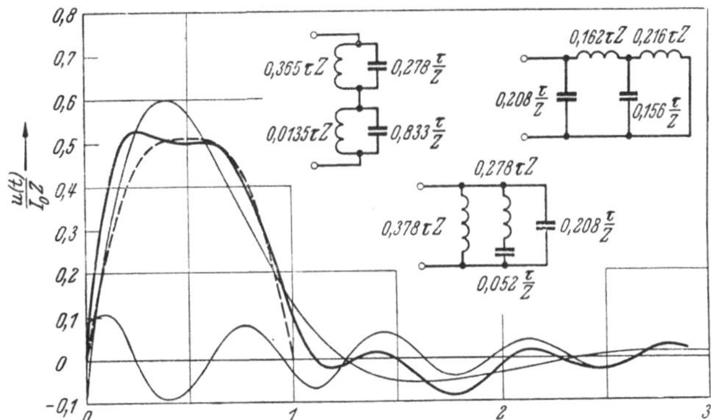

Abb. 23. Einschwingvorgang zum Stromsprung bei impulsformenden Netzwerken mit zwei Gliedern ($\alpha = 0{,}25$)

Der Leitwert der Anordnung 21b ist

$$Y(p) = \frac{p^4\, L_N\, C_N\, L_r\, C_r + p^2\, (L_N\, C_N + L_r\, C_r + L_N\, C_r) + 1}{p^3\, L_N\, L_r\, C_r + p\, L_N}. \tag{46}$$

Die Gleichung ist genau so aufgebaut wie Gl. (34), und man kann durch Koeffizientenvergleich die Werte der Elemente bestimmen; offensichtlich ist, wie auch die allgemeine Gl. (32) angibt,

$$L_N = L_1 + L_3. \tag{47}$$

Der Leitwert der Anordnung 21c ist

$$Y(p) = \frac{p^4\, L_a\, C_a\, L_b\, C_b + p^2\, [C_a\, (L_a + L_b) + L_b\, C_b] + 1}{p^3\, L_a\, L_b\, C_b + p\, (L_a + L_b)}. \tag{48}$$

Hier kann man sofort ablesen (vgl. wieder Gl. (34)), daß

$$L_a + L_b = L_1 + L_3 \tag{49}$$

ist; die Summe der Induktivitäten von Abb. 21a und 21c ist also gleich groß.

Es ist außerdem kennzeichnend, daß das Produkt der 4 Werte der Elemente für alle 3 Netzwerke konstant sein muß; es ist nur eine Funktion der Impulsdauer τ. Ein Vergleich von Gl. (46) und (48) läßt sofort erkennen, daß

$$C_N = C_a \qquad (50)$$

ist.

In den Abb. 22 und 23 sind die so ermittelten zugehörigen äquivalenten Netzwerke mit ihren auf τZ und $\dfrac{\tau}{Z}$ normierten Werten der Elemente mit eingezeichnet. Man sieht, daß die Werte für die Spulenleitung sehr stark von der für Tiefpässe üblichen Bemessung abweichen; hier sind gewöhnlich die beiden Spulen gleich groß und die äußere Kapazität verhält sich zur inneren wie $1:2$ (siehe Abb. 16).

Für beliebig viele Glieder gestattet die Anordnung der Abb. 18, die Werte der Elemente mit Hilfe der Gl. (26) und (27) sofort anzuschreiben. Die Anordnung Abb. 20a oder Abb. 20b ist jedoch, wie schon erwähnt, praktisch vorzuziehen. Die allgemeinen Methoden zur Ermittlung der Werte des gewählten äquivalenten Netzwerkes sind in der einschlägigen Literatur zu finden.

Mit zunehmender Anzahl der Glieder wird allerdings sowohl die Berechnung des Einschwingvorganges als auch die der äquivalenten Netzwerke zunehmend zeitraubender.

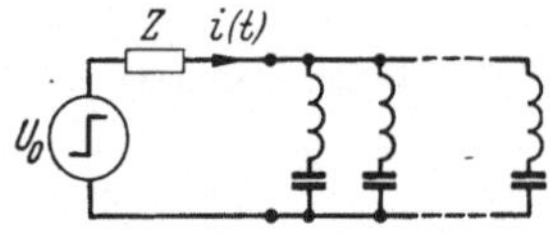

Abb. 24. Ersatzschaltbild einer
am Ende offenen Leitung

Sollen Schaltungen aus einer Spannungsquelle gespeist werden, so muß entsprechend Abb. 12 eine offene Leitung nachgebildet werden; das Grundnetzwerk hierfür, das eine einfache Berechnung gestattet, ist in Abb. 24 dargestellt; aus ihm lassen sich die entsprechenden äquivalenten Netzwerke ableiten.

II. Integrierende Netzwerke

Für diesen Begriff soll dasselbe gelten wie für „differenzierende Netzwerke": alle Schaltungen und Netzwerke, die ähnliche Veränderungen der Schwingungsform hervorrufen, wie die von a nach c in den Abb. 1 und 2, sollen unter dem Sammelbegriff der „integrierenden Netzwerke" zusammengefaßt werden. Die beiden dualen Schaltungen die im theoretischen Grenzfall streng integrieren, zeigt die Abb. 25. Der Strom i_L gehorcht der Gleichung

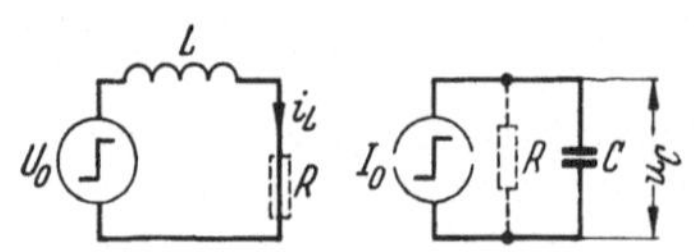

$$i_L = L \int u \, dt, \qquad (51)$$

und für die Spannung u_C gilt

Abb. 25. Grundschaltungen zur
Integration

$$u_C = \frac{1}{C} \int i \, dt. \qquad (52)$$

Liegt demnach eine Spannungsquelle oder eine Stromquelle mit rechteckiger Schwingungsform vor, so haben i_L und u_C die Schwingungsform der Abb. 1c. Nimmt man an, daß die Spannung und der Strom nur *einmal* springen, und zwar auf die Werte U_0 bzw. I_0, so müßten bei strenger Integration der Strom in L und die Spannung an C linear mit der Zeit ansteigen und für $t \to \infty$ unendlich groß werden. Die Innenwiderstände der Quellen begrenzen aber beide Werte auf $I = \dfrac{U_0}{R}$ und $U = I_0 R$.

Sowohl der Strom i_L als auch die Spannung u_C gehen dann von Null beginnend exponentiell mit den Zeitkonstanten $\tau = \dfrac{L}{R}$ und $\tau = RC$ in die genannten Grenzwerte über. Die Gleichung für den Anstieg lautet (Abb. 26)

$$s(t) = S\left(1 - e^{-\frac{t}{\tau}}\right) ; \tag{53}$$

im einen Falle ist $S = \dfrac{U_0}{R}$, im anderen $S = I_0 R$.

Je mehr man sich der strengen Integration nähern will, um so kürzer ist — von der Zeit Null aus gerechnet — der Zeitabschnitt der Kurve von Abb. 26, den man praktisch benutzen kann. Die Ausbeute an Strom oder Spannung, bezogen auf den Endwert, wird dann immer geringer. Um die Abweichung vom

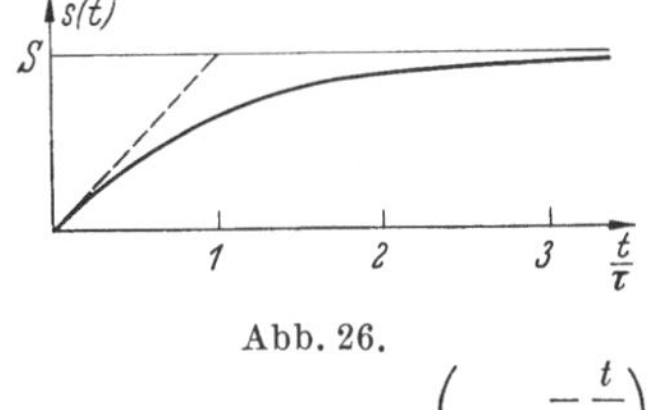

Abb. 26.

Die Funktion $s(t) = S\left(1 - e^{-\frac{t}{\tau}}\right)$

linearen Anstieg zu ermitteln, kann man Gl. (53) in eine Reihe entwickeln:

$$s(t) = S\left[\frac{t}{\tau} - \frac{1}{2}\left(\frac{t}{\tau}\right)^2 + \frac{1}{6}\left(\frac{t}{\tau}\right)^3 - \cdots\right]. \tag{54}$$

Läßt man also einen Fehler von 1% zu, so kann man die Kurve bis $\dfrac{t}{\tau} = \dfrac{2}{100}$ ausnutzen; die Strom- oder Spannungsausbeute beträgt nur 2%. Bei einem Fehler von 10% beträgt die Ausbeute schon 20%. Man nimmt in den Schaltungen der Praxis oft noch etwas größere Fehler in Kauf; für einen Fehler von etwa 20% sind die den Funktionen Abb. 2c und 4b entsprechenden Kurven in Abb. 27 aufgetragen.

Im Prinzip kann man einen linearen zeitlichen Verlauf mit größerer Spannungsausbeute erreichen, wenn man kompliziertere Netzwerke verwendet. Dabei ist aber

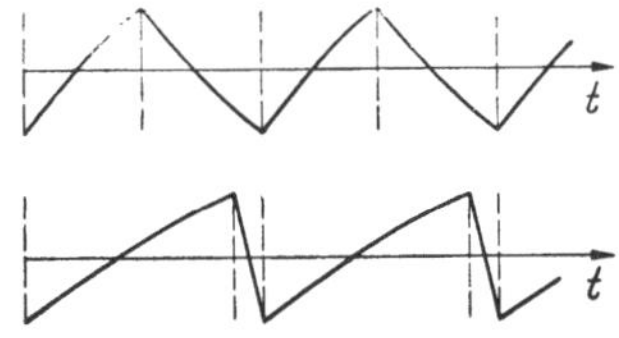

Abb. 27. Quasi-Integration einer Rechteckschwingung

folgendes zu beachten: Bei den differenzierenden Netzwerken ist die Schaltung meist kurze Zeit nach einem Differenziervorgang für einen neuen bereit, ohne von dem vorhergehenden beeinflußt zu werden. Die komplizierten integrierenden Schaltungen müssen dagegen nach der Integrationszeit zuerst wieder in den

Ausgangszustand zurückgeführt werden. Man umgeht die damit verbundenen Schwierigkeiten in der Pulsmodulationstechnik dadurch, daß man integrierende Schaltungen mit nichtlinearen Schaltelementen, Verstärkerröhren und rückgekoppelten Verstärkern anwendet. Diese werden im Abschn. VII behandelt werden. Auf die weitere Betrachtung von integrierenden Netzwerken mit linearen Elementen sei daher hier verzichtet.

III. Lineare, frequenz- und zeitunabhängige Addition und Subtraktion von Schwingungen

Die Addition und Subtraktion von Schwingungen verschiedener Stromquellen ist einer der wichtigsten Vorgänge der Elektrotechnik. Z. B. werden diese Aufgaben in den Trägerfrequenz-Schaltungen mit Hilfe von Frequenzweichen verlustarm und ohne gegenseitige Beeinflussung der Stromquellen häufig durchgeführt, wenn Schwingungen verschiedener Frequenz addiert werden sollen. Ebenso dienen Frequenzweichen zur Trennung solcher Schwingungen, ohne daß sich die Empfangskreise beeinflussen.

In der Pulstechnik besteht die Aufgabe meist darin, zeitliche Vorgänge zu addieren, die nicht nur gleichzeitig auftreten, sondern deren Spektren auch in gleichen Frequenzbändern liegen. Frequenzweichen sind daher nicht brauchbar. In diesem Abschnitt seien daher Schaltungen behandelt, die von Frequenz *und* Zeit unabhängig sind. Es soll außerdem zwischen Addition und Subtraktion kein Unterschied gemacht werden, da man, statt zu subtrahieren, die umgepolte Schwingung addieren kann.

Die beiden dualen Grundschaltungen zeigt die Abb. 28. In Abb. 28a sind sämtliche Spannungsquellen in Serie geschaltet; sie arbeiten auf

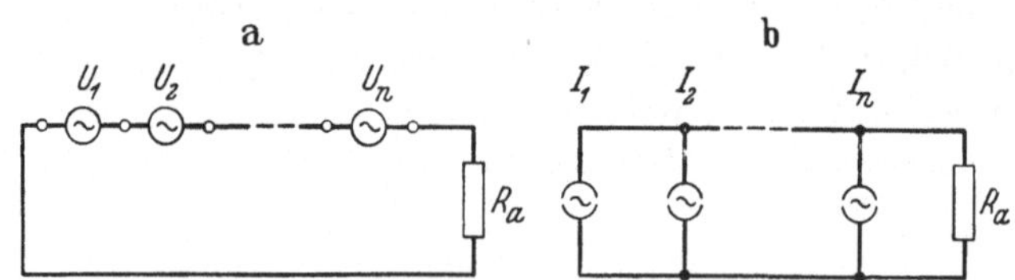

Abb. 28 a u. b. Addition von Schwingungen bei Spannungs- und Stromquellen

den gemeinsamen Arbeitswiderstand R_a. Da keine Innenwiderstände vorhanden sind, beeinflußt die Addition die Spannungsquellen untereinander nicht, jede gibt ihre Leistung an den Verbraucher R_a so ab, als ob die andern Quellen nicht vorhanden wären. Ebenso kann in Abb. 28b die durch eine Stromquelle am Widerstand R_a entstehende Spannung keinen Strom in den anderen Stromquellen verursachen, da deren Innenwiderstand unendlich groß ist.

Bei wirklichen Schaltungen treten immer Verluste und damit gegenseitige Beeinflussungen auf. Man kann diese beiden Größen gegeneinander austauschen, wie die Betrachtung der Abb. 29a und b zeigt. Soll nämlich geringe Rückwirkung erreicht werden, so müssen die Widerstände R_1 bis R_n in Abb. 29a verkleinert, in Abb. 29b vergrößert werden;

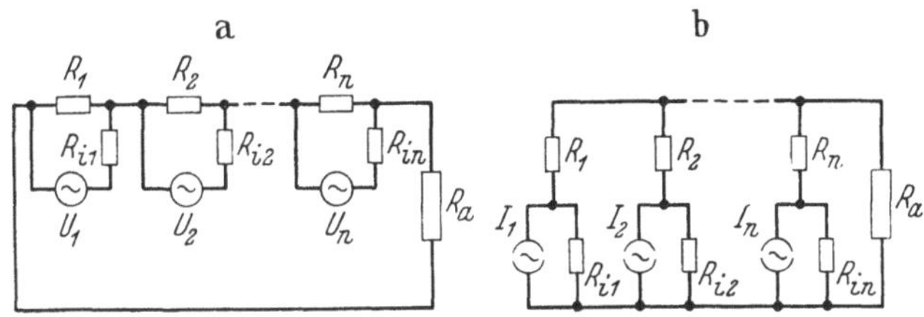

Abb. 29 a u. b. Addition von Schwingungen bei Spannungs- und Stromquellen mit Innenwiderständen

die Spannung am Arbeitswiderstand sinkt. Die Abb. 30 zeigt zwei Ausführungsbeispiele für die Serien- und Paralleladdition. In der zu Abb. 29b äquivalenten Abb. 30b sind außerdem die Stromquellen durch äquivalente Spannungsquellen ersetzt worden. Bei der Serienschaltung müssen Transformatoren verwendet werden, da die Spannungsquellen meist einpolig geerdet sind und hier außer für *eine* Schwingung Erdfreiheit erforderlich ist. Sollen Schwingungsformen addiert werden, die ein breites

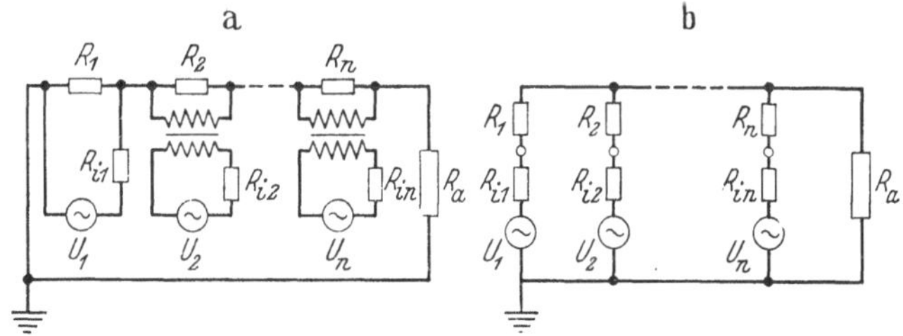

Abb. 30 a u. b. Praktisch verwendete Schaltungen zur Addition
a) Serienaddition, b) Paralleladdition

Frequenzband belegen, so müssen die Übertrager besonders streuungs- und kapazitätsarm aufgebaut werden.

Eine sehr gute, allerdings teuere Verwirklichung der Schaltung 30b ist mit Pentoden[1] möglich, die anodenseitig alle parallel geschaltet sind (Abb. 31). Man benötigt hierzu so viel Röhren, wie Schwingungen zu

---

[1] Der Einfachheit halber sind in den Abbildungen dieses Buches oft die Bremsgitter nicht eingezeichnet. Außerdem haben Tetroden meist das Verhalten von Pentoden.

addieren sind; jedem Gitter wird eine der zu addierenden Schwingungen zugeführt. Soll linear addiert werden, so darf nur der lineare Teil der Kennlinien benutzt werden, oder die dynamische Kennlinie jeder Röhre muß durch Gegenkopplung mittels eines Kathodenwiderstandes linearisiert werden. Der Innenwiderstand der Pentoden kann gewöhnlich als unendlich groß betrachtet werden, da man den gemeinsamen Anodenwiderstand bei der Übertragung von schnellen Vorgängen relativ klein machen muß. Abgesehen davon, daß man hierdurch eine gute Entkopplung erreicht, hat man bei dieser Schaltung noch den Vorteil, daß

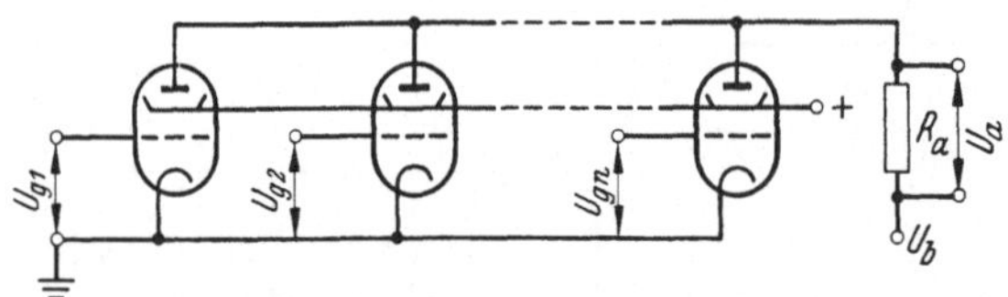

Abb. 31. Addition mit Pentoden. Gittereinkopplung

die Quellen nicht belastet werden und daß die ganze Anordnung verstärkt. Die Ausgangsspannung U_a ist hierbei

$$U_a = R_a (S_1 U_{g1} + S_2 U_{g2} + \cdots + S_n U_{gn}), \qquad (55)$$

wenn S die Steilheit und U_g die Gitterspannung bedeuten. Sind sehr hohe Anforderungen an die Genauigkeit der Addition gestellt, so muß die Gegenkopplung oft so stark gemacht werden, daß die Anordnung nicht mehr verstärkt. Ist z. B. $R_a = 1\,\text{k}\Omega$ und $S = 10\,\dfrac{\text{mA}}{\text{V}}$, so erhält man bei einer Gegenkopplung um den Faktor 10 gerade die Verstärkung

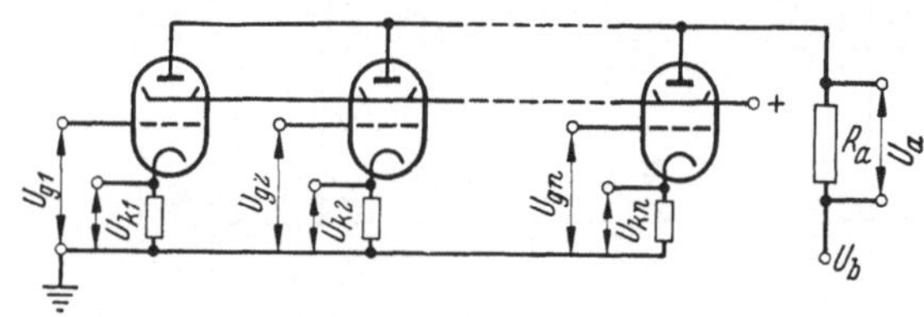

Abb. 32. Addition mit Pentoden. Gitter- und Kathodeneinkopplung

Eins. Die Additionsfehler liegen dabei zwischen etwa 1 und 2%, wenn man mit 10 bis 20% Änderung der Steilheit im Laufe der Lebensdauer und bei Wechsel der Röhren rechnet.

Stehen Spannungsquellen mit niedrigem Innenwiderstand zur Verfügung, so kann man für n Schwingungen mit $n/2$ Röhren auskommen, wenn man die halbe Zahl der Schwingungen den Gittern, die andere Hälfte in umgekehrter Polarität den Kathoden zuführt (Abb. 32). Jede einzelne Röhre hat so zwei Eingänge für zwei Schwingungen, deren

Differenz verstärkt am Ausgang erscheint. Der Eingangswiderstand für die in die Kathode eingespeiste Schwingung ist mit etwa $\frac{1}{S}$, im Beispiel also $\frac{1}{10}\frac{\mathrm{V}}{\mathrm{mA}} = 100\,\Omega$ sehr niedrig und erfordert eine niederohmige Quelle. Die beiden Quellen jeder Röhre sind nur durch die Röhrenkapazität miteinander gekoppelt.

Mit Hilfe von Brückenschaltungen erhält man röhrenlose Additionsschaltungen, die eine gute Entkopplung der zu addierenden Spannungen ermöglichen. Abb. 33 zeigt eine Widerstandsbrücke, an deren beiden Diagonalen zwei zu addierende Spannungen U_1 und U_2 angelegt werden. Mindestens eine der beiden Spannungen muß dabei erdfrei sein, und man benötigt im allgemeinen hierfür einen Übertrager. Sind die bekannten Bedingungen für das Brückengleichgewicht $R_1 R_2 = R_3 R_4$ erfüllt, so sind die beiden Spannungsquellen U_1 und U_2 vollständig entkoppelt, und an irgendeinem der Brückenzweige kann die resultierende

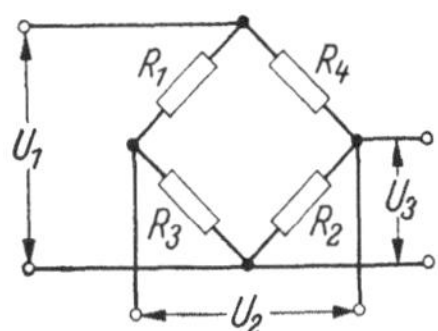

Abb. 33. Addition zweier Schwingungen in einer Brücke

Spannung abgenommen werden. In dem häufigeren Falle der symmetrischen Brücke ist $R_1 = R_2 = R_3 = R_4 = Z$, der Eingangswiderstand an jedem Eingang ist Z, und die Ausgangsspannung wird

$$U_3 = \frac{U_1 + U_2}{2}\,. \tag{56}$$

Der Spannungsverlust beträgt also einen Faktor Zwei. Ist $R_2 = Z$ der Verbrauchswiderstand, so wird auf ihn nur der 4. Teil der Leistung übertragen, die jede Spannungsquelle abgibt. Man kann diesen Leistungsverlust auf die Hälfte verringern, wenn man Brückenschaltungen mit idealem Differentialübertrager verwendet. Der allgemeine Fall ist die bekannte Gabelschaltung, welche die Abb. 34 als symmetrische Gabel zeigt; das ist ein Netzwerk mit zwei Ein- und zwei Ausgängen, d. h. ein 8-Pol, den man in

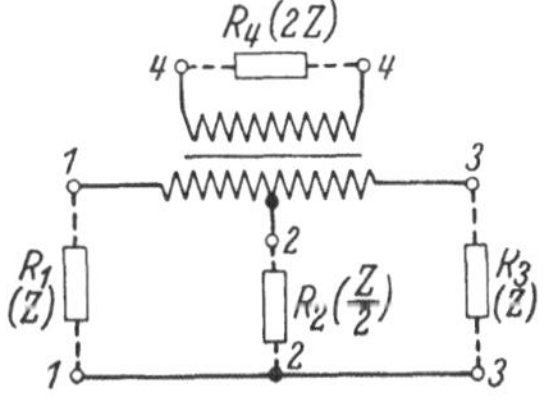

Abb. 34. Gabelschaltung

vielfältiger Weise verwenden kann. Ist $R_1 = R_3 = Z$, $R_2 = \frac{Z}{2}$ und $R_4 = 2\,Z$, so befindet sich die Schaltung in vollkommenem Gleichgewicht, wenn der Übertrager das Übersetzungsverhältnis Eins hat, und es ist der Eingangswiderstand $W_1 = W_3 = Z$, $W_2 = \frac{Z}{2}$ und $W_4 = 2\,Z$. Damit ist das Klemmenpaar 1 gegen das Paar 3 und das Klemmenpaar 2 gegen das Paar 4 vollständig entkoppelt, d. h., die Dämpfung von 1 nach 3 und die von 2 nach 4 ist unendlich groß. Die Dämpfung von *1* oder *3* nach *2* und von *1* oder *3* nach *4* beträgt jetzt nur 0,35 N oder 3 db. Man erhält eine einfache Additionsschaltung, wenn man die zu addierenden Spannungen an *1* und *3* anlegt und die Summe an *2* abnimmt; die Differenz erscheint an *4*. Sowohl die beiden Spannungsquellen als auch der Additionsausgang sind hier einpolig geerdet. Wird der Subtraktionsausgang *4* nicht benötigt, so erübrigt sich die Sekundärwicklung des Übertragers und man erhält als Abwandlung die Schaltung von Abb. 35. Man verliert mit Übertragergabeln von jeder Teilschwingung die Hälfte der Leistung; der Spannungsverlust beträgt wie bei der Widerstandsbrücke den Faktor Zwei, da die Ausgangsspannung an $\frac{Z}{2}$ erscheint. Sollen mehrere Spannungen addiert werden, so müssen mehrere Gabeln in Kette geschaltet werden.

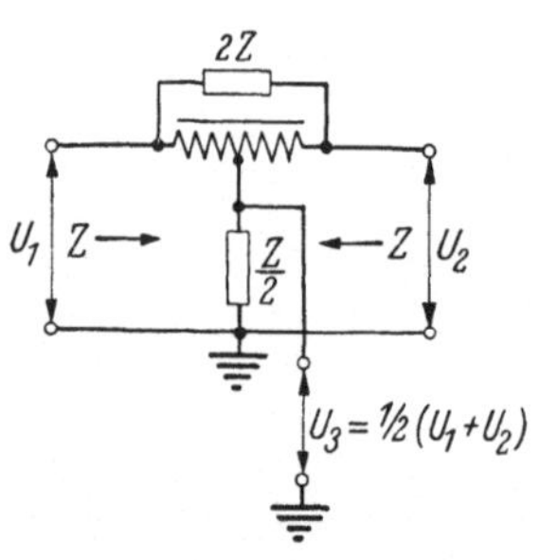

Abb. 35. Gabelschaltung zur Addition zweier Schwingungen

Die angegebenen Schaltungen sollen nur eine Auswahl aus der großen Zahl von Möglichkeiten sein, Schwingungen zu addieren, die weder verschiedene Frequenzen haben, noch zu verschiedenen Zeiten erscheinen, bei denen man also keinen Gebrauch von Weichen machen kann; erst am Schluß des nächsten Abschnittes soll auf Schaltungen mit Weichen eingegangen werden.

IV. Die Filter der Impulstechnik

Die Frequenzfilter, die in allen Zweigen der Physik und Technik verwendet werden, sind allgemein bekannt. Jeder Übertragungsweg mit Kabeln, Verstärkern und dgl. stellt ja ungewollt immer ein Frequenzfilter dar, da es praktisch nicht möglich ist, die Frequenzen von 0 bis ∞ dämpfungsfrei zu übertragen. Speziell sind Filter erforderlich, wenn bei Mehrfachübertragung nach der Methode der Frequenzbündelung die einzelnen Kanäle getrennt werden müssen. Dabei ist die Durchlaß-Bandbreite vorgeschrieben; außerdem sind im Sperrbereich besondere Anforderungen zu erfüllen. Die Theorie der Frequenzfilter hat sich daher zu einer Spezialwissenschaft erweitert. Sie verwendet Bauelemente, die möglichst linear sind und möglichst stark von der Frequenz abhängen; das sind im wesentlichen Induktivitäten und Kapazitäten. Die für die Impulstechnik notwendigen Amplituden- und Zeitfilter dagegen sollen umgekehrt einen möglichst nichtlinearen Bereich haben und möglichst wenig frequenzabhängig sein. Man verwendet deshalb hierfür meist Elektronenröhren wie Dioden, Trioden usw., deren Kennlinienknicke ausgenutzt werden.

Mit solchen nichtlinearen Schaltungen ist es außerdem möglich, die Form beliebiger, also auch sinusförmiger Schwingungen zu verändern. Es seien im folgenden die wichtigsten Schaltungen betrachtet.

1. Amplitudenfilter

Ein Amplitudenfilter dient dazu, von einer Schwingung nur einen Teil des Amplitudenbereiches durchzulassen. Analog zu den Frequenzfiltern, bei denen man Hoch-, Tief- und Bandpässe unterscheidet, lassen Amplitudenfilter nur Amplituden durch, die größer oder kleiner als eine Bezugs- oder Grenzamplitude sind oder die innerhalb eines vorgegebenen beidseitig begrenzten Amplitudenbereiches liegen. Die Abb. 36 zeigt als Beispiel die Wirkung eines Amplituden-Bandpasses.

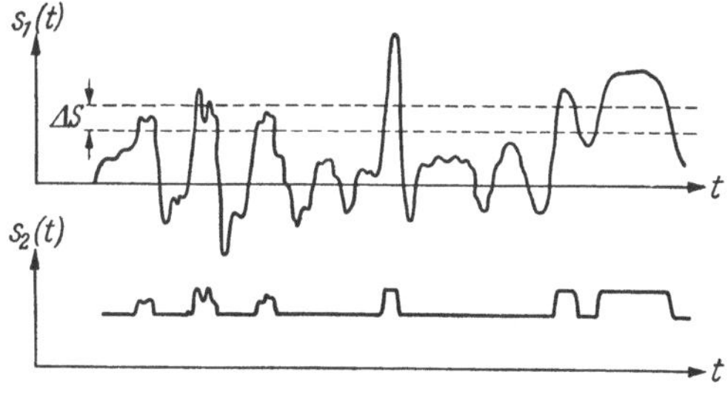

Abb. 36. Wirkung eines Amplituden-Bandpasses

Von der Zeitfunktion $s_1(t)$ wird nur der in dem gestrichelt eingetragenen Amplitudenbereich ΔS liegende Verlauf formgetreu übertragen. In den Zeitbereichen, in denen die Grenzamplituden über- oder unterschritten werden, erhält man am Ausgang konstant die obere oder untere Grenzamplitude.

a) Amplituden-Hochpässe und -Tiefpässe mit Gleichrichtern. Für Amplitudenfilter braucht man ein Element mit einer Knickkennlinie, wie sie idealisiert in Abb. 37 als Darstellung der Abhängigkeit eines Stromes i von einer Spannung u gezeigt ist. Dieses ideale Element hat in der einen Richtung unendlich große Leitfähigkeit, in der anderen unendlich großen Widerstand. Das einfachste Bauelement, das näherungsweise eine Knickkennlinie aufweist, ist ein Gleichrichter, der eine Hochvakuumdiode oder ein Halbleitergleichrichter sein kann (Abb. 38).

Die Grundschaltungen von Amplitudenfiltern für eine Spannungsquelle U_0 und eine Stromquelle I_0 sind in den Abb. 39 und 40 dargestellt. Die Grenzamplitude kann mit einer Gleichspannung E_0 eingestellt werden, die einen beliebigen positiven oder negativen Wert haben und an beliebigen Stellen im Stromkreis eingeschaltet sein kann. Die beiden Schaltungen von Abb. 39 sind Amplituden-Tiefpässe, d. h., sie lassen alle Amplituden durch, die negativer sind als die Grenz-

Abb. 37. Ideale Gleichrichterkennlinie

Abb. 38. Idealisierte Kennlinie eines Gleichrichters mit endlichem Durchlaßwiderstand

amplitude E_0; die beiden Schaltungen von Abb. 40 sind Amplituden-Hochpässe, d. h., sie lassen alle Amplituden durch, die positiver sind als die Grenzamplitude.

In Abb. 41 ist aus der großen Zahl der Anwendungsmöglichkeiten eines Amplituden-Hoch- oder -Tiefpasses ein Beispiel gezeigt, das zur Reinigung der Grundlinie[1] von amplitudenmodulierten Pulsen dient. An diesem Beispiel lassen sich außerdem die Eigenschaften von Diodenfiltern und die Abweichungen der in den Abb. 39 und 40 dargestellten Schaltungen vom Idealverhalten zeigen, die bei praktischen Schaltungen auftreten. Auf den Eingang wirke ein Puls, dessen Grundlinie kleine Spannungsschwankungen enthalten möge, die bei seiner Erzeugung entstanden seien. Die Röhre wird im linearen Bereich betrieben, die Gitterimpulse haben negative Polarität, so daß am Außenwiderstand R_1 positive Impulse erscheinen. Hinter dem Kondensator C, dessen Kapazität sehr groß ist, erscheinen die Pulse ohne die Gleichspannungskomponente am Widerstand R_2. Das bedeutet, daß sich ein neues Nullniveau einstellt. Bereits hierdurch werden die kleinen Schwankungen ins Negative verschoben.

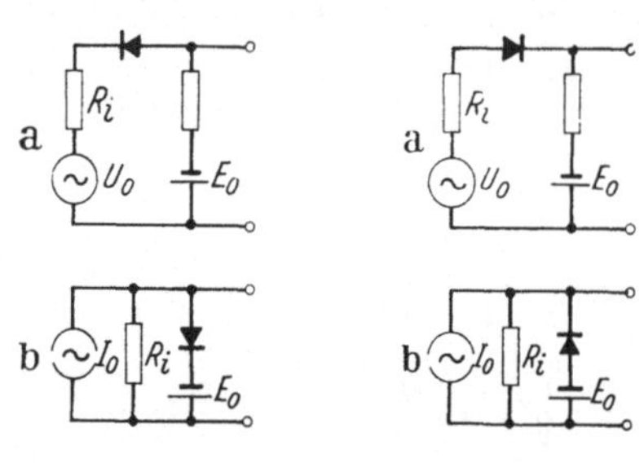

Abb. 39a u. b.   Abb. 40a u. b.
Amplituden-Tiefpässe   Amplituden-Hochpässe

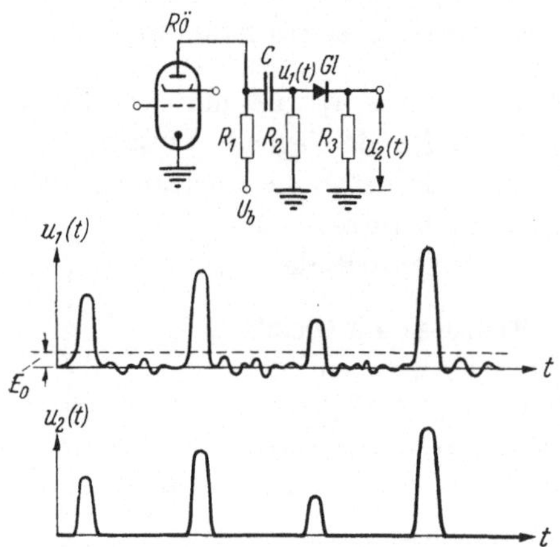

Abb. 41. Schaltung eines Amplituden-Hochpasses mit Gleichrichter und seine Wirkungsweise

Folgende grundsätzliche Eigenschaften von Amplitudenfiltern lassen sich leicht erkennen:

1. **Die Gleichrichterwirkung.** Durch diese Wirkung des Amplitudenfilters Gl-R_3 zusammen mit dem Kondensator C erhöht sich die

---

[1] Unter Grundlinie sei hier und im folgenden bei Vorgängen mit kurzen Impulsen ein Amplitudenwert verstanden, der sich im Idealfalle während des größten Teiles der Zeit nicht ändern soll; dieser Amplitudenwert ist z. B. bei $u_2(t)$ in Abb. 41 gleich Null.

negative Gleichvorspannung um einen Wert, der außer von der zu übertragenden Schwingung im wesentlichen von dem Verhältnis R_2/R_3 bestimmt wird. Man erhält so resultierend eine Verlagerung der Grundlinie um den Betrag E_0, der die Grenzamplitude festlegt; er ist in der Darstellung von $u_1(t)$ gestrichelt eingetragen. In diesem Falle erübrigt sich eine zusätzliche Gleichspannung E_0, wie sie in Abb. 40a vorgesehen ist.

2. **Der nichtlineare Ausgangswiderstand.** Man muß beachten, daß der Ausgangswiderstand der ganzen Anordnung für die Grundlinie der Spannung $u_2(t)$ gleich R_3 ist, dagegen für die Impulse einen Wert annimmt, der gleich der Parallelschaltung der Widerstände R_1, R_2 und R_3 ist.

3. **Der nichtlineare Eingangswiderstand.** Der Eingangswiderstand des Amplitudenfilters rechts von R_2 ist für die impulsfreien Zeiten unendlich groß und für die Impulszeiten gleich dem Widerstand R_3. Bei der Bemessung dieser Widerstände müssen immer die parallelliegenden schädlichen Kapazitäten berücksichtigt werden, welche die Schwingungsform verändern.

Verwendet man eine Schaltung nach Abb. 40b, so ist das Verhalten des Eingangswiderstandes und des Innenwiderstandes das umgekehrte.

Stünde ein idealer Gleichrichter mit einer Kennlinie nach Abb. 37 zur Verfügung, so wären die Anordnungen von Abb. 39 und 40 unabhängig von der Größe der Amplitude. Sowohl Hochvakuumdioden als auch Halbleitergleichrichter, z. B. Germaniumgleichrichter, haben aber Eigenschaften, die bei der Wahl und Bemessung der Schaltung berücksichtigt werden müssen (Gasgleichrichter sollen hier nicht betrachtet werden, da sie für die Pulsmodulationstechnik wegen ihrer großen Ionisations- und Entionisationszeiten nicht geeignet sind). Das sind der *endliche und amplitudenabhängige Widerstand im Durchlaßbereich, der Anlaufstrom bei Hochvakuumdioden und der endliche Widerstand im Sperrbereich* bei Halbleiter-Gleichrichtern. Das nichtideale Verhalten des *Durchlaß*widerstandes stört um so mehr, je kleiner R_3 wegen der schädlichen Kapazitäten gemacht werden muß — R_1 und R_2 sind im allgemeinen ohnehin kleiner als R_3 — das nichtideale Verhalten des *Sperr*widerstandes stört um so mehr, je größer R_3 ist.

Man verwendet heute in den meisten Fällen für Amplitudenfilter Halbleiter-Gleichrichter, und zwar aus folgenden Gründen:

1. Sperrwiderstände von einigen $100 \text{ k}\Omega$ sind bei Spannungen bis zu einigen 10 V zuverlässig erreichbar;

2. der Anlaufstrom der Hochvakuumdioden, der heizungs- und röhrenabhängig ist, fällt fort;

3. Heizung ist nicht erforderlich;

4. es sind kleine Durchlaßwiderstände erreichbar, z. B. $100\,\Omega$ bei $+ 1\,\mathrm{V}$, und

5. die parallel zum Gleichrichter liegende Kapazität ist kleiner als bei Hochvakuumdioden.

Da R_3 möglichst groß gegen den Durchlaßwiderstand und möglichst klein gegen den Sperrwiderstand des Gleichrichters sein soll, liegt der günstigste Wert in der Nähe des geometrischen Mittelwerts beider; für Germanium-Gleichrichter beträgt er je nach Anwendungszweck zwischen 1 und $10\,\mathrm{k}\Omega$. Man erhält z. B. bei einem Wert $R_3 = 10\ \mathrm{k}\Omega$ und einem Sperrwiderstand von $500\ \mathrm{k}\Omega$ noch eine Sperrwirkung von $1:50$.

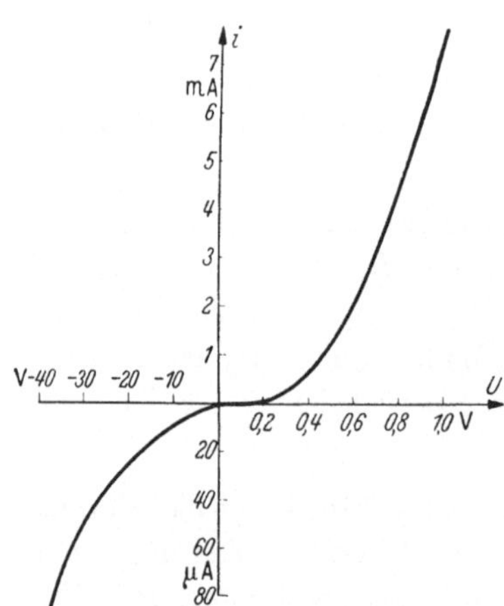

Abb. 42. Typische Kennlinie eines Germanium-Gleichrichters

Hätte der Durchlaßwiderstand einen endlichen und konstanten Wert, wie Abb. 38 zeigt, so müßte, abgesehen von dem Amplitudenverlust, keine Einschränkung nach kleinen Amplituden hin gemacht werden. Tatsächlich ist der Übergang vom Sperrbereich in den Durchlaßbereich immer stetig. Abb. 42 zeigt eine typische Kennlinie eines Germanium-Gleichrichters, der mit Sperrspannungen bis $-40\,\mathrm{V}$ und mit Durchlaßströmen bis $20\,\mathrm{mA}$ betrieben werden kann. In Abb. 43 ist für $R_3 = 1\,\mathrm{k}\Omega$ die Ausgangsspannung u_2 über der Eingangsspannung u_1 für das Amplitudenfilter von Abb. 41 aufgetragen (Kurve 1 und 2 unterscheiden sich im Maßstab). Die Kurven zeigen bis zu $u_1 \approx 1\,\mathrm{V}$ eine starke Nicht-

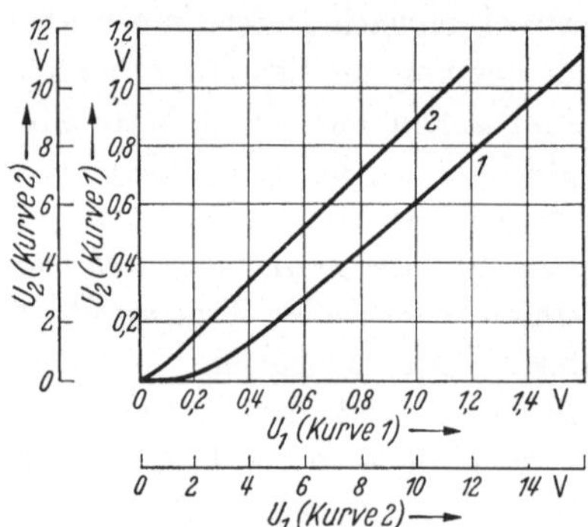

Abb. 43. Kennlinie eines Amplitudenfilters mit Germanium-Gleichrichter ($R_3 = 1\,\mathrm{k}\Omega$)

linearität. Hochvakuumdioden haben in dieser Hinsicht eher ein noch ungünstigeres Verhalten. Man wird deshalb, wenn man eine formgetreue Übertragung der ausgesiebten Amplituden und einen möglichst scharfen Knick wünscht, immer mit Spannungen arbeiten, die wesentlich größer als $1\,\mathrm{V}$ sind.

Diese Forderung gilt allgemein, wie im folgenden erläutert wird. Bei der Verwendung von Amplitudenfiltern in der Pulstechnik wird zwar oft keine formgetreue Übertragung der ausgesiebten Amplituden verlangt, dafür aber eine möglichst genaue Festlegung des Zeitpunktes, in dem eine Schwingung eine Bezugsamplitude über- oder unterschreitet. Bei dieser Amplitude wird sehr häufig ein neuer Vorgang ausgelöst, z. B. das Kippen einer regenerativen Schaltung (siehe S. 225). An den weiteren Verlauf der Schwingung werden dann keine besonderen Anforderungen mehr gestellt. Die gekrümmte Kennlinie 1 von Abb. 43 würde dann nicht stören. Auch in diesem Falle ist es jedoch vorteilhaft und bei hohen Anforderungen an die Zeitgenauigkeit sogar notwendig, mit größeren Amplituden als etwa 1 V zu arbeiten, da bei Germanium-Gleichrichtern Temperaturschwankungen und Alterung die Charakteristik verändern. Schwankungen der Heizspannung, Alterung und Röhrentausch bei Hochvakuumdioden verursachen noch größere Veränderungen; diese können u. U. durch Kompensationsschaltungen — z. B. durch eine zweite Diode — verringert werden, so daß etwa dieselben Toleranzen wie bei Germanium-Gleichrichtern erreichbar sind.

Abschließend möge noch erwähnt werden, daß Germanium-Gleichrichter im Gegensatz zu Hochvakuumdioden manchmal stärkeres Rauschen und Speichereffekte zeigen, die störend in Erscheinung treten können.

b) Amplituden-Bandpässe mit Gleichrichtern. Wird ein Amplituden-Hochpaß und ein Amplituden-Tiefpaß kombiniert, so erhält man einen Amplituden-Bandpaß. Die Abb. 44 zeigt die mit Gleichrichtern möglichen Schaltungen. Dabei enthalten die Zeilen a), b) und c) je zwei Schaltungen, die sich dadurch unterscheiden, daß die erste mit einem Hochpaß beginnt und die zweite mit einem Tiefpaß.

Die zur Festlegung der Bezugsamplituden notwendigen Vorspannungen E_1 und E_2,

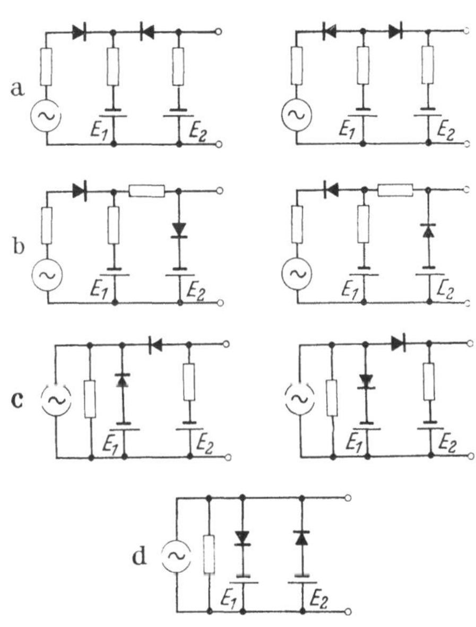

Abb. 44a—d. Amplituden-Bandpässe

die durch die Batterien symbolisch angedeutet sind, können auch hier sinngemäß an irgendeiner Stelle der zugehörigen Stromkreise liegen. Ihre Polung hängt davon ab, ob die Grenzamplituden positiv oder negativ sind. Die Eingangs- und Ausgangswiderstände der Schaltungen nehmen hier je 3 Werte für die 3 Amplitudenbereiche an; ein Beispiel dafür ist Schaltung d), die mit entgegengesetzt gleichen Batteriespannungen $\pm E_0$ als symmetrischer Amplitudenbegrenzer häufig verwendet wird. Ihr Eingangs- und Ausgangswiderstand ist bei Ausgangsspannungen, die größer als $\pm E_0$ sind, gleich dem Durchlaßwiderstand der Dioden und damit sehr klein, und für den durchgelassenen Amplitudenbereich gleich dem Innenwiderstand der Stromquelle.

In Abb. 45 ist für die Schaltung 44d als Beispiel eines unsymmetrischen Amplitudenfilters ein Vorgang dargestellt, bei dem aus einer sinusförmigen Schwingung ein schmaler positiver Teilbereich herausgeschnitten wird; die Bemessung ist so gewählt, daß das nichtideale Verhalten eines Germaniumgleichrichters der Kennlinie von Abb. 42 zu erkennen ist. Die eine Grenzamplitude ist in diesem Fall gleich Null, und man benötigt deshalb keine besondere Vorspannung ($E_2 = 0$). Die Vorspannung für die andere Grenzamplitude wird automatisch an einem RC-Glied erzeugt; davon

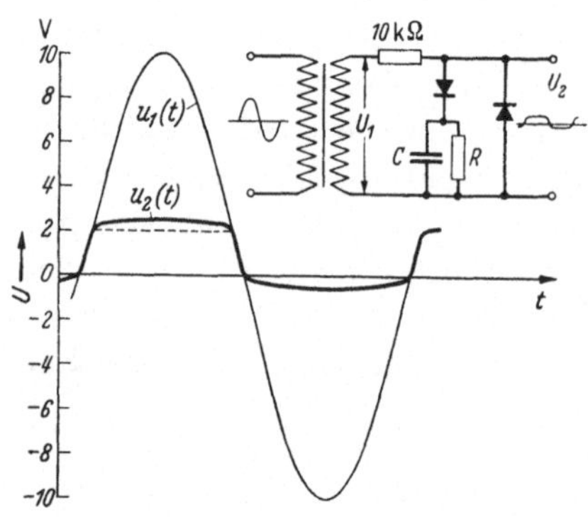

Abb. 45. Amplituden-Bandpaß zur Begrenzung einer sinusförmigen Schwingung

wird besonders bei periodischen Vorgängen sehr häufig Gebrauch gemacht. Der Kondensator wird dabei so groß gewählt, daß er für alle in dem zu begrenzenden Vorgang vorkommenden Teilschwingungen einen Kurzschluß darstellt; an dem Widerstand R entsteht die Vorspannung, die durch den mittleren Gleichrichterstrom I bestimmt wird. Für die Werte von Abb. 45 beträgt dieser etwa, wenn eine Vorspannung E_1 von 2 V erzeugt werden soll, $I \approx (10 - 2)\,\mathrm{V}\,\dfrac{1}{\pi}\,\dfrac{1}{10\,000\,\Omega} \approx 0{,}25\,\mathrm{mA}$, und damit wird

$$R = \frac{E_1}{I} \approx 8000\,\Omega.$$

Bei dieser automatischen Erzeugung der Vorspannung ist zu beachten, daß sie von der Größe der zu begrenzenden Spannung abhängt.

Bei Verwendung von Halbleiter-Gleichrichtern sind Amplituden-Bandpässe, d. h. doppelseitige Begrenzungen nach Schaltung 44d besonders vorteilhaft, da hier bei großen Amplituden der Quelle keine sehr hohen Sperrspannungen an den Gleichrichtern auftreten.

c) Amplitudenfilter mit Verstärkerröhren. Verstärkerröhren weisen im Gegensatz zu Dioden mehrere Knickkennlinien auf, die alle für ein Amplitudenfilter verwendet werden können. Es soll jedoch gleich eingangs darauf hingewiesen werden, daß diese Eigenschaften der Verstärkerröhren wesentlich größeren Änderungen bei Röhrenwechsel unterliegen als die entsprechenden Eigenschaften der Dioden. Man macht deshalb meist nur dann von Verstärkerröhren Gebrauch, wenn keine besonderen Anforderungen an die Genauigkeit des Knickpunktes und der anschließenden Kennlinie gestellt zu werden brauchen oder wenn sehr große Amplituden bei der Quelle zur Verfügung stehen. Einige Schaltungen mit Verstärkerröhren bieten jedoch den Vorteil, daß die Quelle nicht amplitudenabhängig belastet wird und daß oft eine Verstärkerwirkung erzielt wird. Man verwendet bei Trioden und Pentoden meist die Anodenstrom-Gitterspannungs-Kennlinie (I_a-U_g-Kennlinie), die durch entsprechende Wahl des Anodenwiderstandes oder Kathodenwiderstandes in weiten Grenzen variiert werden kann. Wird die Röhre bis zum Einsatz des Gitterstromes betrieben, so verhält sich die Schaltung auf der Gitterseite wie ein Amplituden-Tiefpaß mit Dioden (Abb. 39 b).

In Abb. 46 sind einige typische Kennlinien der Weitverkehrspentode C 3 m dargestellt, die man in Kathodenbasis-Schaltung bei verschiedenen Anodenwiderständen erhält und an denen die typischen Amplitudenfilter-Effekte betrachtet werden können. Für $R_a = 0$ erhält man die übliche I_a-U_g-Kurzschluß-Kennlinie, die bei der Gittersperrspannung einen sehr flauen Knick zeigt. Die Gittersperrspannung hängt bei Schirmgitterröhren von der Schirmgitterspannung und bei Trioden von der Anodenspannung ab. Ist D der Anodendurchgriff bei Trioden oder der Schirmgitterdurchgriff bei Pentoden, so liegt die Gittersperrspannung etwa bei

$$U_{go} = -D\,U_a \quad \text{oder} \quad U_{go} = -D\,U_{sg}. \tag{57}$$

Der Durchgriff ist gerade in diesem Punkt durch die Inselbildung und etwaigen Umgriff sehr inkonstant und verursacht zusammen mit dem Anlaufstrom einen schleichenden Übergang zur vollkommenen Sperrwirkung. Man muß deshalb bei Verstärkerröhren, die als Amplitudenfilter benutzt werden sollen, besondere Forderungen an den sogenannten „Röhrenschwanzstrom" stellen. Man kommt dem Verhalten von Dioden um so näher, je niedriger die Schirmgitter- oder die Anodenspannung ist.

Mit zunehmendem Außenwiderstand R_a erhält man bei Schirmgitterröhren ohne Gitterstrom einen zweiten Knick in der I_a-U_g-Kennlinie, der durch die Aussteuerung in die Restkennlinie des I_a-U_a-Kennlinienfeldes hervorgerufen wird. Bei kleinen Anodenspannungen ist nämlich der Anodenstrom in einem weiten Bereich unabhängig von der Gittervorspannung; sämtliche I_a-U_a-Kennlinien gehen in die Restkennlinie über, aus deren Neigung der innere Leistungswiderstand R_{iL} ermittelt werden kann. Man muß dabei allerdings beachten, daß der Kathodenstrom bei einer festen Gittervorspannung und Schirmgitterspannung

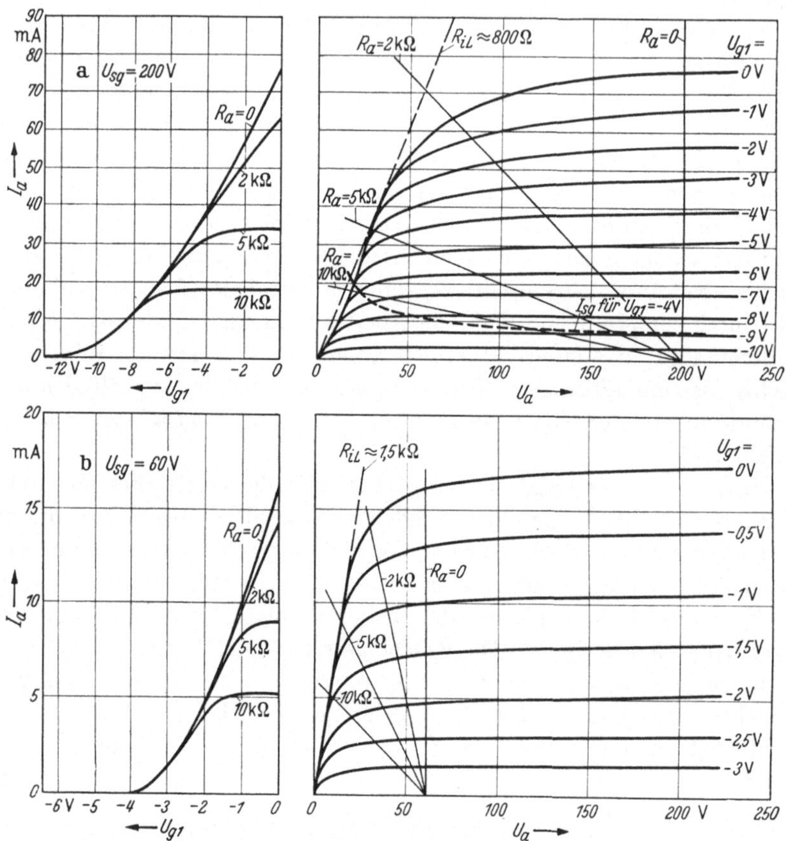

Abb. 46 a u. b. I_a-U_g-Kennlinien und I_a-U_a-Kennlinien der Weitverkehrspentode C 3 m

nur wenig von der Anodenspannung abhängt; in dem Gebiet der Restkennlinie wird der Strom zunehmend vom Schirmgitter übernommen (s. Abb. 46a für $U_g = -4$ V). Es kann überlastet werden, wenn man diese Erscheinung nicht beachtet. Man erhält so ohne Gitterstrom und damit ohne Belastung der Quelle einen Amplituden-Tiefpaß. Diese Wirkung sei im folgenden als „Begrenzung durch die Restkennlinie" bezeichnet.

Wenn man die beiden Knickstellen der I_a-U_g-Kennlinie von Schirmgitterröhren benutzt, entsteht ein Amplituden-Bandpaß. Bei großen Amplituden ist es jedoch meist unvermeidlich, daß eine Gitterstrombelastung eintritt; diese trägt dann aber nicht mehr zur Filterwirkung bei.

In den Abb. 47, 48, 49 und 50 sind einige praktische Beispiele von Amplitudenfiltern mit der Verstärkerröhre C 3 m gezeigt, die kurz besprochen werden mögen.

In Abb. 47 wirkt die Röhre, wie die Gleichrichterschaltung von Abb. 41, als Amplituden-Hochpaß. Die Vorspannung zur Einstellung der Grenzamplitude kann auf verschiedene Arten erzeugt werden:

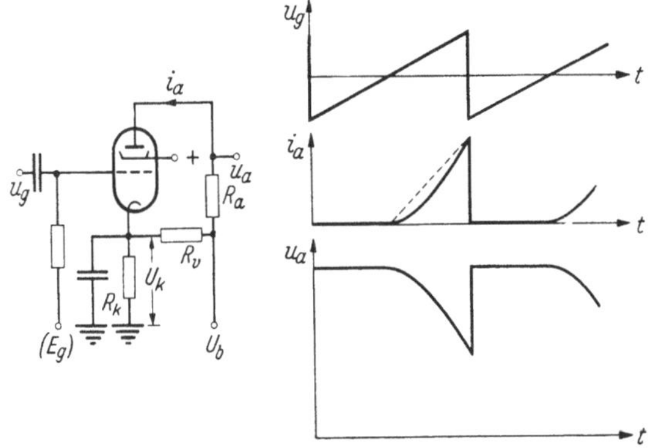

Abb. 47. Amplituden-Hochpaß unter Verwendung des Gitterbasisknicks einer Verstärkerröhre

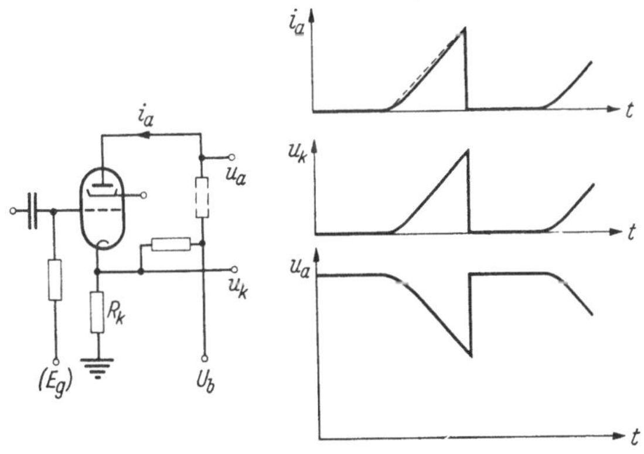

Abb. 48. Amplituden-Hochpaß mit gegengekoppelter Verstärkerröhre

1. Die Kathode liegt an Erde ($R_k = 0$); die Vorspannung E_g wird über den Gitterableitwiderstand zugeführt;

2. der Gitterableitwiderstand liegt an Erde ($E_g = 0$); der Widerstand R_v sei unendlich groß. In der Kathode liegt ein kapazitiv überbrückter Widerstand R_k, an dem die Vorspannung als Spannungsabfall des mitt-

leren Röhrengleichstromes entsteht; die Vorspannung ist abhängig von den Toleranzen der Röhre;

3. wie im Fall 2., jedoch habe der Widerstand R_v einen endlichen Wert. Durch den Kathodenwiderstand fließt dann ein Vorstrom, welcher der Anodenspannung entnommen wird. Ist der Vorstrom groß gegen den mittleren Gleichstrom der Röhre, so wirkt die Schaltung wie im Fall 1., d. h., die Vorspannung ist röhrenunabhängig.

Als Schwingungsform ist ein Sägezahn gewählt, weil hierbei deutlich zu erkennen ist, daß sich die Verstärkerröhren nicht ideal verhalten. Die Schaltung soll die zweite Hälfte des Sägezahns durchlassen; es ergibt sich jedoch, daß der Anodenstrom — abweichend von dem gewünschten Verlauf — mit starker Krümmung ansteigt. Der Übergang vom Strom Null in den linear ansteigenden Teil ist entsprechend der Kennlinie von Abb. 46 sehr flau. Am Außenwiderstand R_a erhält man so den in der 3. Zeile dargestellten Spannungsverlauf u_a. Die Polarität von Schwingungen wird also bei Verstärkerröhren in Kathodenbasis-Schaltung umgekehrt.

Wie bei normalem Verstärkerbetrieb im quasi-linearen Kennlinienbereich kann man auch bei Amplitudenfiltern durch jede Art von Gegenkopplung die Linearität für den ausgesiebten Amplitudenbereich verbessern; der Gitterspannungsbedarf erhöht sich jedoch leider im Maße der Gegenkopplung. In Abb. 48 ist die einfache Stromgegenkopplung mit Hilfe eines nicht überbrückten Kathodenwiderstandes dargestellt. Die Vorspannung kann auf dieselben Arten wie in Abb. 47 eingefügt werden. Bei dieser Schaltung können die durchgelassenen Amplituden ohne Polaritätsumkehr auch am Kathodenwiderstand abgenommen werden; der Anodenwiderstand R_a kann dann kurzgeschlossen werden, und man erhält den in der Impulstechnik gerne benutzten Kathodenverstärker (Anodenbasis-Schaltung). Dessen Verstärkungsgrad ist zwar immer kleiner als Eins; gegenüber einem Diodenhochpaß hat er jedoch den Vorteil, daß er die Stromquelle nicht belastet und im Amplituden-Durchlaßbereich einen kleinen Innenwiderstand besitzt. Dieser ist im stromführenden Zustand etwa gleich der reziproken Steilheit der Röhre $1/S$ und im Sperrbereich gleich dem Kathodenwiderstand. Die Spannungsbilder von Abb. 48 zeigen die linearisierende Wirkung der Schaltung. Der Bedarf an Gitterspannung ist allerdings gestiegen, für das gezeigte Beispiel auf das 5fache.

Abb. 49 zeigt einen Filtervorgang, der häufig zur Begrenzung von impulsförmigen Schwingungsformen benutzt wird, die ins Negative gehen; hier wird die Spitze eines eingesattelten Impulses (vgl. auch S. 187) beschnitten und am Anodenwiderstand ein annähernd rechteckförmiger Impuls abgenommen. Die Basis des Impulses wird praktisch unverzerrt übertragen; daß die Kanten des Impulsdaches durch die flaue Knickkennlinie abgerundet sind, ist in diesen und ähnlichen Fällen meist unschädlich. Die Röhre hat hier keine Vorspannung und führt während des größten Teils der Zeit den bei $U_g = 0$ auftretenden Strom; man muß deshalb durch entsprechende Wahl der Schirmgitter- und Anodenspannung darauf achten, daß die Röhre nicht durch unzulässig hohen Kathodenstrom und durch zu große Verlustleistungen überlastet wird.

In den Schaltungen von Abb. 47, 48 und 49 ist, soweit die ausgesiebte Schwingungsform am Außenwiderstand R_a abgenommen wird, der

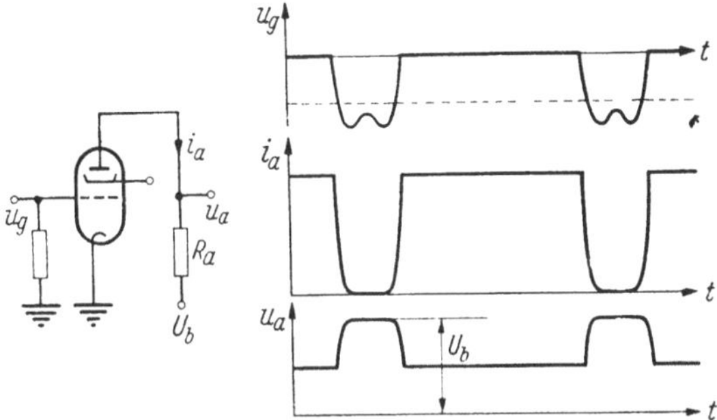

Abb. 49. Amplituden-Hochpaß mit Verstärkerröhre

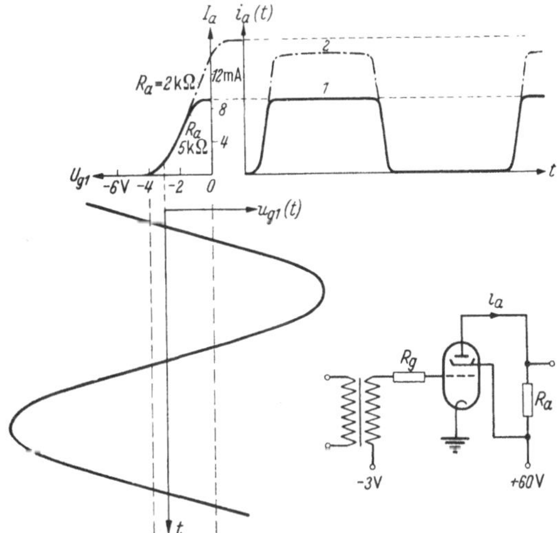

Abb. 50. Amplituden-Bandpaß mit Verstärkerröhre

Innenwiderstand bei Pentoden und Tetroden praktisch gleich R_a; bei Trioden liegt dazu noch deren nichtlinearer Innenwiderstand parallel, der im Sperrbereich unendlich groß ist. Man verwendet heute außer für den Kathodenverstärker vorwiegend Pentoden, weil bei ihnen die Anodenrückwirkung vernachlässigt werden kann.

In Abb. 50 sei zum Abschluß noch die Wirkung einer Verstärkerröhre als Amplituden-Bandpaß dargestellt; dieser soll die gleiche Wirkung wie der Bandpaß von Abb. 45 haben. Zur Erläuterung möge die Bemessung an einem praktischen Beispiel mit der Röhre C 3 m für zwei Werte des Außenwiderstandes durchgeführt werden.

Im ersten Fall (1) erhält man eine Begrenzung durch die Restkennlinie, bevor die Begrenzung durch den Gitterstrom wirksam wird, im zweiten Fall (2) setzt bei der Grenzamplitude der Gitterstrom ein, bevor die Restkennlinie die Begrenzung übernimmt.

Da die Amplitudenbandbreite und damit die Gitterbasis nur 2 V betragen soll, ist eine Schirmgitterspannung von 60 V gewählt (vgl. Abb. 46b); soll der Außenwiderstand R_a nicht zu große Werte annehmen, so muß auch die Anodenspannung klein genug sein, damit man eine Begrenzung durch die Restkennlinie erhält. Dies wird mit einer Anodenspannung von 60 V bei einem Außenwiderstand von 5 kΩ gut erreicht (Fall 1). Man erkennt klar den Vorteil von Verstärkerröhren-Begrenzern gegenüber Diodenbegrenzern, nämlich die verstärkende Wirkung. Mit einer Gitterwechselspannung von 7 V_{eff} erhält man am Außenwiderstand R_a in einem Fall eine begrenzte Spannungsamplitude von 45 V, im anderen von 28 V. In beiden Fällen muß der Gittervorwiderstand R_g genügend groß sein, damit der Gitterstrom nicht zu stark wird. Eine obere Grenze ergibt sich für R_g durch Vorschriften des Röhrenherstellers und durch die Einflüsse der Gittereingangskapazität. Eine untere Grenze ist dadurch gegeben, daß der durch Gitterstrom bestimmte Gittereingangswiderstand bei normalen Verstärkerröhren in der Größenordnung von 1 kΩ liegt; der Vorwiderstand R_g darf daher für eine wirksame Gitterstrombegrenzung nicht wesentlich kleiner sein als 10 kΩ.

Der Vergleich von Abb. 45 mit Abb. 50 zeigt folgendes: Dort wurde der ausgewählte Amplitudenbereich unverzerrt übertragen, die Sperrung war unvollkommen; hier tritt die umgekehrte Wirkung ein. Die Schaltung verhält sich demnach ähnlich wie ein Diodenbandpaß mit Gleichrichtern im Längszweig.

Da die Amplitudenfilter-Kennlinie von Verstärkerröhren bei Röhrenwechsel größeren Schwankungen unterliegt, verwendet man bei hohen Anforderungen an die Genauigkeit der Begrenzung Diodenfilter und einen nachfolgenden linearen Verstärker, der zur Erhöhung der Stabilität gegengekoppelt sein kann.

2. Zeitfilter

Ein Zeitfilter dient dazu, von einer Schwingung nur einen zeitlich begrenzten Teil durchzulassen. Man kann auch hier von Hoch-, Tief- und Bandpässen sprechen. Da die Zeit eine fortwährend fortschreitende Größe ist, muß man alle Vorgänge auf einen festen Zeitpunkt beziehen, den man als $t = 0$ bezeichnen kann; bei einmaligen Vorgängen erstreckt sich dann der Zeitbereich von $t = 0$ bis ∞. Bei periodischen Vorgängen der Nachrichtentechnik dagegen, z. B. bei Pulsmodulation, bei Fernsehen und Radar, erstreckt sich der interessierende Zeitbereich vorwiegend nur von $t = 0$ bis zum Beginn der nächsten Periode; man nennt bei der Pulsmodulation den Abtast-Zeitbereich, in dem also ein Impuls für jeden Kanal liegt, den „Rahmen". Ein Zeit-Hochpaß würde dann von der Zeit $t = 0$ bis zu einer Zeit $t = t_c$ sperren und von dieser Zeit an alle Schwingungen durchlassen, bei einmaligen Vorgängen bis $t = \infty$, bei periodischen Vorgängen bis zum Beginn des nächsten Rahmens; ein Zeit-Tiefpaß verhält sich umgekehrt, d. h., er läßt von der Zeit $t = 0$ bis zur Zeit t_c alle Schwingungen durch und sperrt von diesem Zeitpunkt an. Ein Zeit-Bandpaß läßt nur in einem Zeitbereich t_1 bis t_2 innerhalb jedes Rahmens durch. Man kann analog zur Filtertechnik auch Bandsperren anwenden, die während des Zeitbereiches t_1 bis t_2 innerhalb des Rahmens den Durchgang von Schwingungen sperren. Im deutschen Sprachgebiet spricht man dann von „Ausblenden".

Die Funktion eines Zeitfilters kann in einfachster Weise durch einen mechanischen Schalter dargestellt werden, der während der gewünschten Zeit geschlossen wird. Die Abb. 51 zeigt das Prinzipschaltbild und den

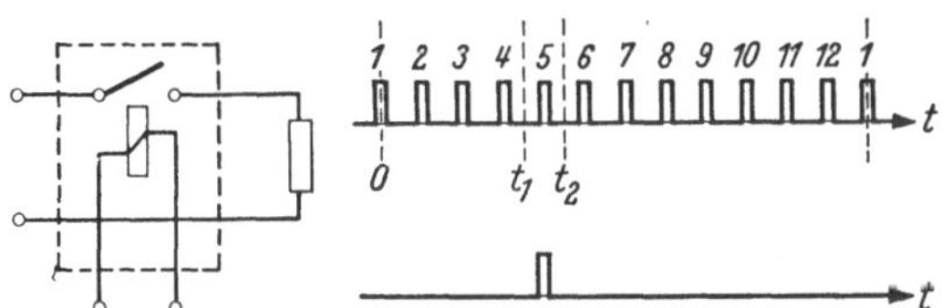

Abb. 51. Prinzipschaltbild eines Zeitfilters

Vorgang der Zeitfilterung bei einem Rahmen für 12 Fernsprechkanäle. Der Schalter werde während der Zeit t_1 bis t_2 geschlossen; am Ausgang des Zeitfilters erscheint dann nur der 5. Impuls.

Bei den hohen Schaltgeschwindigkeiten der Pulsmodulation lassen sich mechanische Schalter nicht mehr verwirklichen; sie müssen durch elektronische Schalter ersetzt werden, die genügend trägheitsfrei arbeiten. Alle elektronischen Zeitfilter sind mehr oder weniger vollständige Nachbildungen eines echten Schalters. Sie sind aber im Gegensatz zu den Frequenz- und Amplitudenfiltern, die im allgemeinen Vierpole sind, immer Sechspole, da sie außer einem Signaleingang und -ausgang immer einen Eingang für die Steuerung benötigen, dem die Steuerfunktion zum Schließen und Öffnen des Schalters zugeführt werden muß.

Die Schaltungen für Hoch-, Tief- und Bandpässe unterscheiden sich elektrisch nicht voneinander, da die zeitlichen Begrenzungen durch die von außen zugeführte Steuerfunktion gegeben sind. Einem Zeitfilter für periodische Vorgänge muß im allgemeinen auch eine periodische Steuerfunktion zugeführt werden.

Ein ideales Zeitfilter multipliziert die Signal-Zeitfunktion mit der Steuer-Zeitfunktion, in Analogie zu einem Frequenzfilter, bei dem das Amplitudenspektrum mit der Übertragungsfunktion des Filters multipliziert wird. Der Vorgang beim Schalter der Abb. 51 ist, mathematisch ausgedrückt, die Multiplikation der Signal-Zeitfunktion mit 0 bei offenem Schalter und mit 1 bei geschlossenem Schalter. Dies entspricht dem Vorgang beim idealen Frequenz-Bandpaß, der in seinem Durchlaßbereich bei linearem Phasengang keine Dämpfung und in seinem Sperrbereich unendlich große Dämpfung hat.

Man kann die in der Praxis verwendeten Zeitfilter in zwei Typen einteilen; die eine Art wirkt wie ein mechanischer Schalter, der im geschlossenen Zustand sowohl positive als auch negative Spannungen überträgt; die Wirkung hängt daher nicht von der Stromrichtung ab; ein solches Filter sei deshalb als bipolar bezeichnet. Die andere Art kann nur positive oder nur negative Spannungen übertragen; die Funktion hängt von der Stromrichtung ab; solche Filter seien als unipolar bezeichnet. Die unipolare Art möge zunächst betrachtet werden.

a) Unipolare Zeitfilter. Man kann für die Multiplikation zwei Arten von Schaltungen benutzen, und zwar *multiplikative* Schaltungen oder *Additions*schaltungen mit dahintergeschaltetem Amplitudenfilter.

Beide Verfahren werden in ähnlicher Weise auch zur Modulation verwendet.

Multiplikative Schaltungen. Schwingungsvorgänge können mit Hilfe von Mehrgitterröhren „multipliziert" werden. Zur Multiplikation der Signalfunktion und der Steuerfunktion werden zwei Gitter benutzt. Bei Pentoden kann man neben dem Steuergitter als zweites Gitter das Schirmgitter oder das Bremsgitter verwenden, bei Hexoden hat man noch mehr Auswahl. Bevorzugen wird man jedoch Gitter, bei denen die Steuerspannungen für die Sperrung des Elektronenstromes zur Anode nur niedrig zu sein brauchen. Man hat für diesen Zweck sogar spezielle „Koinzidenz-Röhren" entwickelt.

Die Abb. 52 zeigt ein Zeitfilter mit einer Pentode; dem Steuergitter dieser Röhre wird die Signalfunktion, dem Bremsgitter die Steuerfunktion zugeführt.

Es sind zwei Zeitfiltervorgänge dargestellt. Abb. 52a zeigt den Vorgang für eine Zeit-Bandsperre und 52b für einen Zeit-Bandpaß. Die Signalfunktion gehört zu einem 12-fach-Pulsrahmen mit positiven Impulsen, die Steuerfunktion ist ein Rechteckimpuls von der Dauer eines Signalimpuls-Abstandes. Eine solche Steuerfunktion sei in Anlehnung an das englische Wort „gate" und das verwandte deutsche Wort

„Gatter" als Gatter-Puls bezeichnet. Wenn die Signalfunktion aus phasenmodulierten Pulsen besteht, muß der Gatter-Puls sehr steile Flanken haben, damit eine scharfe Zeitselektion möglich ist.

Die Signalfunktion kann beliebige Amplitude haben; ist sie größer als die Gitterbasis (das ist der Gitterspannungsbereich von der Gitterspannung Null bis zur Sperrspannung), so tritt eine Begrenzerwirkung

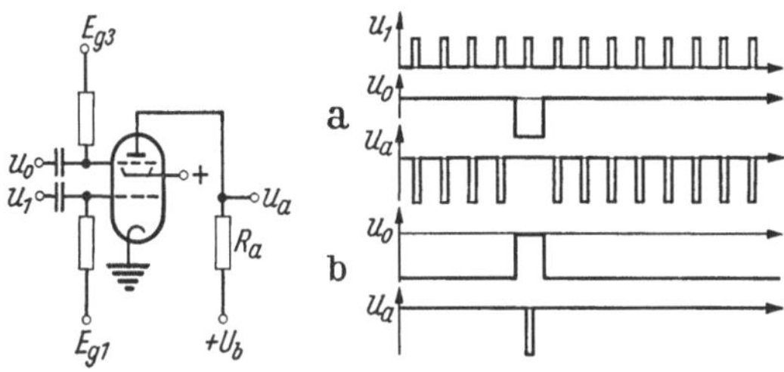

Abb. 52. Multiplikatives Zeitfilter

ein. Die Vorspannung E_{g3} ist im Beispiel a) gleich Null. Die Signalimpulse erscheinen umgepolt und mit dem Verstärkungsfaktor multipliziert am Außenwiderstand R_a. Während des negativen Gatter-Pulses wird der Stromfluß zur Anode gesperrt; die Signalfunktion wird während dieser Zeit mit 0 multipliziert, d. h. der 5. Kanalimpuls wird gelöscht. Beim Beispiel b) ist die Vorspannung E_{g3} so groß, daß der Stromfluß zur Anode gesperrt ist. Während des diesmal positiven Gatter-Pulses wird die Röhre entsperrt und ein Kanalimpuls durchgelassen. Man hat die umgekehrte Wirkung des Beispiels a).

Der Gatterpuls-Generator wird zwar durch die Röhre nicht belastet, muß aber im allgemeinen eine erhebliche Amplitude haben, da die Bremsgitter-Kennlinie für die meisten Pentodentypen eine geringere Steilheit hat als die Steuergitter-Kennlinie. Die Abb. 53 zeigt als Beispiel die Bremsgitter-Kennlinie der Röhre C 3 m für verschiedene Anodenspannun-

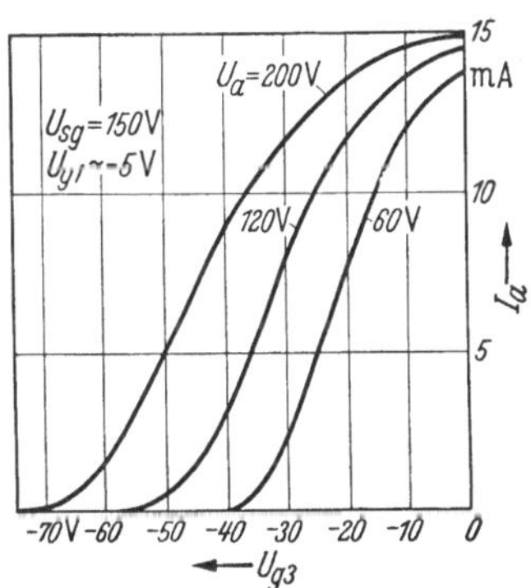

Abb. 53. Abhängigkeit des Anodenstroms von der Bremsgitterspannung für verschiedene Anodenspannungen (Bremsgitter-Kennlinien) der Röhre C 3 m

gen. Die Basis wird um so kleiner, je geringer die Anodenspannung ist. Bei der Bemessung von Zeit-Bandpässen (Gatter-Puls positiv, Bremsgitter negativ) muß man beachten, daß im Sperrbereich des Bremsgitters der gesamte Anodenstrom zum Schirmgitter fließt und dieses überlastet werden kann. Die Schaltung hat den Vorteil, daß das Bremsgitter für den Gatter-Puls außerdem als Amplituden-Bandpaß verwendet werden kann, wenn man die beiden Knicke der Bremsgitter-Kennlinie benutzt; leider streuen die Daten dieser Kennlinie bei fast allen Röhren stark.

Additionsschaltungen mit nachfolgendem Amplitudenfilter. Zur Addition der Signalfunktion und der Steuerfunktion kann jede der im Abschn. III angegebenen Schaltungen und zur nachfolgenden Amplitudenselektion jeder der im Abschn. IV angegebenen Amplituden-Hoch- oder -Tiefpässe verwendet werden. Die Zahl der möglichen Kombinationen ist so groß, daß ihre vollständige Behandlung zuviel Raum beanspruchen würde. Die Wirkung sei nur an einem Beispiel erklärt,

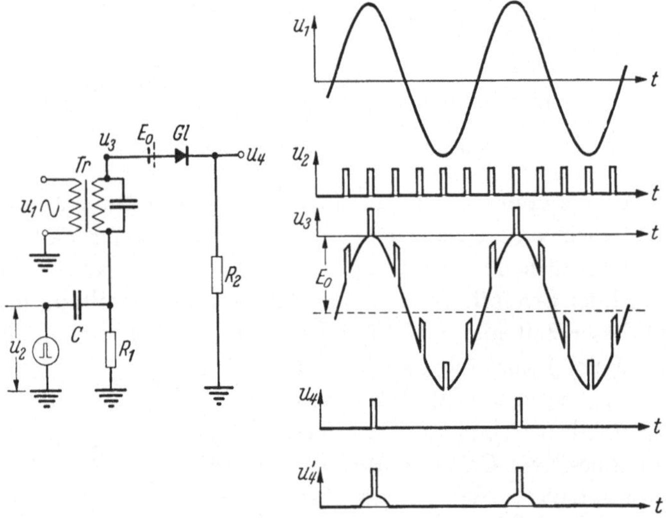

Abb. 54. Additives Zeitfilter mit einem Gleichrichter

nämlich einem Zeitfiltervorgang mit periodischen Funktionen, wie in Abb. 54 dargestellt. Es sollen aus einem Puls mit der Folgefrequenz $6\,f_0$ jeder 6. Impuls durchgelassen und die dazwischenliegenden 5 Impulse unterdrückt werden. Als Steuerfunktion dient eine Sinusschwingung mit der Frequenz f_0; eine solche Schwingung ist wenig steil, so daß zwischen dem ausgesiebten Zeitvorgang und dem nächsten ein genügend großer Abstand vorhanden sein muß. In dem gezeichneten Beispiel ist die Impulslücke dementsprechend etwa 4mal so groß wie die Impulsdauer.

In Abb. 54 sind Steuerfunktion u_1 und Signalfunktion u_2 durch Serienschaltung addiert. Da man Impulstransformatoren, soweit es möglich ist, vermeidet, wird die Pulsspannungsquelle über den Kondensator C, dessen Kapazität für die vorkommenden Frequenzen als unendlich groß zu betrachten ist, gegen Erde eingespeist, und die Sinusschwingung wird über einen auf f_0 abgestimmten Transformator Tr darübergelegt. Man erhält so für die Pulsströme einen Kurzschluß.

Die addierten Spannungen sind durch den Spannungsverlauf u_3 dargestellt. Der aus dem Gleichrichter Gl, dem Widerstand R_2 und der gestrichelt eingezeichneten Batterie E_0 bestehende Amplituden-Hochpaß (nach Schaltung Abb. 40) läßt, wie gefordert, nur die auf den positiven Kuppen der Sinusschwingung sitzenden Impulse durch. Die negative Vorspannung E_0 muß dabei etwa gleich der Amplitude der Sinusschwingung sein. Durch den Gleichrichtereffekt des Amplituden-Hochpasses entsteht an C eine negative Gleichspannung, deren Größe eine Funktion von R_1 und R_2 ist. Nimmt man zunächst an, daß R_1 unendlich groß ist, so lädt sich der Kondensator C auf die Summenspannung von Sinus- und Impulsamplitude auf, der Hochpaß sperrt; durch geeignete Bemessung von R_1 kann die notwendige Vorspannung E_0 so gewählt werden, daß die Batterie wegfallen kann und die Grenzamplitude sich automatisch einstellt.

Es sei z. B. $\quad f_0 = 8\,\mathrm{kHz}; \ \tau = 1\,\mu\mathrm{sec}; \ R_2 = 1\,\mathrm{k}\Omega;$
$$U_1 = 24\,\mathrm{V}; \ U_2 = 10\,\mathrm{V}.$$

Damit beträgt der durch R_2 fließende Impulsspitzenstrom 10 mA und der durch R_1 fließende mittlere Gleichstrom etwa 1/125 davon, d. h., 80 μA. Für die Vorspannung E_0 von 24 V muß damit der Widerstand

$$R_1 = \frac{24}{80 \cdot 10^{-6}}\,\Omega = 300\,\mathrm{k}\Omega$$

sein. Wenn man Germanium-Gleichrichter verwendet, muß man beachten, daß deren endlicher Sperrwiderstand sich für die automatische Vorspannung parallel zu R_1 legt.

An Hand des obigen Beispiels lassen sich die Eigenschaften von Zeitfiltern der vorliegenden Gruppe deutlich erläutern. Werden nämlich hohe Anforderungen an die Verzerrungsfreiheit des Filtervorgangs gestellt, so müssen die Steuerspannung und die Gleichvorspannung sehr gut stabilisiert sein. Beide Spannungen zusammen müssen während der Zeitselektion genau die Spannung ergeben, bei der der Gleichrichter Strom zu führen beginnt. Ist diese Spannung zu klein, so wird ein Teil der Steuerfunktion mit übertragen (vgl. u'_4 in Abb. 54); ist sie zu groß, so geht ein Teil der Signalfunktion verloren. Werden in Abb. 54 dreieckförmige Impulse verwendet, so werden die Ausgangsimpulse schmaler. Ferner überträgt ein solches Filter nur Impulse *einer* Polarität; sollen z. B. in Abb. 54 Impulse negativer Polarität ausgesiebt werden, so müssen der Gleichrichter Gl und der Übertrager Tr umgepolt werden. Die gegenseitigen nichtlinearen

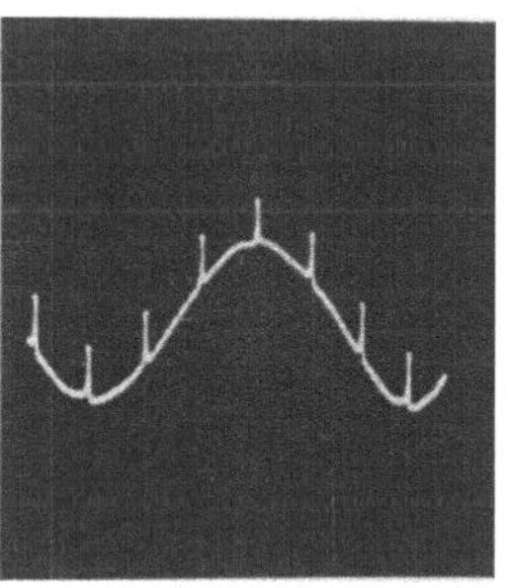

Abb. 55. Oszillogramm zu Abb. 54 (Spannung u_3)

Belastungen der Stromquellen und die Amplitudenabhängigkeit des Innenwiderstandes, vom Ausgang aus gesehen, müssen berücksichtigt werden. Zur Illustration ist in Abb. 55 eine oszillographische Aufnahme von u_3 gezeigt.

Die Additionsschaltung nach Abb. 56 spielt eine Sonderrolle; denn sie kann gleichzeitig zur Addition und zur Amplitudenselektion ausgenutzt werden. Man braucht nur durch genügend große Spannung zwischen Gitter und Kathode dafür zu sorgen, daß die Röhre nicht mehr im quasilinearen Bereich der I_a-U_g-Kennlinie betrieben wird. In Abb. 56 sind dieselben Zeitfilter-Vorgänge wie in Abb. 52 dargestellt; Abb. 56a zeigt den Vorgang für einen Zeit-Bandpaß und Abb. 56b für eine Zeit-Bandsperre. Dem Gitter der Röhre wird die Signalfunktion in Form eines 12-fach-Pulsrahmens mit positiven Impulsen zugeführt und der Kathode die Steuerfunktion; diese besteht je Rahmen aus einem Rechteckimpuls

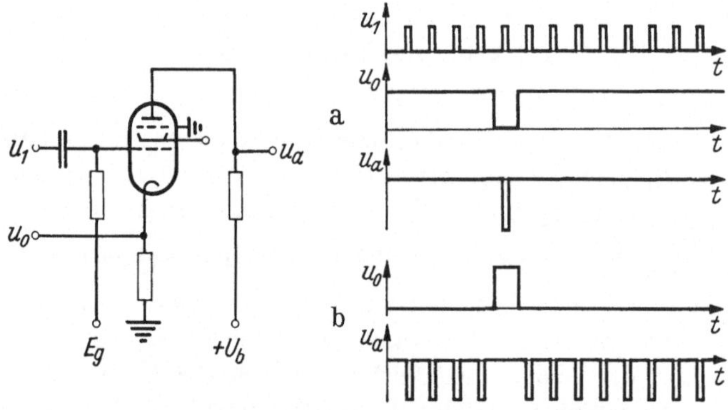

Abb. 56. Additives Zeitfilter mit einer Verstärkerröhre

von der Dauer eines Signalimpuls-Abstandes. Im Beispiel a) ist die Vorspannung E_g so groß, daß weder die Signalfunktion noch die Steuerfunktion allein einen Strom durch die Röhre ermöglichen; der negative Gatter-Puls soll so groß sein, daß gerade die Grenzamplitude des Röhrenfilters erreicht wird; der in diese Zeitbereiche fallende Signalpuls kann dann die Röhre passieren. Im Fall b) ist die Vorspannung E_g so groß, daß die Grundlinie der Signalpulse bei der Grenzamplitude liegt und alle Impulse übertragen werden außer dem, der mit dem positiven Gatter-Puls zusammenfällt. Im Fall a) muß das Dach und im Fall b) die Grundlinie der Gatter-Impulse möglichst eben sein.

Die Schaltung hat zwar die schon geschilderten Nachteile aller additiven Zeitfilter, aber den Vorzug, daß die Signalquelle von der Steuerquelle elektronisch entkoppelt ist — es bleibt hier nur die kapazitive Kopplung über die Gitter-Kathoden-Kapazität — und daß außerdem der obere Knick der I_a-U_g-Kennlinie oder der Gitterstrom zur Begrenzung der Signalimpulse verwendet werden kann.

b) Bipolare Zeitfilter. Aus der Schaltung von Abb. 54 läßt sich durch Zufügen eines zweiten im Gegentakt wirkenden gleichen Zeitfilters leicht

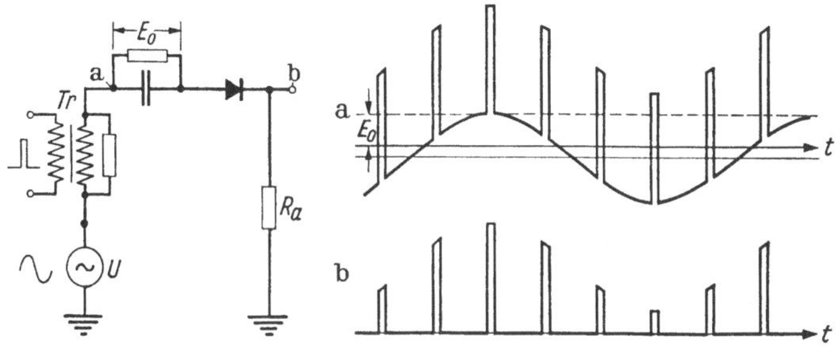

Abb. 57. Additives Zeitfilter für Modulationszwecke

ein bipolarer Schalter entwickeln. Hierbei mögen als Steuerfunktion Rechteckimpulse dienen. Im Vergleich zu Abb. 54 sind also die Rollen von Signal- und Steuerfunktion vertauscht.

Abb. 57 zeigt zunächst den unipolaren Vorgang. Die Rechteckimpulse werden über den Impulstransformator Tr zur Spannung U addiert; diese möge eine Sinusschwingung sein, die einer Abtastung, d. h. einer Zeitselektion, unterworfen werden soll. Man erhält bei geeigneter Wahl der Vorspannung E_0 am Ausgang die Schwingungsform der Abb. 57b, nämlich einen mit der Sinusschwingung amplitudenmodulierten Puls.

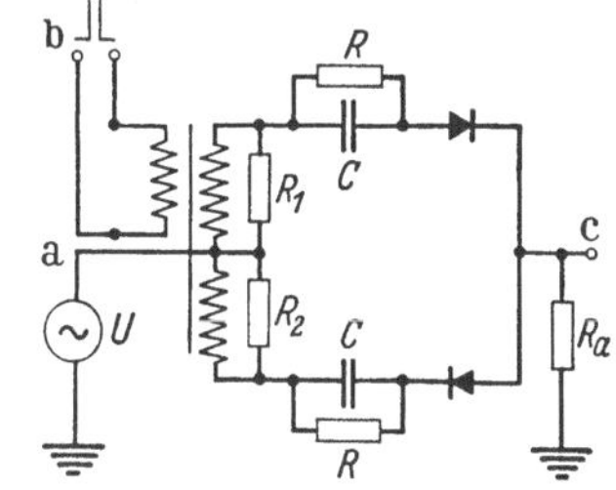

Abb. 58. Bipolares elektronisches Zeitfilter mit Gleichrichtern

Ergänzt man nun nach Abb. 58 die Schaltung zu einer symmetrischen Anordnung, so erhält man ein bipolares Zeitfilter, das eine echte Nachbildung eines mechanischen Schalters ist. Sind nämlich die Gatter-Impulse vorhanden, die Spannung U aber gleich Null, und sind der obere und der untere Stromweg einschließlich Vorspannung und Gleichrichter vollkommen symmetrisch, so kann weder durch den Abschluß R_a noch durch die Quelle U ein Impulsstrom flie-

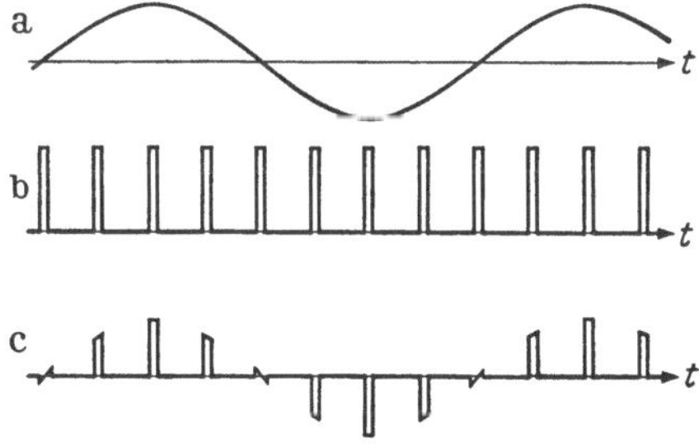

Abb. 59 a—c. Zeitfunktionen zu Abb. 58

ßen, da sich positive und negative Impulse gerade aufheben. Die an den eingezeichneten RC-Gliedern entstehenden automatischen Vorspannungen sperren die Gleichrichter in den Impulslücken; daher kann während dieser Zeit, auch wenn eine Spannung U vorhanden ist, kein Strom nach R_a fließen. Während der Dauer der Impulse sind beide Gleichrichter leitend, und die Spannung U wird unabhängig von ihrer Polarität wie bei einem echten Schalter an den Widerstand R_a gelegt. Sie wird, anders ausgedrückt, mit einem Puls der Amplitude Eins multipliziert. Die Abb. 59c zeigt den so erhaltenen Abtastpuls (vgl. S. 55).

Der Innenwiderstand der Schaltung, vom Ausgang her gesehen, ist während des Abtastvorganges etwa gleich dem Widerstand der Parallelschaltung der Gleichrichter und während der Sperrzeit etwa gleich R_a. Verwendet man Germaniumdioden, so gelangt während der Sperrzeit über die Spannungsteilung der beiden parallelgeschalteten Sperrwiderstände mit dem Außenwiderstand noch ein kleiner Teil der Spannung U an den Außenwiderstand R_a. Beträgt der Sperrwiderstand einer Germaniumdiode 1 MΩ und $R_a = 1$ kΩ, so erhält man ein Teilverhältnis von 500:1; in den Impulslücken gelangen dann noch 0,2% der Spannung U an den Ausgang; die Übersprechdämpfung beträgt daher ≈ 6 N. In den Schaltungen ausgeführter Geräte für Pulsmodulation wird dieser Wert im Zusammenwirken mit anderen Schaltern auf Werte erhöht, die größer als 8 N sind.

Entsprechend den Grundschaltungen für Dioden-Amplitudenfilter kann eine Reihe von weiteren bipolaren Zeitfiltern mit Dioden abgeleitet werden, wie z. B. solche, die mit einer Stromquelle zusammenwirken und während der Sperrzeit die abzutastende Spannung kurzschließen.

Damit all diese Schalter sicher sperren und im Durchlaßbereich linear arbeiten können, muß die Steuerspannung wesentlich größer sein als die abzutastende Spannung; das gleiche gilt auch für die entsprechenden Leistungen.

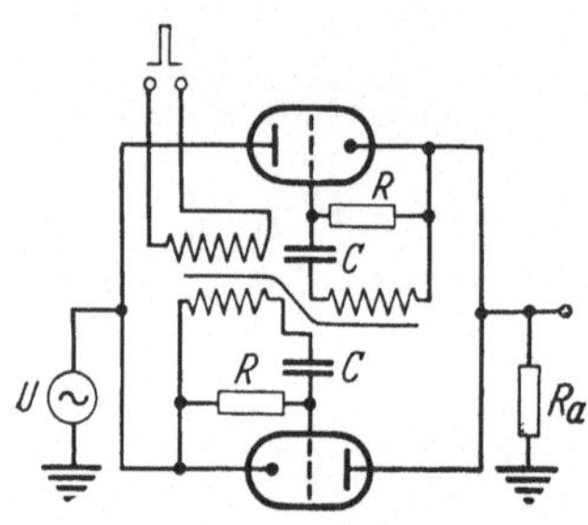

Abb. 60. Bipolares elektronisches Zeitfilter mit Verstärkerröhren

Verwendet man statt der Anoden-Kathodenstrecke von Dioden die Anoden-Kathodenstrecke von Trioden, so braucht man nur Steuerspannungen aufzubringen, die zur Überwindung der Gitterbasis ausreichen. Die der Schaltung Abb. 58 entsprechende Triodenschaltung ist in Abb. 60 dargestellt.

Zum Abschluß sei hingewiesen auf die Modulatoren in der Trägerfrequenztechnik und der Technik der Funkgeräte, bei denen ähnliche Verhältnisse vorliegen.

3. Gesetzmäßigkeiten und Analogien bei Frequenz-, Amplituden- und Zeitfiltern

Die Übertragungseigenschaften von Netzwerken lassen sich allgemein durch ihre Wirkung auf drei ausgezeichnete Schwingungsformen beschreiben. Es sind dies:

a) die periodische Sinusschwingung mit der Frequenz f;

b) der Einheitssprung als einmaliger Vorgang oder der daraus abgeleitete Rechteckpuls als periodischer Vorgang;

c) der Einheitsimpuls als einmaliger Vorgang oder der durch Wiederholung hieraus abgeleitete Einheitspuls als periodischer Vorgang.

Für diese drei Schwingungsformen gelten folgende interessante Gesetzmäßigkeiten:

a) Ein Frequenzfilter — d. h. ein Vierpol, dessen Übertragungseigenschaften von der Frequenz, dagegen nicht von der Amplitude und von der Zeit abhängen — wandelt beliebige Schwingungsformen immer in *andere* um. Eine Ausnahme bildet nur die reine Sinusschwingung; diese bleibt immer in ihrer Form erhalten, nur ihre Amplitude und zeitliche Lage kann sich je nach den Filtereigenschaften ändern.

b) Ein Amplitudenfilter — d. h. ein Vierpol, dessen Übertragungseigenschaften von der Amplitude, dagegen nicht von der Frequenz und der Zeit abhängen — wandelt beliebige Schwingungsformen immer in andere um. Eine Ausnahme stellen in diesem Fall nur der Einheitssprung und der daraus abgeleitete Rechteckpuls dar; diese bleiben immer in ihrer Form und zeitlichen Lage erhalten, nur ihre Amplitude ändert sich je nach dem Verlauf der Filterkurve. Ein solches Filter ändert daher bei solchen Funktionen den Frequenzgang des Amplitudenspektrums *nicht*.

c) Ein Zeitfilter — d. h. ein gesteuerter Vierpol, dessen Übertragungseigenschaften von der Zeit abhängen, dagegen nicht von der Frequenz und der Amplitude — wandelt beliebige Schwingungsformen immer in andere um; ausgenommen ist in diesem Fall der Einheitsimpuls oder der Einheitspuls. Diese Vorgänge bleiben in ihrer Form und zeitlichen Lage immer erhalten, nur ihre Amplitude kann sich ändern.

Im Abschn. III sind die linearen, frequenz- und zeit*un*abhängigen Additionsschaltungen geschildert worden. Die röhrenlosen Schaltungen haben dabei den Nachteil des Spannungsverlustes oder der gegenseitigen Kopplung der Spannungs- oder Stromquellen. Diese Nachteile hat man nicht, wenn man Additionsschaltungen mit Weichen anwenden kann. Bei diesen ist noch eine im folgenden geschilderte Analogie interessant.

Liegen die zu addierenden Schwingungsformen in verschiedenen Frequenzbereichen, so kann man mit den in der Filtertheorie bekannten Frequenzweichen praktisch verlustlos und kopplungsfrei addieren. Die beiden Grundschaltungen für Serien- und Parallel-Addition, die in Abb. 61 dargestellt sind, sind durch einen Widerstand R_a abgeschlossen, mit dem für jedes einzelne Filter F_1 bis F_n im Durchlaßbereich optimale Anpassung erzielt wird. Im Sperrbereich hingegen sollte der Innenwiderstand jedes Filters bei der Serienschaltung gleich Null und bei der Parallelschaltung unendlich groß sein.

Das Analogon hierzu erhält man bei zeitlich versetzten Vorgängen; es ist in Abb. 62 dargestellt. Die Zeitfilter sollen zyklisch nacheinander

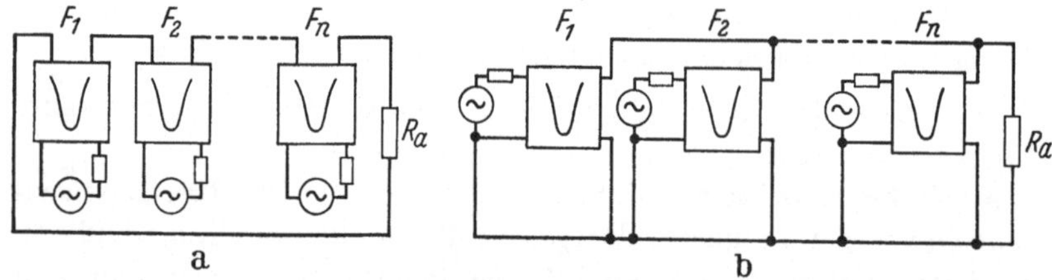

Abb. 61a u. b. Serien- und Parallel-Addition von Schwingungen verschiedener Frequenzlage

sperren und entsperren. Bei der Serienschaltung der Spannungsquellen (Abb. 62a) sind zur Sperrung die Schalter geschlossen; für den Selektionsvorgang wird jeweils nur ein Schalter geöffnet, die zugehörige Quelle arbeitet allein auf den Abschluß. Bei der Parallelschaltung

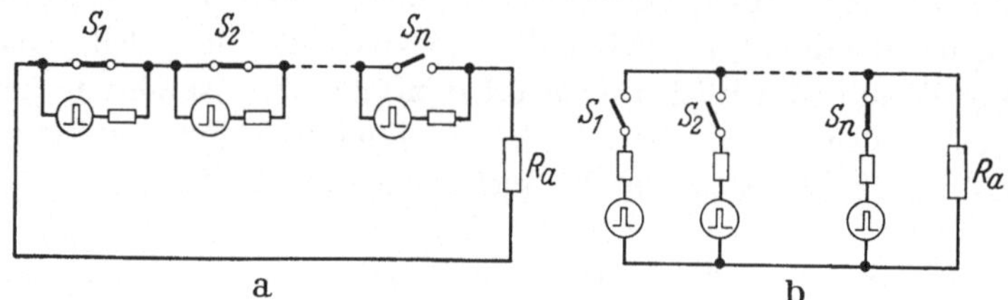

Abb. 62a u. b. Serien- und Parallel-Addition von Schwingungen verschiedener zeitlicher Lage

(Abb. 62b) sind während des Selektionsvorganges, also während der Schließungszeit eines Schalters, alle anderen Schalter geöffnet und sperren damit alle anderen Vorgänge. Auch hier ist die Addition mit Hilfe der Zeitweichen im Idealfall verlustlos und rückwirkungsfrei.

Für unipolare Schwingungsformen, z. B. Impulse gleicher Polarität, erhält man sehr einfache Zeitweichen durch Serienschaltung oder Parallelschaltung über einfache Amplitudenfilter; die beiden Schaltungen für Schwingungsformen positiver Polarität zeigt Abb. 63. Sind z. B. zeitlich gestaffelte positive Impulse zu addieren, so belastet in Abb. 63a der jeweilige Gleichrichter seinen zugehörigen Impuls nicht; alle anderen Gleichrichter bilden während der Zeit der durchgelassenen Impulse einen Kurzschluß, sowohl für die anderen Stromquellen als auch für die Verbindung der Nutzimpuls-Quelle nach R_a. Für die Abb. 63b ist das Verhalten umgekehrt; der jeweilige Gleichrichter läßt seinen Impuls durch, alle anderen Gleichrichter sperren den Rückfluß in die anderen Spannungsquellen. Für negative Schwingungsformen müssen die Gleichrichter umgepolt werden.

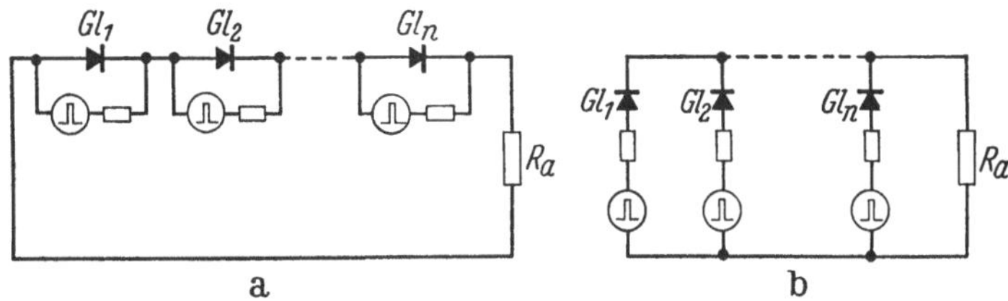

Abb. 63a u. b. Serien- und Parallel-Addition von unipolaren Schwingungen verschiedener zeitlicher Lage

V. Amplitudenverschiebung und Amplitudenfixierung

Das Verfahren der Amplitudenverschiebung besteht darin, daß man einer Schwingung eine Gleichstromkomponente gewünschter Größe zufügt. Will man bestimmte Zeitwerte, z. B. Synchronisierspitzen, auf definierte Amplitudenwerte festlegen (fixieren), so kann man die zugesetzte Komponente selbsttätig so regeln, daß die gewünschte Amplitude jedesmal gerade erreicht wird.

1. Amplitudenverschiebung bei Schwingungen mit dem zeitlichen Mittelwert Null

Dieses Verfahren ist das übliche, wenn reine Wechselströme, wie z. B. Sprachschwingungen, Verstärker durchlaufen. Man benutzt bei ihm Frequenzfilter oder Frequenzweichen, die es erlauben, zu reinen Wechselströmen Gleichstrom hinzuzufügen oder in gewünschtem Maße wieder abzutrennen. Eine einfache und allgemein übliche Verwirklichung ist ein RC-Glied, wie es als Beispiel der Kopplung zweier Verstärkerröhren die Abb. 64 zeigt. Die am Punkt a der Anodengleichspannung überlagerten Wechselspannungen werden über den Kondensator C zum Gitter der zweiten Röhre

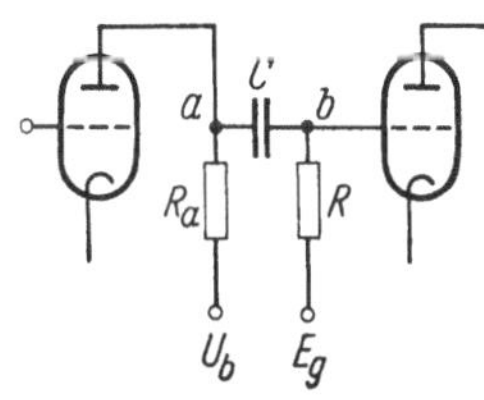

Abb. 64. RC-Kopplung zweier Verstärkerröhren

ohne Gleichspannungskomponente übertragen. Das Glied RC ist ein Hochpaß, der die Anodengleichspannung blockiert. Wird eine Gittervorspannung für die Röhre 2 angelegt, so kann die zu übertragende Schwingung vollständig in den negativen Amplitudenbereich verschoben werden, den die Röhre auf ihrer Gitterseite erfordert.

Das Glied RC wirkt für diese zusätzliche Gleichspannung als Tiefpaß und damit insgesamt als Frequenzweiche.

2. Amplitudenverschiebung und -fixierung bei Schwingungen mit endlichem und schwankendem zeitlichen Mittelwert („Clamping")

Für die ideale Übertragung von Schwingungen mit einer Gleichstromkomponente müssen Gleichstromverstärker verwendet werden. Da deren Verwirklichung meist sehr schwierig und teuer ist, überträgt man in sehr vielen Fällen, insbesondere in der Pulstechnik, nur die Wechselanteile; auf der Empfangsseite fügt man einen Gleichanteil zu, so daß die Schwingung wieder in dem gewünschten Amplitudenbereich liegt. Dieser Vorgang ist um so wünschenswerter, je größer die Lücke zwischen der Frequenz Null und der tiefsten zu übertragenden Frequenz ist; wenn man auf die tieferen Frequenzen verzichten kann, werden die Übertragungswege billiger.

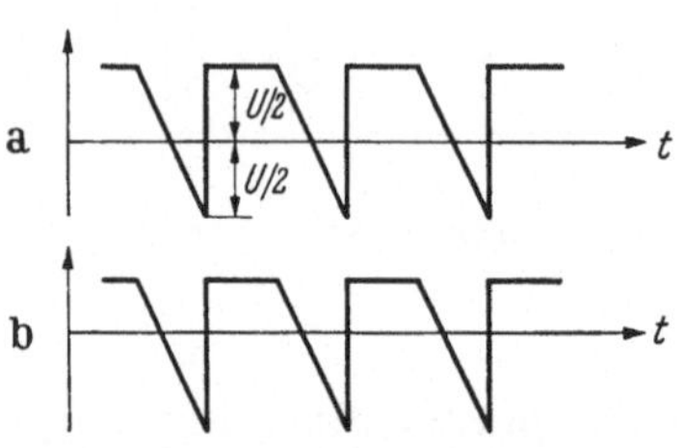

Abb. 65a u. b. Sägezahnschwingung mit und ohne Gleichstromkomponente

Dies sei an einem einfachen Beispiel gezeigt (Abb. 65). Es sei eine sägezahnförmige Schwingung zu übertragen mit der Forderung, daß die Spannung jeweils gerade in der Mitte der abfallenden Flanke gleich Null sein soll; beträgt die Grundfrequenz z. B. 10 kHz, so brauchen nur diese Frequenz und ihre Harmonischen phasen- und amplitudengetreu übertragen zu werden. Man erhält dann auf der Empfangsseite (b) die gleiche Schwingung wieder; jedoch stellt sich die Nullinie auf den zeitlichen Mittelwert ein. Man könnte in diesem Falle durch einfache Addition einer Gleichspannung die richtige Amplitudenlage wiederherstellen. Dies hat jedoch den Nachteil, daß bei Schwankungen der Sägezahnamplituden die Flankenmitte nicht mehr exakt durch Null geht. Man macht deshalb Gebrauch von Schaltungen, die in der englischen Literatur unter „Clamping"-Schaltungen oder „D. C. Restorer" bekannt sind. Die Prinzipschaltung zeigt Abb. 66.

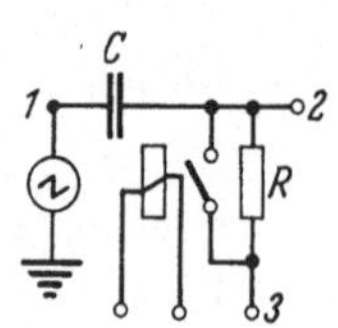

Abb. 66.
Prinzipschaltbild des „Clamping"-Vorgangs

Die Wechselkomponenten werden über den Kondensator C auf den Widerstand R übertragen. Man wählt im allgemeinen R so groß wie möglich. Parallel zu R liegt ein elektronischer Schalter (hier durch ein Relais dargestellt); ihm werden kurze Steuerimpulse zugeführt; für das Beispiel von Abb. 65 soll ihre Zeitlage genau mit der zeitlichen Flankenmitte übereinstimmen. Der Kondensator C wird dann über den Innenwiderstand der Spannungsquelle und den Durchgangswiderstand des Schalters so aufgeladen, daß unabhängig von der Amplitude der Eingangsschwingung die Flankenmitten am Punkt 2 durch Null gehen, wenn der Punkt 3 an Erde liegt; die Entladezeitkonstante RC soll dabei möglichst viel größer als die Periodendauer sein. Soll die Flankenmitte nicht Nullpotential sondern irgendeinen positiven oder negativen Spannungswert durchlaufen, so muß eine Spannung dieses gewünschten Wertes an 3 gelegt werden. Als elektronische Schalter können alle von der Stromrichtung unabhängigen, d. h., bipolaren Zeitfilter verwendet werden, wie sie beispielsweise in Abschn. IV behandelt worden sind. Die genaue Zeitlage der Steuerimpulse kann für den Vorgang der Abb. 65 aus der steilen Rückflanke der Sägezähne abgeleitet werden.

In weitaus den meisten Fällen ist es nicht notwendig, irgendeine Amplitude innerhalb des Amplitudenbereiches der Schwingung zu fixieren, sondern man will nur den positiven oder negativen *Spitzenwert* festlegen. Auch dann kann die Schaltung der Abb. 66 angewendet werden; man erhält jedoch eine wesentlich einfachere Schaltung, wenn man hier ein unipolares Zeitfilter benutzt, das von der Signalfunktion selbst gesteuert wird. Diese einfache und am häufigsten verwendete Schaltung zeigt Abb. 67. An die Stelle des Schalters ist ein Gleichrichter getreten, der je nach Polarität der Schwingungsform verschieden gepolt wird. Liegt hier am Punkt 1 eine Schwingung mit der Form von Abb. 65, so wird der ebene obere Teil des Vorgangs unabhängig von der Amplitude der Schwingung an

Abb. 67. Einfache Schaltung zur Herstellung einer Gleichstromkomponente

Punkt 2 immer etwa das Potential des Punktes 3 annehmen; dieser Teil des Vorgangs übernimmt daher die steuernde Funktion selbst.

Der Durchlaßwiderstand wird natürlich höher sein als bei der Schaltung Abb. 66. Durch Verkleinerung von R und Vergrößerung von C kann man den Gleichrichterstrom erhöhen und damit den Durchlaßwiderstand so klein wie nötig machen. Die Spannungsquelle wird dann jedoch stark nichtlinear belastet, so daß eine unerwünschte Amplitudenfilter-Wirkung eintreten kann. Bei der Schaltung der Abb. 66 fällt dieser Nachteil weg, da der Schalter fremdgesteuert ist; diese Schaltung bedeutet jedoch erhöhten Aufwand.

VI. Die Erzeugung von Rechteckschwingungen

In diesem Abschnitt sollen grundsätzlich wichtige Schaltungen beschrieben werden, die mit möglichst guter Annäherung Rechteckschwingungen, d. h., im Idealfall Schwingungen mit nur zwei Amplitudenwerten, erzeugen. Dabei soll ein beliebiges Zeitverhältnis zwischen der Dauer des einen Amplitudenwertes zur Dauer des anderen erreicht werden können. Ist dieses Zeitverhältnis gleich Eins, so erhält man gleichmäßige Rechteckschwingungen.

Eine grundsätzliche Methode zur Bildung periodischer Rechteckschwingungen wäre die getrennte Erzeugung sämtlicher Teilschwingungen des Spektrums und ihre amplituden- und phasenrichtige Addition. Der Aufwand hierfür ist aber im allgemeinen unerträglich hoch, und man hat deshalb danach getrachtet, mit möglichst wenig Bauelementen dieselbe Wirkung zu erzielen. Zuerst verwendete man passive Schaltungen mit Dioden oder übersteuerten Verstärkern; heute werden vorwiegend aktive, d. h. regenerative Schaltungen benutzt.

1. Passive Schaltungen

Solche Schaltungen benötigen immer eine „erzeugende Schwingung"; diese kann fast beliebige Schwingungsform haben. Aus den Schwingungsformen wird mit einem Amplituden-Bandpaß ein eng begrenzter Amplitudenbereich ausgeschnitten; dies kann mit einer Schaltung nach Abb. 45 oder Abb. 50 geschehen. Die maximal erzielbare Flankensteilheit ist eine Funktion der höchsten für den Eingang des Amplitudenfilters zulässigen Spannung und der Frequenz der erzeugenden Schwingung. Ist die Flankensteilheit nach einmaliger Begrenzung noch nicht groß genug, so muß eine entsprechende Anzahl solcher Begrenzer in Kette geschaltet werden; dazu sind bei Diodenbegrenzern Zwischenverstärkerstufen erforderlich.

An Stelle der in den Abb. 45 und 50 benutzten Sinusschwingungen können auch Sägezahnschwingungen oder andere Schwingungsformen verwendet werden. Das Tastverhältnis kann verändert werden, indem man den Amplitudenfilter-Bereich durch entsprechende Vorspannung verschiebt. Man kann, wie schon im Abschn. IV erörtert, mit Diodenbegrenzern eine exaktere Zeitbeziehung zur erzeugenden Schwingung erreichen als mit Verstärkerbegrenzern.

In Abb. 68 ist der Fall dargestellt, daß als Erzeugende eine Sägezahnschwingung dient. Hier stimmt bei Veränderung der Vorspannung E_g eine Flanke der abgeleiteten Rechteckschwingung immer mit der steilen Flanke der Erzeugenden überein (Abb. 68 b), die andere weniger steile Flanke tritt je nach der Größe der Vorspannung früher oder später auf (gestrichelt eingetragen). Wird an Stelle der Gleichvorspannung ein Signal angelegt, so erhält man direkt eine Modulation der Pulsdauer. Diese Methode der Pulsmodulation wird in Kap 6, II im Rahmen vieler anderer Verfahren nochmals erwähnt werden.

Die Zeitdauer der Flanke, die mit einer solchen Stufe erreichbar ist, läßt sich leicht ermitteln aus dem maximalen Amplitudenbereich U und der Frequenz f der „Erzeugenden" sowie der Amplituden-Bandbreite

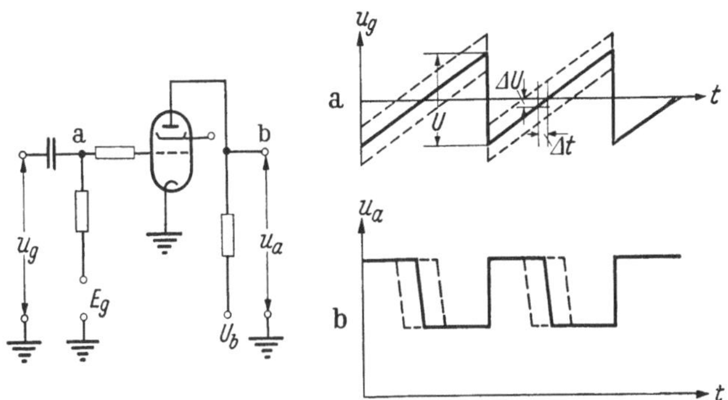

Abb. 68. Erzeugung von Rechteckschwingungen aus einer Sägezahnschwingung

ΔU des Amplituden-Bandpasses, die bei einem Verstärkerbegrenzer im allgemeinen mit der Gitterbasis übereinstimmt.

Ist nämlich $\dfrac{\mathrm{d}u}{\mathrm{d}t}$ die Steilheit der Erzeugenden, so ist die Zeitdauer der Flanke Δt

$$\Delta t = \frac{\Delta U}{\dfrac{\mathrm{d}u}{\mathrm{d}t}} . \qquad (58)$$

Für die Sägezahnschwingung ist

$$\frac{\mathrm{d}u}{\mathrm{d}t} = U\,f \qquad (59)$$

und damit

$$\Delta t = \frac{\Delta U}{U} \frac{1}{f} . \qquad (60)$$

Für die Sinusschwingung $u = \dfrac{U}{2} \sin \omega\,t$ ist

$$\frac{\mathrm{d}u}{\mathrm{d}t} = \pi\,U\,f \cos \omega\,t , \qquad (61)$$

und damit wird für ihre Nulldurchgänge, bei denen $\cos \omega\,t = \pm\,1$ ist,

$$|\Delta t| - \frac{1}{\pi} \frac{\Delta U}{U} \frac{1}{f} . \qquad (62)$$

Für ein Zahlenbeispiel mit $U = 100$ V, $\Delta U = 5$ V, $f = 10$ kHz ergibt sich $\Delta t = 5\,\mu\text{sec}$ bei der Sägezahnschwingung und $\Delta t = 1{,}6\,\mu\text{sec}$ bei der Sinusschwingung. Die mit einer Stufe erreichbare Flankendauer wird um so kürzer, je höher die Frequenz der „Erzeugenden" ist. Werden wesentlich kürzere Flankendauern verlangt als die im Beispiel angeführten, so ist in Schaltungen der Praxis eine nochmalige Amplitudensiebung erforderlich.

Man erreicht mit dieser direkten Methode keine wesentlich kleineren Tastverhältnisse als etwa 1:20. Sind sehr kleine Werte von z. B. 1:100 bis 1:1000 gefordert, so erzeugt man zunächst durch wiederholte Begrenzung Rechteckschwingungen mit möglichst steilen Flanken, differenziert diese nach den im Abschn. I dieses Kapitels beschriebenen Methoden und schneidet mit Hilfe eines nachfolgenden Amplitudensiebes einen passenden Teil aus den erhaltenen positiven oder negativen Impulsen aus. Die Abb. 69 stellt die angegebenen Schritte bei zweimaliger Vorbegrenzung schematisch dar.

In diesem Zusammenhang soll noch eine Schaltung erwähnt werden, die Amplitudenbegrenzung und Differenzierung vereint. Wird nämlich eine Drosselspule mit Eisenkern aus einer Stromquelle gespeist, so hat die magnetische Feldstärke H die Schwingungsform der Stromquelle, da H proportional dem durchfließenden Strom I ist. Sind die Spulendaten so gewählt, daß der Eisenweg weit im Sättigungsgebiet betrieben wird, so erreicht man einen zeitlichen Verlauf der Induktion B, der dem Strom in einer übersteuerten Verstärkerröhre entspricht. Abb. 70 zeigt den

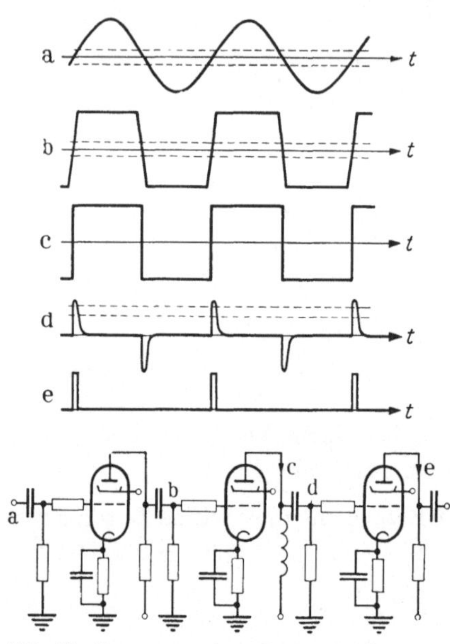

Abb. 69. Erzeugung eines Rechteckpulses aus einer sinusförmigen Schwingung

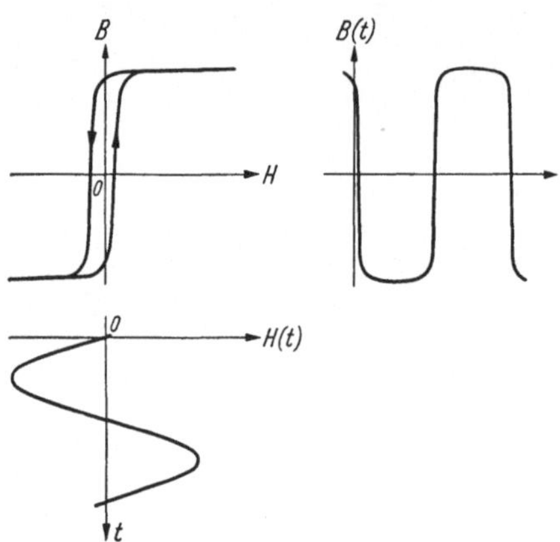

Abb. 70. Erzeugung von Rechteckschwingungen mit Hilfe einer gesättigten Eisendrossel

Vorgang schematisch unter Benutzung der nichtlinearen BH-Kurve des Eisenkernes. Da der Fluß Φ proportional der Induktion B ist und die Spannung an der Wicklung durch $u = c\,\dfrac{d\Phi}{dt}$ bestimmt ist, wird der annähernd rechteckförmige Induktionsverlauf differenziert, und man erhält wie in Abb. 69 abwechselnd positive und negative Impulse. Da parallel zu den Induktivitäten immer unvermeidliche Kapazitäten

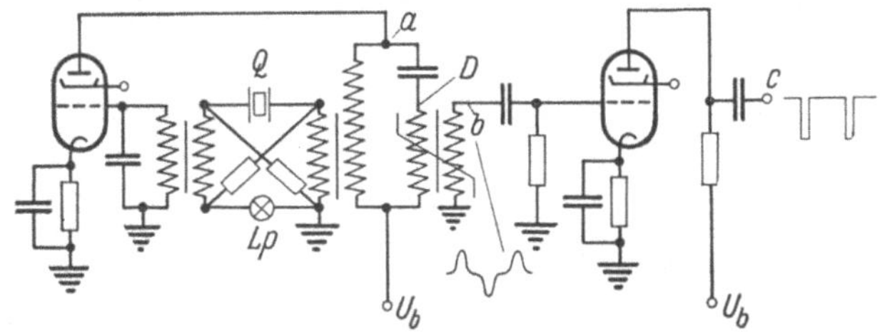

Abb. 71. Quarzstabilisierter Pulsgenerator mit gesättigter Eisendrossel

liegen, überlagern sich meist kleine Oszillationen. Durch ein nachfolgendes Amplitudensieb können, wie schon besprochen, unipolare Impulse erzeugt werden.

Abb. 71 zeigt eine Schaltung, bei der die gesättigte Eisenkernspule D im Anodenkreis einer brückenstabilisierten Quarz-Oszillatorschaltung mit einer Röhre liegt und bei der eine zweite Röhre zur Amplitudensiebung der unipolaren Impulse benutzt wird. Der Anodenschwingkreis hat bei einem brückenstabilisierten Oszillator bekanntlich nur einen sehr geringen Einfluß auf die Frequenz, so daß die nicht konstante Induktivität der Spule D keinen merklichen Einfluß ausübt. Die Abb. 72 stellt oszillographische Aufnahmen an den gekennzeichneten Schaltungspunkten dar. Hierbei werden Impulse einer Dauer von etwa 1 μsec mit einer Folgefrequenz von 48 kHz erzeugt.

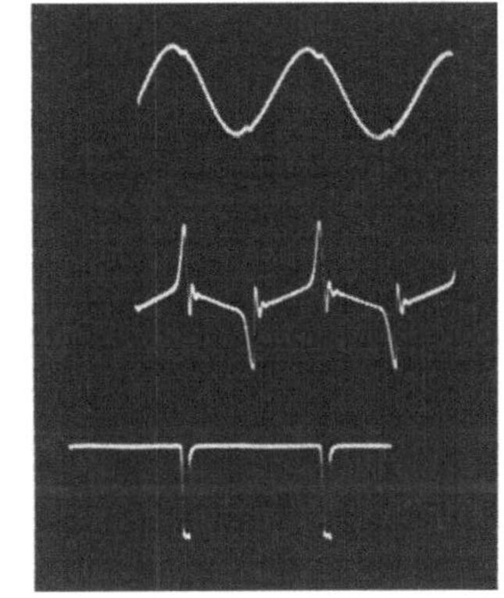

Abb. 72 a—c. Oszillogramme
zu Abb. 71
für a 1 cm ≙ 250 V
für b und c 1 cm ≙ 50 V

2. Aktive (regenerative) Schaltungen

a) Aktive Begrenzer. Eine bekannte Maßnahme, die Verstärkung einer Röhrenstufe zu erhöhen, ist die positive Rückkopplung. Im Gegensatz zur Gegenkopplung verstärkt sie die nichtlinearen Verzerrungen. Da man aber bei der Erzeugung von Rechteckschwingungen an die Linearität keine Anforderungen stellt — es soll bei einem festgelegten Wert der Erzeugenden ja nur eine möglichst steile Flanke gebildet werden —, kann man die Wirkung mehrerer in Kette geschalteter Verstärkerbegrenzer mit Hilfe von ein oder zwei positiv rückgekoppelten Röhrenstufen erreichen.

Bei einer einzigen Röhrenstufe benötigt man für eine positive Rückkopplung immer einen Übertrager zur Umpolung oder zur Spannungstransformation, wenn man die Steuergitter-Anodenstrom-Kennlinie einer Triode oder Pentode verwendet; Dynatron-Kennlinien und die Bremsgitter-Kennlinien von Pentoden seien hier wegen ihrer im allgemeinen geringen Steilheit und ihres großen Streubereiches nicht betrachtet.

Bei einem zweistufigen Verstärker gibt es mehrere Wege, ohne Übertrager auszukommen. Das ist in der Pulsmodulationstechnik oft sehr angenehm, da Übertrager wegen ihrer Querinduktivität häufig nicht angewendet werden können. Es sei deshalb ein solcher zweistufiger Verstärker betrachtet.

Es gibt hier grundsätzlich zwei Arten der positiven Rückkopplung, nämlich von der Anodenseite der zweiten Röhre zum Eingang der ersten oder von einer Kathode zur anderen; die zweite Art ist leicht durch einen gemeinsamen nicht überbrückten Kathodenwiderstand R_k ausführbar (Abb. 73).

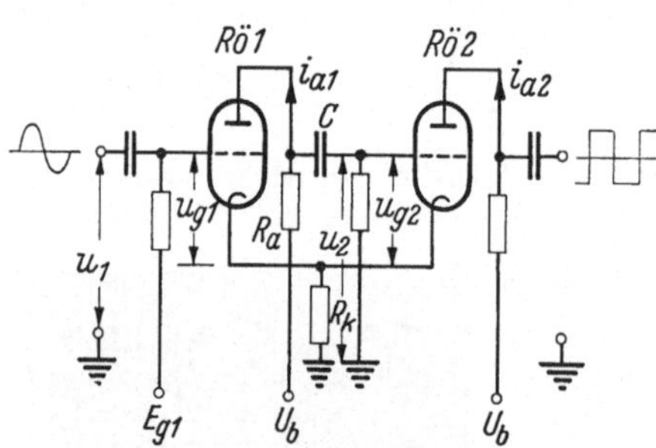

Abb. 73. Regeneratives Amplitudenfilter mit Kathodenrückkopplung

Die Schaltung hat den Vorteil, daß Eingang und Ausgang nicht im Rückkopplungsweg liegen.

Die Verstärkung v der Schaltung vom Gitter der ersten Röhre zum Gitter der zweiten Röhre ist für Wechselströme

$$v = \frac{U_2}{U_1}. \tag{63}$$

Zur Vereinfachung der Rechnung sei angenommen, daß sowohl bei Pentoden als auch bei Trioden der Widerstand R_a klein ist gegen den Innenwiderstand der Röhre. Bei Pentoden werde der Schirmgitterstrom vernachlässigt. Dann gilt, wenn S die Steilheit der Röhren ist, bei genügend großer Koppelkapazität

$$U_2 = - U_{g1}\, S\, R_a. \tag{64}$$

Ferner ist

$$U_{g1} = U_1 - R_k\,(I_{a1} + I_{a2}) \tag{65}$$

und

$$U_{g2} = U_2 - R_k\,(I_{a1} + I_{a2}). \tag{66}$$

Außerdem gelten die Beziehungen

$$I_{a1} = S\, U_{g1} \quad \text{und} \quad I_{a2} = S\, U_{g2}. \tag{67}$$

Aus den Gln. (64) bis (67) erhält man für die Verstärkung v

$$v = \frac{S\,R_a\,(1 + S\,R_k)}{1 - S\,R_k\,(S\,R_a - 2)}\,. \tag{68}$$

Mit zunehmender Größe von R_k nimmt also die Verstärkung zu; sie kann sogar unendlich groß werden. Die bekannte BARKHAUSENsche Bedingung für die Schwingungsanfachung einer mit dem Faktor K positiv rückgekoppelten Verstärkerschaltung ist

$$K\,v = 1. \tag{69}$$

Man kann die Anfachbedingung für eine solche Schaltung dadurch ermitteln, daß man den Grenzfall der unendlichen Verstärkung betrachtet. Für die Schaltung von Abb. 73 wird der Grenzwiderstand R_{kg} für $v = \infty$

$$R_{kg} = \frac{1}{S\,(S\,R_a - 2)}\,. \tag{70}$$

Z. B. wird für $S = 5\,\dfrac{\mathrm{mA}}{\mathrm{V}}$ und $R_a = 2\,\mathrm{k}\Omega$ der Grenzwiderstand $R_{kg} = 25\,\Omega$.

Man kann nun zur Erzeugung von Rechteckschwingungen R_k unterhalb des Grenzwiderstandes wählen; dann ist aber die Verstärkung, also auch die Flankensteilheit, stark röhren- und spannungsabhängig. Man macht deshalb den Widerstand R_k wesentlich größer als den Grenzwiderstand und erreicht, daß die Schaltung von einem Amplitudenwert zum anderen unabhängig von der Steilheit der Erzeugenden regenerativ umschlägt[1]. Dies geht in einer Zeit vor sich, die praktisch nur durch die Streukapazitäten bedingt ist. Steigt nämlich die erzeugende Schwingung von stark negativen Spannungen an, so ist die Röhre 1 zunächst gesperrt und die Röhre 2 führt den Strom, der zu $u_{g\,2} = 0$ gehört; dieser erzeugt über R_k für die Röhre 1 noch eine weitere Sperrspannung. Übersteigt die erzeugende Schwingung einen durch die Gittervorspannung E_{g1} festgelegten Schwellenwert, bei dem die Röhre 1 Strom zu führen beginnt, so wird das Anwachsen des Stromes durch die damit verbundene Abnahme des Stromes in der Röhre 2 und durch die Abnahme der Sperrspannung für die Röhre 1 noch unterstützt; in kürzester Umschlagszeit wird die Röhre 1 regenerativ voll stromführend und sperrt damit die Röhre 2 vollständig. Geht die Erzeugende zur negativen Halbwelle über, so kippt die Schaltung zurück, jedoch wegen ihrer Unsymmetrie bei einem etwas anderen Amplitudenwert. Diese Erschei-

---

[1] Die Bezeichnung „regenerativ" soll hier und auch im folgenden für Schaltungen benutzt werden, die in einem beschränkten Amplitudenbereich größere positive Rückkopplung haben, als es für die Anfachbedingung $K\,v = 1$ erforderlich wäre.

nung ist im allgemeinen unschädlich, da meist nur eine Flanke der Erzeugenden für weitere Vorgänge benutzt wird.

Eine andere Schaltung eines „aktiven Begrenzers" mit Rückkopp-lung von der Anode der Röhre 2 zum Gitter der Röhre 1 zeigt Abb. 74. Sie ist symmetrisch, hat jedoch den Nachteil, daß sie auf die Quelle der erzeugenden Schwingung zurückwirkt. Die Rechteckschwingung kann an jeder der beiden Anoden abgenommen werden.

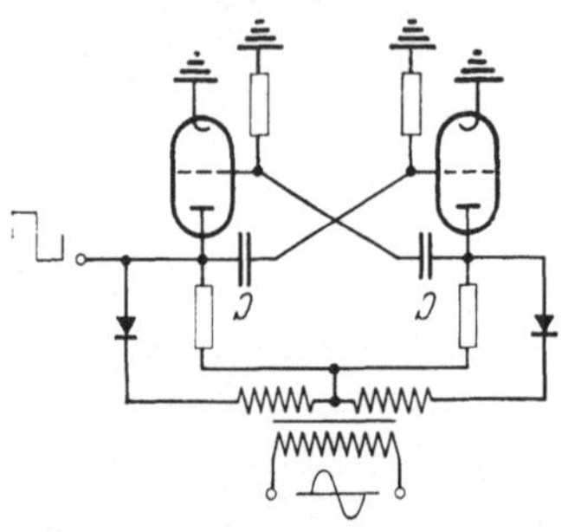

Abb. 74. Regeneratives Amplituden-filter mit Anoden-Gitter-Rück-kopplung

Verwendet man zur Rückkopplung Übertrager, so können „aktive Begren-zer" mit nur *einer* Röhre gebaut werden. Als Beispiel ist in Abb. 75 eine viel be-nutzte einfache Schaltung gezeigt, die sich durch besondere Zeitgenauigkeit aus-zeichnet und im amerikanischen Schrift-tum als „*Multiar*" bezeichnet wird. Mit Hilfe des in der Kathode liegenden Übertragers Tr (Abb. 75a) wird positiv auf das Gitter rückgekoppelt; die Anode liegt daher, ähnlich wie bei der Schaltung Abb. 73, nicht im Rückkopplungsweg. Da die Verstärkung eines Kathodenver-stärkers kleiner als Eins ist, muß das Übersetzungsverhältnis von der Kathode zum Gitter größer als Eins sein. Die erzeugende Schwingung

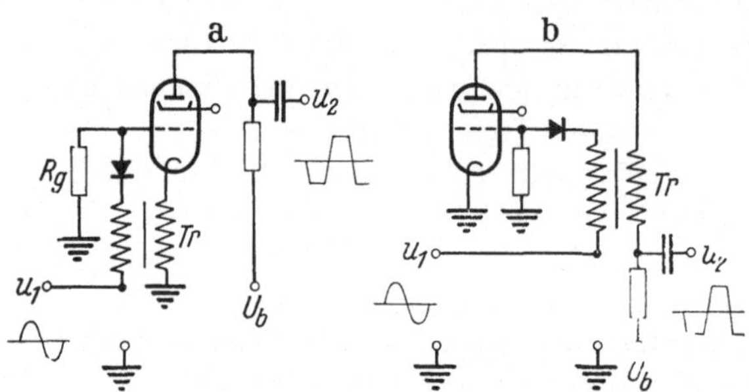

Abb. 75 a u. b. Regenerative Amplitudenfilter mit *einer* Röhre

wird in Reihe zur Sekundärwicklung eingeführt und braucht bei der dargestellten Schaltung nicht erdfrei zu sein. Die so addierten Span-nungen werden über einen Gleichrichter dem Gitter zugeleitet. Dieses wird außerdem über einen sehr hohen Widerstand entweder an Erde oder an ein positives Potential gelegt; bei positiver Steuerspannung u_1 sperrt der Gleichrichter und die Röhre führt etwa den Strom für die Gitterspannung Null. Erreicht dann die erzeugende Schwingung, von positiven Amplitudenwerten kommend, das Gitterpotential Null, so wird der Gleichrichter leitend, und der Rückkopplungsweg ist geschlossen.

Die Röhre sperrt sich nun unabhängig von der Flankensteilheit der Erzeugenden regenerativ selbst. Sie bleibt solange gesperrt, wie die erzeugende Spannung negativ ist. Der Übertrager muß so bemessen sein, daß möglichst keine magnetische Energie mehr gespeichert ist, bis die Erzeugende, wieder aus dem Negativen kommend, annähernd das Potential Null erreicht. Die Schaltung kippt wieder regenerativ in den stromführenden Zustand zurück; dieser Vorgang setzt jedoch schon bei der Gitter-Sperrspannung der Röhre ein, da der Gleichrichter im negativen Amplitudenbereich der Erzeugenden immer leitend ist. Auch bei dieser Schaltung sind die Flanken nicht ganz symmetrisch; da jedoch, wie vorher schon erwähnt, meist nur *eine* Flanke verwertet wird, ist dies kein schwerwiegender Nachteil. Die zeitliche Übereinstimmung der ansteigenden Flanke der Rechteckschwingung u_2 mit dem Nulldurchgang der abfallenden Erzeugenden ist ausgezeichnet und hängt nur von den Daten des Gleichrichters ab.

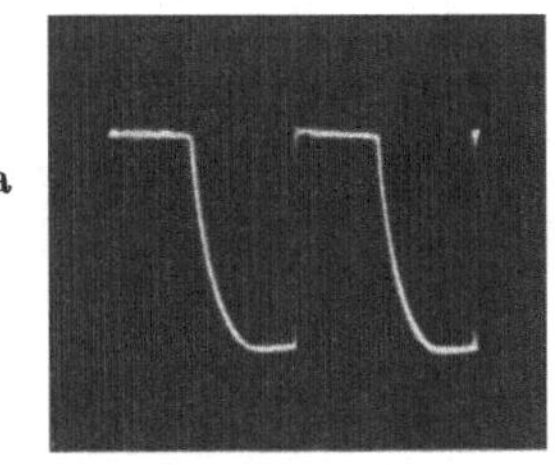

Die Abb. 76 zeigt oszillographische Aufnahmen der Rechteckschwingung am Punkt u_2 für eine erzeugende Sinusschwingung mit einer Frequenz von 8 kHz und zwei verschiedenen Bemessungen; die ansteigende Flanke wird in beiden Fällen in $\approx 0{,}2\ \mu\mathrm{sec}$ durchlaufen; ihr Einsatz ist unabhängig von der Amplitude der Erzeugenden, da er genau mit dem Nulldurchgang übereinstimmt. Das Oszillogramm b zeigt deutlich, wie die abfallende Flanke dadurch versteilert wird, daß der Widerstand R_g an positives Potential gelegt wird. Die Quelle wird während der positiven Halbwelle überhaupt nicht belastet, da hier der Gleichrichter nicht leitet; im negativen Teil wird sie mit dem Gitterwiderstand R_g belastet. Die Schaltung hat

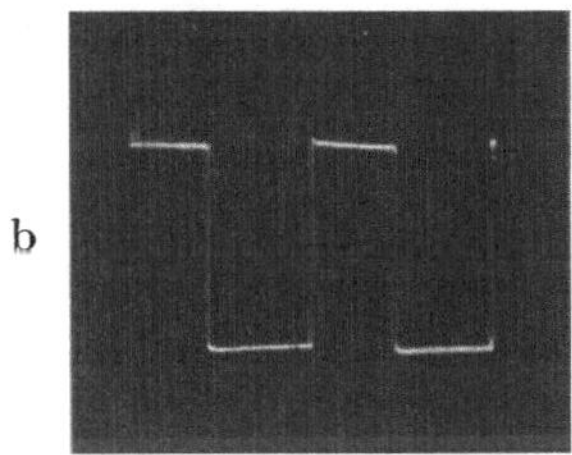

Abb. 76. Oszillogramme der Spannung u_2 von Bild 75a. Röhre: C 3 m, $R_a = 1$ kΩ, 1 cm $\hat{=}$ 25 V

für a $R_g = 80$ kΩ an Erde
für b $R_g = 250$ kΩ an $+ 200$ V

deshalb nicht nur die schon erwähnten Vorteile, sondern auch eine geringe Rückwirkung.

Grundsätzlich kann man auch bei einstufigen aktiven Begrenzern von der Anode auf das Gitter rückkoppeln; die Primärseite des Übertragers *Tr* braucht dann nur umgepolt in die Anodenleitung gelegt zu werden; man muß dann jedoch auf den Vorteil der rückwirkungsfreien Anode verzichten. Die Abb. 75b zeigt ein Ausführungsbeispiel.

b) Bistabile Kippschaltungen. Für die aktiven Begrenzer des vorigen Abschnitts ist angenommen worden, daß die erzeugende Schwingung

zwischen aufeinanderfolgenden Umschlagzeiten andauernd positiv oder
negativ ist. Oft stehen jedoch nur kurze Auslöseimpulse zur Verfügung,
mit denen man die regenerativen Schaltungen in einen der beiden Zustände umkippen möchte. Bei geeigneter Bemessung soll die Schaltung
in jeder dieser beiden Lagen verharren, solange keine steuernden Spannungen von außen auf sie einwirken. Da beide Zustände stabil sind,
werden solche Schaltungen mit dem Namen „bistabile Kippschaltungen" bezeichnet. Dies trifft sowohl für das Beispiel von Abb. 73
zu als auch für das von Abb. 74, wenn die Koppelkondensatoren C
so groß sind, daß sie bei den vorkommenden Schaltfrequenzen einen
Kurzschluß bedeuten („quasistabil"). Nur wenn die Umschaltung beliebig selten vor sich gehen soll, ist eine Gleichstromkopplung notwendig. Die bekannteste Schaltung dieser Art ist der sogenannte
Multivibrator nach Eccles-Jordan. Er wirkt als bistabile Kippschaltung.

Die Abb. 77 stellt eine Schaltungsform dar, die heute gebräuchlich
ist. Von den beiden Röhren kann nur *eine* stromführend sein; diese sperrt

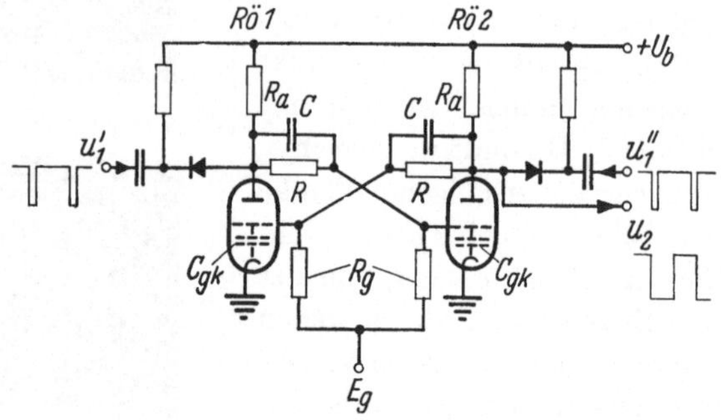

Abb. 77. Bistabile Kippschaltung

jeweils die andere. Die Kondensatoren C dienen dazu, den Umschlag vom
einen Zustand zum anderen möglichst zu beschleunigen; man wählt sie
so, daß die Spannungsteiler $R\,C$-$R_g\,C_{gk}$ frequenzunabhängig werden.
Als Wert von C wählt man bei normalen Verstärkerröhren im allgemeinen einige 10 pF. Die Schaltimpulse $u_1{}'$ und $u_1{}''$ werden über
die Gleichrichter eingekoppelt; hat ein negativer Schaltimpuls auf der
einen Seite einmal einen Umschlag verursacht, so bleibt der neue Zustand — unabhängig davon, wie die Schaltspannung auf dieser Seite
weiterläuft — so lange bestehen, bis der anderen Seite ein negativer
Schaltimpuls zugeführt wird. Die Rechteckschwingung u_2 kann, wie
gezeichnet, z. B. an der Anode der Röhre 2 abgenommen werden.
Wenn man die Gleichrichter umpolt, reagiert die Schaltung auf positive
Schaltspannungen. Legt man die beiden Steuereingänge parallel, so
wird der Multivibrator durch aufeinanderfolgende negative Schaltim-

pulse nacheinander in den einen und den anderen Zustand gebracht. Die Schaltung wirkt also als stabiler Frequenzteiler im Verhältnis 2:1. Verwendet man mehrere derartige Stufen hintereinander, so erhält man einen binären Zähler. Ein solcher Zähler kann auch als Frequenzteiler verwendet werden; für ein Teilungsverhältnis von 2^n werden n Multivibratoren benötigt.

Bei Pentoden können die Schirmgitter zur Rückkopplung benutzt werden, wenn deren Steilheit ausreichend ist, und man kann die Rechteckschwingungen an den Anoden weitgehend rückwirkungsfrei abnehmen.

Auch die Schaltung von Abb. 73 gehört zu dieser Klasse, wenn eine Gleichstromkopplung von der Anode der Röhre 1 zum Gitter der Röhre 2 vorgesehen wird, d. h., wenn der Kopplungskondensator C durch einen mit einer kleinen Kapazität überbrückten Widerstand ersetzt und an den Gitterableitwiderstand der Röhre 2 eine negative Vorspannung gelegt wird. Will man hier mit zwei unabhängigen Schaltpulsen steuern, so wird einer dem Gitter der Röhre 1, der zweite über einen Gleichrichter wie in Abb. 77 der Anode der Röhre 1 zugeführt. Die Polarität dieser Schaltpulse muß auch hier gleich sein.

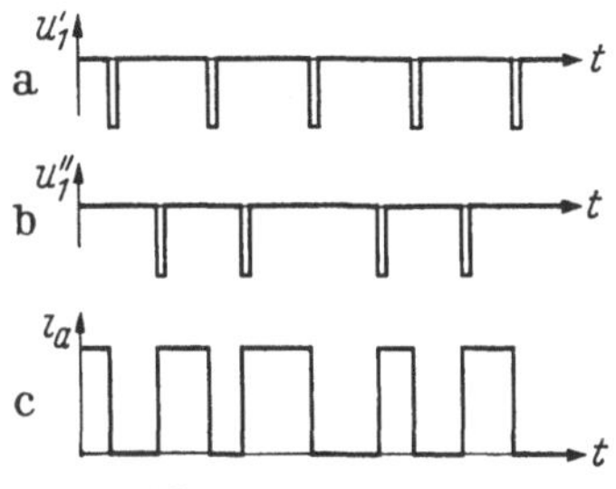

Abb. 78a-c. Umwandlung von Pulsphasen-Modulation in Pulsdauer-Modulation

Schaltungen dieser Art können, wie es in Abb. 78 dargestellt ist, zur Umwandlung von phasenmodulierten Pulsen in dauermodulierte dienen. Zeile a zeigt einen periodischen Puls, Zeile b den phasenmodulierten Puls und Zeile c zeigt den dauermodulierten Anodenstrom-Puls einer der beiden Röhren.

c) Monostabile Kippschaltungen. Ersetzt man in Abb. 77 die eine der beiden frequenzunabhängigen Rückkopplungen durch eine RC-Rückkopplung, die keine tiefen Frequenzen überträgt, so erhält man die Schaltung von Abb. 79. Ist die Zeitkonstante CR_g klein gegenüber der Schaltperiode, so können die bei einem Betrieb mit zwei stabilen Zuständen auftretenden Rechteckimpulse nicht mehr von der Anode der Röhre 1 auf das Gitter der Röhre 2 übertragen werden; es tritt die in Abschn. I behandelte Differentiation ein. Man erhält dann eine Schaltung mit nur einem stabilen Zustand, die als monostabil klassifiziert sei. Für die Erläuterung der Wirkungsweise werde angenommen, daß im Ausgangszustand die Röhre 2 Strom führe; dann ist die Röhre 1 gesperrt. Wird durch einen negativen Schaltimpuls u_1 die Röhre 2 ausgeschaltet, so daß die Röhre 1 Strom führt, so kann die am Gitter der

Röhre 2 zunächst große negative Spannung nicht aufrechterhalten werden, da der Kondensator C sich umlädt; das Gitterpotential von Röhre 2 nähert sich exponentiell der Spannung E_{g2}. Beträgt diese Null, oder ist sie positiv, so wird die Gitter-Sperrspannung der Röhre 2 nach einer aus den Schaltungsdaten leicht errechenbaren Zeit erreicht, die Röhre 2 beginnt wieder Strom zu führen. Die Schaltung kehrt regenerativ in ihren Ausgangszustand zurück. Röhre 2 wird wieder voll stromführend und schaltet Röhre 1 aus. Der Kondensator C wird durch den nun einsetzenden Gitterstrom der Röhre 2 kurzzeitig umgeladen, da

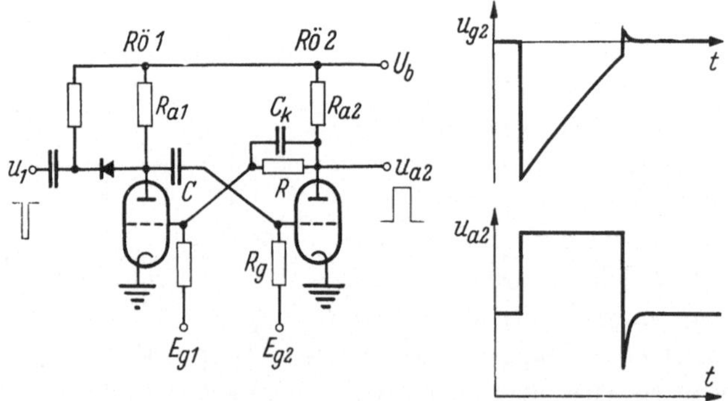

Abb. 79. Monostabile Kippschaltung mit zwei Röhren

der den Gitterstrom erfassende Ersatzwiderstand im allgemeinen wesentlich kleiner als R_g ist. Der Zyklus kann erst wieder durch einen neuen Schaltimpuls eingeleitet werden.

An dem Anodenwiderstand der Röhre 2 erscheint so ein Impuls von einer Dauer, die hauptsächlich abhängt von der Zeitkonstante $R_g C$, der Vorspannung E_{g2} und der Größe des Spannungsprungs an R_{a1}; dieser selbst ist wieder eine Funktion von R_{a1} und dem Röhrenstrom. Die Dauer des Schaltimpulses dagegen ist von untergeordneter Bedeutung. Da so viele Größen eine Rolle spielen, ist die Genauigkeit und die zeitliche Konstanz der Impulsdauer nicht sehr groß. Um den Einfluß der Streuung der Gitter-Sperrspannung herabzusetzen, macht man die Vorspannung E_{g2} positiv. Der Zeitpunkt des Rückkippens fällt dann in einen steileren Teil des exponentiellen Anstiegs der Gitterspannung u_{g2}.

Ist die Schalthäufigkeit genügend groß, so kann in der Schaltung von Abb. 79 die Gleichstromkopplung von der Anode der Röhre 2 zum Gitter der Röhre 1 durch eine rein kapazitive Kopplung ersetzt werden; die Zeitkonstante muß dabei groß sein gegen die Schaltperiode. In entsprechender Weise kann auch eine Zweiröhren-Schaltung mit Kathodenkopplung (vgl. Abb. 73) so ausgebildet werden, daß sie nur *einen* stabilen Zustand hat.

Schaltungen mit nur *einer* Röhre und einem Übertrager sind ebenfalls für solche Zwecke geeignet. So könnten z. B. die Multiarschaltungen von Abb. 75 so bemessen werden, daß sie auf Schaltimpulse reagieren; im vorliegenden Beispiel müßten diese *negativ* sein. Die Abb. 80 zeigt eine der Abb. 75b ähnliche Einröhren-Schaltung, bei der von der Anode zum Gitter rückgekoppelt wird und die auf *positive* Schaltimpulse reagiert. Die Röhre wird durch die Vorspannung E_g gesperrt; trifft ein positiver Schaltimpuls ein, so wird die Röhre stromführend und bleibt infolge der positiven Rückkopplung des Übertragers zunächst in diesem Zustand, auch wenn der Schaltimpuls abgeklungen ist. Den Rückkopplungsfaktor wählt man im allgemeinen wesentlich größer, als für die Schwingbedingung Gl. (69) erforderlich ist. Die positive Rückkopplung beschleunigt den Stromanstieg so lange, bis eine Amplitudenbegrenzung entweder durch den Gitterstrom oder an der Restkennlinie einsetzt. Die Verstärkung wird dann verschwindend klein; durch die Übertragerwicklung und den parallel dazu

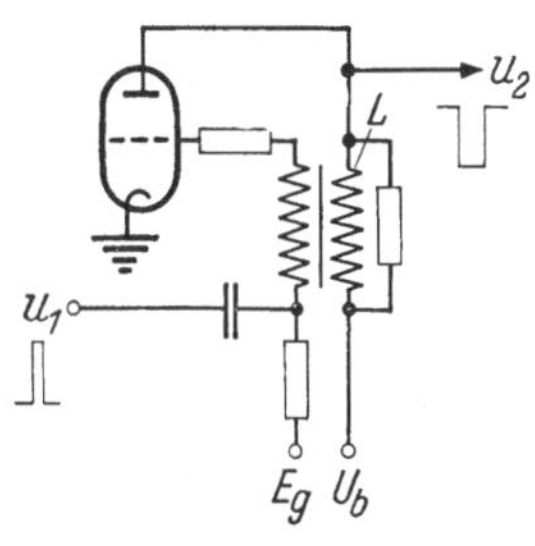

Abb. 80. Monostabile Kippschaltung mit Transformatorrückkopplung

liegenden Dämpfungswiderstand fließt nun der annähernd konstante Anodenstrom. Die Spannung an den beiden Wicklungen beginnt mit der Zeitkonstante L/R zu sinken und damit auch die Spannung am Gitter. Erreicht sie einen Wert, bei dem die Steilheit der Röhre im
Zusammenwirken mit der Rückkopp
lung wieder unendlich große Verstärkung ergibt, so schaltet sie sich regenerativ selbst aus und bleibt so lange im gesperrten Zustand, bis ein neuer Schaltimpuls eintrifft. Die Impulsdauer wird demnach außer von den Röhrendaten und Spannungen auch durch die Übertragerdaten bestimmt.

Man kann durch Anwendung der impulsformenden Netzwerke von

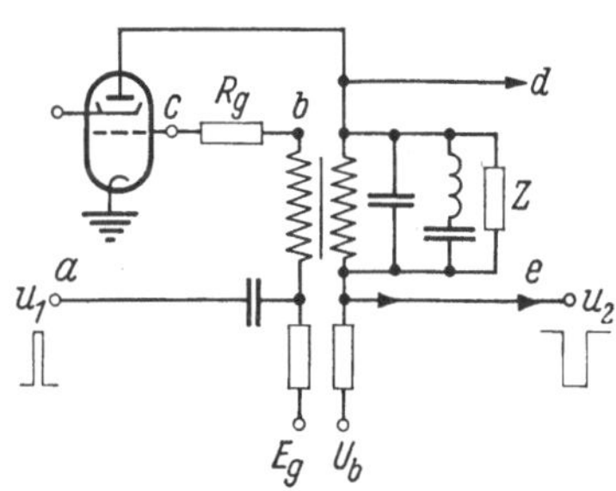

Abb. 81. Monostabiler Rechteckpuls-Generator

Abschn. I Impulse definierter Zeitdauer erzeugen. Die Abb. 81 zeigt hierfür ein Beispiel. Die Querinduktivität des auf der Anodenseite liegenden Übertragers ist ein Teil des impulsformenden Netzwerkes. Der Zeitpunkt des Rückkippens wird durch die Rückflanke des an diesem Netzwerk entstehenden Spannungsimpulses bestimmt. Die Impulsdauer wird dadurch fast unabhängig von Röhrenstreuungen und Spannungsschwankungen. Die Abb. 82 zeigt oszillographische Aufnahmen an einigen Punkten der Schaltung von Abb. 81. Der Auslöseimpuls hat eine Dauer von etwa 1 μsec, die Dauer des Anodenstrom-Impulses ist 5 μsec.

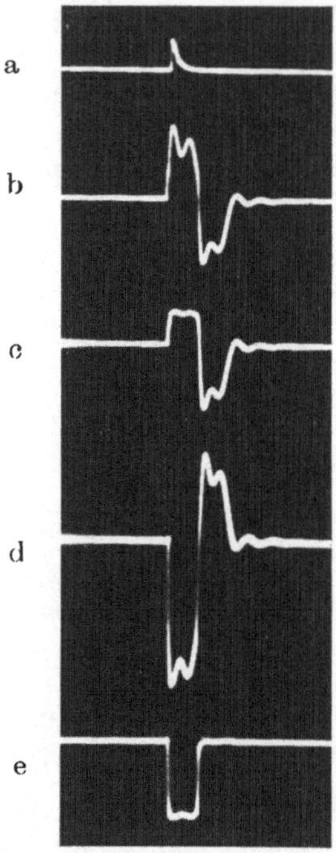

Übertragerschaltungen haben den Vorteil, daß die Röhren nur während der Impulsdauer Strom führen, und zeichnen sich deshalb durch geringen Stromverbrauch aus.

Wendet man bei Zweiröhren-Kippschaltungen mit einem stabilen Zustand statt der zeitbestimmenden RC-Glieder impulsformende Netzwerke an, so läßt sich auch hier erreichen, daß die Impulsdauer weniger abhängig ist von den Röhren- und Speisespannungen.

Die Schaltungen dieses Abschnittes können z. B. zur Verlängerung von Impulsen verwendet werden, die Schaltung von Abb. 79 auch zur direkten Pulsdauer-Modulation.

d) Selbstschwingende Kippschaltungen. Ersetzt man in Abb. 77 die beiden frequenzunabhängigen Kopplungen zwischen den Röhren durch kapazitive Kopplungen, so erhält man die Schaltung von Abb. 83. Der oben geschilderte Vorgang des selbsttätigen Zurückkippens (Abb. 79) gilt nun für beide Zustände; die Schaltung bedarf keines Schaltimpulses mehr. Beide Röhren dieses „klassischen" Multivibrators schalten sich abwechselnd gegenseitig um und erzeugen Rechteckschwingungen. Werden gleiche Röhren, gleiche RC-Glieder und gleiche Spannungen verwendet, so ist das Zeitverhältnis gleich Eins. Die Kippfrequenz ist außer von den Widerständen und Kondensatoren noch von den Röhrentoleranzen und den Betriebsspannungen abhängig. Der Einfluß der Unsicherheit der Gittersperrspannung läßt sich verringern, wenn man eine positive Spannung E_g verwendet; diese kann gleich U_b sein, wenn die Werte von R_g genügend groß sind.

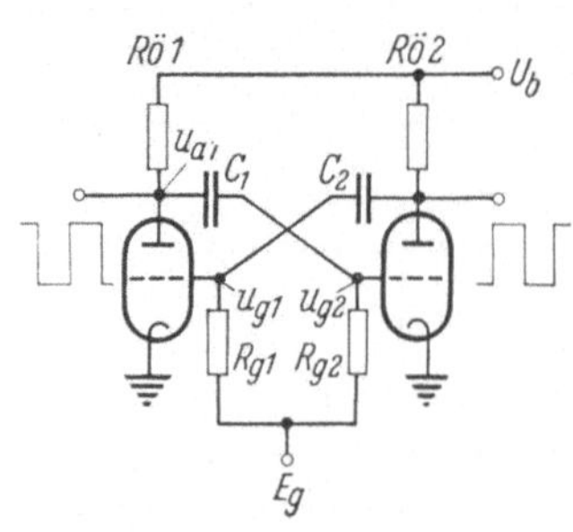

Abb. 82 a–e. Oszillogramme
zu Abb. 81

$E_g = -10\ \text{V}$ $U_b = 200\ \text{V}$
$\lfloor I_a \approx 50\ \text{mA}$ $R_g = 5\ \text{k}\Omega$
$Z = 2\ \text{k}\Omega$

Zeile a, b, c 1 cm $\hat{=}$ 30 V
Zeile d und e 1 cm $\hat{=}$ 60 V

Abb. 83. Multivibrator

Die Abb. 84 zeigt die typischen Schwingungsformen am Gitter und an der Anode, z. B. der Röhre 1; bei dem anderen Gitter-Anodenpaar treten die gleichen Zeitfunktionen auf, jedoch um einen halben Zyklus verschoben. Für eine kurze Erklärung möge angenommen werden, daß die Schaltung gerade so gekippt hat, daß die Röhre 1 gesperrt wurde (Zeitpunkt t_1); an der Anode 1 liegt dann die Spannung U_b. Von diesem Zustand aus läuft die Gitterspannung u_{g1} exponentiell auf das Potential Null zu. Wird die Gitter*sperr*spannung erreicht, so kippt die Schaltung wieder (Zeitpunkt t_2), und zwar in einem Punkt großer Kurvensteilheit, wenn die Spannung E_g positiv ist.

Die Gitterspannung wird sprunghaft positiv, und der Koppelkondensator C_2 wird durch den nun fließenden Gitterstrom rasch umgeladen. Während dieses Vorgangs tritt im u_{g1}-Verlauf eine kurze positive Spitze auf; diese verursacht im u_{a1}-Verlauf eine negative Spitze. Wenn der Umladungsvorgang beendet ist, bleibt das Gitterpotential etwa bei Null liegen, und die Anodenspannung u_{a1} verläuft parallel zur Abszisse. Während der nun folgenden Zeit (Intervall $t_2 - t_3$) spielt sich der gleiche Vorgang an der Röhre 2 ab. Die negativen Spitzen in den Anodenspannungen zeigen

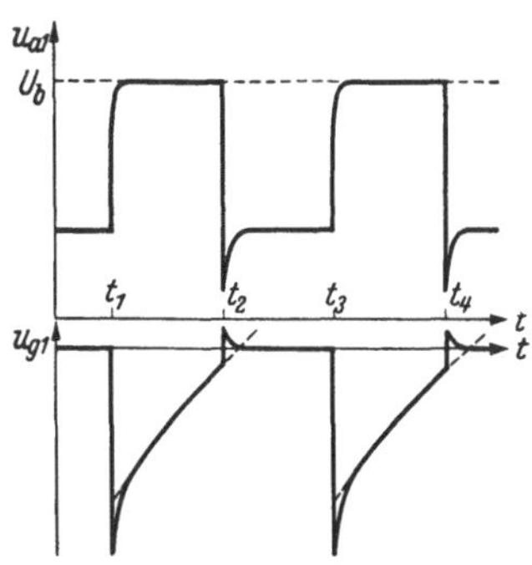

Abb. 84. Schwingungsformen an den Anoden und Gittern des Multivibrators

sich in den Gitterspannungen zu Beginn der frequenzbestimmenden Entladung der Kondensatoren C über die Gitterwiderstände R_g.

Verwendet man Pentoden und wählt man die Anodenspannung U_b genügend klein, so können die negativen Spitzen durch Begrenzung an der Restkennlinie vermieden werden, da die Anodenspannung unabhängig vom Kathodenstrom nicht unter die Restspannung sinken kann (s. S. 202). Bei Pentoden kann man außerdem über die Schirmgitter rückkoppeln und die Rechteck-

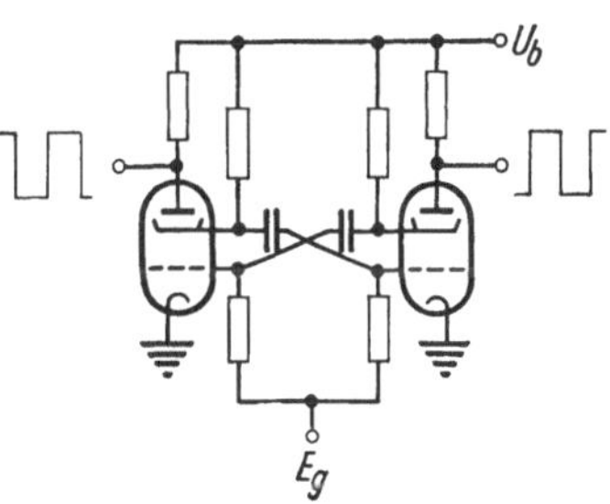

Abb. 85. Multivibrator mit Rückkopplung über die Schirmgitter

schwingungen an den Anoden rückwirkungsfrei abnehmen (Abb. 85).

Mit der Spannung E_g kann die Frequenz in weiten Grenzen geändert werden. Überlagert man dieser Vorspannung ein Signal, so erhält man einen frequenzmodulierten Rechteckpuls.

Will man die Frequenz sehr stark, z. B. um Größenordnungen, ändern und dabei das Zeitverhältnis 1:1 beibehalten, so müssen für zwei frequenzbestimmende Elemente andere Werte gewählt werden, z. B. für die beiden Kondensatoren C.

Eine Schaltung, bei der nur *ein* Kondensator gewechselt zu werden braucht, zeigt Abb. 86. Hier ist eine *Kathoden*-Rückkopplung über den Kondensator C vorgesehen, der die Eigenfrequenz bestimmt. Die Zeitkonstante der Gitter-Anodenkopplung muß dabei genügend groß sein.

Die Schaltung von Abb. 73 kann bei geeigneter Bemessung ebenfalls freie Schwingungen ausführen, jedoch ist sie wegen ihrer Unsymmetrie besser für Zeitverhältnisse geeignet, die nennenswert von Eins abweichen.

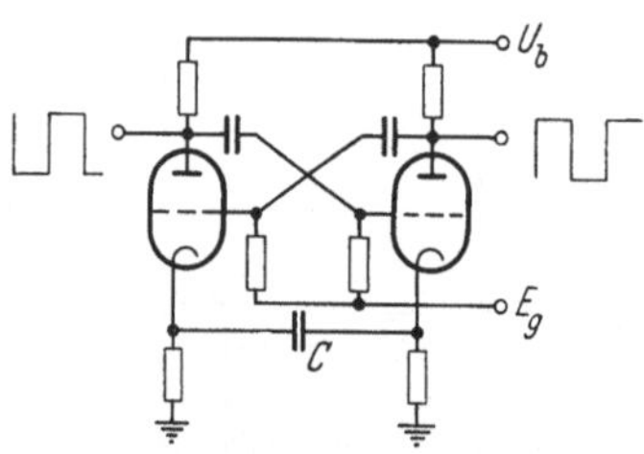

Abb. 86. Multivibrator mit frequenzbestimmender Rückkopplung zwischen den Kathoden

Freischwingende Schaltungen mit *einer* Röhre und einem Übertrager sind unter der Bezeichnung „Sperrschwinger" („blocking oscillator") bekannt. Man erhält aus der Schaltung von Abb. 80 eine typische Sperrschwingerschaltung, wenn man an irgendeiner Stelle des Gitterkreises einen Reihenkondensator einschaltet, wie es als Beispiel die Abb. 87 zeigt, und keine negative Gittervorspannung anwendet. Führt die Röhre Strom, so wird durch eine geringfügige positive Änderung der Gitterspannung wegen der starken Rückkopplung das Gitter noch positiver; es entsteht regenerativ ein starker Spannungssprung, der die Röhre weit ins Gebiet positiver Gitterspannungen aussteuert. Der dabei fließende Gitterstrom lädt den Koppelkondensator C so weit auf, daß die Röhre nach dem selbsttätigen Ausschalten, das wie bei Abb. 80 vor sich geht, durch die negative Spannung am Kondensator gesperrt bleibt. Dieser entlädt sich exponentiell über den Widerstand R_q. Ist die Spannung am Gitter so weit angestiegen, daß die Röhre wieder Strom zu führen beginnt, so wiederholt sich der Vorgang. Eine positive Spannung E_g erhöht wie beim Multivibrator die Frequenzstabilität, da der Stromimpuls in einem steilen Anstieg der Gitterspannung einsetzt. Sperrschwinger sind ebenfalls nur zur Erzeugung von Rechteckschwingungen mit einem stark von Eins abweichendem Zeitverhältnis geeignet.

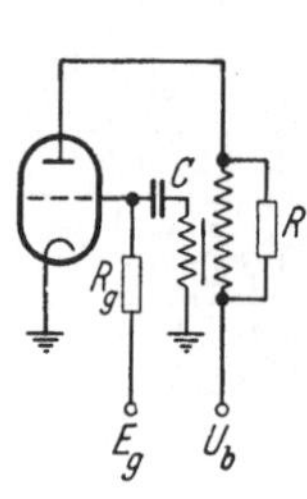

Abb. 87. Sperrschwingerschaltung

Die Eigenfrequenz ist ebenso wie beim Multivibrator außer von den Toleranzen der Bauelemente auch von den Gleichspannungen und den Röhreneigenschaften abhängig.

Die hier unter d) beschriebenen Gattungen von Schaltungen werden oft mit den Sammelbegriffen „Kippschwinger" oder „Relaxationsoszillatoren" bezeichnet. Allen ist gemeinsam, daß die Frequenztoleranz selbst bei Stabilisierung der Gleichspannungen und der Röhrenströme über längere Zeit hinaus nicht wesentlich unter etwa 1% gesenkt werden kann. Wird eine kleinere Toleranz gefordert, so muß man Schwingkreise

verwenden, oder man synchronisiert die Schaltung mit einer Spannungsquelle hoher Frequenzgenauigkeit[1]. Ist daneben noch Phasengenauigkeit gefordert, so muß man für die Synchronisierspannung Schwingungsformen mit steilen Flanken, am besten Impulse, verwenden. Die Kippschwingungs-Oszillatoren müssen dabei immer eine etwas tiefere Eigenfrequenz haben, d. h. dazu neigen, von sich aus *später* zu schalten. Man führt die Synchronisierspannung in ähnlicher Weise zu wie die Schaltspannungen bei den Schaltungen mit einem stabilen Zustand. Dabei können leicht Frequenzteilungen um beliebige **Faktoren** erhalten werden.

Die Abb. 88 zeigt zwei der vielen möglichen Schaltungen von Sperrschwingern und ihre Pulsausgänge (Pfeile). Im allgemeinen kann jeder Punkt der Schaltung, der als Pulsausgang geeignet ist, auch als **Synchronisiereingang** verwendet werden. Die Polarität der Synchronisierimpulse muß dabei im allgemeinen umgekehrt sein wie die Polarität der Ausgangsimpulse.

Sperrschwinger haben immer eine **starke** Rückwirkung auf die Synchronisierquelle, wenn man nicht über Gleichrichter einkoppelt.

Die Abb. 89a zeigt als Beispiel die oszillographische Aufnahme der Gitterspannung eines freischwingenden Sperrschwingers nach Abb. 88a; die Zeile a' zeigt den

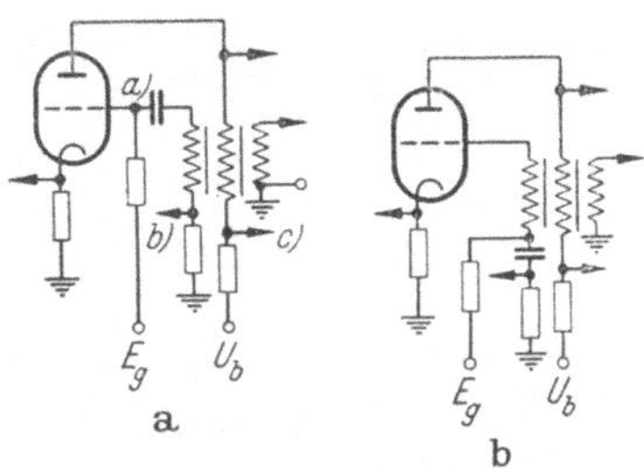

Abb. 88a u. b. Synchronisiereingänge und Pulsausgänge bei Sperrschwingerschaltungen

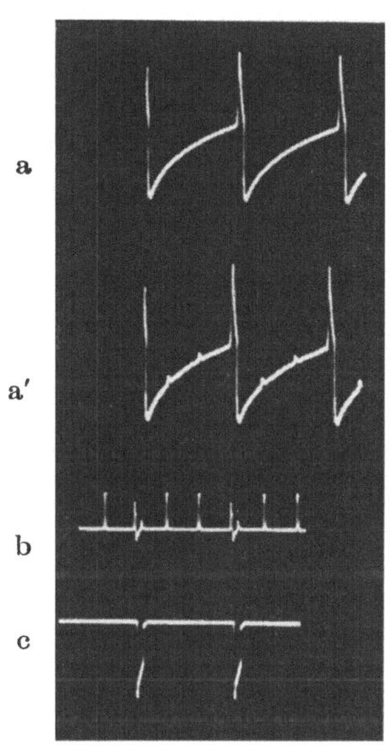

Abb. 89a—c. Oszillogramme zu Abb. 88
a 1 cm ≙ 50 V, b und c 1 cm ≙ 20 V

---

[1] Man muß bei Kippschwingungs-Generatoren zwischen „Synchronisieren" und „Fremdsteuern" unterscheiden. Nur selbstschwingende Generatoren können synchronisiert werden. Fällt die Synchronisierspannung aus, so schwingt der Generator selbsttätig in einer im allgemeinen etwas tieferen Frequenz weiter; bei fremdgesteuerten Generatoren setzt beim Ausfall der Steuerspannung („trigger") die Schwingung aus, oder die Schaltung erzeugt völlig andersartige Schwingungen.

gleichen Vorgang, aber mit einem Synchronisierpuls der dreifachen Frequenz überlagert (Frequenzteilung 3:1), die Zeile b den Synchronisierpuls am Punkt b — man beachte die Rückwirkung — und die Zeile c den Anodenstrompuls am Punkt c.

VII. Die Erzeugung von Sägezahnschwingungen

Es sollen einige Grundschaltungen beschrieben werden, mit denen man Schwingungsformen mit Sägezahncharakter erzeugen kann. Ein wesentliches Merkmal dieser Formen ist es, daß sie in bestimmten Zeitabschnitten möglichst linear mit der Zeit ansteigen oder abfallen. Die Abb. 4 zeigt Formen, die hierfür typisch sind. Man könnte sie grundsätzlich aus ihren FOURIER-Komponenten zusammensetzen; davon macht man jedoch wegen des großen Aufwandes keinen Gebrauch. Man benutzt vielmehr fast ausschließlich die im Abschn. II geschilderte integrierende Wirkung von RL- und RC-Gliedern. Die letzteren werden meist bevorzugt. Man kann zwei Grundformen unterscheiden, nämlich die fremdgesteuerten und die selbstschwingenden Sägezahngeneratoren. In der Technik der Pulsmodulation werden vorwiegend die fremdgesteuerten benutzt. Die selbstschwingenden verwendet man beispielsweise für die Zeitablenkung in Kathodenstrahl-Oszillographen.

1. Fremdgesteuerte Sägezahngeneratoren

Da bei der Integration mit Hilfe eines RC-Gliedes, wie sie auf S. 189 beschrieben worden ist, die Spannungsausbeute sehr gering ist, hat man Schaltungen entwickelt, die diesen Nachteil nicht haben; man muß dann von nichtlinearen Schaltelementen Gebrauch machen.

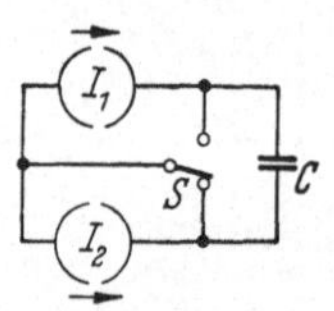

Abb. 90. Schaltung zur strengen Integration einer Rechteckschwingung

Das Grundprinzip aller Schaltungen, die Schwingungsformen mit nur zwei Amplitudenwerten integrieren, zeigt die Abb. 90. I_1 und I_2 sind zwei Gleichstromquellen, die also nur einen von allen äußeren Vorgängen unabhängigen Strom abgeben können; der Kondensator C wird wahlweise über den Schalter S an diese beiden Stromquellen gelegt. Die Stromstärken der beiden Quellen sind proportional den beiden Amplitudenwerten der zu integrierenden Rechteckschwingung; in den Kondensator fließt so ein rechteckförmiger Strom. Der zeitliche Mittelwert der Erzeugenden muß gleich Null sein, da die Integration eines Gleichanteils eine linear ins Unendliche ansteigende Schwingungsform ergibt (siehe Abb. 3). Die Schaltung von Abb. 90 integriert streng; sie könnte z. B. mit Hilfe von Dioden, die im Sättigungsgebiet arbeiten, verwirklicht werden.

Soll die pulsförmige Schwingungsform der Abb. 4b integriert werden, so liegt der Schalter während der längeren Zeit (positiver Amplitudenwert) an I_1 und während der kürzeren Zeit (negativer Amplitudenwert) an I_2. Die Beträge von I_1 und I_2 verhalten sich dann umgekehrt wie die Schaltzeiten. Der lineare Spannungsverlauf gehorcht nach Gl. (2), da i konstant gleich I ist, dem Gesetz

$$u = \frac{I}{C}\, t\,. \tag{71}$$

Ist z. B. $C = 100\ \mathrm{pF}$ und $I = 1\ \mathrm{mA}$, so ändert sich die Spannung am Kondensator um $10\ \mathrm{V}/\mu\mathrm{sec}$.

Meist ist es praktisch nur wichtig, daß man für den *längeren* Zeitabschnitt der Sägezahnschwingung einen linearen Verlauf erhält; an die Form des kurzzeitigen Rücklaufs werden gewöhnlich keine Anforderungen gestellt. Man kann dann auf die Stromquelle I_2 verzichten und erhält die Schaltung von Abb. 91. Es genügt ein einfacher Schalter S, der den Kondensator kurzzeitig auf die Spannung E umlädt, die im Bild durch die Batterie E dargestellt ist. Während dieser Zeit wird I_1 kurzgeschlossen. Man erhält die eingezeichnete Schwingungsform. Wegen des endlichen Durchlaßwiderstandes des Schalters wird die

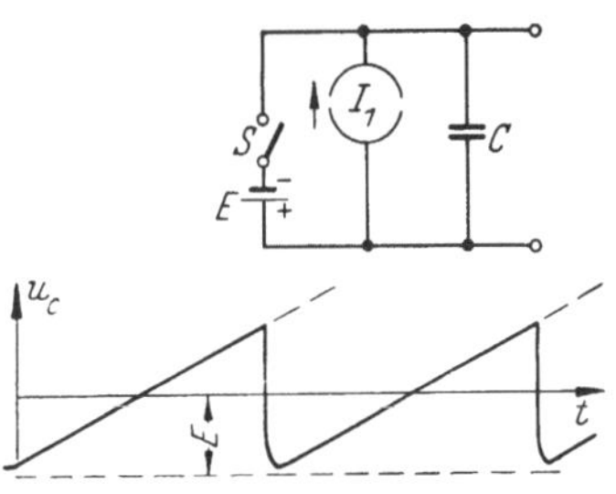

Abb. 91. Sägezahngenerator; Schwingung mit einer linearen Flanke

steile Flanke etwas abgerundet. Für den Spezialfall $E = 0$ ergibt sich eine unipolare Sägezahnschwingung.

Man hat verschiedene Verfahren gefunden, nach denen die für die Erzeugung eines linearen Anstiegs notwendige Quelle konstanten Stromes angenähert verwirklicht werden kann. Die Schaltungen unterscheiden sich in ihrem Aufwand je nach den Forderungen an die Linearität. Sie seien dementsprechend in drei Klassen eingeteilt.

Die erste erfüllt nur mäßige Anforderungen. Sie arbeitet mit hohen Gleichspannungen und Vorwiderständen. Die zweite, mit der hohe Linearität erreicht werden kann, verwendet Schaltelemente, die in einem beschränkten Strombereich einen hohen Wechselstromwiderstand haben; das sind z. B. Pentoden. Die dritte, die den höchsten Anforderungen genügt, benutzt Verstärkerschaltungen mit positiver und negativer Rückkopplung.

a) Schaltungen mit mäßigen Anforderungen an die Linearität. Wird die Stromquelle durch eine Spannungsquelle mit großem Vorwiderstand verwirklicht, so erhält man die sehr häufig verwendete und einfache Prinzipschaltung, die in Abb. 92 dargestellt ist. Die Gleichspannung E

muß dabei wesentlich größer sein als der Spitzenwert des Sägezahns. Für den Spannungsanstieg am Kondensator erhält man, wenn man von der Gl. (54) nur das erste Glied verwendet, die Beziehung

$$u_C = \frac{E}{R\,C}\,t\,. \tag{72}$$

Dann wird der Schalter S geschlossen und der Kondensator entladen. Nach Öffnen von S beginnt der Vorgang von neuem.

Da der Entladestrom immer die gleiche Richtung hat, genügt es, für S ein unipolares Zeitfilter zu verwenden. Benutzt man z. B. dafür

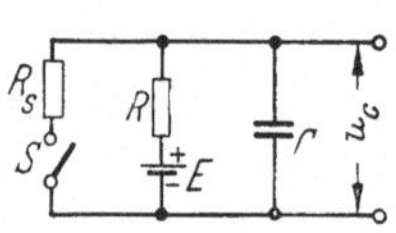

Abb. 92. Prinzipschaltbild eines einfachen Sägezahngenerators mäßiger Linearität

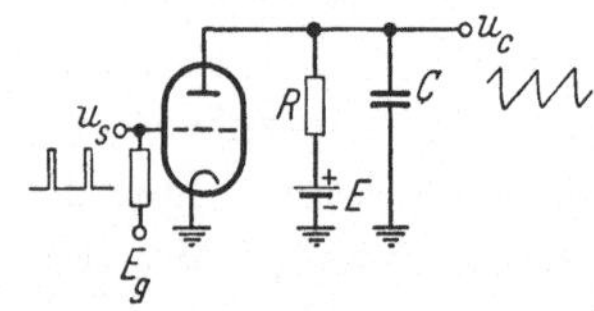

Abb. 93. Schaltung eines einfachen Sägezahngenerators mit Verstärkerröhre

eine Verstärkerröhre, an deren Gitter die Steuerimpulse liegen (u_s in Abb. 93), so benötigt man keine Steuerleistung. Die Vorspannung E_g muß so negativ sein, daß die Röhre bei allen vorkommenden Anodenspannungen gesperrt ist; die Steuerimpulse müssen die Röhre sicher öffnen. Man steuert daher die Röhre im allgemeinen bis zur Gitterspannung Null aus oder sogar ins positive Gitterspannungsgebiet hinein. Entladen wird während der Dauer des Steuerimpulses. Der Entladewiderstand R_s (Abb. 92) nimmt während der Entladung entsprechend der J_a-U_a-Kennlinie zu. Er würde, wenn der Kondensator vollständig

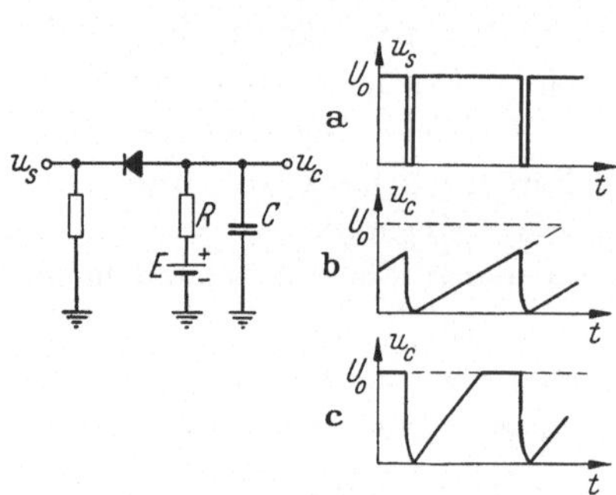

Abb. 94. Sägezahngenerator mit Gleichrichter (positiver Ladestrom)

entladen werden müßte, zuletzt sehr groß werden. Deshalb verzichtet man meist auf vollständige Entladung und läßt eine kleine Restladung übrig. Die Dauer der Steuerimpulse muß der Größe des Kondensators C angepaßt sein und der Fähigkeit der Röhren, diesen zu entladen. Bei normalen Verstärkerröhren liegt der Entladewiderstand in der Größenordnung von 1 bis 5 kΩ. Damit das Verhältnis der Aufladezeit zur Entladezeit möglichst groß ist, z. B. 100:1, muß der Widerstand R entsprechend groß sein (100 bis 500 kΩ).

Verträgt die Steuerspannungsquelle eine Belastung, so kann an Stelle der Entladeröhre ein Gleichrichter verwendet werden. Die Abb. 94

und 95 zeigen einige typische Vorgänge. Die Schaltung Abb. 94 erfüllt dieselben Forderungen wie die Schaltung Abb. 93. Am Kondensator ergibt sich der Spannungsverlauf b. Die Steuerimpulse müssen aber negative Polarität haben und von einer positiven Grundspannung ausgehen, die größer ist als die Amplitude der Sägezahnschwingung. Die Spannung steigt um so linearer an, je größer die Gleichspannung E ist; während dieses Anstiegs ist der Gleichrichter gesperrt, da die Spannung am Kondensator kleiner ist als die Steuerspannung. Der Kondensator wird dann durch den negativen Impuls der Steuerspannung über den Gleichrichter und den Innenwiderstand der Steuerspannungsquelle entladen. Während der Entladezeit ist die Quelle belastet; der Innenwiderstand muß deshalb so bemessen sein, daß die Entladung von C möglich ist.

Der Amplitudenbereich der Sägezahnschwingungen kann für die Form der Zeile b nicht größer sein als der Höchstwert U_0 der Steuerspannung. Eine andere Form erhält man, wenn sich der Kondensator so rasch auflädt (Abb. 94c), daß seine Spannung schon vor Eintreffen des nächsten Steuerimpulses die Grundspannung U_0 erreicht; der Gleichrichter wird leitend, die Spannung am Kondensator kann nicht mehr weiter ansteigen, und man erhält so eine beschnittene Sägezahnschwingung.

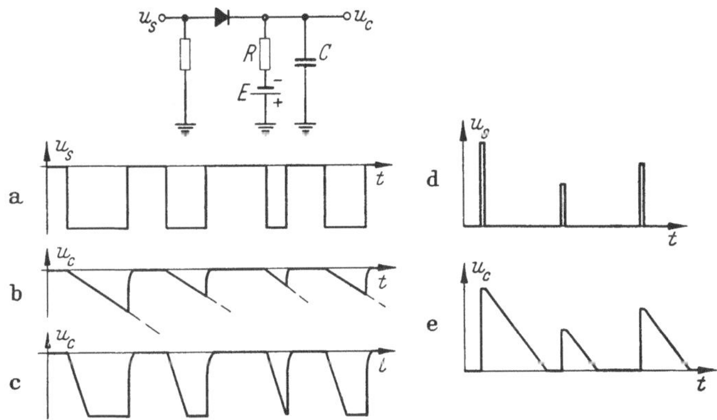

Abb. 95. Sägezahngenerator mit Gleichrichter (negativer Ladestrom)

Soll die Polarität der Sägezahnschwingung umgekehrt sein, so muß eine negative Gleichspannung E verwendet und der Gleichrichter umgepolt werden. Die Spannungsverläufe von Abb. 95b u. c ergeben sich, wenn ein dauermodulierter Puls (Zeile a) als Steuerspannung u_s verwendet wird. Man erkennt, daß die Endpunkte der Sägezähne (Zeile b) verschiedene Amplitudenwerte annehmen. Die Schaltung kann daher als Zwischenstufe zur Umformung von Pulsdauer-Modulation in Pulsamplituden-Modulation verwendet werden (vgl. Kap. 6).

Die Schwingungsform der Zeile c ergibt sich bei kleinerer Zeitkonstante RC.

Werden der Schaltung von Abb. 95 als Steuerfunktion positive Impulse zugeführt, so erhält man die Spannungsverläufe von Abb. 95d und e. Der Kondensator wird jetzt im Gegensatz zu Abb. 95a, b, c über den Gleichrichter nicht entladen, sondern aufgeladen. Der Abstand des Endzeitpunktes der Entladung vom Zeitpunkt der vorhergehenden Aufladung steht hier praktisch in linearem Zusammenhang mit der Amplitude der Steuerimpulse. Mit der Schaltung lassen sich amplitudenmodulierte Pulse in dauermodulierte oder phasenmodulierte Pulse umwandeln (vgl. hierzu auch Kap. 6).

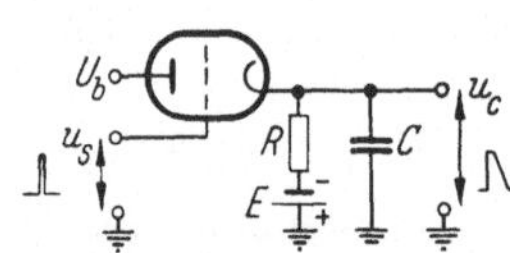

Abb. 96. Sägezahngenerator mit Kathodenstufe

Soll die Steuerquelle nicht belastet werden, so kann zur Aufladung eine Verstärkerröhre verwendet werden (Abb. 96). Diese wirkt während der Aufladung als Kathodenstufe $\left(\text{Aufladewiderstand} \approx \frac{1}{S}\right)$. Bemerkt sei noch, daß man für diesen Vorgang in den Schaltungen von Abb. 95 und 96 die negative Gleichspannung E weglassen kann, wenn man dafür die Steuerfunktion um den Betrag der Gleichspannung E ins Positive verschiebt.

b) Schaltungen hoher Linearität mit nichtlinearen Widerständen großen Wechselstromwiderstandes. Da der Spannungsbereich einer Sägezahnschwingung innerhalb bestimmter Grenzen liegt, braucht die Gleichstromquelle, die den Kondensator auf- und entlädt, nur in diesem Bereich ideal zu sein; man kann sie dadurch verwirklichen, daß man eine Gleich*spannungs*quelle in Reihe mit einem nichtlinearen Widerstand verwendet. Dieser muß seinen Gleichstromwiderstand so verändern, daß der Strom sich in dem geforderten Spannungsbereich der Sägezahnschwingung nicht ändert; d. h. aber, daß der differentielle Widerstand, das ist der Wechselstromwiderstand, unendlich groß ist. Die Gleichspannung braucht dann im Prinzip nicht größer zu sein als der Höchstwert der zu erzeugenden Sägezahnspannung. So verhalten sich z. B. Dioden, die im Sättigungsgebiet arbeiten; sie werden jedoch in der modernen Technik wegen ihrer Inkonstanz nicht mehr verwendet. Man bevorzugt für diese Zwecke heute Verstärkerröhren, insbesondere Pentoden. Der Anodenstrom einer Pentode hängt nämlich bei fester Schirmgitter- und Steuergitterspannung sehr wenig von der Anodenspannung ab; eine Pentode stellt also eine nahezu ideale Stromquelle dar. Der sehr hohe Innenwiderstand gehorcht in einem weiten Bereich des Kennlinienfeldes der einfachen Beziehung

$$R_i = c\,\frac{U_a}{J_a}. \tag{73}$$

Die Größe c ist für jeden Röhrentyp praktisch eine Konstante, wenn die Stromdichte in der Röhre nicht zu groß ist und die Anodenspannung mindestens 25% der Schirmgitterspannung beträgt. Für die Röhre C3m hat die Konstante c z. B. den Wert ≈ 25. Der Wechselstrominnenwiderstand dieser Röhre ist also unter den obigen Voraussetzungen im gesamten Kennlinienfeld etwa 25mal so groß wie ihr Gleichstromwiderstand.

Ersetzt man den Lade- bzw. Entladewiderstand einer Sägezahnschaltung durch die Anoden-Kathoden-Strecke einer Pentode, so wird der Amplitudenverlauf sehr gut linearisiert. Bei normalen Verstärkerröhren läßt sich der Anodenspannungsbereich bis herunter zu etwa 50 V benutzen.

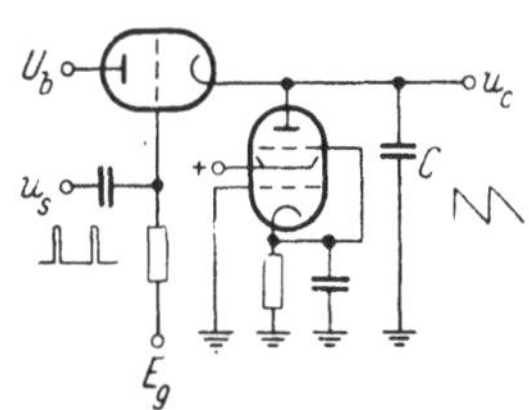

Abb. 97. Linearisierung von Sägezahnschwingungen mittels Entladepentode

Die Abb. 97 zeigt als Anwendungsbeispiel eine der Abb. 96 entsprechende Schaltung. E_g muß mindestens 50 V betragen, wenn die erwähnte Bedingung für die Anodenspannung eingehalten werden soll.

Ein hoher Wechselstromwiderstand läßt sich auch mit einer Triode erzielen, wenn man eine starke Strom-Gegenkopplung anwendet, die man in einfacher Weise durch einen nichtüberbrückten Kathodenwiderstand verwirklichen kann (Abb. 98). Der Innenwiderstand einer solchen Schaltung ist

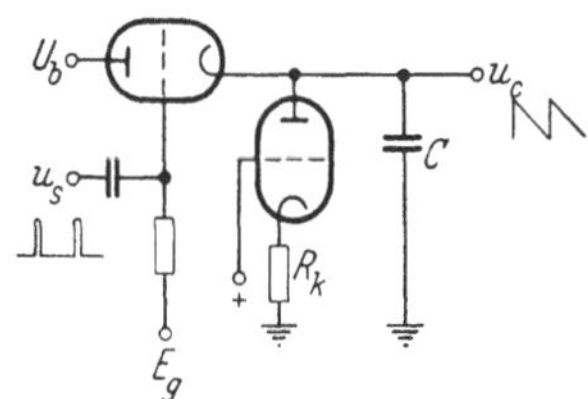

Abb. 98. Linearisierung von Sägezahnschwingungen mittels gegengekoppelter Entladetriode

$$R_i' \approx R_i\,(1 + S\,R_k) \approx R_i + \frac{R_k}{D} \approx \frac{R_k}{D}. \tag{74}$$

Ist z. B. $R_k = 20\,\text{k}\Omega$ und der Durchgriff $D = 2\%$, so wird $R_i' \approx 1\,\text{M}\Omega$. Da der Kathodenwiderstand groß ist, muß das Gitter im allgemeinen positiv vorgespannt werden.

Die der Abb. 93 entsprechende Schaltung, bei der der Kondensator C linear

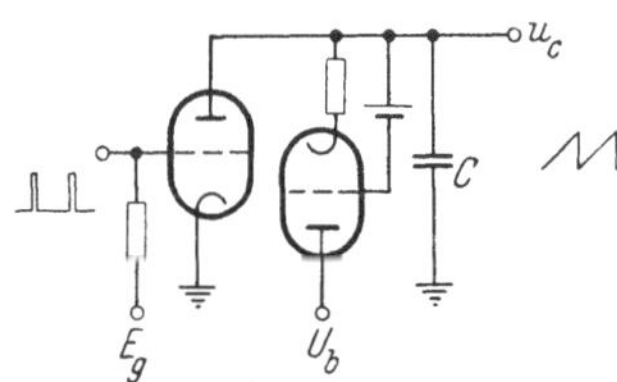

Abb. 99. Linearisierung von Sägezahnschwingungen mittels gegengekoppelter Aufladetriode

aufgeladen wird, zeigt die Abb. 99. Man benötigt hier, da die Gittervorspannung der Laderöhre positiv ist, wie gezeichnet, eine erdfreie Batterie. Man kann für die Batterie auch passende Ersatzschaltungen verwenden mit einem Kondensator, der über Vorwiderstände aufgeladen wird und der für die Schaltfrequenz einen Kurzschluß bedeutet. Entsprechendes gilt bei Verwendung von Pentoden für die Schirmgitterspannung.

c) Schaltungen hoher Linearität unter Verwendung von Verstärkern mit positiver und negativer Rückkopplung. Bei dem eben beschriebenen Weg, den Kondensator mit konstantem Strom aufzuladen, ändert sich während der Aufladung der Gleichstromwert des Ladewiderstandes. Man kommt zu einem anderen Verfahren, den konstanten Ladestrom I zu erreichen, wenn man den Ladewiderstand R konstant läßt, dafür aber die Ladespannung veränderlich macht. Diese veränderliche Spannung setzt sich dabei aus einem Gleichanteil E und einem veränderlichen Anteil $e(t)$ zusammen; diese sind in Abb. 100 als Spannungsquellen E und $e(t)$ eingezeichnet. Der Innenwiderstand beider soll definitionsgemäß Null sein. Da für einen konstanten Ladestrom I der Abfall an R konstant gleich U ist, muß gelten

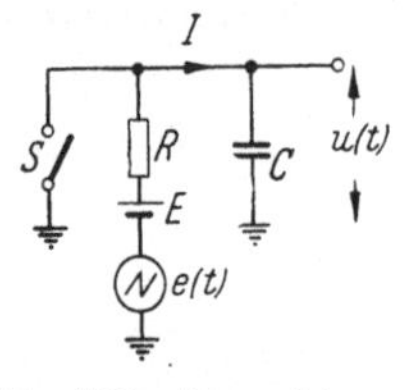

Abb. 100. Linearisierung von Sägezahnschwingungen durch veränderliche Ladespannung

$$E + e(t) = U + u(t). \tag{75}$$

Dies ist aber nur möglich, wenn

$$E = U = I\,R \tag{76}$$

und

$$e(t) = u(t) = \frac{I}{C}\,t \tag{77}$$

ist. Aus Gl. (76) und (77) folgt

$$u(t) = \frac{E}{R\,C}\,t. \tag{78}$$

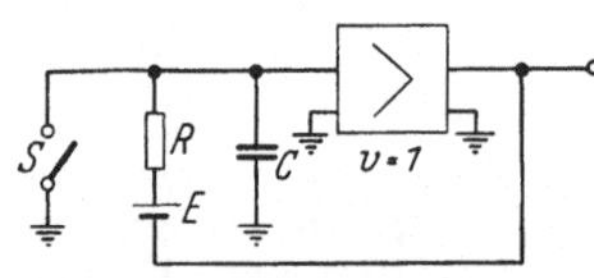

Abb. 101. Linearisierung von Sägezahnschwingungen durch positive Rückkopplung

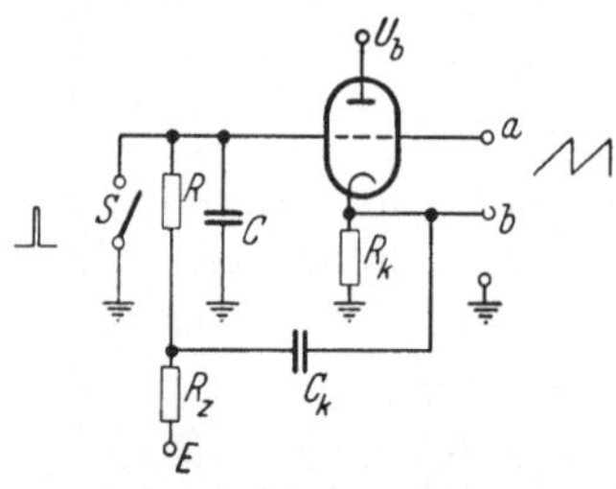

Abb. 102. Ausführungsbeispiel für das Prinzip von Abb. 101 mit Kathodenstufe

Man erhält so, ohne daß an die Größe von E eine besondere Bedingung gestellt werden muß, einen streng linearen Spannungsanstieg am Kondensator. Im Grenzfall könnte E sogar gleich Null werden; dann muß jedoch R oder C verschwindend klein werden. Die Zusatzspannung $e(t)$ muß nur immer gleich der Spannung am Kondensator sein. Man verwirklicht diese Bedingung sehr einfach dadurch, daß man die Kondensatorspannung über einen Trennverstärker der Verstärkung Eins im Sinne einer positiven Rückkopplung in den Ladekreis zurückführt (Abb. 101). Soll das Prinzip von Abb. 100 möglichst gut verwirklicht werden, so muß der Eingangswiderstand des Verstärkers sehr groß und der Ausgangswiderstand sehr klein sein.

Eine bekannte und einfache Ausführung dieses „Impedanzwandlers" ist eine Röhre in Anodenbasisschaltung, in anderer Bezeichnungsweise eine „Kathodenstufe". Eine Schaltung, bei der die erdfreie Batterie E vermieden ist und die besonders in der amerikanischen Technik viel verwendet wird, zeigt die Abb. 102. Damit die Verstärkung möglichst nahe gleich Eins ist, muß sowohl R_k wie R_z groß gegen den Innenwiderstand $1/S$ der Kathodenstufe sein. Ferner muß der Koppelkondensator C_k genügend groß sein.

Da der Ladekondensator C bei Sägezahngeneratoren nicht belastet werden darf, muß man ohnehin meist eine Trennstufe dahinter schalten; diese kann man dann vorteilhafterweise ohne nennenswerten Zusatzaufwand in der angegebenen oder einer ähnlichen Weise zur Linearisierung benutzen. Die Sägezahnschwingung kann dann, wie in Abb. 102 gezeigt, entweder am Punkt a oder b gegen Erde abgenommen werden.

Zum Abschluß sei noch ein Weg zur Erzeugung eines linearen Spannungsverlaufs erwähnt, der manchmal eingeschlagen wird. Verbindet man nämlich den Ausgang eines Verstärkers mit der Verstärkung v über eine Kapazität mit seinem Eingang im Sinne einer Gegenkopplung (Abb. 103), so ist der resultierende Eingangswiderstand rein imaginär, wenn der Eingangswiderstand des Verstärkers unendlich groß und der Ausgangswiderstand gleich Null ist.

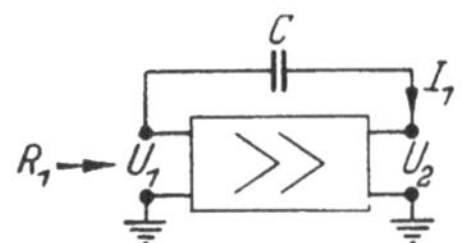

Abb. 103. Kapazitiv gegengekoppelter Verstärker

Da

$$U_2 = U_1 - J_1 \frac{1}{j\,\omega\,C} \qquad (79)$$

und außerdem

$$U_2 = - v\,U_1 \qquad (80)$$

ist, wird

$$R_1 = \frac{U_1}{J_1} = \frac{1}{j\,\omega\,C\,(1 + v)} \,. \qquad (81)$$

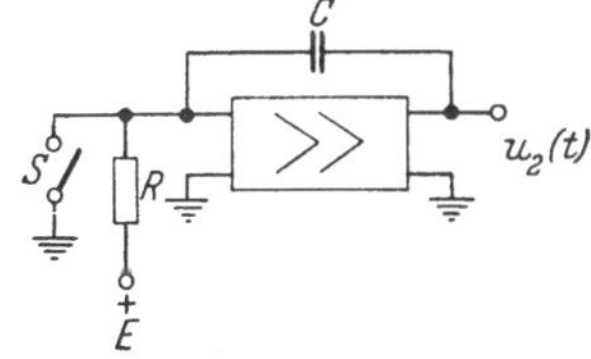

Abb. 104. Linearisierter Sägezahngenerator mit kapazitiv gegengekoppeltem Verstärker

Der Eingang des Verstärkers stellt also eine reine Kapazität C' dar, deren Betrag $1 + v$ mal größer ist als die Koppelkapazität C. Man benutzt diese fiktive Kapazität als Ladekondensator und erhält mit der Anordnung von Abb. 104 eine sägezahnförmige Schwingung, deren Linearität um so besser ist, je größer die Verstärkung ist. Mit Gl. (53) wird nämlich

$$u_2(t) = - v\,E\left(1 - e^{-\frac{t}{R\,C'}}\right) \,. \qquad (82)$$

16*

Entwickelt man diese Gleichung in eine Reihe und setzt $C' = (1+v)\,C$ ein, so wird

$$u_2(t) = -E\,\frac{v}{1+v}\left(\frac{t}{RC} - \frac{1}{2}\,\frac{t^2}{(RC)^2\,(1+v)} + \cdots\right). \tag{83}$$

Ist die Verstärkung v sehr groß, so wird

$$u_2(t) = -\frac{E}{RC}\,t\,. \tag{84}$$

Das zweite, quadratische Glied der Gl. (83) gibt in erster Näherung die Abweichung von der Linearität an; sie ist annähernd umgekehrt proportional der Verstärkung. Mit einer Verstärkung 25 würde man demnach dieselbe Linearisierung erhalten, wie mit der auf S. 241 behandelten Ladepentode. Man kann jedoch leicht die Verstärkung weiter steigern und sehr viel bessere Linearisierungen erzielen. Da in Gl. (83) der vor der Klammer stehende Faktor $\frac{v}{1+v}$ praktisch gleich 1 ist, sind auch nichtlineare Kennlinien des Verstärkers und Schwankungen des Verstärkungsgrades fast ohne Einfluß auf die Sägezahnschwingung.

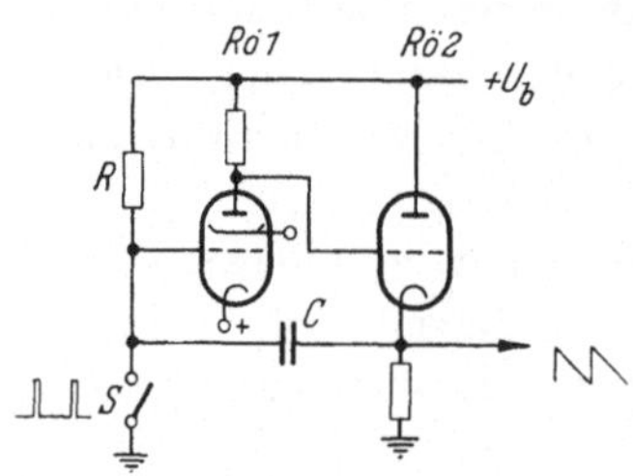

Abb. 105. Ausführungsbeispiel für das Prinzip von Abb. 104

Die Abb. 105 zeigt ein Ausführungsbeispiel mit einer Verstärkerstufe Rö 1 und einer Kathodenstufe Rö 2. Auf diesem Prinzip beruhen Sägezahngeneratoren, die in der englischen Technik unter dem Namen „Phantastron" und „Sanatron" bekannt sind.

2. Selbstschwingende Sägezahngeneratoren

Selbstschwingende Sägezahngeneratoren sind im Prinzip identisch mit selbstschwingenden Rechteckgeneratoren, bei denen zur Zeitbestimmung Entladungen oder Aufladungen von Kondensatoren verwendet werden. Im Abschn. VI ist gezeigt worden, daß an irgendeinem Punkt der Schaltung eines selbstschwingenden Rechteckgenerators eine exponentiell verlaufende Schwingungsform auftritt. Sägezahngeneratoren unterscheiden sich deshalb im allgemeinen von Rechteckgeneratoren nur dadurch, daß sie auf bestimmte Erfordernisse, wie linearen Gang mit der Zeit, besonders gezüchtet sind. Oft reicht die Linearität aus, die man dadurch erhält, daß man nur einen Teil der gesamten Exponentialkurve benutzt. Man kann so die Gitterspannung eines Multivibrators oder eines Sperrschwingers verwenden, wenn der Gitterableitwiderstand an positiver Spannung liegt (vgl. z. B. Abb. 84). Eine Schaltung, deren Linearität hoch und deren Spannungsausbeute groß ist, die sich also für die Zeitablenkung von Kathodenstrahl-Oszillographen gut eignet, kann aus der Schaltung Abb. 97 abgeleitet werden; sie ist in Abb. 106 gezeigt. Der Kondensator C wird über die Röhre 1 fast bis auf die Batteriespannung U_b — z. B. 200 V — aufgeladen und über die Pentode Rö 3 zeitlinear entladen. Während der Entladung ist Rö 1 gesperrt und Rö 2 voll stromführend; die Anodenspannung von Rö 2 und damit die Gitterspannung von Rö 1 ist wegen des Spannungsabfalls an R_2, verglichen mit der Spannung U_b, niedrig, z. B. 50 bis 100 V. Ist die Spannung an C so weit abgesunken, daß die Gittersperrspannung erreicht wird, so beginnt Rö 1 wieder Strom zu führen, sperrt Rö 2 über die Koppelglieder $C_k\,R_g$, und Rö 1 wird regenerativ geöffnet. Der Kondensator C wird rasch aufgeladen; nach Beendigung der Aufladung schlägt der Stromzustand von Rö 1 und Rö 2 wieder regenerativ um — das Glied $C_k\,R_g$ muß eine entsprechend kleine Zeitkonstante haben —, und der Vorgang wiederholt sich.

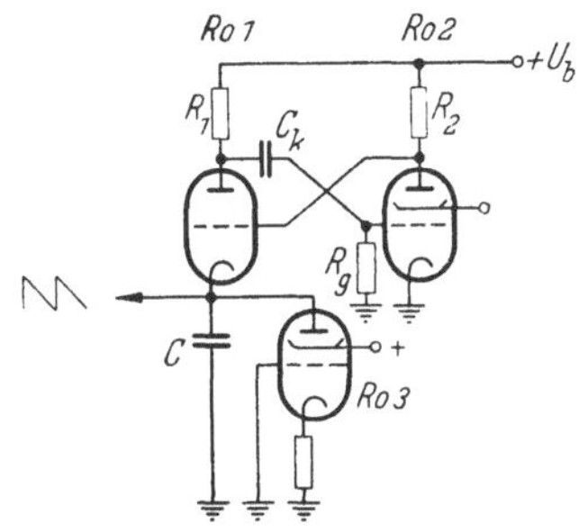

Abb. 106. Selbstschwingender linearer Sägezahngenerator

Auf Schaltungen mit Gasentladungsröhren, die früher häufig verwendet worden sind, soll hier aus den schon angegebenen Gründen nicht näher eingegangen werden. Es möge nur erwähnt werden, daß die Hochvakuum-Entladungsröhre in Abb. 93 nur durch eine Glimmlampe oder ein Stromtor (Thyratron) ersetzt zu werden braucht, wenn sich ein selbstschwingender Sägezahngenerator ergeben soll.

Ebenso wie die selbstschwingenden Rechteckgeneratoren können auch die Sägezahngeneratoren sehr leicht dadurch synchronisiert werden, daß die Synchronisierspannung an einer geeigneten Stelle der Schaltung eingekoppelt wird.

VIII. Die Erzeugung von treppenförmigen Schwingungen

Unter treppenförmigen Schwingungen seien solche Schwingungen verstanden, die nur eine beschränkte Anzahl von Werten der Amplitude haben können und bei denen sich der Übergang von einem Amplitudenwert zum anderen im Idealfall in verschwindend kurzer Zeit vollzieht. Die Rechteckschwingung stellt einen Sonderfall dar: sie hat nur *eine* Stufe.

Es gibt hierfür eine Anzahl von Ausführungsmöglichkeiten, die sich je nach dem Anwendungszweck sehr stark voneinander unterscheiden; im folgenden seien einige Grundschaltungen angegeben.

Ein Prinzip, mit dem jede beliebige stetige Funktion in Treppenform dargestellt werden kann, zeigt die Abb. 107. Der Schalter S wird für eine verschwindend kurze Zeit geschlossen. Der Kondensator C lädt sich auf den Augenblickswert der Spannungsquelle $u(t)$ auf. Er behält seinen Ladezustand bis zum nächsten Kurzschluß von S bei; dann wird er auf den neuen Augenblickswert von $u(t)$ umgeladen, und am Kondensator C erscheint die treppenförmige Spannung. Die Abb. 108 und 109 zeigen den Vorgang für eine sinusförmige und eine Sägezahnschwingung bei periodischem Schließen des Schalters. Bei wirklichen Schaltungen muß die Schließungszeit so lange andauern, bis sich der Kondensator C über den Durchlaßwiderstand des Schalters und den Innenwiderstand der Spannungsquelle umgeladen hat.

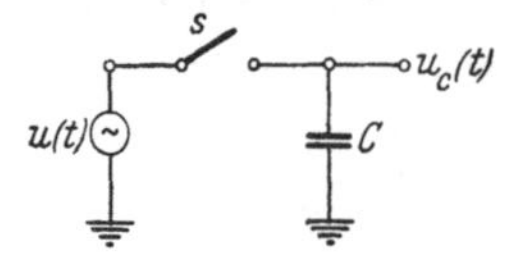

Abb. 107. Prinzipschaltung zur Erzeugung von treppenförmigen Schwingungen

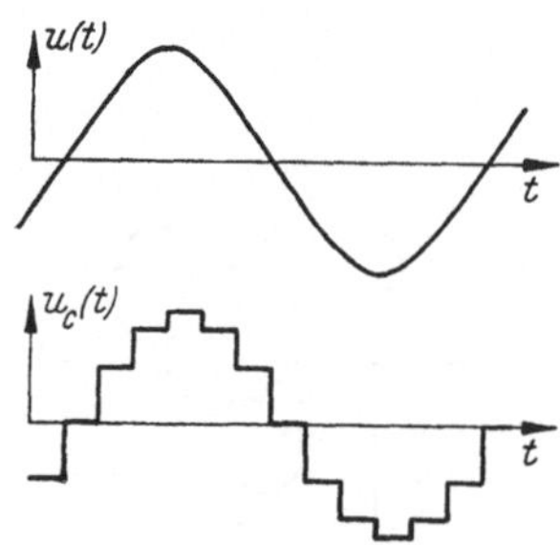

Abb. 108. Sinusförmige Schwingung und zugehörige Treppenkurve

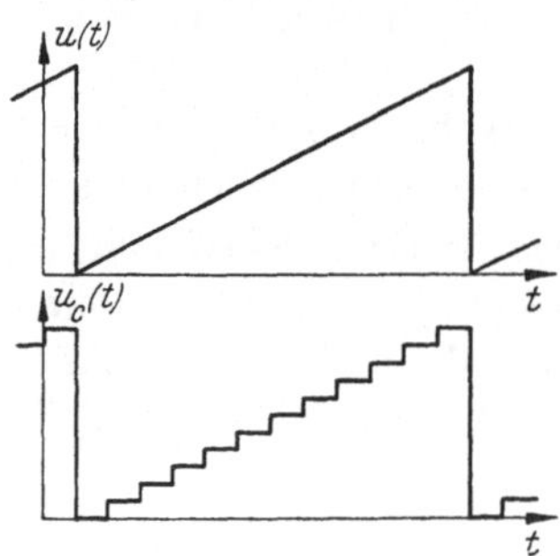

Abb. 109. Sägezahnschwingung und zugehörige Treppenkurve

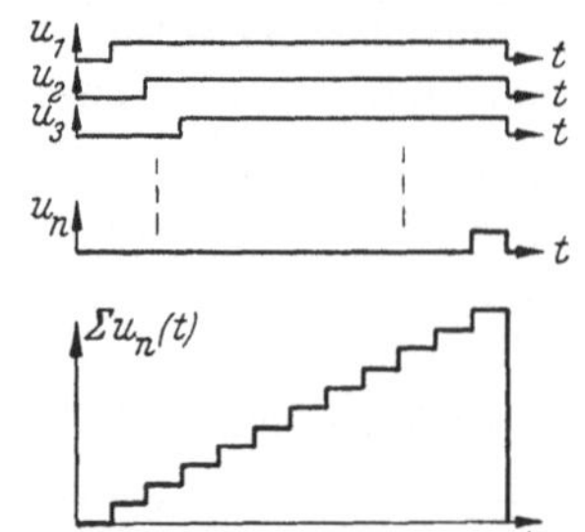

Abb. 110. Erzeugung einer gleichstufigen Treppe aus einer Summe von Rechteckschwingungen

Zur Erzeugung einer Schwingung, die mit der Treppenkurve von Abb. 109 übereinstimmt oder ihr ähnlich ist, gibt es eine Reihe von weiteren Möglichkeiten. Sie kann z. B. aus Elementarschwingungen einfacheren Charakters zusammengesetzt werden; in Abb. 110 wird sie durch Addition von Rechteckschwingungen verschiedenen Tastverhältnisses und in Abb. 111 durch Addition zweier Sägezahnschwingungen mit verschiedener Grundfrequenz gewonnen.

Wird ein unipolarer Puls streng integriert, so erhält man, wie in Abb. 3 schon gezeigt, Treppenspannungen mit gleichen Stufen. Zur strengen Integration kann man ähnliche Prinzipien benutzen, wie sie zur Linearisierung von Sägezahnschwingungen verwendet werden, z. B. die Auf- oder Entladung eines Kondensators über eine Pentode, an deren Gitter der zu integrierende Puls angelegt wird.

Sehr einfache Schaltungen erhält man ferner mit fehlabgeschlossenen Laufzeitgliedern; ein Beispiel mit einer am Ausgang offenen Leitung zeigt Abb. 112. Ist $R = 3\,Z$, so entsteht am Ausgang der

Leitung eine Treppenspannung, bei der sich die Amplitude einer Treppenstufe zur nächsten immer wie 2:1 verhält, wenn auf den Eingang ein Rechteckimpuls gegeben wird, dessen Dauer gleich der doppelten Laufzeit der Leitung ist. Durch entsprechende Wahl von R können andere Verhältnisse erreicht werden. Da sich die verwirklichbaren Laufzeitglieder nicht ideal verhalten, können an die Genauigkeit der Treppenkurve keine großen Anforderungen gestellt werden.

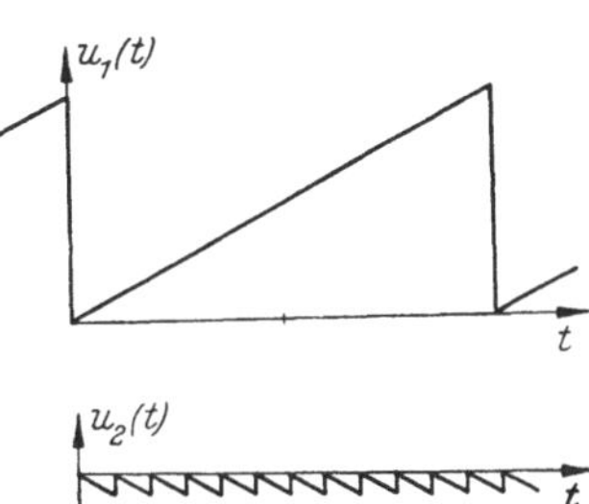

Abb. 111. Erzeugung einer gleichstufigen Treppe aus der Summe zweier Sägezahnschwingungen

Eine sehr einfache Schaltung, die zwei Pulse mit verschiedener Pulsfrequenz benötigt, zeigt die Abb. 113.

Der erste Impuls des Pulses höherer Frequenz $u_1(t)$, der die Amplitude U_0 haben möge (Zeile a), lädt über Gl_2 und über C_1 den Kondensator C_2 auf den Betrag U_1 auf; dieser ergibt sich aus der Spannungsteilung zwischen C_1 und C_2

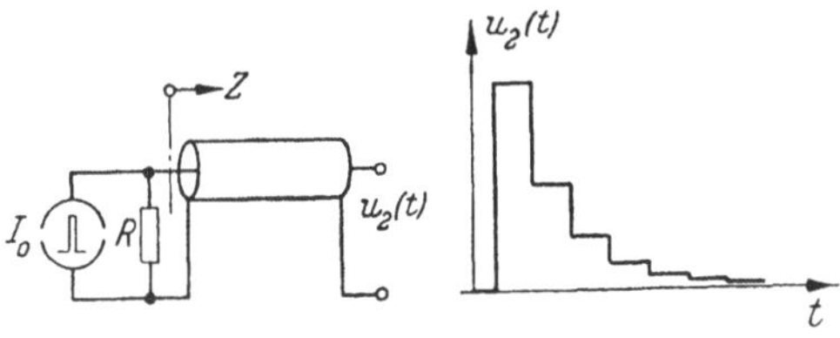

Abb. 112. Erzeugung einer treppenförmigen Schwingung mit Hilfe einer fehlangepaßten, am Ende offenen Leitung

$$U_1 = U_0 \frac{C_1}{C_1 + C_2}. \qquad (85)$$

Dabei sei angenommen, daß die Kondensatoren C_1 und C_2 zuerst nicht geladen waren. Sobald der Impuls verschwunden ist, bleibt wegen der Sperrwirkung des Gleichrichters Gl_2 der Kondensator C_2 geladen, der Kondensator C_1 aber entlädt sich über den Gleichrichter Gl_1 wieder vollständig. Beim nächsten Impuls ist für die Aufladung nur die Spannung $U_0 - U_1$ maßgebend, und der nächste Spannungssprung an C_2 beträgt

$$U_2 = (U_0 - U_1) \frac{C_1}{C_1 + C_2}. \qquad (86)$$

Der Kondensator C_1 entlädt sich nach dem Verschwinden

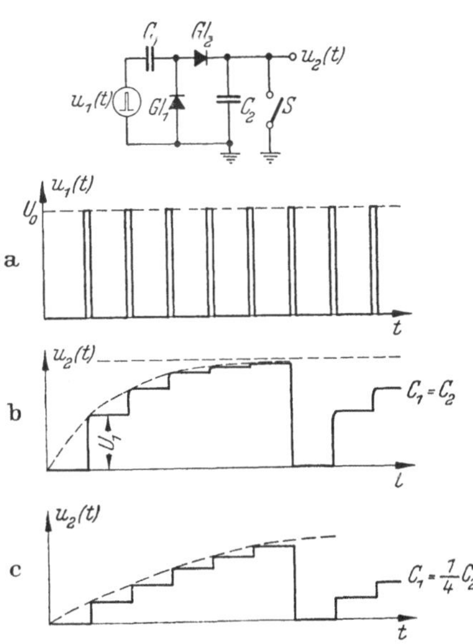

Abb. 113. Erzeugung einer treppenförmigen Schwingung aus Pulsen

des zweiten Impulses wieder vollständig. Der Vorgang wiederholt sich so lange, bis C_2 die Spitzenspannung U_0 der Impulse erreicht hat. Die Hüllkurve von $u_2(t)$ ist eine Exponentialfunktion. Die Abb. 113 zeigt den Verlauf für zwei verschiedene Verhältnisse von C_1 zu C_2. Für $C_1 = C_2$ (Zeile b) verhält sich die Amplitude einer Treppenstufe zur anderen wie $1:2$; für $C_1 = \frac{1}{4} C_2$ (Zeile c) wie $1:1{,}25$.

Wenn man daher eine möglichst gleichstufige Treppe erhalten will, so darf wie bei einer Sägezahnschwingung nur ein kleiner Teil des Spannungsbereichs der Impulsamplitude ausgenutzt werden, oder man muß, ebenfalls wie bei den Sägezahnschwingungen, dafür sorgen, daß bei den Aufladungen der Strom konstant bleibt.

Ist die letzte Treppenstufe erreicht, so muß der Kondensator C_2 über den Schalter S vollständig entladen werden, damit der Vorgang wieder von neuem beginnen kann; der Schalter S muß deshalb mit einem Puls geringerer Frequenz gesteuert werden. Die Entladung kann, wenn die Höchstspannung erreicht ist, auch durch eine regenerative Schaltung eingeleitet werden; dazu ist z. B. eine Sperrschwingerschaltung geeignet. Man kann so Pulsfrequenzteiler mit stabilen Teilverhältnissen bauen, die auch zur Impulszählung verwendet werden können.

4. Kapitel

Die Übertragungsverzerrungen bei Pulsmodulation

In der Nachrichtentechnik ist die Frequenzbandbreite, die zur Übertragung eines Signals erforderlich ist, ein wesentlicher Faktor. In dem Band der zu übertragenden Signalfrequenzen verläuft die Dämpfung des Übertragungssystems flach, oder sie zeigt nur die zulässig kleinen Abweichungen von einem Mittelwert; außerhalb dagegen, im sogenannten Sperrbereich, soll sie sehr hohe Werte annehmen, damit Störungen durch ein frequenzmäßig benachbartes Übertragungssystem vermieden werden. Der Übergang zwischen Durchlaß- und Sperrdämpfung ist im allgemeinen für die praktische Ausnutzung verloren; deshalb trachtet man danach, ihn so klein wie möglich zu halten. Die moderne Trägerfrequenztechnik mit Einseitenband-Amplitudenmodulation benutzt für einen Dämpfungsunterschied von etwa 8 N eine Verlustbandbreite von etwa 25% der zur Übertragung notwendigen Bandbreite. Z. B. wird zur Übertragung von Sprachsignalen mit einem Band von 300 Hz bis 3400 Hz, also für eine Bandbreite von 3100 Hz, ein Band von 4000 Hz belegt. Welche Verlustbandbreite man in Kauf nimmt, dafür sind vorwiegend wirtschaftliche Gründe maßgebend, da z. B. die Kosten der Filter mit zunehmender Flankensteilheit stark ansteigen. Steile Flanken haben außerdem den Nachteil, daß mit ihnen starke Phasenverzerrungen im Durchlaßbereich verbunden sind. Diese sind allerdings, wie im Kap. 1 gezeigt worden ist, für die Sprachübertragung mit dem Einseitenband-Verfahren von untergeordneter Bedeutung.

Anders liegen die Dinge bei der Frequenz- und der Pulsmodulation. An Hand der Amplitudenspektren hat sich bereits im Kap. 2 ergeben, daß bei einer Verengung der Bandbreite die Impulse verbreitert werden und daß außerdem Einschwingvorgänge entstehen. Bei zeitlicher Bünde-lung von Signalen beeinflus en sich die verschachtelten Impulse, und es wird Nebensprechen hervorgerufen. Dabei war aber stets ein linearer Gang der Phase mit der Frequenz vorausgesetzt, mit anderen Worten konstante Laufzeit. Die Phasenverzerrungen im Übertragungsbereich, wie sie in wirklichen Schaltungen immer auftreten, wirken sich aber ebenfalls als Nebensprechen aus, da sie im gleichen Maße wie die Dämpfungsverzerrungen Einschwingvorgänge hervorrufen. Auf S. 35 ist gezeigt worden, welche strengen Forderungen an die Linearität des Phasengangs man bei der kontinuierlichen Phasen- und Frequenz-modulation einhalten muß, wenn man nichtlineare Verzerrungen und damit nichtlineares Nebensprechen vermeiden will. Wie sich am Schluß des vorliegenden Kapitels ergeben wird, ist der Einfluß der Phasen-verzerrungen auch bei den Verfahren der Pulsmodulation zu beachten. Eine genaue Analyse der Bedingungen, unter denen der Phasengang im Übertragungsbereich genügend linear gehalten werden kann, ist daher sehr wichtig. Erschwerend ist dabei, daß der Phasengang im Über-tragungsbereich mit dem Dämpfungsgang im Sperrbereich gekoppelt ist. Die genauere Aufklärung dieser Zusammenhänge ist in erster Linie H. W. BODE zu verdanken. Der Abschn. I des vorliegenden Kapitels ist dem Studium dieser Probleme gewidmet.

Man hat fast immer die folgende Schwierigkeit: Entweder soll der Phasengang im Durchlaßbereich genügend linear sein, dann muß man einen allmählichen Übergang zur Sperrdämpfung hin zulassen, das System verbraucht viel Frequenzband. Oder die Sperrdämpfung und damit die Abriegelung von Nachbarsystemen wird erreicht durch steile Flanken; dann ist der Phasengang stark nichtlinear, es muß ein Phasenausgleich vorgesehen werden; dieser bedeutet aber erhöhten Aufwand. Man wird deshalb danach trachten, je nach den betrieblichen Anforderungen möglichst günstige Kompromisse zu finden.

Im Abschn. II wird deshalb die Wirkung von Dämpfungs- und Phasenverzerrungen auf die Form von Impulsen näher betrachtet unter Beachtung der im ersten Abschnitt gewonnenen Erkenntnisse. Den Abschluß des Kapitels bildet der Abschn. III; er verwertet die Ergebnisse für die Untersuchung des Nebensprechens bei Pulsmodulationssystemen.

Die Untersuchungen werden durchweg an Tiefpässen durchgeführt; Bandpässe werden durch Frequenztransformation auf Tiefpässe zurückgeführt.

Für den Zweck dieses Buches reichen einige wenige Eigenschaften zur Kennzeichnung eines Tiefpasses aus; sie seien an Hand der Abb. 1 und 2

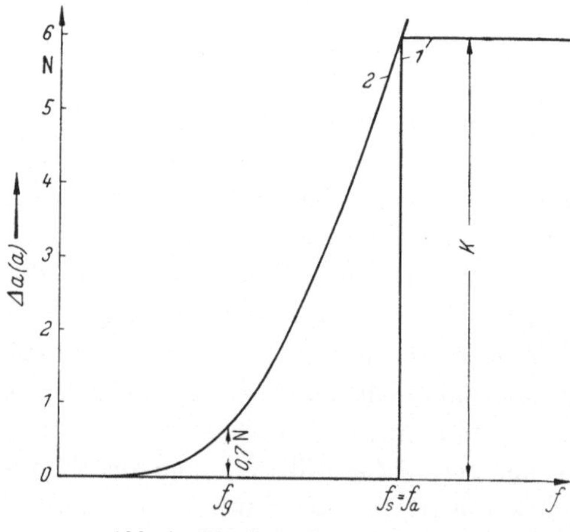

Abb. 1. Die Dämpfung a oder Δa

besprochen. In Abb. 1 sind zwei sich stark unterscheidende Tiefpaß-Dämpfungskurven über der Frequenz dargestellt. Als Ordinate ist die Abweichung Δa von der Dämpfung bei Gleichstrom aufgetragen. Die Kurven beginnen deshalb im Nullpunkt; dies kann bei der Rechnung immer durch Addition oder Subtraktion einer frequenzunabhängigen Dämpfung erreicht werden. Ein solches Vorgehen beeinflußt die Phase nicht. Bei Netzwerken, deren Dämpfung für Gleichstrom ohnehin Null ist, stellt die Ordinate die Dämpfung a selbst dar. Sie bleibt für die Kurve 1 bis zur Frequenz f_a verschwindend klein und springt

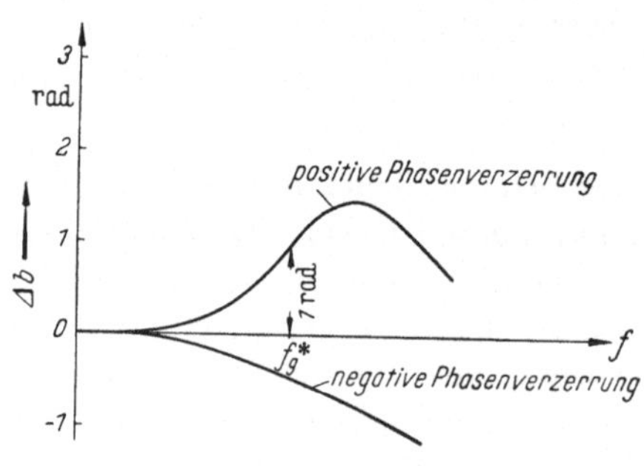

Abb. 2. Die Phasenverzerrung Δb

dann auf einen Wert K, den sie bei höheren Frequenzen beibehält. Ein Tiefpaß mit einer solchen Charakteristik wird als „Tiefpaß mit Dämpfungssprung" bezeichnet. Ist der Dämpfungssprung unendlich groß, so heiße das zugehörige Netzwerk „idealisierter Tiefpaß". Bei einem solchen Tiefpaß kann klar unterschieden werden zwischen dem

Durchlaßbereich, der von 0 bis f_a reicht, und dem *Sperrbereich*, der sich von f_a ab erstreckt. Mit f_a sei im folgenden ganz allgemein die Frequenz bezeichnet, bei der sich das Gesetz des Dämpfungsganges ändert.

Bei der Kurve 2, die monoton mit der Frequenz ansteigt, kann nicht mehr so eindeutig unterschieden werden. Es werde deshalb für derartige

Dämpfungsgänge eine *Nutzbandbreite B* und eine *Selektionsbandbreite* B_s definiert.

Im *Nutzband* werden die energiereichen und für eine geforderte Qualität notwendigen Schwingungen übertragen. Man kennt hierfür verschiedene Festlegungen; die älteste und gebräuchlichste ist die Bandbreite, bei der die Dämpfung gegenüber der Frequenz Null um 0,35 N (3 db) angestiegen ist; bei einer anderen hat man einen Dämpfungsanstieg von 0,7 N (6 db) gewählt. Der Frequenzwert dafür ist in Abb. 1 eingetragen und werde mit Grenzfrequenz f_g bezeichnet. Wie sich später ergeben wird, ist diese Festlegung in der Impulstechnik vorteilhaft, da die Einschwingdauer t_g der Antwort auf den Einheitssprung bei in der Praxis vorkommenden Netzwerken fast unabhängig von der Form der Dämpfungskurve dem einfachen Gesetz

$$t_g = \frac{1}{2\,f_g} \tag{1}$$

gehorcht.

Am Rande des *Selektionsbandes* soll die Dämpfung soweit angestiegen sein, daß alle Schwingungen mit höherer Frequenz vernachlässigt werden können. Je nach dem Anwendungszweck wird hierfür eine Dämpfung von 6 bis 8 N gefordert. Sie sei in diesem Buch mit 6 N (53 db) festgelegt. Die Frequenz, bei der dieser Dämpfungswert erreicht wird, werde mit f_s bezeichnet. Bei ihr beginnt der eigentliche Sperrbereich. Man ist im allgemeinen gewohnt, den Übergangsbereich zwischen f_g und f_s als „Verlustbandbreite" zu betrachten. Bei den meisten Pulsmodulations-Verfahren ist er jedoch noch wesentlich mitbestimmend für die Güte der Nachrichtenübertragung. Für den Fall des idealisierten Tiefpasses ist $f_a = f_g = f_s$.

In Abb. 2 ist für ein dämpfungs*loses* Netzwerk die Abweichung Δb der Phase vom linearen Verlauf aufgetragen. Sie kann positiv oder negativ sein. Die Frequenz, bei der die positive Phasenverzerrung Δb auf 1 rad angestiegen ist, sei mit f_g^* bezeichnet. Bei der Untersuchung des Einflusses der Phasenverzerrungen wird sich zeigen, daß, selbst wenn die Dämpfung für alle Frequenzen konstant ist, sich bei der Antwort auf den Einheitssprung eine Einschwingdauer t_g ergibt, die ähnlich wie bei Dämpfungsverzerrungen ungefähr dem Gesetz

$$t_g = \frac{1}{2\,f_g^*} \tag{2}$$

gehorcht. Die Nutzbandbreite erstreckt sich in diesem Falle von Null bis f_g^*. Man unterscheidet deshalb eine *Dämpfungsbandbreite* (Null bis f_g) und eine *Phasenbandbreite* (Null bis f_g^*).

Es sei bemerkt, daß die Betrachtungsweise dieses Kapitels vorwiegend auf die Nachrichten-Übertragungstechnik zugeschnitten ist.

Spezielle Forderungen auf Nachbargebieten, wie etwa die nach kleiner Laufzeit in der Regelungstechnik, sind nicht besonders berücksichtigt.

I. Die Grundeigenschaften der Übertragungsfunktion von Netzwerken

1. Wichtige Eigenschaften realisierbarer Netzwerke

Für einen Vierpol, der beliebig aus Widerständen R, $j\omega L$ oder $1/j\omega C$ aufgebaut sein kann, läßt sich für eine andauernde Sinusschwingung der Frequenz $f = \dfrac{\omega}{2\pi}$ eine Übertragungsfunktion $G(j\omega)$ mit Hilfe der KIRCHHOFFschen Gesetze berechnen; diese Übertragungsfunktion ist allgemein das Verhältnis einer Ausgangsgröße zu einer Eingangsgröße, z. B. das Verhältnis der Ausgangsspannung U_2 zu der am Eingang liegenden Spannung U_1

$$G(j\omega) = \frac{U_2(j\omega)}{U_1(j\omega)}. \tag{3}$$

Die reellen Widerstände R, die im allgemeinen für praktisch brauchbare Übertragungsfunktionen immer erforderlich sind, können dabei entweder im Vierpol enthalten sein oder nur als Abschlußwiderstände dienen. Dies ist der Fall bei Reaktanzvierpolen. In den Gl. (2, 67) bis (2, 72) ist gezeigt worden, daß die Funktion G erhalten bleibt, wenn gedämpfte Schwingungen verwendet werden, wenn also die komplexe Frequenz $p = \sigma + j\omega$ eingeführt wird.

In allgemeiner Form kann dann die Übertragungsfunktion $G(p)$ als Verhältnis zweier Polynome dargestellt werden

$$G(p) = A_0 \frac{1 + g_1\,p + g_2\,p^2 + g_3\,p^3 + \cdots g_m\,p^m}{1 + h_1 p + h_2\,p^2 + h_3\,p^3 + \cdots h_n\,p^n}. \tag{4}$$

Dabei bedeuten A_0 und die g und h reelle Faktoren. A_0 ist der Wert der Übertragungsfunktion für Gleichstrom. Eine andere Schreibweise für die Übertragungsfunktion ist:

$$
\begin{aligned}
G(p) &= A_0' \frac{(p - p_\mathrm{I})\,(p - p_\mathrm{II})\,(p - p_\mathrm{III}) \cdots (p - p_m)}{(p - p_1)\,(p - p_2)\,(p - p_3) \cdots (p - p_n)} = \\[2mm]
&= A_0' \frac{\prod\limits_{s=1}^{m} (p - p_s)}{\prod\limits_{r=1}^{n} (p - p_r)} = A_0' \frac{Z(p)}{N(p)}.
\end{aligned}
\tag{5}
$$

Die Gleichung enthält im Nenner höchstens so viele Faktoren $(p - p_r)$, wie der Vierpol Reaktanzelemente enthält. In der modernen Filtertheorie hat sich die Berechnungsmethode mit diesen rationalen Funktionen allgemein als Betriebsparameter-Theorie eingeführt.

Die Übertragungsfunktionen aller Schaltungsbeispiele in diesem Kapitel werden auf die Form (5) gebracht. Man kann sie dann leicht in der heute gebräuchlichen Betrachtungsweise klassifizieren; außerdem lassen sich aus dieser Form heraus verhältnismäßig einfach die Einschwingvorgänge eines Netzwerks bestimmen, wobei sowohl der Betrag wie auch die Phase der Übertragungsfunktion berücksichtigt sind. Man braucht dafür nur die Werte p_s und p_r zu kennen.

Für einen Wert der Frequenz p, der gleich einem der p_s wird, hat die Funktion $G(p)$ den Wert Null, und für eine der Frequenzen p, die gleich einem der p_r ist, wird sie unendlich groß. Man spricht deshalb von Nullstellen und Polen der Übertragungsfunktion bei diesen Frequenzen. Die Frequenzen p_r kann man als die komplexen Eigenresonanzfrequenzen des Netzwerks betrachten, da bei ihnen trotz verschwindender Eingangsspannung eine endliche Ausgangsspannung vorhanden ist. Man kann die Nullstellen und Pole in die komplexe Frequenzebene einzeichnen. Ein Beispiel für die Pole zeigt Abb. 3; dort sind ein auf der reellen Achse liegender Pol 1 und zwei konjugiert komplexe Pole 2 und 2* eingezeichnet.

Der Übertragungsfaktor — d. h. der Betrag — und die Phase der Übertragungsfunktion eines Netzwerkes können hieraus auf einfache Weise konstruiert werden. Nach der Vorschrift von Gl. (5) hat man für jede Nullstelle oder jeden Pol die Differenz zur laufenden Frequenz p zu bilden. p ist rein imaginär gleich $j\omega$, wenn die Übertragungsfunktion $G(j\omega)$ für andauernde Schwingun-

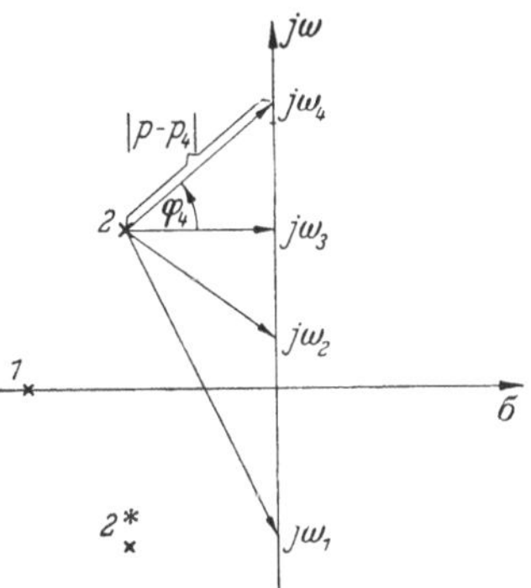

Abb. 3. Die Ebene der komplexen Frequenzen (p-Ebene)

gen bestimmt werden soll. Der Betrag eines Faktors $(p - p_i)$ ist für eine Frequenz ω_x gleich der Entfernung vom Pol oder der Nullstelle p_i zu der Frequenz ω_x auf der ω-Achse und sein Phasenwinkel φ gleich dem Winkel, den die Verbindungslinie der beiden Punkte mit der positiven reellen Achse bildet. In Abb. 3 ist dies für den Pol 2 und vier Frequenzen ω_1 bis ω_4 dargestellt. Man erhält den Übertragungsfaktor $A(\omega) = |G(j\omega)|$, indem man die so ermittelten Beträge der Faktoren $p - p_i$ nach Anweisung der Gl. (5) multipliziert und dividiert. Man erhält die Phase $b(\omega)$, indem man die Winkel der Faktoren addiert und subtrahiert.

Offensichtlich treten Pole und Nullstellen der Übertragungsfunktion $G(j\omega)$ bei andauernden Schwingungen nur für rein imaginäre Werte von p_r und p_s auf. Bei komplexen oder gar reellen Werten dieser Größen ergeben sich diese ausgezeichneten Werte auch nur für komplexe oder rein reelle Werte von p, d. h., für exponentiell an- oder abklingende Schwingungen.

Die Beziehungen zwischen den Größen p_r oder p_s und den Elementen der Netzwerke sollen in diesem Buch nicht eingehend behandelt werden, da sie vorwiegend Gegenstand der Filtertheorie sind. Es seien nur die wichtigsten Gesetze erwähnt, denen die Pole und Nullstellen bei physikalischen Netzwerken unterliegen. Für *beliebige passive* Netzwerke gelten folgende Sätze:

1. Die Nullstellen oder Pole sind entweder reell (Punkt 1 in Abb. 3), oder sie müssen in konjugiert komplexen Paaren auftreten (Punkt 2 und 2* in Abb. 3).

2. Die Pole können nie einen positiven Realteil σ haben, d. h., sie müssen alle in der linken Halbebene der komplexen Frequenzen liegen. Physikalisch bedeutet dies, daß in passiven Netzwerken, sobald die Ursache aufhört, nur gedämpfte, nicht aber anklingende Schwingungen auftreten können.

3. Die Nullstellen können sowohl einen positiven als auch einen negativen Realteil haben, d. h., sie können an einer beliebigen Stelle der komplexen Frequenzebene liegen.

Hat ein Netzwerk k Nullstellen $p_s = p_\mathrm{I}$, $p_\mathrm{II} \cdots p_k$ in der rechten Halbebene — die übrigen Nullstellen $p_{k+\mathrm{I}}$ bis p_m sollen in der linken Halbebene liegen —, so kann die Gl. (5) durch Erweiterung mit Gliedern der Form

$$\frac{p - \overline{p_s}}{p - \overline{\overline{p_s}}}$$

in zwei Teile aufgespalten werden; $\overline{p_s}$ hat dabei den gleichen Imaginärteil wie p_s, dagegen den entgegengesetzt gleichen Realteil. Die Abb. 4 zeigt ein Beispiel für 3 Nullstellen p_I, p_II und p_II^{*}. Die Gl. (5) der Übertragungsfunktion eines beliebigen passiven Netzwerkes erweitert sich dann in

$$G(p) = A_0' \frac{(p - p_\mathrm{I}) \cdots (p - p_k)}{(p - \overline{p_\mathrm{I}}) \cdots (p - \overline{p_k})} \cdot \frac{(p - p_{k+\mathrm{I}}) \cdots (p - p_m) \cdot (p - \overline{p_\mathrm{I}}) \cdots (p - \overline{p_k})}{(p - p_1)(p - p_2) \cdots (p - p_n)} \cdot \quad (6)$$

Diese Übertragungsfunktion kann durch zwei in Kette geschaltete Vierpole realisiert werden. Die Übertragungsfunktion des ersten Vierpols, die durch den vorderen Teil von Gl. (6) gegeben ist, werde zuerst betrachtet. Sie besteht nur noch aus Gliedern der Form

$$\frac{p - p_s}{p - \overline{p_s}} \cdot$$

Infolge der getroffenen Erweiterung stimmen die Nullstellen und Pole im Imaginärteil überein, haben aber entgegengesetzt gleichen Realteil. Als Beispiel sind die zu den oben erwähnten Nullstellen gehörigen Pole $\bar{p}_I$, $\bar{p}_{II}$ und $\bar{p}_{II}^*$ in Abb. 4 eingetragen.

Bei *reellen* p_s-Werten treten nur Glieder der Form

$$\frac{(p-a)}{(p+a)} \tag{7}$$

auf, wobei a eine positive reelle Zahl ist (Punkte I und $\bar{I}$ in Abb. 4). Der Betrag dieses Faktors ist aber für andauernde Schwingungen immer gleich Eins, da die Beträge des Zählers und Nenners gleich sind. Bei *komplexen* Werten von p_s können nach dem Satz 1 immer nur Glieder der Form

$$\frac{(p-b)(p-b^*)}{(p+b)(p+b^*)} \tag{8}$$

erscheinen, wenn b^* der konjugiert komplexe Wert von b ist (Punkte II in Abb. 4); deren Betrag ist ebenfalls gleich Eins, da der Betrag jedes Teilquotienten der Form

$$\frac{p-b}{p+b^*}$$

gleich Eins ist. Damit ist der Gesamtbetrag des ersten Teils der Gl. (6) immer gleich Eins. Man nennt solche Vierpole *Allpaß*netzwerke; sie lassen Schwingungen aller Frequenzen ungedämpft durch und drehen nur ihre Phase. Man bezeichnet Glieder, die der Gl. (7) gehorchen, als Allpaßnetzwerke erster Ordnung, Glieder, die der Gl. (8) gehorchen, als Allpaßnetzwerke zweiter Ordnung. Jedes beliebige Allpaßnetzwerk kann aus einer Kette von Allpaßgliedern dieser beiden Gattungen zusammengesetzt werden. Im Anhang

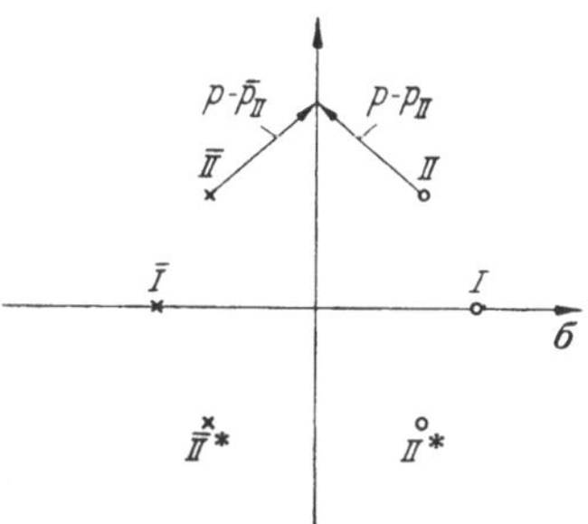

Abb. 4. Nullstellen und Pole beim Allpaß

sind dafür Beispiele behandelt. Es gilt somit der Satz:

4. Ein Allpaßnetzwerk hat im Endlichen ebenso viele Nullstellen wie Pole. Zu jedem Polpaar in der linken Halbebene gehört ein symmetrisch dazu gelegenes Nullstellenpaar in der rechten Halbebene.

Nunmehr sei der zweite Teil von Gl. (6) betrachtet. Er enthält keine Nullstellen in der rechten Halbebene mehr. Ein Netzwerk, das einer solchen Übertragungsfunktion gehorcht, ist allpaßfrei, es besitzt „minimale Phase" (siehe S. 257 ff.). Es gilt somit der wichtige Satz:

5. Die Nullstellen *und* Pole können bei einem Netzwerk minimaler Phase nie einen positiven Realteil haben, d. h., sie müssen alle in der linken Halbebene der komplexen Frequenzen liegen.

Da nach Gl. (2, 73) und (2, 74)

$$G = \mathrm{e}^{-g} = \mathrm{e}^{-a-jb} \tag{9}$$

ist, wird das Übertragungsmaß

$$g = a + j\,b = -\ln G(p). \tag{10}$$

Für den Tiefpaß kann mit Hilfe der Gl. (10) die Potenzreihe für kleine Werte der Frequenz ermittelt werden. Gemäß der Entwicklung

$$\ln(1 + x) = x - \frac{x^2}{2} + \frac{x^3}{3} - \cdots \text{ für } |x| < 1 \tag{11}$$

wird mit Gl. (4), bei der $A_0 = 1$ gesetzt wird, und, da es sich um andauernde Schwingungen handelt, mit $p = j\omega$

$$a = \omega^2 \left[g_2 - h_2 - \frac{1}{2}(g_1^2 - h_1^2) \right] + \omega^4 \left[h_4 - g_4 - \frac{1}{2}(h_2^2 - g_2^2) - \right.$$
$$\left. - (h_1 h_3 - g_1 g_3) - \frac{2}{3}(h_1^2 h_2 - g_1^2 g_2) \right] + \omega^6 [\cdots] + \cdots \tag{12}$$

und

$$b = \omega(h_1 - g_1) + \omega^3 \left[g_3 - h_3 - g_1 g_2 + h_1 h_2 + \frac{1}{3}(g_1^3 - h_1^3) \right]$$
$$+ \omega^5 [\cdots] + \cdots. \tag{13}$$

Diese Ableitung läßt sich leicht auf Bandfilter ausdehnen. Allgemein gilt folgender Satz:

6. Bei jedem realisierbaren, passiven Netzwerk enthält die Reihenentwicklung der Dämpfungsfunktion ohne Einschränkung nur Glieder mit geradzahligen Potenzen und die der Phase nur Glieder mit ungeradzahligen Potenzen der Frequenz.

Die Grundlaufzeit ist

$$t_0 = h_1 - g_1. \tag{14}$$

Sie wird nur durch die Koeffizienten g_1 und h_1 der Gl. (4) bestimmt; h_1 muß also stets größer als g_1 sein, wenn sich keine negativen Laufzeiten ergeben sollen.

Die Betrachtung des grundsätzlichen Aufbaus von Tiefpässen läßt noch eine weitere Gesetzmäßigkeit erkennen, die vor allem bei systemtheoretischen Untersuchungen nicht übersehen werden darf. In Abb. 5a sind einige typische Glieder von Tiefpässen mit und ohne Dämpfungspole bei endlichen Frequenzen aneinandergereiht. Es ist für die folgende Betrachtung gleichgültig, ob die Glieder direkt als Kettenglieder aneinandergeschaltet, oder ob sie durch Röhren entkoppelt sind. Für Frequenzen weit oberhalb der Grenzfrequenz können die Glieder in jedem Falle als einzelne Spannungsteiler betrachtet werden. Die Abb. 5b, die das Ersatzschaltbild der Schaltung 5a für sehr hohe Frequenzen zeigt, läßt erkennen, daß die Phase für ein einzelnes Glied für sich asymptotisch gegen 180°, 90° oder 0° läuft, je nachdem, ob eine Spannungsteilung mit zwei Reaktanzelementen entgegengesetzten Vorzeichens, eine mit einem Reaktanzelement und einem Widerstand oder eine Spannungsteilung mit zwei gleichartigen Elementen vorliegt. Damit wird die Phase eines beliebigen Tiefpasses für Frequenzen, die hoch genug liegen, immer konstant und verläuft, in Abhängigkeit von der Frequenz dargestellt, als Parallele zur Frequenzachse. Der zugehörige Übertragungsfaktor $A_\nu(\omega) = \left|\dfrac{U_{n+1}}{U_n}\right| = e^{-a_\nu}$ eines Gliedes wird entsprechend für genügend hohe Frequenzen

$$A_2(\omega) = c_2\,\omega^{-2}$$

oder

$$A_1(\omega) = c_1\,\omega^{-1} \qquad (15)$$

oder

$$A_0(\omega) = c_0\,\omega^0.$$

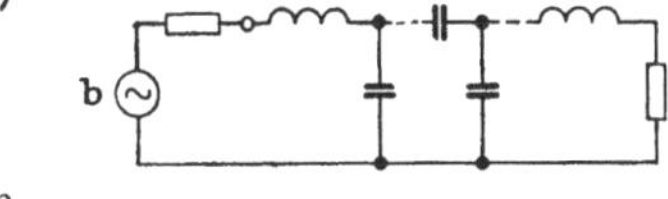

Abb. 5 a u. b. Tiefpaßglieder

Damit wird für einen beliebigen Tiefpaß

$$A(\omega) = c\,\omega^{-n}\ \text{für}\ \omega \to \infty \qquad (16)$$

oder die Dämpfung

$$a = n \ln \omega + C. \qquad (17)$$

Es gilt somit der Satz:

7. Die Dämpfung von realisierbaren Vierpolen kann für sehr hohe Frequenzen — bei etwa vorhandenen Dämpfungspolen jenseits des letzten Pols — höchstens proportional mit $\ln \omega$ ansteigen; in diesem Bereich nähert sich die Phase einem konstanten Wert, der ein Vielfaches von $\pi/2$ ist.

2. Dämpfungs- und Phaseneigenschaften von Netzwerken minimaler Phase

Die Arbeiten von BODE zeigen, daß für lineare Netzwerke minimaler Phase — das sind also allpaß*freie* Netzwerke — mit einem bei allen Frequenzen vorgeschriebenen Dämpfungsverlauf für jede Frequenz die Phasendrehung gegeben ist. Mit jedem Netzwerk, das anderen Gesetzen gehorcht, ist eine größere Phasendrehung als diese minimale verbunden. Die meisten praktisch verwendeten Schaltungen, wie Zwischenfrequenzverstärker, Verstärker mit Tiefpaßeigenschaften, sind solche allpaßfreien Netzwerke. Die Zusammenhänge von Dämpfung und Phase seien im folgenden an einfachen schematischen Beispielen behandelt. Dabei sind wichtige Ergebnisse von Untersuchungen BODES in passender Weise zusammengestellt und, soweit erforderlich, erweitert.

BODE hat eine Reihe von Gleichungen für den Zusammenhang zwischen Dämpfung a und Phase b bei Netzwerken minimaler Phase abgeleitet, die auch für nichtrationale Übertragungsfunktionen gelten.

Eine von diesen lautet:

$$b_x = \frac{1}{\pi} \int\limits_0^\infty \frac{\mathrm{d}a}{\mathrm{d}\omega} \ln \left| \frac{\omega + \omega_x}{\omega - \omega_x} \right| \mathrm{d}\omega. \tag{18}$$

Die Gleichung schreibt folgendes vor: man muß, um die Phase b_x für eine Frequenz ω_x zu bestimmen, die Ableitung der Dämpfungsfunktion nach der Frequenz $\frac{\mathrm{d}a}{\mathrm{d}\omega}$ mit der Gewichtsfunktion $\ln \left| \frac{\omega + \omega_x}{\omega - \omega_x} \right|$ im Frequenzbereich von 0 bis ∞ multiplizieren und über den gesamten Bereich integrieren, d. h., die Fläche bestimmen, die von der Funktion $\frac{\mathrm{d}a}{\mathrm{d}\omega} \ln \left| \frac{\omega + \omega_x}{\omega - \omega_x} \right|$ mit der Frequenzachse gebildet wird.

Eine andere Beschreibungsform, die sich aus Gl. (18) durch partielle Integration ableiten läßt, ist

$$b_x = \frac{2\,\omega_x}{\pi} \int\limits_0^\infty \frac{a(\omega) - a(\omega_x)}{\omega^2 - \omega_x^2} \mathrm{d}\omega. \tag{19}$$

Hier muß zur Berechnung der Phase die Differenz der Dämpfungsfunktion $a(\omega)$ und der Dämpfung $a(\omega_x)$ bei der Frequenz ω_x mit der Gewichtsfunktion $\frac{1}{\omega^2 - \omega_x^2}$ multipliziert und dann der Flächeninhalt zwischen der sich so ergebenden Funktion und der Frequenzachse bestimmt werden.

Die Beschreibungsformen Gl. (18) und (19) sind gleichwertig; je nach dem praktischen Problem läßt sich das Integral Gl. (18) oder das Integral Gl. (19) einfacher berechnen.

Es seien zuerst Tiefpässe betrachtet, deren Dämpfungsgänge häufig vorkommende Filterkurven idealisieren.

a) Der Tiefpaß mit Dämpfungssprung. Abb. 6 zeigt die Dämpfungskurve eines Tiefpasses, der im Durchlaßbereich keine Dämpfung und im Sperrbereich eine konstante Dämpfung hat; bei der Grenzfrequenz f_a springt die normierte Dämpfung $\frac{a}{K}$ von 0 auf den Wert 1, d. h., die absolute Dämpfung a auf den Wert K. Aus der Gl. (18) oder (19) bestimmt sich die zugehörige minimale Phase zu

$$b(\omega) = \frac{K}{\pi} \ln \left| \frac{1 + \dfrac{\omega}{\omega_a}}{1 - \dfrac{\omega}{\omega_a}} \right|. \tag{20}$$

Wird K in Neper eingesetzt, so ergibt sich b in Radianten. Wie die Dämpfung, so ist auch die der Gl. (20) gehorchende Phase in Abb. 6 normiert, d. h., auf K bezogen. Für einen Dämpfungssprung von 6 N würde damit bei $f/f_a = 0,5$ die Phasendrehung $b = 2,1$ rad (120°) betragen. Die Phase steigt bei tiefen Frequenzen zunächst linear an, wächst aber mit zunehmender Annäherung an die Frequenz f_a stärker als linear und wird bei f_a unendlich groß, da $\dfrac{da}{d\omega}$ dort unendlich groß ist. Darüber fällt die Phase wieder monoton ab und geht asymptotisch gegen Null. Ein solcher Tiefpaß ist nicht realisierbar, da für eine unendlich große Phasendrehung unendlich viele Glieder nötig wären. In noch stärkerem Maße trifft dies zu für den „idealisierten" Tiefpaß, der durch *unendlich* große Dämpfung im Sperrbereich gekennzeichnet

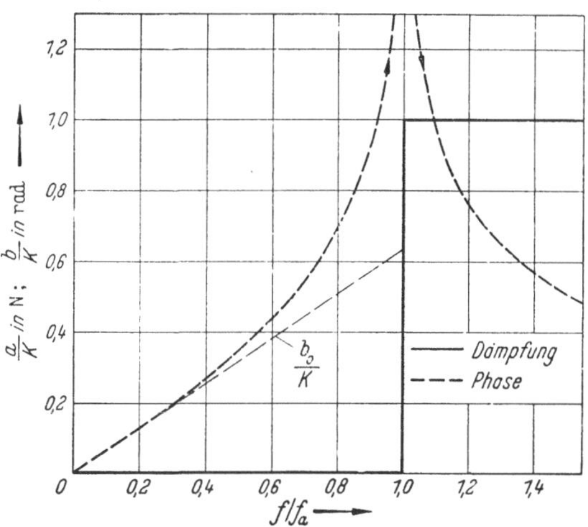

Abb. 6. Dämpfung und Phase des Tiefpasses mit Dämpfungssprung

ist ($K = \infty$); er hätte selbst bei sehr niedrigen Frequenzen schon unendlich große Phase und damit unendlich große Laufzeit $t_0 = \dfrac{db}{d\omega}\Big|_0$.

Für die meisten praktischen Zwecke interessiert vor allem die Phasenverzerrung $\varDelta b$ und nicht der lineare Anteil b_0, da dieser für die Signale nur eine Laufzeit bedeutet, aber keine Verzerrung. Es wird deshalb im folgenden häufig nur $\varDelta b$ betrachtet. Es ist

$$b = b_0 + \varDelta b. \tag{21}$$

Die Reihenentwicklung der Gl. (20) lautet

$$b(\omega) = \frac{K}{\pi}\, 2 \left(\frac{\omega}{\omega_a} + \frac{\left(\dfrac{\omega}{\omega_a}\right)^3}{3} + \frac{\left(\dfrac{\omega}{\omega_a}\right)^5}{5} + \frac{\left(\dfrac{\omega}{\omega_a}\right)^7}{7} + \cdots \right) \tag{22}$$

$$\text{für } \left|\frac{\omega}{\omega_a}\right| < 1.$$

Der lineare Anteil ist demnach

$$b_0 = \frac{K}{\pi}\, 2\, \frac{\omega}{\omega_a} \tag{23}$$

17*

und der nichtlineare Anteil

$$\Delta b = \frac{K}{\pi}\, 2\left(\frac{\left(\frac{\omega}{\omega_a}\right)^3}{3} + \frac{\left(\frac{\omega}{\omega_a}\right)^5}{5} + \cdots\right). \tag{24}$$

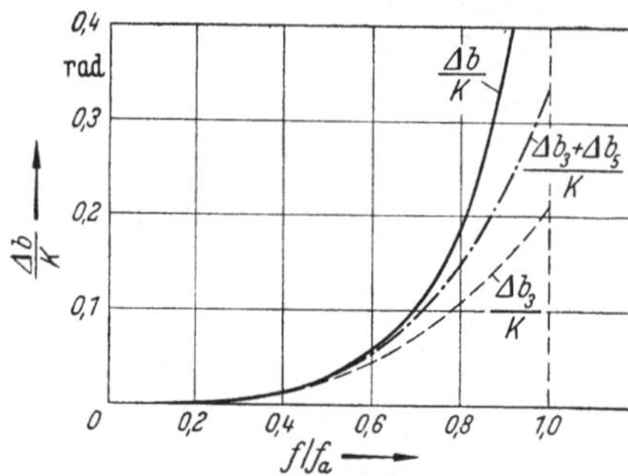

Abb. 7. Phasenverzerrung zu Abb. 6

Der nichtlineare Anteil zeigt die schon auf S. 256 erwähnte charakteristische Eigenschaft, daß die Glieder der Reihe nur ungeradzahlige Potenzen enthalten. In Abb. 7 sind als Näherung das kubische Glied Δb_3 allein und die beiden ersten Glieder der Reihe $\Delta b_3 + \Delta b_5$ aufgetragen. Ferner ist noch der exakte Verlauf Δb eingezeichnet, der sich aus Gl. (20) nach Abzug des linearen Gliedes ergibt zu:

$$\Delta b = \frac{K}{\pi}\left(\ln\left|\frac{1 + \dfrac{\omega}{\omega_a}}{1 - \dfrac{\omega}{\omega_a}}\right| - 2\,\frac{\omega}{\omega_a}\right). \tag{25}$$

Man erhält demnach mit 2 Gliedern schon eine gute Annäherung an den genauen Verlauf.

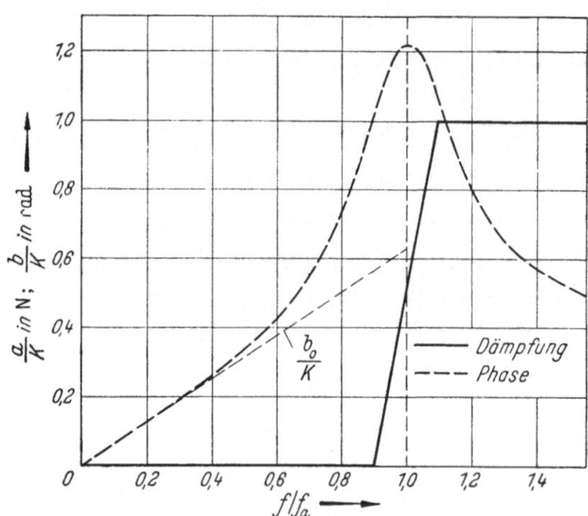

Abb. 8. Dämpfung und Phase bei einem Tiefpaß mit endlicher Steilheit
des Dämpfungssprungs

Die Phasenverzerrung nimmt bei Annäherung an die Frequenz f_a sehr rasch zu. Da dies von dem Sprung in der Dämpfung herrührt, ist es von Interesse, wie die Phasenverzerrung sich mildert, wenn der Übergang vom Durchlaß- zum Sperrbereich stetig verläuft. In Abb. 8 ist ein solcher Übergang für einen Bandverlust von 20% eingetragen. Da jetzt die Ableitung der Dämpfung keinen Pol mehr hat, bleibt die Phase endlich; sie hat in der Mitte des Übergangsbereiches ihr Maximum und fällt dann wieder wie in Abb. 6 gegen Null ab. Im größten Teil des Durchlaßbereiches hat die Phasenverzerrung jedoch nicht nennenswert abgenommen. Die Gewichtsfunktion $\ln \left|\dfrac{\omega + \omega_x}{\omega - \omega_x}\right|$ im Integral der Gl. (18) bewirkt, daß die Phase nur im benachbarten Frequenzbereich durch die Dämpfungsänderung stark beeinflußt wird. Die Fernwirkung des Sprungs auf weiter abliegende Frequenzen ist nicht stark von seiner Form abhängig.

Wie eingangs erwähnt, trachtet man im allgemeinen danach, im Durchlaßbereich einen linearen Phasengang ohne Allpaßglieder zu erhalten; dies kann durch einen geeigneten Dämpfungsverlauf erreicht werden. Es seien zunächst die Dämpfungskurven solcher Filter untersucht.

b) **Linearisierung des Phasengangs.** Ebenso wie die minimale Phase festliegt, wenn der Dämpfungsverlauf im ganzen Frequenzbereich vorgegeben ist, so ist mit einem für alle Frequenzen vorgegebenen Phasenverlauf der Dämpfungsverlauf verbunden. Die der Gl. (18) entsprechende Beziehung lautet jetzt

$$a_x = -\frac{\omega_x}{\pi} \int\limits_0^\infty \frac{\mathrm{d}\left(\dfrac{b}{\omega}\right)}{\mathrm{d}\omega} \ln \left|\frac{\omega + \omega_x}{\omega - \omega_x}\right| \mathrm{d}\omega, \tag{26}$$

und der Gl. (19) entspricht

$$a_x = -\frac{2\,\omega_x^2}{\pi} \int\limits_0^\infty \frac{\dfrac{b}{\omega} - \dfrac{b_x}{\omega_x}}{\omega^2 - \omega_x^2} \mathrm{d}\omega. \tag{27}$$

Es ist interessant, welcher Dämpfungsgang sich ergibt, wenn ein Tiefpaß für alle Frequenzen einen linearen Phasengang haben soll. Mit $b = \omega\, t_0$ wird der Zähler des Integranden in Gl. (27) konstant und verschwindend klein, ebenso ist, wie sich zeigen läßt, das Integral $\int\limits_0^\infty \dfrac{1}{\omega^2 - \omega_x^2} \mathrm{d}\omega$ gleich Null, und es ergibt sich

$$a_x = 0, \tag{28}$$

d. h., mit endlicher Laufzeit t_0 müßte die Dämpfung verschwindend klein sein; eine Filtercharakteristik wäre dann nicht vorhanden.

Wie aber später gezeigt werden wird (vgl. S. 266), kann man einen linearen Phasengang auch dann noch mit beliebiger Genauigkeit herstellen, wenn man die Dämpfungsfunktion sich einem quadratischen Gesetz nähern läßt, d. h.,

$$a(\omega) = c\,\omega^2. \tag{29}$$

Allerdings strebt dabei die Laufzeit t_0 gegen unendlich große Werte.

Mit der Dämpfungsfunktion von Gl. (29) wird der Übertragungsfaktor

$$A(\omega) = \mathrm{e}^{-c\,\omega^2}. \tag{30}$$

Dies ist die bekannte GAUSSsche Fehlerfunktion. Der Übertragungsfaktor Gl. (30) sei deshalb im folgenden zur einfachen Kennzeichnung als „GAUSSscher Übertragungsfaktor" bezeichnet. Die dazugehörige Phase hat einen linearen Gang für alle Frequenzen, ist aber im Endlichen schon unendlich groß. Ein solches Filter ist nicht realisierbar, da es einen unendlich großen Aufwand erfordern würde. Die Betrachtung des grundsätzlichen Aufbaus von Tiefpässen auf S. 257 erklärt diese Tatsache auf einfache Weise.

Man wird natürlich für praktische Fälle die GAUSSsche Fehlerfunktion nicht bis zu unendlich hohen Frequenzen anstreben müssen. Es soll deshalb untersucht werden, wie weit die Annäherung an die Fehlerfunktion erfüllt sein muß, wenn es möglich sein soll, in der Praxis mit ihr zu rechnen. Es sei der Fall betrachtet, daß die Dämpfung von einer Frequenz ω_a ab nicht mehr mit ω^2, sondern mit $\ln\omega$, wie bei wirklichen Netzwerken, weiter steigt. Die Phase sei in zwei Schritten errechnet.

Beim ersten Schritt sei für die Frequenzen $\omega < \omega_a$

$$a_1(\omega) = K\left(\frac{\omega}{\omega_a}\right)^2; \tag{31}$$

für höhere Frequenzen als ω_a sei die Dämpfung konstant gleich K. Das Integral Gl. (18) lautet, da der Beitrag für Frequenzen oberhalb ω_a verschwindet,

$$b_x = \frac{1}{\pi}\int_0^{\omega_a} 2\,\frac{K\,\omega}{\omega_a^2}\ln\left|\frac{\omega + \omega_x}{\omega - \omega_x}\right|\,\mathrm{d}\omega, \tag{32}$$

und seine Lösung ist

$$b_1(\omega) = \frac{2}{\pi}\,K\left[\frac{\omega}{\omega_a} + \frac{1}{2}\left(1 - \left(\frac{\omega}{\omega_a}\right)^2\right)\ln\left|\frac{1 + \dfrac{\omega}{\omega_a}}{1 - \dfrac{\omega}{\omega_a}}\right|\right]. \tag{33}$$

Die Reihenentwicklung für Gl. (33) lautet:

$$b_1(\omega) = \frac{4}{\pi}\,K\left(\frac{\omega}{\omega_a} - \frac{\left(\dfrac{\omega}{\omega_a}\right)^3}{3} - \frac{\left(\dfrac{\omega}{\omega_a}\right)^5}{15} - \frac{\left(\dfrac{\omega}{\omega_a}\right)^7}{35}\cdots\right)\quad\text{für } \left|\frac{\omega}{\omega_a}\right| \le 1. \tag{34}$$

Die Funktionen a_1 und b_1 sind in Abb. 9a aufgetragen.

Für Frequenzen $> \omega_a$ soll sein

$$a_2(\omega) = 2\,K \ln \frac{\omega}{\omega_a} \text{ von } \frac{\omega}{\omega_a} = 1 \text{ bis } \infty. \tag{35}$$

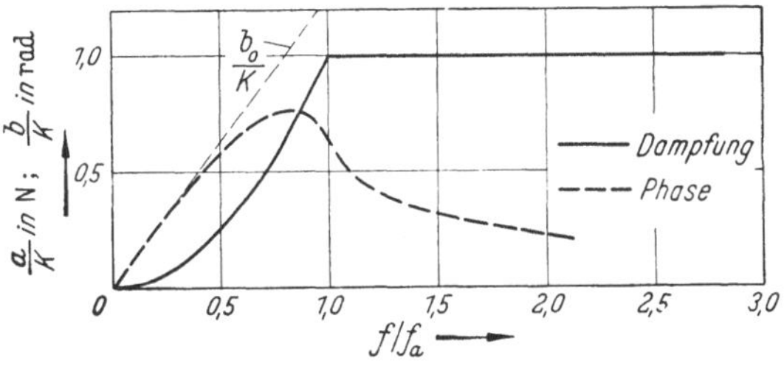

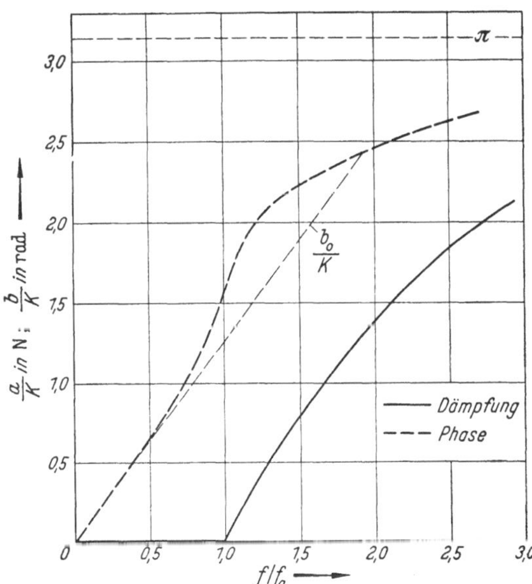

Abb. 9a. Phase für eine quadratische Dämpfungsfunktion

$$a_1(\omega) = K \left(\frac{\omega}{\omega_a}\right)^2 \quad \text{ür } \frac{\omega}{\omega_a} < 1$$
$$a_1(\omega) = K \qquad \text{für } \frac{\omega}{\omega_a} > 1$$

Abb. 9b. Phase für eine logarithmische Dämpfungsfunktion

$$a_2(\omega) = 0 \qquad \text{für } \frac{\omega}{\omega_a} < 1$$
$$a_2(\omega) = 2\,K \ln \frac{\omega}{\omega_a} \text{ für } \frac{\omega}{\omega_a} > 1$$

Der Verlauf von a_2 ist in Abb. 9b aufgetragen; er ist für sich allein eine Tiefpaß-Charakteristik, die später noch zu Vergleichen herangezogen werden wird. Die zu Gl. (35) gehörige minimale Phase ist

$$b_x = \frac{2\,K}{\pi} \int\limits_{\omega_a}^{\infty} \frac{1}{\omega} \ln \left|\frac{\omega + \omega_x}{\omega - \omega_x}\right| \, d\omega \tag{36}$$

mit der Lösung

$$b_2(\omega) = \frac{2\,K}{\pi}\left[\mathfrak{L}_2\left(\frac{\omega}{\omega_a}\right) - \mathfrak{L}_2\left(-\frac{\omega}{\omega_a}\right)\right];\qquad(37)$$

dabei bedeutet $\mathfrak{L}_2(x)$ den „Dilogarithmus"; für Werte von $\dfrac{\omega}{\omega_a}$ zwischen 0 und 1 lautet die Reihenentwicklung

$$b_2(\omega) = \frac{4\,K}{\pi}\left[\frac{\omega}{\omega_a} + \frac{\left(\frac{\omega}{\omega_a}\right)^3}{9} + \frac{\left(\frac{\omega}{\omega_a}\right)^5}{25} + \cdots\right].\qquad(38)$$

b_2 ist in Abb. 9b ebenfalls eingezeichnet.

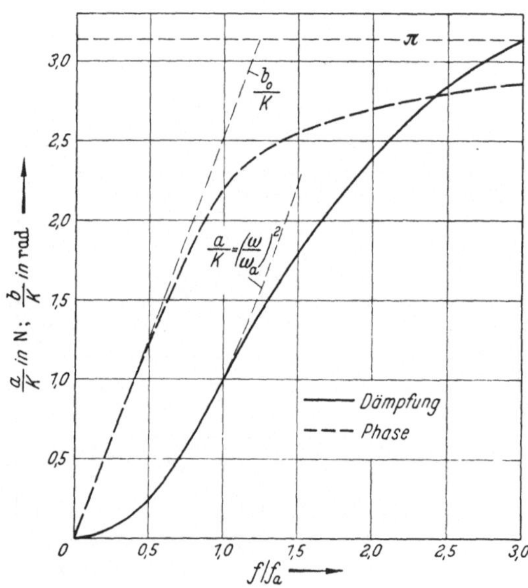

Abb. 9c. Dämpfung und Phase als Summe der Funktionen von Abb. 9a und 9b

Der gewünschte Dämpfungs- und Phasenverlauf ergibt sich als Summe der beiden Anteile von a und b (siehe Abb. 9c). Durch die Wahl des Ansatzes wird eine Unstetigkeit der Ableitung der Summendämpfung bei $f/f_a = 1$ vermieden. Die Phase $\dfrac{b}{K}$, wie auch die Teilphase $\dfrac{b_2}{K}$ nähern sich für hohe Frequenzen dem Grenzwert π.

Man erkennt aus Abb. 9a u. 9c, daß, wenn die Dämpfung im negativen Sinne von dem exakten Verlauf $c\,\omega^2$ abweicht, auch die Phasenverzerrung negativ wird. Die Kurve b_1 zeigt starke negative Phasenverzerrungen. Diese werden durch die positiven der Kurve b_2 für Frequenzen unterhalb f_a nur teilweise kompensiert. Wie sich später zeigen wird, sind Phasenverzerrungen unter 0,1 rad fast immer zulässig, so daß man für $K = 1$ bis $f/f_a = 0{,}5$ mit einer für die meisten praktisch vorkommenden Fälle ausreichenden Linearität rechnen kann.

Man kann vermuten, daß durch geeignete Abweichungen der Dämpfungskurve von der quadratischen Dämpfungsfunktion im Bereich bis f_a ein exakt linearer Phasenverlauf erreicht werden kann. Im nächsten Abschnitt sei deshalb bereits im Ansatz für ein *beschränktes* Frequenzgebiet linearer Phasengang gefordert.

c) Tiefpässe mit einem Teilbereich linearen Phasengangs und vorgegebenem Phasengang außerhalb dieses Bereiches. Es seien einige grundsätzliche Tiefpaß-Charakteristiken betrachtet, die nur bis zu einer endlichen Frequenz ω_b einen linearen Phasengang besitzen. Es wird untersucht, welche Dämpfung sich ergibt, wenn der Phasengang oberhalb ω_b vom linearen Verlauf abweicht.

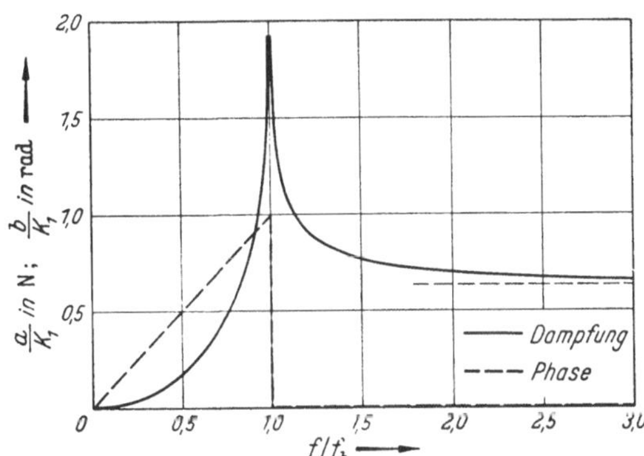

Abb. 10. Die Dämpfungsfunktion $a_1\,(\omega) = \dfrac{K_1}{\pi}\dfrac{\omega}{\omega_b}\cdot\ln\left|\dfrac{1 + \dfrac{\omega}{\omega_b}}{1 - \dfrac{\omega}{\omega_b}}\right|$ und ihre Phase

Mit Gl. (27) läßt sich auf einfache Weise die Dämpfungsfunktion bestimmen, die von 0 bis ω_b einen linearen Phasengang und von ω_b bis ∞ eine konstante Phase K bewirkt. Dieser Phasenverlauf möge aus 2 Teilfunktionen zusammengesetzt werden (vgl. Abb. 10 u. 11).

1. $b_1 = K_1 \dfrac{\omega}{\omega_b}$ von 0 bis ω_b $\qquad$ $b_1 = 0$ von ω_b bis ∞

2. $b_2 = 0$ von 0 bis ω_b $\qquad$ $b_2 = K_2$ von ω_b bis ∞.

Zunächst sei die Funktion 1 betrachtet. Im Bereich bis ω_b gilt

$$a_x = -\frac{2\,\omega_x^2}{\pi}\left[\int\limits_0^{\omega_b}\frac{\dfrac{K_1}{\omega_b} - \dfrac{K_1}{\omega_b}}{\omega^2 - \omega_x^2}\,d\omega + \int\limits_{\omega_b}^{\infty}\frac{0 - \dfrac{K_1}{\omega_b}}{\omega^2 - \omega_x^2}\,d\omega\right] = \frac{2\,K_1}{\pi}\frac{\omega_x^2}{\omega_b}\int\limits_{\omega_b}^{\infty}\frac{d\omega}{\omega^2 - \omega_x^2} \qquad (39)$$

und im Bereich oberhalb ω_b

$$a_x = -\frac{2\,\omega_x^2}{\pi}\left[\int\limits_0^{\omega_b}\frac{\dfrac{K_1}{\omega_b}-0}{\omega^2-\omega_x^2}\,d\omega + \int\limits_{\omega_b}^{\infty}\frac{0-0}{\omega^2-\omega_x^2}\,d\omega\right] = -\frac{2K_1}{\pi}\frac{\omega_x^2}{\omega_b}\int\limits_0^{\omega_b}\frac{d\omega}{\omega^2-\omega_x^2}\,.$$

Da

$$\int\frac{dx}{x^2-a^2} = \frac{1}{2\,a}\ln\frac{x-a}{x+a} \tag{40}$$

ist, wird, für den ganzen Frequenzbereich gültig,

$$a_1(\omega) = \frac{K_1}{\pi}\frac{\omega}{\omega_b}\ln\left|\frac{1+\dfrac{\omega}{\omega_b}}{1-\dfrac{\omega}{\omega_b}}\right|\,. \tag{41}$$

In Abb. 10 ist diese Funktion normiert dargestellt. Sie weist für $f < f_b$ eine stetig ansteigende Dämpfung auf; mit dem negativen Phasensprung ist ein Dämpfungspol verbunden. Für $f > f_b$ nähert sich die Dämpfung asymptotisch dem Grenzwert $a_\infty = \frac{2}{\pi}K_1$. Ein solches asymptotisches Verhalten war zu erwarten, da für hohe Frequenzen die Phase verschwinden soll.

Für spätere Vergleiche interessiert die Entwicklung der Gl. (41) in eine Potenzreihe; sie lautet

$$a_1(\omega) = \frac{2}{\pi}K_1\left[\left(\frac{\omega}{\omega_b}\right)^2 + \frac{1}{3}\left(\frac{\omega}{\omega_b}\right)^4 + \frac{1}{5}\left(\frac{\omega}{\omega_b}\right)^6 + \frac{1}{7}\left(\frac{\omega}{\omega_b}\right)^8 + \cdots\right] \tag{42}$$

$$\text{für } \left|\frac{\omega}{\omega_b}\right| < 1.$$

An Hand dieser Gleichung sei gezeigt, wie sich der auf S. 262 erwähnte quadratische Dämpfungsgang bei linearem Phasengang ergibt. Läßt man nämlich K_1 und ω_b so gegen unendlich gehen, daß $\frac{2}{\pi}\frac{K_1}{\omega_b^2} = c$ konstant bleibt, so werden in Gl. (42) alle Glieder höherer Ordnung verschwindend klein gegen das erste Glied, und man erhält Gl. (29). Zugleich wächst aber die Phasenlaufzeit b/ω über alle Grenzen.

Für die Funktion 2 ist

$$a_x = -\frac{2\,\omega_x^2}{\pi}\int\limits_{\omega_b}^{\infty}\frac{\dfrac{K_2}{\omega}}{\omega^2-\omega_x^2}\,d\omega\,, \tag{43}$$

und es ergibt sich mit ähnlichem Rechengang wie bei der Funktion 1 für die Dämpfung im ganzen Frequenzbereich

$$a_2(\omega) = \frac{K_2}{\pi}\ln\left|1-\left(\frac{\omega}{\omega_b}\right)^2\right|\,. \tag{44}$$

Abb. 11 zeigt diese Funktion. Die Dämpfung sinkt von der Frequenz Null an zunächst monoton; der positive Phasensprung ist verbunden mit einem negativen Dämpfungspol; bei $f/f_b = \sqrt{2}$ wird die Dämpfung Null wieder erreicht; sie steigt mit weiter wachsender Frequenz stetig an und nähert sich proportional mit $\ln \dfrac{\omega}{\omega_b}$ einem unendlich großen Wert. Diese zunächst überraschende Funktion zeigt, daß ein Tiefpaß, der in einem beträchtlichen Teil seines Durchlaßbereiches die Phase nicht drehen

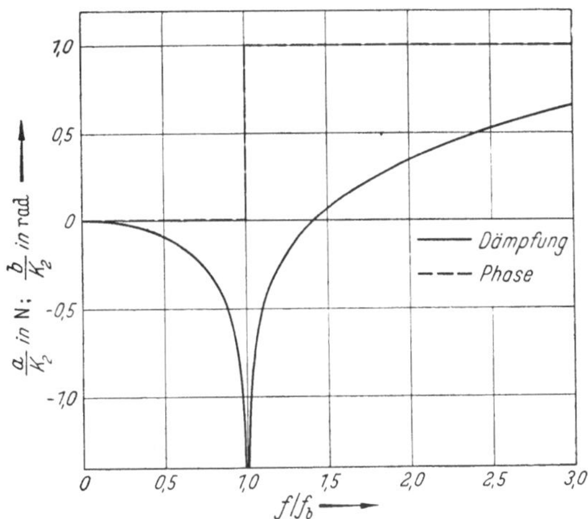

Abb. 11. Die Dämpfungsfunktion $a_2\,(\omega) = \dfrac{K_2}{\pi} \ln \left| 1 - \left(\dfrac{\omega}{\omega_b}\right)^2 \right|$ und ihre Phase

soll, der also keine Laufzeit hätte, in diesem Teilbereich eine mit der Frequenz zunehmende Verstärkung aufweisen müßte, wenn er für die Frequenz Null keine Dämpfung haben soll. Ein solches Dämpfungsverhalten ist für die meisten Bedürfnisse der Praxis unerwünscht. Es ist jedoch hier betrachtet worden, weil sich durch rein theoretische Kombinationen mit anderen Funktionen weitergehende Erkenntnisse über das Verhalten von Netzwerken gewinnen lassen.

Solche Kombinationen erhält man durch Addition der Funktion (41) zu der Funktion (44). Die Gleichung hierfür lautet

$$a(\omega) = \frac{K_1}{\pi} \left[\frac{\omega}{\omega_b} \ln \left| \frac{1 + \dfrac{\omega}{\omega_b}}{1 - \dfrac{\omega}{\omega_b}} \right| + \frac{K_2}{K_1} \ln \left| 1 - \left(\frac{\omega}{\omega_b}\right)^2 \right| \right] \tag{45}$$

und ihre Reihenentwicklung

$$a(\omega) =$$
$$\frac{K_1}{\pi} \left[\left(2 - \frac{K_2}{K_1} \right) \left(\frac{\omega}{\omega_b} \right)^2 + \frac{1}{6} \left(4 - 3\frac{K_2}{K_1} \right) \left(\frac{\omega}{\omega_b} \right)^4 + \frac{1}{15} \left(6 - 5\frac{K_2}{K_1} \right) \left(\frac{\omega}{\omega_b} \right)^6 + \cdots \right]$$
$$\text{für } \left| \frac{\omega}{\omega_b} \right| < 1. \tag{46}$$

Diese Summenfunktion ist in Abb. 12 dargestellt; dabei ist das Verhältnis K_2/K_1 Parameter.

Für Parameterwerte zwischen 0 und 1 ergeben sich Dämpfungskurven, die den praktischen Bedürfnissen recht gut entsprechen. Wächst der Parameter K_2/K_1, so verringert sich die Breite der Dämpfungsspitze bei f_b und die Dämpfung steigt, wie es erwünscht ist, nach höheren Frequenzen hin immer stärker an. Die Phase bleibt dabei im Bereich 0 bis f_b erhalten und hat oberhalb davon einen frequenzunabhängigen Wert, der proportional mit K_2/K_1 wächst. Für $K_2/K_1 = 1$ verschwindet der Pol, und die Dämpfung verläuft stetig; ebenso zeigt die Phasenkurve keinen Sprung. Für Werte von K_2/K_1, die größer sind als

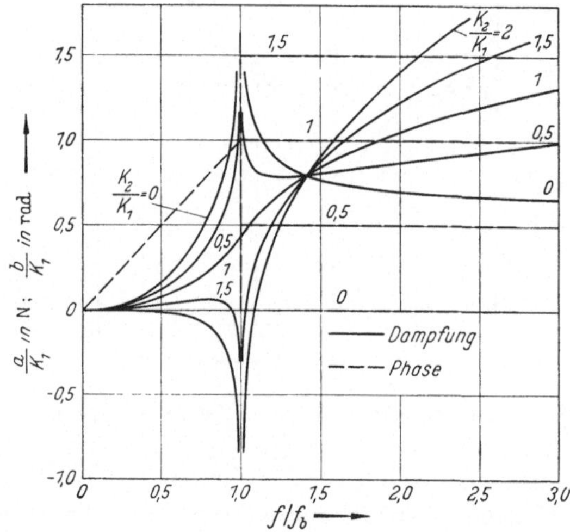

Abb. 12. Die Dämpfungsfunktion

$$a(\omega) = \frac{K_1}{\pi}\left[\frac{\omega}{\omega_b}\ln\left|\frac{1+\dfrac{\omega}{\omega_b}}{1-\dfrac{\omega}{\omega_b}}\right| + \frac{K_2}{K_1}\ln\left|1-\left(\frac{\omega}{\omega_b}\right)^2\right|\right]$$

und ihre Phase mit $\dfrac{K_2}{K_1}$ als Parameter

Eins, überwiegt die Funktion (44), und die Gesamtdämpfung erhält einen negativen Pol, der mit einem positiven Phasensprung verbunden ist. Diese Eigenschaft ist, wie vorhin erwähnt, unerwünscht, obwohl man in einem großen Teil des Durchlaßbereiches die Dämpfung annähernd entzerren könnte.

Die Kurve für $K_2/K_1 = 1$ zeigt das Verhalten, das im vorigen Abschnitt angestrebt worden ist. Die Dämpfungsfunktion steigt für hohe Frequenzen wie bei Abb. 9c logarithmisch an. Die Abweichung der Dämpfung von der quadratischen Funktion im Durchlaßbereich ist am besten aus der Reihenentwicklung zu erkennen. Diese ergibt sich für

$K_2/K_1 = 1$ aus Gl. (46)

$$a(\omega) = \frac{K_1}{\pi}\left[\left(\frac{\omega}{\omega_b}\right)^2 + \frac{1}{6}\left(\frac{\omega}{\omega_b}\right)^4 + \frac{1}{15}\left(\frac{\omega}{\omega_b}\right)^6 + \cdots\right] \tag{47}$$

$$\text{für } \left|\frac{\omega}{\omega_b}\right| \leq 1.$$

Durch die positiven Korrekturglieder, die der vierten und höheren Potenzen von ω/ω_b gehorchen, erhält man den gewünschten streng linearen Phasengang bis $\omega/\omega_b = 1$ ohne eine Unstetigkeit im gesamten Dämpfungsverlauf.

d) Tiefpässe mit einem Teilbereich linearen Phasengangs und vorgegebenem Dämpfungsgang außerhalb dieses Bereiches. Ist der Dämpfungsgang a oberhalb der Frequenz ω_b vorgegeben und der Phasengang b unterhalb dieser Frequenz — ω_b ist in diesem Fall nach Definition identisch mit ω_a —, so kann man von einer dritten Darstellungsart der Beziehung zwischen Dämpfung und Phase Gebrauch machen. Diese lautet:

$$\frac{2\,\omega_x}{\pi}\int_0^{\omega_b} \frac{-\omega\,b(\omega)}{\sqrt{1 - \frac{\omega^2}{\omega_b^2}}}\,\frac{d\omega}{\omega^2 - \omega_x^2} + \frac{2\,\omega_x}{\pi}\int_{\omega_b}^{\infty} \frac{\omega\,a(\omega)}{\sqrt{\frac{\omega^2}{\omega_b^2} - 1}}\,\frac{d\omega}{\omega^2 - \omega_x^2} =$$

$$= \frac{\omega_x\,a_x}{\sqrt{1 - \frac{\omega_x^2}{\omega_b^2}}} \quad \text{für } \omega_x < \omega_b \tag{48}$$

$$= \frac{\omega_x\,b_x}{\sqrt{\frac{\omega_x^2}{\omega_b^2} - 1}} \quad \text{für } \omega_x > \omega_b.$$

Mit Hilfe dieser Beziehung lassen sich beliebig viele Tiefpaß-Charakteristiken berechnen, die einen linearen Phasengang unterhalb der Frequenz $\omega_a = \omega_b$ haben; darunter fallen natürlich auch solche, die bis zur Grenzfrequenz die Phase überhaupt nicht drehen. Es werde zunächst aus der Vielzahl ein Fall herausgegriffen, der leicht im Gedächtnis zu behalten ist und eine gute Ergänzung zu den in den vorigen Abschnitten behandelten Beziehungen darstellt. Er ist in Abb. 13 dargestellt.

Bis zur Frequenz $\frac{\omega}{\omega_b} = 1$ ist der Phasengang linear

$$b = K\frac{\omega}{\omega_b} \tag{49}$$

und darüber bleibt die Dämpfung konstant

$$a = K. \tag{50}$$

Mit Gl. (48) erhält man folgende einfache Beziehungen: die Phase wird

$$b(\omega) = K\left(\frac{\omega}{\omega_b} - \sqrt{\left(\frac{\omega}{\omega_b}\right)^2 - 1}\right) \quad \text{für } 1 < \frac{\omega}{\omega_b} < \infty, \tag{51}$$

und die Dämpfung gehorcht der Gleichung

$$a(\omega) = K \left(1 - \sqrt{1 - \left(\frac{\omega}{\omega_b}\right)^2}\right) \quad \text{für} \;\; 0 < \frac{\omega}{\omega_b} < 1. \tag{52}$$

Auch bei dieser Funktion steigt die Dämpfung monoton an. Zum Vergleich mit der quadratischen Dämpfungsfunktion sei die Gl. (52) in eine Potenzreihe entwickelt; sie lautet:

$$a(\omega) = \frac{K}{2}\left[\left(\frac{\omega}{\omega_b}\right)^2 + \frac{1}{4}\left(\frac{\omega}{\omega_b}\right)^4 + \frac{1}{8}\left(\frac{\omega}{\omega_b}\right)^6 + \frac{5}{64}\left(\frac{\omega}{\omega_b}\right)^8 + \cdots\right] \tag{53}$$

$$\text{für} \;\; \left|\frac{\omega}{\omega_b}\right| \leq 1.$$

Die Dämpfungsfunktion steigt also stärker an als die der Gl. (47) gehorchende von Abb. 12.

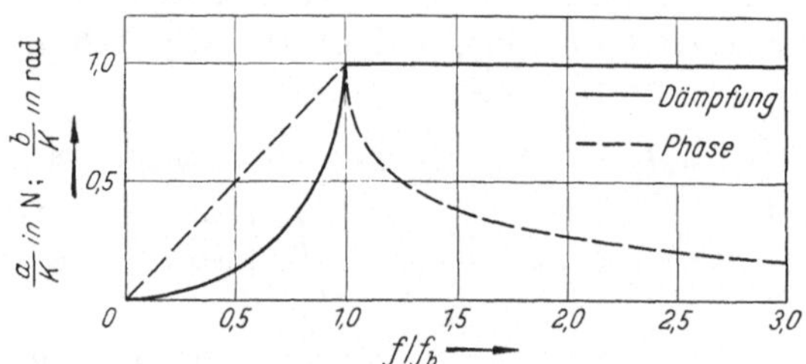

Abb. 13. Die Dämpfungsfunktion

$$a(\omega) = K\left[1 - \sqrt{1 - \left(\frac{\omega}{\omega_b}\right)^2}\right] \text{für} \; 0 < \frac{\omega}{\omega_b} < 1$$

und die Phasenfunktion

$$b(\omega) = K\left[\frac{\omega}{\omega_b} - \sqrt{\left(\frac{\omega}{\omega_b}\right)^2 - 1}\right] \text{für} \; 1 < \frac{\omega}{\omega_b} < \infty$$

Im folgenden seien noch zwei für theoretische Betrachtungen interessante Funktionen abgeleitet, die bis zu einer Frequenz ω_b *keine* Phasendrehung zur Folge haben sollen, bei denen also bis zu dieser Frequenz $b = 0$ ist. Wie das Beispiel Gl. (44) schon gezeigt hat, und wie auch leicht einzusehen ist, ist ein derartiges Verhalten nur zu erreichen, wenn negative Dämpfungen in Kauf genommen werden.

Die erste Dämpfungsfunktion möge

$$a(\omega) = \frac{K\pi}{2} \frac{\sqrt{\left(\frac{\omega}{\omega_b}\right)^2 - 1}}{\frac{\omega}{\omega_b}} \ln\left(\frac{\omega}{\omega_b}\right) \quad \text{für} \;\; 1 \leq \frac{\omega}{\omega_b} < \infty \tag{54}$$

sein; mit diesem Ansatz erhält man eine einfache Rechnung. Da für $\frac{\omega}{\omega_b} < 1$ die Phase $b = 0$ ist, verschwindet das erste Integral in Gl. (48).

Setzt man Gl. (54) in Gl. (48) ein, so wird

$$\int\limits_{1}^{\infty} \frac{K \ln \dfrac{\omega}{\omega_b}}{\left(\dfrac{\omega}{\omega_b}\right)^2 - \left(\dfrac{\omega_x}{\omega_b}\right)^2} \, d\left(\frac{\omega}{\omega_b}\right) = \frac{a_x}{\sqrt{1 - \left(\dfrac{\omega_x}{\omega_b}\right)^2}} \qquad \text{für } \omega_x < \omega_b. \tag{55}$$

Da

$$\int \frac{\ln x}{x^2 - a^2} \, dx = \frac{1}{2a}\left[\ln x \ln \frac{a-x}{a+x} + \mathfrak{L}_2\left(\frac{x}{a}\right) - \mathfrak{L}_2\left(-\frac{x}{a}\right)\right] \tag{56}$$

ist, wird

$$a(\omega) = \frac{K}{2} \frac{\sqrt{1 - \left(\dfrac{\omega}{\omega_b}\right)^2}}{\dfrac{\omega}{\omega_b}} \left[\mathfrak{L}_2\left(\frac{\omega}{\omega_b}\right) - \mathfrak{L}_2\left(-\frac{\omega}{\omega_b}\right)\right] \qquad \text{für } 0 < \frac{\omega}{\omega_b} < 1. \tag{57}$$

Die zugehörige Phase für $\dfrac{\omega}{\omega_b} > 1$ ist

$$b(\omega) = \frac{K}{2} \frac{\sqrt{\left(\dfrac{\omega}{\omega_b}\right)^2 - 1}}{\dfrac{\omega}{\omega_b}} \left[\mathfrak{L}_2\left(\frac{\omega}{\omega_b}\right) - \mathfrak{L}_2\left(-\frac{\omega}{\omega_b}\right)\right]. \tag{58}$$

Dabei bedeutet $\mathfrak{L}_2(x)$ wieder den Dilogarithmus.

Die Gl. (57) ergibt für $\omega = 0$ eine Dämpfung von K Neper und nicht, wie gewünscht, den Wert Null. In Abb. 14, in der die Funktionen Gl. (54) und (57) als Dämpfungskurve 1 aufgetragen sind, ist daher ein konstanter Wert von K Neper subtrahiert; dies ist möglich, ohne daß der Phasenverlauf beeinflußt wird. Die normierte Dämpfung a/K verläuft zuerst monoton abfallend, bis sie bei der Frequenz f_b den Wert -1 N erreicht. Darüber steigt sie ungefähr linear mit der Frequenz wieder an und geht bei etwa $f/f_b = 2$ zu positiven Werten über. Bei hohen Frequenzen steigt sie proportional $\dfrac{\pi}{2} \ln \dfrac{\omega}{\omega_b}$ weiter an; dementsprechend nähert sich die Phase, welche nach Gl. (58) ebenfalls in Abb. 14 als Phasenkurve 1 eingetragen ist, dem Grenzwert $\pi^2/4$. Der Einfluß der in einem weiten Bereich negativen Dämpfung kompensiert den der positiven oberhalb von $f/f_b = 2$, und zwar so, daß vom Nullpunkt bis zur Frequenz f_b keine Phasendrehung zustande kommt.

Die zweite Funktion bei der die Phase für $\dfrac{\omega}{\omega_b} < 1$ Null sein soll und mit der sich ebenfalls leicht rechnen läßt, möge oberhalb der Frequenz ω_b der Gleichung

$$a(\omega) = \frac{K\pi}{2} \frac{\sqrt{\left(\dfrac{\omega}{\omega_b}\right)^2 - 1}}{\dfrac{\omega}{\omega_b}} \tag{59}$$

gehorchen. Die zugehörige Dämpfungsfunktion unterhalb der Frequenz ω_b errechnet sich mit Gl. (48) zu

$$a(\omega) = \frac{K}{2} \frac{\sqrt{1 - \left(\frac{\omega}{\omega_b}\right)^2}}{\frac{\omega}{\omega_b}} \ln \left| \frac{1 + \frac{\omega}{\omega_b}}{1 - \frac{\omega}{\omega_b}} \right| \quad \text{für} \quad 0 < \frac{\omega}{\omega_b} < 1. \tag{60}$$

Die Phase wird

$$b(\omega) = \frac{K}{2} \frac{\sqrt{\left(\frac{\omega}{\omega_b}\right)^2 - 1}}{\frac{\omega}{\omega_b}} \ln \left| \frac{1 + \frac{\omega}{\omega_b}}{1 - \frac{\omega}{\omega_b}} \right| \quad \text{für} \quad 1 < \frac{\omega}{\omega_b} < \infty. \tag{61}$$

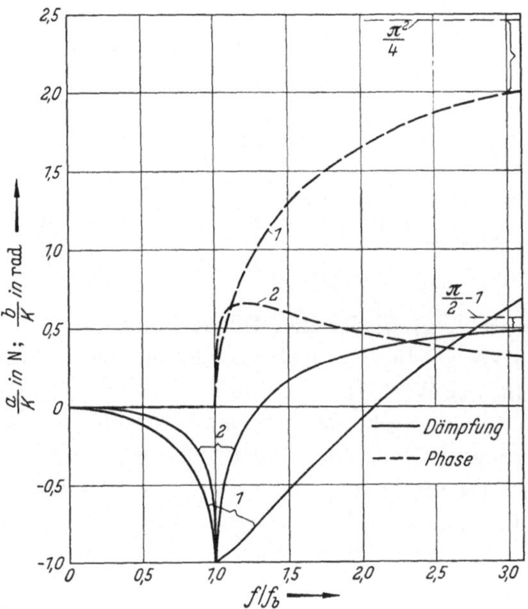

Abb. 14. Dämpfungsfunktionen ohne Laufzeit unterhalb der Grenzfrequenz ω.

Kurven 1: $\dfrac{a(\omega)}{K} = \dfrac{1}{2} \dfrac{\sqrt{1 - \left(\frac{\omega}{\omega_b}\right)^2}}{\frac{\omega}{\omega_b}} \left[\mathfrak{L}_2\left(\frac{\omega}{\omega_b}\right) - \mathfrak{L}_2\left(-\frac{\omega}{\omega_b}\right) \right] - 1 \quad \text{für } 0 < \frac{\omega}{\omega_b} < 1$

$\dfrac{a(\omega)}{K} = \dfrac{\pi}{2} \dfrac{\sqrt{\left(\frac{\omega}{\omega_b}\right)^2 - 1}}{\frac{\omega}{\omega_b}} \ln\left(\frac{\omega}{\omega_b}\right) - 1 \qquad \qquad \text{für } 1 < \frac{\omega}{\omega_b} < \infty$

Kurven 2: $\dfrac{a(\omega)}{K} = \dfrac{1}{2} \dfrac{\sqrt{1 - \left(\frac{\omega}{\omega_b}\right)^2}}{\frac{\omega}{\omega_b}} \ln \left| \frac{1 + \frac{\omega}{\omega_b}}{1 - \frac{\omega}{\omega_b}} \right| - 1 \quad \text{für } 0 < \frac{\omega}{\omega_b} < 1$

$\dfrac{a(\omega)}{K} = \dfrac{\pi}{2} \dfrac{\sqrt{\left(\frac{\omega}{\omega_b}\right)^2 - 1}}{\frac{\omega}{\omega_b}} - 1 \qquad \qquad \text{für } 1 < \frac{\omega}{\omega} < \infty$

Die zusammengehörigen Funktionen von Gl. (59) und Gl. (60) sind als Dämpfungskurve 2, ebenfalls um einen konstanten Betrag von $-1\,\mathrm{N}$ verschoben, in Abb. 14 eingetragen, die Funktion (61) als Phasenkurve 2. Die Dämpfung verhält sich ähnlich wie die Funktion 1. Die Verstärkungsspitze ist jedoch schärfer, ferner geht die Kurve schon bei $f/f_b = 1,3$ wieder zu positiven Dämpfungen über und nähert sich, da die Phase für $\omega \to \infty$ gegen Null geht, asymptotisch einem Grenzwert, der $\dfrac{\pi}{2} - 1$ beträgt.

Ein Vergleich von Abb. 14 mit Abb. 11 zeigt, daß der Phasensprung bei der Frequenz f_b abgerundet ist, weil der Verstärkungspol bei beiden Funktionen vermieden ist.

Es ist natürlich rechnerisch möglich, die Funktionen mit einem negativen Vorzeichen zu versehen, so daß die Dämpfung für $f/f_b < 1$ ansteigt. Solche Tiefpässe sind jedoch praktisch wertlos, da sie bei hohen Frequenzen nicht nur nicht dämpfen, sondern sogar verstärken.

Auf S. 268 ist versucht worden, zusammengehörige Dämpfungs- und Phasengänge zu erhalten, die beide im Durchlaßbereich keine Verzerrungen haben. Zu diesem Zweck wurden Dämpfungsfunktionen, zu denen ein linearer Phasengang unterhalb f_b gehört, mit der Funktion der Abb. 11 kombiniert. Diese hatte jedoch den Nachteil des Verstärkungspols. Die Funktionen von Abb. 14 bieten diese Möglichkeit in ganz ähnlicher Weise, sie haben jedoch den Vorzug, statt des Pols nur eine Verstärkungsspitze zu haben. Von dieser Eigenschaft wird im folgenden noch Gebrauch gemacht werden.

e) Gegenüberstellung der wichtigsten Tiefpaßfunktionen mit linearem Phasengang im Nutzbereich. Man kann die bei Aufgaben der Praxis verlangten Tiefpaß-Charakteristiken mit linearem Phasengang in zwei Klassen aufteilen. Die eine soll ungefähr einer GAUSSschen Fehlerfunktion gehorchen und bis zu Dämpfungen von einigen Neper einen linearen Phasengang haben. Die andere soll im Nutzbereich möglichst keine oder nur geringe Dämpfungsverzerrungen aufweisen und nur in diesem Bereich einen linearen Phasengang haben. Die erste Klasse wird häufig in der Impulstechnik verwendet, die zweite für kontinuierliche Signale, z. B. bei Frequenzmodulation. Es seien zunächst die *„Impulsfilter“* betrachtet.

In Abb. 15a sind vier kennzeichnende Dämpfungsfunktionen mit den zugehörigen Phasenfunktionen im Vergleich zur quadratischen Dämpfungsfunktion zusammengestellt (Kurve 1, 2, 3 und 3'). Alle Kurven haben für tiefe Frequenzen denselben Dämpfungsanstieg

$$\frac{da}{d\omega}\bigg|_{\omega=0} = 6\,\frac{\omega}{\omega_b^2}$$

wie die punktiert eingezeichnete quadratische Dämpfungskurve. Das bedeutet, daß für die Kurve 1, die der Gl. (45) für $K_2/K_1 = 1$ nach Abb. 12 gehorcht, $K_1 = 3\,\pi$ ist; für die Kurve 2, die die Gl. (52) (Abb. 13) darstellt, wird $K = 6$, und für die Kurve 3, die der Gl. (45) mit $K_2/K_1 = 0,5$ gehorcht (siehe Abb. 12), ist $K_1 = 2\,\pi$. Bei allen Kurven erhält man bei $f/f_b \approx 0,5$ den Dämpfungsanstieg von 0,7 N (6 db), für den die Nutzbandbreite definiert wurde.

Prüft man die Kurven auf ihre Selektionsbandbreite B_s hin, so erkennt man, daß diese für die Kurven 1 und 2 in erwünschter Weise

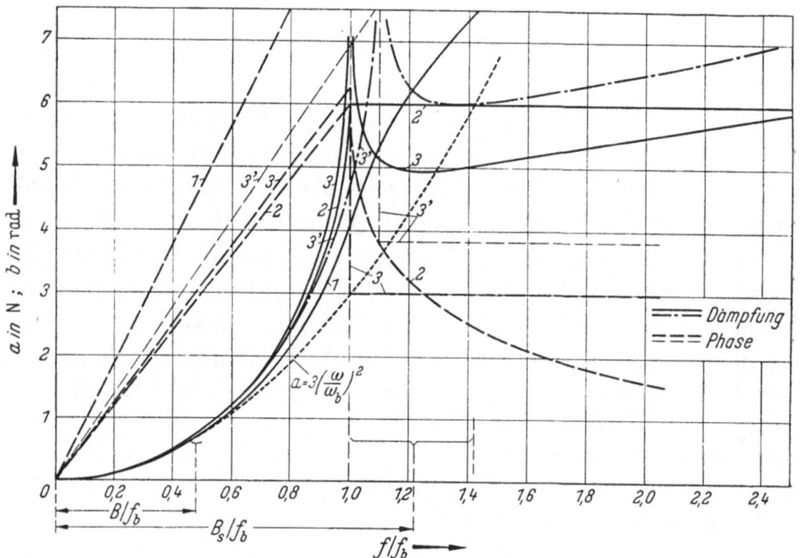

Abb. 15a. Dämpfungsfunktionen von Tiefpässen mit linearem Phasengang

gegenüber dem quadratischen Dämpfungsgang kleiner ist, und zwar zeigt die Kurve 2 das günstigste Verhalten; für sie ist B_s gleich f_b. Der Dämpfungsanstieg für Kurve 3 ist unterhalb f_b wohl noch etwas steiler als für Kurve 2, sie sinkt jedoch oberhalb ihres Pols unter den zulässigen Mindestwert von 6 N ab und erreicht ihn erst bei viel höheren Frequenzen wieder. Da unter diesen Umständen der Kurvenverlauf 3 zu ungünstig beurteilt würde, ist noch zusätzlich die Kurve 3' nach Gl. (45) eingetragen, bei der die Polfrequenz nach $f/f_b = 1,1$ verschoben ist und $K_1 = 7,65$ gewählt wurde und bei der die Sperrdämpfung oberhalb davon nicht mehr unter den geforderten Betrag absinkt. Das Verhältnis der Selektionsbandbreite zur Nutzbandbreite, das für die quadratische Kurve etwa 3 beträgt, liegt damit für die Kurven 1, 2 und 3' zwischen 2 und 2,5. Die geringfügige Verringerung dieses Verhältnisses, d. h. das steilere Ansteigen der Kurven in der Reihenfolge $1 - 3' - 2$ oberhalb der Nutzbandbreite $B \approx 0,5\,f_b$, wird allerdings mit einem starken

Dämpfungsverlust im Sperrbereich bezahlt. Den Grenzfall stellt die Kurve 2 dar; bei dieser bleibt die Dämpfung für weit ab liegende Frequenzen gleich der Dämpfung bei der Selektionsbandbreite.

Hingewiesen sei noch auf den Phasenverlauf. Die unterschiedliche Steigung der Phase im Nutzbereich, d. h. die verschiedene Phasenlaufzeit b/ω, rührt vorwiegend von der Verschiedenheit der Dämpfung im Sperrbereich her. Hier behält die Phase bei Kurve 1 den Betrag bei, den sie bei der Frequenz f_b erreicht hatte, bei Kurve 2 nimmt sie stetig gegen Null gehend ab, und bei den Kurven 3 und 3' ist durch einen negativen Phasensprung der steile Dämpfungsanstieg im Durchlaßbereich erzielt worden.

Es liegt nahe, mit einem umgekehrten Verhalten der Phase von der Frequenz f_b ab, nämlich einer Zunahme der Gruppenlaufzeit in dem Bereich dicht über dieser Frequenz, die zur Linearisierung des Phasengangs vorhandene Dämpfungsverzerrung im Durchlaßbereich zu unterdrücken und dadurch die 2. Klasse, die „*Übertragungsfilter*", zu erhalten. Bei diesen braucht der Phasengang nur in dem Bereich linear zu bleiben, in dem keine Dämpfungsverzerrung auftritt. Die Nutzbandbreite erstreckt sich im Gegensatz zu den Impulsfiltern bei dieser Filterklasse von 0 bis f_b. Sie sei mit B' bezeichnet. Die Übertragungsfilter seien hier nur der Gegenüberstellung halber kurz diskutiert, da sie nicht zum eigentlichen Thema dieses Buches gehören.

In Abb. 15b sind für diese Klasse kennzeichnende Dämpfungsfunktionen mit den zugehörigen Phasenfunktionen zusammengestellt. Die Kurven 1 und 2 sind durch Addition der Funktion Gl. (52) (Abb. 13) und der Funktionen Gl. (54) u. (57) (Abb. 14) entstanden. Für die Kurve 1 erhält man mit einem Wert $K = 6$ in allen Gleichungen bei der Frequenz f_b die Dämpfung $a = 0$. Die Dämpfungsverzerrungen unterhalb f_b sind gegenüber Abb. 14 wesentlich kleiner geworden (0,35 N). Oberhalb dieser Frequenz steigt die Dämpfung nahezu linear bis zur Sperrdämpfung von 6 N hin an, die sie bei etwa der doppelten Nutzbandbreite überschreitet. Für die Kurve 2 ist in der Funktion Gl. (52) für K der Wert 6 und in den Funktionen Gl. (54) u. (57) für K der Wert 7 gesetzt worden. Dadurch wird erreicht, daß in einem Frequenzbereich von 0 bis etwa 0,9 f_b fast keine Dämpfungsverzerrung vorliegt; man muß dann jedoch bei der Frequenz f_b eine Verstärkung von 1 N in Kauf nehmen. Oberhalb dieser Frequenz steigt die Dämpfung ähnlich wie bei der Kurve 1 an. Diese Kurve ist der Funktion $a = 2\,K \ln \dfrac{\omega}{\omega_a}$ von Abb. 9b sehr ähnlich; sie enthält jedoch in der Dämpfung diejenigen Korrekturen, die notwendig sind, um im Durchlaßbereich einen linearen Phasenverlauf zu erreichen.

Die zu den Dämpfungen 1 und 2 gehörigen Phasenkurven fallen, soweit gezeichnet, zusammen; sie zeigen bei f_b einen Knick und steigen oberhalb dieser Frequenz steil an.

Es soll nun noch versucht werden, durch Wahl anderer Zahlenwerte eine Dämpfungsfunktion zu finden, die keinen so schleichenden Übergang vom Nutzbereich in den Sperrbereich aufweist; die Kurve 3 ist aus diesem Bestreben heraus entstanden. Sie ist durch Addition der Funktion Gl. (52) (Abb. 13) mit $K = 3{,}6$ und den Funktionen der Kurven 2

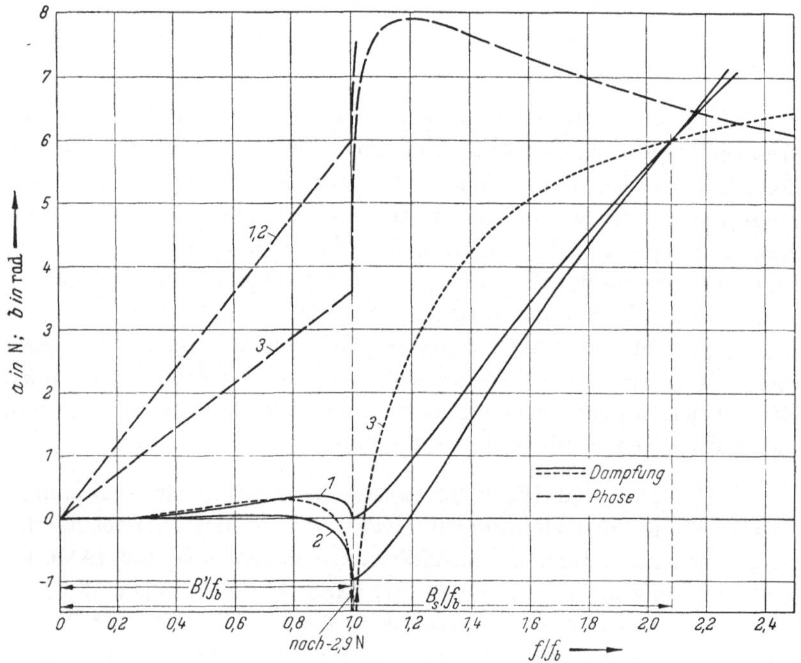

Abb. 15b. Dämpfungsfunktionen von Tiefpässen mit linearem Phasengang
und geringen Dämpfungsverzerrungen im Durchlaßbereich

von Abb. 14 mit $K = 6{,}5$ zusammengesetzt worden. Man sieht, daß zwar der erwünschte steile Anstieg oberhalb f_b erreicht wird, daß aber dafür in der Nähe von f_b eine scharfe Verstärkungsspitze von 2,9 N auftritt. Die Sperrdämpfung wird aber auch hier erst bei etwa der doppelten Nutzbandbreite erreicht; darüber steigt die Dämpfung nur noch wenig an und nähert sich asymptotisch einem Grenzwert von $\approx 7{,}2$ N. Die zugehörige Phasenkurve 3 zeigt ein ähnliches Verhalten wie die Phasenkurven 1 und 2.

Aus den Kurven 1 bis 3 kann man nun das charakteristische Verhalten der Übertragungsfilter minimaler Phase mit linearem Phasengang entnehmen:

Will man geringe Dämpfungsverzerrungen im Nutzbereich haben, so muß man eine Verstärkungsspitze in Kauf nehmen oder das Verhältnis der Selektionsbandbreite B_s zur Nutzbandbreite B' genügend groß machen.

Soll keine Verstärkungsspitze auftreten und läßt man Dämpfungsverzerrungen bis zu $0,35\,\mathrm{N}$ zu, so muß das Verhältnis B_s/B' mindestens etwa den Wert 2 haben.

Man kann außerdem folgenden Satz aussprechen:

Ein Netzwerk minimaler Phase, das in einem beschränkten Frequenzbereich einen streng linearen Phasengang haben soll, kann in diesem Bereich niemals die Dämpfungsverzerrung $\varDelta a = 0$ haben, wenn nicht außerhalb dieses Bereiches negative Dämpfungsverzerrungen d. h. Verstärkungen zulässig sind. Ein Beweis für diese Behauptung läßt sich leicht indirekt führen: Würde nämlich ein solcher Bereich möglich sein, so könnte man durch Kettenschaltung beliebig vieler solcher Vierpole den idealisierten Tiefpaß herstellen. Dies widerspricht aber dem Ergebnis des Absatzes a), wo gezeigt worden ist, daß ein solcher Tiefpaß immer positive Phasenverzerrungen haben muß.

Will man daher in einem vorgeschriebenen Frequenzbereich die Dämpfungsverzerrung Null haben, aus praktischen Gründen aber Verstärkungsspitzen vermeiden, so muß man Phasenverzerrungen in Kauf nehmen, die um so größer sind, je geringer das Verhältnis B_s/B' sein soll, oder es müssen Allpaßglieder zur Linearisierung des Phasengangs vorgesehen werden.

Zur Abschätzung dieser Phasenverzerrungen kann man die Dämpfungsfunktion $a = 2K \ln \dfrac{\omega}{\omega_a}$ von Abb. 9b heranziehen. Für $K = 4$ würde man bei $f_s/f_a = 2,1$ die verlangte Dämpfung von $6\,\mathrm{N}$ erhalten. Der lineare Phasenanteil eines derartigen Filters würde bei der Grenzfrequenz $5,1$ rad betragen, d. h., die Laufzeit $t_0 = 5,1/\omega_a$; für das Zahlenbeispiel $f_a = 5\,\mathrm{MHz}$ wäre damit die Laufzeit des Filters gleich $0,16\,\mu\mathrm{sec}$. Die Phasenverzerrung bei dieser Frequenz würde $1,2$ rad betragen.

Die höchsten Anforderungen an die Linearität des Phasengangs werden bei der Übertragung von trägerfrequent gebündelten Sprachsignalen mit Frequenzmodulation gestellt. Damit hier die Übertragung genügend frei von Nebensprechen ist, möge für den kubischen Klirrfaktor derselbe Wert von $0,5\%$ zugelassen werden, wie dies in Gl. (1,52) für den quadratischen geschehen ist. Da in diesem Kapitel nicht die Laufzeitverzerrung sondern die Phasenverzerrung als Kriterium betrachtet wird, sei der in Gl. (1,59) errechnete kubische Klirrfaktor k_3^{FM} $(q = 2)$ nicht als Funktion der Laufzeitabweichung t_1 beim Frequenzhub, sondern der entsprechenden Phasenabweichung $\varDelta b_1$ ausgedrückt. Aus Gl. (1,56) erhält man, da

$\Delta b = \int \Delta t \, d\omega$ ist, durch Integration $\Delta b_1 = \dfrac{2\pi}{3} \Delta F \cdot t_1$; wenn man noch

das Hubverhältnis $\eta = \dfrac{\Delta F}{B_m}$ einführt, wird aus Gl. (1,59)

$$k_3^{\mathrm{FM}} = \frac{3}{4} \, \frac{f_m}{B_m} \cdot \frac{\Delta b_1}{\eta} \, . \tag{62}$$

Für $\eta = 2$ und $f_m = B_m/3$ — bei dieser Modulationsfrequenz fällt die dritte Harmonische noch in das Modulationsband — ergibt sich $\Delta b_1 = 0{,}04$; die Phasenverzerrung muß deshalb am Rande der Nutz-bandbreite unterhalb 0,04 rad liegen; dabei ist die Hochfrequenz-Nutzbandbreite $B_h = 2B$ durch den Ausdruck Gl. (1, 34) gegeben. Dieser Betrag der Phasenverzerrung ist nach Gl. (38) ohne besondere Maßnahmen mit dem eben beschriebenen Filter einzuhalten, wenn es nur bis etwa $f/f_a = 0{,}5$ ausgenutzt würde. Das Verhältnis der Selektions-bandbreite zur Nutzbandbreite beträgt dann rund vier. Andere Dämpfungsgänge ergeben keine günstigeren Werte.

Zusammenfassend kann man sagen:

Wenn im Durchlaßbereich linearer Phasengang gefordert wird, kann das Verhältnis der Selektionsbandbreite (Dämpfung 6 N) zur Nutzband-breite in einem Übertragungsweg mit minimaler Phase günstigenfalls 2 bis 2,5 betragen. Hierbei nimmt die Dämpfung bereits im Nutzband stetig zu. Für Übertragungswege höchster Qualität, d. h., solche ohne Dämpfungsverzerrung, steigt dieses Verhältnis sogar auf etwa den Wert 4 an; soll für solche Wege ein günstigerer Wert erreicht werden, so ist dies nur durch einen Laufzeitausgleich mit Allpässen möglich.

Die vorstehend behandelten grundsätzlichen Zusammenhänge sind rein mathematischer Natur; bei ihnen wird wenig Rücksicht genommen auf Realisierbarkeit. Es ist leicht einzusehen, daß die behandelten Funktionen exakt nur mit unendlich vielen Schaltelementen R, L und C verwirklicht werden könnten. In der Praxis muß man danach trachten, mit möglichst geringem Aufwand eine erwünschte Funktion gut anzu-nähern. Daher sind auf den Seiten 286 bis 303 grundsätzliche Zusammen-hänge bei Vierpolen behandelt, die aus einer *endlichen* Anzahl von Elementen aufgebaut sind; die eben betrachteten Gesetzmäßigkeiten werden dort an Hand einiger Beispiele nachgeprüft. Für diese Beispiele — sie werden in der Praxis häufig verwendet — sollen auf den S. 332 bis 338 und im Anhang 1 die Einschwingvorgänge untersucht werden.

Vorher werde jedoch noch auf die wichtige „Echomethode" ein-gegangen; will man diese Methode auch auf Netzwerke minimaler Phase anwenden können, so ist die Kenntnis einer Beziehung notwendig, die vorab abgeleitet sei.

f) Dämpfungsschwankungen in Abhängigkeit von Phasenschwan-kungen bei Netzwerken minimaler Phase. Es soll die Dämpfungsschwankung bestimmt werden, die sich ergibt, wenn die Phase nach Abb. 16 sinusförmig schwankt

$$b(\omega) = -\beta \sin \omega\, t_e. \tag{63}$$

Mit Hilfe der Beziehung (27) ergibt sich für die Dämpfung

$$a(\omega_x) = \frac{2\,\omega_x^2}{\pi}\,\beta \int\limits_0^\infty \frac{\sin \omega\, t_e}{\omega(\omega^2 - \omega_x^2)}\, d\omega - \frac{2\,\omega_x}{\pi}\,\beta \sin \omega_x\, t_e \int\limits_0^\infty \frac{1}{\omega^2 - \omega_x^2}\, d\omega. \tag{64}$$

Da der CAUCHYsche Hauptwert des ersten Integrals $\dfrac{\pi}{2\,\omega_x^2}\,\cos \omega_x\, t_e$ und der des zweiten Gliedes gleich Null ist, wird

$$a(\omega) = \beta \cos \omega\, t_e. \tag{65}$$

Eine sinusförmige Schwankung der Phase bildet sich daher bei einem Netzwerk minimaler Phase immer als eine cosinusförmige Dämpfungsschwankung ab und umgekehrt.

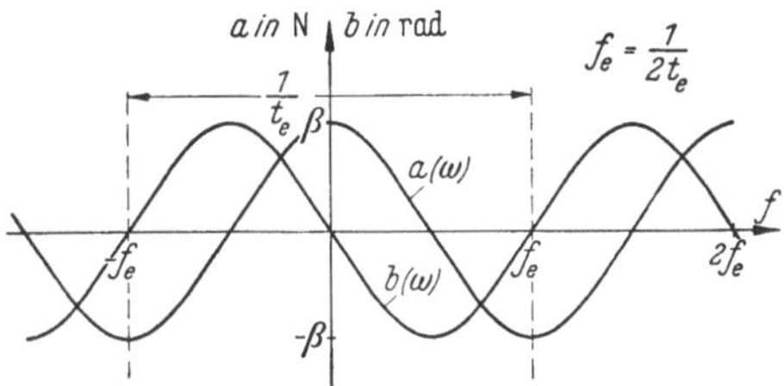

Abb. 16. Dämpfungs- und Phasenschwankungen bei Netzwerken minimaler Phase

Man muß also bei Übertragungssystemen, bei denen Wert darauf gelegt wird, daß die Phase nur wenig schwankt, auf möglichst geringe Schwankungen der Dämpfung achten. Diese Regel wird außer im folgenden Abschnitt auch im Anhang 4 benutzt werden.

3. Die Darstellung der Übertragungsfunktion von Netzwerken als Summe von Echofunktionen

a) Die Grundlagen der Echomethode. Für die Ermittlung der Einschwingvorgänge von Netzwerken ist in bestimmten Fällen die Methode der paarigen Echos besonders vorteilhaft. Mit dieser Methode kann man einen Vierpol mit beliebiger Dämpfung und Phase durch viele, aber einfache Vierpole ersetzen. Die Methode beruht auf den gleichen Grundlagen wie das Abtasttheorem für Zeitfunktionen, das im Kap. 2 behandelt worden ist. Dort hat sich auf S. 88 ergeben, daß zu einem Impulspaar mit dem zeitlichen Abstand $2\,T_0$ eine Amplitudendichte des Spektrums gehört, die über der Frequenz einen cosinusförmigen Gang mit der Periode $2\,B_0 = \dfrac{1}{T_0}$ aufweist. Wird daher einem Vierpol, dessen Übertragungsfaktor cosinusförmig mit der Frequenz schwankt, ein Einheitsimpuls, d. h. ein Spektrum mit konstanter Amplitudendichte zugeführt, so wird dieses so verformt, daß am Ausgang des Vierpols ein Impulspaar erscheint. Ein solches

Impulspaar kann auch durch zwei Laufzeitglieder mit den Laufzeiten $-t_e$ und $+t_e$ aus einem Impuls hergeleitet werden (für das folgende sei statt T_0 die Bezeichnung t_e verwendet). Daher kann ein Vierpol, dessen Übertragungsfaktor cosinusförmig schwankt, durch zwei parallelgeschaltete Laufzeitglieder oder „Echoglieder", wie sie im folgenden bezeichnet werden sollen, nachgebildet werden.

Hat die Übertragungsfunktion einen beliebigen, aber periodischen Verlauf mit der Frequenz, so läßt sie sich mit Hilfe der FOURIER-Darstellung immer in eine unendliche Summe von harmonischen, cosinusförmigen Schwankungen zerlegen. Dann erhält man, wenn an den Eingang ein kurzer Impuls gelegt wird, eine Summe von unendlich vielen Impulspaaren, deren Abstände Vielfache von t_e sind; der Vierpol kann also mit einer Summe von unendlich vielen Echogliedern nachgebildet werden, deren Laufzeiten Vielfache von

$$t_e = \pm \frac{1}{2 f_e} \tag{66}$$

sind, wenn $2 f_e$ die Periode der Schwankungen ist. Abb. 17 zeigt die Ersatzschaltung. Es sei zunächst nur der Vierpol V_2 betrachtet. Die Ersatzschaltung von V_2 enthält ein vor die ganze Anordnung gezogenes Laufzeitglied mit der Grundlaufzeit t_0; dieses muß vorgesehen werden, da aus physikalischen Gründen negative Laufzeiten nicht vorkommen können. Um ein Hauptglied, das keine Laufzeit, sondern nur einen frequenzunabhängigen Übertragungsfaktor A_0 hat, sind Glieder gruppiert, die paarweise gleich große positive und negative Laufzeiten $n\,t_e$

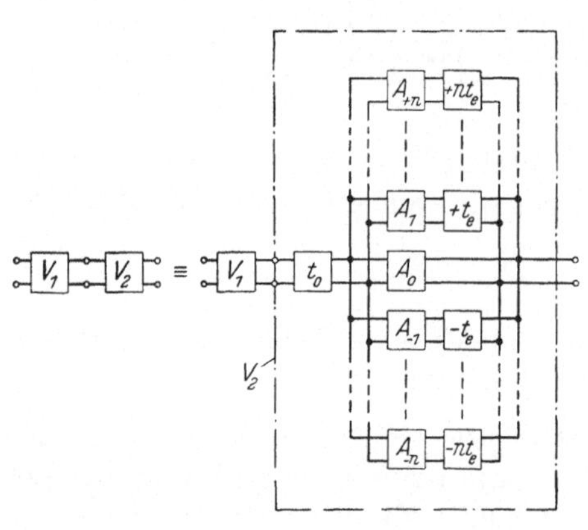

Abb. 17. **Ersatz eines Vierpols durch Echoglieder**

haben und frequenzunabhängige Übertragungsfaktoren A_n.

Die nach FOURIER zerlegte Übertragungsfunktion des Vierpols V_2 ohne Berücksichtigung von t_0 lautet

$$G(\omega) = \sum_{n=-\infty}^{+\infty} A_n\, e^{-j\pi n \frac{\omega}{\omega_e}} \tag{67}$$

oder mit Gl. (66)

$$G(\omega) = \sum_{n=-\infty}^{+\infty} A_n\, e^{-j\omega n t_e}. \tag{68}$$

Die Koeffizienten A_n gehorchen der Beziehung

$$A_n = \frac{1}{2 f_e} \frac{1}{2 \pi} \int\limits_{-2\pi f_e}^{+2\pi f_e} G(\omega)\, e^{j\pi n \frac{\omega}{\omega_e}}\, d\omega \, . \tag{69}$$

In der Darstellung von Abb. 17 sind die Koeffizienten A_n, welche die einzelnen Übertragungsfaktoren darstellen, reell. Der Beweis für die allgemeine Gültigkeit der Darstellung von Abb. 17 läßt sich auf folgende Weise führen:

Dem Eingang des Vierpols werde eine Zeitfunktion $s_1(t)$ mit dem Spektrum $F_1(\omega)$ zugeführt. Es ist

$$s_1(t) = \frac{1}{2 \pi} \int\limits_{-\infty}^{+\infty} F_1(\omega)\, e^{j\omega t}\, d\omega \, . \tag{70}$$

Als Ausgangsfunktion erhält man

$$s_2(t) = \frac{1}{2 \pi} \int\limits_{-\infty}^{+\infty} F_1(\omega)\, G(\omega)\, e^{j\omega t}\, d\omega \, . \tag{71}$$

Setzt man Gl. (68) für $G(\omega)$ in (71) ein, so wird, wenn man Integration und Summation vertauscht,

$$s_2(t) = \sum_{n=-\infty}^{+\infty} A_n \frac{1}{2 \pi} \int\limits_{-\infty}^{+\infty} F_1(\omega)\, e^{j\omega(t - n t_e)}\, d\omega \, . \tag{72}$$

Das Integral ist aber nichts anderes als die um die Zeit $n\, t_0$ verschobene Zeitfunktion $s_1(t)$. Es ist somit

$$s_2(t) = \sum_{n=-\infty}^{+\infty} A_n\, s_1(t - n\, t_e) \, . \tag{73}$$

Diese Summe stellt aber die Gleichung der Zeitfunktion am Ausgang des Ersatzschaltbildes 17 dar; damit ist der Beweis für dessen Gültigkeit erbracht.

Bisher wurde eine periodische Schwankung der Übertragungsfunktion vorausgesetzt und ein im Frequenzband nicht beschränktes Signal. Wird das Band der Signalfrequenzen auf $B = f_e$ beschränkt, so ist das Ersatzbild auch anwendbar auf Vierpole, deren Dämpfung und Phase außerhalb B beliebig verlaufen. Damit dies zum Ausdruck kommt, ist in Abb. 17 vor den Vierpol V_2 ein Vierpol V_1 geschaltet, der ein idealisierter Tiefpaß mit der Bandbreite B sein soll.

b) Echoglieder bei Netzwerken mit reiner Dämpfungsverzerrung. Ein der Frequenz proportionaler Phasengang $b = \omega\, t_0$ bedeutet eine konstante Laufzeit t_0 für alle Frequenzen. Man kann deshalb einen Vierpol mit linearem Phasengang in zwei Vierpole aufspalten; der eine ist ein Laufzeitglied mit der Laufzeit t_0, der zweite hat eine frequenzabhängige Dämpfung, und seine Phase ist für alle Frequenzen Null. Die Übertragungsfunktion $G(\omega)$ dieses zweiten Vierpols muß also reell sein. Die Übertragungsfunktion eines Echogliederpaares

$$G_n(\omega) = A_{-n}\, e^{-j\omega n t_e} + A_{+n}\, e^{j\omega n t_e} \tag{74}$$

kann aber nur dann für alle Frequenzen reell sein, wenn die reellen A_{-n} und A_{+n} gleich groß sind und gleiches Vorzeichen haben, da

$$e^{-jx} + e^{+jx} = 2 \cos x \tag{75}$$

reell ist. In diesem Falle erhält man aus Gl. (68)

$$G(\omega) = A(\omega) = A_0 + 2 \sum_{n=1}^{\infty} A_n \cos \omega\, n\, t_e. \tag{76}$$

Die Gleichung ist die in eine Reihe von cosinusförmigen Schwankungen zerlegte Funktion des Übertragungsfaktors.

Es gilt demnach der Satz:

Jeder beliebige Vierpol mit linearem Phasengang kann in seiner Wirkung auf bandbegrenzte Signale dargestellt werden durch eine Summe von unendlich vielen Echogliedern mit den Laufzeiten $\pm n t_e$, deren Übertragungsfaktoren A_n paarweise gleichen Betrag und gleiches Vorzeichen haben.

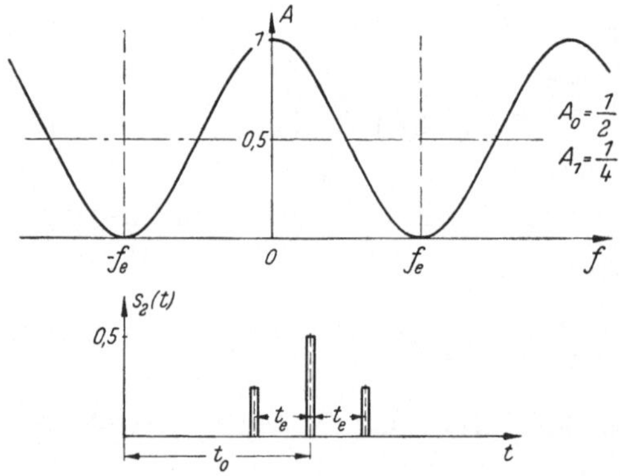

Abb. 18. Cosinusförmige Schwankung des Übertragungsfaktors und zugehöriges paariges Echo

Der Vierpol V_1 ist nicht erforderlich, wenn der Vierpol V_2 ein Tiefpaß ist, da dieser das Band selbst begrenzt.

Für ein Netzwerk, das nur aus dem Hauptglied und dem ersten Paar von Echogliedern besteht, wird

$$A(\omega) = A_0 + 2\, A_1 \cos \pi\, \frac{\omega}{\omega_e}. \tag{77}$$

Wird also auf einen Vierpol, dessen Übertragungsfaktor der Gl. (77) für alle Frequenzen gehorcht, zur Zeit $t = 0$ ein kurzer Impuls der Amplitude Eins gegeben, so erscheinen, wie in Abb. 18 dargestellt, am Ausgang 3 Impulse. Man erkennt, daß eine Grundlaufzeit t_0 erforderlich ist, die mindestens gleich t_e sein muß, wenn das Netzwerk physikalisch möglich sein soll.

c) Echoglieder bei Netzwerken mit reiner Phasenverzerrung (Allpässen). Es sei zunächst der Fall betrachtet, daß die Phase sinusförmig mit der Frequenz schwankt, also

$$A(\omega) = 1$$

und

$$b(\omega) = -\beta \sin \omega \, t_e. \tag{78}$$

Dann wird

$$G(\omega) = A(\omega)\, \mathrm{e}^{-j\,b(\omega)} = \mathrm{e}^{+j\,\beta \sin \omega t_e}. \tag{79}$$

Für das rechte Glied ist die Darstellung als trigonometrische Reihe bekannt, deren Koeffizienten BESSEL-Funktionen sind [s. Gl. (1,30)]. Damit wird

$$G(\omega) = \sum_{n=-\infty}^{+\infty} J_n(\beta)\, \mathrm{e}^{j\,n\,\omega\,t_e}. \tag{80}$$

Da für gerade n

$$J_{-n}(\beta) = J_{+n}(\beta)$$

und für ungerade n

$$J_{-n}(\beta) = -J_{+n}(\beta)$$

ist, gilt folgender Satz:

Ein Allpaß mit einer sinusförmigen Phasenschwankung kann dargestellt werden durch eine Summe von unendlich vielen Echogliedern mit der Laufzeit $\pm\, n\, t_e$, deren Übertragungsfaktoren für die Paare mit geradzahligen n gleich sind, für die Paare mit ungeraden n entgegengesetzt gleich.

In Abb. 19 und 20 sind die Phasenkurven (Kurven 1 ohne, Kurven 2 mit Grundlaufzeit) und die Echos für zwei Fälle gezeigt, nämlich für $\beta = 1$ rad und $\beta = 0,5$ rad, wenn dem Eingang wie bei Abb. 18 ein kurzer Impuls der Amplitude Eins zugeführt wird.

Für $\beta = 0$ treten keine Echos auf; da das Hauptsignal dem Übertragungsfaktor $A_0 = J_0(\beta)$ unterliegt, hat es wie der Eingangsimpuls den Betrag 1. Es nimmt mit zunehmender Größe von β zunächst ab. Für $\beta = 1$ rad (Abb. 19) ist es mit 76% bereits merklich verringert; die Echos zweiter Ordnung sind mit 11% stark vertreten, und die Echos 3. Ordnung sind gerade schon vernachlässigbar.

Für $\beta = 0,5$ wird das Hauptsignal nur wenig verringert, und die Echos höherer Ordnung sind praktisch vernachlässigbar. Man kann also bei Phasenschwankungen, die kleiner als 0,5 rad sind, die Gl. (80) annähern durch

$$G(\omega) \approx 1 + \frac{\beta}{2}\,(\mathrm{e}^{j\,\omega t_e} - \mathrm{e}^{-j\,\omega t_e}) \tag{81}$$

$$= 1 + j\,\beta \sin \omega \, t_e.$$

Es tritt nur ein Paar von Echos mit ungleichen Vorzeichen auf.

Ergänzend möge betrachtet werden, welche Eigenschaften ein Vierpol hat, der durch ein Hauptglied und nur *ein* Echogliederpaar nachgebildet werden kann, deren Übertragungsfaktoren entgegengesetzt gleich sind und deren Größe im Vergleich zum Hauptsignal *beliebig* groß ist. Aus Gl. (81) ergibt sich für den Übertragungsfaktor und die Phase

$$A(\omega) = \sqrt{1 + (\beta \sin \omega\, t_e)^2} \tag{82}$$

$$b(\omega) = \arctan(\beta \sin \omega\, t_e). \tag{83}$$

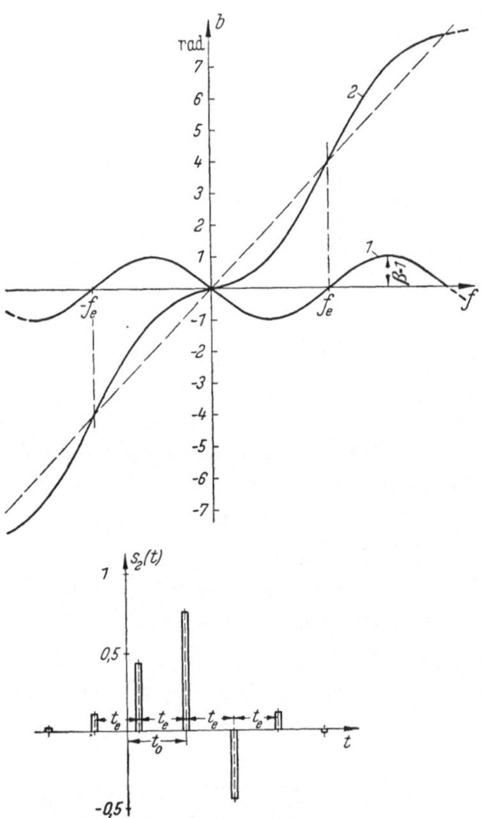

Abb. 19. Sinusförmige Schwankung der Phase und zugehörige Echos ($\beta = 1$)

Die Phasenschwankungen sind nun nicht mehr sinusförmig und der Übertragungsfaktor nicht mehr konstant, er schwankt mit der gleichen Periode. Es liegt also *kein* Allpaß vor.

Es werde nunmehr der Fall betrachtet, daß die Phasenschwankungen nicht sinusförmig sind, der Übertragungsfaktor aber konstant. Ein beliebiger Phasenverlauf läßt sich in einem vorgegebenen Frequenzbereich immer in eine Summe aus einem linearen Anteil und einer Reihe sinusförmiger Schwankungen zerlegen und gehorcht damit der Gleichung

$$b(\omega) = \omega\, t_0 - \sum_{q=1}^{\infty} \beta_q \sin q\, \omega\, t_e. \tag{84}$$

Zu jedem sinusförmigen Anteil gehört nach Gl. (80) eine Summe von unendlich vielen Echogliederpaaren; im Ersatzbild 17 setzen sich deshalb die Übertragungsfaktoren A_n aus Anteilen zusammen, die von der Grundwelle *und* den Harmonischen der Phasenschwankung von Gl. (84) herrühren. Die Übertragungsfaktoren eines Paares A_{+n} und A_{-n} brauchen also hier nicht mehr gleich oder entgegengesetzt gleich zu sein.

d) **Echoglieder bei Netzwerken minimaler Phase.** Auf S. 279 ist gezeigt worden, daß bei einem Netzwerk minimaler Phase mit einer sinusförmigen Phasenschwankung

$$b = -\beta \sin \omega\, t_e \tag{85}$$

eine cosinusförmige Dämpfungsschwankung

$$a = \beta \cos \omega\, t_e \qquad (86)$$

verbunden ist. Das Übertragungsmaß ist damit

$$g = a + j\, b = \beta\, (\cos \omega\, t_e - j \sin \omega\, t_e) = \beta\, e^{-j \omega t_e} \qquad (87)$$

und damit die Übertragungsfunktion (88)

$$G(\omega) = e^{-g} = e^{-\beta e^{-j \omega t_e}}$$

Da

$$e^x = \sum_{n=0}^{\infty} \frac{x^n}{n!}, \qquad (89)$$

wird (90)

$$G(\omega) = \sum_{n=0}^{\infty} \frac{(-\beta)^n}{n!}\, e^{-j \omega n t_e}.$$

Ein Vergleich mit der Anordnung von Abb. 17 (ohne Vierpol V_1 und ohne t_0) zeigt, daß hier nur nacheilende Echos vorhanden sind; ihre Beträge sind

$$A_{+n} = \frac{(-\beta)^n}{n!}. \qquad (91)$$

Es fallen also alle Glieder unterhalb des Hauptgliedes A_0 weg. Es gilt daher folgender Satz:

Ein Netzwerk minimaler Phase mit einer Dämpfungsschwankung beliebiger Form von der Periode $2f_e$ kann aufgespalten werden in ein Hauptglied und eine Summe von unendlich vielen Echogliedern, die nur nacheilende Echos mit dem gegenseitigen Abstand $t_e = \dfrac{1}{2f_e}$ ergeben.

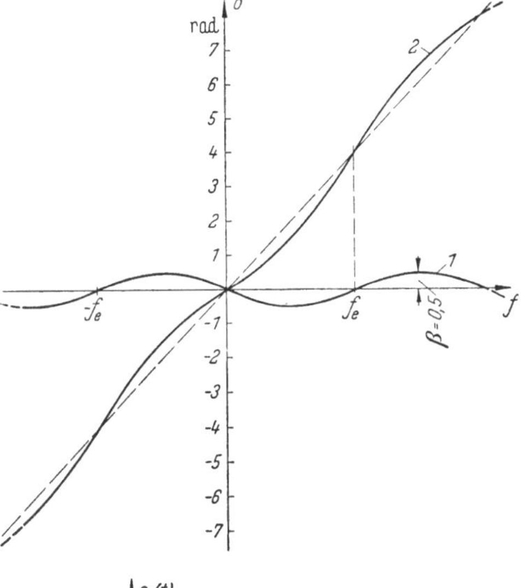

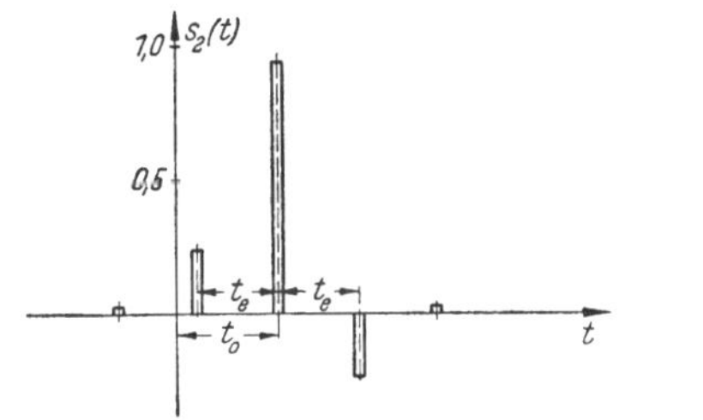

Abb. 20. Sinusförmige Schwankung der Phase und zugehörige Echos ($\beta = 0{,}5$)

Man kann diesen Satz z. B. im folgenden Fall anwenden: Liegen zwei Netzwerke minimaler Phase vor, so entspricht nicht nur die Summe sondern auch die Differenz der Dämpfungen und Phasen einem Netzwerk minimaler Phase, wie aus den BODESCHEN Beziehungen hervorgeht. Läßt sich die Differenzdämpfung durch eine periodische Funktion annähern, so kann der Einschwingvorgang eines der beiden Netzwerke aus dem des anderen durch Bildung von nacheilenden Echos gewonnen werden. Ein Ausführungsbeispiel wird im Anhang 4 behandelt.

Die Echomethode ist für die Ermittlung von Einschwingvorgängen dann von besonderem Nutzen, wenn die Dämpfungsfunktion des zu untersuchenden Netzwerks sich nicht zu sehr von der eines bekannten unterscheidet. Bei Dämpfungsunterschieden $< 1\,\mathrm{N}$, die etwa Phasenunterschieden von $< 1\,\mathrm{rad}$ entsprechen, gestattet die Methode eine sehr rasche Bestimmung des Einschwingvorgangs, da nur wenige Echos zu berücksichtigen sind. Das Beispiel des Anhangs 4 zeigt außerdem, daß als Folge der fehlenden voreilenden Echos *der Einschwingvorgang eines Tiefpasses minimaler Phase im allgemeinen kein Vorschwingen aufweist,* d. h., daß die Zeitfunktionen $s_\delta(t)$ und $s_\sigma(t)$ monoton zu einem ersten Maximalwert ansteigen und erst später stark pendeln können.

4. Einfache realisierbare Netzwerke minimaler Phase

Aus der Vielfalt von Teilstufen, die im Wege einer Nachrichtenübertragung eingeschaltet sind, werden im folgenden einige einfache, häufig vorkommende Netzwerke herausgegriffen, welche die bisherigen Untersuchungen dieses Kapitels erläutern. Auf diese Beispiele wird in den folgenden Abschnitten, welche die Einschwingvorgänge und das Nebensprechen behandeln, noch zurückgegriffen werden.

Ein wichtiger Teil einer Richtfunkverbindung ist der Funkempfänger. Da sein Hauptbestandteil fast immer ein *Verstärker mit Bandpaßeigenschaften* ist, werden als Beispiel die Übertragungseigenschaften eines solchen Verstärkers mit einfachen gleichabgestimmten Resonanzkreisen und eines solchen mit gleichen zweikreisigen Bandfiltern betrachtet. Die Übertragungsfunktionen werden in beiden Fällen durch Frequenztransformation zurückgeführt auf die Übertragungsfunktionen von *Verstärkern mit Tiefpaßeigenschaften.* Die zugehörigen Typen sind ein einfacher Widerstandsverstärker und ein kompensierter Widerstandsverstärker. Die beiden zusammengehörigen Funktionen werden deshalb jeweils zusammen in demselben Abschnitt behandelt. Zum Abschluß wird als Vertreter eines Netzwerkes mit vielen gekoppelten Reaktanzelementen ein mehrkreisiges *Tiefpaßfilter* betrachtet.

a) Einfacher Resonanzverstärker und einfacher Widerstandsverstärker. Der einfache *Resonanzverstärker,* dessen Prinzipschaltung Abb. 21 zeigt, ist aus n gleichen Verstärkerstufen mit gleich abgestimmten Kreisen aufgebaut. Im Anodenkreis jeder Röhre liegt ein aus einer Induktivität L und einer Kapazität C bestehender, auf die Frequenz ω_r der Bandmitte abgestimmter Parallelschwingkreis, der mit dem Widerstand R bedämpft ist. In C sollen die Röhren und Schaltkapazitäten enthalten sein und in R der Innenwiderstand der Röhre und der Gitterableitwiderstand der nachfolgenden Röhre. Die Verstärkung einer

Stufe beträgt

$$v(j\omega) = S\,Z, \tag{92}$$

wenn S die Steilheit der Röhre und Z der Scheinwiderstand des im Anodenkreis liegenden Zweipols ist. Die absolute Verstärkung sei im folgenden dadurch eliminiert, daß die Übertragungsfunktion einer Stufe

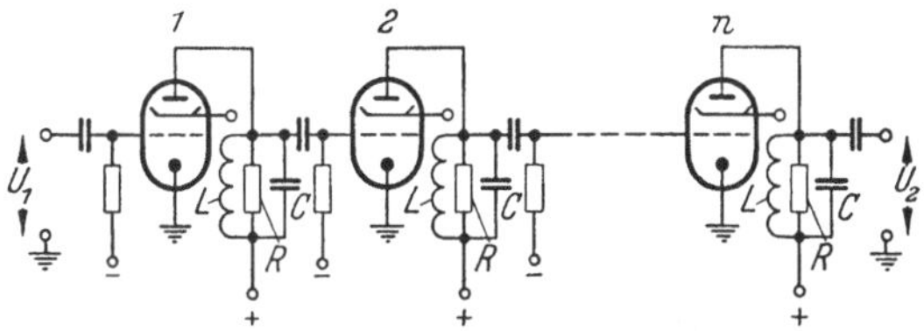

Abb. 21. Mehrstufiger Resonanzverstärker

$G_1(j\omega)$ auf die Verstärkung für die Bandmittenfrequenz ω_r bezogen wird. Da die Verstärkung v_0 für $\omega = \omega_r$

$$v_0 = S\,R \tag{93}$$

ist, gilt für jede Stufe

$$G_1(j\omega) = \frac{v(j\omega)}{v_0} = \frac{Z}{R}. \tag{94}$$

Weiter ist

$$Z = \frac{1}{j\omega\,C + \dfrac{1}{j\omega\,L} + \dfrac{1}{R}}. \tag{95}$$

Man erhält daher nach einfacher Rechnung

$$G_1(j\omega) = \frac{1}{1 + j\,\dfrac{\omega + \omega_r}{\omega}\,R\,C\,(\omega - \omega_r)}, \tag{96}$$

wenn $\omega_r = \dfrac{1}{\sqrt{LC}}$ gesetzt wird.

Unter der Annahme, daß die relative Bandbreite klein gegen Eins ist, wird mit ausreichender Genauigkeit

$$\frac{\omega + \omega_r}{\omega} = 1 + \frac{\omega_r}{\omega} \approx 2 \tag{97}$$

und damit

$$G_1(j\omega) = \frac{1}{1 + j\,2\,(\omega - \omega_r)\,R\,C}. \tag{98}$$

Wird die Frequenztransformation

$$\omega - \omega_r = \omega^* \tag{99}$$

vorgenommen und $j\omega^* = p$ gesetzt, so erhält man für die bezogene Verstärkung einer Stufe

$$G_1(p) = \frac{1}{1 + p\,\tau_1}, \tag{100}$$

wobei die Zeitkonstante $2\,R\,C$ gleich τ_1 gesetzt ist.

Bei n Stufen mit zusammen n Kreisen ergibt sich für die Übertragungsfunktion des gesamten Verstärkers in der Normalform von Gl. (5)

$$G(p) = \frac{1}{(1 + p\,\tau_1)^n} = \frac{\left(\dfrac{1}{\tau_1}\right)^n}{\left(p + \dfrac{1}{\tau_1}\right)^n}\,.\tag{101}$$

Diese Funktion hat keine Nullstellen p_s im Endlichen; es können also dort keine Pole der Betriebsdämpfung auftreten. Die Werte p_r sind alle gleich und negativ reell.

Die Laufzeit für kleine Werte der Frequenz kann nach Gl. (14) direkt abgelesen werden zu

$$t_0 = n\,\tau_1.\tag{102}$$

Mit Gl. (10) ergibt sich für die Dämpfung, wenn man wieder zu andauernden Schwingungen übergeht,

$$a = \frac{n}{2}\ln\left[1 + (\omega\,\tau_1)^2\right]\tag{103}$$

und für die Phase

$$b = n\arctan\omega\,\tau_1.\tag{104}$$

Damit die Dämpfung und die Phase für verschiedene Stufenzahlen verglichen werden können, werde Gl. (103) und (104) so umgeschrieben, daß die Dämpfung bei der oben definierten Grenzfrequenz ω_g unabhängig von n immer den gleichen Betrag von $a = 0,7$ N hat. Es soll also sein

$$\frac{n}{2}\ln\left[1 + (\omega_g\,\tau_1)^2\right] = \ln 2\,.\tag{105}$$

Hiermit läßt sich die Zeitkonstante τ_1 durch ω_g ausdrücken:

$$\tau_1 = \frac{1}{\omega_g}\sqrt{2^{2/n} - 1}\,.\tag{106}$$

Aus Gl. (103) wird dann mit (106)

$$a = \frac{n}{2}\ln\left[1 + \left(\frac{\omega}{\omega_g}\right)^2 (2^{2/n} - 1)\right]\tag{107}$$

und aus Gl. (104)

$$b = n\arctan\frac{\omega}{\omega_g}\sqrt{2^{2/n} - 1}\,.\tag{108}$$

Die Phasenverzerrung ist daher

$$\Delta b = b - b_0 = n\arctan\left(\frac{\omega}{\omega_g}\sqrt{2^{2/n} - 1}\right) - n\frac{\omega}{\omega_g}\sqrt{2^{2/n} - 1}\tag{109}$$

und die Laufzeit für kleine Werte der Frequenz

$$t_0 = \frac{1}{2\,f_g}\,\frac{n}{\pi}\sqrt{2^{2/n} - 1}\,.\tag{110}$$

Die Dämpfung a ist in Abb. 22 und die Phase b in Abb. 23 für verschiedeneWerte der Stufenzahl n über der normierten Frequenz f/f_g aufgetragen. Die Frequenz Null bedeutet in beiden Bildern für den Resonanzverstärker die Bandmittenfrequenz ω_r; positive ω bedeuten Frequenzen, die größer sind als ω_r. Für Frequenzen unterhalb von ω_r verläuft die Dämpfungskurve spiegelbildlich zur Ordinate (symmetrisch) und die Phasenkurve spiegelbildlich zum Nullpunkt (antimetrisch), wie schematisch in Abb. 24 dargestellt.

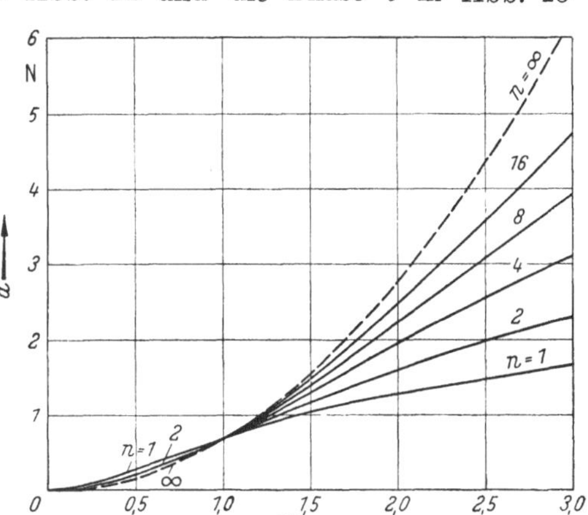

Abb. 22. Dämpfung eines n-stufigen Resonanzverstärkers mit gleichabgestimmten Kreisen oder eines n-stufigen Widerstandsverstärkers

Wie man sieht, läßt sich mit einer einzigen Stufe nur eine sehr geringe Filterwirkung erzielen. Mit zunehmender Stufenzahl verbessert sie sich; für unendlich viele Stufen wird eine Grenzfunktion erreicht, die allerdings noch wesentlich von der eines idealisierten Tiefpasses entfernt ist. Zur Berechnung dieser Grenzfunktion werde Gl. (107) mit Hilfe von Gl. (11) in eine Reihe entwickelt. Für den Grenzübergang $n \to \infty$ ist die Näherung von Gl. (11) bis zu beliebig hohen Dämpfungen streng gültig. Es wird

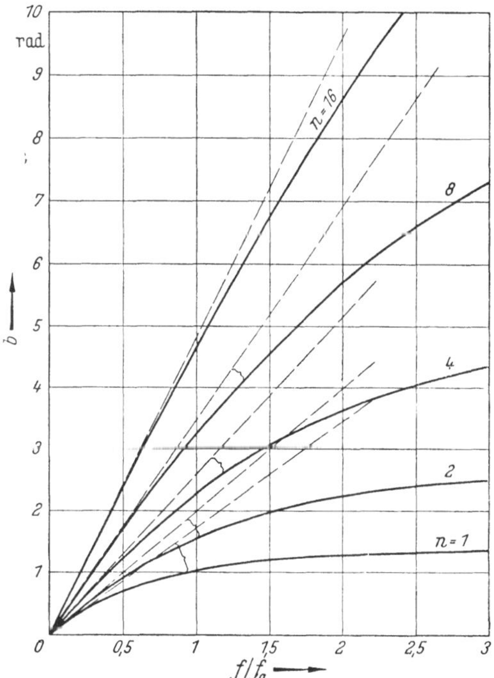

Abb. 23. Phasen zu Abb. 22

$$a = \frac{1}{2} n \left(2^{2/n} - 1\right)\left(\frac{\omega}{\omega_g}\right)^2 - \frac{1}{4} n \left(2^{2/n} - 1\right)^2 \left(\frac{\omega}{\omega_g}\right)^4 + \cdots. \qquad (111)$$

Da

$$\lim_{n \to \infty} n \left(2^{2/n} - 1\right) = 2 \ln 2 \qquad (112)$$

ist und da für $n \to \infty$ die Glieder höherer Ordnung verschwinden, wird für unendlich große Stufenzahl

$$a = 0{,}7 \left(\frac{\omega}{\omega_g}\right)^2 \tag{113}$$

oder

$$A = \mathrm{e}^{-0{,}7\,(\omega/\omega_g)^2}. \tag{114}$$

Der Übertragungsfaktor eines Resonanzverstärkers geht bei unendlich vielen gleichen Stufen in die GAUSSsche Fehlerfunktion über; die Dämpfung nähert sich der quadratischen Dämpfungsfunktion.

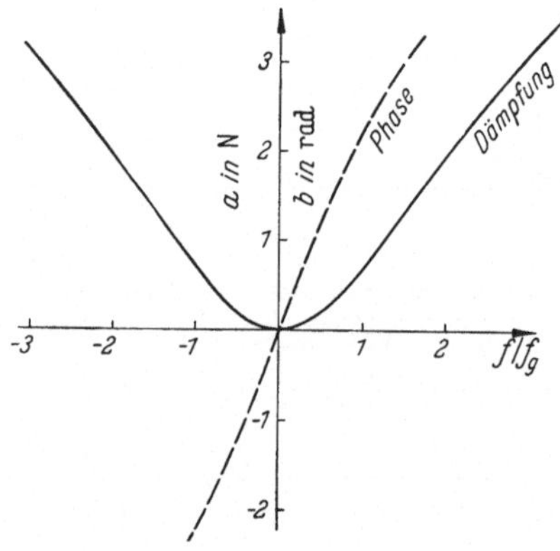

Abb. 24. **Symmetrie von Dämpfung und Phase bei Bandpässen**

Aus Abb. 22 ist jedoch zu ersehen, daß man für diese Art der Annäherung eine sehr große Anzahl von Gliedern benötigt.

Da der Dämpfungsanstieg immer flacher verläuft als der der quadratischen Dämpfungsfunktion, ist nach den Erkenntnissen der S. 264 zu erwarten, daß alle in Abb. 23 dargestellten Phasengänge negative Verzerrungen haben. Man erkennt dies genauer

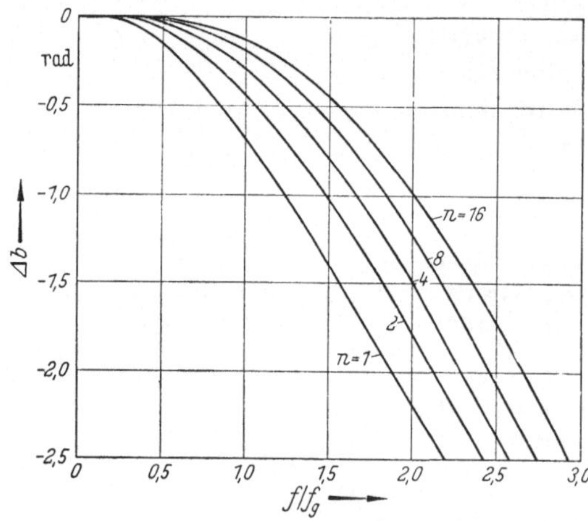

Abb. 25. Phasenverzerrung $\varDelta b$ zu Abb. 22

aus Abb. 25, welche die Phasenverzerrungen $\varDelta b$ nach Gl. (109) darstellt. Sie werden mit wachsender Stufenzahl n kleiner und verschwinden bei unendlich großer Stufenzahl, obwohl die Steilheit der Phasenkurve, d. h. die Grundlaufzeit t_0, nach Gl. (110) monoton mit n zunimmt. Diese Abhängigkeit ersieht man aus Abb. 26; dort ist die normierte Laufzeit, das ist das Produkt $t_0 f_g$, über der Stufenzahl n aufgetragen.

Die am Beispiel des Resonanzverstärkers gewonnenen Erkenntnisse gelten auch für den einfachen *Widerstandsverstärker*. Eine solche Schal tung mit lauter gleichen Stu- fen ist in Abb. 27 skizziert. Das Frequenzband dieses Verstär- kers wird durch die Kapazität C begrenzt, die mindestens gleich der Summe aus Schalt- und Röhrenkapazität ist und die parallel zum Anodenwider- stand R liegt; in R soll der Innenwiderstand der Röhre und der Gitterableitwiderstand der nachfolgenden Röhre mit eingeschlossen sein. Das Ver-

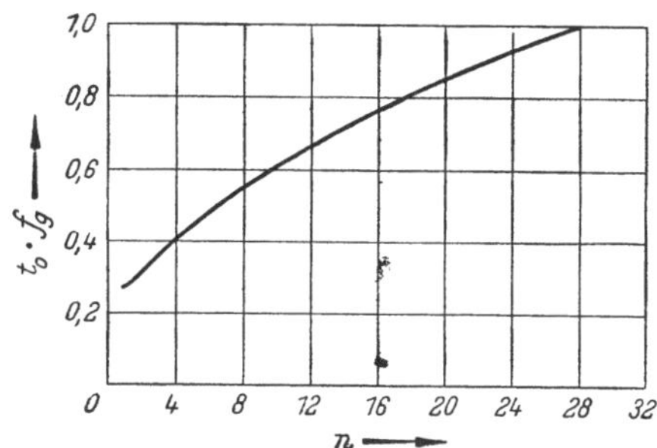

Abb. 26. Normierte Grundlaufzeit eines n-stufi- gen Resonanzverstärkers oder eines Widerstands- verstärkers in Abhängigkeit von der Stufenzahl n

halten nach tiefen Frequenzen hin soll nicht untersucht werden, d. h., die Koppelkapazität soll ausreichend groß sein. Die absolute Verstär- kung sei wieder eliminiert, d. h., $G(j\omega)$ werde auf die Verstärkung für

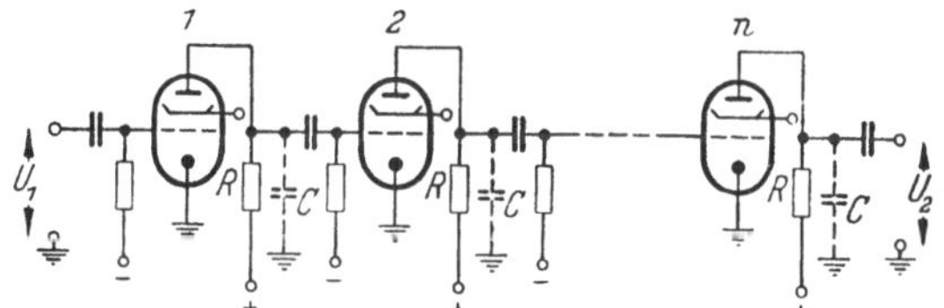

Abb. 27. Mehrstufiger Widerstandsverstärker

sehr tiefe Frequenzen bezogen. Da die Verstärkung je Stufe

$$v(j\omega) = S\,Z \tag{115}$$

und

$$v_0 = S\,R \tag{116}$$

ist, ergibt sich

$$G_1(j\omega) = \frac{v(j\omega)}{v_0} = \frac{1}{1 + j\omega\,R\,C}. \tag{117}$$

Wird $R\,C = \tau$ und $j\omega = p$ gesetzt, so wird

$$G_1(p) = \frac{1}{1 + p\,\tau} = \frac{\dfrac{1}{\tau}}{p + \dfrac{1}{\tau}}. \tag{118}$$

Bei n Stufen erhält man

$$G(p) = \frac{1}{(1 + p\,\tau)^n} = \frac{\left(\dfrac{1}{\tau}\right)^n}{\left(p + \dfrac{1}{\tau}\right)^n}. \tag{119}$$

Die Gl. (119) stimmt formal mit der Gl. (101) vollständig überein. Alle Ergebnisse, die für den einfachen Resonanzverstärker gewonnen worden sind, gelten in gleicher Weise für den einfachen Widerstandsverstärker, wenn statt τ_1 der Wert τ eingesetzt wird.

Es ist üblich, als die Bandbreite B eines Widerstandsverstärkers den Frequenzbereich von Null bis f_g zu betrachten und als die Bandbreite B_h eines Resonanzverstärkers den Bereich von $f_r - f_g$ bis $f_r + f_g$. Nach Gl. (106) erhält man für die Grenzfrequenz *des Resonanzverstärkers*

$$\omega_g = \frac{1}{2\,R\,C}\sqrt{2^{2/n} - 1} \tag{120}$$

und für den *Widerstandsverstärker*

$$\omega_g = \frac{1}{R\,C}\sqrt{2^{2/n} - 1}\,. \tag{121}$$

Der Vergleich der beiden Gleichungen zeigt, daß bei gleicher Zeitkonstante $R\,C$ die Grenzfrequenz des Resonanzverstärkers nur halb so groß ist wie die des Widerstandsverstärkers, daß also die Bandbreiten B_h und B gleich groß sind. Um den Übergang von relativ schmalen Bändern zu relativ breiten Bändern exakt betrachten zu können, muß man mit Gl. (96) ohne die Näherung von Gl. (97) weiterrechnen. Man erhält damit ein anschauliches Bild der tatsächlichen Vorgänge bei Verschiebung der Bandmittenfrequenz.

Die Gl. (96) wird dazu umgeschrieben in

$$G_1(j\omega) = \frac{1}{1 + j\omega_r\,R\,C\left(\dfrac{\omega}{\omega_r} - \dfrac{\omega_r}{\omega}\right)}\,. \tag{122}$$

Für die Darstellung ist es zweckmäßig, den Frequenzmaßstab auf eine der beiden Grenzfrequenzen von Gl. (120) oder Gl. (121) zu beziehen. Es sei dafür die Grenzfrequenz des Widerstandsverstärkers nach Gl. (121) gewählt. Setzt man diese Gleichung in Gl. (122) ein, so erhält man für den n-stufigen Verstärker

$$G(j\omega) = \frac{1}{\left\{1 + j\sqrt{2^{2/n} - 1}\left[\dfrac{\omega}{\omega_g} - \dfrac{1}{\left(\dfrac{\omega_g}{\omega_r}\right)^2}\dfrac{\omega}{\omega_g}\right]\right\}^n}\,. \tag{123}$$

Für die Dämpfung ergibt sich

$$a = \frac{n}{2}\ln\left\{1 + (2^{2/n} - 1)\left[\dfrac{\omega}{\omega_g} - \dfrac{1}{\left(\dfrac{\omega_g}{\omega_r}\right)^2}\dfrac{\omega}{\omega_g}\right]^2\right\}\,. \tag{124}$$

Die Gl. (124) ist für $n = 4$ in Abb. 28 über der normierten Frequenz f/f_g aufgetragen mit dem Verhältnis f_g/f_r der Grenzfrequenz des Widerstandsverstärkers zu der Bandmittenfrequenz als Parameter. Man erkennt, daß die Bandbreite für jede vorgegebene Dämpfung unabhängig von der Lage der Bandmittenfrequenz gleich der des Widerstandsverstärkers ist, wenn das Produkt RC nach der Vorschrift der Gl. (121) konstant gehalten wird. Als Folge davon erhält man die mit zunehmender relativer Bandbreite f_g/f_r zunehmende Unsymmetrie der Dämpfungskurve; den Grenzfall völliger Unsymmetrie ($f_g/f_r = \infty$) bildet der Widerstandsverstärker, für den die Induktivität L in Abb. 21 unendlich groß ist.

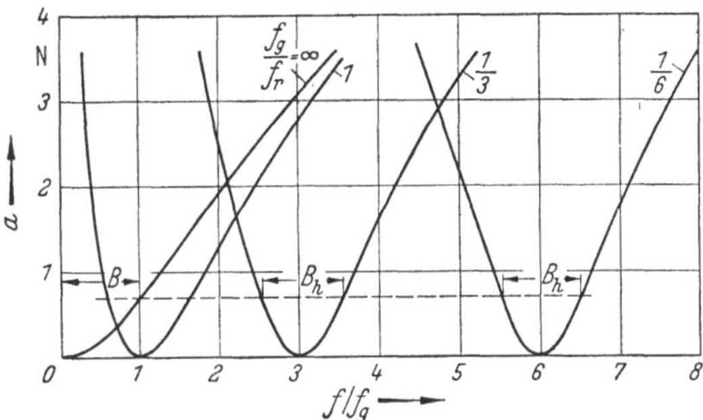

Abb. 28. Dämpfung eines 4-stufigen Resonanzverstärkers bei verschiedener relativer Bandbreite

b) Einfacher Bandfilterverstärker und kompensierter Widerstandsverstärker. Werden in Abb. 21 je zwei aufeinanderfolgende Kreise gegeneinander verstimmt, so erhält man Dämpfungskurven mit Bandfiltercharakter. Die folgenden Betrachtungen, die für diesen Fall durchgeführt

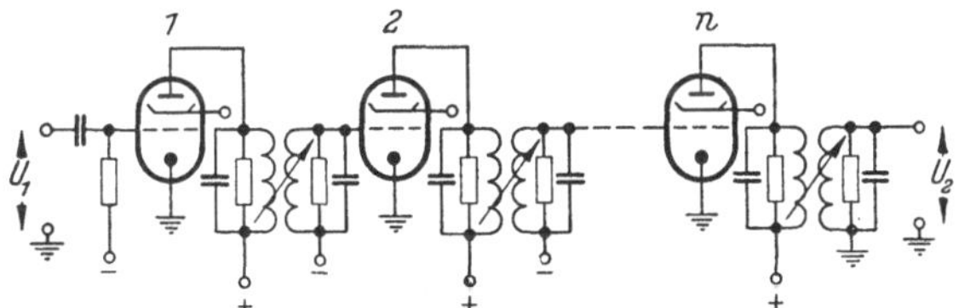

Abb. 29. Mehrstufiger Bandfilterverstärker

werden, gelten auch für zweikreisige Bandfilter; das sind Filter mit zwei direkt gekoppelten gleichabgestimmten Schwingungskreisen. Die Übertragungsfunktion eines solchen Bandfilters gehorcht nämlich denselben Gesetzen, die für die Übertragungsfunktion von zwei gegeneinander verstimmten, aber durch Röhren entkoppelten Schwingungskreisen gelten, wenn das Band nicht zu breit ist. Die verbindenden Beziehungen werden im folgenden als Ergänzung angegeben. Abb. 29 zeigt die Schaltung für einen Verstärker mit zwei gleichen Kreisen je Stufe; er sei als *einfacher Bandfilterverstärker* bezeichnet.

Wird in Abb. 21 der erste Kreis um $+\Delta\omega$ und der zweite um $-\Delta\omega$ gegen die Bandmitte ω_r verstimmt, so lauten ihre Übertragungsfunktionen nach Gl. (98)

$$G_1(j\omega) = \frac{1}{1 + j\,2\,(\omega - \omega_r - \Delta\omega)\,R\,C} \tag{125}$$

und

$$G_2(j\omega) = \frac{1}{1 + j\,2\,(\omega - \omega_r + \Delta\omega)\,R\,C}\,. \tag{126}$$

Führt man wieder die Zeitkonstante $2\,R\,C = \tau_1$ ein, so wird die Übertragungsfunktion der beiden in Kette geschalteten Stufen

$$G_{1\,2}(j\omega) = \frac{1 + (\Delta\omega\,\tau_1)^2}{[1 + j\,(\omega - \omega_r - \Delta\omega)\,\tau_1]\,[1 + j\,(\omega - \omega_r + \Delta\omega)\tau_1]}\,. \tag{127}$$

Der Faktor im Zähler sorgt dafür, daß für die Bandmitte $\omega = \omega_r$ die Übertragungsfunktion $G_{1\,2}(j\omega)$ gleich Eins wird, d. h., die Dämpfung gleich Null.

Durch Frequenztransformation, d. h. durch Verschieben der Bandmitte ω_r nach der Frequenz Null hin — dies ist für relativ schmale Bänder zulässig — wird

$$G_{1\,2}(j\omega) = \frac{1 + (\Delta\omega\,\tau_1)^2}{[1 + j\,(\omega + \Delta\omega)\,\tau_1]\,[1 + j\,(\omega - \Delta\omega)\,\tau_1]}\,. \tag{128}$$

Führt man die normierte Verstimmung

$$\Delta\omega\,\tau_1 = d \tag{129}$$

ein und setzt $j\omega = p$, so ergibt sich, wenn $n/2$ zweikreisige Stufen, die also n Kreise enthalten, hintereinandergeschaltet werden:

$$G(p) = \frac{\left(\dfrac{1 + d^2}{\tau_1^2}\right)^{\frac{n}{2}}}{\left(p + \dfrac{1 + j\,d}{\tau_1}\right)^{\frac{n}{2}}\left(p + \dfrac{1 - j\,d}{\tau_1}\right)^{\frac{n}{2}}}\,. \tag{130}$$

Da keine Nullstellen p_s im Endlichen vorhanden sind, kann die Betriebsdämpfung auch hier keine Pole haben. Die Werte p_r sind alle komplex mit negativem Realteil; wie es sein muß, treten sie in konjugiert komplexen Paaren auf. Es gibt nur zwei voneinander verschiedene Werte p_r, diese treten vielfach auf. Bringt man die Gl. (130) in die Form von Gl. (4), so erhält man

$$G(p) = \frac{1}{\left(1 + \dfrac{2\,\tau_1}{1 + d^2}\,p + \dfrac{\tau_1^2}{1 + d^2}\,p^2\right)^{\frac{n}{2}}}\,. \tag{131}$$

Die Laufzeit für tiefe Frequenzen läßt sich nach Gl. (14) direkt ablesen zu

$$t_0 = \frac{n}{2}\,\frac{2\,\tau_1}{1 + d^2}\,. \tag{132}$$

Für die Dämpfung ergibt sich nach Gl. (10)

$$a = \frac{n}{4} \ln \left[1 + \frac{2\,\tau_1^2\,(1 - d^2)}{(1 + d^2)^2}\,\omega^2 + \frac{\tau_1^4}{(1 + d^2)^2}\,\omega^4 \right] \tag{133}$$

und für die Phase

$$b = \frac{n}{2} \arctan \frac{2\,\tau_1\,\omega}{1 + d^2 - \tau_1^2\,\omega^2}\,. \tag{134}$$

In den Gl. (133) und (134) bedeutet d die normierte Verstimmung für gegeneinander verstimmte entkoppelte Kreise. Der Zusammenhang mit der Theorie der zweikreisigen Bandfilter liegt darin, daß in diesem Fall

$$d = k\,Q \tag{135}$$

das Produkt aus Kopplungsfaktor und Güte der Einzelkreise bedeutet; im übrigen gelten dann die abgeleiteten Beziehungen auch hierfür. Die Abb. 29 zeigt einen solchen Verstärker schematisch.

Durch Reihenentwicklung der Gl. (133) nach Potenzen von ω erhält man für die Dämpfung

$$a = \frac{n}{4} \left[\frac{2\,(1 - d^2)\,\tau_1^2}{(1 + d^2)^2}\,\omega^2 + \left(1 - 2 \left(\frac{1 - d^2}{1 + d^2} \right)^2 \right) \frac{\tau_1^4}{(1 + d^2)^2}\,\omega^4 + \cdots \right]. \tag{136}$$

Die der Gl. (134) entsprechende Potenzreihe für die Phase lautet

$$b = \frac{n}{2} \left[\frac{2\,\tau_1}{1 + d^2}\,\omega + \frac{2\,\tau_1^3}{(1 + d^2)^2} \left(1 - \frac{4}{3\,(1 + d^2)} \right) \omega^3 + \right.$$
$$\left. + \frac{2\,\tau_1^5}{(1 + d^2)^3} \left(1 - \frac{4}{1 + d^2} + \frac{16}{5\,(1 + d^2)^2} \right) \omega^5 + \cdots \right]. \tag{137}$$

Die Phasenverzerrung wird

$$\Delta b = \frac{n}{2} \left[\frac{2\,\tau_1^3}{(1 + d^2)^2} \left(1 - \frac{4}{3\,(1 + d^2)} \right) \omega^3 + \right.$$
$$\left. + \frac{2\,\tau_1^5}{(1 + d^2)^3} \left(1 - \frac{4}{1 + d^2} + \frac{16}{5\,(1 + d^2)^2} \right) \omega^5 + \cdots \right]. \tag{138}$$

Für verschiedene Stufenzahlen werde die Zeitkonstante τ_1 so gewählt, daß bei der Grenzfrequenz ω_g die Dämpfung immer denselben Betrag von 0,7 N hat. Es soll also sein

$$\frac{n}{4} \ln \left[1 + \frac{2\,\tau_1^2\,(1 - d^2)}{(1 + d^2)^2}\,\omega_g^2 + \frac{\tau_1^4}{(1 + d^2)^2}\,\omega_g^4 \right] = \ln 2. \tag{139}$$

Dann wird

$$\tau_1 = \frac{1}{\omega_g} \sqrt{d^2 - 1 + \sqrt{(d^2 - 1)^2 + (d^2 + 1)^2 \left(2^{\frac{4}{n}} - 1 \right)}}\,. \tag{140}$$

Es seien zwei ausgezeichnete Werte von d näher betrachtet. Im ersten Fall soll d so gewählt werden, daß das erste Glied in der Gl. (136) für die Dämpfung verschwindet, d. h., daß die Reihe für die Dämpfungsfunktion nur Glieder mit der 4. und geradzahlig höheren Potenzen von

ω enthält; im zweiten Fall soll d so gewählt werden, daß in der Phasenverzerrungsfunktion Δb [Gl. (138)] das erste Glied verschwindet, d. h., daß die Reihe für Δb nur Glieder mit der 5. und *ungeradzahlig* höheren Potenzen von ω enthält.

Im ersten Fall muß $d = 1$ gesetzt werden; dies ist der Fall der kritischen Kopplung. Im zweiten Fall muß $d = 1/\sqrt{3} = 0{,}58$ sein, das bedeutet unterkritische Kopplung.

Für den wichtigen Fall der *kritischen Kopplung* $d = 1$ lauten die Reihen

$$a = \frac{n}{4}\left[\frac{\tau_1^4}{4}\,\omega^4 + \cdots\right] \tag{141}$$

und

$$b = \frac{n}{2}\left[\tau_1\,\omega + \frac{1}{6}\,\tau_1^3\,\omega^3 - \frac{1}{20}\,\tau_1^5\,\omega^5 \cdots\right]. \tag{142}$$

Man erhält also in diesem Falle positive Phasenverzerrungen. Das war nach den auf den S. 257 ff. gewonnenen Erkenntnissen zu erwarten, da die Dämpfung für tiefe Frequenzen mit der 4. Potenz von ω und damit stärker als mit ω^2 ansteigt. Nach Gl. (140) wird

$$\tau_1 = \frac{1}{\omega_g}\sqrt[4]{4\left(2^{\frac{4}{n}} - 1\right)}. \tag{143}$$

Man erhält mit Gl. (133)

$$a = \frac{n}{4}\ln\left(1 + \frac{\tau_1^4}{4}\,\omega^4\right) = \frac{n}{4}\ln\left[1 + \left(2^{\frac{4}{n}} - 1\right)\left(\frac{\omega}{\omega_g}\right)^4\right] \tag{144}$$

und mit Gl. (134)

$$b = \frac{n}{2}\arctan \frac{\dfrac{\omega}{\omega_g}\sqrt[4]{4\left(2^{\frac{4}{n}} - 1\right)}}{1 - \left(\dfrac{\omega}{\omega_g}\right)^2\sqrt[4]{2^{\frac{4}{n}} - 1}}. \tag{145}$$

Gl. (144) ist in Abb. 30 aufgetragen. Steigert man die Stufenzahl von 1 auf 8, d. h., die Kreiszahl n von 2 auf 16, so nimmt die Selektion rasch zu; darüber hinaus ist jedoch keine wesentliche Dämpfungserhöhung mehr zu erreichen, da man die Grenzkurve für unendlich viele Stufen schon sehr gut angenähert hat. Für diese läßt sich durch Grenzwertbildung mit der Gl. (112) die Beziehung

$$a_{n\to\infty} = \left(\frac{\omega}{\omega_g}\right)^4\ln 2 \tag{146}$$

ableiten.

Im Nutzband deckt sich die Dämpfungskurve schon bei 2 Stufen (d. h. bei $n = 4$) fast mit der Grenzkurve.

Wie für das Beispiel von Abb. 22 ist auch hier zum Vergleich die quadratische Dämpfungsfunktion $a = \left(\dfrac{\omega}{\omega_g}\right)^2 \ln 2$ eingetragen. Die Kurven

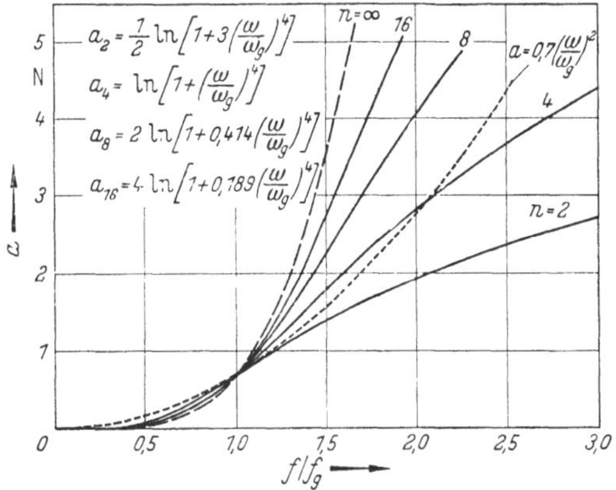

Abb. 30. Dämpfung eines einfachen Bandfilterverstärkers mit $\dfrac{n}{2}$ Stufen (kritische Kopplung $d = k\,Q = 1$)

zeigen im Vergleich zu Abb. 22 eine Annäherung an den idealisierten Tiefpaß; die damit im Nutzband verbundenen positiven Phasenverzerrungen zeigt die Abb. 31. Mit zunehmender Stufenzahl werden sie

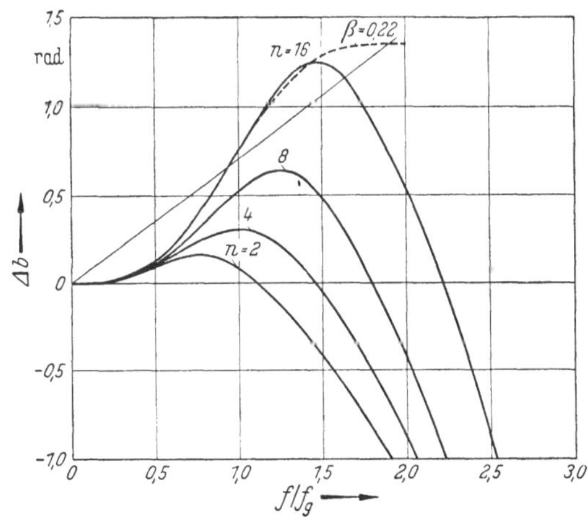

Abb. 31. Phasenverzerrung $\varDelta b$ zu Abb. 30

immer größer. Für $n = 16$ ist außerdem noch gestrichelt eine Näherungskurve eingetragen, die aus einem linearen Anteil und einer sinusförmigen Schwankung zusammengesetzt ist. Auf diese Näherung wird auf S. 337 bei der Berechnung von Einschwingvorgängen mit Hilfe der Echomethode noch eingegangen werden.

In Abb. 32 ist außerdem noch die normierte Grundlaufzeit $t_0\,f_g$ über der Stufenzahl aufgetragen (Kurve $d = 1$). Sie nimmt ebenso wie beim Resonanzverstärker monoton mit der Stufenzahl zu.

Für den Fall der *unterkritischen Kopplung* $d = \dfrac{1}{\sqrt{3}}$ wird nach Gl. (140)

$$\tau_1 = \frac{1}{\omega_g}\sqrt{\frac{2}{3}}\sqrt{-1 + \sqrt{1 + 4\left(2^{\frac{4}{n}} - 1\right)}}. \tag{147}$$

Man erhält

$$a = \frac{n}{4}\ln\left[1 + \frac{1}{2}\left(-1 + \sqrt{1 + 4\left(2^{\frac{4}{n}} - 1\right)}\right)\left(\frac{\omega}{\omega_g}\right)^2 + \right.$$
$$\left. + \frac{1}{4}\left(-1 + \sqrt{1 + 4\left(2^{\frac{4}{n}} - 1\right)}\right)^2\left(\frac{\omega}{\omega_g}\right)^4\right] \tag{148}$$

und

$$b = \frac{n}{2}\arctan\frac{\dfrac{\omega}{\omega_g}\,3\sqrt{\dfrac{2}{3}}\sqrt{-1 + \sqrt{1 + 4\left(2^{\frac{4}{n}} - 1\right)}}}{2 - \left(\dfrac{\omega}{\omega_g}\right)^2\left(-1 + \sqrt{1 + 4\left(2^{\frac{4}{n}} - 1\right)}\right)}. \tag{149}$$

Die Grenzkurve für unendlich große Stufenzahl ist hier die quadratische Dämpfungsfunktion

$$a_{n\to\infty} = \left(\frac{\omega}{\omega_g}\right)^2\ln 2. \tag{150}$$

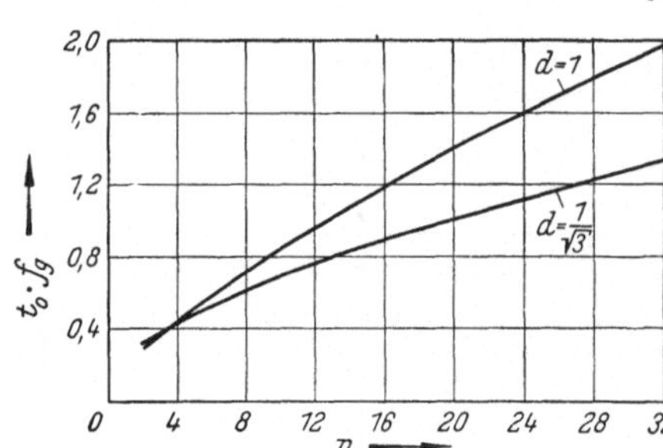

Abb. 32. Normierte Grundlaufzeit von Verstärkern mit gleichen zweikreisigen Bandfiltern für $d = 1$ und $d = \dfrac{1}{\sqrt{3}}$

In den Abb. 33 und 34 sind die Gl. (148) und die aus Gl. (149) berechnete Δb-Funktion aufgetragen. Man erkennt aus Abb. 33, daß die quadratische Kurve im Nutzbereich fast unabhängig von der Stufenzahl immer erreicht wird, und auch im Sperrbereich mit 4 Stufen ($n = 8$) schon gut angenähert wird. Bei großen Stufenzahlen wird die quadratische Kurve im Sperrbereich etwas überschritten. Diese kleinen Zusatzdämpfungen gehen, wenn die Stufenzahl weiter zunimmt, wieder auf Null zurück.

Die Phasenverzerrungen Δb zeigen nur negative Werte. Im Vergleich zum Resonanzverstärker mit gleichabgestimmten Stufen (s. Abb. 25) kann hier bei gleicher Kreiszahl eine wesentlich bessere Phasenlinearisierung erzielt werden. Mit 16 Kreisen sind die Phasenverzerrungen bei der Grenzfrequenz ω_g zehnmal kleiner als dort. Mit weiterer Erhöhung der Stufenzahl wird der Bereich des linearen Phasengangs nach immer höheren Frequenzen hin ausgedehnt; dies ist auch zu erwarten, weil sich

die Dämpfungsfunktion der quadratischen Funktion immer mehr nähert.

Die normierte Grundlaufzeit $t_0\,f_g$ ist in Abb. 32 aufgetragen (Kurve $d = 1/\sqrt{3}$).

Werte der Kopplung, die ungefähr $d = 1/\sqrt{3}$ entsprechen, sind sehr günstig, wenn gute Linearität des Phasengangs gefordert wird und wenn positive Dämpfungsverzerrungen im Nutzbereich, wie z. B. bei Impulsfiltern, sogar erwünscht sind.

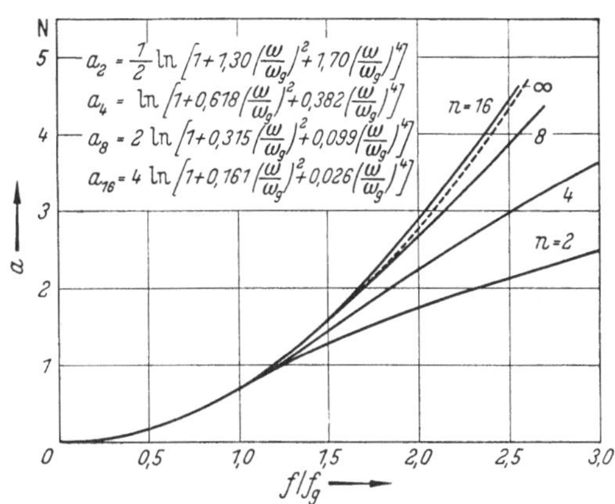

Abb. 33. Dämpfung eines einfachen Bandfilterverstärkers mit $\frac{n}{2}$ Stufen $\left(\text{unterkritische Kopplung } d = kQ = \dfrac{1}{\sqrt{3}}\right)$

Wesentlich größere Werte von d als 1 ergeben ausgeprägte negative Dämpfungen (Höckerbildung) und erhöhte positive Phasenverzerrungen; solche Filtereigenschaften werden im allgemeinen und besonders bei der

Impulsübertragung vermieden und deshalb hier nicht näher betrachtet.

Die im Vorhergehenden behandelten Gesetze für den Bandfilter-Verstärker lassen sich auf den sogenannten *kompensierten Widerstandsverstärker* anwenden. Ein solcher Verstärker geht aus der Schaltung von Abb. 27 dadurch hervor, daß in jeder Stufe außer dem Kondensator C noch weitere Reak-

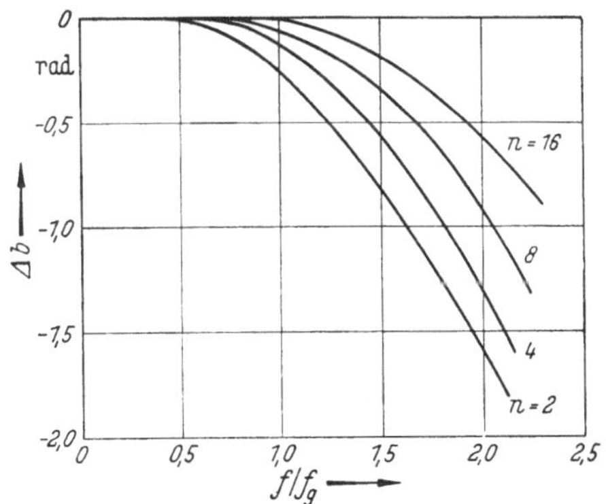

Abb. 34. Phasenverzerrung Δb zu Abb. 33

tanzen vorhanden sind. Ohne Erweiterung des oben durchgeführten Rechnungsgangs ist allerdings im allgemeinen Fall deren Zahl auf zwei beschränkt, z. B. auf eine Spule und einen Kondensator. Die Anzahl darf nur dann größer sein, wenn zwischen den Reaktanzelementen zusätzliche Beziehungen bestehen. Abb. 35a zeigt als Beispiel eine Schaltung mit einer Spule und zwei Kondensatoren. Wird hier $\dfrac{L}{R_2} = C_1 R_1$ gewählt, so ergibt sich für die Übertragungsfunktion eine quadratische Gleichung in p.

Will man Verstärker für ein möglichst breites Nutzband bauen, so müssen C_1 und C_2 sehr klein sein; die Grenze ist durch die Röhren- und Schaltkapazitäten gegeben. Da bei modernen Röhren die Gitterkapazität

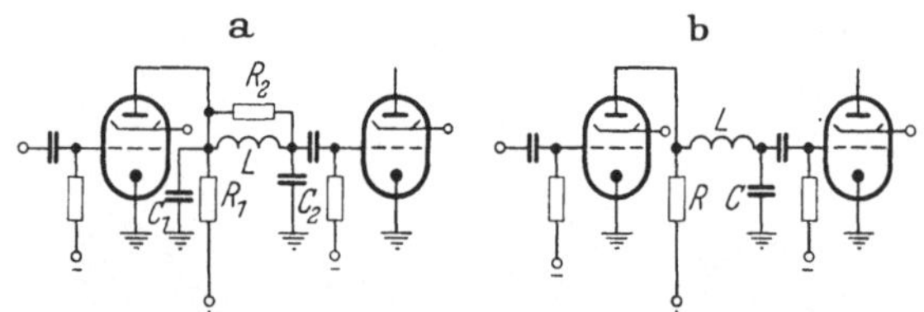

Abb. 35a u. b. Stufen eines kompensierten Widerstandsverstärkers

immer wesentlich größer ist als die Anodenkapazität, kann C_1 oft vernachlässigt werden; R_2 wird dann gemäß der obigen Zusatzbedingung unendlich groß (Abb. 35b).

Bezeichnet man die Eigenresonanzfrequenz der Elemente L und C_2 in Abb. 35a mit $\omega_r = \dfrac{1}{\sqrt{L\,C_2}}$, so ist die Übertragungsfunktion für $\dfrac{n}{2}$ Stufen — n kann nur geradzahlig sein —

$$G(p) = \frac{1}{\left(1 + p\,R_1\,(C_1 + C_2) + p^2/\omega_r^2\right)^{\frac{n}{2}}} . \qquad (151)$$

Man erhält für $\omega_r\,R_1\,(C_1 + C_2) = \sqrt{2}$ dieselben Dämpfungs- und Phasenkurven wie für einen kritisch gekoppelten Bandfilter-Verstärker mit $d = 1$; der Wert $\omega_r\,R_1\,(C_1 + C_2) = \sqrt{3}$ entspricht $d = 1/\sqrt{3}$. Zwei in Reihe geschaltete unkompensierte Widerstandsverstärkerstufen haben die gleiche Übertragungsfunktion, wie sie eine kompensierte Stufe mit $\omega_r\,R_1\,(C_1 + C_2) = 2$ hat $(d = 0)$.

c) Kettenleiterfilter nach der Betriebsparameter-Theorie. Bei den im Vorhergehenden behandelten Verstärkern mit gleichen zweikreisigen Bandfiltern ist es auch bei beliebiger Stufenzahl nicht möglich, den idealisierten Band- oder Tiefpaß anzunähern. Es ist bestenfalls eine Dämpfungsfunktion möglich, deren Reihenentwicklung mit der 4. Potenz beginnt, da nur 2 verschiedene Pole p_r vorhanden sind. Verwendet man mehr Pole, d. h., stimmt man z. B. bei der Schaltung von Abb. 21 die n Kreise auf n verschiedene Frequenzen ab, so kann man am Rande des Nutzbereichs immer steilere Dämpfungskurven erhalten; dieselbe Wirkung erzielt man durch mehrkreisige Filter, deren Elemente alle miteinander gekoppelt sind. Als Vertreter eines derartigen Filters sei

ein Kettenleiter-Tiefpaß ohne Dämpfungsschwankungen im Durchlaßbereich betrachtet, der von G. Bosse nach der Betriebsparameter-
Theorie als sogenannte „Potenzkette" untersucht worden ist. Dieses
Filter ist hier deshalb gewählt worden, weil es mit erträglichem
Rechenaufwand ein anschauliches Bild von den Wirkungen vermittelt,
die sich bei der Annäherung an den idealisierten Tiefpaß ergeben, wenn
die Elementezahl steigt.

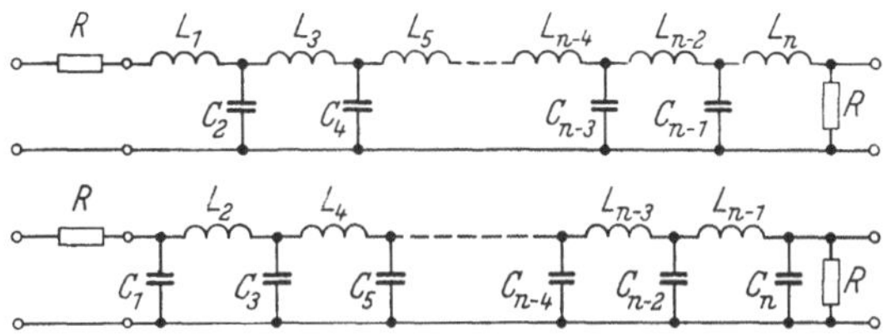

Abb. 36. Kettenleiter-Tiefpaß mit n Elementen

Abb. 36 zeigt den aus n Elementen bestehenden Tiefpaß in Π- und
T-Schaltung. Die im folgenden angegebenen Werte und Kurven gelten
für beide Schaltungen. Für die Werte der Elemente gilt

$$L_\nu = a_\nu \frac{R}{\omega_g} \quad \text{und} \quad C_\nu = a_\nu \frac{1}{\omega_g R}. \tag{152}$$

Dabei ist R der Innenwiderstand der Spannungsquelle und der Abschlußwiderstand;
ν ist die Nummer des Elementes; die
Reihenfolge ist aus Abb. 36 zu ersehen.
Die a_ν sollen der Gleichung

$$a_\nu = 2^{\frac{2n}{\sqrt{3}}} \sin\left(\frac{\pi}{2} \frac{2\nu - 1}{n}\right) \tag{153}$$

gehorchen. Sie sind also immer positiv,
nehmen von links nach rechts zunächst
zu und nach Überschreiten eines Maxi-
malwertes, der für die in der Mitte des
Kettenleiters liegenden Elemente gilt,

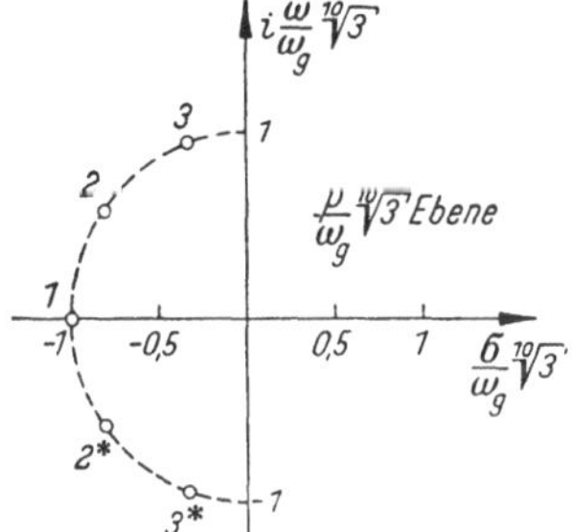

Abb. 37. Pole des Kettenleiter-
Tiefpasses von Abb. 36 für $n = 5$ in
der komplexen Frequenzebene

wieder ab. Die einfache Gleichung für diesen Kettenleiter lautet

$$G(p) = \frac{\omega_g^n / \sqrt{3}}{\prod\limits_{\nu=1}^{n} \left(p - \frac{j\,\omega_g}{2n\sqrt{3}} e^{i\frac{\pi}{2}\frac{2\nu-1}{n}} \right)}. \tag{154}$$

Bei $\omega = \omega_g$ wird unabhängig von der Gliederzahl n die Dämpfung
$a = \ln 2$.

Gl. (154) hat keine Nullstellen p_s im Endlichen; es treten deshalb
keine Dämpfungspole auf. Die Polfrequenzen von $G(p)$ liegen in glei-

chen Winkelabständen $\theta = \dfrac{\pi}{n}$ auf der linken Hälfte eines Kreises in der komplexen p-Ebene (Abb. 37); die beiden äußersten sind im Winkel um $\dfrac{\pi}{2\,n}$

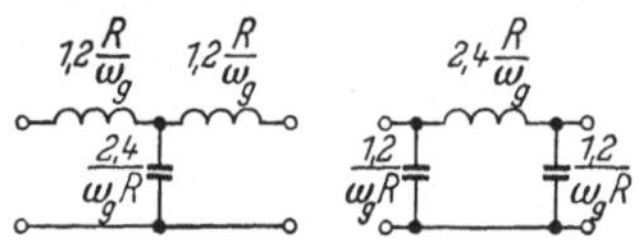

Abb. 38. Tiefpaß nach Abb. 36 mit $n = 3$ Elementen

von der imaginären Achse entfernt. Die Punkte 1, 2, 2*, 3 und 3* zeigen ein Beispiel für $n = 5$. Ist n ungerade, so fällt ein Wert p_r auf die reelle Achse, und die anderen sind konjugiert komplexe Paare. Ist n gerade, so gibt es nur konjugiert komplexe Paare. Im Gegensatz zu den Übertragungsfunktionen von Gl. (101) und (130) sind nur einfache Pole vorhanden.

Für die Dämpfung ergibt sich die einfache Gleichung

$$a = \frac{1}{2}\ln\left[1 + 3\left(\frac{\omega}{\omega_g}\right)^{2n}\right]. \tag{155}$$

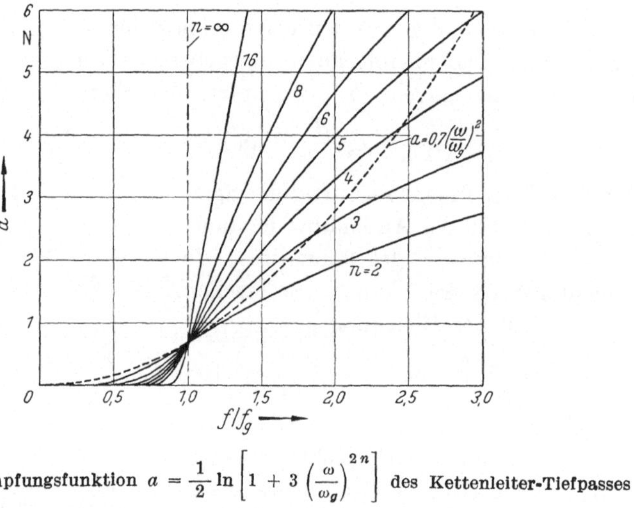

Abb. 39a. Dämpfungsfunktion $a = \dfrac{1}{2}\ln\left[1 + 3\left(\dfrac{\omega}{\omega_g}\right)^{2n}\right]$ des Kettenleiter-Tiefpasses

Zur Erläuterung diene das Beispiel für $n = 3$. Dafür wird

$$G(p) = \frac{1}{1 + 2\sqrt[6]{3}\,\dfrac{p}{\omega_g} + 2\sqrt[3]{3}\,\dfrac{p^2}{\omega_g^2} + \sqrt{3}\,\dfrac{p^3}{\omega_g^3}}. \tag{156}$$

Daraus errechnet sich

$$a = \frac{1}{2}\ln\left[1 + 3\left(\frac{\omega}{\omega_g}\right)^{6}\right] \tag{157}$$

und

$$b = \arctan 2\sqrt[6]{3}\,\frac{\omega}{\omega_g}\,\frac{1 - \dfrac{1}{2}\sqrt[3]{3}\left(\dfrac{\omega}{\omega_g}\right)^2}{1 - 2\sqrt[3]{3}\left(\dfrac{\omega}{\omega_g}\right)^2}. \tag{158}$$

Aus dem Faktor des Gliedes mit p in Gl. (156) ist zu ersehen, daß die Grundlaufzeit

$$t_0 = \frac{2\sqrt[6]{3}}{\omega_g} \tag{159}$$

beträgt.

Für das T- und das Π-Glied sind die Elemente in Abb. 38 angegeben.

Mit der Gl. (154) sind die in den Abb. 39a und 39b gezeichneten Kurven der Dämpfung a und Phasenverzerrung Δb für verschiedene n errechnet worden. Mit steigender Gliederzahl nähert sich die Dämpfung a zunehmend der des idealisierten Tiefpasses. Die quadratische Dämpfungsfunktion ist zum Vergleich gestrichelt eingezeichnet. Die Phasenverzerrungen sind, wie zu erwarten war, weit in den Sperrbereich hinein positiv und größer als in Abb. 31.

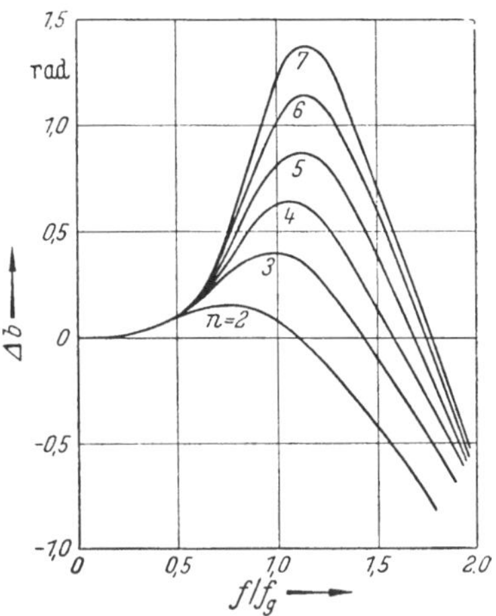

Abb. 39b. Phasenverzerrungen Δb zu Abb. 39a

II. Die Verformung impulsförmiger Vorgänge beim Durchgang durch Netzwerke

In der Pulsmodulationstechnik werden am Anfang eines Übertragungssystems meist Rechteckimpulse als „erzeugende" Impulse verwendet. Diese sind entweder kurz im Vergleich zur Einschwingdauer der Übertragungsnetzwerke, oder sie haben eine Dauer, die etwa so groß ist wie diese. Im ersten Fall erhält man ausreichend genaue Rechenergebnisse, wenn man als „erzeugenden" Impuls den Einheits- oder Dirac-Impuls annimmt. Im zweiten Fall gelangt man bei der Berechnung am raschesten zum Ziel, wenn man den Rechteckimpuls als Differenz zweier Einheitssprünge auffaßt, die um die Impulsdauer gegeneinander versetzt sind; die Zeitfunktion am Ausgang des Übertragungssystems ist dann ebenfalls die Differenz zweier gleicher verschobener Zeitfunktionen; diese erhält man als Antworten des Systems auf den Einheitssprung. Im folgenden wird sowohl die Antwort von Netzwerken auf den Einheitsimpuls als auch die Antwort auf den Einheitssprung untersucht; die zweite kann immer durch Integration aus der ersten gewonnen werden [Gl. (2, 81)].

1. Methoden zur Ermittlung von Einschwingvorgängen

Die Grundlagen hierfür sind in Kap. 2, I angegeben worden. Alle Methoden beruhen grundsätzlich auf der FOURIER-Integral-Darstellung; sie sollen im folgenden zusammengestellt und durch eine Reihe von Beispielen ausführlich erläutert werden.

Sind die Einzelelemente eines Netzwerkes und seine Schaltung bekannt, so kann man immer die Gleichung seiner Übertragungsfunktion $G(p) = \dfrac{Z(p)}{N(p)}$ in der Form der Gl. (5) aufstellen. Man erhält den Einschwingvorgang zum Einheitsimpuls mit Hilfe der Beziehung (2, 78)

$$s_\delta(t) = \frac{1\ \mathrm{sec}}{2\,\pi\,j} \int\limits_{-j\infty}^{+j\infty} G(p)\, \mathrm{e}^{pt}\, \mathrm{d}p. \tag{160}$$

Für die Lösung dieses Integrals stehen die folgenden Hilfsmittel zur Verfügung:

a) Man geht den Weg, der auf S. 97 an dem einfachen Beispiel des Schwingungskreises behandelt worden ist. Für den Fall, daß $G(p)$ beliebig viele einfache Pole aufweist, ist die Berechnungsmethode nach K. W. WAGNER zweckmäßig; sie ist im Anhang 1 angegeben und auf das Beispiel des Kettenleiterfilters von Abb. 36 angewandt. Damit erhält man die Zeitfunktion $s_\delta(t)$ als Summe gedämpfter Sinusschwingungen. Für die Erweiterung auf den Fall beliebig vieler mehrfacher Pole sei auf das WAGNERsche Buch selbst verwiesen. Diese Methoden führen, wenn die komplexen Pole und Nullstellen bekannt sind, immer exakt zum Ziel.

b) Lösungen des Integrals Gl. (160) sind für eine große Anzahl von $G(p)$ z. B. von CAMPBELL-FOSTER und in den Büchern von K. W. WAGNER u. G. DOETSCH zusammengestellt worden. Einige von ihnen werden im folgenden verwendet.

Sind die Elemente eines Netzwerks nicht bekannt, so können seine Übertragungseigenschaften zwischen den Eingangs- und Ausgangsklemmenpaaren nur durch Messung bestimmt werden. Es liegt nahe, den Einschwingvorgang mit Hilfe oszillographischer Methoden direkt zu bestimmen. Diese sind jedoch oft nicht ausreichend genau und aufschlußreich; sollen nämlich die Übertragungseigenschaften des Netzwerks geändert werden, so ist es oft günstiger, wenn man den Verlauf der Dämpfung und Phase kennt, der meistens genauer meßbar ist. Aus diesen beiden Größen kann dann der Einschwingvorgang $s_\delta(t)$ grundsätzlich nach Gl. (160) ermittelt werden. Es ist jedoch meist sehr schwierig, den analytischen Ausdruck für $G(p)$ aufzustellen. Deshalb muß man den Einschwingvorgang oft näherungsweise rechnerisch oder graphisch ermitteln. Dafür eignen sich dann die folgenden Verfahren.

c) Man sucht eine Übertragungsfunktion, die mit der gemessenen möglichst gut übereinstimmt und deren Einschwingvorgang bekannt ist. Die Abweichungen der gemessenen Kurven, sowohl für den Übertragungsfaktor als auch für die Phase, von den Näherungsfunktionen werden in eine FOURIER-Reihe zerlegt, und man wendet die Echomethode an; diese führt dann besonders rasch zum Ziel, wenn die Abweichungen klein sind. Liegt ein Netzwerk minimaler Phase vor, so genügt im Prinzip die Messung der Dämpfung *oder* der Phase allein. Übertragungsfunktionen, die als Normfunktionen verwendet werden können, und ihre Einschwingvorgänge werden im folgenden untersucht, und die Anwendung der Echomethode wird an einigen Beispielen gezeigt.

d) Auf dem folgenden Weg kommt man zu einem Ansatz, der für die *graphische* Lösung mit Hilfe des Planimeters geeignet ist.

Die Übertragungsfunktion ist

$$G(\omega) = A(\omega)\, \mathrm{e}^{-jb(\omega)} \tag{161}$$

oder

$$G(\omega) = C(\omega) - j\, D(\omega). \tag{162}$$

Mit Gl. (160) erhält man

$$s_\delta(t) = \frac{1\,\mathrm{sec}}{2\,\pi} \int\limits_{-\infty}^{+\infty} A(\omega)\, \mathrm{e}^{-jb(\omega)}\, \mathrm{e}^{j\omega t}\, \mathrm{d}\omega. \tag{163}$$

Da immer $A(\omega)$ eine gerade Funktion und $b(\omega)$ eine ungerade Funktion ist, kann man Gl. (163) in reeller Form schreiben

$$s_\delta(t) = \frac{1\,\mathrm{sec}}{\pi} \int\limits_{0}^{\infty} A(\omega)\, \cos\,[\omega t - b(\omega)]\, \mathrm{d}\omega. \tag{164}$$

Durch eine einfache Umformung erhält man

$$s_\delta(t) = \frac{1\,\mathrm{sec}}{\pi} \left[\int\limits_{0}^{\infty} C(\omega)\, \cos\,\omega t\, \mathrm{d}\omega + \int\limits_{0}^{\infty} D(\omega)\, \sin\,\omega t\, \mathrm{d}\omega \right]. \tag{165}$$

Dabei ist entsprechend Gl. (161) und (162)

$$C(\omega) = A(\omega)\, \cos\,b(\omega) \tag{166}$$

und

$$D(\omega) = A(\omega)\, \sin\,b(\omega). \tag{167}$$

Bei realisierbaren Netzwerken muß die Zeitfunktion vor der Zeit $t = 0$ Null sein. Dies ist nur möglich, wenn in Gl. (165) die beiden Teilintegrale für negative t-Werte entgegengesetzt gleich sind. Da $C(\omega)$ eine gerade und $D(\omega)$ eine ungerade Funktion von ω ist, sind dann die beiden Integrale für positive Zeiten gleich groß, und es ergibt sich für den Einschwingvorgang

$$s_\delta(t) = \frac{2\sec}{\pi} \int_0^\infty C(\omega) \cos \omega t \, d\omega \qquad (168)$$

oder   für $t > 0$

$$s_\delta(t) = \frac{2\sec}{\pi} \int_0^\infty D(\omega) \sin \omega t \, d\omega. \qquad (169)$$

Man braucht in dieser Darstellung nur $C(\omega)$ *oder* $D(\omega)$ zu kennen[1]. Die Methode ist in bestimmten Fällen geeignet für eine graphische Bestimmung der Zeitfunktion mit Hilfe des Planimeters, da nur eine einzige Integration im Reellen erforderlich ist. Der Flächeninhalt des Produktes $C(\omega) \cos \omega t$ oder $D(\omega) \sin \omega t$ muß zu diesem Zweck n-mal ermittelt werden, wenn man die Amplitudenwerte von $s_\delta(t)$ für n Zeitpunkte t_n erhalten will.

Man kann $C(\omega)$ oder $D(\omega)$ entweder aus dem Übertragungsfaktor $A(\omega)$ und der Phase $b(\omega)$ mit Gl. (166) und (167) berechnen oder durch geeignete Verfahren direkt messen.

e) Bei systemtheoretischen Untersuchungen wird oft keine Rücksicht auf die Realisierbarkeit genommen. Dabei können Integrale auftreten, die analytisch nicht lösbar sind. Man erhält dann eine graphische Lösung mit Hilfe der Gl. (165). Für jeden Amplitudenwert von $s_\delta(t)$ sind dabei zwei Flächeninhalte zu bestimmen, nämlich derjenige der Funktion $A(\omega) \cos b(\omega) \cos \omega t$ und derjenige der Funktion $A(\omega) \sin b(\omega) \sin \omega t$.

f) Manchmal kommt man rasch zum Ziel, wenn man sich den Sprung oder den δ-Impuls periodisch wiederholt denkt; im Sinne des Abtasttheorems für das Spektrum einmaliger Zeitvorgänge wird aus dem kontinuierlichen Spektrum ein Linienspektrum gleicher Berandung. Multipliziert man die einzelnen Harmonischen mit der Übertragungsfunktion des Netzwerks, so kann man durch Addition der so erhaltenen Komponenten die gesuchte Antwortfunktion bilden. Diese Methode ist vorteilhaft, wenn die Antwortfunktion rasch abklingt.

g) Der Vollständigkeit halber möge noch ein Verfahren erwähnt werden, das dann angewendet werden kann, wenn die Einschwingvorgänge $s_1(t)$ und $s_2(t)$ zweier Vierpole bekannt sind und nach dem Einschwingvorgang $s_3(t)$ der Kettenschaltung der beiden Vierpole gefragt ist. Liegen die Einschwingvorgänge $s_{\delta 1}(t)$ und $s_{\delta 2}(t)$ zum Einheits-

---

[1] Man kann also jedes *beliebige realisierbare* Netzwerk durch eine einzige reelle Funktion beschreiben. Ist $C(\omega)$ bekannt, so ist damit $D(\omega)$ gegeben und umgekehrt. Dagegen genügen der Betrag $A(\omega)$ oder die Phase $b(\omega)$ allein im allgemeinen Fall nicht zur vollständigen Beschreibung; dies ist nur dann der Fall, wenn die Netzwerke minimale Phase haben.

impuls vor, so ist

$$s_{\delta\,3}(t) = \frac{1}{\sec} \int\limits_{-\infty}^{+\infty} s_{\delta\,1}(t-x)\, s_{\delta\,2}(x)\, \mathrm{d}x. \qquad (170)$$

Sind die Einschwingvorgänge $s_\sigma(t)$ zum Einheitssprung gegeben, so ist

$$s_{\sigma 3}(t) = \frac{\mathrm{d}}{\mathrm{d}t} \int\limits_{-\infty}^{+\infty} s_{\sigma 1}(t-x)\, s_{\sigma 2}(x)\, \mathrm{d}x. \qquad (171)$$

Die Operationen nach Gl. (170) und (171) werden häufig als „Faltung" bezeichnet. Gelten die einzelnen Antwortfunktionen nur für positive t, so müssen im Faltungsintegral die Grenzen 0 und t eingesetzt werden. So wird z. B. aus Gl. (170) die Gleichung

$$s_{\delta 3}(t) = \frac{1}{\sec} \int\limits_{0}^{t} s_{\delta 1}(t-x)\, s_{\delta 2}(x)\, \mathrm{d}x. \qquad (172)$$

2. Die Wirkung reiner Dämpfungsverzerrung

Auf S. 257 ff. ist gezeigt worden, daß man bei Netzwerken minimaler Phase mit gegebenem Dämpfungsgang nicht frei über die Phase verfügen kann; es ist jedoch grundsätzlich immer möglich, den Phasengang durch Anwendung von Phasenausgleichsgliedern in dem interessierenden Frequenzbereich zu linearisieren. Eine Untersuchung von Netzwerken mit beliebigem Dämpfungsgang und linearem Phasengang $b = \omega\, t_0$ ist deshalb oft von Interesse. Bei solchen Netzwerken kann die Phase durch ein vor das Netzwerk vorgezogenes Glied mit der frequenzunabhängigen Laufzeit t_0 berücksichtigt werden. Da die Laufzeit des übrigen Teils Null ist, wird mit Gl. (164)

$$s_\delta(t) = \frac{1\,\sec}{\pi} \int\limits_{0}^{\infty} A(\omega)\, \cos \omega\, t\, \mathrm{d}\omega. \qquad (173)$$

Diese Zeitfunktion ist also immer eine gerade Funktion der Zeit t. Das Netzwerk mit der Laufzeit t_0 sorgt dafür, daß endliche Werte der Antwortfunktion nur zu positiven Zeiten auftreten können.

a) Die Einschwingdauer bei linearem Phasengang. In Abb. 40 ist unter a) der Übertragungsfaktor $A(f)$ irgendeines Netzwerkes mit der Phase Null dargestellt; für Gleichstrom hat er den Wert $A(0)$. Die Abb. 40b zeigt den zugehörigen Einschwingvorgang $s_\sigma(t)$; er muß nach genügend langer Zeitdauer den Wert $A(0)$ annehmen. Die gestrichelt eingezeichnete Gerade ist die Tangente an die Funktion $s_\sigma(t)$ im Zeitnullpunkt und damit an ihren steilsten Teil. Die Einschwingdauer t'_g wird nun definiert als die Zeit, die diese lineare Funktion benötigt, um von Null bis auf den Wert $A(0)$ anzusteigen. Es ist also

$$t_g' = \frac{A(0)}{\dfrac{\mathrm{d}s_\sigma(t)}{\mathrm{d}t}\bigg|_0} \cdot \qquad (174)$$

Da aber nach Gl. (2, 81) $\dfrac{\mathrm{d}s_\sigma(t)}{\mathrm{d}t} = \dfrac{1}{\sec} s_\delta(t)$ ist, wird

$$t_g' = \frac{A(0)}{s_\delta(0)} \cdot 1 \sec. \qquad (175)$$

Andererseits ist nach Gl. (163) für $b = 0$ und $t = 0$

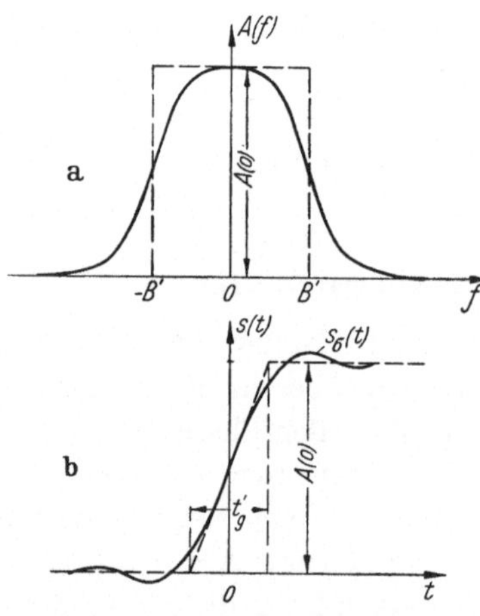

Abb. 40 a u. b. Zur Definition der Einschwingdauer t_g' bei Netzwerken mit linearem Phasengang

$$s_\delta(0) = 1 \sec \int\limits_{-\infty}^{+\infty} A(f)\,\mathrm{d}f, \quad (176)$$

und damit wird

$$t_g' = \frac{1}{\dfrac{1}{A(0)} \int\limits_{-\infty}^{+\infty} A(f)\,\mathrm{d}f} \cdot \qquad (177)$$

Das Integral im Nenner stellt aber nichts anderes dar als die Fläche, die der Übertragungsfaktor $A(f)$ mit der Abszisse bildet. Zeichnet man in Abb. 40a ein Ersatzrechteck ein, dessen Fläche ebenso groß ist, so ist dessen Inhalt gleich $2\,B'A(0)$, und es wird

$$t_g' = \frac{1}{2\,B'} \cdot \qquad (178)$$

Dies ist das von K. KÜPFMÜLLER schon 1924 erkannte Gesetz: *Die Einschwingdauer ist gleich der Hälfte der reziproken mittleren Bandbreite B' des Übertragungsbereiches.*

Bei den Übertragungsfunktionen der gewöhnlich verwendeten Netzwerke stimmt diese mittlere Breite B' ziemlich genau mit der Breite des Bereiches überein, der zwischen den eingangs definierten Grenzfrequenzen $\pm f_g$ liegt, bei denen die Dämpfung um 0,7 N (6 db) gegen die Bandmitte angestiegen ist. Im folgenden wird deshalb immer mit f_g gerechnet und die Einschwingdauer t_g definiert als

$$t_g = \frac{1}{2\,f_g} \cdot \qquad (179)$$

Auf Abweichungen zwischen t_g und t_g' wird besonders hingewiesen.

b) Der idealisierte Tiefpaß. Die Antwort eines idealisierten Tiefpasses, der alle Frequenzen außerhalb der Bandbreite B sperrt, ist bereits auf S. 90 betrachtet worden. Wie soeben erwähnt, werde die dort benützte Bandbreite B durch die Grenzfrequenz f_g ersetzt.

Der Übertragungsfaktor ist in Abb. 41a dargestellt. Die zugehörige Antwort auf den Einheitsimpuls erhält man, wenn man in Gl. (173) als obere Integrationsgrenze $2\pi f_g$ einsetzt. Sie gehorcht [vgl. Gl. (2. 54)] der Gleichung

$$s_\delta(t) = \frac{2 f_g}{\text{Hz}}\, \text{si}\, 2\pi f_g\, t, \tag{180}$$

wobei $\text{si}\,\pi x$ wieder die Funktion $\dfrac{\sin \pi x}{\pi x}$ bedeutet (siehe Tafel 2).

Führt man Gl. (179) ein, so wird $\hspace{1cm}$ (181)

$$s_\delta(t) = \frac{1\,\sec}{t_g}\, \text{si}\, \pi \frac{t}{t_g}\,.$$

Da das Integral der si-Funktion über alle negativen Zeiten gleich $\frac{1}{2}$ ist und da ferner $\hspace{1cm}$ (182)

$$\int_0^x \text{si}\,\pi x\, \mathrm{d}x = \frac{1}{\pi}\, \text{Si}\,\pi x$$

durch den Integralsinus dargestellt wird, erhält man für den Einschwingvorgang $s_\sigma(t)$ zum Einheitssprung $\hspace{1cm}$ (183)

$$s_\sigma(t) = \frac{1}{2} + \frac{1}{\pi}\, \text{Si}\,\pi \frac{t}{t_g}\,.$$

Die Funktionen Gl. (181) und (183) sind in Abb. 41b und c dargestellt. Beide Funktionen pendeln von der Zeit $-\infty$ bis $+\infty$ um die Abszisse bzw. um eine Parallele zur Abszisse. Die Amplituden der Pendelschwingungen nehmen nur sehr langsam

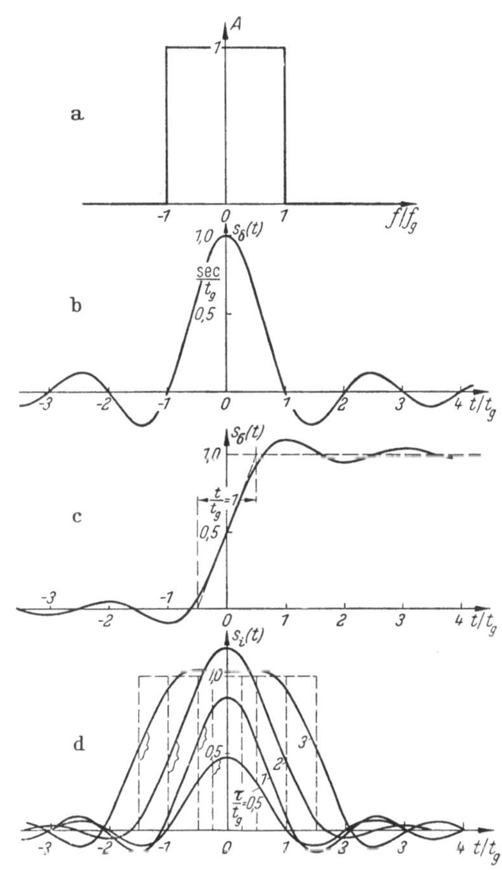

Abb. 41a—d. Einschwingvorgänge beim idealisierten Tiefpaß

ab, und zwar mit $1/t$. Da die Laufzeit t_0 eines idealisierten Tiefpasses nach den Erkenntnissen von S. 259 unendlich groß sein muß, spielt sich der wesentliche Teil des Vorgangs im positiven Unendlichen ab, und die physikalische Forderung kann als erfüllt angesehen werden, daß vor dem Zeitpunkt $t = 0$ die Zeitfunktion Null sein muß.

Aus beiden Abbildungen erkennt man wieder, daß es zweckmäßig ist, die Zeitspanne t_g nach Gl. (179) einzuführen. Die Funktion $s_\delta(t)$ durchläuft nämlich bei $t = t_g$ zum ersten Male nach dem Zeitpunkt $t = 0$ die Nullinie, und der Hauptenergieinhalt liegt innerhalb der Grenzen $\pm t_g$. Vereinfacht man die Zeitfunktion $s_\sigma(t)$ durch eine Gerade, die die Tangente an die Kurve im Zeitpunkt $t = 0$ bildet, so ist die Einschwingdauer t_g' dieser angenäherten Antwortfunktion gleich der Zeit t_g (siehe Abb. 41c).

Es sei ergänzend darauf hingewiesen, daß die Flankensteilheit am steilsten Teil der Funktion $s_\delta(t)$ etwa 1,37mal so groß ist wie die von $s_\sigma(t)$, wenn $s_\delta(t)$ auf den Höchstwert 1 normiert ist.

Mit Hilfe der Funktion (183) kann man die Antwort des idealisierten Tiefpasses auf einen Rechteckimpuls der Dauer τ auf einfache Weise bestimmen, ohne daß man nochmals den Weg über das FOURIER-Integral einschlagen muß. Wie eingangs erwähnt, ist die Antwort auf den Rechteckimpuls — sie sei mit $s_i(t)$ bezeichnet — die Differenz zweier um τ gegeneinander versetzter Funktionen (183):

$$s_i(t) = s_\sigma\left(t + \frac{\tau}{2}\right) - s_\sigma\left(t - \frac{\tau}{2}\right). \tag{184}$$

Es wird somit

$$s_i(t) = \frac{1}{\pi}\left[\operatorname{Si} \pi\left(\frac{t}{t_g} + \frac{1}{2}\frac{\tau}{t_g}\right) - \operatorname{Si} \pi\left(\frac{t}{t_g} - \frac{1}{2}\frac{\tau}{t_g}\right)\right]. \tag{185}$$

Diese Funktion ist in Abb. 41d mit der normierten Zeit τ/t_g als Parameter aufgetragen. Auch hier zeigt sich wieder die Zweckmäßigkeit der Definition der Zeitspanne t_g; für eine Dauer τ des Rechteckimpulses, die gleich t_g ist, erhält man eine „kritische" Funktion der Antwort. Ihr Höchstwert erreicht noch annähernd die Amplitude Eins des erzeugenden Impulses. Läßt man die Rechteck-Impulsdauer abnehmen (z. B. $\tau/t_g = 0,5$), so wird der Höchstwert der Antwort ungefähr proportional kleiner, und das Netzwerk kann nicht mehr voll einschwingen; die Dauer des Antwortimpulses ändert sich praktisch nicht mehr, und seine Form geht in die von Abb. 41b über. Nimmt dagegen die Dauer des Rechteckimpulses zu, so wird der Höchstwert nicht mehr wesentlich größer; dagegen nimmt die Dauer des Antwortimpulses praktisch proportional mit τ zu. Bereits für das Verhältnis $\tau/t_g = 3$ ist die Superposition von positiver und negativer Integralsinus-Funktion deutlich zu erkennen.

In der Pulsmodulationstechnik interessiert vor allem das Nachschwingen, da es bei zeitlicher Bündelung mehrerer Signale Nebensprechen hervorruft; wichtig ist dabei der Restamplitudenwert eines Impulses zu der Zeit, zu der der nächste gleichartige Impuls abgetastet wird. Das Verhältnis dieses Restwertes zum Impulshöchstwert sei als „Nachschwingverhältnis" bezeichnet. Man erkennt aus Abb. 41d, daß dieses für $\tau/t_g = 2$ besonders klein ist. Für den idealisierten Tiefpaß gilt also:

Das Nachschwingen des Einschwingvorganges erreicht für den idealisierten Tiefpaß ein Minimum, wenn die Dauer des „erzeugenden" Impulses etwa gleich der reziproken Grenzfrequenz $\tau = \dfrac{1}{f_g}$ ist.

Auch unter dieser günstigen Voraussetzung zeigt jedoch die Antwort sehr lange andauerndes Nachschwingen mit Amplituden, die, wie sich im Abschn. III zeigen wird, bei Mehrfach-Zeitmultiplex-Anlagen starkes Nebensprechen hervorrufen. Man ersieht hieraus, daß trotz linearen Phasengangs zwischen zeitlich gebündelten Signalen Nebensprechen auftreten kann, wohingegen dies bei Frequenzmodulation und frequenzmäßiger Bündelung nicht der Fall ist, wenn man von dem Einfluß von Dämpfungsverzerrungen absieht (vgl. S. 33). Die Ursache hierfür ist, daß die Zeitfunktion bei beschränktem Frequenzband grundsätzlich unendlich lange andauert.

Daher wird der Hauptzweck der folgenden Betrachtungen sein: erstens nach Übertragungsfunktionen zu suchen, die ein möglichst rasches Abklingen des Einschwingvorganges bewirken, zweitens festzustellen, wie gut der Phasengang linearisiert werden muß.

c) Der Tiefpaß mit cosinusförmigem Übertragungsfaktor. Auf S. 83 ist bereits erwähnt worden, daß zu abgerundeten Impulsformen rasch „abklingende" Spektren gehören; als günstige Impulsform wurde der Cosinusimpuls untersucht, für dessen Spektrum sich die Gl. (2, 145) und (2, 146) ergaben. Da die Frequenz und die Zeit in den Fourier-Integralen vertauscht werden können, gehören auch zu abgerundeten Spektren rasch abklingende Impulsformen; zu einem cosinusförmigen Spektrum gehört eine Zeitfunktion, die einer Gleichung mit demselben Aufbau gehorcht wie die Gl. (2, 145) und (2, 146). Da ein solches Spektrum dadurch gebildet werden kann, daß man einem Tiefpaß mit cosinusförmigem Übertragungsfaktor nach Abb. 42a einen Einheitsimpuls zuführt, wird die Antwort $s_\delta(t)$, wenn man in Gl. (2, 145) $2 f_p$ durch t_g ersetzt,

$$s_\delta(t) = \frac{1 \sec}{t_g}\left[\operatorname{si} 2\pi\,\frac{t}{t_g} + \frac{1}{2}\operatorname{si} 2\pi\left(\frac{t}{t_g}+\frac{1}{2}\right) + \frac{1}{2}\operatorname{si} 2\pi\left(\frac{t}{t_g}-\frac{1}{2}\right)\right] \tag{186}$$

oder nach einfacher Zwischenrechnung

$$s_\delta(t) = \frac{1 \sec}{t_g}\operatorname{si}\left(2\pi\,\frac{t}{t_g}\right)\frac{1}{1-4\left(\dfrac{t}{t_g}\right)^2}. \tag{187}$$

Die Gl. (186) läßt sich nach der Echomethode sehr einfach ableiten. Der Übertragungsfaktor der Abb. 42a setzt sich nämlich im Bereich $\pm 2\,\omega_g$ aus einem frequenzunabhängigen Anteil und einer cosinusförmigen Schwankung zusammen:

$$A(\omega) = \frac{1}{2} + \frac{1}{2}\cos\pi\frac{\omega}{2\,\omega_g}. \tag{188}$$

Ein Vergleich mit Gl. (77) zeigt, daß man diesen Übertragungsfaktor erzeugen kann durch ein Hauptglied mit dem frequenzunabhängigen Übertragungsfaktor $A_0 = 1/2$ und einem Echogliederpaar mit den Übertragungsfaktoren $A_{\pm 1} = 1/4$; da $\omega_e = 2\,\omega_g$ ist, betragen ihre Echolaufzeiten

$$t_e = \pm\frac{1}{4\,f_g}. \tag{189}$$

Da die Zerlegung des Übertragungsfaktors nur im Bereich $\pm 2\,f_g$ gilt, muß dem Echonetzwerk ein idealisierter Tiefpaß mit der Grenzfrequenz $2\,f_g$ vorgeschaltet sein, dessen Einschwingdauer

$$t_g^* = \frac{1}{4\,f_g} = \frac{1}{2}\,t_g$$

ist. Die Gleichung für das Hauptsignal wird daher mit Gl. (181)

$$s_\delta^0(t) = \frac{1\sec}{t_g}\,\text{si}\,2\pi\frac{t}{t_g}. \tag{190}$$

Da die Echolaufzeiten nach Gl. (189) $t_e = \pm\frac{1}{2}\,t_g$ betragen, erhält man für die Echosignale

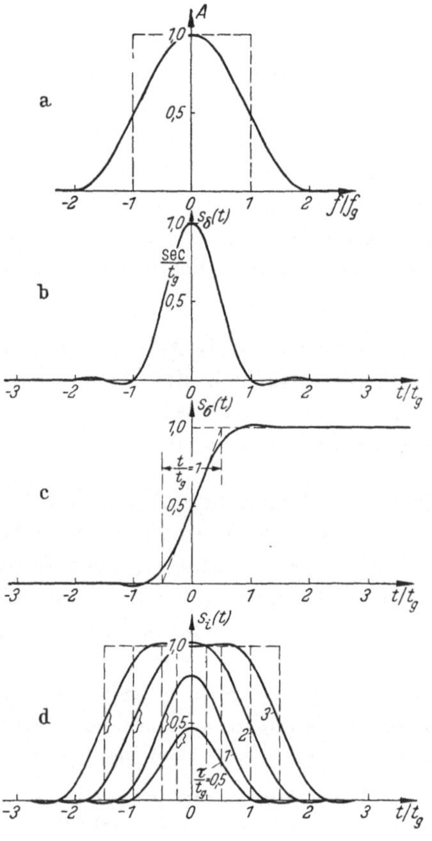

Abb. 42 a—d. Einschwingvorgänge beim Tiefpaß mit cosinusförmigem Übertragungsfaktor

$$s_\delta^{\pm e}(t) = \frac{1}{2}\,s_\delta^0\!\left(t \pm \frac{1}{2}\,t_g\right) = \frac{1}{2}\frac{1\sec}{t_g}\,\text{si}\,2\pi\left(\frac{t}{t_g} \pm \frac{1}{2}\right). \tag{191}$$

Die Antwort $s_\delta(t)$ ist die Summe aus den Einzelsignalen

$$s_\delta(t) = s_\delta^0(t) + s_\delta^{+e}(t) + s_\delta^{-e}(t). \tag{192}$$

Durch Einsetzen von Gl. (190) und (191) in (192) ergibt sich direkt die Gl. (186). Die Einzelsignale sind in Abb. 43 aufgetragen. Man erkennt aus dieser Darstellung, daß das Nachschwingen des Hauptsignals durch die Echosignale nahezu aufgehoben wird. Als Ergebnis erhält man die in Abb. 42b dargestellte Summenfunktion, deren erster Nulldurchgang wie bei der Funktion Abb. 41b bei $t = t_g$ liegt. Das Nachschwingen ist gegenüber dieser Funktion stark verringert und klingt mit $1/t^3$ ab. Das Nachschwingverhältnis ist selbst für das erste Durchschwingen schon kleiner als $2,7\%$.

Durch Integration der Gl. (186) nach der Zeit ergibt sich für die Antwort auf den Einheitssprung

$$s_\sigma(t) = \frac{1}{2} + \frac{1}{2\pi}\left[\text{Si } 2\pi\frac{t}{t_g} + \frac{1}{2}\text{Si } 2\pi\left(\frac{t}{t_g} + \frac{1}{2}\right) + \frac{1}{2}\text{Si } 2\pi\left(\frac{t}{t_g} - \frac{1}{2}\right)\right]. \quad (193)$$

Diese zeigt die Abb. 42c. Die Einschwingdauer ist exakt gleich t_g' — eine Bestätigung für die Zweckmäßigkeit der gewählten Definition von f_g. Die Funktion $s_\sigma(t)$ schwingt, nachdem sie den Wert Eins erreicht hat, nur um etwa $0,7\%$ über, und die folgenden Pendelungen sind so klein, daß sie in dem Maßstab des Bildes nicht mehr zu erkennen sind.

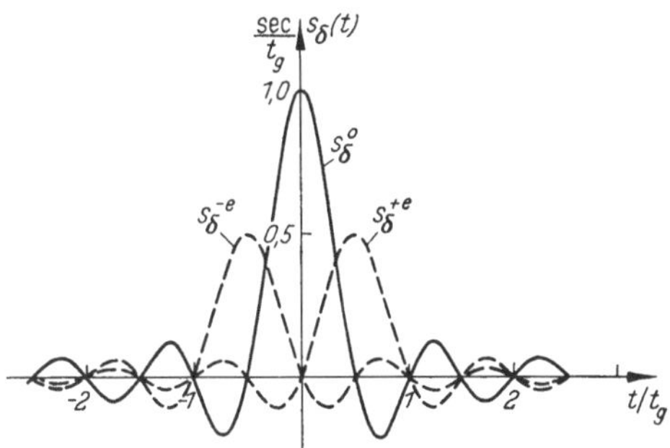

Abb. 43. Hauptsignal und Echosignale bei cosinusförmigem Übertragungsfaktor

Ergänzend sei darauf hingewiesen, daß die Flankensteilheit am steilsten Teil der Funktion $s_\delta(t)$ 1,5mal größer ist als die von $s_\sigma(t)$, wenn $s_\delta(t)$ auf den Höchstwert 1 normiert ist.

Für die Antwort auf einen „erzeugenden" Impuls der Dauer τ erhält man entsprechend der Gl. (185) Funktionen, die in Abb. 42d wieder mit dem Verhältnis τ/t_g als Parameter dargestellt sind. Auch diese Funktionen schwingen erwartungsgemäß nur sehr wenig nach. Das maximale Nachschwingverhältnis beträgt für „erzeugende" Impulse, deren Dauer größer als t_g ist, etwa $0,7\%$ und steigt mit sinkendem Verhältnis τ/t_g auf $2,7\%$ wie bei der Funktion von Abb. 42b an. Ein ausgeprägtes Minimum wie beim idealisierten Tiefpaß ist nicht mehr vorhanden. Bei Übertragungsfaktoren, die von sich aus geringes Nachschwingen ergeben, verringert sich durch Wahl der Dauer des „erzeugenden" Impulses das Nachschwingverhältnis offensichtlich nicht mehr.

Für den cosinusförmigen Übertragungsfaktor gilt also:

Das Nachschwingverhältnis ist für lange Impulse am günstigsten; es wird nicht wesentlich verschlechtert, wenn man, um kurze Antwortimpulse

zu erhalten, mit der Dauer des erzeugenden Impulses bis auf $\tau = 1/2 f_g$ herabgeht.

Bei Pulsmodulationsanlagen hoher Qualität werden Nebensprechdämpfungen verlangt, die größer als 7 N sind; das bedeutet, daß Nachschwingverhältnisse von der Größe von $1\,^0/_{00}$ noch betrachtet werden

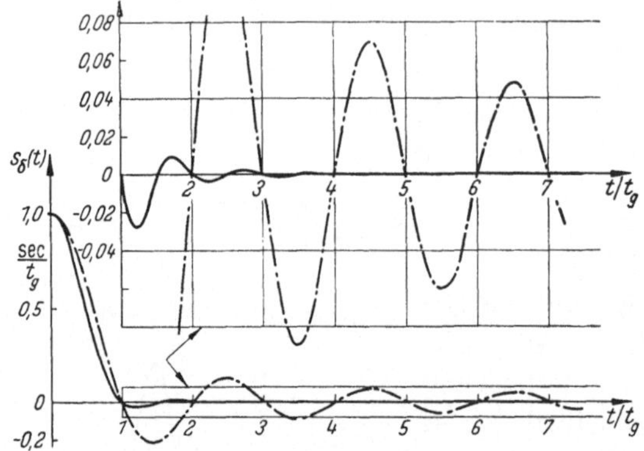

Abb. 44. Nachschwingen bei Anregung durch den Einheitsimpuls
(— · — · —) Idealisierter Tiefpaß,
(————) Tiefpaß mit cosinusförmigem Übertragungsfaktor

müssen. Da man solche Werte in den Abb. 41 und 42 nicht mehr erkennen kann, sind in den Abb. 44 und 45 für die Funktionen $s_\delta(t)$ und $s_\sigma(t)$ Ausschnitte mit dem zehnfachen Amplitudenmaßstab dargestellt. Die ausgezogenen Kurven gelten für den cosinusförmigen Übertragungsfaktor und die strichpunktierten für den idealisierten Tiefpaß. In dieser Darstellung ist besonders deutlich zu erkennen, daß sich das Nachschwingen durch geeignete Formung des Übertragungsfaktors stark verringert.

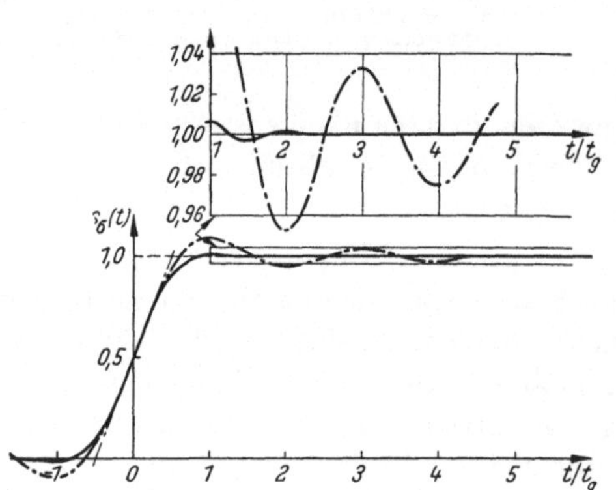

Abb. 45. Nachschwingen bei Anregung durch den Einheitssprung
(— · — · —) Idealisierter Tiefpaß,
(————) Tiefpaß mit cosinusförmigem Übertragungsfaktor

Diese starke Verringerung muß, wie die Abb. 42a zeigt, durch eine Selektionsbandbreite erkauft werden, die doppelt so groß ist wie die des idealisierten Tiefpasses. Ist eine solche Verbreiterung zulässig, so kann man fragen, ob es nicht andere Übertragungsfaktor-Funktionen gibt, die noch günstigere Nachschwingverhältnisse ergeben. Mit Hilfe der

Echomethode läßt sich zeigen, daß dies in nennenswertem Maße nicht der Fall ist: Da sich ein abweichender Gang des Übertragungsfaktors innerhalb des Bandes $\pm 2 f_g$ in eine Reihe cosinusförmiger Schwankungen zerlegen läßt, treten noch weitere Echopaare auf; da jedes Echo seinen Hauptwert bei einem Nulldurchgang des Hauptsignals und der übrigen Echos haben muß (vgl. Abb. 43), können die Nachschwing-Amplituden der Abb. 42b nur dadurch verringert werden, daß in den Nulldurchgängen wieder merkliche Amplitudenwerte hinzukommen. Es ist deshalb nicht möglich, das Nachschwingen bei einem Tiefpaß, der außerhalb $\pm 2 f_g$ sperrt, völlig zu unterdrücken. Untersuchungen an einer großen Zahl von Formen des Übertragungsfaktors haben gezeigt, daß Verschiebungen in den Amplituden der aufeinanderfolgenden Pendelungen noch in geringem Maße möglich sind; sie ändern aber die gewonnene Erkenntnis nicht nennenswert. Als Beispiel eines so geänderten Verlaufs ist im Anhang 2 für einen Tiefpaß mit doppelter Selektionsbandbreite der dreieckförmige Übertragungsfaktor mit überlagerter Sinuswelle untersucht. Dabei zeigt sich, daß man durch Vergrößerung der ersten Nachschwing-Amplituden die fernerliegenden etwas verkleinern kann und umgekehrt. Der Gewinn ist aber alles in allem gesehen zu gering, als daß man praktisch davon Gebrauch machen könnte.

d) Der Tiefpaß mit Gaußschem Übertragungsfaktor. Zu einem Netzwerk, dessen Frequenzband beschränkt ist, gehört ein Einschwingvorgang, der theoretisch unendlich lange andauert; ebenso muß ein Netzwerk, das einen zeitlich beschränkten Einschwingvorgang ergibt, ein unendlich breites Frequenzband belegen, da Frequenz und Zeit miteinander vertauscht werden können. Der vorige Absatz hat gezeigt, daß es durch günstige Formung des Übertragungsfaktors möglich ist, Zeitfunktionen mit sehr geringem Nachschwingen zu erhalten. So ergab sich für den cosinusförmigen Übertragungsfaktor eine Zeitfunktion $s_\delta(t)$, die ebenfalls einen annähernd cosinusförmigen Verlauf hat. Der Gedanke liegt nahe, daß man die günstigsten Verhältnisse bekommen muß, wenn der Übertragungsfaktor und die Zeitfunktion $s_\delta(t)$ demselben Gesetz gehorchen. Solche Funktionen sind unter dem Begriff „selbstreziproke Funktionen" eingehend untersucht worden. In der großen Schar ist es die Funktion

$$y = \mathrm{e}^{-k x^2}, \tag{194}$$

die am *raschesten* monoton mit x nach Null strebt; dies ist die bekannte Gaussssche Fehlerfunktion. Gibt man daher dem Übertragungsfaktor die Form

$$A(\omega) = \mathrm{e}^{-c \omega^2}, \tag{195}$$

so hat man aus den möglichen selbstreziproken Funktionen diejenige herausgegriffen, die in bestmöglicher Weise zugleich das Frequenzband beschränkt und eine Zeitfunktion $s_\delta(t)$ ergibt, die rasch nach Null konvergiert.

Zu dem GAUSSschen Übertragungsfaktor von Gl. (195) gehört der quadratische Dämpfungsgang

$$a(\omega) = c\,\omega^2. \tag{196}$$

Wie auf S. 308 sei wieder auf die Frequenz ω_g bezogen, bei der die Dämpfung um $0,7\,\mathrm{N}$ gestiegen ist. Dann wird

$$a(\omega) = \left(\frac{\omega}{\omega_g}\right)^2 \ln 2, \tag{197}$$

und der Übertragungsfaktor gehorcht der Gleichung

$$A(\omega) = \mathrm{e}^{-\left(\frac{\omega}{\omega_g}\right)^2 \ln 2}. \tag{198}$$

Er ist in Abb. 46a dargestellt.

Für den Einschwingvorgang zum Einheitsimpuls erhält man mit Gl. (173) und mit $t_g = \dfrac{1}{2 f_g}$

$$s_\delta(t) = \frac{1\,\mathrm{sec}}{t_g}\sqrt{\frac{\pi}{4\ln 2}}\,\mathrm{e}^{-\frac{\pi^2}{4\ln 2}\left(\frac{t}{t_g}\right)^2} = \frac{1{,}06\,\mathrm{sec}}{t_g}\,\mathrm{e}^{-3{,}56\left(\frac{t}{t_g}\right)^2}. \tag{199}$$

Dieser Vorgang wird, wie es sein muß, ebenfalls durch eine GAUSSsche Fehlerfunktion beschrieben.

Das Integral der GAUSSschen Fehlerfunktion ist das GAUSSsche Fehlerintegral $\Phi(x)$:

$$\frac{2}{\sqrt{\pi}} \int_0^x \mathrm{e}^{-x^2}\,\mathrm{d}x = \Phi(x). \tag{200}$$

Man erhält damit für den Einschwingvorgang $s_\sigma(t)$ zum Einheitssprung

$$s_\sigma(t) = \frac{1}{2} + \frac{1}{2}\,\Phi\left(\frac{\pi}{\sqrt{4\ln 2}}\,\frac{t}{t_g}\right) = \frac{1}{2} + \frac{1}{2}\,\Phi\left(1{,}89\,\frac{t}{t_g}\right) \tag{201}$$

und für die Antwort auf einen „erzeugenden" Impuls der Dauer τ entsprechend Gl. (185)

$$s_i(t) = \frac{1}{2}\left[\Phi\left(1{,}89\left(\frac{t}{t_g} + \frac{1}{2}\frac{\tau}{t_g}\right)\right) - \Phi\left(1{,}89\left(\frac{t}{t_g} - \frac{1}{2}\frac{\tau}{t_g}\right)\right)\right]. \tag{202}$$

Die Funktionen Gl. (199), (201) und (202) sind in den Abb. 46b, c und d dargestellt. Auf den ersten Blick zeigen sie eine starke Ähnlichkeit mit den entsprechenden Funktionen von Abb. 42 für den cosinusförmigen Übertragungsfaktor. Bei näherer Betrachtung unterscheiden sie sich von diesem in folgenden Punkten:

1. Die Einschwingdauer t_g' von $s_\sigma(t)$, gegeben durch die Tangente am steilsten Teil, ist etwa 6% kleiner als in Abb. 42c; dementsprechend

ist der Spitzenwert von $s_\delta(t)$ um 6% größer als $\dfrac{1\ \text{sec}}{t_g}$. Die Einschwingdauern t_g und t'_g sind also nicht wie bisher exakt gleich; der Unterschied ist aber für die meisten Zwecke der Praxis unerheblich[1].

2. Es treten keine Pendelungen auf, und die Funktionen streben für positive und negative Zeitwerte sehr rasch ihren Grenzwerten 0 und 1 zu. Sie nehmen

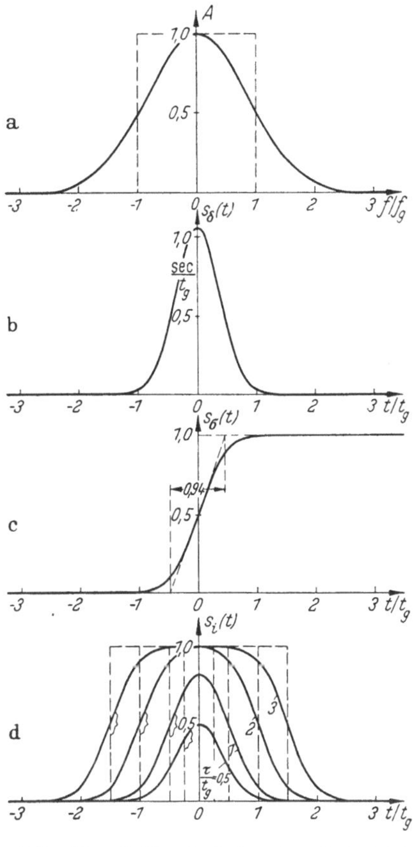

Abb. 46 a—d. Einschwingvorgänge beim Tiefpaß mit Gaussschem Übertragungsfaktor

---

[1] Hätte man erreichen wollen, daß der Spitzenwert von $s_\delta(t)$ genau gleich $\dfrac{1\ \text{sec}}{t_g}$ wird, so hätte man für den Übertragungsfaktor die Gleichung

$$A(\omega) = e^{-\frac{\pi}{4}\left(\frac{\omega}{\omega_g}\right)^2} \qquad (198a)$$

ansetzen müssen. Dann ergibt sich nämlich

$$s_\delta(t) = \frac{1\ \text{sec}}{t_g}\, e^{-\pi\left(\frac{t}{t_g}\right)^2}. \qquad (199a)$$

D. h. aber, daß in diesem Falle die Grenzfrequenz f_g anders hätte gewählt werden müssen, und zwar so, daß bei ihr die Dämpfung auf $\pi/4N = 0{,}78N$ ansteigt, an Stelle der bisher geforderten 0,7 N.

Ein solches Spiel in der Festlegung der Grenzfrequenz und damit der Bandbreite hätte aber zu der Art unserer Darstellung schlecht gepaßt, die von den Dämpfungseigenschaften der zu untersuchenden Netzwerke ausgegangen ist.

In der Tafel 3 ist jedoch der allgemeinen Brauchbarkeit halber die Normierung $e^{-\pi a^2}$ gemäß Gl. (199a) verwendet. Diese Normierung hat nämlich den Vorzug, daß beim Übergang von der Zeitfunktion zum Spektrum und umgekehrt nicht nur die gleiche Funktion herauskommt, sondern auch noch derselbe Zahlenfaktor π im Exponenten. Man sieht die vollkommene Übereinstimmung, wenn man die Gl. (198a) umschreibt in

$$A(f) = e^{-\pi\left(\frac{f}{2f_g}\right)^2}.$$

$2 f_g$ ist die Bandbreite, wenn man die negativen Frequenzen mit einbezieht, d. h., auch den Tiefpaß als Bandpaß betrachtet.

Benutzt man die Tafel 3 für die Auswertung der Gl. (199) und (201), so muß beim Wert $x = 1{,}06\,\dfrac{t}{t_g}$ abgelesen werden.

jedoch genau genommen unendlich lange Zeit in Anspruch. Nach den
Erkenntnissen der S. 262 gehört zur GAUSSschen Übertragungsfunktion
eine unendlich große Laufzeit, so daß, wie gefordert, vor der Ursache
keine Wirkung auftritt. Wegen des monotonen Abklingens kann die
Funktion $s_\delta(t)$ für $t = t_g$ nicht wie in den vorhergehenden Beispielen
durch 0 gehen; sie ist aber in diesem
Zeitpunk schon auf etwa 3% ihres Höchstwertes abgeklungen.

3. Da die Funktionen $s_\delta(t)$ und $s_\sigma(t)$ an
keiner Stelle negativ werden, ist es nicht
möglich, durch eine passende Dauer des
„erzeugenden" Impulses ein Nachschwingverhältnis zu erzielen, das unter dem der
Funktion $s_\delta(t)$ liegt. Es ist am günstigsten,
τ so klein wie möglich zu wählen; aus
praktischen Gründen wird man wie beim
cosinusförmigen Übertragungsfaktor den
„kritischen" Wert $\tau/t_g = 1$ wählen, d. h.
dem „erzeugenden" Impuls die Dauer

$$\tau = \frac{1}{2 f_g} \text{ geben.}$$

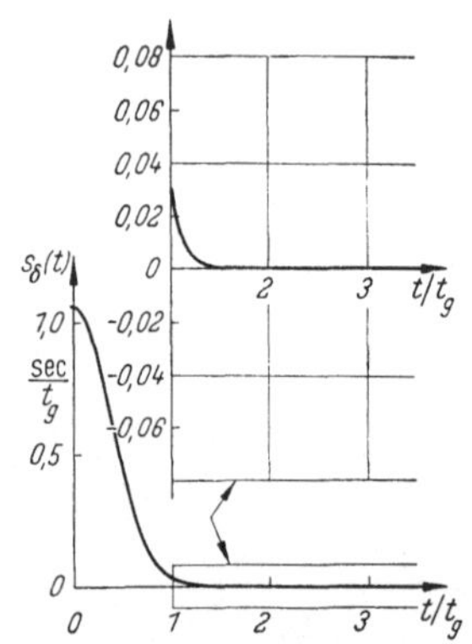

Abb. 47. Nachschwingen bei Anregung durch den Einheitsimpuls;
GAUSSscher Übertragungsfaktor

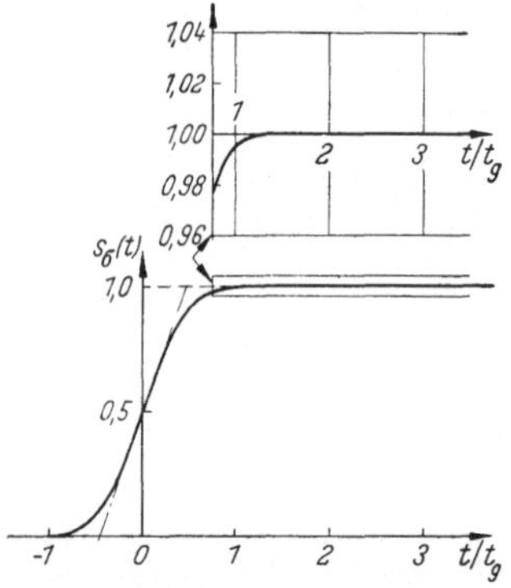

Abb. 48. Nachschwingen bei Anregung durch den Einheitssprung;
GAUSSscher Übertragungsfaktor

Wie sich die quadratische Dämpfungsfunktion auf das Nachschwingen auswirkt,
läßt sich besser aus den Abb. 47 und 48
ersehen, in denen wieder, wie in den Abb.
44 und 45, Ausschnitte mit dem zehnfachen
Amplitudenmaßstab abgebildet sind. Ein
Vergleich mit diesen Bildern zeigt, daß
das Nachschwingen wiederum wesentlich
verringert ist. Dies wird jedoch durch eine
weitere Vergrößerung der Selektionsbandbreite erkauft. Aus Abb. 46a ersieht man,
daß der Übertragungsfaktor bei $f = 2 f_g$
erst auf 6% abgesunken, d. h., daß die
Dämpfung erst auf 2,8 N angestiegen ist.

Für eine Dämpfung von 6 N braucht man eine Selektionsbandbreite,
die beinahe dreimal so groß ist wie die des idealisierten Tiefpasses oder
beinahe 1,5mal so groß wie die des Tiefpasses mit cosinusförmigem
Übertragungsfaktor.

e) Vergleich mit Tiefpässen minimaler Phase. In Abb. 49 sind die
quadratische Dämpfungsfunktion (Kurve 1) und die Dämpfung für den
cosinusförmigen Übertragungsfaktor (Kurve 2) neben zwei Dämpfungsfunktionen (Kurve 3 und 4) aufgetragen, die auf den S. 265 bis 270

untersucht worden sind [Gl. (45) u. (52)]. Alle Kurven haben bei $f = f_g$ eine Dämpfung von 0,7 N, zu ihnen gehört also praktisch die gleiche Einschwingdauer. In dieser Darstellung zeigt sich, daß Dämpfungsfunktionen, die ein geringes Nachschwingenerge ben (1 und 2), denjenigen Dämpfungsfunktionen nahekommen, mit denen ein linearer minimaler Phasengang im Durchlaßbereich verkettet ist (3 u. 4). Die Kurven streben erst bei höheren Frequenzen stärker auseinander.

Man erkennt die Einzigartigkeit der GAUSSschen Fehlerfunktion: Mit einem Übertragungsfaktor, der diesem Gesetz gehorcht, ist zugleich ein linearer minimaler Phasengang *und* das geringste Nachschwingen

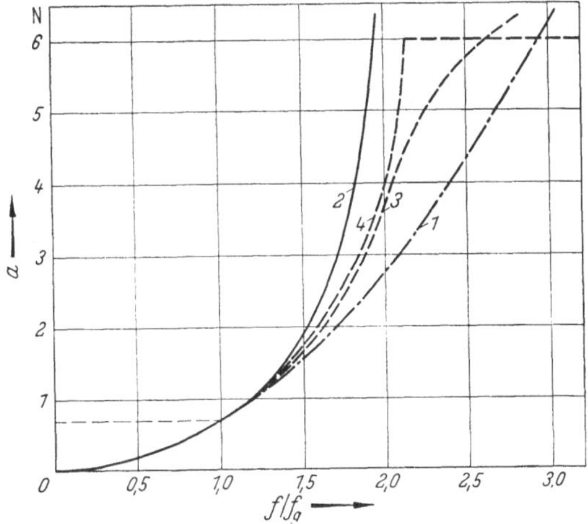

Abb. 49. Gegenüberstellung von Tiefpaß-Dämpfungsfunktionen

verbunden. Gegenüber dem idealisierten Tiefpaß ergibt sich allerdings fast die dreifache Selektionsbandbreite.

Läßt man etwas Nachschwingen zu, so kann man die Funktion 4 wählen, die bei linearem Phasengang nur etwas mehr als die doppelte Selektionsbandbreite benotigt. Die Dämpfungsfunktion des cosinusförmigen Übertragungsfaktors (Kurve 2) steigt noch stärker als die Kurve 4 an; entsprechend ist auch das Nachschwingen ein wenig größer. Nach den Erkenntnissen des Abschnitts I muß mit einer solchen Dämpfungskurve eine positive Phasenverzerrung verbunden sein, selbst dann, wenn man die Dämpfung wie bei Kurve 4 nach Erreichen des 6 N-Wertes nicht mehr weiter ansteigen läßt; Phasenverzerrungen sind aber, wie gezeigt werden wird, immer schädlich.

Man kann schon hieraus folgern — die Untersuchungen über das Nebensprechen im Abschn. III werden dies noch bestätigen —, daß es in der Impulstechnik vorteilhaft ist, den Übertragungsnetzwerken einen annähernd quadratischen Dämpfungsgang zu geben, da die etwas größere

Selektionsbandbreite meist in Kauf genommen werden kann und ein zusätzlicher Aufwand von Phasenausgleichsgliedern nicht erforderlich ist.

Wird in besonderen Fällen trotzdem auf eine möglichst geringe Selektionsbandbreite Wert gelegt, so muß man mit Phasenverzerrungen rechnen. Es ist deshalb von Interesse, zu untersuchen, welchen Einfluß diese Phasenverzerrungen auf den Einschwingvorgang haben und welche Verbesserungen durch eine Linearisierung des Phasengangs erzielt werden können. Dies sei in den nächsten beiden Unterabschnitten untersucht.

3. Die Wirkung reiner Phasenverzerrung

Es sei zur Untersuchung des Einflusses reiner Phasenverzerrungen angenommen, daß der Übertragungsfaktor für alle Frequenzen gleich Eins ist. Die Übertragungsfunktion eines solchen Allpasses lautet nach Gl. (161)

$$G(\omega) = \mathrm{e}^{-j\,b\,(\omega)}. \tag{203}$$

Aus der Gl. (163) ergibt sich für den Einschwingvorgang

$$s_\delta(t) = \frac{1\,\mathrm{sec}}{2\,\pi} \int\limits_{-\infty}^{+\infty} \mathrm{e}^{j[\omega\,t - b(\omega)]}\,\mathrm{d}\omega \tag{204}$$

oder nach Gl. (164) in reeller Schreibweise

$$s_\delta(t) = \frac{1\,\mathrm{sec}}{\pi} \int\limits_{0}^{\infty} \cos\left[\omega\,t - b(\omega)\right]\,\mathrm{d}\omega. \tag{205}$$

Da der Integrand im allgemeinen keine gerade Funktion von t ist, ist die Zeitfunktion bei Phasenverzerrungen keine gerade Funktion der Zeit, d. h., nicht symmetrisch zur Ordinate.

a) Der Allpaß mit unendlich steiler Phasenverzerrung. Ein Allpaß-Netzwerk, bei dem bis zu einer Grenzfrequenz ω_g^* die Phase Null ist und oberhalb davon unendlich steil ansteigt — also ein Netzwerk mit extremer positiver Phasenverzerrung —, verzögert alle oberhalb ω_g^* liegenden Spektralkomponenten des Einheitsimpulses um eine unendlich große Zeit, so daß sie für den Einschwingvorgang vernachlässigt werden können; es genügt, in Gl. (205) von 0 bis ω_g^* zu integrieren und in diesem Bereich $b(\omega) = 0$ zu setzen. Der Einschwingvorgang $s_\delta(t)$ ist dann identisch mit dem des idealisierten Tiefpasses und gehorcht der Gleichung

$$s_\delta(t) = \frac{2\,f_g^*}{\mathrm{Hz}}\,\mathrm{si}\,2\,\pi\,f_g^*\,t. \tag{206}$$

Ebenso stimmt der entsprechende Einschwingvorgang $s_\sigma(t)$ mit Gl. (183) überein.

Die Einschwingvorgänge eines Allpaßnetzwerkes, dessen Phase bei einer Grenzfrequenz f_g^* unendlich steil ansteigt, sind identisch mit den Einschwingvorgängen eines idealisierten Tiefpasses mit einem unendlich großen Dämpfungssprung bei dieser Grenzfrequenz.

Man muß also bei stark ansteigenden Phasenverzerrungen ganz ähnlich wie bei den entsprechenden Dämpfungsverzerrungen eine Einschwingdauer t_g erwarten, die mit einer bestimmten Frequenzgrenze f_g^* verkettet ist. Es wird sich zeigen, daß man diese Grenze so definieren kann, daß bei ihr die Phasenverzerrung auf etwa 1 rad angestiegen ist. Im folgenden wird deshalb in Analogie zu dem Verhalten bei Dämpfungsverzerrungen

$$t_g = \frac{1}{2\,f_g^*} \tag{179a}$$

gesetzt.

Will man also das Einschwingverhalten von Netzwerken untersuchen, so muß man zwei Arten von Nutzbandbreiten definieren, eine *Dämpfungsbandbreite* und eine *Phasenbandbreite*. Die Dämpfungsbandbreite ist mit der Grenzfrequenz f_g verbunden und bestimmt den Einschwingvorgang, wenn die *Dämpfungs*verzerrung überwiegt; die Phasenbandbreite ist mit der Grenzfrequenz f_g^* verbunden und bestimmt den Einschwingvorgang, wenn die *Phasen*verzerrung überwiegt.

Von dem linearen Phasenanteil $b_0 = \omega\,t_0$ im Durchlaßbereich wird wie bei der Untersuchung der Dämpfungsverzerrungen im folgenden abgesehen.

Ein Phasenanstieg sehr großen Betrages wird in der Technik oft ungewollt realisiert; ein typisches Beispiel ist eine Fernleitung zur gleichzeitigen Übertragung von vielen frequenzmäßig gebündelten Gesprächen; obwohl sie mehrere tausend Kilometer lang sein kann, muß ihre Dämpfung auf wenige zehntel Neper im gesamten breiten Nutzband entzerrt sein. Die Dämpfung steigt oberhalb der höchsten Frequenz meist sehr stark an. Wird außerdem eine Phasenentzerrung vorgesehen — dies ist notwendig, wenn man über die Leitung ein Fernsehprogramm übertragen will —, so wird diese praktisch nicht bis an den Sperrdämpfungsbereich heran durchgeführt. Der bei der Entzerrungsgrenze einsetzende steile Phasenanstieg liegt frequenzmäßig etwas tiefer als der Dämpfungssprung; die Bandbreite eines solchen Systems ist daher tatsächlich durch die Phasenbandbreite gegeben.

b) Allpässe mit Phasenverzerrung nach einer Potenzfunktion. Wird in dem eben erwähnten Beispiel der sehr langen Leitung kein Phasenausgleich vorgesehen, so steigt die Phasenverzerrung innerhalb des Durchlaßbereiches stetig bis zu sehr großen Werten an. Ein ähnliches Verhalten zeigen auch künstliche Leitungen, die häufig für Impulsverzögerungen benötigt werden, und zwar dann, wenn man sie als Spulenleitungen aufbaut; man kann sie z. B. nach Gl. (154) bemessen. Um ausreichende Verzögerungen zu erhalten, braucht man oft bis zu 100 Glieder. Aus Abb. 39 ist zu folgern, daß sich dann bei der Grenzfrequenz f_g Phasenverzerrungen von vielen Radianten ergeben. Solche Netzwerke haben einen Einschwingvorgang, der praktisch allein durch die Phasenverzerrungen bestimmt ist. Zum Unterschied aber von dem im Absatz a) behandelten unendlich steilen Phasenanstieg steigt die Phasenverzerrung hier stetig an. Dieser Frequenzgang der Verzerrung kann durch Funktionen dargestellt werden, die ungeradzahlige Potenzen von ω sind; es sollen deshalb die Einschwingvorgänge behandelt werden, die sich für

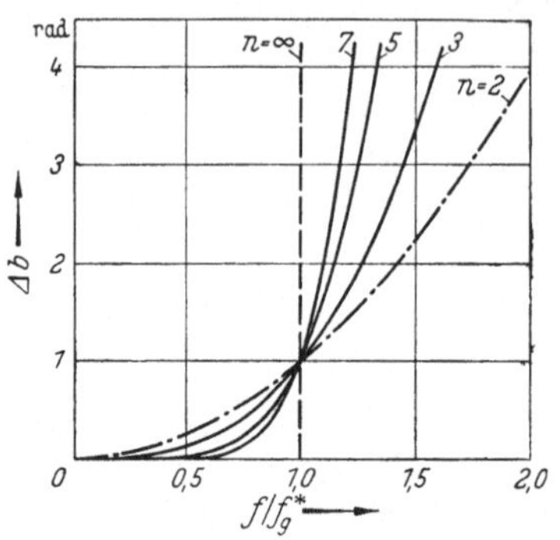

Abb. 50. Phasenverzerrung $\Delta b = \left(\dfrac{f}{f_g^*}\right)^n$

$$\Delta b(\omega) = \left(\frac{\omega}{\omega_g^*}\right)^n \qquad (207)$$

ergeben. ω_g^* ist die Frequenz, bei der die Phasenverzerrung unabhängig von n auf 1 rad angestiegen ist. Die Funktion Gl. (207) ist mit n als Parameter in Abb. 50 dargestellt. Für den Einschwingvorgang gilt

$$(208)$$

$$s_\delta(t) = \frac{1\,\sec}{\pi} \int_0^\infty \cos\left(\omega\,t - \left(\frac{\omega}{\omega_g^*}\right)^n\right) d\omega.$$

Dieses Integral läßt sich für $n = 2$ und $n = 3$ rechnerisch in geschlossener Form lösen. Für $n = 2$ gelingt dies leicht mit Hilfe der tabellierten Fresnel-Integrale $S(x)$ und $C(x)$. Die bekannten Einschwingvorgänge seien der Vollständigkeit halber angeschrieben, da sie ein recht anschauliches Bild vom Mechanismus der Phasenverzerrungen geben, obwohl sie bei realisierbaren Tiefpässen nicht vorkommen; quadratische Phasenverzerrungen ergeben sich nämlich nur in Näherungsbetrachtungen bei Wechselstromschaltvorgängen in Netzwerken, deren Phase unsymmetrisch zur Bandmitte verläuft. Diese Verzerrungsart läßt sich aber bei

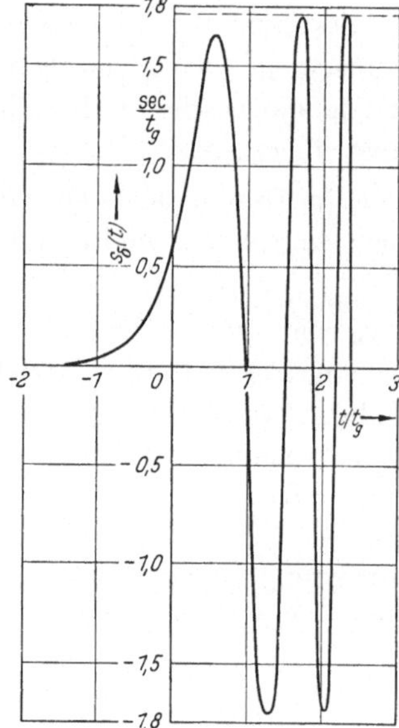

Abb. 51. Einschwingvorgang $s_\delta(t)$ für quadratische Phasenverzerrung $(n = 2)$

guter Dimensionierung vermeiden, oder zumindest kleiner halten als die der unvermeidlichen ungeradzahligen Verzerrungen. Die Lösung von Gl. (208) lautet für $n = 2$, wenn man $2\,f_g^* = \dfrac{1}{t_g}$ setzt,

$$s_\delta(t) = \frac{1\,\sec}{t_g}\sqrt{\frac{\pi}{2}}\left[\left(\frac{1}{2} + \mathrm{C}\left(\sqrt{\frac{\pi}{2}}\,\frac{t}{t_g}\right)\right)\cos\left(\frac{\pi}{2}\,\frac{t}{t_g}\right)^2 + \right.$$
$$\left. + \left(\frac{1}{2} + \mathrm{S}\left(\sqrt{\frac{\pi}{2}}\,\frac{t}{t_g}\right)\right)\sin\left(\frac{\pi}{2}\,\frac{t}{t_g}\right)^2\right]. \tag{209}$$

Diese Gleichung ist in Abb. 51 dargestellt. Die Zeitfunktion pendelt mit nahezu gleichbleibenden Amplituden bis zu unendlich großen Zeiten, und die Augenblicksfrequenz nimmt dabei dauernd zu; dieses Verhalten ist leicht zu verstehen, da die Gruppenlaufzeit für das im Einheitsimpuls enthaltene kontinuierliche Spektrum konstanter Amplitudendichte mit zunehmender Frequenz linear ansteigt.

Für Werte des Exponenten n, die größer als 2 sind, nimmt die Gruppenlaufzeit mit der Frequenz mehr als linear zu; man wird erwarten können, daß die Pendelamplituden beim Vorgang $s_\delta(t)$ mit zunehmender Zeit abnehmen werden, da die Spektralkomponenten zeitlich mehr als linear auseinandergezogen werden.

Eine *allgemeine* Lösung der Gl. (208), die für alle Werte von n gilt, ist von Di Toro in Form einer Potenzreihe angegeben worden:

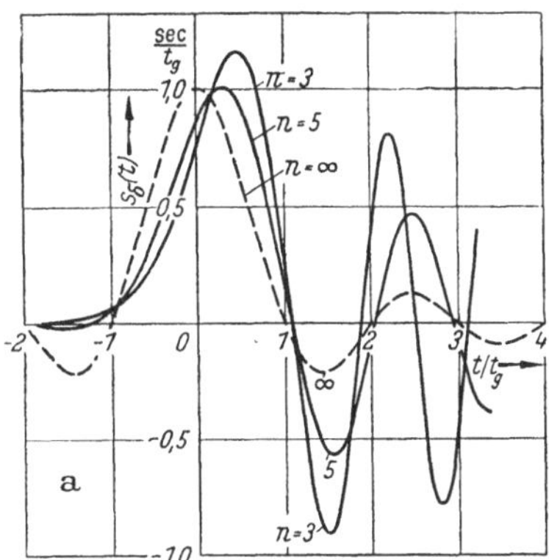
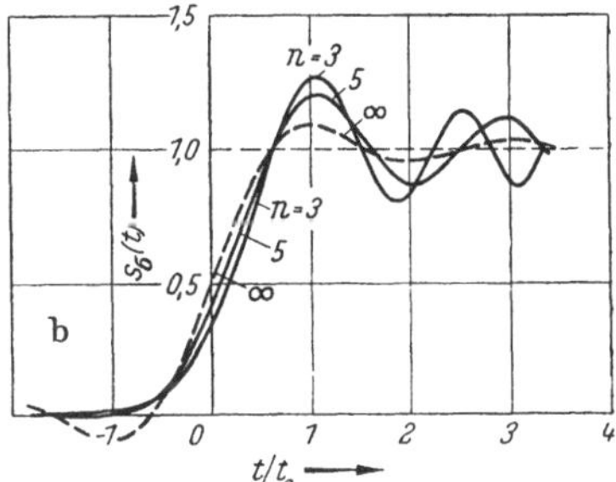

Abb. 52 a u. b. Einschwingvorgänge $s_\delta(t)$ und $s_\sigma(t)$ für die Phasenverzerrung von Abb. 50

$$s_\delta(t) = \frac{1\,\sec}{t_g}\frac{1}{n}\sum_{s=0}^{\infty}\frac{\left(-\pi\dfrac{t}{t_g}\right)^s}{s!}\,\Gamma\left(\frac{s+1}{n}\right)\cdot\cos\frac{\pi}{2\,n}\,[1 + s\,(1 + n)], \tag{210}$$

dabei bedeutet Γ die tabellierte Gammafunktion. Da die Auswertung dieser Gleichung für große Werte von t/t_g sehr zeitraubend ist, kann man von folgender Näherungslösung Gebrauch machen; sie gilt mit guter Genauigkeit für Werte von t/t_g, die größer als $\dfrac{n}{\pi}$ sind:

$$s_\delta(t) = \frac{1\,\sec}{t_g}\sqrt{\frac{2\,\pi}{(n-1)\,n}}\left(\frac{n}{\pi\dfrac{t}{t_g}}\right)^{\frac{n-2}{2\,(n-1)}}\cos\left[(n-1)\left(\frac{\pi}{n}\,\frac{t}{t_g}\right)^{\frac{n}{n-1}} - \frac{\pi}{4}\right]. \tag{211}$$

Mittels der Gl. (210) und (211) sind die Kurven von Abb. 52a für $n = 3$ und 5 errechnet. Die Grenzkurve $n = \infty$ ist nach Gl. (206) identisch mit der si πx-Funktion, die für den unendlich steilen Phasenanstieg und den unendlich großen Dämpfungssprung gilt. Die Antworten auf den Einheitssprung $s_\sigma(t)$, die in Abb. 52b aufgetragen sind, sind durch Integration der Kurven von Abb. 52a gewonnen. Alle Kurven sind für $n \neq \infty$ unsymmetrisch, zeigen fast kein Vorschwingen, schwingen dagegen stark nach. Mit zunehmenden Exponenten n wird das Nachschwingen kleiner.

Wenn man zur Kennzeichnung der Einschwingdauer t'_g wieder wie auf S. 308 die Tangente am steilsten Teil von $s_\sigma(t)$ benutzt, so ist

$$t'_g = \frac{1\,\text{sec}}{s_\delta\,(t)_{\max}} \tag{212}$$

gleich dem reziproken Höchstwert der Funktion $s_\delta(t)$.

Es sei für einige Werte von n nachgeprüft, wie sich t'_g von der eingangs festgelegten und in den Gl. (209), (210) und (211) benutzten Einschwingdauer $t_g = \dfrac{1}{2\,f_g^*}$ unterscheidet. Die Funktion für $n = 2$ sei dabei wegen ihres sonstigen anomalen Verhaltens nicht in die Betrachtungen eingeschlossen.

In der nebenstehenden Tabelle sind in der 2. Spalte die Werte des Verhältnisses t'_g/t_g eingetragen; die Abweichungen vom Wert Eins sind nur für $n = 3$ merklich und für größere n vernachlässigbar. Für Abschätzungen ergibt sich somit folgende Regel:

n	$\dfrac{t'_g}{t_g}$
3	0,86
5	0,99
7	1,016
∞	1,00

Wenn positive Phasenverzerrungen vorhanden sind, erhält man eine Einschwingdauer t_g, die gleich der Hälfte der reziproken Phasenbandbreite, d. h. gleich $1/2\,f_g^*$ ist; als Grenzfrequenz f_g^* kann diejenige Frequenz eingesetzt werden, bei der die Phasenverzerrung Δb auf 1 rad angestiegen ist.

Setzt bei Tiefpässen der Dämpfungsanstieg erst bei höheren Frequenzen als f_g^* ein, so bestimmt praktisch allein die Phasenverzerrung den Einschwingvorgang.

Bei entsprechenden negativen Phasenverzerrungen, also bei Phasenverzerrungen, die dem Gesetz $\Delta b(\omega) = -\left(\dfrac{\omega}{\omega_g^*}\right)^n$ gehorchen, sind die Kurven von Abb. 52a um die Ordinate zu klappen. Man erhält starkes Vorschwingen; wenn der Maximalwert erreicht ist, verschwindet die Zeitfunktion rasch ohne Nachschwingen. Da die Zeitfunktion vor der Zeit $t = 0$ in Wirklichkeit immer gleich Null sein muß, ist dieses Verhalten physikalisch nur zusammen mit großer Laufzeit, d. h. einem steilen linearen positiven Phasengang, möglich. Ein solches Verhalten zeigen z. B. Verzögerungsleitungen, die aus Allpässen erster Ordnung aufgebaut sind. Derartige Allpässe werden häufig zum Phasenausgleich verwendet; wegen ihres interessanten Einschwingverhaltens sind sie im Anhang 3 behandelt. Dort wird auch auf die Gesichtspunkte eingegangen, die für die Bemessung von praktisch brauchbaren Impuls-Verzögerungsleitungen maßgebend sind.

Die Wirkung von sinusförmigen Phasenschwankungen bei Allpässen ist bereits auf S. 283 nach der Echomethode behandelt worden, und zwar für kurze Impulse. Auf Tiefpässe mit Phasenschwankungen wird diese Methode weiter unten (S. 327 u. ff.) angewendet werden.

4. Die Wirkung kombinierter Dämpfungs- und Phasenverzerrung

Als erstes Beispiel für kombinierte Dämpfungs- und Phasenverzerrung wird im folgenden der Tiefpaß minimaler Phase mit Dämpfungssprung untersucht, der, wie auf S. 259 gezeigt worden ist, starke Phasenverzerrungen aufweist und der die Erkenntnisse über die Wirkung von Phasenverzerrungen mit Potenzverhalten gut ergänzt. Ein weiteres Beispiel wird der Tiefpaß mit Dämpfungssprung und sinusförmiger Phasenschwankung sein. Die an diesen Beispielen gewonnenen Erkenntnisse gelten im Prinzip auch für Allpässe, die bei der Grenzfrequenz statt des Dämpfungssprungs einen unendlich steilen Phasenanstieg haben. Als letztes Beispiel möge der cosinusförmige Übertragungsfaktor mit sinusförmiger Phasenschwankung betrachtet werden.

Bisher ist der Einfluß von Dämpfungs- und Phasenverzerrungen getrennt untersucht worden. Es ist grundsätzlich möglich, die Wirkung der Kombination beider Verzerrungsarten mit Hilfe des Faltungsintegrals [Gl. (170) u. (171)] zu berechnen. Diese Methode erfordert jedoch meist einen erheblichen Rechenaufwand; die in der Pulsmodulationstechnik zulässigen relativ kleinen Phasenverzerrungen im Durchlaßbereich lassen sich mit Hilfe der Echomethode meist schneller und bequemer erfassen; nur diese Methode wird deshalb im folgenden verwendet werden, und zwar in den beiden letzten Beispielen.

a) Der Tiefpaß minimaler Phase mit Dämpfungssprung. Eine Betrachtung von Abb. 6 und 7 zeigt, daß für einen Dämpfungssprung von mehr als 6 N die Phasenverzerrung bereits bei $f/f_g < 0{,}75$ den Wert 1 rad erreicht. Es ist deshalb zu erwarten, daß die Einschwingvorgänge bei steilflankigen Tiefpässen minimaler Phase praktisch nur durch die Phasenverzerrungen bestimmt werden. Im folgenden werden sie deshalb für zwei Werte des Dämpfungssprungs ermittelt, bei denen sich dies deutlich zeigt. Diese Werte sind 3π N und 12π N; die Dämpfung und die zugehörige Phasenverzerrung sind in Abb. 53 unter a) dargestellt. Man erkennt, daß die Phasenbandbreite nach obiger Definition ($\Delta b = 1$ rad) wesentlich kleiner als die Dämpfungsbandbreite ist.

Der Ansatz für den Einschwingvorgang $s_\delta(t)$ lautet mit Gl. (20) und (205)

$$s_\delta(t) = \frac{1 \text{ sec}}{\pi} \int\limits_0^{\omega_g} \cos\left(\omega t - \frac{K}{\pi} \ln \frac{1 + \dfrac{\omega}{\omega_g}}{1 - \dfrac{\omega}{\omega_g}}\right) d\omega. \qquad (213)$$

Eine geschlossene Lösung dieses Integrals ist nicht bekannt; für die speziellen Werte $K = 3\pi$ und $K = 12\pi$ sind deshalb die Antwortfunktionen $s_\delta(t)$ durch graphische Integration der Gl. (213) unter Benutzung von Gl. (165) gewonnen worden; sie sind in Abb. 53 unter b) als ausgezogene Kurven 1 und 2 aufgetragen. Unter c) sind die zugehörigen Vorgänge $s_\sigma(t)$ dargestellt, die ebenfalls graphisch ermittelt wurden. Zum Vergleich sind unter b) und c) auch die Vorgänge $s_\delta(t)$ und $s_\sigma(t)$ für den idealisierten Tiefpaß mit linearem Phasengang als Kurve 3 gestrichelt eingetragen.

Die Kurven 1 und 2 zeigen große Ähnlichkeit mit denen von Abb. 52, d. h., starke Unsymmetrie und für die meisten Zwecke der Praxis unzulässig langes und starkes Nachschwingen. Gegenüber den Vergleichskurven 3 sind die Einschwingsteilheit des Vorganges $s_\sigma(t)$ und damit der Höchstwert des Vorganges $s_\delta(t)$ etwa im selben Maße kleiner geworden als es das Verhältnis der Phasenbandbreite zur Dämpfungsbandbreite angibt.

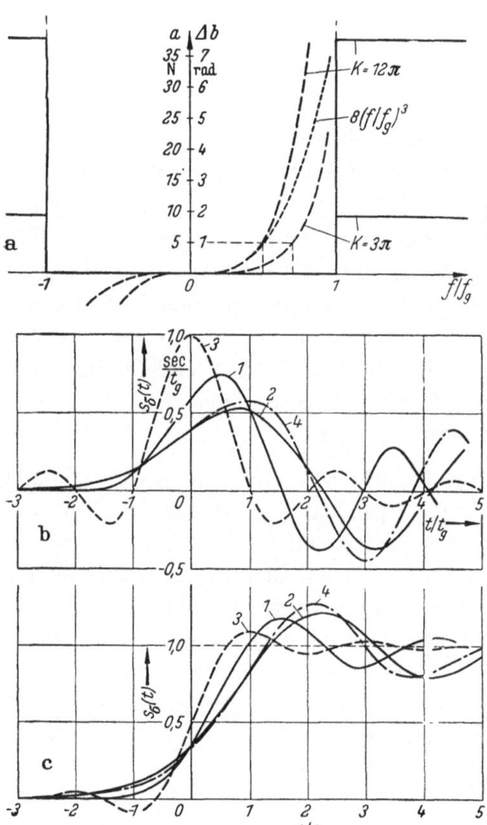

Abb. 53 a—c. Einschwingvorgänge $s_\delta(t)$ und $s_\sigma(t)$ des Tiefpasses minimaler Phase mit Dämpfungssprung von Abb. 6
Kurven 1: $K = 3\pi$
Kurven 2: $K = 12\pi$
Kurven 3: linearer Phasengang
Kurven 4: Phasenverzerrung mit Potenz $n = 3$

Zum Vergleich sind die strichpunktierten Kurven 4 eingetragen; sie gelten für einen Allpaß mit rein kubischer Phasenverzerrung ($n = 3$)

und $f_g = \frac{1}{2} f_g$ (vgl. Abb. 52). Wird der Dämpfungssprung also zunehmend größer, so nähern sich die Zeitfunktionen denjenigen für reine Phasenverzerrungen mit dem Exponenten $n = 3$. Durch folgende Überlegung läßt sich die Annäherung leicht erklären: Die Phasenverzerrung kann nämlich nach Gl. (24) durch eine Reihe von Potenzfunktionen dargestellt werden; mit zunehmendem Dämpfungssprung wird die Phasenbandbreite immer kleiner, das erste Glied der Reihe dominiert dann für $\Delta b < 1$ rad immer mehr über die Glieder höherer Ordnung und es bestimmt so nahezu den ersten Teil des Einschwingvorganges. Die Kurven bestätigen also die Faustregel, daß die Phasenbandbreite durch den Anstieg der Phasenverzerrung auf 1 rad bestimmt wird.

Es sei noch darauf hingewiesen, daß die Antwortfunktionen 1 und 2 kein Vorschwingen aufweisen, wie es bei Tiefpässen minimaler Phase im allgemeinen der Fall ist (s. S. 284).

Ein Beispiel für die dominierende Phasenverzerrung ist der Kettenleiter-Tiefpaß von S. 301. Eine Betrachtung der Abb. 39b zeigt, daß, wenn die Zahl der Glieder größer ist als etwa 6, die Phasenverzerrungen bei der Grenzfrequenz 1 rad überschreiten; die Einschwingvorgänge werden dann vorwiegend durch die Phasenverzerrungen bestimmt. Die im Anhang 1 berechneten Einschwingvorgänge für 10 Glieder lassen dies bereits deutlich erkennen. Wird also eine künstliche Verzögerungsleitung aus solchen Gliedern aufgebaut, so ist die Einschwingdauer merklich größer als $\frac{1}{2 f_g}$, da die Phasenbandbreite merklich geringer ist als die Dämpfungsbandbreite, und es wird wesentlich stärkeres Nachschwingen als beim idealisierten Tiefpaß auftreten. Steilflankige Tiefpässe minimaler Phase sind somit für die Pulsmodulationtechnik unbrauchbar.

b) Der Tiefpaß mit Dämpfungssprung und sinusförmiger Phasenschwankung. Man kann bei einem steilflankigen Tiefpaß die im vorhergehenden untersuchten Antwortfunktionen verbessern, wenn man den Phasengang linearisiert. Da man dies mit möglichst geringem Aufwand erreichen will, werden fast immer noch restliche Phasenverzerrungen übrig bleiben. Man kann diese meist durch eine oder nur wenige Sinuswellen annähern. Dann ist die Echomethode anwendbar, die einen raschen Überblick ermöglicht. Man sieht dann leicht, wie weit man gehen muß, um ausreichende Ergebnisse zu erzielen.

In Abb. 54 sind als Beispiel zwei Phasengänge aufgetragen; sie werden von der Frequenz Null bis zur Grenzfrequenz f_g, bei der die Dämpfung oder der Phasenanstieg nach Unendlich springt, gebildet durch die Überlagerung einer halben Sinuswelle und eines linearen Phasenanteils. Der lineare Anteil ist so gewählt, daß die Phasensteilheit bei der

Frequenz Null verschwindend klein ist. Die Gleichung für die Kurven lautet

$$b(\omega) = \beta\,\pi\,\frac{\omega}{\omega_g} - \beta\,\sin\pi\,\frac{\omega}{\omega_g}\,. \tag{214}$$

In der Abbildung sind $\beta = 0{,}5$ und $\beta = 1$ gewählt.

Die Einschwingvorgänge können für diesen Ansatz mit Hilfe der Echomethode nach Abb. 17, 19 und 20 leicht ermittelt werden; der vorgeschaltete Vierpol V_1 in Abb. 17 ist hier ein idealisierter Tiefpaß; die dahinterliegenden Echoglieder werden dann mit einer si πx- oder Si πx-Zeitfunktion beschickt. Die vorgezogene Laufzeit ist $t_0 = \dfrac{\beta}{2\,f_g} = \beta\,t_g$.

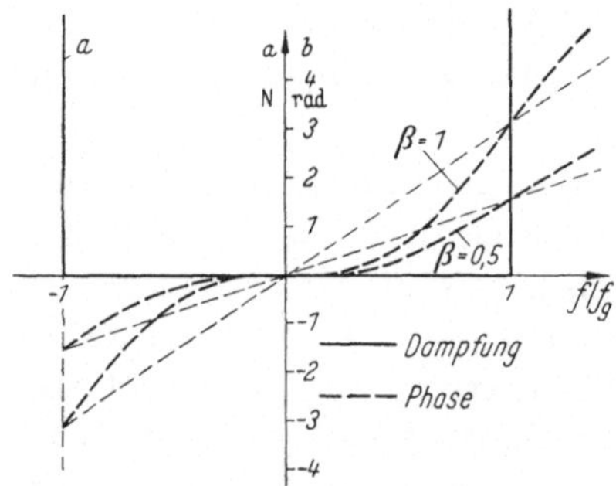

Abb. 54. Idealisierter Tiefpaß mit sinusförmiger Phasenschwankung

In Abb. 55 sind zum Verständnis der Wirkungsweise für $s_\delta(t)$ und $\beta = 0{,}5$ nur das Hauptsignal, das voreilende positive und das nacheilende negative Echo erster Ordnung einzeln dargestellt; die kleinen Echos höherer Ordnung sind vernachlässigt. Man erkennt, daß, wie bei der cosinusförmigen Schwankung des Übertragungsfaktors, auch hier das Vorschwingen verringert wird, daß aber für das Nachschwingen die Wirkung umgekehrt ist; es wird vergrößert. Als Ergebnis erhält man die in den Abb. 56a und b dargestellten resultierenden Zeitfunktionen

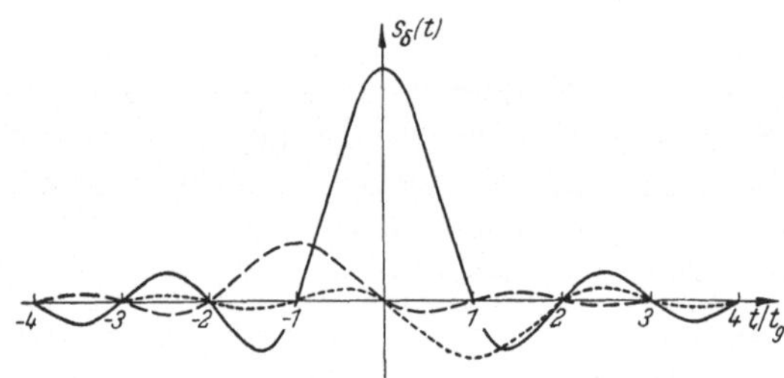

Abb. 55. Hauptsignal und Echosignale bei kleiner sinusförmiger Phasenverzerrung

$s_\delta(t)$ und $s_\sigma(t)$. Die Echos zweiter Ordnung und die Grundlaufzeiten $t_g/2$ bzw. t_g entsprechend dem linearen Phasenanteil in Abb. 54 sind hier mit berücksichtigt. Die bekannten Kurven für den idealisierten Tiefpaß sind zum Vergleich mit eingezeichnet (gestrichelt). Der Vollständigkeit halber seien für $s_\delta(t)$ noch die Gleichungen angegeben:

1. $\beta = 0,5$

$$s_\delta(t) = \frac{1\,\mathrm{sec}}{t_g}\left\{0,939\,\mathrm{si}\left(\pi\,\frac{t}{t_g}\right) + 0,242\left[\mathrm{si}\,\pi\left(\frac{t}{t_g}+1\right)-\mathrm{si}\,\pi\left(\frac{t}{t_g}-1\right)\right] + \right. \quad (215)$$
$$\left. + 0,031\left[\mathrm{si}\,\pi\left(\frac{t}{t_g}+2\right)+\mathrm{si}\,\pi\left(\frac{t}{t_g}-2\right)\right]\right\}.$$

2. $\beta = 1$

$$s_\delta(t) = \frac{1\,\mathrm{sec}}{t_g}\left\{0,765\,\mathrm{si}\left(\pi\,\frac{t}{t_g}\right) + 0,44\left[\mathrm{si}\,\pi\left(\frac{t}{t_g}+1\right)-\mathrm{si}\,\pi\left(\frac{t}{t_g}-1\right)\right] + \right. \quad (216)$$
$$\left. + 0,115\left[\mathrm{si}\,\pi\left(\frac{t}{t_g}+2\right)+\mathrm{si}\,\pi\left(\frac{t}{t_g}-2\right)\right]\right\}.$$

Die Funktionen haben einen ähnlichen Charakter wie die der Abb. 53; sie zeigen wieder, daß Phasenverzerrungen immer die Nachschwingverhältnisse verschlechtern. Außerdem ist, wie zu erwarten war, mit den Phasenverzerrungen eine Vergrößerung der Einschwingdauer verbunden. Für $\beta = 0,5$ ist diese Vergrößerung noch vernachlässigbar klein, für $\beta = 1$ aber beträgt sie bereits etwa 10%. Offensichtlich ist diese Vergrößerung — vgl. die einzelnen Glieder in Gl. (215) und (216) — mit dem merklichen Auftreten von Echos höherer Ordnung verbunden. Sie ist fast immer schädlich; man wird deshalb den Phasengang praktisch soweit linearisieren müssen, daß die restlichen Verzerrungen mit einem Wert von β erfaßt werden können, der kleiner als 0,5 ist; dann wird im wesentlichen nur die erste Nachschwingamplitude vergrößert. Für kleine Phasenverzerrungen läßt sich dann der Einschwingvorgang mit der Methode der paarigen Echos sehr rasch ermitteln.

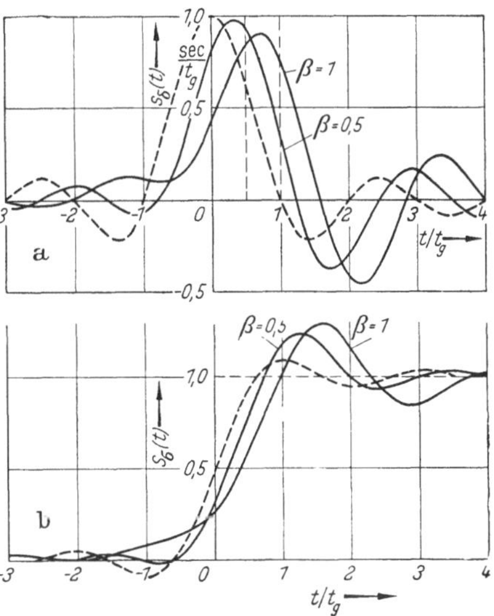

Abb. 56a u. b. Einschwingvorgänge $s_\delta(t)$ und $s_\sigma(t)$ des idealisierten Tiefpasses mit sinusförmiger Phasenschwankung von Abb. 54

Bei negativer Phasenverzerrung brauchen die Zeitfunktionen nur um die Ordinate geklappt zu werden; man erhält dann starkes Vorschwingen und verringertes Nachschwingen.

c) Der Tiefpaß mit cosinusförmigem Übertragungsfaktor und sinusförmiger Phasenschwankung. Für den Dämpfungssprung mit sinusförmiger Phasenschwankung haben sich stark pendelnde Zeitfunktionen ergeben, bei denen die Echos sich den Pendelungen des Hauptsignals überlagern; sie sind deshalb nicht deutlich zu erkennen. Man erhält ein anschaulicheres Bild von der Wirkung der Echos, wenn man ein Hauptsignal annimmt, das möglichst wenig nachschwingt. Für den im Ersatzschema der Abb. 17 vorgeschalteten Tiefpaß V_1 sei deshalb ein cosinusförmiger Übertragungsfaktor gewählt. Dieser Fall entspricht auch besser den Verhältnissen, wie sie in der Pulsmodulationstechnik praktisch vorkommen dürfen.

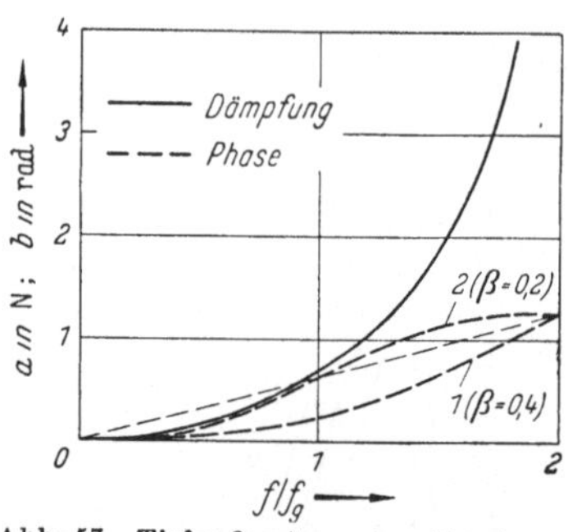

Abb. 57. Tiefpaß mit cosinusförmigem Übertragungsfaktor und sinusförmigen Phasenschwankungen

Im folgenden wird die Wirkung zweier sinusförmiger Phasenverzerrungs-Funktionen betrachtet, die allgemeine Schlüsse zu ziehen gestattet. Nach den Erkenntnissen des Vorhergehenden sind die β-Werte kleiner als 0,5 gewählt, damit die schädliche Verringerung der Einschwingsteilheit vermieden wird. Die Phasenfunktionen sind in Abb. 57 zusammen mit der oben angenommenen Dämpfungsfunktion dargestellt. Bei Kurve 1 ist im Übertragungsbereich von 0 bis f_g einem linearen Phasenanteil $b_0 = \dfrac{\pi}{5}\dfrac{f}{f_g}$ eine halbe Sinuswelle überlagert; für β ist hier der Wert 0,4 gewählt. Bei Kurve 2 ist demselben linearen Phasenanteil eine volle Sinuswelle mit $\beta = 0,2$ überlagert.

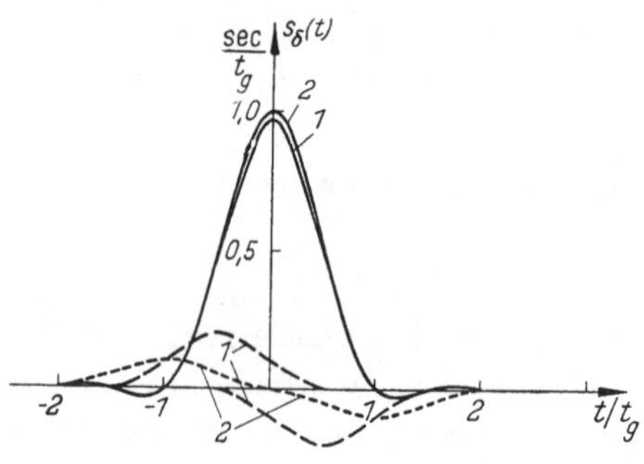

Abb. 58. Hauptsignal und Echosignale zu Abb. 57

Bei Netzwerken der Praxis liegen — wie sich auch auf S. 337 dieses Abschnittes zeigen wird — die Phasenkurven etwa zwischen beiden Kurven, oder sie können durch die Überlagerung beider sehr gut angenähert werden. Auch die zu der angegebenen Dämpfungskurve gehörige Phasenverzerrung eines Netzwerks minimaler Phase hat einen ähnlichen Gang; die exakte Funktion kann hierfür jedoch, wie gezeigt worden ist, nur angegeben werden, wenn der Dämpfungsverlauf im Sperrbereich bekannt ist.

In Abb. 58 sind die mit den beiden sinusförmigen Phasenschwankungen verbundenen, etwas verschiedenen Hauptsignale und die Echopaare einzeln dargestellt (siehe S. 283). Die Echos eilen für die Kurve 1 um die Zeit $t = \pm \frac{1}{2} t_g$ und für die Kurve 2 um $t = \pm t_g$ vor und nach. Als Ergebnis erhält man die beiden Antwortfunktionen der Abb. 59; dabei ist berücksichtigt, daß der lineare Phasenanteil eine Zeitverschiebung aller Anteile um $0,2\, t_g$ verursacht. Auf die Darstellung des Einschwingvorgangs $s_\sigma(t)$ sei hier verzichtet.

Die Kurven zeigen, daß die Einschwingsteilheit, d. h., der Maximalwert der Funktion $s_\delta(t)$, wie beabsichtigt, nicht merklich verringert wird und daß das Vorschwingen praktisch verschwindet (Kurve 1) oder durch ein schleichendes Ansteigen ersetzt wird (Kurve 2). Es ist bemerkenswert, daß beide Funktionen nur einmal, und zwar stärker durchschwingen und nach der Zeit $t = 2\, t_g$ sich praktisch nicht mehr vom Hauptsignal unterscheiden. Antwortfunktionen wie die vorliegenden, sind, wie sich im Abschnitt III noch zeigen wird, für Zwecke der Praxis — z. B. bei Systemen mit Pulsphasen-

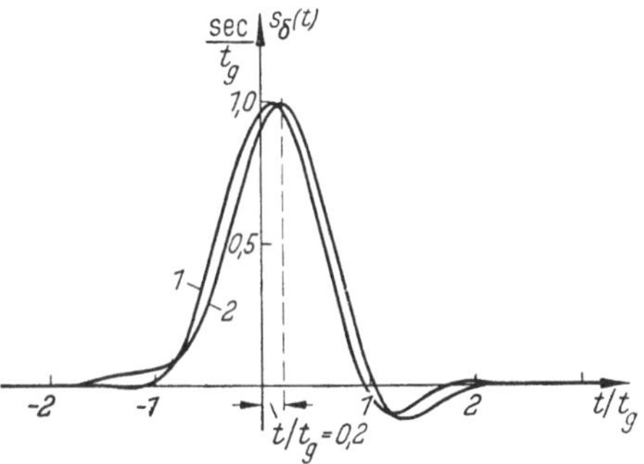

Abb. 59. Einschwingvorgang $s_\delta(t)$ des Tiefpasses von Abb. 57

Modulation — noch durchaus brauchbar, wenn man den Zeitbereich zwischen dem ersten und zweiten Nulldurchgang nicht benutzt; man erhält solche Funktionen immer dann, wenn ein einziges Echopaar zu ihrer Beschreibung ausreicht; dies ist dann erfüllt, wenn die sinusförmige Phasenschwankung klein ist und im ganzen Übertragungsbereich nur eine Welle auftritt. Nimmt die Ordnungszahl der Phasenwellen zu, so eilen die Echopaare mit immer größer werdenden Zeitabständen dem Hauptsignal vor und nach und ergeben Zeitfunktionen, die für die meisten praktischen Zwecke ungeeignet sind.

d) **Schlußfolgerungen.** Die bisherigen Untersuchungen dieses Abschnittes lassen sich wie folgt zusammenfassen:

Durch geeignete Dämpfungsverzerrungen kann man Antwortfunktionen erhalten, die sehr wenig nachschwingen; besonders günstig sind Übertragungsfunktionen, die zwischen der Cosinusform und der Gaußschen Fehlerfunktion liegen.

Phasenverzerrungen sind immer schädlich, da sie entweder Vorschwingen oder Nachschwingen verursachen und bei genügender Stärke die Einschwingdauer vergrößern. Haben sie innerhalb des Durchlaßbereiches die Form einer reinen Sinuswelle, deren Amplitude kleiner als 0,5 rad ist und deren Periode etwa den gesamten Übertragungsbereich einnimmt, so erhält man eine Verformung nur in *unmittelbarer Nähe* des Impulses oder des Sprungs; eine solche Verformung kann man oft zulassen. Für das Nachschwingen in *weiterem Abstand* sind dann nur die Dämpfungsverzerrungen maßgebend.

Viele Wellen der Dämpfung *und* der Phase innerhalb des Durchlaßbereiches sind grundsätzlich zu vermeiden, da mit ihnen Echos verbunden sind, deren Zeitabstände vom Hauptsignal groß sind; die Antwortfunktionen schwingen dann lange nach.

5. Die Einschwingvorgänge der Beispiele von Abschnitt I.4

Die bisher behandelten Gesetzmäßigkeiten werden im folgenden an den praktisch benutzten Netzwerken nachgeprüft, die im Abschnitt I behandelt worden sind.

Da die Übertragungsfunktion $G(p)$ der Netzwerke in analytischer Form bekannt ist, erhält man den Einschwingvorgang $s_\delta(t)$ direkt mit Hilfe der Gl. (2, 78) bzw. der im Anhang 1 beschriebenen Methode. Für die im folgenden behandelten Beispiele finden sich die Lösungen auch in der Fourier-Integral-Sammlung von CAMPBELL und FOSTER.

a) Einfacher Resonanzverstärker und einfacher Widerstandsverstärker. Für die mehrstufigen Verstärker der S. 286 bis 292 mit den Übertragungsfunktionen Gl. (101) oder (119) gilt für den Einschwingvorgang

$$s_\delta(t) = \frac{1\,\sec}{2\,\pi\,j} \int\limits_{-j\infty}^{+j\infty} \frac{\left(\dfrac{1}{\tau}\right)^n}{\left(p + \dfrac{1}{\tau}\right)^n}\, e^{pt}\, dp. \tag{217}$$

Die Lösung lautet für $t > 0$

$$s_\delta(t) = \frac{1\,\sec}{\tau}\, \frac{1}{(n-1)!}\left(\frac{t}{\tau}\right)^{n-1} e^{-\frac{t}{\tau}}. \tag{218}$$

Da nach Gl. (120) bzw. (121) und (179)

$$\tau = \frac{t_a}{\pi}\sqrt{2^{2/n} - 1} \tag{219}$$

ist, kann Gl. (218) als Funktion der normierten Zeit $\dfrac{t}{t_g}$ angeschrieben werden:

$$s_\delta(t) = \frac{1\,\sec}{t_g}\, \frac{\pi^n}{\sqrt{2^{2/n}-1}\,(n-1)!}\left(\frac{\dfrac{t}{t_a}}{\sqrt{2^{2/n}-1}}\right)^{n-1} e^{-\dfrac{\pi\frac{t}{t_g}}{\sqrt{2^{2/n}-1}}}. \tag{220}$$

In Abb. 60a ist der Vorgang $s_\delta(t)$ für verschiedene Stufenzahlen n aufgetragen. Er zeigt unabhängig von der Gliederzahl kein Durchschwingen, die Zeitfunktionen kriechen asymptotisch an ihren Endwert Null heran. Mit zunehmender Gliederzahl nähert sich die Zeitfunktion der GAUSSschen Fehlerfunktion; diese ist zum Vergleich über der Kurve für $n = 16$ gezeichnet. Die Übereinstimmung ist bei $n = 16$ schon recht gut und die Impulsform daher sehr günstig.

Für ein einzelnes Glied ($n = 1$) ergibt sich die e-Funktion. Der Einschwingvorgang dauert sehr lange an; außerdem hat ein solches Glied eine sehr ungünstige Übertragungsfunktion, die sehr viel Frequenzband beansprucht. Es ist bemerkenswert, daß die maximale Einschwingsteilheit für alle Werte von n mit Ausnahme von $n = 1$ angenähert gleich $\dfrac{1}{t_g}$ ist, wie für den idealisierten Tiefpaß mit der Grenzfrequenz f_g; es wird damit auch hier die Regel bestätigt, daß die maximale Einschwingsteilheit durch die Frequenz bestimmt ist, bei der die Dämpfung auf 0,7 N angestiegen ist, obwohl spektrale Anteile, die weit oberhalb dieser Grenze liegen, noch am Einschwingvorgang beteiligt sind. Abb. 25 zeigt, daß die Phasenverzerrungen für $f = f_g$ noch weit unter 1 rad liegen; damit ist die Einschwingsteilheit vorwiegend durch die Dämpfungsbandbreite bestimmt. Es ist ferner zu erkennen, daß bei genügend großer Zahl der Glieder das Maximum der Zeitfunktion mit großer Genauigkeit nach Ablauf der Grundlaufzeit eintritt, die sich aus Gl. (110) für die tiefen Frequenzen errechnet (vgl. Abb. 26).

Abb. 60b zeigt ergänzend den Vorgang $s_\sigma(t)$. Für $n = 1$ bildet sich der Sprung von $s_\delta(t)$ als Knick bei $t = 0$ ab; die Antwort ist eine e-Funktion; alle anderen Kurven haben in diesem Zeitpunkt die Steigung Null.

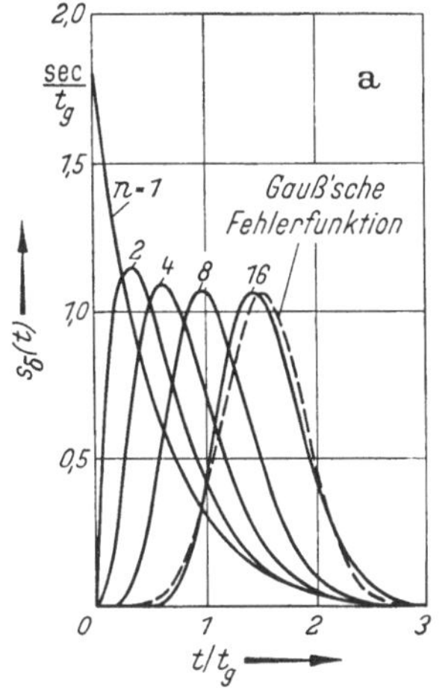

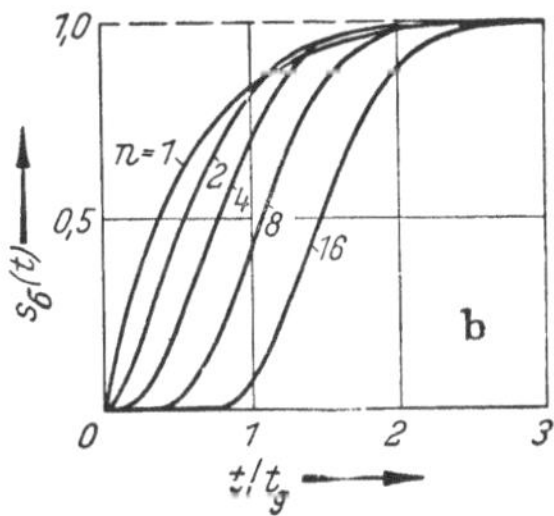

Abb. 60a u. b. Einschwingvorgänge eines einfachen n-stufigen Resonanzverstärkers oder eines einfachen n-stufigen Widerstandsverstärkers

b) Einfacher Bandfilterverstärker und kompensierter Widerstandsverstärker. Für das Beispiel des Bandfilter-Verstärkers auf den S. 293 bis 300 gilt mit Gl. (130) für den Einschwingvorgang

$$s_\delta(t) = \frac{1 \sec}{2\,\pi\,j} \int_{-j\infty}^{+j\infty} \frac{\left(\dfrac{1 + d^2}{\tau_1^2}\right)^{\frac{n}{2}}}{\left(p + \dfrac{1 + j\,d}{\tau_1}\right)^{\frac{n}{2}} \left(p + \dfrac{1 - j\,d}{\tau_1}\right)^{\frac{n}{2}}}\, \mathrm{e}^{p\,t}\, \mathrm{d}p. \qquad (221)$$

Die Lösung lautet in geschlossener Form

$$s_\delta(t) = \frac{1\,\mathrm{sec}}{\tau_1}\; \frac{\sqrt{2\,\pi}}{\left(\dfrac{n}{2}-1\right)!\,2^{\frac{n}{2}}}\; d\left(1+\frac{1}{d^2}\right)^{\frac{n}{2}} \left(d\,\frac{t}{\tau_1}\right)^{\frac{n-1}{2}} e^{-\frac{t}{\tau_1}}\, J_{\frac{n-1}{2}}\left(d\,\frac{t}{\tau_1}\right). \tag{222}$$

$J_{\frac{n-1}{2}}(x)$ ist dabei die BESSEL-Funktion der Ordnung $\frac{1}{2}(n-1)$.

Ersetzt man die Zeitkonstante τ_1 wieder mit Hilfe von Gl. (140) durch die Einschwingdauer t_g, so erhält man wie vorher eine Gleichung, in der nur die normierte Zeit $\frac{t}{t_g}$ erscheint. Bei kritischer Kopplung $d=1$ ergibt sich mit

$$\tau_1 = \frac{t_g}{\pi}\,\sqrt[4]{4\,(2^{4/n}-1)} \tag{223}$$

für den Einschwingvorgang

$$s_\delta(t) = \frac{1\,\mathrm{sec}}{t_g}\; \frac{\sqrt{2}}{\left(\dfrac{n}{2}-1\right)!\,\sqrt[4]{4\,(2^{4/n}-1)}}\; \pi^{\frac{n}{2}+1}\left(\frac{\dfrac{t}{t_g}}{\sqrt[4]{4\,(2^{4/n}-1)}}\right)^{\frac{n-1}{2}}$$

$$e^{-\dfrac{\frac{\pi t}{t_g}}{\sqrt[4]{4\,(2^{4/n}-1)}}}\; J_{\frac{n-1}{2}}\left(\frac{\dfrac{\pi t}{t_g}}{\sqrt[4]{4\,(2^{4/n}-1)}}\right). \tag{224}$$

In Abb. 61a sind die Vorgänge für dieselben Gliederzahlen n aufgetragen, die auf S. 297 zugrunde gelegt worden sind. Die Einschwingsteilheit wird mit sehr guter Genauigkeit durch die Grenzfrequenz f_g bestimmt.

Es sei angemerkt, daß die Zeitfunktionen die für Netzwerke minimaler Phase typische Eigenschaft zeigen, daß sie nicht vorschwingen (s. S. 284). Da die Phasenverzerrung mit der Gliederzahl anwächst (siehe Abb. 31), schwingen die Funktionen zunehmend stärker durch.

Die Abb. 61b zeigt der Vollständigkeit halber die entsprechenden Einschwingvorgänge $s_\sigma(t)$.

Für die späteren Untersuchungen zum Nebensprechen bei Anlagen mit Pulsmodulation ist es interessant zu untersuchen, in welchen Grenzen die Nachschwingwerte durch eine Linearisierung des Phasengangs verringert werden können. Hierfür seien nur die Einschwingvorgänge $s_\delta(t)$ betrachtet. Da der Phasengang linear ist, braucht man nur die Gleichung für den Übertragungsfaktor, die sich aus Gl. (144) leicht ergibt, in die Gl. (173) einzusetzen. Man erhält

$$s_\delta(t) = \frac{1 \sec}{\pi} \int\limits_0^\infty \frac{\cos \omega t}{\left[1 + (2^{4/n} - 1)\left(\frac{\omega}{\omega_g}\right)^4\right]^{n/4}} \, d\omega. \tag{225}$$

Die Lösungen lauten:

$$\text{für } n = 4 \quad s_\delta(t) = \frac{1 \sec}{t_g} \frac{\pi}{2\sqrt{2}} \, e^{-\frac{\pi}{\sqrt{2}}\frac{t}{t_g}} \left(\cos \frac{\pi}{\sqrt{2}} \frac{t}{t_g} + \sin \frac{\pi}{\sqrt{2}} \frac{t}{t_g} \right) \tag{226}$$

$$\text{für } n = 8 \quad s_\delta(t) = \frac{1 \sec}{t_g} \frac{3\pi}{8\sqrt[4]{4(\sqrt{2}-1)}} \, e^{-\frac{\pi}{\sqrt[4]{4(\sqrt{2}-1)}}\frac{t}{t_g}} \left[\cos \frac{\pi}{\sqrt[4]{4(\sqrt{2}-1)}} \frac{t}{t_g} + \right.$$

$$\left. + \left(1 + \frac{2\pi}{3\sqrt[4]{4(\sqrt{2}-1)}} \frac{t}{t_g}\right) \sin \frac{\pi}{\sqrt[4]{4(\sqrt{2}-1)}} \frac{t}{t_g} \right] \tag{227}$$

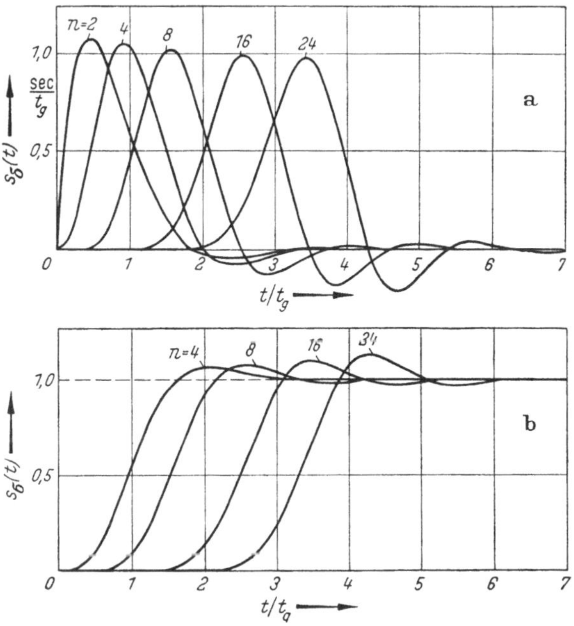

Abb. 61 a u. b. Einschwingvorgänge eines einfachen Bandfilterverstärkers mit $\frac{n}{2}$ Stufen (kritische Kopplung $kQ = 1$)

$$\text{für } n = 16$$

$$s_\delta(t) = \frac{1 \sec}{t_g} \frac{77\pi}{256\sqrt[4]{4(\sqrt{2}-1)}} \, e^{-\frac{\pi}{\sqrt[4]{4(\sqrt[4]{2}-1)}}\frac{t}{t_g}} \left[\left(1 - \frac{12\pi^2}{77\sqrt[4]{4(\sqrt[4]{2}-1)}}\left(\frac{t}{t_g}\right)^2 - \right.\right.$$

$$\left.\left. - \frac{4\pi^3}{231\left(\sqrt[4]{4(\sqrt[4]{2}-1)}\right)^3}\left(\frac{t}{t_g}\right)^3\right) \cos \frac{\pi}{\sqrt[4]{4(\sqrt[4]{2}-1)}} \frac{t}{t_g} + \right. \tag{228}$$

$$\left. + \left(1 + \frac{74\pi}{77\sqrt[4]{4(\sqrt[4]{2}-1)}} \frac{t}{t_g} + \frac{12\pi^2}{77\sqrt[4]{4(\sqrt[4]{2}-1)}}\left(\frac{t}{t_g}\right)^2\right) \sin \frac{\pi}{\sqrt[4]{4(\sqrt[4]{2}-1)}} \frac{t}{t_g} \right].$$

Für $n \to \infty$ gehorcht die Dämpfung der biquadratischen Gleichung $a = \left(\dfrac{\omega}{\omega_g}\right)^4 \ln 2$ und damit der Übertragungsfaktor der Gleichung

$$A(\omega) = e^{-\left(\frac{\omega}{\omega_g}\right)^4 \ln 2} \tag{229}$$

Mit diesem Ansatz erhält man für den Einschwingvorgang

$$s_\delta(t) = \frac{1\,\mathrm{sec}}{\pi} \int\limits_0^\infty e^{-\left(\frac{\omega}{\omega_g}\right)^4 \ln 2} \cos \omega\, t\, \mathrm{d}\omega. \tag{230}$$

Für dieses Integral ist keine Lösung in geschlossener Form bekannt; es ist deshalb graphisch gelöst worden. Nur für den Zeitwert $t = 0$ findet sich eine rechnerische Lösung; da

$$\int\limits_0^\infty e^{-a x^m}\, \mathrm{d}x = \frac{\Gamma(1/m)}{m\, a^{1/m}} \tag{231}$$

ist, wird

$$s_\delta(0) = \frac{1\,\mathrm{sec}}{t_g} \frac{\Gamma(1/4)}{4\,\sqrt[4]{\ln 2}} = \frac{0{,}99\,\mathrm{sec}}{t_g} \tag{232}$$

In Abb. 62 sind die Zeitfunktionen für $n = 4$, 8 und ∞ aufgetragen. Sie zeigen günstige Nachschwingverhältnisse; das Nachschwingen erreicht

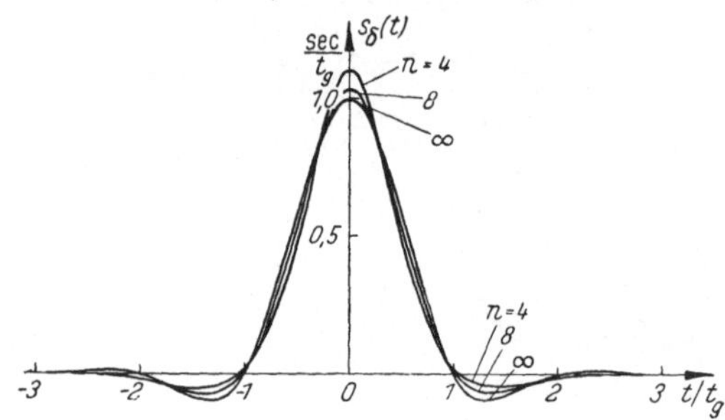

Abb. 62. Einschwingvorgang $s_\delta(t)$ eines einfachen Bandfilterverstärkers mit $\dfrac{n}{2}$ Stufen (kritische Kopplung $kQ = 1$) und linearisiertem Phasengang

selbst bei unendlich großer Gliederzahl nur den Wert 10%; nach dem zweiten Nulldurchgang klingen alle Funktionen sehr rasch ab. Wie ein Vergleich mit Abb. 61a zeigt, ist durch die Linearisierung des Phasengangs erreicht worden, daß das Nachschwingen selbst bei beliebig vielen Gliedern nicht größer wird als ohne Linearisierung bei der Kurve für etwa $n = 4$.

Am Beispiel des 16-kreisigen, nicht linearisierten Verstärkers sei nun gezeigt, daß die Phasenverzerrungen durch eine einzige sinusförmige Phasenschwankung sehr gut erfaßt werden können.

In Abb. 31 ist die Phasenverzerrung entsprechend den Betrachtungen von S. 330 durch einen linearen Anteil

$$b_0 = 0,71 \frac{\omega}{\omega_g} \tag{233}$$

angenähert, der von einer sinusförmigen Schwankung

$$\Delta b_1 = -0,22 \sin\left(\frac{\pi}{0,95} \frac{\omega}{\omega_g}\right) \tag{234}$$

überlagert ist. Die Übereinstimmung ist ausreichend gut; oberhalb $1,5 f_g$, wo die Kurven auseinander laufen, ist nämlich die Dämpfung bereits so groß, daß der Einschwingvorgang nicht mehr nennenswert beeinflußt werden kann. Er kann also zusammengesetzt werden aus einem Hauptsignal und einem Echopaar. Alle drei Anteile gehorchen der Gl. (228) — im folgenden mit $s_\delta(t)_{16}$ bezeichnet — und sind um eine Laufzeit t_0^* gegen den Zeitnullpunkt verzögert; diese setzt sich zusammen aus der Grundlaufzeit t_0, die aus Abb. 32 zu $t_0 = \dfrac{1,19}{f_g}$ entnommen werden kann, und einer Zusatzlaufzeit, die sich aus Gl. (233) zu $t_0' = \dfrac{0,71}{\pi \cdot 2 f_g}$ ergibt. Die Echolaufzeit t_e erhält man mit Gl. (78) aus Gl. (234) zu $t_e = \dfrac{1}{0,95 \cdot 2 f_g}$. Es ergeben sich damit folgende Werte

Hauptsignal	$s_\delta^0(t) =$	$J_0(0,22)\, s_\delta(t)_{16} =$	$0,99\ s_\delta(t)_{16}$
vorlaufendes Echo	$s_\delta^{-e}(t) =$	$J_1(0,22)\, s_\delta(t+t_e)_{16} =$	$0,11\ s_\delta(t+t_e)_{16}$
nacheilendes Echo	$s_\delta^{+e}(t) =$	$-J_1(0,22)\, s_\delta(t-t_e)_{16} =$	$-0,11\ s_\delta(t-t_e)_{16}$
normierte Echolaufzeit	$\dfrac{t_e}{t_g} = \dfrac{1}{0,95}$		$= 1,05$
normierte Gesamtlaufzeit	$\dfrac{t_0^*}{t_g} = 2 \cdot 1,19 + \dfrac{0,71}{\pi}$		$= 2,60$

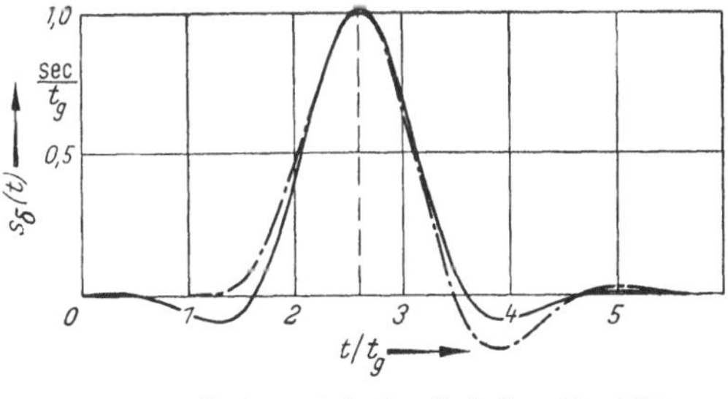

Abb. 63. Einschwingvorgang $s_\delta(t)$ eines einfachen 8-stufigen Bandfilterverstärkers ($n = 16$)

Die Abb. 63 zeigt die resultierende Funktion als strichpunktierte Kurve. Die ausgezogene Kurve stellt den Einschwingvorgang für linearen Phasengang nach Gl. (228) dar. Die Übereinstimmung der resultierenden Funktion mit Abb. 61a liegt innerhalb der Zeichengenauigkeit. Diese Betrachtung ergänzt die Ergebnisse auf S. 330 gut; sie zeigt, daß die Echomethode in solchen Fällen ein einfaches und genügend genaues Verfahren ist.

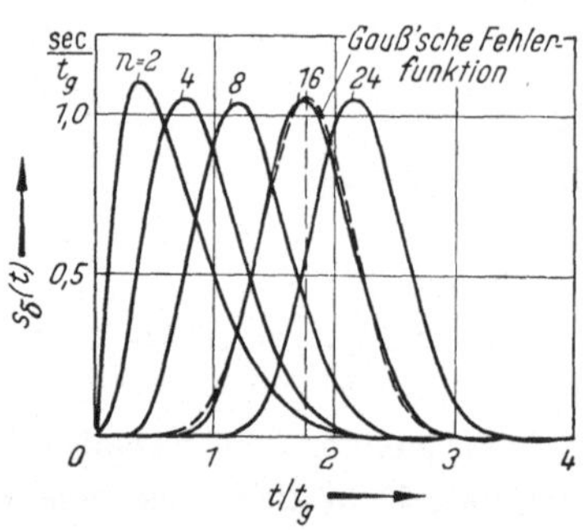

Abb. 64. Einschwingvorgänge $s_\delta(t)$ eines einfachen Bandfilterverstärkers mit $\dfrac{n}{2}$ Stufen $\left(\text{Kopplung } kQ = \dfrac{1}{\sqrt{3}}\right)$

Die Abb. 64 zeigt die Einschwingvorgänge zum Einheitsimpuls für den Bandfilterverstärker nach Gl. (220), jedoch mit der Kopplung $d = 1/\sqrt{3}$ berechnet. Wie zu vermuten war, schwingen die Funktionen nur ganz wenig durch. Unabhängig von der Stufenzahl ist das Nachschwingverhältnis nach dem zweiten Nulldurchgang $< 1^0/_{00}$. Mit 16 Kreisen ist die Annäherung an die GAUSSsche Fehlerfunktion beim Bandfilterverstärker wesentlich besser als beim Resonanzverstärker, da sich sowohl die Dämpfung wie die Phase dem Idealfall der quadratischen Dämpfungskurve mit linearem Phasengang (gestrichelt in Abb. 64) besser annähern.

III. Das Nebensprechen

Das Ziel der Untersuchungen in den vorangegangenen Abschnitten dieses Kapitels ist es gewesen, Aussagen über die Wirkung von Störungen machen zu können, welche die pulsmodulierten Signale während der Übertragung erfahren. Die hauptsächlichen Störungen, die in Mehrfach-Übertragungssystemen auftreten, sind das Rauschen und das Nebensprechen der einzelnen Signale aufeinander. Diese Störungen sind im Kap. 1, II für die kontinuierlichen Amplituden- und Winkelverfahren zum späteren Vergleich bereits kurz betrachtet worden. Für die Pulsverfahren wird die Wirkung des Rauschens im Kap. 5 untersucht werden; der vorliegende Abschnitt beschäftigt sich mit den Nebensprecheigenschaften dieser Verfahren und deren Abhängigkeit von Dämpfungs- und Phasenverzerrungen.

Da die Beschränkung des Frequenzbandes theoretisch ein unendlich lange andauerndes Nachschwingen der Impulse zur Folge hat, das sich bei zeitlicher Bündelung in die Bereiche der anderen Kanäle erstreckt, kann man, von theoretischen Spezialfällen abgesehen, das Nebensprechen nicht völlig zum Verschwinden bringen. Es soll daher untersucht werden, welche Bandbreite und welche Form der Übertragungsfunktion erforderlich ist, wenn ein vorgeschriebener Mindestwert der

Nebensprechdämpfung eingehalten werden soll. Für diese gilt folgende Definition:

Die Nebensprechdämpfung ist der halbe Logarithmus des Verhältnisses der Leistung, die an einer Stelle eines *gestörten* Kanals auftritt, wenn dieser eine Leistung P überträgt, zu der Leistung, die an derselben Stelle auftritt, wenn die übertragene Leistung im *störenden* Kanal ebenfalls P beträgt.

Sind die beiden Leitungen mit den gleichen Widerständen abgeschlossen, so genügt statt der Leistungsmessung eine Spannungsmessung. Wenn dabei die Nebensprech-Spannung im gestörten Kanal proportional der Größe der Signalspannung des störenden Kanals ist, so ist die Nebensprechdämpfung unabhängig von der Aussteuerung. Da dies nicht allgemein der Fall ist, wird die Aussteuerung mit dem Meßpegel vorgeschrieben; dieser steuert bei Fernsprechen im allgemeinen den gesamten vorgesehenen Amplitudenbereich zu 50% aus. Je nach den Anforderungen an die Güte der Übertragung werden für die Nebensprechdämpfung je Verstärkerfeld — bei Richtfunkstrecken hat dieses eine Länge von etwa 50 km — Werte von mehr als 6,9 N (60 db) gefordert.

Das Nachschwingen wirkt sich bei den verschiedenen Pulsmodulations-Verfahren — mit Ausnahme der PCM — auf verschiedene Weise als Nebensprechen aus, und zwar erfordert nicht nur das Amplitudenverfahren — das ist die Pulsamplituden-Modulation — eine von den Winkelverfahren — das sind im wesentlichen die Pulsdauer-Modulation und die Pulsphasen-Modulation — getrennte Betrachtungsweise, sondern es empfiehlt sich, auch die Winkelverfahren gesondert voneinander zu behandeln. Da nun aber, wie früher schon erwähnt, die PDM für die Übertragung von untergeordneter Bedeutung ist, sei hier von der sonst in diesem Buch üblichen Reihenfolge abgewichen und nach der PAM nur die PPM ausführlich betrachtet.

1. Pulsamplituden-Modulation (PAM)

Der Bandbreitenbedarf bei PAM sei zunächst für drei Übertragungsfunktionen mit linearem Phasengang betrachtet, nämlich für den idealisierten Tiefpaß, den Tiefpaß mit cosinusförmigem Übertragungsfaktor und den Tiefpaß mit GAUSSschem Übertragungsfaktor.

Die Abb. 65a, b und c zeigen die empfangenen Impulse von drei aufeinanderfolgenden, zu verschiedenen Kanälen gehörenden Abtastungen, wenn auf der Sendeseite Einheitsimpulse verwendet werden (s. S. 309, S. 312 und S. 317). Der Modulationsgrad m sei in jedem Kanal gleich; gezeichnet sind jeweils die größten dabei auftretenden Impulse.

Auf der Empfangsseite werde zur Verteilung der Kanäle zur Zeit des Maximums S jedes Kanalimpulses abgetastet. Hat die Zeitfunktion des vorhergehenden oder folgenden Signals zu diesem Zeitpunkt einen Restamplitudenwert Δs, so ist die Nebensprechdämpfung a_d definitionsgemäß

$$a_d = \ln \frac{m\,S}{m\,\Delta s} = \ln \frac{S}{\Delta s} \,. \tag{235}$$

Für eine empfangene Zeitfunktion $s_\delta(t)$ ist für Netzwerke mit der Phase Null $S = s_\delta(0)$ und $\Delta s = s_\delta(T_z)$, wenn T_z der Abtastzeitpunkt des nächsten Kanals ist. Definitionsgemäß gilt dann für die Nebensprechdämpfung a_d

$$a_d = \ln \frac{m\,s_\delta(0)}{m\,s_\delta(T_z)} = \ln \frac{s_\delta(0)}{s_\delta(T_z)} \,. \tag{236}$$

Bei PAM ist die Nebensprechdämpfung offensichtlich unabhängig vom Modulationsgrad m.

a) Nebensprechen beim idealisierten Tiefpaß. Für den idealisierten Tiefpaß der Bandbreite B gilt die Abb. 65a; hier ist der nach dem Abtasttheorem kleinstmögliche Zeitabstand zwischen zwei aufeinanderfolgenden Impulsen, nämlich $T_z = t_g$ gewählt. Mit Gl. (179) und $f_g = B$ wird dann

$$T_z = \frac{1}{2\,B} \,. \tag{237}$$

Zu der Zeit des Maximums eines Kanalimpulses durchlaufen die Zeitfunktionen, die zu den anderen Kanälen gehören, die Abszisse und können so bei idealer Abtastung kein Nebensprechen hervorrufen. Da die Kanalabstände andererseits aber

$$T_z = \frac{1}{z\,f_0} = \frac{1}{2\,z\,B_0} \tag{238}$$

betragen müssen, wenn z Gespräche mit einer jeweiligen Bandbreite B_0 übertragen werden sollen, so ergibt sich durch Vergleich von Gl. (237) und Gl. (238) für die notwendige Signal-Bandbreite die schon in Abb. 2,22 und Gl. (2,127) behandelte untere Grenze

$$B = z\,B_0. \tag{239}$$

Zur Übertragung mit PAM braucht man daher auch bei Berücksichtigung des Nebensprechens im Idealfall nicht mehr Frequenzband als bei der Mehrfach-Einseitenbandübertragung.

Wird nun der Zeitabstand zwischen den Kanälen vergrößert, d. h., werden in Abb. 65a die drei Impulse auseinandergerückt, so erhält man zunächst steigendes Nebensprechen; es durchläuft einen Maximalwert, verschwindet bei einem Zeitabstand $T_z = 2\,t_g$ wieder und pendelt bei weiterem Wegrücken zwischen Null und abnehmenden Maximalwerten.

Setzt man Gl. (238) und (179) ins Verhältnis, so erhält man mit $f_g = B$ den Wert

$$\frac{T_z}{t_g} = \frac{B}{z\,B_0}.$$

(240)

Die Vergrößerung des relativen Zeitabstandes T_z/t_g bedeutet, da ja T_z festgelegt ist, eine Verkürzung der Kanalimpulse und damit eine Ver-

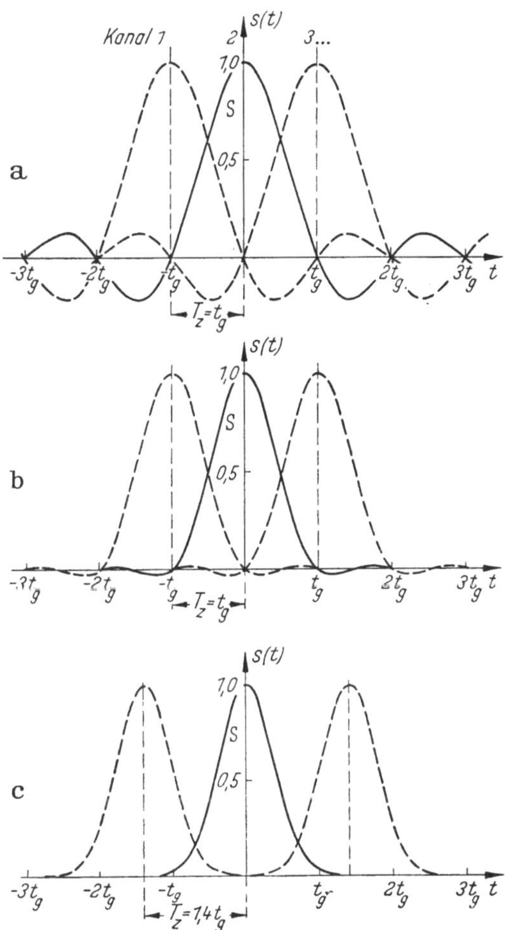

Abb. 65a—c. PAM-Signale bei zeitlicher Bündelung
a) idealisierter Tiefpaß, b) cosinusförmiger Übertragungsfaktor,
c) Gaussscher Übertragungsfaktor

größerung des Signalbandes B und des Verhältnisses B/zB_0 der Signalbandbreite zur Modulations-Bandbreite. In den folgenden Betrachtungen wird der Verlauf der Nebensprechdämpfung als Funktion dieses Verhältnisses dargestellt. Es sei daran erinnert, daß es auch für die Reduktion der Geräusche kennzeichnend ist (vgl. z. B. Abb. 1,44).

Nach Gl. (236) und (181) ergibt sich dann für die Nebensprechdämpfung des idealisierten Tiefpasses, wenn noch (240) berücksichtigt wird

$$a_d = \ln \frac{\dfrac{\pi}{z}\dfrac{B}{B_0}}{\sin \pi \dfrac{B}{z B_0}}. \tag{241}$$

Diese Beziehung ist in Abb. 66 aufgetragen. Danach nimmt a_d mit der verfügbaren Bandbreite zu; der Verlauf zeigt außerdem sehr scharfe Pole für ganzzahlige Werte B/zB_0.

Wenn man nicht von diesen Polen Gebrauch machen will, so ist die Nebensprechdämpfung a_d durch die gestrichelte, die Minima berührende

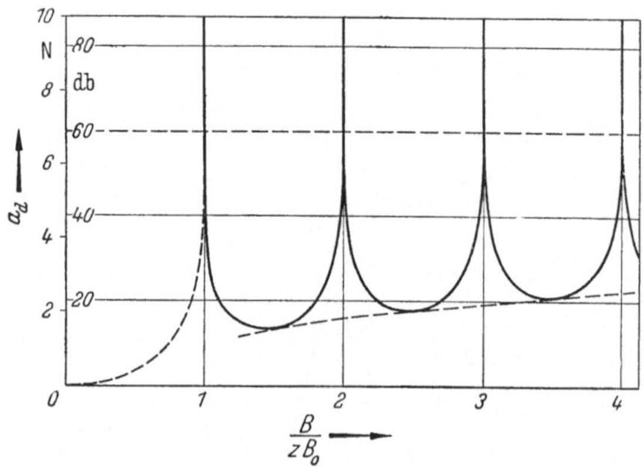

Abb. 66. Nebensprechdämpfung a_d für PAM beim idealisierten Tiefpaß $(B_s = B)$

Kurve gegeben. Man erkennt, daß es mit einer für praktische Zwecke diskutablen Bandbreiten-Erweiterung nicht möglich ist, eine Nebensprechdämpfung von 6,9 N (60 db) zu erreichen. Dies liegt daran, daß die Zeitfunktion beim Durchgang durch den idealisierten Tiefpaß schwach gedämpft auspendelt.

Wollte man die Pole benutzen, so wäre eine sehr große Abtastgenauigkeit und damit eine sehr große Genauigkeit der Synchronisierung zwischen Sende- und Empfangsanlage erforderlich. Für eine Toleranz von 1% des Kanalbereichs — dies stellt schon sehr hohe Ansprüche an die Präzision der Geräte — kann man die erreichbare Nebensprechdämpfung auf folgende Weise ermitteln: Die Steilheit der Zeitfunktion von Abb. 41 b in den Nulldurchgängen für $\dfrac{t}{t_g} = \nu$ (ν ganzzahlig) ist mit Gl. (181)

$$\left| \frac{d s_\delta (t)}{dt} \right| = \frac{1}{\nu t_g}, \tag{242}$$

wenn der Höchstwert von $s_\delta(t)$ gleich Eins gesetzt wird. Bei einer relativen Abweichung $\dfrac{\Delta t}{\nu t_g} = \dfrac{1}{100}$ von der genauen Abtastzeit wird die wirksame Nebensprechamplitude $\Delta s = \dfrac{\mathrm{d}s_\delta(t)}{\mathrm{d}t}\,\Delta t = \dfrac{1}{100}$. Mit der Synchronisier-Toleranz von 1% kann also unabhängig von der Banderweiterung nur eine Nebensprechdämpfung von $\ln 100 = 4{,}6\,\mathrm{N}$ erreicht werden. Es sprechen also zwei Gründe gegen den Versuch, bei einer Übertragung mit Pulsmodulation ohne Banderweiterung auskommen zu wollen:

1. der idealisierte Tiefpaß ist nur mit außerordentlich großem Aufwand anzunähern,

2. die praktisch mögliche Genauigkeit der Synchronisierung ergibt zu geringe Nebensprechdämpfungen. Man muß deshalb Übertragungsfunktionen anwenden, die ein möglichst rasches Abklingen der Pendelungen bewirken.

b) Nebensprechen beim Tiefpaß mit cosinusförmigem Übertragungsfaktor. Bei dem cosinusförmigem Übertragungsfaktor, der bei beschränktem Frequenzband die günstigsten Nachschwing-Eigenschaften aufweist, gilt wieder die Gl. (240). Bei der Bandbreite B ist hier die Dämpfung auf $0{,}7\,\mathrm{N}$ angestiegen. Es ist jedoch bei allen folgenden Ergebnissen und Kurven zu beachten, daß die Selektionsbandbreite B_s doppelt so groß ist wie die Signal-Bandbreite B. Abb. 65b zeigt die aufeinanderfolgenden empfangenen Impulse von drei Kanälen mit dem praktisch kleinstmöglichen Zeitabstand. Man erhält mit Gl. (187) und Gl. (236) für die Nebensprechdämpfung die Gleichung

$$a_d = \ln \frac{1 - 4\left(\dfrac{B}{z\,B_0}\right)^2}{\mathrm{si}\left(\dfrac{2\,\pi\,B}{z\,B_0}\right)}\,. \tag{243}$$

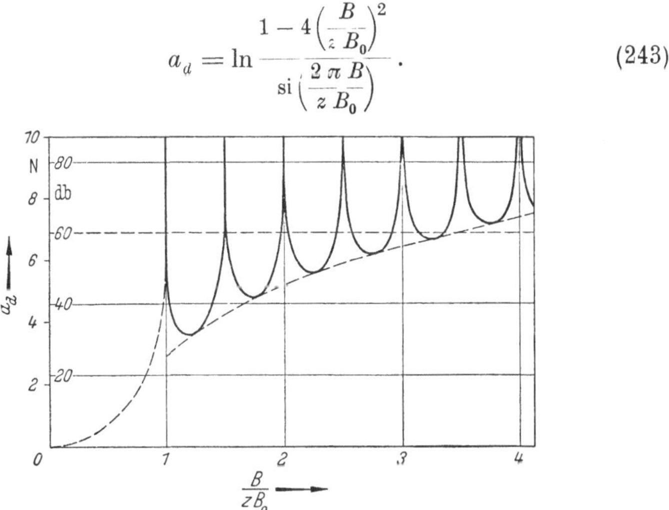

Abb. 67. Nebensprechdämpfung a_d für PAM bei cosinusförmigem Übertragungsfaktor
$(B_s = 2\,B)$

Diese Beziehung ist in Abb. 67 aufgetragen. Wenn von den Polen kein Gebrauch gemacht werden soll, muß für einen Mindestwert der Nebensprechdämpfung von 6,9 N (60 db) etwa die 3,5-fache Bandbreite aufgewendet werden.

Die Steilheit der Zeitfunktion in den Nulldurchgängen für $\dfrac{t}{t_g} = \nu$ $\left(\nu = 1, \dfrac{3}{2}, 2, \dfrac{5}{2} \cdots\right)$ ist

$$\frac{ds_\delta(t)}{dt} = \frac{1}{\nu\, t_g\,(1 - 4\,\nu^2)}. \tag{244}$$

Mit einer Synchronisier-Toleranz von 1% des Kanalbereichs würde man somit für $\nu = 1$ eine Nebensprechdämpfung von etwa 5,7 N (50 db)

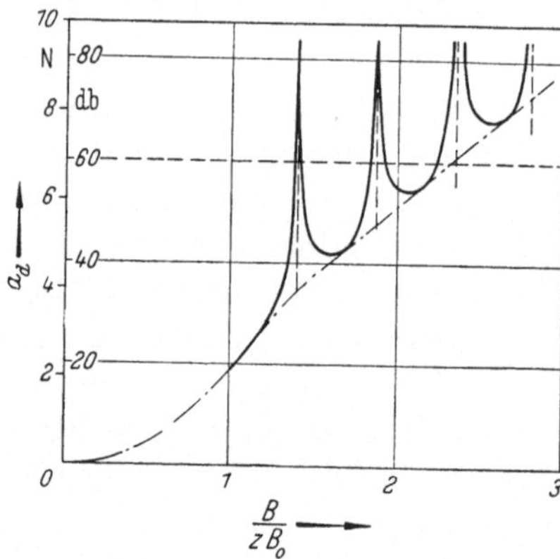

Abb. 68. Nebensprechdämpfung a_d für PAM bei cosinusförmigem Übertragungsfaktor ($B_s = 2\,B$); Dauer der erzeugenden Impulse $\tau = t_g$

erhalten; der Wert ist günstiger als beim idealisierten Tiefpaß, da die Funktion $s_\delta(t)$ bereits im ersten Nulldurchgang flacher verläuft als bei diesem. Auch beim zweiten Nulldurchgang der Zeitfunktion ($B/zB_0 = 1,5$) erreicht man mit der angenommenen Synchronisier-Toleranz die geforderte Nebensprechdämpfung von 6,9 N (60 db) noch nicht; dies ist erst vom dritten Nulldurchgang ab ($B/zB_0 = 2$) der Fall. Man wird also bei dem cosinusförmigen Übertragungsfaktor eine genügend nebensprechfreie Mehrfachübertragung praktisch durchführen können, wenn man mindestens das doppelte Band wie im Idealfall verwendet.

Auf S. 313 haben sich für einen erzeugenden Impuls der Dauer $\tau = \dfrac{1}{2f_g}$ besonders günstige Nachschwing-Verhältnisse ergeben. Dafür erhält man mit Hilfe der Funktion von Abb. 42d die Nebensprechdämpfung, die in Abb. 68 aufgetragen ist. Der erste Pol hat sich auf $\dfrac{B}{z\,B_0} = 1,35$ verschoben, da die empfangenen Impulse durch die endliche Dauer der erzeugenden Impulse verlängert werden; die Minimalkurve steigt dann aber wesentlich rascher an als bei Abb. 67 und erreicht schon bei $\dfrac{B}{z\,B_0} = 2,3$ den geforderten Mindestwert von 6,9 N. Für eine Synchronisier-Toleranz von 1% ist auch hier der erste Pol nicht verwendbar, jedoch der zweite. Man benötigt in diesem Fall etwa die gleiche Bandbreite wie bei Abb. 67.

c) Nebensprechen beim Tiefpaß mit Gaußschem Übertragungsfaktor. Die Abb. 65c zeigt die Empfangsfunktionen von drei aufeinanderfolgenden Abtastungen, die mit Einheitsimpulsen hinter einem Tiefpaß mit GAUSSschem Übertragungsfaktor erhalten werden. Der Zeitabstand T_z ist hier zu $1,4\,t_g$ angenommen; bei diesem Abstand kann, wie sich zeigen wird, die geforderte Nebensprechdämpfung von $6,9\,\mathrm{N}$ ($60\,\mathrm{db}$) gerade erreicht werden. Mit Gl. (199) und (236) erhält man

$$a_d = \ln \frac{1}{e^{-\frac{\pi^2}{4\ln 2}\left(\frac{T_z}{t_g}\right)^2}} = \frac{\pi^2}{4\ln 2}\left(\frac{T_z}{t_g}\right)^2 . \tag{245}$$

Als Nutzbandbreite B des Tiefpasses sei wieder das Band angenommen, an dessen Grenze die Dämpfung auf $0,7\,\mathrm{N}$ angestiegen ist; es darf bei allen folgenden Ergebnissen und Kurven jedoch nicht übersehen werden, daß die Selektionsbandbreite beinahe dreimal so groß ist wie die Nutzbandbreite. Mit ausreichender Genauigkeit kann wie beim idealisierten Tiefpaß $\dfrac{T_z}{t_g} = \dfrac{B}{z\,B_0}$ gesetzt werden, und es wird

$$a_d = \frac{\pi^2}{4\ln 2}\left(\frac{B}{z\,B_0}\right)^2 . \tag{246}$$

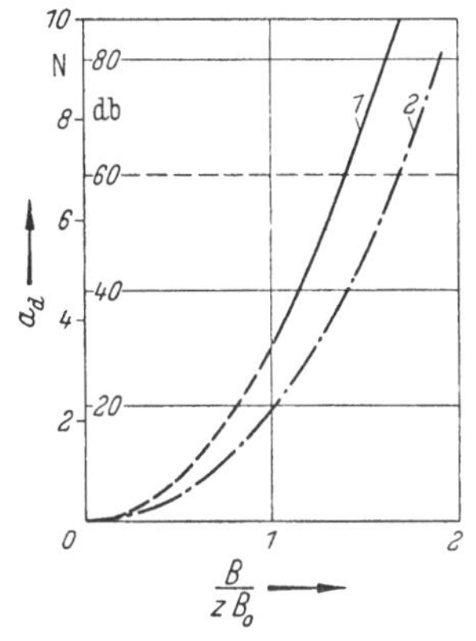

Abb. 69. Nebensprechdämpfung a_d für PAM bei GAUSSschem Übertragungsfaktor $\left(\dfrac{B_s}{B} \approx 3\right)$

Kurve 1: Dauer der erzeugenden Impulse $\tau \ll \dfrac{1}{2B}$

Kurve 2: Dauer der erzeugenden Impulse $\tau = t_g$

Diese Funktion ist in Abb. 69 als Kurve 1 aufgetragen. Es sind keine Pole vorhanden. Man braucht hier nur das 1,4-fache Band aufzuwenden.

Die Funktion für eine erzeugende Impulsdauer $\tau = t_g$ ist in Abb. 69 strichpunktiert eingetragen. Es zeigt sich, daß jede Verlängerung des erzeugenden Impulses schädlich ist. Der Einheitsimpuls ist hier am günstigsten.

d) Nebensprechen bei den praktisch verwendeten Netzwerken von Abschn. I, 4. Durch eine geringe Abweichung vom idealen GAUSSschen Übertragungsfaktor kann man erreichen, daß die Anwortfunktion geringfügig durchschwingt; man erhält dadurch einen Pol in der Nebensprechdämpfung, den man zu einer Bandersparnis ausnutzen kann. Es ist jedoch leicht einzusehen, daß der Bereich erhöhter Dämpfung um so geringer wird, nach je kleineren Werten von B/zB_0 der Pol gelegt wird.

Ein leicht realisierbares und zweckmäßiges Beispiel ist der Bandfilterverstärker mit der Kopplung $kQ = 1/\sqrt{3}$. In Abb. 70 ist die Nebensprechdämpfung für einen solchen Verstärker mit 16 Kreisen aufgetragen; sie ist aus Gl. (222) bestimmt worden (vgl. auch Abb. 64). Da der Phasengang nicht mehr linear ist, ist die Einschwingfunktion unsymmetrisch. Das Netzwerk hat minimale Phase und verursacht kein Vorschwingen; es sind deshalb zwei Kurven aufgetragen, eine für das Nebensprechen auf das davor liegende Signal (Nachbarkanal 1) und eine zweite für das Nebensprechen auf das nachfolgende (Nachbarkanal 2). Zum Vergleich ist die Kurve für den GAUSSschen Übertragungsfaktor eingezeichnet. Für den Nachbarkanal 1 ist die Nebensprechdämpfung günstiger als diese, für den Nachbarkanal 2 ist sie im Mittel ungünstiger; jedoch liegt bei $\dfrac{B}{z\,B_0} = 1{,}25$ ein Pol, mit dem die geforderte Nebensprechdämpfung bei einer Synchronisier-Toleranz von 1% eingehalten werden kann.

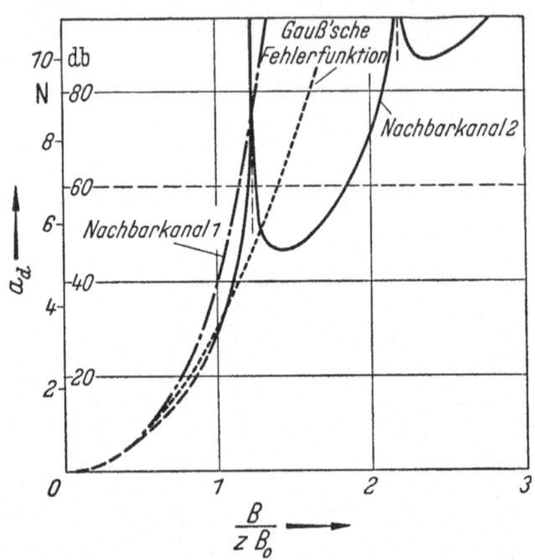

Abb. 70. Nebensprechdämpfung a_d für PAM beim 16-kreisigen Bandfilterverstärker mit

$$k\,Q = \frac{1}{\sqrt{3}}\ (B_s \approx 3\,B)$$

Werden die Bandfilter kritisch gekoppelt ($k\,Q = 1$ Abb. 61), so erhält man für dieselbe Kreiszahl 16 aus Gl. (224) die Kurven der Nebensprechdämpfung von Abb. 71. Aus Abb. 30 ist zu entnehmen, daß die Selektionsbandbreite $B_s \approx 2\,B$ ist. Der erste Pol für den Nachbarkanal 2

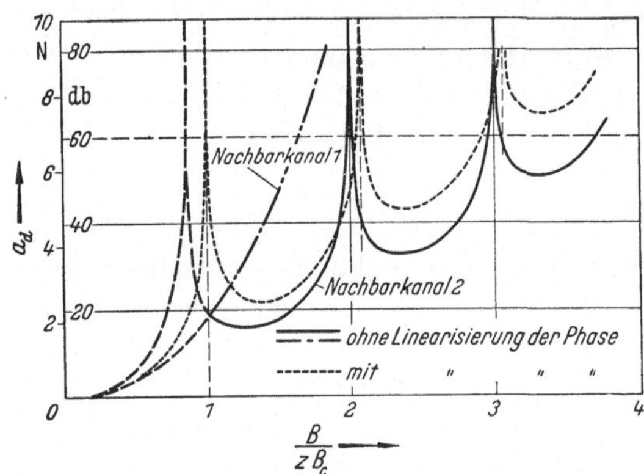

Abb. 71. Nebensprechdämpfung a_d für PAM beim 16-kreisigen Bandfilterverstärker mit kritischer Kopplung $k\,Q = 1$ ($B_s \approx 2\,B$)

ist nach $\dfrac{B}{z\,B_0} = 0{,}85$ gerückt; er ist jedoch so spitz, daß er mit praktisch möglichen Synchronisiergenauigkeiten nicht ausgenutzt werden kann; außerdem ist die Nebensprechdämpfung für den Nachbarkanal 1 zu gering. Der zweite Pol bei $\dfrac{B}{z\,B_0} = 2$ kann praktisch gerade noch benutzt werden; für den Nachbarkanal 1 ist die Nebensprechdämpfung ausreichend gut. Mit Phasenlinearisierung [siehe Gl. (228)] erhält man, da der Impulsverlauf dann wieder symmetrisch wird, für beide Nachbarkanäle nur eine Kurve; diese ist gestrichelt eingezeichnet. Die Linearisierung verringert, wie man sieht, nur das Nebensprechen auf das nachfolgende Signal, vergrößert es aber für das vorlaufende; im vorliegenden Fall bringt diese Maßnahme keinen deutlichen Nutzen.

e) Folgerungen für die Bemessung von Übertragungsnetzwerken bei PAM. Zusammenfassend kann sowohl aus den idealisierenden Annahmen, als auch aus den für realisierbare Netzwerke erhaltenen Ergebnissen gefolgert werden:

Will man bei der Mehrfachübertragung mit PAM keine besonderen Forderungen an die Toleranz der Synchronisierung stellen, so ist eine gute Annäherung an die GAUSSsche Übertragungsfunktion am günstigsten; man benötigt dann eine Nutzbandbreite, die etwa das 1,5-fache der Modulations-Bandbreite beträgt. Sind solche Funktionen mit Netzwerken minimaler Phase verwirklicht, so braucht keine Rücksicht auf den Phasengang genommen zu werden, da dieser annähernd linear ist und die kleinen Abweichungen von der Linearität unschädlich sind.

Unter der Annahme, daß man mit einer Synchronisier-Toleranz von 1% des Kanalbereichs arbeitet, ist eine Nutzbandbreite erforderlich, die etwa 1,25 bis 2mal so groß ist wie die Modulations-Bandbreite. Man muß dabei Netzwerke verwenden, die günstige Nachschwing-Eigenschaften ergeben; sie haben Übertragungsfaktoren, die zwischen der Cosinusform und der GAUSSschen Fehlerfunktion liegen. Netzwerke mit einem Übertragungsfaktor, der kleine Abweichungen von der GAUSSschen Fehlerkurve hat, sind besonders geeignet.

Die Selektionsbandbreite ist immer etwa 3 bis 4mal größer als die Modulations-Bandbreite.

In ausgeführten Systemen wird manchmal von einer Kompensation des Nebensprechens der Kanäle untereinander nach der Demodulation Gebrauch gemacht. Auch dieses Verfahren verändert die gewonnenen Erkenntnisse nicht, da solche Kompensationen den Polen in der Nebensprechdämpfung gleichzusetzen sind; sie stellen ebenfalls hohe Anforderungen an die Synchronisiergenauigkeit.

Will man mit geringeren Bandbreiten auskommen, so steigen der Aufwand und die Anforderungen an die Genauigkeit und Stabilität der Übertragungswege rasch an. Man muß dann immer mehr von der GAUSSschen Fehlerfunktion abweichen und Phasenlinearisierungsglieder vorsehen. Mit besonderen Maßnahmen kann man zwar mit einer minimalen

Nutzbandbreite B auskommen, die gleich der Modulationsbreite $z B_0$ ist; die Selektionsbandbreite B_s ist aber mindestens doppelt so groß. Der ideale Grenzfall $B_s = B = z B_0$ ist mit endlichem Aufwand nicht realisierbar.

2. Pulsphasen-Modulation (PPM)

Bei der PPM liegt zum Unterschied von der PAM der Nachrichteninhalt nicht in einer Änderung der Amplitude, sondern in einer zeitlichen Abweichung der Stellung der Impulse von einem periodischen Erscheinen. Dabei muß man, um die Vorteile der PPM voll auszunutzen, denjenigen Punkt der modulierten Flanken abtasten, an dem die Impulse am steilsten sind; an diesen Stellen haben nämlich unerwünschte störende Schwingungen den geringsten Einfluß, wie im folgenden gezeigt werden wird. Der Punkt größter Steilheit liegt ungefähr bei der halben Impulsamplitude.

Die in Abb. 1, 50 dargestellte Übertragung durch PPM mit idealisierten Rechteckimpulsen läßt erkennen, daß irgendwelche dieser Schwingungsform überlagerte Störschwingungen, die kleiner als die halbe Impulsamplitude sind, die zeitliche Stellung der Impulse nicht verfälschen können, wenn mit einem Amplitudenfilter eine Scheibe aus der Mitte der Impulse herausgeschnitten wird, und wenn die zeitliche Stellung der Vorder- oder der Hinterflanken mit einer Einrichtung ausgewertet wird, wie sie im Kap. 6 beschrieben werden soll.

Diese idealisierten Rechteckimpulse benötigen aber ein unendlich breites Frequenzband; bei endlicher Bandbreite bekommen die Impulse eine endliche Anstiegs- und Abfallsteilheit, so daß Störschwingungen nicht nur die Amplitude der Impulse, sondern auch die zeitliche Stellung der Abtastpunkte verändern. Der Einfluß der Störschwingungen wird demnach um so größer, je geringer die Übertragungsbandbreite und damit die Flankensteilheit der Impulse ist. Man wird also durch Vergrößerung der Bandbreite eine Störungsminderung erwarten können. Dies gilt nicht nur für Fremdstörer — z. B. Empfängerrauschen — sondern auch für das Nebensprechen, das durch das Nachschwingen verursacht wird. Es ist leicht einzusehen, daß bei PPM die Nulldurchgänge der Zeitfunktionen nicht als Pole der Nebensprechdämpfung ausgenutzt werden können, da sich die zeitliche Stellung der Impulse bei der Modulation ändert. Man wird also hier in besonderem Maße möglichst steile Impulsflanken und möglichst geringe Nachschwingamplituden anstreben müssen.

a) Nebensprechen beim Tiefpaß mit cosinusförmigem Übertragungsfaktor. Da der idealisierte Tiefpaß sehr starkes Nachschwingen verursacht, wird dieser Fall nicht besonders betrachtet; als erstes Beispiel sei der

Tiefpaß mit cosinusförmigem Übertragungsfaktor untersucht. In Abb. 72 sind hierfür die Impulse zweier aufeinanderfolgender Kanäle dargestellt (a); sie seien auf der Sendeseite durch Einheitsimpulse erzeugt worden.

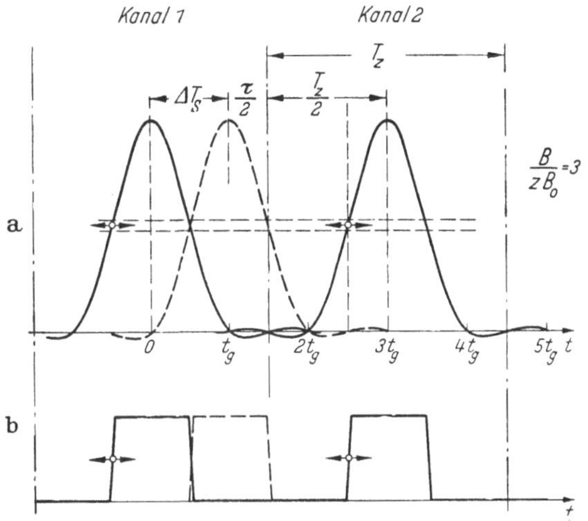

Abb. 72a u. b. Zur Erläuterung des Nebensprechens bei PPM mit cosinusförmigem Übertragungsfaktor

Der Zeitbereich, innerhalb dessen die Impulse eines Kanals liegen müssen, ist

$$T_z = \frac{1}{2 z B_0}. \tag{247}$$

Der im Idealfall mögliche Zeithub ist, von der Mitte aus gerechnet, die Hälfte davon; bei endlicher Impulsdauer τ ist der höchste Signalzeithub ΔT_S noch um $\tau/2$ geringer:

$$\Delta T_S = \frac{1}{2} (T_z - \tau). \tag{248}$$

Der mit diesem Zeithub nach rechts versetzte Impuls des Kanals 1 ist gestrichelt eingezeichnet.

Im unteren Teil des Bildes (b) ist die Schwingungsform abgebildet, die hinter einem in der Empfangseinrichtung vorgesehenen Amplitudenfilter erscheint; dieses schneidet etwa in halber Impulshöhe eine sehr dünne Scheibe aus den unter a) gezeichneten Impulsen heraus. Bei dem für das Bild gewählte Verhältnis $\frac{B}{z B_0} = 3$ ist der größte, praktisch zulässige Zeithub gerade gleich der Impulsdauer τ. Aus Gl. (187) ergibt sich, daß die Zeitfunktion die größte Flankensteilheit genau im Zeitpunkt $\frac{t}{t_g} = \pm \frac{1}{2}$ hat. Damit ist $\tau = t_g$. Durch Grenzwertrechnung erhält man für diesen Zeitpunkt, wenn die Impulsamplitude $s_\delta(0) = S$ ist:

$$s_\delta\left(\frac{1}{2} t_g\right) = 0{,}5 \, S. \tag{249}$$

Die Funktion hat also ihre maximale Steilheit *genau* bei halber Impulsamplitude. Für die Steilheit ergibt sich

$$\left| \frac{ds_\delta(t)}{dt} \right|_{\max} = \frac{1{,}5\ S}{t_g}. \tag{250}$$

Wird ein Impuls durch eine Störung $\varDelta s$ gehoben oder gesenkt (siehe Abb. 73), so ergibt sich eine zeitliche Verschiebung der Impulsflanke um den Betrag $\varDelta T_N$. Da

$$\varDelta s = \frac{ds(t)}{dt} \varDelta T_N \tag{251}$$

ist, wird mit $t_g = \dfrac{1}{2\,B}$

$$\varDelta T_N = \frac{\varDelta s}{S} \frac{t_g}{1{,}5} = \frac{\varDelta s}{S} \frac{1}{3\,B}. \tag{252}$$

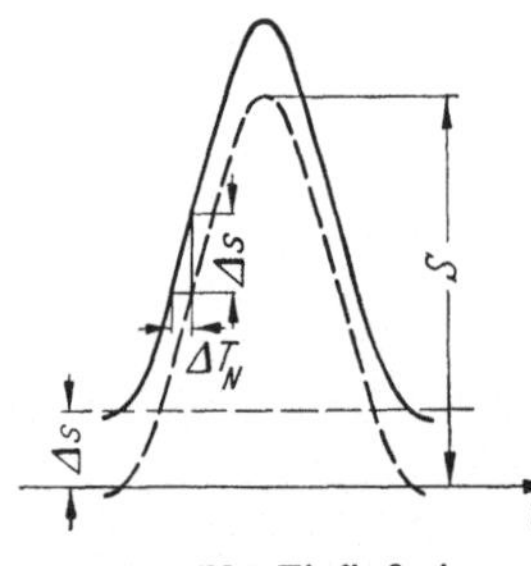

Abb. 73. Einfluß einer Störspannung

Um ein Maß für die Auswirkung einer Störung zu haben, ist es zweckmäßig, diese Zeitverschiebung auf den Signal-Zeithub zu beziehen. Da $\tau = t_g$ ist, wird mit Gl. (247) und (248) der maximale Signal-Zeithub

$$\varDelta T_S = \frac{1}{2}\, T_z \left(1 - \frac{1}{\dfrac{B}{z\,B_0}} \right) = \frac{1}{4\,B} \left(\frac{B}{z\,B_0} - 1 \right). \tag{253}$$

Je größer die Banderweiterung $B/z B_0$ ist, desto mehr kann der ideale Zeithub $T_z/2$ ausgenutzt werden. Für $\dfrac{B}{z\,B_0} = 3$ z. B. — dieser Wert wurde für Abb. 72 gewählt — wird

$$\frac{\varDelta T_s}{\frac{1}{2}\,T_z} = 66\%\,; \tag{254}$$

für $\dfrac{B}{z\,B_0} = 5$ wird ein Wert von 80% erreicht.

Bei der Demodulation werden die Zeithübe von Signal und Störung in proportionale Amplitudenwerte verwandelt. Am Ausgang ist also das Verhältnis des Signals zur Störung gegeben durch

$$\frac{\varDelta T_s}{\varDelta T_N} = \frac{3}{4} \left(\frac{B}{z\,B_0} - 1 \right) \frac{S}{\varDelta s}. \tag{255}$$

Man erkennt, daß dieses Verhältnis nach der Demodulation anders ist als das Verhältnis $\dfrac{S}{\varDelta s}$ der Impulsamplitude zur Störamplitude vor der Demodulation, und zwar wird es um so größer, je mehr Frequenzband aufgewendet wird. Das Verfahren zeigt, wie erwartet, eine entstörende Wirkung. Es sei jedoch darauf hingewiesen, daß mit Gl. (255) nur die Störungsminderung auf der Empfangsseite erfaßt wird und nicht die gesamte mit dem PPM-Verfahren erreichbare Störungsminderung; für diese müssen noch die Vorteile auf der Seite des Senders berücksichtigt werden. Sie werden im nächsten Kapitel behandelt.

Mit Hilfe von Gl. (255) kann die Nebensprechdämpfung ermittelt werden, wenn der Einfluß des Nachschwingens vom vorhergehenden oder der Einfluß des Vorschwingens vom nachfolgenden Kanalimpuls bekannt sind. Die Zusammenhänge sind allerdings nicht mehr so einfach wie bei PAM; dies wird aus Abb. 74 ersichtlich, in dem das Nachschwingen für das Beispiel von Abb. 72 in großem Maßstabe aufgezeichnet ist: ein sinusförmiger Modulationsvorgang $s_1(t)$ ergibt eine zeitliche Modu-

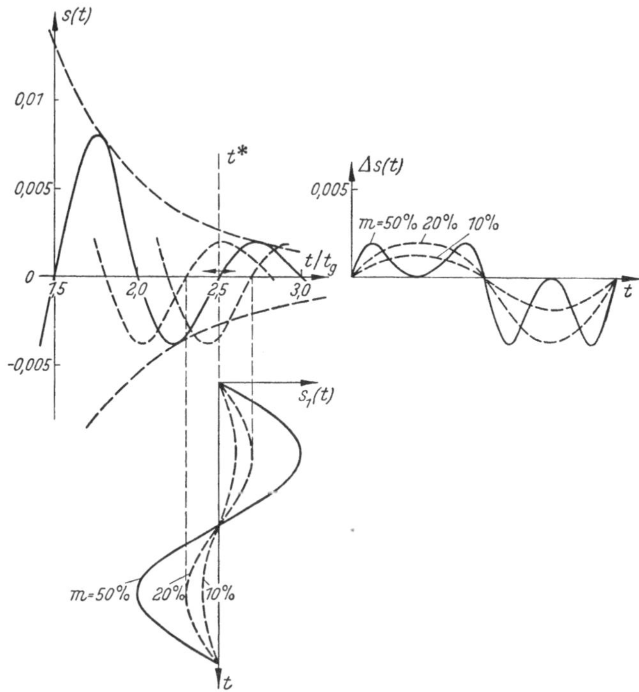

Abb. 74. Nebensprechwirkung des Nachschwingens beim cosinusförmigen Übertragungsfaktor $\left(\dfrac{B}{z\,B_0}\right) = 3$

lation des gesamten Nachschwingvorgangs $s(t)$. Sie verursacht im Abtastzeitpunkt $t^* = T_z - \dfrac{t_g}{2}$ des nachfolgenden unmodulierten Kanals, hier gleich $2{,}5\,t_g$, eine Amplitudenschwankung $\varDelta s(t)$. Diese ist in Abb. 74 für 3 Modulationsgrade konstruiert. Bei einem Modulationsgrad von 10% ist auch die Nebensprechschwingung $\varDelta s(t)$ annähernd sinusförmig, mit zunehmendem Modulationsgrad wird sie verzerrt; bei 20% herrscht die Grundwelle noch vor, bei 50% enthält sie bereits starke Oberschwingungen. Der Effektivwert verändert sich allerdings beim Übergang von 20% auf 50% Modulation nur unwesentlich. Bei anderen Annahmen kann sich das Bild vollständig verschieben. Man muß also erwarten, daß das Nebensprechen bei pendelndem Nachschwingen im allgemeinen stark verzerrt ist und von der Aussteuerung stark nichtlinear abhängt. Die Nebensprechdämpfung sei deshalb bei allen folgenden Beispielen für den Meßpegel, das heißt für 50% Modulationsgrad berechnet; sie ist dann definitionsgemäß

$$a_d = \ln \frac{\frac{1}{2} \Delta T_s}{\Delta T_N} \, . \tag{256}$$

Setzt man hier Gl. (255) ein, so wird

$$a_d = \ln \left[\frac{3}{8} \left(\frac{B}{z B_0} - 1 \right) \frac{S}{\Delta s} \right] \, . \tag{257}$$

In dieser Beziehung ist nur noch ein Ersatzwert Δs für die Amplitude der verzerrten Zeitfunktion $\Delta s(t)$ in Abb. 74 festzulegen. Es sei der Wert gewählt, den die eingezeichneten Umhüllenden der Pendelungen für den Zeitpunkt t^* angeben; dieser Wert berücksichtigt das tatsächliche Verhalten ausreichend genau und erlaubt eine einfache Rechnung. Die Hüllkurve für $s(t)$ ergibt sich, wenn in Gl. (187) $\mathrm{si}\left(2\pi \frac{t}{t_g}\right)$ durch $\dfrac{1}{2\pi \frac{t}{t_g}}$ ersetzt wird. Dann wird für den Abtastzeitpunkt

$$t = T_z - \frac{t_g}{2} \quad \text{mit} \quad S = s_\delta(0) = \frac{1 \text{ sec}}{t_g}$$

$$\frac{\Delta s}{S} = \frac{1}{2\pi \dfrac{T_z - \dfrac{t_g}{2}}{t_g} \left[4\left(\dfrac{T_z - \dfrac{t_g}{2}}{t_g} \right)^2 - 1 \right]} \, . \tag{258}$$

Da $\dfrac{T_z}{t_g} = \dfrac{B}{z B_0}$ ist, wird

$$\frac{\Delta s}{S} = \frac{1}{\pi \left(\dfrac{2B}{z B_0} - 1 \right) \left[\left(\dfrac{2B}{z B_0} - 1 \right)^2 - 1 \right]} \, . \tag{259}$$

Für die Nebensprechdämpfung erhält man mit Gl. (257) und (259)

$$a_d = \ln \left\{ \frac{3\pi}{8} \left(\frac{2B}{z B_0} - 1 \right) \left(\frac{B}{z B_0} - 1 \right) \left[\left(\frac{2B}{z B_0} - 1 \right)^2 - 1 \right] \right\} \, . \tag{260}$$

In guter Näherung gilt, wenn $\dfrac{B}{z B_0}$ größer als 2 ist — kleinere Werte sind ohnehin praktisch nicht brauchbar —

$$a_d = \ln 3\pi \left(\frac{B}{z B_0} - \frac{1}{2} \right)^3 \left(\frac{B}{z B_0} - 1 \right) \, . \tag{261}$$

Die Funktion Gl. (260) ist in Abb. 75 als Kurve 1 aufgetragen. Sie steigt von $\dfrac{B}{z B_0} = 1{,}3$ ausgehend zunächst steil, dann langsamer an und erreicht bei $\dfrac{B}{z\,B_0} \approx 4$ die geforderte Grenze von 6,9 N (60 db). Mit dem betrachteten Übertragungsfaktor ist also bei PPM mindestens die vierfache Modulationsbandbreite verbunden, wenn das Nebensprechen genügend klein gehalten werden soll. Es ist zu beachten, daß die Selektionsbandbreite doppelt so groß sein muß, nämlich achtmal so groß wie die Modulationsbandbreite.

Mit der entsprechenden Rechnung läßt sich die Nebensprechdämpfung für den erzeugenden Impuls der Dauer $\tau = t_g$ ermitteln. Diese Funktion ist in Abb. 75 als Kurve 2 ergänzend eingetragen. Dabei ist

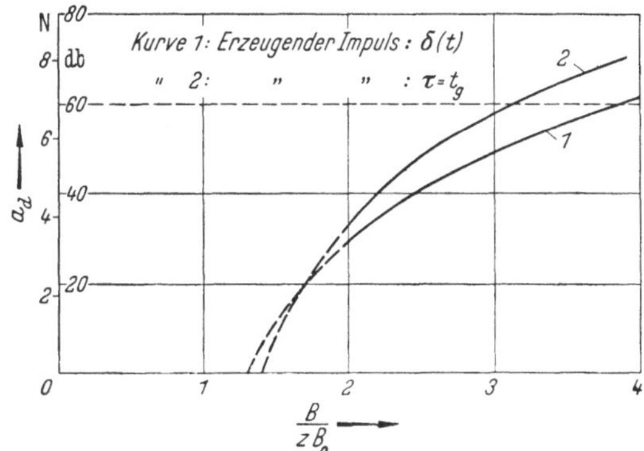

Abb. 75. Nebensprechdämpfung a_d für PPM bei cosinusförmigem Übertragungsfaktor
$(B_s = 2\,B)$

angenommen, daß auf der Empfangsseite bei halber Amplitude des erzeugenden Rechteckimpulses, d. h. bei etwa $0,6\,S$ der empfangenen Impulsamplitude abgetastet wird (s. Abb. 42d). Die notwendige Nebensprechdämpfung wird schon bei 3,2-facher Modulationsbandbreite erreicht.

b) Nebensprechen beim Tiefpaß mit Gaußschem Übertragungsfaktor. Es werden nun die gleichen Untersuchungen für ein Netzwerk mit einem Übertragungsfaktor durchgeführt, der der Gaußschen Fehlerfunktion gehorcht. Abb. 76 stellt den Vorgang entsprechend dar wie vorher Abb. 72; die Impulse werden auf der Sendeseite durch Einheitsimpulse erzeugt. Für die Flankensteilheit erhält man mit Gl. (199), wenn $s_\delta(0) = S$ ist,

$$\frac{\mathrm{d}s_\delta(t)}{\mathrm{d}t} - S\,\frac{\pi^2}{2\ln 2}\,\frac{1}{t_g}\,\frac{t}{t_g}\,\mathrm{e}^{-\frac{\pi^2}{4\ln 2}\left(\frac{t}{t_g}\right)^2}. \tag{262}$$

Das Maximum der Steilheit ergibt sich für $\dfrac{t}{t_g} = \pm \dfrac{\sqrt{2\ln 2}}{\pi} = \pm\,0{,}375$. Für diesen Zeitpunkt wird

$$s_\delta(0{,}375\,t_g) = S\,\mathrm{e}^{-\frac{1}{2}} = 0{,}606\,S \tag{263}$$

und die maximale Flankensteilheit

$$\frac{\mathrm{d}s_\delta(t)}{\mathrm{d}t}\bigg|_{\max} = \frac{\pi}{\sqrt{2\ln 2}}\,\mathrm{e}^{-\frac{1}{2}}\,\frac{S}{t_g} = \frac{1{,}62\,S}{t_g}\,. \tag{264}$$

Legt man das empfangsseitige Amplitudenfilter auf den Wert $0{,}606\,S$, so wird $\tau = 0{,}75\,t_g$ (siehe Abb. 76).

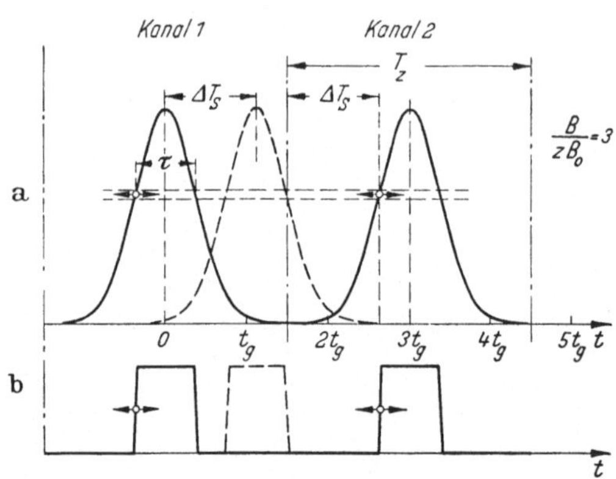

Abb. 76 a u. b. Zur Erläuterung des Nebensprechens bei PPM mit GAUSSschem Übertragungsfaktor

Das Amplitudenfilter muß also, verglichen mit dem vorigen Fall, auf einen höheren Wert von $s(t)$ eingestellt werden; die Flankensteilheit ist etwas größer und die Impulsdauer τ am Ausgang des Amplitudenfilters kleiner als beim cosinusförmigen Übertragungsfaktor. Die Einstellung des Amplitudenfilters auf den Wert $0{,}6\,S$ ist jedoch nicht kritisch; nimmt man auch hier die halbe Impulsamplitude, so wird die Flankensteilheit nur um 2% geringer, und die Impulsdauer verbreitert sich auf $\tau = 0{,}88\,t_g$.

Für die Zeitpunkte der maximalen Steilheit wird nach Gl. (251) und mit $t_g = \dfrac{1}{2\,B}$

$$\varDelta T_N = \frac{\varDelta s}{S}\,\frac{t_g}{1{,}62} = \frac{\varDelta s}{S}\,\frac{1}{3{,}24\,B}\,. \tag{265}$$

Nach Gl. (248) erhält man für den höchsten Signal-Zeithub

$$\varDelta T_S = \frac{1}{2}\,(T_z - 0{,}75\,t_g). \tag{266}$$

Da $t_g = \dfrac{1}{2\,B}$ ist, wird mit Gl. (247) und (266)

$$\varDelta T_S = \frac{1}{2}\,T_z\left(1 - \frac{3}{4}\,\frac{1}{\dfrac{B}{z\,B_0}}\right) = \frac{1}{4\,B}\left(\frac{B}{z\,B_0} - \frac{3}{4}\right). \tag{267}$$

Die Hubausnutzung ist etwas besser als im vorigen Fall; sie beträgt nämlich 75% für $\dfrac{B}{z\,B_0} = 3$ und 85% für $\dfrac{B}{z\,B_0} = 5$.

Das Amplitudenverhältnis des Signals zur Störung nach der Demodulation wird mit Gl. (265) und (267)

$$\frac{\varDelta T_S}{\varDelta T_N} = 0{,}81 \left(\frac{B}{z\,B} - \frac{3}{4} \right) \frac{S}{\varDelta s}\,. \tag{268}$$

Setzt man dies in Gl. (256) ein, so wird

$$a_d = \ln 0{,}405 \left(\frac{B}{z\,B_0} - \frac{3}{4} \right) \frac{S}{\varDelta s}\,. \tag{269}$$

Im Vergleich zu Gl. (255) ist die entstörende Wirkung ein wenig größer als für den Übertragungsfaktor mit cosinusförmigem Verlauf.

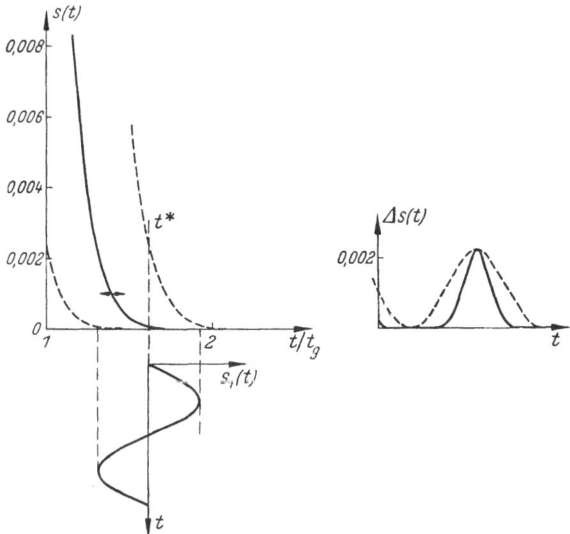

Abb. 77. Nebensprechwirkung des Nachschwingens beim GAUSSschen Übertragungsfaktor

In Abb. 77 ist die der Abb. 74 entsprechende Konstruktion für den Verlauf der Nebensprechschwingung bei sinusförmiger Modulation mit $m = 50\%$ durchgeführt. Da die Zeitfunktion sehr rasch abklingt, verschwindet $\varDelta s\,(t)$ bei einer Auslenkung nach links fast ganz, während es bei einer Auslenkung nach rechts sehr rasch große Werte annimmt. Der Nebensprechvorgang verläuft ungefähr wie die gleichgerichtete Halbwelle der Modulationsschwingung, sein Spitzenwert ergibt sich bei einseitiger Auslenkung mit dem Signal-Zeithub $\varDelta T_S/2$.

Es sei in der Rechnung als Störung die Grundwelle dieser verzerrten Schwingung eingesetzt (gestrichelt in Abb. 77 rechts); ihre Amplitude ist schlimmstenfalls gleich der Hälfte des Spitzenwertes der wirklichen

Funktion im Zeitpunkt der maximalen Auslenkung. Es ist also

$$\frac{\Delta s}{S} = \frac{1}{2}\,\mathrm{e}^{-\frac{\pi^2}{4\ln 2}\left(\frac{T_z - 0{,}375\,t_g - \Delta T_s/2}{t_g}\right)^2} = \frac{1}{2}\,\mathrm{e}^{-\frac{\pi^2}{64\ln 2}\left(3\,\frac{T_z}{t_g} - 0{,}75\right)^2}. \tag{270}$$

Da $\dfrac{T_z}{t_g} = \dfrac{B}{z\,B_0}$ ist, wird

$$\frac{\Delta s}{S} = \frac{1}{2}\,\mathrm{e}^{-\frac{9\pi^2}{64\ln 2}\left(\frac{B}{z\,B_0} - 0{,}25\right)^2}. \tag{271}$$

Mit Gl. (269) und (271) ergibt sich damit für die Nebensprechdämpfung bei 50%-iger Modulation

$$a_d = 2\left(\frac{B}{z\,B_0} - 0{,}25\right)^2 + \ln 0{,}81\left(\frac{B}{z\,B_0} - \frac{3}{4}\right). \tag{272}$$

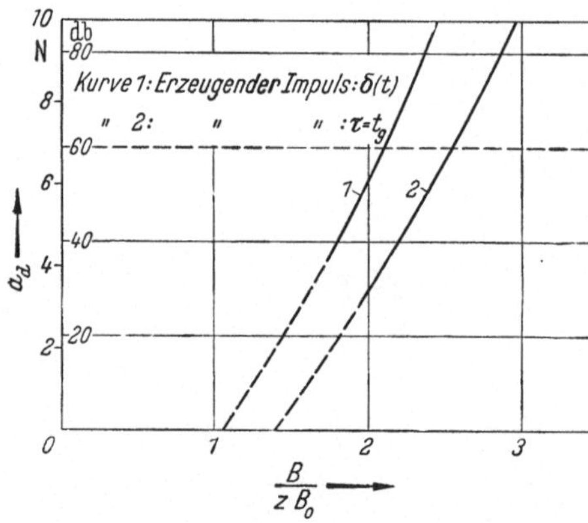

Abb. 78. Nebensprechdämpfung a_d für PPM beim GAUSSschen Übertragungsfaktor ($B_s \approx 3\,B$)

Die Funktion ist in Abb. 78 als Kurve 1 aufgetragen. Sie steigt von $\dfrac{B}{z\,B_0} = 1{,}07$ ausgehend stetig an und erreicht bei $\dfrac{B}{z\,B_0} \approx 2{,}1$ die $6{,}9\,\mathrm{N}$ (60 db)-Grenze. Im Gegensatz zu Abb. 75 verläuft die Kurve hier sehr viel steiler; es können daher leichter hohe Nebensprechdämpfungen erreicht werden.

Durch eine entsprechende Rechnung erhält man die Nebensprechdämpfung für einen erzeugenden Impuls der Dauer $\tau = t_g$. Sie ist in Abb. 78 als Kurve 2 eingetragen. Um dieselbe Nebensprechdämpfung zu erreichen wie vorher, braucht man etwa 20% mehr Frequenzband. Die Kurve steigt aber auch hier sehr rasch nach hohen Werten an.

c) Nebensprechen bei den im Abschnitt I.4 behandelten Netzwerken. Folgerungen für die Bemessung von Übertragungsnetzwerken bei PPM.

Als ein Beispiel der Praxis sei der Bandfilter-Verstärker mit 16 Kreisen und den Kopplungen $k\,Q = \dfrac{1}{\sqrt{3}}$ und $k\,Q = 1$ betrachtet. Für das vorlaufende Signal sind die Nebensprechdämpfungen in beiden Fällen höher als für den Fall der GAUSSschen Fehlerfunktion, für das nachfolgende dagegen kleiner. Für diesen erhält man die Nebensprechdämpfung nach dem gleichen Gedankengang wie vorher. Das Ergebnis der Berechnung ist in Abb. 79 aufgetragen. Verglichen mit der

Kurve 1 von Abb. 78 verschiebt sich für $kQ = 1/\sqrt{3}$ die 6,9 N-Grenze nach einer Banderweiterung von etwa 2,7 hin; darüberhinaus steigt die Kurve ebenfalls rasch an; für die kritische Kopplung $kQ = 1$ verschiebt sich der Nebensprech-Grenzwert nach einer Banderweiterung von etwa 4,5 hin. Linearisiert man den Phasengang, so werden die Funktionen etwas günstiger; jedoch beträgt die Ersparnis an Bandbreite nur etwa 10%, außerdem wird dabei auch das vorlaufende Signal gestört.

Eine weitere Versteilerung der Dämpfungsflanken, d. h. eine Annäherung an den Tiefpaß mit Dämpfungssprung, verschlechtert die Nebensprechdämpfung in zunehmendem Maße. Zum Vergleich ist die Kurve für den idealisierten Tiefpaß in Abb. 79 gestrichelt eingetragen.

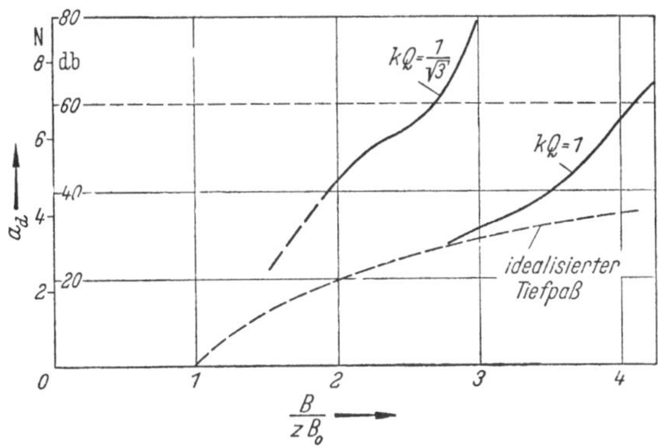

Abb. 79. Nebensprechdämpfung a_d für PPM bei den Netzwerken von Abschn. I, 4

Die Ergebnisse lassen sich wie folgt zusammenfassen:

Eine Mehrfachübertragung mit PPM erfordert eine Nutzbandbreite, die mindestens etwa 2,5mal so groß ist wie die Modulationsbandbreite, wenn Nebensprechdämpfungen von 6,9 N (60 db) gefordert sind. Dabei muß man Übertragungsfunktionen mit günstigen Nachschwing-Eigenschaften anwenden; die günstigsten Verhältnisse erhält man, wenn man die GAUSSsche Fehlerfunktion möglichst gut annähert.

Läßt man als Nutzbandbreite die 3- bis 4-fache Modulationsbandbreite zu, so ist mit leicht verwirklichbaren Netzwerken eine gute Übertragung ohne Linearisierung des Phasengangs und ohne besondere Anforderungen an die Geräte möglich.

Die Selektionsbandbreite beträgt immer mindestens das 7- bis 10-fache der Modulationsbandbreite.

Die angegebenen Werte gelten für das Basisband. Wird mit den Impulsen eine Trägerschwingung amplitudenmoduliert, so ist die Hochfrequenz-Bandbreite doppelt so groß wie das Basisband.

3. Pulsdauer-Modulation (PDM)

Die Nebensprechdämpfungen für die PDM lassen sich auf Grund sehr ähnlicher Überlegungen ermitteln wie für die PPM. In Abb. 80 sind die Zeitfunktionen von zwei benachbarten Kanälen bei cosinusförmigem Übertragungsfaktor und für ein Bandbreiten-Verhältnis $\dfrac{B}{z\,B_0} = 3$ dargestellt. Die Impulse haben periodische Hinterflanken und modulierte Vorderflanken; die folgenden Ergebnisse gelten auch für den umgekehrten Fall. Die größtmögliche zeitliche Auslenkung ist

$$\Delta \tau_S = \frac{1}{2}\,T_z - \frac{1}{2}\,t_g. \tag{273}$$

In der Abbildung sind unter a) die beiden äußersten um den Hub $\pm\,\Delta\tau_S$ verschobenen Stellungen der Vorderflanke — sie ergibt sich als Antwort $s_\sigma(t)$ auf den Einheitssprung — dünn gestrichelt eingezeichnet. Die resultierenden Zeitfunktionen sind strichpunktiert bzw. strichiert eingetragen.

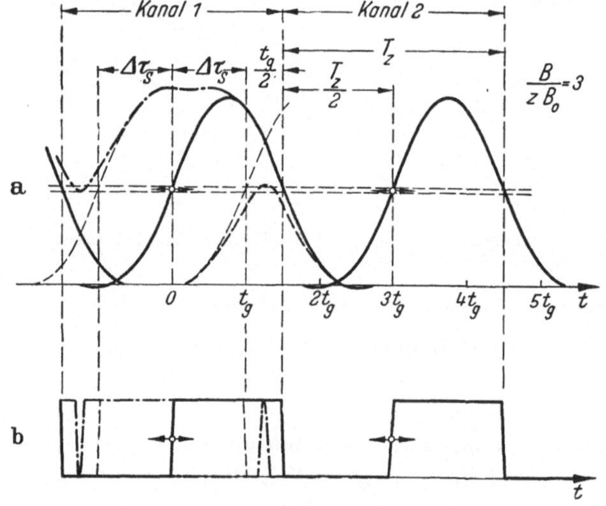

Abb. 80 a u. b. Zur Erläuterung des Nebensprechens bei PDM mit cosinusförmigem Übertragungsfaktor

Ein Amplitudenfilter schneidet auch hier im Empfänger einen schmalen Amplitudenbereich bei halber Impulsamplitude heraus (Abb. 80b). Beim maximalen Hub ist gerade noch eine Demodulation möglich: in der rechten Stellung erreicht nämlich die Impulsamplitude noch etwa die Hälfte des Spitzenwertes, und in der linken Stellung sinkt die Zeitfunktion gerade noch auf die Hälfte ihrer Spitzenwertes ab. Die Zeitwerte der erzeugenden Impulse werden dabei verfälscht, und es treten Verzerrungen des demodulierten Signals auf. Diese mögen jedoch in Kauf genommen werden, da sie bereits für Auslenkungen der Impulsdauer verschwinden, die um ein weniges kleiner sind.

Unter diesen Voraussetzungen wird der maximale Signalhub wie bei PPM [vgl. Gl. (253)] mit $t_g = \dfrac{1}{2\,B}$ und $T_z = \dfrac{1}{2\,z\,B_0}$

$$\Delta \tau_S = \frac{1}{4\,B}\left(\frac{B}{z\,B_0} - 1\right). \tag{274}$$

Die Flankensteilheit im Abtastzeitpunkt beträgt

$$\frac{\mathrm{d}s_\sigma(t)}{\mathrm{d}t} = \frac{S}{t_g}, \tag{275}$$

und man erhält auf demselben Weg wie bei PPM für

$$\Delta \tau_N = \frac{\Delta s}{S}\,t_g = \frac{\Delta s}{S}\,\frac{1}{2\,B} \tag{276}$$

und damit für das Verhältnis des Signalhubs zum Störungshub

$$\frac{\Delta \tau_S}{\Delta \tau_N} = \left\{\frac{1}{2}\left(\frac{B}{z\,B_0} - 1\right)\right\}\frac{S}{\Delta s}. \tag{277}$$

Bei der Berechnung des Verhältnisses $\dfrac{S}{\Delta s}$ sind gegenüber der PPM zwei grundsätzliche Unterschiede zu beachten:

1. die Hinterflanke des Impulses ist nicht moduliert; man braucht also nur das Nachschwingen der Vorderflanke im Abstand $t = T_z$ zu betrachten;

2. für die Vorderflanke gilt der Einschwingvorgang zum Einheitssprung $s_\sigma(t)$; da dessen Nachschwingwerte im allgemeinen kleiner als die für den Einheitsimpuls sind, sind größere Nebensprechdämpfungen zu erwarten.

In der Gl. (193), die für die Antwort auf den Einheitssprung beim cosinusförmigen Übertragungsfaktor gilt, kann für Werte von $t/t_g > 1$ mit guter Genauigkeit die Näherungsformel

$$\mathrm{Si}\,x \approx \frac{\pi}{2} - \frac{\cos x}{x} \tag{278}$$

verwendet werden; dann erhält man

$$s_\sigma(t) \approx 1 - \frac{1}{2\,\pi}\left[\frac{\cos 2\,\pi\,\dfrac{t}{t_g}}{2\,\pi\,\dfrac{t}{t_g}} + \frac{1}{2}\,\frac{\cos 2\,\pi\left(\dfrac{t}{t_g} + \dfrac{1}{2}\right)}{2\,\pi\left(\dfrac{t}{t_g} + \dfrac{1}{2}\right)} + \frac{1}{2}\,\frac{\cos 2\,\pi\left(\dfrac{t}{t_g} - \dfrac{1}{2}\right)}{2\,\pi\left(\dfrac{t}{t_g} - \dfrac{1}{2}\right)}\right]. \tag{279}$$

Für die Berechnung der Nebensprechdämpfung sei wieder die Umhüllende der Funktion (279) maßgebend, d. h. es werde $\cos 2\,\pi\,\dfrac{t}{t_g} = 1$

gesetzt. Man erhält für die Funktion der Umhüllenden, ebenfalls gültig für $\left|\dfrac{t}{t_g}\right| > 1$

$$S(t) = 1 + \frac{1}{4\pi^2} \frac{1}{\dfrac{t}{t_g}\left[4\left(\dfrac{t}{t_g}\right)^2 - 1\right]}. \tag{280}$$

Die Nachschwingverhältnisse sind, wenn man mit Gl. (258) vergleicht, um den Faktor 2π kleiner als für den Einheitsimpuls; damit ergibt sich für das Verhältnis $\dfrac{\varDelta s}{S}$, wenn man $\dfrac{T_z}{t_g} = \dfrac{B}{z\,B_0}$ setzt

$$\frac{\varDelta s}{S} = \frac{1}{4\pi^2} \frac{1}{\dfrac{B}{z\,B_0}\left[4\left(\dfrac{B}{z\,B_0}\right)^2 - 1\right]}. \tag{281}$$

Für die Nebensprechdämpfung ($m = 50^0/_0$)

$$a_d = \ln \frac{1}{2} \frac{\varDelta\tau_S}{\varDelta\tau_N} \tag{282}$$

erhält man nach Gl. (277) und (281)

$$a_d = \ln\left\{\pi^2 \frac{B}{z\,B_0}\left(\frac{B}{z\,B_0} - 1\right)\left[4\left(\frac{B}{z\,B_0}\right)^2 - 1\right]\right\}. \tag{283}$$

Mit guter Näherung gilt für $\dfrac{B}{z\,B_0} > 2$

$$a_d = \ln\left\{4\pi^2\left(\frac{B}{z\,B_0}\right)^3\left(\frac{B}{z\,B_0} - 1\right)\right\}. \tag{284}$$

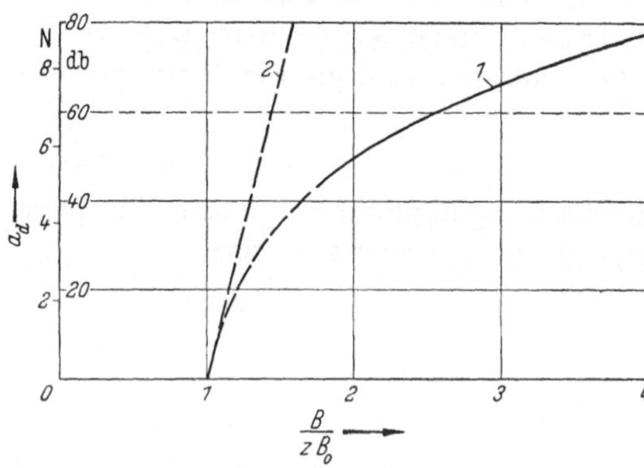

Abb. 81. Nebensprechdämpfung a_d für PDM bei cosinusförmigem Übertragungsfaktor (1) und GAUSSschem Übertragungsfaktor (2)

Die Gl. (283) ist in Abb. 81 als Kurve 1 eingezeichnet. Die Funktion ist, wie erwartet, günstiger als diejenige der Abb. 75 für PPM; die 6,9 N-Grenze wird schon bei $\dfrac{B}{z\,B_0} = 2{,}6$ erreicht.

Die Kurve 2 erhält man mit entsprechender Rechnung für den
GAUSSschen Übertragungsfaktor. Auch hier werden, wie man sieht,
mit dieser Übertragungsfunktion am leichtesten große Nebensprechdämpfungen erreicht; der Mindestwert der Nutzbandbreite beträgt hier
etwa das 1,5-fache der Modulationsbandbreite, die Selektionsbandbreite
etwa das 4,5-fache.

Obwohl die PDM etwas günstigere Nebensprecheigenschaften hat
als die PPM, wird sie, wie schon erwähnt, als Übertragungsverfahren
kaum benutzt, da sie sich gegenüber Geräuschen ungünstiger verhält.

5. Kapitel

Der Einfluß von Geräuschen auf pulsmodulierte Schwingungen

I. Übersicht und allgemeiner Gang der Berechnung

Auf S. 45 ist für die *kontinuierlichen* Modulationsarten gezeigt worden,
daß bei den Winkelverfahren die Wirkung unterwegs eingedrungener
Geräusche auf das demodulierte Signal verringert werden kann; verglichen wurde dabei mit dem günstigsten Amplitudenverfahren, der
Einseitenband-Modulation. Um diese Wirkung zu erreichen, muß man
auf der Übertragungsstrecke ein wesentlich breiteres Frequenzband benutzen als das Band zB_0, das alle z primären Signale zusammen belegen. Dabei wurde gefunden, daß der Gewinn an Signal-Geräusch-
Abstand durch die Banderweiterung $\dfrac{B_h}{zB_0}$ bestimmt wird. In Abb. 1, 44
ist diese Abhängigkeit für verschiedene Kombinationen kontinuierlicher
Amplituden- und Winkelverfahren dargestellt. In der vorangehenden
Abb. 1, 43 ist der Vorteil gesondert aufgezeichnet, den die frequenzmäßige Bündelung infolge der statistischen Addition der Sprachspitzen
bietet.

Im vorliegenden Kapitel soll die gleiche Betrachtung für die verschiedenen Arten der *Puls*modulation angestellt werden. Auch hier wird
sich zeigen, daß für die Reduktion der Geräuschwirkung die Banderweiterung bestimmend ist. Es sei daran erinnert, daß die reduzierende
Wirkung des Empfangsvorganges bereits in die Berechnung des *Nebensprechens* bei den Winkelverfahren eingegangen ist (Kap. 4, III).
Für den Einfluß der *Geräusche* kommen noch Faktoren hinzu, die
mit der Hochtastung auf der Sendeseite zusammenhängen. Außer den
Amplituden- und Winkelverfahren wird noch die Pulscode-Modulation

(PCM) betrachtet werden, der kein entsprechendes kontinuierliches Verfahren gegenübersteht.

Zunächst sei angenommen, daß die verschiedenen Pulse direkt, d. h. ohne Verwendung weiterer Modulations-Verfahren, im Basis-Frequenzband übertragen werden (S. 365). Von vornherein sei auch hier ein Mehrfachbetrieb mit z Kanälen vorausgesetzt, jedoch nicht in Form der frequenzmäßigen, sondern der zeitlichen Bündelung. Ferner sei angenommen, daß die Leistung der Störungen klein ist gegen die Signalleistung. Werden die Störungen relativ größer, so zeigen alle Verfahren mit Geräuschreduktion eine gemeinsame Eigenschaft: Nähert sich die Geräuschleistung einem bestimmten Bruchteil der Signalleistung, der sogenannten „Schwelle“, so geht die geräuschmindernde Wirkung mehr oder weniger plötzlich verloren. Wenn die Geräusche weiter anwachsen, versagen die Verfahren und liefern auf der Ausgangsseite fast nur Störungen.

Gegenüber dem eben erwähnten Gewinn, den die frequenzmäßige Bündelung nach Abb. 1, 43 bietet, zeigen die Pulsverfahren mit zeitlicher Bündelung einen anderen Vorzug: Durch augenblickliche Kompression der Pulsamplituden beim Sender und entsprechende Expansion beim Empfänger, und zwar für alle z Kanäle in einem Gerät, läßt sich der Signal-Geräusch-Abstand nach der Demodulation beträchtlich erhöhen. Auf S. 386 ff. wird daher dieser Punkt besonders betrachtet werden.

Im Abschn. III werden dann die wichtigsten *Kombinationen* von Puls- und kontinuierlichen Verfahren hinsichtlich der Geräuschwirkung behandelt und verglichen; zum Vergleich herangezogen werden außerdem die auf S. 52 beschriebenen Eigenschaften der Kombinationen von rein kontinuierlichen Verfahren.

Der allgemeine Gedankengang, der den Untersuchungen über die Wirkung der Geräusche zugrunde liegt, ist in Abb. 1 dargestellt.

Der Sender S, bei voller Modulation bemessen für die Signalleistung P, werde mit rechteckigen Impulsen der Amplitude S_0 und der Dauer τ getastet. Unter Signalleistung sei dabei wie bisher der über längere Zeit gemessene Mittelwert verstanden.

Hinter dem Sender und vor dem Empfänger liegen zwei gleiche Tiefpässe TP_1 und TP_2; ihre frequenzabhängigen Übertragungsfaktoren mögen $A_1 = A_2$ sein[1]. Das erste Filter begrenzt das Sendespektrum auf die Bandbreite B. Diese sei gegeben durch den Abfall des Übertra-

---

[1] In den Abbildungen des vorliegenden Kapitels sind spektrale Funktionen nur über den natürlichen, positiven Frequenzen aufgetragen. Da die Teilschwingungen statistischer Geräusche sich nicht linear, sondern quadratisch addieren, wird die Rechnung bei Einführung der negativen Frequenzen nicht so übersichtlich.

gungsfaktors auf $\dfrac{1}{\sqrt{2}}$, d. h. beim Pegeln mit Sinusschwingungen durch den Abfall auf die halbe Leistung (0,35 N oder 3 db). Das zweite Filter begrenzt das Frequenzband des empfangenen Signals (oberer Pfeil) und der außerdem empfangenen Geräusche (unterer Pfeil) in der gleichen Weise. Beide Filter hintereinander ergeben für das Signal einen Übertragungsfaktor

$$A = A_1 A_2, \tag{1}$$

der an der Bandgrenze B den Wert $\dfrac{1}{2}$ hat (0,7 N oder 6 db). Dieser Wert bestimmt aber nach den Betrachtungen im Kap. 4 II, (Abb.

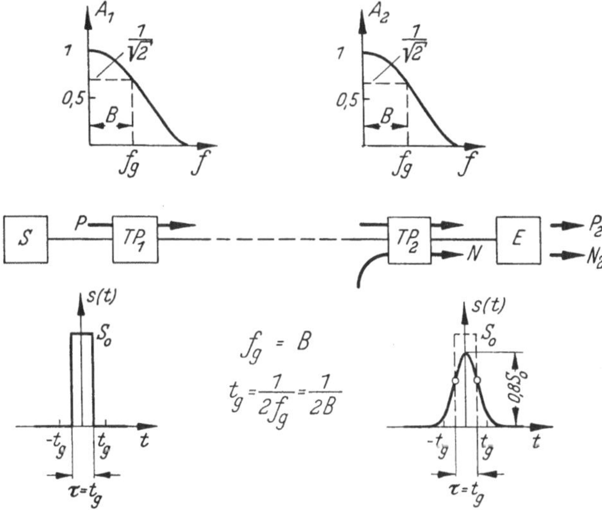

Abb. 1. Signal- und Geräuschverhältnisse bei Pulsmodulation im Basisband

4, 42 und 4, 46) die Grenzfrequenz f_g der gesamten, für die Formung der Impulse notwendigen Filtercharakteristik. Es hat sich dort gezeigt, daß die für die Impulsdauer im wesentlichen maßgebende Einschwingzeit t_g mit f_g durch die einfache Beziehung verbunden ist

$$t_g = \frac{1}{2 f_g}. \tag{2}$$

Dort hat sich ferner ergeben, daß es für das Nebensprechen, d. h. für das Nachschwingen der Impulse, sehr genau auf den Verlauf von A in Abhängigkeit von der Frequenz ankommt. Als besonders zweckmäßig für diesen Verlauf erwiesen sich Funktionen, die der GAUSSschen Fehlerfunktion oder etwa auch der Cosinusfunktion ähnlich sind. Für diese günstigen Kurven bestehen *innerhalb* des Übertragungsbereiches, d. h. bis zur Frequenz $f_g = B$, fast keine Unterschiede. Auch die geformten Impulse sind, wenn man vom Nachschwingen absieht, sehr ähnlich.

Wichtig ist dabei noch die Wahl der Dauer τ der erzeugenden Rechteckimpulse (Abb. 4, 42d u. 4, 46d). Wählt man τ relativ groß, z. B. $\frac{\tau}{t_g} = 2$ und mehr, so werden zwar die volle Steilheit des Einschwingens und die volle Amplitude S_0 erreicht, jedoch werden die Impulse unnötig lang. Wählt man τ klein, so schwingen die Impulse hinter den Filtern nicht mehr voll ein, für z. B. $\frac{\tau}{t_g} = 0{,}5$ nur bis etwa zur halben Höhe S_0 des ursprünglichen Rechteckzeichens; die empfangene Signalleistung ist gering, und die Neigung der Impulsflanken — eine wichtige Größe für die Reduktion der Geräusche bei den Winkelverfahren — ist, absolut genommen, ebenfalls gering. Ein günstiges Kompromiß liegt bei $\frac{\tau}{t_g} = 1$. Die Flanken zeigen noch die volle Steilheit des Einschwingens, und auch die Amplitude erreicht bis auf etwa 20% den Endwert S_0 des erzeugenden Rechteckzeichens. Dieser Fall sei daher den folgenden Betrachtungen über die Wirkung der Geräusche zugrunde gelegt. Die zugehörigen Impulshöhen und -zeiten sind in Abb. 1 für den Sende- und Empfangsort eingetragen.

Zum Vergleich wurde der Maßstab für S_0 beim Empfänger beibehalten; man muß sich dabei vorstellen, daß die Streckendämpfung durch eine gleich große Verstärkung aufgehoben wird, die in den Tiefpaß TP_2 eingeführt ist. Die Impulsdauer werde dabei im folgenden immer auf die halbe Höhe des erzeugenden Impulses bezogen. Sie ist dann auch für den verformten Impuls nach den Abb. 4, 42 und 4, 46 in guter Näherung gleich dem ursprünglichen Wert $\tau = t_g$. Aus Gl. (2) wird daher

$$t_g = \tau = \frac{1}{2\,B}. \tag{3}$$

Für die Flankensteilheit ist aus denselben Bildern, ebenfalls in guter Näherung, abzulesen

$$\frac{ds(t)}{dt} = \frac{S_0}{t_g} = S_0\,2\,B. \tag{4}$$

Auf der Empfangsseite sei die Geräuschleistung wie bei früheren Betrachtungen im Punkt tiefsten Signalpegels konzentriert gedacht. Dies ist in wirklichen Schaltungen der Eingang des Verstärkers, der in dem Tiefpaß TP_2 liegt. Hier wird die Geräuschleistung zugleich um den Wert der Streckendämpfung verstärkt und spektral begrenzt. Der vom Tiefpaß durchgelassene Anteil möge N sein. Diese Leistung wirkt zusammen mit dem von beiden Filtern durchgelassenen Teil der Signalleistung auf den Demodulator im Empfänger E. Besteht die Störung aus Rauschen, so ist ihre Leistung nach Gl. (1, 77) proportional der Bandbreite. Als Bezugsgröße sei nach Gl. (1,78) wieder der Wert N_0 je Bandbreite B_0 genommen. Im Bande B ist dann die Rauschleistung um den Faktor $\dfrac{B}{B_0}$ größer. Ist die Störung eine einzige Sinus-schwingung, so ist deren Leistung N einzusetzen.

Nach der Demodulation, bei der man aus den verformten und vom Geräusch beeinflußten Impulsen die primären Signale wiederherstellt, möge sich in jedem Kanal der Breite B_0 eine Signalleistung P_2 und eine Geräuschleistung N_2 ergeben. Damit man die Leistungen vor und hinter dem Demodulator gut vergleichen kann, denkt man sich zweckmäßig in das Gerät einen solchen Verstärker eingebaut, daß die empfangene Impulsamplitude in einen gleich großen Augenblickswert des demodulierten primären Signals verwandelt wird.

Auf S. 43 sind als Maße für die geräuschmindernde Wirkung der Faktor der Geräuschreduktion

$$R_N = \sqrt{\frac{P_2/N_2}{P/z\,N_0}} \tag{5}$$

und der Gewinn an Signal-Geräusch-Abstand

$$r_N = \ln R_N \tag{6}$$

definiert worden. Bei den kontinuierlichen Verfahren hingen diese Größen nur von der Banderweiterung $\dfrac{B_h}{z\,B_0}$ ab; es wird sich zeigen, daß dies auch für die Pulsverfahren zutrifft. Nur ist, solange die Übertragung im Basisfrequenzband von Null bis B betrachtet wird, statt der Größe B_h die Größe B maßgebend. P, N_0 und B_0 mögen dabei konstant gehalten werden, die Impulsdauer τ und damit nach Gl. (3) die Bandbreite B werde variiert.

II. Die Wirkung der Geräusche bei reinen Pulsverfahren

1. Pulsamplituden-Modulation (PAM)

In Abb. 2 ist ein unmodulierter, unipolarer Puls für z Kanäle dargestellt, dem eine sinusförmige Störung der Amplitude S_N überlagert ist. Die Frequenz f_N dieser Störung sei so niedrig, daß sie in das Band B_0 der primären Signale hineinfalle. Die Impulse haben die in Abb. 1 dargestellte Form; die ineinander verschachtelten Kanalpulse haben den gegenseitigen Abstand $T_z = \dfrac{T_0}{z}$. Es werde angenommen, daß der Empfänger jeweils in der Mitte der Impulse kurzzeitig die vorhandene Amplitude prüft und hieraus für jeden Kanal z. B. eine Treppenkurve herstellt, wie sie in Abb. 2, 28d gekennzeichnet ist. In jedem Kanal tritt dann nach Beschränkung auf das Band B_0 eine Störung der Amplitude S_N und der Frequenz f_N auf. Diese Feststellungen reichen für eine sinusförmige Störung aus, den Gewinn an Signal-Geräusch-Abstand nach den Gl. (5) und (6) berechnen zu können.

Während der Dauer der Impulse ist die Sendeleistung im unmodulierten Zustand an der Einheit des Widerstandes gleich dem Quadrat der Amplitude S_0. Da aber nur während der relativen Zeiten $\frac{\tau}{T_z}$ Leistung abgegeben wird, hat sie im Durchschnitt nur den Wert $S_0^2 \frac{\tau}{T_z}$. Für volle Modulation wird der notwendige Wert, genau wie bei der

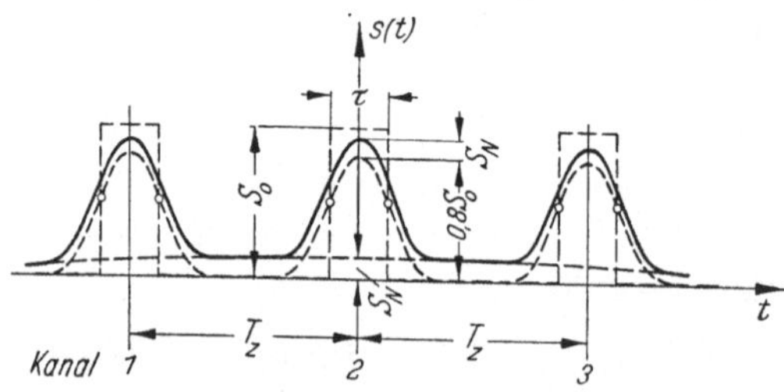

Abb. 2. Wirkung einer sinusförmigen Störung bei Pulsamplituden-Modulation (PAM)

gewöhnlichen kontinuierlichen Amplitudenmodulation [vgl. Gl. (1, 83)], noch um den Faktor $\frac{3}{2}$ größer. Man erhält also insgesamt

$$P = \frac{3}{2} \frac{\tau}{T_z} S_0^2. \tag{7}$$

Das Verhältnis $\frac{\tau}{T_z}$ möge nun durch den Faktor der Banderweiterung ausgedrückt werden. Da

$$\frac{1}{T_z} = z\, f_0 = z\, 2\, B_0 \tag{8}$$

ist, wird bei Beachtung von (3)

$$P = \frac{3}{2} \frac{1}{\underset{z\,B_0}{B}} S_0^2 . \tag{9}$$

Der Faktor $\frac{B}{z\,B_0}$ berücksichtigt den Umstand, daß der Sender hochgetastet werden kann, d. h. daß die in den impulsfreien Zeiten gesparte Energie während der Impulszeiten mit verwendet werden kann. Je größer dieser Faktor ist, desto kleiner wird die notwendige mittlere Senderleistung, mit der eine vorgeschriebene Impulsamplitude S_0 erreicht werden kann.

Für die Leistung der Störung ist, da das gesamte Vergleichsband $z\, B_0$ nur eine einzige Schwingung der Amplitude S_N enthält, zu setzen

$$z\, N_0 = N = \frac{1}{2} S_N^2. \tag{10}$$

Nach der Demodulation ist die Störungsamplitude S_N und die Signal-amplitude $0{,}8\,S_0$, da volle Modulation vorausgesetzt war. Die entsprechende Signalleistung wird

$$P_2 = \frac{1}{2}\,0{,}64\,S_0^2 , \tag{11}$$

die Störungsleistung bleibt

$$N_2 = \frac{1}{2}\,S_N^2 . \tag{12}$$

Mit den Gl. (9) bis (12) ergibt sich daher der Gewinn für eine *Sinus-störung* zu

$$r_N^{\mathrm{PAM}} = \frac{1}{2}\ln\left(\frac{P_2}{N_2}\,\frac{z\,N_0}{P}\right) = \frac{1}{2}\ln\left\{\frac{0{,}64}{3}\,\frac{B}{z\,B_0}\right\}, \tag{13}$$

und der Faktor der Geräuschminderung wird

$$R_N^{\mathrm{PAM}} = \frac{0{,}8}{\sqrt{3}}\,\sqrt{\frac{B}{z\,B_0}} . \tag{14}$$

Wenn man stark hochtastet, d. h. große Werte des Banderweiterungs-Faktors $\dfrac{B}{z\,B_0}$ wählt, wird demnach die Wirkung einer Sinusstörung bei Pulsamplituden-Modulation, verglichen mit der des Einseitenband-Ver-

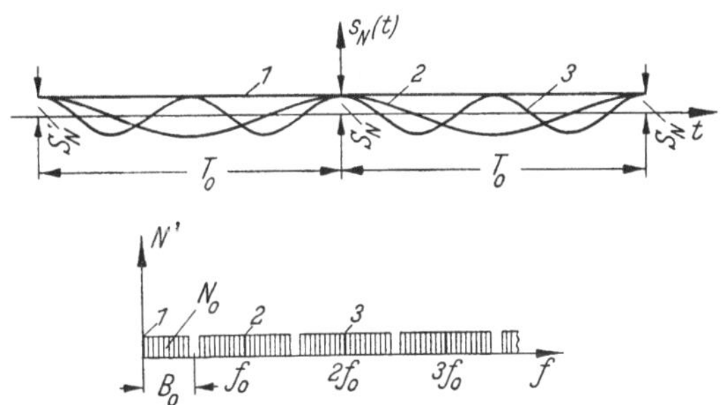

Abb. 3. Geräuschkomponenten gleichen Einflusses
oben: Zeitliche Darstellung   unten: Spektrale Darstellung

fahrens, verringert. Bemerkenswert ist jedoch, daß ein einziger derartiger Sinusstörer beim Mehrfach-Einseitenbandverfahren nur in einem einzigen Kanal zu hören ist, bei den Zeitmultiplex-Pulsverfahren aber, wie aus Abb. 2 hervorgeht, in allen Kanälen.

Überraschenderweise liegen die Verhältnisse anders, wenn es sich bei der Störung um Rauschen handelt. Man sollte zunächst annehmen, daß die obenstehende Betrachtung gültig bleibt, wenn man die Leistung des Rauschens im Frequenzband des primären Signals B_0 berücksichtigt. Alle Rauschkomponenten höherer Frequenz können ja leicht nach der Demodulation durch einen Tiefpaß der Grenzfrequenz $B_0 = \frac{1}{2}\,f_0$ entfernt werden. Abb. 3 lehrt jedoch, daß dies nicht zutrifft.

Dargestellt sind die Abtastzeiten im Abstand T_0 für einen einzigen herausgegriffenen Kanal. Gezeichnet ist als Kurve 1 eine Rauschkomponente der Amplitude S_N, die in dem betrachteten Bereich konstant bleibt, also nahezu die Frequenz Null hat. Alle Abtastwerte werden hierdurch um den Wert S_N gehoben. Die gleiche Verschiebung wird jedoch an allen Abtaststellen auch von Störungen hervorgerufen, deren Frequenzen die Werte $f_0 = \dfrac{1}{T_0}$ (Kurve 2), $2f_0$ (Kurve 3), $3f_0$ usw. haben. Geht man nicht von einer Komponente der Frequenz Null aus, sondern z. B. von der langsamen Schwingung der Abb. 2, welche die Frequenz f_N hatte, so zeigt sich, daß eine sinusförmige Modulation durch alle Schwingungen der Frequenzen f_N, $f_0 \pm f_N$, $2f_0 \pm f_N$ und so fort hervorgerufen wird. Die wirksame Rauschleistung liegt daher, wie Abb. 3 unten zeigt,

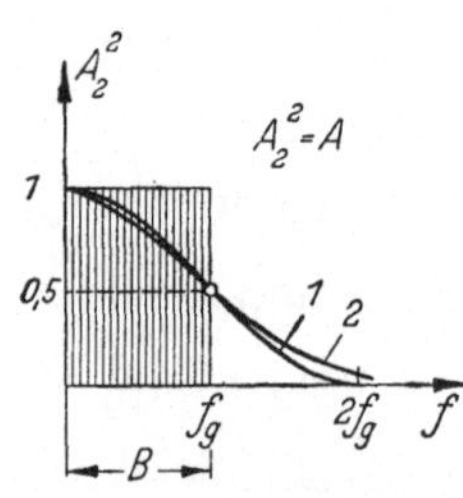

Abb. 4. Äquivalentes gleich-
förmiges Rauschspektrum
der Bandbreite B
Kurve 1:   Cosinusförmiger
Übertragungsfaktor
Kurve 2: Gausssscher Übertragungsfaktor

nicht nur im Frequenzband B_0, sondern auch in allen Seitenbändern der Breite B_0, die um die Vielfachen von f_0 herum liegen. Der Einfluß wird erst dann unwirksam, wenn die Frequenzen der störenden Schwingung so hoch sind, daß sie nicht mehr von dem Filter TP_2 der Abb. 1 durchgelassen werden. Nun dämpft dieses Filter allmählich mit zunehmender Frequenz, und es ist daher zweckmäßig, es für die Rechnung durch einen idealisierten Tiefpaß mit dem Übertragungsfaktor $A = 1$ und der Grenzfrequenz f_x zu ersetzen derart, daß die durchgelassenen Rauschleistungen für das idealisierte und das wirkliche Filter gleich sind (Abb. 4). Da die Leistung proportional dem Quadrat der Amplitude ist, ist diese Bedingung erfüllt, wenn die Fläche unter dem Quadrat des Übertragungsfaktors A_2 durch ein flächengleiches Rechteck ersetzt wird. Nun ist aber nach Gl. (1) wegen der Gleichheit des Sende- und Empfangsfilters

$$A_2^2 = A. \tag{15}$$

Die Frequenzabhängigkeit von A war aber als Cosinusverlauf (1) oder als Gausssche Kurve (2) angenommen worden. Für die erste lehrt bereits der Augenschein, daß die gesuchte Grenzfrequenz f_x gleich f_g ist, für die zweite liefert eine Integration den Wert

$$f_x = \frac{1}{2}\sqrt{\frac{\pi}{\ln 2}}\,f_g = 1{,}06\,f_g. \tag{16}$$

In guter Näherung kann daher die Ersatz-Bandbreite des vom Filter TP_2 durchgelassenen Rauschens zu $f_g = B$ angenommen werden.

Besteht die Störung aus gleichmäßigem Rauschen, so sind demzufolge nach der Demodulation alle Komponenten aus dem breiten Frequenzband

B im Bande B_0 wirksam. Die Rauschleistung wird

$$N_2 = N = N_0 \frac{B}{B_0}. \tag{17}$$

Die zunächst überraschende Tatsache, daß in jedem Kanal der Breite B_0 nach der Demodulation das gesamte Rauschen aus dem breiten Bande B wirksam wird, läßt sich auch durch folgende Betrachtung einsehen: Der amplitudenmodulierte Puls besteht nach Abb. 2, 28c aus einer Summe von vielen amplitudenmodulierten Trägerschwingungen, die bei den Frequenzen Null; f_0; $2 f_0$ usw. liegen. Jeder dieser Träger wird von Geräuschkomponenten aus seinem unteren und oberen Seitenband der Breite B_0 moduliert, wobei sich jeweils die Leistungen addieren. Setzt man aus diesen durch das Geräusch modulierten Trägern den Puls wieder zusammen, so ist die Geräuschleistung aller Träger für die Schwankung der Impulshöhe maßgebend.

Nach **den** Gl. (5) und (6) ergibt sich daher, wenn die Störung aus *Rauschen* der Leistung N_0 je Bandbreite B_0 besteht, mit den Gl. (9), (11) und (17)

$$r_N^{\mathrm{PAM}} = \frac{1}{2} \ln \left(\frac{P_2}{N_2} \frac{z N_0}{P} \right) = \frac{1}{2} \ln \left\{ \frac{\frac{1}{2} 0{,}64 \, S_0^2 \, z \, N_0}{N_0 \frac{B}{B_0} \frac{3}{2} \frac{z B_0}{B} S_0^2} \right\} \tag{18}$$

$$r_N^{\mathrm{PAM}} = \frac{1}{2} \ln \frac{0{,}64}{3} = -0{,}77 \, \mathrm{N} = -6{,}7 \, \mathrm{db} \tag{19}$$

und

$$R_N^{\mathrm{PAM}} = \frac{0{,}8}{\sqrt{3}}. \tag{20}$$

Bei einer Störung durch Rauschen zeigt also die Pulsamplituden-Modulation keinen Gewinn mehr, sondern wie die gewöhnliche Amplitudenmodulation einen konstanten Verlust. Was durch Hochtastung an Impulshöhe gewonnen wird, geht durch die Wirkung des breiten Rauschspektrums wieder verloren. Zu dem Verlust der gewöhnlichen Amplitudenmodulation [vgl. Gl. (1, 85)], der in dem Faktor 3 steckt, tritt noch ein weiterer Anteil durch die verkleinerte Impulshöhe. Die Pulsamplituden-Modulation bietet daher, wie schon zu Beginn des Kap. 1 erwähnt, keinen großen Anreiz als Übertragungsverfahren im Weitverkehr.

Für den schon erwähnten Unterschied in der Wirkung sinusförmiger Störungen auf Systeme mit frequenzmäßiger und zeitlicher Bündelung sei an Hand der spektralen Darstellung von Abb. 3 noch folgendes nachgetragen: Ändert man die Frequenz eines solchen Störers derart, daß er, von der Frequenz Null beginnend, bis zur Bandgrenze B läuft, so stört er beim Einseitenband-Verfahren zunächst im ersten, dann im zweiten Kanal und so fort bis zum letzten, und zwar werden in jedem Kanal

Frequenzen des Modulationsbandes von Null bis B_0 nacheinander durchlaufen. Bei Pulsmodulation wirkt der Störer immer auf alle Kanäle. Wandert die Frequenz der Störung auf der Übertragungsseite durch das breite Band B, so läuft die Frequenz der Störung in jedem Kanal von Null hinauf zur Frequenz B_0, dann von B_0 herab auf Null und wieder hinauf bis B_0 und dieses so oft, wie B_0 in B enthalten ist.

Es ist interessant, die vorstehende Ableitung durch eine Überlegung zu ergänzen für den Fall, daß beim Empfänger nicht die Impulsmitten abgetastet werden, sondern daß zur Demodulation ein Tiefpaß verwendet wird. In diesem Fall ist es wichtig, in den Pausen zwischen den Impulsen (Abb. 2) das Geräusch durch Fortschneiden der kleinen Amplituden, d. h. durch einen Amplituden-Hochpaß, zu entfernen. Der Einfachheit halber sei für diese Überlegung nur ein einziger Kanal angenommen.

Betrachtet man wieder das Spektrum des amplitudenmodulierten Pulses von Abb. 2, 28c, so werden durch den Tiefpaß der Breite $B_0 = \frac{1}{2} f_0$ alle Teilschwingungen unterdrückt bis auf die Gleichkomponente a_0 mit ihren beiden Seitenschwingungen; diese addieren sich bei voller Modulation ebenfalls zum Wert a_0. Alle Komponenten sind aber, wie die Abbildung zeigt, um den Faktor $\frac{\tau}{T_0}$ gegenüber der Impulshöhe verringert. Die Signalleistung hinter dem Tiefpaß wird also

$$P_2 = \frac{1}{2} \cdot 0{,}64\, S_0^2 \left(\frac{\tau}{T_0}\right)^2. \tag{21}$$

Setzt man hier Gl. (7) mit $T_z = T_0$ ein, wodurch die Hochtastung berücksichtigt wird, so erhält man

$$P_2 = \frac{0{,}64}{3}\, P\, \frac{\tau}{T_0}. \tag{22}$$

Die Rauschleistung wird durch den Tiefpaß ebenfalls auf das Band B_0 beschränkt und hat daher den Wert N_0. Wegen der Amplitudenbeschneidung gelangt sie aber während einer Periode T_0 nur für die kurze Zeit τ an den Eingang des Tiefpasses, wird also im Verhältnis dieser Zeiten verkleinert. Am Ausgang ergibt sich

$$N_2 = N_0\, \frac{\tau}{T_0}. \tag{23}$$

Die Division von (22) und (23) zeigt, daß die beiden Faktoren $\frac{\tau}{T_0}$ sich wegheben; das Resultat stimmt mit den Gl. (19) und (20) überein.

Als wichtiges physikalisches Ergebnis folgt, daß man das Geräusch in den Pausen entfernen muß. Dies kann entweder durch Abtasten oder durch Abschneiden der kleinen Amplituden geschehen. Andernfalls verhält sich die Pulsamplituden-Modulation im Hinblick auf Geräusche noch wesentlich ungünstiger als die kontinuierliche Amplitudenmodulation mit Träger.

Nach den Gl. (19) und (20) ist der Gewinn — oder besser Verlust — der Pulsamplituden-Modulation bei einer Störung durch Rauschen unabhängig von der benutzten Bandbreite B. Man wird daher B, um Frequenzband zu sparen, so klein wie möglich wählen. Nach Gl. (2, 127) ist für z zeitlich gebündelte Signale im Prinzip genau wie bei frequenzmäßiger Bündelung nur der Wert

$$B = z\, B_0 \tag{24}$$

erforderlich, ohne daß Nebensprechen auftritt; jedoch muß man zum Formen der Impulse einen idealisierten Tiefpaß benutzen. Für wirkliche Filter gilt bezüglich der Signalwiedergabe Gl. (24) ebenfalls, wenn B durch die Nutzbandbreite definiert wird, d. h. durch die Frequenz, bei welcher der Übertragungsfaktor A nicht vollständig, sondern nur auf die Hälfte abgefallen ist. Dabei sei jedoch an die Ausführungen auf S. 347 erinnert. Dort ist gezeigt worden, daß für diesen Kleinstwert des Bandes in der Praxis die Forderungen an das Nebensprechen schlecht zu halten sind, und daß man daher besser ein etwas größeres Verhältnis $\dfrac{B}{z\,B_0}$ — etwa zwischen 1,5 und 2 — wählt.

2. Pulsdauer-Modulation (PDM)

In Abb. 5 ist ein dauermodulierter Puls der Amplitude S_0 gezeichnet. Bei diesem Verfahren sind die Impulse — von den Grenzen bei voller

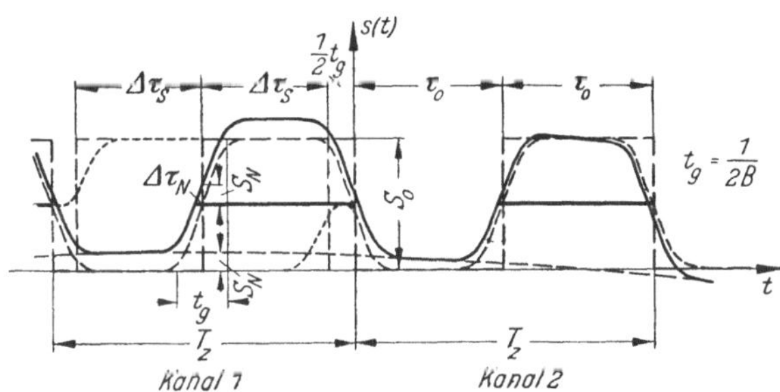

Abb. 5. Wirkung einer sinusförmigen Störung bei Pulsdauer-Modulation (PDM)

Modulation abgesehen — lang gegenüber der Einschwingzeit t_g und erreichen daher hinter dem Empfangsfilter den vollen Endwert S_0. Im unmodulierten Zustand sei die bei halber Höhe gemessene Impulsdauer τ_0 gleich der halben Periode T_z. Die Vorderflanke sei moduliert, die größte zulässige Signal-Auslenkung nach links und rechts sei $\pm\,\Delta\tau_S$. Die jeweilige Impulsdauer werde ermittelt durch Herausschneiden einer schmalen Scheibe mit einem Amplituden-Bandpaß.

Am Eingang des Empfängers sei wieder eine sinusförmige Störung überlagert; ihr Höchstwert S_N falle diesmal gerade mit der Vorderflanke eines Impulses zusammen. Hierdurch wird diese Vorderflanke um das Stück $\Delta\tau_N$ verschoben. Die Verschiebung der Rückflanke kann man dadurch unwirksam machen, daß man mit örtlichen Mitteln jeweils am Ende der Periode T_z exakt abschaltet.

Die für den Gewinn an Signal-Geräusch-Abstand [Gl. (6)] maßgebenden Größen berechnen sich wie folgt.

Die Signalleistung beim Sender ist ohne Modulation die einer gleichmäßigen Rechteckschwingung. Sie ändert sich durch die Modulation nicht, da ebensoviel längere wie kürzere Impulse ausgesandt werden. Mit $\frac{\tau_0}{T_z} = \frac{1}{2}$ wird

$$P = \frac{1}{2}\, S_0^2 . \tag{25}$$

Die Geräuschleistung ist für eine einzelne Sinusschwingung

$$z\, N_0 = N = \frac{1}{2}\, S_N^2 . \tag{26}$$

Die entsprechenden Leistungen *nach* der Demodulation verhalten sich wie die Quadrate der zugehörigen Impulsauslenkungen, also

$$\frac{P_2}{N_2} = \left(\frac{\Delta\tau_S}{\Delta\tau_N}\right)^2 . \tag{27}$$

Für die Zeitspanne $\Delta\tau_S$ liest man aus der Figur ab

$$\Delta\tau_S = \frac{1}{2}\, T_z - \frac{1}{2}\, t_g . \tag{28}$$

Dabei ist für den kürzesten Sendeimpuls wie bei der Betrachtung des Nebensprechens (vgl. S. 358) die Länge $\tau = \frac{1}{2} t_g$ angenommen. Dort sind auch an Hand von Abb. 4, 80 die geltenden Grenzbedingungen näher geschildert worden. Es ergab sich (Gl. 4,274)

$$\Delta\tau_S = \frac{1}{4\,B}\left(\frac{B}{z\,B_0} - 1\right) . \tag{29}$$

Für die Auslenkung der Störung $\Delta\tau_N$ liest man aus Abb. 5 ab

$$\frac{ds(t)}{dt} = \frac{S_N}{\Delta\tau_N} . \tag{30}$$

Mit Gl. (4) wird hieraus

$$\Delta\tau_N = \frac{1}{2\,B}\, \frac{S_N}{S_0} . \tag{31}$$

Aus Gl. (27) wird daher mit Gl. (29) und (31)

$$\frac{P_2}{N_2} = \left\{\frac{1}{2}\left(\frac{B}{z\,B_0} - 1\right)\right\}^2 \left(\frac{S_0}{S_N}\right)^2 . \tag{32}$$

Aus den Gl. (25), (26) und (32) ergibt sich als Gewinn an Signal-Geräusch-Abstand für einen *Sinusstörer*

$$r_N^{\text{PDM}} = \frac{1}{2}\ln\left(\frac{P_2}{N_2}\, \frac{z\,N_0}{P}\right) = \frac{1}{2}\ln\left\{\frac{1}{4}\left(\frac{B}{z\,B_0} - 1\right)^2\right\} . \tag{33}$$

Der Faktor der Geräuschminderung wird hieraus

$$R_N^{\mathrm{PDM}} = \frac{1}{2}\left(\frac{B}{z\,B_0} - 1\right). \tag{34}$$

Für steile Impulse, d. h. große Werte der Banderweiterung $\dfrac{B}{z\,B_0}$, ist dies angenähert

$$R_N^{\mathrm{PDM}} \approx \frac{1}{2}\,\frac{B}{z\,B_0}. \tag{35}$$

Für große Werte $\dfrac{B}{z\,B_0}$ wird demnach das Amplitudenverhältnis von Signal und Geräusch nach der Demodulation linear mit diesem Wert verbessert, das Leistungsverhältnis quadratisch.

Es ist andererseits interessant festzustellen, welcher kleinste Wert $\dfrac{B}{z\,B_0}$ für das PDM-Verfahren noch zulässig ist. Hält man den Zeitbereich für einen Kanal $T_z = \dfrac{1}{2\,z\,B_0}$ fest und verringert die Bandbreite B, so wächst die Einschwingdauer $t_g = \dfrac{1}{2\,B}$. Die Impulsflanken in Abb. 5 werden immer flacher, die zulässige Veränderung $\varDelta \tau_S$ der Impulsdauer wird kleiner und kleiner. Aus Abb. 5 und Gl. (28) liest man ab, daß schließlich t_g sich dem Wert T_z nähert. Das Verhältnis dieser Größen wird

$$\frac{T_z}{t_g} = \frac{B}{z\,B_0} \approx 1. \tag{36}$$

Im Grenzfall erhält man Gl. (24), d. h. den gleichen Wert wie für die Pulsamplituden-Modulation, oder auch für das mehrfach ausgenutzte Einseitenband-Verfahren. Allerdings wird dabei die Impulsauslenkung $\varDelta \tau_S$ zu Null, ebenso nach Gl. (34) der Reduktionsfaktor R_N, d. h. die Signalleistung nach der Demodulation verschwindet. Es ist interessant, einen Fall in der Nähe dieser Grenze genauer zu betrachten. Abb. 6 zeigt die Verhältnisse für $z = 2$ Kanäle und

$$\frac{T_z}{t_g} = \frac{B}{z\,B_0} = 1{,}25. \tag{37}$$

In Zeile a) ist der Vorgang ohne Modulation aufgetragen. Die Impulsdauer τ_0 auf der Sendeseite ist nach wie vor gleich dem halben Zeitbereich T_z, das Verhältnis $\dfrac{\tau_0}{t_g}$ daher gleich 0,625. Aus Abb. 4, 42d oder 4, 46d sind die zugehörigen Empfangsimpulse durch Interpolation zwischen $\dfrac{\tau}{t_g} = 0{,}5$ und $1{,}0$ zu entnehmen. Sie schwingen etwa bis zur Höhe $0{,}6\,S_0$ ein. Ihre Summe ergibt die Empfangsfunktion $s(t)$ in Abb. 6. Durch Herausschneiden eines schmalen Amplitudenbereichs in der Höhe $\dfrac{1}{2}\,S_0$ kann man, wie ersichtlich, die Sende-Impulsdauer τ_0 wieder erhalten.

Wird dagegen t_g noch größer, im Grenzfall gleich T_z, so ergibt sich ein reiner Gleichstrom der Höhe $\frac{1}{2}\,S_0$.

Nunmehr werde im Kanal 1 mit einer niedrigen Frequenz moduliert (Zeile b). Gezeichnet ist der Fall, daß die Sendeimpulse im Kanal 1 um den geringen Betrag $\Delta\tau$ kürzer sind als τ_0. Durch Addition der zugehörigen verschliffenen Empfangsimpulse ergibt sich jetzt ein Vorgang $s(t)$, bei dem die Einsattelungen alternierend verschieden sind. Durch Herausschneiden eines schmalen Amplitudenbereichs erhält man tatsächlich im Kanal 1 einen später einsetzenden Impuls. Die Rückflanke

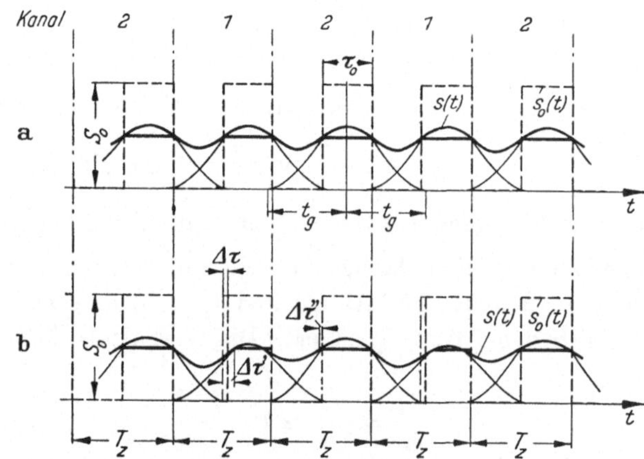

Abb. 6a u. b. Pulsdauer-Modulation (PDM) bei Annäherung an die größte
mögliche Einschwingdauer t_g
a) Beide Kanäle ohne Modulation   b) Modulation im Kanal 1
$$z = 2;\quad \frac{T_z}{t_g} = \frac{B}{z\,B_0} = 1{,}25$$

möge nach Voraussetzung örtlich gebildet werden; sie bleibt daher unbeeinflußt. Die empfangene Impulsverkürzung $\Delta\tau'$ ist allerdings nicht gleich der gesendeten $\Delta\tau$, die Modulation wird verzerrt wiedergegeben. Außerdem werden auch die vorderen Impulsflanken im Kanal 2 um den Betrag $\Delta\tau''$ verschoben, d. h., es tritt bei Annäherung an den Grenzfall starkes Nebensprechen auf (vgl. Abb. 4,81 und Gl. 4,283). Wird dieser Umstand außer Betracht gelassen, so kann man zusammenfassend feststellen, daß bei zeitlicher Bündelung auch die Pulsdauer-Modulation im Grenzfall nicht mehr Frequenzband braucht als das z-fache des einzelnen primären Signals. Zum Unterschied von der Pulsamplituden-Modulation geht jedoch der zulässige Modulationsgrad der PDM mit Annäherung an diese Grenze stetig bis auf Null herab, während die PAM *ohne* Schmälerung des Modulationsgrades oberhalb $\frac{B}{z\,B_0} = 1$ im Prinzip brauchbar ist.

Nunmehr seien wieder die normalen Verhältnisse der Abb. 5 betrachtet. Jedoch sei statt einer sinusförmigen Störung eine Rauschstörung angenommen. In die Gl. (32) ist dann als Störungsleistung die Rauschleistung einzusetzen, die aus den gleichen Gründen wie bei Pulsamplituden-Modulation von allen Komponenten aus dem breiten Bande B herrührt. Man hat also zu ersetzen

$$\frac{1}{2} S_N^2 = N_0 \frac{B}{B_0} \tag{38}$$

und erhält statt Gl. (32)

$$\frac{P_2}{N_2} = \frac{1}{8} \frac{\left(\frac{B}{z B_0} - 1\right)^2}{\frac{B}{z B_0}} \frac{S_0^2}{z N_0}. \tag{39}$$

Der Gewinn bei einer Störung durch *Rauschen* wird daher, wenn noch Gl. (25) benutzt wird,

$$r_N^{\mathrm{PDM}} = \frac{1}{2} \ln\left(\frac{P_2}{N_2} \frac{z N_0}{P}\right) = \frac{1}{2} \ln\left\{\frac{1}{4} \frac{\left(\frac{B}{z B_0} - 1\right)^2}{\frac{B}{z B_0}}\right\}. \tag{40}$$

Für große Werte der Banderweiterung gilt angenähert

$$r_N^{\mathrm{PDM}} \approx \frac{1}{2} \ln\left\{\frac{1}{4} \frac{B}{z B_0}\right\} \tag{41}$$

und

$$R_N^{\mathrm{PDM}} \approx \frac{1}{2} \sqrt{\frac{B}{z B_0}}. \tag{42}$$

Die entstörende Wirkung ist gegenüber den Gl. (33) bis (35) heruntergegangen. Das Leistungsverhältnis Signal/Rauschen wächst nur noch proportional der Banderweiterung, das Amplitudenverhältnis nur proportional zur Wurzel aus diesem Wert.

Die Pulsdauer-Modulation bietet daher, wenn sie auch bereits in gewissem Grad entstörend wirkt, wenig Anreiz als Verfahren zur Übertragung. Von einem geeigneten Winkelverfahren erwartet man einen Faktor R_N, der wie bei Frequenzmodulation [vgl. Gl. (1, 104) und (1,105)] linear mit der Banderweiterung zunimmt.

Erwähnt sei zum Verfahren der Dauermodulation noch folgendes: Wird statt der Modulation nur einer Flanke das symmetrische Verfahren benutzt, bei dem beide Flanken gegenläufig ausgelenkt werden (Abb. 1, 47), so werden die Beiträge des Geräusches an beiden Flankenpunkten sich nach Maßgabe ihrer Korrelation addieren. Für eine einzelne Sinusschwingung, deren Periode lang ist gegen die Impulsdauer, addieren sich die Beiträge der Auslenkung direkt; der Gewinn ist daher um 0,7 N oder 6 db geringer als die Gl. (33) es angibt. Steigert man die Frequenz des Störers, so geht die Addition allmählich in eine Subtraktion über, dann wieder in eine Addition und so fort. Für Rauschen ist die Korrelation vernachlässigbar, die Addition ist rein statistisch. Dabei heben sich die Wirkungen der Komponenten, die beide Flanken gleichphasig verschieben, **im Mittel** auf mit denen, die dies gegenphasig tun. Die Beziehungen (40) bis (42) gelten daher für Rauschen auch in dem Fall der symmetrischen Pulsdauer-Modulation.

3. Pulsphasen-Modulation (PPM) und Pulsfrequenz-Modulation (PFM)

Zunächst sei wieder die Wirkung einer sinusförmigen Störung betrachtet. Abb. 7 zeigt die Verhältnisse, wobei die gleiche Impulsform angenommen ist wie in Abb. 2. Für den linken Impuls sind die äußersten zulässigen Auslenkungen nach links und rechts eingezeichnet. Der

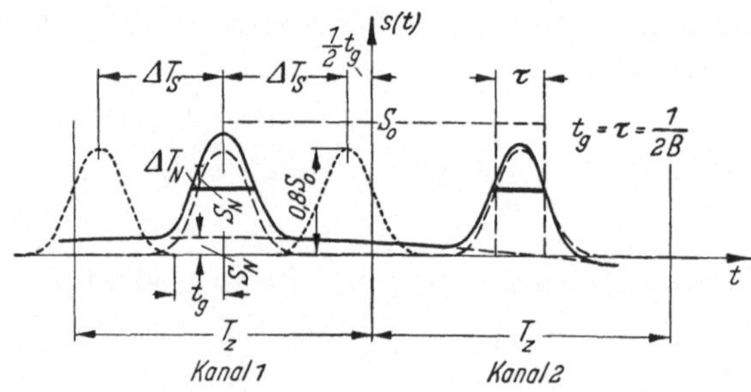

Abb. 7. Wirkung einer sinusförmigen Störung bei Pulsphasen-Modulation (PPM)

dabei auftretende Signal-Zeithub sei ΔT_S; der Schutzabstand vom Zeitbereich T_z des nächsten Kanals ist so gewählt, daß in diesem bei halber Impulshöhe gerade kein Signal festgestellt werden kann. Der Schutzabstand ist dann wie bei der Dauermodulation gleich $\frac{1}{2}t_g$, d. h. eine halbe Impulsdauer τ. Ausgewertet werde bei der Demodulation zum Beispiel die vordere Flanke; die hintere bleibe unberücksichtigt (vgl. Kap. 6, III), so daß hier der Geräuscheinfluß ausgeschaltet ist.

Die Störung bestehe zunächst wieder aus einer langsamen Sinusschwingung vom Höchstwert S_N; dieser falle zeitlich mit einem Auswertezeitpunkt zusammen.

Die Signalleistung beim Sender ist, da dieser nur in den relativen Zeiten $\frac{\tau}{T_z}$ getastet wird, mit $\tau = t_g$

$$P = \frac{t_g}{T_z} S_0^2 = \frac{1}{\dfrac{B}{z\,B_0}} S_0^2. \tag{43}$$

Wie bei Pulsamplituden-Modulation [Gl. (9)] erkennt man in $\dfrac{B}{z\,B_0}$ den Faktor der Hochtastung. Zum Unterschied behält aber bei Pulsphasen-

Modulation, auch wenn moduliert wird, die Leistung im zeitlichen Mittel den gleichen Wert, da in jedem Zeitintervall T_z immer nur ein Impuls gleicher Amplitude S_0 liegt. Der Faktor $\frac{3}{2}$ fällt daher weg.

Die Geräuschleistung ist für die einfache Sinusschwingung

$$z\,N_0 = N = \frac{1}{2}\,S_N^2\,. \tag{44}$$

Nach der Demodulation verhalten sich Signal- und Geräuschleistung wie die Quadrate der entsprechenden Zeithübe, also (vgl. Abb. 7)

$$\frac{P_2}{N_2} = \left(\frac{\varDelta T_S}{\varDelta T_N}\right)^2\,. \tag{45}$$

Für den Signal-Zeithub ergibt sich aus der Figur ähnlich wie bei Dauermodulation [Gl. (28)]

$$\varDelta T_S = \frac{1}{2}\,T_z - \frac{1}{2}\,t_g\,. \tag{46}$$

Genau wie bei Gl. (28) läßt sich dies umformen in

$$\varDelta T_S = \frac{1}{4\,B}\left(\frac{B}{z\,B_0} - 1\right)\,. \tag{47}$$

Der Zeithub der Störung wird mit Gl. (4)

$$\varDelta T_N = \frac{1}{2\,B}\,\frac{S_N}{S_0}\,. \tag{48}$$

Gl. (45) schreibt sich daher

$$\frac{P_2}{N_2} = \left\{\frac{1}{2}\left(\frac{B}{z\,B_0} - 1\right)\right\}^2 \left(\frac{S_0}{S_N}\right)^2\,. \tag{49}$$

Nimmt man noch Gl. (43) und (44) hinzu, so ergibt sich für den Gewinn an Signal-Geräusch-Abstand bei *sinusförmiger Störung*

$$r_N^{\mathrm{PPM}} = \frac{1}{2}\ln\left(\frac{P_2}{N_2}\,\frac{z\,N_0}{P}\right) = \frac{1}{2}\ln\left\{\frac{1}{8}\left(\frac{B}{z\,B_0} - 1\right)^2 \frac{B}{z\,B_0}\right\}\,. \tag{50}$$

Für hohe Werte des Banderweiterungsfaktors $\dfrac{B}{z\,B_0}$ wird dies angenähert

$$r_N^{\mathrm{PPM}} \approx \frac{1}{2}\ln\frac{1}{8}\left(\frac{B}{z\,B_0}\right)^3 \tag{51}$$

oder, auf Amplituden bezogen,

$$R_N^{\mathrm{PPM}} \approx \frac{1}{2\sqrt{2}}\left(\frac{B}{z\,B_0}\right)^{3/2}\,. \tag{52}$$

Gegenüber der Pulsdauer-Modulation [Gl. (35)] ist ein weiterer Faktor $\sqrt{\dfrac{B}{z\,B_0}}$ an entstörender Wirkung gewonnen worden.

Für die kleinste anwendbare Übertragungsbandbreite B gelten ganz ähnliche Betrachtungen, wie sie bei der Pulsdauer-Modulation angestellt worden sind. Abb. 8 stellt wieder die Verhältnisse für $z = 2$ Kanäle dar. Zeile a) zeigt die unmodulierten Vorgänge $s_0(t)$ beim Sender und $s(t)$ beim Empfänger. Entsprechend der Voraussetzung $\tau = t_g$ ist hier die Impulsdauer auf der Sendeseite proportional zum Anstieg der Einschwing-dauer t_g vergrößert worden. Die Empfangsimpulse schwingen daher bis auf den Wert $0{,}8\,S_0$ ein. Um die Sendeimpulse unverzerrt zu erhal-ten, muß man bei höheren Werten als $\frac{1}{2}\,S_0$ eine Amplitudenprobe ent-nehmen.

In Zeile b) sind die Impulse des Kanals 1 um den Zeithub ΔT nach rechts verschoben worden, die des Kanals 2 sind geblieben. Durch Addition der zugeordneten Empfangsimpulse ergibt sich der Vorgang $s(t)$. Die Verschiebung ΔT wird, wenn auch verzerrt, als $\Delta T'$ tatsächlich

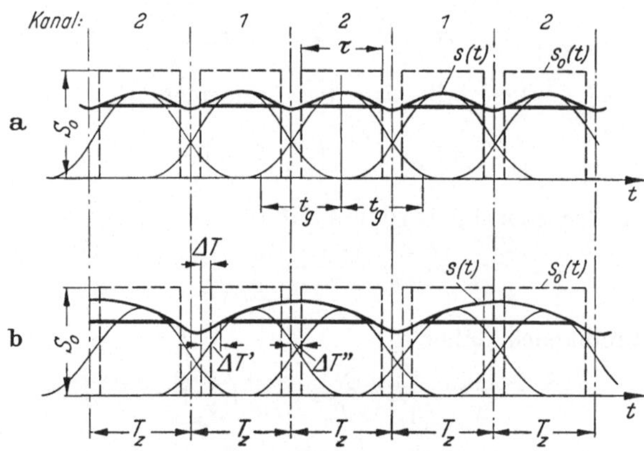

Abb. 8a u. b. Pulsphasen-Modulation (PPM) bei Annäherung an die größte
mögliche Einschwingdauer t_g
a) Beide Kanäle ohne Modulation   b) Modulation im Kanal 1
$$z = 2;\; \frac{T_z}{t_g} = \frac{B}{z\,B_0} = 1{,}25$$

wiedergegeben. Der Einfluß auf die Impulse des Kanals 2 ist dabei beträchtlich: Der gesamte Zeitbereich $\Delta T''$ wird durch das Nebenspre-chen ausgesteuert.

Sieht man von diesem Einfluß ab, so gilt im Prinzip demnach auch für die Pulsphasen-Modulation, daß man mit der Breite B des Über-tragungskanals bis auf das Gesamtband der primären Signale $z\,B_0$ her-untergehen kann. Die Modulationsfähigkeit wird allerdings mit Annähe-rung an diese Grenze rasch kleiner und schließlich bei $B = z\,B_0$ zu Null. Besteht die Störung aus Rauschen, so ergibt sich nach der Demodu-lation ein Störungshub, für den wieder alle Komponenten im breiten Bande B wirksam sind. In Gl. (49) ist S_N wie vorher nach Gl. (38) zu ersetzen. Es wird daher

$$\frac{P_2}{N_2} = \frac{1}{8} \frac{\left(\dfrac{B}{z\,B_0} - 1\right)^2}{\dfrac{B}{z\,B_0}} \frac{S_0^2}{z\,N_0}. \tag{53}$$

Aus den Gl. (43) und (53) erhält man schließlich den Gewinn an Signal-Geräusch-Abstand für Pulsphasen-Modulation bei einer *Störung durch Rauschen*

$$r_N^{\mathrm{PPM}} = \frac{1}{2}\ln\left(\frac{P_2}{N_2}\frac{z\,N_0}{P}\right) = \frac{1}{2}\ln\left\{\frac{1}{8}\left(\frac{B}{z\,B_0} - 1\right)^2\right\}. \tag{54}$$

Für große Werte von $\dfrac{B}{z\,B_0}$ ergibt sich angenähert

$$r_N^{\mathrm{PPM}} = \frac{1}{2}\ln\left\{\frac{1}{8}\left(\frac{B}{z\,B_0}\right)^2\right\} \tag{55}$$

und

$$R_N^{\mathrm{PPM}} = \frac{1}{2\sqrt{2}}\frac{B}{z\,B_0}. \tag{56}$$

Die Pulsphasen-Modulation erreicht also die von der Frequenzmodulation her bekannte, linear mit der Bandbreite steigende Reduktion der Geräuschwirkung.

Von einer Berechnung der entsprechenden Beziehungen für die Pulsfrequenz-Modulation (PFM) werde abgesehen, weil bei Mehrfachausnutzung mit z Kanälen die Zeithübe nach Abb. 2, 41 so klein würden, daß der Gewinn an Geräuschabstand in einen starken Verlust überginge. Für den Betrieb mit einem einzigen Kanal, wo der Zeithub nicht beschränkt ist (vgl. Abb. 2, 43), sei angemerkt, daß die Pulsphasen-Modulation sich zur Pulsfrequenz-Modulation genau so verhält wie die entsprechenden kontinuierlichen Verfahren zueinander. Deren Gewinne gegenüber einer Störung durch Rauschen sind aber in den Gl. (1, 96) und (1, 103) angegeben. Die Frequenzmodulation liegt dabei leistungsmäßig um einen Faktor 3 (0,55 N oder 4,7 db) günstiger.

4. Pulscode-Modulation (PCM)

Wie auf S. 64 geschildert worden ist, ist bei diesem Verfahren die Reduktion der Geräusche keine stetige Funktion des Faktors $\dfrac{B}{z\,B_0}$ der Banderweiterung. Vielmehr werden unterwegs aufgenommene Geräusche, wenn sie unter einer bestimmten Schwelle bleiben, nach der Demodulation völlig unterdrückt. Werden sie größer, so setzt die störende Wirkung abrupt ein und ist sogleich beträchtlich.

Für den Faktor der Banderweiterung sind bei Pulscode-Modulation die Forderungen an die Quantisierungsverzerrung bestimmend. In den Abb. 2, 50 und 2, 51 ist angegeben, welches Produkt aus Klirrfaktor k

und Zustandszahl q eingehalten werden kann, wenn man ungleichförmige Amplitudenstufen vorsieht. Man entnimmt den Bildern, daß im Bereich der interessierenden Spitzenfaktoren c ein Wert $k\,q = 3$ nicht überschritten wird. Läßt man 3% Klirrfaktor zu, so ergibt sich die notwendige Stufenzahl

$$q = \frac{3}{0{,}03} = 100 \, . \tag{57}$$

Da q für die binäre Pulscode-Modulation eine ganze Potenz von 2 sein muß, wird man $q = 128$ und nach Gl. (2, 283) die Zahl der Codeelemente $r_0 = 7$ wählen. Die Zahl r ist aber nach Gl. (2, 290) maßgebend für den Faktor der Banderweiterung. Setzt man wie bisher in diesem Kapitel z zeitlich gebündelte primäre Signale voraus, so wird

$$\frac{B}{z\,B_0} = r \, , \tag{58}$$

im vorliegenden Beispiel des binären Signals also gleich $r_0 = 7$.

Das Pulscode-Signal ist unempfindlich gegen hinzutretendes Geräusch, wenn dessen Augenblickswerte s_N eine halbe Stufe nicht überschreiten

$$|s_N| \leq \frac{1}{2}\, \Delta S \, . \tag{59}$$

Jedes Überschreiten bedeutet, wenn es in der geeigneten Richtung liegt, daß der Empfänger das betreffende Codezeichen falsch wiedergibt. Das wiedergewonnene primäre Signal enthält dann bei Telegraphie ein falsches Symbol, bei Bildübertragung einen Fleck, bei Sprache einen Knack. Wächst das Geräusch auf der Übertragungsseite, so wachsen nicht etwa die Amplituden dieser Störungen, sondern sie treten häufiger auf.

Das zu der Grenzbedingung (59) gehörige Signal/Geräusch-Verhältnis hängt davon ab, ob das Pulscode-Signal unipolar oder bipolar ist, ferner von der Stufenzahl b des Signals und von der Schwingungsform der Störung. Für ein binäres Signal ist $b = b_0 = 2$.

Für das binäre *bipolare* Signal von Abb. 1, 53 ist die positive oder negative Impulsamplitude $\frac{1}{2}\,\Delta S = \frac{1}{2}\,S_0$. Die Signalleistung ist

$$P = \frac{1}{4}\, S_0^2 \, . \tag{60}$$

Auf den Faktor $(0{,}8)^2$, wie er in Abb. 2 berücksichtigt wurde, sei hier verzichtet; in der Mehrzahl der Fälle bilden sich — vgl. z. B. das Telegraphen-Alphabet oder Abb. 6,64 — bei Pulscode-Modulation Serien von mehreren Impulsen gleichen Vorzeichens aus, so daß das empfangene Signal trotz Beschränkung auf das Band B nahezu bis zur vollen Höhe der Sendeimpulse einschwingt. Geprüft wird auf der Empfangsseite nur, ob die durch Geräusch verfälschten Impulse nach der positiven oder negativen Seite vom Amplitudenniveau Null abweichen. Fälschungen bis zu $\frac{1}{2} S_0$ sind daher zulässig. Wenn alle Geräuschwerte innerhalb des Bereiches $\pm \frac{1}{2} S_0$ gleich häufig vorkommen — dies ist z. B. bei einer *dreieckförmigen* Schwingung der Fall — hat sich nach Gl. (2, 304) als kleinstes zulässiges Signal/Geräusch-Verhältnis

$$\frac{P}{N} = 3 \quad (0{,}55\,\text{N oder } 4{,}8\,\text{db}) \tag{61}$$

ergeben. Ist die zeitliche Amplitudenverteilung ungleichmäßig, so ist $\frac{P}{N}$ größer oder kleiner. Der kleinste Wert ergibt sich, wenn die betrachtete PCM-Anlage durch Nebensprechen einer zweiten gleichartigen Anlage gestört wird. Die Störung ist dann ebenfalls eine bipolare Impulsfolge, in der nur zwei Amplitudenwerte vorkommen. Diese dürfen im Grenzfall den Betrag $\pm \frac{1}{2} S_0$, das heißt die Leistung $N = \frac{1}{4} S_0^2$ erreichen, ohne daß die Codezeichen der gestörten Anlage gefälscht werden. Das zulässige Signal/Geräusch-Verhältnis für solche bipolaren *rechteckigen* Störungen wird demnach

$$\frac{P}{N} = 1. \tag{62}$$

Wie man sieht, ist die Pulscode-Modulation gegen derartige Störungen ganz besonders unempfindlich.

Für einen *sinusförmigen* Störer liegt $\frac{P}{N}$ zwischen den Werten der Gl. (61) und (62). Da eine Sinusschwingung der Amplitude $\frac{1}{2} S_0$ die Leistung $\frac{1}{8} S_0^2$ hat, folgt mit Gl. (60)

$$\frac{P}{N} = 2. \tag{63}$$

Wenn binäre *unipolare* Impulse der Höhe S_0 angenommen werden, wie das bisher für die Pulsamplituden-Modulation getan wurde, ist die Impulsleistung gleich S_0^2; da im Mittel während der halben Zeit Impulse gesendet werden, während der anderen Hälfte keine, hat die Signalleistung der *unipolaren* Pulscode-Modulation den Wert

$$P = \frac{1}{2} S_0^2. \tag{64}$$

Geprüft wird auf der Empfangsseite in diesem Fall bei halber Impulshöhe; die zulässige Fälschung durch das Geräusch ist wieder eine halbe Stufe, d. h. $\frac{1}{2} S_0$. Da die Signalleistung doppelt so groß ist wie beim bipolaren Signal [Gl. (60)], ist das notwendige Signal/Geräusch-Verhältnis jeweils um den Faktor 2 (0,35 N oder 3 db) größer als in den Gl. (61) bis (63) angegeben. Ist der Störer ebenfalls eine *unipolare* PCM-Anlage, so darf die übersprechende Pulsamplitude den Wert $\frac{1}{2}\,S_0$, das heißt die Leistung $N = \frac{1}{8}\,S_0^2$ nicht überschreiten. Das notwendige Signal/Geräusch-Verhältnis ist daher

$$\frac{P}{N} = 4\,. \tag{65}$$

Nun wird für die Übertragung das Pulscode-Signal sehr oft in ein amplitudenmoduliertes Hochfrequenz-Signal umgewandelt (PCM-AM). Dabei kann man die Plus-Minus-Impulse des bipolaren Signals nur durch Phasensprünge von 180° kennzeichnen, und man braucht zur Demodulation ein kompliziertes Verfahren. Die unipolaren Impulse sind dagegen durch einfaches Gleichrichten wiederherstellbar. Sie werden daher in der Praxis den bipolaren vorgezogen, obwohl sie nicht das Minimum an Signalleistung bringen.

Ist die Störung durch Wärme- oder Röhrenrauschen bedingt, so treten — wenn auch nur kurzzeitig — Augenblickswerte auf, die sehr viel größer sind als der Effektivwert $S_{N\mathrm{eff}}$ des Rauschsignals. Kritisch sind wieder diejenigen Spitzenwerte, die größer sind als eine halbe Amplitudenstufe des Signals. Maßgebend dafür, wie oft der Wert $\pm\,\frac{1}{2}\,\varDelta S$ überschritten wird, ist die Häufigkeit p des Vorkommens hoher Augenblickswerte s_N des Rauschens. Es ist für die Rechnung zweckmäßig, sie auf den Effektivwert $S_{N\mathrm{eff}}$ zu beziehen. Die relativen Augenblickswerte des Rauschens sind dann

$$x = \frac{s_N}{S_{N\mathrm{eff}}}\,. \tag{66}$$

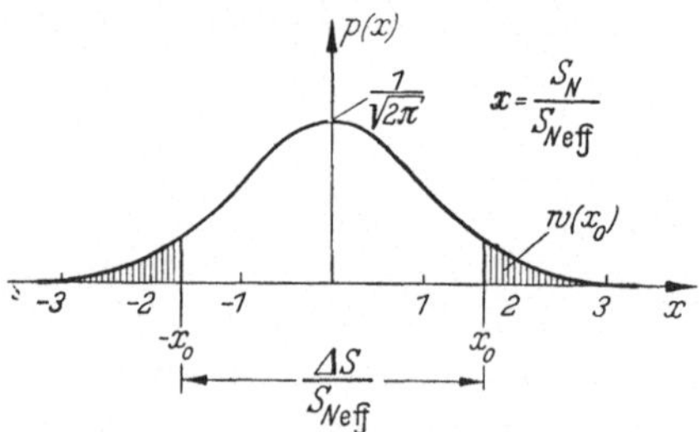

Abb. 9. Amplitudenverteilung beim Wärmerauschen

$x = 1$ bedeutet den Effektivwert selbst. Die Häufigkeit $p(x)$ ist beim Wärmerauschen und Röhrenrauschen durch die auf S. 262 bereits benutzte GAUSS-sche Fehlerfunktion bestimmt zu

$$p(x) = \frac{1}{\sqrt{2\,\pi}}\,e^{-\frac{x^2}{2}} \tag{67}$$

(Abb. 9). Die Wahrscheinlichkeit dafür, daß ein bestimmter Wert x_0 überschritten wird, ist dann

$$w(x_0) = \int_{x_0}^{\infty} p(x)\,\mathrm{d}x = \frac{1}{\sqrt{2\,\pi}} \int_{x_0}^{\infty} e^{-\frac{x^2}{2}}\,\mathrm{d}x\,. \tag{68}$$

Mit dem ebenfalls schon auf S. 316 benutzten, in dem Buch von JAHNKE-EMDE tabellierten GAUSSschen Fehlerintegral Φ besteht dabei folgende Beziehung[1]

$$w(x_0) = \frac{1}{2}\left[1 - \Phi\left(\frac{x_0}{\sqrt{2}}\right)\right]. \tag{69}$$

Ein Fehler entsteht, wenn der Augenblickswert s_N des Rauschens den Codeimpuls nach der positiven oder negativen Seite um mehr als $\frac{1}{2}\Delta S$ verändert, wenn also nach Gl. (66) und Abb. 9

$$2\,x_0 \geq \frac{\Delta S}{S_{N\mathrm{eff}}} \tag{70}$$

wird. Die folgende Tabelle möge eine Vorstellung davon geben, wie hoch eine Amplitudenstufe im Vergleich zum Effektivwert des Rauschens gewählt werden muß, damit die Fehler — bei Sprache die Knacke — genügend selten sind. Für die letzte Spalte der Tabelle sei vorausgesetzt, daß ein binärer Code mit $r_0 = 7$ Elementen benutzt wird, so daß die Impulszahl des Codesignals sich errechnet zu

$$n = r_0 f_0 = 7 \cdot 8000/\mathrm{sec} = 5{,}6 \cdot 10^4/\mathrm{sec}. \tag{71}$$

Die Fehlerzahl, die im zeitlichen Durchschnitt zu erwarten ist, wird dann

$$\varepsilon = w(x_0)\,n. \tag{72}$$

Solange $w(x_0)$ kleiner ist als etwa 1%, ist es sehr unwahrscheinlich, daß zwei oder mehr falsch empfangene Codeelemente auf *ein* Codezeichen treffen. Vernachlässigt man diese Fälle, so ruft *jedes* falsche Codeelement ein falsches Codezeichen, d. h. einen falschen Amplitudenwert hervor. Die Fehlerzahl ε gilt daher unter dieser Voraussetzung sowohl für die Elemente (Einzelimpulse) als auch für die Zeichen (Abtastwerte).

| Stufenhöhe | | Fehler-Wahr- | Fehlerzahl |
| Effektivwert des Rauschens | | scheinlichkeit | |
$\dfrac{\Delta S}{S_{N\mathrm{eff}}} = 2\,x_0$		$w(x_0)$	ε
4,65	1,54 N 13,4 db	10^{-2}	560/sec
7,44	2,01 17,4	10^{-4}	5,6/sec
9,51	2,25 19,6	10^{-6}	3,4/min
11,2	2,42 21,0	10^{-8}	2/Stunde
12,7	2,54 22,1	10^{-10}	0,5/Tag
14,1	2,64 23,0	10^{-12}	2/Jahr

[1] $w(x_0)$ kann der Tafel 3 am Schluß des Buches direkt als Unterschied zwischen der Integralkurve und dem Ordinatenwert 1 entnommen werden. Wegen der vorstehend benutzten, für Wahrscheinlichkeitsrechnungen zweckmäßigen Normierung ist $w(x_0)$ dort jedoch nicht beim Abszissenwert x_0, sondern bei $x = \dfrac{x_0}{\sqrt{2\pi}} \approx 0{,}4\,x_0$ aufzusuchen.

Die Tabelle zeigt, daß auch bei einer Störung durch Rauschen eine recht scharf definierte Schwelle für das zulässige Geräusch existiert; unterhalb der Schwelle ist die Störung nach der Demodulation vernachlässigbar, oberhalb davon steigt die Zahl der Knacke sogleich beträchtlich. Als kritisches Verhältnis $\dfrac{\Delta S}{S_{N\mathrm{eff}}}$ ergibt sich, wie man sieht, etwa ein Faktor 10 (2,3 N oder 20 db), d. h. wesentlich mehr als der Wert, der in Abb. 9 der Deutlichkeit halber gewählt wurde. 1 db mehr bringt die Fehlerzahl auf 2 in der Stunde herab, 1 db weniger setzt sie auf etwa 10 in der Minute herauf.

Das Verhältnis $\dfrac{\Delta S}{S_{N\mathrm{eff}}}$ läßt sich als Signal-Geräusch-Abstand ausdrücken, wenn die Stufenzahl des Codesignals bekannt ist. Beim binären Signal ist $\Delta S = S_0$. Da ferner nach Definition des Effektivwertes die Rauschleistung an der Einheit des Widerstandes

$$N = S_{N\mathrm{eff}}^2 \tag{73}$$

ist, wird für das *bipolare binäre* Signal mit Gl. (60) und (70)

$$\frac{P}{N} = \frac{\frac{1}{4} S_0^2}{S_{N\mathrm{eff}}^2} = x_0^2 \,. \tag{74}$$

An der Geräuschschwelle erhält man mit $2\,x_0 = 10$

$$\frac{P}{N} = 25 \qquad (1{,}6 \text{ N oder } 14 \text{ db}). \tag{75}$$

Für das *unipolare* Signal ist dieser Grenzwert, weil die Signalleistung doppelt so groß ist, wieder um einen Faktor 2 (0,35 N oder 3 db) größer.

An dieser Stelle mag es interessant sein, den Nachrichtenfluß R, der mit Pulscode-Modulation erreichbar ist[1], zu vergleichen mit dem theoretischen Grenzwert R_{max}. Dieser ist nach Gl. (2, 306) für ein Übertragungssystem, das durch Rauschen gestört ist, gegeben zu

$$R_{\mathrm{max}} = B\,^2\!\log\left(1 + \frac{P}{N}\right). \tag{76}$$

Der Nachrichtenfluß bei einer Übertragung mit b-stufiger Pulscode-Modulation ist nach Gl. (2, 296)

$$R = B\,^2\!\log\{b^2\}. \tag{77}$$

Die Signalleistung für ein q-stufiges quantisiertes Signal ist in Gl. (2, 257) berechnet worden. Setzt man für das codierte Signal $q = b$, so wird sie

$$P = (\Delta S)^2 \,\frac{b^2 - 1}{12} \,. \tag{78}$$

---

[1] Die geringe Veränderung des Nachrichtenflusses dadurch, daß die Zeichen nicht ganz fehlerlos wiedergegeben werden, sei hier vernachlässigt.

Wird hier ΔS aus Gl. (70) eingesetzt und Gl. (73) beachtet, so ergibt sich

$$P = \frac{x_0^2}{3}\, N\, (b^2 - 1). \tag{79}$$

Setzt man hieraus b^2 in Gl. (77) ein, so wird der Nachrichtenfluß bei Pulscode-Modulation

$$R = B\ ^2\!\log\left(1 + \frac{3}{x_0^2}\,\frac{P}{N}\right). \tag{80}$$

Der Vergleich mit Gl. (76) zeigt, daß sich die Pulscode-Modulation durch den Faktor $\frac{x_0^2}{3}$ im erforderlichen Signal/Geräusch-Verhältnis von einem idealen Verfahren unterscheidet. Fordert man völlig fehlerfreien Empfang $[w(x_0) = 0]$, so wird nach Abb. 9 $x_0 = \infty$. Die Signalleistung P muß ebenfalls unendlich groß werden, wenn der Nachrichtenfluß aufrecht erhalten werden soll. Läßt man jedoch, wie vorher erörtert, einige wenige Fehler oder Knacke zu ($2\,x_0 = 10$), so braucht die Signalleistung gegenüber einem idealen System nur um den Faktor $\frac{25}{3} = 8{,}3$ ($1{,}06\ \mathrm{N}$ oder $9{,}2$ db) erhöht zu werden. Diese starke Annäherung an die theoretische Grenze wird von keinem anderen Modulationsverfahren erreicht.

Zusammengefaßt ist für die Wirkung von Störungen bei Pulscode-Modulation folgendes festzustellen:

Die entstörende Wirkung ist keine gleichförmig wachsende Funktion des Faktors $\frac{B}{z\,B_0}$ der Banderweiterung; dieser Faktor ist vielmehr festgelegt auf die Zahl r der Codeelemente, für Sprachübertragung mit binärer PCM im öffentlichen Netz etwa auf den Wert $r_0 = 7$. Ist diese Zahl und damit das Verfahren — binär, ternär, quaternär und so fort — einmal gewählt, so macht ein engeres Band die Übertragung zunichte, ein weiteres bringt keinen Nutzen; im Falle einer Störung durch Rauschen schadet es sogar, da die wirksame Rauschleistung N erhöht wird.

Unterschreitet das Geräusch im Vergleich zum Signal einen bestimmten Schwellenwert, so werden der Gewinn r_N und der Reduktionsfaktor R_N abrupt außerordentlich groß. Das kritische Signal/Geräusch-Verhältnis $\frac{P}{N}$ hängt im einzelnen von der Stufenzahl des Signals und der Art des Geräusches ab. In der nachstehenden Tabelle sind für binäre Signale — bipolare und unipolare — und für einige Geräuschformen die kritischen Werte zusammengestellt.

Die eingerahmten Felder bezeichnen dabei die Fälle, wo die störende und die gestörte Anlage von der gleichen Art sind.

Zum Vergleich mit den anderen Verfahren sei noch die Geräuschleistung N auf den Bezugswert $z\,N_0$ umgerechnet, der für z Kanäle bei Einseitenband-Übertragung gilt. Hierbei ist das Übertragungsband

Art der Störung	Bipolares Signal P/N			Unipolares Signal P/N		
	Faktor	N	db	Faktor	N	db
Rechteckschwingung bipolar	1	0	0	2	0,35	3,0
Rechteckschwingung unipolar	2	0,35	3,0	4	0,69	6,0
Sinusschwingung	2	0,35	3,0	4	0,69	6,0
Dreieckschwingung	3	0,55	4,8	6	0,90	7,8
Rauschen	25	1,61	14,0	50	1,96	17,0

$z\,B_0$. Im Frequenzband B, das nach Abb. 1 durch den Abfall auf $\dfrac{1}{\sqrt{2}}$ definiert ist, herrscht nach Gl. (17) und (58) die Rauschleistung

$$N = z\,N_0\,\frac{B}{z\,B_0} = z\,N_0\,r\,.\tag{81}$$

Das Signal/Geräusch-Verhältnis, bezogen auf den Wert $z\,N_0$, wird hiermit

$$\frac{P}{z\,N_0} = \frac{P}{N}\,r\,.\tag{82}$$

Im Fall des binären Signals mit $r_0 = 7$ Elementen ist es daher jeweils um $\dfrac{1}{2}\ln r_0 = 8,5$ db größer als die in der Tabelle genannten Grenzwerte.

5. Der Gewinn an Signal-Geräusch-Abstand durch Kompression und Expansion der Augenblickswerte

Auf S. 51 ist besprochen worden, daß die frequenzmäßige Bündelung von Sprachsignalen, wie sie das Einseitenband-Verfahren bietet, einen zusätzlichen Gewinn an Signal-Geräusch-Abstand bringt: In einem weiten Bereich von einigen wenigen bis zu etwa 1000 Kanälen nimmt die Spitzenleistung des gemeinsamen Signals wegen der statistischen Addition der einzelnen Sprachspitzen nur wenig zu. Stellt man für z Kanäle die z-fache Spitzenleistung eines Signals zur Verfügung, so kann die relative Aussteuerung in jedem einzelnen Kanal heraufgesetzt werden. Nach der Demodulation erhält man auf diese Weise ein erhöhtes Signal/Geräusch-Verhältnis. Die erreichten Werte für diesen Gewinn sind in Abb. 1, 43 aufgetragen.

Werden die einzelnen Kanäle zeitlich gebündelt, so kann man diesen Effekt nicht ausnutzen: Da die Sprachschwingungen sich zu keiner Zeit überdecken dürfen, steigt die erforderliche Signalleistung P mit der Zahl z der Kanäle linear an. Im gleichen Maß steigt auch die erforderliche Übertragungs-Bandbreite B und damit die wirksame Geräuschleistung N

an, wenn es sich um Rauschen handelt. Der Gewinn an Signal-Geräusch-Abstand ist daher, ausgedrückt als Funktion des Faktors $\dfrac{B}{z\,B_0}$ der Banderweiterung, unabhängig von der Kanalzahl z allein und hat die unter Punkt 1. bis 4. dieses Abschnittes berechneten Werte.

Es gibt aber ein anderes Mittel, die Wirkung der Geräusche zu reduzieren: Die Kompression der Augenblickswerte vor der Übertragung und ihre Expansion nachher. Geräte, die diesen Zweck erfüllen — sogenannte „Kompander" —, können an sich ohne Rücksicht auf das verwendete Modulationsverfahren mit Nutzen verwendet werden. Bei den Verfahren mit zeitlicher Bündelung werden sie jedoch besonders einfach: Sie brauchen für das ganze Bündel nur einmal auf der Sende- und Empfangsseite vorhanden zu sein. Bei frequenzmäßiger Bündelung müssen sie dagegen jedem Kanal gesondert zugeordnet werden, weil im gemeinsamen breiten Übertragungsband unzulässig große nichtlineare Verzerrungen auftreten würden; sie tragen daher merklich zum Aufwand der Sende- und Empfangsseite bei. Sie können ferner in diesem Fall nicht in der einfachen Form ausgeführt werden, daß die *Augenblickswerte* des primären Signals auf der Sendeseite verzerrt und auf der Empfangsseite wieder entzerrt werden. Die bei der Kompression gebildeten Oberschwingungen würden, soweit sie oberhalb 4 kHz liegen, nicht übertragen werden; der Expander würde zwar bei tiefen Modulationsfrequenzen zufriedenstellend arbeiten, bei hohen aber versagen. Ferner liefert, wie auf S. 16 geschildert, das Einseitenband-Verfahren keine Formtreue, wenn die Sende- und Empfangsträger wie üblich getrennten Generatoren entstammen. Ein primäres Signal, wie es z. B. in Abb. 1, 14 betrachtet wurde, würde durch die Kompression am Sendeort noch rechteckiger werden; bei der Expansion am Empfangsort noch spitzer als dort gezeichnet. Beträchtliche Klirrschwingungen wären die Folge. Man benutzt daher für die Sprach- oder Musikübertragung Geräte, die den Übertragungsfaktor etwa im Rhythmus der Silbenfrequenz regeln; die Feinstruktur des Signals bleibt dabei ungeändert. Die leisen Partien der Sprache werden auf der Sendeseite mehr verstärkt, auf diese Weise über das unterwegs hinzutretende Geräusch gehoben und auf der Empfangsseite mehr gedämpft. Dabei wird das Geräusch um soviel gesenkt, wie vorher auf der Sendeseite Verstärkung eingeführt worden war.

Diese Komplikationen fallen bei den Verfahren mit zeitlicher Bündelung fort. Das Pulssignal enthält ohnehin eine große Zahl von Oberschwingungen, so daß die neu gebildeten auf bereits vorhandene fallen. Ferner ist Formtreue erforderlich — man könnte sonst ja die zeitliche Verwürfelung auf der Empfangsseite nicht mehr auflösen. Der Kompander läßt sich daher in einfacher Form bauen; man verzerrt die *Augenblickswerte* nichtlinear, z. B. durch Gleichrichter, und entzerrt mit komplementären Gliedern. Ein Beispiel dafür ist die logarithmische Kompression und Expansion zur Übertragung quantisierter Signale (S. 147). Sie brachte dort den Nutzen, daß die Quantisierungsverzerrung bei kleinen Augenblickswerten des primären Signals erträglich wurde. Kompressor und Expander können dabei, was nicht ausdrücklich erwähnt worden ist, gemeinsam für eine Gruppe zeitlich gebündelter Signale benutzt werden. Verwendet man nun die gleichen Geräte auch für Pulsverfahren, die ohne Quantisierung arbeiten, so stellt sich ein ganz ähnlicher Erfolg ein; in Abb. 10 ist dies am Beispiel eines

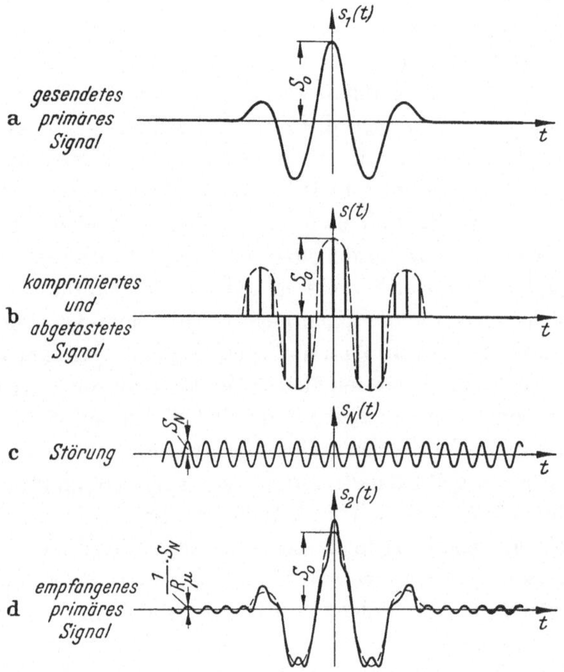

Abb. 10 a—d. Geräuschreduktion durch Kompression und Expansion

primären Signals $s_1(t)$ dargestellt, wie es in Oszillogrammen von Sprache vorkommt (a). Dieses Signal wird in üblicher Weise abgetastet und mit anderen, hier nicht gezeichneten Abtastpulsen zeitlich gebündelt. Durch die Wirkung des Kompressors werden die kleinen Abtastwerte des übertragenen Signals $s(t)$ stark angehoben (b). Am Empfangsort trete eine Störung $s_N(t)$ — hier als Sinuswelle angenommen — hinzu (c). Hierdurch werden alle Abtastimpulse etwas gefälscht. Das Signal durchläuft hierauf den Expander, der die ursprünglichen Amplitudenverhältnisse der Abtastwerte wiederherzustellen sucht. Nach der Entbündelung und Demodulation (d) zeigt das empfangene primäre Signal $s_2(t)$ folgende Unterschiede gegenüber dem gesendeten:

1. In den Zeiten, wo dieses Null war, ist die Störung zwar vorhanden, aber um den Faktor R_μ reduziert worden.

2. Im Maximum des Signals ist die Störung mit unveränderter Amplitude überlagert. Je kleiner die Augenblickswerte des Signals sind, desto kleiner ist auch die überlagerte Störung.

Die entstörende Wirkung läßt sich leicht aus den Beziehungen berechnen, die auf S. 152 für die logarithmische Kompression verwendet worden sind. Nach Gl. (2, 262) ergibt sich das Verhältnis der komprimierten Augenblickswerte s zu den ursprünglichen s_1, d. h. die Verstärkung am Sendeort zu

$$\frac{s}{s_1} = \frac{\frac{1}{2}\,S_1}{s_1}\,\frac{\ln\left(1 + \mu\,\frac{s_1}{\frac{1}{2}\,S_1}\right)}{\ln\left(1 + \mu\right)}\,. \tag{83}$$

Den gleichen Wert führt der Expander am Empfangsort als Dämpfung ein. Solange die Störung klein ist, ändert sie diese Dämpfung näherungsweise nicht. Der Reduktionsfaktor R_μ für die Wirkung der Störung ist daher durch das Verhältnis $\frac{s}{s_1}$ nach Gl. (83) gegeben. Für kleine Augenblickswerte $\frac{s_1}{\frac{1}{2}\,S_1}$ des primären Signals wird er vermöge der Näherung $\ln(1 + \delta) \approx \delta$ unabhängig vom Signal

$$R_\mu = \frac{\mu}{\ln(1 + \mu)}\,. \tag{84}$$

Die Reduktion der Störung ist also in den Signalpausen nur abhängig von der Wahl des Kompressionsfaktors μ. In ausgeführten Schaltungen lassen sich Werte zwischen 20 und 30 verwirklichen. Wählt man einen mittleren Wert ($\mu = 24$), so erhält man durch die Kompression und Expansion einen zusätzlichen Gewinn der Größe

$$r_\mu = \ln R_\mu = 2,0\,\mathrm{N} = 17,5\,\mathrm{db}. \tag{85}$$

Während der Zeiten, in denen das Signal merkliche Werte hat, ist der Gewinn kleiner, im Maximum des Signals gleich Null. Die Störung macht sich als unharmonisches Klirren bemerkbar. Bedenkt man aber, daß für eine gute Übertragung das Geräusch in den Signalpausen nur etwa $1^0/_{00}$ der höchsten Signalamplitude betragen darf, so ergibt selbst der um einen Faktor $e^2 = 7,39$ höhere Wert, der während des Signals auftritt, einen Klirrfaktor in der Größenordnung von 1%; dieser Wert ist für die Übertragung von Sprache noch unschädlich.

In den folgenden Vergleichen über den Gewinn der Verfahren wird daher, wenn zeitliche Bündelung vorliegt, ein zusätzlicher Gewinn nach Gl. (85) angenommen werden.

6. Vergleich der reinen Pulsverfahren

Die oben berechneten Werte des Gewinnes an Signal-Geräusch-Abstand sind in Abb. 11 als Funktion des Faktors $\frac{B}{z\,B_0}$ der Banderweiterung aufgetragen. Dabei ist angenommen, daß die Störung aus Rauschen besteht. Als Bezugswert gilt wie auf S. 53 das Einseitenband-Verfahren (EB) mit einem Kanal. Werden z Kanäle mit diesem Verfahren frequenzmäßig gebündelt, so erhöht sich der Gewinn um die in Abb. 1, 43 angegebenen Werte; dargestellt sind zwei Punkte, für $z = 12$ und $z = 60$.

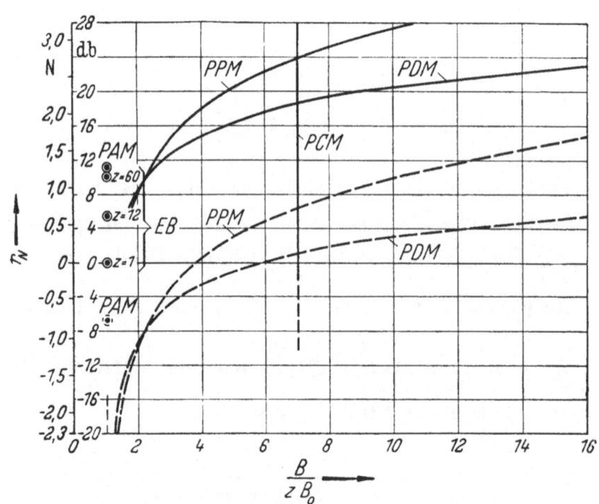

Abb. 11. Gewinn an Signal-Geräusch-Abstand r_N und aufzuwendende Bandbreite B von verschiedenen Arten der Pulsmodulation

B	Signalbandbreite	EB	Einseitenband-Modulation
B_0	Bandbreite eines Kanals	PAM	Pulsamplituden-Modulation
z	Zahl der Kanäle	PCM	Pulscode-Modulation
– – –	ohne) Kompander bei	PDM	Pulsdauer-Modulation
———	mit } PDM und PPM	PPM	Pulsphasen-Modulation

Die gestrichelten Kurven gelten für Pulssysteme ohne Kompander, die Gewinne sind die in den Gl. (19) für PAM, (40) für PDM und (54) für PPM berechneten Funktionen von $\frac{B}{z\,B_0}$. Die ausgezogenen Kurven gelten für Systeme mit Kompander; sie liegen um den Gewinn r_μ höher. Für die Pulscode-Modulation (PCM) ist aus den oben besprochenen Gründen ein binärer Code mit 7 Elementen angenommen worden. Die erforderliche Bandbreite ist daher durch den Faktor $\frac{B}{z\,B_0} = 7$ festgelegt. Die senkrechte Linie deutet an, daß der Gewinn bei Erweiterung des Bandes, d. h. für steilere Impulse praktisch nach Unendlich geht, sofern vorher das Signal-Geräusch-Verhältnis gerade den kritischen Wert hatte. Wird das Frequenzband verringert, so schwingen die empfangenen Impulse nicht bis zur vollen Höhe ein. Wie in der Tabelle hinter Gl. (72)

dargestellt, wird die Zahl der störenden Knacke abrupt größer, wenn das Signal im Verhältnis zum Geräusch nur um ein Weniges absinkt. Man könnte — und solche Berechnungen finden sich in der Literatur — die Leistung der Knacke ermitteln und diesen Wert als Geräuschleistung N_2 in die Formel für den Gewinn an Signal-Geräusch-Abstand einsetzen. Dann würde sich auch bei PCM ein stetiger, wenngleich sehr steiler Verlauf von r_N als Funktion von $\frac{B}{z\,B_0}$ ergeben. Da aber die störende Wirkung von Knacken anders zu bewerten ist als die eines kontinuierlichen Geräusches, möge die hier gewählte Andeutung des notwendigen Frequenzbandes genügen.

Legt man das Verhältnis $\frac{B}{z\,B_0} = 7$ auch für die Pulsverfahren ohne Quantisierung zugrunde — ausgeführte Anlagen haben mindestens diesen Wert —, so sieht man, daß für $z = 12$ Kanäle die Pulsphasen-Modulation ohne Kompander etwa den gleichen Gewinn hat wie das Einseitenband-Verfahren. Durch die Einführung eines Kompanders läßt sich also noch die volle Verbesserung erreichen, die dieses Gerät liefert. Es sei allerdings daran erinnert, daß auch die Einseitenband-Technik sich dieses Mittel zunutze machen kann, wenn man den Aufwand solcher Geräte, die dann je Kanal nötig sind, nicht scheut. Nutzt man diesen Gewinn aus, so reduziert sich aber der Gewinn, den die statistische Addition der Sprachspitzen liefert, weil die mittlere Leistung in jedem Kanal beträchtlich heraufgesetzt wird.

Macht man das Bandbreitenverhältnis $\frac{B}{z\,B_0}$ kleiner und kleiner, so sinkt bei den Winkelverfahren PDM und PPM das empfangene Signal im Verhältnis zum Geräusch immer mehr ab. Im Grenzfall wird der Bandbedarf $B = z\,B_0$ des Einseitenband-Verfahrens erreicht; die Signalleistung wird dabei Null, es tritt ein unendlich großer Verlust auf.

III. Die Wirkung der Geräusche bei kombinierten Pulsverfahren

Auf S. 9 ist bereits besprochen worden, daß für die hohen Frequenzen des Richtfunks das reine Einseitenband-Verfahren mit frequenzmäßiger Bündelung zurücktritt, da es bisher nicht gelungen ist, Verstärker mit genügend linearen Amplituden-Kennlinien zu bauen. Unter den vielen möglichen Kombinationen von Modulationsarten, die gegen gekrümmte Amplituden-Kennlinien unempfindlich sind, die also für Richtfunkstrecken geeignet sind, haben einige sich als besonders zweckmäßig erwiesen. Hierbei hat jeweils eines der beiden hintereinander verwendeten Verfahren die Eigenschaft der Geräuschreduktion. Es sind dies:

a) die Pulsphasen-Modulation mit zeitlicher Bündelung und nachfolgender Amplitudenmodulation (PPM-AM),

b) die Pulscode-Modulation mit zeitlicher Bündelung und nachfolgender Amplitudenmodulation (PCM-AM),

c) die Pulsamplituden-Modulation mit zeitlicher Bündelung und nachfolgender Frequenzmodulation (PAM-FM).

Die folgenden Betrachtungen werden sich daher auf diese Kombinationen beschränken. Für den Vergleich der Verfahren mit Geräuschreduktion werde als wichtige Kombination rein kontinuierlicher Modulationsarten, die ebenfalls für den Richtfunk geeignet ist, hinzugezogen

d) die Einseitenband-Modulation mit frequenzmäßiger Bündelung und nachfolgender Frequenzmodulation (EB-FM).

1. Pulsverfahren und kontinuierliche Amplitudenmodulation
(PPM-AM und PCM-AM)

Abb. 12 zeigt die Verhältnisse, die vorliegen, wenn ein unipolarer Puls zur Amplitudenmodulation eines Trägers der Frequenz f_h dient. Vorausgesetzt sind die gleichen Impulse wie in Abb. 2. Zeile a) zeigt den ungestörten Vorgang, Zeile b) eine sinusförmige Störung. Ihre Frequenz möge um den Wert f_N höher sein als f_h. Im Bilde besteht daher, wenn Signal und Störung in der Bildmitte gleichphasig sind, für die Mitten des linken und rechten Impulses eine Phasenverschiebung θ. Werden Signal und Störung addiert [Zeile c)], so zeigt das verformte Signal während der Impulszeiten die gleiche Hüllkurve wie das von Abb. 2: In der Mitte addiert sich die Störung linear, bei den äußeren Impulsen wegen der Phasenverschiebung nur zum Teil. Die Hüllkurven aufeinanderfolgender Impulse zeigen eine sinusförmige Schwankung der Amplitude S_N. In den impulsfreien Zeiten besteht dagegen ein Unterschied zu Abb. 2: Die Hüllkurve hat den konstanten Wert $\pm S_N$. Wird im Empfänger gleichgerichtet und der erhaltene Puls durch eine Verstärkung um $\dfrac{\pi}{2}$ auf die Hüllkurven-Amplitude gebracht, so haben die Impulse genau die Form von Abb. 2 mit Ausnahme der impulsfreien Zeiten. Während dieser tritt ein Gleichstrom der Größe S_N auf. Dieser Unterschied ist aber für die nachfolgende Demodulation ohne Belang, da die Geräuschleistung bei diesem Prozeß durch Abtasten oder Abschneiden der kleinen Amplituden in den Impulspausen ohnehin entfernt werden muß.

Die Betrachtungen über den Gewinn an Signal-Geräusch-Abstand, wie sie im Abschn. II für die verschiedenen Pulsverfahren angestellt worden sind, bleiben daher gültig. Zahlenmäßig besteht nur ein einziger Unterschied für den Fall des sinusförmigen Störers: Für die Basisband-Pulse der

Abb. 2 war die Impulsleistung S_0^2, während sie bei den Hochfrequenzimpulsen der Abb. 12 den Wert $\frac{1}{2} S_0^2$ hat. Bei gleichem Signal/GeräuschVerhältnis $\frac{P_2}{N_2}$ nach der Demodulation ist also das Verhältnis $\frac{P}{N}$ auf der Strecke um den Faktor Zwei kleiner. Für die Kombination mit AM sind demnach die angegebenen Gewinne bei *sinusförmiger Störung* um

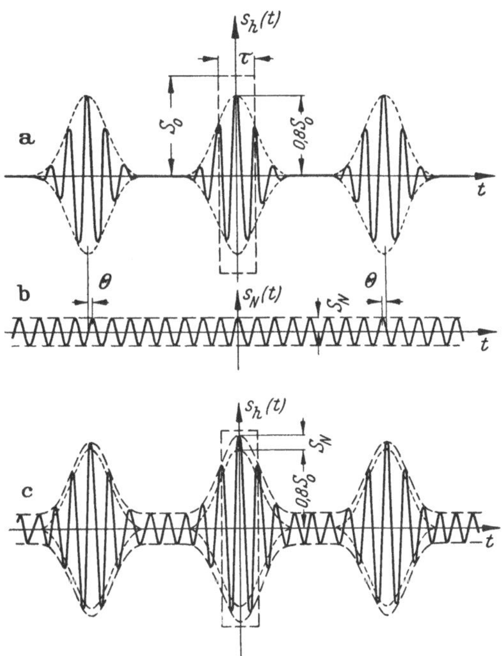

Abb. 12a—c. Wirkung einer sinusförmigen Störung auf Hochfrequenzimpulse
a) Hochfrequenzimpulse der Trägerfrequenz f_h,   b) Sinusförmige Störung mit etwas abweichender Frequenz,   c) Verformtes Signal

0,35 N oder 3 db zu erhöhen, die Reduktionsfaktoren R_N um den Faktor $\sqrt{2}$.

Für die Beeinflussung durch *Rauschen* bleiben die im Abschn. II berechneten Gewinne zahlenmäßig erhalten, da zwei Einflüsse sich aufheben: Bei den Impulsen im Basisband ist die Rauschleistung im Band B wirksam, bei den Hochfrequenzimpulsen dagegen im doppelten Band $B_h = 2 B$. Da die Rauschleistung doppelt so groß ist, wird der Gewinn gerade um so viel kleiner, wie er sich entsprechend der obigen Betrachtung erhöht hat.

Kombiniert man die *Pulsphasen-Modulation* mit einer nachfolgenden Amplitudenmodulation, so lauten daher die Beziehungen für den

Gewinn r_N und den Reduktionsfaktor R_N, wenn B durch $^1/_2\,B_h$ ersetzt wird,

bei *sinusförmiger* Störung [vgl. Gl. (50) bis (52)]

$$r_N^{\text{PPM-AM}} = \frac{1}{2}\ln\left\{\frac{1}{32}\left(\frac{B_h}{z\,B_0} - 2\right)^2 \frac{B_h}{z\,B_0}\right\} \tag{86}$$

$$r_N^{\text{PPM-AM}} \approx \frac{1}{2}\ln\left\{\frac{1}{32}\left(\frac{B_h}{z\,B_0}\right)^3\right\} \tag{87}$$

und

$$R_N^{\text{PPM-AM}} \approx \frac{1}{4\sqrt{2}}\left(\frac{B_h}{z\,B_0}\right)^{3/2}, \tag{88}$$

bei einer *Störung durch Rauschen* [vgl. Gl. (54) bis (56)]

$$r_N^{\text{PPM-AM}} = \frac{1}{2}\ln\left\{\frac{1}{32}\left(\frac{B_h}{z\,B_0} - 2\right)^2\right\} \tag{89}$$

$$r_N^{\text{PPM-AM}} \approx \frac{1}{2}\ln\left\{\frac{1}{32}\left(\frac{B_h}{z\,B_0}\right)^2\right\} \tag{90}$$

und

$$R_N^{\text{PPM-AM}} \approx \frac{1}{4\sqrt{2}}\frac{B_h}{z\,B_0}. \tag{91}$$

Kombiniert man die *Pulscode-Modulation* mit einer nachfolgenden Amplitudenmodulation, so bleiben die auf S. 379 ff. angestellten Betrachtungen gültig, nur ist die vom Signal belegte Bandbreite doppelt so groß. Aus Gl. (58) wird daher

$$\frac{B_h}{z\,B_0} = 2\,r, \tag{92}$$

für das gewählte Beispiel also gleich 14. Die in der Tabelle S. 386 aufgeführten Schwellenwerte des Signal/Geräusch-Verhältnisses bleiben für eine Rauschstörung erhalten; für die übrigen aufgeführten Störer liegt der kritische Wert von P/N um 0,35 N oder 3 db tiefer. Ist der Störer ebenfalls zusätzlich amplitudenmoduliert, etwa eine gleichartige PCM-AM-Anlage, so gelten die eingerahmten Werte unverändert.

2. Pulsverfahren und kontinuierliche Winkelmodulation (PAM-FM)

Die grundsätzliche Wirkungsweise dieses Verfahrens wurde auf den S. 71 und 72 am Beispiel von zwei zeitlich gebündelten primären Signalen erläutert (Abb. 1, 60). Hierbei ist die gestrichelt gezeichnete Übertragungsstrecke von Abb. 1 durch ein System zu ersetzen, das mit Frequenzmodulation arbeitet. Für die Signalleistung auf der Strecke ist nicht mehr der Pulssender S maßgebend, sondern der FM-Sender, der hinter dem Tiefpaß TP_1 zu denken ist. Um die geräuschmindernde Wirkung der Frequenzmodulation möglichst gut auszunutzen, wird man bei vorgeschriebenem Hochfrequenzband B_h das Modulationsband B_m

für die Pulsamplituden-Modulation so klein wie möglich machen. Nach
Gl. (24) und den folgenden Bemerkungen wird der kleinste Wert B_m,
wenn man an die Realisierbarkeit der Filter denkt, mit dem cosinusförmigen Übertragungsfaktor erreicht. Das Modulationsband erstreckt
sich für diesen mindestens bis zu dem Wert

$$B_m = 2\,B = 2\,z\,B_0. \tag{93}$$

Die praktischen Schwierigkeiten, die bei wirklichen Systemen zu einer
etwas größeren Bandbreite führen, seien hier zugunsten eines einfachen
Rechnungsganges außer acht gelassen. Für den Fall $B = z\,B_0$ der
Gl. (93) müssen nach Abb. 4, 65b, wenn Nebensprechen vermieden werden
soll, die erzeugenden Impulse vor dem Tiefpaß TP_1 sehr kurz, im Grenzfall Einheitsimpulse sein. Als Antwort auf einen solchen Impuls $\delta(t)$
tritt nach dem Durchlaufen des Systems hinter dem Empfangstiefpaß
TP_2 ein Impuls auf, wie er in Abb. 13 unter b) nochmals aufgetragen
ist. Bei allen Vielfachen von

$$t_g = \frac{1}{2\,z\,B_0}, \tag{94}$$

wo die Impulse der anderen Kanäle zentriert sind, geht dieser Impuls
durch Null, so daß kein Nebensprechen auftritt. Der Verlauf des zugehörigen Übertragungsfaktor $A = A_1 A_2$ ist rechts oben angedeutet.

Für die Frequenzauslenkung des FM-Systems ist die Impulsform
maßgebend, die nach dem Durchlaufen des Sende-Tiefpasses TP_1 auftritt. Sie wird erhalten als Antwort dieses Netzwerks auf einen Einheitsimpuls. Der Übertragungsfaktor A_1 des Sende-Tiefpasses ist in
Abb. 13 links oben als Viertelwelle einer Cosinusfunktion dargestellt.
Der Phasengang sei linear. Die Antwort $s_\delta(t)$ wird nach Gl. (2, 78) erhalten zu

$$s_\delta(t) = \frac{1\,\mathrm{sec}}{2\,\pi\,j} \int\limits_{p=-j\,2\pi B_m}^{+j\,2\,\pi B_m} \cos\left(\frac{\pi}{2}\,\frac{p}{j\,2\,\pi\,B_m}\right) e^{pt}\,\mathrm{d}p. \tag{95}$$

Die Auswertung ergibt unter Beachtung von Gl. (93) und (94)

$$s_\delta(t) = \frac{1\,\mathrm{sec}}{t_g}\,\frac{4}{\pi}\,\frac{1}{1-\left(\dfrac{4\,t}{t_g}\right)^2}\,\cos 2\,\pi\,\frac{t}{t_g}. \tag{96}$$

Dieser Verlauf ist in Abb. 13 unter a) dargestellt. Die Impulsamplitude,
die für den Frequenzhub des anschließenden FM-Systems maßgebend
ist, ist um den Faktor $\frac{4}{\pi}$ größer als die des vorher betrachteten, demodulierten Impulses hinter dem Empfangs-Tiefpaß. Ferner liegen die Nulldurchgänge gerade so, daß sich das Überschwingen bei allen Vielfachen
von t_g stark bemerkbar macht. Man sieht hier sehr schön die Wirkung
des Empfangs-Tiefpasses, der das Nebensprechen zu Null macht.

Der Wert für B_m von Gl. (93) ist nun in die Beziehung (1, 105) für
den Bandbedarf der Frequenzmodulation einzusetzen. Dort wurden je
nach dem Hubverhältnis ein oder zwei Modulationsband-Bereiche zu
beiden Seiten des durch den Frequenzhub $\pm \Delta F$ gegebenen Bandes
berücksichtigt. Nun ist bei der grundsätzlichen Schilderung des PAM-
FM-Verfahrens schon gezeigt worden, daß eine Verzerrung des Hochfrequenzsignals nach der Demodulation zwar Verzerrungen in jedem der
primären Signale hervorruft, in erster Näherung aber kein nichtlineares

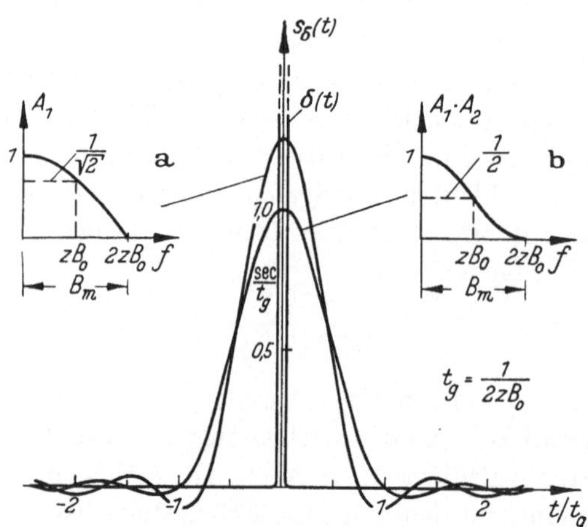

Abb. 13. Impulsverlauf hinter dem Sendetiefpaß (a) und hinter
dem Empfangstiefpaß (b)

Nebensprechen zwischen den Signalen. Man kann daher größere Verzerrungen zulassen als beim EB-FM-Verfahren, und es genügt auch bei
großem Hubverhältnis, wenn ein einziges Modulationsband zum Frequenzhub addiert wird. Man erhält daher als erforderliche Hochfrequenz-
Bandbreite

$$B_h = 2\,c\,(\Delta F + B_m). \tag{97}$$

Der Reduktionsfaktor des FM-Verfahrens gegenüber einer Störung durch
Rauschen war nach Gl. (1, 104), wenn B_m statt des dort betrachteten
einzelnen Kanals der Breite B_0 eingeführt wird

$$R_N^{\mathrm{FM}} = \sqrt{\frac{3}{2}\,\frac{\Delta F}{B_m}}. \tag{98}$$

Aus Gl. (97) errechnet sich das Verhältnis

$$\frac{\Delta F}{B_m} = \frac{1}{2\,c}\left(\frac{B_h}{B_m} - 2\,c\right). \tag{99}$$

Wird B_m aus Gl. (93) eingeführt, so ergibt sich für den Reduktionsfaktor
des mit Frequenzmodulation arbeitenden Abschnitts, ausgedrückt durch

das Verhältnis $\dfrac{B_h}{z\,B_0}$

$$R_N^{\mathrm{FM}} = \sqrt{\frac{3}{2}\,\frac{1}{4\,c}\left(\frac{B_h}{z\,B_0} - 4\,c\right)}.\tag{100}$$

Will man hieraus den Reduktionsfaktor $R_N^{\mathrm{PAM\text{-}FM}}$ des kombinierten Verfahrens erhalten, so ist außer der bereits besprochenen Verkleinerung der Pulsamplitude (Faktor $\dfrac{\pi}{4} \approx 0{,}8$) noch der Einfluß des Empfangs-Tiefpasses auf die Rauschleistung zu berücksichtigen. Auf S. 368 ist gezeigt worden, daß die in jedem Kanal wirksame Rauschleistung N_2 gleich ist der im gesamten breiten Band der Pulsamplituden-Modulation auftretenden Rauschleistung [Gl. (17)]. Dieses Band hat hier die Breite B_m. In Abb. 14 sind die Verhältnisse näher dargestellt. Am Ausgang des Systems mit Frequenzmodulation, d. h. am Eingang des Empfangs-Tiefpasses $\mathrm{TP_2}$ tritt eine Rauschleistung N_m auf (Kurve 1), deren Spektrum quadratisch mit der Frequenz ansteigt. Am Ausgang des Tiefpasses erscheinen alle Komponenten des Leistungsspektrums mit dem Quadrat des Übertragungsfaktors A_2 (gestrichelt) multipliziert. So ergibt sich die spektrale Begrenzungslinie 2, welche die wesentlich kleinere Leistung N_2 einschließt.

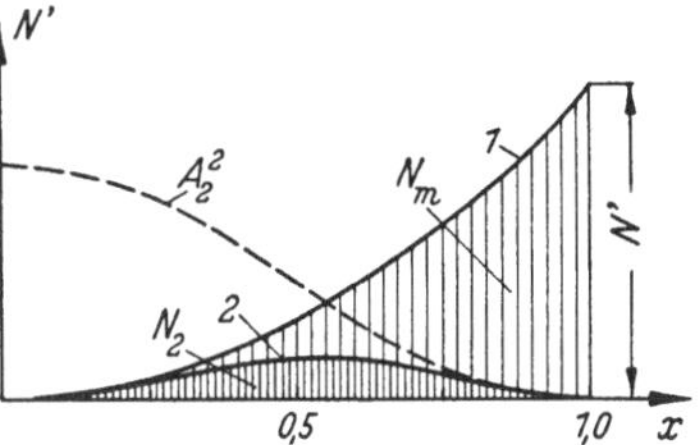

Abb. 14. Frequenzgang der Rauschleistung am Ausgang des Frequenz-Demodulators (Kurve 1) und nach dem Empfangstiefpaß (Kurve 2)

$$x = \frac{f}{2\,z\,B_0}$$

Diese ist, wie gezeigt, in voller Größe im Modulationsband B_0 jedes Kanals wirksam. Das Amplitudenverhältnis von Signal zu Geräusch wird daher gegenüber Gl. (100) noch zusätzlich um den Faktor $\sqrt{\dfrac{N_m}{N_2}}$ erhöht. Dieser errechnet sich wie folgt.

Bezeichnet N' die Leistungsdichte bei der Frequenz $f = 2\,z\,B_0$, so ist die Rauschleistung vor dem Tiefpaß

$$N_m = \frac{1}{3}\,N'\,2\,z\,B_0.\tag{101}$$

Die Leistung hinter dem Tiefpaß ergibt sich als Integral der Kurve 2 über der Frequenz. Mit der Abkürzung

$$x = \frac{f}{2\,z\,B_0}\tag{102}$$

erhält man

$$N_2 = N'\,2\,z\,B_0 \int\limits_{x=0}^{1} x^2 \cos^2\left(\frac{\pi}{2}\,x\right)\mathrm{d}x.\tag{103}$$

Die Auswertung ergibt

$$N_2 = N' \, 2 \, z \, B_0 \left| \frac{1}{6} \, x^3 + \frac{1}{2\pi} \, x^2 \sin \pi \, x + \frac{1}{\pi^2} \, x \cos \pi \, x - \frac{1}{\pi^3} \sin \pi \, x \, \right|_{x=0}^{1} \tag{104}$$

$$N_2 = N' \, 2 \, z \, B_0 \left(\frac{1}{6} - \frac{1}{\pi^2} \right) = 0{,}065 \, N' \, 2 \, z \, B_0 \, . \tag{105}$$

Aus Gl. (101) und (105) erhält man für das gesuchte Leistungsverhältnis

$$\frac{N_m}{N_2} \approx 5 \, . \tag{106}$$

Zusammengefaßt ergibt sich für die Geräuschreduktion des kombinierten Verfahrens PAM-FM, daß der Faktor R_N^{FM} von Gl. (100) zu multiplizieren ist

1. mit 0,8 wegen der verringerten Signalamplitude,

2. mit $\sqrt{5}$ wegen der verringerten Rauschleistung.

Man erhält also für die *Störung durch Rauschen*

$$R_N^{\mathrm{PAM\text{-}FM}} = \frac{0{,}8}{4} \sqrt{5} \, \sqrt{\frac{3}{2} \, \frac{1}{c} \left(\frac{B_h}{z \, B_0} - 4 \, c \right)} \tag{107}$$

$$R_N^{\mathrm{PAM\text{-}FM}} = \sqrt{\frac{3}{10} \, \frac{1}{c} \left(\frac{B_h}{z \, B_0} - 4 \, c \right)} \, . \tag{108}$$

Nimmt man noch den Gewinn durch Kompression und Expansion hinzu, so erhält man insgesamt einen Gewinn der Größe

$$r_N^{\mathrm{PAM\text{-}FM}} = \frac{1}{2} \ln \left\{ \frac{3}{10} \, \frac{1}{c^2} \left(\frac{B_h}{z \, B_0} - 4 \, c \right)^2 \right\} + r_\mu \, . \tag{109}$$

Vergleicht man hiermit den Gewinn des rein kontinuierlichen Verfahrens EB-FM, so war dieser für ein Hubverhältnis größer als Eins nach den Gl. (1, 115) und (1, 116)

$$r_N^{\mathrm{EB\text{-}FM}} = \frac{1}{2} \ln \left\{ \frac{3}{8} \, \frac{1}{c^2} \left(\frac{B_h}{z \, B_0} - 4 \, c \right)^2 \right\} + r_z \, . \tag{110}$$

Soweit das Ergebnis von dem Faktor $\dfrac{B_h}{z \, B_0}$ der Banderweiterung abhängt, sind demnach die Gewinne von Gl. (109) und (110) bis auf den geringfügigen Faktor $\dfrac{10}{8}$ oder etwa 1 db gleich. Die Verfahren unterscheiden sich im wesentlichen dadurch, daß bei der zeitlichen Bündelung der Kompandergewinn r_μ von etwa 2 N hinzukommt, bei der frequenzmäßigen Bündelung der statistische Aussteuerungsgewinn r_z nach Abb. 1, 43.

3. Vergleich der Geräuschwirkung für einige kombinierte Verfahren mit frequenzmäßiger und zeitlicher Bündelung

Für die auf S. 392 ausgewählten kombinierten Verfahren ist der Gewinn an Geräuschabstand r_N als Funktion des Faktors $\dfrac{B_h}{z\,B_0}$ der Banderweiterung in Abb. 15 aufgetragen. Als Störung wurde Rauschen angenommen, als Bezugswert wieder die reine Einseitenband-Modulation.

Bei dem kontinuierlichen Vergleichsverfahren EB-FM, dessen primäre Signale frequenzmäßig gebündelt sind, ist der statistische Aus-

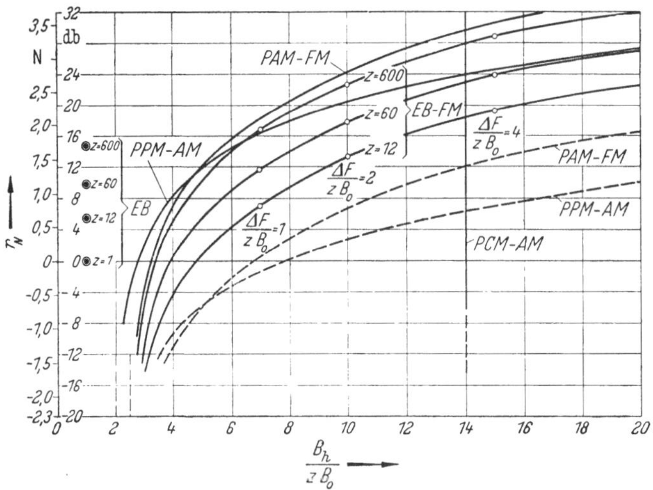

Abb. 15. Gewinn an Signal-Geräusch-Abstand r_N und aufzuwendende Bandbreite B_h für verschiedene kombinierte Modulationsarten

B_h	Hochfrequenzsignal-Bandbreite
B_0	Bandbreite eines Kanals
z	Zahl der Kanäle; ΔF Frequenzhub
– – – ohne / —— mit	Kompander bei PPM-AM und PAM-FM
EB-FM	Einseitenband/Frequenz-Modulation
PAM-FM	Pulsamplituden/Frequenz-Modulation
PPM-AM	Pulsphasen/Amplituden-Modulation
PCM-AM	Pulscode/Amplituden-Modulation

steuerungsgewinn r_z berücksichtigt. Da er von der Zahl der Kanäle abhängt, sind 3 Kurven für $z = 12$, 60 und 600 Kanäle aufgetragen.

Bei den Pulsverfahren, die sämtlich mit zeitlicher Bündelung arbeiten, ist der Gewinn berücksichtigt, der durch einen gemeinsamen Kompander erreicht werden kann. Da dieser Gewinn nicht von z abhängt, ist jedes Verfahren durch eine einzige Kurve vollständig gekennzeichnet.

Dem Verfahren PCM-AM liegt ein Code mit 7 Elementen zugrunde, wie er auch bei dem reinen PCM-Verfahren angenommen worden ist. Der Hochfrequenz-Bandbedarf ist daher mindestens $14\,z\,B_0$. Durch eine senkrechte Linie ist wieder angedeutet, daß von dieser Grenze ab der Gewinn praktisch unendlich groß wird, sofern das Signal/Geräusch-Verhältnis $\dfrac{P}{N}$ den kritischen Wert hat.

Für kleine Werte der Banderweiterung streben die Kurven den gestrichelt gezeichneten Grenzen zu, wobei der Reduktionsfaktor nach Null, der Gewinn nach minus Unendlich geht; es sei ins Gedächtnis zurückgerufen, daß die Bandbreite B_h für die Strecke hinter dem Sendefilter gilt, also durch den Abfall des Übertragungsfaktors auf den Wert $\dfrac{1}{\sqrt{2}}$ (0,35 N oder 3 db) gegeben ist. Für das Verfahren PPM-AM liegt diese Grenze bei $B_h/z\,B_0 = 2$, für das Verfahren EB-FM wegen des Faktors c [vgl. Gl. (1, 105)] bei 2,5. Dieser Wert gilt, wie eine nähere Betrachtung zeigt, auch für das Verfahren PAM-FM.

Vergleicht man die gewählten Verfahren für Werte der Banderweiterung, wie sie in ausgeführten Anlagen vorkommen, z. B. für $\dfrac{B_h}{z\,B_0} = 14$ und darüber, so zeigt sich insbesondere für höhere Kanalzahlen, daß die erreichbaren Gewinne r_N ziemlich eng beieinander liegen; man muß nur sicherstellen —, was bei der Ableitung der Kurven vorausgesetzt wurde — daß von jedem Verfahren das zur Verfügung gestellte Frequenzband, der Amplituden- und der Zeitbereich voll ausgenutzt werden. Vergleichsweise kommt dabei das Verfahren PAM-FM etwas zu günstig fort: In Gl. (93) ist der Übersicht halber für das Modulationsband B_m der kleinste mögliche Wert $2\,B = 2\,z\,B_0$ angenommen worden. Ausgeführte Anlagen brauchen mehr Bandbreite; der erreichbare Gewinn sinkt damit um einige Dezibel ab, die Kurven von Abb. 15 rücken noch mehr zusammen. Für die Wahl einer bestimmten Kombination von Modulationsverfahren werden daher auch andere Eigenschaften als die Geräuschreduktion wesentlich sein, z. B. der Geräteaufwand, die Betriebssicherheit, die Möglichkeiten der Anschluß- und Abzweigtechnik.

Hier spielt die Frage der Durchschaltung größerer Gruppen von frequenzmäßig gebündelten Kanälen, wie sie in der drahtgebundenen Trägerfrequenz-Technik üblich ist, eine wichtige Rolle. Bisher hat man die zeitliche Bündelung im wesentlichen auf jedes Fernsprech- oder Telegraphiesignal einzeln angewandt, nicht auf frequenzmäßig gebündelte Gruppen von solchen Signalen. Es bedarf dann eines zusätzlichen apparativen Aufwandes, wenn an den Enden eines solchen Systems Gruppen von Kanälen mit vorhandenen Einseitenband-Trägerfrequenz-geräten durchgeschaltet werden sollen. Man wird daher für Funkstrecken, wo die reine Einseitenband-Technik nicht anwendbar ist, bei hohen Kanalzahlen das Verfahren EB-FM wählen. An den Schaltstellen stoßen dann nur Geräte der Einseitenband-Technik aufeinander. Für einzelne Richtfunkstrecken in dünn besiedelten Ländern dagegen und allgemein in der unteren Netzebene, wo die Zahl der Kanäle klein ist — z. B. unter 60 — und wo die Trägerfrequenz-Durchschaltung nicht verlangt wird, wird man mit Vorteil Pulsverfahren mit zeitlicher Bündelung der einzelnen Kanäle verwenden, z. B. das Verfahren PPM-AM. Die Hochfrequenzgeräte sind einfacher als bei Frequenzmodulation und die Forderungen, die das Nebensprechen an die Linearität des Phasenganges im Übertragungsweg stellt, geringer. Hinzu kommt noch der Vorteil der Hochtastung des Pulssignals; die Schwelle, unterhalb der das Signal vom Geräusch zunichte gemacht wird, liegt tiefer als bei den Verfahren mit kontinuierlicher Hochfrequenz-Modulation. Tritt starker Schwund des Signals auf, so wird die Schwelle daher seltener unterschritten. Man übersieht diese Verhältnisse am besten in der Darstellung von Abb. 16. Aufgetragen ist das Signal/Geräusch-Verhältnis $\frac{P_2}{N_2}$ nach der Demodulation als Funktion des entsprechenden Verhältnisses $\frac{P}{N}$ auf der Strecke.

Für alle Verfahren ist einheitlich die Frequenzband-Erweiterung $B_h/z\,B_0 = 14$ gewählt. Aus der Definition des Reduktionsfaktors R_N für Geräusche und des Gewinnes r_N [Gl. (5) und (6)] folgt

$$\frac{P_2}{N_2} = \mathrm{e}^{2\,r_N} \cdot \frac{P}{z\,N_0}. \qquad (111)$$

Das Signal/Geräusch-Verhältnis $\frac{P}{z\,N_0}$ auf der Strecke, wobei das Geräusch nur im Modulationsband $z\,B_0$ gemessen wird, möge im logarithmischen Maß durch den Pegelabstand Δn_0 gegeben sein. Die Größe

$$\Delta n_0 = \frac{1}{2}\ln\frac{P}{z\,N_0} \qquad (112)$$

bildet die obere Abszisse des Diagramms von Abb. 16. Tatsächlich ist die Geräuschleistung N im ganzen Übertragungsband der Breite B_h wirksam, d. h. um den Faktor $\frac{B_h}{z\,B_0}$ größer als $z\,N_0$. Der auf das gesamte Band bezogene Signal-Geräusch-Abstand

$$\Delta n = \frac{1}{2}\ln\frac{P}{N} \qquad (113)$$

bildet die zweite Abszissenskale von Abb. 16. Sie ist um den Betrag

$$\frac{1}{2}\ln\frac{B_h}{z\,B_0} = \frac{1}{2}\ln 14 \qquad (114)$$

nach rechts verschoben.

Die Ordinate zeigt den Signal-Geräusch-Abstand Δn_2 in jedem der z demodulierten primären Signale. Hierbei sind noch folgende Korrekturen angebracht worden:

1. Nach internationalen Empfehlungen für das Fernsprechen geht man, um den Abstand des Geräusches vom Signal in einem Fernsprechkanal zu ermitteln, vom Effektivwert des Geräusches aus an einer Stelle der Leitung, wo der Meßpegel 1 mW beträgt. An dieser Stelle ist die Leistung des primären Signals bei voller Modulation etwa 4 mW, die Amplitude also doppelt so groß wie beim Meßpegel. Der Bezugswert für das Signal wird daher bei einem Modulationsgrad von 50% erreicht.

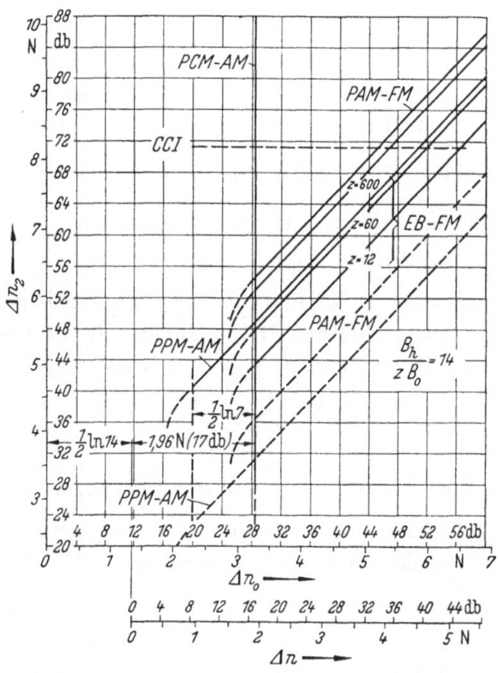

Abb. 16. Zusammenhang zwischen den Signal-Geräusch-Abständen des demodulierten primären Signals (Δn_2) und des Hochfrequenzsignals (Δn)

EB-FM	Einseitenband/Frequenz-Modulation
PAM-FM	Pulsamplituden/Frequenz-Modulation
PPM-AM	Pulsphasen/Amplituden-Modulation
PCM-AM	Pulscode/Amplituden-Modulation
CCI	Notwendiger Wert Δn_2 je Funkfeld errechnet aus den Empfehlungen des CCI

――― ohne)
– ·· – mit) Kompander bei den Verfahren PAM-FM und PPM-AM

Der so definierte Signal-Geräusch-Abstand ist also um 0,7 N oder 6 db geringer als der Wert $\frac{1}{2}\ln\frac{P_2}{N_2}$, der für volle Modulation ermittelt wurde.

2. Es ist ferner üblich, die Geräuschleistung mit einem Filter zu bewerten, das dem Empfindlichkeitsgang des menschlichen Ohres angepaßt ist. Dieses Filter verkleinert die tatsächlich auftretende Geräuschleistung um einen Pegelwert von 0,3 N oder 2,5 db. Dieser Einfluß

wirkt dem unter 1. genannten entgegen. Insgesamt ist also eine Korrektur von 0,4 N oder 3,5 db anzubringen.

Gl. (111) lautet daher, in Pegelabständen ausgedrückt

$$\Delta n_2 = r_N + \Delta n_0 - 0,4\,N. \tag{115}$$

Diese Werte des Signal-Geräusch-Abstandes sind für die gleichen Verfahren wie in Abb. 15, aus der die Werte r_N für $B_h/zB_0 = 14$ entnommen sind, in Abb. 16 aufgetragen. Der Zusammenhang ist für alle Verfahren, die ohne Quantisierung arbeiten, linear. Für das Codeverfahren PCM-AM hingegen springt der Signal-Geräusch-Abstand Δn_2 abrupt von sehr tiefen auf sehr hohe Werte, wenn die hinter Gl. (80) aufgeführten Tabellenwerte von $\frac{P}{N}$ überschritten werden. Für das betrachtete unipolare Signal und eine Störung durch Rauschen entnimmt man den kritischen Wert

$$\Delta n = \frac{1}{2}\ln\frac{P}{N} = 1,96\,N = 17\,\text{db}. \tag{116}$$

An diesem Punkt der Δn-Skala ist daher für das Verfahren PCM-AM eine senkrechte Gerade aufgetragen, welche den plötzlichen Übergang vom völlig gestörten zum ungestörten Betrieb andeutet.

Auch für die nicht quantisierten Verfahren mit kontinuierlicher Trägerschwingung, im vorliegenden Beispiel für die EB-FM und die PAM-FM, gibt dieser Wert eine kritische Grenze an. Wird bei festgehaltenem Effektivwert des Rauschens das Signal kleiner, so übersteigen die Spitzenwerte des Rauschens immer häufiger die Amplitude des Signals. Hierbei verkehrt sich die störungsmindernde Wirkung der Frequenzmodulation in ihr Gegenteil: Der Diskriminator im Empfänger bewertet die im Rauschen enthaltenen Frequenzschwankungen als Signal und unterdrückt das eigentliche Signal. Der Signal-Geräusch-Abstand Δn_2 in allen Kanälen wird daher rasch kleiner, wenn Δn unter den kritischen Wert sinkt. In Abb. 16 ist dies durch die gestrichelten Kurvenäste angedeutet.

Für ein Pulsverfahren, das die gleiche Signalleistung P hat wie ein kontinuierliches Signal, ist die Pulsamplitude um den Hochtastfaktor $\sqrt{\dfrac{B}{z\,B_0}}$ größer, im vorliegenden Beispiel der PPM-AM also um den Faktor $\sqrt{7}$. Der kritische Signal-Geräusch-Abstand liegt daher um $\frac{1}{2}\ln 7$ tiefer, d. h. um $\Delta n \approx 1\,N$ oder 8,5 db.

In Abb. 16 ist ferner noch, gekennzeichnet durch die Abkürzung CCI, derjenige Signal-Geräusch-Abstand Δn_2 eingezeichnet, der sich je Funkfeld aus den Empfehlungen für das Fernsprechen im Weitverkehr ergibt. Diese sehen vor, daß am Ende eines auf die Dämpfung Null eingepegelten Bezugs-Fernsprechkreises von 2500 km Länge die bewertete Geräuschleistung 10 000 pW nicht übersteigen soll. Davon sind 2500 pW den Endgeräten und 7500 pW der Strecke zugeteilt. Nimmt man an, daß die Hälfte des Streckengeräusches für Nebensprech- und andere Geräusche vorgesehen wird, die Hälfte für Rauschen, so ergibt dies einen notwendigen Signal-Geräusch-Abstand von

$$\frac{1}{2}\ln\frac{1\,\mathrm{m\,W}}{3750\,\mathrm{p\,W}} = 6,25\,\mathrm{N} = 54\,\mathrm{db}. \tag{117}$$

Dieser Wert gilt für die gesamte Strecke. Für jedes einzelne Verstärkerfeld muß ein höherer Betrag gefordert werden, da sich die Geräuschleistungen der Abschnitte addieren. Eine Ausnahme hiervon bildet nur die Pulscode-Modulation.

Beträgt bei einer Richtfunkverbindung die Länge der Funkfelder im Durchschnitt 50 km, so addieren sich die Geräuschleistungen von $\frac{2500}{50} = 50$ Feldern. Der Mindestwert des Signal-Geräusch-Abstandes für ein Funkfeld muß daher um den Wert $\frac{1}{2}\ln 50$ höher angesetzt werden. Man erhält so für den notwendigen Abstand gegenüber einer Störung durch Rauschen die gestrichelt gezeichnete Linie bei

$$\Delta n_2 = 8,2\,\mathrm{N} \text{ oder } 71\,\mathrm{db}. \tag{118}$$

Damit dieser Wert erreicht wird, sind bei den eingezeichneten Verfahren Signal-Geräusch-Abstände im Hochfrequenzweg erforderlich, die in der Umgebung des Wertes

$$\Delta n = 4,6\,\mathrm{N} \text{ oder } 40\,\mathrm{db} \tag{119}$$

liegen. Die Signal-Sendeleistung P_S muß so hoch gewählt werden, daß dieser Abstand auf der Empfangsseite eingehalten wird. Dabei ist für den Einfluß des Schwundes noch eine Leistungsreserve erforderlich, deren Berechnung im einzelnen von der Korrelation der Schwundeinbrüche in den verschiedenen Funkfeldern abhängt. Reicht die zur Verfügung stehende Leistung P_S dafür nicht aus, so muß ein entsprechend größerer Faktor $\dfrac{B_h}{z\,B_0}$ gewählt werden.

Eine Ausnahme bilden, wie schon erwähnt, einzig die Verfahren, die mit der Pulscode-Modulation kombiniert sind. Hier kann man nach jedem Feld die Codeimpulse regenerieren, so daß der in Gl. (118) enthaltene Zuschlag für das Auflaufen der Geräusche entfällt. Man muß nur in jedem Feld dafür sorgen, daß die kritische Schwelle für den Signal-Geräusch-Abstand Δn auf der Strecke — im Beispiel von Abb. 16 der Wert 1,96 N oder 17 db — nicht unterschritten wird. Für eine Kabelverbindung, bei der die Pegelverhältnisse sehr konstant sind, reicht daher ein Signal-Geräusch-Abstand in der Größe von 2,3 N (20 db) zum ungestörten Betrieb aus. Für den Fall, daß in Zukunft Verfahren mit Geräuschreduktion auf Kabeln erforderlich werden, stehen dementsprechend die Vorzüge der PCM im Vordergrund.

Bei einer Richtfunk-Verbindung muß man dagegen den Signalschwund, der in *einem* Feld auftreten kann, auch im Falle des Betriebes mit PCM berücksichtigen; man kommt dann auf einen Planungswert Δn von etwa 4,6 N (40 db). Ein solcher Wert reicht aber nach Gl. (119) auch für die nichtquantisierten Verfahren aus, bei denen der Apparateaufwand geringer ist. Man hat daher bisher darauf verzichtet, die Pulscode-Modulation in der Richtfunktechnik anzuwenden.

4. Der Systemwert

Liegt der Faktor $\dfrac{B_h}{z\,B_0}$ der Banderweiterung fest und sind ferner noch die Sendeleistung P_S, die Rauschzahl des Empfängers F_N und die Kanalzahl z gegeben, so zeigt sich, daß ein sehr einfacher Zusammenhang zwischen der überbrückbaren Streckendämpfung a und dem erreichbaren Signal-Geräusch-Abstand Δn_2 in jedem Kanal besteht. Betrachtet werde im folgenden ein Fernsprechkanal.

Aus Gl. (111) folgt nämlich, da die empfangene Signalleistung

$$P = P_S \cdot \mathrm{e}^{-2a} \tag{120}$$

ist, und da nach Gl. (1, 78)

$$N_0 = F_N \cdot 1{,}25 \cdot 10^{-17}\ \mathrm{W} \tag{121}$$

beträgt,

$$\frac{P_2}{N_2} = \mathrm{e}^{2\,r_N} \cdot \mathrm{e}^{-2a}\ \frac{P_S}{z\,F_N \cdot 1{,}25 \cdot 10^{-14}\ \mathrm{mW}} \cdot \tag{122}$$

Wird diese Gleichung logarithmiert und die mit Gl. (115) eingeführte Korrektur berücksichtigt, so ergibt sich

$$\Delta n_2 = r_N - a + \frac{1}{2}\ln\frac{P_S}{1\,\mathrm{mW}} - \frac{1}{2}\ln z - \frac{1}{2}\ln F_N + 15{,}6\ \mathrm{N}\,. \tag{123}$$

Man sieht, daß die Summe

$$\Delta n_2 + a \tag{124}$$

für jedes ausgeführte Übertragungsgerät, bei dem ja die Bandbreite und damit der Gewinn, die Sendeleistung, die Kanalzahl und die Rauschzahl festliegen, eine Konstante ist. Man nennt diese Summe daher auch den „Systemwert" des Gerätes. Die Eigenschaften der Strecke fallen dabei heraus. Für $P_S = 1\ \mathrm{W}$ und eine Rauschzahl $F_N = 10$ wird der Systemwert

$$\Delta n_2 + a = r_N - \frac{1}{2}\ln z + 17{,}9\ \mathrm{N}\,. \tag{125}$$

Er hängt nur noch vom Gewinn an Signal-Geräusch-Abstand, d.h. vom Modulationsverfahren und von der Zahl der Kanäle ab. Trägt man Δn_2 als Funktion von a auf, so erhält man eine unter 45° geneigte Gerade. In Abb. 17 ist dieser Zusammenhang für die beiden Verfahren PPM-AM (oben) und EB-FM (unten) wiedergegeben, und zwar beim ersten für 12 und 60, beim zweiten ausserdem noch für 600 Kanäle. Der Gewinn r_N ist aus Abb. 16 für $\dfrac{B_h}{z\,B_0} = 14$ übernommen[1].

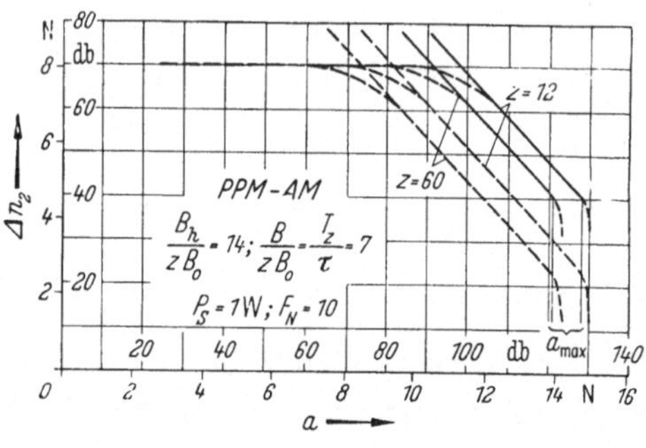

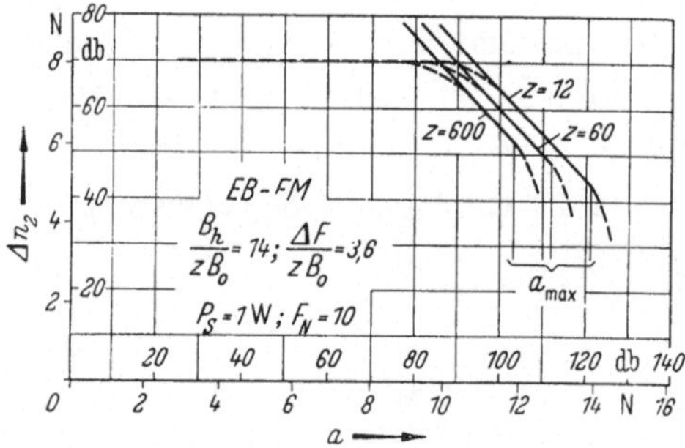

Abb. 17. Signal-Geräusch-Abstand Δn_2 und Streckendämpfung a

PPM-AM   Pulsphasen/Amplituden-Modulation
EB-FM   Einseitenband/Frequenz-Modulation
— — — ohne ⎫
——— · mit ⎭ Kompander bei PPM-AM

Die höchste zulässige Streckendämpfung a_max ist die Streckendämpfung, bei der die kritische Schwelle für das Signal/Geräusch-Verhältnis am Empfängereingang erreicht wird. Diese Werte wurden ebenfalls aus Abb. 16 entnommen; die Kurven biegen dann nach unten ab (gestrichelt).

Der höchste erreichbare Signal-Geräusch-Abstand Δn_2 in den Kanälen ist durch das Eigengeräusch der Endeinrichtungen gegeben. Er liegt bei ausgeführten Geräten etwa bei 8 N oder 70 db und ist ebenfalls gestrichelt eingezeichnet.

Der Systemwert eignet sich gut zur Beurteilung von Übertragungsgeräten und ist auch leicht zu messen. Dabei wird die Dämpfung der Übertragungsstrecke durch eine veränderbare Eichleitung nachgebildet.

---

[1] Für das Verfahren EB-FM, wo in die Größe r_N der Aussteuerungsgewinn r_z eingeht, sei auf die Anmerkung S. 52 verwiesen.

6. Kapitel

Der Aufbau von Nachrichten-Übertragungssystemen mit Pulsmodulation

I. Die Erzeugung zeitlich verteilter Pulse

Im Kap. 3 sind bereits einige grundsätzliche Möglichkeiten behandelt worden, Pulse in ihrer Amplitude und in ihrer Dauer zu modulieren. Will man mehrere Signale zusammen über *einen* Weg in zeitlicher Bündelung übertragen, so ist es immer notwendig, sowohl auf der Sende- wie auf der Empfangsseite zeitlich gestaffelte Pulse zu erzeugen, von denen jeder eine Pulsfrequenz hat, die mindestens gleich der doppelten Bandbreite des modulierenden Signals ist; für das Sprachband von 300 bis 3400 Hz hat sich eine Pulsfrequenz von 8 kHz allgemein eingeführt; das bedeutet einen Impulsabstand von 125 μsec. Die Einrichtung, die zur Erzeugung dieser zeitlich gestaffelten Pulse erforderlich ist, sei „Pulsverteiler" genannt. Für den Aufbau solcher Geräte gibt es eine Vielzahl von Prinzipien, die oft eng mit den verwendeten Modulationsschaltungen zusammenhängen. Man kann sie im wesentlichen in drei Klassen einteilen. Bei der ersten Klasse werden nur zeitlich verteilte unmodulierte Pulse erzeugt, die Modulatoren und Demodulatoren folgen nach. Bei der zweiten Klasse kann schon bei der Verteilung auf einfache Weise direkt in der Amplitude moduliert werden; bei der dritten gilt dasselbe für die zeitliche Modulation.

Zur Erklärung möge ein anschauliches elektro-mechanisches Ersatzbild dienen; die Abb. 1 zeigt ein Beispiel für 12 Kanäle. Ein Schalt-

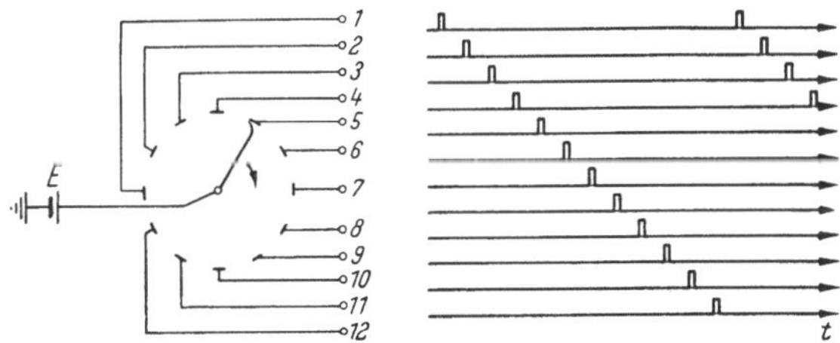

Abb. 1. Elektro-mechanisches Ersatzbild eines Pulsverteilers

arm S rotiert mit der Abtastfrequenz, d. h., für Sprache mit 8000 Umdrehungen je Sekunde über 12 Schaltkontakte. Wird der Schaltarm über eine Gleichspannungsquelle E an Erde gelegt, so erscheinen an den Kontakten 1 bis 12 die rechts dargestellten zeitlich versetzten Pulse. Die Dauer der einzelnen Impulse ist eine Funktion der Länge der Kontakte; die Impulse können bis zu 125 μsec/12 $= 10,4 \mu$sec lang gemacht werden. Dieser Pulsverteiler gehört an sich zur ersten Klasse; man gewinnt aus ihm unmittelbar einen Pulsverteiler der zweiten Klasse, indem man die 12 Signal-Spannungsquellen wie in Abb. 2 anschließt und die 12 Ausgänge parallelschaltet. Diese Pulse sind dann unipolar (Zeile a); man kann direkt auch bipolare erhalten (Zeile b), wenn man die Gleichspannungsquelle E wegläßt.

Mechanische Schalter mit der für die Übertragung von Sprache notwendigen hohen Umdrehungsgeschwindigkeit sind nicht herstellbar.

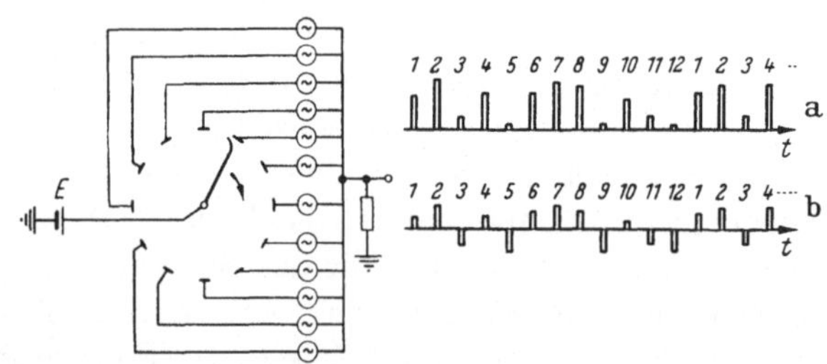

Abb. 2. Elektro-mechanisches Ersatzbild eines Pulsverteilers mit Pulsamplituden-Modulation

Man hat sich deshalb bemüht, die Funktion eines rotierenden Schalters mit elektronischen Mitteln auszuführen. Zuerst benutzte man als Schaltarm den Elektronenstrahl einer BRAUNschen Röhre, der eine kreisförmige Bahn beschreibt, wenn man zwei um 90° versetzte Sinusschwingungen an die Ablenkplatten legt. Der Elektronenstrahl kann dann dadurch Stromimpulse erzeugen, daß man in der Röhre leitende Segmente anbringt oder vor dem Bildschirm Photozellen montiert. Auf diese Weise kann man auch Pulsverteiler der dritten Klasse erhalten, indem man,

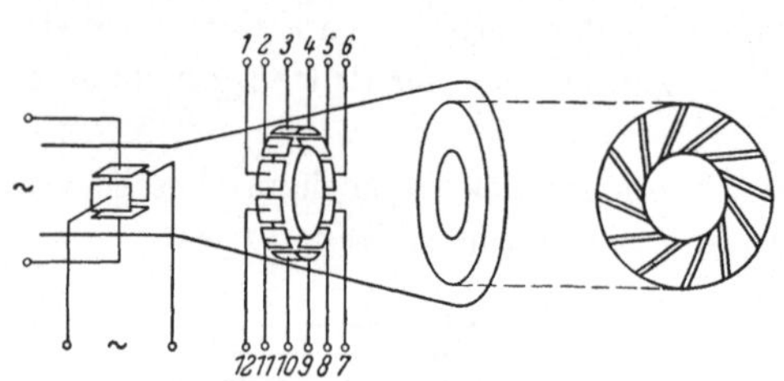

Abb. 3. Pulsverteiler mit Kathodenstrahlröhre

wie z. B. in Abb. 3 rechts schematisch dargestellt, im Innern der Röhre schräggestellte leitende Lamellen anordnet. Die zeitliche Stellung der Impulse kann nach diesem Verfahren innerhalb der für einen Kanal vorgesehenen Zeitspanne verändert werden; man braucht nur den Durchmesser der Elektronenkreisbahn zu verändern. Soll jeder Lamelle ein Kanal zugeordnet werden können, so müssen z. B. 12 zusätzliche Ablenkplatten untergebracht werden, denen die Modulationsspannungen zugeführt werden. Die Lamellen sind dabei innerhalb der Röhre miteinander verbunden, mit *einer* Leitung herausgeführt und über einen Widerstand geerdet; an diesem entstehen durch den über die Lamellen kurzzeitig abfließenden Strahlstrom Spannungspulse. Im Falle der Abb. 3 erhält man direkt Pulsphasen-Modulation; gibt man den Lamellen die Form von Dreiecken, so kann man Pulsdauer-Modulation erhalten.

Trotz der grundsätzlich einfachen Wirkungsweise hat sich diese Technik wegen vieler praktischer Nachteile nicht recht durchsetzen können; es sei deshalb hier auf die vielen Verteiler mit Elektronenstrahlröhren nicht näher eingegangen. Die im folgenden beschriebenen Methoden benutzen nur normale Verstärkerröhren; mit diesen wird der Aufbau der Geräte meist einfacher und billiger.

1. Pulsverteilung durch Verzögerungsglieder

Bei diesem Prinzip, das z. B. bei Geräten der Fa. Lorenz AG und der Fa. SFR[1] verwendet wird, wird ein Puls mit der Abtastfrequenz (z. B. 8 kHz) an den Eingang einer auf beiden Seiten mit dem Wellenwiderstand abgeschlossenen Verzögerungsleitung gelegt. Die Ausgangspulse erhält man, indem man die Leitung an den Punkten anzapft, an denen der Eingangspuls um die gewünschten Zeiten verzögert erscheint. Die Abb. 4 zeigt als Beispiel eine Spulenleitung mit gekoppelten Induktivitäten. Um schädliche Reflexionen zu vermeiden, belastet man die

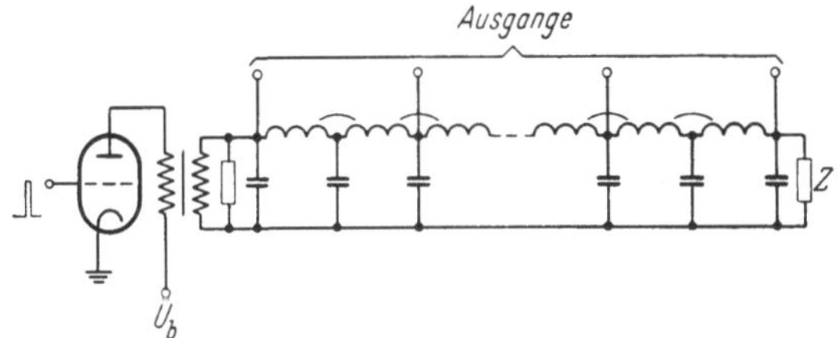

Abb. 4. Pulsverteiler mit Verzögerungsleitung

Ausgänge nur mit Widerständen, die groß sind gegen den Wellenwiderstand der Leitung. Man wird deshalb im allgemeinen je Kanal eine Trennröhre benötigen; diese kann gleichzeitig zur Pulsmodulation verwendet werden.

Die Anforderungen an die Genauigkeit und Konstanz der Leitung sind sehr hoch, wenn die Anzahl der Kanäle groß ist; so müssen die Elemente auf 1 bis $2^0/_{00}$ genau abgeglichen sein und in diesem Maße zeitlich konstant bleiben, wenn man für den letzten Kanal eine zeitliche Verzögerung von 125 μsec fordert. Um mit einem vertretbaren Aufwand auszukommen, d. h., mit möglichst wenig Gliedern, verwendet man möglichst lange Impulse und eine möglichst tiefe Grenzfrequenz. Mit zunehmender Verzögerung werden die Impulse so verformt, daß die vorher erwähnte Trennröhre als Amplitudenfilter zur Impulsregenerierung benutzt werden muß. Die Abb. 5 zeigt Oszillogramme des Eingangspulses und eines um 20 μsec verzögerten Pulses einer solchen

---

[1] SFR: Société Française Radio-Électrique.

Leitung für 6 Kanäle mit 80 Gliedern und einer Grenzfrequenz von 250 kHz. Die Eingangsimpulse haben eine Länge von etwa 10 μsec, die Ausgangsimpulse sind entsprechend der niedrigen Grenzfrequenz trapezförmig; das starke Nachschwingen wird durch die nachfolgende Trennröhre unterdrückt.

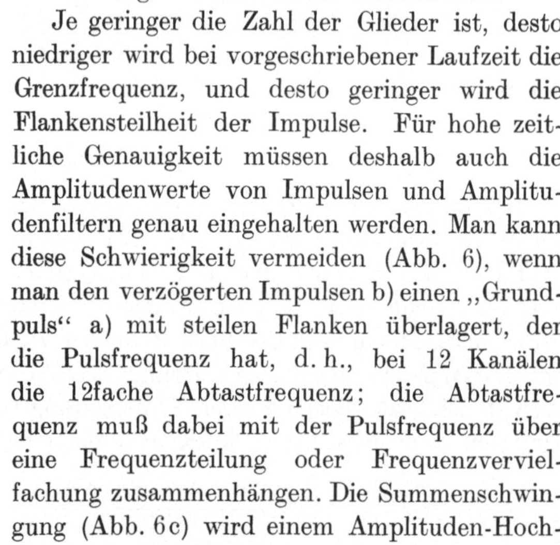

Je geringer die Zahl der Glieder ist, desto niedriger wird bei vorgeschriebener Laufzeit die Grenzfrequenz, und desto geringer wird die Flankensteilheit der Impulse. Für hohe zeitliche Genauigkeit müssen deshalb auch die Amplitudenwerte von Impulsen und Amplitudenfiltern genau eingehalten werden. Man kann diese Schwierigkeit vermeiden (Abb. 6), wenn man den verzögerten Impulsen b) einen „Grundpuls" a) mit steilen Flanken überlagert, der die Pulsfrequenz hat, d. h., bei 12 Kanälen die 12fache Abtastfrequenz; die Abtastfrequenz muß dabei mit der Pulsfrequenz über eine Frequenzteilung oder Frequenzvervielfachung zusammenhängen. Die Summenschwingung (Abb. 6c) wird einem Amplituden-Hochpaß zugeführt, und man erhält Impulse mit steilen Flanken, die zeitlich sehr genau liegen (Abb. 6d). Ein Ausführungsbeispiel eines dafür geeigneten additiven Zeitfilters ist in Abb. 3, 54 und 3, 56 gezeigt.

Abb. 5. Oszillogramme von Pulsen an einer Verzögerungsleitung

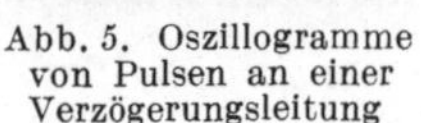

Abb. 6a—d. Schwingungsformen bei Pulsverteilern mit verzögertem Verteilerpuls und überlagertem Puls z-facher Frequenz

Die zeitlich gestaffelten Impulse können in nachfolgenden Stufen amplitudenmoduliert werden. Man kann die Reihenfolge auch umkehren und den Grundpuls zuerst in der Amplitude modulieren und erst nach der Modulation überlagern; diese Reihenfolge ist bei einem amerikanischen Gerät für Pulsamplituden-Modulation der Firma Philco[1] gewählt worden.

2. Pulsverteilung durch phasenverschobene Sinusschwingungen

Ersetzt man in Abb. 6 den verzögerten Puls b) durch eine Sinusschwingung der Abtastfrequenz, so erhält man den in Abb. 3, 54 gezeigten Vorgang. Aus einem Puls, dessen Frequenz f_z ein ganzzahliges Vielfaches z der Frequenz f_0 der Sinusschwingungen ist, wird jeder z-te Im-

---

[1] Philco: Philco Corporation Philadelphia.

puls ausgesiebt, und man erhält so einen Puls mit der Frequenz f_0. Um zeitlich versetzte Pulse zu erhalten, muß man die Phase der Sinusschwingung um Vielfache von $2\pi/z$ drehen. Man braucht so statt der Verzögerungsleitung nur einfache Phasenglieder für Sinusschwingungen; sie brauchen nicht sehr genau zu sein, da die relative Lage der Pulse zueinander durch den Puls mit der Frequenz f_z starr gegeben ist. Ein Blockschaltbild eines derartigen 6fach-Pulsverteilers zeigt Abb. 7. Verwendet man reine Sinusschwingungen, so ist die Verteilungszahl z praktisch auf etwa 6 bis 8 beschränkt; bei höheren Zahlen würde das Verhältnis der Amplituden der Sinusschwingungen zur Pulsamplitude rasch sehr große Werte annehmen. Man bildet dann besser n Pulsgruppen, die aus Pulsen der Frequenz f_z/n erzeugt werden, welche um den Zeitbereich eines Kanals gegeneinander versetzt sind. Für eine 24fache Verteilung sind 4 solche Pulse erforderlich, die um die Zeit $1/f_z$ gegeneinander verschoben sind; man erhält dann 4 Gruppen zu je 6 Pulsen.

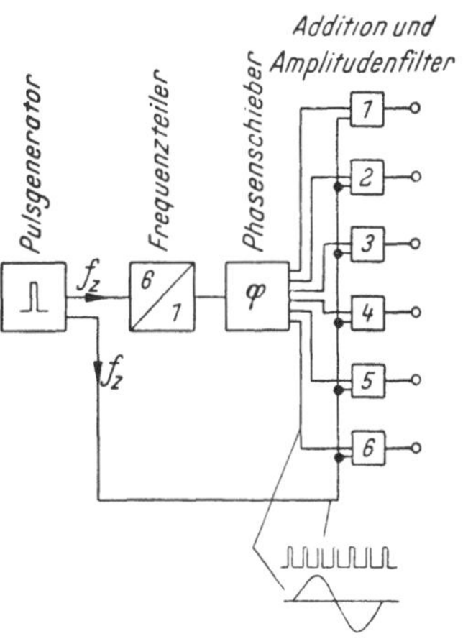

Abb. 7. Pulsverteiler mit phasenverschobenen Sinusschwingungen und überlagertem Puls z-facher Frequenz

Eine einfache Ausführung für nur zwei versetzte Pulse ergibt sich, wenn man die Schaltung von Abb. 3, 71 verwendet. Dem Impulsgenerator kann auf einfache Weise ein um $1/f_z$ versetzter Puls entnommen werden, wenn die Drossel D eine zweite Wicklung erhält, an der

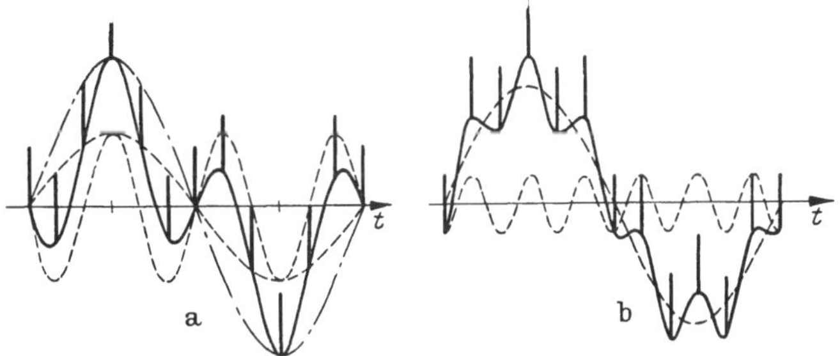

Abb. 8 a u. b. Schwingungsformen bei Pulsverteilern mit zwei Sinusschwingungen und überlagertem Puls z-facher Frequenz

die Schwingungsform umgepolt abgenommen und einer weiteren Trennröhre zugeführt werden kann. Ein solcher Pulsverteiler wird in dem auf S. 420 beschriebenen Gerät der Fa. Siemens-Halske verwendet.

Man erhält ein von der Fa. Telefunken angewandtes Verfahren, das *zwischen* den in Abb. 6 und Abb. 7 dargestellten Methoden liegt, wenn man zwei Sinusschwingungen verschiedener Frequenz überlagert. In Abb. 8 sind zwei Beispiele von Schwingungsformen mit einem Frequenzverhältnis 3:1 und 6:1 dargestellt. In beiden Fällen erhält man einen 12fach-Verteiler; das Verhältnis der Amplitude der Summenschwingung (Spitze-Spitze) zur Pulsamplitude beträgt in beiden Fällen etwa 5:1.

Steigert man die Zahl der Teilschwingungen, so kann man die Ausblende-Schwingungsform von Abb. 6 weiter annähern. Der Aufwand dürfte dann jedoch größer sein als bei dem Verfahren mit Verzögerungsleitungen.

Die Abb. 9 zeigt das Blockschaltbild eines 12fach-Pulsverteilers mit dem Frequenzverhältnis 3:1 der überlagerten Sinusschwingungen. Hier sind die Frequenzen durch Frequenzteilung miteinander verbunden; der Verteiler kann in entsprechender Weise auch mit Frequenzvervielfachung ausgeführt werden, und zwar mit einem Grundschwingungsgenerator der Frequenz f_0 und zwei Vervielfachern in Stufen von 1:3 und 1:4 mit nachfolgendem Pulserzeuger. Beide Prinzipien sind bei Geräten, die auf dem Markt sind, verwendet worden. Sie gestatten, wenn die Anzahl der Kanäle groß ist, Pulsverteiler so aufzubauen, daß der Aufwand an Verstärkerröhren je Kanal

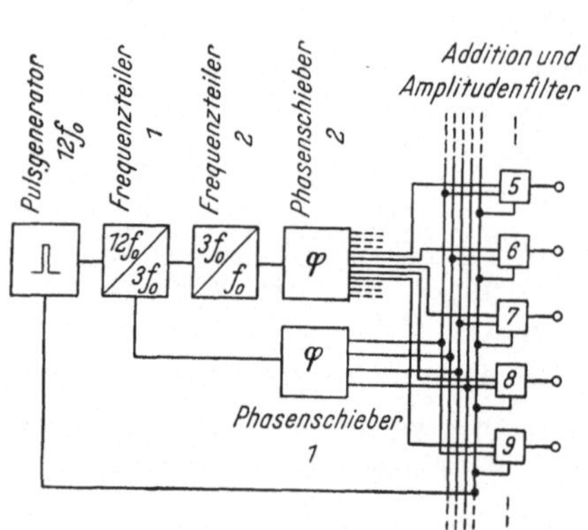

Abb. 9. Blockschaltbild für den Pulsverteiler nach Abb. 8

mäßig ist; es können anschließend einfache Amplitudenfilter mit Gleichrichtern verwendet werden.

Ein anderes Prinzip ist das, die Pulse direkt aus Sinusschwingungen zu erzeugen. Mit diesem an sich wohl ältesten Verfahren können in moderner Schaltungstechnik zeitliche Genauigkeiten erreicht werden, die für Geräte mit bis zu 24 Kanälen ausreichen. Wie das als Schaltungsbeispiel dienende Blockschaltbild der Abb. 10 zeigt, gibt ein Phasenschieber, der seine Sinusschwingung von einem Generator mit der Frequenz f_0 erhält, Sinusschwingungen mit z Phasenlagen ab; die Schwingungen gehen bei denjenigen Zeitpunkten durch Null, zu denen die gewünschten Pulse erscheinen sollen. Mit Hilfe von Multiarschaltungen (s. Abb. 3, 75) werden rechteckförmige Ströme erzeugt, aus denen mittels impulsformender Netzwerke die Pulse erhalten werden. Einfache Amplitudenfilter mit Gleichrichtern unterdrücken die unerwünschten gegenpoligen Impulse.

Man bedarf hier, wie bei dem Verfahren mit Verzögerungsleitung, einer Röhre je Puls. Der Phasenschieber enthält jedoch wesentlich weniger Elemente als eine Verzögerungsleitung. Er kann daher leichter genau abgeglichen werden; außerdem können auch Temperaturschwankungen leichter kompensiert werden. In ausgeführten Geräten sind Zeitgenauigkeiten von etwa $0,2\,\mu\mathrm{sec}$ bei einer Grundfrequenz von 8 kHz erreicht worden.

Wenn nicht besondere Maßnahmen in den Amplitudenfiltern ergriffen werden — auf S. 419 werden solche behandelt werden —, so gehören die Schaltungen von Abb. 4, 6, 7 und 9 der Klasse 1 der eingangs definierten drei Klassen von Pulsverteilern an. Die Schaltung von Abb. 10 dagegen ist ein typischer Vertreter der Klasse 3. Man braucht nämlich nur der Sinusschwingung am Eingang eines Multiars die Modulationsschwingung zu überlagern und erhält direkt Pulsphasen-Modulation. Der Vorgang ist in

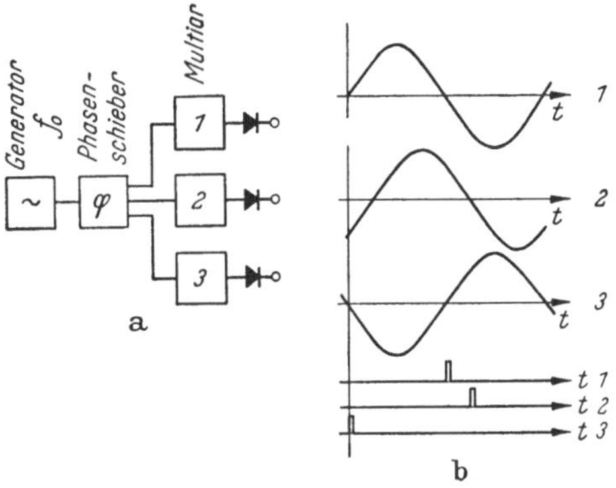

Abb. 10a. u. b. Pulsverteiler mit „erzeugenden" Sinusschwingungen

Abb. 11 dargestellt. Zeile a zeigt die „erzeugende" Sinusschwingung (ausgezogene Kurve). Die beiden gestrichelten Kurven gelten für eine ihr überlagerte positive und negative Gleichspannung; entsprechend erscheint der im Nulldurchgang erzeugte Impuls früher oder später. Wird an Stelle der Gleichspannung eine Modulationsspannung angelegt, so ist der Puls mit ihr phasenmoduliert. Ist die Amplitude der Modulationsschwingung klein gegen die Amplitude der erzeugenden Sinusschwingung, so können die für Sprachübertragung erforderlichen Klirrbedingungen leicht eingehalten werden, da die Sinusschwingung in der Umgebung ihres Nulldurchgangs fast linear ist.

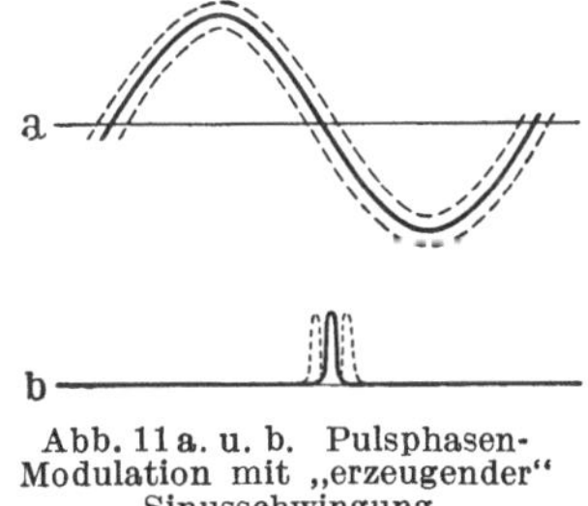

Abb. 11a. u. b. Pulsphasen-Modulation mit „erzeugender" Sinusschwingung

Man muß bei Anlagen mit mehreren Kanälen dafür sorgen, daß die verschiedenen Modulationsspannungen nicht über den Phasenschieber und den Sinusschwingungs-Generator aufeinander übersprechen; wenn nötig, muß man z. B. Trennröhren verwenden oder Sinusschwingung und Modulationsschwingung in einer Gabelschaltung addieren. Die Abb. 12 zeigt das Prinzipschaltbild des Sendeteils eines Zweikanalgerätes dieser Art; es erzeugt phasenmodulierte Pulse, die in einen Rahmen von 12 oder 24 Kanälen an beliebiger Stelle eingefügt werden können. Der Zeithub von $\pm\,4\,\mu$sec kann mit einem Klirrfaktor von etwa 4% erreicht werden. Ein Übersprechen über den 8 kHz-Quarzgenerator ist hier dadurch vermieden, daß die beiden Sinusschwingungen zwei Übertragern Tr_1 und Tr_2 entnommen werden, die in Reihe mit dem sehr hohen Innenwiderstand der Generatorpentode liegen.

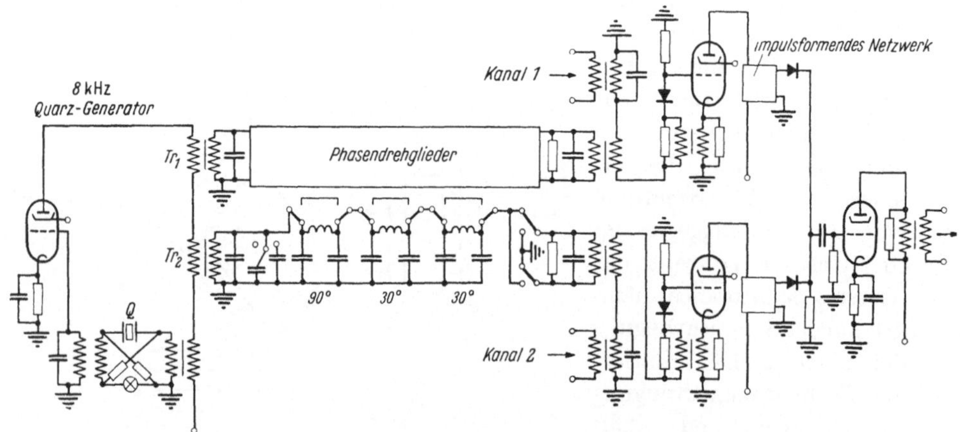

Abb. 12. Zweikanal-Sendeanlage für Pulsphasen-Modulation

3. Pulsverteilung durch Sägezahn- und Treppenschwingungen

Wird an Stelle der Sinusschwingung von Abb. 10 eine Sägezahnschwingung verwendet, so genügen grundsätzlich statt des Phasenschiebers überlagerte Gleichspannungsstufen; in Abb. 13 ist an Hand von

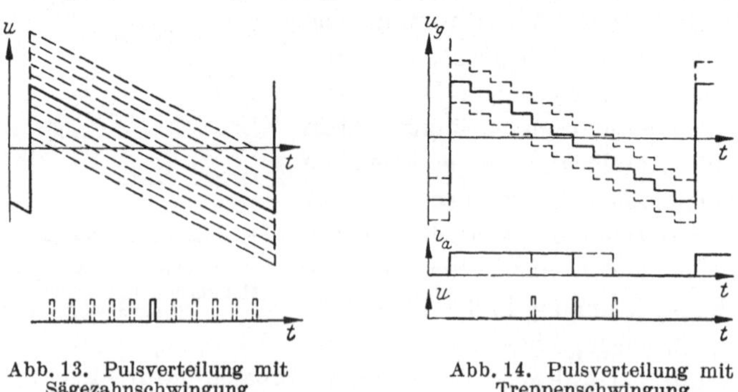

<table>
<tr><td>Abb. 13. Pulsverteilung mit
Sägezahnschwingung</td><td>Abb. 14. Pulsverteilung mit
Treppenschwingung</td></tr>
</table>

12 Werten dieser Gleichspannung dargestellt, wie die im Nulldurchgang der Sägezahnschwingung erzeugten Impulse zeitlich gestaffelt auftreten. Man kann auch hier je Puls ein Multiar verwenden. Dieser Pulsverteiler gehört offenbar ebenfalls zur Klasse 3, da man durch Addition der Modu-

lationsschwingungen zur Sägezahnschwingung unmittelbar Pulsphasen-Modulation erhalten kann. Die Linearität der Modulation ist ausgezeichnet, der Schaltungsaufwand jedoch erheblich, wenn man hohe zeitliche Genauigkeit und geringes Nebensprechen erreichen will.

Verwendet man an Stelle der Sägezahnschwingung Treppenschwingungen mit zeitlich äquidistanten und gleich hohen Stufen, so kann man zwar leicht hohe zeitliche Genauigkeit erreichen, man verliert jedoch die

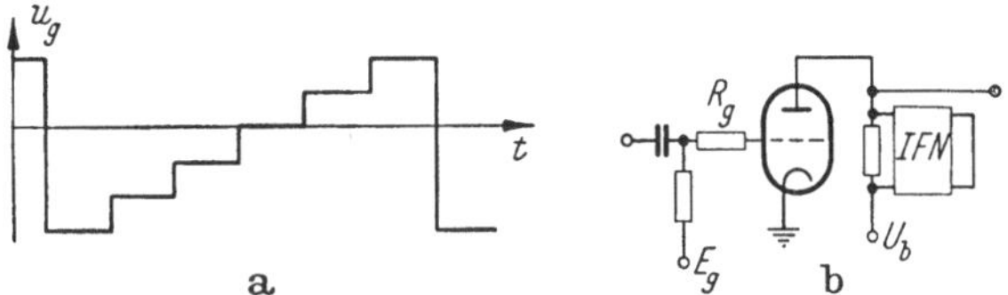

Abb. 15 a u. b. Pulsverteilerstufe mit Treppenschwingungen

Modulationsfähigkeit. Abb. 14 zeigt den Vorgang für 3 Stellungen; der Impuls wird immer in einem steilflankigen Teil der Treppenkurve erzeugt; es sind deshalb nur so viele Pulsstellungen möglich, wie die Treppe Stufen hat. Man benötigt auch hier je Puls mindestens *eine* Röhre. Die Treppenspannung kann auf irgendeine der Arten erzeugt werden, die in Kap. 3, VIII geschildert worden sind. Ein Gerät für Pulsamplituden-Modulation der Firma RCA[1] und ein Gerät für Pulsphasen-Modulation der Firma GE[2], beide für 24 Kanäle, verwenden dieses Prinzip; beim RCA-Gerät werden 4 versetzte, nach positiven Spannungen ansteigende 6stufige Treppenkurven verwendet (Abb. 15) und die Trennröhren mit großem Gitterwiderstand R_g als Amplituden-Bandpässe betrieben. Für die Puls-amplituden-Modulation sind im Anschluß weitere Röhren vorgesehen.

Um solche Treppenschwingungen zu erzeugen, benötigt man einen Puls

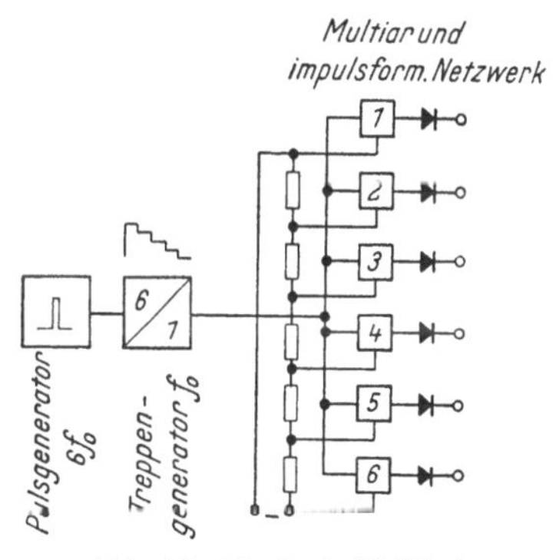

Abb. 16. Blockschaltbild eines Pulsverteilers mit Treppenschwin-gungen

mit einer Frequenz, die, ebenso wie bei den Verfahren von Abb. 6, 7 und 9, das n-fache der Treppenfrequenz betragen muß, wenn n die Anzahl der gewünschten Pulse je Rahmen ist. Der Aufbau eines 6fach-Verteilers ist im Prinzip in Abb. 16 gezeigt. Der Generator für die Treppenspannung kann so ausgebildet werden, daß er gleichzeitig als Frequenzteiler wirkt, wie schon in Kap. 3 erwähnt. An die Stelle des Phasenschiebers von Abb. 7 ist hier ein Gleichspannungsteiler getreten.

[1] RCA: Radio Corporation of America. — [2] GE: General Electric Corporation.

4. Pulsverteilung durch Ketten von Kippschaltungen

Auf S. 229 ist erwähnt worden, daß man Frequenzteiler erhält, die im Verhältnis 2^n teilen können, wenn man bistabile Multivibratoren, die als binäre Zähler arbeiten, hintereinanderschaltet. Dabei wird der Steuerpuls gleichzeitig *beiden* Gittern des *ersten* Multivibrators zugeführt; sämtliche anderen Multivibratoren sind über Differenzierglieder in Reihe geschaltet. Führt man jedoch den Steuerpuls nur *einem* Gitter oder nur *einer* Kathode *aller* Multivibratoren gleichzeitig zu und verbindet den Ausgang der Kette mit dem Eingang, so erhält man einen Ringzähler. Der Faktor der Frequenzteilung ist gleich der Anzahl der Multivibratoren, man kann also jedes beliebige ganzzahlige Frequenzverhältnis erhalten.

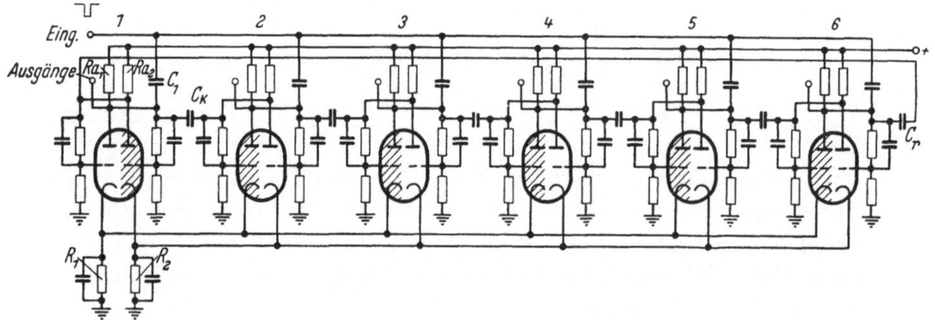

Abb. 17. 6-stufiger Ringzähler

Die Wirkungsweise sei an Hand der Abb. 17 erklärt, die eine Ausführungsform für einen 6fach-Verteiler darstellt.

Die Kathoden der linken Röhrenhälften der 6 bistabilen Multivibratoren liegen gemeinsam am Widerstand R_1, diejenigen der rechten Röhrenhälften am Widerstand R_2. Diese Widerstände sind so bemessen, daß die linke Hälfte *einer* Röhre gesperrt ist, wenn alle anderen linken Röhrenhälften Strom führen, und daß durch den Strom der rechten Hälfte dieser *einen* Röhre alle anderen rechten Röhrenhälften gesperrt werden. Das Verhältnis der Widerstände von R_2 zu R_1 ist etwa gleich der Stufenzahl. Die Multivibratoren sind über die differenzierenden Kondensatoren C_k miteinander gekoppelt; der Ring schließt sich über den Kondensator C_r, der gleich C_k ist. Der Steuerpuls wird über die Kondensatoren C_1 allen Gittern der rechten Röhrenhälften zugeführt. In der Abbildung befinden sich die Stufen 2 bis 6 in Normallage, die Stufe 1 in Umkehrlage. Bei geeigneter Bemessung der Bauelemente ergibt sich folgender Vorgang (vgl. dazu Abb. 18): Ein negativer Steuerimpuls läßt die Stufe 1 in die Normallage umkippen; die Hinterflanke des Spannungsimpulses an der linken Anode der Röhre 1 (Zeile für Rö 1) erzeugt am Gitter der Röhre 2 einen negativen Schaltimpuls, der die Stufe 2 in die Umkehrlage bringt. Die Umkehrlage wandert nun bei jedem Steuerimpuls von einer Stufe zur nächsten; wegen des Ringschlusses über C_r wiederholt sich der Vorgang cyklisch. So erhält man an den linken Anodenhälften zeitlich gestaffelte, positiv gerichtete Spannungsimpulse von einer Dauer, die gleich dem Abstand zweier Steuerimpulse ist.

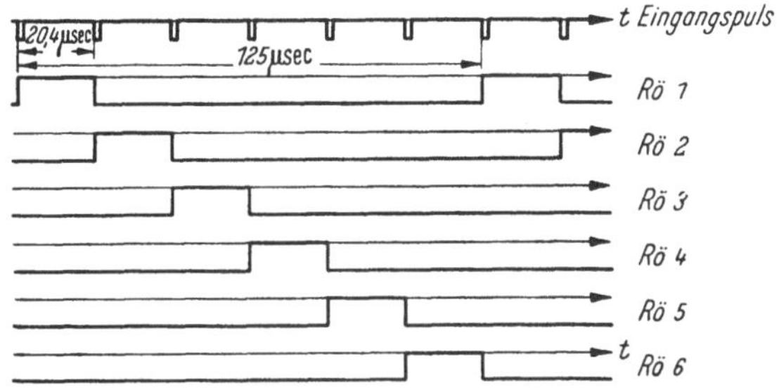

Abb. 18. Schwingungsformen an den Ausgängen (Anoden der linken Röhrenhälften) von Abb. 17

Der Röhrenaufwand ist erheblich, denn man braucht auf diese Weise allein im Pulsverteiler je Kanal eine Doppelröhre; außerdem muß man zur Modulation noch je eine weitere Röhre verwenden.

Bei einer größeren Anzahl von Kanälen läßt sich der Röhrenaufwand verringern, wenn man mehrere gekoppelte Ringzähler und zusätzlich

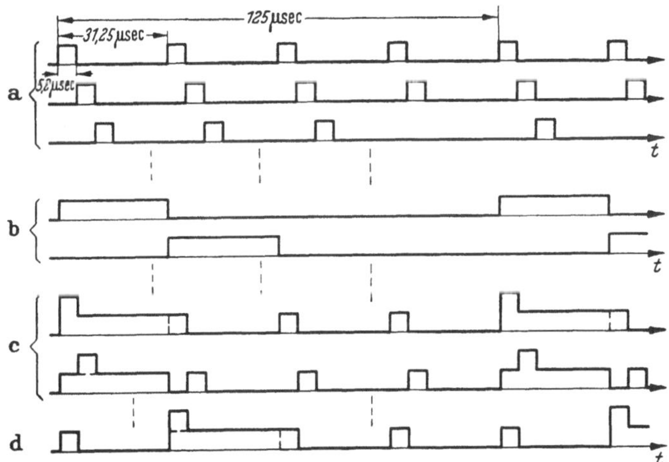

Abb. 19a — d. Kombination der Schwingungsformen eines 6-stufigen und 4-stufigen Ringzählers

Zeitfilter benutzt. Abb. 19 zeigt als Beispiel den Vorgang bei einem 24fach-Verteiler, der zwei Ringzähler mit den Teilverhältnissen 6:1 und 4:1 verwendet. Dem ersten 6fach-Ringzähler wird hier ein Steuerpuls der Frequenz 192 kHz zugeführt; er erzeugt Impulse einer Dauer von 5,21 μsec und hat nach 6 · 5,21 μsec = 31,25 μsec einen Cyklus durchlaufen (Zeilen a). Nach Ablauf jedes Cyklus gibt er einen Steuerimpuls an den 4fach-Ringzähler ab, der Impulse mit einer Dauer von 31,25 μsec erzeugt und dessen Cyklusdauer daher 4 · 31,25 μsec = 125 μsec beträgt (Zeilen b). Kombiniert man die 6 Ausgänge des ersten Ringzählers mit den 4 Ausgängen des zweiten Ringzählers mit Hilfe von 4 · 6 = 24 Zeitfiltern, wie sie auf S. 206 ff. beschrieben worden sind, so können 24 zeitlich verteilte Pulse einer Frequenz von 8 kHz erzeugt werden. Als Beispiel ist in den Zeilen c) und d) angedeutet, wie durch Addition und Amplitudensiebung drei solche Pulse erzeugt werden können. Statt der 24 Doppelröhren, die nach Abb. 18 erforderlich sind, genügen dann 6 + 4 = 10 Doppelröhren. Durch eine weitere Erhöhung der Anzahl von Ringzählern läßt sich in dem beschriebenen Falle die Zahl der Röhren nicht mehr wesentlich senken; dies ist nur für Anlagen mit sehr vielen Kanälen lohnend. Z. B. gilt für 96 Kanäle:

$$
\begin{array}{llll}
1 \text{ Ringzähler} & & = 96 \text{ Röhren} \\
2 \quad ,, & 12 + 8 & = 20 \quad ,, \\
3 \quad ,, & 6 + 4 + 4 & = 14 \quad ,, \\
4 \quad ,, & 2 + 3 + 4 + 4 = 13 \quad ,,
\end{array}
$$

Der Sprung von einem auf zwei Ringzähler ist erheblich, der Sprung von zwei auf drei Ringzähler erniedrigt die Röhrenzahl noch nennenswert, der Sprung von drei auf vier Ringzähler lohnt auch hier nicht mehr.

Eine Abwandlung des eben beschriebenen Prinzips wurde bei einem Gerät der Firma Philips angewandt. An Stelle der bistabilen Multivibratoren sind dabei monostabile verwendet worden; dem Gitter des ersten Multivibrators wird ein Steuerpuls der Grundfrequenz 8 kHz zugeführt. Ein Steuerimpuls bringt den Multivibrator in die Umkehrlage; dieser kippt nach Ablauf des Zeitbereichs für einen Kanal selbsttätig in die stabile Lage zurück; im selben Augenblick wird der nächste Multivibrator über ein Differenzierglied in die Umkehrlage geschaltet; nachdem die Multivibratorkette durchlaufen ist, erhält der erste Multivibrator wieder einen Steuerimpuls und der Cyklus wiederholt sich. Da die Genauigkeit von den Zeitkonstanten der Schaltung abhängig ist und dadurch bei den letzten Kanälen erhebliche Fehler auflaufen können, wendet man noch folgendes Verfahren an: Jedem Multivibrator werden zusätzlich Steuerimpulse der Frequenz $z f_0$ zugeführt, die das exakte Rückkippen erzwingen. Die Impulsdauer eines Multivibrators muß zu diesem Zweck etwas größer als der Zeitbereich für einen Kanal sein. Man benötigt demnach bei diesem Prinzip noch starre Kopplung zwischen dem Steuerpuls der Frequenz f_0 und dem Steuerpuls der Frequenz $z f_0$, z. B. einen Frequenzteiler; in Abb. 18 übernimmt der Ringzähler selbst diese Funktion.

Die im Vorhergehenden angedeuteten Prinzipien, die bei elektronischen Rechenmaschinen häufig verwendet werden, sind dann zweckmäßig, wenn sie mit modernen Bauelementen verwirklicht werden. Muß man dagegen Röhren benutzen, so ist der Aufwand meist unbequem groß.

II. Prinzipschaltungen zur Modulation und Demodulation von Pulsen

Im vorhergehenden Abschnitt und im Kap. 3 sind im Zusammenhang mit der Pulsverteilung und den Grundschaltungen schon einige Modulationsprinzipien erwähnt worden. Diese sind in den folgenden Zusammenstellungen berücksichtigt, aber nicht mehr näher erläutert.

1. Pulsamplituden-Modulation (PAM)

a) Modulationsschaltungen. Jede solche Schaltung ist im Prinzip ein Zeitfilter, dem als Signalfunktion die Modulationsschwingung und als Steuerfunktion ein zu modulierender Puls zugeführt wird. In den bekannten, auf dem Markt befindlichen Geräten findet man fast alle auf S. 206 ff. angegebenen Prinzipien vor. Als Ausführungsbeispiele, die noch kleine Ergänzungen dieser Prinzipien enthalten, sind in Abb. 20 die Schaltung eines 6-Kanal-Gerätes der Firma SFR und in Abb. 21 die Schaltung eines 24-Kanal-Gerätes der Firma RCA gezeigt. Beide verwenden unipolare Zeitfilter mit Addition von Signal- und Steuerfunktion.

In Abb. 20 werden die Spannungen der Signal- und der Steuerfunktion addiert dem Gitter einer Röhre zugeführt. Der Gleichrichter Gl dient zusammen mit dem Widerstand R als Amplituden-Tiefpaß;

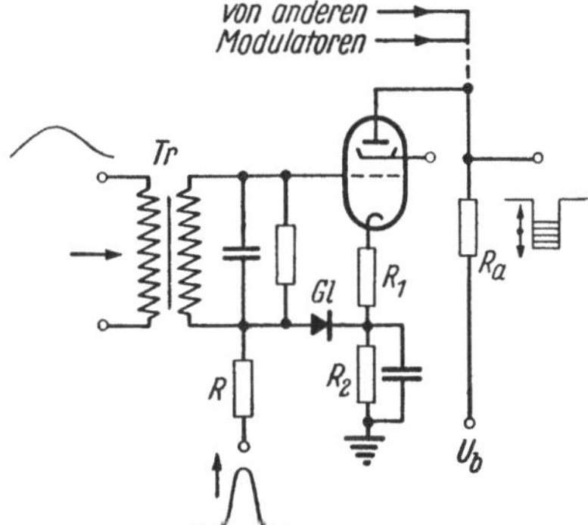

Abb. 20. Beispiel für einen Pulsamplituden-Modulator

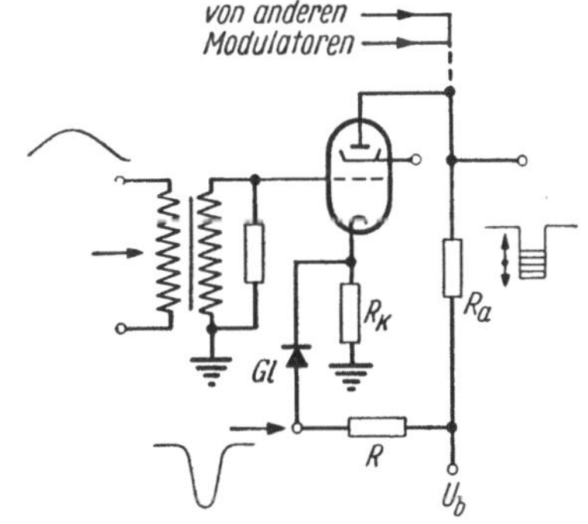

Abb. 21. Beispiel für einen Pulsamplituden-Modulator

dieser begrenzt die Spitzen der positiven Impulse, die von der Verzögerungsleitung kommen, und legt ihr Potential fest. Die Röhre wird durch den Spannungsabfall des mittleren Röhrengleichstroms an R_2 während der Impulslücken gesperrt und wirkt so für die Impulse als Amplituden-Hochpaß. Der Widerstand R_1 besorgt die für den Bereich der Modulationsspannung notwendige Gittervorspannung und ergibt gleichzeitig eine Gegenkopplung, die den Einfluß von Röhrenschwankungen auf den am Außenwiderstand R_a erscheinenden negativen amplitudenmodulierten Puls verringert.

In dem Beispiel von Abb. 21 wird die Spannung der Steuerfunktion in die Kathode eingekoppelt; die Röhre ist während der Impulslücken durch den über R und R_k fließenden Gleichstrom gesperrt. Die negativen Steuerimpulse sperren den Gleichrichter Gl und bewirken bei geeigneter Bemessung von R_k auch hier, daß die Röhre während der Impulszeiten als Verstärker arbeitet; am Außenwiderstand R_a erscheinen wie in Abb. 20 negative amplitudenmodulierte Pulse. Ebenso wie dort wirken der Gleichrichter und die Röhre als Amplituden-Bandpaß für die Impulse.

Werden den Gittern von z solchen gleichartigen Modulatoren zeitlich versetzte Steuerpulse zugeführt und die Anoden der Verstärkerröhren miteinander verbunden, so erhält man am gemeinsamen Anodenwiderstand R_a einen Rahmen von z amplitudenmodulierten Pulsen.

Wenn die Quellen der Signal- und der Steuerfunktion eine Belastung vertragen, so kann statt einer Verstärkerröhre auch ein Gleichrichter verwendet werden (vgl. z. B. die Schaltung von Abb. 3, 54 oder 3, 57).

Die vorstehenden Schaltungen erzeugen unipolare amplitudenmodulierte Pulse. Man kann daraus bipolare erhalten, d. h. solche ohne Trägerpuls, wenn man vom gesamten Pulsrahmen einen Puls der Frequenz $z\,f_0$ subtrahiert, der die Amplitude der unmodulierten Pulse hat. Man erzeugt jedoch dann besser von vornherein bipolare Pulse mit Hilfe von bipolaren Zeitfiltern, wie sie auf S. 213 beschrieben worden sind. Man kann diese Pulse in einfachen Schaltungen gemeinsam für viele Kanäle in der Amplitude komprimieren (s. S. 386ff.) oder auf den zulässigen Höchstwert begrenzen. Das Ausführungsbeispiel des Modulationsteils einer Anlage der Fa. Siemens & Halske für Pulsamplituden-Modulation mit 6 Sprachkanälen, das in Abb. 22 gezeigt ist, gibt im Zusammenhang mit der Pulsverteilung ein Bild von der Wirkungsweise solcher Zeitfilter, die mit Gleichrichtern aufgebaut sind.

Das Schaltbild b) ist eine Realisierung der Prinzipschaltung a), die ein Ergebnis nach Abb. 2b liefert. Die Schalter S sind aus den Gleichrichtern $Gl\,1$, $Gl\,2$ und den Impulsübertragern Tr_2 aufgebaut; die Schaltimpulse werden entsprechend Abb. 3, 54 mit Hilfe von 8 kHz-Sinusschwingungen der Phasenlagen $\varphi_1\cdots\varphi_6$ aus dem 48 kHz-Puls ausgesiebt; hierzu dienen die Elemente C_p, R_2, Tr_1 und $Gl\,3$. Die zu den 6 Kanälen K_1 bis K_6 gehörenden Modulationsschwingungen werden über die aus C_1, D und

C_2 bestehenden Tiefpässe zugeführt und an den auf der Sekundärseite der Übertrager Tr_3 liegenden Kondensatoren C_2 abgetastet. Diese müssen so groß gewählt werden, daß die Spannungen an ihnen während der Impulszeiten möglichst wenig abfallen und damit möglichst in voller Größe am Arbeitswiderstand R liegen. Mit dieser Schaltung ist es möglich, Spannungen von einigen Zehntel Volt mit genügender Genauigkeit und Symmetrie abzutasten, so daß bei den genormten Pegeln am Eingang von Modulationsgeräten (in Deutschland -2N oder etwa $0,1$V an $600\,\Omega$) keine Kanalverstärker erforderlich sind. Der Eingangstiefpaß C_1, D, C_2 ver-

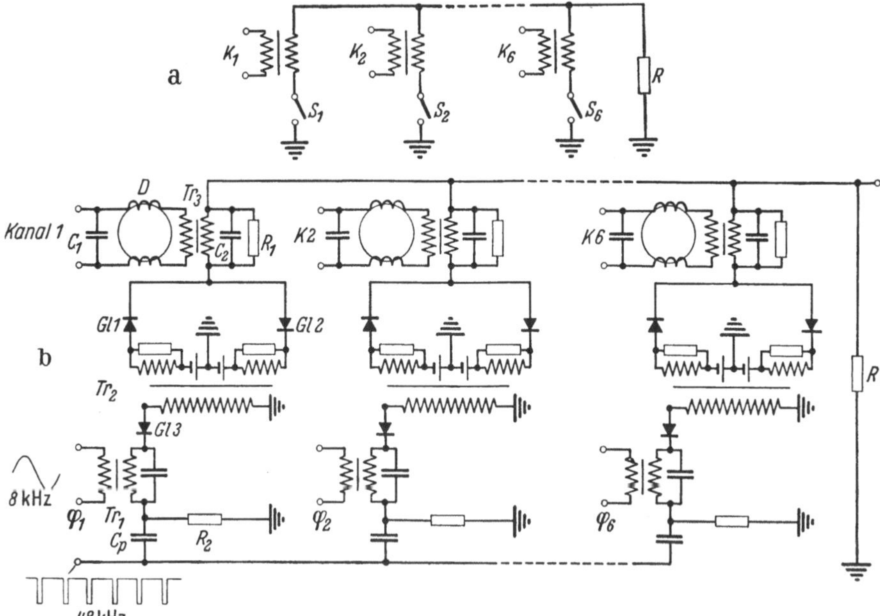

Abb. 22. Röhrenlose Schaltung zur Pulsamplituden-Modulation für 6 Kanäle

hindert in diesem Fall außerdem den Rückfluß der Pulsströme in die Leitung; die Elemente können so bemessen werden, daß der geforderte Reflexionsfaktor von weniger als 15% im Übertragungsband von 300 bis 3400 Hz eingehalten werden kann, obwohl der Übertrager nach oben übersetzt.

Die eben beschriebene Anlage enthält offenbar einen Pulsverteiler der Klasse 2, bei dem gleich im Zuge der Verteilung amplitudenmoduliert wird. Die dabei verwendete Modulationsschaltung kann grundsätzlich bei allen den Pulsverteilern angewandt werden, bei denen starre Pulse höherer Frequenz über Verteilerfunktionen geringerer Zeitgenauigkeit und tieferer Frequenz überlagert werden (vgl. Abb. 3, 54 sowie die Abb. 6 und 8 dieses Kap.).

b) Demodulationsschaltungen. Auf S. 124 ist gezeigt worden, daß im Spektrum amplitudenmodulierter Pulse — sowohl bei bipolaren als auch bei unipolaren — die Modulationsschwingungen unverzerrt enthalten sind. Es genügt also grundsätzlich, die Pulse an den Eingang eines Tiefpaß-Frequenzfilters zu legen, um an seinem Ausgang die Modulationsschwingungen wieder rein zu erhalten. Der Durchlaßbereich dieses Filters muß gleich dem Modulations-Frequenzbereich sein; bei höheren Frequenzen als der halben Abtastfrequenz soll die Dämpfung so groß sein, daß die Pulsharmonischen und ihre Seitenbänder nicht mehr stören. Man wird die Dämpfung im allgemeinen nur so groß machen, daß die störenden Restamplituden bei Klirrfaktor- und Nebensprech-Messungen keinen nennenswerten Beitrag mehr liefern. Für ein Sprachband bis 3,4 kHz wird man deshalb die Dämpfung von 3,4 kHz ab so ansteigen lassen, daß sie bei 8—3,4 kHz = 4,6 kHz etwa 4 bis 5 N (35 bis 43 db) erreicht. Bei unipolaren Pulsen, deren 8 kHz-Komponente hörbar sein kann, sollte sie bei dieser Frequenz mehr als 6 N (52 db) betragen. Bei bipolaren Pulsen treten theoretisch die Abtastfrequenz und ihre Harmonischen selbst nicht auf, sondern nur ihre Seitenbänder; an die Dämpfung bei 8 kHz braucht deshalb hier keine besondere Forderung gestellt zu werden. Man benutzt in der Praxis meist dreigliedrige versteilerte Tiefpässe mit einem Pol bei etwa 5 kHz und mit einem weiteren Pol — je nach dem Demodulationsverfahren — bei 8 kHz oder tiefer.

Ein Ausführungsbeispiel für eine Schaltung, die in dem erwähnten Gerät der Fa. RCA verwendet wird, zeigt die Abb. 23. Dem Gitter der Röhre werden unipolare amplitudenmodulierte Pulse zugeführt. Die Röhre kann bei einer Mehrkanalanlage zugleich als Zeitfilter zur Zeitselektion für den gewünschten Kanal dienen. Zu diesem Zweck ist die gleiche Schaltung wie in Abb. 21 angewandt, bei der ein Verteilerpuls in die Kathode eingespeist wird. Bei z Kanälen sind z gleichartige Demodulationsschaltungen am Gitter von Rö 1 parallelgeschaltet. Im Anodenkreis liegt der Tiefpaß; hieran schließt sich ein Verstärker, der die Modulationsschwingungen in der verlangten Stärke abgibt. Für den Niederfrequenzausgang von Modulationsgeräten ist im allgemeinen ein verhältnismäßig hoher Pegel vorgeschrieben (in Deutschland + 1N oder 2,1 V an 600 Ω). Der Verstärker muß dann, wenn man noch eine Reserve von etwa 2 db vorsieht, bei Vollaussteuerung eine Leistung von etwa

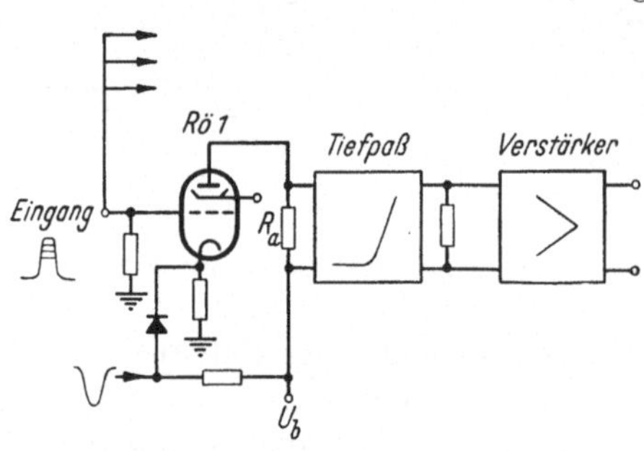

Abb. 23. **Pulsamplituden-Demodulator**

50 mW abgeben können; außerdem soll wie auf der Sendeseite ein Reflexionsfaktor von weniger als 15% eingehalten werden. Wegen dieser zusätzlichen Forderung muß die Verstärkerröhre im allgemeinen für die doppelte Leistung, d. h., 100 mW bemessen werden, da die halbe Leistung in einem Widerstand verbraucht wird, der den verlangten Innenwiderstand bildet.

Die beschriebene einfache Demodulationsschaltung hat einen Nachteil, der im folgenden erörtert sei. Normale Verstärkerröhren können üblicherweise einige 100 mW unverzerrte Leistung abgeben. Da im Spektrum eines amplitudenmodulierten Pulses das Verhältnis der Leistung der Modulationsschwingung zur Pulsspitzenleistung höchstens gleich dem Tastverhältnis sein kann, und da dieses wiederum höchstens gleich der reziproken Zahl der Kanäle werden kann, wird man nach dieser Methode z. B. bei 24 Kanälen höchstens etwa 10 mW am Ausgang der Röhre 1 erhalten können. Man benötigt deshalb am Ausgang des Tiefpasses einen Niederfrequenz-Verstärker mit mindestens *einer* Verstärkerröhre; in ausgeführten Geräten liegen die Verhältnisse noch weit ungünstiger, so daß oft zwei Röhren verwendet werden müssen. Der Röhrenaufwand je Kanal wird dadurch erheblich.

Die folgenden Überlegungen führen zu Schaltungen, die diesen Nachteil beseitigen.

Der Demodulations-Tiefpaß der Abb. 23 hat im Prinzip die Wirkung, daß er den

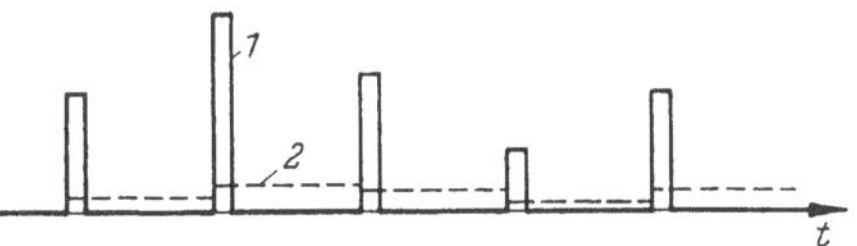

Abb. 24. Schematisierte Wirkung eines Tiefpasses zur Pulsamplituden-Demodulation

Mittelwert des Flächeninhalts der Spannungsimpulse bildet; in Abb. 24 ist dieser Vorgang durch die gestrichelte Kurve 2 angedeutet; man erkennt deutlich die starke Verringerung der Amplituden.

Es liegt nahe, die Verhältnisse dadurch zu verbessern, daß man eine Gleichrichterschaltung anwendet, wie sie z. B. aus der Rundfunkgeräte-

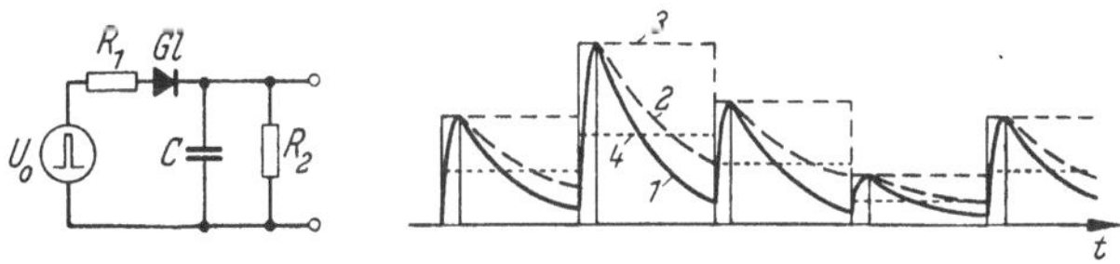

Abb. 25. Pulsamplituden-Demodulation mit Spitzenwertgleichrichter und Entladekreis

Technik bekannt ist. In Abb. 25 ist diese Schaltung dargestellt; man nutzt die Speicherfähigkeit eines Kondensators aus. U_0 ist hier die Quelle für den amplitudenmodulierten Puls; der Kondensator C wird rasch über den Gleichrichter Gl und den Widerstand R_1 aufgeladen; in der impulsfreien Zeit entlädt sich der Kondensator mit der Zeitkonstante

$R_2 C$ über den Widerstand R_2. Die Abb. 25 zeigt den Vorgang für zwei Werte der Entladezeitkonstanten (Kurven 1 und 2). Ist der Aufladewiderstand R_1 klein genug, so lädt sich der Kondensator auf den Spitzenwert der Impulse auf und entlädt sich wesentlich langsamer über den Entladewiderstand R_2. Die Entlade-Zeitkonstante darf jedoch nicht zu groß sein, da sonst die Gefahr besteht, daß einzelne Amplitudenwerte verloren gehen. Ist z. B. die Entlade-Zeitkonstante etwas größer als für die Kurve 2, so beteiligt sich der 4. Impuls nicht an der Demodulation; man kann auch leicht erkennen, daß eine verzerrungsfreie Demodulation bei einem Modulationsgrad von 100% überhaupt nicht möglich ist, da der Kondensator sich theoretisch nie auf die Spannung Null entladen kann. Die Ausbeute an Modulationsspannung ist jedoch durch diese Maßnahme wesentlich gesteigert worden (Mittelwert für Kurve 1 ist Kurve 4), wie ein Vergleich mit Abb. 24 zeigt.

Man erhält die größte Ausbeute, wenn es gelingt, die Kurve 3 zu verwirklichen; bei dieser Kurve wird der Kondensator auf die Spitzenamplitude eines Impulses aufgeladen; er behält seine Ladung bis zum nächsten Impuls bei, auf dessen Amplitude er neu umgeladen wird.

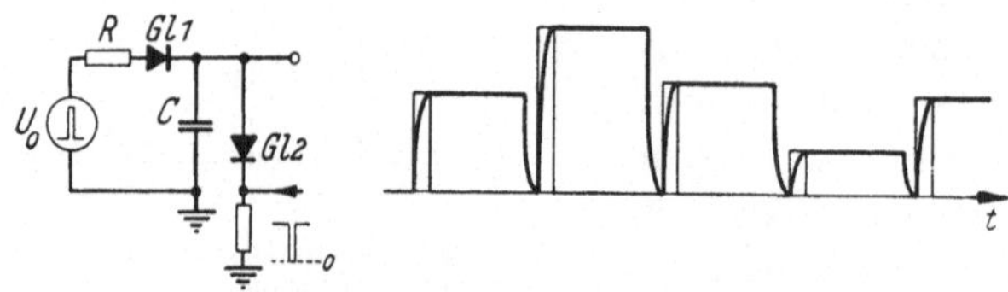

Abb. 26. Pulsamplituden-Demodulation mit Impulsverlängerung

Es gibt hier zwei grundsätzliche Methoden, diese Umladung zu ermöglichen; bei beiden muß der Trägerpuls mit der Abtastfrequenz zur Verfügung stehen. Bei der ersten Methode wird der Kondensator über einen elektronischen Schalter kurz vor dem Eintreffen jedes neuen Signalimpulses vollständig entladen. Hierzu kann eine Anordnung nach Abb. 26 dienen. Der Entladepuls muß hier zeitlich kurz vor dem Signalpuls liegen und von einer Quelle genügend kleinen Innenwiderstandes geliefert werden. Wie aus Abb. 2, 28d zu ersehen ist, enthält die Schwingungsform der Kurve 3 von Abb. 25 die Abtastfrequenz und ihre Harmonischen nicht mehr. Bei der Schwingungsform Abb. 26 treten diese wieder auf; ihre Amplitude ist aber gering, und zwar um so geringer, je kleiner das Zeitintervall der Entladung gemacht werden kann.

Man könnte vermuten, daß bei den Schwingungsformen der Abb. 25 und 26 oder ähnlichen, störende spektrale Komponenten der Form $f_0 - q\,f_m$ auftreten — q eine ganze Zahl —, wie sie bei der Betrachtung der Spektren von winkelmodulierten Pulsen (vgl. Abb. 2, 35 und 2, 36) gefunden worden sind. Es sei deshalb darauf hingewiesen, daß solche

nichtharmonischen Verzerrungen im Modulationsband nur bei Winkelmodulation auftreten können. Bei Abb. 25 und 26 handelt es sich aber
eindeutig um Amplitudenmodulation, daher bleibt die Modulationsschwingung immer unverzerrt.

Die vorstehende Methode, die auch zur Impulsverlängerung verwendet
werden kann, erfordert jedoch bereits einen zusätzlichen Aufwand an
Geräten, der dem der folgenden von den Firmen Siemens & Halske
und Telefunken angewandten Methode nicht viel nachsteht. Diese bringt
aber prinzipielle Vorteile; sie ist schematisch in Abb. 27 gezeigt. U_0 sei
wieder die Quelle für den amplitudenmodulierten Puls. Der Steuerpuls,
der den Schalter S betätigt, muß hier zeitlich mit dem Signalpuls übereinstimmen. Der Schalter sei bipolar, d. h., von der Stromrichtung unabhängig, er kann irgendeine der auf S. 213 und 214 beschriebenen Formen
von bipolaren Zeitfiltern haben. Die Dauer der
Steuerimpulse, d. h. die Schließungszeit, muß
kleiner sein als die Dauer der Signalimpulse;
ferner muß die Zeitkonstante RC wesentlich
kleiner sein als diese Dauer. Der Kondensator
wird dann immer auf den Amplitudenwert der
Signalimpulse umgeladen, unabhängig davon,
ob die Umladung eine Auf- oder Entladung

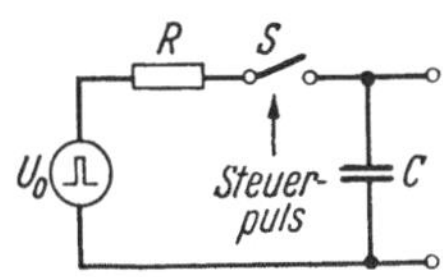

Abb. 27. Pulsamplituden-
Demodulation mit
Amplitudenspeicherung

bedeutet; die Schaltung realisiert mit guter Annäherung den Vorgang
der Kurve 3 von Abb. 25. Man erhält dabei zwei wesentliche Vorteile:

1. Im Gegensatz zu den vorhergehenden Schaltungen, die nur mit
unipolaren Pulsen arbeiten, können die Signalpulse hier unipolar *oder*
bipolar sein.

2. Die Schaltung ist unempfindlich gegen alle Vorgänge, die zwischen
den zu demodulierenden Impulsen liegen, d. h., sie kann zugleich als Pulsverteiler benutzt werden. Die Signalpulsquelle kann z. B. ein gesamter
Pulsrahmen mehrerer Kanäle sein. Man hat damit einen Empfangsver-
teiler der zweiten Klasse, der im Zuge der Verteilung demoduliert.

Abb. 28 zeigt als Ausführungsbeispiel den Demodulationsteil einer
Anlage der Fa. Siemens & Halske für 6 Sprachkanäle zusammen mit der
Pulsverteilung [a) Blockschaltbild, b) Prinzipschaltbild]; die Schaltung ist ähnlich wie der Modulationsteil von Abb. 22 aufgebaut. Hier
ist jedoch außerdem der elektronische Schalter so ausgebildet, daß er
zugleich die Verteiler-Sinusschwingung von 8 kHz und den 48 kHz-Puls
summiert und den 8 kHz-Steuerpuls ausblendet. Der 48 kHz-Puls wird
dem Differential-Pulsübertrager Tr_1 zugeführt, der für alle 6 Kanäle
gemeinsam an der symmetrischen Sekundärwicklung einen positiven
und einen negativen Puls liefert; hierzu werden über die Resonanzüber-
trager Tr_2 Sinusschwingungen von 8 kHz addiert, die je um 180° versetzt sind. Das Gleichrichterpaar Gl 1,2 erhält seine Sperrspannungen

automatisch durch den Spannungsabfall des mittleren Pulsstromes an den Gliedern $R\,C_1$ und $R\,C_2$ wie bei dem elektronischen Schalter von Abb. 3, 58. Der Rahmen der 6 amplitudenmodulierten Pulse wird über eine Kathodenstufe der Mitte der Sekundärwicklung des Pulsübertragers Tr_1 zugeführt. Die Speicherkondensatoren C werden somit über einen resultierenden Widerstand aufgeladen, der sich nur aus dem Durchlaßwiderstand der beiden Dioden und dem Innenwiderstand der Kathodenstufe zusammensetzt; die übrigen im Umladeweg liegenden Elemente sind nämlich praktisch kapazitiv kurzgeschlossen.

Man erhält so die gewünschten treppenförmigen Spannungen an den Gittern der Kanalverstärkerröhren; die Amplitudenwerte sind groß genug, Verstärker

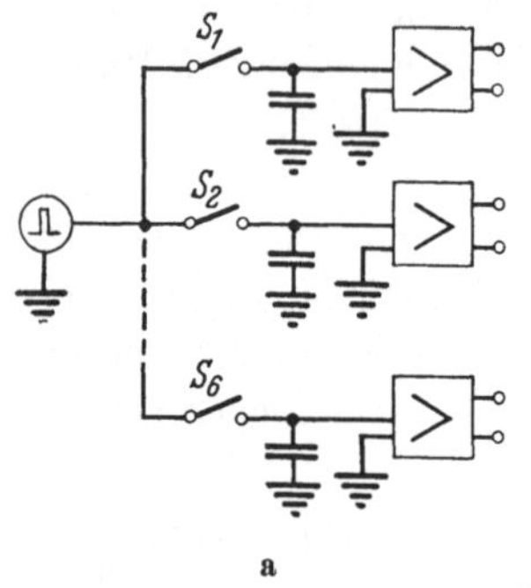

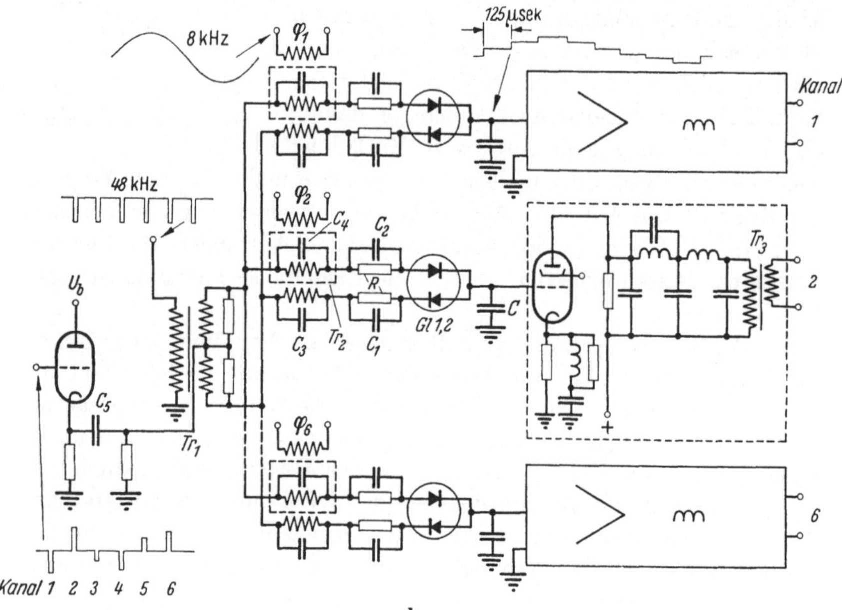

Abb. 28a u. b. Schaltung zur Pulsamplituden-Demodulation für 6 Kanäle

mit normalen Röhren und der üblichen Gegenkopplung voll auszusteuern. Die Anforderungen an die in den Anodenkreisen liegenden Tiefpässe sind wesentlich geringer als bei einer Demodulation nach Abb. 23, wie eine Betrachtung der in Abb. 2, 28 angegebenen Spektren zeigt. Dort ist außerdem gezeigt worden, daß die Amplitude der Modulationsschwingung mit zunehmender Modulationsfrequenz nach einer si-Funktion abfällt (vgl. Abb. 2, 30), deren erster Nulldurchgang bei der Abtastfrequenz f_0 liegt. Ist $f_0 = 8\,\text{kHz}$, so beträgt der Abfall bei $3,4\,\text{kHz}$ etwa $0,3\,\text{N}$. In Abb. 28 ist dieser Frequenzgang durch ein in der Kathode liegendes Netzwerk entzerrt, das die Gegenkopplung um diesen Betrag vermindert.

Abschließend sei erwähnt, daß der Kathodenstufe auch ein Rahmen von 12 oder 24 Kanälen zugeführt werden kann. Wegen der Zeitselektivität der Demodulation werden immer nur die 6 gewünschten Kanäle demoduliert.

2. Pulsdauer- und Pulsphasen-Modulation (PDM und PPM)

Diese beiden Modulationsarten sind dadurch, daß sie beide eine zeitliche Veränderung der Eigenschaften von Impulsen bewirken, in ihren Schaltungen noch enger miteinander verwandt als in ihrer Theorie; es ist daher unzweckmäßig, sie hier zu trennen. Sie sind auch, wie im Abschn. III noch näher beschrieben werden wird, sehr leicht ineinander umwandelbar.

a) **Modulationsschaltungen.** Es gibt eine Reihe von Möglichkeiten, auf direktem Wege Pulsdauer-Modulation zu erhalten, dagegen wohl nur eine einzige, Pulse ohne nachfolgende Umwandlungsschaltungen in der Phase zu modulieren. Dieses Prinzip ist in Abb. 29 symbolisch dargestellt. Der von der Quelle U_0 gelieferte Puls wird in einer Verzögerungsleitung DL, die auf beiden Seiten mit ihrem Wellenwiderstand Z abgeschlossen ist, um deren Laufzeit verzögert. Verändert man nun die Laufzeit der Leitung im Takte der Modulationsschwingung U_m, so erhält man

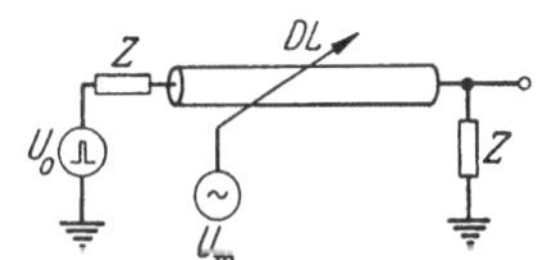

Abb. 29. Pulsphasen-Modulation mit gesteuerter Verzögerungsleitung

direkt Pulsphasen-Modulation. Verwendet man in der Leitung ferromagnetisches und ferroelektrisches Material (z. B. Ferrit und Bariumtitanat), so können grundsätzlich durch ein überlagertes elektrisches und magnetisches Feld die spezifischen Leitungskonstanten L und C und damit die Laufzeit so verändert werden, daß der Wellenwiderstand $Z = \sqrt{\dfrac{L}{C}}$ konstant bleibt.

Diese Methode ist jedoch bei ausgeführten Geräten bisher nicht angewendet worden; bei diesen bedient man sich im allgemeinen eines der im folgenden beschriebenen indirekten Verfahren, oder man verwendet Varianten davon. Allen diesen Verfahren liegt eine „erzeugende" Schwingungsform zugrunde mit der Periode der Abtastfrequenz, die innerhalb dieser Periode einmal in positiver und einmal in negativer Richtung durch Null geht. Diese Nulldurchgänge werden zur Pulserzeugung benutzt.

Man kann nun auf zwei Arten zeitlich modulieren:

1. durch Phasenmodulation der „erzeugenden" Schwingung mit der Modulationsschwingung;

2. durch Addition der Modulationsschwingung zur „erzeugenden" Schwingung und anschließende Amplitudenselektion.

Um einfache Schaltungen zu erhalten, wird man beim Verfahren 1 eine Schwingungsform wählen, die möglichst leicht in der Phase moduliert werden kann. Hier ist die Sinusschwingung zu bevorzugen; die Schaltungen zur Phasenmodulation sind aus der Technik der Frequenzmodulation bekannt. Mit einer der in Kap, 3, VI beschriebenen Schaltungen lassen sich daraus phasenmodulierte Rechteckschwingungen erzeugen, d. h. phasenmodulierte Pulse des Zeitverhältnisses 1:1, und mit Hilfe impulsformender Netzwerke phasenmodulierte Pulse beliebiger Zeitverhältnisse. Ein Beispiel, das keiner weiteren Beschreibung bedarf, zeigt Abb. 30. U_e ist hier die Quelle der erzeugenden Schwingung. Auch diese Verfahren haben sich in der Praxis gegenüber der an zweiter Stelle genannten Klasse nicht durchsetzen können.

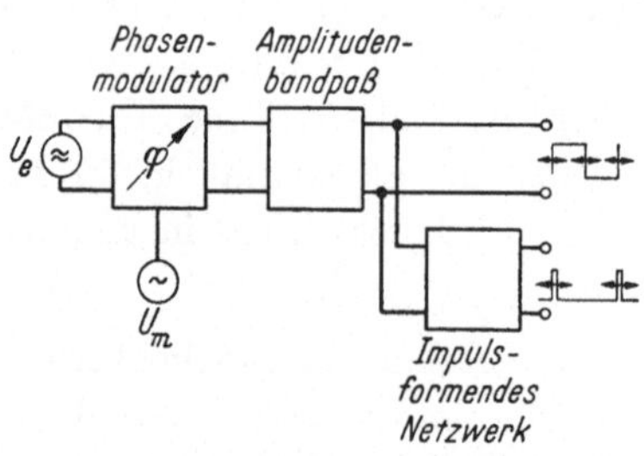

Abb. 30. Pulsphasen-Modulation mit phasenmodulierter „erzeugender" Schwingung

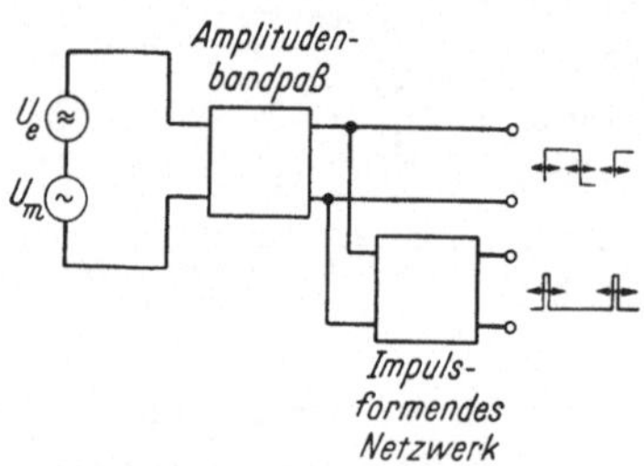

Abb. 31. Pulsphasen- und Pulsdauer-Modulation mit Überlagerung von „erzeugender" Schwingung und Modulationsschwingung

Die Verfahren mit Addition der Modulationsschwingung zur „erzeugenden" Schwingung (Abb. 31) haben zur Voraussetzung, daß die zur Modulation verwendete Flanke der „Erzeugenden" in der Nähe *eines* Nulldurchganges eine möglichst lineare Funktion der Zeit ist. Will man mit einer möglichst geringen Modulationsspannung auskommen, so macht man diese Flanke nicht zu steil. Obwohl man grundsätzlich jede beliebige „erzeugende" Schwingungsform verwenden kann, die diesen Forderungen genügt, werden in der Praxis vorwiegend die Sinusschwingung und die Sägezahnschwingung benutzt. Am Ausgang des Amplituden-Bandpasses erscheinen im Gegensatz zum Verfahren 1 hier immer dauermodulierte Pulse.

Ausführungsbeispiele hierfür sind in diesem Kapitel an Hand der Abb. 11, 12 und 13 und bei Abb. 3, 68 behandelt worden. Am Ausgang des Amplituden-Bandpasses erscheinen im Falle der Sinusschwingung Pulse mit dem Zeitverhältnis 1:1 und mit Dauermodulation von Vorder- und Hinterflanke; im Falle der Sägezahnschwingung ist nur *eine* Flanke moduliert, und die Pulse haben ein Zeitverhältnis, das der zeitlichen Einordnung des Kanals entspricht.

Es ist bei Geräten für eine größere Zahl von Kanälen sehr schwierig, die zeitliche Einordnung der Kanalpulse genau einzuhalten, wenn man sie aus einer Sägezahnschwingung erzeugt, welche die ganze Abtastperiode überstreicht. Man verwendet dann besser Sägezähne, die nur die Zeitdauer eines Kanalbereichs haben und deren Anfangs- und Endpunkte genau bestimmt werden durch Maßnahmen, wie sie auf S. 418 dieses Kapitels beschrieben worden sind. Ungenauigkeiten innerhalb dieses kleinen Zeitintervalls sind unschädlich, da sie nur einen Bruchteil dieser Zeit betragen können. Es muß jedoch dafür gesorgt werden, daß der Anstieg oder der Abfall über die ganze Flankendauer linear ist, damit die Modulation genügend verzerrungsfrei wird. Soll möglichst wenig von dem zur Verfügung stehenden Zeitbereich vergeudet werden, so darf der steile Teil des Sägezahnes nur eine kleine Zeitspanne in Anspruch nehmen. Man kann diese Forderung umgehen, wenn man Kanalgruppen bildet, z. B. zwei, und den Sägezähnen für die Kanäle einer Gruppe dann die doppelte Zeitdauer gibt.

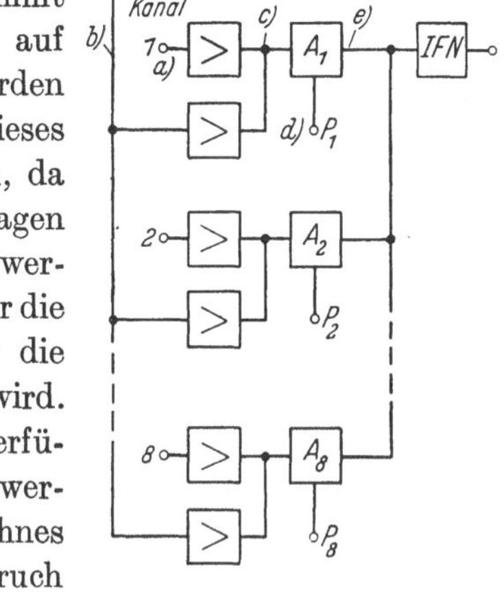

Es seien zur Erläuterung aus der großen Zahl der Ausführungen zwei Beispiele herausgegriffen.

In Abb. 32 ist der Modulationsteil einer PPM-Anlage der Firma Philips für 8 Kanäle gezeigt.

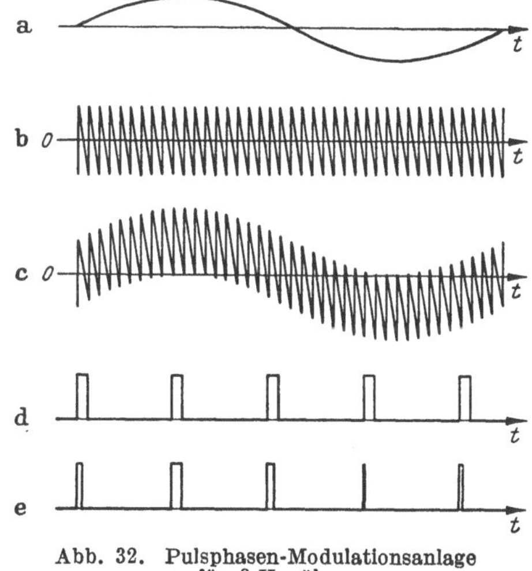

Abb. 32. Pulsphasen-Modulationsanlage für 8 Kanäle

Ein Modulator benötigt hier drei Stufen:

1. eine Kanal-Verstärkerstufe für die Modulationsschwingung (Zeile a);

2. eine Verstärkerstufe für die Sägezahnschwingung (Zeile b) mit der Frequenz $z\,f_0$; sie dient hauptsächlich zur Entkopplung der Modu-

latoren voneinander, da die Sägezahnschwingung sämtlichen Modulatoren zugeführt wird;

3. einen Amplituden-Bandpaß mit Zeitfilter $(A_1 - A_8)$, dem einerseits die addierten Schwingungen (Zeile c) und ein vom Verteiler kommender Puls der Abtastfrequenz f_0 (Zeile d) zugeführt werden.

Die 3. Stufe besteht in dem ängeführten Gerät jeweils aus einer Pentode, auf deren Gitter die Schwingungen c) und auf deren Schirmgitter die Schwingungen d) gegeben werden. Im Anodenkreis erhält man auf diese Weise einen dauermodulierten Puls (Zeile e) der Frequenz f_0, da nur einer von z Impulsen durchgelassen wird; die Gitter-Kathodenstrecke wirkt wie in Abb. 3, 68 als Amplituden-Bandpaß. Die Anoden sämtlicher Stufen A sind verbunden; da jede Stufe A einen anderen Verteilerpuls erhält, fließen dann in der gemeinsamen Anodenleitung die dauermodulierten Strompulse aller Kanäle. Mit Hilfe des gemeinsamen impulsformenden Netzwerks IFN werden durch Differentiation schließlich die phasenmodulierten Pulse erhalten.

Das zweite Beispiel ist eine 24 Kanal-PPM-Anlage der Firma GE; zur Modulation wird je Kanal eine Variante der Schaltung von Abb. 3, 79 benutzt. Ein monostabiler Multivibrator wird durch einen zeitlich genauen Verteilerpuls aus seiner stabilen Lage in die instabile Lage gebracht. Nach der halben Dauer eines Kanalbereichs kippt der Multivibrator in seine Ruhelage zurück. Die Impulsdauer ist außer von der Zeitkonstante des Kippkreises noch von der Spannung E_{g1} abhängig. Wird dieser die Modulationsspannung überlagert, so bleibt der Anfangszeitpunkt der Sägezahnspannung am Gitter der Röhre 1 erhalten, die Steilheit der ansteigenden Flanke ändert sich jedoch und damit der Zeitpunkt des Rückkippens. Je nachdem, ob die Modulationsspannung positiv oder negativ ist, liegt dieser Zeitpunkt früher oder später als im unmodulierten Zustand.

Mit den beiden eben beschriebenen Verfahren kann man zwar sehr hohe zeitliche Genauigkeiten erreichen, jedoch ist der Röhrenaufwand je Kanal erheblich.

b) Demodulationsschaltungen. Das Spektrum phasenmodulierter Pulse (s. S. 136) zeigt, daß die Amplitude der darin enthaltenen Modulationsschwingung sehr gering ist gegenüber der Pulsamplitude und daß sie außerdem einen mit der Modulationsfrequenz linear ansteigenden Gang hat. Eine Demodulation mit einfachem Tiefpaßfilter wie in Abb. 23 ist demnach sehr unwirtschaftlich und wird deshalb auch nicht angewandt. In den meisten praktischen Fällen werden die Pulse zuerst entweder in amplitudenmodulierte oder in dauermodulierte umgewandelt, die sich leicht demodulieren lassen. Die Umwandlungsverfahren werden im nächsten Abschnitt behandelt. An dieser Stelle sei jedoch ein

Verfahren angegeben, das als direkte Demodulation von phasenmodulierten Pulsen betrachtet werden kann.

Die Abb. 33 zeigt die prinzipielle Wirkung: Eine Sägezahnschwingung U_e mit der Abtastfrequenz f_0 (Zeile a) wird örtlich erzeugt; ein Kondensator C wird über den Schalter S auf bestimmte Momentanwerte dieser Schwingung aufgeladen; der Schalter wird von dem zu demodulierenden Puls U_p (Zeile b) während der Impulszeiten geschlossen. Wären die Schaltzeitpunkte streng periodisch, so erhielte der Kondensator eine konstante Ladung. Da die Impulse aber phasenmoduliert sind, wird die Sägezahnschwingung jeweils an verschiedenen Punkten ihrer Flanke abgetastet, und man erhält die Modulationsschwingung treppenförmig am Kondensator (Zeile c). Das Ergebnis ähnelt dem der Schaltung von Abb. 27; die Umladezeitpunkte sind jedoch nicht wie dort periodisch,

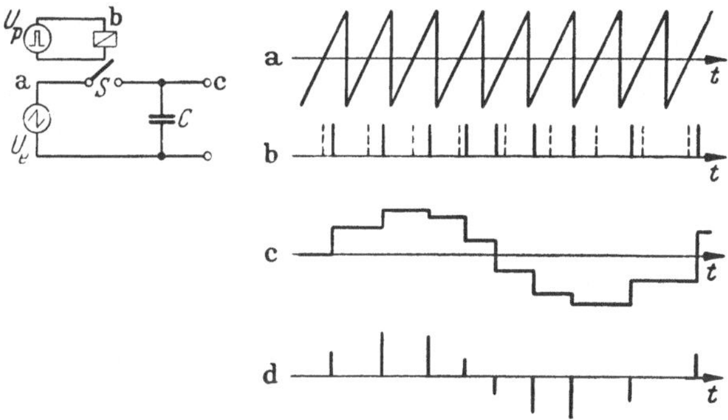

Abb. 33. Pulsphasen-Demodulation

sondern phasenmoduliert. Man muß deshalb erwarten, daß Seitenfrequenzen höherer Ordnung ($f_0 - 2\,f_m$, $f_0 - 3\,f_m$ usw.) in das Modulationsband fallen und nichtharmonische Verzerrungen verursachen. Diese sind jedoch erträglich, wenn der Zeithub gegenüber einer Abtastperiode klein ist; bei der üblichen Zahl von 12 oder mehr Kanälen ist dies der Fall.

Das geschilderte Verfahren vereinigt bei genauererer Betrachtung die Umwandlung von Pulsphasen-Modulation in Pulsamplituden-Modulation und die Demodulation. Dies zeigt sich deutlich, wenn man in Abb. 33 an Stelle des Kondensators C einen Widerstand einschaltet. An ihm entsteht nämlich ein gemischt amplituden- und phasenmodulierter Puls (Zeile d); dieser ist bipolar, wenn die Sägezahnschwingung gleichstromfrei ist. Wird eine unipolare Sägezahnschwingung verwendet, so sind die Pulse von Zeile c) und d) ebenfalls unipolar. In diesem Falle kann für den Schalter S ein unipolares Zeitfilter verwendet werden, und man kann die Amplituden-Demodulationsschaltungen von Abb. 25 und 26 verwenden.

Dieses Demodulationsprinzip wird bei den schon erwähnten Anlagen der Fa. Philips und der Fa. GE benutzt. Die Ausführungsform der zweiten Firma ist als Beispiel in Abb. 34 zusammen mit der Wirkung des Verteilerpulses gezeigt. Dem Schirmgitter einer Hexode wird der Verteilerpuls (a) zugeführt und ihrem ersten Steuergitter die phasenmodulierten Pulse (b). Diese Anordnung stellt zunächst ein multiplikatives Zeitfilter ähnlich der Prinzipschaltung von Abb. 3, 52 dar, mit dem der gewünschte Kanalpuls ausgesiebt werden kann. Am zweiten Steuergitter tritt jedoch hier eine Sägezahnschwingung (c) auf, die direkt aus dem Verteilerpuls durch Integration über das Glied RC erzeugt wird. Im Anodenkreis erscheint dann der phasenmodulierte unipolare Puls des betrachteten Kanals zugleich amplitudenmoduliert; er kann in der üblichen Weise z. B. mit einem Tiefpaß demoduliert werden.

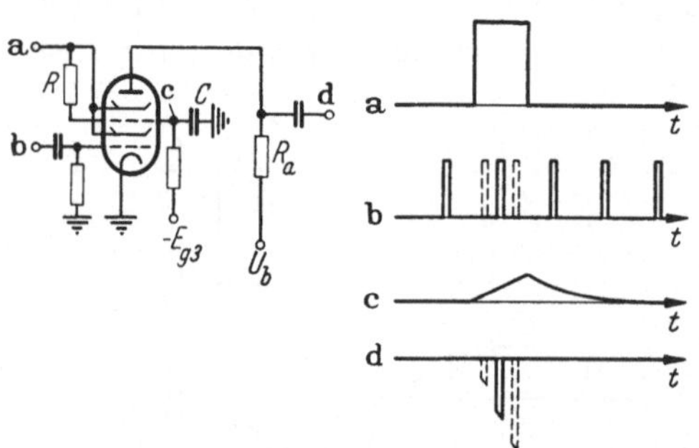

Abb. 34. Pulsphasen-Demodulation mit Hexode

Dauermodulierte Pulse lassen sich wie amplitudenmodulierte einfach mit Hilfe eines Tiefpasses demodulieren, da ihr Spektrum die Modulationsschwingung in ausreichender Stärke enthält. Man kann zu diesem Zweck z. B. die Schaltung von Abb. 23 ohne Änderung verwenden. Da die Impulse alle gleiche Höhe haben, versagen Maßnahmen, wie sie bei amplitudenmodulierten Pulsen durch Spitzengleichrichtung (Abb. 25, 26 u. 27) möglich sind. Will man von solchen Speicherwirkungen auch bei der Pulsdauer-Modulation Gebrauch machen, so muß der Kondensator über ein integrierendes Glied so aufgeladen werden, daß die Ladung proportional der Impulsdauer wird.

Man muß beachten, daß die Tiefpaß-Demodulation theoretisch nie verzerrungsfrei möglich ist, da Seitenbänder der Abtastfrequenz mit höherer Ordnung ($f_0 - 2 f_m$, $f_0 - 3 f_m$ usw.) im Modulationsband liegen.

Weitere Verfahren zur Demodulation von phasen- und dauermodulierten Pulsen beruhen, ähnlich wie bei der Modulation, meist auf der Umwandlung der Modulationsverfahren ineinander; sie sollen daher im Rahmen des nächsten Abschnittes erwähnt werden.

III. Schaltungen zur Umwandlung von Pulsamplituden-, Pulsdauer- und Pulsphasen-Modulation ineinander

Es sollen diejenigen Schaltungen besonders betrachtet werden, die es erlauben, einen ganzen, mehrfach ausgenutzten Pulsrahmen irgendeiner der drei Modulationsarten in einen der zwei anderen Arten umzuwandeln, und zwar gemeinsam und möglichst ohne Beeinflussung der Teilpulse untereinander, d. h., möglichst nebensprechfrei.

1. Umwandlung von Pulsdauer-Modulation in Pulsphasen-Modulation

Diese Umwandlung, die hauptsächlich in den Sendeteilen der Anlagen vorkommt, sei an den Anfang gestellt, da sie eine einfache Differenzierung darstellt. Sie ist auch in diesem Buch schon häufig erwähnt worden, im vorliegenden Kapitel z. B. bei der Erläuterung der Abb. 32. Der Vorgang ist genauer in Abb. 35 dargestellt. Die Zeile a zeigt einen Rahmen von dauermodulierten Impulsen, deren Hinterflanken periodisch auftreten, deren Vorderflanken aber moduliert sind. Mit Hilfe differenzierender Netzwerke werden aus den Flanken kurze positive und negative Impulse erzeugt (Zeile b). Die positiven Impulse sind hier phasenmoduliert und werden mit einem Amplituden-Hochpaß oder -Bandpaß ausgesiebt (Zeile c). Man muß dabei folgendes beachten:

1. Der Zeithub darf nie so groß sein, daß ein positiver Impuls durch den vorhergehenden negativen beeinflußt wird. Man verliert daher bei diesem Verfahren mindestens eine Impulsdauer an Zeithub.

2. Beim Differenzieren soll möglichst geringes Nachschwingen auftreten, da dadurch Nebensprechen auf den nachfolgenden Kanal verursacht wird; es ist, wie auf S. 177 geschildert, nur mit einem idealen homogenen Leitungsstück möglich, die Impulse ohne Nachschwingen zu bilden. Da man aber in den

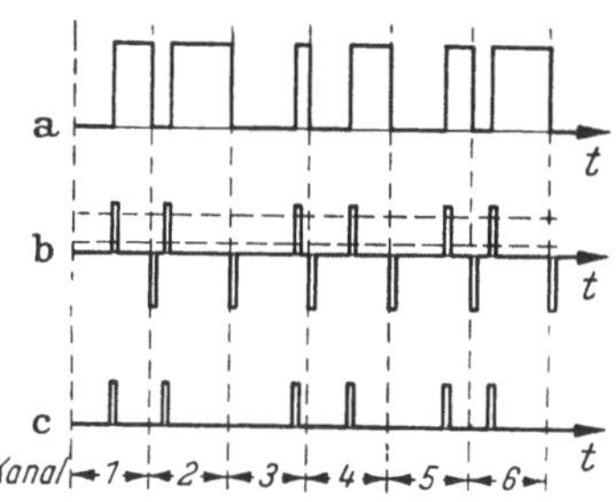

Abb. 35. Umwandlung von Pulsdauer-Modulation in Pulsphasen-Modulation

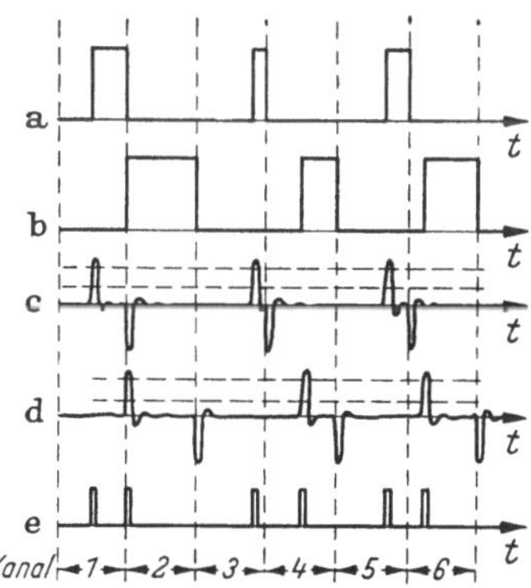

Abb. 36. Umwandlung von Pulsdauer-Modulation in Pulsphasen-Modulation; Aufteilung der Kanäle in zwei Gruppen

meisten Fällen nur einen einfachen Parallelschwingkreis mit etwa der Güte Eins benutzt, muß man das Nachschwingen berücksichtigen.

Man kann beide Erscheinungen vermeiden, wenn man zwei oder mehr Kanalgruppen bildet, diese getrennt umwandelt und nach der Umwandlung wieder addiert. Abb. 36 zeigt den Vorgang; Zeile c) geht dabei durch Differentiation aus Zeile a) hervor, Zeile d) aus b). Die vorkommenden Impulsformen sind etwas genauer dem wirklichen Verlauf entsprechend gezeichnet. Man sieht, daß das Nachschwingen unschädlich ist; der Zeitbereich kann voll ausgenutzt werden — man beachte den zweiten Impuls der Zeile e) —. Für das Verfahren ist es gleichgültig, ob die Vorder- oder die Hinterflanke moduliert wird; ist Vorder- *und* Hinterflanke moduliert, so kann man leicht Pulsphasen-Modulation mit

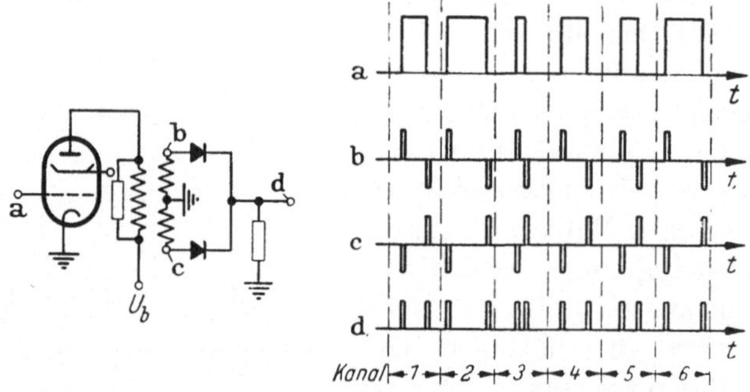

Abb. 37. Umwandlung von symmetrischer Pulsdauer-Modulation in Pulsphasen-Modulation mit Doppelimpulsen

Doppelimpulsen erhalten. Die bei der Differentiation auftretenden gegenpoligen Impulse sind dann nämlich ebenfalls phasenmoduliert; sie müssen nur für die Übertragung umgepolt werden. Eine einfache Schaltung hierzu ist in Abb. 37 gezeigt. Man verwendet hier statt der Differenzierdrossel einen differenzierenden Übertrager mit zwei gegenpoligen Wicklungen und addiert die beiden Pulsgruppen über Amplitudenfilter, die mit Gleichrichtern ausgeführt sind.

2. Umwandlung von Pulsphasen-Modulation in Pulsdauer-Modulation

Diese Umwandlungsart tritt hauptsächlich in den Empfangsteilen von Pulsmodulationsgeräten auf. Sieht man von dem Verfahren mit Doppelimpulsen ab, so benötigt man immer einen Trägerpuls, der eine Flanke der dauermodulierten Impulse bestimmt und zeitrichtig zu den Kanalpulsen liegen muß. Es sind zwei prinzipielle Methoden bekannt; nach der ersten verlängert man jeden umzuwandelnden Impuls auf eine Dauer, die gleich dem gesamten Zeitbereich ist, und multipliziert in einem Zeitfilter mit dem genannten periodischen Trägerpuls. Die zweite Methode benutzt einen Speicher, der von einem Signalimpuls aufgeladen und von einem Trägerimpuls entladen wird.

Ein Ausführungsbeispiel eines Wandlers nach der ersten Methode ist in Abb. 38 gezeigt. Dieses Verfahren ist bei der schon erwähnten 6-Kanal-PPM-Anlage der Fa. SFR verwendet. Die Umwandlung ist dabei mit der Pulsverteilung vereinigt. Am Bremsgitter einer Pentode liegen die modulierten, jedoch verlängerten Impulse mit negativer Polarität (Zeile a), am Steuergitter ein Verteilerpuls mit positiver Polarität, jedoch ins Negative verlagert (Zeile b). Solange eine der beiden Funktionen negativ ist, kann die Röhre keinen Strom führen. Im Anodenkreis erscheinen daher nur Impulse, wenn der Verteilerpuls vorhanden ist, der

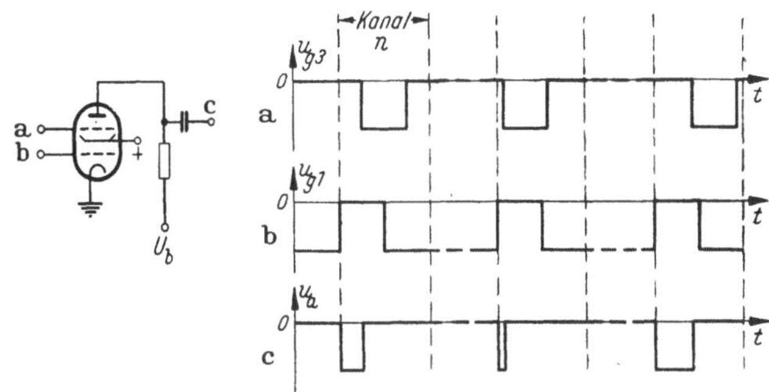

Abb. 38. Umwandlung von Pulsphasen-Modulation in Pulsdauer-Modulation durch Multiplikation

modulierte aber nicht (Zeile c); sie sind deshalb dauermoduliert. Der Vorgang ist für drei Stellungen gezeigt. Man erkennt leicht, daß dieses Verfahren der Verlängerung nur anwendbar ist, wenn der Zeitbereich eines Kanals nur halb ausgenutzt wird. Will man diesen Nachteil vermeiden, so muß der Pulsrahmen vor der Verlängerung in zwei verschachtelte Kanalgruppen aufgespalten werden. Schaltungen zur Verlängerung von Impulsen sind auf S. 230 bis 232 angegeben worden.

In dem vorstehend beschriebenen Ausführungsbeispiel können die Impulse mittels eines im Anodenkreis liegenden Tiefpasses direkt demoduliert werden. Es ist natürlich auch möglich, den gesamten Rahmen vor der Pulsverteilung umzuwandeln, wenn man statt des Verteilerpulses von Abb. 38b eine Rechteckschwingung mit der Frequenz $z\,f_0$ verwendet.

Ein einfaches Ausführungsbeispiel für die zweite Methode ist in Abb. 39 gezeigt; die Schaltung stimmt mit der der Abb. 26 überein. Zeile a) zeigt die umzuwandelnden Impulse; der Kondensator C wird jeweils über den Gleichrichter Gl 1 auf den Spitzenwert eines dieser Impulse aufgeladen und behält seine Ladung so lange bei, bis er durch einen Trägerimpuls (Zeile b) über den Gleichrichter Gl 2 wieder entladen

wird. Man erhält am Kondensator die dauermodulierten Impulse der
Zeile c). Bei dieser Methode wird also der Zeitbereich eines Kanals bis auf
die Dauer eines Trägerimpulses voll ausgenutzt. Auch hier werden wie beim
Beispiel von Abb. 38 so viele Signalimpulse umgewandelt wie Trägerim-
pulse verwendet werden. Man kann diese Umwandlungsschaltungen
offensichtlich auch gleichzeitig als Zeitfilter zur Ausblendung von Kanalpulsen oder Gruppen davon verwenden.

Dies gilt auch für eine andere Ausführungsform der zweiten Methode.
Man kann nämlich als Speicherelement irgendeine bistabile Kippschaltung verwenden, die von den Signalimpulsen in die eine stabile Lage
und von den Trägerimpulsen in die andere umgeschaltet wird. Der Vorgang ist in dem Beispiel von Abb. 3, 78 bereits behandelt worden und

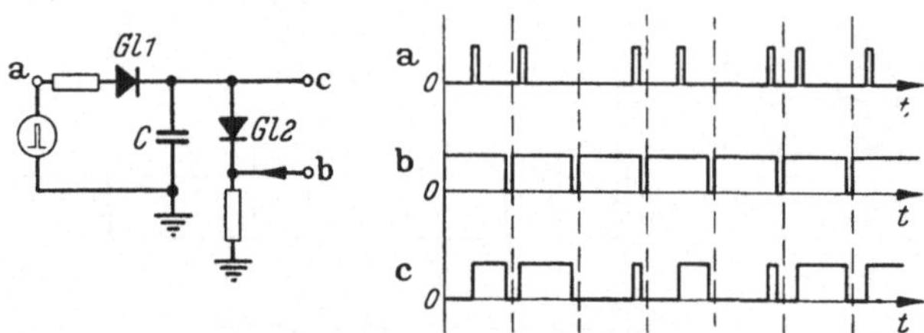

Abb. 39. Umwandlung von Pulsphasen-Modulation in Pulsdauer-Modulation
durch gesteuertes Speichern

wird im Teil 5 dieses Abschnittes nochmals betrachtet werden. Man
kann hier die Pulse entweder getrennt je einem der beiden Steuergitter
zuführen oder auch addiert beiden Steuergittern.

Diese letzte Schaltungsart ist besonders geeignet für die direkte
Umwandlung von phasenmodulierten Doppelpulsen in symmetrische
dauermodulierte Pulse ohne zusätzlichen Trägerpuls (vgl. Abb. 37).

3. Umwandlung von Pulsamplituden-Modulation in Pulsdauer-Modulation

Diese Umwandlungsart kommt hauptsächlich in den Sendeteilen
von Pulsmodulations-Geräten vor. Bei allen bekannten Verfahren werden
Sägezahnschwingungen in irgendeiner Form als Hilfsmittel verwendet.
Man kann im wesentlichen zwei Arten unterscheiden. Bei der ersten wird
eine Sägezahnschwingung benutzt, die von den amplitudenmodulierten
Impulsen unabhängig ist; bei der zweiten Art wird die Sägezahnschwingung vom amplitudenmodulierten Puls selbst erzeugt. Die Grundbe-
trachtungen zur Erzeugung von Sägezahnschwingungen finden sich
in Kap. 3, VII.

In Abb. 40 ist der Vorgang für einen Rahmen von 12 Kanälen schematisch dargestellt, wenn eine Schaltung der ersten Art verwendet wird.
Die Schwingungen zeigen starke Verwandtschaft mit denen von Abb. 32.

Die amplitudenmodulierten Impulse (Zeile a) müssen möglichst den gesamten Zeitbereich eines Kanals einnehmen, damit der volle Zeithub ausgenutzt werden kann; Zeile b) zeigt die verwendete periodische Sägezahnschwingung. Nach der Addition der amplitudenmodulierten Pulse und der Sägezahnschwingung (Zeile c) werden mit einem schmalen Amplituden-Bandpaß, der bei der gestrichelten Linie liegt, Rechteckschwingungen erzeugt, die einen Rahmen dauermodulierter Pulse bilden.

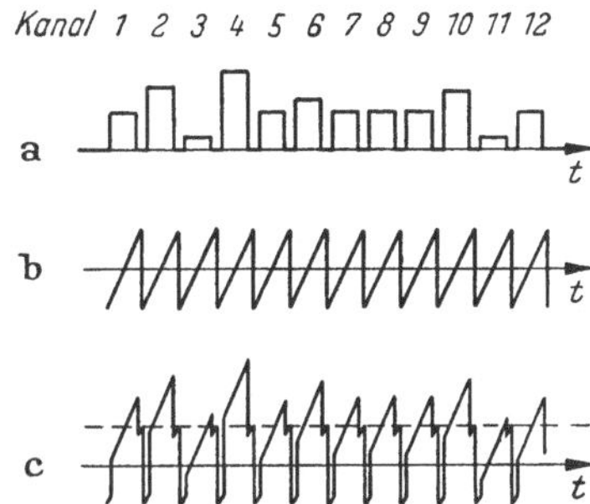

Abb. 40. Umwandlung von Pulsamplituden-Modulation in Pulsdauer-Modulation; fremde Sägezahnschwingung

Die Abb. 41 zeigt ein Schaltungsbeispiel und die zugehörigen Vorgänge, wenn die zweite Umwandlungsart benutzt wird; die amplitudenmodulierten Impulse (Zeile a) müssen hier ebenfalls möglichst lang sein.

Der Kondensator C hat zunächst keine Ladung und das Potential Null; der Punkt b) kann wegen des Gleichrichters Gl kein positives Potential annehmen, obwohl der Widerstand R an einer hohen positiven Spannung liegt. Der negative Spannungssprung eines Impulses wird über den Kondensator C zunächst verzerrungsfrei auf den Punkt b) übertragen, der Gleichrichter wird gesperrt, und der Kondensator versucht sich über den hohen Widerstand R auf die positive

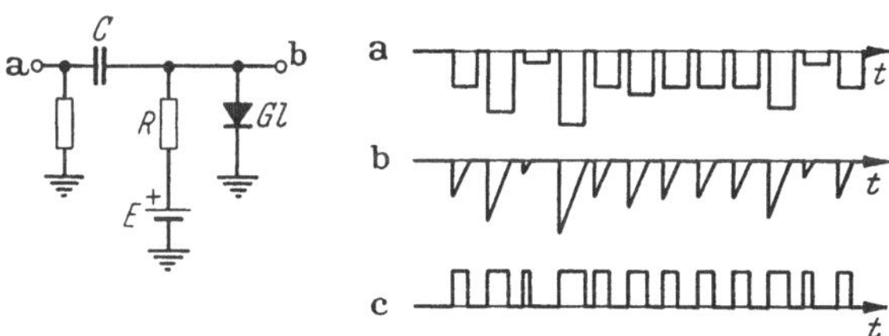

Abb. 41. Umwandlung von Pulsamplituden-Modulation in Pulsdauer-Modulation; selbstgesteuerte Sägezahnschwingung

Spannung E aufzuladen. Der Vorgang ist beendet, wenn das Potential Null erreicht ist, da der Gleichrichter wieder leitend wird und eine weitere Aufladung verhindert; der Kondensator hat sich dann auf die Spannung des Impulses aufgeladen. Durch die hintere Flanke des Impulses, die einen positiven Spannungssprung bedeutet, wird der Kondensator wieder in einer gegen die Impulsdauer kurzen Zeit entladen. Die Umladezeit wird praktisch durch den Innenwiderstand der Pulsquelle und den Durchlaßwiderstand des Gleichrichters bestimmt. Die Anordnung ist nun wieder bereit, auf den nächsten Impuls zu reagieren. Ist die Spannung E groß gegen die vorkommenden Impulsamplituden, so ist die Aufladekurve sehr linear und damit auch die Kennlinie der Modulation.

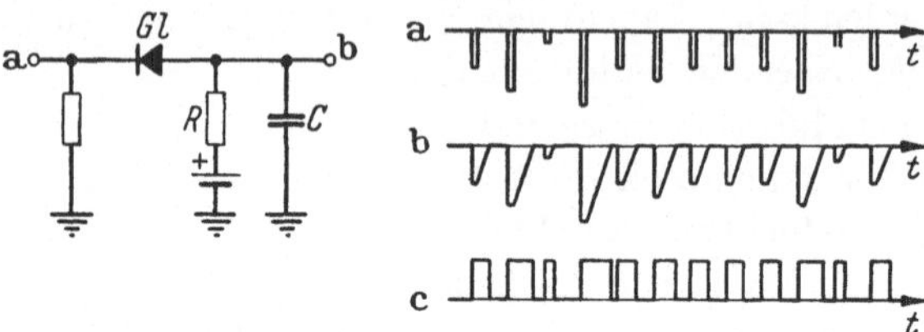

Abb. 42. Umwandlung von Pulsamplituden-Modulation in Pulsdauer-Modulation; selbstgesteuerte Sägezahnschwingung

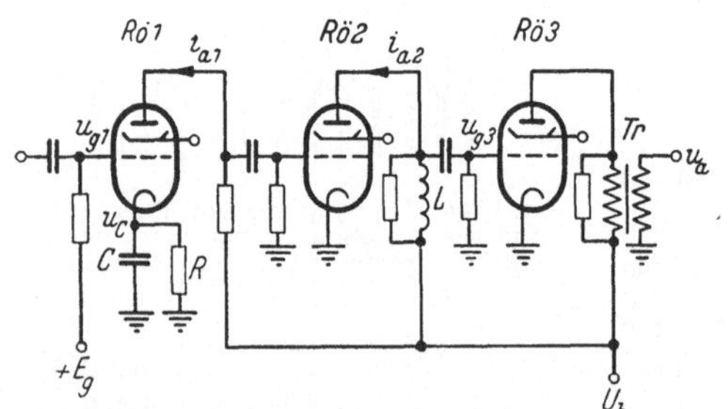

Ein nachfolgender Amplituden-Bandpaß, der an der Grundlinie der Sägezähne einen schmalen Amplitudenbereich aussiebt, liefert die dauermodulierten Pulse der Zeile c). Dieses Prinzip liegt z. B. dem erwähnten Gerät der Fa. SFR zugrunde.

Sollen amplitudenmodulierte Impulse umgewandelt werden, deren Dauer klein ist gegen den Zeitbereich für einen Kanal, so kann die Prinzipschaltung nach Abb. 42 verwendet werden. Die Impulse sind wie in Abb. 41 negativ gewählt. Die Wirkung ist schon auf S. 239 besprochen worden. Am Punkt b) kann ebenso wie vorher ein Amplituden-Bandpaß angeschlossen werden.

Die Abb. 43 zeigt als Ausführungsbeispiel einen Wandler, der zuerst amplitudenmodulierte Pulse in dauermodulierte und diese anschließend in phasenmodulierte umwandelt. Die grundsätzliche Wirkung der Sägezahnerzeugung in der Wandlerstufe Rö 1 ist schon auf S. 240 behandelt worden. Hier wird außerdem noch davon Gebrauch gemacht, daß die Röhre während der Dauer eines Sägezahnes gesperrt ist, d. h., daß der Anodenstrom i_{a1} (Zeile c) bereits in Form dauermodulierter Impulse

Abb. 43. Schaltung zur Umwandlung von Pulsamplituden-Modulation in Pulsdauer- und Pulsphasen-Modulation

fließt. Am Außenwiderstand der Röhre 1 tritt ein Spannungsverlauf auf, der den Stromverlauf umgepolt wiedergibt. Die Röhre Rö 2 arbeitet als Amplituden-Bandpaß; hierbei werden unter anderem auch die im Verlauf von i_{a1} auftretenden Spitzen unterdrückt; ferner bildet die Röhre 2 die Stromquelle für die differenzierende Drossel L. Die Röhre 3 läßt nur die positiven, phasenmodulierten Impulse (Zeile e) durch und gibt sie über den Impulsübertrager (Zeile f) ab.

Bei den Verfahren von Abb. 41, 42 und 43 verliert man die Zeit, die für die rasche Umladung des Kondensators C erforderlich ist. Will man dies vermeiden und vor allem auch genügend nebensprechfrei umwandeln, so empfiehlt sich auch hier die getrennte Wandlung in zwei verschachtelten Kanalgruppen und eine nachträgliche Addition.

4. Umwandlung von Pulsdauer-Modulation in Pulsamplituden-Modulation

Diese Umwandlungsart kommt hauptsächlich in den Empfangsteilen von Pulsmodulationsgeräten vor. Sie ist, wenn man reine Pulsamplituden-Modulation erhalten will, auf einfache Weise nur mit Sägezahnschwingungen möglich, die von den dauermodulierten Impulsen selbst gesteuert werden, und zwar nur bei Impulsen mit modulierter Vorderflanke und

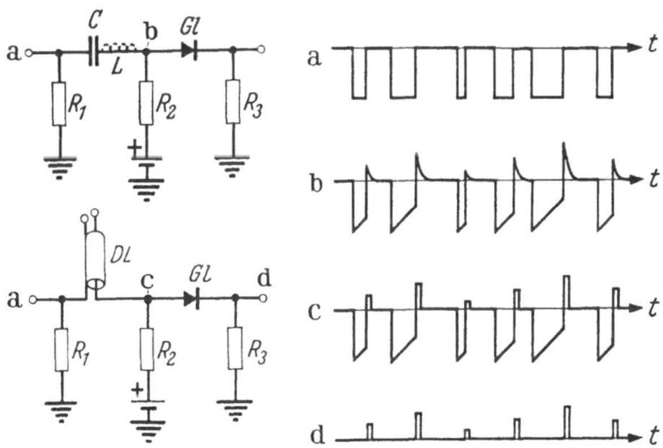

Abb. 44. Umwandlung von Pulsdauer-Modulation in Pulsamplituden-Modulation

periodischer Hinterflanke. Die Abb. 44 und 45 zeigen zwei verschiedene grundsätzliche Möglichkeiten.

Die Schaltung von Abb. 44 ist ähnlich aufgebaut wie die Schaltung von Abb. 41; nur ist in den Umladeweg noch ein Widerstand R_3 geschaltet, der klein gegen R_2 ist. Im Gegensatz zu dort haben die Eingangsimpulse a) gleiche Amplitude, aber verschiedene Dauer. Die Zeitkonstante $R_2 C$ ist hier so bemessen, daß der Kondensator C sich nur beim längstmöglichen Impuls auf dessen Amplitude aufladen kann; nur dann erreicht der Punkt b) zur Zeit der Rückflanke das Potential Null; bei kürzeren Impulsen ist das Potential zu diesem Zeitpunkt negativ (Zeile b). Beim Einsetzen der Rückflanken wird der Kondensator über den Gleichrichter *Gl* und den Widerstand R_3 entladen, und es ergeben sich an b) positive Spannungsimpulse mit steilen Vorderflanken und exponentiell verlaufenden Rückflanken. Die Spitzenamplitude dieser Impulse ist proportional der Dauer der Eingangsimpulse, wenn der Kondensator C linear aufgeladen worden ist. Man kann zur Impulsformung wieder die Netzwerke von Kap. 3, 1 verwenden, im einfachsten Fall eine Spule L, die in

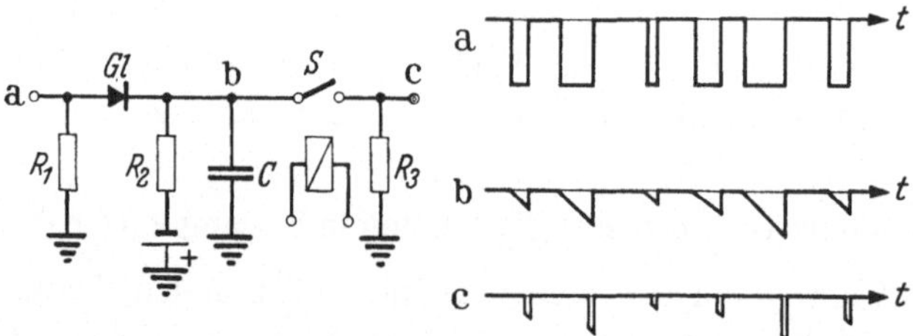

Abb. 45. Umwandlung von Pulsdauer-Modulation in Pulsamplituden-Modulation

Abb. 44 oben gestrichelt eingezeichnet ist, oder die Nachbildung einer offenen Leitung (Abb. 44 unten); die Impulsdauer der neuen amplitudenmodulierten Pulse (Zeile c) ist dabei klein gegen die Dauer der Eingangsimpulse a). Die positiven amplitudenmodulierten Ausgangsimpulse sind in der Zeile d) gezeigt.

Die Wirkung der Schaltung Abb. 45 ist schon in der Erläuterung zu Abb. 3, 95 behandelt worden. Will man aus den amplitudenmodulierten Sägezähnen, die an b) auftreten, reine amplitudenmodulierte Pulse erhalten, so muß an den Endpunkten der Sägezähne abgetastet werden. Dieser Vorgang ist symbolisch durch den Schalter S dargestellt. Dieser Schalter benötigt also noch einen zeitrichtigen periodischen Trägerpuls. Vor dem Punkt der Abtastung wird man in ausgeführten Schaltungen eine Kathodenstufe einschalten müssen, um Impulse ausreichend günstiger Form zu erhalten. Man kann auch in dieser Schaltung den Kondensator C durch die Nachbildung einer offenen Leitung ersetzen und den Umlade-Impuls verwerten; außerdem ist es auch in der Schaltung von Abb. 44 oben möglich, am Punkt b) zeitrichtig mit einem periodischen Trägerpuls abzutasten.

5. Umwandlung von Pulsamplituden-Modulation in Pulsphasen-Modulation und umgekehrt

Bei dieser Aufgabe wird, wenn es auch oft nicht sofort ersichtlich ist, gewöhnlich der Lösungsweg in den Stufen Pulsamplituden-Modulation — Pulsdauer-Modulation — Pulsphasen-Modulation und umgekehrt beschritten. Ein Ausführungsbeispiel für die eine Modulationsrichtung ist in Abb. 43 angegeben worden. Ein Ausführungsbeispiel für die umgekehrte Richtung ist in Abb. 46 dargestellt. Die Röhren Rö 1 und Rö 2 bilden zusammen einen quasistabilen kathodengekoppelten Multivibrator; die negativen phasenmodulierten Impulse (Zeile a) werden dem Gitter von Rö 1, der negative periodische Trägerpuls (Zeile b) wird der Anode von Rö 1 zugeführt. Die dauermodulierten Pulse erscheinen rückwirkungsfrei am Anodenwiderstand von Rö 2 (Zeile c); daran schließt sich die abgewandelte Schaltung von Abb. 45. Die damit erhaltenen amplitudenmodulierten Sägezahnschwingungen (Zeile d) werden der Kathodenstufe Rö 3 zugeführt; in deren Ausgang liegt vor dem

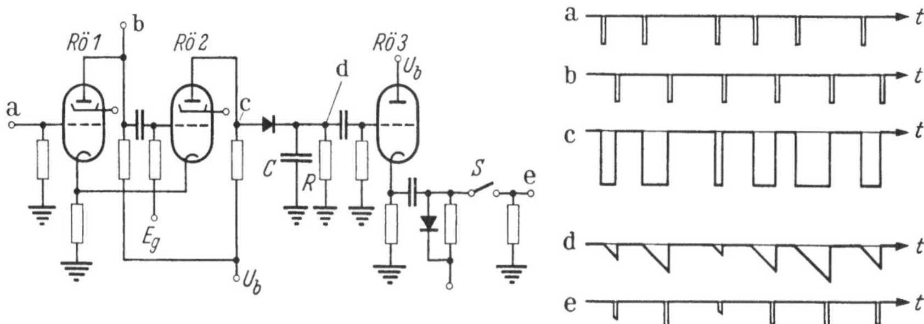

Abb. 46. Schaltung zur Umwandlung von Pulsphasen-Modulation
in Pulsamplituden-Modulation

Abtastschalter S eine einfache Schaltung, mit der das Potential der Grundlinie festgelegt wird (Clamping). Hinter dem Schalter erscheinen die amplitudenmodulierten Impulse (Zeile e). Bei geeigneter Einstellung des Grundlinien-Potentials kann man an e) auch bipolare Pulse erhalten.

Obwohl man zwei Stufen braucht, um Pulsamplituden-Modulation in Pulsphasen-Modulation umzuwandeln, ist der gesamte Geräte- und Röhrenaufwand geringer als bei Anlagen, die direkt je Kanal in der Dauer modulieren. Dies liegt daran, daß die Pulsamplituden-Modulation mit sehr geringem Aufwand verwirklicht werden kann. Da bei Mehrkanalgeräten der Aufwand vorwiegend durch die Teile der Schaltung bestimmt ist, die je Kanal notwendig sind, fallen die gemeinsamen Teile nicht sehr ins Gewicht.

IV. Die Synchronisierung bei Pulsmodulations-Anlagen

In den vorangegangenen Abschnitten dieses Kapitels ist ohne besondere Erwähnung vorausgesetzt worden, daß die Pulsverteilung auf der Empfangsseite frequenz- und zeitrichtig arbeitet. In diesem Abschnitt sollen die Maßnahmen und Einrichtungen betrachtet werden, die für diesen Synchronismus sorgen.

Bei den meisten Verfahren ist im Spektrum des Signals irgendeine Harmonische der Abtastfrequenz enthalten, so daß es zunächst grundsätzlich ohne besondere zusätzliche Maßnahmen möglich wäre, diese exakt wieder zu gewinnen. Man muß aber bei allen Verfahren, die mit zeitlicher Bündelung der Signale arbeiten, zumindest einmal bei Beginn einer Sendung ein Kennzeichen mitsenden, das den zeitlichen Nullpunkt festlegt. Von diesem aus könnte man grundsätzlich die Kanäle numerieren. Es hat sich jedoch in der Praxis als vorteilhaft erwiesen, diese zeitliche Markierung fortlaufend zu wiederholen, und zwar für jeden Pulsrahmen von z Kanälen je einmal. Auf diese Weise kann man die Abtastschwingungen für die Verteilung auf der Empfangsseite leicht in der richtigen Frequenz *und* in den richtigen Phasenlagen gewinnen. Es möge betont werden, daß es sich bei dem Problem der Synchronisierung von Pulsmodulations-Anlagen vorwiegend um eine zeitliche Markierung und nicht um eine Synchronisierung in der Frequenz allein handelt. Hierin unterscheiden sich grundsätzlich Mehrkanalanlagen mit zeitlicher Bündelung von Mehrkanalanlagen, die mit Frequenzbündelung arbeiten. Bei diesen braucht prinzipiell nur *eine* der vielen Trägerfrequenzen übermittelt zu werden. Da die Relation zwischen den verschiedenen Trägerfrequenzen bekannt ist, können sie auf der Empfangsseite örtlich wieder hergestellt werden. Die Erfahrung hat außerdem gelehrt, daß für Sprachübertragung die Trägerfrequenzen der Sende- und Empfangsseite nicht exakt gleich zu sein brauchen; Abweichungen von einigen Hertz setzen die Übertragungsgüte nicht merklich herab. Es ist daher bei frequenzmäßiger Bündelung nicht einmal notwendig, exakt in der Frequenz zu synchronisieren; die Frequenzgenauigkeit von Quarzgeneratoren auf der Sende- und Empfangsseite ist ausreichend.

1. Verschiedene Arten der Zeitmarkierung

Man kann grundsätzlich drei Klassen der zeitlichen Markierung unterscheiden. Die eine Klasse braucht den vollen Zeitbereich eines Kanals und belegt diese Zeit mit einem Impulszeichen, das sich in irgendeiner Weise von der *Form* der Kanalimpulse unterscheidet, z. B. durch seine Dauer; dann müssen aber die Kanalimpulse wesentlich kürzer sein als dieses Zeichen. Das ist bei Anlagen mit PPM oder PDM der Fall. Bei PAM- und PCM-Geräten wird man, um die Verfahren optimal auszunutzen, die Übertragungsbandbreite so klein machen, daß sie gerade für das genügend nebensprechfreie Ein- und Ausschwingen der Impulse ausreicht. Man hat dann keinen Freiheitsgrad mehr in der Wahl der Impulsform. Hier muß die zweite oder dritte Klasse angewendet werden.

Die zweite Klasse benötigt in jedem Rahmen mehr als die Zeitspanne für *einen* Kanal; dann ist es wieder möglich, ohne vermehrtes Frequenzband eine kennzeichnende Impulsform zu bilden.

Bei der dritten Klasse wird ein bestimmter Kanalpuls mit einer kennzeichnenden Schwingung moduliert; hier braucht dieser Kanal bei geeigneter Bemessung nicht geopfert zu werden.

Diese Klasse kann auch bei PPM- und PDM-Anlagen verwendet werden.

a) Kennzeichnung durch abweichende Impulsform. Es sind vor allem zwei Verfahren bekannt, die häufig in ausgeführten Geräten benutzt werden. Das eine arbeitet mit Synchronisier- oder Taktimpulsen, die wesentlich größere Dauer haben als die Signalimpulse, das andere mit Doppelimpulsen. Die beiden Prinzipien sind in Abb. 47a und b dargestellt.

Für das erste kann auf der Sendeseite eine der im Kap. 3 behandelten Schaltungen verwendet werden, z. B. kann der Impuls längerer Dauer auf einfache Weise aus einer Rechteckschwingung mit Hilfe eines impulsformenden Netzwerks gewonnen werden. Man macht die Impulsdauer im allgemeinen etwa 3 bis 4mal so lang wie die der Signalimpulse.

Mit ähnlichen Mitteln können Doppelimpulse aus einfachen Signalimpulsen gewonnen werden, wenn der betreffende Kanal geopfert wird. Die Abb. 48 zeigt ein Ausführungsbeispiel hierzu. Der zu verdoppelnde Impuls erscheint einmal direkt am Ausgang der Verstärkerröhre, ein zweites Mal nach dem Hin- und Rücklauf in einer am Ende offenen, am Eingang mit dem Wellenwiderstand abgeschlossenen Leitung *DL*, oder einer Nachbildung davon.

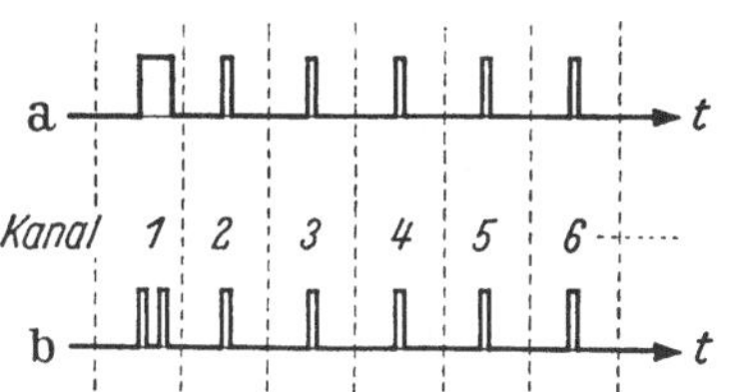

Abb. 47a u. b. Pulsrahmen mit Synchronisierimpuls
a) Impuls längerer Dauer,
b) Doppelimpuls

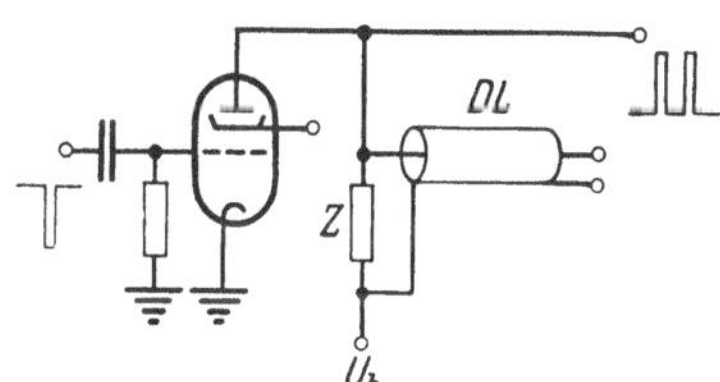

Abb. 48. Doppelimpuls-Erzeugung

Auf der Empfangsseite kann der Taktimpuls von den Kanalimpulsen leicht getrennt werden, weil seine Form verschieden ist. Im Falle des längeren Taktimpulses kann man von integrierenden oder differenzierenden Netzwerken Gebrauch machen. Beide Vorgänge sind in den Abb. 49 und 50 dargestellt. Die Wirkungsweise versteht man sofort, wenn man die Schaltungen als Wandler betrachtet, die dauermodulierte Pulse in amplitudenmodulierte umformen. Die längere Dauer des Taktimpulses (Zeilen a) bildet sich nach der Wandlung in eine größere Impuls-amplitude ab (Zeilen b). Mit Hilfe eines Amplituden-Hochpasses oder -Bandpasses (gestrichelte Linien) läßt sich eine Impulsfolge der Abtast-frequenz aussieben (Zeilen c); in beiden Fällen übernimmt die Hinter-flanke des Taktpulses die Zeitbestimmung. Diese fällt beim integrieren-

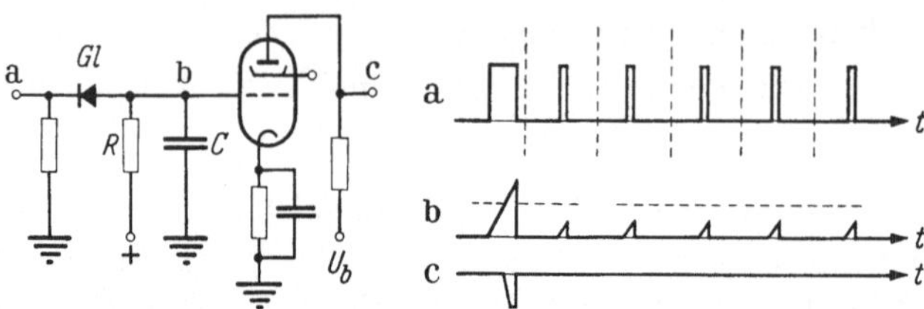

Abb. 49. Abtrennung des Synchronisierimpulses mit einer integrierenden Schaltung

den Netzwerk mit der Hinterflanke und beim differenzierenden Netz-werk mit der Vorderflanke des endgültig erhaltenen Synchronisier-Impulses zusammen.

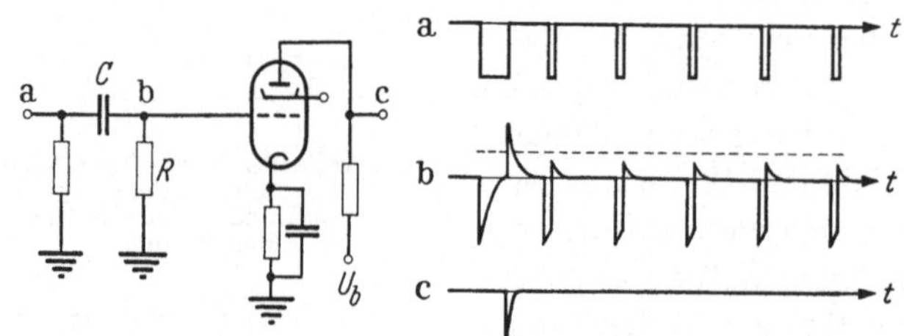

Abb. 50. Abtrennung des Synchronisierimpulses mit einer differenzierenden Schaltung

Im Falle des Doppelimpulses verwendet man zur Trennung vorteil-haft die gleiche Schaltung wie zur Erzeugung (Abb. 48). Der Taktimpuls wird dann wie es Abb. 51 zeigt abgetrennt. Der am offenen Ende der Leitung reflektierte erste Impuls ad-diert sich zum zweiten und ergibt ei-nen Impuls doppelter Größe (Zeile b). Dieser kann durch einen nachfolgenden Amplituden-Hochpaß (gestrichelt in b) eingetragen) ausgesiebt werden. Der ausgesiebte Impuls stimmt zeitlich mit dem zweiten Impuls des Doppelimpul-ses überein. Man kann diese Schaltung

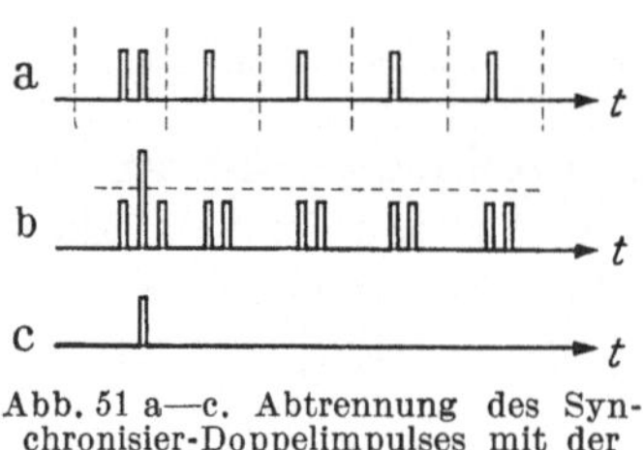

Abb. 51 a—c. Abtrennung des Syn-chronisier-Doppelimpulses mit der Schaltung nach Abb. 48

auch bei dem durch längere Dauer gekennzeichneten Taktimpuls ver-wenden. Man erhält dann einen Impuls, dessen Hinterflanke mit der des Taktimpulses übereinstimmt.

Es sind Geräte bekannt, die statt des Doppelimpulses Mehrfach-impulse verwenden. Diese können mit ähnlichen Schaltungen erzeugt werden, wie sie die Abb. 48 zeigt. Eine andere Methode, die in dem schon erwähnten Gerät der Fa. GE verwendet wird, zeigt die Abb. 52 für den Fall eines Vierfachimpulses. Die Röhre 2 bildet mit dem in der Kathode liegenden Schwingkreis LC einen Oszillator für Sinusschwingungen. Der Schwingkreis liegt außerdem im Kathodenkreis der Taströhre Rö 1. Führt diese Röhre Strom, so ist der Schwingungskreis so stark bedämpft, daß der Oszillator nicht schwingen kann. Wird die Röhre 1 durch einen negativen Gitterimpuls (Zeile a) gesperrt, so bildet sich sofort eine Schwingung aus (Zeile b); diese hält solange an, bis die Röhre 1 zur Zeit der Rückflanke des Gitterimpulses (Zeile a) wieder Strom

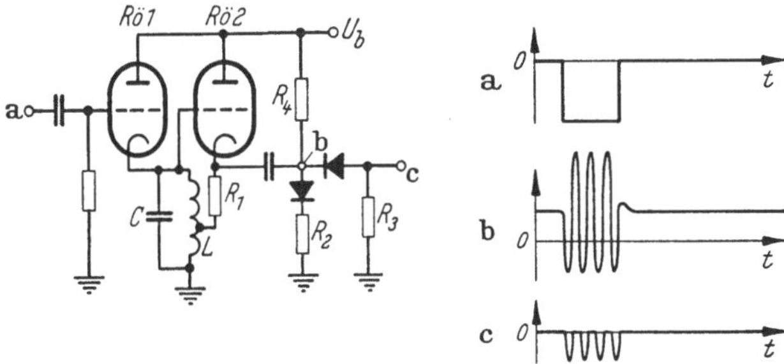

Abb. 52. Erzeugung eines Vierfachimpulses mit getastetem Oszillator

führt. An die Röhre 2 schließt sich ein Amplituden-Tiefpaß an; dieser läßt, da eine Vorspannung über den sehr großen Widerstand R_4 zugeführt wird, nur die negativen Kuppen der sinusförmigen Schwingungen durch (Zeile c) und bildet damit die Synchronisierzeichen. Man benötigt zur Erzeugung, wie bei dem ersten betrachteten Verfahren, einen Impuls, der mehrmals länger ist als ein Kanalimpuls und der auf die geschilderte Weise in einen Mehrfachimpuls aufgespalten wird; jeder Teilimpuls davon hat die gleiche Länge wie ein Kanalimpuls.

Auf der Empfangsseite kann der Mehrfachimpuls wieder durch differenzierende oder integrierende Netzwerke oder mit Hilfe von offenen Leitungen oder deren Nachbildungen abgetrennt werden.

b) Kennzeichnung durch Markierung in mehreren Kanälen. In PAM- und PCM-Anlagen wird die Übertragungs-Bandbreite so klein gewählt, daß die Impulse gerade noch ein- und ausschwingen können, wobei das Nebensprechen genügend klein bleiben muß. Dann ist es nicht mehr möglich,

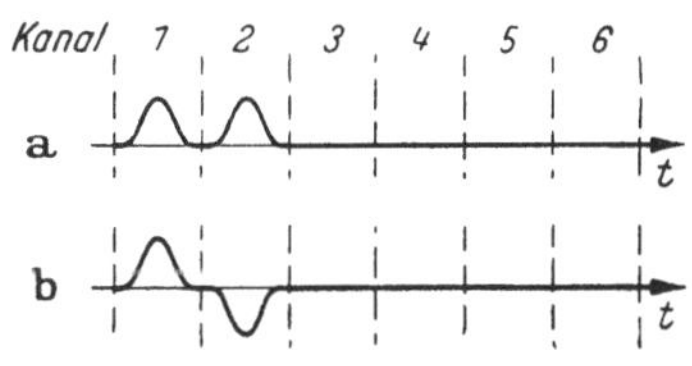

Abb. 53a u. b. Synchronisier-Kennzeichen als Doppelimpuls, der zwei Kanalbereiche belegt

Unterscheidungen in der Impulsform zu machen. Man opfert daher bei dieser Klasse von Synchronisierverfahren mindestens einen zweiten

Kanal. Beispiele für das Verfahren der bipolaren PAM zeigt die Abb. 53. Dargestellt ist der unmodulierte Zustand. Für die Synchronisierung wird je Rahmen ein Doppelimpuls verwendet, und zwar in Zeile a) ein symmetrischer und in Zeile b) ein antimetrischer; jeder Teilimpuls davon belegt die Zeitdauer für einen Kanal. Das schon erwähnte PAM-FM-Gerät der Fa. RCA benutzt die in Zeile b) dargestellte Form.

c) Kennzeichnung durch zusätzliche Modulation (Kennmodulation). Dieses Verfahren läßt sich im Gegensatz zu den vorstehend behandelten bei jeder Art von Pulsmodulation anwenden. In Abb. 54 ist als Beispiel der Vorgang an einem 6-Kanal-Rahmen dargestellt, und zwar für Pulsphasen-Modulation (Zeile a), unipolare (Zeile b) und bipolare (Zeile c) Pulsamplituden-Modulation; die letztere wird bei Funkübertragung gewöhnlich zusammen mit Frequenzmodulation angewandt (PAM-FM). Gezeichnet sind wieder die Zustände ohne Nutz-Modulation. Im Kanal 1 wird zur Kennzeichnung mit einer andauernden Sinusschwingung moduliert, deren Frequenz entweder oberhalb oder unterhalb des Modulations-Frequenzbandes liegen kann. So kann der Kanal weiterhin als Nutzkanal verwendet werden, da der Markierungston auf der Empfangsseite mit einem Filter wieder ausgesiebt werden kann. Wird ein kleiner Modulationsgrad gewählt, so ist die Güte des Kanals kaum beeinträchtigt.

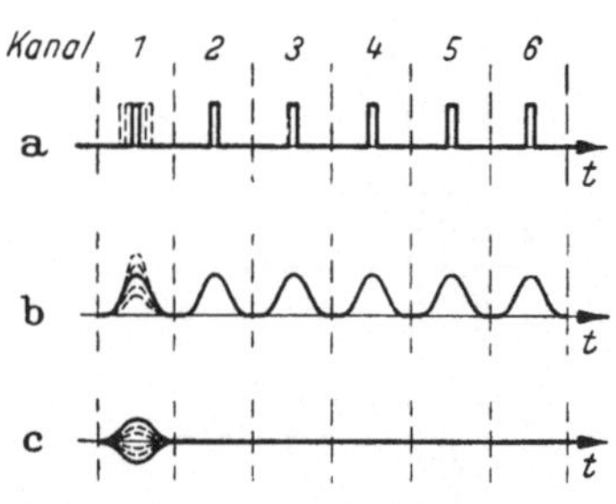

Abb. 54a—c. Synchronisierkanal mit Kennzeichnung durch Modulation a) PPM, b) unipolare PAM, c) bipolare PAM

Die Modulationsfrequenz für die Kennung kann Werte bis zur halben Abtastfrequenz, d. h., üblicherweise bis zu 4 kHz annehmen. Dabei ist es interessant, daß exakt der halbe Wert für diesen Zweck noch benutzt werden kann, obwohl das Abtasttheorem diese Frequenz allgemein bereits von der Übertragung ausschließt. Eine solche Schwingung würde auf der Empfangsseite mit einer Amplitude wiedergegeben werden, die je nach der Phasenlage am Sendeort verschieden ist; da man in diesem Falle die Phasenlage geeignet wählen kann, läßt sich die Frequenz 4 kHz noch verwenden.

Für das Verfahren der Kennmodulation muß das ganze Aufbauprinzip der Empfangsanlage gewisse Voraussetzungen erfüllen, da es hier nicht möglich ist, den Taktpuls auf Grund seiner *Form* abzutrennen. Nähere Einzelheiten seien daher im folgenden Unterabschnitt behandelt, wo die Steuereinrichtungen zur Synchronisierung von Empfangsanlagen betrachtet werden.

2. Die Steuereinrichtungen der Empfangsanlagen

Mit den im Vorhergehenden beschriebenen Kennzeichen muß auf der Empfangsseite dafür gesorgt werden, daß die Signale in ihrer richtigen Reihenfolge verteilt werden und daß dabei die erforderliche zeitliche Genauigkeit eingehalten wird. Je nach der Art der Anlage muß die Genauigkeit zwischen 1% und 5% des Zeitbereichs für einen Kanal liegen; bei einer 24-Kanal-Anlage und einer Abtastfrequenz von 8 kHz entspricht dies Zeitdifferenzen von 0,05 bis 0,25 μsec.

Bei den Steuerverfahren kann man zwei Fälle unterscheiden, je nachdem ob die Pulsversorgung der Empfangsanlage selbsterregt oder fremderregt ist. Diese beiden Fälle seien an Hand einiger Ausführungsbeispiele im einzelnen behandelt. Da die Steuerung eng mit dem Prinzip der Pulsverteilung zusammenhängt, wird dieses jeweils zumindest grundsätzlich mit betrachtet. Im einzelnen muß die Kenntnis von Abschn. I vorausgesetzt werden.

a) Steuerung bei selbsterregter Pulsversorgung. Bei dieser Klasse von Verfahren haben die Empfangsanlagen Pulserzeugungs- und Pulsverteilungs-Einrichtungen, die unabhängig von einem empfangenen Pulsrahmen und damit unabhängig von einem Taktpuls, wenn auch dann unsynchronisiert, arbeiten; zu diesem Zweck muß ein örtlicher Steuergenerator vorhanden sein, der im allgemeinen wegen der Einheitlichkeit der Gesamtanlage ähnliche Funktionen ausübt wie der Steuergenerator der Sendeanlage. Die Eigenfrequenz dieses Empfangsgenerators soll — so gut, wie es die Konstanz der Bauelemente erlaubt — mit der des

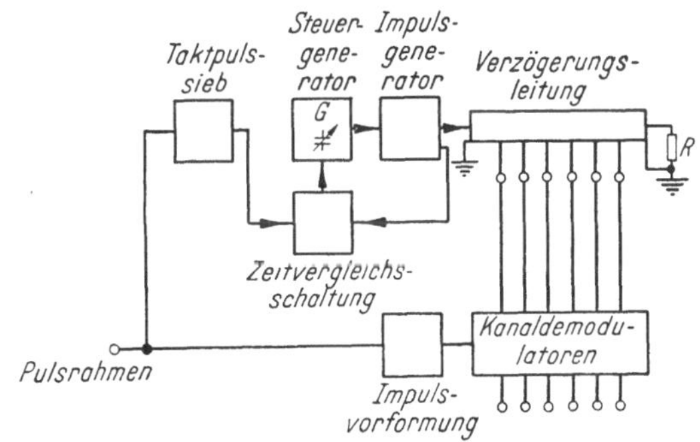

Abb. 55. Synchronisierung bei selbsterregter Pulsversorgung

Sendegenerators übereinstimmen. In einer Zeitvergleichsschaltung wird nun eine bestimmte impulsförmige Schwingung der Empfangs-Pulserzeugung mit dem Synchronisierpuls verglichen und eine Spannung abgeleitet, die zur automatischen Frequenz- und Phasennachstellung dient.

Zur Erläuterung ist das Prinzip in Abb. 55 dargestellt. Es wird dabei als Pulsverteiler eine Verzögerungsleitung verwendet. Der Steuergenerator erzeugt eine Sinusschwingung von 8 kHz; diese Frequenz ist um etwa $\pm\,1\%$ veränderbar, z. B. mit Hilfe einer Reaktanzröhre. Im Impulsgenerator wird aus der erzeugenden Sinusschwingung ein 8-kHz-Puls erzeugt, dessen Impulse die Verzögerungsleitung durchlaufen; an dieser werden die Verteilerpulse für die einzelnen Demodulatoren abgenommen; die Leitung ist reflexionsfrei abgeschlossen.

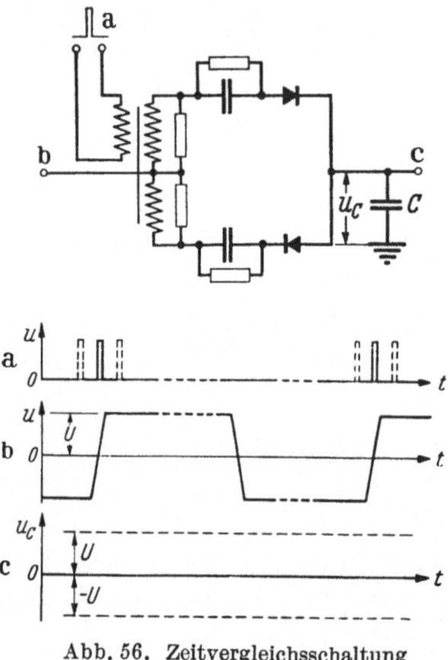

Abb. 56. Zeitvergleichsschaltung

In einer Zeitvergleichsschaltung wird einer dieser Pulse mit dem Taktpuls verglichen; dieser wird im Taktpulssieb z. B. mit Hilfe der Schaltung von Abb. 49 vom empfangenen Pulsrahmen abgetrennt. Zum Zeitvergleich werden Schaltungen verwendet, die gewöhnlich als „Phasendiskriminatoren" bekannt sind. In Abb. 56 ist eine Ausführungsform dargestellt; sie verwendet den elektronischen Schalter der Abb. 3, 58. Dieser wird durch den abgetrennten Taktpuls

a) geschlossen; der Schalter erhält seine Sperrspannung automatisch durch den Spannungsabfall des Pulsstroms an den $R\,C$-Gliedern. Eine am Eingang b) angelegte, aus der Sinusschwingung des Steuergenerators erzeugte Rechteckschwingung wird auf diese Weise abgetastet. Trifft die kurze Schließungszeit genau auf den Nulldurchgang der Rechteckschwingung, so erhält der Kondensator C keine Ladung; bei kleinen zeitlichen Abweichungen wird er auf den Augenblickswert der Rechteckschwingung aufgeladen und hält seine Ladung bis zur nächsten Schließungszeit. Die sich so am Kondensator C ausbildende Gleichspannung u_C, die je nach Vorzeichen der zeitlichen Abweichung positiv oder negativ ist, dient über eine Reaktanzröhre zur Nachstellung des Steuergenerators. Dieser wird auf

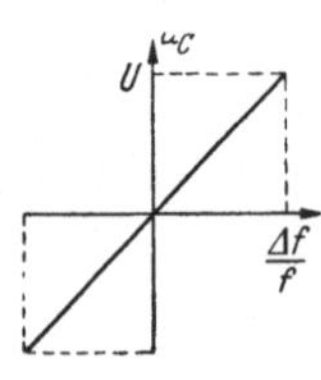

Abb. 57.
Nachstell-Kennlinie

diese Weise nicht nur frequenzrichtig, sondern auch phasenrichtig synchronisiert. Man erhält eine Regelkennlinie, die in Abb. 57 schematisch als Gerade dargestellt ist. Müßte der Höchstwert U der Rechteckschwingung (s. Abb. 56, Zeile b) überschritten werden, so ist eine Nachstellung nicht mehr möglich und die Anordnung „fällt außer Tritt". Wird der Kondensator C genügend groß gewählt, so daß er nicht durch jede Abtastung vollständig umgeladen werden kann, so bildet sich eine Gleichspannung aus, die nur langsame Schwankungen ausführen kann. Eine ähnliche Wirkung erzielt man mit einem kleinen Kondensator C und einem anschließenden einfachen Tiefpaß, dessen Grenzfrequenz so niedrig ist, daß rasche, im Modulationsfrequenzbereich liegende Schwingungen nicht durchgelassen werden. Andererseits darf die Grenzfrequenz nicht zu niedrig gewählt werden, da sonst der sogenannte „Fangbereich" der Nachstellschaltung zu klein wird. Unter diesem Fangbereich versteht man den größten Unterschied zwischen den Abtastfrequenzen von Sender und Empfänger, bei dem der Empfangsgenerator noch „in Tritt" fällt. Man muß dabei darauf achten, daß keine Regelschwingungen auftreten.

Mit diesem Verfahren der Synchronisierung können rauschfreie Verteiler- und Trägerpulse erzeugt werden. Ferner können sämtliche Arten von Synchronisier-Kennzeichen gleichwertig verwendet werden, also auch die, welche die Zeitmarkierung nur durch zusätzliche Modulation in einem Kanal übertragen. Hierbei kann man beispielsweise wie folgt in zwei Stufen verfahren: Ein beliebiger ausgesiebter Kanalpuls wird zunächst zur *Frequenz*-Nachstellung benutzt. Um die richtige zeitliche Lage der Kanäle zu erhalten, läßt man dann nacheinander sämtliche Kanalpulse diese Funktion übernehmen, bis der die Modulation enthaltende den richtigen Kanalverstärker betätigt. In dieser Stellung wird die Synchronisierung festgehalten.

Ein weiteres Ausführungsbeispiel ist in der ausführlicheren Beschreibung einer PPM-Anlage für 24 Kanäle zu finden, die dieses Kapitel abschließt.

b) Steuerung bei fremderregter Pulsversorgung. Bei diesem Verfahren werden durch den aus dem gesamten empfangenen Pulsrahmen abgetrennten Taktimpuls, der im allgemeinen die Abtastfrequenz hat, Einrichtungen betätigt, die nur für die Zeit des nachfolgenden Rahmens aktiv sind, z. B. für 125 μsec. Während dieser Zeit erzeugen sie die notwendigen Impulse auf der Empfangsseite; sie müssen immer wieder durch einen neuen Taktimpuls angestoßen werden.

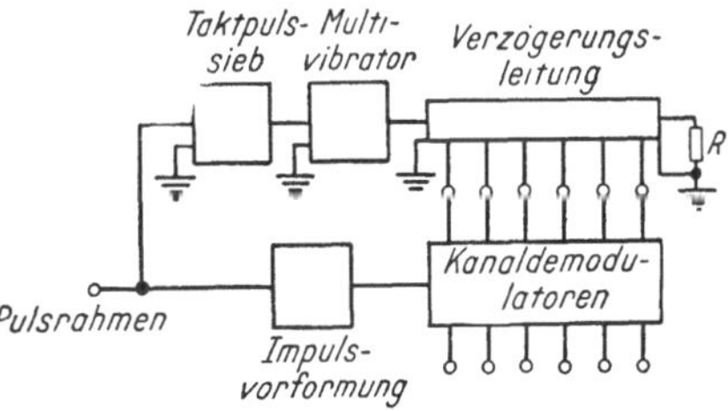

Abb. 58. Synchronisierung bei fremderregter Pulsversorgung mit Verzögerungsleitung. Direkte Steuerung

Die Abb. 58 zeigt die grundsätzliche Wirkung des Verfahrens; es stellt das Blockschaltbild der Empfangspuls-Erzeugung der erwähnten Anlage der Firma SFR dar.

Das Taktpulssieb trennt die Taktimpulse ab, die einen monostabilen Multivibrator betätigen; dieser kippt selbständig nach der Zeitdauer für einen Kanal zurück und erzeugt so bei jedem Taktimpuls einen neuen Impuls, der eine Verzögerungsleitung durchläuft. An dieser werden, wie in Abb. 55, die Verteilerpulse für die einzelnen Kanaldemodulatoren abgenommen. Jeder Taktimpuls betätigt die Einrichtung auf dieselbe Weise wieder.

Statt der Verzögerungsleitung kann man auch eine Kette von gekoppelten monostabilen Multivibratoren verwenden, wie sie auf S. 418 beschrieben worden sind.

In dem oben erwähnten Gerät der Fa. GE wird durch jeden abgetrennten Taktimpuls ein einmaliger sägezahnförmiger Vorgang von der Dauer eines Rahmens ausgelöst (Abb. 59). Der hierzu notwendige Generator ist ähnlich dem der Schaltung von Abb. 3, 102 aufgebaut. Außerdem wird ein getasteter Oszillator nach Abb. 52 gestartet, dessen Eigenfrequenz das z-fache der Abtastfrequenz beträgt. Diese Schwingung wird als „Erzeugende" für den örtlichen Impulsgenerator verwendet. Bei jedem Taktimpuls startet ein neuer Sägezahn und ein neuer Zug von Impulsen. Die Sägezahnschwingungen mit der Abtastfrequenz und die Impulse werden in den Kanaldemodulatoren überlagert und erzeugen dort mit Hilfe verschiedener Gleichpotentiale die Verteilerpulse.

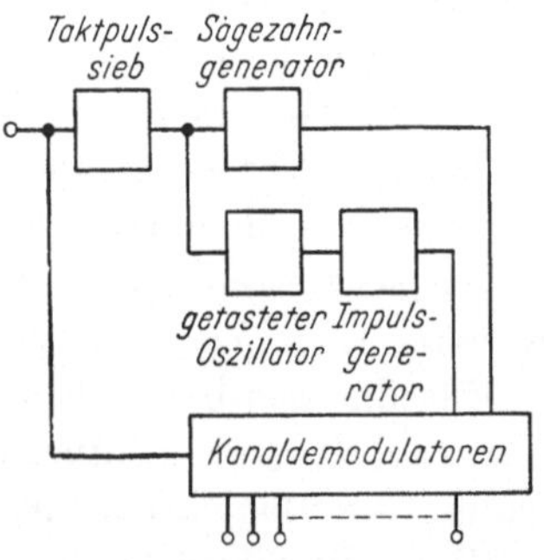

Abb. 59. Synchronisierung bei fremderregter Pulsversorgung mit Sägezahngenerator. Direkte Steuerung

Gegenüber dem Vorteil der Einfachheit hat dieses „Start-Stop"-Verfahren folgende Nachteile. Der erste liegt darin, daß die zeitliche Markierung mit Kennmodulation nicht auf einfache Art verwendet werden kann. Der zweite Nachteil ist die verhältnismäßig große Anfälligkeit gegen Störungen jeder Art. Sind die Empfangsimpulse z. B. durch Rauschen gestört, so gilt dies auch für die Taktimpulse, und zwar im selben Maße. Deshalb sind auch die Verteilerpulse mit den Rauschspannungen phasenmoduliert. Der Signal-Geräusch-Abstand nach der Demodulation verringert sich somit um fast 3 db. Von diesen Nachteilen ist das unter a) geschilderte Verfahren frei. Den zweiten Nachteil kann man vermeiden, ohne das Prinzip der Fremdsteuerung zu verlassen. Ein Beispiel für eine verbesserte Schaltung ist im folgenden beschrieben.

Die Wirkung dieses Verfahrens, das ein Mittelding zwischen den beiden anderen Verfahren darstellt, ist grundsätzlich aus Abb. 60 zu ersehen; diese ist aus der Abb. 58 entwickelt. Der abgetrennte Taktpuls wird hier nicht direkt zur Pulserzeugung verwendet, sondern durchläuft zuerst ein schmales Frequenzfilter, das nur Schwingungen mit der Abtastfrequenz durchläßt. Dieses Filter stellt ein träges Zwischenglied dar. Ist die Durchlaßbandbreite schmal genug, so werden Störungskomponenten, die als Seitenbänder im Spektrum des Taktpulses enthalten sind, unterdrückt, und man erhält am Ausgang eine reine Sinusschwingung; aus dieser kann wieder wie in Abb. 55 ein Puls erzeugt werden, der zur Speisung der Verzögerungsleitung dient. Die Anlage arbeitet ebenfalls nur, wenn Taktpulse empfangen werden.

Die zeitliche Genauigkeit ist in dieser einfachen Ausführungsform für größere Kanalzahlen meist nicht ausreichend, da kleine Schwankungen der Elemente des Fre-

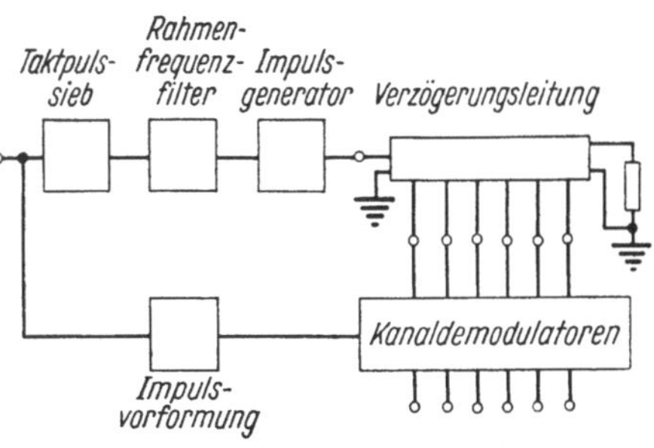

Abb. 60. Synchronisierung bei fremderregter Pulsversorgung. Steuerung über Filter

quenzfilters Phasenänderungen verursachen, die nicht zulässig sind. Zur Verbesserung benutzt man eine Zeitvergleichsschaltung, wie in Abb. 55; ein elektrisch veränderliches Phasendrehglied kann zur automatischen Zeitkorrektur dienen. Diese Erweiterung ist in Abb. 61 schematisch dargestellt.

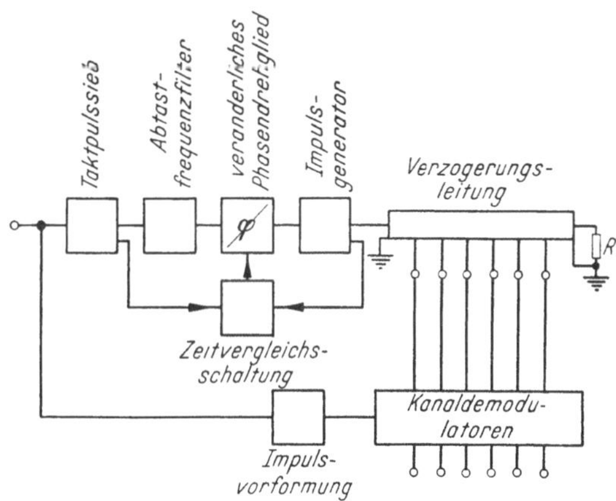

Abb. 61. Synchronisierung bei fremderregter Pulsversorgung. Steuerung über Filter
mit Phasenkorrektur

Das Verfahren ist nicht auf das Beispiel von Abb. 60 bzw. 61 beschränkt. Es kann zusammen mit allen behandelten Prinzipien der Pulsverteiler benutzt werden und ist besonders geeignet zusammen mit Pulsverteilern, bei denen Sinusschwingungen verwendet werden.

V. Schaltungen für Pulscode-Modulation

Bei den bisher geschilderten Verfahren ist der schaltungstechnische Aufwand auf der Sende- und Empfangsseite annähernd gleich groß. Bei der Pulscode-Modulation dagegen ist der Modulator ein relativ kompliziertes Gerät, während für die Demodulation von Anfang an ziemlich einfache Schaltungen vorlagen. Beim Suchen nach einfachen Modulationsschaltungen sind so viele Verfahren vorgeschlagen worden, daß ihre vollständige Schilderung ein Buch für sich füllen würde. Es seien daher nur zwei prinzipielle Möglichkeiten betrachtet, die einen Einblick in den Mechanismus der Codemodulation gestatten. Für die Demodulation werden im Anschluß einige einfache Schaltungsbeispiele gezeigt.

1. Der Code-Modulator

Wie bei den Modulationsschaltungen für PAM, PDM und PPM kann man zum Codieren und Decodieren normale Verstärkerröhren verwenden; man kann aber auch spezielle Codierungsröhren aufbauen, die auf dem Prinzip der BRAUNschen Röhre beruhen, d. h., bei denen ein Elektronenstrahl räumlich gesteuert wird. Beide Verfahren werden im folgenden beschrieben.

Wollte man nur *ein* Sprachsignal codieren, so wären die dabei vorkommenden Geschwindigkeiten so gering, daß bei allen Prinzipien keine besonderen Schwierigkeiten entstünden. Da der Code-Modulator aber in jedem Fall ein kompliziertes Gerät ist, trachtet man danach, eine größere Zahl von Signalen mit Hilfe eines einzigen Modulators zu codieren. Die nachfolgend betrachteten Geräte erfüllen diese Forderung.

a) Einrichtungen mit normalen Verstärkerröhren. Aus der Reihe der vielen Vorschläge, bei denen nur normale Verstärkerröhren benutzt werden, sei ein leicht verständliches Prinzip herausgegriffen, das in seinen Grundlagen von BLACK und EDSON schon 1947 veröffentlicht worden ist. Es geht von einem dauermodulierten Puls aus, der eine Vielzahl von zeitlich gebündelten Sprachsignalen enthalten möge und nach einem der in den vorhergehenden Abschnitten beschriebenen Verfahren erzeugt sein solle; die Aufgabe besteht darin, diesen Puls in einen codemodulierten umzuwandeln. Für das folgende Beispiel seien $z = 12$ Sprachkanäle gewählt, ferner ein binärer Code, welcher der Übersicht halber nur aus 5 Elementen bestehe. Das bedeutet nach Gl. (2, 283) $2^5 = 32$ diskrete Amplitudenwerte. Die dauermodulierten Pulse mögen eine modulierte Vorderflanke und eine periodische Hinterflanke haben.

Abb. 62 zeigt das Blockschaltbild. Der Weg der Modulation geht von Punkt a) nach e); bei den Punkten α) bis δ) werden Hilfspulse zugeführt, die von einer gemeinsamen Pulszentrale geliefert werden oder von der Hinterflanke der Eingangsimpulse abgeleitet sind. Die dauermodulierten Pulse a) — als Beispiel sind zwei Impulse gewählt worden — sollen bei voller Modulation den verfügbaren Zeitraum von $10,4\,\mu$sec nur

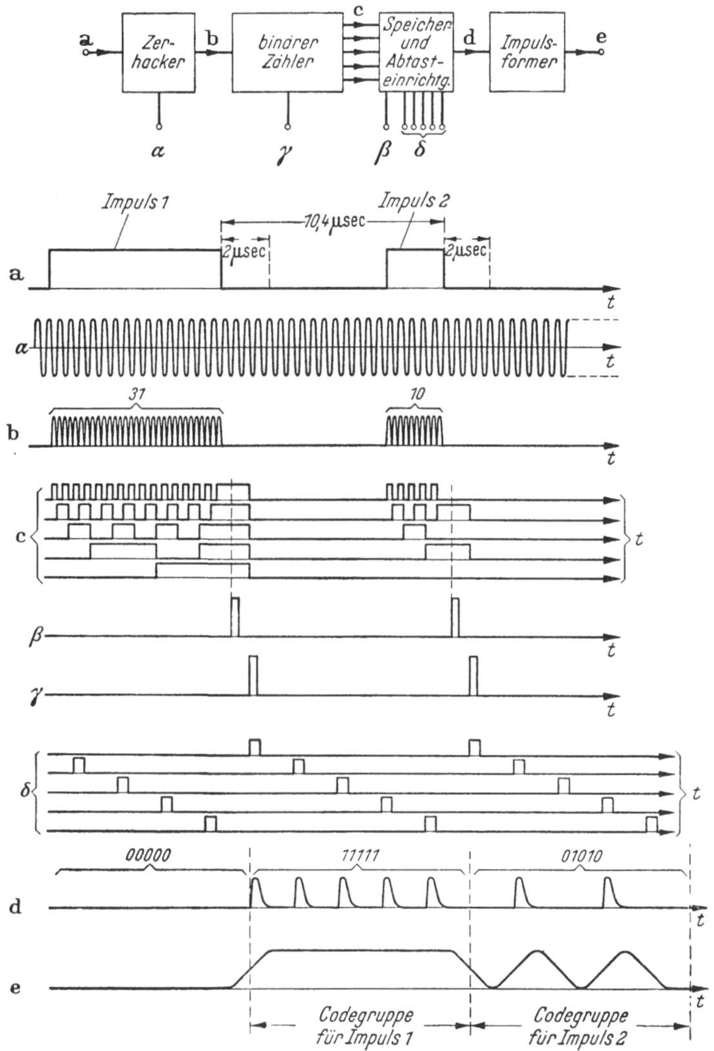

Abb. 62. Code-Modulator mit normalen Verstärkerröhren

so weit ausnutzen, daß eine gewisse Zeitspanne für andere im folgenden noch zu schildernde Vorgänge zur Verfügung bleibt. Im Bild beträgt diese freie Zeit $2\,\mu$sec; daraus ergibt sich für volle Modulation eine zeitliche Ausnutzung von etwa 80%. Die Pulse werden zunächst bei a) dem Zerhacker zugeführt, der außerdem über α) eine Sinusschwingung mit der Frequenz 1,92 MHz erhält; diese kann z. B. durch Verzwanzigfachen aus der Frequenz $12 \cdot 8$ kHz $= 96$ kHz gewonnen werden. Die Frequenz 96 kHz wird, wie sich nachher zeigen wird, noch für einen andern Zweck gebraucht. Der Zerhacker ist ein Zeit- und Amplitudenfilter (s. Kap. 3, IV), das während der Dauer der Impulse a) die Sinusschwingungen gleichrichtet. Man erhält so die Schwingungen b); sie bilden eine Folge von sehr kurzen Impulsen, jeweils etwa 0,2 μsec lang. Die Anzahl dieser Impulse ist proportional der jeweiligen Dauer der Impulse a). Die Zahlenwerte sind in der Abb. so gewählt, daß bei der höchsten Impulsdauer von etwa 8 μsec gerade 31 kurze Impulse entstehen. Diese Höchstlänge ist beim Impuls 1 gewählt worden; beim zweiten erhält man 10 kurze Impulse.

Die Impulse b) schalten den nachfolgenden 5stufigen binären Zähler (s. S. 229), der vor Beginn des Zählvorgangs durch einen Impuls des 96 kHz-Pulses γ) in seine Nullage versetzt worden ist. Der Vorgang ist für die 5 Stufen des Zählers in den Zeilen c) gezeigt. Nach Beendigung des Zählvorgangs bleiben die 5 Röhren des Zählers in dem Zustand liegen, den sie nach dem letzten kurzen Impuls eingenommen haben. Die Zahl der Impulse b) ist so in eine binäre Zahl umgewandelt worden. Für den Impuls 1 zeigen alle den Zustand „Ja", für den Impuls 2 nur die zweite und vierte Stufe. Dabei gibt der Stromzustand der ersten Röhre die Stelle der Wertigkeit 2^0 an, derjenige der zweiten Röhre die Stelle der Wertigkeit 2^1 usw.; die fünfte Röhre entspricht dann der Stelle der Wertigkeit 2^4.

Der Zustand dieser Röhren muß nun gespeichert werden; dazu können Verzögerungsleitungen dienen oder Kondensatoren. Im zweiten Fall braucht man 5 Kondensatoren mit 5 zugehörigen elektronischen Schaltern, die sofort nach Beendigung des Zählvorgangs den Zustand des binären Zählers speichern; die Schalter werden durch einen 96-kHz-Puls β) gleichzeitig betätigt (senkrechte gestrichelte Linien bei Zeilen c) und β)). Sofort nach Beendigung des Speichervorgangs wird der Zähler durch einen der Impulse γ) wieder in die Nullage versetzt, und er kann dann den nächsten Impulszug abzählen. Wegen dieser beiden Vorgänge — Speicherung und Rückschaltung — kann die Dauer der Eingangsimpulse a) nicht den vollen zur Verfügung stehenden Zeitraum von 10,4 μsec einnehmen. Will man diesen Verlust vermeiden, so muß man zwei Code-Modulatoren verwenden, die zeitlich abwechselnd arbeiten.

Die im Speicher liegenden Kondensatoren, deren Anzahl allgemein gleich der Zahl der Codeelemente ist, werden nun durch weitere elektronische Schalter auf einen gemeinsamen Widerstand entladen. Jedem Kondensator ist ein solcher Schalter zugeordnet; die Schalter werden durch die gestaffelten 96-kHz-Pulse δ) cyklisch betätigt und die Kondensatoren auf ihren Ladungszustand geprüft, d. h. auf den „Ja" oder „Nein"-Zustand. Am Ausgang d) erhält man bei „Ja" kurze Entladeimpulse, die bereits codemoduliert sind. In Zeile d) sind die Bezifferungen für einen Code der Wertigkeitsfolge 2^0, 2^1, 2^2, 2^3, 2^4, angeschrieben. Das Geräteprinzip erlaubt außerdem, jede *beliebige* Reihenfolge abzunehmen.

Ein Impulsformer, der z. B. aus einem monostabilen Multivibrator mit einem nachfolgenden Tiefpaß besteht, erzeugt aus der Folge d) die in Zeile e) gezeichneten Ausgangsimpulse. Wie man erkennt, erscheinen die Codeimpulse, um etwa die Zeitspanne für einen Kanal verspätet, hinter dem Eingangsimpuls a), da erst *nach* dem Zählvorgang codiert werden kann.

Werden, wie vorher erwähnt, zwei abwechselnd aktive Code-Modulatoren verwendet, so erübrigt sich die Speichervorrichtung, da der binäre Zähler während des Zeitbereichs, der dem nächsten Kanal zugeordnet ist, in seiner Endlage liegenbleiben kann und so für die direkte Abtastung bereitsteht.

Die höchste Zahl von Sprachsignalen, die mit dieser Anordnung gemeinsam codiert werden können, hängt im wesentlichen nur von der erreichbaren Geschwindigkeit des Zählers ab.

b) Einrichtungen mit einer Codierungsröhre. Auf diesem Gebiet ist von den Bell Laboratorien erhebliche Entwicklungsarbeit geleistet worden. Über die Ergebnisse ist zum ersten Male im Jahre 1948 ausführlich berichtet worden. Das Prinzip der Codierungsröhre sei im folgenden betrachtet.

Die Abb. 63 zeigt einen Querschnitt durch eine solche Röhre. In einer Elektronenkanone wird, wie in einer normalen BRAUNschen Röhre,

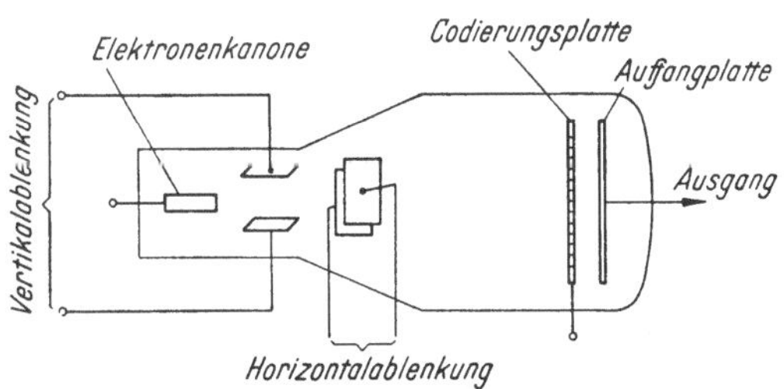

Abb. 63. Prinzip der Codierungsröhre

ein runder Elektronenstrahl erzeugt, der durch zwei Paare von Ablenkplatten horizontal und vertikal abgelenkt werden kann. Er trifft auf eine Codierungsplatte, in der sich Schlitze befinden, die den Strahl auf eine dahinter befindliche Auffangplatte durchlassen; beim Auftreffen kann aus der Röhre ein Strom entnommen werden. Abb. 64 zeigt die

Anordnung der Schlitze auf der Codierungsplatte für einen Code mit 5 Elementen.

Bei dieser Codierungsröhre wird vorausgesetzt, daß die Signale bereits in zeitlicher Bündelung, und zwar in Form von PAM vorliegen. Die einzelnen Impulse müssen dabei jeweils die gesamte dem betreffenden Kanal zugeordnete Zeit andauern; ihre Amplitude soll sich während dieser Zeit möglichst nicht ändern. Diese Impulse werden dem Plattenpaar für die vertikale Ablenkung zugeführt.

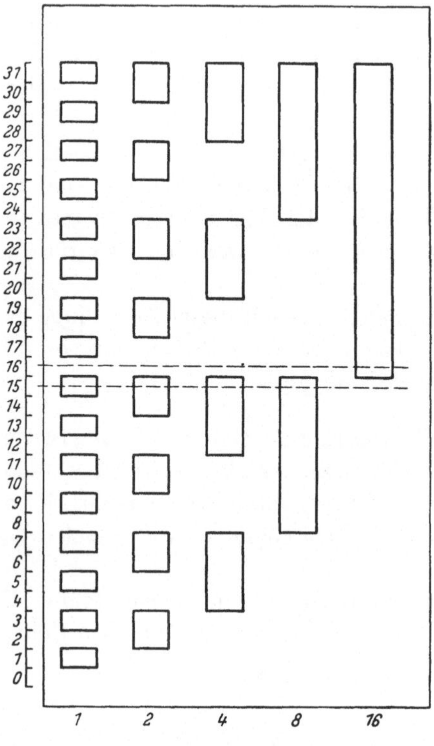

Das Plattenpaar für die horizontale Ablenkung erhält eine Sägezahn-Spannung, deren flache Flanke ebenfalls den Zeitbereich für einen Kanal einnimmt. Der Elektronenstrahl überstreicht während der Dauer eines Sägezahns von links nach rechts die Codierungsplatte, und zwar auf einer Stufe — in der Abbildung z. B. der Stufe 15 —, die durch die Amplitude des gerade vorliegenden Impulses gegeben ist. Er trifft in der Zeit, in der er über die Schlitze gelenkt wird, auf die Auffängerplatte und erzeugt an einem an diese angeschlossenen Widerstand Spannungsimpulse, deren zeitlicher Ablauf direkt die Codezeichen für den gerade abgetasteten Amplitudenwert darstellt. Bei dem nächsten Impuls springt der Strahl wieder auf die linke Seite und auf die dem neuen Amplitudenwert entsprechende Höhe; die nächste flache Flanke der Sägezahnspannung läßt den Strahl eine andere Schlitzreihe der Codierungsplatte überstreichen. Während des Umspringens auf den anderen Amplitudenwert wird der Strahl dunkelgetastet. Die in Abb. 64 gezeigte Codierungsplatte ergibt direkt den üblichen binären Code, aus dem die Endamplitude durch Summierung der Wertigkeit der Codezeichen gewonnen wird.

Bei dieser Röhre ist es besonders schwierig, den Strahl während einer Horizontalablenkung ganz genau auf der am Anfang eingestellten Höhe

Abb. 64. Codierungsplatte mit gewöhnlichem binären Code

zu halten, d. h., den Strahl präzis über die eingestellte Schlitzreihe zu führen. Gerät nämlich der Strahl während der Ablenkung in die nächste Reihe, so kann ein völlig falsches Codezeichen entstehen. Deshalb ist vor der Codierungsplatte ein besonderes Stabilisierungsgitter vorgesehen. Über eine Rückkopplung wird erreicht, daß der Elektronenstrahl zwischen zwei Gitterstäben geführt wird und nicht aus der einmal eingeschlagenen Bahn abweichen kann. Durch diese Maßnahme wird eine sichere Quantisierung erreicht.

Die eben beschriebene Anordnung mit Quantisierungsgitter hat in der praktischen Ausführung zu Schwierigkeiten geführt. Bei einer neueren Ausführung der Codierungsröhre wird daher das Gitter und die dazugehörige Regelschaltung umgangen. Es wird der sogenannte „reflektierte" binäre Code angewendet, der von G. R. STIBITZ angegeben worden ist. Er wird auch GRAY-Code genannt, da F. GRAY seine Anwendung für Zwecke der Pulsmodulation vorgeschlagen hat. Bei diesem Code haben die Codeelemente die Wertigkeitsfolge $2^n - 1$ ($n = 1$; 2 usw.), und der Wert eines Codezeichens wird im Gegensatz zum gewöhnlichen binären Code durch abwechselnde Addition *und* Subtraktion der Wertigkeiten der Codeelemente gewonnen.

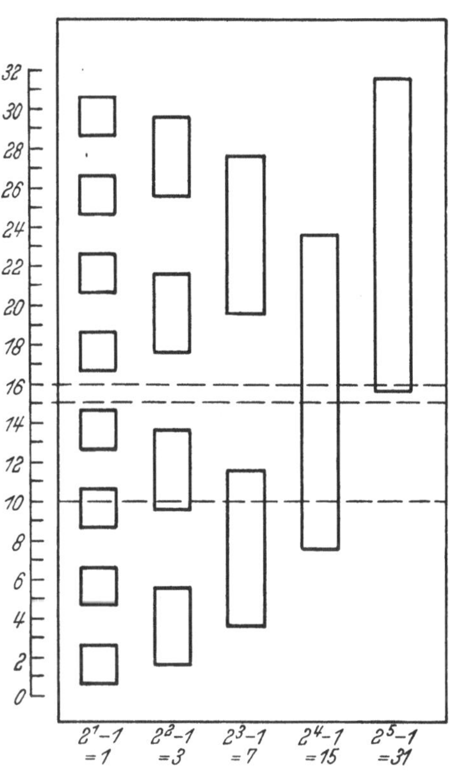

Abb. 65. Codierungsplatte mit STIBITZ-GRAY-Code

Die Abb. 65 zeigt eine Codierungsplatte mit diesem Code, wiederum für 5 Codeelemente; man erhält hier beispielsweise die Zahl 10 aus $15 - 7 + 3 - 1$, wenn man von rechts nach links abtastet; das Vorzeichen wird dabei alternierend gewechselt. Der Code hat den großen Vorzug, daß der Fehler bei ungenauer Einstellung des Strahls immer nur eine Amplitudenstufe betragen kann, d. h. also im Falle des 5er Codes nur $1/32$ des gesamten Amplitudenbereiches. Dieser Vorteil zeigt sich deutlich beim Vergleich der Folgen von Codeelementen für den Übergang von der Zahl 15 auf die Zahl 16. Beim gewöhnlichen binären Code (Abb. 64) springt die Anzahl der Codeelemente von vier — diese haben die Wertigkeiten 1; 2; 4 und 8 — auf ein einziges Element mit der Wertigkeit 16. Gerät der Strahl bei der Zahl 15 im rechten Teil der Bahn ein wenig nach oben, so können sich 5 Codeelemente ergeben, die den Wert 31 ausdrücken. In Abb. 65 springt beim gleichen Vorgang die Zahl der Codeelemente von einem mit der Wertigkeit 15 auf zwei mit den Wertigkeiten 15 und 31; die Zahl 16 erhält man durch Subtraktion der Zahl 15 von der Zahl 31. Gerät der Strahl hier bei der Zahl 15 etwas aus der Bahn, so kann sich stattdessen nur die Zahl 16 ergeben. Der GRAY-Code hat diese Eigenschaft bei jeder Amplitudenstufe, weil sich, wie man aus Abb. 65 leicht erkennen kann, bei einer Vertikalverschiebung des Strahls die Anzahl der Codeelemente jeweils immer nur um eines verändert; im Gegensatz dazu kann beim gewöhnlichen binären Code im ungünstigsten Fall die Zahl der Elemente um $(r - 1)$ springen.

Der Nachteil des Codes von Abb. 65 ist der verhältnismäßig komplizierte Zusammenhang mit dem gewöhnlichen binären Code; mit diesem kann nämlich, abgesehen von der Codierung selbst, im allgemeinen wesentlich leichter gearbeitet werden; so ist hier die Demodulation recht einfach, wie im folgenden gezeigt werden wird. Man ist deshalb oft gezwungen, den GRAY-Code mit einer geeigneten Umwandlungs-Schaltung möglichst gleich nach der Codierung in den gewöhnlichen binären Code umzuwandeln. In diesen Schaltungen müssen die oben genannten Zusammenhänge beachtet werden.

Dieser Nachteil wird aber durch den Vorteil aufgewogen, daß die Codierungsröhre wesentlich leichter zu bauen ist. Dies ist besonders wichtig, wenn hohe Geschwindigkeiten der Codierung verlangt werden, d. h., wenn die Bandbreite des zu codierenden Signals groß ist; dies ist der Fall bei Signalen, die eine sehr große Anzahl von gebündelten Gesprächen enthalten oder ein Fernsehprogramm. In den Bell-Laboratorien sind bereits Versuche mit einer solchen Röhre gemacht worden, bei denen ein Fernsehprogramm (Bandbreite 4 MHz) mit Pulscode-Modulation übertragen wurde.

2. Der Code-Demodulator

Der Schaltungsaufwand für die *De*modulation codemodulierter Pulse ist wesentlich geringer als der Aufwand für die Modulation, wenn man von dem zuletzt beschriebenen, komplizierter aufgebauten Code absieht. Im folgenden sind als Beispiele drei Verfahren beschrieben, nach denen die codemodulierten Pulse in amplitudenmodulierte umgewandelt werden können. Die beiden ersten Verfahren beruhen darauf, daß einem Speicher je Codeelement eine Ladung zugeführt wird, die der Wertigkeit des betreffenden Codeelementes proportional ist. Nach Ablauf einer Folge von Codeimpulsen hat der Speicher dann eine Ladung erhalten, die dem Amplitudenwert proportional ist, den die Folge von Codeimpulsen ausgedrückt hat. Als Speicher verwendet man im allgemeinen einen Kondensator.

In Abb. 66 und 67 sind zwei Möglichkeiten im Blockschaltbild prinzipiell dargestellt. Die Wirkungsweise sei wiederum am Beispiel des 5er-Codes der Wertigkeitsreihe 2^0, 2^1, 2^2, 2^3 und 2^4 beschrieben. Der Kondensator C wird in beiden Fällen durch eine Quelle konstanten

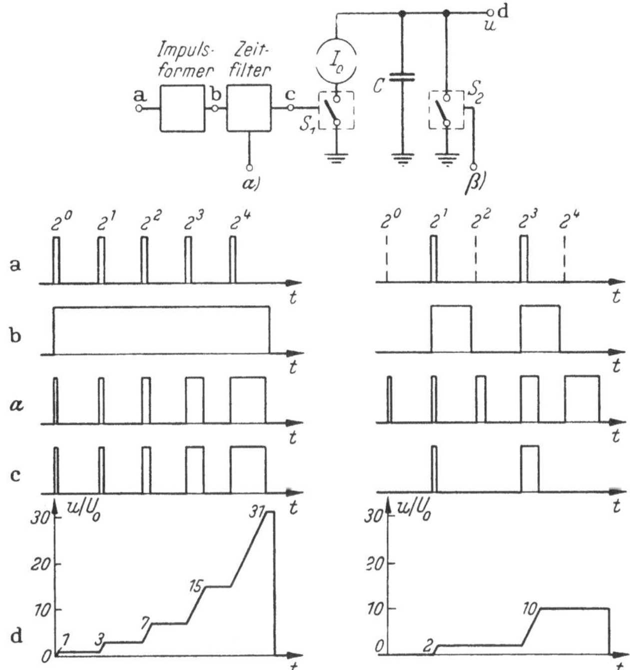

Abb. 66. Code-Demodulator mit zeitlicher Bewertung der Codeimpulse

Stromes I_0 über einen Schalter S_1 aufgeladen. Die Wirkung der Schaltung von Abb. 66 wird an Hand von 2 Codezeichen betrachtet, die die Zahl 31 (in der Abbildung links) und die Zahl 10 (in der Abbildung rechts) ausdrücken (Zeile a); dabei ist angenommen, daß aus den verschliffenen Zeichen des übertragenen Signals regenerierte Impulse hergestellt worden sind. Die Wertigkeit der Codeelemente wird hier in Ladungsimpulse verschiedener Dauer umgesetzt; zu diesem Zweck werden die Codeimpulse (Zeile a) im Impulsformer verlängert (Zeile b) und dann dem Zeitfilter zugeführt. Dieses wird von dem Hilfspuls α) gesteuert; dieser enthält 5 aufeinanderfolgende Elemente, deren jedes doppelt so lang ist wie das vorhergehende. Ist die gesamte Dauer des Impulszuges 10 μsec, so ist z. B. die Dauer des ersten Impulses 0,1 μsec, die des zweiten 0,2 μsec, des dritten 0,4 μsec, des vierten 0,8 μsec und schließlich des fünften 1,6 μsec. Am Ausgang des Zeitfilters (Zeile c) erscheinen die zeitlich bewerteten Codeimpulse. Diese schließen den Schalter S_1; während ihrer Dauer wird der Kondensator C zeitlinear aufgeladen (Zeile d); in den Lücken zwischen den Impulsen behält der Kondensator seine Ladung bei. Nach Ablauf eines Codezeichens hat der Kondensator eine Ladung erhalten, die der Zustandszahl des Zeichens proportional ist; in diesem Zeitpunkt muß die Spannung am Kondensator abgetastet werden. Damit die Einrichtung wieder für den nächsten Vorgang bereit ist, wird der Kondensator kurzzeitig über den Schalter S_2 entladen, der von einem Hilfspuls β) gesteuert ist.

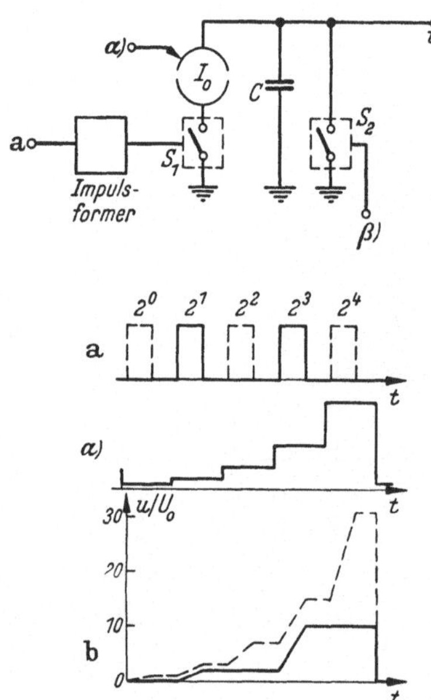

Abb. 67. Code-Demodulator mit Amplitudenbewertung der Codeimpulse

In Abb. 67 wird die Zustandszahl der Codezeichen in Ladungsimpulse verschiedener Amplituden umgesetzt; zu diesem Zweck wird der Stromquelle I_0 z. B. eine Treppenspannung α) zugeführt, deren Stufen im Verhältnis 1:2 gestaffelt sind; die Stromstärke der Quelle muß dabei steuerbar sein, und zwar muß ihr Strom proportional der angelegten Steueramplitude α) sein; statt der Treppenspannung können auch Impulse verwendet werden, deren Höhen in demselben Verhältnis gestuft sind. Der Schalter S_1 wird von den geformten Code-Impulsen (Zeile a) geschlossen. Der Kondensator C wird während dieser Impulse zeitlinear aufgeladen (Zeile b); nach Ablauf des Codezeichens ist der Kondensator wieder wie bei dem Verfahren nach Abb. 66 auf den gewünschten Amplitudenwert aufgeladen. Die Ladung wird ebenso wie dort durch den Schalter S_2 abgeführt.

Die beiden geschilderten Methoden erlauben es, Codeimpulse jeder beliebigen Wertigkeitsfolge zu demodulieren; man braucht dazu nur die Stufenfolge der Hilfspulse α) entsprechend zu wählen. Beschränkt man sich auf die bisher benutzte, nach steigenden Potenzen von 2 geordnete Wertigkeitsfolge 2^0, 2^1, 2^2, 2^3, 2^4, so kann man mit einer sehr einfachen Einrichtung demodulieren. Diese wird als „SHANNON-Decoder" bezeichnet; ihre prinzipielle Wirkung ist in Abb. 68 gezeigt. Auch hier wird der Kondensator C über die Stromquelle I_0 aufgeladen; die Code-impulse mögen jedoch zum Unterschied vom Beispiel der Abb. 67 sehr kurz sein. Dies soll der am Eingang liegende Impulsformer besorgen (Zeile b). Der Schalter S_1 schließt deshalb nur ganz kurzzeitig; der Kondensator bekommt während dieser Zeit aus der Quelle I_0 immer eine Ladung von 32 Amplitudeneinheiten. Im Gegensatz zu den beiden vor-her betrachteten Schaltungen entlädt er sich jedoch hier während der Im-pulslücken über den Widerstand R; die Zeitkonstante RC ist so gewählt, daß die Ladung zwischen 2 Impulsen auf die Hälfte absinkt. Nach 5 Impuls-abständen wird demnach die Ladung von 32 Einheiten auf den 2^5ten Teil, d. h. auf eine Einheit, abgesunken sein. Später eintreffende Impulse sinken ent-sprechend weniger ab. Dadurch wird erreicht, daß die Ladung des Konden-sators nach 5 Impulsabständen einen Wert annimmt, der proportional dem Amplitudenwert ist, den die Code-Im-pulsfolge ausdrückt. Der Vorgang ist in der Zeile c) für die Amplituden 1, 3, 7, 15 und 31 gestrichelt und für die Amplitude 10 ausgezogen eingezeichnet. Der Ladezustand wird in der Abbildung nach 5 Impulsabständen im Zeitpunkt t_a abgetastet. In diesem Falle erhält man direkt Amplitudenwerte, die ganze Vielfache der gewählten Einheit sind

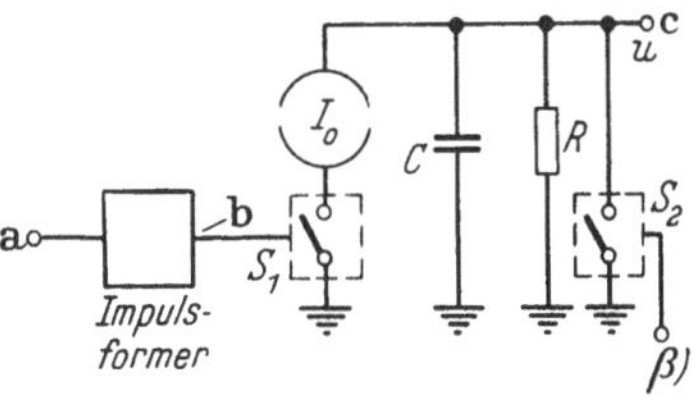

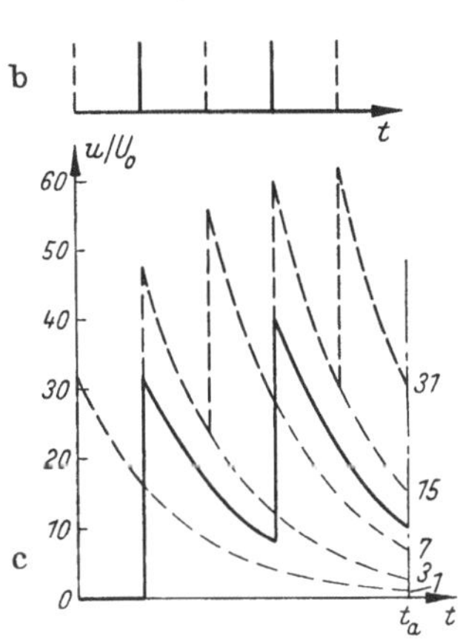

Abb. 68.
Prinzip des Shannon-Decoders

und deren Bereich sich über die Stufen Null bis 31 erstreckt. Grund-sätzlich kann man nach Ablauf des letzten Code-Impulses zu jeder beliebigen Zeit abtasten, da nämlich die Proportionalität zwischen den ursprünglichen Amplitudenwerten und den demodulierten erhalten bleibt.

Nach der Abtastung wird der Kondensator wieder über den Schalter S_2 entladen, damit er für den nächsten Vorgang bereit ist. Für Abtastung und Entladung steht demnach theoretisch die Zeitdauer zwischen zwei Code-Impulsen zur Verfügung. Es ist jedoch vorteilhafter, hier zwei Decoder-Einrichtungen vorzusehen, die abwechselnd wirksam sind. Dann erübrigt sich der Schalter S_2, da der Kondensator C sich in der entste-henden Pause von der Dauer eines Code-Zeichens über R auf 1/32 der

Höchstamplitude, bis zur nächsten Abtastung auf $1/32^2$ entlädt, und die Restladung daher keine merkliche Auswirkung mehr haben kann. Diese Verdopplung der Geräte ist auch bei den Anordnungen der Abb. 66 und 67 günstig. Der höhere Aufwand ist kein schwerwiegender Nachteil, da besonders der SHANNON-Decoder billig ist.

Für die Erklärung der Wirkung des SHANNON-Decoders ist hier angenommen worden, daß die Aufladeimpulse sehr kurz sind. Es läßt sich leicht zeigen, daß die Wirkung nicht beeinträchtigt wird, wenn die Dauer der Impulse einen merklichen Bruchteil ihres Abstands ausmacht.

VI. Zusätzliche Probleme bei der Übertragung mit Pulsmodulation

In den vorangegangenen Abschnitten dieses Kapitels sind die Einrichtungen behandelt worden, die erforderlich sind, wenn viele gleichartige Sprachsignale nach einem Pulsmodulationsverfahren sendeseitig zeitlich gebündelt und empfangsseitig wieder auf einzelne Kanäle verteilt werden sollen. Mit dem Aufbau von Nachrichtenverbindungen für den Weitverkehr ist jedoch noch eine Reihe weiterer Probleme verbunden, von denen die wichtigsten kurz behandelt seien.

1. Gemischte Übertragung von Signalen verschiedener Bandbreite

Es wird oft gefordert, daß außer einer Anzahl von Sprechverbindungen mit einer Bandbreite von jeweils 300 bis 3400 Hz noch einzelne Kanäle mit breiterem Frequenzband zur Verfügung stehen sollen, wie z. B. Rundfunkkanäle mit einem Band von 50 bis 10000 Hz. Daneben werden oft für reine Rundfunk-Übertragungslinien Dienst-Sprechkanäle verlangt. Für einen breiten Rundfunkkanal muß man mehrere Sprachkanäle opfern. In der Trägerfrequenztechnik werden hierfür im allgemeinen mehrere frequenzmäßig nebeneinanderliegende Sprachkanäle benutzt. In der Pulsmodulationstechnik ist es aber nicht auf einfache Weise möglich, zeitlich aufeinanderfolgende Bereiche zu verwenden, da die Signalschwingungen periodisch abgetastet werden müssen. Das bedeutet, daß äquidistante Zeitbereiche eines Pulsrahmens verwendet werden müssen.

In Abb. 69 ist als Beispiel ein Pulsrahmen für 12 Gespräche dargestellt, von dem drei Sprachsignal-Pulse zur Übertragung eines Rundfunkprogrammes mit einer Bandbreite von 10 kHz belegt sind. Die Abtastfrequenz beträgt dann für dieses Programm 24 kHz. Die zum Rundfunkkanal gehörenden Impulse sind dick ausgezogen. Weil Äquidistanz gefordert ist, kann nicht jede beliebige Bandbreite von Rundfunkkanälen mit optimaler Ausnutzung des Rahmens verwendet werden. Die Anzahl der zu opfernden Sprachkanäle muß nämlich, mit einer ganzen

Zahl multipliziert, die Gesamtzahl der vorliegenden Kanäle ergeben, das sind also 2, 3, 4 und 6 Sprachkanäle aus einem Rahmen von 12. Wenn man annimmt, daß die höchste Modulationsfrequenz des breiten Kanals etwa 10% unter der halben Abtastfrequenz liegt, können Bandbreiten von $\approx$ 7, 11, 15 und 22 kHz erhalten werden. Bei der praktischen Ausführung wird man nur *einem* Modulator die höhere Abtastfrequenz zuführen und zur Demodulation ebenfalls nur *einen* Demodulator verwenden. Die Eingangs- und Ausgangstiefpässe müssen, weil das Band breiter ist, eine höhere Grenzfrequenz haben. Da die Anforderungen an die Klirrdämpfung und die abgebbaren Leistungen bei Rundfunkübertragung höher sind als bei Sprachübertragung, müssen Kanalverstärker mit

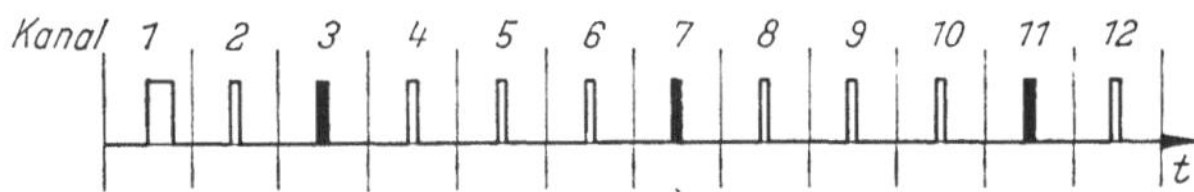

Abb. 69. Pulsrahmen für Kanäle verschiedener Bandbreite

größerer Linearität, z. B. stärkerer Gegenkopplung, verwendet werden. Außerdem muß noch auf höhere Linearität bei der Modulation und Demodulation geachtet werden und bei einer etwaigen Umwandlung der Modulationsarten ineinander. Durchlaufen Sprach- und Rundfunksignale gemeinsam solche Stufen, so müssen diese in ihrer Qualität für die *Rundfunk*übertragung bemessen werden.

Es sei noch darauf hingewiesen, daß bei den breiten Kanälen die Abtastfrequenz größer ist als die Wiederholungsfrequenz des Synchronisier-Kennzeichens. Es wird nur nach jedem zweiten, dritten, vierten oder sechsten Kanalimpuls gesendet. Hier tritt, wie in der Einleitung auf S. 442 besprochen, deutlich hervor, daß das Synchronisier-Kennzeichen in erster Linie zur Zeitmarkierung dient. Praktisch ist es dann oft schwierig, eine Störung durch die mitten im Frequenzbereich des breiten Kanals bei 8 kHz liegende Synchronisierfrequenz zu unterdrükken.

2. Übertragung von Vermittlungszeichen

Eine ebenso wichtige Information wie die Sprache selbst sind die Zeichen, mit denen beim Fernsprechverkehr der Teilnehmer ausgewählt und gerufen werden muß. Bei Handvermittlung müssen Zeichen übertragen werden, die auf der Empfangsseite optische oder akustische Einrichtungen betätigen. Beim Verkehr über automatische Wählvermittlungen müssen die Wählzeichen so verzerrungsfrei übertragen werden, daß keine Fehlzeichen entstehen. Man kann sich auch in Pulsmodulations-Anlagen der Wechselstromsignale bedienen, die in der Trägerfrequenztechnik üblich sind, d. h., man überträgt Zeichen im Sprachband. Hierzu benötigt man am Ein- und Ausgang der Modulationsgeräte die üblichen Tonfrequenzumsetzer. Die Pulsmodulationstechnik erlaubt es aber auch, in jedem Sprachkanal Gleichstromzeichen direkt zu übertragen.

Da jedem Abtastwert der Modulationsschwingung eine bestimmte Impulsamplitude bei PAM, Impulsdauer bei PDM, Impulsstellung bei PPM oder ein Impulscode bei PCM entspricht, ist es auch möglich, einen konstanten Amplitudenwert durch andauerndes Aussenden des gleichen Pulskriteriums zu übertragen. In Abb. 70 ist dieser Vorgang an dem Beispiel eines PPM-Rahmens dargestellt. Dort ist der Puls des Kanals 3 zur Zeichenübertragung jeweils aus der Bereichsmitte an den vorderen Rand des Bereiches verschoben; es ist natürlich ebenso möglich, den hinteren Rand zu wählen. In der Demodulationsschaltung der

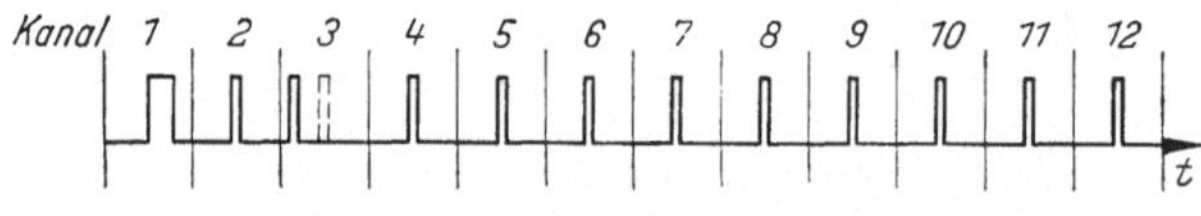

Abb. 70. Pulsrahmen bei Übertragung eines Gleichstroms

Abb. 28 bedeutet dies, daß sich eine negative oder positive Gleichspannung am Kondensator C ausbildet, die den Röhrenstrom verringert oder vergrößert. Da der Kanalverstärker immer über einen Übertrager auf die abgehende Leitung arbeitet und dieser keinen Gleichstrom übertragen kann, müssen die Zeichen vorher aus dem Gerät entnommen werden. Man kann dies beispielsweise dadurch erreichen, daß der Anodenstrom die Wicklung eines Relais durchfließt, das bei einem festgelegten kritischen Wert der Stromstärke umschlägt. Durch die Kontakte dieses Relais werden Signaleinrichtungen betätigt, wie sie in der Fernsprechtechnik üblich sind. Da die Impulse in einem Abstand von 125 μsec aufeinanderfolgen, kann die Dauer der übertragenen Zeichen höchstens um diesen Betrag gefälscht werden. Man erhält aber selbst mit den besten verfügbaren Relais wesentlich größere Verzerrungen, so daß die Zeichenverzerrungen des gesamten Systems allein durch die angeschlossenen Relaisschaltungen bestimmt werden.

Verwendet man hochwertige Telegraphenrelais, so ist es möglich, anstatt der Wählzeichen auch Telegraphiezeichen zu übertragen. Auf diese Weise kann ein Sprachkanal, den man natürlich als solchen opfern muß, ohne besondere Zusatzeinrichtungen als Telegraphiekanal, z. B. zur Übertragung von Fernschreiben, benutzt werden.

Erfüllen die Sprachkanäle die üblichen Weitverkehrsforderungen, so ist es auch möglich, jeden einzelnen mit Wechselstromtelegraphie zu belegen. Hat ein solches System 24 Telegraphiekanäle, so kann ein 24-Kanal-Pulsmodulationssystem $23 \cdot 24 = 552$ Telegramme übertragen, wenn man einen Kanal für die Zeitmarkierung reserviert.

3. Abzweigtechnik

Bei Weitverkehrsnetzen werden im allgemeinen Hauptabschnitte gebildet, deren Länge nach der Bevölkerungsstruktur des Landes bemessen ist; in Europa wird diese Länge etwa 300 km betragen. In den Endstellen solcher Hauptabschnitte wird man die Sprachkanäle in der natürlichen Frequenzlage zur Verfügung haben wollen; man kann also annehmen, daß bei Anwendung von Pulsmodulationsverfahren an diesen Stellen Modulations-Endgeräte für sämtliche Kanäle eingerichtet werden. Da Pulsmodulationsverfahren bisher fast ausschließlich bei der Richtfunkübertragung benutzt werden, sind Zwischenstellen notwendig, die im Mittel einen Abstand von etwa 50 km haben. An solchen Zwischenstellen besteht oft das Bedürfnis, einzelne Sprachkanäle oder auch kleinere Gruppen davon zur Verfügung zu haben. Die Pulsmodulationstechnik erlaubt es, zumindest grundsätzlich, solche Kanäle und Kanalgruppen mit einfachen und übersichtlichen Geräten abzuzweigen oder hinzuzufügen. Im folgenden sollen an einem Beispiel einige Möglichkeiten besprochen und die prinzipiellen Schaltungsmittel beschrieben werden. Dabei muß man immer beachten, daß jede Sprechverbindung aus einem Hin- und einem Rückweg besteht.

Es möge der einfache Fall betrachtet werden (s. Abb. 71), daß zwischen den Endstellen I und III 17 Kanäle benötigt werden und daß zwischen der Endstelle III und der Zwischenstelle II sechs weitere Kanäle

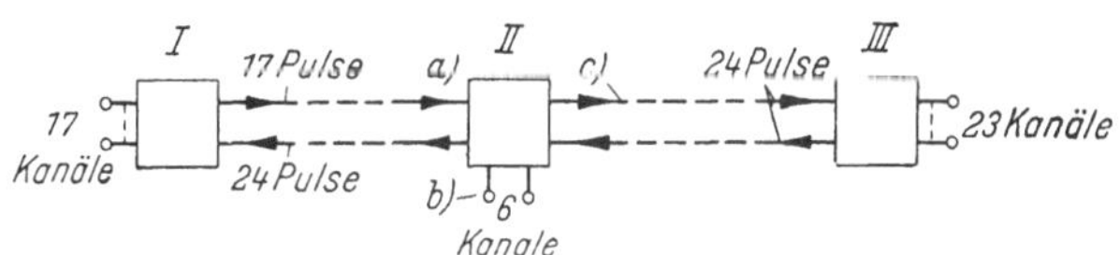

Abb. 71. Übertragungsstrecke mit Abzweigung

eingeschaltet werden sollen. Von der Endstelle III wird für die Sprechrichtung von III nach II ein Rahmen mit 24 Pulsen gesendet, der nach I durchläuft. In II können 6 Pulse demoduliert werden, indem man z. B. einen Wandler nach Abb. 46 vorsieht und eine Demodulationsschaltung für 6 Kanäle nach Abb. 28 anschließt, die nur 6 Trägerpulse erhält; die Einrichtung wird mit dem von III kommenden Taktpuls synchronisiert. In I werden entsprechend nur die übrigen 17 Pulse demoduliert; die außerdem noch in dem Rahmen vorhandenen 6 Pulse werden nicht verwertet. Will man für die Gegenrichtung auf der Zwischenstelle möglichst einfache Geräte erhalten, so ist es vorteilhaft, auf der Endstelle I einen Pulsrahmen zu senden, dem eine Gruppe von 6 Kanälen fehlt. In Abb. 72, Zeile a, ist ein solcher Pulsrahmen dargestellt. In der Zwischenstelle ist ein Sendeteil für 6 Kanäle vorgesehen, der von dem Taktpuls der Richtung von I nach III synchronisiert wird. Die Pulserzeugung muß hier wie bei einer Empfangsanlage aufgebaut sein. Die erzeugten Kanalpulse müssen zeitlich so verteilt sein, daß sie in die freigelassenen Zeitbereiche des von I kommenden Pulsrahmens passen (Zeile b); sie werden mit Hilfe einer Additionsschaltung hinzugefügt. Von II nach III wird so ein vollständiger Rahmen von 24 Pulsen gesendet, die in der Endstelle III vollständig demoduliert werden. Bei dieser Anordnung können die Abtastfrequenzen der beiden Richtungen voneinander unabhängig sein, d. h., jede Endstelle hat einen unabhängigen Sende-Steuergenerator.

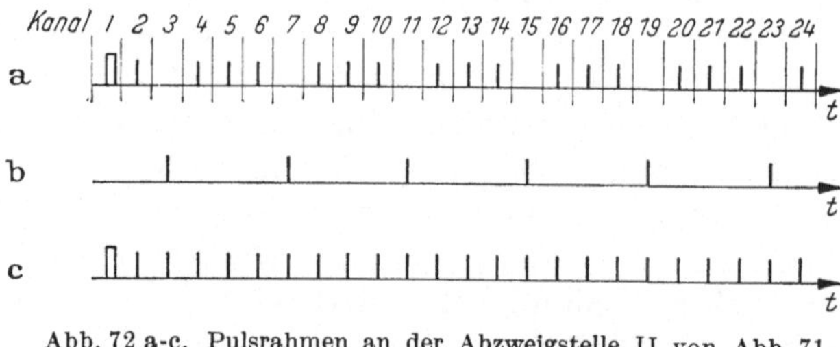

Abb. 72 a-c. Pulsrahmen an der Abzweigstelle II von Abb. 71

Es ist auch möglich, auf der Zwischenstelle mit *einer* der beiden Synchronisier-Einrichtungen auszukommen. Dann müssen aber die Abtastfrequenzen beider Richtungen exakt übereinstimmen; nur *eine* Endstelle hat einen Steuergenerator; in der zweiten Endstelle muß die Frequenz des Sendeteils vom Empfangsteil aus gesteuert werden. Man erhält so ein „synchronisiertes Netz" einfacher Form. Man muß dann jedoch Einrichtungen vorsehen, die der Zeitverschiebung zwischen den beiden von I und III kommenden Pulsen gerecht werden. Diese Zeitverschiebung ist eine Funktion der Entfernung zwischen den Ämtern. Bei einer Funkübertragung bedeutet, da die Fortpflanzungsgeschwindigkeit gleich der Lichtgeschwindigkeit ist, eine Entfernung von 10 km eine Pulsverschiebung um 33 μsec, das sind etwa 6 Impulsabstände bei einem Rahmen für 24 Kanäle.

Sollen außerdem die Stellen I und II über 6 Kanäle miteinander verbunden werden, so wird auch von I ein Rahmen von 24 Kanälen gesendet. In II müssen dann hinter der Demodulations-Anlage zuerst 6 Pulse durch Zeitfilter gelöscht werden, bevor die nach III gehenden Pulse eingefügt werden können. Entsprechendes gilt für die Richtung von III nach I.

Dieses einfache Beispiel soll zeigen, welche grundsätzlichen Fragen bei Netzen mit Abzweigungen auftreten. Es können auch Ringnetze und sternförmige Netze gebildet werden. Es würde den Rahmen dieses Buches überschreiten, alle Detailfragen zu behandeln, die hierbei auf-

treten. Immer jedoch werden zu ihrer Lösung die Grundschaltungen
dienen, die in Kap. 3 und in diesem Kapitel betrachtet worden sind,
oder Varianten davon.

VII. Beispiel einer Gesamtanlage für Pulsphasen-Modulation

Auf den Seiten 23 ff. und 66 ff. sind die verschiedenen kombinierten
Modulationsverfahren und ihre Eigenschaften näher beschrieben worden.
Unter den Kombinationen, die Pulsmodulation enthalten, ist bisher in der
Praxis am meisten die Anordnung Pulsphasen-Modulation/Amplituden-
modulation (PPM-AM) verwendet worden. Im folgenden sei daher eine
Gesamtanlage dieser Art näher behandelt. Solche Anlagen setzen sich
gewöhnlich, wie es dem Prinzip entspricht, aus einem Modulationsteil und
einem Hochfrequenzteil zusammen.

Zunächst sei der Modulationsteil betrachtet, und zwar seien die in
den vorangegangenen Abschnitten behandelten Teilstufen von Pulsmodulations-Geräten an dem Beispiel einer ausgeführten Anlage der

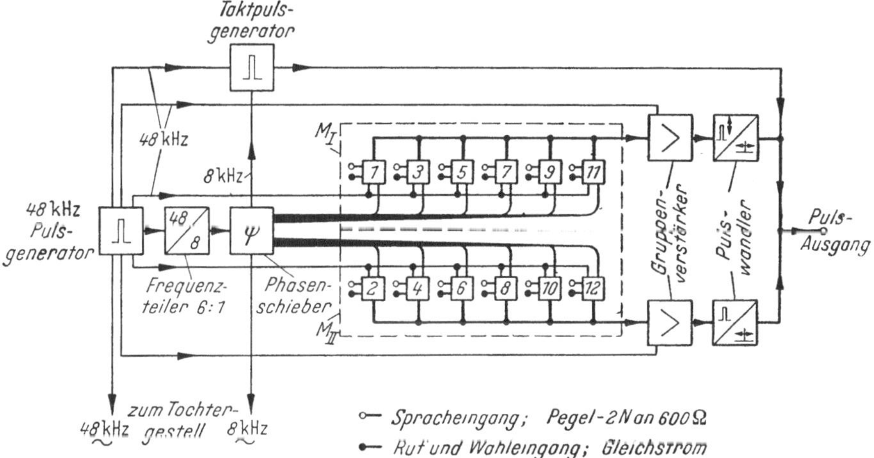

Abb. 73. Sendeteil für 12 Kanäle einer Anlage mit Pulsphasen-Modulation

Firma Siemens & Halske im Zusammenhang erläutert. Die Abb. 73 zeigt
das Blockschaltbild des Sendeteils; er ist aus Gruppen von 6 Kanälen
aufgebaut und für eine Gesamtzahl von 24 Kanälen bemessen; das Bild,
das im folgenden beschrieben wird, ist nur für 12 Kanäle gezeichnet.
In Abb. 74 ist der zugehörige entsprechend aufgebaute Empfangsteil
dargestellt.

Die Pulsverteilung arbeitet im Sende- und Empfangsteil mit Überlagerung von 48-kHz-Pulsen und 8-kHz-Sinusschwingungen (vgl. Abb. 7).
Der 48-kHz-Pulsgenerator ist ähnlich wie dort aufgebaut und gibt zwei

um 10,4 μsec versetzte 48-kHz-Pulse an die Modulatoren und Demodulatoren ab. Ein weiterer Pulsausgang führt jeweils zu dem Frequenzteiler; dieser erzeugt 8-kHz-Rechteckschwingungen, deren Flanken zeitlich mit jedem sechsten Impuls eines der beiden 48-kHz-Pulse zusammenfallen. Mit Hilfe eines im Frequenzteiler befindlichen Frequenzfilters wird eine 8-kHz-Sinusschwingung ausgesiebt, die dem Phasenschieber φ zugeführt wird. Dieser gibt 12 Sinusschwingungen ab, die gegeneinander jeweils um 30° versetzt sind. Jede von ihnen speist im Sendeteil einen Modulator, im Empfangsteil einen Demodulator. Die in den gestrichelten Kästen befindlichen Modulatoren M_I und M_{II} oder Demodulatoren DM_I und DM_{II} stimmen mit den in Abb. 22 und 28 gezeigten überein; die Wirkungsweise ist an diesen Stellen bereits behandelt worden.

Die am Ausgang der Modulatorensätze (Abb. 73) erhaltenen bipolaren Abtastpulse für 6 Kanäle werden gemeinsam in den beiden Gruppen-Verstärkern soweit verstärkt, daß die beiden anschließenden Pulswandler zufriedenstellend arbeiten. Diese Stufen wandeln die Pulsamplituden-Modulation in Pulsphasen-Modulation um; ihre Schaltung ist in Abb. 43 gezeigt worden. Da ein solcher Wandler unipolare Pulse benötigt, wird zu den bipolaren Pulsen der Modulatoren für jede Sechsergruppe ein 48-kHz-Puls addiert, der vom 48-kHz-Pulsgenerator geliefert wird. In den Gruppenverstärkern werden die Amplituden so begrenzt, daß die jedem Kanal zugeteilten Zeitspannen nicht überschritten werden.

Im Taktpulsgenerator werden die vom 48-kHz-Generator kommenden Impulse auf eine Dauer von etwa 3 μsec verlängert; mit einer 8-kHz-Sinusschwingung wird jeder sechste Impuls ausgesiebt. Dieser wird als Taktimpuls zu dem Pulsrahmen addiert, den man an den Ausgängen der parallelgeschalteten Wandler erhält.

Am Eingang des Empfangsteiles (Abb. 74) gabeln sich die Pulse in zwei Wege. Der eine Weg führt zum Pulswandler, der mit der Schaltung von Abb. 46 übereinstimmt; in dieser Stufe werden die phasenmodulierten Pulse von 12 Kanälen in amplitudenmodulierte Sägezahnschwingungen umgewandelt, die gemeinsam den Demodulatoren DM_I und DM_{II} zugeleitet und dort mit Hilfe der verschiedenen Trägerpulse abgetastet werden. Der Pulswandler erhält vom Pulsgenerator zwei versetzte 48-kHz-Rückschaltpulse, die addiert einen 96 kHz-Rückschaltpuls ergeben. Sollen nur die Pulse von 6 Kanälen umgewandelt werden, so wird einer der 48-kHz-Pulse entfernt.

Der zweite Weg führt vom Eingang her zum Taktpulssieb, das eine Schaltung ähnlich der von Abb. 50 enthält. Die Zeitvergleichsschaltung — siehe Abb. 56 — wird vom ausgesiebten Taktpuls geschaltet und tastet eine vom Frequenzteiler kommende 8-kHz-Rechteckschwingung ab. Die sich dabei ergebende Gleichspannung steuert eine Reaktanzröhre im 48-kHz-Pulsgenerator und bewirkt so eine frequenz- und phasenrichtige Nachstellung dieses Generators auf den 8-kHz-Taktpuls. Die Arbeitsweise dieser Schaltung stellt eine Erweiterung des im Abschn. IV behandelten Synchronisierverfahrens dar.

Die Sende- und Empfangs-Pulswandler sind so eingerichtet, daß der größte Zeithub je Kanal durch Veränderung der Zeitkonstante RC auf $\pm 4\,\mu\text{sec}$ oder auf $\pm 2\,\mu\text{sec}$ eingestellt werden kann. Im ersten Falle wird bei Betrieb mit 12 Kanälen der zur Verfügung stehende Zeitbereich voll ausgenutzt; die in den beiden Abbildungen dargestellten Einrichtungen stellen bereits die zugehörige Gesamtanordnung dar. Im zweiten Falle

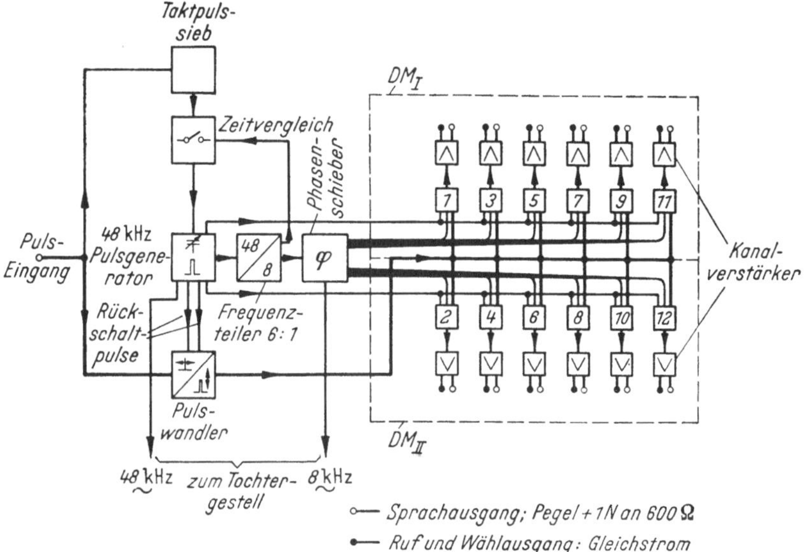

Abb. 74. Empfangsteil für 12 Kanäle einer Anlage mit Pulsphasen-Modulation

erhält man freie Zeitbereiche, in die ein zweiter 12-fach-Pulsrahmen eingefügt werden kann. Dieser wird in einer gleichartigen Anlage, dem „Tochtergestell" erzeugt. Beide Gestelle werden über die 48-kHz- und 8-kHz-Leitungen im Sende- und Empfangsteil gekoppelt, die in den Bildern eingezeichnet sind. Die 48-kHz-Oszillatoren im „Tochtergestell" arbeiten dann als Verstärker für sinusförmige 48-kHz-Schwingungen, die vom „Muttergestell" geliefert werden; die Frequenzteiler fallen weg und die Phasenschieber werden ebenfalls aus dem „Muttergestell" gespeist. Im Empfangsteil fallen außerdem die Synchronisier-Einrichtungen fort.

Zum Abschluß sei der prinzipielle Aufbau des zugehörigen Funkteils von Anlagen für das Verfahren PPM-AM im Überblick behandelt.

Beim Funksendeteil verwendet man im wesentlichen zwei Prinzipien (Abb. 75). Im einfachsten Fall (Abb. 75a) wird eine selbsterregte

Oszillatorstufe mit dem in einem Tastverstärker verstärkten Puls getastet. Man kann bei Trioden am Gitter, an der Kathode oder der Anode tasten; der Oszillator schwingt im allgemeinen nur während der Impulsdauer, er muß daher bei jedem Impuls wieder neu auf seine volle Amplitude einschwingen. Bei Gitter- und Kathodentastung liegt die Anodengleichspannung dauernd an der Anode der Oszillatorröhre. Die Röhre wird bei Gittertastung in den Impulslücken durch eine negative Gittervorspannung gesperrt. Bei Kathodentastung werden die Schwingungen in den Impulslücken durch eine positive Kathodenspannung unterdrückt ;diese kann sich die Röhre z. B. an einen genügend großen Kathodenwiderstand selbst erzeugen. Bei Anodentastung wird keine oder nur eine kleine Anodengleichspannung verwendet, der Tastverstärker muß dann während der

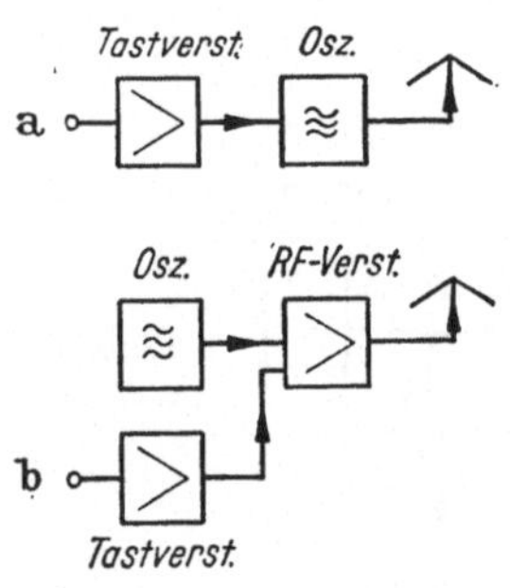

Abb. 75a u. b. Funksendeteil einer Anlage mit PPM-AM

Impulse die gesamte Anodenleistung aufbringen. Diese letzte Art ist besonders geeignet für Laufzeitröhren.

Es sei auf eine besondere Erscheinung bei getasteten selbsterregten Sendern eingegangen: die hochfrequenten Pulse sind mit einer Geräuschmodulation behaftet. Eine Oszillatorschwingung schaukelt sich nämlich, wenn die Betriebsspannungen angelegt werden, aus dem Rauschen heraus auf. Die Schwingung beginnt also mit einer Amplitude, die gegeben ist durch die statistischen Schwankungen des Anodenstroms. Die Vorderflanke des hochfrequenten Impulses eilt daher der Vorderflanke des Tastimpulses um eine Zeitdifferenz[1] Δt nach, die ebenfalls statistischen Schwankungen unterworfen ist; der gleichgerichtete Hochfrequenzpuls ist deshalb mit Rauschen phasenmoduliert. Bei den heute verwendeten Bauelementen beträgt die Zeitdifferenz Δt etwa 0,1 μsec, der störende Zeithub hat im allgemeinen die Größe von einigen Nanosekunden. Dabei spielen die Rückkopplungsbedingungen eine wesentliche Rolle.

Diese Eigenschaft ist bei den Untersuchungen im Kap. 5 über den Einfluß von Geräuschen nicht besonders erwähnt worden. Dort, wie auch in Kap. 1, ist als hauptsächliche Quelle von Geräuschen der Ort des tiefsten Signalpegels im Übertragungssystem angenommen worden. Solange *diese* Geräuschquelle bestimmend ist, gilt die im Kap. 5 behandelte lineare Abhängigkeit zwischen dem Signal-Geräusch-Abstand Δn_2 in den Kanälen und der Streckendämpfung a (45°-Gerade der

---

[1] Es sei hier darauf hingewiesen, daß die Anschwingzeit von Oszillatoren nicht mit der aus der Übertragungsfunktion errechenbaren Einschwingdauer eines Netzwerks verwechselt werden darf.

Abb. 5,17), Dort ist bereits darauf hingewiesen worden, daß für kleine Streckendämpfungen der Wert Δn_2 einen konstanten Betrag annimmt, der durch die Geräusche der Endgeräte gegeben ist. Ganz den gleichen Einfluß hat das Sendergeräusch. Man wird also versuchen, es möglichst klein zu halten.

Bei einer zeitlichen Bündelung von 24 Sprachsignalen und dem oben erwähnten störenden Zeithub kann man höchstens Signal-Geräusch-Abstände Δn_2 von etwa 6 N (52 db) in den Kanälen erreichen. Um höhere Werte zu erhalten, muß man dafür sorgen, daß die Startamplitude für das Anschwingen des Senders definiert ist. Deshalb verwendet man entweder einen Hilfsoszillator, dessen Frequenz ungefähr mit der Senderfrequenz übereinstimmt, und koppelt ihn lose mit dem Sender, oder man läßt den Sender selbst mit stark reduzierter Leistung in den Impulslücken weiterschwingen. Die Schwankungen der Zeitdifferenz werden dadurch wesentlich verringert; man erreicht Werte von etwa 0,2 nsec und damit Signal-Geräusch-Abstände von mehr als 8 N (70 db).

Beim zweiten Prinzip (Abb. 75b) wird diese Schwierigkeit von vornherein umgangen. Hier besteht der Sender aus einem Oszillator kleiner Leistung, der Dauerschwingungen erzeugt, und einem dahintergeschalteten getasteten Hochfrequenzverstärker. Der Verstärker ist während der Impulslücken gesperrt und wird durch die vom Tastverstärker kommenden Impulse geöffnet. Dieses Prinzip erfordert größeren Aufwand; das Sendergeräusch kann jedoch praktisch völlig vermieden werden.

Man erreicht mit der bei Pulsphasen-Modulation möglichen Hochtastung im Mikrowellenbereich höhere Sender-Wirkungsgrade als bei einem Betrieb mit Dauerschwingungen. Der Grund dafür ist, daß bei den hohen Impulsströmen in der Röhre die schädlichen Elektronenlaufzeiten kürzer sind als bei Dauerströmen gleichen Mittelwertes und daß die Kreisverluste einen geringeren Einfluß haben, da der günstigste Arbeitswiderstand der Röhre niedriger ist.

Beim Funkempfangsteil (Abb. 76) wird bei allen bekannten Geräten das Überlagerungsprinzip benutzt. Die empfangenen Hochfrequenzschwingungen, deren Frequenz im allgemeinen oberhalb 200 MHz liegt, werden in einem Frequenzumsetzer auf eine Zwischenfrequenz umgesetzt, die meist zwischen 20 und 100 MHz liegt. Der Frequenzumsetzer wird von einem Oszillator gespeist und im allgemeinen aus Kristallgleichrichtern aufgebaut.

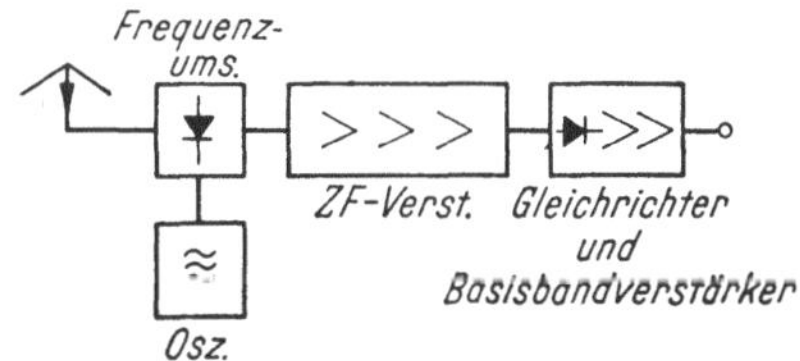

Abb. 76. Funkempfangsteil einer Anlage mit PPM-AM

Das Zwischenfrequenzsignal wird verstärkt und gleichgerichtet. In einem anschließenden Basisband-Verstärker wird der Amplitudenbereich der Impulse noch begrenzt, d. h., der Verstärker wirkt als Amplituden-Bandpaß. Dadurch werden die Geräusche in den Impulslücken entfernt.

Bei der Bemessung des Empfangsteils spielen die Gesetzmäßigkeiten, die in den Kap. 4 und 5 untersucht worden sind, eine besondere Rolle. Die Selektivität einer Richtfunkverbindung ist praktisch durch die Selektivität des Zwischenfrequenzverstärkers bestimmt. Will man die widersprechenden Forderungen nach hoher Selektion und geringem Nebensprechen möglichst gut erfüllen, so müssen die in Kap. 4 eingehend geschilderten Bemessungsregeln beachtet werden. In geringerem Maße gilt dies auch für die Verstärker im Basisband. Nach den Betrachtungen in Kap. 5 ist für das Signal/Geräusch-Verhältnis einer gesamten Verbindung ein geringes Eigengeräusch des Empfängers besonders wichtig, d. h., eine möglichst kleine Rauschzahl. Für diese ist außer dem Rauschen der Mischkristalle die Rauschzahl des Zwischenfrequenzverstärkers maßgebend; man verwendet daher an dieser Stelle rauscharme Eingangsstufen.

Das Prinzipschema der Abb. 77 zeigt die Teilgeräte einer gesamten Richtfunkverbindung in ihrer Zusammenarbeit. Man verwendet heute,

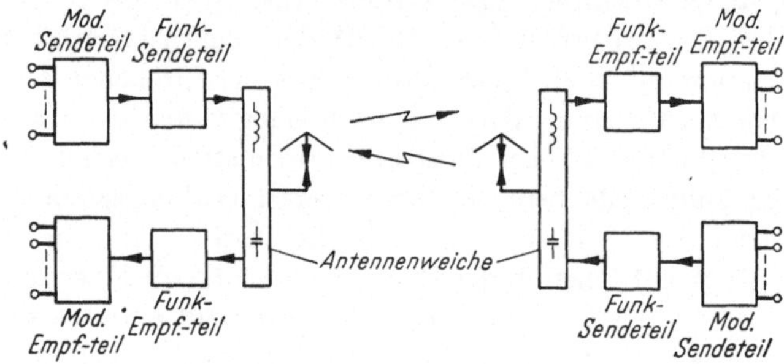

Abb. 77. Richtfunkverbindung

sofern nur *eine* Vielkanalverbindung aufgebaut wird, zum Senden und Empfangen vorwiegend nur *eine* Antenne. Sende- und Empfangsfrequenz liegen so weit auseinander, daß die Sende- und Empfangsschwingungen mit Hilfe einer Antennenweiche, die Hochfrequenzfilter enthält, getrennt werden können.

Anhang

1. Die Berechnung von Einschwingvorgängen bei realisierbaren Netzwerken mit Hilfe der Pole und Nullstellen der Übertragungsfunktion; Beispiel eines Kettenleiterfilters

Für das Beispiel des Kettenleiterfilters (S. 301) ergibt sich nach Gl. (4, 160) und mit Gl. (4, 154) als Antwort auf den Einheitsimpuls

$$s_\delta(t) = \frac{1\,\text{sec}}{2\,\pi\,j} \int\limits_{-j\infty}^{+j\infty} \frac{\dfrac{1}{\sqrt{3}}\,\omega_g^n}{\prod\limits_{\nu=1}^{n}\left(p - \dfrac{j\,\omega_g}{2n\sqrt{3}}\,e^{i\frac{\pi}{2}\frac{2\nu-1}{n}}\right)}\,e^{pt}\,\mathrm{d}p. \tag{1}$$

Eine Lösung dieses Integrals ist in den bekannten FOURIER-Integralsammlungen nicht zu finden. An diesem Beispiel möge deshalb der Lösungsgang gezeigt werden, dessen Grundlagen bei K. W. WAGNER, Operatorenrechnung, angegeben sind und der auf dem Residuensatz beruht.

Liegt nämlich die Übertragungsfunktion $G(p)$ in der Form

$$G(p) = \frac{Z(p)}{N(p)} \tag{2}$$

vor, so lautet, wenn das Polynom $N(p)$ nur einfache Nullstellen p_r, d. h. $G(p)$ nur einfache Pole hat, die Antwort auf den Einheitsimpuls

$$s_\delta(t) = 1\,\text{sec} \sum_{r=1}^{n} \frac{Z(p_r)}{N'(p_r)}\,e^{p_r t} \quad \text{für } t > 0 \tag{3}$$

und die Antwort auf den Einheitssprung

$$s_\sigma(t) = \frac{Z(0)}{N(0)} + \sum_{r=1}^{n} \frac{Z(p_r)}{p_r N'(p_r)}\,e^{p_r t} \quad \text{für } t > 0. \tag{4}$$

Die Antworten sind in beiden Fällen für negative Zeiten Null. Man muß also die Ableitung $N'(p)$ der Funktion $N(p)$ nach p bilden, deren Werte und die Werte der Funktion $Z(p)$ für die Nullstellen p_r bestimmen und in die Gln. (3) und (4) einsetzen. Dann erhält man bei realisierbaren Netzwerken, wenn $n/2$ die Anzahl der konjugiert komplexen

Nullstellenpaare ist, den Einschwingvorgang als Summe von $n/2$ exponentiell gedämpften Sinusschwingungen (s. Kap. 2.I). Bei ungeradzahligem n muß zusätzlich noch ein reeller Wert von p_r auftreten, damit die Lösung reell werden kann; dieses Glied ergibt immer einen rein exponentiell verlaufenden Vorgang.

Liegt wie in Gl. (4, 5) die Funktion $N(p)$ in der Form

$$N(p) = \prod_{r=1}^{n} (p - p_r) \tag{5}$$

vor, so ist allgemein

$$N'(p_r) = \left(\frac{dN(p)}{dp}\right)_{p=p_r} = \prod_{\nu} (p_r - p_\nu) \tag{6}$$

für $\nu = 1$ bis n unter Auslassung

von $\nu = r$,

und für die Einschwingvorgänge (3) und (4) ergibt sich für positive Zeiten

$$s_\delta(t) = 1 \sec \sum_{r=1}^{n} \frac{Z(p_r)}{\prod\limits_{\nu} (p_r - p_\nu)} e^{p_r t}$$

und

$$s_\sigma(t) = \frac{Z(0)}{N(0)} + \sum_{r=1}^{n} \frac{Z(p_r)}{p_r \prod\limits_{\nu} (p_r - p_\nu)} e^{p_r t} \tag{7}$$

für $\nu = 1$ bis n unter Auslassung von $\nu = r$.

Für den einfachen Fall des Filters nach Gl. (4, 154) mit $n = 3$ Elementen erhält man 3 einfache Nullstellen für

$$p_1 = \frac{j\,\omega_g}{\sqrt[6]{3}}\, e^{j\frac{\pi}{6}} = \frac{\omega_g}{\sqrt[6]{3}}\, e^{j\frac{2\pi}{3}} \qquad p_2 = \frac{j\,\omega_g}{\sqrt[6]{3}}\, e^{j\frac{\pi}{2}} = \frac{-\omega_g}{\sqrt[6]{3}} \tag{8}$$

und

$$p_3 = \frac{j\,\omega_g}{\sqrt[6]{3}}\, e^{j\frac{5\pi}{6}} = \frac{-\omega_g}{\sqrt[6]{3}}\, e^{j\frac{\pi}{3}}.$$

Da die Funktion

$$N(p) = (p - p_1)\,(p - p_2)\,(p - p_3) \tag{9}$$

ist, wird

$$N(0) = -\,p_1\,p_2\,p_3 = \frac{1}{\sqrt{3}}\,\omega_g^3. \tag{10}$$

Die Ableitung von $N(p)$ ist

$$N'(p) = (p - p_1)\,(p - p_2) + (p - p_1)\,(p - p_3) + (p - p_2)\,(p - p_3), \tag{11}$$

und damit ergeben sich die Werte dieser Ableitung für die Nullstellen

p_1, p_2 und p_3 zu

$$N'(p_1) = (p_1 - p_2)(p_1 - p_3) = -\left(\frac{1 + e^{-j\frac{\pi}{3}}}{\sqrt[3]{3}}\right)\omega_g^2 \qquad (12)$$

$$N'(p_2) = (p_2 - p_1)(p_2 - p_3) = \frac{\omega_g^2}{\sqrt[3]{3}} \qquad (13)$$

$$N'(p_3) = (p_3 - p_1)(p_3 - p_2) = -\left(\frac{1 + e^{j\frac{\pi}{3}}}{\sqrt[3]{3}}\right)\omega_g^2 \,. \qquad (14)$$

Für die Antwort auf den Einheitsimpuls $s_\delta(t)$ erhält man daher mit Gl. (3), da $Z(0) = Z(p_r) = \frac{1}{\sqrt{3}}\,\omega_g^3$ ist,

$$s_\delta(t) = \frac{\pi}{\sqrt[6]{3}}\,\frac{1}{t_g}\sec\left[-\frac{je^{j\frac{\pi}{6}\frac{\pi}{\sqrt[6]{3}}\frac{t}{t_g}}}{1 + e^{-j\frac{\pi}{3}}} - \frac{je^{j\frac{5\pi}{6}\frac{\pi}{\sqrt[6]{3}}\frac{t}{t_g}}}{1 + e^{j\frac{\pi}{3}}} + e^{-\frac{\pi}{\sqrt[6]{3}}\frac{t}{t_g}}\right], \qquad (15)$$

wenn $t_g = \frac{1}{2 f_g}$ gesetzt wird; in anderer Schreibweise lautet die Gleichung:

$$s_\delta(t) = \frac{\pi}{\sqrt[6]{3}}\,\frac{1}{t_g}\sec\left\{e^{-\left(\sin\frac{\pi}{6}\right)\frac{\pi}{\sqrt[6]{3}}\frac{t}{t_g}}\left[\frac{1}{2\sin\frac{\pi}{3}}\sin\left(\left(\cos\frac{\pi}{6}\right)\frac{\pi}{\sqrt[6]{3}}\frac{t}{t_g}\right) - \right.\right.$$
$$\left.\left. - \cos\left(\left(\cos\frac{\pi}{6}\right)\frac{\pi}{\sqrt[6]{3}}\frac{t}{t_g}\right)\right] + e^{-\frac{\pi}{\sqrt[6]{3}}\frac{t}{t_g}}\right\}. \qquad (16)$$

Für die Antwort auf den Einheitssprung ergibt sich mit Gl. (4)

$$s_\sigma(t) = 1 - \frac{je^{j\frac{\pi}{6}\frac{\pi}{\sqrt[6]{3}}\frac{t}{t_g}} - je^{j\frac{5\pi}{6}\frac{\pi}{\sqrt[6]{3}}\frac{t}{t_g}}}{e^{j\frac{\pi}{3}} + e^{j\frac{2\pi}{3}}} - e^{-\frac{\pi}{\sqrt[6]{3}}\frac{t}{t_g}} \qquad (17)$$

oder

$$s_\sigma(t) = 1 - \frac{1}{\sin\frac{\pi}{3}}e^{-\left(\sin\frac{\pi}{6}\right)\frac{\pi}{\sqrt[6]{3}}\frac{t}{t_g}}\sin\left(\left(\cos\frac{\pi}{6}\right)\frac{\pi}{\sqrt[6]{3}}\frac{t}{t_g}\right) - e^{-\frac{\pi}{\sqrt[6]{3}}\frac{t}{t_g}}. \qquad (18)$$

Für beliebige Gliederzahlen n wird nach Gl. (6)

$$\left. \begin{aligned} N'(p_r) &= \prod_\nu \left(p_r - \frac{j\,\omega_g}{2\frac{n}{\sqrt{3}}}\, e^{j\frac{\pi}{2}\frac{2\nu-1}{n}} \right) \\ &= \frac{1}{p_r}\, p_r^n \prod_\nu \left(1 - e^{j\pi\frac{\nu-r}{n}} \right) \end{aligned} \right\} \begin{aligned} &\text{für } \nu = 1 \text{ bis } n \\ &\text{unter Auslassung} \\ &\text{von } \nu = r. \end{aligned} \qquad (19)$$

Nach Gl. (4, 154) wird

$$p_r^n = j^n\, \frac{\omega_g^n}{\sqrt{3}}\, e^{j\frac{\pi}{2}(2r-1)} = j^{(n-1+2r)}\, \frac{\omega_g^n}{\sqrt{3}}$$

und damit

$$(20)$$

$$N'(p_r) = \frac{1}{p_r}\, j^{(n-1+2r)}\, \frac{\omega_g^n}{\sqrt{3}} \prod_\nu \left[1 - e^{j\pi\frac{\nu-r}{n}} \right] \begin{aligned} &\text{für } \nu = 1 \text{ bis } n \text{ unter} \\ &\text{Auslassung von } \nu = r, \end{aligned}$$

Ferner ist

$$Z(0) = \frac{1}{\sqrt{3}}\, \omega_g^n = Z(p_r) \qquad (21)$$

und

$$N(0) = \frac{1}{\sqrt{3}}\, \omega_g^n. \qquad (22)$$

Damit ergibt sich für die Einschwingvorgänge des betrachteten Tiefpasses in allgemeiner Form

$$s_\delta(t) = 1 \sec \sum_{r=1}^{n} \frac{p_r\, e^{p_r t}}{j^{(n-1+2r)} \prod\limits_{\nu=1}^{n} \left[1 - e^{j\pi\frac{\nu-r}{n}} \right]}$$

und

$$s_\sigma(t) = 1 + \sum_{r=1}^{n} \frac{e^{p_r t}}{j^{(n-1+2r)} \prod\limits_{\nu=1}^{n} \left[1 - e^{j\pi\frac{\nu-r}{n}} \right]}$$

$$\left. \right\} \begin{aligned} &\text{für } \nu = 1 \text{ bis } n \\ &\text{unter Auslassung} \quad (23) \\ &\text{von } \nu = r \end{aligned}$$

oder in anderer Schreibweise

$$s_\delta(t) = 1 \sec \sum_{r=1}^{n} \frac{p_r\, e^{p_r t}}{j^{\left(\frac{n+1}{2}+r\right)} \prod\limits_{\nu=1}^{n} \left[2 \sin \frac{\pi}{2}\frac{\nu-r}{n} \right]}$$

und

$$s_\sigma(t) = 1 + \sum_{r=1}^{n} \frac{e^{p_r t}}{j^{\left(\frac{n+1}{2}+r\right)} \prod\limits_{\nu=1}^{n} \left[2 \sin \frac{\pi}{2}\frac{\nu-r}{n} \right]}$$

$$\left. \right\} \begin{aligned} &\text{für } \nu = 1 \text{ bis } n \\ &\text{unter Auslassung} \quad (24) \\ &\text{von } \nu = r. \end{aligned}$$

Die Abb. 1 und 2 zeigen die mit den Gln. (24) errechneten Einschwingvorgänge für 3, 5, 7 und 10 Glieder. Die Zeitfunktionen schwingen, bevor sie ihren Maximalwert erreicht haben, nicht vor, da die Netzwerke minimale Phase haben. Man erhält außerdem eine Bestätigung

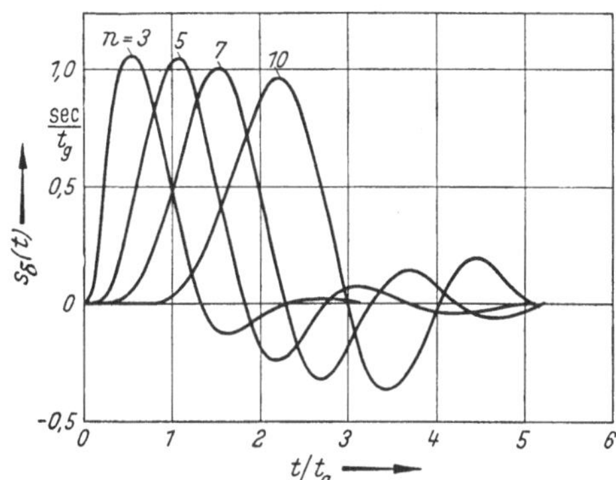

Abb. 1. Einschwingvorgang $s_\delta(t)$ für das Kettenleiterfilter von Abb. 4,36. n = Gliederzahl

der grundsätzlichen Überlegung, daß die Vorgänge von etwa 7 Gliedern ab weniger steil verlaufen, als aus der Dämpfungsbandbreite zu erwarten wäre; die Einschwingdauer wird dann nämlich durch die Phasenverzerrungen bestimmt, die 1 rad übersteigen.

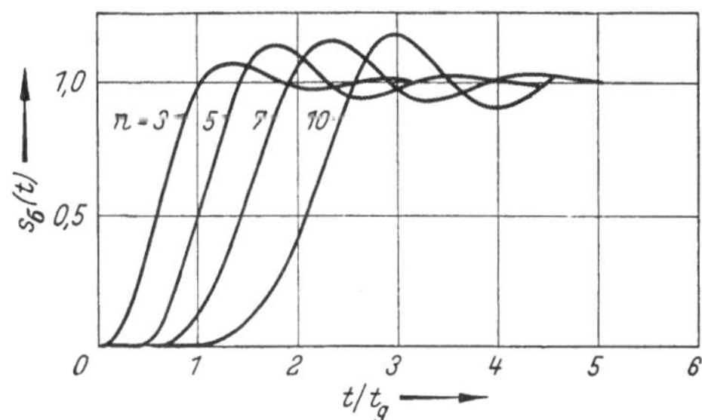

Abb. 2. Einschwingvorgang $s_\sigma(t)$ für das Kettenleiterfilter von Abb. 4,36. n = Gliederzahl

Liegen mehrfache komplexe Pole der Übertragungsfunktion vor, wie z. B. im Falle der Beispiele auf den S. 286 bis 300 von Kap. 4, so bedarf der Lösungsvorgang nach Gl. (3) und (4) einer Erweiterung. Hierfür sei auf die Literatur verwiesen (z. B. K. W. Wagner, Operatorenrechnung).

2. Einschwingvorgänge bei einem Tiefpaß, dessen Übertragungsfaktor aus einem Dreieck und einer Sinuswelle zusammengesetzt ist

Im folgenden wird das Einschwingverhalten für einen Übertragungsfaktor untersucht, der gebildet wird durch eine Gerade und eine überlagerte Sinuswelle der Periode $2\,f_g$; die Gerade geht von $f = 0$, $A = 1$ nach $f = 2\,f_g$, $A = 0$. Der Ansatz für den Übertragungsfaktor lautet im Bereich von Null bis $2\,\omega_g$

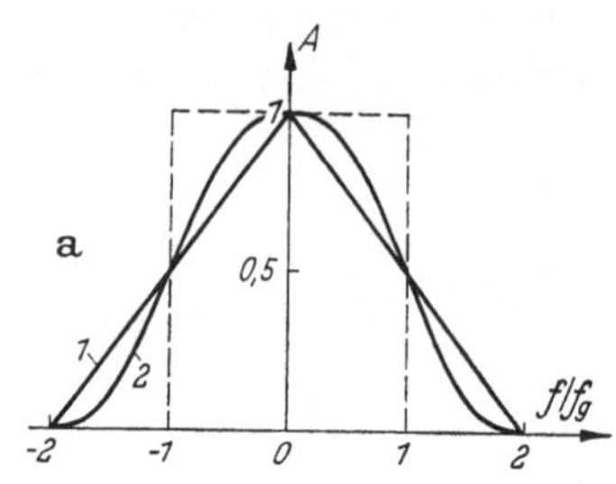

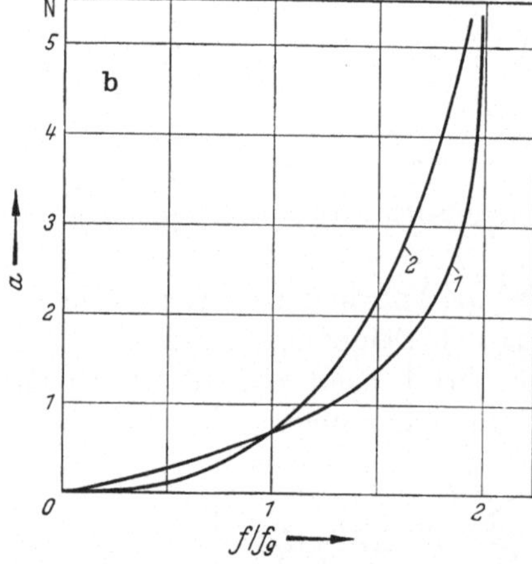

Abb. 1a u. b. Dreieckförmiger Übertragungsfaktor mit überlagerter Sinuswelle

$$A(\omega) = 1 - \frac{1}{2}\frac{\omega}{\omega_g} + K \sin \pi \frac{\omega}{\omega_g}. \tag{1}$$

Er ist in Abb. 1a für $K = 0$ und $K = 0,14$ dargestellt; die entsprechenden Dämpfungskurven zeigt Abb. 1b.

Die Antwort auf den Einheitsimpuls ist nach Gl. (4, 173)

$$s_\delta(t) = \frac{1 \sec}{\pi}\left[\int\limits_0^{2\,\omega_g} \cos \omega\,t\,d\omega - \right.$$

$$- \frac{1}{2\,\omega_g}\int\limits_0^{2\,\omega_g} \omega \cos \omega\,t\,d\omega +$$

$$\left. + K \int\limits_0^{2\,\omega_g} \sin \pi \frac{\omega}{\omega_g} \cos \omega\,t\,d\omega \right]. \tag{2}$$

Löst man die Integrale auf, so ergibt eine elementare Rechnung:

$$s_\delta(t) = \frac{1 \sec}{t_g}\left[\operatorname{si}^2 \pi \frac{t}{t_g} + \right.$$

$$+ K \sin \pi \frac{t}{t_g}\left(\operatorname{si} \pi \left(\frac{t}{t_g} - 1\right) - \right.$$

$$\left.\left. - \operatorname{si} \pi \left(\frac{t}{t_g} + 1\right)\right)\right], \tag{3}$$

wobei wieder $t_g = \dfrac{1}{2\,f_g}$ gesetzt ist.

Die Gl. (3) ist in Abb. 2 für $K = 0$ und $K = 0,14$ dargestellt. Die Nulldurchgänge der Einschwingvorgänge liegen bei ganzen Vielfachen von t_g. Für $K = 0$ erhält man einen dreieckförmigen Übertragungsfaktor; der dazugehörige Einschwingvorgang ist der quadrierte Einschwingvorgang des

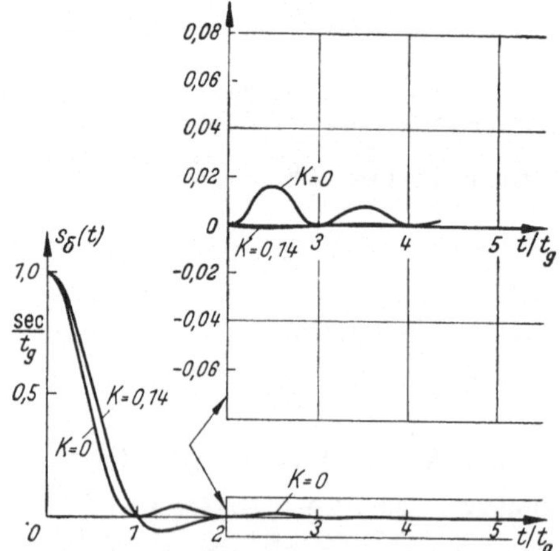

Abb. 2. Antwort auf den Einheitsimpuls für den Tiefpaß von Abb. 1

idealisierten Tiefpasses:

$$s_\delta(t) = \frac{1 \sec}{t_g} \mathrm{si}^2\left(\pi \frac{t}{t_g}\right). \tag{4}$$

Die Nachschwing-Amplituden sind immer positiv, d. h., die Funktion schwingt nicht unter die Nullinie durch. Das erste Maximum beträgt etwa 4,7% des Impulshöchstwertes.

Durch das überlagerte sinusförmige Glied kann eine nennenswerte Verringerung des Nachschwingens erreicht werden; die günstigsten Verhältnisse erzielt man mit Werten von K, die etwa zwischen $\frac{1}{2\pi}$ und $\frac{1}{3\pi}$ liegen. Für die Bilder ist der Wert 0,14 gewählt worden; damit erhält man einen Frequenzgang des Übertragungsfaktors, der die günstigsten Nachschwingverhältnisse der Funktion $s_\delta(t)$ ergibt. Dieser Gang ist der oft behandelten Cosinusform sehr ähnlich. Das Nachschwingverhältnis wird in dem Intervall zwischen 2 und 3 nicht mehr größer als etwa $1^0/_{00}$ gegenüber $4^0/_{00}$ beim cosinusförmigen Übertragungsfaktor. Das Durchschwingen nach dem ersten Nulldurchgang ist jedoch hier etwa doppelt so groß. Man kann also wie in Kap. 4 schon erwähnt, die weiter entfernt liegenden Pendelungen verkleinern, wenn das erste Nachschwingen größer sein darf.

Durch Integration der Gl. (3) erhält man für die Antwort auf den Einheitssprung:

$$s_\sigma(t) = \frac{1}{2} + \frac{1}{\pi} \mathrm{Si}\left(2\pi \frac{t}{t_g}\right) - \frac{1}{\pi} \sin \pi \frac{t}{t_g} \mathrm{si}\, \pi \frac{t}{t_g} +$$
$$+ \frac{K}{2\pi}\left[\mathrm{Ci}\, 2\pi\left(\frac{t}{t_g} - 1\right) - \mathrm{Ci}\, 2\pi\left(\frac{t}{t_g} + 1\right) + \ln \frac{\frac{t}{t_g} + 1}{\frac{t}{t_g} - 1}\right]. \tag{5}$$

Dabei bedeutet $\mathrm{Ci}(x)$ den Integralcosinus

$$\mathrm{Ci}(x) = -\int\limits_x^\infty \frac{\cos x}{x}\, \mathrm{d}x. \tag{6}$$

Die Glieder in der ersten Reihe geben den Einschwingvorgang für den dreieckförmigen Übertragungsfaktor; die Glieder der zweiten Reihe geben die Korrektur für die überlagerte Sinuswelle. Die Abb. 3 zeigt den Einschwingvorgang $s_\sigma(t)$ für dieselben Parameter $K = 0$ und 0,14, die in Abb. 2 benutzt worden sind. Da der Vorgang $s_\delta(t)$ für $K = 0$ keinen negativen Wert annimmt, muß sich $s_\sigma(t)$ schleichend dem Wert Eins nähern; diesen erreicht der Vorgang bei $\frac{t}{t_g} = 2$ bis auf etwa 2,5%. Für $K = 0,14$ schwingt $s_\sigma(t)$ nur *einmal* über Eins hinaus und kriecht dann auf Eins zurück.

Das Nachschwingen der Funktion $s_\sigma(t)$ ist im Vergleich zu dem der Funktion $s_\delta(t)$ für große Zeitwerte nicht günstiger als beim cosinusförmigen Übertragungsfaktor.

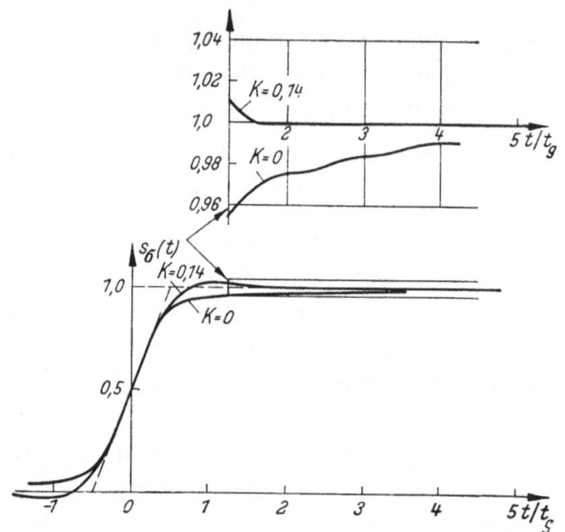

Abb. 3. Antwort auf den Einheitssprung für den Tiefpaß von Abb. 1

3. Allpaßglieder und ihre Einschwingvorgänge

Ein einzelnes Allpaßglied erster Ordnung kann, wie Abb. 1 zeigt, entweder als X-Schaltung, Differential-Brückenschaltung oder über-

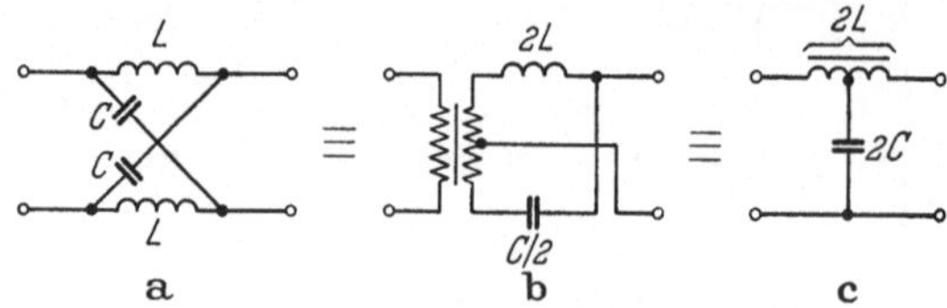

Abb. 1a—c. Allpaßglieder erster Ordnung

brückte T-Schaltung aufgebaut werden. •Die 3 Schaltungen sind äquivalent; sie haben einen frequenzunabhängigen Eingangswiderstand Z, wenn sie mit einem Widerstand der Größe $Z = \sqrt{\dfrac{L}{C}}$ abgeschlossen sind. Ihre Übertragungsfunktion lautet für diesen Fall:

$$G(p) = \frac{\dfrac{Z}{L} - p}{\dfrac{Z}{L} + p} \, . \tag{1}$$

Der Betrag von $G(p)$ ist für andauernde Sinusschwingungen gleich Eins [vgl. Kap. 4.I und Gl. (4, 7)]; die Phase errechnet sich in diesem Fall zu

$$b = 2 \arctan \frac{\omega L}{Z} \, , \tag{2}$$

und die Grundlaufzeit ist

$$t_0 = 2\frac{L}{Z}.\tag{3}$$

Abb. 2 zeigt die Phase; sie nähert sich monoton 180° und weist starke negative Phasenverzerrungen auf. Der Phasenverlauf ist genau derselbe, wie ihn zwei in Kette liegende entkoppelte RC-Glieder haben.

Zur Berechnung der Einschwingvorgänge wird Gl. (1) umgeschrieben in

$$G(p) = \frac{2\dfrac{Z}{L}}{\dfrac{Z}{L} + p} - 1.\tag{4}$$

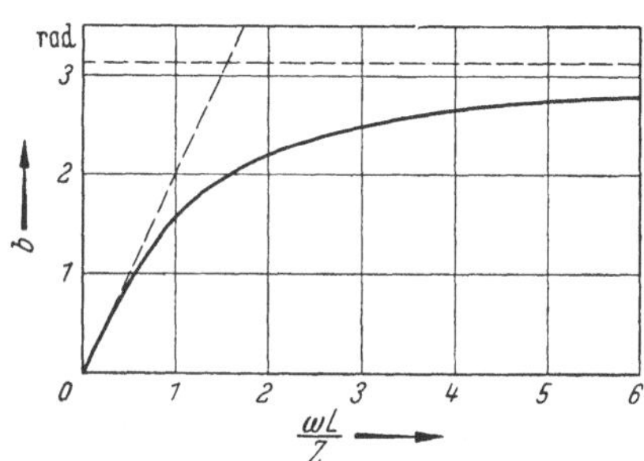

Abb. 2. Phase eines Allpaßgliedes erster Ordnung

Der Einschwingvorgang $s_\delta(t)$ wird mit Gl. (4,160)

$$s_\delta(t) = 2\frac{Z}{L}\frac{1\sec}{2\pi j}\int\limits_{-j\infty}^{+j\infty}\frac{1}{\dfrac{Z}{L} + p}\,\mathrm{e}^{pt}\,\mathrm{d}p - \frac{1\sec}{2\pi j}\int\limits_{-j\infty}^{+j\infty}\mathrm{e}^{pt}\,\mathrm{d}p.\tag{5}$$

Die Lösung des ersten Integrals ist tabelliert, das zweite Integral ist die Integraldarstellung des negativen Einheitsimpulses $\delta(t)$. Die Lösung lautet damit für $t > 0$:

$$s_\delta(t) = \frac{2\sec}{\dfrac{L}{Z}}\mathrm{e}^{-\frac{t}{L/Z}} - \delta(t) = \frac{4\sec}{t_0}\mathrm{e}^{-2\frac{t}{t_0}} - \delta(t).\tag{6}$$

Der Einschwingvorgang $s_\sigma(t)$ ergibt sich für $t > 0$ zu:

$$s_\sigma(t) = 2\left(1 - \mathrm{e}^{-2\frac{t}{t_0}}\right) - \sigma(t).\tag{7}$$

Die Antwortfunktionen sind Null vor $t = 0$.

Die Funktionen (6) und (7) sind in Abb. 3a und 3b gestrichelt dargestellt. Da die höheren Spektralkomponenten mit einer konstanten Phasendrehung von 180° ungeschwächt übertragen werden, erscheint im Zeitpunkt $t = 0$ zuerst der umgepolte Einheitsimpuls $\delta(t)$ bzw. Einheitssprung $\sigma(t)$; darauf folgt eine aperiodisch ausklingende e-Funktion. Wie es sein muß, klingt der Vorgang $s_\delta(t)$ gegen 0 und der Vorgang $s_\sigma(t)$ gegen $+1$ aus.

Für die Kettenschaltung von n gleichen Allpässen wird

$$G(p) = \left(\frac{\frac{Z}{L} - p}{\frac{Z}{L} + p}\right)^n, \tag{8}$$

$$b = 2\,n\,\arctan\frac{\omega L}{Z}, \tag{9}$$

und die Grundlaufzeit ist

$$t_0 = 2\,n\,\frac{L}{Z}. \tag{10}$$

Die Gl. (8) läßt sich jeweils in die Summe zweier Glieder aufspalten, von denen eines immer $(-1)^n$ beträgt. Das bedeutet, daß bei den Einschwingvorgängen immer zuerst ein negativer oder positiver Vorgang $\delta(t)$ oder $\sigma(t)$ zur Zeit $t = 0$ auftritt. Dies entspricht der Tatsache, daß die Phasendrehung für die hohen Frequenzen bei einer geraden Gliederzahl ein Vielfaches von 2π ist, bei ungerader Gliederzahl dagegen ein ungeradzahliges Vielfaches von π. Im letzteren Fall erscheinen $\delta(t)$ und $\sigma(t)$ immer ungepolt.

Für $n = 2$ wird z. B.

$$G(p) = 1 - \frac{4\frac{Z}{L}\,p}{\left(\frac{Z}{L} + p\right)^2}; \tag{11}$$

damit ergibt sich für $t > 0$

$$s_\delta(t) = \delta(t) - 16\,\frac{1\,\sec}{t_0}\left[1 - 4\,\frac{t}{t_0}\right]e^{-4\frac{t}{t_0}} \tag{12}$$

und

$$s_\sigma(t) = \sigma(t) - 16\,\frac{t}{t_0}\,e^{-4\frac{t}{t_0}}. \tag{13}$$

Für $n = 3$ erhält man für $t > 0$

$$s_\delta(t) = 36\,\frac{1\,\sec}{t_0}\left[1 - 12\,\frac{t}{t_0} + 24\left(\frac{t}{t_0}\right)^2\right]e^{-6\frac{t}{t_0}} - \delta(t) \tag{14}$$

und

$$s_\sigma(t) = \left[-2 + 24\,\frac{t}{t_0} - 144\left(\frac{t}{t_0}\right)^2\right]e^{-6\frac{t}{t_0}} + 2 - \sigma(t). \tag{15}$$

Für beliebige Werte von n lassen sich die Funktionen durch LAGUERRESche Polynome darstellen (siehe K. W. WAGNER, Operatorenrechnung).

In Abb. 3a und 3b sind die Kurven für $n = 2$ und 3 neben denen für $n = 1$ eingetragen. Der Vorgang $s_\sigma(t)$ hat nach Ablauf der Grundlaufzeit etwa 70% seines Endwertes erreicht; dann strebt er diesem monoton zu, und zwar praktisch unabhängig von der Gliederzahl. In der

Zeitspanne vom Anlegen des Einheitssprungs bis zum Zeitpunkt t_0 führt der Vorgang Pendelungen aus, die so viel Nulldurchgänge haben, wie Glieder verwendet sind. Der Allpaß nähert sich mit zunehmender Gliederzahl in seinem Verhalten immer mehr den Allpässen mit negativer Phasenverzerrung nach einer Potenzfunktion (vgl. S. 322 ff. u. Abb. 4,52). Eine nur aus Allpaßgliedern erster Ordnung aufgebaute Verzögerungsleitung ist daher praktisch unbrauchbar, da der Einheitssprung durch die negativen Phasenverzerrungen in seine spektralen Komponenten aufgelöst wird; dies wirkt sich während der Zeitspanne zwischen dem Anlegen des Signals und der gewünschten Verzögerung aus. Man wird deshalb bei Verzögerungsleitungen auf gute Linearisierung des Phasengangs achten müssen; da ein linearer Phasengang bis zu unendlich hohen Frequenzen hin mit endlichem Aufwand nicht realisierbar ist, wird man dafür sorgen müssen, daß die Komponenten, für

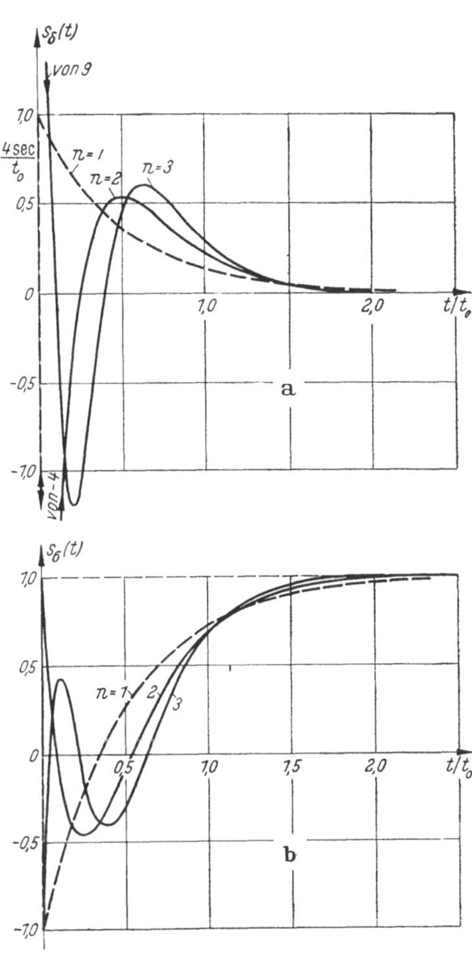

Abb. 3a u. b. Einschwingvorgänge bei Allpaßgliedern erster Ordnung

die der Phasengang von der Linearität abweicht, bereits merklich gedämpft werden. Man wird ein Mittelding zwischen dem Tiefpaß mit Dämpfungssprung und der Allpaßkette anstreben müssen; zu diesem Zweck können Tiefpässe minimaler Phase und Allpaßglieder hintereinandergeschaltet werden. Eine solche Kombination läßt sich schaltungsmäßig auch zusammenfassen; man erhält dann z. B. eine Kette aus Gliedern der Form von Abb. 4a. Ein solches Glied stellt eine überbrückte T-Schaltung dar, bei der die Überbrückung durch Kopplung der beiden Induktivitäten erreicht ist. Der Kopplungsfaktor ist im

Bild als Funktion eines Parameters m ausgedrückt; für $m = 1{,}23$ erhält man in einem weiten Bereich annähernd linearen Phasengang. Die Schaltung liegt sowohl in der Dämpfung als auch in der Phase zwischen dem einfachen Tiefpaß T-Glied (Abb. 4b) ohne Kopplung der Spulen und einem Allpaßglied (Abb. 1c) mit voller Kopplung beider Spulen. Die Phasenverzerrung ist beim ersten positiv, beim zweiten negativ; bei der genannten Kopplung kompensieren sich beide Verzerrungen näherungsweise. Der Dämpfungsanstieg ist geringer als beim Tiefpaß-T-Glied. In der Pulsmodulationstechnik werden Ketten aus solchen Gliedern oft als Verzögerungsleitungen verwendet.

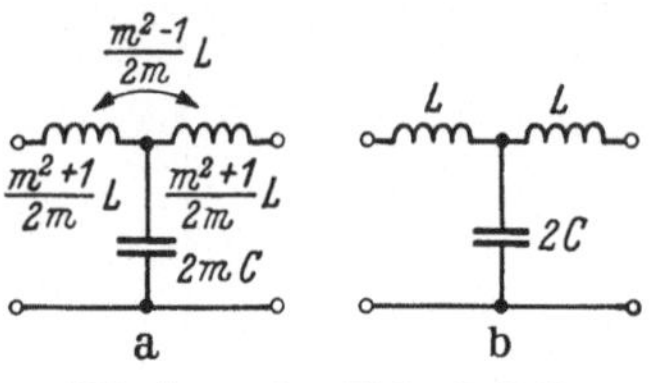

Abb. 4a u. b. Tiefpaßglieder

Wegen seiner allgemeinen Wichtigkeit sei noch das Allpaßglied zweiter Ordnung kurz behandelt. Die äquivalenten Schaltungen zeigt die Abb. 5. Schließt man die Glieder mit dem reellen Widerstand Z ab und wählt $L_2 = C_1 Z^2$ und $C_2 = \dfrac{L_1}{Z^2}$, so ist der Eingangswiderstand frequenzunabhängig gleich Z. Für die überbrückte T-Schaltung (Abb. 5c)

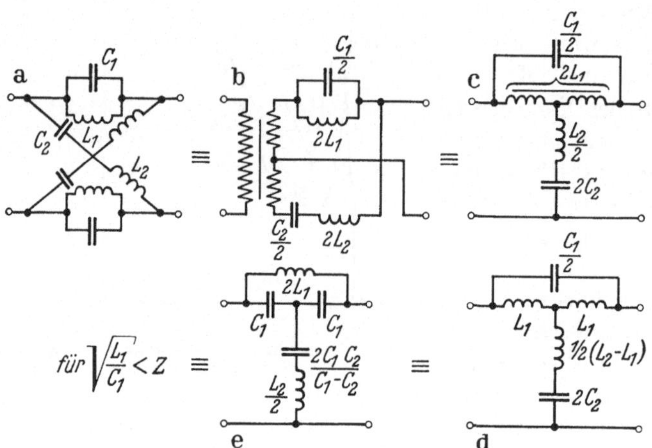

Abb. 5a—e. Allpaßglieder zweiter Ordnung

brauchen die beiden Hälften der Längsinduktivität nicht miteinander gekoppelt zu sein, wenn $\sqrt{\dfrac{L_1}{C_1}} < Z$ ist. Diese Schaltung wird sehr häufig zum Phasenausgleich von Zwischenfrequenz-Verstärkern verwendet (Abb. 5d u. e).

Die Phase errechnet sich für den Abschluß mit Z zu

$$b = 2 \arctan \frac{\omega L_1}{Z} \frac{1}{1 - \omega^2 L_1 C_1}, \tag{16}$$

und für die Gruppenlaufzeit erhält man

$$\frac{db}{d\omega} = \frac{2}{\omega_0} \frac{1 + \left(\frac{\omega_0}{\omega}\right)^2}{1 + \frac{\left(\frac{\omega}{\omega_0} - \frac{\omega_0}{\omega}\right)^2}{\left(\frac{\omega_0 L_1}{Z}\right)^2}} \frac{1}{\frac{\omega_0 L_1}{Z}} \tag{17}$$

mit

$$\omega_0 = \frac{1}{\sqrt{L_1 C_1}} = \frac{1}{\sqrt{L_2 C_2}}.$$

In Abb. 6 ist die Gruppenlaufzeit über der normierten Frequenz $\frac{\omega}{\omega_0}$ mit der Größe $k = \frac{\omega_0 L_1}{Z}$ als Parameter aufgetragen. Die obige Bedingung $\sqrt{\frac{L_1}{C_1}} < Z$ bedeutet hier, daß k kleiner als Eins sein muß. Durch

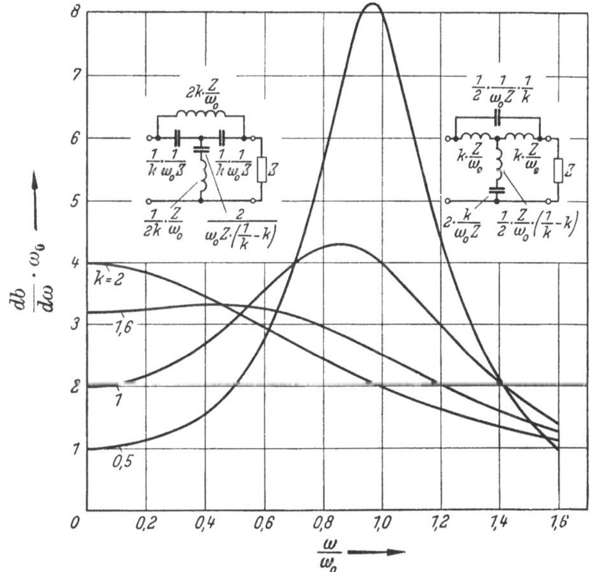

Abb. 6. Gruppenlaufzeit eines Allpaßgliedes zweiter Ordnung $\left(k = \frac{\omega_0 L_1}{Z}\right)$

Variation von k kann man für die tiefen Frequenzen sowohl positive als auch negative Phasenverzerrungen erhalten. Zum Phasenausgleich von Bandfilter-Verstärkern, die praktisch immer positive Laufzeitverzerrungen aufweisen, wird das Glied beim Maximum der Laufzeit betrieben, das etwa bei $\omega = \omega_0$ liegt und nur für Werte von $k < 2$ auftritt; in der Umgebung dieses Maximums erhält man die gewünschten, zur Kompensation notwendigen negativen Laufzeitverzerrungen. In Abb. 6 ist das Schaltbild der überbrückten T-Schaltungen mit eingezeichnet. Die Werte der Elemente sind als Funktionen von k und der im allgemeinen vorgegebenen Größen ω_0 und Z angegeben.

4. Einschwingvorgänge bei Netzwerken minimaler Phase; Anwendung der Echomethode

Alle in den Abb. 4, 53; 4, 60; 4, 61; 4, 64 und in den Abb. 1, 1 und 1, 2 des Anhangs gezeigten Vorgänge rühren von Netzwerken minimaler Phase her; die Funktionen zeigen, wie in Kap. 4.I erwähnt, vor dem Erreichen ihrer Maximalwerte kein Vorschwingen. Mit Hilfe des dort abgeleiteten Satzes läßt sich an folgendem Beispiel die Gültigkeit dieser Eigenschaft nachprüfen.

Nimmt man nämlich an, daß der Vierpol V_1 in Abb. 4, 17 ein Tiefpaß minimaler Phase mit bekanntem, nicht pendelndem Einschwingvorgang ist, z. B. ein vielstufiger Resonanzverstärker (Abb. 4, 21), so kann man durch Echoglieder, die nur nacheilende Echos abgeben, jede andere gewünschte Dämpfungskurve annähern, die wieder einem Tiefpaß minimaler Phase entsprechen muß. Die Stärke und die Zeitverschiebung der Echos läßt sich durch passende Zerlegung der Differenzfunktion der beiden Dämpfungskurven in eine FOURIER-Reihe nach den in Kap. 4 I. erwähnten Beziehungen ermitteln. Da die Echos nur nacheilen können, wird die resultierende Zeitfunktion in ihrem anfänglichen Verlauf mit der bekannten Zeitfunktion ausreichend übereinstimmen, d. h. zunächst monoton ansteigen.

Als Beispiel möge der Einschwingvorgang des 16-stufigen Bandfilterverstärkers nach dieser Methode aus dem Einschwingvorgang des 16-stufigen Resonanzverstärkers abgeleitet werden. Zunächst muß zu diesem Zweck die Differenz der beiden Dämpfungsgänge gebildet und durch Sinuswellen angenähert werden; will man gute Ergebnisse erhalten, dann ist es notwendig, genügend weit in den Sperrbereich hinein anzunähern, da der Dämpfungsverlauf im Sperrbereich stark auf die Phase im Durchlaßbereich zurückwirken kann (siehe Kap. 4 I.2); vor allem ist davon der lineare Phasenanteil, d. h. die Grundlaufzeit betroffen. Abb. 1a zeigt die beiden Dämpfungsfunktionen, die sich bei $\dfrac{f}{f_{g1}} \approx 7,2$ treffen. f_{g1} bedeutet dabei die Grenzfrequenz, bei der die Kurve 1 auf 0,7 N angestiegen ist, und f_{g2} ist die entsprechende Grenzfrequenz für Kurve 2. Die beiden Grenzfrequenzen verhalten sich in diesem gewählten Beispiel wie 2:1.

Die Differenzdämpfung Δa, die erforderlich ist, um aus Kurve 1 die Kurve 2 zu erhalten, ist in Abb. 1b aufgetragen; die maximale Abweichung der Kurven 1 und 2 beträgt demnach im interessierenden Frequenzbereich 2,1 N. Die gestrichelte Linie ist eine cosinusförmige Dämpfungsschwankung, die einer frequenzunabhängigen Dämpfung von $-1,1$ N überlagert ist. Die Übereinstimmung mit der Sollkurve liegt bis zur Grenzfrequenz $f_{g\,2}$ der zu untersuchenden Kurve 2 innerhalb der Zeichengenauigkeit; bis zur doppelten Grenzfrequenz sind die Abweichungen

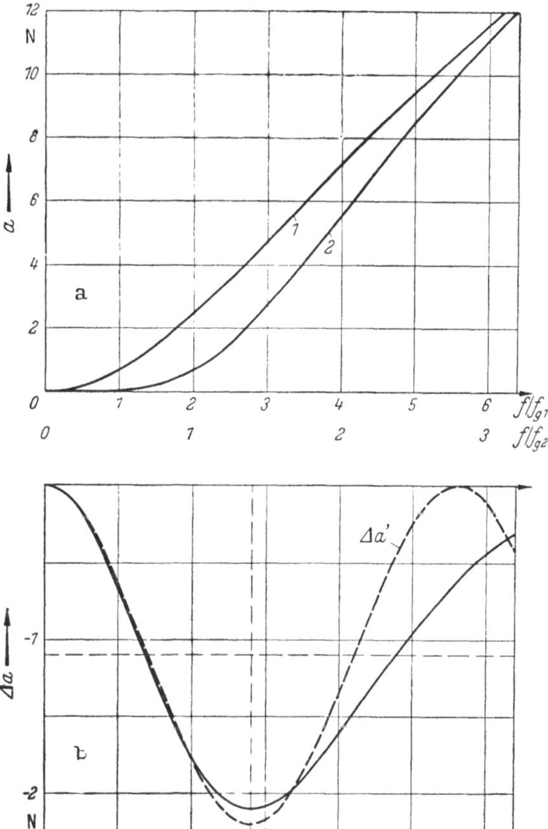

Abb. 1a u. b.   Dämpfung (a) und Differenzdämpfung (b) eines Resonanzverstärkers und Bandfilterverstärkers mit je 16 Gliedern

noch genügend klein. Die Gleichung der Näherungsfunktion lautet

$$\Delta a' = 1{,}1 \cos\left(\frac{2\,\pi}{5{,}6}\frac{f}{f_{g\,1}}\right) - 1{,}1\ \mathrm{N}.\tag{1}$$

Mit dieser Schwankung sind Echos verbunden, die nach Gl. (4, 86), um Vielfache der normierten Zeit

$$\frac{t_e}{t_{g\,1}} = \frac{2}{5{,}6}$$

gegeneinander versetzt sind; die Stärken der Echos, verglichen mit der Stärke des Hauptsignals, betragen nach Gl. (4, 91), da $\beta = 1,1$ ist, in ihrer Reihenfolge:

Echo-Nr.	1	2	3	4	5
Echostärke	$-1,1$	$+0,605$	$-0,222$	$+0,061$	$-0,031$

In Abb. 2 sind das Hauptsignal und die Echos, die alle die Form des Hauptsignals haben, in auf t_{g1} bezogenen Koordinaten aufgetragen; die sich daraus ergebende Zeitfunktion ist dick ausgezogen.

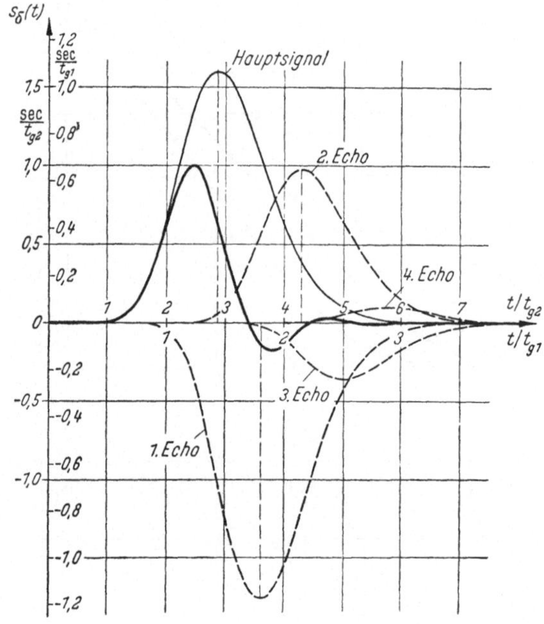

Abb. 2. Darstellung des Einschwingvorgangs zu Abb. 1 mit nacheilenden Echos

Zum Vergleich mit Abb. 4, 61 ist außerdem ein auf t_{g2} bezogenes Koordinatensystem eingetragen; da $\dfrac{f_{g2}}{f_{g1}} = \dfrac{t_{g1}}{t_{g2}} = 2$ ist, verhalten sich die Abszissen-Maßstäbe wie 2:1. Unter Berücksichtigung der frequenzunabhängigen Dämpfung von 1,1 N (Zahlenfaktor 3) verhält sich der neue Ordinatenmaßstab zum alten wie $\dfrac{2}{3} : 1$.

Die Übereinstimmung mit Abb. 4, 61, $n = 16$ ist recht gut, die Kurven sind nur zeitlich ein wenig verschoben. Dies rührt von der mangelhaften Annäherung der Dämpfungsfunktion im Sperrbereich her. Es bestätigt sich, daß die resultierende Zeitfunktion in der ersten Hälfte ihres Anstiegs praktisch durch die Zeitfunktion des „erzeugenden" Vierpols bestimmt ist.

Es gilt somit für Netzwerke minimaler Phase folgender Satz:

Die Gleichstrom-Einschwingvorgänge von Tiefpässen und damit die Umhüllende der Wechselstrom-Einschwingvorgänge von Bandpässen zeigen, im allgemeinen kein Vorschwingen.

Die Abb. 2 zeigt, daß es ratsam ist, die Differenzdämpfung Δa bei der praktischen Anwendung der Echomethode möglichst kleiner als 2 N zu wählen, da dann die Echos immer schwächer sind als das Hauptsignal und mit ihrer Ordnungszahl rasch abnehmen.

Für das Verfahren ist die Kenntnis von Einschwingvorgängen erforderlich, die zu einer Reihe von bekannten Dämpfungsfunktionen gehören. Die mit den eingangs genannten Abbildungen zusammenhängenden Gleichungen können als solche Grundfunktionen betrachtet werden.

Tafel 1. *Die Funktion* e^{-x} *und ihr Integral*

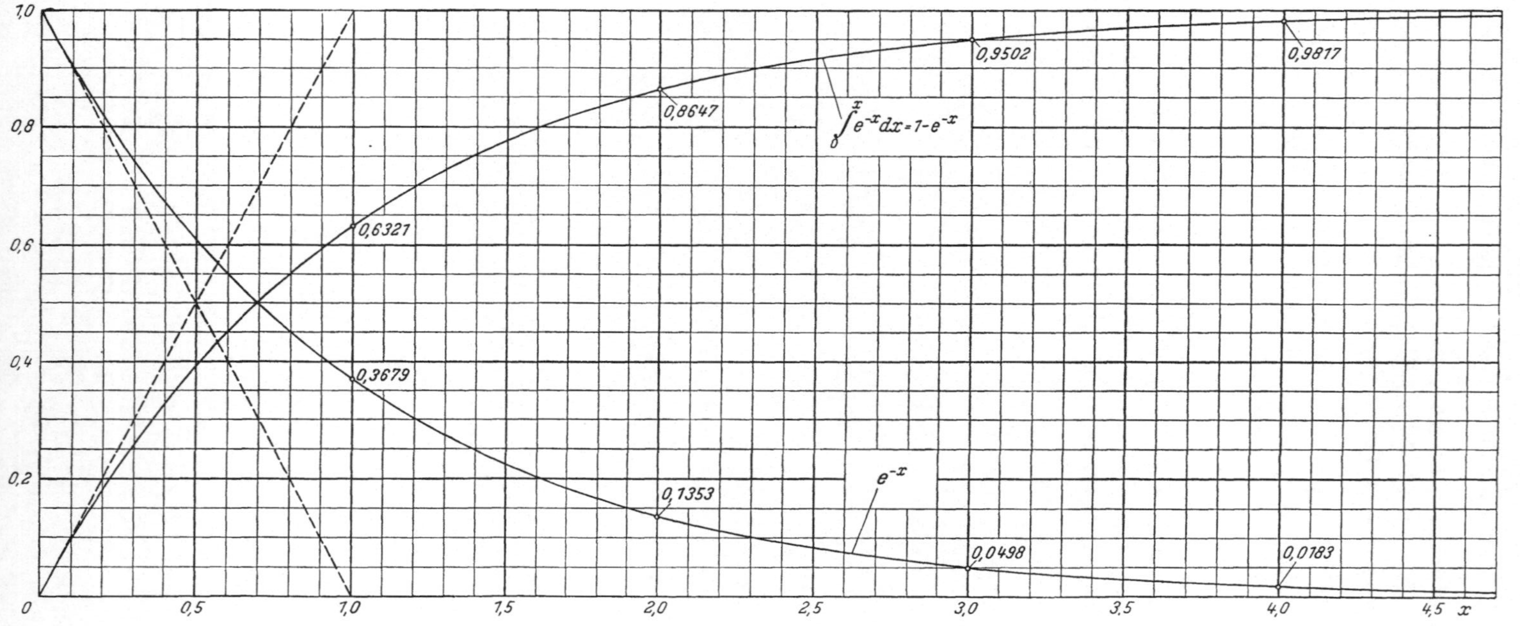

Tafel 2. Die Funktion si (πx) und ihr Integral

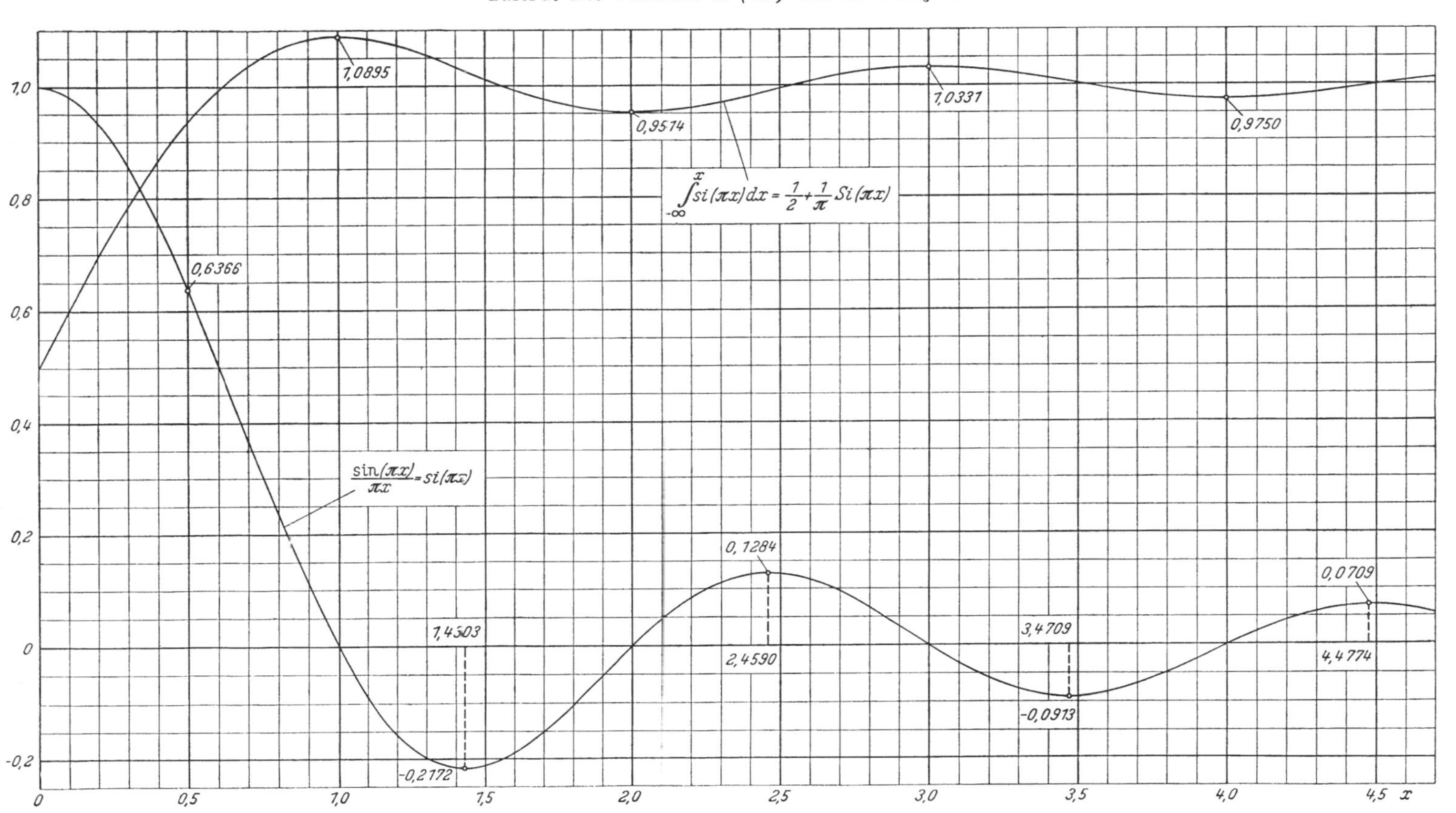

Tafel 3. *Die Funktion* $e^{-\pi x^2}$ *und ihr Integral*

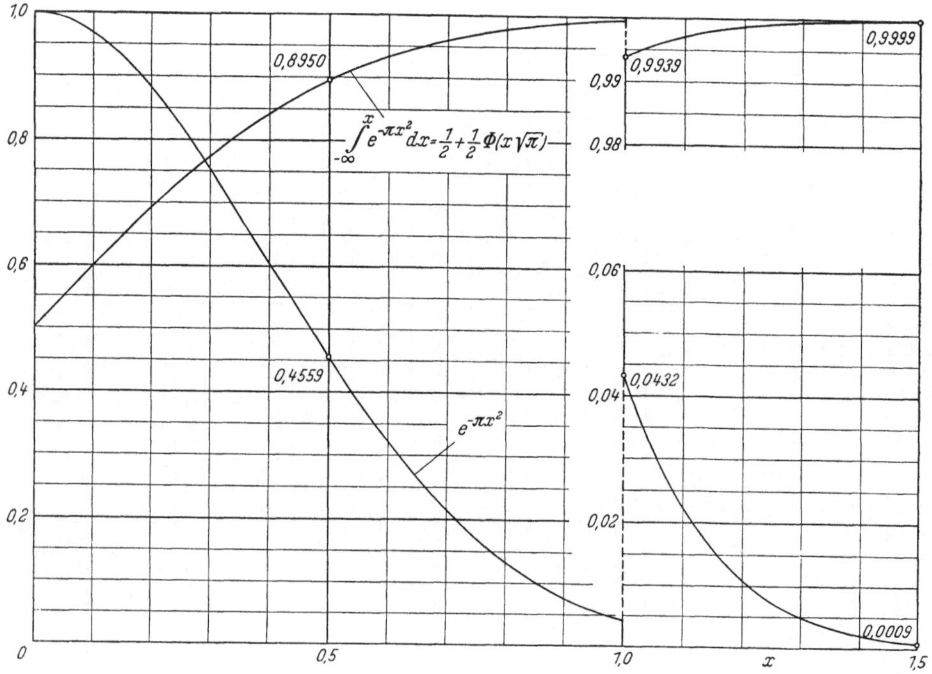

Literaturverzeichnis

Allgemeine, einführende und mathematische Literatur

JAHNKE, E., u. F. EMDE: Tafeln höherer Funktionen. 4. Aufl. Leipzig: Teubner 1948

WALLOT, J.: Einführung in die Theorie der Schwachstromtechnik. 5. Aufl. Berlin/Göttingen/Heidelberg: Springer 1948

KÜPFMÜLLER, K.: Einführung in die theoretische Elektrotechnik. 5. Aufl. Berlin/Göttingen/Heidelberg: Springer 1955

FELDTKELLER, R.: Einführung in die Vierpoltheorie der elektrischen Nachrichtentechnik. 6. Aufl. Stuttgart: Hirzel 1953

DOETSCH, G.: Theorie und Anwendung der LAPLACE-Transformation. Berlin: Springer 1937

FELDTKELLER, R.: Einführung in die Theorie der Hochfrequenz-Bandfilter. 4. Aufl. der Rundfunksiebschaltungen. Stuttgart: Hirzel 1953

WAGNER, K. W.: Operatorenrechnung und LAPLACE-Transformation. 2. Aufl. Leipzig: Barth 1950

BODE, H. W.: Network Analysis and Feedback Amplifier Design. New York: Van Nostrand 1945

WAGNER, K. W.: Einführung in die Lehre von den Schwingungen und Wellen. Wiesbaden: Diederich 1947

STRECKER, F.: Die elektrische Selbsterregung. Leipzig: Hirzel 1947

GOLDMAN, S.: Frequency Analysis, Modulation and Noise. New York: McGraw Hill 1948

CAMPBELL, G. A., u. R. M. FOSTER: FOURIER Integrals for Practical Applications. New York: Van Nostrand 1948

GRÖBNER, W., u. N. HOFREITER: Integraltafel. Wien: Springer 1949

KÜPFMÜLLER, K.: Die Systemtheorie der elektrischen Nachrichtenübertragung. 2. Aufl. Stuttgart: Hirzel 1952

GOLDMAN, S.: Transformation Calculus and Electrical Transients. New York: Prentice-Hall 1949

MOSKOWITZ, S., u. J. RACKER: Pulse Techniques. 3. Aufl. New York: Prentice-Hall 1954

CUCCIA, C. L.: Harmonics, Sidebands and Transients in Communication Engineering. New York: McGraw Hill 1952

BLACK, H. S.: Modulation Theory. New York: Van Nostrand 1953

PETERS, J.: Einschwingvorgänge, Gegenkopplung, Stabilität. Berlin/Göttingen/Heidelberg: Springer 1954

PÖSCHL, K.: Mathematische Methoden in der Hochfrequenztechnik. Berlin/Göttingen/Heidelberg: Springer 1956

KADEN, H.: Impulse und Schaltvorgänge in der Nachrichtentechnik. München: Oldenbourg 1956

Spezialliteratur

Zum 1. Kapitel

SCHOTTKY, W.: Über spontane Stromschwankungen in verschiedenen Elektrizitätsleitern. Ann. Phys. (4), Bd. 57 (1918) S. 541—567

JOHNSON, I. B.: Thermal Agitation of Electricity in Conductors. Phys. Rev. Bd. 32 (1928) S. 97—109

NYQUIST, H.: Thermal Agitation of Electric Charge in Conductors. Phys. Rev. Bd. 32 (1928) S. 110—114

ARMSTRONG, E. H.: A method of reducing disturbances in radio signaling by a system of frequency modulation. Proc. Inst. Radio Engrs. Bd. 24 (1936) S. 689—740

ZINKE, O.: Hochfrequenz-Meßtechnik, Abschn. M: Pendelzeiger-Diagramm. Leipzig: Hirzel 1937

CARSON, I. R., u. T. C. FRY: Variable Frequency Electric-Circuit Theory with Application to the Theory of Frequency Modulation. Bell Syst. techn. J. Bd. 16 (1937) S. 513—540

CROSBY, M. G.: Frequency Modulation Noise Characteristics. Proc. Inst. Radio Engrs. Bd. 25 (1937) S. 472—514

HÖLZLER, E.: Das nichtlineare Nebensprechen in Mehrfach-Systemen mit übertragenen Trägern. Hochfrequenztechn. Bd. 52 (1938) S. 137—142

JACOBY, H., u. E. SPENKE: Ein neuer Beitrag zur Ermittlung der erforderlichen Leistung von Trägerfrequenz-Vielfachverstärkern. Veröff. Nachrichtentechn. Siemens & Halske Bd. 9, 1. Folge (1939) S. 135—144

HOLBROOK, B. D., u. J. T. DIXON: Load Rating Theory for Multi-Channel Amplifiers. Bell Syst. techn. J. Bd. 18 (1939) S. 624—644

VELLAT, T.: Der Empfang frequenzmodulierter Wellen. Telefunken-Mitt. Bd. 21 (1940) S. 72—89

HÖLZLER, E.: Über die Wirkung von Verzerrungen bei der Übertragung frequenzmodulierter Schwingungen. Elektr. Nachr.-Techn. Bd. 18 (1941) S. 106—117

DELORAINE, E. M., u. E. LABIN: Pulse Time Modulation. Electr. Commun. Bd. 22 (1944) S. 91—98

BROCKBANK, R. A., u. C. A. A. WASS: Non-linear Distortion in Transmission Systems. J. Instn. electr. Engrs. Bd. 17 (1945) S. 45—56

THOMPSON, L. E.: A Microwave Relay System (Double Frequency Modulation). Proc. Inst. Radio Engrs. Bd. 34 (1946) S. 936—942

SCHRÖTER, F.: Vorrichtung für störfreie elektrische Fernübertragung. Arch. el. Übertrag. Bd. 1 (1947) S. 2—13

GRIEG, D. D.: Pulse-Count Modulation. Electr. Commun. Bd. 24 (1947) S. 287—296

BLACK, H. S.: Pulse Code Modulation. Bell Labor. Rec. Bd. 15 (1947) S. 265—268

GOODALL, W. M.: Telephony by Pulse Code Modulation. Bell Syst. techn. J. Bd. 26 (1947) S. 395—409

FELDMAN, C. B., u. W. R. BENNETT: Band Width and Transmission Performance. Bell Syst. techn. J. Bd. 28 (1949) S. 490—595

PROKOTT, E.: Impulsmodulation. Arch. el. Übertrag. Bd. 4 (1950) S. 1—10

HOLZWARTH, H.: Die Modulationsverfahren mit Frequenzaufteilung und mit Zeitaufteilung (Pulsmodulation) zur Mehrfachausnutzung von Richtfunkverbindungen. Frequenz Bd. 4 (1950) S. 33—40, 64—71 u. 97—101

MAYER, H. F., u. E. HÖLZLER: Einige Entwicklungstendenzen in der Übertragung von Nachrichten. Frequenz Bd. 5 (1951) S. 156—161 u. Entwicklungsber. Siemens & Halske Bd. 1 (1951) S. 1—10

MANN, P. A.: Die bei Übertragung von Impulsen mit FM auftretenden Impulsverformungen. Telefunkenztg. Bd. 24 (1951) S. 140—142

LIBOIS, L. I.: Un nouveau procédé de modulation codée „La modulation en Δ“. Onde électr. Bd. 32 (1952) S. 26—31

SCHOUTEN, I. F., F. DE JAGER u. J. A. GREEFKES: Deltamodulation, ein neues Modulationssystem für die Fernmeldetechnik. Philips Techn. Rundsch. Bd. 13 (1952) S. 257—266

DE JAGER, F.: Deltamodulation — a system of PCM transmission using one unit code. Philips Res. Rep. Bd. 7 (1952) S. 442—466

BOSSE, G.: Die Anforderungen an die Linearität bei Vielkanal-Richtfunksystemen mit Frequenzmodulation. Fernmeldetechn. Z. Bd. 7 (1954) S. 678—682

Zum 2. Kapitel

HELMHOLTZ, H. v.: Gesetze der Verteilung elektr. Ströme in körperlichen Leitern mit Anwendung auf tierische elektr. Versuche. Pogg. Ann. Bd. 89 (1853) S. 211—233

WAGNER, K. W.: Über eine Formel von HEAVISIDE zur Berechnung von Einschaltvorgängen. Arch. Elektrotechn. Bd. 4 (1915) S. 159—193

WHITTAKER, E. T.: On the functions which are represented by the expansions of the interpolation-theory. Proc. roy. Soc., Edinburgh Bd. 35 (1915) S. 181—194

NYQUIST, H.: Certain Factors Affecting Telegraph Speed. Bell Syst. techn. J. Bd. 3 (1924) S. 324—346

KÜPFMÜLLER, K.: Über Einschwingvorgänge in Wellenfiltern. Elektr. Nachrichtentechn. Bd. 1 (1924) S. 141—152

FERRAR, W. L.: On the cardinal function of interpolation theory. Proc. roy. Soc., Edinburgh Bd. 45 (1925) S. 269—282 u. Bd. 46 (1925) S. 323—333

MAYER, H. F.: Über das Ersatzschema der Verstärkerröhre. Telegr. u. Fernspr. Techn. Bd. 15 (1926) S. 335—337

KÜPFMÜLLER, K.: Über Beziehungen zwischen Frequenzcharakteristiken und Ausgleichsvorgängen in linearen Systemen. Elektr. Nachrichtentechn. Bd. 5 (1928) S. 18—32

HARTLEY, R. V. L.: Transmission of Information. Bell Syst. techn. J. Bd. 7 (1928) S. 535—563

KÜPFMÜLLER, K.: Einschwingvorgänge in der Telegraphen- und Telephontechnik (Schwedisch). Teknisk Tidskrift Bd. 61 (1931) S. 153—160 u. 178—182

RAABE, H.: Untersuchungen an der wechselzeitigen Mehrfachübertragung (Multiplex-Übertragung). Elektr. Nachrichtentechn. Bd. 16 (1939) S. 213—228

BENNETT, W. R.: Time Division Multiplex Systems. Bell Syst. techn. J. Bd. 20 (1941) S. 199—222

CLAVIER, A. G., PANTER, P. F. u. D. D. GRIEG: PCM-Distortion Analysis. Electr. Engng. Bd. 66 (1947) S. 1110—1122

KLEENE, S. C.: Analysis of Lengthening of Modulated Repetitive Pulses. Proc. Inst. Radio Engrs. Bd. 35 (1947) S. 1049—1053

KRETZMER, E. R.: Distortion in Pulse-Duration Modulation. Proc. Inst. Radio Engrs. Bd. 35 (1947) S. 1230—1235

BENNETT, W. R.: Spectra of Quantized Signals. Bell Syst. techn. J. Bd. 27 (1948) S. 446—472

OLIVER, B. M., PIERCE, J. R., u. C. E. SHANNON: The Philosophy of PCM. Proc. Inst. Radio Engrs. Bd. 36 (1948) S. 1324—1331

SHANNON, C. E.: A Mathematical Theory of Communication. Bell Syst. techn. J. Bd. 27 (1948) S. 379—423 u. S. 623—658

—: Communication in the Presence of Noise. Proc. Inst. Radio Engrs. Bd. 37 (1949) S. 10—21

TULLER, W. G.: Theoretical Limitations on the Rate of Transmission of Information. Proc. Inst. Radio Engrs. Bd. 37 (1949) S. 468—478

HOLZWARTH, H.: Pulscodemodulation und ihre Verzerrungen bei logarithmischer Amplitudenquantelung. Arch. el. Übertrag. Bd. 3 (1949) S. 277—285

FELDMAN, C. B., u. W. R. BENNETT: Band Width and Transmission Performance. Bell Syst. techn. J. Bd. 28 (1949) S. 490—595

HOLZWARTH, H.: Die Modulationsverfahren mit Frequenzaufteilung und mit Zeitaufteilung (Pulsmodulation) zur Mehrfachausnutzung von Richtfunkverbindungen. Frequenz Bd. 4 (1950) S. 33—40, 64—71 u. 97—101

HAMMING, R. W.: Error Detecting and Error Correcting Codes. Bell Syst. techn. J. Bd. 29 (1950) S. 147—150

PANTER, P. F., u. W. DITE: Quantisation Distortion in Pulse-Count Modulation with Nonuniform Spacing of Levels. Proc. Inst. Radio Engrs. Bd. 39 (1951) S. 44—48

MAYER, H. F.: Principles of Pulse Code Modulation. Advanc. Electronics Bd. 3 (1951) S. 221—260; Prinzipien der Pulscode-Modulation. Entwicklungsber. Siemens & Halske (1952), Beilage in Buchform

OLIVER, B. M.: Efficient Coding. Bell Syst. techn. J. Bd. 31 (1952) S. 724—750

KOHLENBERG, A.: Exact interpolation of band-limited functions. J. appl. Phys. Bd. 24 (1953) S. 1432—1436.

SÁNCHEZ, M., u. F. POPERT: Über die Berechnung der Spektren modulierter Impulsfolgen. Arch. el. Übertrag. Bd. 9 (1955) S. 441—452

Zum 3. Kapitel

ECCLES, W. H., u. F. W. JORDAN: A Trigger Relay Utilising Three-Electrode Thermionic Vacuum Tubes. Radio Rev. Bd. 1 (1919) S. 143—146

TURNER, L. B.: The Kallirotron, an Aperiodic Negative-Resistance Triode Combination. Radio Rev. Bd. 1 (1920) S. 317—329

BERTRAM, S.: The Degenerative Positive Bias Multivibrator. Proc. Inst. Radio Engrs. Bd. 36 (1948) S. 277—280

GOLDMUNTZ, L. A., u. H. L. KRAUSS: The Cathode-Coupled Clipper Circuit. Proc. Inst. Radio Engrs. Bd. 36 (1948) S. 1172—1177

MIT, Radiation Laboratory Series Bd. 5: Pulse Generators. New York: McGraw Hill 1948

MIT, Radiation Laboratory Series Bd. 19: Waveforms. New York: McGraw Hill 1949

HUSSEY, L. W.: Nonlinear Coil Generators of Short Pulses. Proc. Inst. Radio Engrs. Bd. 38 (1950) S. 40—44

—: Semiconductor Diode Gates. Bell Syst. techn. J. Bd. 32 (1953) S. 1137—1154

SUHRMANN, R.: Das Verhalten von Diodenschaltungen bei periodisch auftretenden Impulsen. Nachrichtentechn. Z. Bd. 8 (1955) S. 659—665

PETERS, J.: Grenzen der Realisierbarkeit differenzierender und integrierender Netzwerke. Elektron. Rdsch. Bd. 9 (1955) S. 226—227

Zum 4. Kapitel

BEDFORD, A. V., u. G. L. FREDENDALL: Transient Response of Multistage Video-Frequency-Amplifiers. Proc. Inst. Radio Engrs. Bd. 27 (1939) S. 277—284

WHEELER, H. A.: The Interpretation of Amplitude and Phase Distortion in Terms of Paired Echos. Proc. Inst. Radio Engrs. Bd. 27 (1939) S. 359—385

STRECKER, F.: Über den Einfluß kleiner Phasenverzerrungen auf die Übertragung von Fernsehsignalen. Elektr. Nachr.-Techn. Bd. 17 (1940) S. 51—56
—: Beeinflussung der Kurvenform von Vorgängen durch Dämpfungs- und Phasen-verzerrung. Elektr. Nachr.-Techn. Bd. 17 (1940) S. 93—107
BENNETT, W. R.: Time Division Multiplex Systems. Bell Syst. techn. J. Bd. 20 (1941) S. 199—222
MANN, P., u. H. O. ROOSENSTEIN: Einrichtung zur Übertragung und Verstärkung von elektrischen Impulsen (GAUSSscher Übertragungsfaktor). Deutsches Patent Nr. 860640 angem. 17. 12. 1941
KALLMANN, H. E., SPENCER, H. E., u. CH. P. SINGER: Transient Response. Proc. Inst. Radio Engrs. Bd. 33 (1945) S. 169—195
DI TORO, M. J.: Phase and Amplitude Distortion in Linear Networks. Proc. Inst. Radio Engrs. Bd. 36 (1948) S. 24—36
GRANT, E. F.: Time Response of an Amplifier of N Identical Stages. Proc. Inst. Radio Engrs. Bd. 36 (1948) S. 870—871
MOSKOWITZ, S., DIVEN, L., u. L. FEIT: Cross-Talk Considerations in Time-Division Multiplex Sytems. Proc. Inst. Radio Engrs. Bd. 38 (1950) S. 1330—1336
MÜLLER, J.: Über Verzerrungen bei Impulslängenmodulation. Arch. el. Übertrag. Bd. 4 (1950) S. 51—58
HUBER, L., u. K. RAWER: Zur Frage des „besten" Impulsempfängers. Vergleich verschiedener Impulsverstärker. Arch. el. Übertrag. Bd. 4 (1950) S. 475—484
BOSSE, G.: Siebketten ohne Dämpfungsschwankungen im Durchlaßbereich (Potenzketten). Frequenz Bd. 5 (1951) S. 279—284
THOMSON, W. E.: Networks with maximally flat delay. Wireless Engr. (1952) S. 256—263
LINKE, J. M.: A Variable Time-Equalizer for Video-Frequency Waveform Correction. Proc. Inst. Electr. Eng. (III A) Bd. 99 (1952) S. 427—435
HOLZWARTH, H.: Einschwingvorgänge bei Netzwerken minimaler Phase. Arch. el. Übertrag. Bd. 7 (1953) S. 473—477
FAGOT, J.: Causes diverses de diaphonie dans les systèmes multiplex à impulsions. Ann. Radioélectr. Bd. 8 (1953) S. 267—285
VASSEUR, J. P.: Impulsions de GAUSS. Ann. Radioélectr. Bd. 8 (1953) S. 286—300
SUNDE, E. D.: Theoretical Fundamentals of Pulse Transmission. Bell Syst. techn. J. Bd. 33 (1954) S. 721—788 u. (1954) S. 987—1010

Zum 5. Kapitel

RAUCH, L. L.: Fluctuation Noise in Pulse-Height Multiplex Radio Links. Proc. Inst. Radio Engrs. Bd. 35 (1947) S. 1192—1197
KLUGE, M.: Quantitativer Vergleich von Modulationsverfahren in Draht- und Funktechnik. Elektrotechnik Bd. 2 (1948) S. 65—69
MOSKOWITZ, S., u. D. D. GRIEG: Noise-Suppression Characteristics of Pulse-Time-Modulation. Proc. Inst. Radio Engrs. Bd. 36 (1948) S. 446—450
OLIVER, B. M., PIERCE, I. R., u. C. E. SHANNON: The Philosophy of PCM. Proc. Inst. Radio Engrs. Bd. 36 (1948) S. 1324—1331
CLAVIER, A. G.: Evaluation of transmission efficiency according to HARTLEYS expression for information content. Electr. Commun. Bd. 25 (1948) S. 414—420
SHANNON, C. E.: Communication in the Presence of Noise. Proc. Inst. Radio Engrs. Bd. 37 (1949) S. 10—21
CLAVIER, A. G., P. F. PANTER u. W. DITE: Signal-to-Noise-Ratio Improvement in a PCM System. Proc. Inst. Radio Engrs. Bd. 37 (1949) S. 357—359
FELDMAN, C. B., u. R. W. BENNETT: Band Width and Transmission Performance. Bell Syst. techn. J. Bd. 28 (1949) S. 490—595

RUNGE, W.: Vergleich der Rauschabstände von Modulationsverfahren. Arch. el. Übertrag. Bd. 3 (1949) S. 155—159

KETTEL, E.: Der Störabstand bei der Nachrichtenübertragung durch Codemodulation. Arch. el. Übertrag. Bd. 3 (1949) S. 161—164

HOLZWARTH, H.: Die Modulationsverfahren mit Frequenzaufteilung und mit Zeitaufteilung (Pulsmodulation) für Mehrfachausnutzung von Richtfunkverbindungen. Frequenz Bd. 4 (1950) S. 33—40, 64—71 u. 97—101

PILOTY, R.: Über die Beurteilung der Modulationssysteme mit Hilfe des nachrichtentheoretischen Begriffes der Kanalkapazität. Arch. el. Übertrag. Bd. 4 (1950) S. 493—508

MAYER, H. F., u. E. HÖLZLER: Einige Entwicklungstendenzen in der Übertragung von Nachrichten. Frequenz Bd. 5 (1951) S. 156—161 u. Entwicklungsber. Siemens & Halske Bd. 1 (1951) S. 1—10

HOLZWARTH, H.: Richtfunkanlagen mit Pulsphasenmodulation. VDE-Fachber. Bd. 15 (1951) S. 251—253

MALLINCKRODT, C. O.: Instantaneous Companders. Bell Syst. techn. J. Bd. 30 (1951) S. 706—720

BARKOW, P.: Übertragungswerte für Richtfunk-PPM-Systeme. Fernmeldetechn. Z. Bd. 6 (1953) S. 2—11

HOLZWARTH, H.: Ein Vergleich der wichtigsten Modulationsverfahren für Richtfunkverbindungen nach neueren Erkenntnissen. Arch. el. Übertrag. Bd. 7 (1953) S. 213—222

Zum 6. Kapitel

BLACK, H. S.: AN/TRC-6 A Microwave Relay System. Bell Labor. Rec. Bd. 23 (1945) S. 457—463

GRIEG, D, D., u. A. M. LEVINE: Pulse-time-modulated Multiplex Radio Relay System. Terminal Equipment. Electr. Commun. (1946) S. 159—178

BLACK, H. S., u. J. O. EDSON: PCM Equipment. Electr. Engng. Bd. 66 (1947) S. 1123—1125

GRIEG, D. D., GLAUBER, J. J., u. S. MOSKOWITZ: The Cyclophon: A Multipurpose Electronic Commutator Tube. Proc. Inst. Radio Engrs. Bd. 35 (1947) S. 1251 bis 1257

LESLIE, C. B.: Megacycle Stepping Counter. Proc. Inst. Radio Engrs. Bd. 36 (1948) S. 1030—1034

FELDMAN, C. B.: A 96 Channel Pulse Code Modulation System. Bell Labor. Rec. Bd. 26 (1948) S. 364—370

CARBREY, R. L.: Decoding in PCM. Bell Labor. Rec. Bd. 26 (1948) S. 451—456

MEACHAM, L. A., u. E. PETERSON: An Experimental Multichannel Pulse Code Modulation System of Toll Quality. Bell Syst. techn. J. Bd. 27 (1948) S. 1—43

SEARS, R. W.: Electron Deflection Tube for Pulse Code Modulation. Bell Syst. techn. J. Bd. 27 (1948) S. 44—57

MANLEY, J. M.: Synchronisation for the PCM Receiver. Bell Labor. Rec. Bd. 27 (1949) S. 62—66

HOLZWARTH, H.: Die neue Technik der Richtfunkverbindungen. VDE-Fachber. Bd. 13 (1949) S. 168—177

STAAL, C. J.: Eine Apparatur für Multiplex-Impulsmodulation. Philips techn. Rdsch. Bd. 11 (1949) S. 133—145

LIBOIS, L. J.: Un équipement multiplex à impulsions a 24 voies téléphoniques. Onde électr. Bd. 30 (1950) S. 23—29

GOODALL, W. M.: Television by Pulse Code Modulation. Bell Syst. techn. J. Bd. 30 (1951) S. 33—49

Holzwarth, H.: Richtfunkanlagen mit Pulsphasenmodulation. VDE-Fachber. Bd. 15 (1951)

Ulbricht, G.: Die Richtfunk-Verbindungsanlage IDA 22. Telefunkenztg. Bd. 24 (1951) S. 143—162

Roessler, E.: Die Wirkung des Locksenders. Fernmeldetechn. Z. Bd. 5 (1952) S. 97—100

Ein Richtfunksystem mit Pulsphasenmodulation zur Übertragung von 12 und 24 Fernsprechkanälen. Fernmeldetechn. Z. Bd. 5 (1952) S. 397—405 u. S. 456 bis 467

    Hölzler, E., u. H. Holzwarth: A. Übersicht S. 397—398

    Holzwarth, H., u. W. Arens: B. Das Modulationsgerät S. 398—405

    Schulz, E., Piefke, G., u. E. Seibt: C. Das Hochfrequenzgerät S. 456—460

    Wild, W., v. Kienlin, U., u. H. Simon: D. Die Antennenanlage S. 460—467

Steinbuch, K.: Die Abzweigung von Kanälen bei Pulsphasenmodulation. Fernmeldetechn. Z. Bd. 5 (1952) S. 535—538

Schröter, F.: Quantisierungstechnik. Telefunkenztg. Bd. 25 (1952) S. 115—127

Dow, O. E.: A Time Division Multiplex-Terminal. RCA-Rev. Bd. 13 (1952) S. 275—290

Arens, W., Schlichte, M., u. K. Sterneck: Die Abzweigtechnik bei Pulsphasenmodulation. VDE-Fachber. Bd. 17, V (1953) S. 25—30,

Oberbeck, H.: Impulsverteiler. Telefunkenztg. Bd. 26 (1953) S. 23—32

Härtl, H., u. F. Rumpel: Elektrische Laufzeitketten zur Zeitselektion in Vielkanalsystemen. Fernmeldetechn. Z. Bd. 7 (1954) S. 118—122

Kernahan, J. J. J.: A Digital Code Wheel. Bell Labor. Rec. Bd. 32 (1954) S. 126 bis 131

Steinbuch, K., Endres, H., u. H. Reiner: Modulationseinrichtung für ein 24-Kanal PPM System. Fernmeldetechn. Z. Bd. 8 (1955) S. 38—48

Zum Anhang

Golay, M. J. E.: The Ideal Low Pass Filter in the Form of a Dispersionless Lag Line. Proc. Inst. Radio Engrs. Bd. 34 (1946) S. 138 P—144 P

Kallmann, H. E.: Equalized Delay Lines. Proc. Inst. Radio Engrs. Bd. 34 (1946) S. 646—657

Blewett, J, D., u. J. H. Rubel: Video Delay Lines. Proc. Inst. Radio Engrs. Bd. 35 (1947) 1580—1584

Erickson, R. A., u. H. Sommer: The Compensation of Delay Distortion in Video Delay Lines. Proc. Inst. Radio Engrs. Bd. 38 (1950) S. 1036—1040

Sachverzeichnis